W9-ADE-717

Beilsteins Handbuch der Organischen Chemie

Beilsteins Handbuch der Organischen Chemie

Vierte Auflage

Drittes und Viertes Ergänzungswerk

Die Literatur von 1930 bis 1959 umfassend

Herausgegeben vom
Beilstein-Institut für Literatur der Organischen Chemie
Frankfurt am Main

Bearbeitet von

Reiner Luckenbach

Unter Mitwirkung von

Oskar Weissbach

Erich Bayer · Reinhard Ecker · Adolf Fahrmeir · Friedo Giese
Volker Guth · Irmgard Hagel · Franz-Josef Heinen · Günter Imsieke
Ursula Jacobshagen · Rotraud Kayser · Klaus Koulen · Bruno Langhammer
Lothar Mähler · Annerose Naumann · Wilma Nickel · Burkhard Polenski
Peter Raig · Helmut Rockelmann · Thilo Schmitt · Jürgen Schunck
Eberhard Schwarz · Josef Sunkel · Achim Trede · Paul Vincke

Sechsundzwanzigster Band

Fünfter Teil

Springer-Verlag Berlin Heidelberg New York 1982

ISBN 3-540-12020-3 Springer-Verlag Berlin Heidelberg New York
ISBN 0-387-12020-3 Springer-Verlag New York Heidelberg Berlin

Library of Congress Catalog Card Number: 22–79
Printed in Germany

Satz, Druck und Bindearbeiten: Universitätsdruckerei H. Stürtz AG, 8700 Würzburg
2151/3130-543210

Mitarbeiter der Redaktion

Helmut Appelt
Gerhard Bambach
Klaus Baumberger
Elise Blazek
Kurt Bohg
Reinhard Bollwan
Jörg Bräutigam
Ruth Brandt
Eberhard Breither
Werner Brich
Stephanie Corsepius
Edelgard Dauster
Edgar Deuring
Ingeborg Deuring
Irene Eigen
Hellmut Fiedler
Franz Heinz Flock
Manfred Frodl
Ingeborg Geibler
Libuse Goebels
Gertraud Griepke
Gerhard Grimm
Karl Grimm
Friedhelm Gundlach
Hans Härter
Alfred Haltmeier
Erika Henseleit
Karl-Heinz Herbst
Ruth Hintz-Kowalski
Guido Höffer
Eva Hoffmann
Horst Hoffmann
Gerhard Hofmann
Gerhard Jooss
Klaus Kinsky
Heinz Klute
Ernst Heinrich Koetter
Irene Kowol
Olav Lahnstein
Alfred Lang
Gisela Lange
Dieter Liebegott
Sok Hun Lim
Gerhard Maleck
Edith Meyer
Kurt Michels
Ingeborg Mischon
Klaus-Diether Möhle
Gerhard Mühle
Heinz-Harald Müller
Ulrich Müller
Peter Otto
Rainer Pietschmann
Helga Pradella
Hella Rabien
Walter Reinhard
Gerhard Richter
Lutz Rogge
Günter Roth
Siegfried Schenk
Max Schick
Joachim Schmidt
Gerhard Schmitt
Peter Schomann
Cornelia Schreier
Wolfgang Schütt
Wolfgang Schurek
Bernd-Peter Schwendt
Wolfgang Staehle
Wolfgang Stender
Karl-Heinz Störr
Gundula Tarrach
Hans Tarrach
Elisabeth Tauchert
Mathilde Urban
Rüdiger Walentowski
Hartmut Wehrt
Hedi Weissmann
Frank Wente
Ulrich Winckler
Renate Wittrock

Hinweis für Benutzer

Falls Sie Probleme beim Arbeiten mit dem Beilstein-Handbuch haben, ziehen Sie bitte den vom Beilstein-Institut entwickelten „Leitfaden" zu Rate. Er steht Ihnen – ebenso wie weiteres Informationsmaterial über das Beilstein-Handbuch – auf Anforderung kostenlos zur Verfügung.

Beilstein-Institut
für Literatur der Organischen Chemie
Varrentrappstrasse 40–42
D-6000 Frankfurt/M. 90

Springer-Verlag
Abt. 4005
Heidelberger Platz 3
D-1000 Berlin 33

Note for Users

Should you encounter difficulties in using the Beilstein Handbook please refer to the guide „How to Use Beilstein", developed for users by the Beilstein Institute. This guide (also available in Japanese), together with other informative material about the Beilstein Handbook, can be obtained free of charge by writing to

Beilstein-Institut
für Literatur der Organischen Chemie
Varrentrappstrasse 40–42
D-6000 Frankfurt/M. 90

Springer-Verlag
Abt. 4005
Heidelberger Platz 3
D-1000 Berlin 33

For those users of the Beilstein Handbook who are unfamiliar with the German language, a pocket-format "Beilstein Dictionary" (German/English) has been compiled by the Beilstein editorial staff and is also available free of charge. The contents of this dictionary are also to be found in volume 22/7 on pages XXIX to LV.

Inhalt – Contents

Dritte Abteilung

Heterocyclische Verbindungen

18. Verbindungen mit vier cyclisch gebundenen Stickstoff-Atomen

IV. Carbonsäuren

V. Sulfonsäuren

Abkürzungen und Symbole[1] / Abbreviations and Symbols[2]

A.	Äthanol	ethanol
Acn.	Aceton	acetone
Ae.	Diäthyläther	diethyl ether
äthanol.	äthanolisch	solution in ethanol
alkal.	alkalisch	alkaline
Anm.	Anmerkung	footnote
at	technische Atmosphäre (98066,5 $N \cdot m^{-2}$ = 0,980665 bar = 735,559 Torr)	technical atmosphere
atm	physikalische Atmosphäre	physical (standard) atmosphere
Aufl.	Auflage	edition
B.	Bildungsweise(n), Bildung	formation
Bd.	Band	volume
Bzl.	Benzol	benzene
bzw.	beziehungsweise	or, respectively
c	Konzentration einer optisch aktiven Verbindung in g/100 ml Lösung	concentration of an optically active compound in g/100 ml solution
D	1) Debye (Dimension des Dipolmoments)	1) Debye (dimension of dipole moment)
	2) Dichte (z.B. D_4^{20}: Dichte bei 20° bezogen auf Wasser von 4°)	2) density (e.g. D_4^{20}: density at 20° related to water at 4°)
d	Tag	day
D(R–X)	Dissoziationsenergie der Verbindung RX in die freien Radikale $R^•$ und $X^•$	dissociation energy of the compound RX to form the free radicals $R^•$ and $X^•$
Diss.	Dissertation	dissertation, thesis
DMF	Dimethylformamid	dimethylformamide
DMSO	Dimethylsulfoxid	dimethylsulfoxide
E	1) Erstarrungspunkt	1) freezing (solidification) point
	2) Ergänzungswerk des Beilstein-Handbuchs	2) Beilstein supplementary series
E.	Äthylacetat	ethyl acetate
Eg.	Essigsäure (Eisessig)	acetic acid
engl. Ausg.	englische Ausgabe	english edition
EPR	Elektronen-paramagnetische Resonanz (= ESR)	electron paramagnetic resonance (= ESR)
F	Schmelzpunkt (-bereich)	melting point (range)
Gew.-%	Gewichtsprozent	percent by weight
grad	Grad	degree
H	Hauptwerk des Beilstein-Handbuchs	Beilstein basic series
h	Stunde	hour
Hz	Hertz (= s^{-1})	cycles per second (= s^{-1})
K	Grad Kelvin	degree Kelvin
konz.	konzentriert	concentrated
korr.	korrigiert	corrected

[1] Bezüglich weiterer, hier nicht aufgeführter Symbole und Abkürzungen für physikalisch-chemische Grössen und Einheiten siehe

[2] For other symbols and abbreviations for physicochemical quantities and units not listed here see

International Union of Pure and Applied Chemistry Manual of Symbols and Terminology for Physicochemical Quantities and Units (1969) [London 1970].

Kp	Siedepunkt (-bereich)	boiling point (range)
l	1) Liter 2) Rohrlänge in dm	1) litre 2) length of cell in dm
$[M]_{\lambda}^{t}$	molares optisches Drehungsvermögen für Licht der Wellenlänge λ bei der Temperatur t	molecular rotation for the wavelength λ and the temperature t
m	1) Meter 2) Molarität einer Lösung	1) metre 2) molarity of solution
Me.	Methanol	methanol
n	1) Normalität einer Lösung 2) nano ($=10^{-9}$) 3) Brechungsindex (z.B. $n_{656,1}^{15}$: Brechungsindex für Licht der Wellenlänge 656,1 nm bei 15°)	1) normality of solution 2) nano ($=10^{-9}$) 3) refractive index (e.g. $n_{656,1}^{15}$: refractive index for the wavelength 656.1 nm and 15°)
opt.-inakt.	optisch inaktiv	optically inactive
p	Konzentration einer optisch aktiven Verbindung in g/100 g Lösung	concentration of an optically active compound in g/100 g solution
PAe.	Petroläther, Benzin, Ligroin	petroleum ether, ligroin
Py.	Pyridin	pyridine
S.	Seite	page
s	Sekunde	second
s.	siehe	see
s. a.	siehe auch	see also
s. o.	siehe oben	see above
sog.	sogenannt	so called
Spl.	Supplement	supplement
... stdg.	... stündig (z.B. 3-stündig)	for ... hours (e.g. for 3 hours)
s. u.	siehe unten	see below
Syst.-Nr.	System-Nummer	system number
THF	Tetrahydrofuran	tetrahydrofuran
Tl.	Teil	part
Torr	Torr (=mm Quecksilber)	torr (=millimetre of mercury)
unkorr.	unkorrigiert	uncorrected
unverd.	unverdünnt	undiluted
verd.	verdünnt	diluted
vgl.	vergleiche	compare (cf.)
wss.	wässrig	aqueous
z. B.	zum Beispiel	for example (e.g.)
Zers.	Zersetzung	decomposition
zit. bei	zitiert bei	cited in
α_{λ}^{t}	optisches Drehungsvermögen (Erläuterung s. bei $[M]_{\lambda}^{t}$)	angle of rotation (for explanation see $[M]_{\lambda}^{t}$)
$[\alpha]_{\lambda}^{t}$	spezifisches optisches Drehungsvermögen (Erläuterung s. bei $[M]_{\lambda}^{t}$)	specific rotation (for explanation see $[M]_{\lambda}^{t}$)
ε	1) Dielektrizitätskonstante 2) Molarer dekadischer Extinktionskoeffizient	1) dielectric constant, relative permittivity 2) molar extinction coefficient
$\lambda_{(max)}$	Wellenlänge (eines Absorptionsmaximums)	wavelength (of an absorption maximum)
μ	Mikron ($=10^{-6}$ m)	micron ($=10^{-6}$ m)
°	Grad Celsius oder Grad (Drehungswinkel)	degree Celsius or degree (angle of rotation)

Transliteration von russischen Autorennamen
Key to the Russian Alphabet for Authors' Names

Russisches Schrift-zeichen		Deutsches Äquivalent (Beilstein)	Englisches Äquivalent (Chemical Abstracts)	Russisches Schrift-zeichen		Deutsches Äquivalent (Beilstein)	Englisches Äquivalent (Chemical Abstracts)
А	а	a	a	Р	р	r	r
Б	б	b	b	С	с	s̄	s
В	в	w	v	Т	т	t	t
Г	г	g	g	У	у	u	u
Д	д	d	d	Ф	ф	f	f
Е	е	e	e	Х	х	ch	kh
Ж	ж	sh	zh	Ц	ц	z	ts
З	з	s	z	Ч	ч	tsch	ch
И	и	i	i	Ш	ш	sch	sh
Й	й	ĭ	ĭ	Щ	щ	schtsch	shch
К	к	k	k	Ы	ы	y	y
Л	л	l	l		ь	'	'
М	м	m	m	Э	э	ė	e
Н	н	n	n	Ю	ю	ju	yu
О	о	o	o	Я	я	ja	ya
П	п	p	p				

Dritte Abteilung

Heterocyclische Verbindungen

Verbindungen mit vier cyclisch gebundenen Stickstoff-Atomen

IV. Carbonsäuren

A. Monocarbonsäuren

Monocarbonsäuren $C_nH_{2n-2}N_4O_2$

Carbonsäuren $C_2H_2N_4O_2$

1*H*-Tetrazol-5-carbonsäure $C_2H_2N_4O_2$, Formel I (X = OH) und Taut. (E I 183; E II 336).

B. Aus 5,7-Dioxo-5,6,7,8-tetrahydro-tetrazolopyridin-6-carbonitril beim Behandeln mit wss. $KMnO_4$ (*Schroeter, Finck,* B. **71** [1938] 671, 681).

Silber-Salz $AgC_2HN_4O_2$.

1*H*-Tetrazol-5-carbonsäure-äthylester $C_4H_6N_4O_2$, Formel I (X = O-C_2H_5) und Taut. (E I 183).

B. Aus Oxalsäure-äthylester-nitril beim Umsetzen mit $Al(N_3)_3$ in THF (*Behringer, Kohl,* B. **89** [1956] 2648, 2652) oder mit HN_3 in Äther bei 75° (*Gryszkiewicz-Trochimowski,* C. r. **246** [1958] 2627).

Kristalle (aus Bzl.); F: 87–88° [nach Sublimation im Hochvakuum] (*Be., Kohl*).

1*H*-Tetrazol-5-carbonsäure-amid, 1*H*-Tetrazol-5-carbamid $C_2H_3N_5O$, Formel I (X = NH_2) und Taut. (E I 183).

Mangan-Salz. *B.* Aus NaCN, NaN_3 und MnO_2 mit Hilfe von $CuSO_4$ und wss. H_2SO_4 (*Friederich,* U.S.P. 2710297 [1954]). – Kristalle mit 1 Mol H_2O.

1*H*-Tetrazol-5-carbonsäure-diäthylamid $C_6H_{11}N_5O$, Formel I (X = $N(C_2H_5)_2$) und Taut.

B. Aus Diäthyloxalamonitril und HN_3 in Äther bei 120° (*Gryszkiewicz-Trochimowski,* Roczniki Chem. **12** [1932] 173, 174; C. **1932** II 1629).

Kristalle (aus H_2O); F: 80–81°.

1*H*-Tetrazol-5-carbonsäure-anilid $C_8H_7N_5O$, Formel I (X = NH-C_6H_5) und Taut.

B. Beim Erwärmen von Phenyl-[1*H*-tetrazol-5-yl]-keton mit NaN_3 in Polyphosphorsäure (*Fisher et al.,* J. org. Chem. **24** [1959] 1650, 1654). Beim Erhitzen von Phenyl-[1*H*-tetrazol-5-yl]-keton-(*Z*)-oxim in Polyphosphorsäure (*Fi. et al.*).

Kristalle (aus wss. A.); F: 220–221° [unkorr.; Zers.].

1*H*-Tetrazol-5-carbonitril C_2HN_5, Formel II und Taut. (E I 183; E II 336).

B. Aus NaCN und NaN_3 mit Hilfe von MnO_2 und $CuSO_4$ (*Friederich,* U.S.P. 2710297 [1954]).

Standard-Bildungsenthalpie: +96,09 kcal·mol^{-1}; Standard-Verbrennungsenthalpie: –318,35 kcal·mol^{-1} (*Williams et al.,* J. phys. Chem. **61** [1957] 261, 264).

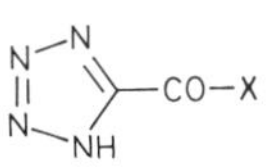

I

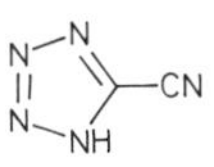

II

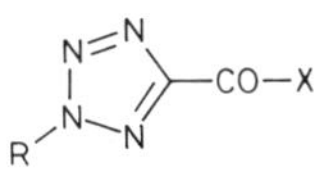

III

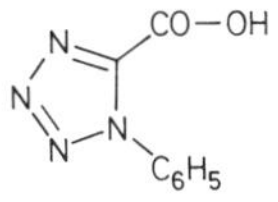

IV

2-Methyl-2*H*-tetrazol-5-carbonsäure-äthylester $C_5H_8N_4O_2$, Formel III (R = CH_3, X = O-C_2H_5).

B. Aus 1*H*-Tetrazol-5-carbonsäure-äthylester und Diazomethan (*Gryszkiewicz-Trochimowski*, C. r. **246** [1958] 2627).

Kp_2: 104,5–105,5°. D_4^{25}: 1,2172. n_D^{25}: 1,4678.

1-Phenyl-1*H*-tetrazol-5-carbonsäure $C_8H_6N_4O_2$, Formel IV.

B. Beim Behandeln von *N*-[1-Phenyl-1*H*-tetrazol-5-ylmethyl]-anilin mit $KMnO_4$ in wss. Aceton (*Jacobson et al.*, J. org. Chem. **19** [1954] 1909, 1919).

Kalium-Salz $KC_8H_5N_4O_2$. Kristalle (aus A. + $CHCl_3$), die unterhalb 250° nicht schmelzen.

2-Phenyl-2*H*-tetrazol-5-carbonsäure $C_8H_6N_4O_2$, Formel III (R = C_6H_5, X = OH) (H 560; E I 184; E II 337).

Netzebenenabstände: *Burkardt, Moore*, Anal. Chem. **24** [1952] 1579, 1585. Standard-Bildungsenthalpie: −9,91 kcal·mol^{-1}; Standard-Verbrennungsenthalpie: −947,46 kcal·mol^{-1} (*McEwan, Rigg*, Am. Soc. **73** [1951] 4725). UV-Spektrum (A.; 210–310 nm): *Huisgen, Koch*, A. **591** [1955] 200, 210.

2-[4-Nitro-phenyl]-2*H*-tetrazol-5-carbonsäure $C_8H_5N_5O_4$, Formel III (R = C_6H_4-NO_2, X = OH) (H 560).

UV-Spektrum (A.; 210–380 nm): *Huisgen, Koch*, A. **591** [1955] 200, 210.

2-Phenyl-2*H*-tetrazol-5-carbonsäure-amid $C_8H_7N_5O$, Formel III (R = C_6H_5, X = NH_2) (H 561; E II 337).

B. Aus 2-Phenyl-2*H*-tetrazol-5-carbonsäure bei aufeinanderfolgender Umsetzung mit PCl_5 und mit NH_3 (*Pedersen*, Acta chem. scand. **12** [1958] 1236, 1240). Beim Erhitzen von 1*H*-[1,2,3]Triazol-4,5-dion-4-phenylhydrazon mit Essigsäure (*Pe.*, l. c. S. 1238).

Kristalle (aus A.); F: 167–168° [unkorr.].

2-Phenyl-2*H*-tetrazol-5-carbonsäure-methylamid $C_9H_9N_5O$, Formel III (R = C_6H_5, X = NH-CH_3).

B. Analog der vorangehenden Verbindung (*Pedersen*, Acta chem. scand. **12** [1958] 1236, 1238, 1240).

Kristalle (aus PAe.); F: 141–142° [unkorr.].

2-Phenyl-2*H*-tetrazol-5-carbonsäure-anilid $C_{14}H_{11}N_5O$, Formel III (R = C_6H_5, X = NH-C_6H_5).

B. Analog den vorangehenden Verbindungen (*Pedersen*, Acta chem. scand. **12** [1958] 1236, 1238, 1240).

Kristalle (aus Eg.); F: 160–161° [unkorr.].

2-Phenyl-2*H*-tetrazol-5-carbonsäure-benzylamid $C_{15}H_{13}N_5O$, Formel III (R = C_6H_5, X = NH-CH_2-C_6H_5).

B. Analog den vorangehenden Verbindungen (*Pedersen*, Acta chem. scand. **12** [1958] 1236, 1238, 1240).

Kristalle (aus A.); F: 108–109° [unkorr.].

5-Carboxy-2,3-diphenyl-tetrazolium $[C_{14}H_{11}N_4O_2]^+$, Formel V (R = H) (H 561).

Chlorid $[C_{14}H_{11}N_4O_2]Cl$. Redoxpotential (wss. Lösung vom pH 6,72): *Jerchel, Möhle*, B. **77/79** [1944/46] 591, 595.

5-Äthoxycarbonyl-2,3-diphenyl-tetrazolium $[C_{16}H_{15}N_4O_2]^+$, Formel V (R = C_2H_5) (H 562).

Chlorid $[C_{16}H_{15}N_4O_2]Cl$ (H 562). *B.* Beim aufeinanderfolgenden Behandeln von 1*t*,5-Diphenyl-*cis*-formazan-3-carbonsäure-äthylester (E III **16** 14) mit Blei(IV)-acetat in $CHCl_3$ und mit wss. HCl (*Kuhn, Jerchel*, B. **74** [1941] 941, 946). – Kristalle (aus Me. + Ae.); F: 198–200° [Zers.].

5-[Methyl-(2-sulfo-phenyl)-carbamoyl]-2,3-diphenyl-tetrazolium $[C_{21}H_{18}N_5O_4S]^+$, Formel VI (X = H).

Betain $C_{21}H_{17}N_5O_4S$; 2-[(2,3-Diphenyl-tetrazolium-5-carbonyl)-methyl-amino]-benzolsulfonat. *B.* Aus 3-Methyl-2-[bis-phenylazo-methylen]-2,3-dihydro-benzothiazol mit Hilfe von wss. HNO_3 (*Le Bris,* A. ch. [13] **1** [1956] 328, 366). – Kristalle (aus A. + Ae.); F: 230°.

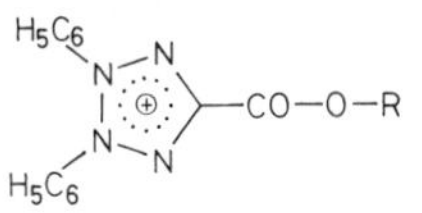

V 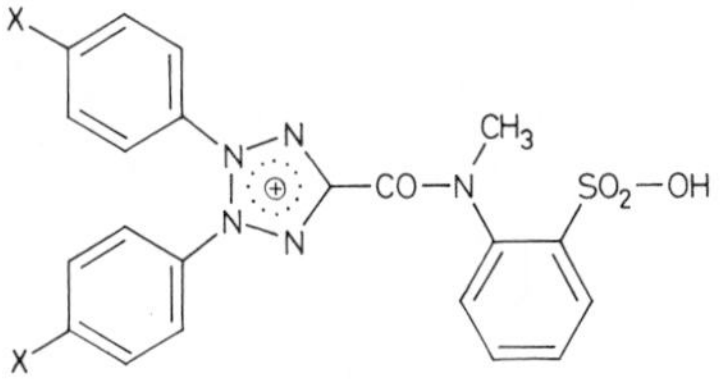 VI 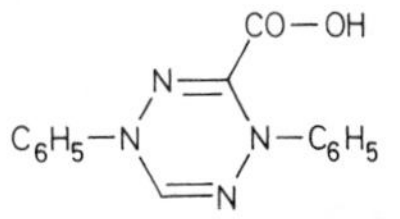 VII

2,3-Bis-[4-chlor-phenyl]-5-[methyl-(2-sulfo-phenyl)-carbamoyl]-tetrazolium $[C_{21}H_{16}Cl_2N_5O_4S]^+$, Formel VI (X = Cl).

Betain $C_{21}H_{15}Cl_2N_5O_4S$. *B.* Analog der vorangehenden Verbindung (*Le Bris,* A. ch. [13] **1** [1956] 328, 367). – Kristalle (aus A. + Ae.); Zers. bei 245°.

5-[Methyl-(2-sulfo-phenyl)-carbamoyl]-2,3-bis-[4-nitro-phenyl]-tetrazolium $[C_{21}H_{16}N_7O_8S]^+$, Formel VI (X = NO_2).

Betain $C_{21}H_{15}N_7O_8S$. *B.* Analog den vorangehenden Verbindungen (*Le Bris,* A. ch. [13] **1** [1956] 328, 367). – Gelbliche Kristalle (aus A. + Ae. oder Nitromethan + $CHCl_3$); Zers. bei 255°.

Carbonsäuren $C_3H_4N_4O_2$

1,4-Diphenyl-1,4-dihydro-[1,2,4,5]tetrazin-3-carbonsäure $C_{15}H_{12}N_4O_2$, Formel VII.

Eine früher (H **26** 563) unter dieser Konstitution beschriebene Verbindung ist vermutlich als 2,3-Bis-phenylazo-acrylsäure zu formulieren (s. diesbezüglich *Ruccia, Vivona,* Chimica e Ind. **48** [1966] 147).

[1*H*-Tetrazol-5-yl]-essigsäure-äthylester $C_5H_8N_4O_2$, Formel VIII (R = H, R′ = C_2H_5) und Taut.

B. Aus Cyanessigsäure-äthylester und $[NH_4]N_3$ (*Finnegan et al.,* Am. Soc. **80** [1958] 3908, 3910).

Kristalle (aus Isopropylalkohol); F: 128–130° [unkorr.].

[1*H*-Tetrazol-5-yl]-acetonitril $C_3H_3N_5$, Formel IX und Taut.

B. Aus Malononitril und HN_3 (*Gryszkiewicz-Trochimowski,* C. r. **246** [1958] 2627).

Kristalle (aus A. + Ae.); F: 115–116°.

[1-Butyl-1*H*-tetrazol-5-yl]-essigsäure $C_7H_{12}N_4O_2$, Formel VIII (R = $[CH_2]_3$-CH_3, R′ = H).

B. Aus dem Äthylester (s. u.) mit Hilfe von äthanol. KOH (*Jacobson, Amstutz,* J. org. Chem. **21** [1956] 311, 313).

Kristalle (aus 1,2-Dichlor-äthan); F: 127–128° [Zers.] (*Ja., Am.*).

Äthylester $C_9H_{16}N_4O_2$. *B.* Beim Behandeln von *N*-Butyl-malonamidsäure-äthylester in Benzol mit PCl_5 und anschliessend mit HN_3 (*Ja., Am.*). – $Kp_{0,1}$: 136–137°; n_D^{25}: 1,4643 (*LaForge et al.,* J. org. Chem. **21** [1956] 767, 770).

Amid $C_7H_{13}N_5O$. *B.* Aus dem Äthylester (s. o.) und NH_3 in H_2O (*LaF. et al.,* l. c. S. 768). – Kristalle (aus $CHCl_3$); F: 93,5–95° (*LaF. et al.*).

Äthylamid $C_9H_{17}N_5O$. *B.* Aus dem Äthylester (s. o.) und Äthylamin in H_2O (*LaF. et al.*).

— Kristalle (aus Bzl.+Heptan); F: 61,5—63° (*LaF. et al.*).

[1-Phenyl-1*H*-tetrazol-5-yl]-essigsäure $C_9H_8N_4O_2$, Formel VIII (R = C_6H_5, R' = H).

B. Aus 5-Methyl-1-phenyl-1*H*-tetrazol bei aufeinanderfolgendem Behandeln mit Phenyllithium oder Phenylnatrium und mit festem CO_2 (*Jacobson, Amstutz,* J. org. Chem. **18** [1953] 1183, 1185). Aus dem Äthylester (s. u.) mit Hilfe von äthanol. KOH (*Jacobson, Amstutz,* J. org. Chem. **21** [1956] 311, 315).

Kristalle (aus H_2O); F: 135—135,5° [Zers.] (*Ja., Am.,* J. org. Chem. **18** 1185, **21** 315). Scheinbarer Dissoziationsexponent pK'_a (H_2O?): 3,1 (*Ja., Am.,* J. org. Chem. **18** 1185).

Äthylester $C_{11}H_{12}N_4O_2$. *B.* Bei aufeinanderfolgendem Behandeln von *N*-Phenyl-malonamidsäure-äthylester in Benzol mit PCl_5 und mit HN_3 (*Ja., Am.,* J. org. Chem. **21** 315). — $Kp_{0,1}$: 160° (*Jacobson et al.,* J. org. Chem. **19** [1954] 1909, 1916; *Ja., Am.,* J. org. Chem. **21** 315).

Amid $C_9H_9N_5O$. *B.* Aus dem Äthylester (s. o.) und NH_3 in H_2O (*Ja. et al.*; *Ja., Am.,* J. org. Chem. **21** 315). — Kristalle (aus H_2O); F: 176—177° (*Ja. et al.*; *Ja., Am.,* J. org. Chem. **21** 315).

Methylamid $C_{10}H_{11}N_5O$. *B.* Aus dem Äthylester (s. o.) und Methylamin (*LaForge et al.,* J. org. Chem. **21** [1956] 767, 768). — Kristalle (aus Bzl.); F: 126,5—128° (*LaF. et al.*).

Benzylamid $C_{16}H_{15}N_5O$. Kristalle (aus Bzl.); F: 158—160° (*LaF. et al.*).

Nitril $C_9H_7N_5$; [1-Phenyl-1*H*-tetrazol-5-yl]-acetonitril. *B.* Aus dem Amid (s. o.) mit Hilfe von P_2O_5 (*Ja. et al.*). — Kristalle (aus H_2O); F: 111—112° (*Ja. et al.*).

Hydrazid $C_9H_{10}N_6O$. *B.* Aus dem Äthylester (s. o.) und $N_2H_4 \cdot H_2O$ (*LaF. et al.*). — Kristalle (aus Isopropylalkohol); F: 168,5—170° (*LaF. et al.*).

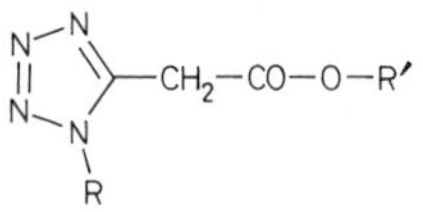

VIII 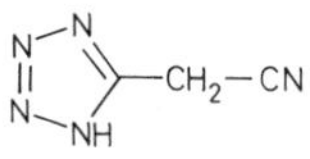 IX 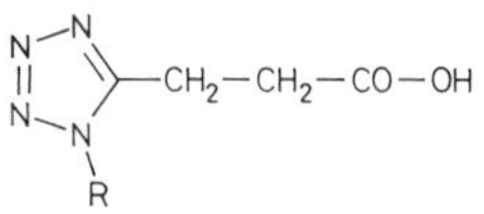 X 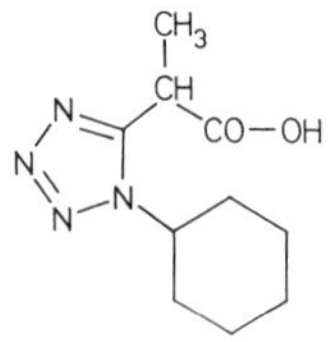 XI

[1-[1]Naphthyl-1*H*-tetrazol-5-yl]-essigsäure $C_{13}H_{10}N_4O_2$, Formel VIII (R = $C_{10}H_7$, R' = H).

B. Aus 5-Methyl-1-[1]naphthyl-1*H*-tetrazol bei aufeinanderfolgendem Behandeln mit Phenyllithium oder Phenylnatrium und mit festem CO_2 (*Jacobson, Amstutz,* J. org. Chem. **18** [1953] 1183, 1185).

Kristalle (aus wss. A.); F: 136° [Zers.] (*Ja., Am.*).

Amid $C_{13}H_{11}N_5O$. Kristalle (aus H_2O); F: 159,5—161° (*LaForge et al.,* J. org. Chem. **21** [1956] 767, 768).

Cyclohexylamid $C_{19}H_{21}N_5O$. Kristalle (aus Isopropylalkohol); F: 164—166° (*LaF. et al.*).

Carbonsäuren $C_4H_6N_4O_2$

3-[1-Cyclohexyl-1*H*-tetrazol-5-yl]-propionsäure $C_{10}H_{16}N_4O_2$, Formel X (R = C_6H_{11}).

B. Aus 5-Chlormethyl-1-cyclohexyl-1*H*-tetrazol beim Behandeln mit der Natrium-Verbindung des Malonsäure-diäthylesters und anschliessenden Hydrolysieren (*LaForge et al.,* J. org. Chem. **21** [1956] 767, 770).

Kristalle (aus wss. Isopropylalkohol); F: 176—178°.

Amid $C_{10}H_{17}N_5O$. Kristalle (aus Me.); F: 161,5—162° (*LaF. et al.,* l. c. S. 768).

3-[1-Phenyl-1*H*-tetrazol-5-yl]-propionsäure $C_{10}H_{10}N_4O_2$, Formel X (R = C_6H_5).

B. Aus [1-Phenyl-1*H*-tetrazol-5-ylmethyl]-malonsäure-diäthylester mit Hilfe von wss.-äthanol. KOH (*Jacobson et al.,* J. org. Chem. **19** [1954] 1909, 1917). Aus 2-[1-Phenyl-1*H*-tetrazol-5-ylmethyl]-acetessigsäure-äthylester mit Hilfe von wss. KOH (*Ja. et al.,* l. c. S. 1918).

Kristalle (aus H_2O) mit 1 Mol H_2O; F: 89—90°; die wasserfreie Verbindung schmilzt bei

118–119°. Scheinbarer Dissoziationsexponent pK'a (H_2O?): 5,0.

Äthylester $C_{12}H_{14}N_4O_2$. Kristalle (aus H_2O); F: 83–84°. Kp_8: 201–202°.

Amid $C_{10}H_{11}N_5O$. Kristalle (aus H_2O); F: 155–156°.

Ureid $C_{11}H_{12}N_6O_2$; [3-(1-Phenyl-1*H*-tetrazol-5-yl)-propionyl]-harnstoff. Gelbliche Kristalle (aus Nitrobenzol); F: 206–207°.

(±)-2-[1-Cyclohexyl-1*H*-tetrazol-5-yl]-propionsäure $C_{10}H_{16}N_4O_2$, Formel XI.

B. Aus 5-Äthyl-1-cyclohexyl-1*H*-tetrazol bei aufeinanderfolgendem Behandeln mit Phenyllithium oder Phenylnatrium und mit festem CO_2 (*LaForge et al.*, J. org. Chem. **21** [1956] 767, 770).

Kristalle (aus H_2O); F: 137,5–138,5° [Zers.].

[2-Diäthylamino-äthylester] $C_{16}H_{29}N_5O_2$. Hydrochlorid $C_{16}H_{29}N_5O_2 \cdot HCl$. Kristalle (aus Me. + Ae.); F: 132,5–134,5°.

Amid $C_{10}H_{17}N_5O$. Kristalle (aus H_2O); F: 154–155,5° (*LaF. et al.*, l. c. S. 768).

Carbonsäuren $C_5H_8N_4O_2$

(±)-2-[1-Phenyl-1*H*-tetrazol-5-yl]-buttersäure $C_{11}H_{12}N_4O_2$, Formel XII.

B. Aus dem Äthylester (s. u.) mit Hilfe von äthanol. KOH (*Jacobson, Amstutz*, J. org. Chem. **21** [1956] 311, 313).

Kristalle (aus Ae. + PAe.); F: 88–89° [Zers.].

Äthylester $C_{13}H_{16}N_4O_2$. *B.* Bei aufeinanderfolgendem Behandeln von (±)-2-Äthyl-*N*-phenyl-malonamidsäure-äthylester in Benzol mit PCl_5 und mit HN_3 (*Ja., Am.*). – Kristalle (aus Ae. + PAe.); F: 52–53°. $Kp_{0,1}$: 156–158°.

Amid $C_{11}H_{13}N_5O$. *B.* Aus dem Äthylester (s. o.) und NH_3 in H_2O (*Ja., Am.*, l. c. S. 315). – Kristalle (aus wss. A.); F: 126,5–127,5°.

2-[1-Cyclohexyl-1*H*-tetrazol-5-yl]-2-methyl-propionsäure $C_{11}H_{18}N_4O_2$, Formel XIII (X = OH).

B. Aus 1-Cyclohexyl-5-isopropyl-1*H*-tetrazol bei aufeinanderfolgendem Behandeln mit Phenyllithium oder Phenylnatrium und mit festem CO_2 (*Jacobson, Amstutz*, J. org. Chem. **18** [1953] 1183, 1185).

Kristalle (aus H_2O); F: 146–147° [Zers.]; scheinbarer Dissoziationsexponent pK'a (H_2O?): 3,7 (*Ja., Am.*).

[2-Dimethylamino-äthylester] $C_{15}H_{27}N_5O_2$. Hydrochlorid $C_{15}H_{27}N_5O_2 \cdot HCl$. *B.* Aus dem Chlorid (s. u.) und 2-Dimethylamino-äthanol (*LaForge et al.*, J. org. Chem. **21** [1956] 767, 770). – Kristalle (aus Isopropylalkohol + Bzl.); F: 188–189° (*LaF. et al.*).

[2-Diäthylamino-äthylester] $C_{17}H_{31}N_5O_2$. Hydrochlorid $C_{17}H_{31}N_5O_2 \cdot HCl$. *B.* Aus dem Chlorid (s. u.) und 2-Diäthylamino-äthanol (*LaF. et al.*, l. c. S. 768). – Kristalle (aus Isopropylalkohol); F: 169–170,5° (*LaF. et al.*).

Chlorid $C_{11}H_{17}ClN_4O$; 2-[1-Cyclohexyl-1*H*-tetrazol-5-yl]-2-methyl-propionylchlorid. Kristalle (aus Heptan); F: 109–111° (*LaF. et al.*).

Amid $C_{11}H_{19}N_5O$. Kristalle (aus Me.); F: 241–243° (*LaF. et al.*).

Diäthylamid $C_{15}H_{27}N_5O$. Kristalle (aus PAe.); F: 68,5–70° (*LaF. et al.*).

Benzylamid $C_{18}H_{25}N_5O$. Kristalle (aus Me.); F: 171–173° (*LaF. et al.*).

{2-[2-(1-Cyclohexyl-1*H*-tetrazol-5-yl)-2-methyl-propionyloxy]-äthyl}-trimethyl-ammonium $[C_{16}H_{30}N_5O_2]^+$, Formel XIII (X = O-CH_2-CH_2-$N(CH_3)_3]^+$).

Jodid $[C_{16}H_{30}N_5O_2]I$. *B.* Aus 2-[1-Cyclohexyl-1*H*-tetrazol-5-yl]-2-methyl-propionsäure-[2-dimethylamino-äthylester] (*LaForge et al.*, J. org. Chem. **21** [1956] 767, 768). – Kristalle (aus Isopropylalkohol); F: 203–204°.

(±)-2-[1-Cyclohexyl-1*H*-tetrazol-5-yl]-2-methyl-propionsäure-[2,2,2-trichlor-1-hydroxy-äthylamid] $C_{13}H_{20}Cl_3N_5O_2$, Formel XIII (X = NH-CH(OH)-CCl_3).

B. Aus 2-[1-Cyclohexyl-1*H*-tetrazol-5-yl]-2-methyl-propionsäure-amid und Chloral (*LaForge*

et al., J. org. Chem. **21** [1956] 767, 768, 771).
Kristalle (aus A.); F: 239,5–241°.

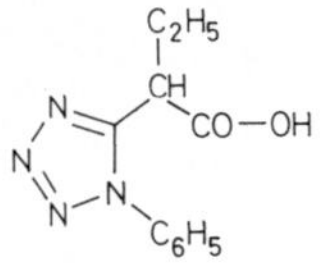

XII 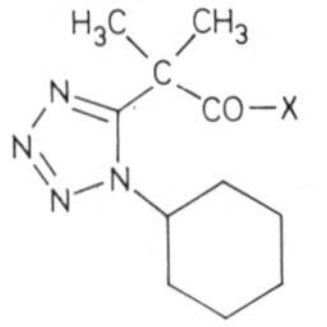 XIII 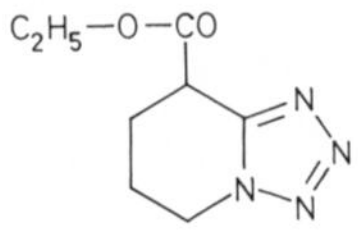 XIV

2-[1-Cyclohexyl-1*H*-tetrazol-5-yl]-2-methyl-propionsäure-[2-diäthylamino-äthylamid] $C_{17}H_{32}N_6O$, Formel XIII (X = NH-CH_2-CH_2-N(C_2H_5)$_2$).
B. Aus 2-[1-Cyclohexyl-1*H*-tetrazol-5-yl]-2-methyl-propionsäure-ester und *N,N*-Diäthyl-äthylendiamin (*LaForge et al.*, J. org. Chem. **21** [1956] 767, 768).
Hydrochlorid $C_{17}H_{32}N_6O \cdot HCl$. Kristalle (aus Me. + Ae.); F: 185–187°.
Methojodid [$C_{18}H_{35}N_6O$]I; Diäthyl-{2-[2-(1-cyclohexyl-1*H*-tetrazol-5-yl)-2-methyl-propionylamino]-äthyl}-methyl-ammonium-jodid. Kristalle (aus Isopropylalkohol); F: 191,5–193°.

Monocarbonsäuren $C_nH_{2n-4}N_4O_2$

Carbonsäuren $C_6H_8N_4O_2$

(±)-5,6,7,8-Tetrahydro-tetrazolopyridin-8-carbonsäure-äthylester $C_8H_{12}N_4O_2$, Formel XIV.
B. Beim Erwärmen von (±)-5-Azido-2-cyan-valeriansäure-äthylester (aus (±)-5-Brom-2-cyan-valeriansäure-äthylester und NaN_3 hergestellt) mit $ClSO_3H$ in $CHCl_3$ (*Chinoin A.G.*, D.R.P. 611692 [1934]; Frdl. **21** 673; U.S.P. 2020937 [1934]).
F: 41°. $Kp_{0,5}$: 172°.

Carbonsäuren $C_7H_{10}N_4O_2$

(±)-6,7,8,9-Tetrahydro-5*H*-tetrazoloazepin-9-carbonsäure $C_7H_{10}N_4O_2$, Formel I (R = H).
B. Aus 6,7,8,9-Tetrahydro-5*H*-tetrazoloazepin bei aufeinanderfolgendem Behandeln mit Phenyllithium oder Phenylnatrium und mit festem CO_2 (*Jacobson, Amstutz,* J. org. Chem. **18** [1953] 1183, 1185).
Kristalle (aus Nitroäthan); F: 147–148° [Zers.]; scheinbarer Dissoziationsexponent pK'_a (H_2O?): 3,4 (*Ja., Am.*).
Methylester $C_8H_{12}N_4O_2$. Kristalle (aus Ae. + PAe.); F: 56–59°; $Kp_{1,0}$: 174–177° (*LaForge et al.*, J. org. Chem. **21** [1956] 767, 770).
Äthylester $C_9H_{14}N_4O_2$. $Kp_{0,18}$: 169–172°; n_D^{25}: 1,4931 (*LaF. et al.*).
Amid $C_7H_{11}N_5O$. *B.* Aus dem Methylester (s. o.) und NH_3 in H_2O (*LaF. et al.*, l. c. S. 769). – Kristalle (aus Me.); F: 178–179,5° (*LaF. et al.*).
Hydrazid $C_7H_{12}N_6O$. *B.* Aus dem Methylester (s. o.) und $N_2H_4 \cdot H_2O$ (*LaF. et al.*). – Kristalle (aus Isopropylalkohol); F: 158–159° (*LaF. et al.*).
Azid $C_7H_9N_7O$; (±)-6,7,8,9-Tetrahydro-5*H*-tetrazoloazepin-9-carbonylazid. *B.* Aus dem Hydrazid (s. o.) beim Behandeln mit $NaNO_2$ und wss. HCl (*LaF. et al.*, l. c. S. 771). – Kristalle; F: 78° [Zers.] (*LaF. et al.*).

(±)-[5,6,7,8-Tetrahydro-tetrazolopyridin-5-yl]-essigsäure $C_7H_{10}N_4O_2$, Formel II (R = H).
B. Aus dem Äthylester [s. u.] (*Birkofer, Hartwig,* B. **89** [1956] 1608, 1614).
Kristalle (aus A.); F: 187–189°.

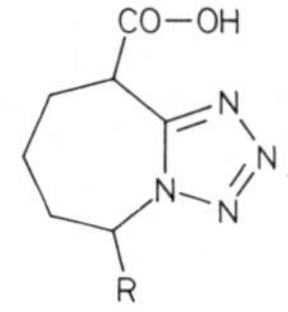

(±)-[5,6,7,8-Tetrahydro-tetrazolopyridin-5-yl]-essigsäure-äthylester $C_9H_{14}N_4O_2$, Formel II (R = C_2H_5).

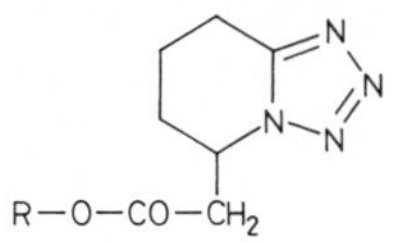

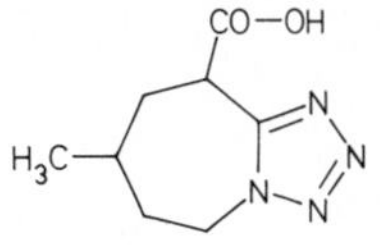

B. Aus (±)-[2-Oxo-cyclopentyl]-essigsäure-äthylester und HN_3 in $CHCl_3$ (*Birkofer, Hartwig,* B. **89** [1956] 1608, 1614).

Kristalle (aus $CHCl_3$ + PAe.); F: 76–77°.

Carbonsäuren $C_8H_{12}N_4O_2$

***Opt.-inakt. 5-Methyl-6,7,8,9-tetrahydro-5*H*-tetrazoloazepin-9-carbonsäure** $C_8H_{12}N_4O_2$, Formel I (R = CH_3).

B. Analog der folgenden Verbindung aus (±)-5-Methyl-6,7,8,9-tetrahydro-5*H*-tetrazoloazepin [S. 1716] (*Jacobson, Amstutz,* J. org. Chem. **18** [1953] 1183, 1185).

Kristalle (aus Bzl.); F: 128–130° [Zers.]. Scheinbarer Dissoziationsexponent pK'_a (H_2O?): 3,3.

***Opt.-inakt. 7-Methyl-6,7,8,9-tetrahydro-5*H*-tetrazoloazepin-9-carbonsäure** $C_8H_{12}N_4O_2$, Formel III.

B. Aus (±)-7-Methyl-6,7,8,9-tetrahydro-5*H*-tetrazoloazepin bei aufeinanderfolgender Umsetzung mit Phenyllithium oder Phenylnatrium und mit festem CO_2 (*Jacobson, Amstutz,* J. org. Chem. **18** [1953] 1183, 1185).

Kristalle (aus E.); F: 136–138° [Zers.]. Scheinbarer Dissoziationsexponent pK'_a (H_2O?): 3,2.

Carbonsäuren $C_{10}H_{16}N_4O_2$

(±)-6,6,8-Trimethyl-6,7,8,9-tetrahydro-5*H*-tetrazoloazepin-8-carbonsäure $C_{10}H_{16}N_4O_2$, Formel IV, oder **(±)-6,8,8-Trimethyl-6,7,8,9-tetrahydro-5*H*-tetrazoloazepin-6-carbonsäure** $C_{10}H_{16}N_4O_2$, Formel V.

B. Aus dem Methylester (s. u.) mit Hilfe von wss. NaOH (*Roberts et al.,* J. org. Chem. **15** [1950] 671, 673).

Kristalle (aus H_2O); F: 263–264° [Zers.] (*Ro. et al.*).

Methylester $C_{11}H_{18}N_4O_2$. *B.* Aus (±)-1,3,3-Trimethyl-5-oxo-cyclohexancarbonsäure-methylester beim Behandeln mit NH_2OH und Natriumacetat in H_2O und anschliessend mit NaN_3 und $ClSO_3H$ in 1,2-Dichlor-propan (*Ro. et al.*). – Kristalle (aus Heptan + Bzl.); F: 131–132° (*Ro. et al.*).

Diäthylamid $C_{14}H_{25}N_5O$. Kristalle (aus H_2O); F: 140–141° (*Ro. et al.*).

Hydrazid $C_{10}H_{18}N_6O$. *B.* Aus dem Methylester [s. o.] und $N_2H_4 \cdot H_2O$ (*LaForge et al.,* J. org. Chem. **21** [1956] 767, 769). – Kristalle (aus Me.); F: 207–209° (*LaF. et al.*).

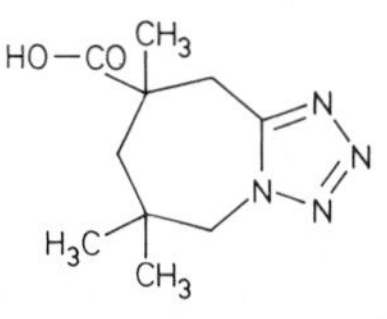

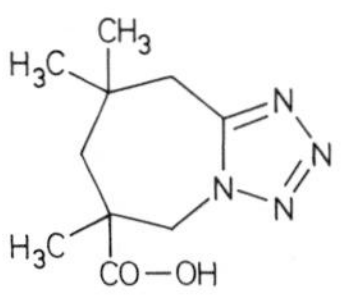

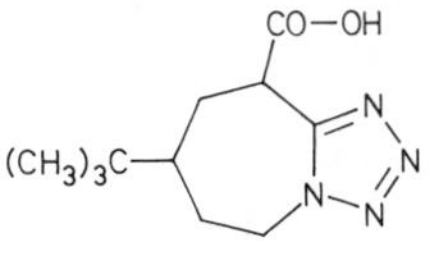

Carbonsäuren $C_{11}H_{18}N_4O_2$

***Opt.-inakt. 7-*tert*-Butyl-6,7,8,9-tetrahydro-5*H*-tetrazoloazepin-9-carbonsäure** $C_{11}H_{18}N_4O_2$, Formel VI.

B. Aus (±)-7-*tert*-Butyl-6,7,8,9-tetrahydro-5*H*-tetrazoloazepin beim Umsetzen mit Phenylli≠thium oder Phenylnatrium und anschliessend mit festem CO_2 (*Jacobson, Amstutz,* J. org. Chem. **18** [1953] 1183, 1185).

Kristalle (aus wss. A.); F: 153–154° [Zers.]. Scheinbarer Dissoziationsexponent pK'_a (H_2O?): 4,4.

Monocarbonsäuren $C_nH_{2n-8}N_4O_2$

Carbonsäuren $C_6H_4N_4O_2$

Tetrazolopyridin-6-carbonsäure $C_6H_4N_4O_2$, Formel VII (X = OH, X' = H) (H 564).

Cinchonin-Salz $C_6H_4N_4O_2 \cdot C_{19}H_{22}N_2O$. Kristalle (aus Me.); F: 220° (*Kenner, Statham,* B. **69** [1936] 187). $[\alpha]_D^{21,5}$: +144,0° [wss. Eg. (10 n); c = 0,8].

Chinin-Salz $C_6H_4N_4O_2 \cdot C_{20}H_{24}N_2O_2$. Kristalle (aus Me.); F: 205–210°. $[\alpha]_D^{17}$: −145,2° [Eg.; c = 1,3].

Strychnin-Salz $C_6H_4N_4O_2 \cdot C_{21}H_{22}N_2O_2$. Kristalle (aus Me.); F: 220–224°. $[\alpha]_D^{17}$: −1,56° [$CHCl_3$; c = 3,1].

Brucin-Salz $C_6H_4N_4O_2 \cdot C_{23}H_{26}N_2O_4$. Kristalle (aus Me.); F: 240–244°. $[\alpha]_D^{18}$: +1,1° [$CHCl_3$; c = 2].

8-Chlor-tetrazolopyridin-6-carbonsäure $C_6H_3ClN_4O_2$, Formel VII (X = OH, X' = Cl).

B. Aus dem folgenden Äthylester (*Graf,* J. pr. [2] **138** [1933] 244, 256).

Kristalle (aus H_2O); F: 195–196°.

8-Chlor-tetrazolopyridin-6-carbonsäure-äthylester $C_8H_7ClN_4O_2$, Formel VII (X = O-C_2H_5, X' = Cl).

B. Beim Diazotieren von 5-Chlor-6-hydrazino-nicotinsäure-äthylester (*Graf,* J. pr. [2] **138** [1933] 244, 256).

Kristalle (aus wss. Eg.); F: 95–96°.

8-Chlor-tetrazolopyridin-6-carbonsäure-diäthylamid $C_{10}H_{12}ClN_5O$, Formel VII (X = N(C_2H_5)$_2$, X' = Cl).

B. Beim Erwärmen von 5,6-Dichlor-nicotinsäure-diäthylamid mit $N_2H_4 \cdot H_2O$ in Äthanol und anschliessenden Diazotieren (*Graf,* J. pr. [2] **138** [1933] 259, 262).

Kristalle (aus wss. A.); F: 113–115°.

8-Nitro-tetrazolopyridin-6-carbonsäure $C_6H_3N_5O_4$, Formel VII (X = OH, X' = NO_2).

B. Beim Erwärmen von 6-Chlor-5-nitro-nicotinsäure mit NaN_3 und wss.-methanol. HCl (*Boyer, Schoen,* Am. Soc. **78** [1956] 423).

Kristalle (aus A.); F: 189,5–190,0° [korr.; Zers.] (*Bo., Sch.*).

Beim Erhitzen ist 1(oder 3)Oxy-[1,2,5]oxadiazolo[3,4-*b*]pyridin-6-carbonsäure („ψ-2,3-Dini≠troso-5-carboxy-pyridin"; F: 184–185° [Zers.]; über die Konstitution dieser Verbindung vgl. *Boulton et al.,* Soc. [B] **1970** 636) erhalten worden (*Bo., Sch.*).

8-Nitro-tetrazolopyridin-6-carbonsäure-methylester $C_7H_5N_5O_4$, Formel VII (X = O-CH_3, X' = NO_2).

B. Analog der vorangehenden Verbindung (*Boyer, Schoen,* Am. Soc. **78** [1956] 423).

Gelbliche Kristalle (aus A.); F: 117° [korr.; Zers.].

7(9)*H*-Purin-6-carbonsäure $C_6H_4N_4O_2$, Formel VIII (X = OH) und Taut.

B. Beim Erhitzen von 7(9)*H*-Purin-6-carbonitril mit wss. NaOH (*Mackay, Hitchings,* Am.

Soc. **78** [1956] 3511). Aus 7(9)*H*-Purin-6-carbaldehyd oder aus 1-[7(9)*H*-Purin-6-ylmethyl]-pyri⸗dinium-jodid mit Hilfe von $KMnO_4$ (*Giner-Sorolla et al.*, Am. Soc. **81** [1959] 2515, 2518).

Kristalle (aus H_2O) mit 1 Mol H_2O (*Ma., Hi.*); F: 200° [unkorr.; Zers.] (*Gi.-So. et al.*), 198° [Zers.] (*Ma., Hi.*). λ_{max} (wss. Lösung): 280 nm [pH 1] bzw. 279 nm [pH 11] (*Ma., Hi.*).

Amid $C_6H_5N_5O$; 7(9)*H*-Purin-6-carbamid. *B.* Aus dem Nitril (s. u.) mit Hilfe von wss. NaOH (*Ma., Hi.*). Aus dem Hydrazid [s. u.] mit Hilfe von $K_3[Fe(CN)_6]$ (*Giner-Sorolla, Bendich,* Am. Soc. **80** [1958] 3932, 3935). – Kristalle (aus H_2O); F: 315–320° [unkorr.; Zers.] (*Ma., Hi.*; *Gi.-So., Be.*). λ_{max} (wss. Lösung): 240 nm und 279 nm [pH 1] bzw. 292 nm [pH 11] (*Ma., Hi.*).

Methylamid $C_7H_7N_5O$. Kristalle (aus H_2O); F: 308–310° [unkorr.; Zers.] (*Gi.-So., Be.*, l. c. S. 3936). λ_{max} (wss. Lösung): 276 nm [pH 0,13], 287 nm [pH 7,72] bzw. 292 nm [pH 12] (*Gi.-So., Be.*). Scheinbare Dissoziationsexponenten pK'_{a1} (protonierte Verbindung) und pK'_{a2} (H_2O; spektrophotometrisch ermittelt): ca. 1,0 bzw. 8,9 (*Gi.-So., Be.*, l. c. S. 3934). In 1360 g H_2O löst sich bei 20° 1 g (*Gi.-So., Be.*).

Dimethylamid $C_8H_9N_5O$. Kristalle (aus H_2O); F: 210–211° [unkorr.; Zers.] (*Gi.-So., Be.*). λ_{max}: 268 nm [wss. HCl (3 n) sowie wss. Lösung vom pH 6,60] bzw. 277 nm [wss. Lösung vom pH 14] (*Gi.-So., Be.*). Scheinbare Dissoziationsexponenten pK'_{a1} (protonierte Verbindung) und pK'_{a2} (H_2O; spektrophotometrisch ermittelt): ca. 0 bzw. 7,9 (*Gi.-So., Be.*).

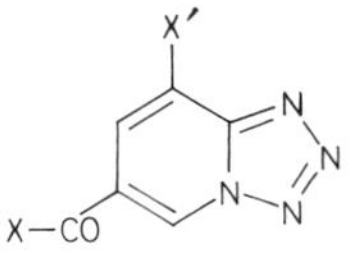

VII 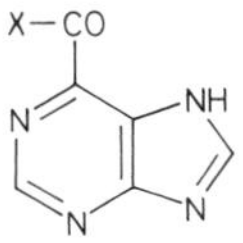 VIII 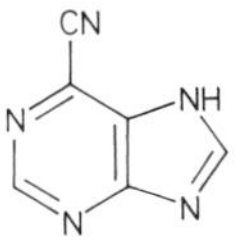 IX 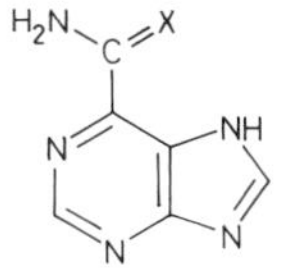 X

7(9)*H*-Purin-6-carbonitril $C_6H_3N_5$, Formel IX und Taut.

B. Beim Erhitzen von 6-Jod-7(9)*H*-purin mit CuCN in Pyridin (*Mackay, Hitchings,* Am. Soc. **78** [1956] 3511).

Kristalle (aus Bzl.); F: 177–178° (*Ma., Hi.*). λ_{max}: 289 nm [wss. Lösung vom pH 1] bzw. 292 nm [wss. Lösung vom pH 11] (*Ma., Hi.*), 247 nm und 284 nm [wss. HCl (6 n)], 288 nm [wss. Lösung vom pH 4,91] bzw. 292 nm [wss. Lösung vom pH 9,11] (*Giner-Sorolla, Bendich,* Am. Soc. **80** [1958] 3932, 3935). Scheinbare Dissoziationsexponenten pK'_{a1} (protonierte Verbin⸗dung) und pK'_{a2} (H_2O; spektrophotometrisch und potentiometrisch ermittelt): ca. 0,3 bzw. 6,88 (*Gi.-So., Be.*, l. c. S. 3934).

7(9)*H*-Purin-6-carbimidsäure-amid, 7(9)*H*-Purin-6-carbamidin $C_6H_6N_6$, Formel X (X = NH) und Taut.

B. Beim Behandeln von 7(9)*H*-Purin-6-carbonitril mit äthanol. HCl und anschliessenden Er⸗hitzen mit äthanol. NH_3 (*Mackay, Hitchings,* Am. Soc. **78** [1956] 3511).

F: 316–320° [Zers.]. λ_{max} (wss. Lösung): 294 nm [pH 1] bzw. 300 nm [pH 11].

7(9)*H*-Purin-6-carbohydroximsäure-amid, 7(9)*H*-Purin-6-carbamidoxim $C_6H_6N_6O$, Formel X (X = N-OH) und Taut.

B. Aus 7(9)*H*-Purin-6-carbonitril beim Erwärmen mit NH_2OH in Äthanol (*Giner-Sorolla, Bendich,* Am. Soc. **80** [1958] 3932, 3936).

Kristalle (aus H_2O) mit 0,33 Mol H_2O (*Gi.-So., Be.*); F: 274–276° [unkorr.; Zers.] (*Giner-Sorolla et al.*, Am. Soc. **81** [1959] 2515, 2520 Anm.), 270–272° [unkorr.; Zers.] (*Gi.-So., Be.*). λ_{max} (wss. Lösung): 274 nm [pH 0,13], 272 nm und 305 nm [pH 7,34] bzw. 326 nm [pH 11,72] (*Gi.-So., Be.*, l. c. S. 3935). Scheinbare Dissoziationsexponenten pK'_{a1} (protonierte Verbindung) und pK'_{a2} (H_2O; spektrophotometrisch ermittelt): ca. 2 bzw. 9,4 (*Gi.-So., Be.*, l. c. S. 3934). In 13100 g H_2O löst sich bei 20° 1 g (*Gi.-So., Be.*).

7(9)*H*-Purin-6-carbonsäure-hydrazid $C_6H_6N_6O$, Formel VIII (X = NH-NH_2) und Taut.

B. Aus 7(9)*H*-Purin-6-carbonsäure-amid und N_2H_4 (*Giner-Sorolla, Bendich,* Am. Soc. **80**

[1958] 3932, 3936).

Kristalle (aus H_2O); F: 292–294° [unkorr.; Zers.] (*Gi.-So., Be.*).

Benzolsulfonyl-Derivat $C_{12}H_{10}N_6O_3S$; *N*-Benzolsulfonyl-*N'*-[7(9)*H*-purin-6-carbonyl]-hydrazin, 7(9)*H*-Purin-6-carbonsäure-[*N'*-benzolsulfonyl-hydrazid]. Kristalle (aus A.) mit 0,5 Mol H_2O; F: 235° [unkorr.; Zers.] (*Giner-Sorolla et al.*, Am. Soc. **81** [1959] 2515, 2520).

7(9)*H*-Purin-6-carbonsäure-[amid-hydrazon], 7(9)*H*-Purin-6-carbohydrazonsäure-amid, 7(9)*H*-Purin-6-carbamidrazon $C_6H_7N_7$, Formel X (X = N-NH_2) und Taut.

B. Aus 7(9)*H*-Purin-6-carbonitril oder 7(9)*H*-Purin-6-thiocarbonsäure-amid und N_2H_4 (*Giner-Sorolla, Bendich,* Am. Soc. **80** [1958] 3932, 3936).

Kristalle (aus H_2O); F: 325–330° [unkorr.; Zers.]. λ_{max} (wss. Lösung): 291 nm [pH 3,2], 275 nm und 320 nm [pH 6,18] bzw. 295 nm [pH 11,20]. Scheinbare Dissoziationsexponenten pK'_{a1} (protonierte Verbindung) und pK'_{a2} (H_2O; spektrophotometrisch ermittelt): 5,12 bzw. ca. 10. In 3190 g löst sich bei 20° 1 g.

7(9)*H*-Purin-6-carbonsäure-[amid-phenylhydrazon], *N*-Phenyl-7(9)*H*-purin-6-carbamidrazon $C_{12}H_{11}N_7$, Formel X (X = N-NH-C_6H_5) und Taut.

B. Analog der vorangehenden Verbindung (*Giner-Sorolla et al.,* Am. Soc. **81** [1959] 2515, 2520).

Gelbe Kristalle (aus wss. A.); F: 156° [unkorr.].

7(9)*H*-Purin-6-carbonylazid $C_6H_3N_7O$, Formel XI (X = O) und Taut.

B. Beim Behandeln von 7(9)*H*-Purin-6-carbonsäure-hydrazid mit $NaNO_2$ und wss. Essigsäure (*Giner-Sorolla, Bendich,* Am. Soc. **80** [1958] 3932, 3936).

F: 156° [unkorr.; explosive Zers.].

7(9)*H*-Purin-6-carbimidoylazid $C_6H_4N_8$, Formel XI (X = NH) und Taut.

Eine von *Giner-Sorolla et al.* (Am. Soc. **81** [1959] 2515, 2520) unter dieser Konstitution beschriebene Verbindung ist vermutlich als 6-[1*H*-Tetrazol-5-yl]-7(9)*H*-purin zu formulieren (s. dazu *Eloy,* J. org. Chem. **26** [1961] 952).

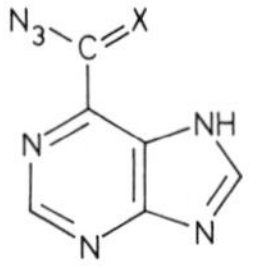

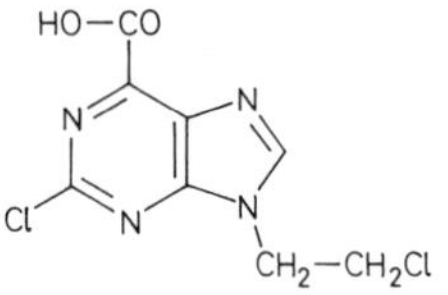

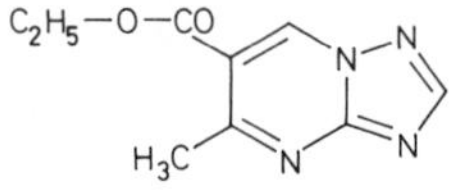

2-Chlor-9-[2-chlor-äthyl]-9*H*-purin-6-carbonsäure $C_8H_6Cl_2N_4O_2$, Formel XII.

B. Aus dem Methylester (s. u.) mit Hilfe von wss. HCl (*Clark, Ramage,* Soc. **1958** 2821, 2826).

Kristalle (aus H_2O); F: 206°.

Methylester $C_9H_8Cl_2N_4O_2$. *B.* Beim Behandeln von 5-Amino-2-chlor-6-[2-chlor-äthylamino]-pyrimidin-4-carbonsäure-methylester mit DMF und $POCl_3$ (*Cl., Ra.*). – Kristalle (aus A.); F: 189–190°.

Äthylester $C_{10}H_{10}Cl_2N_4O_2$. *B.* Analog dem Methylester [s. o.] (*Cl., Ra.*). – Kristalle (aus A.); F: 128–129°.

7(9)*H*-Purin-6-thiocarbonsäure-amid, 7(9)*H*-Purin-6-thiocarbamid $C_6H_5N_5S$, Formel X (X = S) und Taut.

B. Beim Behandeln von 7(9)*H*-Purin-6-carbonitril mit NH_3 und H_2S in Äthanol (*Mackay, Hitchings,* Am. Soc. **78** [1956] 3511).

Gelbe Kristalle (aus Me.); F: 240–242° [Zers.]. λ_{max} (wss. Lösung): 285 nm [pH 1] bzw. 294 nm [pH 11].

Carbonsäuren $C_7H_6N_4O_2$

5-Methyl-[1,2,4]triazolo[1,5-*a*]pyrimidin-6-carbonsäure-äthylester $C_9H_{10}N_4O_2$, Formel XIII.
Eine von *De Cat, Van Dormael* (Bl. Soc. chim. Belg. **60** [1951] 69, 74) unter dieser Konstitution beschriebene Verbindung ist als 7-Methyl-[1,2,4]triazolo[1,5-*a*]pyrimidin-6-carbonsäure-äthylester zu formulieren (*Sirakawa,* J. pharm. Soc. Japan **79** [1959] 1482, 1483; C. A. **1960** 11039).
B. Neben 7-Methyl-[1,2,4]triazolo[1,5-*a*]pyrimidin-6-carbonsäure-äthylester aus 2-Hydrazino-4-methyl-pyrimidin-5-carbonsäure-äthylester und Orthoameisensäure-triäthylester (*Si.,* l. c. S. 1485).
Kristalle (aus H_2O); F: 135–137° [unkorr.] (*Si.*).

7-Methyl-[1,2,4]triazolo[1,5-*a*]pyrimidin-5-carbonsäure $C_7H_6N_4O_2$, Formel I.
B. Neben 5-Methyl-[1,2,4]triazolo[1,5-*a*]pyrimidin-7-carbonsäure beim Erwärmen von 1*H*-[1,2,4]Triazol-3-ylamin mit 2,4-Dioxo-valeriansäure-äthylester in Äthanol und anschliessenden Erhitzen mit wss. HCl (*Sirakawa,* J. pharm. Soc. Japan **79** [1959] 1482, 1485; C. A. **1960** 11039).
Kristalle (aus H_2O); F: 242° [unkorr.; Zers.].

5-Methyl-[1,2,4]triazolo[1,5-*a*]pyrimidin-7-carbonsäure $C_7H_6N_4O_2$, Formel II.
B. s. o. bei 7-Methyl-[1,2,4]triazolo[1,5-*a*]pyrimidin-5-carbonsäure.
Kristalle (aus H_2O); F: 175° [unkorr.; Zers.] (*Sirakawa,* J. pharm. Soc. Japan **79** [1959] 1482, 1485; C. A. **1960** 11039).

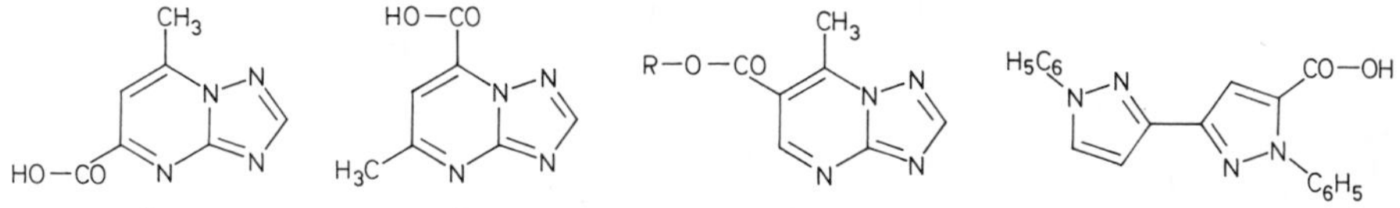

7-Methyl-[1,2,4]triazolo[1,5-*a*]pyrimidin-6-carbonsäure $C_7H_6N_4O_2$, Formel III (R = H).
B. Aus dem Äthylester (s. u.) mit Hilfe von wss. NaOH (*Sirakawa,* J. pharm. Soc. Japan **79** [1959] 1482, 1485; C. A. **1960** 11039).
Kristalle (aus H_2O); F: 265° [unkorr.; Zers.].

7-Methyl-[1,2,4]triazolo[1,5-*a*]pyrimidin-6-carbonsäure-äthylester $C_9H_{10}N_4O_2$, Formel III (R = C_2H_5).
Diese Konstitution kommt auch einer von *De Cat, Van Dormael* (Bl. Soc. chim. Belg. **60** [1951] 69, 74) als 5-Methyl-[1,2,4]triazolo[1,5-*a*]pyrimidin-6-carbonsäure-äthylester formulierten Verbindung zu (*Sirakawa,* J. pharm. Soc. Japan **79** [1959] 1482, 1483; C. A. **1960** 11039).
B. Aus 1*H*-[1,2,4]Triazol-3-ylamin und 2-Acetyl-3-äthoxy-acrylsäure-äthylester [E IV **3** 1962] (*De Cat, Van Do.*; *Si.,* l. c. S. 1485). Eine weitere Bildungsweise s. o. im Artikel 5-Methyl-[1,2,4]triazolo[1,5-*a*]pyrimidin-6-carbonsäure-äthylester.
Kristalle; F: 103–104° [aus A.] (*De Cat, Van Do.*), 102–104° [unkorr.; aus H_2O oder wss. A.] (*Si.*).

1,1'-Diphenyl-1*H*,1'*H*-[3,3']bipyrazolyl-5-carbonsäure $C_{19}H_{14}N_4O_2$, Formel IV.
B. Aus 5-Methyl-1,1'-diphenyl-1*H*,1'*H*-[3,3']bipyrazolyl mit Hilfe von $KMnO_4$ (*Snyder et al.,* Am. Soc. **74** [1952] 3243, 3246).
Kristalle (aus Me.); F: 225–226° [korr.; Zers.].

1,1'-Diphenyl-1*H*,1'*H*-[3,4']bipyrazolyl-5-carbonsäure $C_{19}H_{14}N_4O_2$, Formel V.
B. Analog der vorangehenden Verbindung (*Snyder et al.,* Am. Soc. **74** [1952] 3243, 3246).
Kristalle (aus Me.); F: 224–225° [korr.; Zers.].

7-Chlor-5-methyl-1(2)*H*-pyrazolo[4,3-*d*]pyrimidin-3-carbonsäure-äthylester $C_9H_9ClN_4O_2$, Formel VI (R = CH_3, X = Cl) und Taut.

B. Aus 7-Chlor-5-methyl-3*H*-pyrazolo[4,3-*d*]pyrimidin-3,3-dicarbonsäure-diäthylester bei aufeinanderfolgendem Behandeln mit wss. NaOH und mit wss. Essigsäure (*Rose,* Soc. **1954** 4116, 4121).

Gelbliche Kristalle (aus wss. Acn.); F: 211° [Zers.; im auf 200° vorgeheizten Bad].

5-Chlor-7-methyl-1(2)*H*-pyrazolo[4,3-*d*]pyrimidin-3-carbonsäure-äthylester $C_9H_9ClN_4O_2$, Formel VI (R = Cl, X = CH_3) und Taut.

B. Analog der vorangehenden Verbindung (*Rose,* Soc. **1954** 4116, 4121).

Kristalle; F: 208° [Zers.].

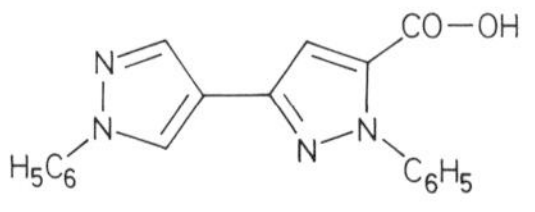

V 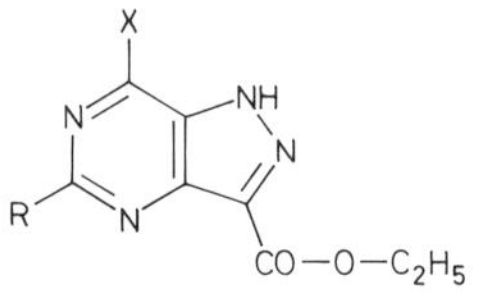 VI 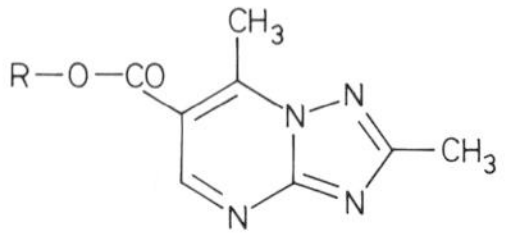 VII

Carbonsäuren $C_8H_8N_4O_2$

2,7-Dimethyl-[1,2,4]triazolo[1,5-*a*]pyrimidin-6-carbonsäure $C_8H_8N_4O_2$, Formel VII (R = H).

B. Aus dem Äthylester (s. u.) mit Hilfe von wss. NaOH (*Sirakawa,* J. pharm. Soc. Japan **79** [1959] 1482, 1485; C. A. **1960** 11039).

Kristalle (aus H_2O); F: 286° [unkorr.; Zers.; nach Sintern bei ca. 270°].

2,7-Dimethyl-[1,2,4]triazolo[1,5-*a*]pyrimidin-6-carbonsäure-äthylester $C_{10}H_{12}N_4O_2$, Formel VII (R = C_2H_5).

B. Aus 5-Methyl-1*H*-[1,2,4]triazol-3-ylamin und 2-Acetyl-3-äthoxy-acrylsäure-äthylester [E IV **3** 1962] (*Sirakawa,* J. pharm. Soc. Japan **79** [1959] 1482, 1485; C. A. **1960** 11039).

Kristalle (aus H_2O); F: 112–113° [unkorr.].

5′-Methyl-1(2)*H*,1′(2′)*H*-[3,3′]bipyrazolyl-5-carbonsäure $C_8H_8N_4O_2$, Formel VIII (R = H) und Taut.

B. Neben 1(2)*H*,1′(2′)*H*-[3,3′]Bipyrazolyl-5,5′-dicarbonsäure beim Erhitzen von 5,5′-Dimethyl-1(2)*H*,1′(2′)*H*-[3,3′]bipyrazolyl mit wss. $KMnO_4$ (*Fusco, Zumin,* G. **76** [1946] 223, 234).

Kristalle (aus wss. A.); F: 325° [Zers.].

Carbonsäuren $C_9H_{10}N_4O_2$

1,4,5′-Trimethyl-1*H*,1′(2′)*H*-[3,3′]bipyrazolyl-5-carbonsäure $C_{10}H_{12}N_4O_2$, Formel VIII (R = CH_3) und Taut.

B. Beim Erwärmen von 5-Acetoacetyl-2,4-dimethyl-2*H*-pyrazol-3-carbonsäure mit $N_2H_4 \cdot H_2O$ in Äthanol (*Brain, Finar,* Soc. **1958** 2486, 2488).

Kristalle (aus H_2O); F: 247–248° [Zers.].

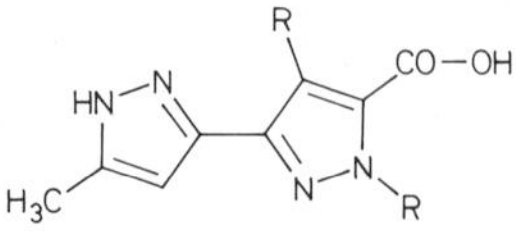

VIII 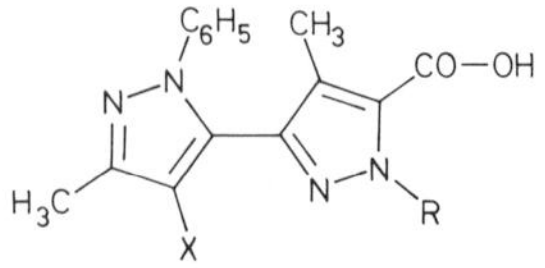 IX

4,5′-Dimethyl-2′-phenyl-1(2)*H*,2′*H*-[3,3′]bipyrazolyl-5-carbonsäure $C_{15}H_{14}N_4O_2$, Formel IX (R = X = H) und Taut.

B. Beim Erhitzen von 5-Acetoacetyl-4-methyl-1(2)*H*-pyrazol-3-carbonsäure-äthylester mit

Phenylhydrazin in Essigsäure und anschliessenden Behandeln mit äthanol. KOH (*Brain, Finar,* Soc. **1958** 2486, 2488).

Kristalle (aus A.); F: 250–251°.

1,4,5′-Trimethyl-2′-phenyl-1*H*,2′*H*-[3,3′]bipyrazolyl-5-carbonsäure $C_{16}H_{16}N_4O_2$, Formel IX (R = CH_3, X = H).

B. Aus 5-Acetoacetyl-2,4-dimethyl-2*H*-pyrazol-3-carbonsäure und Phenylhydrazin (*Brain, Finar,* Soc. **1958** 2486, 2488). Neben der folgenden Verbindung aus 4,5′-Dimethyl-2′-phenyl-1(2)*H*,2′*H*-[3,3′]bipyrazolyl-5-carbonsäure und Dimethylsulfat (*Br., Fi.*).

Kristalle (aus wss. A.); F: 212–213°.

2,4,5′-Trimethyl-2′-phenyl-2*H*,2′*H*-[3,3′]bipyrazolyl-5-carbonsäure $C_{16}H_{16}N_4O_2$, Formel X.

B. s. im vorangehenden Artikel.

Kristalle (aus Bzl.); F: 232,5–233° (*Brain, Finar,* Soc. **1958** 2486, 2488).

4′-Brom-1,4,5′-trimethyl-2′-phenyl-1*H*,2′*H*-[3,3′]bipyrazolyl-5-carbonsäure $C_{16}H_{15}BrN_4O_2$, Formel IX (R = CH_3, X = Br).

B. Aus 1,4,5′-Trimethyl-2′-phenyl-1*H*,2′*H*-[3,3′]bipyrazolyl-5-carbonsäure und Brom (*Brain, Finar,* Soc. **1958** 2486, 2488).

Kristalle (aus heissem wss. A.); F: 201,5–202,5°. Wasserhaltige Kristalle (aus kaltem wss. A.); F: 110° [Zers.].

Monocarbonsäuren $C_nH_{2n-10}N_4O_2$

4-[1*H*-Tetrazol-5-yl]-benzonitril $C_8H_5N_5$, Formel XI und Taut.

B. Aus Terephthalonitril und $[NH_4]N_3$ (*Finnegan et al.,* Am. Soc. **80** [1958] 3908, 3909, 3910).

Kristalle (aus H_2O); F: >300° [Zers.].

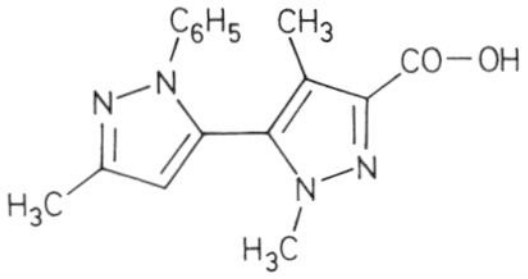

X 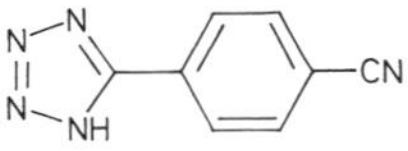 XI 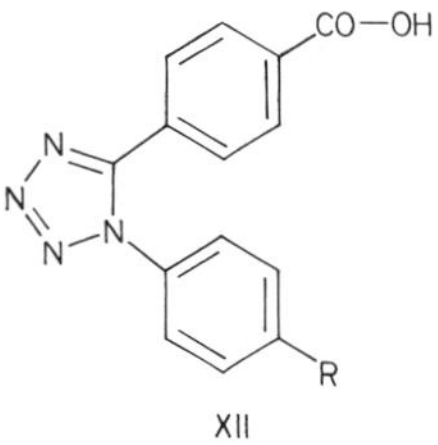 XII

4-[1-Phenyl-1*H*-tetrazol-5-yl]-benzoesäure $C_{14}H_{10}N_4O_2$, Formel XII (R = H).

B. Beim Erhitzen von 1-Phenyl-5-*p*-tolyl-1*H*-tetrazol mit CrO_3 und Essigsäure (*v. Braun, Rudolph,* B. **74** [1941] 264, 270).

Kristalle (aus Eg.); F: 267°.

Chlorid $C_{14}H_9ClN_4O$; 4-[1-Phenyl-1*H*-tetrazol-5-yl]-benzoylchlorid. Kristalle; F: 104°.

5-[4-Cyan-phenyl]-2,3-diphenyl-tetrazolium $[C_{20}H_{14}N_5]^+$, Formel XIII.

Chlorid $[C_{20}H_{14}N_5]Cl$. *B.* Beim Behandeln von 3-[4-Cyan-phenyl]-1,5-diphenyl-formazan mit Blei(IV)-acetat in $CHCl_3$ und anschliessenden Überführen in das Chlorid (*Ashley et al.,* Soc. **1953** 3881, 3885, 3886). – Gelbbraune Kristalle (aus A.+Ae.) mit 0,5 Mol H_2O; F: 240° [Zers.] (*Ash. et al.*). Polarographisches Halbstufenpotential (wss. Lösung vom pH 6,7): *Campbell, Kane,* Soc. **1956** 3130, 3138.

1,5-Bis-[4-carboxy-phenyl]-1*H*-tetrazol, 4,4′-Tetrazol-1,5-diyl-di-benzoesäure $C_{15}H_{10}N_4O_4$, Formel XII (R = CO-OH).

B. Beim Erhitzen von 1,5-Di-*p*-tolyl-1*H*-tetrazol mit CrO_3 und Essigsäure (*v. Braun, Rudolph,*

B. **74** [1941] 264, 270).

Kristalle (aus Eg.); F: 310°.

Dichlorid $C_{15}H_8Cl_2N_4O_2$; 4,4′-Tetrazol-1,5-diyl-di-benzoylchlorid. Kristalle; F: 174°.

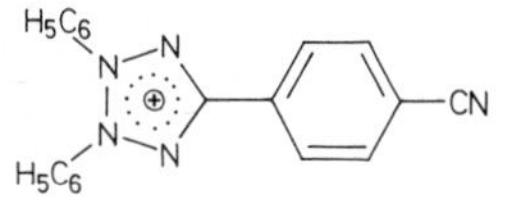

XIII 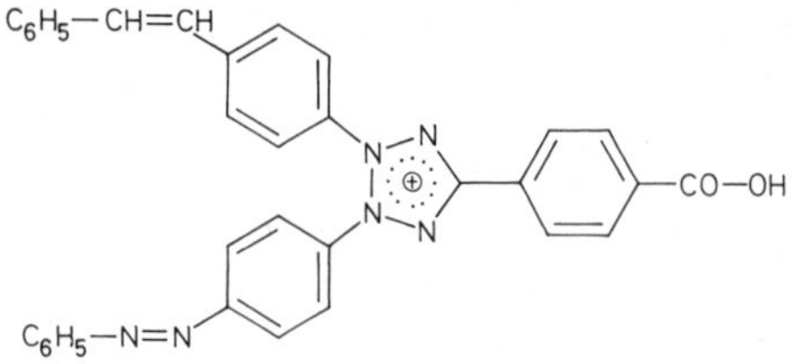 XIV

***5-[4-Carboxy-phenyl]-2-[4-phenylazo-phenyl]-3-stilben-4-yl-tetrazolium** $[C_{34}H_{25}N_6O_2]^+$, Formel XIV.

Chlorid $[C_{34}H_{25}N_6O_2]Cl$. *B.* Beim Behandeln von 4-[*N*-(4-Phenylazo-phenyl)-*N*‴-stilben-4-yl-formazanyl]-benzoesäure (F: 239–240°) mit Isoamylnitrit und HCl in Methanol (*Nineham et al.*, Soc. **1954** 1568, 1569). – Rote Kristalle (aus A.) mit 1 Mol H_2O; F: 195° [Zers.].

(±)-[1-Methyl-1*H*-tetrazol-5-yl]-phenyl-essigsäure $C_{10}H_{10}N_4O_2$, Formel I.

B. Aus 5-Benzyl-1-methyl-1*H*-tetrazol bei aufeinanderfolgender Umsetzung mit Phenyllithium oder Phenylnatrium und mit festem CO_2 (*Jacobson, Amstutz*, J. org. Chem. **18** [1953] 1183, 1185).

F: 104° [Zers.]; wenig beständig (*Ja., Am.*).

Äthylester $C_{12}H_{14}N_4O_2$. $Kp_{1,5}$: 178–180°; n_D^{25}: 1,5350 (*LaForge et al.*, J. org. Chem. **21** [1956] 767, 770).

Amid $C_{10}H_{11}N_5O$. Kristalle (aus Isopropylalkohol); F: 179,5–181° (*LaF. et al.*, l. c. S. 768).

Cyclohexylamid $C_{16}H_{21}N_5O$. Kristalle (aus Me.); F: 152–153,5° (*LaF. et al.*).

Hydrazid $C_{10}H_{12}N_6O$. *B.* Aus dem Äthylester (s. o.) und $N_2H_4 \cdot H_2O$ (*LaF. et al.*). – Kristalle (aus Isopropylalkohol + Heptan); F: 126–127,5° (*LaF. et al.*).

6,7,8,9-Tetrahydro-[1,2,4]triazolo[1,5-*a*]chinazolin-5-carbonsäure-äthylester $C_{12}H_{14}N_4O_2$, Formel II (X = O-C_2H_5), oder **6,7,8,9-Tetrahydro-[1,2,4]triazolo[4,3-*a*]chinazolin-5-carbonsäure-äthylester** $C_{12}H_{14}N_4O_2$, Formel III (X = O-C_2H_5).

B. Beim Erwärmen von 1*H*-[1,2,4]Triazol-3-ylamin mit [2-Oxo-cyclohexyl]-glyoxylsäure-äthylester in Äthanol (*Cook et al.*, R. **69** [1950] 343, 348).

Kristalle (aus Bzl. + PAe.); F: 113–116°.

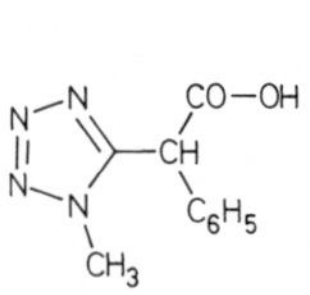

I 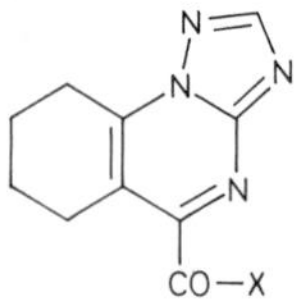 II 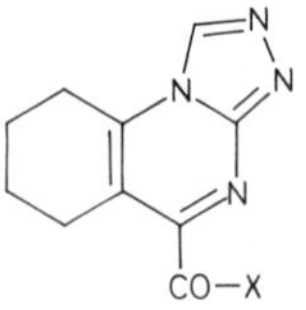 III 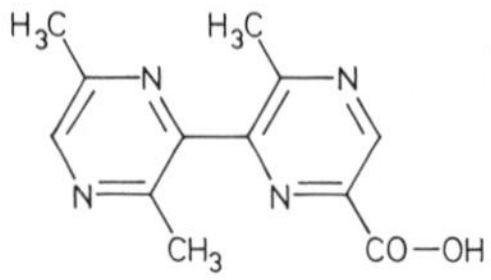 IV

6,7,8,9-Tetrahydro-[1,2,4]triazolo[1,5-*a*]chinazolin-5-carbonsäure-amid $C_{10}H_{11}N_5O$, Formel II (X = NH_2), oder **6,7,8,9-Tetrahydro-[1,2,4]triazolo[4,3-*a*]chinazolin-5-carbonsäure-amid** $C_{10}H_{11}N_5O$, Formel III (X = NH_2).

B. Aus der vorangehenden Verbindung beim Behandeln mit wss.-äthanol. NH_3 (*Cook et al.*, R. **69** [1950] 343, 348).

F: 264–266°.

Monocarbonsäuren $C_nH_{2n-12}N_4O_2$

3,3′,6′-Trimethyl-[2,2′]bipyrazinyl-6-carbonsäure $C_{12}H_{12}N_4O_2$, Formel IV.

B. Neben 3,6-Dimethyl-pyrazin-2-carbonsäure aus 3,6,3′,6′-Tetramethyl-[2,2′]bipyrazinyl beim Erwärmen mit wss. $KMnO_4$ (*Tschitschibabin, Schtschukina,* Ž. russ. fiz.-chim. Obšč. **62** [1930] 1189, 1195; C. **1930** II 3771).

Kristalle (aus A.); F: 173° [Zers.].

Monocarbonsäuren $C_nH_{2n-14}N_4O_2$

1(2)*H*-Pyrazolo[3,4-*b*]chinoxalin-3-carbonsäure $C_{10}H_6N_4O_2$, Formel V (R = H, X = OH) und Taut.

B. Aus 1*H*-Pyrazolo[3,4-*b*]chinoxalin-3-carbaldehyd mit Hilfe von Ag_2O in wss. NH_3 (*Ohle, Iltgen,* B. **76** [1943] 1, 11). Neben [1(2)*H*-Pyrazolo[3,4-*b*]chinoxalin-3-yl]-methanol beim Erhitzen von 1(2)*H*-Pyrazolo[3,4-*b*]chinoxalin-3-carbaldehyd mit wss. NaOH (*Ohle, Il.,* l. c. S. 10). Beim Behandeln von (1*S*,2*R*)-1-[1(2)*H*-Pyrazolo[3,4-*b*]chinoxalin-3-yl]-propan-1,2,3-triol mit CrO_3 und wss. H_2SO_4 (*Ohle, Il.*).

Hellgelbe Kristalle (aus wss. A.); F: 272–273° [Zers.].

Mononatrium-Salz $NaC_{10}H_5N_4O_2$. Kristalle mit 5 Mol H_2O.

Dinatrium-Salz $Na_2C_{10}H_4N_4O_2$. Gelbe Kristalle mit 3 Mol H_2O.

Methylester $C_{11}H_8N_4O_2$. Hellgelbe Kristalle (aus Me.); F: 257–258°.

Acetyl-Derivat $C_{12}H_8N_4O_3$; 1-Acetyl-1*H*-pyrazolo[3,4-*b*]chinoxalin-3-carbonsäure. Kristalle (aus Amylalkohol); F: 213–214°.

1(2)*H*-Pyrazolo[3,4-*b*]chinoxalin-3-carbonsäure-amid $C_{10}H_7N_5O$, Formel V (R = H, X = NH_2) und Taut.

B. Aus 1-Acetyl-1*H*-pyrazolo[3,4-*b*]chinoxalin-3-carbonylchlorid beim Erwärmen mit methanol. NH_3 (*Ohle, Iltgen,* B. **76** [1943] 1, 11).

Hellgelbe Kristalle (aus A.); F: 310–312°.

1-Methyl-1*H*-pyrazolo[3,4-*b*]chinoxalin-3-carbonsäure $C_{11}H_8N_4O_2$, Formel V (R = CH_3, X = OH).

B. Aus (1*S*,2*R*)-1-[1-Methyl-1*H*-pyrazolo[3,4-*b*]chinoxalin-3-yl]-propan-1,2,3-triol beim Behandeln mit CrO_3 und wss. H_2SO_4 (*Ohle, Iltgen,* B. **76** [1943] 1, 13).

Kristalle; F: 249°.

1-Phenyl-1*H*-pyrazolo[3,4-*b*]chinoxalin-3-carbonsäure $C_{16}H_{10}N_4O_2$, Formel V (R = C_6H_5, X = OH).

B. Beim Erhitzen von 1-Phenyl-1*H*-pyrazolo[3,4-*b*]chinoxalin-3-carbaldehyd oder von (1*S*,2*R*)-1-[1-Phenyl-1*H*-pyrazolo[3,4-*b*]chinoxalin-3-yl]-propan-1,2,3-triol mit CrO_3 und Essigsäure (*Ohle, Melkonian,* B. **74** [1941] 398, 402).

Gelbe Kristalle (aus Eg.); F: 244° [Zers.].

Äthylester $C_{18}H_{14}N_4O_2$. Kristalle (aus A. oder Eg.); F: 168°.

1-Acetyl-1*H*-pyrazolo[3,4-*b*]chinoxalin-3-carbonylchlorid $C_{12}H_7ClN_4O_2$, Formel V (R = CO-CH_3, X = Cl).

B. Aus 1-Acetyl-1*H*-pyrazolo[3,4-*b*]chinoxalin-3-carbonsäure und $SOCl_2$ (*Ohle, Iltgen,* B. **76** [1943] 1, 11).

Hellgelbe Kristalle (aus CCl_4); F: 162–163°.

2-Methyl-5*H*-pyrido[1,2-*a*]pyrimido[4,5-*d*]pyrimidin-10-carbonsäure $C_{12}H_{10}N_4O_2$, Formel VI (X = OH).

B. Aus 1-[4-Amino-2-methyl-pyrimidin-5-ylmethyl]-3-carboxy-pyridinium-chlorid mit Hilfe von $K_3[Fe(CN)_6]$ (*Matsukawa, Yurugi,* J. pharm. Soc. Japan **71** [1951] 1450, 1452; C. A. **1952** 8127).

Gelbgrüne Kristalle (aus H_2O); F: 334–335° [Zers.].

2-Methyl-5*H*-pyrido[1,2-*a*]pyrimido[4,5-*d*]pyrimidin-10-carbonsäure-amid $C_{12}H_{11}N_5O$, Formel VI (X = NH_2).

B. Analog der vorangehenden Verbindung (*Matsukawa, Yurugi,* J. pharm. Soc. Japan **71** [1951] 1450, 1453; C. A. **1952** 8127).

Gelbgrüne Kristalle (aus Acn. + Isobutylalkohol) mit 1 Mol H_2O; F: 273–274° [Zers.].

3-[1*H*-Imidazo[4,5-*b*]chinoxalin-2-yl]-propionsäure $C_{12}H_{10}N_4O_2$, Formel VII (R = H).

B. Beim Erwärmen von Chinoxalin-2,3-diyldiamin mit Bernsteinsäure-anhydrid in Pyridin (*Schipper, Day,* Am. Soc. **73** [1951] 5672, 5675).

Kristalle (aus wss. A.); F: 284° [korr.].

3-[6-Methyl-1(3)*H*-imidazo[4,5-*b*]chinoxalin-2-yl]-propionsäure $C_{13}H_{12}N_4O_2$, Formel VII (R = CH_3) und Taut.

B. Analog der vorangehenden Verbindung (*Schipper, Day,* Am. Soc. **73** [1951] 5672, 5673).

Kristalle (aus wss. A.); F: 283° [korr.].

(±)-1,4-Dimethyl-1′,5′-diphenyl-4′,5′-dihydro-1*H*,1′*H*-[3,3′]bipyrazolyl-5-carbonsäure-methylester $C_{22}H_{22}N_4O_2$, Formel VIII.

B. Beim Erhitzen von 5-*trans*-Cinnamoyl-2,4-dimethyl-2*H*-pyrazol-3-carbonsäure-methylester mit Phenylhydrazin in Essigsäure (*Brain, Finar,* Soc. **1958** 2486, 2489).

Kristalle (aus A.); F: 174–175°.

(±)-Cinnolin-4-yl-[1-isopropyl-4,4-dimethyl-4,5-dihydro-1*H*-imidazol-2-yl]-acetonitril $C_{18}H_{21}N_5$, Formel IX.

B. Beim Behandeln von [1-Isopropyl-4,4-dimethyl-4,5-dihydro-1*H*-imidazol-2-yl]-acetonitril mit $NaNH_2$ und mit 4-Chlor-cinnolin in Benzol (*Castle, Cox,* J. org. Chem. **19** [1954] 1117, 1122).

Gelbe Kristalle (aus wss. A.); F: 207–208° [unkorr.].

(±)-Chinoxalin-2-yl-[1-isopropyl-4,4-dimethyl-4,5-dihydro-1*H*-imidazol-2-yl]-acetonitril $C_{18}H_{21}N_5$, Formel X.

B. Analog der vorangehenden Verbindung (*Castle et al.,* J. org. Chem. **21** [1956] 139).

Gelbe Kristalle (aus A.); F: 176,5–177,5° [unkorr.].

Monocarbonsäuren $C_nH_{2n-16}N_4O_2$

2,5,1′-Triphenyl-2*H*,1′*H*-[3,4′]bipyrazolyl-4-carbonsäure $C_{25}H_{18}N_4O_2$, Formel XI.

B. Beim Erhitzen von 2,5,1′-Triphenyl-2*H*,1′*H*-[3,4′]bipyrazolyl-4-carbaldehyd mit $KMnO_4$ in Pyridin (*Finar, Lord,* Soc. **1959** 1819, 1820).

Kristalle (aus wss. A.); F: 212–213° [Zers.].

4-Methyl-1′,5′-diphenyl-1(2)*H*,1′*H*-[3,3′]bipyrazolyl-5-carbonsäure $C_{20}H_{16}N_4O_2$, Formel XII (R = R′ = H) und Taut.

B. Beim Erhitzen von 5-*trans*-Cinnamoyl-4-methyl-1(2)*H*-pyrazol-3-carbonsäure mit Phenyl≈hydrazin in Essigsäure und anschliessenden Oxidieren mit $KMnO_4$ in Pyridin (*Brain, Finar,* Soc. **1958** 2486, 2489).

Kristalle (aus Eg.); F: 273,5–274° [Zers.].

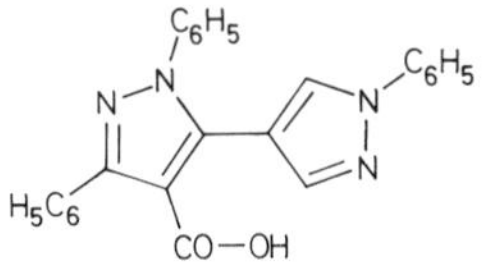

XI 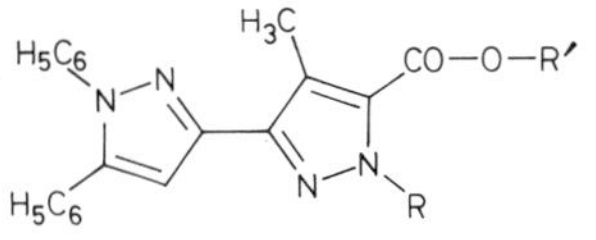 XII

1,4-Dimethyl-1′,5′-diphenyl-1*H*,1′*H*-[3,3′]bipyrazolyl-5-carbonsäure $C_{21}H_{18}N_4O_2$, Formel XII (R = CH_3, R′ = H).

B. Aus dem Methylester (s. u.) mit Hilfe von äthanol. KOH (*Brain, Finar,* Soc. **1958** 2486, 2488).

Kristalle (aus A.); F: 256–256,5°.

1,4-Dimethyl-2′,5′-diphenyl-1*H*,2′*H*-[3,3′]bipyrazolyl-5-carbonsäure $C_{21}H_{18}N_4O_2$, Formel XIII.

B. Beim Erhitzen von 2,4-Dimethyl-5-[3-oxo-3-phenyl-propionyl]-2*H*-pyrazol-3-carbonsäure-äthylester mit Phenylhydrazin in Essigsäure und anschliessenden Behandeln mit äthanol. KOH (*Brain, Finar,* Soc. **1958** 2486, 2488).

Kristalle (aus Bzl.+PAe.); F: 193–194°.

1,4-Dimethyl-1′,5′-diphenyl-1*H*,1′*H*-[3,3′]bipyrazolyl-5-carbonsäure-methylester $C_{22}H_{20}N_4O_2$, Formel XII (R = R′ = CH_3).

B. Beim Behandeln von 1,4-Dimethyl-1′,5′-diphenyl-4′,5′-dihydro-1*H*,1′*H*-[3,3′]bipyrazolyl-5-carbonsäure-methylester in wss. Pyridin mit $KMnO_4$ (*Brain, Finar,* Soc. **1958** 2486, 2489).

F: 128–129°.

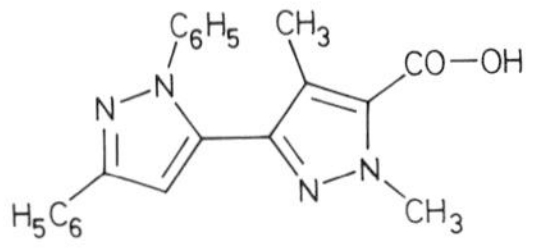

XIII 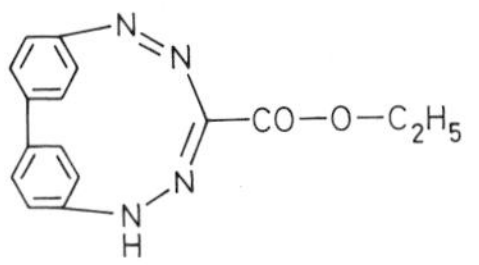 XIV

Monocarbonsäuren $C_nH_{2n-18}N_4O_2$

6,7,9,10-Tetraaza-tricyclo[9.2.2.2^{2,5}]heptadecaoctaen-8-carbonsäure-äthylester, 1,2,4,5-Tetraaza-[5.0]paracyclopha-1,3-dien-3-carbonsäure-äthylester $C_{16}H_{14}N_4O_2$, Formel XIV.

In der früher (H **26** 564) mit Vorbehalt unter dieser Konstitution beschriebenen Verbindung („Cycloformazylameisensäure-äthylester“) hat ein Gemisch von offenkettigen Poly-[1,5-diphe≈

nyl-formazanyl]-Verbindungen vorgelegen (*Wizinger, Herzog,* Helv. **34** [1951] 1202).

(±)-[2-Methyl-1,5-diphenyl-2,5-dihydro-1*H*-imidazo[4,5-*b*]phenazin-2-yl]-essigsäure-äthylester $C_{30}H_{26}N_4O_2$, Formel I (X = O-C_2H_5).

B. Beim Behandeln von *N*-Phenyl-*o*-phenylendiamin-hydrochlorid mit Acetessigsäure-äthylester und [1,4]Benzochinon in wss. Äthanol (*Barry et al.,* Soc. **1956** 3347, 3349). Beim Erwärmen von 2-Anilino-aposafranin (E III/IV **25** 3030) mit Acetessigsäure-äthylester und Polyphosphorsäure in Äthanol (*Ba. et al.*).

Gelbe Kristalle (aus Bzl. + PAe.); F: 151 – 152°.

(±)-[2-Methyl-1,5-diphenyl-2,5-dihydro-1*H*-imidazo[4,5-*b*]phenazin-2-yl]-essigsäure-diäthylamid $C_{32}H_{31}N_5O$, Formel I (X = N(C_2H_5)$_2$).

B. Analog der vorangehenden Verbindung (*Barry et al.,* Soc. **1958** 859, 860).

Kristalle (aus Bzl.); F: 168 – 170°.

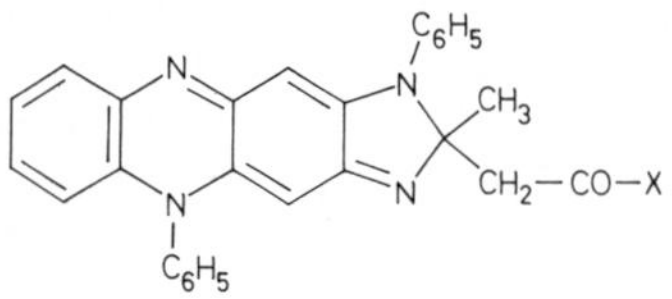

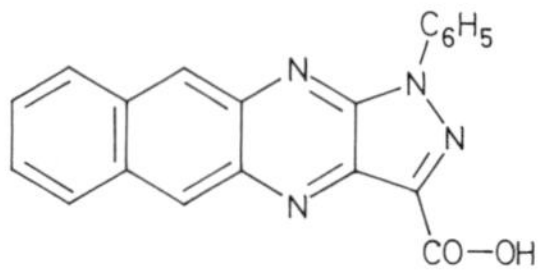

Monocarbonsäuren $C_nH_{2n-20}N_4O_2$

1-Phenyl-1*H*-benzo[*g*]pyrazolo[3,4-*b*]chinoxalin-3-carbonsäure $C_{20}H_{12}N_4O_2$, Formel II.

B. Beim Erwärmen von (1*S*,2*R*)-1-[1-Phenyl-1*H*-benzo[*g*]pyrazolo[3,4-*b*]chinoxalin-3-yl]-propan-1,2,3-triol mit $KMnO_4$ und wss. NaOH in Dioxan (*Henseke, Lemke,* B. **91** [1958] 113, 120).

Dunkelrote Kristalle mit 1 Mol H_2O; die wasserfreie Verbindung zersetzt sich bei 252°.

8-Phenyl-8*H*-benzo[*f*]pyrazolo[3,4-*b*]chinoxalin-10-carbonsäure $C_{20}H_{12}N_4O_2$, Formel III.

B. Beim Erwärmen von (1*S*,2*R*)-1-[8-Phenyl-8*H*-benzo[*f*]pyrazolo[3,4-*b*]chinoxalin-10-yl]-propan-1,2,3-triol mit $KMnO_4$ und wss. NaOH in Dioxan oder mit wss. H_2O_2 und NaOH in Dioxan (*Henseke, Lemke,* B. **91** [1958] 113, 120).

Gelbe Kristalle mit 1 Mol H_2O; die wasserfreie Verbindung zersetzt sich bei 255 – 256°.

2'-Methyl-1(3)*H*,1'(3')*H*-[2,5']bibenzimidazolyl-5-carbonsäure $C_{16}H_{12}N_4O_2$, Formel IV und Taut.

B. Beim Erhitzen von 5,2'-Dimethyl-1(3)*H*,1'(3')*H*-[2,5']bibenzimidazolyl mit CrO_3 und wss. H_2SO_4 (*Poraĭ-Koschiz et al.,* Ž. obšč. Chim. **23** [1953] 835, 838; engl. Ausg. S. 873, 876).

Dihydrochlorid $C_{16}H_{12}N_4O_2 \cdot 2HCl$. Kristalle (aus wss. HCl); F: ca. 350°.

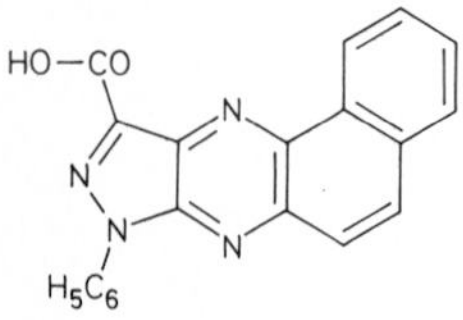

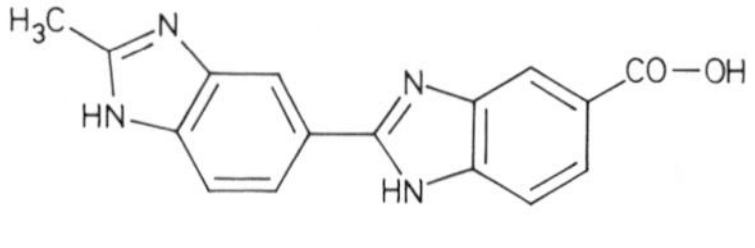

Monocarbonsäuren $C_nH_{2n-22}N_4O_2$

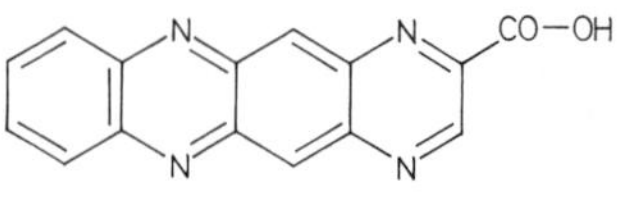

Pyrazino[2,3-*b*]phenazin-2-carbonsäure $C_{15}H_8N_4O_2$, Formel V.

B. Beim Erwärmen von D$_r$-1*cat*$_F$-Pyrazino[2,3-*b*]phenazin-2-yl-butan-1t_F,2c_F,3r_F,4-tetraol mit $KMnO_4$ und wss. NaOH in Dioxan (*Henseke, Lemke,* B. **91** [1958] 101, 112).

Kristalle mit 1 Mol H_2O; die wasserfreie Verbindung zersetzt sich oberhalb 360°.
[*Stender*]

***Opt.-inakt. 3-[1-Hydroxy-8a-methyl-1,3a,8,8a-tetrahydro-pyrazolo[3,4-*b*]indol-3-yl]-2-[2-methyl-indol-3-yl]-propionsäure-methylester (?)** $C_{23}H_{24}N_4O_3$, vermutlich Formel VI.

Hydrochlorid $C_{23}H_{24}N_4O_3 \cdot HCl$. *B.* Aus (±)-2,4-Bis-[2-methyl-indol-3-yl]-4-oxo-buttersäure-methylester, $NH_2OH \cdot HCl$ und wss. HCl (*Diels, Alder,* A. **490** [1931] 277, 279, 285). – Kristalle (aus Me.); F: 245–246°.

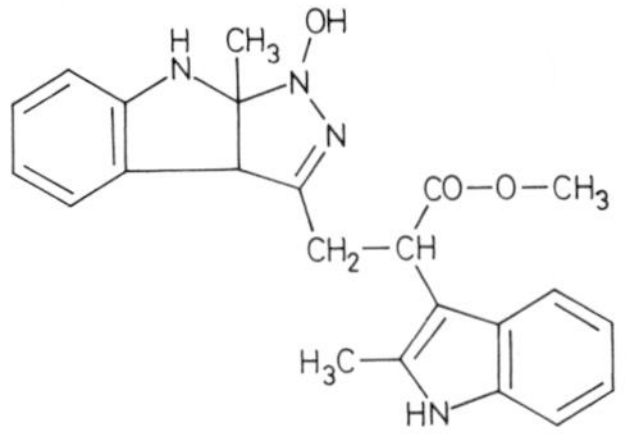

VI 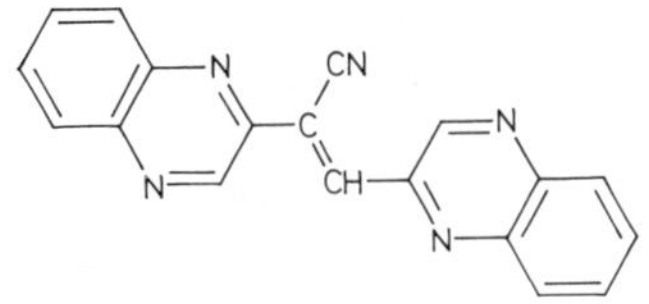 VII 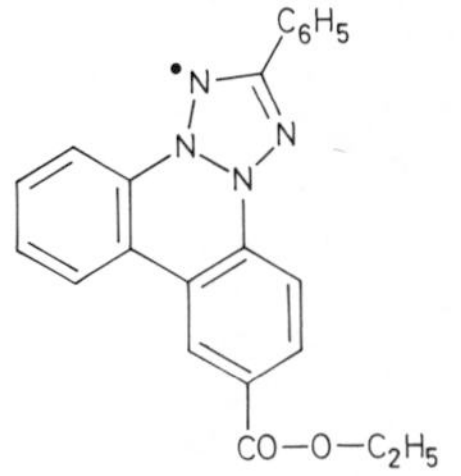 VIII

Monocarbonsäuren $C_nH_{2n-26}N_4O_2$

Carbonsäuren $C_{19}H_{12}N_4O_2$

***2,3-Di-chinoxalin-2-yl-acrylonitril** $C_{19}H_{11}N_5$, Formel VII.

B. Aus Chinoxalin-2-ylacetonitril und Chinoxalin-2-carbaldehyd (*Borsche, Doeller,* A. **537** [1939] 39, 49).

Gelbe Kristalle (aus Amylalkohol); F: 245°.

Carbonsäuren $C_{20}H_{14}N_4O_2$

7-Äthoxycarbonyl-2-phenyl-benzo[*c*]tetrazolo[2,3-*a*]cinnolinyl $C_{22}H_{17}N_4O_2$, Formel VIII und Mesomere.

B. Aus 7-Äthoxycarbonyl-2-phenyl-benzo[*c*]tetrazolo[2,3-*a*]cinnolinylium-nitrat mit Hilfe von Natriumstannit (*Jerchel, Fischer,* A. **590** [1954] 216, 230).

F: 143–146°. λ_{max} (Bzl.): 715 nm; magnetische Susceptibilität: $+1205 \cdot 10^{-6}$ $cm^3 \cdot mol^{-1}$ (*Je., Fi.,* l. c. S. 223).

Carbonsäuren $C_{30}H_{34}N_4O_2$

3-[13-Äthyl-3,7,12,17,20-pentamethyl-2,3-dihydro-porphyrin-2-yl]-propionsäure-methylester $C_{31}H_{36}N_4O_2$.

a) **3-[(2*S*)-13-Äthyl-3*t*,7,12,17,20-pentamethyl-2,3-dihydro-porphyrin-2*r*-yl]-propionsäure-methylester,** 3-Desäthyl-phyllochlorin-methylester, Formel IX und Taut. (in der Literatur als 2-Desvinyl-phyllochlorin-methylester bezeichnet).

B. Beim Erhitzen des Eisen(III)-Komplexes des $3^1,3^2$-Didehydro-phyllochlorin-methylesters (S. 2963) mit Resorcin und anschliessenden Verestern (*Fischer, Baláž,* A. **553** [1942] 166, 168, 176).

Kristalle mit blauem Oberflächenglanz (aus PAe.); F: 156°. $[\alpha]^{20}_{690-720}$: –775° [Acn.; c = 0,07]. λ_{max} (Py. + Ae.; 425–665 nm): *Fi., Ba.*

Bei der Umsetzung mit Brom ist ein Tribrom-Derivat $C_{31}H_{33}Br_3N_4O_2$ (blauschimmernde Kristalle mit rotbrauner Durchsicht [aus Ae.]; F: 182°; λ_{max} [Py. + Ae.]: 504,6 nm, 535,5 nm, 615,7 nm und 672,1 nm) erhalten worden (*Fi., Ba.,* l. c. S. 173, 185).

Eisen(III)-Komplex $Fe(C_{31}H_{34}N_4O_2)Cl$. Kristalle mit rotem Oberflächenglanz und grüner Durchsicht (aus Eg.); F: 209°. $[\alpha]^{20}_{690-720}$: –1000° [Acn.; c = 0,04]. λ_{max}: 607,6 nm [$CHCl_3$]

bzw. 489,1 nm, 556 nm und 608,1 nm [Py. + $N_2H_4 \cdot H_2O$].

b) **(±)-3-[13-Äthyl-3*t*,7,12,17,20-pentamethyl-2,3-dihydro-porphyrin-2*r*-yl]-propionsäure-methylester,** Formel IX + Spiegelbild und Taut.

B. Beim Erhitzen des Eisen(III)-Komplexes des 3-Desäthyl-phylloporphyrin-methylesters („2-Desäthyl-phylloporphyrin-methylester"; S. 2948) mit Natrium und Isoamylalkohol, Erwärmen mit $FeCl_3$ und wss. HCl und anschliessenden Verestern (*Fischer, Baláž,* A. **553** [1942] 166, 180).

Kristalle (aus Ae. + PAe.); F: 147°.

IX

X

Carbonsäuren $C_{31}H_{36}N_4O_2$

3-[(2*S*)-8,13-Diäthyl-3*t*,7,12,17-tetramethyl-2,3-dihydro-porphyrin-2*r*-yl]-propionsäure, Pyrrochlorin [1]), Mesopyrrochlorin $C_{31}H_{36}N_4O_2$, Formel X (R = H) und Taut.

Zusammenfassende Darstellung: *H. Fischer, A. Stern,* Die Chemie des Pyrrols, Bd. 2, Tl. 2 [Leipzig 1940] S. 149.

B. Aus $3^1,3^2$-Didehydro-pyrrochlorin (S. 2956) bei der Hydrierung an Palladium in Aceton (*Fischer et al.,* A. **524** [1936] 222, 245). In geringer Menge neben Pyrroporphyrin (S. 2951) beim Erhitzen von Rhodochlorin (Mesorhodochlorin; S. 2985) mit Pyridin und Essigsäure (*Fi. et al.,* l. c. S. 228, 240).

Kristalle (aus PAe.); F: 229°; $[\alpha]^{20}_{690-730}$: −536° [Acn.; c = 0,04] (*Fi. et al.*). Absorptionsspektrum in CCl_4 (570–670 nm): *Pruckner,* Z. physik. Chem. [A] **187** [1940] 257, 273; in Dioxan (220–660 nm): *Stern,* Z. physik. Chem. [A] **182** [1938] 186, 191; in Dioxan (475–670 nm): *Pruckner,* Z. physik. Chem. [A] **188** [1941] 41, 55; *Stern, Molvig,* Z. physik. Chem. [A] **178** [1937] 161, 168, 176; *Fischer, Eckholdt,* A. **544** [1940] 138, 146, 147; in wss. HCl (490–680 nm): *St., Mo.,* l. c. S. 179. λ_{max} (Py. + Ae.): 487,2 nm, 517,8 nm, 525,7 nm, 589,4 nm, 614,4 nm und 642,0 nm (*Fi. et al.*). Fluorescenzmaxima (Dioxan): 636 nm, 655 nm, 674,5 nm, 698 nm und 715 nm (*St.,* l. c. S. 190).

Kupfer(II)-Komplex $CuC_{31}H_{34}N_4O_2$. Kristalle mit rotem Oberflächenglanz (aus Ae. oder Acn. + Me.); F: 310° (*Fischer, Herrle,* A. **530** [1937] 230, 239, 250). Absorptionsspektrum (Dioxan; 480–670 nm): *St., Mo.,* l. c. S. 164, 176. λ_{max} (Py. + Ae.): 594,1 nm, 527,1 nm, 562,0 nm, 583,3 nm und 611,6 nm (*Fi., He.*). – An der Luft wenig beständig (*Fi., He.*).

3-[8,13-Diäthyl-3,7,12,17-tetramethyl-2,3-dihydro-porphyrin-2-yl]-propionsäure-methylester $C_{32}H_{38}N_4O_2$.

a) **3-[(2*S*)-8,13-Diäthyl-3*t*,7,12,17-tetramethyl-2,3-dihydro-porphyrin-2*r*-yl]-propionsäure-methylester, Pyrrochlorin-methylester,** „akt." Mesopyrrochlorin-methylester, Formel X (R = CH_3) und Taut.

B. Aus der vorangehenden Verbindung und Diazomethan (*Fischer, Gibian,* A. **550** [1942] 208, 238).

Kristalle (aus Ae. + PAe.); F: 147°; $[\alpha]^{20}_{690-720}$: −460° [Acn.; c = 0,03] (*Fi., Gi.*). Absorp-

[1]) Bei von Pyrrochlorin abgeleiteten Namen gilt die in Formel X angegebene Stellungsbezeichnung (vgl. *Merritt, Loenig,* Pure appl. Chem. **51** [1979] 2251, 2298).

tionsspektrum (Dioxan; 210—420 nm bzw. 480—670 nm): *Stern, Pruckner,* Z. physik. Chem. [A] **185** [1939] 140, 147; *Stern, Molvig,* Z. physik. Chem. [A] **178** [1937] 161, 163. λ_{max} (Ae.): 489 nm, 518 nm, 545 nm, 590 nm, 614 nm und 642 nm (*Fi., Gi.*).

b) ***Opt.-inakt. 3-[8,13-Diäthyl-3,7,12,17-tetramethyl-2,3-dihydro-porphyrin-2-yl]-propionsäure-methylester,** „inakt." Mesopyrrochlorin-methylester, Formel XI und Taut.

B. Beim Erhitzen von $3^1,3^2$-Didehydro-pyrrochlorin (S. 2956) mit $N_2H_4 \cdot H_2O$, Natriummethylat und Pyridin in Methanol (*Fischer, Gibian,* A. **550** [1942] 208, 219, 238).

Kristalle (aus Ae.+PAe.); F: 172°. λ_{max} (Ae.): 489 nm, 518 nm, 545 nm, 590 nm, 614 nm und 642 nm (*Fi., Gi.,* l. c. S. 241).

Carbonsäuren $C_{32}H_{38}N_4O_2$

(±)-3-[8,13-Diäthyl-3*t*,7,12,17,20-pentamethyl-2,3-dihydro-porphyrin-2*r*-yl]-propionsäure, *rac*-Phyllochlorin [1]), „inakt." Mesophyllochlorin $C_{32}H_{38}N_4O_2$, Formel XII (R = X = H)+Spiegelbild und Taut.

Zusammenfassende Darstellung: *H. Fischer, A. Stern,* Die Chemie des Pyrrols, Bd. 2, Tl. 2 [Leipzig 1940] S. 151.

B. Aus Phylloporphyrin (S. 2959) beim Erhitzen mit Natriumäthylat in Pyridin (*Treibs, Wiedemann,* A. **471** [1929] 146, 209).

Grüne Kristalle [aus PAe.] (*Tr., Wi.*). λ_{max} (A. sowie wss. HCl; 435—655 nm): *Tr., Wi.,* l. c. S. 233, 236.

Überführung in sog. „inakt." Mesopurpurin-3-methylester (*rac*-15^1-Oxo-phyllochlorin-methylester; S. 3175) beim Behandeln mit $KMnO_4$ in Pyridin und anschliessenden Verestern: *Fischer, Gerner,* A. **553** [1942] 67, 68, 75.

Magnesium-Komplex. λ_{max} (Ae.; 425—640 nm): *Tr., Wi.,* l. c. S. 234, 236. — Wenig beständig (*Tr., Wi.,* l. c. S. 213).

Zink-Komplex. λ_{max} (Ae.): 511 nm, 540,5 nm, 575 nm und 618,4 nm (*Tr., Wi.,* l. c. S. 234). — Wenig beständig (*Tr., Wi.,* l. c. S. 213).

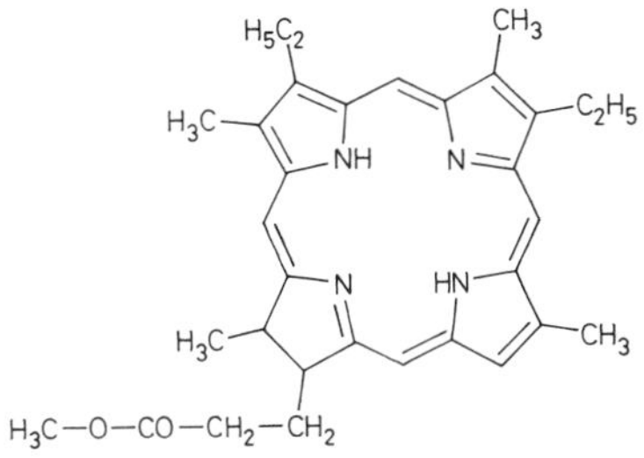

XI 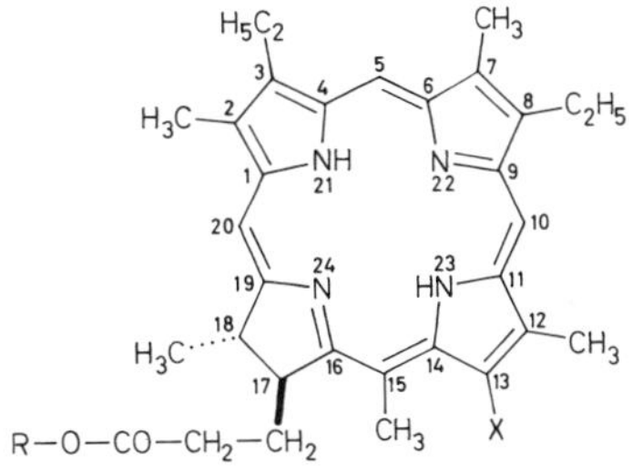 XII

3-[8,13-Diäthyl-3,7,12,17,20-pentamethyl-2,3-dihydro-porphyrin-2-yl]-propionsäure-methylester $C_{33}H_{40}N_4O_2$.

a) **3-[(2*S*)-8,13-Diäthyl-3*t*,7,12,17,20-pentamethyl-2,3-dihydro-porphyrin-2*r*-yl]-propionsäure-methylester, Phyllochlorin-methylester,** „akt." Mesophyllochlorin-methylester, Formel XII (R = CH_3, X = H) und Taut.

Zusammenfassende Darstellung: *H. Fischer, A. Stern,* Die Chemie des Pyrrols, Bd. 2, Tl. 2 [Leipzig 1940] S. 130.

B. Aus $3^1,3^2$-Didehydro-phyllochlorin-methylester (S. 2963) beim Hydrieren an Palladium in Essigsäure (*Fischer, Kellermann,* A. **519** [1935] 209, 233) oder Aceton (*Fischer, Breitner,*

[1]) Bei von Phyllochlorin (3-[(2*S*)-8,13-Diäthyl-3*t*,7,12,17,20-pentamethyl-2,3-dihydro-porphyrin-2*r*-yl]-propionsäure) abgeleiteten Namen gilt die in Formel XII angegebene Stellungsbezeichnung (vgl. *Merritt, Loening,* Pure appl. Chem. **51** [1979] 2251, 2298).

A. **522** [1936] 151, 156, 166) sowie beim Behandeln mit $N_2H_4 \cdot H_2O$ in Pyridin (*Fischer, Gibian,* A. **550** [1942] 208, 230, 250) oder beim Erhitzen mit wss. HI und Essigsäure und anschliessenden Verestern (*Conant et al.,* Am. Soc. **53** [1931] 359, 363, 366). Aus Mesochlorin-e_6 (15-Carboxy-methyl-rhodochlorin; S. 3060) beim Erhitzen und anschliessenden Verestern (*Fischer et al.,* A. **524** [1936] 222, 230, 249).

Kristalle; F: 168° [aus Acn.+Me.] (*Lautsch et al.,* B. **90** [1957] 470, 475, 481), 148–150° [aus Ae.+PAe.] (*Co. et al.*), 149° [aus Ae.+PAe.] (*Fi., Gi.*), 148° [aus Acn.+Me.] (*Fi., Br.*). $[\alpha]^{20}_{728}$: −460° [Acn.; c = 0,2]; ORD (Acn.; 980–720 nm): *La. et al.* Absorptionsspektrum (Dioxan; 470–670 nm): *Stern, Wenderlein,* Z. physik. Chem. [A] **176** [1936] 81, 92, 118; *Stern, Molvig,* Z. physik. Chem. [A] **178** [1937] 161, 165, 171. λ_{max} in Äther (430–665 nm) sowie in wss. HCl (435–660 nm): *Co. et al.*; in einem Pyridin-Äther-Gemisch (435–665 nm): *Fi., Ke.*

Die beim Behandeln mit Ag_2O in Pyridin, Dioxan und Methanol, anschliessenden Behandeln mit wss. HCl und Verestern erhaltene und als Dihydroxymesophyllochlorin-methylester bezeichnete Verbindung $C_{33}H_{40}N_4O_4$ [grünbraune Kristalle (aus Ae.+Me.); F: 131°; $[\alpha]^{20}_{690-720}$: −782° (Acn.; c = 0,05)] (*Fischer, Baláž,* A. **555** [1944] 81, 85, 92; s. a. *Fischer, Gerner,* A. **553** [1942] 67, 68, 74) ist wahrscheinlich als 3-[(2*S*)-8,13-Diäthyl-5-chlor-3*t*,7,12,17,20-pentamethyl-2,3-dihydro-porphyrin-2*r*-yl]-propionsäure-methyl-ester, 20-Chlor-phyllochlorin-methylester $C_{33}H_{39}ClN_4O_2$ zu formulieren (s. dazu *Woodward, Škarič,* Am. Soc. **83** [1961] 4676; *Bonnett et al.,* Soc. [C] **1966** 1600; *Inhoffen et al.,* Fortschr. Ch. org. Naturst. **26** [1968] 284, 327; *A. Treibs,* Das Leben und Wirken von Hans Fischer [München 1971] S. 420–422).

Kupfer(II)-Komplex. λ_{max} (Ae.): 498,3 nm, 569,0 nm und 616,4 nm (*Fi., Br.*).

Eisen(III)-Komplex $Fe(C_{33}H_{38}N_4O_2)Cl$. Rötlichviolette Kristalle; F: >300° (*Fischer, Mittermair,* A. **548** [1941] 147, 166). Kristalle; F: 246° (*Fischer, Baláž,* A. **553** [1942] 166, 167). λ_{max} (Py. sowie Py.+$N_2H_4 \cdot H_2O$; 440–620 nm): *Fi., Mi.*

Monobrom-Derivat $C_{33}H_{39}BrN_4O_2$. *B.* Beim Behandeln des Kupfer(II)-Komplexes des „akt." Mesophyllochlorin-methylesters (s. o.) mit $SnBr_4$ und Harnstoff-hydrochlorid in $CHCl_3$ und anschliessenden Verestern (*Fischer, Gerner,* A. **553** [1942] 146, 158). – Kristalle; Zers. bei ca. 120°; $[\alpha]^{20}_{690-730}$: 0°; $[\alpha]^{20}_{\text{grünes Licht}}$: +993°; $[\alpha]^{20}_{\text{weisses Licht}}$: +396° [jeweils in Acn.; c = 0,02]; λ_{max} (Py.+Ae.): 505,3 nm, 530,8 nm, 609,7 nm und 654,5 nm (*Fi., Ge.,* A. **553** 158).

Dibrom-Derivat $C_{33}H_{38}Br_2N_4O_2$; 3-[(2*S*)-8,13-Diäthyl-18,x-dibrom-3*t*,7,12,17,20-pentamethyl-2,3-dihydro-porphyrin-2*r*-yl]-propionsäure-methylester, 13,x-Di-brom-phyllochlorin-methylester, („6,x-Dibrom-mesophyllochlorin-methylester"). *B.* Aus Phyllochlorin-methylester beim Behandeln mit Brom in Äther oder in Essigsäure und $CHCl_3$ sowie beim Erwärmen mit Bromcyan in Essigsäure (*Fi., Ba.,* A. **555** 85, 86; s. a. *Fi. et al.,* l. c. S. 230, 250). – Kristalle (aus Ae.+PAe.); F: 157°; $[\alpha]^{20}_{690-720}$: −2193° [Acn.; c = 0,02] (*Fi., Ba.,* A. **555** 85, 93). λ_{max} (Py.+Ae.): 503,6 nm, 536,0 nm und 664,7 nm (*Fi., Ba.,* A. **555** 86; s. a. *Stern, Pruckner,* Z. physik. Chem. [A] **180** [1937] 321, 322, 350). – Beim Erhitzen mit CuCN in Chinolin sind 13-Cyan-phyllochlorin-methylester („6-Cyan-mesophyllochlorin-methylester"; S. 2989) und 13,x-Dicyan-phyllochlorin-methylester („6,x-Dicyan-meso-phyllochlorin-methylester") $C_{35}H_{38}N_6O_2$ (Kristalle [aus Ae.]; F: 226°; $[\alpha]^{20}_{690-720}$: −1258° [Dioxan; c = 0,02]; λ_{max} [Py.+Acn.]: 499,1 nm, 531,6 nm, 561,2 nm, 610,9 nm und 668,5 nm) erhalten worden (*Fi., Ba.,* A. **555** 87).

b) **(±)-3-[8,13-Diäthyl-3*t*,7,12,17,20-pentamethyl-2,3-dihydro-porphyrin-2*r*-yl]-propionsäure-methylester, *rac*-Phyllochlorin-methylester,** „inakt." Mesophyllochlorin-methylester, Formel XII (R = CH_3, X = H)+Spiegelbild und Taut.

B. Aus *rac*-Phyllochlorin (S. 2943) und Diazomethan (*Treibs, Wiedemann,* A. **471** [1929] 146, 211). Aus Phyllohämin (S. 2960) beim Erhitzen mit Natrium und Isoamylalkohol und anschliessenden Verestern (*Fischer, Laubereau,* A. **535** [1938] 17, 35). Beim Erhitzen von $3^1,3^2$-Didehydro-phyllochlorin-methylester (S. 2963) mit $N_2H_4 \cdot H_2O$, Natriummethylat und Pyridin in Methanol und anschliessenden Verestern (*Fischer, Gibian,* A. **550** [1942] 208, 215, 236).

Kristalle; F: 173° [aus Acn.+Me.] (*Lautsch et al.,* B. **90** [1957] 470, 481), 173° [korr.; aus Acn.+Me.] (*Fi., La.*), 167° [unkorr.; aus Ae.+PAe.] (*Fi., Gi.*), 164° [korr.; aus PAe.] (*Tr.,*

Wi.). Über ein möglicherweise dimorphes Präparat vom F: 192° s. *Fi., Gi.*, l. c. S. 237. IR-Spektrum (CCl_4; 2–12 μ): *La. et al.*, l. c. S. 476. Absorptionsspektrum in Dioxan (480–670 nm): *Stern, Wenderlein*, Z. physik. Chem. [A] **176** [1936] 81, 92, 118; in Dioxan und in CCl_4 (490–670 nm): *Pruckner*, Z. physik. Chem. [A] **187** [1940] 257, 262, 264.

Kupfer(II)-Komplex $CuC_{33}H_{38}N_4O_2$. Kristalle (aus Eg.); F: 150° (*Fischer, Baláž*, A. **553** [1942] 166, 174). λ_{max} (Py. + Ae.): 498,1 nm, 566,5 nm und 616,1 nm (*Fi., Ba.*).

Eisen(III)-Komplex $Fe(C_{33}H_{38}N_4O_2)Cl$. Kristalle mit rotem Oberflächenglanz (aus Eg.); F: 237° (*Fi., Ba.*, l. c. S. 167, 173). λ_{max}: 605,9 nm [$CHCl_3$] bzw. 490,3 nm, 555,4 nm und 607,6 nm [Py. + $N_2H_4 \cdot H_2O$] (*Fi., Ba.*).

3-[(2*S*)-8,13-Diäthyl-18-brom-3*t*,7,12,17,20-pentamethyl-2,3-dihydro-porphyrin-2*r*-yl]-propionsäure-methylester, 13-Brom-phyllochlorin-methylester $C_{33}H_{39}BrN_4O_2$, Formel XII (R = CH_3, X = Br) und Taut (in der Literatur als 6-Brom-mesophyllochlorin-methylester bezeichnet).

B. Beim Erhitzen von 13,x-Dibrom-phyllochlorin-methylester (s. o.) mit Hydrochinon in Essigsäure (*Fischer, Baláž*, A. **555** [1944] 81, 83, 88). Beim Erhitzen von 13-Brom-15¹-methoxy-carbonyl-phyllochlorin-methylester (S. 2988) mit wss. HCl, Erhitzen in Pyridin und anschliessenden Verestern (*Fi., Ba.*, l. c. S. 89).

Kristalle (aus Acn. + Me.); F: 162°. $[\alpha]^{20}_{690-720}$: −767° [Acn.; c = 0,02]. λ_{max} (Py. + Ae.): 494,1 nm, 522,5 nm, 594,6 nm, 600,2 nm, 622,5 nm und 651,8 nm.

Carbonsäuren $C_{33}H_{40}N_4O_2$

(±)-3-[8,13,17-Triäthyl-3*t*,7,12,18-tetramethyl-2,3-dihydro-porphyrin-2*r*-yl]-propionsäure, *rac*-12-Äthyl-13-methyl-12-desmethyl-pyrrochlorin $C_{33}H_{40}N_4O_2$, Formel XIII + Spiegelbild und Taut. (in der Literatur als Chlorin-monocarbonsäure-VII bezeichnet).

B. Aus dem Eisen(III)-Komplex der 3-[8,13,17-Triäthyl-3,7,12,18-tetramethyl-porphyrin-2-yl]-propionsäure („Porphin-monocarbonsäure-VII"; S. 2967) beim Erhitzen mit Natrium und Isoamylalkohol und anschliessenden Behandeln mit $FeCl_3$ in wss.-äthanol. HCl oder mit Luft in methanol. KOH und Pyridin (*Fischer, Helberger*, A. **471** [1929] 285, 287, 293).

Grüne Kristalle (aus PAe.); F: 217° [korr.; Zers.]. λ_{max} (Ae. sowie wss. HCl; 430–660 nm): *Fi., He.*, l. c. S. 296, 297.

Beim Behandeln mit rauchender H_2SO_4 oder beim Erwärmen mit konz. H_2SO_4 sind ein „Anhydrid-a" $C_{33}H_{38}N_4O$ (blauviolette Kristalle [aus Ae.], F: 285° [Zers.], λ_{max}: 503,1 nm, 537,1 nm, 683,9 nm [Py. + Ae.] bzw. 524 nm, 569 nm, 676,5 nm [wss. HCl]; Magnesium-Komplex, λ_{max} [Ae.]: 514 nm, 555 nm, 599 nm, 650 nm) und ein „Anhydrid-b" $C_{33}H_{38}N_4O$ (blaue Kristalle [aus Ae. oder PAe.], F: 282° [Zers.], λ_{max}: 496,9 nm, 529,0 nm, 609,3 nm, 632 nm, 663,7 nm [Py. + Ae.] bzw. 525,2 nm, 595,6 nm, 648,4 nm [wss. HCl]; Magnesium-Komplex, λ_{max} [Ae.]: 516 nm, 555 nm, 587 nm, 634 nm) erhalten worden (*Fi., He.*, l. c. S. 291, 302).

Magnesium-Komplex. λ_{max} (Ae.): 512,7 nm, 573 nm, 592,5 nm und 618,3 nm (*Fi., He.*, l. c. S. 301).

Kupfer(II)-Komplex $CuC_{33}H_{38}N_4O_2$. Violett; λ_{max} (Py.; 425–625 nm): *Fi., He.*, l. c. S. 300.

Eisen(III)-Komplex $Fe(C_{33}H_{38}N_4O_2)Cl$. Schwarzblaue Kristalle; λ_{max} (Py. + $N_2H_4 \cdot H_2O$): 548,4 nm und 602 nm (*Fi., He.*, l. c. S. 299).

Methylester $C_{34}H_{42}N_4O_2$. Grüne Kristalle (aus PAe.); F: 152° [korr.] (*Fi., He.*, l. c. S. 288, 301). – Kupfer(II)-Komplex $CuC_{34}H_{40}N_4O_2$. Blaugrüne Kristalle.

Carbonsäuren $C_{34}H_{42}N_4O_2$

***3-[13-Äthyl-1,3,8,12,17,19-hexamethyl-2,18-bis-(2-nitro-vinyl)-5,15,22,24-tetrahydro-21*H*-bilin-7-yl]-propionsäure-methylester** $C_{35}H_{42}N_6O_6$, Formel XIV und Taut.

Hydrobromid $C_{35}H_{42}N_6O_6 \cdot HBr$. *B.* Aus [4-Äthyl-5-brommethyl-3-methyl-pyrrol-2-yl]-[5-

brommethyl-4-(2-carboxy-äthyl)-3-methyl-pyrrol-2-yl]-methinium-bromid (E III/IV **25** 879), 2,4-Dimethyl-3-[2-nitro-vinyl]-pyrrol (E II **20** 165) und Methanol (*Fischer, Reinecke*, Z. physiol. Chem. **258** [1939] 243, 250). – Unterhalb 300° nicht schmelzend. [*Kayser*]

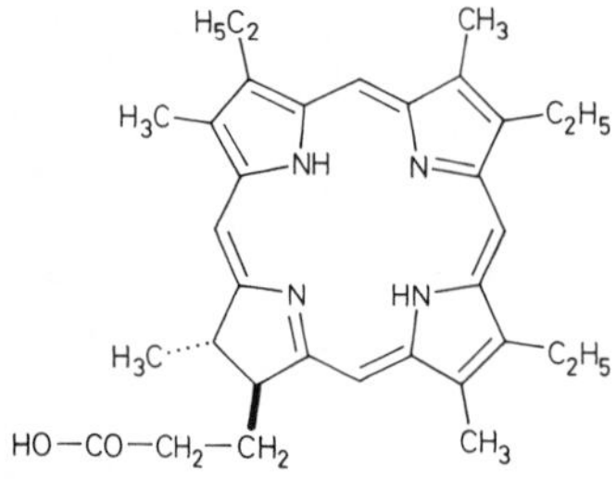

XIII 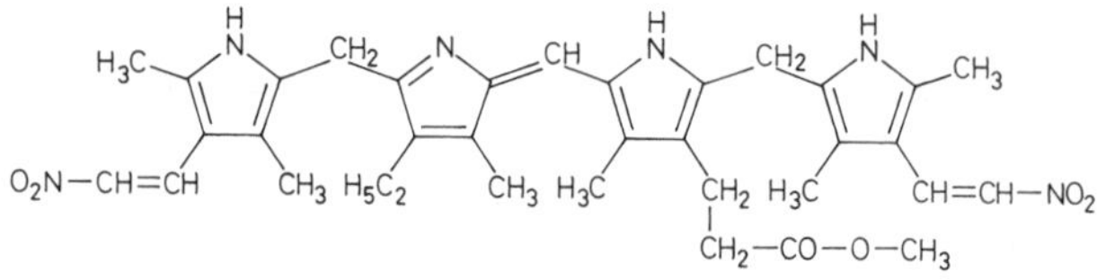 XIV

Monocarbonsäuren $C_nH_{2n-28}N_4O_2$

Carbonsäuren $C_{20}H_{12}N_4O_2$

7-Carboxy-2-phenyl-benzo[*c*]tetrazolo[2,3-*a*]cinnolinylium $[C_{20}H_{13}N_4O_2]^+$, Formel I (R = H).

Bromid $[C_{20}H_{13}N_4O_2]Br$. *B.* Aus 2-[4-Carboxy-phenyl]-3,5-diphenyl-tetrazolium-bromid unter Einwirkung von UV-Strahlung in H_2O (*Jerchel, Fischer*, A. **590** [1954] 216, 229). – Kristalle (aus Py.+Ae.); F: 374° [Zers.]. UV-Spektrum (A.; 210–380 nm): *Je., Fi.*, l. c. S. 220. – Bei der Hydrierung an Raney-Nickel in wss. NaOH ist Benzo[*c*]cinnolin-2-carbonsäure erhalten worden (*Je., Fi.*, l. c. S. 230).

7-Äthoxycarbonyl-2-phenyl-benzo[*c*]tetrazolo[2,3-*a*]cinnolinylium $[C_{22}H_{17}N_4O_2]^+$, Formel I (R = C_2H_5).

Nitrat $[C_{22}H_{17}N_4O_2]NO_3$. *B.* Analog der vorangehenden Verbindung (*Jerchel, Fischer*, A. **590** [1954] 216, 230). – Kristalle (aus A.+Ae.); F: 313–314°. UV-Spektrum (A.; 210–380 nm): *Je., Fi.*, l. c. S. 220. – Bildung von 7-Äthoxycarbonyl-2-phenyl-benzo[*c*]tetrazolo[2,3-*a*]cinnolinyl (S. 2941) mit Hilfe von Natriumstannit: *Je., Fi.*, l. c. S. 230.

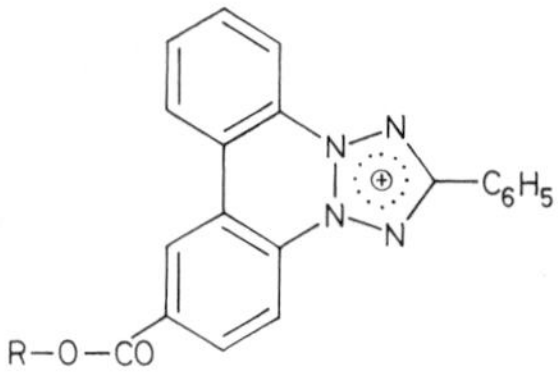

I 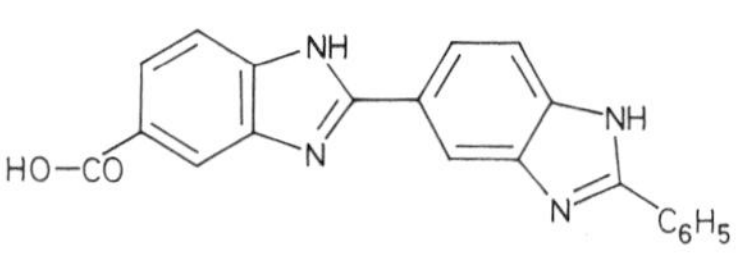 II

Carbonsäuren $C_{21}H_{14}N_4O_2$

2′-Phenyl-1(3)*H*,1′(3′)*H*-[2,5′]bibenzimidazolyl-5-carbonsäure $C_{21}H_{14}N_4O_2$, Formel II und Taut.

B. Aus 5-Methyl-2′-phenyl-1(3)*H*,1′(3′)*H*-[2,5′]bibenzimidazolyl mit Hilfe von Chrom(VI)-säure und wss. H_2SO_4 (*Poraĭ-Koschiz et al.*, Ž. obšč. Chim. **23** [1953] 835, 840; engl. Ausg. S. 873, 878).

Hydrochlorid $C_{21}H_{14}N_4O_2 \cdot HCl$. Gelbliche Kristalle (aus wss. NH_3 oder wss. Na_2CO_3+ wss. HCl); F: 314–319°.

Carbonsäuren $C_{29}H_{30}N_4O_2$

3-[13-Äthyl-3,7,12,17-tetramethyl-porphyrin-2-yl]-propionsäure-methylester, 3-Desäthyl-pyrroporphyrin-methylester $C_{30}H_{32}N_4O_2$, Formel III (X = X' = H) und Taut. (in der Literatur als 2-Desäthyl-pyrroporphyrin-methylester bezeichnet).

Zusammenfassende Darstellung: *H. Fischer, H. Orth,* Die Chemie des Pyrrols, Bd. 2, Tl. 1 [Leipzig 1937] S. 320.

B. Neben dem Mono- und Dibrom-Derivat (s. u.) sowie anderen Verbindungen beim Erhitzen von [5-Brom-4-(2-carboxy-äthyl)-3-methyl-pyrrol-2-yl]-[4-brom-3,5-dimethyl-pyrrol-2-yl]-methinium-bromid (E III/IV **25** 868) mit [3-Äthyl-5-brom-4-methyl-pyrrol-2-yl]-[4-brom-3,5-dimethyl-pyrrol-2-yl]-methinium-bromid (E III/IV **23** 1329) und Bernsteinsäure und Behandeln des Reaktionsprodukts mit Diazomethan in Äther (*Fischer, Böckh,* A. **516** [1935] 177, 195). Aus dem Eisen(III)-Komplex des sog. Vinylpyrroporphyrin-methylesters ($3^1,3^2$-Didehydro-pyrroporphyrin-methylester; S. 2970) mit Hilfe von Resorcin (*Fischer, Herrle,* A. **530** [1937] 230, 251). Aus dem Eisen(III)-Komplex des sog. 2-Desäthyl-2-brom-rhodoporphyrin-dimethylesters (3-Brom-3-desäthyl-rhodoporphyrin-dimethylester; S. 2999) mit Hilfe von Resorcin (*Fischer, Krauss,* A. **521** [1936] 261, 273). Aus sog. Oxophylloerythrin (3^1-Oxo-phytoporphyrin; S. 3209) mit Hilfe von konz. wss. HCl (*Fischer, Hasenkamp,* A. **513** [1934] 107, 126).

Kristalle; F: 230° [aus Ae.] (*Fi., He.*), 217° [aus Acn.] (*Fi., Bö.*), 215° [aus Acn.] (*Fi., Ha.*). λ_{max} (Py. + Ae.; 420 – 635 nm): *Fi., Kr.,* l. c. S. 274; *Fi., Ha.,* l. c. S. 127; *Fi., Bö.,* l. c. S. 196.

Kupfer(II)-Komplex $CuC_{30}H_{30}N_4O_2$. Kristalle (aus Acn.); F: 165°; λ_{max} (Py. + Ae.): 523 nm und 559 nm (*Fi., Bö.,* l. c. S. 196).

3-[13-Äthyl-8(oder 18)-brom-3,7,12,17-tetramethyl-porphyrin-2-yl]-propionsäure-methylester, 3(oder 13)-Brom-3-desäthyl-pyrroporphyrin-methylester $C_{30}H_{31}BrN_4O_2$, Formel III (X = Br, X' = H oder X = H, X' = Br) und Taut (in der Literatur als Monobrom-desäthyl-pyrroporphyrin-methylester bezeichnet).

B. Neben dem folgenden Dibrom-Derivat aus der vorangehenden Verbindung und Brom in Essigsäure (*Fischer, Hasenkamp,* A. **513** [1934] 107, 127). Eine weitere Bildungsweise s. im vorangehenden Artikel.

Kristalle (aus Acn.); F: 235° (*Fischer, Böckh,* A. **516** [1935] 177, 196). λ_{max} (Py. + Ae.; 430 – 620 nm): *Fi., Bö.*

X CH3 H3C C2H5 NH N N HN H3C CH3 H3C—O—CO—CH2—CH2 X'

III

H5C2 X H3C C2H5 NH N N HN H3C CH3 HO—CO—CH2—CH2 X

IV

3-[13-Äthyl-8,18-dibrom-3,7,12,17-tetramethyl-porphyrin-2-yl]-propionsäure-methylester, 3,13-Dibrom-3-desäthyl-pyrroporphyrin-methylester $C_{30}H_{30}Br_2N_4O_2$, Formel III (X = X' = Br) und Taut. (in der Literatur als Dibrom-desäthyl-pyrroporphyrin-methylester bezeichnet).

B. s. im vorangehenden Artikel.

Kristalle; F: 270° [aus Ae.] (*Fischer, Böckh,* A. **516** [1935] 177, 197), 268° [aus Py. + Me.] (*Fischer, Hasenkamp,* A. **513** [1934] 107, 127). λ_{max} (Py. + Ae.; 430 – 620 nm): *Fi., Bö.*

Carbonsäuren $C_{30}H_{32}N_4O_2$

3-[8,13-Diäthyl-3,7,17-trimethyl-porphyrin-2-yl]-propionsäure, 7-Desmethyl-pyrroporphyrin $C_{30}H_{32}N_4O_2$, Formel IV (X = H) und Taut. (in der Literatur als 3-Desmethyl-pyrroporphyrin bezeichnet).

B. Aus Rhodinporphyrin-g_8-trimethylester (7-Carboxy-15-methoxycarbonylmethyl-7-desmethyl-rhodoporphyrin-dimethylester; S. 3091) mit Hilfe von wss. HCl (*Fischer, Breitner,* A. **522** [1936] 151, 160) oder mit Hilfe von wss. HBr (*Fischer, Breitner,* A. **510** [1934] 183, 188).

Kristalle [aus Acn.] (*Fi., Br.,* A. **510** 189). λ_{max} (Py.+Ae.): 499 nm, 526 nm, 568 nm, 576 nm und 627 nm (*Fi., Br.,* A. **510** 188).

3-[8,13-Diäthyl-12,18-dibrom-3,7,17-trimethyl-porphyrin-2-yl]-propionsäure, 7,13-Dibrom-7-desmethyl-pyrroporphyrin $C_{30}H_{30}Br_2N_4O_2$, Formel IV (X = Br) und Taut.

B. Aus der vorangehenden Verbindung und Brom in Essigsäure (*Fischer, Breitner,* A. **510** [1934] 183, 189).

Kristalle (aus Acn.). λ_{max} (Py.+Ae.): 499 nm, 533 nm, 572 nm, 586 nm und 627 nm.

3-[13-Äthyl-3,7,12,17,20-pentamethyl-porphyrin-2-yl]-propionsäure-methylester, 3-Desäthyl-phylloporphyrin-methylester $C_{31}H_{34}N_4O_2$, Formel V (R = H, R′ = C_2H_5, R″ = CH_3) und Taut. (in der Literatur auch als 2-Desäthyl-γ-phylloporphyrin-methylester bezeichnet).

B. In mässiger Ausbeute beim Erhitzen von [5-Brom-4-(2-carboxy-äthyl)-3-methyl-pyrrol-2-yl]-[4-brom-3,5-dimethyl-pyrrol-2-yl]-methinium-bromid (E III/IV **25** 868) mit [3-Äthyl-5-brom-4-methyl-pyrrol-2-yl]-[5-äthyl-4-brom-3-methyl-pyrrol-2-yl]-methinium-bromid-hydrobromid (E III/IV **23** 1335) und Behandeln des Reaktionsprodukts mit methanol. HCl (*Treibs, Schmidt,* A. **577** [1952] 105, 112, 113). Beim Erhitzen des Eisen(III)-Komplexes des sog. Vinylphylloporphyrin-methylesters (3^1,3^2-Didehydro-phylloporphyrin-methylester; S. 2971) mit Resorcin und anschliessenden Verestern (*Fischer, Baláž,* A. **553** [1942] 166, 178).

Kristalle (aus Acn.+Me.); F: 214° (*Tr., Sch.*; *Fi., Ba.*). λ_{max} (Py.+Ae.; 430–635 nm): *Fi., Ba.*

Eisen(III)-Komplex. Kristalle (aus Eg.); F: 290°; λ_{max} ($CHCl_3$): 508 nm und 541 nm (*Fi., Ba.*).

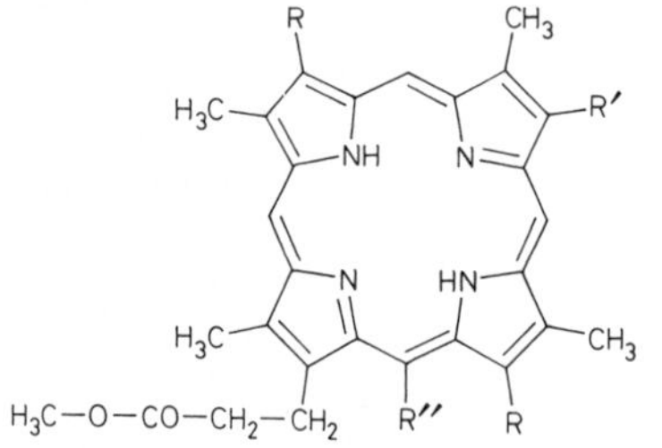

V

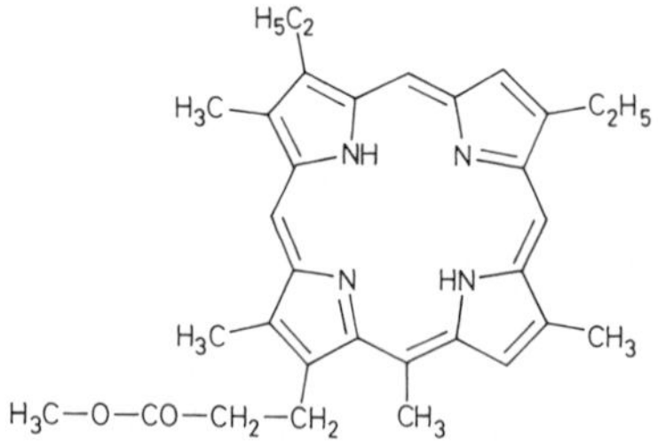

VI

3-[3,7,8,12,13,17,18-Heptamethyl-porphyrin-2-yl]-propionsäure-methylester $C_{31}H_{34}N_4O_2$, Formel V (R = R′ = CH_3, R″ = H) und Taut.

Zusammenfassende Darstellung: *H. Fischer, H. Orth,* Die Chemie des Pyrrols, Bd. 2, Tl. 1 [Leipzig 1937] S. 319.

B. In mässiger Ausbeute beim Erhitzen von Bis-[5-brom-3,4-dimethyl-pyrrol-2-yl]-methinium-bromid (E II **23** 203) mit [3-(2-Carboxy-äthyl)-4,5-dimethyl-pyrrol-2-yl]-[3,4,5-trimethyl-pyrrol-2-yl]-methinium-bromid (E III/IV **25** 878), mit [4-(2-Carboxy-äthyl)-3-methyl-pyrrol-2-yl]-[3,4,5-trimethyl-pyrrol-2-yl]-methinium-bromid (E III/IV **25** 873) oder mit [4-(2-Carboxy-äthyl)-3,5-dimethyl-pyrrol-2-yl]-[3,4,5-trimethyl-pyrrol-2-yl]-methinium-bromid (E III/IV **25** 877) und

Bernsteinsäure und anschliessenden Behandeln mit methanol. HCl (*Fischer, Hierneis,* A. **492** [1932] 21, 27, 28, 29).

Kristalle (aus *N,N*-Dimethyl-anilin oder Py.); F: >420° (*Fi., Hi.*).

Kupfer(II)-Komplex $CuC_{31}H_{32}N_4O_2$. Kristalle (aus Eg.); λ_{max}: 525 nm und 561 nm [$CHCl_3$] bzw. 529 nm und 566 nm [Py.] (*Fi., Hi.*).

Eisen(III)-Komplex $Fe(C_{31}H_{32}N_4O_2)Cl$. λ_{max} (Py. + $N_2H_4 \cdot H_2O$): 520 nm und 551 nm (*Fi., Hi.*).

Carbonsäuren $C_{31}H_{34}N_4O_2$

3-[8,13-Diäthyl-3,7,17,20-tetramethyl-porphyrin-2-yl]-propionsäure-methylester, 7-Desmethyl-phylloporphyrin-methylester $C_{32}H_{36}N_4O_2$, Formel VI und Taut. (in der Literatur als 3-Desmethyl-phylloporphyrin-methylester bezeichnet).

B. Aus Rhodinporphyrin-g_8-trimethylester (7-Carboxy-15-methoxycarbonylmethyl-7-des-methyl-rhodoporphyrin-dimethylester; S. 3091) beim Erhitzen mit wss. HCl und anschliessenden Behandeln mit Diazomethan in Äther (*Fischer, Breitner,* A. **522** [1936] 151, 160, 161).

Kristalle (aus Acn.); F: 242°. λ_{max} (Py. + Ae.; 430–640 nm): *Fi., Br.*

3-[7,12-Diäthyl-3,8,13,18-tetramethyl-porphyrin-2-yl]-propionsäure, Pyrroporphyrin-III $C_{31}H_{34}N_4O_2$, Formel VII (R = C_2H_5, X = H) und Taut.

Zusammenfassende Darstellung: *H. Fischer, H. Orth,* Die Chemie des Pyrrols, Bd. 2, Tl. 1 [Leipzig 1937] S. 337.

B. Neben anderen Verbindungen beim Erhitzen von [5-Carboxy-3-(2-carboxy-äthyl)-4-methyl-pyrrol-2-yl]-[3,5-dimethyl-pyrrol-2-yl]-methinium-bromid (E III/IV **25** 1105) mit [4-Äthyl-5-brommethyl-3-methyl-pyrrol-2-yl]-[3-äthyl-5-brom-4-methyl-pyrrol-2-yl]-methinium-bromid (E III/IV **23** 1342) und Bernsteinsäure (*Fischer, Berg,* A. **482** [1930] 189, 208). Neben dem folgenden Brom-Derivat sowie anderen Verbindungen beim Erhitzen von [3-Äthyl-5-brom-4-methyl-pyrrol-2-yl]-[4-(2-carboxy-äthyl)-3,5-dimethyl-pyrrol-2-yl]-methinium-bromid (E III/IV **25** 876) mit [4-Äthyl-3,5-dimethyl-pyrrol-2-yl]-[3,5-dibrom-4-methyl-pyrrol-2-yl]-methinium-bromid (E III/IV **23** 1329) und Methylbernsteinsäure (*Fi., Berg,* l. c. S. 205).

Kristalle [aus Py. + Me.] (*Fi., Berg*).

Eisen(III)-Komplex $Fe(C_{31}H_{32}N_4O_2)Cl$. Schwarzblaue Kristalle (*Fi., Berg,* l. c. S. 206).

Methylester $C_{32}H_{36}N_4O_2$. Kristalle (aus Py. + Me.); F: 219° [korr.] (*Fi., Berg*). – Eisen(III)-Komplex $Fe(C_{32}H_{34}N_4O_2)Cl$. Schwarzblaue Kristalle; F: 274° [korr.] (*Fi., Berg*).

3-[7,12-Diäthyl-17-brom-3,8,13,18-tetramethyl-porphyrin-2-yl]-propionsäure, Brompyrroporphyrin-III $C_{31}H_{33}BrN_4O_2$, Formel VII (R = C_2H_5, X = Br) und Taut.

B. s. im vorangehenden Artikel.

Kristalle [aus Py. + Me.] (*Fischer, Berg,* A. **482** [1930] 189, 207).

Kupfer(II)-Komplex $CuC_{31}H_{31}BrN_4O_2$. Rote Kristalle.

Methylester $C_{32}H_{35}BrN_4O_2$. Kristalle (aus Py. + Me.); F: 254° [korr.]. – Kupfer(II)-Komplex $CuC_{32}H_{33}BrN_4O_2$. Rote Kristalle; F: 230° [korr.].

3-[7,17-Diäthyl-3,8,13,18-tetramethyl-porphyrin-2-yl]-propionsäure, Pyrroporphyrin-II $C_{31}H_{34}N_4O_2$, Formel VII (R = H, X = C_2H_5) und Taut.

B. Neben dem folgenden Brom-Derivat sowie anderen Verbindungen beim Erhitzen von [3-Äthyl-5-brom-4-methyl-pyrrol-2-yl]-[4-(2-carboxy-äthyl)-3,5-dimethyl-pyrrol-2-yl]-methinium-bromid (E III/IV **25** 876) mit [3-Äthyl-5-brom-4-methyl-pyrrol-2-yl]-[4-brom-3,5-dimethyl-pyrrol-2-yl]-methinium-bromid (E III/IV **23** 1329) und Methylbernsteinsäure (*Fischer, Berg,* A. **482** [1930] 189, 203).

Kristalle (aus Py. + Me.).

Eisen(III)-Komplex $Fe(C_{31}H_{32}N_4O_2)Cl$. Schwarzblaue Kristalle.

Methylester $C_{32}H_{36}N_4O_2$. Kristalle (aus Ae.); F: 229° [korr.] (*Fi., Berg,* l. c. S. 204). – Eisen(III)-Komplex $Fe(C_{32}H_{34}N_4O_2)Cl$. Schwarzblaue Kristalle; F: 265°.

3-[7,17-Diäthyl-12-brom-3,8,13,18-tetramethyl-porphyrin-2-yl]-propionsäure, Brompyrroporphyrin-II $C_{31}H_{33}BrN_4O_2$, Formel VII (R = Br, X = C_2H_5) und Taut.

B. s. im vorangehenden Artikel.

Rote Kristalle [aus Ae.] (*Fischer, Berg,* A. **482** [1930] 189, 204).

Kupfer(II)-Komplex $CuC_{31}H_{31}BrN_4O_2$. Rote Kristalle.

Methylester $C_{32}H_{35}BrN_4O_2$. Kristalle (aus Ae.); F: 291° (*Fi., Berg,* l. c. S. 205). – Kupfer(II)-Komplex $CuC_{32}H_{33}BrN_4O_2$. Rote Kristalle; F: 235° [korr.].

VII

VIII

3-[13,18-Diäthyl-3,7,12,17-tetramethyl-porphyrin-2-yl]-propionsäure, 13-Äthyl-3-desäthyl-pyrroporphyrin, Pyrroporphyrin-XVIII $C_{31}H_{34}N_4O_2$, Formel VIII (R = H, R' = C_2H_5) und Taut.

Zusammenfassende Darstellung: *H. Fischer, H. Orth,* Die Chemie des Pyrrols, Bd. 2, Tl. 1 [Leipzig 1937] S. 344.

B. Neben Ätioporphyrin-I (S. 1915) beim Erhitzen von [4-(2-Carboxy-äthyl)-3-methyl-pyrrol-2-yl]-[3,5-dimethyl-pyrrol-2-yl]-methinium-bromid (E II **25** 142) mit [4-Äthyl-5-brommethyl-3-methyl-pyrrol-2-yl]-[3-äthyl-5-brom-4-methyl-pyrrol-2-yl]-methinium-bromid (E III/IV **23** 1342) und Bernsteinsäure (*Fischer, Schormüller,* A. **473** [1929] 211, 219, 235).

Kristalle [aus Ae.] (*Fi., Sch.*).

Methylester $C_{32}H_{36}N_4O_2$. Kristalle (aus $CHCl_3$+Me.); F: 248° (*Fi., Sch.*). λ_{max} (Ae.; 440–620 nm): *Fi., Sch.*; λ_{max} (wss. HCl): 546 nm und 589 nm (*Fi., Sch.*).

3-[8,18-Diäthyl-3,7,12,17-tetramethyl-porphyrin-2-yl]-propionsäure, 13-Äthyl-8-desäthyl-pyrroporphyrin, Pyrroporphyrin-XII $C_{31}H_{34}N_4O_2$, Formel VIII (R = C_2H_5, R' = H) und Taut.

Zusammenfassende Darstellung: *H. Fischer, H. Orth,* Die Chemie des Pyrrols, Bd. 2, Tl. 1 [Leipzig 1937] S. 340.

B. Neben dem folgenden Brom-Derivat sowie anderen Verbindungen beim Erhitzen von [4-Äthyl-3,5-dimethyl-pyrrol-2-yl]-[5-brom-4-(2-carboxy-äthyl)-3-methyl-pyrrol-2-yl]-methinium-bromid (E II **25** 144) mit [4-Äthyl-3,5-dimethyl-pyrrol-2-yl]-[3,5-dibrom-4-methyl-pyrrol-2-yl]-methinium-bromid (E III/IV **23** 1329) und Methylbernsteinsäure (*Fischer, Berg,* A. **482** [1930] 189, 197).

Kristalle [aus Py.+Me.] (*Fi., Berg*).

Eisen(III)-Komplex $Fe(C_{31}H_{32}N_4O_2)Cl$. Blaue Kristalle (*Fi., Berg.*).

Methylester $C_{32}H_{36}N_4O_2$. Kristalle (aus Py.+Me.); F: 242° [korr.] (*Fi., Berg,* l. c. S. 200). – Eisen(III)-Komplex $Fe(C_{32}H_{34}N_4O_2)Cl$. Blauschwarze Kristalle; F: 260° [korr.] (*Fi., Berg*).

3-[8,18-Diäthyl-13-brom-3,7,12,17-tetramethyl-porphyrin-2-yl]-propionsäure, 13-Äthyl-8-brom-8-desäthyl-pyrroporphyrin, Brompyrroporphyrin-XII $C_{31}H_{33}BrN_4O_2$, Formel VIII (R = C_2H_5, R' = Br) und Taut.

B. s. im vorangehenden Artikel.

Kristalle [aus Ae.] (*Fischer, Berg,* A. **482** [1930] 189, 200).

Kupfer(II)-Komplex $CuC_{31}H_{31}BrN_4O_2$. Rote Kristalle.

Methylester $C_{32}H_{35}BrN_4O_2$. Kristalle (aus Py.+Me.); F: 304° [korr.] (*Fi., Berg,* l. c.

S. 201). – Kupfer(II)-Komplex $CuC_{32}H_{33}BrN_4O_2$. Rote Kristalle.

3-[13,17-Diäthyl-3,7,12,18-tetramethyl-porphyrin-2-yl]-propionsäure, Pyrroporphyrin-XXI $C_{31}H_{34}N_4O_2$, Formel IX und Taut.

Zusammenfassende Darstellung: *H. Fischer, H. Orth,* Die Chemie des Pyrrols, Bd. 2, Tl. 1 [Leipzig 1937] S. 344.

B. In mässiger Ausbeute beim Erhitzen von [4-(2-Carboxy-äthyl)-3,5-dimethyl-pyrrol-2-yl]-[3,5-dimethyl-pyrrol-2-yl]-methinium-bromid (E II **25** 143) mit Bis-[3-äthyl-5-brom-4-methyl-pyrrol-2-yl]-methinium-bromid (E II **23** 205) und Methylbernsteinsäure (*Fischer, Schormüller,* A. **473** [1929] 211, 216, 232). Aus Rhodoporphyrin-XXI (S. 3004) mit Hilfe von methanol. KOH in Pyridin (*Fi., Sch.,* l. c. S. 239).

λ_{max} (Ae.; 440 – 625 nm): *Fi., Sch.,* l. c. S. 233; λ_{max} (wss. HCl [5%ig]): 545 nm und 590 nm (*Fi., Sch.*).

Kupfer(II)-Komplex $CuC_{31}H_{32}N_4O_2$. F: ca. 300° [nach Sintern ab 270°] (*Fi., Sch.,* l. c. S. 234). λ_{max} (Ae.): 524 nm und 561 nm (*Fi., Sch.*).

Eisen(III)-Komplex $Fe(C_{31}H_{32}N_4O_2)Cl$. Blauschwarze Kristalle (*Fi., Sch.,* l. c. S. 233). λ_{max} (Py. + $N_2H_4 \cdot H_2O$): 520 nm und 547 nm (*Fi., Sch.,* l. c. S. 234).

Methylester $C_{32}H_{36}N_4O_2$. Kristalle (aus $CHCl_3$ + Me.); F: 218 – 219° (*Fi., Sch.,* l. c. S. 233). λ_{max} (Ae.; 430 – 620 nm): *Fi., Sch.*; λ_{max} (wss. HCl [5%ig]): 546 nm und 580 nm (*Fi., Sch.*).

3-[8,13-Diäthyl-3,7,12,17-tetramethyl-porphyrin-2-yl]-propionsäure, Pyrroporphyrin [1]), Pyrroporphyrin-XV $C_{31}H_{34}N_4O_2$, Formel X (X = OH) und Taut.

Zusammenfassende Darstellung: *H. Fischer, H. Orth,* Die Chemie des Pyrrols, Bd. 2, Tl. 1 [Leipzig 1937] S. 341, 345; *T.S. Stevens,* in *E.H. Rodd,* Chemistry of Carbon Compounds, Bd. 4 Tl. B [Amsterdam 1959] S. 1104, 1126.

B. Beim Erhitzen von [4-Äthyl-3,5-dimethyl-pyrrol-2-yl]-[5-brom-4-(2-carboxy-äthyl)-3-methyl-pyrrol-2-yl]-methinium-bromid (E II **25** 140) mit [3-Äthyl-5-brom-4-methyl-pyrrol-2-yl]-[3,5-dimethyl-pyrrol-2-yl]-methinium-bromid, Bernsteinsäure und Methylbernsteinsäure (*Fischer et al.,* A. **480** [1930] 109, 136). Neben 13-Brom-pyrroporphyrin (S. 2955) sowie anderen Verbindungen beim Erhitzen von [3-Brom-5-carboxy-4-methyl-pyrrol-2-yl]-[3-(2-carboxy-äthyl)-4,5-dimethyl-pyrrol-2-yl]-methinium-bromid (E III/IV **25** 1106) mit [4-Äthyl-5-brom-methyl-3-methyl-pyrrol-2-yl]-[3-äthyl-5-brom-4-methyl-pyrrol-2-yl]-methinium-bromid (E III/IV **23** 1342) und Methylbernsteinsäure (*Fi. et al.,* A. **480** 144). Aus 13-Brom-pyrroporphyrin beim Erwärmen mit Palladium/$CaCO_3$ und $N_2H_4 \cdot H_2O$ in äthanol. KOH (*Fi. et al.,* A. **480** 142) sowie beim Erhitzen mit Kaliummethylat in Methanol (*Fischer, Pratesi,* A. **500** [1933] 203, 209). Aus Rhodoporphyrin (S. 3005) mit Hilfe von wss.-methanol. NaOH und Pyridin oder wss. H_2SO_4 (*Treibs, Wiedemann,* A. **471** [1929] 146, 201; s. a. *Willstätter, Fritzsche,* A. **371** [1909] 33, 95). Aus Rhodoporphyrin mit Hilfe von Resorcin (*Fischer, Treibs,* A. **466** [1928] 188, 227). Aus Rhodoporphyrin-dimethylester (S. 3006) mit Hilfe von HBr in Essigsäure (*Fischer, Breitner,* A. **516** [1935] 61, 71). Aus Chlorin-e_6 (15-Carboxymethyl-3^1,3^2-didehydro-rhodochlorin; S. 3072), Rhodin-g_7 (15-Carboxymethyl-7^1-oxo-3^1,3^2-didehydro-rhodochlorin; S. 3301) oder aus einem Gemisch beider beim Erhitzen mit methanol. KOH und Pyridin (*Treibs, Wiedemann,* A. **466** [1928] 264, 277). Aus Phäophorbid-a (S. 3237), aus Phäophorbid-b (S. 3284), aus Phäophytin-a (S. 3242) oder aus Phäophytin-b (S. 3287) beim Erhitzen mit methanol. KOH (*Fischer et al.,* Z. physiol. Chem. **241** [1936] 201, 219). Neben anderen Verbindungen aus Phäophytin-a oder Phäophytin-b oder aus einem Gemisch beider beim Erhitzen mit methanol. KOH und Pyridin (*Tr., Wi.,* A. **471** 213).

Kristalle [aus Ae.] (*Treibs, Wiedemann,* A. **466** [1928] 264, 277, 282, **471** [1929] 146, 215; *Fischer et al.,* A. **480** [1930] 109, 138). Absorptionsspektrum (Dioxan; 220 – 650 nm): *Stern,* Z. physik. Chem. [A] **182** [1938] 186, 191. λ_{max} in Dioxan (230 – 400 nm): *Stern, Pruckner,*

---

[1]) Bei von Pyrroporphyrin abgeleiteten Namen gilt die in Formel X angegebene Stellungsbezeichnung (vgl. *Merritt, Loening,* Pure appl. Chem. **51** [1979] 2251, 2297).

Z. physik. Chem. [A] **185** [1939] 140, 145; in Äther (490–630 nm): *Treibs, Nüssler,* Z. physiol. Chem. **212** [1932] 33, 39; in einem Pyridin-Äther-Gemisch (420–630 nm): *Tr., Wi.,* A. **466** 288; *Fi. et al.*; s. a. *Marchlewski,* Bl. Soc. Chim. biol. **13** [1931] 697; in wss. HCl (420–600 nm): *Tr., Wi.,* A. **471** 234; *Fi. et al.*; *Tr., Nü.*; in kalter und heisser wss.-methanol. KOH (490–630 nm): *Treibs,* A. **506** [1933] 196, 258. Fluorescenzmaxima (Dioxan): 595,5 nm, 623 nm, 653 nm, 671,5 nm und 690 nm (*St.,* l. c. S. 190). Verteilung zwischen Äther und wss. HCl [0,5%ig und 1,3%ig]: *Tr., Wi.,* A. **471** 159, 222.

Beim Behandeln mit H_2SO_4 [SO_3 enthaltend] sind 13-Sulfo-pyrroporphyrin („Pyrroporphyrin-sulfonsäure-(6)") und Pyrrorhodin-XXI (S. 2158) erhalten worden (*Treibs,* A. **506** [1933] 196, 243). Beim Erhitzen mit HI, Phosphor und Essigsäure sind 4-Äthyl-2,3-dimethyl-pyrrol, 3-[4-Methyl-pyrrol-3-yl]-propionsäure und 3-[4,5-Dimethyl-pyrrol-3-yl]-propionsäure erhalten worden (*Fischer et al.,* A. **478** [1930] 283, 299). Beim Behandeln von Pyrrohämin (s. u.) mit Natriumisopentylat und Isopentylalkohol, Behandeln mit $FeCl_2$ in Äther und Methanol und anschliessenden Verestern sind zwei isomere Dihydro-Derivate („Mesopyrroisochlorin-I-methylester" vom F: 186° und „Mesopyrroisochlorin-II-methylester" vom F: 163°; S. 2954) erhalten worden (*Fischer, Gibian,* A. **550** [1942] 208, 239).

Über ein Dihydrochlorid $C_{31}H_{34}N_4O_2 \cdot 2HCl$ und ein Trihydrochlorid $C_{31}H_{34}N_4O_2 \cdot 3HCl$ s. *Willstätter, Fritzsche,* A. **371** [1909] 33, 102; s. a. *H. Fischer, H. Orth,* Die Chemie des Pyrrols, Bd. 2, Tl. 1 [Leipzig 1937] S. 345.

Magnesium-Komplex $MgC_{31}H_{32}N_4O_2$; **Pyrrophyllin.** Herstellung aus Pyrroporphyrin und Äthylmagnesiumbromid: *Treibs, Wiedemann,* A. **466** [1928] 264, 280; *Fischer et al.,* A. **495** [1932] 1, 26. – Kristalle [aus Ae.+PAe.] (*Tr., Wi.,* A. **466** 280). λ_{max} in Äther (420–590 nm): *Tr., Wi.,* A. **466** 288; *Fi. et al.,* A. **495** 27; in wss. HCl (400–590 nm): *Treibs, Wiedemann,* A. **471** [1929] 146, 236. – Über Salze des Magnesium-Komplexes s. *Wi., Fr.,* l. c. S. 79, 80.

Über ein Kalium-Salz $KC_{31}H_{33}N_4O_2$ s. *Wi., Fr.,* l. c. S. 103.

Kupfer(II)-Komplex $CuC_{31}H_{32}N_4O_2$. Rote Kristalle (*Tr., Wi.,* A. **471** 215; *Fischer et al.,* A. **480** [1930] 109, 138).

Eisen(II)-Komplex. Absorptionsspektrum in wss.-äthanol. KOH unter Zusatz von $N_2H_4 \cdot H_2O$ (260–470 nm): *Marchlewski, Urbańczyk,* Bio. Z. **277** [1935] 171, 177; in mit H_2S gesättigter wss.-äthanol. KOH (290–440 nm): *Ma., Ur.* λ_{max} in einem Äther-Pyridin-N_2H_4-Gemisch (440–545 nm): *Tr., Wi.,* A. **466** 288; *Treibs, Nüssler,* Z. physiol. Chem. **212** [1932] 33, 39; in wss.-äthanol. NaOH unter Zusatz von $N_2H_4 \cdot H_2O$ (500–550 nm): *Ma., Ur.* – Verbindung mit CO. Absorptionsspektrum (wss. NaOH+Cystein-hydrochlorid; 280–800 nm): *Warburg, Kubowitz,* Bio. Z. **227** [1930] 184, 189.

Eisen(III)-Komplex $Fe(C_{31}H_{32}N_4O_2)Cl$; **Pyrrohämin.** Kristalle [aus Py.+$CHCl_3$+Eg.] (*Wa., Ku.,* l. c. S. 188; s. a. *Tr., Wi.,* A. **466** 280, **471** 208 Anm. 2). Absorptionsspektrum (wss.-äthanol. KOH; 300–450 nm): *Ma., Ur.*

Dipicrat $C_{31}H_{34}N_4O_2 \cdot 2C_6H_3N_3O_7$. Rotviolette Kristalle (aus wss. Acn.); F: 152° [korr.]; λ_{max} (Kristalle): 555 nm und 598 nm (*Treibs,* A. **476** [1929] 1, 4, 51).

Styphnat $C_{31}H_{34}N_4O_2 \cdot C_6H_3N_3O_8$. Violettrote Kristalle (aus wss. Acn.); F: 206° [korr.] (*Tr.,* l. c. S. 4, 50). λ_{max} der Kristalle sowie von Lösungen in Aceton, auch unter Zusatz von Styphninsäure und H_2O (520–600 nm): *Tr.,* l. c. S. 4, 51.

Dipicrolonat $C_{31}H_{34}N_4O_2 \cdot 2C_{10}H_8N_4O_5$. Rötliche Kristalle (aus Acn.); F: 154° [korr.] (*Tr.*). λ_{max} der Kristalle sowie von Lösungen in Aceton, auch unter Zusatz von Picrolonsäure und H_2O (530–600 nm): *Tr.*

Diflavianat (Bis-[8-hydroxy-5,7-dinitro-naphthalin-2-sulfonat]) $C_{31}H_{34}N_4O_2 \cdot 2C_{10}H_6N_2O_8S$. Violettrote Kristalle; F: 220° [unscharf] (*Tr.*). λ_{max} der Kristalle sowie von Lösungen in Aceton, auch unter Zusatz von Flaviansäure (550–600 nm): *Tr.*

Anhydrid $C_{62}H_{66}N_8O_3$(?). *B.* Aus Essigsäure-pyrroporphyrin-anhydrid [S. 2954] (*Fischer et al.,* A. **471** [1929] 237, 242, 281). – λ_{max} (Ae.; 430–630 nm): *Fi. et al.* Über die Basizität s. *Fi. et al.*

Trichlor-Derivat $C_{31}H_{31}Cl_3N_4O_2$. *B.* Aus dem folgenden Tetrachlor-Derivat mit Hilfe von methanol. Kupfer(II)-acetat (*Fischer, Klendauer,* A. **547** [1941] 123, 130). – Kupfer(II)-Komplex $CuC_{31}H_{29}Cl_3N_4O_2$. Kristalle (aus Ae.), die unterhalb 300° nicht schmelzen. λ_{max}

(Py. + Ae.): 537 nm, 573 nm und 619 nm.

Tetrachlor-Derivat $C_{31}H_{30}Cl_4N_4O_2$. Dihydrochlorid $C_{31}H_{30}Cl_4N_4O_2 \cdot 2HCl$. *B.* Beim Behandeln von Pyrroporphyrin mit HCl und wss. H_2O_2 in Essigsäure, mit HCl und wss. HNO_3 in Essigsäure oder mit Chlor in Essigsäure (*Fischer, Klendauer,* A. **547** [1941] 123, 130). – Kristalle (aus wss. Eg.).

Dihydro-Derivat $C_{31}H_{36}N_4O_2$; Mesopyrroisochlorin-II. *B.* Beim Hydrieren von Pyrroporphyrin-methylester (s. u.) an Raney-Nickel in Dioxan, Behandeln mit Luft in Äther und Hydrolysieren des Methylesters mit wss. HCl (*Fischer, Herrle,* A. **530** [1937] 230, 253). – Grüne Kristalle (aus Ae. + PAe.); F: 240–250° (*Fi., He.,* l. c. S. 254). Absorptionsspektrum (Dioxan; 480–660 nm): *Fischer, Eckoldt,* A. **544** [1940] 138, 146, 147. λ_{max} (Py. + Ae.): 491 nm, 521 nm, 547 nm, 594 nm, 619 nm und 646 nm (*Fi., He.*).

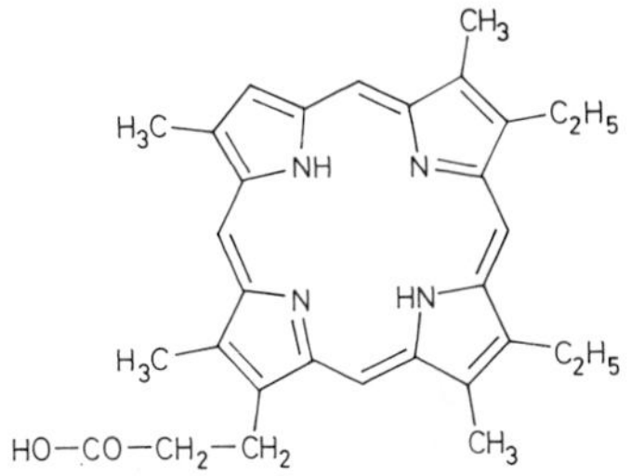

IX

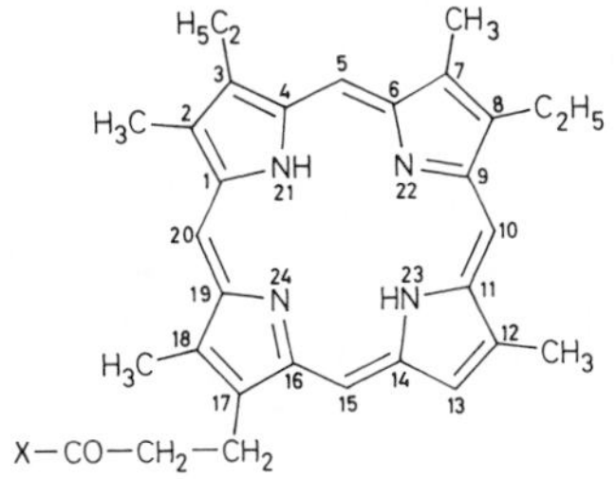

X

3-[8,13-Diäthyl-3,7,12,17-tetramethyl-porphyrin-2-yl]-propionsäure-methylester, Pyrroporphyrin-methylester $C_{32}H_{36}N_4O_2$, Formel X (X = O-CH_3) und Taut.

B. Aus Pyrroporphyrin (S. 2951) und methanol. HCl (*Treibs, Wiedemann,* A. **466** [1928] 264, 278; *Fischer et al.,* A. **480** [1930] 109, 138). Aus dem Kalium-Salz des Pyrroporphyrins und Dimethylsulfat (*Fischer et al.,* Z. physiol. Chem. **241** [1936] 201, 219).

Kristalle; F: 243° [aus Acn.] (*Fischer, Lakatos,* A. **506** [1933] 123, 137), 243° [korr.] (*Fischer, Treibs,* A. **466** [1928] 188, 227), 242° [korr.; aus Py. + Me.] (*Fi. et al.,* A. **480** 145), 241° [korr.; aus Ae.] (*Tr., Wi.*). Verbrennungsenthalpie bei 15°: *Stern, Klebs,* A. **505** [1933] 295, 299. Absorptionsspektrum (Dioxan; 220–440 nm bzw. 480–630 nm): *Stern, Pruckner,* Z. physik. Chem. [A] **185** [1939] 140, 147; *Stern, Wenderlein,* Z. physik. Chem. [A] **170** [1934] 337, 345. λ_{max} (A. + Ae.; 480–620 nm) bei –196°: *Conant, Kamerling,* Am. Soc. **53** [1931] 3522, 3527. Fluorescenzmaxima (Dioxan): 595,5 nm, 623 nm, 653 nm, 671,5 nm und 690 nm (*Stern, Molvig,* Z. physik. Chem. [A] **175** [1935] 38, 42). Scheinbare Dissoziationsexponenten pK'_{a1}, pK'_{a2} und pK'_{a3} (Eg.; potentiometrisch ermittelt) bei 25°: –2,0 bzw. 2,4 bzw. 2,4 (*Conant et al.,* Am. Soc. **56** [1934] 2185, 2186).

Beim Behandeln einer Lösung in Pyridin mit Luft unter Einwirkung von Licht ist eine Verbindung $C_{32}H_{36}N_4O_4$(?; F: 223°; λ_{max} [Py. + Ae.]: 492 nm, 526 nm, 584 nm und 639 nm) erhalten worden (*Fischer, Bock,* Z. physiol. Chem. **255** [1938] 1, 7). Beim Behandeln mit OsO_4 in Pyridin und Äther, Erwärmen des Reaktionsprodukts mit Na_2SO_3 in Methanol und Behandeln mit Diazomethan in Äther ist ein 3-[8,13-Diäthyl-x,x-dihydroxy-3,7,12,17-tetramethyl-x,x-dihydro-porphyrin-2-yl]-propionsäure-methylester („Dioxy-mesopyrrochlorin-methylester") $C_{32}H_{38}N_4O_4$ [Kristalle (aus Py. + Me.); F: 251°; λ_{max} (Py. + Ae.; 420–660 nm); Absorptionsspektrum (Dioxan; 470–680 nm); λ_{max} (CCl_4; 480–640 nm); *O,O'*-Dibenzoyl-Derivat: $C_{46}H_{46}N_4O_6$, Kristalle; F: 193°; λ_{max} (Ae. + Py.; 480–670 nm)] erhalten worden (*Fischer, Eckoldt,* A. **544** [1940] 138, 153; *Pruckner,* Z. physik. Chem. [A] **188** [1941] 41, 55, 58; *Wenderoth,* A. **558** [1947] 53, 59, 60). Beim Hydrieren an Raney-Nickel in Äthylacetat und anschliessenden Behandeln mit Luft in Pyridin und Äther (*We.,* l. c. S. 56) sowie beim Hydrieren des Zink-Komplexes an Palladium in Dioxan (*Fischer, Laubereau,* A. **535** [1938] 17, 36) oder Aceton (*Fischer, Herrle,* A. **530** [1937] 230, 256) ist sog. Mesopyrroisochlorin(II)-methylester (s. u.) erhalten worden.

Kupfer(II)-Komplex $CuC_{32}H_{34}N_4O_2$. Rote Kristalle (aus $CHCl_3$ + Me.); F: 231° [korr.] (*Treibs, Wiedemann,* A. **471** [1929] 146, 215; *Kunz, Sehrbundt,* B. **58** [1925] 1868, 1873). λ_{max} in $CHCl_3$: 524 nm und 560 nm (*Treibs, Nüssler,* Z. physiol. Chem. **212** [1932] 33, 39) bzw.

526 nm und 562 nm (*Treibs*, A. **506** [1933] 196, 239); in Methanol sowie in Aceton: 523 nm und 559 nm (*Tr.*, A. **506** 239).

Zink-Komplex $ZnC_{32}H_{34}N_4O_2$. Kristalle (aus Acn.); F: 238° [korr.] (*Fischer, Laubereau*, A. **535** [1938] 17, 36; s. a. *Kunz, Se.*, l. c. S. 1874). λ_{max} (Py. + Ae.): 526 nm, 542 nm, 573 nm und 581 nm (*Fi., La.*).

Eisen(III)-Komplex $Fe(C_{32}H_{34}N_4O_2)Cl$. Kristalle (*Fischer, Klendauer*, A. **547** [1941] 123, 131).

Dipicrat $C_{32}H_{36}N_4O_2 \cdot 2C_6H_3N_3O_7$. Violette Kristalle (aus Me.); F: 169° [korr.] (*Treibs*, A. **476** [1929] 1, 4, 52). λ_{max} der Kristalle sowie von Lösungen in Aceton, auch unter Zusatz von Picrinsäure und H_2O (520 – 600 nm): *Tr.*, A. **476** 4, 52.

Distyphnat $C_{32}H_{36}N_4O_2 \cdot 2C_6H_3N_3O_8$. Violette Kristalle (aus $CHCl_3$ + Me.); F: 177° [korr.] (*Tr.*, A. **476** 4, 52). λ_{max} der Kristalle sowie von Lösungen in Aceton, auch unter Zusatz von Styphninsäure und H_2O (520 – 600 nm): *Tr.*, A. **476** 4, 52.

Dipicrolonat $C_{32}H_{36}N_4O_2 \cdot 2C_{10}H_8N_4O_5$. Rötliche Kristalle (aus Me.); F: 175° [korr.] (*Tr.*, A. **476** 4, 52). λ_{max} der Kristalle sowie von Lösungen in Aceton, auch unter Zusatz von Picrolonsäure (530 – 610 nm): *Tr.*, A. **476** 4, 52.

Diflavianat (Bis-[8-hydroxy-5,7-dinitro-naphthalin-2-sulfonat]) $C_{32}H_{36}N_4O_2 \cdot 2C_{10}H_6N_2O_8S$. Braunrote Kristalle; F: 262° [unscharf] (*Tr.*, A. **476** 4, 52). λ_{max} der Kristalle sowie von Lösungen in Aceton, auch unter Zusatz von Flaviansäure und H_2O (520 – 610 nm): *Tr.*, A. **476** 4, 53.

Monochlor-Derivat $C_{32}H_{35}ClN_4O_2$. *B.* Beim Behandeln des Eisen(III)-Komplexes des Pyrroporphyrin-methylesters mit wss. HCl und wss. H_2O_2 in Essigsäure und anschliessenden Verestern (*Fischer, Klendauer*, A. **547** [1941] 123, 124, 131). – Kristalle (aus Acn. + Me.). λ_{max} (Py. + Ae.; 440 – 640 nm): *Fi., Kl.*

Dichlor-Derivat $C_{32}H_{34}Cl_2N_4O_2$. *B.* Neben anderen Verbindungen beim Behandeln von Pyrroporphyrin-methylester mit Chloracetylchlorid und $AlCl_3$ (*Fischer, Laubereau*, A. **535** [1938] 17, 20, 31). – Kristalle (aus Ae.); F: 247°. λ_{max} (Py. + Ae.; 430 – 630 nm): *Fi., La.*, l. c. S. 32.

Nitro-Derivat $C_{32}H_{35}N_5O_4$. Über die Konstitution s. *Fischer, Klendauer*, A. **547** [1941] 123, 125. – *B.* Beim Behandeln von Pyrroporphyrin (S. 2951) mit konz. wss. HNO_3 und anschliessend mit Diazomethan (*Fi., Kl.*, l. c. S. 134). – Kristalle; F: 209°. λ_{max} (Py. + Ae.; 440 – 630 nm): *Fi., Kl.* – Eisen(III)-Komplex $Fe(C_{32}H_{33}N_5O_4)Cl$. Kristalle, die unterhalb 300° nicht schmelzen. λ_{max} (Py.; 480 – 560 nm): *Fi., Kl.*, l. c. S. 135.

Dihydro-Derivat $C_{32}H_{38}N_4O_2$ vom F: 186°; Mesopyrroisochlorin-I-methylester. *B.* Neben sog. Mesopyrroisochlorin-II-methylester (s. u.) beim Behandeln von Pyrrohämin (S. 2952) mit Natriumisopentylat und Isopentylalkohol, Behandeln mit $FeCl_2$ in Äther und Methanol und anschliessenden Verestern (*Fischer, Gibian*, A. **550** [1942] 208, 239). – Kristalle (aus Ae. + PAe.); F: 186°; nach 4-wöchigem Aufbewahren liegt der Schmelzpunkt bei 175°. λ_{max} (Ae.): 492 nm, 522 nm, 545 nm, 590 nm, 614 nm und 642 nm (*Fi., Gi.*, l. c. S. 241).

Dihydro-Derivat $C_{32}H_{38}N_4O_2$ vom F: 163°; Mesopyrroisochlorin-II-methylester. *B.* Beim Hydrieren von Pyrroporphyrin-methylester an Raney-Nickel in Äthylacetat und anschliessenden Behandeln mit Luft in Pyridin und Äther (*Wenderoth*, A. **558** [1947] 53, 56) sowie beim Hydrieren des Zink-Komplexes von Pyrroporphyrin-methylester an Palladium in Dioxan (*Fischer, Laubereau*, A. **535** [1938] 17, 36) oder Aceton (*Fischer, Herrle*, A. **530** [1937] 230, 256). Beim Erhitzen von Pyrroporphyrin (S. 2951) mit Natriumäthylat in Pyridin und anschliessenden Verestern (*Fischer, Gibian*, A. **550** [1942] 208, 240). Eine weitere Bildungsweise s. bei dem vorangehenden Dihydro-Derivat. – Grüne Kristalle; F: 163° [korr.; aus Acn. + PAe.] (*Fi., La.*), 159 – 160° [unkorr.; aus Ae. + PAe.] (*Fi., Gi.*, l. c. S. 240). Absorptionsspektrum (Dioxan; 470 – 670 nm): *Pruckner*, Z. physik. Chem. [A] **188** [1941] 41, 55, 58. λ_{max} in Äther (430 – 660 nm): *Fi., Gi.*, l. c. S. 241; in einem Pyridin-Äther-Gemisch (470 – 660 nm): *We.*

[3-(8,13-Diäthyl-3,7,12,17-tetramethyl-porphyrin-2-yl)-propionsäure]-essigsäure-anhydrid, Essigsäure-pyrroporphyrin-anhydrid $C_{33}H_{36}N_4O_3$, Formel X (X = O-CO-CH_3) und Taut. (in der Literatur als Pyrroporphyrin-acetat bezeichnet).

B. Aus Pyrroporphyrin (S. 2951) und Acetanhydrid (*Willstätter, Fritzsche*, A. **371** [1909]

33, 104; *Fischer et al.*, A. **471** [1929] 237, 258).

Kristalle (aus Acetanhydrid) mit 1 Mol Acetanhydrid; F: 183° [korr.; Zers.; rasches Erhitzen] (*Fi. et al.*, l. c. S. 257, 259).

Eisen(III)-Komplexe. Chlorid $Fe(C_{33}H_{34}N_4O_3)Cl$. Grauschwarze Kristalle; F: 271° [korr.; Zers.] (*Fi. et al.*, l. c. S. 257, 277). – Acetat $[Fe(C_{33}H_{34}N_4O_3)(C_2H_3O_2)]$. Kristalle [aus Acetanhydrid] (*Fi. et al.*, l. c. S. 276).

3-[8,13-Diäthyl-3,7,12,17-tetramethyl-porphyrin-2-yl]-propionsäure-[2-diäthylamino-äthylester], Pyrroporphyrin-[2-diäthylamino-äthylester] $C_{37}H_{47}N_5O_2$, Formel X ($X = O\text{-}CH_2\text{-}CH_2\text{-}N(C_2H_5)_2$) und Taut.

B. Aus Pyrroporphyrin (S. 2951) und 2-Diäthylamino-äthanol (*Sandoz*, U.S.P. 2005511 [1932]; Franz. P. 747929 [1932]).

Kristalle; F: 188°.

3-[8,13-Diäthyl-3,7,12,17-tetramethyl-porphyrin-2-yl]-propionsäure-[2-diäthylamino-äthylamid], Pyrroporphyrin-[2-diäthylamino-äthylamid] $C_{37}H_{48}N_6O$, Formel X ($X = NH\text{-}CH_2\text{-}CH_2\text{-}N(C_2H_5)_2$) und Taut.

B. Aus Pyrroporphyrin-methylester (S. 2953) und *N,N*-Diäthyl-äthylendiamin (*Sandoz*, U.S.P. 2005511 [1932]; Franz. P. 747929 [1932]).

Rotbraune Kristalle; F: 211°.

3-[8,13-Diäthyl-3,7,12,17-tetramethyl-porphyrin-2-yl]-propionsäure-hydrazid, Pyrroporphyrin-hydrazid $C_{31}H_{36}N_6O$, Formel X ($X = NH\text{-}NH_2$) und Taut.

B. Aus Pyrroporphyrin-methylester (S. 2953) und $N_2H_4 \cdot H_2O$ in Methanol (*Fischer, Haarer*, Z. physiol. Chem. **229** [1934] 55, 62).

Rotbraune Kristalle (aus $CHCl_3$+Me.); F: 273° (*Fi., Ha.*). Absorptionsspektrum (440–640 nm): *Lautsch et al.*, J. Polymer Sci. **17** [1955] 494, 497.

Kupfer(II)-Komplex $CuC_{31}H_{34}N_6O$. Rötliche Kristalle (aus Py.+Me.); F: >360° (*Fi., Ha.*).

***3-[8,13-Diäthyl-3,7,12,17-tetramethyl-porphyrin-2-yl]-propionsäure-benzylidenhydrazid, Pyrroporphyrin-benzylidenhydrazid** $C_{38}H_{40}N_6O$, Formel X ($X = NH\text{-}N{=}CH\text{-}C_6H_5$) und Taut.

B. Aus Pyrroporphyrin-hydrazid (s. o.) und Benzaldehyd (*Fischer et al.*, Z. physiol. Chem. **241** [1936] 201, 213).

Kristalle (aus Py.+Me.); F: 290°.

3-[8,13-Diäthyl-3,7,12,17-tetramethyl-porphyrin-2-yl]-propionylazid, Pyrroporphyrin-azid $C_{31}H_{33}N_7O$, Formel X ($X = N_3$) und Taut.

B. Beim Behandeln von Pyrroporphyrin-hydrazid (s. o.) mit $NaNO_2$ und wss. HCl (*Fischer, Haarer*, Z. physiol. Chem. **229** [1934] 55, 62).

Kristalle (aus $CHCl_3$+Ae. [unter teilweiser Stickstoff-Abspaltung]).

3-[8,13-Diäthyl-18-brom-3,7,12,17-tetramethyl-porphyrin-2-yl]-propionsäure, 13-Brom-pyrroporphyrin $C_{31}H_{33}BrN_4O_2$, Formel XI ($X = OH$) und Taut. (in der Literatur als Brom-pyrroporphyrin-XV bezeichnet).

B. Aus Pyrroporphyrin (S. 2951) und Brom in Essigsäure (*Treibs, Wiedemann*, A. **466** [1928] 264, 278). Weitere Bildungsweisen s. bei Pyrroporphyrin.

Kristalle [aus Ae. bzw. aus Py.+Me.] (*Tr., Wi.*; *Fischer et al.*, A. **480** [1930] 109, 140). λ_{max} (Py.+Ae.; 430–630 nm): *Tr., Wi.*, l. c. S. 288; *Fi. et al.*

Beim Behandeln mit CrO_3 und wss. H_2SO_4 sind 3-Äthyl-4-methyl-pyrrol-2,5-dion und 3-Brom-4-methyl-pyrrol-2,5-dion erhalten worden (*Fischer, Treibs*, A. **466** [1928] 188, 229).

Di(?)hydrochlorid. Kristalle [aus wss. HCl] (*Fi. et al.*, l. c. S. 145; *H. Fischer, H. Orth*, Die Chemie des Pyrrols, Bd. 2, Tl. 1 [Leipzig 1937] S. 248).

Kupfer(II)-Komplex $CuC_{31}H_{31}BrN_4O_2$. Rote Kristalle (*Fi. et al.*).

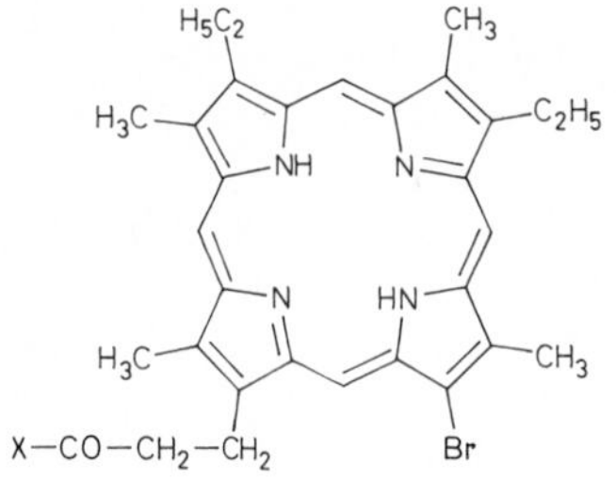

XI 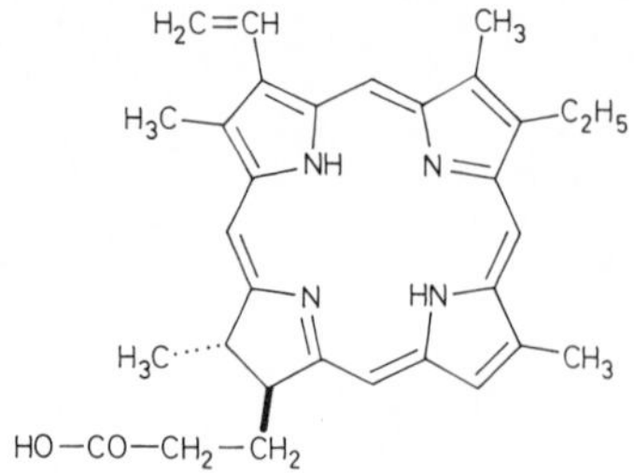 XII

3-[8,13-Diäthyl-18-brom-3,7,12,17-tetramethyl-porphyrin-2-yl]-propionsäure-methylester, 13-Brom-pyrroporphyrin-methylester $C_{32}H_{35}BrN_4O_2$, Formel XI (X = O-CH_3) und Taut.

B. Aus Pyrroporphyrin-methylester (S. 2953) und Brom in Essigsäure und $CHCl_3$ (*Treibs, Wiedemann,* A. **466** [1928] 264, 279). Aus der vorangehenden Verbindung und methanol. HCl (*Fischer et al.,* A. **480** [1930] 109, 141).

Kristalle (aus Py. + Me. bzw. aus $CHCl_3$ + Py. + Me.); F: 261° [korr.] (*Fi. et al.*; *Tr., Wi.*). λ_{max} (Py. + Ae.; 430 – 630 nm): *Fischer, Dietl,* A. **547** [1941] 86, 94.

Kupfer(II)-Komplex $CuC_{32}H_{33}BrN_4O_2$. Rote Kristalle; F: 229° (*Fi. et al.,* l. c. S. 142), 214° (*Fi., Di.*). λ_{max} (Py. + Ae.): 528 nm und 563 nm (*Fi., Di.,* l. c. S. 95).

Zink-Komplex $ZnC_{32}H_{33}BrN_4O_2$. Rötliche Kristalle (aus Acn. + Me.); F: 242° [unreines Präparat?] (*Fi., Di.*). λ_{max} (Py. + Ae.): 546 nm, 561 nm, 571 nm und 580 nm (*Fi., Di.*).

3-[8,13-Diäthyl-18-brom-3,7,12,17-tetramethyl-porphyrin-2-yl]-propionsäure-hydrazid, 13-Brom-pyrroporphyrin-hydrazid $C_{31}H_{35}BrN_6O$, Formel XI (X = NH-NH_2) und Taut.

B. Aus der vorangehenden Verbindung und $N_2H_4 \cdot H_2O$ in Methanol (*Fischer, Dietl,* A. **547** [1941] 86, 95).

Kristalle; F: > 330°.

3-[(2*S*)-13-Äthyl-3*t*,7,12,17-tetramethyl-8-vinyl-2,3-dihydro-porphyrin-2*r*-yl]-propionsäure, $3^1,3^2$-Didehydro-pyrrochlorin $C_{31}H_{34}N_4O_2$, Formel XII und Taut. (in der Literatur auch als Pyrrochlorin bezeichnet).

B. Neben anderen Verbindungen beim Erhitzen von $3^1,3^2$-Didehydro-rhodochlorin (S. 3009) mit Essigsäure und Pyridin (*Fischer et al.,* A. **524** [1936] 222, 244).

Kristalle (aus PAe.); F: 220°; $[\alpha]^{20}_{690-730}$: −417° [Acn.; c = 0,05] (*Fi. et al.,* l. c. S. 245). Absorptionsspektrum (wss. HCl; 490 – 670 nm): *Stern, Molvig,* Z. physik. Chem. [A] **178** [1936] 161, 179. λ_{max} in Dioxan (490 – 660 nm): *St., Mo.,* l. c. S. 164; in einem Pyridin-Äther-Gemisch (430 – 670 nm): *Fi. et al.*

Beim Erhitzen ist Pyrroporphyrin (S. 2951) erhalten worden (*Fi. et al.*). Beim Behandeln mit Luft in siedender methanol. KOH und Pyridin oder mit Luft, Kupferacetat und Essigsäure und anschliessenden Verestern mit Diazomethan ist $3^1,3^2$-Didehydro-pyrroporphyrin-methylester („Vinylpyrroporphyrin-methylester"; S. 2970) erhalten worden (*Fi. et al.,* l. c. S. 246).

Methylester $C_{32}H_{36}N_4O_2$. Absorptionsspektrum (Dioxan; 480 – 670 nm): *St., Mo.,* l. c. S. 163.

3-[12,18-Diäthyl-3,7,13,17-tetramethyl-porphyrin-2-yl]-propionsäure, Pyrroporphyrin-VI $C_{31}H_{34}N_4O_2$, Formel XIII (R = CH_3, R′ = H, R″ = C_2H_5) und Taut.

B. In mässiger Ausbeute beim Erhitzen von [4-(2-Carboxy-äthyl)-3,5-dimethyl-pyrrol-2-yl]-[3,5-dimethyl-pyrrol-2-yl]-methinium-bromid (E II **25** 143) mit Bis-[4-äthyl-5-brom-3-methyl-pyrrol-2-yl]-methinium-bromid (E II **23** 205) und Bernsteinsäure (*Fischer, Schormüller,* A. **473** [1929] 211, 229).

Kristalle (aus Ae.). λ_{max} (Ae. + Eg.; 430 – 630 nm): *Fi., Sch.*; λ_{max} (wss. HCl): 546 nm und

588 nm.

Kupfer(II)-Komplex $CuC_{31}H_{32}N_4O_2$. Rotviolette Kristalle, die unterhalb 300° nicht schmelzen (*Fi., Sch.*, l. c. S. 230).

Eisen(III)-Komplex $Fe(C_{31}H_{32}N_4O_2)Cl$. Violette Kristalle.

Methylester $C_{32}H_{36}N_4O_2$. Kristalle (aus $CHCl_3$+Me.); F: 228°. λ_{max} (Ae.+Eg. sowie wss. HCl; 430–630 nm): *Fi., Sch.*

3-[7,12-Diäthyl-3,8,13,17-tetramethyl-porphyrin-2-yl]-propionsäure, Pyrroporphyrin-IX $C_{31}H_{34}N_4O_2$, Formel XIII (R = C_2H_5, R′ = CH_3, R″ = H) und Taut.

B. Neben dem folgenden Brom-Derivat sowie anderen Verbindungen beim Erhitzen von [3-Äthyl-4,5-dimethyl-pyrrol-2-yl]-[5-brom-4-(2-carboxy-äthyl)-3-methyl-pyrrol-2-yl]-methinium-bromid (E II **25** 145) mit [4-Äthyl-5-brom-3-methyl-pyrrol-2-yl]-[4-brom-3,5-dimethyl-pyrrol-2-yl]-methinium-bromid (E III/IV **23** 1329), Methylbernsteinsäure und Bernsteinsäure (*Fischer et al.*, A. **480** [1930] 109, 147). Aus sog. Isochloroporphyrin-e_5-(CH_3OH-HCl)ester $C_{35}H_{38}N_4O_5$ (Syst.-Nr. 4699) mit Hilfe von methanol. KOH in Pyridin (*Fischer, Ebersberger*, A. **509** [1934] 19, 33).

Kristalle [aus Py.+Me.] (*Fi. et al.*, l. c. S. 148).

Kupfer(II)-Komplex $CuC_{31}H_{32}N_4O_2$. Rote Kristalle (*Fi. et al.*, l. c. S. 149).

Methylester $C_{32}H_{36}N_4O_2$. Kristalle; F: 243° [aus $CHCl_3$+Me.] (*Fi., Eb.*), 237° [korr.; aus Ae.] (*Fi. et al.*). – Kupfer(II)-Komplex. Rote Kristalle; F: 227° (*Fi. et al.*).

3-[7,12-Diäthyl-18-brom-3,8,13,17-tetramethyl-porphyrin-2-yl]-propionsäure, Brom-pyrroporphyrin-IX $C_{31}H_{33}BrN_4O_2$, Formel XIII (R = C_2H_5, R′ = CH_3, R″ = Br) und Taut.

B. s. im vorangehenden Artikel.

Kristalle [aus Py.+Me.] (*Fischer et al.*, A. **480** [1930] 109, 149).

Kupfer(II)-Komplex $CuC_{31}H_{31}BrN_4O_2$. Rote Kristalle.

Methylester $C_{32}H_{35}BrN_4O_2$. Kristalle (aus Py.+Me.); F: 243° [korr.] (*Fi. et al.*, l. c. S. 150). Über die Basizität s. *Fi. et al.* – Kupfer(II)-Komplex $CuC_{32}H_{33}BrN_4O_2$. Rote Kristalle; F: 237° [korr.].

8,13,17-Triäthyl-3,7,12,18-tetramethyl-porphyrin-2-carbonsäure $C_{31}H_{34}N_4O_2$, Formel XIV (R = H) und Taut. (in der Literatur irrtümlich als 7,13,18-Triäthyl-3,8,12,17-tetramethyl-porphyrin-2-carbonsäure bezeichnet).

B. Aus dem Äthylester (s. u.) mit Hilfe von methanol. KOH in Pyridin (*Fischer, Schormüller*, A. **473** [1929] 211, 242).

λ_{max} (Ae.+Py.; 445–635 nm): *Fi., Sch.*; λ_{max} (wss. HCl): 539 nm, 557 nm und 605 nm.

Methylester $C_{32}H_{36}N_4O_2$. Kristalle (aus Ae.); F: 262°. λ_{max} (Ae.+Py.; 430–640 nm): *Fi., Sch.*; λ_{max} (wss. HCl): 541 nm, 557 nm und 606 nm.

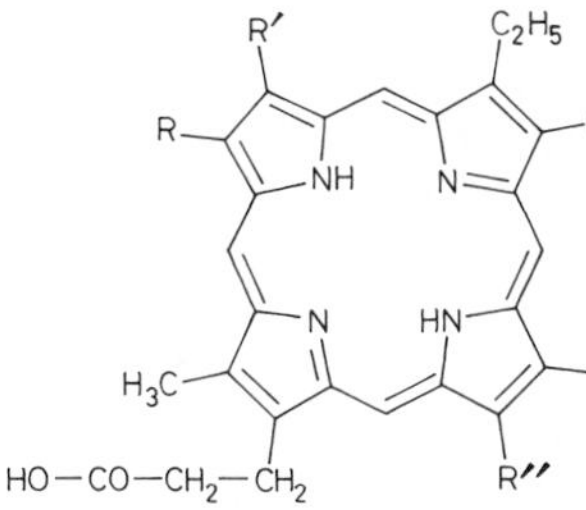

XIII 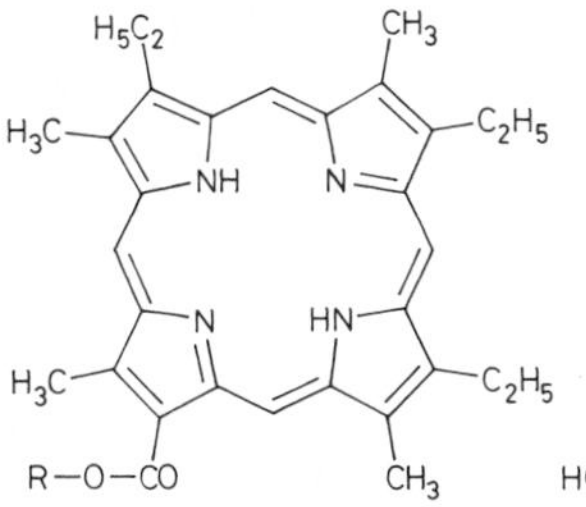 XIV 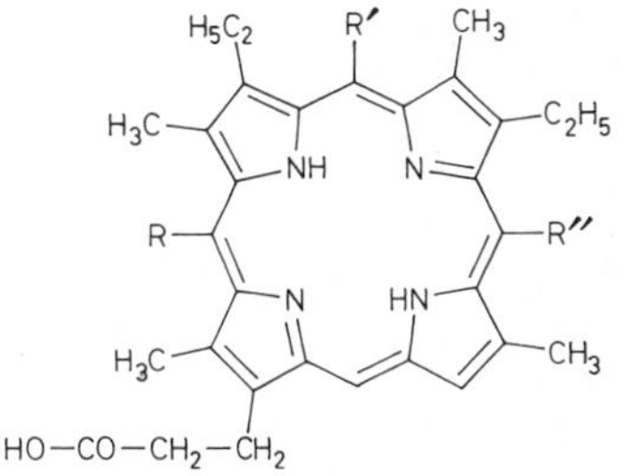 XV

8,13,17-Triäthyl-3,7,12,18-tetramethyl-porphyrin-2-carbonsäure-äthylester $C_{33}H_{38}N_4O_2$, Formel XIV (R = C_2H_5) und Taut.

B. Beim Erhitzen von [4-Äthoxycarbonyl-3,5-dimethyl-pyrrol-2-yl]-[4-äthyl-3,5-dimethyl-pyrrol-2-yl]-methinium-bromid (E III/IV **25** 874) mit Bis-[3-äthyl-5-brom-4-methyl-pyrrol-2-yl]-methinium-bromid (E II **23** 205) und Bernsteinsäure (*Fischer, Schormüller,* A. **473** [1929] 211, 224, 252).

Kristalle (aus Ae.); F: 264° [unreines Präparat].

Carbonsäuren $C_{32}H_{36}N_4O_2$

3-[8,13-Diäthyl-3,5,7,12,17-pentamethyl-porphyrin-2-yl]-propionsäure, 20-Methyl-pyrroporphyrin, δ-Phylloporphyrin, δ-Phylloporphyrin-XV $C_{32}H_{36}N_4O_2$, Formel XV (R = CH_3, R′ = R″ = H) und Taut.

B. Neben dem Brom-Derivat (s. u.) sowie anderen Verbindungen beim Erhitzen von [5-Brom-3-(2-carboxy-äthyl)-4-methyl-pyrrol-2-yl]-[3-brom-4,5-dimethyl-pyrrol-2-yl]-methinium-bromid (E III/IV **25** 868) mit [3-Äthyl-5-(1-brom-äthyl)-4-methyl-pyrrol-2-yl]-[4-äthyl-5-brom-3-methyl-pyrrol-2-yl]-methinium-bromid (E III/IV **23** 1348) und Methylbernsteinsäure (*Fischer et al.,* A. **500** [1933] 137, 185).

Rote Kristalle [aus Ae.] (*Fi. et al.,* l. c. S. 186). Absorptionsspektrum (Dioxan; 480–640 nm): *Pruckner,* Z. physik. Chem. [A] **190** [1942] 101, 116.

Methylester $C_{33}H_{38}N_4O_2$. Rote Kristalle (aus Py. + Me.); F: 214° [nach Sintern bei 198°] (*Fi. et al.,* l. c. S. 186). – Kupfer(II)-Komplex. Rötliche Kristalle (aus $CHCl_3$ + Me.); F: 189° (*Fi. et al.,* l. c. S. 187). λ_{max} ($CHCl_3$): 534 nm und 571 nm (*Fi. et al.*).

Brom-Derivat $C_{32}H_{35}BrN_4O_2$; 3-[8,13-Diäthyl-18-brom-3,5,7,12,17-pentamethyl-porphyrin-2-yl]-propionsäure, 13-Brom-20-methyl-pyrroporphyrin. *B.* s. o. – Violettrote Kristalle (aus Py. + Me.); F: 288° (*Fi. et al.,* l. c. S. 187). λ_{max} (Py. + Ae.; 440–625 nm): *Fi. et al.*

3-[8,13-Diäthyl-3,7,10,12,17-pentamethyl-porphyrin-2-yl]-propionsäure, 5-Methyl-pyrroporphyrin, α-Phylloporphyrin, α-Phylloporphyrin-XV $C_{32}H_{36}N_4O_2$, Formel XV (R = R″ = H, R′ = CH_3) und Taut.

B. Neben geringeren Mengen des Brom-Derivats (s. u.) und anderen Verbindungen beim Erhitzen von [4-Äthyl-5-brom-3-methyl-pyrrol-2-yl]-[4-(2-carboxy-äthyl)-3,5-dimethyl-pyrrol-2-yl]-methinium-bromid (E III/IV **25** 876) mit [3,5-Diäthyl-4-methyl-pyrrol-2-yl]-[4,5-dibrom-3-methyl-pyrrol-2-yl]-methinium-bromid (E III/IV **23** 1334) und Methylbernsteinsäure (*Fischer et al.,* A. **500** [1933] 137, 201) oder von [5-Brom-4-(2-carboxy-äthyl)-3-methyl-pyrrol-2-yl]-[4,5-diäthyl-3-methyl-pyrrol-2-yl]-methinium-bromid (E III/IV **25** 878) mit [3-Äthyl-5-brom-4-methyl-pyrrol-2-yl]-[4-brom-3,5-dimethyl-pyrrol-2-yl]-methinium-bromid (E III/IV **23** 1329) und Methylbernsteinsäure (*Fi. et al.,* l. c. S. 195).

Rotviolette Kristalle [aus Ae.] (*Fi. et al.*). Absorptionsspektrum (Dioxan; 480–630 nm): *Pruckner,* Z. physik. Chem. [A] **190** [1942] 101, 116.

Methylester $C_{33}H_{38}N_4O_2$. Violette Kristalle (aus Py. + Me.); F: 213° [korr.; nach Sintern bei 211°] (*Fi. et al.,* l. c. S. 198). – Kupfer(II)-Komplex $CuC_{33}H_{36}N_4O_2$. Rote Kristalle (aus $CHCl_3$ + Me.); F: 223° [korr.] (*Fi. et al.,* l. c. S. 199). – Eisen(III)-Komplex $Fe(C_{33}H_{36}N_4O_2)Cl$. Braune Kristalle (aus Eg.); F: 254° [korr.] (*Fi. et al.*).

Brom-Derivat $C_{32}H_{35}BrN_4O_2$; 3-[8,13-Diäthyl-18-brom-3,7,10,12,17-pentamethyl-porphyrin-2-yl]-propionsäure, 13-Brom-5-methyl-pyrroporphyrin. *B.* s. o. – λ_{max} (Py. + Ae.; 440–620 nm): *Fi. et al.,* l. c. S. 202.

3-[8,13-Diäthyl-3,7,12,15,17-pentamethyl-porphyrin-2-yl]-propionsäure, 10-Methyl-pyrroporphyrin, β-Phylloporphyrin, β-Phylloporphyrin-XV $C_{32}H_{36}N_4O_2$, Formel XV (R = R′ = H, R″ = CH_3) und Taut.

B. Neben dem Brom-Derivat (s. u.) sowie anderen Verbindungen beim Erhitzen von [3-(2-Carboxy-äthyl)-4,5-dimethyl-pyrrol-2-yl]-[3,5-dibrom-4-methyl-pyrrol-2-yl]-methinium-bromid (E III/IV **25** 867) mit [4-Äthyl-5-(1-brom-äthyl)-3-methyl-pyrrol-2-yl]-[3-äthyl-5-brom-4-methyl-pyrrol-2-yl]-methinium-bromid (E III/IV **23** 1348) und Methylbernsteinsäure (*Fischer et al.,* A. **500** [1933] 137, 188, 189).

Rote Kristalle [aus Ae.] (*Fi. et al.*). Absorptionsspektrum (Dioxan; 480–640 nm): *Pruckner*, Z. physik. Chem. [A] **190** [1942] 101, 116.

Methylester $C_{33}H_{38}N_4O_2$. Kristalle (aus Py.+Me.); F: 213° (*Fi. et al.*).

Brom-Derivat $C_{32}H_{35}BrN_4O_2$; 3-[8,13-Diäthyl-18-brom-3,7,12,15,17-pentamethyl-porphyrin-2-yl]-propionsäure, 13-Brom-10-methyl-pyrroporphyrin. *B.* s. o. – Kristalle (aus Py.+Me.); F: 296° (*Fi. et al.*, l. c. S. 189).

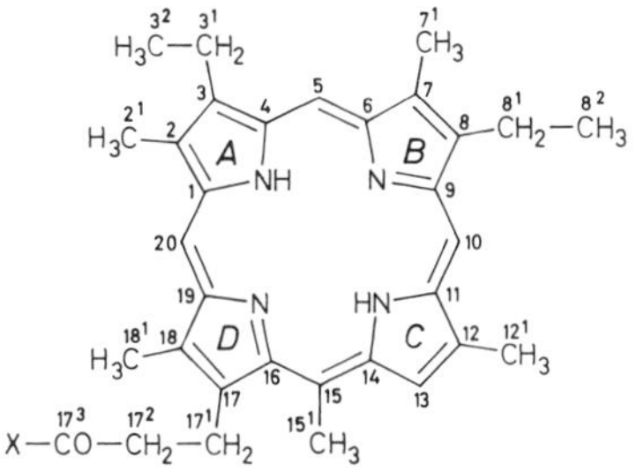

3-[8,13-Diäthyl-3,7,12,17,20-pentamethyl-porphyrin-2-yl]-propionsäure, Phylloporphyrin [1]), γ-Phylloporphyrin-XV $C_{32}H_{36}N_4O_2$, Formel I (X = OH) und Taut.

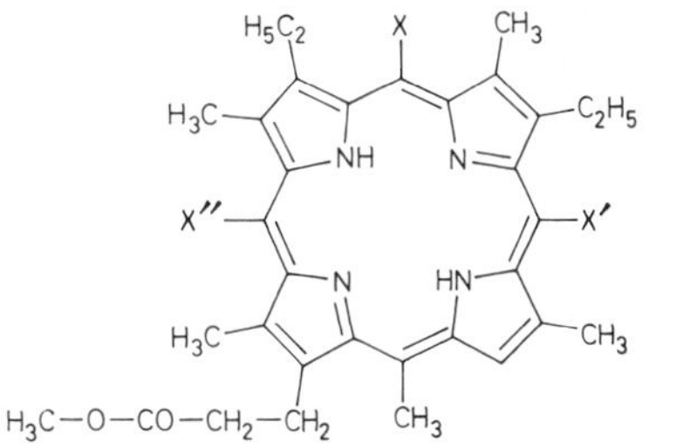

Zusammenfassende Darstellung: *H. Fischer, H. Orth,* Die Chemie des Pyrrols, Bd. 2, Tl. 1 [Leipzig 1937] S. 345, 357.

B. Neben anderen Verbindungen beim Erhitzen von [4-Äthyl-3,5-dimethyl-pyrrol-2-yl]-[4-(2-carboxy-äthyl)-3-methyl-pyrrol-2-yl]-methinium-bromid (E II **25** 144) mit [3-Äthyl-5-brom-4-methyl-pyrrol-2-yl]-[5-äthyl-4-brom-3-methyl-pyrrol-2-yl]-methinium-bromid (E III/IV **23** 1335) und Methylbernsteinsäure (*Fischer, Helberger,* A. **480** [1930] 235, 255; *Fischer et al.*, A. **500** [1933] 137, 145, 146, 167) oder mit [3-Äthyl-5-brom-4-methyl-pyrrol-2-yl]-[5-äthyl-4-brom-3-methyl-pyrrol-2-yl]-methinium-bromid-hydrobromid und Methylbernsteinsäure (*Fi. et al.*) sowie von [4-Äthyl-3,5-dimethyl-pyrrol-2-yl]-[5-brom-4-(2-carboxy-äthyl)-3-methyl-pyrrol-2-yl]-methinium-bromid (E II **25** 144) mit [3-Äthyl-5-brom-4-methyl-pyrrol-2-yl]-[5-äthyl-4-brom-3-methyl-pyrrol-2-yl]-methinium-bromid und Methylbernsteinsäure (*Fi. et al.*). Beim Erhitzen von Chlorin-e_6 (15-Carboxymethyl-3^1,3^2-didehydro-rhodochlorin; S. 3072) mit Bernsteinsäure (*Fischer, Moldenhauer,* A. **481** [1930] 132, 143) oder mit methanol. KOH und Pyridin (*Treibs, Wiedemann,* A. **466** [1928] 264, 276, **471** [1929] 146, 174; s. a. *Willstätter, Utzinger,* A. **382** [1911] 129, 183). Aus Chlorin-e_6 mit Hilfe von HBr und Essigsäure (*Fi., Mo.*, l. c. S. 142, 158). Neben anderen Verbindungen beim Erhitzen von Rhodin-g_7 (15-Carboxymethyl-7^1-oxo-3^1,3^2-didehydro-rhodochlorin; S. 3301) mit methanol. Natriummethylat und N_2H_4 in Pyridin (*Fischer, Breitner,* A. **510** [1934] 183, 191) sowie mit methanol. Natriummethylat und Pyridin (*Tr., Wi.*, A. **471** 174, 206). Neben anderen Verbindungen beim Erhitzen eines Gemisches von Phäophytin-a (S. 3242) mit Phäophytin-b (S. 3287) mit methanol. KOH und Pyridin (*Tr., Wi.*, A. **471** 206; s. a. *Willstätter, Fritzsche,* A. **371** [1909] 33, 98).

Rotviolette Kristalle [aus Ae.] (*Treibs, Wiedemann,* A. **466** [1928] 264, 281; *Fischer, Helberger,* A. **480** [1930] 235, 256; *Fischer et al.*, A. **500** [1933] 137, 168); Zers. bei 285–300° (*Fischer, Treibs,* A. **466** [1928] 188, 235). Absorptionsspektrum in Dioxan (480–640 nm): *Pruckner*, Z. physik. Chem. [A] **190** [1942] 101, 116; in einem Äther-Pyridin-Gemisch (250–650 nm): *Hagenbach et al.*, Helv. phys. Acta **9** [1936] 1, 5. λ_{max} in einem Äther-Pyridin-Gemisch (430–640 nm): *Tr., Wi.*, A. **466** 287; s. a. *Treibs,* A. **476** [1929] 1, 11; *Hellström,* Z. physik. Chem. [B] **14** [1931] 9, 14; in wss. HCl (420–610 nm): *Treibs, Wiedemann,* A. **471** [1929] 146, 233; in kalter und heisser wss.-methanol. KOH (450–640 nm): *Treibs,* A. **506** [1933] 196, 258; λ_{max} (Oxalsäure-diäthylester): 564 nm und 613 nm (*Fischer et al.*, A. **490** [1931] 1, 18). Verteilung zwischen Äther und wss. HCl [0,5%ig]: *Tr., Wi.*, A. **471** 159, 292; zwischen

---

[1]) Bei von Phylloporphyrin abgeleiteten Namen gilt die in Formel I angegebene Stellungsbezeichnung (vgl. *Merritt, Loening,* Pure appl. Chem. **51** [1979] 2251, 2297).

Äther und wss. HCl [0,075–1,1%ig]: *Zeile, Rau,* Z. physiol. Chem. **250** [1937] 197, 199.

Beim Behandeln mit H_2SO_4 [SO_3 enthaltend] ist sog. γ-Phylloporphyrinsulton-XV (3-[7,12-Diäthyl-3,8,13,17-tetramethyl-2′,2′-dioxo-6′*H*-2′λ⁶-[1,2]oxathiino[5,4,3-*ta*]porphyrin-18-yl]-propionsäure; Syst.-Nr. 4710) erhalten worden (*Fischer et al.,* A. **500** [1933] 137, 170; *Treibs,* A. **506** [1933] 196, 220). Beim Behandeln mit $KMnO_4$ und Pyridin sind 15-Carboxy-pyrroporphyrin („Pyrroporphyrin-γ-carbonsäure"; als Dimethylester [S. 3004] isoliert), 15^1-Oxo-phylloporphyrin („γ-Formyl-pyrroporphyrin"; vgl. S. 3178) und 15^1-Hydroxy-phylloporphyrin („γ-Hydroxymethyl-pyrroporphyrin"; vgl. S. 3137) erhalten worden (*Fischer, Kanngiesser,* A. **543** [1940] 271, 278). Beim Erhitzen von Phyllohämin (s. u.) mit Natrium und Isoamylalkohol und anschliessenden Verestern ist sog. „inakt." Mesophyllochlorin-methylester (*rac*-Phyllochlorin-methylester; S. 2944) erhalten worden (*Fischer, Laubereau,* A. **535** [1938] 17, 35; s. a. *H. Fischer, A. Stern,* Die Chemie des Pyrrols, Bd. 2, Tl. 2 [Leipzig 1940] S. 151.

Dihydrochlorid $C_{32}H_{36}N_4O_2 \cdot 2HCl$. Kristalle (*Treibs, Wiedemann,* A. **471** [1929] 146, 208).

Magnesium-Komplex $MgC_{32}H_{34}N_4O_2$; **Phyllophyllin.** λ_{max} in einem Äther-Pyridin-Gemisch (430–600 nm): *Treibs, Wiedemann,* A. **466** [1928] 264, 287; in wss. HCl (400–600 nm): *Tr., Wi.,* A. **471** 236. – Über Salze des Magnesium-Komplexes s. *Willstätter, Fritzsche,* A. **371** [1909] 33, 84.

Kupfer(II)-Komplex $CuC_{32}H_{34}N_4O_2$. Kristalle (*Tr., Wi.,* A. **466** 283).

Eisen(II)-Komplex. Absorptionsspektrum in wss.-äthanol. KOH unter Zusatz von $N_2H_4 \cdot H_2O$ (220–450 nm): *Marchlewski, Urbańczyk,* Bio. Z. **277** [1935] 171, 175; in mit H_2S gesättigter wss.-äthanol. KOH (260–460 nm): *Ma., Ur.* λ_{max} (wss.-äthanol. $NaOH + N_2H_4 \cdot H_2O$; 500–560 nm): *Ma., Ur.,* l. c. S. 177.

Eisen(III)-Komplex $Fe(C_{32}H_{34}N_4O_2)Cl$; **Phyllohämin.** Kristalle [aus Py. + Eg.] (*Tr., Wi.,* A. **466** 283, **471** 208 Anm. 2). Absorptionsspektrum (wss.-äthanol. KOH; 290–460 nm): *Ma., Ur.*

Dipicrat $C_{32}H_{36}N_4O_2 \cdot 2C_6H_3N_3O_7$. Violette Kristalle (aus wss. Acn.); F: 156° [korr.] (*Treibs,* A. **476** [1929] 1, 4, 49). λ_{max} der Kristalle sowie von Lösungen in Aceton, auch unter Zusatz von Picrinsäure und H_2O (500–610 nm): *Tr.*

Distyphnat $C_{32}H_{36}N_4O_2 \cdot 2C_6H_3N_3O_8$. Violette Kristalle (aus wss. Acn.); F: 163° [korr.] (*Tr.,* l. c. S. 4, 48). λ_{max} der Kristalle sowie von Lösungen in Aceton, auch unter Zusatz von Styphninsäure und H_2O (530–610 nm): *Tr.*

Dipicrolonat $C_{32}H_{36}N_4O_2 \cdot 2C_{10}H_8N_4O_5$. Graubraune Kristalle (aus Acn. + Bzl.); F: 212° [korr.] (*Tr.,* l. c. S. 4, 49). λ_{max} der Kristalle sowie von Lösungen in Aceton, auch unter Zusatz von Picrolonsäure und H_2O (530–610 nm): *Tr.*

Tri(?)flavianat (Tris(?)-[8-hydroxy-5,7-dinitro-naphthalin-2-sulfonat]) $C_{32}H_{36}N_4O_2 \cdot 3(?)C_{10}H_6N_2O_8S$. Violettrote Kristalle (aus Acn.); F: 235° [korr.] (*Tr.,* l. c. S. 4, 49). λ_{max} der Kristalle sowie von Lösungen in Aceton, auch unter Zusatz von Flaviansäure und H_2O (530–610 nm): *Tr.,* l. c. S. 4, 50.

Äthylester $C_{34}H_{40}N_4O_2$. Rote Kristalle (aus $CHCl_3$ + Me.); F: 240° (*Fischer et al.,* A. **500** [1933] 137, 169). – Kupfer(II)-Komplex $CuC_{34}H_{38}N_4O_2$. Rote Kristalle (aus $CHCl_3$ + Me.); F: 254° (*Fi. et al.,* A. **500** 169). λ_{max} ($CHCl_3$ sowie Py. + Ae.; 420–590 nm): *Fi. et al.,* A. **500** 170; s. a. *Fischer et al.,* A. **508** [1934] 154, 164).

Anhydrid $C_{64}H_{70}N_8O_3$(?). *B.* Beim Erhitzen von Essigsäure-phylloporphyrin-anhydrid [S. 2954] (*Fischer et al.,* A. **471** [1929] 237, 242, 281). – λ_{max} (Ae. + $CHCl_3$; 430–640 nm): *Fi. et al.*

Nitro-Derivat $C_{32}H_{35}N_5O_4$. Über die Konstitution s. *Fischer, Klendauer,* A. **547** [1941] 123, 125. *B.* Aus Phylloporphyrin oder dem Methylester und wss. HNO_3 (*Fischer et al.,* A. **508** [1934] 154, 165, 166). Kristalle (aus Ae., $CHCl_3$ oder $CHCl_3$ + Me.); λ_{max} (Py. + Ae.): 507 nm, 543 nm, 584 nm und 635 nm (*Fi. et al.*). – Kupfer(II)-Komplex $CuC_{32}H_{33}N_5O_4$. Kristalle (*Fi. et al.,* l. c. S. 167). λ_{max} (Py. + Ae.): 536 nm und 573 nm (*Fi. et al.*). – Eisen(III)-Komplex $Fe(C_{32}H_{33}N_5O_4)Cl$. Kristalle (*Fi. et al.,* l. c. S. 166). – Methylester $C_{33}H_{37}N_5O_4$. Kristalle (aus $CHCl_3$ + Me.); F: 228° [korr.] (*Fi. et al.,* l. c. S. 167).

3-[8,13-Diäthyl-3,7,12,17,20-pentamethyl-porphyrin-2-yl]-propionsäure-methylester, Phyllo-porphyrin-methylester $C_{33}H_{38}N_4O_2$, Formel I (X = O-CH_3) und Taut.

B. Aus Phylloporphyrin (S. 2959) und methanol. HCl (*Treibs, Wiedemann,* A. **466** [1928] 264, 282; *Fischer, Helberger,* A. **480** [1930] 235, 257). Bei der Hydrierung von sog. Vinylphyllo-porphyrin-methylester (3^1,3^2-Didehydro-phylloporphyrin-methylester; S. 2971) an Palladium in Aceton (*Fischer, MacDonald,* A. **540** [1939] 211, 219).

Kristalle; F: 235–236° (*Conant et al.,* Am. Soc. **53** [1931] 359, 367), 235° [korr.; aus $CHCl_3$ + Me.] (*Tr., Wi.*; *Fischer, Lakatos,* A. **506** [1933] 123, 138), 235° [korr.; aus Py. + Ae.] (*Stern, Klebs,* A. **505** [1933] 295, 299), 233° [aus Acn. + Me.] (*Fi., MacD.*). Verbrennungsenthalpie bei 15°: *St., Kl.* Absorptionsspektrum (Dioxan; 480–640 nm): *Stern, Wenderlein,* Z. physik. Chem. [A] **174** [1935] 81, 85; *Pruckner,* Z. physik. Chem. [A] **190** [1942] 101, 115, 117. λ_{max} (A. + Ae.; 490–630 nm) bei –196°: *Conant, Kamerling,* Am. Soc. **53** [1931] 3522, 3527. Fluores-cenzmaxima (Dioxan): 604 nm, 631 nm, 657 nm, 683 nm und 701 nm (*Stern, Molvig,* Z. physik. Chem. [A] **175** [1935] 38, 42). Scheinbare Dissoziationsexponenten pK'_{a1}, pK'_{a2} und pK'_{a3} (Eg.; potentiometrisch ermittelt) bei 25°: –2,0 bzw. 2,3 bzw. 2,3 (*Conant et al.,* Am. Soc. **56** [1934] 2185, 2186).

Oxidation mit Luft in Pyridin unter Einwirkung von Licht: *Fischer, Bock,* Z. physiol. Chem. **255** [1938] 1, 9. Oxidation des Eisen(III)-Komplexes mit L-Ascorbinsäure und Sauerstoff in Pyridin: *Stier,* Z. physiol. Chem. **275** [1942] 155, 164. Oxidaton des mit $N_2H_4 \cdot H_2O$ und Pyridin behandelten Eisen(III)-Komplexes mit H_2O_2 und folgende Benzoylierung unter Bildung einer als 5(oder15)-Benzoyloxy-phylloporphyrin-methylester angesehenen Verbindung $C_{40}H_{42}N_4O_4$ (rötliche Kristalle [aus Py. + Me.]; F: 224° [nach Sintern bei 210°]; λ_{max} [Py. + Ae.; 450–650 nm]): *Stier,* Z. physiol. Chem. **272** [1942] 239, 258, 270. Beim Erwärmen mit Jod und Natriumacetat in Essigsäure ist 15^1-Oxo-phylloporphyrin-methylester („γ-Formyl-pyrro-porphyrin-methylester"; S. 3178) erhalten worden (*Fischer, Stier,* A. **542** [1939] 224, 231). Beim Behandeln mit OsO_4 in Pyridin und Äther, Erwärmen des Reaktionsprodukts mit Na_2SO_3 in Methanol und Behandeln mit Diazomethan in Äther sind zwei 3-[8,13-Diäthyl-x,x-di-hydroxy-3,7,12,17,20-pentamethyl-x,x-dihydro-porphyrin-2-yl]-propionsäure-methylester („Dioxychlorine") $C_{33}H_{40}N_4O_4$ vom F: 286° (Kristalle [aus Py. + Me.], λ_{max} [Py. + Ae.; 430–660 nm]; Kupfer(II)-Komplex $CuC_{33}H_{38}N_4O_4$: Kristalle [aus Py. + Me.], F: 233°) bzw. vom F: 201–205° (Kristalle [aus Py. + Me.]; λ_{max} [Py. + Ae.; 430–670 nm]) erhalten worden (*Fischer, Eckoldt,* A. **544** [1940] 138, 155, 156). Beim Behandeln mit $H_2SO_4 \cdot H_2O$ ist 13-Sulfo-phylloporphyrin-methylester und mit H_2SO_4 [20% SO_3 enthaltend] ist sog. γ-Phylloporphyrinsulton-XV-methylester (3-[7,12-Diäthyl-3,8,13,17-tetramethyl-2′,2′-dioxo-6′*H*-2′λ^6-[1,2]oxathiino[5,4,3-*ta*]porphyrin-18-yl]-propionsäure-methylester; Syst.-Nr. 4710) er-halten worden (*Treibs,* A. **506** [1933] 196, 223, 231).

Kupfer(II)-Komplex $CuC_{33}H_{36}N_4O_2$. Kristalle (aus $CHCl_3$ + Me.); F: 255° [korr.] (*Treibs, Wiedemann,* A. **471** [1929] 146, 208), 253° (*Fischer, Helberger,* A. **480** [1930] 235, 257).

Eisen(III)-Komplex $Fe(C_{33}H_{36}N_4O_2)Cl$. Kristalle [aus Eg.] (*Fischer et al.,* A. **508** [1934] 154, 165, **523** [1936] 164, 179).

Dipicrat $C_{33}H_{38}N_4O_2 \cdot 2C_6H_3N_3O_7$. Blauviolette Kristalle (aus Me.); F: 135° [unscharf] (*Treibs,* A. **476** [1929] 1, 4, 50). λ_{max} der Kristalle sowie von Lösungen in Aceton, auch unter Zusatz von Picrinsäure und H_2O (490–620 nm): *Tr.*

Distyphnat $C_{33}H_{38}N_4O_2 \cdot 2C_6H_3N_3O_8$. Violette Kristalle (aus Me.); F: 210° [korr.]; λ_{max} (Kristalle): 565 nm und 608 nm (*Tr.*).

Triflavianat (Tris-[8-hydroxy-5,7-dinitro-naphthalin-2-sulfonat]) $C_{33}H_{38}N_4O_2 \cdot 3C_{10}H_6N_2O_8S$. Rotviolette Kristalle (aus Me.); F: 230° [unscharf] (*Tr.*). λ_{max} der Kristalle sowie von Lösungen in Aceton, auch unter Zusatz von Flaviansäure und H_2O (500–610 nm): *Tr.*

Brom-nitro-Derivat $C_{33}H_{36}BrN_5O_4$; 3-[8,13-Diäthyl-18-brom-3,7,12,17,20-penta-methyl-x-nitro-porphyrin-2-yl]-propionsäure-methylester, 13-Brom-x-nitro-phylloporphyrin-methylester. *B.* Beim Behandeln von x-Nitro-phylloporphyrin (S. 2960) mit Brom in Essigsäure und anschliessend mit Diazomethan (*Fischer, Klendauer,* A. **547** [1941] 123, 133). – Kristalle (aus $CHCl_3$+Me.); F: 211°. λ_{max} (Py.+Ae.; 450–640 nm): *Fi., Kl.,* l. c. S. 134.

[3-(8,13-Diäthyl-3,7,12,17,20-pentamethyl-porphyrin-2-yl)-propionsäure]-essigsäure-anhydrid, Essigsäure-phylloporphyrin-anhydrid $C_{34}H_{38}N_4O_3$, Formel I (X = O-CO-CH_3) und Taut. (in der Literatur als Phylloporphyrin-acetat bezeichnet).

B. Aus Phylloporphyrin (S. 2959) und Acetanhydrid (*Fischer et al.,* A. **471** [1929] 237, 262).

Braune Kristalle; F: 220° [korr.; Zers.] (*Fi. et al.,* l. c. S. 257, 262).

Eisen(III)-Komplexe. Chlorid $Fe(C_{34}H_{36}N_4O_3)Cl$. F: 329° [korr.; Zers.] (*Fi. et al.,* l. c. S. 257, 276). λ_{max} (Ae.+$CHCl_3$, auch unter Zusatz von wss. KOH; 440–650 nm): *Fi. et al.* – Acetat $Fe(C_{34}H_{36}N_4O_3)C_2H_3O_2$. Graue oder violettschwarze Kristalle; F: 327° [korr.; Zers.] (*Fi. et al.,* l. c. S. 257, 275).

3-[8,13-Diäthyl-3,7,12,17,20-pentamethyl-porphyrin-2-yl]-propionsäure-[2-diäthylamino-äthylester], Phylloporphyrin-[2-diäthylamino-äthylester] $C_{38}H_{49}N_5O_2$, Formel I (X = O-CH_2-CH_2-$N(C_2H_5)_2$) und Taut.

B. Aus Phylloporphyrin (S. 2959) und 2-Diäthylamino-äthanol (*Sandoz,* U.S.P. 2005511 [1932]; Franz. P. 747929 [1932]).

Rotbraune Kristalle (aus $CHCl_3$+2-Diäthylamino-äthanol); F: 210°.

Eisen(III)-Komplex. *B.* Aus dem Eisen(III)-Komplex des Phylloporphyrin-methylesters (S. 2961) und 2-Diäthylamino-äthanol (*Sandoz*). – Dunkelbraune Kristalle (aus $CHCl_3$+Ae.).

3-[8,13-Diäthyl-3,7,12,17,20-pentamethyl-porphyrin-2-yl]-propionsäure-amid, Phylloporphyrin-amid $C_{32}H_{37}N_5O$, Formel I (X = NH_2) und Taut.

B. Aus dem Säurechlorid (hergestellt aus Phylloporphyrin und $POCl_3$) und NH_3 in Aceton (*Lautsch et al.,* B. **90** [1957] 470, 480). Aus Phylloporphyrin-methylester (S. 2961) und NH_3 in Äthanol (*La. et al.*).

Kristalle (aus $CHCl_3$+Acn.).

3-[8,13-Diäthyl-3,7,12,17,20-pentamethyl-porphyrin-2-yl]-propionsäure-[2-diäthylamino-äthylamid], Phylloporphyrin-[2-diäthylamino-äthylamid] $C_{38}H_{50}N_6O$, Formel I (X = NH-CH_2-CH_2-$N(C_2H_5)_2$) und Taut.

B. Aus Phylloporphyrin-methylester (S. 2961) und *N,N*-Diäthyl-äthylendiamin (*Sandoz,* U.S.P. 2005511 [1932]; Franz. P. 747929 [1932]).

Rotbraune Kristalle (aus Me.); F: 235° [korr.].

3-[8,13-Diäthyl-5(oder 10)-chlor-3,7,12,17,20-pentamethyl-porphyrin-2-yl]-propionsäure-methylester, 5(oder 20)-Chlor-phylloporphyrin-methylester $C_{33}H_{37}ClN_4O_2$, Formel II (X = Cl, X′ = X″ = H oder X = X′ = H, X″ = Cl) und Taut. (in der Literatur als Monochlor-isophylloporphyrin-methylester bezeichnet).

Über die Konstitution s. *Pruckner,* Z. physik. Chem. [A] **190** [1942] 101, 117.

B. Neben der folgenden Verbindung beim Behandeln von Phylloporphyrin (S. 2959) mit wss. H_2O_2 und wss. HCl und Erwärmen des Reaktionsprodukts mit Diazomethan in Äther (*Fischer, Mittermair,* A. **548** [1941] 147, 165).

Kristalle (aus Acn.+Me.); F: 205° (*Fi., Mi.*). Absorptionsspektrum (Dioxan; 480–640 nm): *Pr.,* l. c. S. 117, 124. λ_{max} (Py.+Ae.; 440–645 nm): *Fi., Mi.,* l. c. S. 166.

3-[8,13-Diäthyl-15(?)-chlor-3,7,12,17,20-pentamethyl-porphyrin-2-yl]-propionsäure-methylester, 10(?)-Chlor-phylloporphyrin-methylester $C_{33}H_{37}ClN_4O_2$, vermutlich Formel II (X = X″ = H, X′ = Cl) und Taut. (in der Literatur als Monochlorphylloporphyrin-methylester bezeichnet).

Über die Konstitution s. *Pruckner,* Z. physik. Chem. [A] **190** [1942] 101, 117.

B. s. bei der vorangehenden Verbindung.

Kristalle (aus $CHCl_3$+Me. oder Acn.+Me.); F: 211° (*Fischer, Mittermair,* A. **548** [1941]

147, 165). Absorptionsspektrum (Dioxan; 480–640 nm): *Pr.*, l. c. S. 117, 124. λ_{max} (Py. + Ae.; 440–640 nm): *Fi.*, *Mi.*

3-[8,13-Diäthyl-18-brom-3,7,12,17,20-pentamethyl-porphyrin-2-yl]-propionsäure, 13-Brom-phylloporphyrin $C_{32}H_{35}BrN_4O_2$, Formel III (R = H) und Taut. (in der Literatur als Bromphylloporphyrin bezeichnet).

B. Aus Phylloporphyrin (S. 2959) und Brom in Essigsäure und Aceton (*Treibs, Wiedemann*, A. **466** [1928] 264, 282).

Kristalle (aus Ae. + $CHCl_3$); λ_{max} (Py. + Ae.): 506 nm, 544 nm, 583 nm und 634 nm (*Tr.*, *Wi.*, l. c. S. 287).

3-[8,13-Diäthyl-18-brom-3,7,12,17,20-pentamethyl-porphyrin-2-yl]-propionsäure-methylester, 13-Brom-phylloporphyrin-methylester $C_{33}H_{37}BrN_4O_2$, Formel III (R = CH_3) und Taut.

B. Aus Phylloporphyrin-methylester (S. 2961) und Brom in Essigsäure und Aceton (*Treibs, Wiedemann*, A. **466** [1928] 264, 283). Beim Erhitzen von 13,x-Dibrom-phyllochlorin-methylester (S. 2944) mit Naphthalin (*Fischer, Baláž*, A. **555** [1944] 81, 86).

Kristalle [aus $CHCl_3$ + Me.] (*Tr.*, *Wi.*); F: 221° (*Fi.*, *Ba.*).

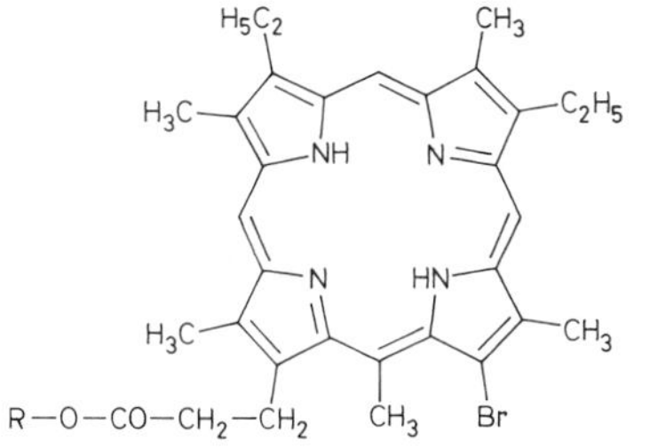

3-[(2*S*)-13-Äthyl-3*t*,7,12,17,20-pentamethyl-8-vinyl-2,3-dihydro-porphyrin-2*r*-yl]-propionsäure, 3[1],3[2]-Didehydro-phyllochlorin, Pyrochlorin-e $C_{32}H_{36}N_4O_2$, Formel IV (R = H) und Taut. (in der älteren Literatur auch als Phyllochlorin bezeichnet).

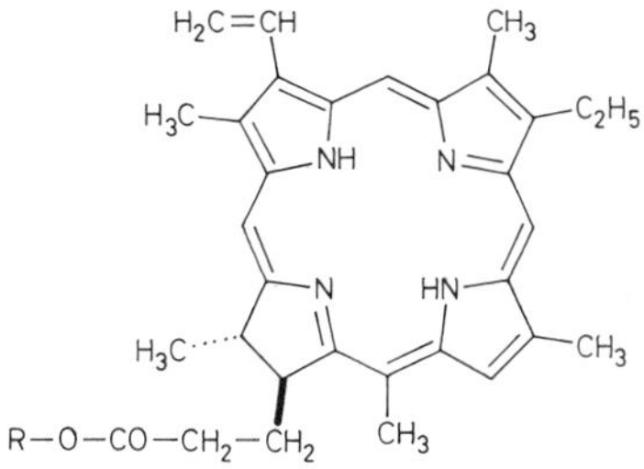

Zusammenfassende Darstellung: *H. Fischer, A. Stern*, Die Chemie des Pyrrols, Bd. 2, Tl. 2 [Leipzig 1940] S. 129.

B. Beim Behandeln von Isochlorin-e_4-dimethylester (S. 3013) mit methanol. KOH und Erhitzen des Reaktionsprodukts mit Pyridin (*Fischer, Kellermann*, A. **519** [1935] 209, 230). Beim Erhitzen von Chlorin-e_6 (15-Carboxymethyl-3[1],3[2]-didehydro-rhodochlorin; S. 3072) ohne Zusatz (*Fi.*, *Ke.*, l. c. S. 231) sowie mit Biphenyl (*Conant, Hyde*, Am. Soc. **51** [1929] 3668, 3673; *Conant et al.*, Am. Soc. **53** [1931] 359, 364; *Fischer, MacDonald*, A. **540** [1939] 211, 218), mit Naphthalin (*Fischer, Baláž*, A. **553** [1942] 166, 175) oder mit Chinolin (*Fi.*, *MacD.*, l. c. S. 215).

Blaue Kristalle (aus Ae. + A. + H_2O); F: 165–170° (*Co.*, *Hyde*). Kristalle [aus Ae.] (*Co. et al.*, Am. Soc. **53** 364; *Fi.*, *MacD.*). λ_{max} in Äther (440–680 nm): *Co.*, *Hyde*; in wss. HCl (440–675 nm): *Co. et al.*, Am. Soc. **53** 365. Scheinbare Dissoziationsexponenten pK'_{a1}, pK'_{a2} und pK'_{a3} (Eg.; potentiometrisch ermittelt) bei 25°: –2,0 bzw. –0,1 bzw. 2,2 (*Conant et al.*, Am. Soc. **56** [1934] 2185, 2186).

3-[(2*S*)-13-Äthyl-3*t*,7,12,17,20-pentamethyl-8-vinyl-2,3-dihydro-porphyrin-2*r*-yl]-propionsäure-methylester, 3[1],3[2]-Didehydro-phyllochlorin-methylester, Pyrochlorin-e-methylester $C_{33}H_{38}N_4O_2$, Formel IV (R = CH_3) und Taut.

Atomabstände und Bindungswinkel (Röntgen-Diagramm): *Hoppe et al.*, Z. Kr. **128** [1969] 18, 29.

B. Aus 3[1],3[2]-Didehydro-phyllochlorin (s. o.) und Diazomethan in Äther (*Conant et al.*, Am.

Soc. **53** [1931] 359, 365; *Fischer, Kellermann*, A. **519** [1935] 209, 231, 234; *Fischer, MacDonald*, A. **540** [1939] 211, 215). Beim Erwärmen von Phäophorbid-a-methylester (Methylphäophorbid-a; S. 3239) mit methanol. KOH in Pyridin und Erhitzen des Reaktionsprodukts (*Fi., Ke.*, l. c. S. 234).

Kristalle; F: 190° [aus Ae. + Me.] (*Fischer, Baláž*, A. **553** [1942] 166, 184), 189° [aus Py. + Me.] (*Fi., Ke.*), 187° [aus Acn. + Me.] (*Fi., MacD.*, l. c. S. 216), 184° [aus Ae. + A.] (*Co. et al.*). Monoklin; Kristallstruktur-Analyse (Röntgen-Diagramm): *Hoppe*, Z. Kr. **108** [1957] 335; *Hoppe, Will*, Z. Kr. **113** [1960] 104; *Hoppe et al.* Dichte der Kristalle: 1,206 (*Ho., Will*, l. c. S. 106). $[\alpha]^{20}_{690-720}$: −832° [Acn.; c = 0,03] (*Fi., Ba.*, A. **553** 184; s. a. *Fi., Ke.*, l. c. S. 215). Absorptionsspektrum in einem Äthanol-Äther-Gemisch (470−670 nm) bei −196°: *Conant, Kamerling*, Am. Soc. **53** [1931] 3522, 3524; in Dioxan (480−690 nm): *Stern, Molvig*, Z. physik. Chem. [A] **178** [1936] 161, 164, 165. λ_{max} (440−680 nm) in Äther: *Co. et al.*; in einem Pyridin-Äther-Gemisch: *Fi., Ke.*, l. c. S. 231; in wss. HCl: *Co. et al.*

Beim Erhitzen mit methanol. KOH in Pyridin (*Fi., Ke.*, l. c. S. 232) oder mit äthanol. KOH in Essigsäure und Pyridin (*Co. et al.*) ist Phylloporphyrin (S. 2959) erhalten worden. Beim Erhitzen des Eisen(III)-Komplexes mit Resorcin sind 3-Desäthyl-phyllochlorin-methylester („2-Desvinyl-phyllochlorin-methylester"; S. 2941) und 3-Desäthyl-phylloporphyrin-methylester (S. 2948) erhalten worden (*Fi., Ba.*, A. **553** 176). Beim aufeinanderfolgenden Behandeln mit HBr in Essigsäure und mit wss. HCl und anschliessenden Verestern ist ($3^1\Xi$)-3^1-Hydroxy-phyllochlorin-methylester („2α-Oxy-mesophyllochlorin-methylester"; S. 3137) erhalten worden (*Fi., Ba.*, A. **553** 180). Der beim Behandeln mit Ag_2O in einem Pyridin-Dioxan-Methanol-Gemisch, anschliessenden Behandeln mit wss. HCl und Verestern oder beim Behandeln mit peroxidhaltigem Äther und wss. HCl und anschliessenden Verestern erhaltene sog. Dioxyphyllochlorin-methylester [Kristalle (aus Ae. + Me.); F: 169°; $[\alpha]^{20}_{\text{weisses Licht}}$: +1538°; $[\alpha]^{20}_{690-720}$: −940° (jeweils Acn.; c = 0,01); λ_{max} (Py. + Ae.): 505 nm, 536 nm, 566 nm und 609 nm] (*Fischer, Baláž*, A. **555** [1944] 81, 90, 91, 93; s. a. *Pruckner*, Z. physik. Chem. [A] **188** [1941] 41, 53, 58) ist wahrscheinlich als 3-[(2*S*)-13-Äthyl-5-chlor-3*t*,7,12,17,20-pentamethyl-8-vinyl-2,3-dihydro-porphyrin-2*r*-yl]-propionsäure-methylester, 20-Chlor-3^1,3^2-didehydro-phyllochlorin-methylester $C_{33}H_{37}ClN_4O_2$ zu formulieren (s. dazu *Woodward, Škarić*, Am. Soc. **83** [1961] 4676; *Bonnett et al.*, Soc. [C] **1966** 1600; *Inhoffen et al.*, Fortschr. Ch. org. Naturst. **26** [1968] 284, 327; *A. Treibs*, Das Leben und Wirken von Hans Fischer [München 1971] S. 420, 422).

Kupfer(II)-Komplex $CuC_{33}H_{36}N_4O_2$. Kristalle (aus Acn. + Me.); F: 140° (*Fi., Ke.*, l. c. S. 232). λ_{max} (Ae.; 430−650 nm): *Co. et al.* Dimorph; beide Modifikationen sind monoklin; Dimensionen der Elementarzelle (Röntgen-Diagramm) einer Modifikation: *Ho. et al.*, l. c. S. 26.

Zink-Komplex. λ_{max} (Ae.; 440−680 nm): *Co. et al.*

Eisen(III)-Komplex. λ_{max} in Äther (440−680 nm) und in einem Äther-H_2O-NH_3-Gemisch (450−700 nm): *Co. et al.*

3-[12,17-Diäthyl-3,7,8,13,18-pentamethyl-porphyrin-2-yl]-propionsäure-methylester $C_{33}H_{38}N_4O_2$, Formel V (R = CH_3, R′ = C_2H_5) und Taut.

B. Beim Erhitzen von [4-(2-Carboxy-äthyl)-3-methyl-pyrrol-2-yl]-[3,4,5-trimethyl-pyrrol-2-yl]-methinium-bromid (E III/IV **25** 873) mit [3-Äthyl-5-brommethyl-4-methyl-pyrrol-2-yl]-[4-äthyl-5-brom-3-methyl-pyrrol-2-yl]-methinium-bromid (E II **23** 208) und Bernsteinsäure oder Methylbernsteinsäure und anschliessenden Verestern mit methanol. HCl (*Fischer et al.*, A. **485** [1931] 1, 23).

Kristalle; F: 242° [korr.]. λ_{max} (Py. + Ae.; 430−630 nm): *Fi. et al.*

3-[8,13-Diäthyl-3,7,12,17,18-pentamethyl-porphyrin-2-yl]-propionsäure-methylester, 13-Methyl-pyrroporphyrin-methylester $C_{33}H_{38}N_4O_2$, Formel V (R = C_2H_5, R′ = CH_3) und Taut.

B. Bei der Hydrierung von 13-Formyl-pyrroporphyrin-methylester („6-Formyl-pyrroporphyrin-methylester"; S. 3180) an Palladium in Ameisensäure und anschliessenden Verestern mit Diazomethan in Äther (*Fischer, v. Seemann*, Z. physiol. Chem. **242** [1936] 133, 150).

Kristalle (aus Py. + Me.); F: 247−248° [unkorr.]. λ_{max} (Py. + Ae.): 494 nm, 527 nm, 569 nm und 625 nm.

Carbonsäuren $C_{33}H_{38}N_4O_2$

3-[7,12,17-Triäthyl-3,8,13,18-tetramethyl-porphyrin-2-yl]-propionsäure, Ätioporphyrin-3^2-carbonsäure-I $C_{33}H_{38}N_4O_2$, Formel VI ($R = C_2H_5$, $R' = CH_3$) und Taut. (in der Literatur als Porphin-monocarbonsäure-I bezeichnet).

B. Neben Ätioporphyrin-I (S. 1915) beim Behandeln von [3-Äthyl-5-carboxy-4-methyl-pyrrol-2-yl]-[4-(2-carboxy-äthyl)-3,5-dimethyl-pyrrol-2-yl]-methinium-bromid (E III/IV **25** 1113) mit [4-Äthyl-5-brommethyl-3-methyl-pyrrol-2-yl]-[3-äthyl-5-brom-4-methyl-pyrrol-2-yl]-methinium-bromid (E III/IV **23** 1342) und Bernsteinsäure (*Fischer et al.,* A. **475** [1929] 241, 254).

Relative Intensität der Fluorescenz (wss. Lösungen vom pH 1,7–8): *Fink, Hoerburger,* Z. physiol. Chem. **220** [1933] 123, 126.

Methylester $C_{34}H_{40}N_4O_2$. F: 237° [korr.] (*Fi. et al.,* l. c. S. 255). – Kupfer(II)-Komplex $CuC_{34}H_{38}N_4O_2$. F: 226° (*Fi. et al.*). – Eisen(III)-Komplex $Fe(C_{34}H_{38}N_4O_2)Cl$. F: >270° (*Fi. et al.*).

3-[8,13,18-Triäthyl-3,7,12,17-tetramethyl-porphyrin-2-yl]-propionsäure, 13-Äthyl-pyrroporphyrin, Ätioporphyrin-17^2-carbonsäure-III $C_{33}H_{38}N_4O_2$, Formel VII (R = H) und Taut. (in der Literatur als Porphin-monocarbonsäure-III bezeichnet).

B. In mässiger Ausbeute beim Erhitzen von [4-Äthyl-3-methyl-pyrrol-2-yl]-[4-(2-carboxy-äthyl)-3,5-dimethyl-pyrrol-2-yl]-methinium-bromid (E II **25** 144) mit [3-Äthyl-5-brommethyl-4-methyl-pyrrol-2-yl]-[4-äthyl-5-brom-3-methyl-pyrrol-2-yl]-methinium-bromid (E II **23** 208) und Bernsteinsäure (*Fischer et al.,* A. **475** [1929] 241, 255) oder von [4-Äthyl-3,5-dimethyl-pyrrol-2-yl]-[4-(2-carboxy-äthyl)-3-methyl-pyrrol-2-yl]-methinium-bromid (E II **25** 144) mit [4-Äthyl-5-brommethyl-3-methyl-pyrrol-2-yl]-[3-äthyl-5-brom-4-methyl-pyrrol-2-yl]-methinium-bromid (E III/IV **23** 1342) und Bernsteinsäure (*Fi. et al.,* l. c. S. 253). Beim Erhitzen von 13-Äthyl-phylloporphyrin (S. 2969) mit Pyridin und methanol. KOH (*Fischer, Weichmann,* A. **492** [1932] 35, 56). Beim Erhitzen von 13-Acetyl-pyrroporphyrin (S. 3182) mit äthanol. KOH und Erhitzen des mit wss. HCl extrahierten Reaktionsprodukts mit HI in Essigsäure (*Fi. et al.,* l. c. S. 265).

Rote Kristalle [aus Py. + Ae.] (*Fi. et al.,* l. c. S. 253, 254). Relative Intensität der Fluorescenz (wss. Lösungen vom pH 1,7–7,9): *Fink, Hoerburger,* Z. physiol. Chem. **220** [1933] 123, 127.

3-[8,13,18-Triäthyl-3,7,12,17-tetramethyl-porphyrin-2-yl]-propionsäure-methylester, 13-Äthyl-pyrroporphyrin-methylester $C_{34}H_{40}N_4O_2$, Formel VII ($R = CH_3$) und Taut.

B. Aus der vorangehenden Säure und methanol. HCl (*Fischer et al.,* A. **475** [1929] 241, 253, 265). Beim Erhitzen von 13-Äthyl-phylloporphyrin-methylester (S. 2970) mit Bernsteinsäure oder Methylbernsteinsäure (*Fischer, Weichmann,* A. **492** [1932] 35, 63).

Kristalle; F: 271° [korr.; aus $CHCl_3$ + Me.] (*Fi. et al.*), 267° [korr.; aus Py. + Me.] (*Fi., We.,* l. c. S. 56).

Kupfer(II)-Komplex $CuC_{34}H_{38}N_4O_2$. Rote Kristalle; F: 223° [korr.] (*Fi. et al.,* l. c. S. 254, 265).

Eisen(III)-Komplex $Fe(C_{34}H_{38}N_4O_2)Cl$. Dunkle Kristalle; F: 265° [korr.] (*Fi. et al.,* l. c. S. 254, 266).

3-[7,12,18-Triäthyl-3,8,13,17-tetramethyl-porphyrin-2-yl]-propionsäure, Ätioporphyrin-13^2-carbonsäure-III $C_{33}H_{38}N_4O_2$, Formel VI (R = CH_3, R′ = C_2H_5) und Taut. (in der Literatur als Porphin-monocarbonsäure-V bezeichnet).

B. Beim Erhitzen von [3-Äthyl-5-brommethyl-4-methyl-pyrrol-2-yl]-[5-brommethyl-4-(2-carboxy-äthyl)-3-methyl-pyrrol-2-yl]-methinium-bromid (E II **25** 146) mit Bis-[4-äthyl-5-brom-3-methyl-pyrrol-2-yl]-methinium-bromid (E II **23** 205) und Bernsteinsäure (*Fischer et al.,* A. **461** [1928] 221, 241).

Relative Intensität der Fluorescenz (wss. Lösungen vom pH 1,9–8): *Fink, Hoerburger,* Z. physiol. Chem. **220** [1933] 123, 127, 128.

Methylester $C_{34}H_{40}N_4O_2$. Kristalle (aus Py. + Me.); F: 238° [korr.] (*Fi. et al.,* l. c. S. 242). – Eisen(III)-Komplex Fe($C_{34}H_{38}N_4O_2$)Cl. Dunkle Kristalle (aus $CHCl_3$ + Ae.); F: 258° (*Fi. et al.*).

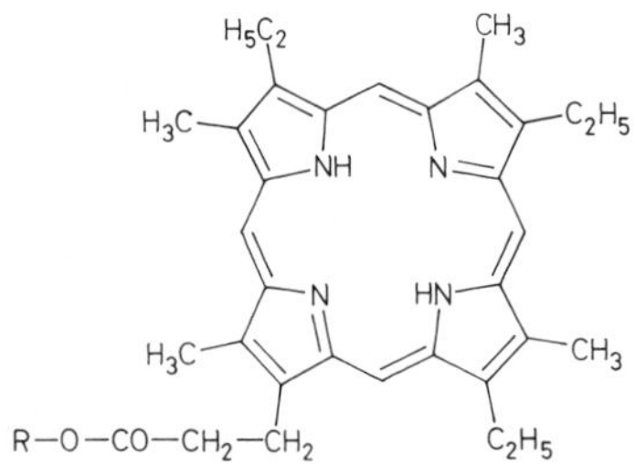

VII

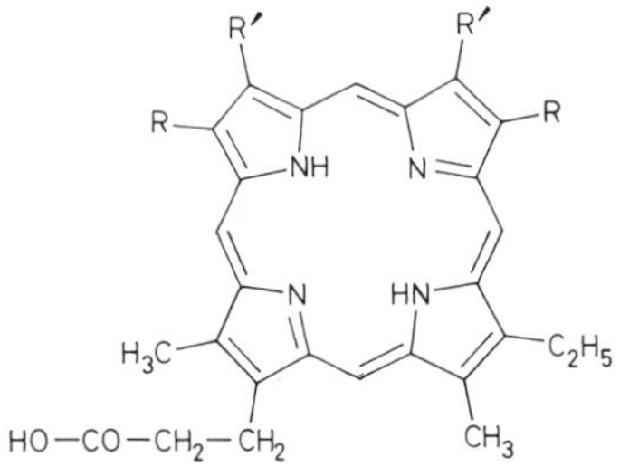

VIII

3-[7,13,17-Triäthyl-3,8,12,18-tetramethyl-porphyrin-2-yl]-propionsäure, Ätioporphyrin-8^2-carbonsäure-III $C_{33}H_{38}N_4O_2$, Formel VIII (R = C_2H_5, R′ = CH_3) und Taut. (in der Literatur als Porphin-monocarbonsäure-IV bezeichnet).

B. Beim Erhitzen von [4-Äthyl-5-brommethyl-3-methyl-pyrrol-2-yl]-[5-brommethyl-3-(2-methoxycarbonyl-äthyl)-4-methyl-pyrrol-2-yl]-methinium-bromid (E II **25** 146) mit Bis-[4-äthyl-5-brom-3-methyl-pyrrol-2-yl]-methinium-bromid (E II **23** 205) und Bernsteinsäure (*Fischer et al.,* A. **461** [1928] 221, 239) oder von [3-Äthyl-5-brommethyl-4-methyl-pyrrol-2-yl]-[5-brommethyl-4-(2-carboxy-äthyl)-3-methyl-pyrrol-2-yl]-methinium-bromid (E II **25** 146) mit Bis-[3-äthyl-5-brom-4-methyl-pyrrol-2-yl]-methinium-bromid (E II **23** 205) und Bernsteinsäure (*Fi. et al.,* l. c. S. 240).

Relative Intensität der Fluorescenz (wss. Lösungen vom pH 2–8): *Fink, Hoerburger,* Z. physiol. Chem. **220** [1933] 123, 127.

Methylester $C_{34}H_{40}N_4O_2$. Kristalle; F: 220° bzw. 207–208° [aus Py. + Me.] [2 Präparate] (*Fi. et al.,* l. c. S. 239, 240). – Eisen(III)-Komplex Fe($C_{34}H_{38}N_4O_2$)Cl. Dunkle Kristalle (aus Eg.); F: 263° (*Fi. et al.*).

3-[8,12,17-Triäthyl-3,7,13,18-tetramethyl-porphyrin-2-yl]-propionsäure, Ätioporphyrin-3^2-carbonsäure-III $C_{33}H_{38}N_4O_2$, Formel VIII (R = CH_3, R′ = C_2H_5) und Taut. (in der Literatur als Porphin-monocarbonsäure-VI bezeichnet).

B. Beim Erhitzen von [4-Äthyl-5-brommethyl-3-methyl-pyrrol-2-yl]-[5-brommethyl-3-(2-carboxy-äthyl)-4-methyl-pyrrol-2-yl]-methinium-bromid mit Bis-[3-äthyl-5-brom-4-methyl-pyrrol-2-yl]-methinium-bromid (E II **23** 205) und wss. HBr (*Fischer et al.,* A. **475** [1929] 241, 256).

Relative Intensität der Fluorescenz (wss. Lösungen vom pH 2–8,1): *Fink, Hoerburger,* Z. physiol. Chem. **220** [1933] 123, 127, 128.

Kupfer(II)-Komplex $CuC_{33}H_{36}N_4O_2$. Rote Kristalle [aus Eg.] (*Fi. et al.*).

Eisen(III)-Komplex Fe($C_{33}H_{36}N_4O_2$)Cl. Schwarzblaue Kristalle (*Fi. et al.,* l. c. S. 257).

Methylester $C_{34}H_{40}N_4O_2$. Kristalle (aus $CHCl_3$ + Me.); F: 246° [korr.] (*Fi. et al.*).

3-[8,13,17-Triäthyl-3,7,12,18-tetramethyl-porphyrin-2-yl]-propionsäure, Ätioporphyrin-3^2-carbonsäure-IV $C_{33}H_{38}N_4O_2$, Formel IX ($R = CH_3$, $R' = C_2H_5$) und Taut. (in der Literatur als Porphin-monocarbonsäure-VII bezeichnet).

Zusammenfassende Darstellung: *H. Fischer, H. Orth,* Die Chemie des Pyrrols, Bd. 2, Tl. 1 [Leipzig 1937] S. 329.

B. Beim Erhitzen von [4-Äthyl-5-brommethyl-3-methyl-pyrrol-2-yl]-[5-brommethyl-4-(2-carboxy-äthyl)-3-methyl-pyrrol-2-yl]-methinium-bromid (E III/IV **25** 879) mit Bis-[3-äthyl-5-brom-4-methyl-pyrrol-2-yl]-methinium-bromid (E II **23** 205), Bernsteinsäure und wss. HBr (*Fischer et al.*, A. **461** [1928] 221, 232).

Dunkelrotbraune, blau glänzende Kristalle [aus Ae.] (*Fi. et al.*, l. c. S. 225, 237); Zers. bei 315° [Sublimation ab 280°] (*Fischer, Treibs,* A. **466** [1928] 188, 219). λ_{max}: 494 nm, 525 nm, 568 nm und 623 nm [Ae.] bzw. 590 nm und 593 nm [wss. HCl] (*Fi. et al.*, l. c. S. 230). Relative Intensität der Fluorescenz (wss. Lösungen vom pH 1,8–7,6): *Fink, Hoerburger,* Z. physiol. Chem. **220** [1933] 123, 128.

Dihydrochlorid. Rote Kristalle [aus wss. HCl] (*Fi. et al.*, l. c. S. 237).

Kupfer(II)-Komplex $CuC_{33}H_{36}N_4O_2$. Rötliche Kristalle (aus Py.); F: 280° (*Fi. et al.*, l. c. S. 237).

Eisen(III)-Komplex $Fe(C_{33}H_{36}N_4O_2)Cl$. Kristalle (*Fischer, Helberger,* A. **471** [1929] 285, 293). λ_{max} (Py. + $N_2H_4 \cdot H_2O$): 468 nm, 518 nm und 548 nm (*Fi., He.*, l. c. S. 293).

Methylester $C_{34}H_{40}N_4O_2$. Braunrote, blauschwarz glänzende Kristalle (*Fi. et al.*, l. c. S. 234); F: 217° [korr.; aus $CHCl_3$ + Me.] (*Fi., He.*, l. c. S. 297), 216° [korr.] (*Fi. et al.*). – Magnesium-Komplex $MgC_{34}H_{38}N_4O_2$. Braune, blauviolett glänzende Kristalle [aus Py.] (*Fi. et al.*, l. c. S. 235, 236). λ_{max} (Ae.; 425–585 nm): *Fi. et al.*, l. c. S. 236. – Kupfer(II)-Komplex $CuC_{34}H_{38}N_4O_2$. Rötliche Kristalle [aus Eg.] (*Fi. et al.*, l. c. S. 237). – Eisen(III)-Komplex $Fe(C_{34}H_{38}N_4O_2)Cl$. Braune, blauschwarz glänzende Kristalle (aus $CHCl_3$ + Eg.) mit 1 Mol Essigsäure (*Fi. et al.*, l. c. S. 235).

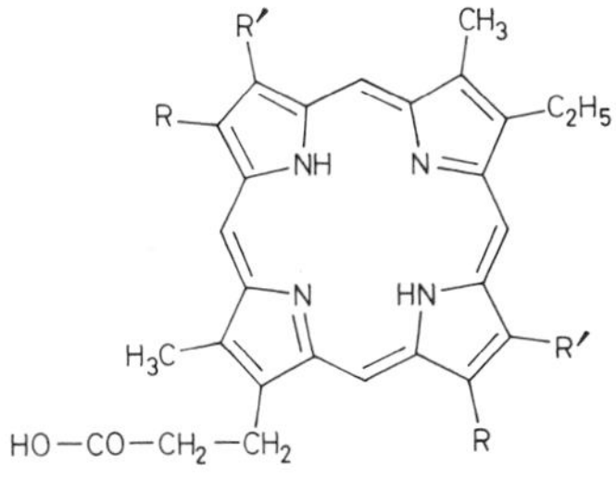

IX 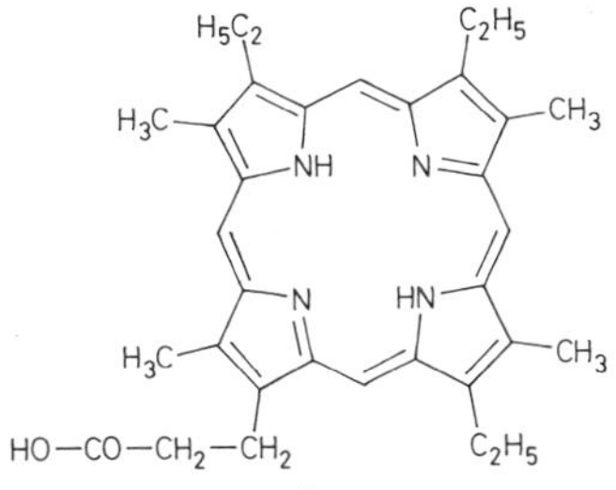 X

3-[7,13,18-Triäthyl-3,8,12,17-tetramethyl-porphyrin-2-yl]-propionsäure, Ätioporphyrin-8^2-carbonsäure-IV $C_{33}H_{38}N_4O_2$, Formel IX ($R = C_2H_5$, $R' = CH_3$) und Taut. (in der Literatur als Porphin-monocarbonsäure-VIII bezeichnet).

B. Beim Erhitzen von [3-Äthyl-5-brommethyl-4-methyl-pyrrol-2-yl]-[5-brommethyl-3-(2-methoxycarbonyl-äthyl)-4-methyl-pyrrol-2-yl]-methinium-bromid (E II **25** 147) mit Bis-[4-äthyl-5-brom-3-methyl-pyrrol-2-yl]-methinium-bromid (E II **23** 205) und Bernsteinsäure (*Fischer et al.*, A. **461** [1928] 221, 243).

Relative Intensität der Fluorescenz (wss. Lösungen vom pH 1,8–7,6): *Fink, Hoerburger,* Z. physiol. Chem. **220** [1933] 123, 128.

Methylester $C_{34}H_{40}N_4O_2$. F: 214° (*Fi. et al.*, l. c. S. 244). – Eisen(III)-Komplex $Fe(C_{34}H_{38}N_4O_2)Cl$. Dunkle Kristalle (aus $CHCl_3$ + Eg.); F: 254° (*Fi. et al.*).

3-[8,12,18-Triäthyl-3,7,13,17-tetramethyl-porphyrin-2-yl]-propionsäure, Ätioporphyrin-3^2-carbonsäure-II $C_{33}H_{38}N_4O_2$, Formel X und Taut. (in der Literatur als Porphin-monocarbonsäure-II bezeichnet).

B. Beim Erhitzen von [4-Äthyl-5-brommethyl-3-methyl-pyrrol-2-yl]-[5-brommethyl-4-(2-

carboxy-äthyl)-3-methyl-pyrrol-2-yl]-methinium-bromid (E III/IV **25** 879) mit Bis-[4-äthyl-5-brom-3-methyl-pyrrol-2-yl]-methinium-bromid (E II **23** 205) und Bernsteinsäure (*Fischer et al.*, A. **461** [1928] 221, 237).

Relative Intensität der Fluorescenz (wss. Lösungen vom pH 1,9–8): *Fink, Hoerburger,* Z. physiol. Chem. **220** [1933] 123, 126.

Methylester $C_{34}H_{40}N_4O_2$. Kristalle (aus Py.); F: 263° (*Fi. et al.*). – Eisen(III)-Komplex $Fe(C_{34}H_{38}N_4O_2)Cl$. F: >270° (*Fi. et al.*, l. c. S. 238). λ_{max} ($CHCl_3$; 430–640 nm): *Fi. et al.*, l. c. S. 230.

3-[8,13-Diäthyl-18-brommethyl-3,7,12,17,20-pentamethyl-porphyrin-2-yl]-propionsäure, 13-Brommethyl-phylloporphyrin $C_{33}H_{37}BrN_4O_2$, Formel XI und Taut. (in der Literatur als Brommethyl-phylloporphyrin bezeichnet).

Dihydrobromid $C_{33}H_{37}BrN_4O_2 \cdot 2HBr$. *B.* Aus 13-Methoxymethyl-phylloporphyrin-methylester (S. 3139) und HBr in Essigsäure (*Fischer et al.*, A. **508** [1934] 154, 160).

Hygroskopisch.

XI

XII

3-[7,12-Diäthyl-3,8,13,17-tetramethyl-2[1],2[2],17,18-tetrahydro-cyclopenta[*at*]porphyrin-18-yl]-propionsäure-methylester $C_{34}H_{40}N_4O_2$.

a) **3-[(18*S*)-7,12-Diäthyl-3,8,13,17*t*-tetramethyl-2[1],2[2],17,18-tetrahydro-cyclopenta[*at*]porphyrin-18*r*-yl]-propionsäure-methylester, 13[1]-Desoxo-phytochlorin-methylester,** „akt." Mesodesoxopyrophäophorbid-a-methylester, Formel XII und Taut.

B. Beim Erwärmen von Pyrophäophorbid-a (S. 3190) oder von Pyrophäophorbid-b-methylester (S. 3211) mit Ameisensäure und Palladium in Methanol unter Zusatz von H_2SO_4 und anschliessenden Verestern (*Fischer, Gibian,* A. **550** [1942] 208, 230, **552** [1942] 153, 160).

Dimorphe Kristalle (aus $CHCl_3$+Ae.+PAe.); F: ca. 204° und F: ca. 186° (*Fi., Gi.,* A. **552** 160, 161). $[\alpha]^{20}_{\text{rotes Licht}}$: –645° [Acn.; c = 0,02] (*Fi., Gi.,* A. **552** 161), –550° [Acn.; c = 0,02] (*Fi., Gi.,* A. **550** 232), –1130° [wss. HCl (30%ig); c = 0,1] (*Fi., Gi.,* A. **552** 160, 164); $[\alpha]^{20}_{\text{blaues Licht}}$: +2300° [wss. HCl (30%ig); c = 0,02] (*Fi., Gi.,* A. **552** 164). λ_{max} (Ae. sowie Eg.; 430–645 nm): *Fi., Gi.,* A. **550** 231, 232.

Zink-Komplex $ZnC_{34}H_{38}N_4O_2$. Kristalle (aus $CHCl_3$+Me.+H_2O); F: 219°; $[\alpha]^{20}_{\text{rotes Licht}}$: –630° [Acn.; c = 0,03] (*Fi., Gi.,* A. **550** 232). λ_{max} (Ae.; 420–620 nm): *Fi., Gi.,* A. **550** 232.

b) **(±)-3-[7,12-Diäthyl-3,8,13,17*t*-tetramethyl-2[1],2[2],17,18-tetrahydro-cyclopenta[*at*]porphyrin-18*r*-yl]-propionsäure-methylester, (±)-13[1]-Desoxo-phytochlorin-methylester,** „inakt." Mesodesoxopyrophäophorbid-a-methylester, Formel XII+Spiegelbild und Taut.

B. Aus der unter a) beschriebenen Verbindung, aus Pyrophäophorbid-a (S. 3190) oder aus Pyrophäophorbid-b-methylester (S. 3211) beim Erhitzen mit $N_2H_4 \cdot H_2O$ und methanol. Natriummethylat in Pyridin und anschliessenden Verestern (*Fischer, Gibian,* A. **550** [1942] 208, 232, 233, **552** [1942] 153, 159, 164). Aus inakt. Mesopyrophäophorbid-a-methylester (vgl. S. 3184) beim Erhitzen mit Palladium und Ameisensäure oder mit $N_2H_4 \cdot H_2O$ und methanol. Natriummethylat in Pyridin und anschliessenden Verestern (*Fi., Gi.,* A. **552** 164). Beim Erhitzen des Eisen(III)-Komplexes des sog. Desoxophyllerythrin-methylesters (13[1]-Desoxo-phytoporphyrin-methylesters; S. 2975) mit Natrium und Isoamylalkohol, Behandeln des Reaktionsprodukts mit $FeCl_3$ in Methanol und Äther und anschliessenden Verestern mit Diazomethan in Äther (*Fi., Gi.,* A. **550** 235; s. a. *A. Treibs,* Das Leben und Wirken von Hans Fischer [München 1971] S. 408).

Kristalle (aus Ae.); F: 212–213° (*Fi., Gi.,* A. **550** 233).

Zink-Komplex $ZnC_{34}H_{38}N_4O_2$. F: 204° (*Fi., Gi.,* A. **550** 234).

Carbonsäuren $C_{34}H_{40}N_4O_2$

3-[7,12-Diäthyl-3,8,13,17-tetramethyl-18-propyl-porphyrin-2-yl]-propionsäure-methylester $C_{35}H_{42}N_4O_2$, Formel XIII (R = C_2H_5, R′ = CH_3) und Taut.

B. Neben anderen Verbindungen beim Erhitzen von [3-Äthyl-4,5-dimethyl-pyrrol-2-yl]-[5-brom-4-(2-carboxy-äthyl)-3-methyl-pyrrol-2-yl]-methinium-bromid (E II **25** 145) mit [4-Äthyl-5-brom-3-methyl-pyrrol-2-yl]-[5-brommethyl-3-methyl-4-propyl-pyrrol-2-yl]-methinium-bromid (aus [4-Äthyl-3-methyl-pyrrol-2-yl]-[3,5-dimethyl-4-propyl-pyrrol-2-yl]-methinium-bromid [E III/IV **23** 1347] und Brom hergestellt) und Methylbernsteinsäure und anschliessenden Verestern (*Fischer, Rothhaas,* A. **484** [1930] 85, 103, 104).

F: 215° [korr.].

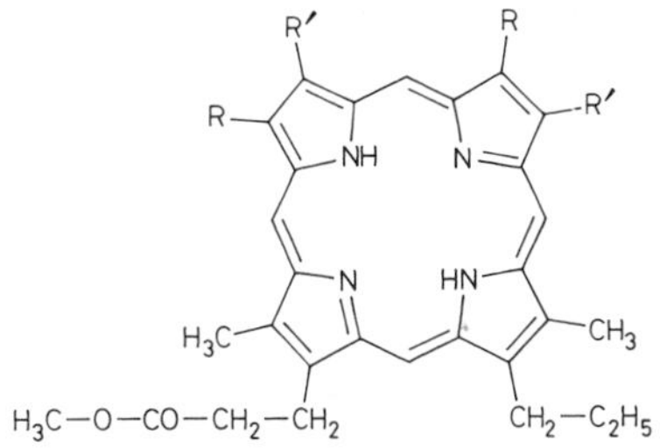

XIII

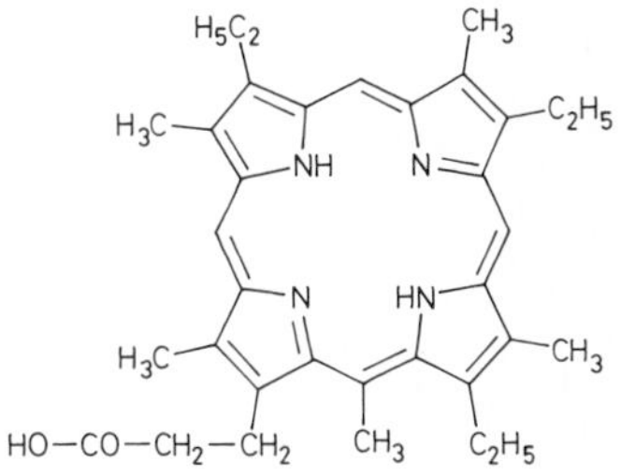

XIV

3-[8,13-Diäthyl-3,7,12,17-tetramethyl-18-propyl-porphyrin-2-yl]-propionsäure-methylester, 13-Propyl-pyrroporphyrin-methylester $C_{35}H_{42}N_4O_2$, Formel XIII (R = CH_3, R′ = C_2H_5) und Taut.

B. Neben anderen Verbindungen beim Erhitzen von [4-Äthyl-3,5-dimethyl-pyrrol-2-yl]-[5-brom-4-(2-carboxy-äthyl)-3-methyl-pyrrol-2-yl]-methinium-bromid (E II **25** 144) mit [3-Äthyl-5-brom-4-methyl-pyrrol-2-yl]-[5-brommethyl-3-methyl-4-propyl-pyrrol-2-yl]-methinium-bromid (hergestellt aus 4-Äthyl-5-formyl-3-methyl-pyrrol-2-carbonsäure, 2,4-Dimethyl-3-propyl-pyrrol und Brom) und Methylbernsteinsäure und anschliessenden Verestern (*Fischer, Rothhaas,* A. **484** [1930] 85, 101, 102).

Blauviolette Kristalle; F: 237° [korr.] (*Fi., Ro.,* l. c. S. 103).

3-[8,13,18-Triäthyl-3,7,12,17,20-pentamethyl-porphyrin-2-yl]-propionsäure, 13-Äthyl-phylloporphyrin $C_{34}H_{40}N_4O_2$, Formel XIV und Taut. (in der Literatur als 6-Äthyl-phylloporphyrin bezeichnet).

B. Neben anderen Verbindungen beim Erhitzen von [4-Äthyl-3,5-dimethyl-pyrrol-2-yl]-[5-brom-4-(2-carboxy-äthyl)-3-methyl-pyrrol-2-yl]-methinium-bromid (E II **25** 144) mit [4-Äthyl-5-(1-brom-äthyl)-3-methyl-pyrrol-2-yl]-[3-äthyl-5-brom-4-methyl-pyrrol-2-yl]-methinium-bromid (E III/IV **23** 1348) mit Bernsteinsäure und Methylbernsteinsäure (*Fischer, Weichmann,* A. **492** [1932] 35, 55) oder von [5-Äthyl-4-(2-carboxy-äthyl)-3-methyl-pyrrol-2-yl]-[4-äthyl-3-methyl-pyrrol-2-yl]-methinium-bromid (E III/IV **25** 878) mit [3-Äthyl-5-brommethyl-4-methyl-pyrrol-2-yl]-[4-äthyl-5-brom-3-methyl-pyrrol-2-yl]-methinium-bromid (E II **23** 208) und Methylbernsteinsäure (*Fi., We.,* l. c. S. 48).

Kristalle [aus Ae.] (*Fi., We.,* l. c. S. 49). λ_{max} (Ae.; 440–640 nm): *Fi., We.*; λ_{max} (wss. HCl): 555 nm und 605 nm (*Fi., We.*).

Methylester $C_{35}H_{42}N_4O_2$. Kristalle (aus Py. + Me.); F: 275° [korr.] (*Fi., We.*, l. c. S. 50). Absorptionsspektrum (Dioxan; 480–630 nm): *Pruckner*, Z. physik. Chem. [A] **190** [1941] 101, 115, 124.

Monocarbonsäuren $C_nH_{2n-30}N_4O_2$

Carbonsäuren $C_{30}H_{30}N_4O_2$

(2*S*)-13-Äthyl-3*c*,7,12,17-tetramethyl-(2*r*)-2,3-dihydro-2[1]*H*-benzo[*at*]porphyrin-2[2]-carbonsäure-methylester $C_{31}H_{32}N_4O_2$, Formel I und Taut. (in der Literatur als 2-Desvinyl-neopurpurin-2-methylester bezeichnet).

B. Beim Erwärmen von sog. 2-Desvinyl-purpurin-3-methylester (15[1]-Oxo-3-desäthyl-phyllochlorin-methylester; S. 3174) mit Pyridin und methanol. KOH und anschliessenden Verestern mit Diazomethan (*Strell, Kalojanoff*, A. **577** [1952] 97, 102).

F: 314° [Zers.; aus Ae.]. λ_{max} (Py. + Ae.): 485 nm, 508 nm, 549 nm, 620 nm und 680 nm.

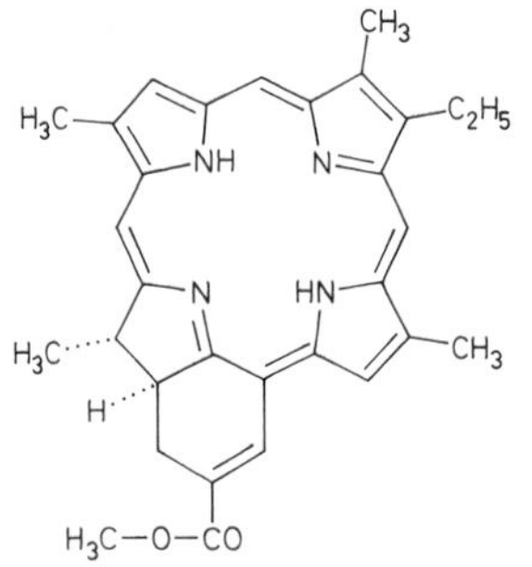

CH3, H3C, C2H5, NH, N, N, HN, H3C, CH3, H, H3C—O—CO

I

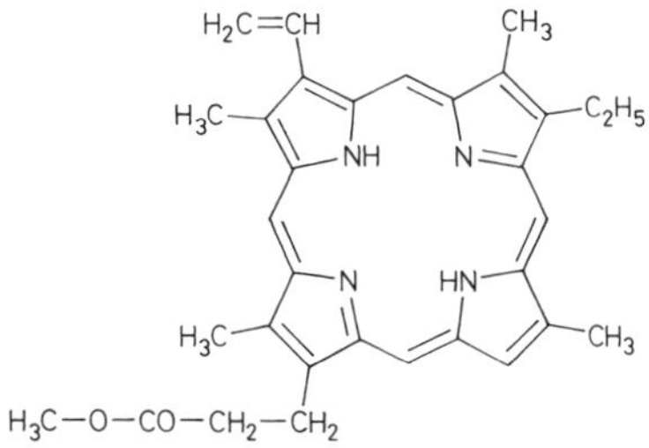

H2C=CH, CH3, H3C, C2H5, NH, N, N, HN, H3C, CH3, H3C—O—CO—CH2—CH2

II

Carbonsäuren $C_{31}H_{32}N_4O_2$

3-[13-Äthyl-3,7,12,17-tetramethyl-8-vinyl-porphyrin-2-yl]-propionsäure-methylester, 3[1],3[2]-Didehydro-pyrroporphyrin-methylester $C_{32}H_{34}N_4O_2$, Formel II und Taut. (in der Literatur als Vinylpyrroporphyrin-methylester bezeichnet).

B. Beim Erwärmen von 3[1],3[2]-Didehydro-pyrrochlorin (S. 2956) mit methanol. KOH und Pyridin unter Durchleiten von Luft und anschliessenden Verestern mit Diazomethan (*Fischer et al.*, A. **524** [1936] 222, 246).

Kristalle (aus Ae.); F: 244° (*Fi. et al.*). λ_{max} (Py. + Ae.; 430–630 nm): *Fi. et al.*, l. c. S. 247.

Eisen(III)-Komplex $Fe(C_{32}H_{32}N_4O_2)Cl$. Unbeständige Kristalle (nicht rein erhalten); λ_{max} (Py. + $N_2H_4 \cdot H_2O$): 520 nm und 554 nm (*Fischer, Herrle*, A. **530** [1937] 230, 251).

3-[12-Äthyl-3,8,13,17-tetramethyl-2[1],2[2]-dihydro-cyclopenta[*at*]porphyrin-18-yl]-propionsäure, 8-Desäthyl-13[1]-desoxo-phytoporphyrin $C_{31}H_{32}N_4O_2$, Formel III (R = C_2H_5, X = H) und Taut. (in der Literatur als 4-Desäthyl-desoxophyllerythrin bezeichnet).

B. Neben dem folgenden Brom-Derivat sowie anderen Verbindungen beim Erhitzen von [3-(2-Brom-vinyl)-5-carboxy-4-methyl-pyrrol-2-yl]-[3-(2-carboxy-äthyl)-4,5-dimethyl-pyrrol-2-yl]-methinium-bromid (E III/IV **25** 1127) mit [3-Äthyl-5-brom-4-methyl-pyrrol-2-yl]-[4-brom-3,5-dimethyl-pyrrol-2-yl]-methinium-bromid (E III/IV **23** 1329) und Bernsteinsäure (*Fischer, Rose*, A. **519** [1935] 1, 38).

Methylester $C_{32}H_{34}N_4O_2$. Violette Kristalle (aus Py. + Me.); F: 259° (*Fi., Rose*). Absorptionsspektrum (Dioxan; 480–670 nm): *Stern, Wenderlein*, Z. physik. Chem. [A] **174** [1935] 321, 324, 327, **175** [1936] 405, 436 Anm., 437. λ_{max} (Py. + Ae.; 420–630 nm): *Fi., Rose*, l. c. S. 16, 39. – Kupfer(II)-Komplex $CuC_{32}H_{32}N_4O_2$. Kristalle [aus Py. + Eg.] (*Fi., Rose*). – Eisen(III)-Komplex $Fe(C_{32}H_{32}N_4O_2)Cl$. Schwarze Kristalle (*Fi., Rose*).

3-[12-Äthyl-7-brom-3,8,13,17-tetramethyl-2[1],2[2]-dihydro-cyclopenta[*at*]porphyrin-18-yl]-propionsäure, 8-Brom-8-desäthyl-13[1]-desoxo-phytoporphyrin $C_{31}H_{31}BrN_4O_2$, Formel III (R = C_2H_5, X = Br) und Taut. (in der Literatur als 4-Brom-desoxo-phyllerythrin bezeichnet).

B. s. im vorangehenden Artikel.

λ_{max} (Py. + Ae.; 430–640 nm): *Fischer, Rose,* A. **519** [1935] 1, 39.

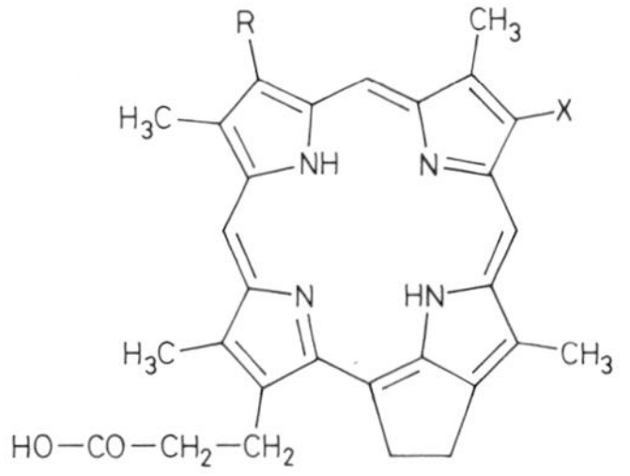

3-[7-Äthyl-3,8,13,17-tetramethyl-2[1],2[2]-dihydro-cyclopenta[*at*]porphyrin-18-yl]-propionsäure, 3-Desäthyl-13[1]-desoxo-phytoporphyrin $C_{31}H_{32}N_4O_2$, Formel III (R = H, X = C_2H_5) und Taut. (in der Literatur als 2-Desäthyl-desoxophyllerythrin bezeichnet).

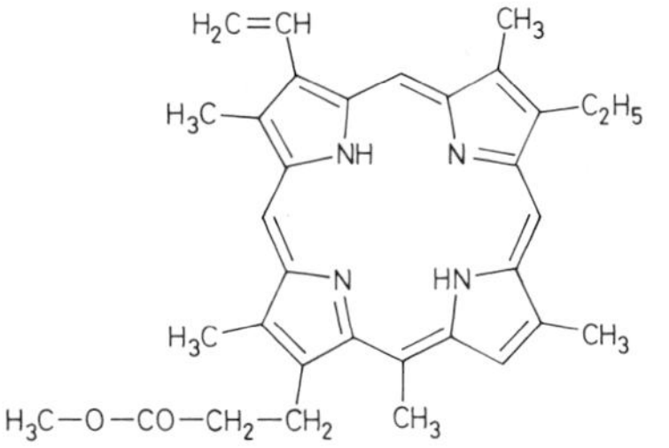

Zusammenfassende Darstellung: *H. Fischer, A. Stern,* Die Chemie des Pyrrols, Bd. 2, Tl. 2 [Leipzig 1940] S. 204.

B. Neben dem Brom-Derivat (s. u.) sowie anderen Verbindungen beim Erhitzen von [3-(2-Brom-vinyl)-5-carboxy-4-methyl-pyrrol-2-yl]-[3-(2-carboxy-äthyl)-4,5-dimethyl-pyrrol-2-yl]-methinium-bromid (E III/IV **25** 1127) mit [4-Äthyl-3,5-dimethyl-pyrrol-2-yl]-[3,5-dibrom-4-methyl-pyrrol-2-yl]-methinium-bromid (E III/IV **23** 1329), seinem Hydrobromid und Bernsteinsäure (*Fischer, Rose,* A. **519** [1935] 1, 32, 33). Beim Erhitzen von 3[1]-Oxo-phytoporphyrin (Oxophylloerythrin; S. 3209) mit HBr und Essigsäure (*Fischer, Hasenkamp,* A. **513** [1934] 107, 128).

Methylester $C_{32}H_{34}N_4O_2$. Kristalle (aus Acn.); F: 253° (*Fi., Rose*), 252° (*Fi., Ha.*). Absorptionsspektrum (Dioxan; 480–660 nm): *Stern, Wenderlein,* Z. physik. Chem. [A] **175** [1936] 405, 406, 437. λ_{max} (Py. + Ae.; 420–630 nm): *Fi., Rose,* l. c. S. 16, 33; *Fi., Ha.* – Kupfer(II)-Komplex $CuC_{32}H_{32}N_4O_2$. Kristalle [aus Py. + Eg.] (*Fi., Rose,* l. c. S. 34). – Eisen(III)-Komplex $Fe(C_{32}H_{32}N_4O_2)Cl$. Kristalle (*Fi., Rose,* l. c. S. 34).

3-[7-Äthyl-12-brom-3,8,13,17-tetramethyl-2[1],2[2]-dihydro-cyclopenta[*at*]porphyrin-18-yl]-propionsäure, 3-Brom-3-desäthyl-13[1]-desoxo-phytoporphyrin $C_{31}H_{31}BrN_4O_2$, Formel III (R = Br, X = C_2H_5) und Taut. (in der Literatur als 2-Brom-desoxophyllerythrin bezeichnet).

B. Aus der vorangehenden Verbindung (*Fischer, Rose,* A. **519** [1935] 1, 34). Eine weitere Bildungsweise s. im vorangehenden Artikel.

λ_{max} (Py. + Ae.; 430–630 nm): *Fi., Rose.*

Carbonsäuren $C_{32}H_{34}N_4O_2$

3-[13-Äthyl-3,7,12,17,20-pentamethyl-8-vinyl-porphyrin-2-yl]-propionsäure-methylester, 3[1],3[2]-Didehydro-phylloporphyrin-methylester $C_{33}H_{36}N_4O_2$, Formel IV und Taut. (in der Literatur als Vinylphylloporphyrin-methylester bezeichnet).

B. Neben anderen Verbindungen beim Erhitzen von Chlorin-e_6 (15-Carboxymethyl-3[1],3[2]-didehydro-rhodochlorin; S. 3072) mit Biphenyl, Ameisensäure oder Chinolin und anschliessenden Verestern mit Diazomethan in Äther (*Fischer, MacDonald,* A. **540** [1939] 211, 215, 217, 218; s. a. *Conant et al.,* Am. Soc. **53** [1931] 359, 364, 367).

Kristalle (aus Acn.); F: 238° (*Fi., MacD.,* l. c. S. 216). λ_{max} (Py. + Ae.; 430–650 nm): *Fi., MacD.,* l. c. S. 217.

Eisen(III)-Komplex $Fe(C_{33}H_{34}N_4O_2)Cl$. Schwarze Kristalle; F: 288°; λ_{max} ($CHCl_3$): 547 nm, 554 nm und 649 nm (*Fischer, Baláž,* A. **553** [1942] 166, 178).

3-[7,12-Diäthyl-3,13,17-trimethyl-2[1],2[2]-dihydro-cyclopenta[*at*]porphyrin-18-yl]-propionsäure, 7-Desmethyl-13[1]-desoxo-phytoporphyrin $C_{32}H_{34}N_4O_2$, Formel V (R = CH_3, R' = X = H) und Taut. (in der Literatur als 3-Desmethyl-desoxophyllerythrin bezeichnet).

Zusammenfassende Darstellung: *H. Fischer, A. Stern,* Die Chemie des Pyrrols, Bd. 2, Tl. 2 [Leipzig 1940] S. 204.

B. Neben dem Brom-Derivat (s. u.) sowie anderen Verbindungen beim Erhitzen von [3-(2-Brom-vinyl)-5-carboxy-4-methyl-pyrrol-2-yl]-[3-(2-carboxy-äthyl)-4,5-dimethyl-pyrrol-2-yl]-methinium-bromid (E III/IV **25** 1127) mit [3-Äthyl-5-brom-4-methyl-pyrrol-2-yl]-[4-äthyl-3-brom-5-methyl-pyrrol-2-yl]-methinium-bromid (E III/IV **23** 1335) und Bernsteinsäure (*Fischer, Rose,* A. **519** [1935] 1, 36). Aus Phäoporphyrin-b_7-trimethylester (7,13[2]-Bis-methoxycarbonyl-7-desmethyl-phytoporphyrin-methylester; S. 3306) oder aus Rhodinporphyrin-g_8-tetramethylester (7-Methoxycarbonyl-15-methoxycarbonylmethyl-7-desmethyl-rhodoporphyrin-dimethylester; S. 3091) mit Hilfe von HBr und Essigsäure (*Fischer, Breitner,* A. **516** [1935] 61, 71).

Methylester $C_{33}H_{36}N_4O_2$. Kristalle (aus Py. + Me.); F: 246° (*Fi., Rose,* l. c. S. 37), 243° (*Fi., Br.,* l. c. S. 72). λ_{max} (Py. + Ae.; 420 – 630 nm): *Fi., Rose*; *Fi., Br.*

3-[7,12-Diäthyl-8-brom-3,13,17-trimethyl-2[1],2[2]-dihydro-cyclopenta[*at*]porphyrin-18-yl]-propionsäure, 7-Brom-7-desmethyl-13[1]-desoxo-phytoporphyrin $C_{32}H_{33}BrN_4O_2$, Formel V (R = CH_3, R' = H, X = Br) und Taut. (in der Literatur als 3-Brom-desoxophyllerythrin bezeichnet).

B. Aus der vorangehenden Verbindung (*Fischer, Breitner,* A. **516** [1935] 61, 72). Eine weitere Bildungsweise s. im vorangehenden Artikel.

Rotviolette Kristalle [aus Py. + Me.] (*Fischer, Rose,* A. **519** [1935] 1, 37). λ_{max} (Py. + Ae.; 420 – 630 nm): *Fi., Br.*; *Fi., Rose,* l. c. S. 38.

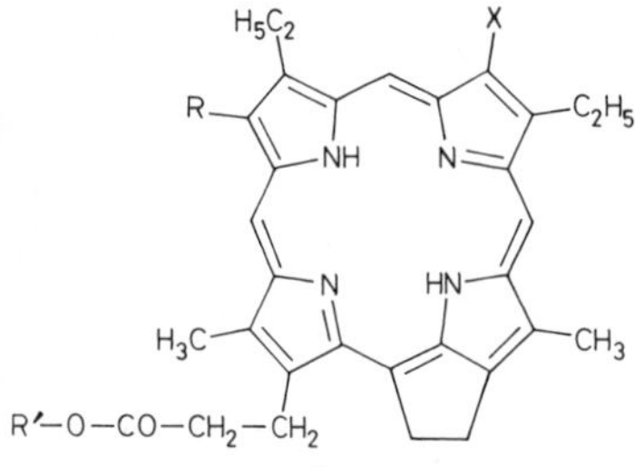

V

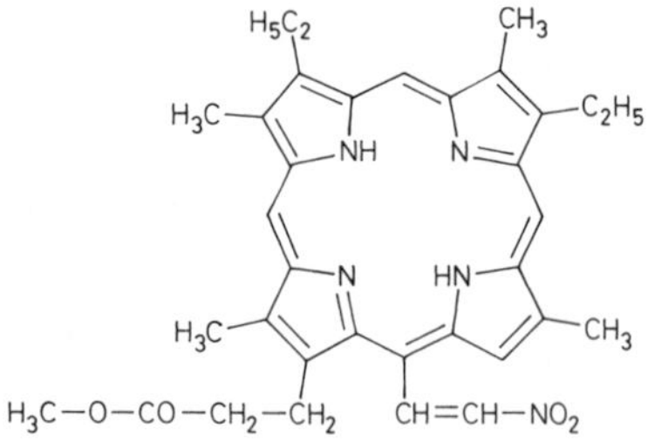

VI

3-[7,12-Diäthyl-3,8,17-trimethyl-2[1],2[2]-dihydro-cyclopenta[*at*]porphyrin-18-yl]-propionsäure-methylester, 2-Desmethyl-13[1]-desoxo-phytoporphyrin-methylester $C_{33}H_{36}N_4O_2$, Formel V (R = H, R' = X = CH_3) und Taut. (in der Literatur als 1-Desmethyl-desoxophyllerythrin-methylester bezeichnet).

B. Neben dem Brom-Derivat (s. u.) sowie anderen Verbindungen beim Erhitzen von [3-(2-Brom-vinyl)-5-carboxy-4-methyl-pyrrol-2-yl]-[3-(2-carboxy-äthyl)-4,5-dimethyl-pyrrol-2-yl]-methinium-bromid (E III/IV **25** 1127) mit [3-Äthyl-4,5-dibrom-pyrrol-2-yl]-[4-äthyl-3,5-dimethyl-pyrrol-2-yl]-methinium-bromid (E III/IV **23** 1334), seinem Hydrobromid und Bernsteinsäure und anschliessenden Verestern (*Fischer, Rose,* A. **519** [1935] 1, 29).

Kristalle (aus Py. + Me.); F: 258°. λ_{max} (Py. + Ae.; 420 – 630 nm): *Fi., Rose.*

3-[7,12-Diäthyl-13-brom-3,8,17-trimethyl-2[1],2[2]-dihydro-cyclopenta[*at*]porphyrin-18-yl]-propionsäure-methylester, 2-Brom-2-desmethyl-13[1]-desoxo-phytoporphyrin-methylester $C_{33}H_{35}BrN_4O_2$, Formel V (R = Br, R' = X = CH_3) und Taut. (in der Literatur als 1-Brom-desoxophyllerythrin-methylester bezeichnet).

B. s. im vorangehenden Artikel.

Rotviolette Kristalle (aus Py. + Me.); F: 278° (*Fischer, Rose,* A. **519** [1935] 1, 31). λ_{max} (Py. + Ae.; 430 – 630 nm): *Fi., Rose.*

Carbonsäuren $C_{33}H_{36}N_4O_2$

***3-[8,13-Diäthyl-3,7,12,17-tetramethyl-20-(2-nitro-vinyl)-porphyrin-2-yl]-propionsäure-methylester, 15-[2-Nitro-vinyl]-pyrroporphyrin-methylester** $C_{34}H_{37}N_5O_4$, Formel VI und Taut. (in der Literatur als γ-[ω-Nitro-vinyl]-pyrroporphyrin-methylester bezeichnet).

B. Beim Erwärmen von 15¹-Oxo-phylloporphyrin-methylester („γ-Formyl-pyrroporphyrin-methylester"; S. 3178) mit Nitromethan in Pyridin unter Zusatz von Diäthylamin (*Fischer, Kanngiesser,* A. **543** [1940] 271, 280).

Verbindung mit Nitromethan $C_{34}H_{37}N_5O_4 \cdot CH_3NO_2$. Rote Kristalle (aus Ae.); F: 271°. λ_{max} (Py. + Ae.): 505 nm, 539 nm, 581 nm und 631 nm.

***3-[(2S)-13-Äthyl-3t,7,12,17-tetramethyl-20-(2-nitro-vinyl)-8-vinyl-2,3-dihydro-porphyrin-2r-yl]-propionsäure-methylester, 15-[2-Nitro-vinyl]-3¹,3²-didehydro-pyrrochlorin-methylester** $C_{34}H_{37}N_5O_4$, Formel VII und Taut. (in der Literatur als γ-Nitrovinyl-pyrrochlorin-methylester bezeichnet).

B. Beim Erwärmen von Purpurin-3-methylester (15¹-Oxo-3¹,3²-didehydro-phyllochlorin-methylester; S. 3179) mit Nitromethan in Pyridin unter Zusatz von Äthylamin (*Fischer, Gerner,* A. **553** [1942] 67, 77, 78).

Kristalle (aus Acn. + Me.); F: 197°. λ_{max} (Py. + Ae.): 497 nm, 543 nm, 601 nm und 675 nm.

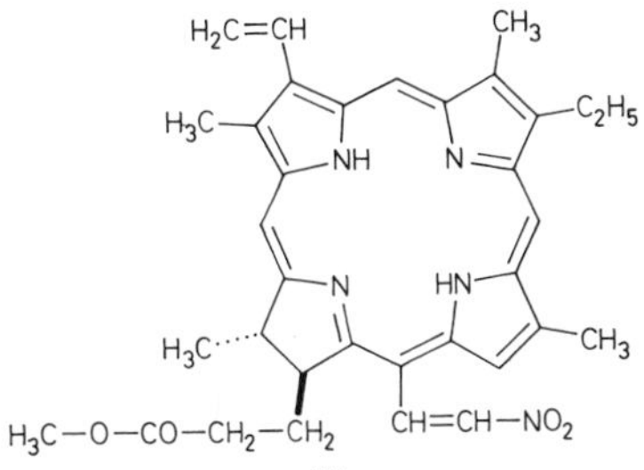

VII 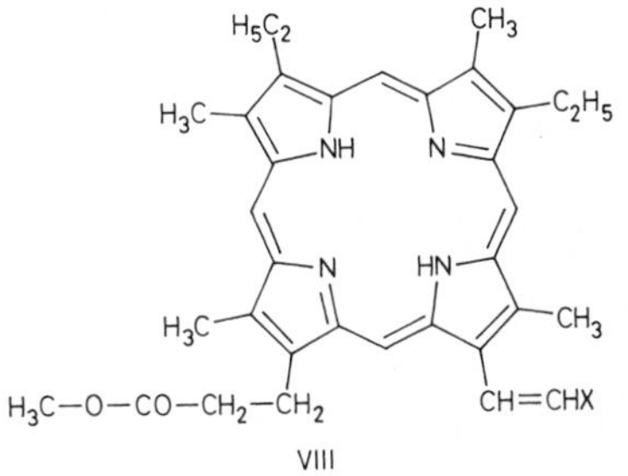 VIII

3-[8,13-Diäthyl-3,7,12,17-tetramethyl-18-vinyl-porphyrin-2-yl]-propionsäure-methylester, 13-Vinyl-pyrroporphyrin-methylester $C_{34}H_{38}N_4O_2$, Formel VIII (X = H) und Taut. (in der Literatur als 6-Vinyl-pyrroporphyrin-methylester bezeichnet).

B. Beim Erhitzen von 13-Acetyl-pyrroporphyrin (S. 3182) und anschliessenden Verestern mit Diazomethan (*Fischer, Beer,* Z. physiol. Chem. **244** [1936] 31, 41, 42).

Kristalle; F: 221° (*Fi., Beer*). Absorptionsspektrum (Dioxan; 480 – 660 nm): *Stern, Wenderlein,* Z. physik. Chem. [A] **175** [1936] 405, 406, 418. λ_{max} (Py. + Ae.; 440 – 630 nm): *Fi., Beer*; λ_{max} (wss. HCl): 555 nm und 598 nm (*Fi., Beer*).

***3-[8,13-Diäthyl-3,7,12,17-tetramethyl-18-(2-nitro-vinyl)-porphyrin-2-yl]-propionsäure-methylester, 13-[2-Nitro-vinyl]-pyrroporphyrin-methylester** $C_{34}H_{37}N_5O_4$, Formel VIII (X = NO_2) und Taut. (in der Literatur als 6-[ω-Nitro-vinyl]-pyrroporphyrin-methylester bezeichnet).

B. Beim Erwärmen von 13-Formyl-pyrroporphyrin-methylester (S. 3180) mit Nitromethan in Pyridin unter Zusatz von Diäthylamin und anschliessenden Verestern mit Diazomethan (*Fischer, Beer,* Z. physiol. Chem. **244** [1936] 31, 45).

Kristalle (aus $CHCl_3$ + Me.); F: 228° [Zers. bei 236°]. λ_{max} (Py. + Ae.; 530 – 630 nm): *Fi., Beer,* l. c. S. 46; λ_{max} (wss. HCl): 553 nm und 599 nm (*Fi., Beer*).

3-[7,12-Diäthyl-3,8,13,18-tetramethyl-2^1,2^2-dihydro-cyclopenta[*at*]porphyrin-17-yl]-propionsäure $C_{33}H_{36}N_4O_2$, Formel IX und Taut. (in der Literatur als „isomeres Desoxophyllerythrin" bezeichnet).

B. Beim Erhitzen von [3-(2-Brom-vinyl)-5-carboxy-4-methyl-pyrrol-2-yl]-[4-(2-carboxy-äthyl)-3,5-dimethyl-pyrrol-2-yl]-methinium-bromid (E III/IV **25** 1127) mit [4-Äthyl-5-brom= methyl-3-methyl-pyrrol-2-yl]-[3-äthyl-5-brom-4-methyl-pyrrol-2-yl]-methinium-bromid (E III/ IV **23** 1342) und Bernsteinsäure (*Fischer, Rose,* A. **519** [1935] 1, 40).

Kristalle (aus Py. + Me.). λ_{max} (Py. + Ae.; 420 – 630 nm): *Fi., Rose.*

Eisen(III)-Komplex $Fe(C_{33}H_{34}N_4O_2)Cl$. Schwarze Kristalle (*Fi., Rose,* l. c. S. 41). λ_{max} (Py. + $N_2H_4 \cdot H_2O$): 517 nm und 548 nm.

Methylester $C_{34}H_{38}N_4O_2$. Kristalle (aus Acn.); F: 263°. – Kupfer(II)-Komplex $CuC_{34}H_{36}N_4O_2$. Rote Kristalle [aus Py. + Eg.] (*Fi., Rose,* l. c. S. 41). λ_{max} (Py. + Ae.): 526 nm und 663 nm.

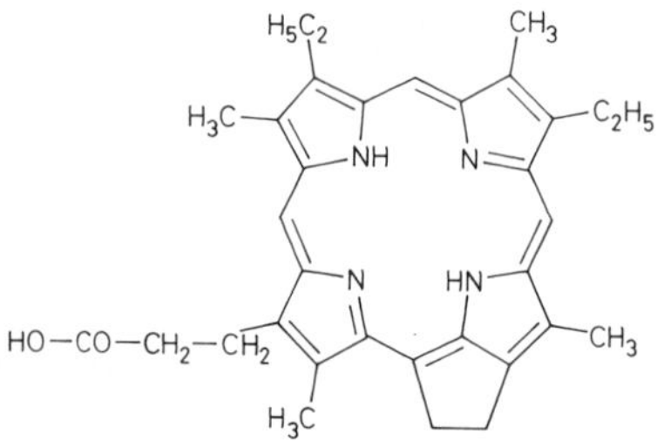

3-[7,12-Diäthyl-3,8,13,17-tetramethyl-2^1,2^2-dihydro-cyclopenta[*at*]porphyrin-18-yl]-propionsäure, 13^1-Desoxo-phytoporphyrin, Desoxophyllerythrin, Isophäoporphyrin-a$_3$ $C_{33}H_{36}N_4O_2$, Formel X (R = H) und Taut.

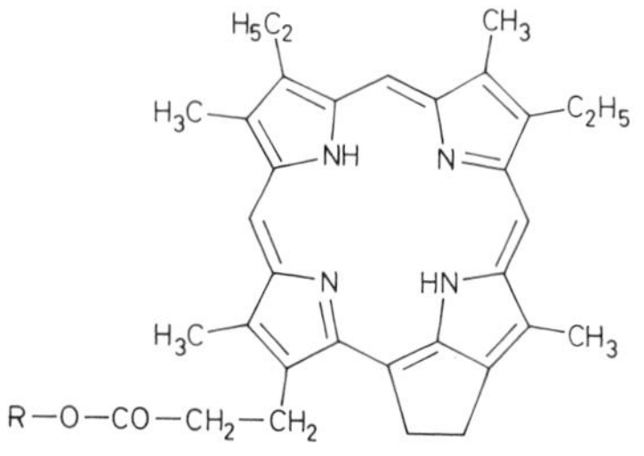

Zusammenfassende Darstellung: *H. Fischer, A. Stern,* Die Chemie des Pyrrols, Bd. 2, Tl. 1 [Leipzig 1940] S. 197.

Über die Konstitution s. *Fischer et al.,* A. **486** [1931] 107, 108.

B. Neben anderen Verbindungen beim Erhitzen von [3-(2-Brom-vinyl)-5-carboxy-4-methyl-pyrrol-2-yl]-[3-(2-carboxy-äthyl)-4,5-dimethyl-pyrrol-2-yl]-methinium-bromid (E III/IV **25** 1127) mit [4-Äthyl-5-brommethyl-3-methyl-pyrrol-2-yl]-[3-äthyl-5-brom-4-methyl-pyrrol-2-yl]-methinium-bromid (E III/IV **23** 1342) und Bernsteinsäure (*Fischer, Riedmair,* A. **490** [1931] 91, 96, **499** [1932] 288, 289, 294). Beim Erhitzen von sog. „inakt." Mesodesoxopyrophäophorbid-a ((±)-13^1-Desoxo-phytochlorin; Methylester vom F: 212°; S. 2968) mit konz. wss. HCl (*Fischer, Gibian,* A. **550** [1942] 208, 234). Beim Erhitzen von Phytoporphyrin (S. 3188) mit HBr und Essigsäure (*Fischer, Moldenhauer,* A. **481** [1930] 132, 158) sowie mit $N_2H_4 \cdot H_2O$ und Natrium= äthylat in Äthanol (*Fischer et al.,* A. **485** [1931] 1, 14, **486** 177). Beim Erhitzen von 13-Hydroxy= methyl-phylloporphyrin („6-Oxymethyl-phylloporphyrin"; S. 3139) oder 13-Methoxymethyl-phylloporphyrin-methylester („6-Methoxymethyl-phylloporphyrin-methylester"; S. 3139) mit Methylbernsteinsäure oder HBr und Essigsäure (*Fischer et al.,* A. **508** [1934] 154, 155, 159). Beim Erhitzen von Pyrophäophorbid-b (7-Oxo-3^1,3^2-didehydro-phytochlorin; S. 3209) mit $N_2H_4 \cdot H_2O$ und Natriumäthylat in Äthanol (*Fischer et al.,* A. **509** [1934] 201, 212). Neben anderen Verbindungen beim Erhitzen von Phäophorbid-a (S. 3237) mit HBr und Essigsäure (*Fischer, Bäumler,* A. **480** [1930] 197, 218; *Fischer, Riedmair,* A. **497** [1932] 181, 190) oder von Phäophorbid-b (S. 3284) mit HBr und Essigsäure (*Fischer et al.,* A. **498** [1932] 228, 263).

Blauviolett glänzende Kristalle [aus Ae.] (*Fi., Ri.,* A. **490** 97; *Fi. et al.,* A. **485** 16); Zers. bei ca. 300° (*Fi., Bä.,* l. c. S. 220). Absorptionsspektrum (Py., wss. H_2SO_4 [48%ig] sowie konz. H_2SO_4; 450 – 650 nm): *Aronoff, Weast,* J. org. Chem. **6** [1941] 550, 553. λ_{max} in einem Pyridin-Äther-Gemisch (420 – 630 nm) und in wss. HCl (520 – 600 nm): *Fi. et al.,* A. **485** 15; *Fi., Ri.,* A. **490** 97, 98; *Treibs,* A. **509** [1934] 103, 112.

Beim Behandeln mit $K_2Cr_2O_7$ und H_2SO_4 sind Phylloporphyrin (S. 2959) und wenig Phytoporphyrin erhalten worden (*Fi., Ri.,* A. **497** 189). Über die Oxidation mit H_2SO_4 [SO_3 enthaltend] s. *Fischer et al.,* A. **494** [1932] 86, 90; *Fi., Ri.,* A. **497** 185, 189.

Kupfer(II)-Komplex $CuC_{33}H_{34}N_4O_2$. Rote Kristalle [aus Py. + Eg.] (*Fi., Bä.,* l. c. S. 222; *Fi., Ri.,* A. **499** 295). λ_{max} (Py.): 530 nm und 565 nm (*Fi., Bä.,* l. c. S. 223).

Eisen(III)-Komplex $Fe(C_{33}H_{34}N_4O_2)Cl$. Blaue Kristalle (*Fi., Bä.; Fi., Ri.,* A. **499** 294). λ_{max}: 501 nm und 541 nm [$CHCl_3$] bzw. 517 nm und 549 nm [Py. + $N_2H_4 \cdot H_2O$] (*Fi., Bä.*).

3-[7,12-Diäthyl-3,8,13,17-tetramethyl-2¹,2²-dihydro-cyclopenta[*at*]porphyrin-18-yl]-propionsäure-methylester, 13¹-Desoxo-phytoporphyrin-methylester, Desoxophyllerythrin-methylester $C_{34}H_{38}N_4O_2$, Formel X (R = CH_3) und Taut.

B. Aus der vorangehenden Säure und methanol. HCl (*Fischer et al.,* A. **485** [1931] 1, 15; *Fischer, Riedmair,* A. **490** [1931] 91, 98) oder Diazomethan in Äther (*Fischer, Riedmair,* A. **499** [1932] 288, 295; *Fischer et al.,* A. **508** [1934] 154, 160).

Kristalle; F: 264° [korr.; aus $CHCl_3$ + Me. bzw. aus Ae.] (*Fi. et al.,* A. **485** 16; *Fi., Ri.,* A. **499** 295). Verbrennungsenthalpie bei 15°: *Stern, Klebs,* A. **505** [1933] 295, 305. Absorptionsspektrum (Dioxan; 480–640 nm): *Stern, Wenderlein,* Z. physik. Chem. [A] **174** [1935] 81, 85. Fluorescenzmaxima (Dioxan): 592 nm, 618 nm, 649 nm, 666 nm, 686 nm und 719 nm (*Stern, Molvig,* Z. physik. Chem. [A] **175** [1936] 38, 42).

Kupfer(II)-Komplex $CuC_{34}H_{36}N_4O_2$. Rote Kristalle [aus $CHCl_3$ + Me.] (*Fi. et al.,* A. **485** 16); F: 254° (*Fi. et al.,* A. **508** 160). λ_{max} (Py. + Ae.; 425–570 nm): *Fi. et al.,* A. **485** 16; *Fi., Ri.,* A. **490** 99; λ_{max} (Eg.): 525 nm und 563 nm (*Tr.*).

Eisen(III)-Komplex $Fe(C_{34}H_{36}N_4O_2)Cl$. Kristalle (*Fi. et al.,* A. **485** 16; *Fi., Ri.,* A. **499** 296). λ_{max} in Äther: 498 nm und 535 nm (*Tr.*); in Pyridin unter Zusatz von $N_2H_4 \cdot H_2O$: 516 nm und 549 nm (*Fi. et al.,* A. **485** 16) bzw. 518 nm und 548 nm (*Fi., Ri.,* A. **490** 99).

Monocarbonsäuren $C_nH_{2n-32}N_4O_2$

(2*S*)-13-Äthyl-3*c*,7,12,17-tetramethyl-8-vinyl-(2*r*)-2,3-dihydro-2¹*H*-benzo[*at*]porphyrin-2²-carbonsäure-methylester, 3¹,3²,15¹,17²-Tetradehydro-15¹,17²-cyclo-phyllochlorin-methylester, Neopurpurin-2-methylester $C_{33}H_{34}N_4O_2$, Formel XI und Taut.

B. Aus sog. γ-Formyl-pyrrochlorin-methylester (15¹-Oxo-3¹,3²-didehydro-phyllochlorin-methylester; S. 3179) beim Erwärmen mit methanol. KOH in Pyridin und anschliessenden Behandeln mit Diazomethan in Äther (*Fischer, Strell,* A. **538** [1939] 157, 169).

Kristalle (aus Ae.); F: 253°. $[\alpha]^{20}_{690-720}$: −1100° [Dioxan; c = 0,01] (*Fi., St.,* l. c. S. 170). Absorptionsspektrum (Dioxan; 470–700 nm): *Fi., St.,* l. c. S. 158. λ_{max} (Py. + Ae.; 440–700 nm): *Fi., St.,* l. c. S. 170.

Kupfer(II)-Komplex. λ_{max} (Py. + Ae.): 514 nm, 555 nm, 595 nm und 665 nm (*Fi., St.,* l. c. S. 171).

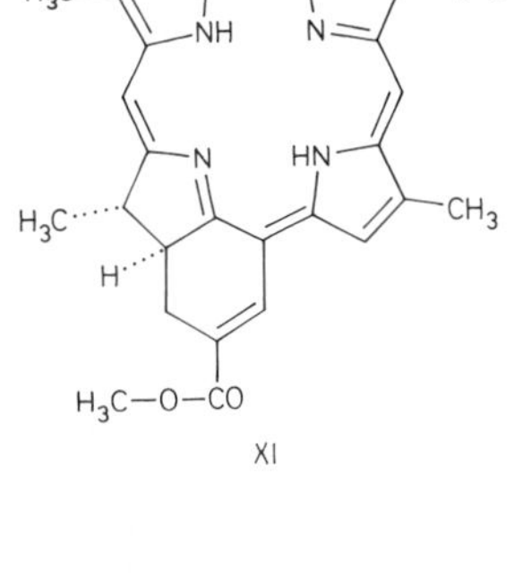

XI

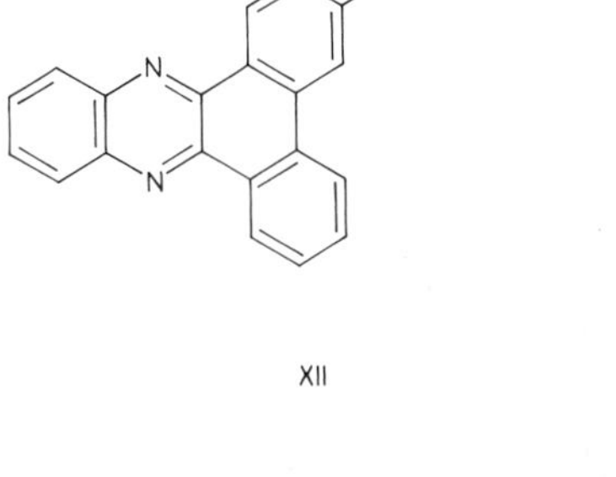

XII

Monocarbonsäuren $C_nH_{2n-34}N_4O_2$

5-Dibenzo[*a,c*]phenazin-3-yl-1(2)*H*-pyrazol-3-carbonsäure $C_{24}H_{14}N_4O_2$, Formel XII und Taut.

B. Aus 5-[9,10-Dioxo-9,10-dihydro-[3]phenanthryl]-1(2)*H*-pyrazol-3-carbonsäure und *o*-Phenylendiamin (*Musante, Fatutta,* Ann. Chimica **49** [1959] 1486, 1513).

Gelbliche Kristalle (aus Eg.); F: 335°.

Äthylester $C_{26}H_{18}N_4O_2$. *B.* Analog der vorangehenden Säure (*Mu., Fa.,* l. c. S. 1513). – Gelbliche Kristalle; F: 279°.

Monocarbonsäuren $C_nH_{2n-36}N_4O_2$

***2-[1(2)*H*-Benzo[*a*]pyrazolo[4,3-*c*]phenazin-3-yl]-zimtsäure-methylester(?)** $C_{27}H_{18}N_4O_2$, vermutlich Formel XIII (R = CH_3) und Taut.

B. Aus 2-[4,5-Dioxo-4,5-dihydro-2(3)*H*-benz[*e*]indazol-1-yl]-zimtsäure-methylester(?; E III/IV **25** 1820) und *o*-Phenylendiamin (*Corbellini et al.,* G. **69** [1939] 137, 148).

Gelbliche Kristalle (aus 1,2-Dichlor-benzol); F: 292° [unkorr.; Zers. ab 288°].

***2-[1(2)*H*-Benzo[*a*]pyrazolo[4,3-*c*]phenazin-3-yl]-zimtsäure-äthylester(?)** $C_{28}H_{20}N_4O_2$, vermutlich Formel XIII (R = C_2H_5) und Taut.

B. Analog der vorangehenden Verbindung (*Corbellini et al.,* G. **69** [1939] 137, 149).

Gelbliche Kristalle (aus Isoamylalkohol); F: 265,5° [unkorr.; Zers. ab 262°].

HN—N CH=CH—CO—O—R N N

XIII

H5C2 CH3 H3C C2H5 NH N N HN H3C CH3 H3C—O—CO—CH2—CH2 C6H5

XIV

Monocarbonsäuren $C_nH_{2n-38}N_4O_2$

(±)-3-[7,12-Diäthyl-3,8,13,17-tetramethyl-2¹-phenyl-2¹,2²-dihydro-cyclopenta[*at*]porphyrin-18-yl]-propionsäure-methylester, (±)-13¹-Phenyl-13¹-desoxo-phytoporphyrin-methylester $C_{40}H_{42}N_4O_2$, Formel XIV und Taut. (in der Literatur als 9-Phenyl-desoxophyllerythrin-methylester bezeichnet).

B. Aus (±)-13¹-Hydroxy-13¹-phenyl-13¹-desoxo-phytoporphyrin-methylester (S. 3142) beim Behandeln mit HI und Essigsäure und anschliessend mit Diazomethan (*Fischer et al.,* A. **523** [1936] 164, 193).

Kristalle (aus Py. + Me.); F: 258°. λ_{max} (Py. + Ae.; 430 – 630 nm): *Fi. et al.,* l. c. S. 194.

[*Urban*]

B. Dicarbonsäuren

Dicarbonsäuren $C_nH_{2n-4}N_4O_4$

1,4-Diphenyl-1,4-dihydro-[1,2,4,5]tetrazin-3,6-dicarbonsäure-diäthylester $C_{20}H_{20}N_4O_4$, Formel I.

Die früher (H **26** 567) unter dieser Konstitution beschriebene Verbindung ist als 2,3-Bis-phenylazo-butendisäure-diäthylester (H **16** 33) zu formulieren (*Ruccia, Vivona,* Chimica e Ind. **48** [1966] 147). Entsprechendes gilt für 1,4-Di-*p*-tolyl-1,4-dihydro-[1,2,4,5]tetrazin-3,6-dicarbonsäure-diäthylester $C_{22}H_{24}N_4O_4$ (H **26** 567).

1,2-Dihydro-[1,2,4,5]tetrazin-3,6-dicarbonsäure-dimethylester $C_6H_8N_4O_4$, Formel II (R = H, X = O-CH_3) und Taut. (H 568).

B. Neben 1-Methyl-1,2-dihydro-[1,2,4,5]tetrazin-3,6-dicarbonsäure-dimethylester aus 1,2-Dihydro-[1,2,4,5]tetrazin-3,6-dicarbonsäure und Diazomethan in Äther (*Lin et al.,* Am. Soc. **76** [1954] 427, 430).

Orangefarbene Kristalle (aus H_2O); F: 168–170° [unkorr.].

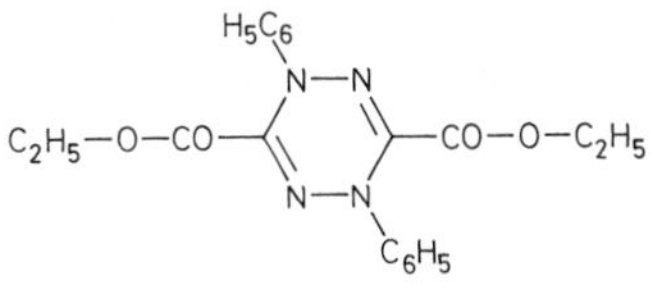

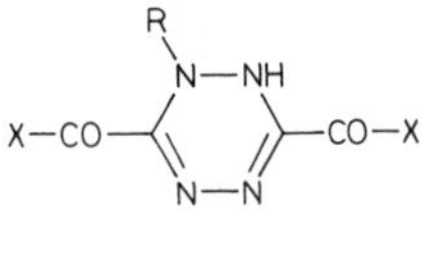

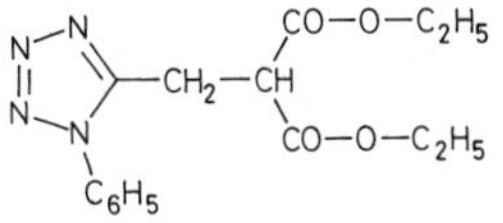

1,2-Dihydro-[1,2,4,5]tetrazin-3,6-dicarbonsäure-dihydrazid $C_4H_8N_8O_2$, Formel II (R = H, X = NH-NH_2) und Taut. (H 570).

B. Aus dem Dimethylester (s. o.) beim Erwärmen mit N_2H_4 in Äthanol (*Lin et al.,* Am. Soc. **76** [1954] 427, 430).

Gelbe Kristalle; F: 287–288° [unkorr.; Zers.].

1-Methyl-1,2-dihydro-[1,2,4,5]tetrazin-3,6-dicarbonsäure-dimethylester $C_7H_{10}N_4O_4$, Formel II (R = CH_3, X = O-CH_3) und Taut.

B. s. o. im Artikel 1,2-Dihydro-[1,2,4,5]tetrazin-3,6-dicarbonsäure-dimethylester.

Gelbe Kristalle (aus H_2O); F: 114–115° [unkorr.] (*Lin et al.,* Am. Soc. **76** [1954] 427, 430).

[1-Phenyl-1*H*-tetrazol-5-ylmethyl]-malonsäure-diäthylester $C_{15}H_{18}N_4O_4$, Formel III.

B. Aus 5-Chlormethyl-1-phenyl-1*H*-tetrazol und Malonsäure-diäthylester mit Hilfe von Natriumäthylat in Äthanol (*Jacobson et al.,* J. org. Chem. **19** [1954] 1909, 1916).

Hellgelbes Öl; $Kp_{0,05}$: 192°.

Dicarbonsäuren $C_nH_{2n-6}N_4O_4$

[1,2,4,5]Tetrazin-3,6-dicarbonsäure $C_4H_2N_4O_4$, Formel IV (H 570).

λ_{max}: 251 nm und 515 nm [wss. Lösung vom pH 7] (*Mason,* Soc. **1959** 1247, 1251), 513 nm [H_2O] bzw. 521 nm [Dioxan] (*Lin et al.,* Am. Soc. **76** [1954] 427, 428). Scheinbarer Dissoziationsexponent pK'_a (H_2O; potentiometrisch ermittelt): 2,8 (*Ma.*).

Dimethylester $C_6H_6N_4O_4$. λ_{max} (Ae.): 526 nm (*Lin et al.*).

***Opt.-inakt. 3,4,3′,4′-Tetrahydro-2*H*,2′*H*-[3,3′]bipyrazolyl-5,5′-dicarbonsäure-diäthylester** $C_{12}H_{18}N_4O_4$, Formel V (X = O-C_2H_5).

B. Neben Bicyclopropyl-2,2′-dicarbonsäure-diäthylester (Kp_{12}: 60°) beim Erhitzen von Buta-1,3-dien mit Diazoessigsäure-äthylester auf 100° (*Müller, Roser,* J. pr. [2] **133** [1932] 291, 302).

Kristalle; F: 195° [Zers.].

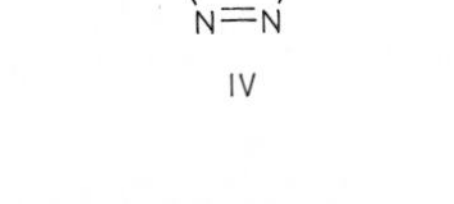

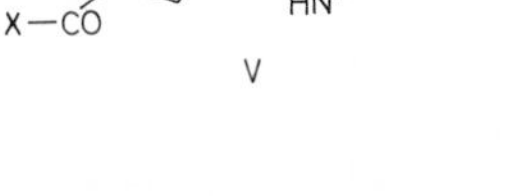

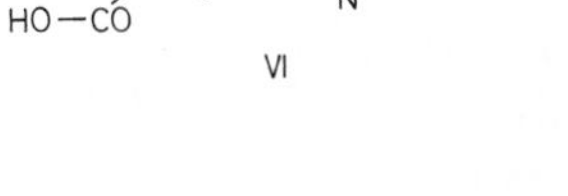

***Opt.-inakt. 3,4,3′,4′-Tetrahydro-2*H*,2′*H*-[3,3′]bipyrazolyl-5,5′-dicarbonsäure-dihydrazid** $C_8H_{14}N_8O_2$, Formel V (X = NH-NH_2).

B. Aus dem Diäthylester (s. o.) beim Erwärmen mit $N_2H_4 \cdot H_2O$ in Äthanol (*Müller, Roser,* J. pr. [2] **133** [1932] 291, 303).

Kristalle (aus A.); F: 245° [Zers.].

Dibenzyliden-Derivat $C_{22}H_{22}N_8O_2$; 3,4,3′,4′-Tetrahydro-2*H*,2′*H*-[3,3′]bipyrazolyl-5,5′-dicarbonsäure-bis-benzylidenhydrazid. F: 280° [Zers.].

Dicarbonsäuren $C_nH_{2n-10}N_4O_4$

1(2)*H*,1′(2′)*H*-[3,3′]Bipyrazolyl-5,5′-dicarbonsäure $C_8H_6N_4O_4$, Formel VI und Taut.

B. Neben 5′-Methyl-1(2)*H*,1′(2′)*H*-[3,3′]bipyrazolyl-5-carbonsäure aus 5,5′-Dimethyl-1(2)*H*,1′(2′)*H*-[3,3′]bipyrazolyl beim Erhitzen mit $KMnO_4$ in H_2O (*Fusco, Zumin,* G. **76** [1946] 223, 234).

Kristalle (aus H_2O); F: 295° [Zers.].

7-Chlor-5-methyl-pyrazolo[4,3-*d*]pyrimidin-3,3-dicarbonsäure-diäthylester $C_{12}H_{13}ClN_4O_4$, Formel VII (R = CH_3, X = Cl).

B. Aus [5-Amino-6-chlor-2-methyl-pyrimidin-4-yl]-malonsäure-diäthylester beim Behandeln mit $NaNO_2$ und wss. HCl in Dioxan (*Rose,* Soc. **1954** 4116, 4121).

Kristalle (aus Bzl.); F: 67,5°.

5-Chlor-7-methyl-pyrazolo[4,3-*d*]pyrimidin-3,3-dicarbonsäure-diäthylester $C_{12}H_{13}ClN_4O_4$, Formel VII (R = Cl, X = CH_3).

B. Analog der vorangehenden Verbindung (*Rose,* Soc. **1954** 4116, 4121).

Kristalle (aus Bzl.+PAe.); F: 89°.

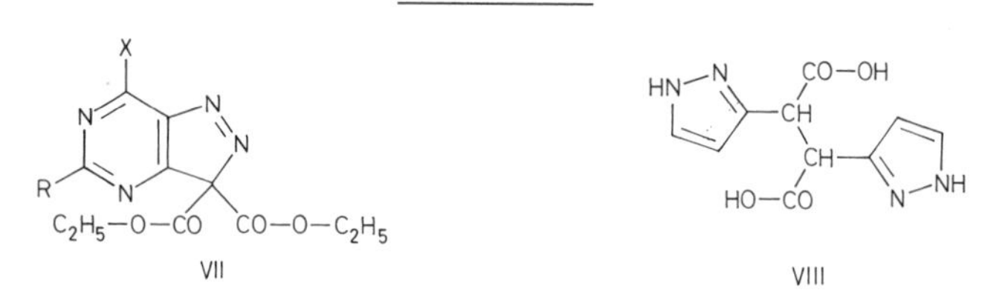

***Opt.-inakt. 2,3-Di-[1(2)*H*-pyrazol-3-yl]-bernsteinsäure** $C_{10}H_{10}N_4O_4$, Formel VIII und Taut.

Eine von *Reimlinger* (B. **92** [1959] 970, 973, 976) unter dieser Konstitution beschriebene, aus dem Dimethylester erhaltene Verbindung (F: 150–151° [Zers.]) ist als opt.-inakt. 2,3-Di-pyrazol-1-yl-bernsteinsäure zu formulieren; entsprechend ist der Dimethylester $C_{12}H_{14}N_4O_4$ als opt.-inakt. 2,3-Di-pyrazol-1-yl-bernsteinsäure-dimethylester (F: 167°; E III/IV **23** 557) anzusehen (*Acheson, Poulter,* Soc. **1960** 2138; *Reimlinger, Moussebois,* B. **98** [1965] 1805, 1809, 1812).

1,2-Bis-[5-carboxy-1-phenyl-1*H*-pyrazol-3-yl]-äthan, 2,2′-Diphenyl-2*H*,2′*H*-5,5′-äthandiyl-bis-pyrazol-3-carbonsäure $C_{22}H_{18}N_4O_4$, Formel IX.

B. Aus dem Diäthylester (s. u.) beim Erwärmen mit wss.-äthanol. KOH (*Musante, Berretti,* G. **79** [1949] 666, 673).

Kristalle (aus A.); F: 275°.

Diäthylester $C_{26}H_{26}N_4O_4$. *B.* Aus 2,4,7,9-Tetraoxo-decandisäure-diäthylester und Phenylhydrazin beim Erwärmen in Äthanol oder Essigsäure (*Mu., Be.*). – Kristalle (aus A. oder Eg.); F: 198–199°.

1,2-Bis-[2-(4-brom-phenyl)-5-carboxy-2*H*-pyrazol-3-yl]-äthan, 1,1′-Bis-[4-brom-phenyl]-1*H*,1′*H*-5,5-äthandiyl-bis-pyrazol-3-carbonsäure $C_{22}H_{16}Br_2N_4O_4$, Formel X.

B. Aus dem Diäthylester (s. u.) beim Erwärmen mit wss.-äthanol. KOH (*Musante, Berretti,*

G. **79** [1949] 666, 675).

Kristalle (aus A.); F: 290–292°.

Diäthylester $C_{26}H_{24}Br_2N_4O_4$. *B.* Aus 2,4,7,9-Tetraoxo-decandisäure-diäthylester und [4-Brom-phenyl]-hydrazin in Äthanol (*Mu., Be.*). – Kristalle (aus Eg.); F: 283°.

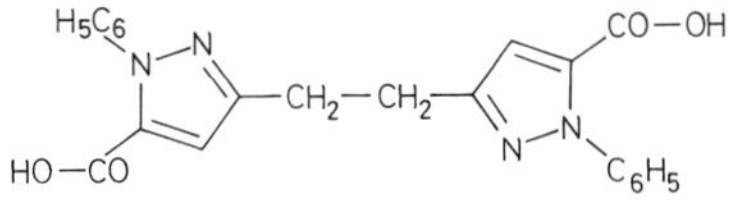

1,2-Bis-[4-äthoxycarbonyl-5-methyl-1(?)-phenyl-1(?)*H*-pyrazol-3-yl]-äthan, 5,5′-Dimethyl-1(?),1′(?)-diphenyl-1(?)*H*,1′(?)*H*-3,3′-äthandiyl-bis-pyrazol-4-carbonsäure-diäthylester $C_{28}H_{30}N_4O_4$, vermutlich Formel XI.

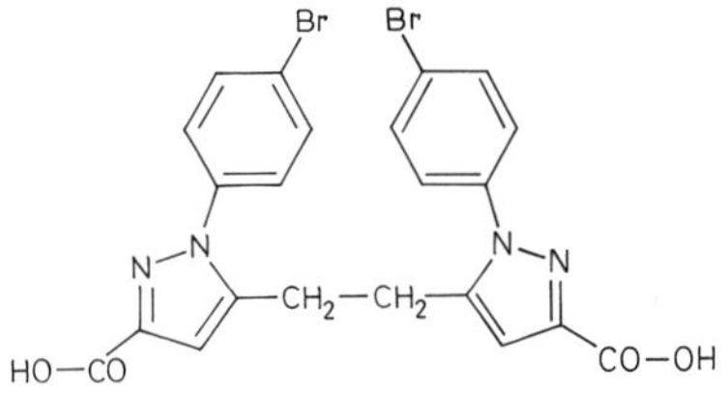

B. Aus 2,7-Diacetyl-3,6-dioxo-octandisäure-diäthylester und Phenylhydrazin beim Erwärmen in wss. Essigsäure (*Ruggli, Maeder,* Helv. **27** [1944] 436, 442).

Kristalle (aus A.); F: 156–157°.

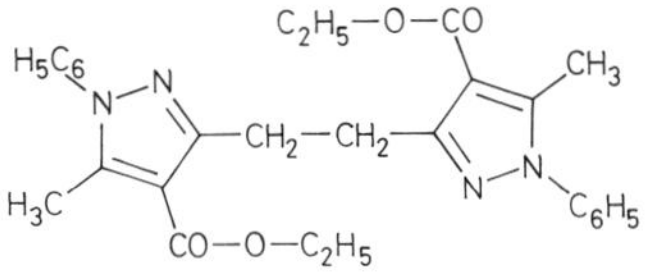

Dicarbonsäuren $C_nH_{2n-18}N_4O_4$

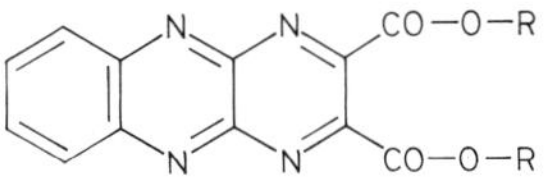

Pyrazino[2,3-*b*]chinoxalin-2,3-dicarbonsäure $C_{12}H_6N_4O_4$, Formel XII (R = H).

B. Beim Erwärmen von Chinoxalin-2,3-diyldiamin mit dem Natrium-Salz der Dioxobernstein= säure in wss. Äthanol (*Kawai, Nomoto,* J. chem. Soc. Japan Pure Chem. Sect. **80** [1959] 339; C. A. **1960** 24783).

Kristalle (aus A.); Zers. bei 325–330°.

Pyrazino[2,3-*b*]chinoxalin-2,3-dicarbonsäure-diäthylester $C_{16}H_{14}N_4O_4$, Formel XII (R = C_2H_5).

B. Analog der vorangehenden Verbindung (*Kawai, Nomoto,* J. chem. Soc. Japan Pure Chem. Sect. **80** [1959] 339; C. A. **1960** 24783).

Orangefarbene Kristalle (aus Bzl.); F: 252–253°.

***Opt.-inakt. 2,6-Diphenyl-tetrahydro-[1,2,3]triazolo[2,1-*a*][1,2,3]triazol-3,7-dicarbonsäure-dimethylester** $C_{20}H_{22}N_4O_4$, Formel XIII.

B. Aus 3,7-Bis-methoxycarbonyl-2,6-diphenyl-[1,2,3]triazolo[2,1-*a*][1,2,3]triazolylium-betain (S. 2981) bei der Hydrierung an Palladium in Essigsäure bei 90°/90 at (*Pfleger, Hahn,* B. **90** [1957] 2411, 2415).

Kristalle (aus Me.); F: 183°.

Dicarbonsäuren $C_nH_{2n-20}N_4O_4$

3,6-Bis-[3-carboxy-phenyl]-1,2-dihydro-[1,2,4,5]tetrazin, 3,3′-[1,2-Dihydro-[1,2,4,5]tetrazin-3,6-diyl]-di-benzoesäure $C_{16}H_{12}N_4O_4$, Formel XIV und Taut.

B. Beim Erwärmen von 3-Cyan-benzoesäure mit N_2H_4 (*Curtius, Hess,* J. pr. [2] **125** [1930]

40, 46).

Gelblichrosa Pulver, das unterhalb 285° nicht schmilzt.

Dihydrazin-Salz $2N_2H_4 \cdot C_{16}H_{12}N_4O_4$. Gelb; F: 203° [Zers.].

XIII XIV XV

Dicarbonsäuren $C_nH_{2n-22}N_4O_4$

3,6-Bis-[3-carboxy-phenyl]-[1,2,4,5]tetrazin, 3,3′-[1,2,4,5]Tetrazin-3,6-diyl-di-benzoesäure $C_{16}H_{10}N_4O_4$, Formel XV.

B. Aus dem Dihydrazin-Salz der vorangehenden Säure mit Hilfe von $NaNO_2$ oder Luftsauer= stoff (*Curtius, Hess,* J. pr. [2] **125** [1930] 40, 48–50).

Roter Feststoff, der unterhalb 285° nicht schmilzt.

Hydrazin-Salz $N_2H_4 \cdot C_{16}H_{10}N_4O_4$. Rote Kristalle, die unterhalb 277° nicht schmelzen.

Dipyridin-Salz $2C_5H_5N \cdot C_{16}H_{10}N_4O_4$. Rote Kristalle (aus Py.), die sich ab 120° zersetzen und unterhalb 260° nicht schmelzen.

3,6-Di-[4]pyridyl-pyrazin-2,5-dicarbonsäure-diäthylester $C_{20}H_{18}N_4O_4$, Formel XVI.

B. Aus 3-Oxo-2-phenylhydrazono-3-[4]pyridyl-propionsäure-äthylester beim Behandeln mit Zink, Essigsäure und Acetanhydrid (*Hahn,* Roczniki Chem. **33** [1959] 627, 631; C. A. **1960** 523).

Dihydrochlorid $C_{20}H_{18}N_4O_4 \cdot 2HCl$. Gelbe Kristalle (aus A.); F: 141–143°.

XVI I

1,4-Bis-[5-cyan-1(3)*H*-benzimidazol-2-yl]-butan, 1(3)*H*,1′(3′)*H*-2,2′-Butandiyl-bis-benzimidazol-5-carbonitril $C_{20}H_{16}N_6$, Formel I (n = 4) und Taut.

B. Aus Adipinsäure-bis-[4-cyan-2-nitro-anilid] beim Hydrieren an Raney-Nickel in 2-Äthoxy-äthanol und anschliessenden Erwärmen mit wss. HCl (*Feitelson et al.,* Soc. **1952** 2389, 2392).

Pulver (aus wss. A.) mit 2 Mol H_2O; F: 260–261° [unkorr.].

Dihydrochlorid $C_{20}H_{16}N_6 \cdot 2HCl$. Kristalle; F: 203° [unkorr.].

1,8-Bis-[5-cyan-1(3)*H*-benzimidazol-2-yl]-octan, 1(3)*H*,1′(3′)*H*-2,2′-Octandiyl-bis-benzimidazol-5-carbonitril $C_{24}H_{24}N_6$, Formel I (n = 8) und Taut.

B. Analog der vorangehenden Verbindung (*Feitelson et al.,* Soc. **1952** 2389, 2392).

Kristalle (aus wss. A.); F: 145° [unkorr.].

II

3,7,13,17-Tetraäthyl-2,8,12,18-tetramethyl-bilinogen-1,19-dicarbonsäure-diäthylester $C_{37}H_{52}N_4O_4$, Formel II.

B. Aus 4-Äthyl-5-[3-äthyl-4-methyl-pyrrol-2-ylmethyl]-3-methyl-pyrrol-2-carbonsäure-äthylester beim aufeinanderfolgenden Erhitzen mit Ameisensäure und wss. HBr und anschliessenden Hydrieren an Palladium in Äthanol (*Corwin, Coolidge,* Am. Soc. **74** [1952] 5196).

Kristalle (aus A.); F: 157–159°.

Dicarbonsäuren $C_nH_{2n-24}N_4O_4$

Dicarbonsäuren $C_{16}H_8N_4O_4$

2,7-Dimethyl-2,7-dihydro-benzo[1,2,3-*cd*;4,5,6-*c'd'*]diindazol-3,8-dicarbonsäure $C_{18}H_{12}N_4O_4$, Formel III.

B. Aus 1,5-Dichlor-9,10-dioxo-9,10-dihydro-anthracen-2,6-dicarbonsäure und Methylhydrazin in Pyridin bei 120° (*CIBA,* D.R.P. 855144 [1942]; D.R.B.P. Org. Chem. 1950–1951 **1** 620, 623; U.S.P. 2408259 [1943]).

Orangegelbes Pulver; F: >320° [Zers.].

Dichlorid $C_{18}H_{10}Cl_2N_4O_2$; 2,7-Dimethyl-2,7-dihydro-benzo[1,2,3-*cd*;4,5,6-*c'd'*]diindazol-3,8-dicarbonylchlorid. Orangegelbe Kristalle; F: >300° [Zers.].

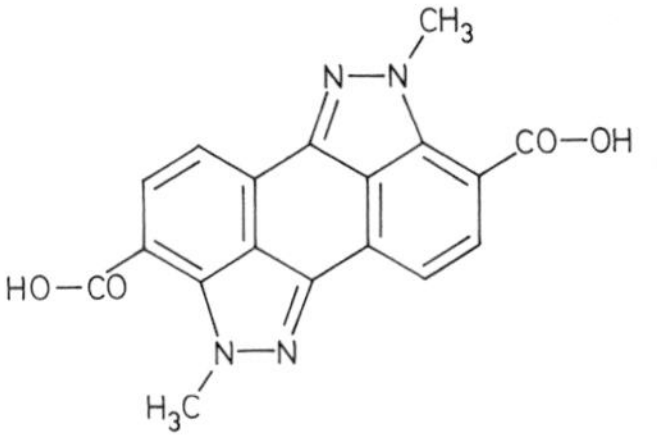

III

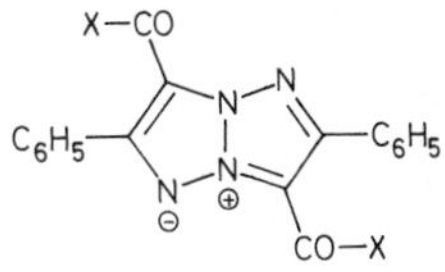

IV

Dicarbonsäuren $C_{18}H_{12}N_4O_4$

3,7-Dicarboxy-2,6-diphenyl-[1,2,3]triazolo[2,1-*a*][1,2,3]triazolylium-betain $C_{18}H_{12}N_4O_4$, Formel IV (X = OH).

B. Aus dem folgenden Dimethylester beim Erwärmen mit wss.-methanol. NaOH (*Pfleger, Hahn,* B. **90** [1957] 2411, 2414).

Kristalle mit 1 Mol H_2O; F: 270° [Zers.].

3,7-Bis-methoxycarbonyl-2,6-diphenyl-[1,2,3]triazolo[2,1-*a*][1,2,3]triazolylium-betain $C_{20}H_{16}N_4O_4$, Formel IV (X = O-CH_3).

Konstitution: *Brufani et al.,* B. **96** [1963] 1840; G. **101** [1971] 322; s. a. *Pfleger et al.,* B. **96** [1963] 1827.

B. Beim Erhitzen von 2-Hydrazono-3-oxo-3-phenyl-propionsäure-methylester mit Essigsäure und wss. HCl (*Pfleger, Hahn,* B. **90** [1957] 2411, 2414).

Kristalle (aus Eg.); F: 247–248°; bei 210° [Badtemperatur]/0,05 Torr sublimierbar (*Pf., Hahn*).

3,7-Dicarbamoyl-2,6-diphenyl-[1,2,3]triazolo[2,1-*a*][1,2,3]triazolylium-betain $C_{18}H_{14}N_6O_2$, Formel IV (X = NH_2).

B. Aus der Dicarbonsäure (s. o.) bei aufeinanderfolgender Umsetzung mit $SOCl_2$ und mit NH_3 (*Pfleger, Hahn,* B. **90** [1957] 2411, 2415).

Kristalle (aus Toluol+Eg.); F: 314° [Zers.].

Dicarbonsäuren $C_{19}H_{14}N_4O_4$

1,3-Diäthyl-5-äthylcarbamoyl-2-[3-(1,3-diäthyl-5-äthylcarbamoyl-1,3-dihydro-benzimidazol-2-yliden)-propenyl]-benzimidazolium, 1,3-Bis-[1,3-diäthyl-5-äthylcarbamoyl-benzimidazol-2-yl]-trimethinium [1]) $[C_{31}H_{41}N_6O_2]^+$, Formel V.

Jodid $[C_{31}H_{41}N_6O_2]I$. *B.* Aus 1,3-Diäthyl-5-äthylcarbamoyl-2-methyl-benzimidazolium-jodid und 1-Äthoxy-2,2,2-trichlor-äthanol beim Erwärmen in äthanol. Natriumäthylat (*Eastman Kodak Co.,* U.S.P. 2778823 [1954]; D.B.P. 1007620 [1955]). – Rote Kristalle (aus A.); F: 290–292° [Zers.].

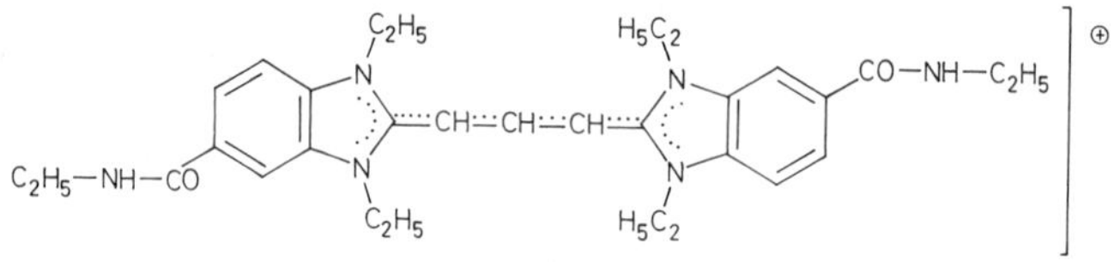

V

Dicarbonsäuren $C_{33}H_{42}N_4O_4$

3,3′-[1,2,3,8,12,17,18,19-Octamethyl-5,15,22,24-tetrahydro-21*H*-bilin-7,13-diyl]-di-propionsäure-dimethylester $C_{35}H_{46}N_4O_4$, Formel VI (R = CH_3).

B. Neben anderen Verbindungen beim Erwärmen von Bis-[4-(2-methoxycarbonyl-äthyl)-5-methoxymethyl-3-methyl-pyrrol-2-yl]-methinium-bromid (E III/IV **25** 1342) mit 2,3,4-Trimethyl-pyrrol in Benzol (*Fischer, Kürzinger,* Z. physiol. Chem. **196** [1931] 213, 228).

Kristalle (aus $CHCl_3$ + Ae.); F: 119–125° (unreines Präparat).

Hydrobromid $C_{35}H_{46}N_4O_4 \cdot HBr$. Gelbrote Kristalle (aus $CHCl_3$ + Ae.); F: 168–172° (unreines Präparat).

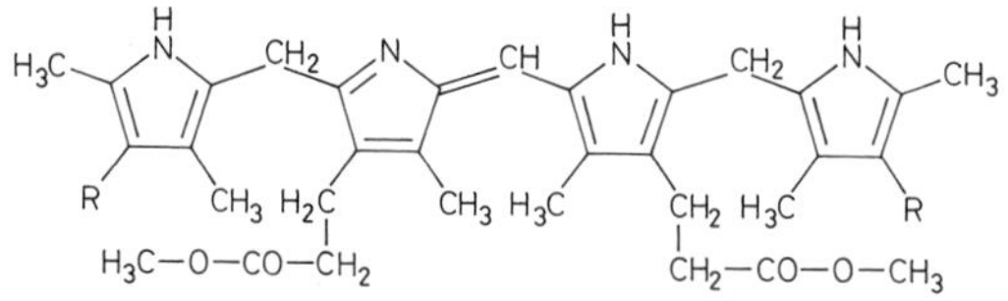

VI

Dicarbonsäuren $C_{34}H_{44}N_4O_4$

3,3′-[7,12-Diäthyl-3,8,13,17-tetramethyl-porphyrinogen-2,18-diyl]-di-propionsäure, Mesoporphyrinogen $C_{34}H_{44}N_4O_4$, Formel VII (in der älteren Literatur auch als Porphyrinogen bezeichnet).

Zusammenfassende Darstellung: *H. Fischer, A. Stern,* Die Chemie des Pyrrols, Bd. 2, Tl. 2 [Leipzig 1940] S. 422.

B. Aus Hämin (S. 3048) sowie aus Hämatoporphyrin (S. 3157) beim Behandeln mit PH_4I und HI in Essigsäure (*Fischer et al.,* Z. physiol. Chem. **84** [1913] 262, 270, 272). Aus Mesoporphyrin (S. 3018) mit Hilfe von Natrium-Amalgam und wss. NaOH (*Fi. et al.,* l. c. S. 273).

Kristalle (aus Me.); Zers. ab 190° (*Fi. et al.*). Absorptionsspektrum ($CHCl_3$; 235–500 nm): *Hausmann, Krumpel,* Bio. Z. **209** [1929] 142, 147.

Sehr luft- und lichtempfindlich [Rückbildung von Mesoporphyrin] (*Fi. et al.,* l. c. S. 271, 277).

Dicarbonsäuren $C_{35}H_{46}N_4O_4$

3,3′-[2,18-Diäthyl-1,3,8,12,17,19-hexamethyl-5,15,22,24-tetrahydro-21*H*-bilin-7,13-diyl]-di-propionsäure-dimethylester $C_{37}H_{50}N_4O_4$, Formel VI (R = C_2H_5).

B. Neben anderen Verbindungen beim Erwärmen von Bis-[4-(2-methoxycarbonyl-äthyl)-5-

[1]) Über diese Bezeichnungsweise s. *Reichardt, Mormann,* B. **105** [1972] 1815, 1832.

methoxymethyl-3-methyl-pyrrol-2-yl]-methinium-bromid (E III/IV **25** 1342) mit 3-Äthyl-2,4-dimethyl-pyrrol in Benzol (*Fischer, Kürzinger,* Z. physiol. Chem. **196** [1931] 213, 216, 229).

Hydrobromid $C_{37}H_{50}N_4O_4 \cdot HBr$. Rote Kristalle; F: 185° [unscharf] (unreines Präparat).

Dicarbonsäuren $C_nH_{2n-26}N_4O_4$

1,4-Bis-[6-cyan-4-methyl-chinazolin-2-yl]-butan, 4,4'-Dimethyl-2,2'-butandiyl-bis-chinazolin-6-carbonitril $C_{24}H_{20}N_6$, Formel VIII (n = 4).

B. Aus Adipinsäure-bis-[2-acetyl-4-cyan-anilid] beim Erhitzen mit wss.-äthanol. NH_3 (*Schofield et al.,* Soc. **1952** 1924).

Kristalle (aus A.); F: 238–239° [unkorr.] (unreines Präparat).

3,3'-[1,2,3,17,18,19-Hexabrom-7,13-dimethyl-10,24-dihydro-21*H*-bilin-8,12-diyl]-di-propionsäure-dimethylester $C_{29}H_{26}Br_6N_4O_4$, Formel IX und Taut.

B. Aus 3-[2-Brommethyl-4-methyl-5-(3,4,5-tribrom-pyrrol-2-ylmethylen)-5*H*-pyrrol-3-yl]-propionsäure (E III/IV **25** 864) beim Erwärmen mit Methanol (*Fischer et al.,* A. **525** [1936] 24, 26, 34).

Rote Kristalle (aus $CHCl_3$ + Me.); F: 146°.

1,8-Bis-[6-cyan-4-methyl-chinazolin-2-yl]-octan, 4,4'-Dimethyl-2,2'-octandiyl-bis-chinazolin-6-carbonitril $C_{28}H_{28}N_6$, Formel VIII (n = 8).

B. Aus Decandisäure-bis-[2-acetyl-4-cyan-anilid] beim Erhitzen mit wss.-äthanol. NH_3 (*Schofield et al.,* Soc. **1952** 1924).

Kristalle (aus wss. A.); F: 197–198° [unkorr.] (unreines Präparat).

Dicarbonsäuren $C_nH_{2n-28}N_4O_4$

Dicarbonsäuren $C_{20}H_{12}N_4O_4$

2,3-Bis-[2-carboxy-[3]pyridyl]-chinoxalin, 3,3'-Chinoxalin-2,3-diyl-bis-pyridin-2-carbonsäure $C_{20}H_{12}N_4O_4$, Formel X.

B. Aus 3,3'-Oxalyl-bis-pyridin-2-carbonsäure und *o*-Phenylendiamin (*Bottari, Carboni,* G.

87 [1957] 1281, 1290).
Kristalle (aus A.); F: 186–187°.

Dicarbonsäuren $C_{30}H_{32}N_4O_4$

(±)-3,3'-[3*t*,7,12,17(oder 3*t*,8,13,17)-Tetramethyl-2,3-dihydro-porphyrin-2*r*,18-diyl]-di-propionsäure-dimethylester, (±)-Deuterochlorin-dimethylester $C_{32}H_{36}N_4O_4$, Formel XI ($R = CH_3$, $R' = H$ oder $R = H$, $R' = CH_3$) + Spiegelbild und Taut.

B. Aus Deuterohämin (S. 2993) bei der Umsetzung mit Natrium und Isoamylalkohol, Oxidation mit $FeCl_3$ in wss.-äthanol. HCl und anschliessenden Veresterung mit Diazomethan in Äther (*Fischer, Wecker*, Z. physiol. Chem. **272** [1942] 1, 20).

Kristalle (aus Ae.); F: 215°. λ_{max} (Ae.; 430–660 nm): *Fi., We.*

XI XII

Dicarbonsäuren $C_{31}H_{34}N_4O_4$

3,3'-[(*S*)-3,3,7,12,17-Pentamethyl-2,3-dihydro-porphyrin-2,18-diyl]-di-propionsäure, 18-Methyl-deuterochlorin, Bonellin $C_{31}H_{34}N_4O_4$, Formel XII und Taut.

Konstitution und Konfiguration: *Ballantine et al.*, J.C.S. Perkin I **1980** 1080, 1083.

Isolierung aus Bonellia viridis: *Ba. et al.*, l. c. S. 1087; s. a. *Lederer*, C. r. **209** [1939] 528.

Grüne Kristalle (aus Ae. oder Toluol), die unterhalb 300° nicht schmelzen (*Le.*). λ_{max} in Dioxan (480–640 nm) sowie in wss. HCl (515–635 nm): *Le.*

3-[(2*S*)-13-Äthyl-20-methoxycarbonylmethyl-3*t*,7,12,17-tetramethyl-2,3-dihydro-porphyrin-2*r*-yl]-propionsäure-methylester, 15^1-Methoxycarbonyl-3-desäthyl-phyllochlorin-methylester $C_{33}H_{38}N_4O_4$, Formel XIII und Taut. (in der Literatur als 2-Desvinyl-isochlorin-e_4-dimethylester bezeichnet).

B. Aus dem Eisen(III)-Komplex des Isochlorin-e_4-dimethylesters (S. 3013) beim Erhitzen mit Resorcin, Behandeln mit Eisen(II)-acetat in Essigsäure und wss. HCl und anschliessenden Verestern mit Diazomethan in Äther (*Fischer et al.*, A. **557** [1947] 134, 151).

Grüne Kristalle (aus Ae.); F: 166°. $[\alpha]_{\text{rotes Licht}}$: −885°; $[\alpha]_{\text{gelbes Licht}}$: +440° [jeweils in Acn.; c = 0,01] (*Fi. et al.*, l. c. S. 163). λ_{max} (Py. + Ae.; 435–670 nm): *Fi. et al.*

Acetylierung am C-Atom 8 und C-Atom 18 (Porphyrin-Bezifferung): *Inhoffen et al.*, A. **695** [1966] 112, 116, 127; s. a. *Fi. et al.*, l. c. S. 152.

Kupfer(II)-Komplex $CuC_{33}H_{36}N_4O_4$. Rotbraune Kristalle (aus Ae.); F: 157° (*Fi. et al.*). λ_{max} (Py. + Ae.; 425–640 nm): *Fi. et al.*

(17*S*)-7-Äthyl-18*t*-[2-methoxycarbonyl-äthyl]-3,8,13,17*r*,20-pentamethyl-17,18-dihydro-porphyrin-2-carbonsäure-methylester, 15-Methyl-3-desäthyl-rhodochlorin-dimethylester $C_{33}H_{38}N_4O_4$, Formel XIV und Taut. (in der Literatur als 2-Desvinyl-chlorin-e_4-dimethylester bezeichnet).

B. Aus dem Eisen(III)-Komplex des Chlorin-e_4-dimethylesters (S. 3016) beim Erhitzen mit Resorcin, Behandeln mit Eisen(II)-acetat in Essigsäure und wss. HCl und anschliessenden Verestern (*Fischer, Wunderer,* A. **533** [1938] 230, 249).

λ_{max} (Py. + Ae.; 435 – 670 nm): *Fi., Wu.*

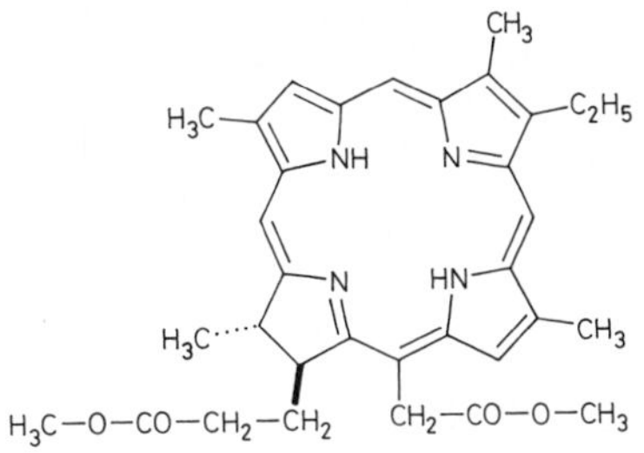

XIII 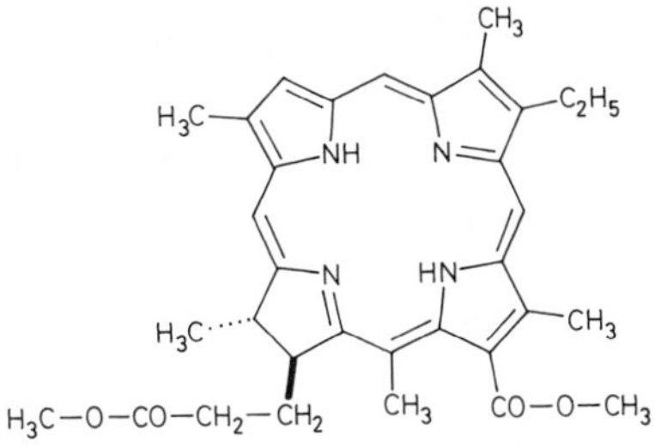 XIV

Dicarbonsäuren $C_{32}H_{36}N_4O_4$

(17*S*)-7,12-Diäthyl-18*t*-[2-carboxy-äthyl]-3,8,13,17*r*-tetramethyl-17,18-dihydro-porphyrin-2-carbonsäure, Rhodochlorin [1]), Mesorhodochlorin $C_{32}H_{36}N_4O_4$, Formel I (R = H) und Taut.

Zusammenfassende Darstellung: *H. Fischer, A. Stern,* Die Chemie des Pyrrols, Bd. 2, Tl. 2 [Leipzig 1940] S. 132.

B. Aus Mesopurpurin-7 (Trimethylester; S. 3295) beim Erhitzen mit KOH und Propan-1-ol (*Fischer et al.,* A. **524** [1936] 222, 237).

Grüne Kristalle (aus Ae. oder Acn. + Me.); F: 275° [unscharf]; $[\alpha]^{20}_{690-730}$: −364° [Acn.; c = 0,06] (*Fi. et al.*).

Überführung in Rhodoporphyrin (S. 3005), Pyrroporphyrin (S. 2951) und Pyrrochlorin (Mesopyrrochlorin; S. 2942): *Fi. et al.,* l. c. S. 237, 240. Beim Behandeln mit SO_3 enthaltender H_2SO_4 ist Anhydromesorhodochlorin (S. 3181), beim Behandeln mit P_2O_5 ist Rhodorhodin (S. 3187) erhalten worden (*Fischer, Herrle,* A. **530** [1937] 230, 243, 244). Beim Erhitzen mit Essigsäure, Acetanhydrid, Pyridin und wenig Piperidin entsteht Glaukorhodin [S. 3193] (*Strell et al.,* A. **614** [1958] 205, 210).

Kupfer(II)-Komplex $CuC_{32}H_{34}N_4O_4$. Kristalle (aus Ae. oder Acn. + Me.); F: 298°; $[\alpha]^{20}_{690-730}$: −676° [Acn.; c = 0,04] (*Fi. et al.*).

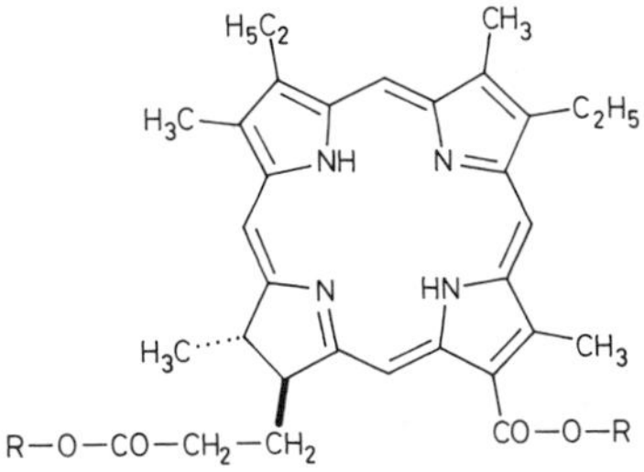

I 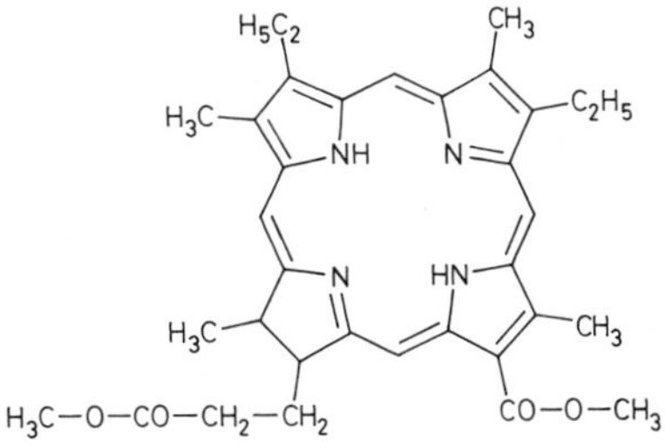 II

7,12-Diäthyl-18-[2-methoxycarbonyl-äthyl]-3,8,13,17-tetramethyl-17,18-dihydro-porphyrin-2-carbonsäure-methylester $C_{34}H_{40}N_4O_4$.

a) **(17*S*)-7,12-Diäthyl-18*t*-[2-methoxycarbonyl-äthyl]-3,8,13,17*r*-tetramethyl-17,18-dihydro-porphyrin-2-carbonsäure-methylester, Rhodochlorin-dimethylester,** „akt." Mesorhodochlorin-dimethylester, Formel I (R = CH_3) und Taut.

Zusammenfassende Darstellung: *H. Fischer, A. Stern,* Die Chemie des Pyrrols, Bd. 2, Tl. 2

[1] Bei von Rhodochlorin abgeleiteten Namen gilt die bei Rhodoporphyrin (S. 3005) verwendete Stellungsbezeichnung.

[Leipzig 1940] S. 134.

B. Aus der vorangehenden Carbonsäure und Diazomethan (*Fischer et al.*, A. **524** [1936] 222, 236). Beim Hydrieren von Purpurin-7-monomethylester (S. 3304) an Palladium in wss. NaOH und anschliessenden Verestern (*Fischer, Kahr*, A. **531** [1937] 209, 231).

Kristalle (aus Acn.+Me.); F: 176°. $[\alpha]^{20}_{690-730}$: −299° [Acn.; c = 0,06] (*Fi. et al.*). F: 178°; $[\alpha]^{20}_{690-730}$: −514° [Acn.; c = 0,2] (*Fi., Kahr*, l. c. S. 231, 244). IR-Spektrum (KBr; 3000−1500 cm^{-1}): *Wetherell et al.*, Am. Soc. **81** [1959] 4517, 4519. Absorptionsspektrum (Dioxan sowie wss. HCl; 470−680 nm): *Stern, Molvig*, Z. physik. Chem. [A] **178** [1937] 161, 162, 164, 178, 179, 182. λ_{max} (Py.+Ae.; 430−670 nm): *Fi. et al.*

Beim Behandeln mit wss. H_2O_2 [20%ig] und verd. wss. HCl und anschliessenden Verestern ist eine Dichlor-Verbindung $C_{34}H_{38}Cl_2N_4O_5$(?) (rotbraune Kristalle [aus Ae.+Me.]; F: 150°; $[\alpha]^{20}_{\text{weisses Licht}}$: +3250° [Acn.; c = 0,006]; λ_{max} [Py.+Ae.; 440−685 nm]) erhalten worden (*Fischer, Dietl*, A. **547** [1941] 234, 254).

Kupfer(II)-Komplex $CuC_{34}H_{38}N_4O_4$. Kristalle (aus Ae. oder Acn.+Me.); F: 196°; $[\alpha]^{20}_{690-730}$: −242° [Acn.; c = 0,05] (*Fi. et al.*, l. c. S. 238). Absorptionsspektrum (Dioxan; 490−650 nm): *Stern, Molvig*, Z. physik. Chem. [A] **177** [1936] 365, 366, 380.

Zink-Komplex $ZnC_{34}H_{38}N_4O_4$. Kristalle (aus Ae.+Me.+H_2O); F: 219° [unscharf]; $[\alpha]^{20}_{\text{rotes Licht}}$: −370° [Acn.; c = 0,04], −385° [Acn.; c = 0,02] (*Fischer, Gibian*, A. **550** [1942] 208, 251).

Monobrom-Derivat $C_{34}H_{39}BrN_4O_4$(?). Kristalle (aus Acn.+Me.); F: 165°; $[\alpha]^{20}_{690-730}$: −754° [Acn.; c = 0,03] (*Fischer, Herrle*, A. **530** [1937] 230, 252, 256). Absorptionsspektrum (Dioxan; 470−680 nm): *Pruckner*, Z. physik. Chem. [A] **188** [1941] 41, 49, 58. λ_{max} (Py.+Ae.; 435−685 nm): *Fi., He.*

b) ***Opt.-inakt. 7,12-Diäthyl-18-[2-methoxycarbonyl-äthyl]-3,8,13,17-tetramethyl-17,18-dihydro-porphyrin-2-carbonsäure-methylester,** „inakt." Mesorhodochlorin-dimethylester, Formel II und Taut.

B. Beim Erhitzen von $3^1,3^2$-Didehydro-rhodochlorin (S. 3009) mit $N_2H_4 \cdot H_2O$, Natriummethylat und Pyridin in Methanol (*Fischer, Gibian*, A. **550** [1942] 208, 237).

Kristalle (aus Ae.+PAe.); F: 196°.

Zink-Komplex $ZnC_{34}H_{38}N_4O_4$. Kristalle; F: 206°. λ_{max} (Ae.; 430−645 nm): *Fi., Gi.*

3-[(2*S*)-8,13-Diäthyl-3*t*,7,12,17-tetramethyl-18-(piperidin-1-carbonyl)-2,3-dihydro-porphyrin-2*r*-yl]-propionsäure-methylester, Rhodochlorin-17-methylester-13-piperidid $C_{38}H_{47}N_5O_3$, Formel III und Taut. (in der Literatur als Mesorhodochlorin-monomethylester-6-carbonsäure-piperidid bezeichnet).

B. Beim Erwärmen von nicht näher beschriebenem sog. Mesorhodochlorin-monomethylester mit $POCl_3$ und wenig PCl_5, Behandeln mit Piperidin und anschliessenden Verestern (*Fischer, Gibian*, A. **550** [1942] 208, 249).

Kristalle (aus Ae.+PAe.); F: 186°. λ_{max} (Ae.; 425−660 nm): *Fi., Gi.*

Dicarbonsäuren $C_{33}H_{38}N_4O_4$

3-[(2*S*)-8,13-Diäthyl-20-carboxymethyl-3*t*,7,12,17-tetramethyl-2,3-dihydro-porphyrin-2*r*-yl]-propionsäure, 15^1-Carboxy-phyllochlorin, Mesoisochlorin-e_4 $C_{33}H_{38}N_4O_4$, Formel IV (R = R′ = X = H) und Taut.

Zusammenfassende Darstellung: *H. Fischer, A. Stern*, Die Chemie des Pyrrols, Bd. 2, Tl. 2 [Leipzig 1940] S. 128, 129.

B. Aus dem Dimethylester (s. u.) mit Hilfe von methanol. KOH in Pyridin (*Fischer, Laubereau*, A. **535** [1938] 17, 27) oder von wss. HCl (*Fi., St.*).

Lösungsmittelhaltige Kristalle (aus Ae.+PAe.), die an der Luft verwittern (*Fi., La.*). λ_{max} (Py.+Ae.(?); 450−700 nm): *Fischer et al.*, A. **557** [1947] 134, 162.

Überführung in Phytochlorin-methylester („Mesopyrophäophorbid-a-methylester"; S. 3184) beim Erwärmen mit konz. H_2SO_4: *Fi., La.*, l. c. S. 28.

3-[(2*S*)-8,13-Diäthyl-20-methoxycarbonylmethyl-3*t*,7,12,17-tetramethyl-2,3-dihydro-porphyrin-2*r*-yl]-propionsäure, 15[1]-Methoxycarbonyl-phyllochlorin, Mesoisochlorin-e_4-monomethylester $C_{34}H_{40}N_4O_4$, Formel IV (R = X = H, R′ = CH_3) und Taut.

B. Aus dem folgenden Dimethylester beim Behandeln mit wss. HCl (*Strell, Iscimenler,* A. **557** [1947] 175, 184).

F: 150° [unscharf; nach Sintern bei 125°; aus Acn. + Me.].

3-[(2*S*)-8,13-Diäthyl-20-methoxycarbonylmethyl-3*t*,7,12,17-tetramethyl-2,3-dihydro-porphyrin-2*r*-yl]-propionsäure-methylester, 15[1]-Methoxycarbonyl-phyllochlorin-methylester, Mesoisochlorin-e_4-dimethylester $C_{35}H_{42}N_4O_4$, Formel IV (R = R′ = CH_3, X = H) und Taut.

B. Beim Erhitzen von 15-Methoxycarbonylmethyl-rhodochlorin-17-methylester [Mesochlorin-e_6-dimethylester; S. 3060] (*Fischer, Laubereau,* A. **535** [1938] 17, 26). Aus Isochlorin-e_4-dimethylester (S. 3013) beim Hydrieren an Palladium in Aceton (*Fi., La.,* l. c. S. 25) oder Essigsäure (*Fischer, Kellermann,* A. **519** [1935] 209, 229) sowie beim Erwärmen mit $N_2H_4 \cdot H_2O$ in Pyridin (*Fischer, Gibian,* A. **548** [1941] 183, 190).

Kristalle (aus Acn. + Me.); F: 206° [korr.] (*Fi., La.*). Kristalle (aus Ae.) mit 0,25 Mol Diäthyläther; F: 137° und (nach Wiedererstarren) F: 199° (*Fi., Gi.*). Über das optische Drehungsvermögen in Aceton s. *Fi., La.* λ_{max} (Py. + Ae.; 435 – 665 nm): *Fi., Ke.*

Über die Bildung von Monochlor-Derivaten $C_{35}H_{41}ClN_4O_4$ s. *Fischer, Gerner,* A. **559** [1948] 85, 86, 87.

Überführung des Kupfer(II)-Komplexes in sog. Mesoisochlorin-e_4-6-methyläther-dimethylester (15[1]-Methoxycarbonyl-13-methoxymethyl-phyllochlorin-methylester; S. 3146) und sog. Desoxophyllerythrin-methylester (13[1]-Desoxo-phytoporphyrin-methylester; S. 2975): *Fischer, Gerner,* A. **553** [1942] 146, 159; in sog. 6-Acetyl-mesoisochlorin-e_4-dimethylester ((13[1]Ξ,13[2]Ξ)-13[1]-Hydroxy-13[2]-methoxycarbonyl-13[1]-methyl-13[1]-desoxo-phytochlorin-methylester; S. 3151): *Fischer et al.,* A. **557** [1947] 134, 147; des Eisen(III)-Komplexes in (13[1]Ξ,13[2]Ξ)-13[1]-Hydroxy-13[2]-methoxycarbonyl-13[1]-desoxo-phytochlorin-methylester („9-Oxy-desoxomesophäophorbid-a-dimethylester"; S. 3151): *Fi., Ge.,* A. **559** 89.

Kupfer(II)-Komplex $CuC_{35}H_{40}N_4O_4$. Kristalle (aus Acn. + Me.); F: 125° (*Fischer, Ortiz-Velez,* A. **540** [1939] 224, 227). λ_{max} (Py. + Ae.; 420 – 635 nm): *Fi., Or.-Ve.*

Eisen(III)-Komplex $Fe(C_{35}H_{40}N_4O_4)Cl$. Kristalle; F: 223° (*Fi., Or.-Ve.*). λ_{max} (Acn. + Ae. sowie Py. + $N_2H_4 \cdot H_2O$; 430 – 615 nm): *Fi., Or.-Ve.*

5(?)-Brom-Derivat $C_{35}H_{41}BrN_4O_4$ vom F: 145°; 3-[(2*S*)-8,13-Diäthyl-5(?)-brom-20-methoxycarbonylmethyl-3*t*,7,12,17-tetramethyl-2,3-dihydro-porphyrin-2*r*-yl]-propionsäure-methylester, 20(?)-Brom-15[1]-methoxycarbonyl-phyllochlorin-methylester. Bezüglich der Konstitution s. *Woodward, Škarič,* Am. Soc. **83** [1961] 4676; *Bonnett et al.,* Soc. [C] **1966** 1600; *Inhoffen et al.,* Fortschr. Ch. org. Naturst. **26** [1968] 284, 327; *A. Treibs,* Das Leben und Wirken von Hans Fischer [München 1971] S. 424. – *B.* Aus Mesoisochlorin-e_4-dimethylester (s. o.) und Brom in Äther (*Fischer et al.,* B. **75** [1942] 1778, 1785). – Kristalle (aus Ae. + PAe.); F: 145 – 146° [unkorr.]; $[\alpha]^{20}_{690-720}$: –790° [Acn.; c = 0,03] (*Fi. et al.,* B. **75** 1785). Absorptionsspektrum (Dioxan; 470 – 660 nm): *Fi. et al.,* B. **75** 1780. λ_{max} (Ae.; 430 – 680 nm): *Fi. et al.,* B. **75** 1785.

Monobrom-Derivat $C_{35}H_{41}BrN_4O_4$, das sich bei 130° zersetzt. *B.* Beim Behandeln des Kupfer(II)-Komplexes des Mesoisochlorin-e_4-dimethylesters (s. o.) mit $SnBr_4$ und Harnstoff-hydrochlorid in $CHCl_3$ und anschliessenden Verestern mit Diazomethan (*Fi., Ge.,* A. **553** 157). – Kristalle (aus Acn.+Me.); Zers. bei 130°; $[\alpha]^{20}_{\text{rotes Licht}}$: −210°; $[\alpha]^{20}_{\text{weisses Licht}}$: +420° [jeweils in Acn.; c = 0,01] (*Fi., Ge.,* A. **553** 158). Absorptionsspektrum (CCl_4 sowie Dioxan; 470–670 nm): *Fi. et al.,* B. **75** 1781. λ_{max} (Py.+Ae.; 430–665 nm): *Fi., Ge.,* A. **553** 158.

18,x-Dibrom-Derivat $C_{35}H_{40}Br_2N_4O_4$; 13,x-Dibrom-15[1]-methoxycarbonyl-phyllochlorin-methylester. *B.* Beim Behandeln von Mesoisochlorin-e_4-dimethylester in $CHCl_3$ mit Brom in Essigsäure (*Fi., Or.-Le.,* l. c. S. 229; *Fi. et al.,* B. **75** 1788). – Kristalle (aus Ae.+Me.); F: 171° (*Fi., Or.-Ve.*). $[\alpha]^{20}_{690-720}$: −1250° [Acn.; c = 0,03] (*Fi. et al.,* B. **75** 1788). Absorptionsspektrum (Dioxan; 470–670 nm): *Fi. et al.,* B. **75** 1780. λ_{max} (Py.+Ae.; 435–685 nm): *Fi., Or.-Ve.,* l. c. S. 230. – Kupfer(II)-Komplex $CuC_{35}H_{38}Br_2N_4O_4$. Grüne Kristalle (aus $CHCl_3$ oder Acn.+Me.); F: 133° (*Fi., Or.-Ve.*). λ_{max} (Py.+Ae.; 430–660 nm): *Fi., Or.-Ve.*

3-[(2*S*)-8,13-Diäthyl-18-brom-20-methoxycarbonylmethyl-3*t*,7,12,17-tetramethyl-2,3-dihydro-porphyrin-2*r*-yl]-propionsäure-methylester, 13-Brom-15[1]-methoxycarbonyl-phyllochlorin-methylester $C_{35}H_{41}BrN_4O_4$, Formel IV (R = R′ = CH_3, X = Br) und Taut. (in der Literatur als 6-Brom-mesoisochlorin-e_4-dimethylester bezeichnet).

B. Aus 13,x-Dibrom-15[1]-methoxycarbonyl-phyllochlorin-methylester (s. o.) beim Erhitzen mit Hydrochinon in Essigsäure (*Fischer et al.,* B. **75** [1942] 1778, 1789).

Kristalle (aus Me.+Acn.); F: 215° [unkorr.]. $[\alpha]^{20}_{690-720}$: −468° [Acn.; c = 0,05]. Absorptionsspektrum (Dioxan; 480–670 nm): *Fi. et al.,* l. c. S. 1781. λ_{max} (Py.+Ae.; 430–670 nm): *Fi. et al.,* l. c. S. 1789.

(17*S*)-7,12-Diäthyl-18*t*-[2-carboxy-äthyl]-3,8,13,17*r*,20-pentamethyl-17,18-dihydro-porphyrin-2-carbonsäure, 15-Methyl-rhodochlorin, Mesochlorin-e_4, Dihydrochlorin-e_4 $C_{33}H_{38}N_4O_4$, Formel V (R = H) und Taut.

Zusammenfassende Darstellung: *H. Fischer, A. Stern,* Die Chemie des Pyrrols, Bd. 2, Tl. 2 [Leipzig 1940] S. 125, 126.

B. Aus Mesochlorin-e_6 (15-Carboxymethyl-rhodochlorin; S. 3060) beim Erhitzen in Pyridin (*Fischer, Lakatos,* A. **506** [1933] 123, 156).

Kristalle [aus Ae.+PAe.] (*Fi., La.*).

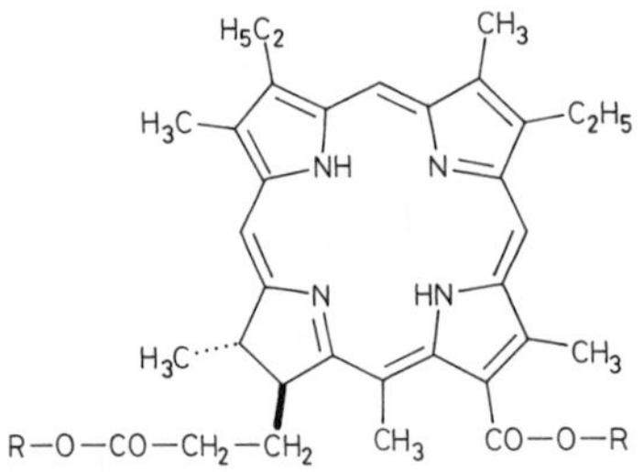

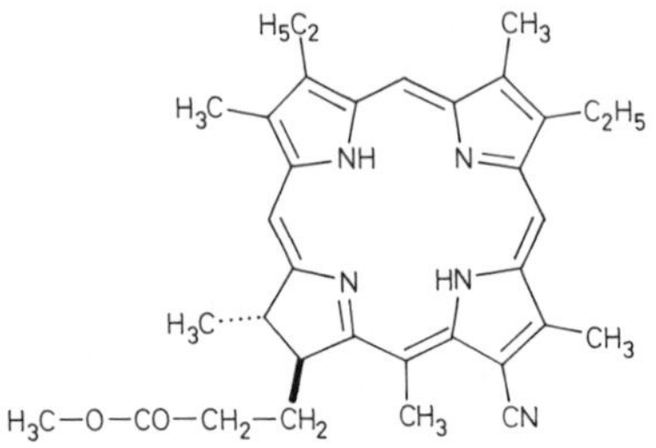

(17*S*)-7,12-Diäthyl-18*t*-[2-methoxycarbonyl-äthyl]-3,8,13,17*r*,20-pentamethyl-17,18-dihydro-porphyrin-2-carbonsäure-methylester, 15-Methyl-rhodochlorin-dimethylester, Mesochlorin-e_4-dimethylester, Dihydrochlorin-e_4-dimethylester $C_{35}H_{42}N_4O_4$, Formel V (R = CH_3) und Taut.

B. Aus der vorangehenden Säure und Diazomethan in Äther (*Fischer, Lakatos,* A. **506** [1933] 123, 157). Aus Chlorin-e_4-dimethylester (15-Methyl-3[1],3[2]-didehydro-rhodochlorin-dimethylester; S. 3016) beim Erwärmen mit $N_2H_4 \cdot H_2O$ in Pyridin und anschliessenden Behandeln mit methanol. HCl (*Fischer, Gibian,* A. **548** [1941] 183, 190).

Kristalle (aus wss. Me.); F: 154° (*Fi., La.*). $[\alpha]^{20}_{690-730}$: −337° [Acn.] (*Fischer, Bub,* A.

530 [1937] 213, 216, 222 Anm. 1). IR-Spektrum (KBr; 3000–1500 cm^{-1}): *Wetherell et al.*, Am. Soc. **81** [1959] 4517, 4519. λ_{max} (Dioxan): 496 nm, 522 nm, 548 nm, 596 nm und 647,5 nm (*Stern, Wenderlein*, Z. physik. Chem. [A] **174** [1935] 321, 324). Fluorescenzmaxima (Dioxan): 647,5 nm, 660 nm und 705,5 nm (*Stern, Molvig*, Z. physik. Chem. [A] **175** [1936] 38, 42).

3-[(2*S*)-8,13-Diäthyl-18-cyan-3*t*,7,12,17,20-pentamethyl-2,3-dihydro-porphyrin-2*r*-yl]-propionsäure-methylester, 13-Cyan-phyllochlorin-methylester $C_{34}H_{39}N_5O_2$, Formel VI und Taut. (in der Literatur als 6-Cyan-mesophyllochlorin-methylester bezeichnet).

B. Aus sog. 6-Cyan-mesoisochlorin-e_4-dimethylester (13-Cyan-15¹-methoxycarbonyl-phyllochlorin-methylester; S. 3062) beim Erwärmen mit methanol. KOH, Erhitzen der erhaltenen Säure in Pyridin und anschliessenden Verestern (*Fischer et al.*, A. **557** [1947] 163, 171). Aus 13-Brom-phyllochlorin-methylester („6-Brom-mesophyllochlorin-methylester"; S. 2945) beim Erhitzen mit CuCN in Chinolin (*Fischer, Baláž*, A. **555** [1944] 81, 89).

Violette Kristalle (aus Ae.); F: 205° (*Fi., Ba.*, l. c. S. 87, 89). $[\alpha]^{20}_{690-720}$: −495° [Acn.; c = 0,02] (*Fi., Ba.*, l. c. S. 93). λ_{max} (Py. + Ae.; 435–675 nm): *Fi., Ba.*, l. c. S. 87.

Dicarbonsäuren $C_{34}H_{40}N_4O_4$

(±)-3,3'-[8,13(oder 7,12)-Diäthyl-3*t*,7,12,17(oder 3*t*,8,13,17)-tetramethyl-2,3-dihydro-porphyrin-2*r*,18-diyl]-di-propionsäure, Mesochlorin $C_{34}H_{40}N_4O_4$, Formel VII (R = CH_3, R' = C_2H_5 oder R = C_2H_5, R' = CH_3) + Spiegelbild und Taut.

Zusammenfassende Darstellung: *H. Fischer, A. Stern*, Die Chemie des Pyrrols, Bd. 2, Tl. 2 [Leipzig 1940] S. 153.

B. Aus dem Eisen(III)-Komplex des Mesoporphyrins (S. 3020) oder des Protoporphyrins (S. 3046) beim Erhitzen mit Natrium und Isoamylalkohol und anschliessenden Erwärmen mit $FeCl_3$ in wss. HCl (*Fischer et al.*, A. **482** [1930] 1, 8, 21).

Grüne Kristalle (aus Ae. oder wss. Acn.), die unterhalb 300° nicht schmelzen (*Fi. et al.*). λ_{max} (Ae.; 430–660 nm): *Fi. et al.*, l. c. S. 9, 23.

Kupfer(II)-Komplex $CuC_{34}H_{38}N_4O_4$. Grüne Kristalle (aus Py. + $CHCl_3$ + Eg.); λ_{max} (Py.; 445–625 nm): *Fi. et al.*, l. c. S. 11.

Eisen(III)-Komplex $Fe(C_{34}H_{38}N_4O_4)Cl$. Schwarze Kristalle; λ_{max} (Py. + $N_2H_4 \cdot H_2O$; 515–605 nm): *Fi. et al.*

Dimethylester $C_{36}H_{44}N_4O_4$. Grünblaue Kristalle (aus Ae. + PAe.); F: 190° (*Fi. et al.*, l. c. S. 10).

R' R
R NH N R'
N HN
H_3C CH_3
HO—CO—CH_2—CH_2 CH_2—CH_2—CO—OH

VII

Dicarbonsäuren $C_nH_{2n-30}N_4O_4$

Dicarbonsäuren $C_{26}H_{22}N_4O_4$

3,3'-Porphyrin-2,8-diyl-di-propionsäure-dimethylester $C_{28}H_{26}N_4O_4$, Formel VIII (X = H) und Taut. (in der Literatur als Porphin-1,4-dipropionsäure-dimethylester bezeichnet).

B. In geringer Menge beim Erhitzen von Bis-[4-(2-carboxy-äthyl)-5-methyl-pyrrol-2-yl]-methinium-bromid (E III/IV **25** 1109) und Bis-[3,4,5-tribrom-pyrrol-2-yl]-methinium-bromid (E III/

IV **23** 1257) mit Methylbernsteinsäure auf 190° und anschliessenden Verestern mit methanol. HCl (*Fischer et al.*, A. **525** [1936] 24, 40).

Kristalle (aus $CHCl_3$ + Me. oder Py. + Me.); F: 215–216° (*Fi. et al.*). Absorptionsspektrum (Dioxan; 480–660 nm): *Stern et al.*, Z. physik. Chem. [A] **177** [1936] 40, 44, 48. λ_{max} in einem Pyridin-Äther-Gemisch (420–620 nm) sowie in wss. HCl (420–590 nm): *Fi. et al.* Fluorescenzmaxima (Dioxan; 590–720 nm): *St. et al.*, l. c. S. 47.

Kupfer(II)-Komplex. Kristalle (*Fi. et al.*). Absorptionsspektrum (Dioxan; 480–620 nm): *St. et al.*, l. c. S. 46, 59. λ_{max} (Py. + Ae.): 519,2 nm und 555 nm (*Fi. et al.*).

3,3'-[12,13,17,18-Tetrabrom-porphyrin-2,8-diyl]-di-propionsäure-dimethylester $C_{28}H_{22}Br_4N_4O_4$, Formel VIII (X = Br) und Taut.

B. In geringer Menge beim Erhitzen von Bis-[4-(2-carboxy-äthyl)-5-methyl-pyrrol-2-yl]-methinium-bromid (E III/IV **25** 1109) und Bis-[3,4,5-tribrom-pyrrol-2-yl]-methinium-bromid (E III/IV **23** 1257) mit Methylbernsteinsäure und anschliessenden Verestern mit methanol. HCl (*Fischer et al.*, A. **525** [1936] 24, 41).

Kristalle (aus $CHCl_3$ + Me. oder Py. + Me.); F: 180°. λ_{max} in einem Pyridin-Äther-Gemisch (440–630 nm) sowie in wss. HCl (445–615 nm): *Fi. et al.*

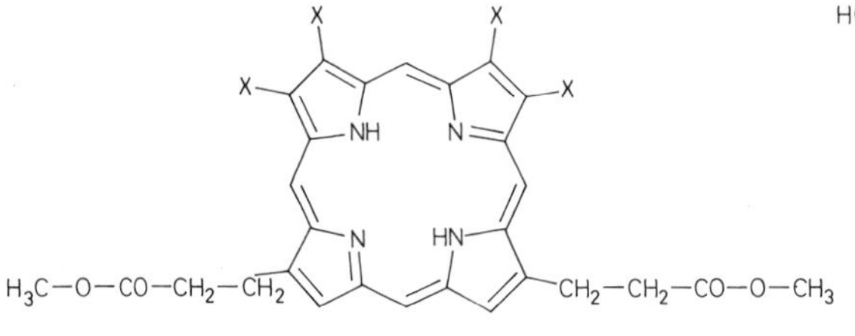

VIII

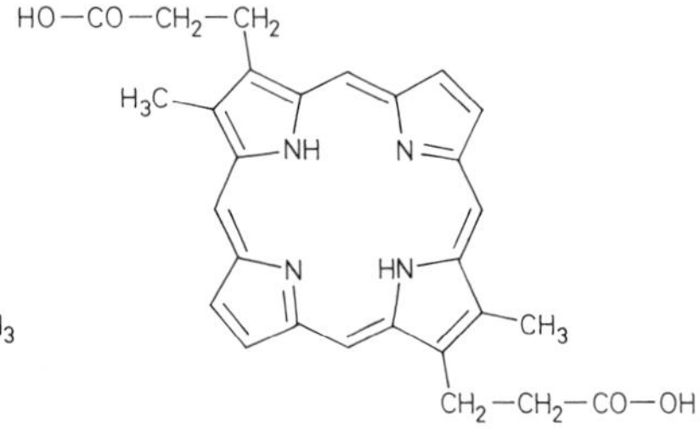

IX

Dicarbonsäuren $C_{28}H_{26}N_4O_4$

3,3'-[3,13-Dimethyl-porphyrin-2,12-diyl]-di-propionsäure $C_{28}H_{26}N_4O_4$, Formel IX und Taut. (in der Literatur als 1,5-Dimethyl-porphin-2,6-dipropionsäure bezeichnet).

B. In geringer Menge beim Erwärmen von [4-(2-Carboxy-äthyl)-3,5-dimethyl-pyrrol-2-yl]-pyrrol-2-yl-methinium-bromid (E III/IV **25** 864) oder von [3-(2-Carboxy-äthyl)-4,5-dimethyl-pyrrol-2-yl]-pyrrol-2-yl-methinium-bromid (E III/IV **25** 864) mit Brom in Essigsäure und Erhitzen des Reaktionsprodukts mit Bernsteinsäure und Methylbernsteinsäure (*Fischer et al.*, A. **525** [1936] 24, 26, 37). Beim Erhitzen von [4-(2,2-Bis-äthoxycarbonyl-äthyl)-3,5-dimethyl-pyrrol-2-yl]-[3,4,5-tribrom-pyrrol-2-yl]-methinium-bromid (E III/IV **25** 1099) mit Bernsteinsäure (*Fischer, Zischler*, Z. physiol. Chem. **245** [1937] 123, 137).

Kristalle (aus Py. + Me.), die unterhalb 300° nicht schmelzen (*Fi. et al.*). λ_{max} (Py. + Ae.; 425–625 nm): *Fi. et al.*

Kupfer(II)-Komplex $CuC_{28}H_{24}N_4O_4$. Kristalle (*Fi. et al.*).

Dimethylester $C_{30}H_{30}N_4O_4$. *B.* Aus der Säure (s. o.) und methanol. HCl (*Fi. et al.*) bzw. Diazomethan in Äther (*Fi., Zi.*). – Braunrote Kristalle (aus $CHCl_3$ + Me.); F: 305° [unscharf] (*Fi., Zi.*), 302° [korr.] (*Fi. et al.*). λ_{max} (Dioxan): 496 nm, 530,5 nm, 562 nm und 618 nm (*Stern, Wenderlein*, Z. physik. Chem. [A] **175** [1936] 405, 406); λ_{max} (Py. + Ae.; 435–625 nm): *Fi., Zi.* Fluorescenzmaxima (Dioxan; 590–685 nm): *Stern, Molvig*, Z. physik. Chem. [A] **176** [1936] 209, 211.

Dicarbonsäuren $C_{29}H_{28}N_4O_4$

3,3'-[3,7,17-Trimethyl-porphyrin-2,18-diyl]-di-propionsäure, 7-Desmethyl-deuteroporphyrin $C_{29}H_{28}N_4O_4$, Formel X (R = H) und Taut. (in der Literatur als 1,5,8-Trimethyl-porphin-6,7-di-propionsäure bezeichnet).

B. In geringer Menge beim Erhitzen von Bis-[5-brom-3-(2-carboxy-äthyl)-4-methyl-pyrrol-2-

yl]-methinium-bromid (E III/IV **25** 1108), [4,5-Dimethyl-pyrrol-2-yl]-[5-methyl-pyrrol-2-yl]-methinium-bromid und Bernsteinsäure (*Gewitz, Völker,* Z. physiol. Chem. **302** [1955] 119, 123).

Kristalle (aus Ae.), die unterhalb 300° nicht schmelzen.

8,12,13(?)-Tribrom-Derivat $C_{29}H_{25}Br_3N_4O_4$; 3,3′-[8,12,13(?)-Tribrom-3,7,17-trimethyl-porphyrin-2,18-diyl]-di-propionsäure, 3,7,8(?)-Tribrom-7-desmethyl-deuteroporphyrin. *B.* Aus der Säure (s. o.) und Brom in Essigsäure (*Ge., Vö.*). – Kristalle (aus Ae.).

3,3′-[3,7,17-Trimethyl-porphyrin-2,18-diyl]-di-propionsäure-dimethylester, 7-Desmethyl-deuteroporphyrin-dimethylester $C_{31}H_{32}N_4O_4$, Formel X (R = CH_3) und Taut.

B. Aus der Säure (s. o.) und methanol. HCl (*Gewitz, Völker,* Z. physiol. Chem. **302** [1955] 119, 124).

Kristalle (aus $CHCl_3$ + Me.); F: 217°.

Eisen(III)-Komplex $Fe(C_{31}H_{30}N_4O_4)Cl$. Kristalle (aus Eg.); F: 253°.

8,12,13(?)-Tribrom-Derivat $C_{31}H_{29}Br_3N_4O_4$; 3,3′-[8,12,13(?)-Tribrom-3,7,17-trimethyl-porphyrin-2,18-diyl]-di-propionsäure-dimethylester, 3,7,8(?)-Tribrom-7-desmethyl-deuteroporphyrin-dimethylester. *B.* Aus dem Tribrom-Derivat der Säure (s. o.) und methanol. HCl (*Ge., Vö.*). – Kristalle (aus $CHCl_3$ + Me.); F: 270°.

X XI

3,3′-[3,8,13-Trimethyl-porphyrin-2,18-diyl]-di-propionsäure, 18-Desmethyl-deuteroporphyrin $C_{29}H_{28}N_4O_4$, Formel XI und Taut.

Diese Konstitution kommt der von *Warburg et al.* (Z. physiol. Chem. **292** [1953] 174; Z. Naturf. **10b** [1955] 541) beim Erhitzen von Cytohämin (Konstitution: *Grassl et al.,* Bio. Z. **338** [1963] 771) mit Resorcin erhaltenen und als Cytodeuteroporphyrin bezeichneten Verbindung (Dimethylester $C_{31}H_{32}N_4O_4$; F: 189°) zu (*Marks et al.,* Am. Soc. **81** [1959] 250, **82** [1960] 3183).

Über rein dargestellte Präparate (Dimethylester; F: 198–202°) s. *Ma. et al.*

Dicarbonsäuren $C_{30}H_{30}N_4O_4$

3,3′-[3,8,13,18-Tetramethyl-porphyrin-2,7-diyl]-di-propionsäure $C_{30}H_{30}N_4O_4$, Formel XII (R = H) und Taut. (in der Literatur als 1,3,5,7-Tetramethyl-porphin-6,8-dipropionsäure bezeichnet).

B. In geringer Menge beim Erhitzen von [5-Brom-3-(2-carboxy-äthyl)-4-methyl-pyrrol-2-yl]-[4-(2-carboxy-äthyl)-3,5-dimethyl-pyrrol-2-yl]-methinium-bromid (E III/IV **25** 1112) mit [4-Brom-3,5-dimethyl-pyrrol-2-yl]-[3,5-dibrom-4-methyl-pyrrol-2-yl]-methinium-bromid (E III/IV **23** 1311) und Bernsteinsäure (*Gewitz, Völker,* Z. physiol. Chem. **302** [1955] 119, 120).

Feststoff (aus wss. NaOH + Eg.).

3,3′-[3,8,13,18-Tetramethyl-porphyrin-2,7-diyl]-di-propionsäure-dimethylester $C_{32}H_{34}N_4O_4$, Formel XII (R = CH_3) und Taut.

B. Aus der Säure (s. o.) und methanol. HCl (*Gewitz, Völker,* Z. physiol. Chem. **302** [1955]

119, 121).

Kristalle (aus $CHCl_3$ + Me.); F: 188°.

Eisen(III)-Komplex $Fe(C_{32}H_{32}N_4O_4)Cl$. Kristalle (aus Eg.); F: 265°.

12,17(?)-Dibrom-Derivat $C_{32}H_{32}Br_2N_4O_4$; 3,3′-[12,17(?)-Dibrom-3,8,13,18-tetra-methyl-porphyrin-2,7-diyl]-di-propionsäure-dimethylester. *B.* Aus dem Ester und Brom in Essigsäure (*Ge., Vö.*). – Kristalle (aus $CHCl_3$ + Me.); F: 251°.

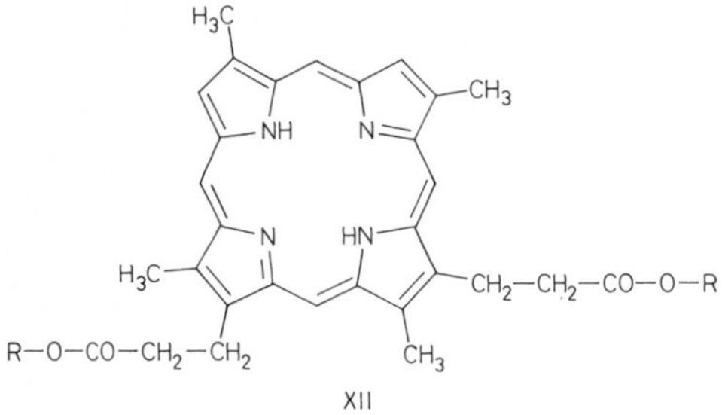

3,3′-[3,7,12,17-Tetramethyl-porphyrin-2,18-diyl]-di-propionsäure, Deuteroporphyrin [1]), Deuteroporphyrin-IX $C_{30}H_{30}N_4O_4$, Formel XIII (X = OH, X′ = H) und Taut.

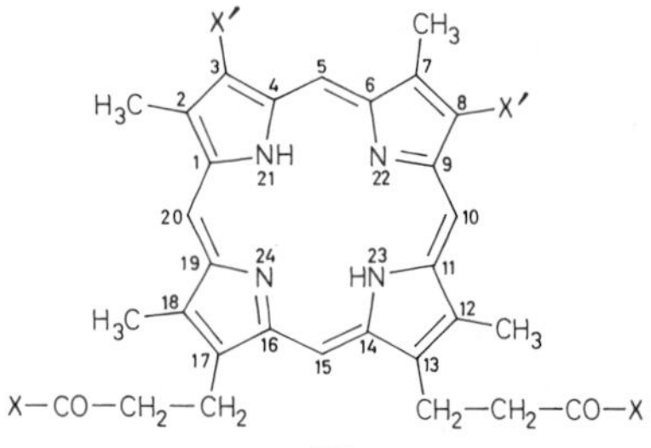

Zusammenfassende Darstellung: *H. Fischer, H. Orth,* Die Chemie des Pyrrols, Bd. 2, Tl. 1 [Leipzig 1937] S. 406, 413.

B. Aus Protohämin (S. 3048) beim Erhitzen mit Resorcin (*Chu, Chu,* Am. Soc. **74** [1952] 6276; s. a. *Fischer, Hummel,* Z. physiol. Chem. **181** [1929] 107, 127; *Schumm,* Z. physiol. Chem. **179** [1928] 1, 9) und Erwärmen des erhaltenen Deuterohämins (s. u.) mit Eisen-Pulver und konz. wss. HCl in Essigsäure (*Chu, Chu,* Am. Soc. **74** 6276), mit Brenztraubensäure in wss. NH_3 (*Paul,* Acta chem. scand. **4** [1950] 1221, 1224), mit Oxalsäure und $FeSO_4$ in Methanol (*Falk, Willis,* Austral. J. scient. Res. [A] **4** [1951] 579, 582) oder mit HBr in Essigsäure (*Fischer, Lindner,* Z. physiol. Chem. **161** [1926] 17, 26).

Doppelbrechende (*Fi., Li.,* Z. physiol. Chem. **161** 27) Kristalle [aus Eg. + Ae. oder Py. + Ae. bzw. aus Ae.] (*Fi., Li.,* Z. physiol. Chem. **161** 26; *Fischer, Kirstahler,* A. **466** [1928] 178, 184). IR-Spektrum (CCl_4; 2–14 μ): *Craven et al.,* Anal. Chem. **24** [1952] 1214. λ_{max} in Äther (440–630 nm): *Fi., Li.,* Z. physiol. Chem. **161** 28; *Fi., Ki.*; s. a. *Hellström,* Z. physik. Chem. [B] **12** [1931] 353, 357, [B] **14** [1931] 9, 15 Anm. 3; in $CHCl_3$ (495–620 nm): *Schumm,* Z. physiol. Chem. **178** [1928] 1, 13; in einem Pyridin-Äther-Gemisch (425–625 nm): *Fi., Ki.*; in einem Pyridin-Essigsäure-Gemisch (490–625 nm): *Schumm,* Z. physiol. Chem. **159** [1926] 194, 195; in wss. HCl [5%ig] (535–595 nm): *Fi., Li.,* Z. physiol. Chem. **161** 29; in wss. HCl [25%ig] (545–595 nm): *Fi., Li.,* Z. physiol. Chem. **161** 29; *Sch.,* Z. physiol. Chem. **159** 196; in konz. H_2SO_4 (545–595 nm): *Sch.,* Z. physiol. Chem. **159** 196; in wss. NaOH [0,1 n] (500–620 nm): *Fischer, Lindner,* Z. physiol. Chem. **168** [1927] 152, 170; in methanol. KOH (500–595 nm): *Treibs,* A. **506** [1933] 196, 258. Relative Intensität der Fluorescenz in wss. Lösungen vom pH 2–8: *Fink, Hoerburger,* Z. physiol. Chem. **225** [1934] 49, 52. Verteilung zwischen Äther und wss. HCl: *Keys, Brugsch,* Am. Soc. **60** [1938] 2135; s. a. *Zeile, Rau,* Z. physiol. Chem. **250** [1937] 197; *Chu, Chu,* Am. Soc. **75** [1953] 3021; *Treibs,* A. **476** [1929] 1, 4.

Kupfer(II)-Komplex $CuC_{30}H_{28}N_4O_4$. Kristalle (aus $CHCl_3$ + Eg.); F: 335° (*Fischer, Lindner,* Z. physiol. Chem. **161** [1926] 17, 29). λ_{max} in Pyridin (515–570 nm): *Fischer, Lindner,* Z. physiol. Chem. **168** [1927] 152, 169; *Schumm,* Z. physiol. Chem. **153** [1926] 225, 248; in Essigsäure (510–565 nm) und in wss. NaOH [0,1 n] (520–570 nm): *Fi., Li.,* Z. physiol. Chem. **168** 169.

---

[1]) Bei von Deuteroporphyrin abgeleiteten Namen gilt die in Formel XIII angegebene Stellungsbezeichnung (vgl. *Merritt, Loening,* Pure appl. Chem. **51** [1979] 2251, 2296).

Eisen(II)-Komplex; Deuterohämochromogen, **Deuterohäm.** λ_{max} (Py. + $N_2H_4 \cdot H_2O$; 435–550 nm): *Fischer, Kirstahler,* A. **466** [1928] 178, 186. – Geschwindigkeitskonstante der Reaktion mit CO in wss. NaOH, auch unter Zusatz von Pyridin, bei 20°: *Smith,* Biochem. J. **73** [1959] 90, 96.

Eisen(III)-Komplex $Fe(C_{30}H_{28}N_4O_4)Cl$; **Deuterohämin.** Kristalle [aus Py. + $CHCl_3$ + Eg.] (*Fi., Ki.*). Absorptionsspektrum (wss. H_2SO_4, wss.-äthanol. H_2SO_4, wss. NaOH sowie wss.-äthanol. NaOH; 330–420 nm): *Maehly, Åkeson,* Acta chem. scand. **12** [1958] 1259, 1268. Magnetische Susceptibilität [$cm^3 \cdot g^{-1}$] bei 285,4 K: $+20{,}94 \cdot 10^{-6}$ bzw. $+21{,}29 \cdot 10^{-6}$ [2 Messungen] (*Rawlinson, Scutt,* Austral. J. scient. Res. [A] **5** [1952] 173, 181). Protonierungsgleichgewicht in H_2O: *Maehly,* Acta chem. scand. **12** [1958] 1247, 1252, 1257. Assoziation mit Äthanol in wss. Lösungen vom pH 1 und pH 12: *Ma., Åk.*, l. c. S. 1269. – Beim Behandeln mit Chlormethyl-methyl-äther und $SnCl_4$ entsteht der Eisen(III)-Komplex des 3,8-Bis-hydroxymethyl-deuteroporphyrins [vgl. S. 3156] (*Fischer, Riedl,* A. **482** [1930] 214, 218). – Hydrochlorid $Fe(C_{30}H_{28}N_4O_4)Cl \cdot HCl$. Kristalle [aus konz. wss. HCl] (*Fischer, Hummel,* Z. physiol. Chem. **181** [1929] 107, 127).

Picrat $C_{30}H_{30}N_4O_4 \cdot C_6H_3N_3O_7$. Violette Kristalle (aus Acn.); F: 240° [unscharf] (*Treibs,* A. **476** [1929] 1, 4, 37, 38). λ_{max} der Kristalle (535–615 nm) sowie von Lösungen in Aceton, auch unter Zusatz von Picrinsäure und H_2O (525–600 nm): *Tr.*

Distyphnat $C_{30}H_{30}N_4O_4 \cdot 2C_6H_3N_3O_8$. Rote Kristalle (aus Acn.); F: 183° [nach Sintern] (*Tr.*). λ_{max} der Kristalle (555–610 nm) sowie von Lösungen in Aceton, auch unter Zusatz von Styphninsäure und H_2O (520–600 nm): *Tr.*

Dipicrolonat $C_{30}H_{30}N_4O_4 \cdot 2C_{10}H_8N_4O_5$. Rote Kristalle (aus Acn.); F: 118° (*Tr.,* l. c. S. 4, 38). λ_{max} der Kristalle (560–605 nm) sowie von Lösungen in Aceton, auch unter Zusatz von Picrolonsäure und H_2O (535–600 nm): *Tr.*

Diflavianat (8-Hydroxy-5,7-dinitro-naphthalin-2-sulfonat) $C_{30}H_{30}N_4O_4 \cdot 2C_{10}H_6N_2O_8S$. Rote Kristalle; F: 275° [nach Verfärbung ab 250°] (*Tr.,* l. c. S. 4, 38). λ_{max} der Kristalle sowie von Lösungen in Aceton, auch unter Zusatz von Flaviansäure (550–595 nm): *Tr.*

3,3'-[3,7,12,17-Tetramethyl-porphyrin-2,18-diyl]-di-propionsäure-dimethylester, Deuteroporphyrin-dimethylester $C_{32}H_{34}N_4O_4$, Formel XIII (X = O-CH_3, X' = H) und Taut.

Zusammenfassende Darstellung: *H. Fischer, H. Orth,* Die Chemie des Pyrrols, Bd. 2, Tl. 1 [Leipzig 1937] S. 416.

B. Aus Deuteroporphyrin (s. o.) beim Behandeln mit methanol. H_2SO_4 (*Chu, Chu,* Am. Soc. **74** [1952] 6276), mit methanol. HCl (*Corwin, Krieble,* Am. Soc. **63** [1941] 1829, 1833; *Fischer, Kirstahler,* A. **466** [1928] 178, 184) oder mit Diazomethan (*Paul,* Acta chem. scand. **4** [1950] 1221, 1224). Aus dem Eisen(III)-Komplex des Deuteroporphyrins beim Behandeln mit BF_3 und Methanol (*Fischer, Wecker,* Z. physiol. Chem. **272** [1942] 1, 21).

Kristalle (aus $CHCl_3$ + Me.); F: 224–225° (*Schumm,* Z. physiol. Chem. **181** [1929] 141, 166), 224,5° (*Falk, Willis,* Austral. J. scient. Res. [A] **4** [1951] 579, 583), 223° (*Chu, Chu,* Am. Soc. **74** [1952] 6276). Netzebenenabstände: *Kennard, Rimington,* Biochem. J. **55** [1953] 105, 107. IR-Spektrum (Nujol; 2–15 µ): *Falk, Wi.,* l. c. S. 586. Absorptionsspektrum (Ae.; 470–640 nm): *Chu, Chu,* Am. Soc. **75** [1953] 3021. λ_{max} in einem Äthanol-Äther-Gemisch bei –196° (480–610 nm): *Conant, Kamerling,* Am. Soc. **53** [1931] 3522, 3527; in $CHCl_3$ (430–625 nm): *Fischer, Kirstahler,* A. **466** [1928] 178, 185; in Äthylacetat (490–625 nm): *Chu, Chu,* Am. Soc. **75** 3021; in Dioxan (490–620 nm): *Stern, Wenderlein,* Z. physik. Chem. [A] **175** [1936] 405, 406; s. a. *Falk, Wi.*; in konz. H_2SO_4 (545–595 nm): *Schumm,* Z. physiol. Chem. **153** [1926] 223, 248; λ_{max} (wss. HCl [5%ig]): 547 nm und 590 nm (*Chu, Chu,* Am. Soc. **75** 3021). Fluorescenzmaxima (Dioxan; 590–725 nm): *Stern, Molvig,* Z. physik. Chem. [A] **176** [1936] 209, 211. Relative Intensität der Fluorescenz von Lösungen in wss. HCl [bis 20%ig], von wss. Lösungen vom pH 2–10 sowie von Lösungen in wss. NaOH [bis 20%ig]: *Chu, Chu,* Am. Soc. **75** 3021.

Beim Behandeln mit OsO_4 und anschliessend mit Na_2SO_3 ist ein Dihydroxy-dihydro-Derivat („Dioxychlorin des Deuteroporphyrin-dimethylesters") $C_{32}H_{36}N_4O_6$ (Kristalle [aus Py. + Me.]; F: 229°; λ_{max} [Py. + Ae.; 420–660 nm]; Kupfer(II)-Komplex $CuC_{32}H_{34}N_4O_6$: Kristalle [aus Py. + Me.]; F: 208–212°) erhalten worden (*Fischer, Eckoldt,* A. **544** [1940] 138,

151). Beim Erhitzen mit 1-Sulfo-pyridinium-betain entsteht 3,8-Disulfo-deuteroporphyrin-dimethylester [S. 3351] (*Treibs*, A. **506** [1933] 196, 245). Über die Einführung von Acetyl- und Formyl-Gruppen s. *Fischer, Zeile*, A. **468** [1929] 98, 108; *Fischer, Hansen*, A. **521** [1936] 128, 135; *Fischer, Beer*, Z. physiol. Chem. **244** [1936] 31, 47, 53; *Brockmann et al.*, A. **718** [1968] 148, 161; *Clezy et al.*, J.C.S. Chem. Commun. **1972** 413.

Kupfer(II)-Komplex $CuC_{32}H_{32}N_4O_4$. Rote Kristalle; F: 234° (*Chu, Chu*, Am. Soc. **74** [1952] 6276), 230° (*Fischer, Lindner*, Z. physiol. Chem. **161** [1926] 1, 29). λ_{max} ($CHCl_3$; 515–565 nm): *Fischer, Lindner*, Z. physiol. Chem. **168** [1927] 152, 169; λ_{max}: 523 nm und 558 nm [E.] bzw. 523 nm und 559 nm [Eg.] (*Chu, Chu*).

Magnesium-Komplex $MgC_{32}H_{32}N_4O_4$(?). *B.* Aus dem Ester und Magnesium-bromid-propylat (*Fischer, Dürr*, A. **501** [1933] 107, 127; *Fischer, Eckoldt*, A. **544** [1940] 138, 149, 162). – Kristalle; F: 255–263° [aus $CHCl_3$+PAe. oder $CHCl_3$+Me.] (*Fi., Dürr*), 248° [aus Acn.+PAe.] (*Fi., Eck.*). λ_{max} (Ae.; 420–585 nm): *Fi., Dürr*.

Eisen(II)-Komplex; Deuterohämochromogen-dimethylester. Absorptionsspektrum (Py.+wss. $Na_2S_2O_4$; 500–650 nm): *Paul*, Acta chem. scand. **12** [1958] 1611, 1615. λ_{max} (Py.+$N_2H_4 \cdot H_2O$; 435–550 nm): *Fischer, Kirstahler*, A. **466** [1928] 178, 186.

Eisen(III)-Komplex $Fe(C_{32}H_{32}N_4O_4)Cl$; Deuterohämin-dimethylester. *B.* Aus dem Eisen(III)-Komplex des Deuteroporphyrins (s. o.) und methanol. HCl oder beim Behandeln des Dimethylesters mit Eisen(II)-acetat, konz. wss. HCl und NaCl in Essigsäure (*Fischer, Hummel*, Z. physiol. Chem. **181** [1929] 107, 128; s. a. *Fi., Ki.*; *Paul*). – Kristalle; F: 251° [aus Bzl.] (*Fi., Hu.*), 250° [aus $CHCl_3$+Eg.] (*Fi., Ki.*). IR-Spektrum (Nujol; 2–15 μ): *Falk, Willis*, Austral. J. scient. Res. [A] **4** [1951] 579, 586.

Picrat $C_{32}H_{34}N_4O_4 \cdot C_6H_3N_3O_7$. Rote Kristalle (aus Me.); F: 148° [korr.] (*Treibs*, A. **476** [1929] 1, 4, 39). λ_{max} der Kristalle (530–610 nm): *Tr.*

Monostyphnat $C_{32}H_{34}N_4O_4 \cdot C_6H_3N_3O_8$. Violette Kristalle; F: 127° [korr.] (*Tr.*, l. c. S. 4, 38). λ_{max} der Kristalle (535–605 nm) sowie von Lösungen in Aceton, auch unter Zusatz von Styphninsäure und H_2O (525–600 nm): *Tr.*

Distyphnat $C_{32}H_{34}N_4O_4 \cdot 2C_6H_3N_3O_8$. Violette Kristalle (aus Me.); F: 188° [nach Sintern ab 155°] (*Tr.*). λ_{max} der Kristalle (550–600 nm): *Tr.*

Monopicrolonat $C_{32}H_{34}N_4O_4 \cdot C_{10}H_8N_4O_5$. Violette Kristalle (aus Me.); F: 212° [korr.] (*Tr.*, l. c. S. 4, 39). λ_{max} der Kristalle (535–605 nm) sowie von Lösungen in Aceton, auch unter Zusatz von Picrolonsäure und H_2O (525–600 nm): *Tr.*

Dipicrolonat $C_{32}H_{34}N_4O_4 \cdot 2C_{10}H_8N_4O_5$. Braunrote Kristalle; F: 141° [korr.] (*Tr.*, l. c. S. 4, 39). λ_{max} der Kristalle (530–640 nm): *Tr.*

Triflavianat (8-Hydroxy-5,7-dinitro-naphthalin-2-sulfonat) $C_{32}H_{34}N_4O_4 \cdot 3C_{10}H_6N_2O_8S$. Rote Kristalle (aus Me.); F: 204° [korr.] (*Tr.*, l. c. S. 4, 40). λ_{max} der Kristalle (555–600 nm) sowie von Lösungen in Aceton, auch unter Zusatz von Flaviansäure und H_2O (545–605 nm): *Tr.*

Monochlor-Derivat $C_{32}H_{33}ClN_4O_4$. *B.* Aus Deuterohämin (s. o.) mit Hilfe von konz. wss. HCl und H_2O_2 (*Fischer, Klendauer*, A. **547** [1941] 123, 132). – Kristalle; F: 215° (*Fi., Kl.*). λ_{max} in einem Pyridin-Äther-Gemisch (430–635 nm) sowie in wss. HCl (545–610 nm): *Fi., Kl.*

Mononitro-Derivat $C_{32}H_{33}N_5O_6$. *B.* Beim Behandeln von Deuteroporphyrin (s. o.) mit konz. HNO_3 und anschliessenden Verestern (*Fi., Kl.*, l. c. S. 135). – Kristalle; F: 163° (*Fi., Kl.*). λ_{max} (Py.+Ae.; 445–630 nm): *Fi., Kl.*

Dijod-Derivat $C_{32}H_{32}I_2N_4O_4$. *B.* Aus dem Dimethylester (s. o.) beim Erhitzen mit Jod unter Zusatz von wenig Pyridin in $CHCl_3$ (*Cramer et al.*, Z. Krebsf. **58** [1952] 453, 455). – Kristalle (aus $CHCl_3$+Me.); F: 239°; λ_{max} (Ae.+$CHCl_3$): 502,6 nm, 536,2 nm, 573,3 nm und 628,3 nm (*Cr. et al.*).

3,3'-[3,7,12,17-Tetramethyl-porphyrin-2,18-diyl]-di-propionsäure-diäthylester, Deuteroporphyrin-diäthylester $C_{34}H_{38}N_4O_4$, Formel XIII (X = O-C_2H_5, X' = H) und Taut.

B. Aus Deuteroporphyrin (S. 2992) und äthanol. HCl (*Fischer, Kirstahler*, Z. physiol. Chem. **198** [1931] 43, 54).

Kristalle (aus $CHCl_3$+A.); F: 204°. λ_{max} ($CHCl_3$; 435–625 nm): *Fi., Ki.*

3,3'-[3,7,12,17-Tetramethyl-porphyrin-2,18-diyl]-di-propionsäure-bis-[2-chlor-äthylester], Deuteroporphyrin-bis-[2-chlor-äthylester] $C_{34}H_{36}Cl_2N_4O_4$, Formel XIII (X = O-CH_2-CH_2Cl, X' = H) und Taut.

B. Aus Deuterohämin (S. 2993) beim Erwärmen mit BF_3 und 2-Chlor-äthanol in Pyridin (*Fischer, Wecker,* Z. physiol. Chem. **272** [1942] 1, 21).

Kristalle (aus Ae.); F: 190°.

3,3'-[3,7,12,17-Tetramethyl-porphyrin-2,18-diyl]-di-propionsäure-bis-[methoxycarbonylmethyl-amid], Deuteroporphyrin-bis-[methoxycarbonylmethyl-amid], *N,N'*-Deuteroporphyrindiyl-bis-glycin-dimethylester $C_{36}H_{40}N_6O_6$, Formel XIII (X = NH-CH_2-CO-O-CH_3, X' = H) und Taut.

B. Aus Deuteroporphyrin (S. 2992) bei aufeinanderfolgender Umsetzung mit $POCl_3$ und PCl_5 und mit Glycin-methylester (*Zeile, Piutti,* Z. physiol. Chem. **218** [1933] 52, 63).

Kristalle (aus Py.); F: 289° [korr.].

***Opt.-inakt. 3,3'-[3,7,12,17-Tetramethyl-porphyrin-2,18-diyl]-di-propionsäure-bis-[1-methoxy=carbonyl-3-methyl-butylamid], Deuteroporphyrin-bis-[1-methoxycarbonyl-3-methyl-butylamid],** *N,N'*-Deuteroporphyrindiyl-di-leucin-dimethylester $C_{44}H_{56}N_6O_6$, Formel XIII (X = NH-CH(CO-O-CH_3)-CH_2-CH(CH_3)$_2$, X' = H) und Taut.

B. Analog der vorangehenden Verbindung (*Zeile, Piutti,* Z. physiol. Chem. **218** [1933] 52, 63).

Kristalle (aus Py.); F: 285° [korr.].

3,3'-[7,12-Dibrom-3,8,13,17-tetramethyl-porphyrin-2,18-diyl]-di-propionsäure, 3,8-Dibrom-deuteroporphyrin $C_{30}H_{28}Br_2N_4O_4$, Formel XIII (X = OH, X' = Br) und Taut. (in der Literatur als Dibrom-deuteroporphyrin-IX und als Bromporphyrin-I bezeichnet).

Zusammenfassende Darstellung: *H. Fischer, H. Orth,* Die Chemie des Pyrrols, Bd. 2, Tl. 1 [Leipzig 1937] S. 255.

B. Beim Behandeln von Deuteroporphyrin [S. 2992] (*Fischer, Lindner,* Z. physiol. Chem. **161** [1926] 1, 31) oder von Hämatoporphyrin-dihydrochlorid [S. 3158] (*Fischer, Kotter,* B. **60** [1927] 1861, 1863) mit Brom in Essigsäure und Behandeln des Reaktionsprodukts mit Aceton und H_2O.

Kristalle [aus Py. + Ae. bzw. aus Py. + Ae. oder Nitrobenzol] (*Fi., Li.*; *Fi., Ko.*). λ_{max} in Äther (435 – 630 nm): *Fischer, Hummel,* Z. physiol. Chem. **175** [1928] 73, 84; in einem Äther-Essigsäure-Gemisch (430 – 630 nm): *Fi., Ko.*; in einem Äther-Pyridin-Gemisch (500 – 630 nm): *Fi., Li.*; in wss. HCl [25%ig] (545 – 605 nm): *Fi., Ko.*; *Fi., Hu.,* Z. physiol. Chem. **175** 84.

Kupfer(II)-Komplex $CuC_{30}H_{26}Br_2N_4O_4$. Rote Kristalle (*Fi., Ko.*).

Eisen(III)-Komplex Fe($C_{30}H_{26}Br_2N_4O_4$)Br. Kristalle [aus Py. + Eg. + HBr] (*Fischer, Hummel,* Z. physiol. Chem. **181** [1929] 107, 124; *Fi., Ko.*). λ_{max} (Py. + $N_2H_4 \cdot H_2O$): 520 nm und 548 nm (*Fi., Hu.,* Z. physiol. Chem. **181** 124).

3,3'-[7,12-Dibrom-3,8,13,17-tetramethyl-porphyrin-2,18-diyl]-di-propionsäure-dimethylester, 3,8-Dibrom-deuteroporphyrin-dimethylester $C_{32}H_{32}Br_2N_4O_4$, Formel XIII (X = O-CH_3, X' = Br) und Taut.

Zusammenfassende Darstellung: *H. Fischer, H. Orth,* Die Chemie des Pyrrols, Bd. 2, Tl. 1 [Leipzig 1937] S. 257.

B. Aus der vorangehenden Säure und methanol. HCl (*Fischer, Kotter,* B. **60** [1927] 1861, 1864). Beim Behandeln von Deuteroporphyrin-dimethylester [S. 2993] (*Fischer, Kirstahler,* A. **466** [1928] 178, 187) oder von Hämatoporphyrin-dimethylester [S. 3160] (*Fischer et al.,* Z.

physiol. Chem. **185** [1929] 33, 48) mit Brom in Essigsäure und Behandeln des erhaltenen „Perbromids“ (F: 138° bzw. F: 132°) mit Aceton und H_2O.

Kristalle; F: 281° [aus Py.+Eg.] (*Fischer, Hummel,* Z. physiol. Chem. **175** [1928] 75, 86), 279° [aus $CHCl_3$+Me.] (*Fi. et al.*), 274° [aus Py.] (*Fi., Ki.*). λ_{max} der Kristalle (520–635 nm): *Treibs,* A. **476** [1929] 1, 11; von Lösungen in Äther (495–630 nm): *Tr.*; in $CHCl_3$ (440–630 nm): *Fi., Ki.*; in wss. HCl [25%ig] (555–600 nm): *Tr.*; λ_{max} (Py.+Ae.): 625 nm (*Fi. et al.*).

Kupfer(II)-Komplex $CuC_{32}H_{30}Br_2N_4O_4$. Rote Kristalle (aus Py.+Eg.); F: 288° (*Fi., Ki.*). λ_{max} in $CHCl_3$ (420–575 nm) sowie in Pyridin (435–580 nm): *Fi., Ki.*

Eisen(III)-Komplex $Fe(C_{32}H_{30}Br_2N_4O_4)Br$. Kristalle; F: 295° [unkorr.] (*Fi., Hu.,* Z. physiol. Chem. **175** 85; s. a. *Fischer, Hummel,* Z. physiol. Chem. **181** [1929] 107, 115). λ_{max} (Py.+$N_2H_4 \cdot H_2O$; 500–560 nm): *Fi., Hu.,* Z. physiol. Chem. **175** 85.

Picrat $C_{32}H_{32}Br_2N_4O_4 \cdot C_6H_3N_3O_7$. Violettschwarze Kristalle (aus $CHCl_3$+Me.); F: 177° [korr.] (*Tr.,* l. c. S. 4, 48). λ_{max} der Kristalle (500–630 nm) sowie von Lösungen in Aceton unter Zusatz von Picrinsäure (530–610 nm): *Tr.*

Diflavianat (8-Hydroxy-5,7-dinitro-naphthalin-2-sulfonat) $C_{32}H_{32}Br_2N_4O_4 \cdot 2C_{10}H_6N_2O_8S$. Braunrote Kristalle (aus $CHCl_3$+Me.); F: 265° [unscharf] (*Tr.*). λ_{max} der Kristalle (530–605 nm) sowie von Lösungen in Aceton unter Zusatz von Flaviansäure (550–600 nm): *Tr.*

Dibrom-Derivat $C_{32}H_{30}Br_4N_4O_4$(?). Über die Bildung mit Hilfe von PBr_5 s. *Fi., Hu.,* Z. physiol. Chem. **181** 113, 125. – Kristalle; F: 263° (*Fi., Hu.,* Z. physiol. Chem. **181** 125). λ_{max} (Ae.; 430–630 nm): *Fi., Hu.,* Z. physiol. Chem. **181** 125.

3,3′-[3,8,12,18-Tetramethyl-porphyrin-2,7-diyl]-di-propionsäure $C_{30}H_{30}N_4O_4$, Formel XIV (R = H) und Taut. (in der Literatur als 1,4,5,7-Tetramethyl-porphin-6,8-dipropionsäure bezeichnet).

B. In geringer Menge beim Erhitzen von [5-Brom-3-(2-carboxy-äthyl)-4-methyl-pyrrol-2-yl]-[4-(2-carboxy-äthyl)-3,5-dimethyl-pyrrol-2-yl]-methinium-bromid (E III/IV **25** 1112) mit [3-Brom-4,5-dimethyl-pyrrol-2-yl]-[3,5-dibrom-4-methyl-pyrrol-2-yl]-methinium-bromid und Bernsteinsäure auf 215–225° (*Gewitz, Völker,* Z. physiol. Chem. **302** [1955] 119, 122).

Feststoff (aus wss. Lösung).

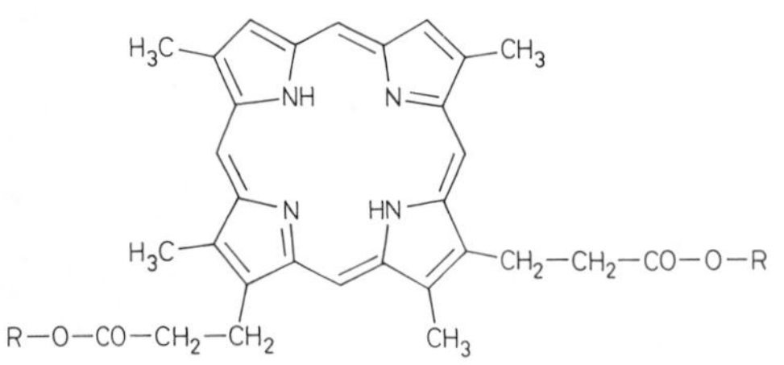

XIV

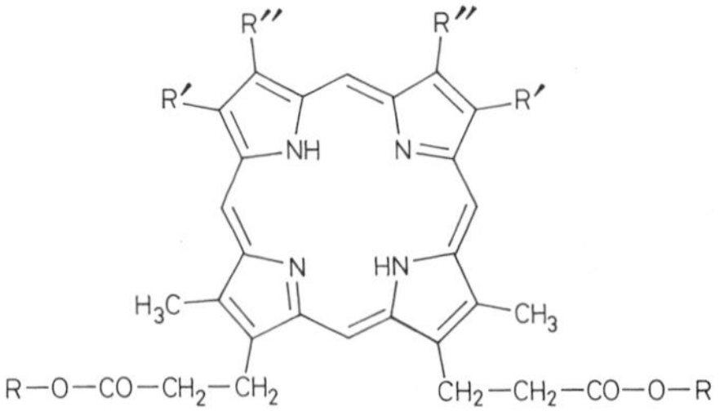

I

3,3′-[3,8,12,18-Tetramethyl-porphyrin-2,7-diyl]-di-propionsäure-dimethylester $C_{32}H_{34}N_4O_4$, Formel XIV (R = CH_3) und Taut.

B. Aus der Säure (s. o.) und methanol. HCl (*Gewitz, Völker,* Z. physiol. Chem. **302** [1955] 119, 122).

Kristalle (aus $CHCl_3$+Me.); F: 203°.

Eisen(III)-Komplex $Fe(C_{32}H_{32}N_4O_4)Cl$. Kristalle (aus Eg.); F: 209°.

Dibrom-Derivat $C_{32}H_{32}Br_2N_4O_4$; 3,3′-[13,17(?)-Dibrom-3,8,12,18-tetramethyl-porphyrin-2,7-diyl]-di-propionsäure-dimethylester. *B.* Aus dem Ester und Brom in Essigsäure (*Ge., Vö.*). – Kristalle (aus $CHCl_3$+Me.); F: 238°.

3,3'-[3,7,13,17-Tetramethyl-porphyrin-2,18-diyl]-di-propionsäure, Deuteroporphyrin-III $C_{30}H_{30}N_4O_4$, Formel I (R = R'' = H, R' = CH_3) und Taut.

B. In geringer Menge beim Erhitzen von Bis-[5-brom-3-(2-carboxy-äthyl)-4-methyl-pyrrol-2-yl]-methinium-bromid (E III/IV **25** 1108) mit Bis-[3-brom-4,5-dimethyl-pyrrol-2-yl]-methinium-bromid (aus der bromfreien Verbindung hergestellt; rote Kristalle [aus Eg.]) und Bernsteinsäure auf 190° (*Fischer, Nüssler,* A. **491** [1931] 162, 171).

Rote Kristalle (aus Py.). λ_{max} in einem Essigsäure-Äther-Gemisch (430–625 nm), in einem Pyridin-Äther-Gemisch (435–630 nm) sowie in wss. HCl [1%ig] (415–600 nm): *Fi., Nü.*

Hydrochlorid. Rote Kristalle (aus wss. HCl).

Eisen(III)-Komplex $Fe(C_{30}H_{28}N_4O_4)Cl$. Blauschwarze Kristalle (aus Eg.). λ_{max} (Py. + $N_2H_4 \cdot H_2O$; 435–555 nm): *Fi., Nü.*

3,3'-[3,7,13,17-Tetramethyl-porphyrin-2,18-diyl]-di-propionsäure-dimethylester, Deuteroporphyrin-III-dimethylester $C_{32}H_{34}N_4O_4$, Formel I (R = R' = CH_3, R'' = H) und Taut.

B. Aus der vorangehenden Säure und methanol. HCl (*Fischer, Nüssler,* A. **491** [1931] 162, 171).

Blaue Kristalle (aus Py.); F: 290° [korr.]. λ_{max} in $CHCl_3$ (434–625 nm) sowie in einem Essigsäure-Äther-Gemisch (435–625 nm): *Fi., Nü.*

Kupfer(II)-Komplex $CuC_{32}H_{32}N_4O_4$. Rote Kristalle (aus Py. + Eg.); F: 288° [korr.].

Eisen(III)-Komplex $Fe(C_{32}H_{32}N_4O_4)Cl$. Violettschwarze Kristalle (aus Eg.); F: 285° [korr.]. λ_{max} (Py. + $N_2H_4 \cdot H_2O$; 435–555 nm): *Fi., Nü.*

Dibrom-Derivat $C_{32}H_{32}Br_2N_4O_4$; 3,3'-[8,12(?)-Dibrom-3,7,13,17-tetramethyl-porphyrin-2,18-diyl]-di-propionsäure-dimethylester. Rote Kristalle (aus Py.); F: 306° [korr.] (*Fi., Nü.,* l. c. S. 175). λ_{max} ($CHCl_3$; 440–625 nm): *Fi., Nü.*

3,3'-[3,8,12,17-Tetramethyl-porphyrin-2,18-diyl]-di-propionsäure-dimethylester, Deuteroporphyrin-XIII-dimethylester $C_{32}H_{34}N_4O_4$, Formel I (R = R'' = CH_3, R' = H) und Taut.

B. In geringer Menge beim Erhitzen von Bis-[5-brom-3-(2-carboxy-äthyl)-4-methyl-pyrrol-2-yl]-methinium-bromid (E III/IV **25** 1108) mit Bis-[4-brom-3,5-dimethyl-pyrrol-2-yl]-methinium-bromid (E III/IV **23** 1320) und Benzoesäure auf 180–182° und Erwärmen des Reaktionsprodukts mit methanol. HCl (*Corwin, Krieble,* Am. Soc. **63** [1941] 1829, 1833).

Kristalle (aus Bzl. + Me.); F: 243–243,5°.

3,3'-[3,8,13,18-Tetramethyl-porphyrin-2,12-diyl]-di-propionsäure, Deuteroporphyrin-II $C_{30}H_{30}N_4O_4$, Formel II (R = X = X' = H) und Taut.

B. Aus [4-(2-Carboxy-äthyl)-3-methyl-pyrrol-2-yl]-[4,5-dimethyl-pyrrol-2-yl]-methinium-bromid (E III/IV **25** 868) beim Erwärmen mit Brom in Essigsäure und Erhitzen des Reaktionsprodukts mit Bernsteinsäure auf 180–190° (*Fischer, Nüssler,* Z. physiol. Chem. **227** [1934] 124, 144). In geringer Menge beim Erhitzen von [4-(2-Carboxy-äthyl)-3,5-dimethyl-pyrrol-2-yl]-[3,5-dibrom-4-methyl-pyrrol-2-yl]-methinium-bromid (E III/IV **25** 867) mit Bernsteinsäure und Citronensäure auf 205° (*Fischer, v. Holt,* Z. physiol. Chem. **227** [1934] 124, 139).

Rotbraune Kristalle (aus Ae.), die unterhalb 300° nicht schmelzen (*Fi., v. Holt*). λ_{max} in einem Pyridin-Äther-Gemisch (432–624 nm) sowie in wss. HCl [25%ig] (425–600 nm): *Fi., v. Holt.*

Dibrom-Derivat $C_{30}H_{28}Br_2N_4O_4$; 3,3'-[7,17-Dibrom-3,8,13,18-tetramethyl-porphyrin-2,12-diyl]-di-propionsäure, Dibrom-deuteroporphyrin-II, Formel II (R = H, X = X' = Br). *B.* Aus Dibrom-deuteroporphyrin-II-dimethylester (s. u.) mit Hilfe von wss. HCl (*Fi., v. Holt,* l. c. S. 143). – Rote Kristalle (aus Eg.), die unterhalb 270° nicht schmelzen (*Fi., v. Holt*).

3,3'-[3,8,13,18-Tetramethyl-porphyrin-2,12-diyl]-di-propionsäure-dimethylester, Deuteroporphyrin-II-dimethylester $C_{32}H_{34}N_4O_4$, Formel II (R = CH_3, X = X' = H) und Taut.

B. Aus der Säure (s. o.) und methanol. HCl (*Fischer, v. Holt,* Z. physiol. Chem. **227** [1934]

124, 140).

Blaue Kristalle (aus $CHCl_3$+Me.); F: 291° (*Fischer, Nüssler,* Z. physiol. Chem. **227** [1934] 144), 286° (*Fi., v. Holt*). λ_{max} in einem Pyridin-Äther-Gemisch (430–625 nm) sowie in wss. HCl [25%ig] (430–600 nm): *Fi., v. Holt.*

Kupfer(II)-Komplex $CuC_{32}H_{32}N_4O_4$. Rote Kristalle (aus $CHCl_3$+Eg.); F: 302–303° (*Fi., v. Holt*).

Eisen(III)-Komplex $Fe(C_{32}H_{32}N_4O_4)Cl$. Blaue Kristalle (aus $CHCl_3$+Eg.); F: 296° (*Fi., v. Holt*). λ_{max} (Py.+$N_2H_4 \cdot H_2O$; 480–555 nm): *Fi., v. Holt.*

3,3′-[7-Brom-3,8,13,18-tetramethyl-porphyrin-2,12-diyl]-di-propionsäure-dimethylester, Monobrom-deuteroporphyrin-II-dimethylester $C_{32}H_{33}BrN_4O_4$, Formel II (R = CH_3, X = Br, X′ = H) und Taut.

B. In geringer Menge beim kurzen Erhitzen von [4-(2-Carboxy-äthyl)-3,5-dimethyl-pyrrol-2-yl]-[3,5-dibrom-4-methyl-pyrrol-2-yl]-methinium-bromid (E III/IV **25** 867) mit Bernsteinsäure und Citronensäure auf 240° (*Fischer, v. Holt,* Z. physiol. Chem. **227** [1934] 124, 141).

Rotbraune Kristalle; F: 243–244°. λ_{max} in einem Pyridin-Äther-Gemisch (430–625 nm) sowie in wss. HCl [25%ig] (425–600 nm): *Fi., v. Holt.*

3,3′-[7,17-Dibrom-3,8,13,18-tetramethyl-porphyrin-2,12-diyl]-di-propionsäure-dimethylester, Dibrom-deuteroporphyrin-II-dimethylester $C_{32}H_{32}Br_2N_4O_4$, Formel II (R = CH_3, X = X′ = Br) und Taut.

B. Aus Deuteroporphyrin-II-dimethylester (s. o.) und Brom in Essigsäure (*Fischer, v. Holt,* Z. physiol. Chem. **227** [1934] 124, 142).

Rote Kristalle (aus $CHCl_3$+Me.); F: 303–304°. λ_{max} in einem Pyridin-Äther-Gemisch (435–630 nm) sowie in wss. HCl [25%ig] (535–610 nm): *Fi., v. Holt.*

Kupfer(II)-Komplex $CuC_{32}H_{30}Br_2N_4O_4$. Rote Kristalle (aus $CHCl_3$+Eg.); F: 309–310°.

Eisen(III)-Komplex $Fe(C_{32}H_{30}Br_2N_4O_4)Cl$. Rotviolette Kristalle (aus Py.); F: 285–286°. λ_{max} (Ae.; 435–625 nm): *Fi., v. Holt.*

3,3′-[3,7,13,17-Tetramethyl-porphyrin-2,12-diyl]-di-propionsäure, Deuteroporphyrin-V $C_{30}H_{30}N_4O_4$, Formel III (R = H) und Taut.

B. In geringer Menge beim Erhitzen von [4-(2-Carboxy-äthyl)-3-methyl-pyrrol-2-yl]-[3,5-dimethyl-pyrrol-2-yl]-methinium-bromid (E II **25** 142) mit [5-Brom-4-(2-carboxy-äthyl)-3-methyl-pyrrol-2-yl]-[4-brom-3,5-dimethyl-pyrrol-2-yl]-methinium-bromid (E III/IV **25** 868) und Bernsteinsäure (*Fischer, Schormüller,* A. **473** [1929] 211, 245). In geringer Menge neben geringen Mengen des Monobrom-Derivats (s. u.), des Dibrom-Derivats (s. u.) und anderen Verbindungen beim Erhitzen von [5-Brom-3-(2-carboxy-äthyl)-4-methyl-pyrrol-2-yl]-[3-brom-4,5-dimethyl-pyrrol-2-yl]-methinium-bromid (E III/IV **25** 868) mit [3-Äthyl-5-(1-brom-äthyl)-4-methyl-pyrrol-2-yl]-[4-äthyl-5-brom-3-methyl-pyrrol-2-yl]-methinium-bromid (E III/IV **23** 1348) und Methylbernsteinsäure auf 150° (*Fischer et al.,* A. **500** [1933] 137, 167, 185).

λ_{max} [Py.+Ae. sowie wss. HCl; 415–625 nm]: *Fi., Sch.*

Monobrom-Derivat $C_{30}H_{29}BrN_4O_4$; 3,3′-[8-Brom-3,7,13,17-tetramethyl-porphyrin-2,12-diyl]-di-propionsäure, Monobrom-deuteroporphyrin-V. Rotviolette Kristalle [aus Ae.] (*Fi. et al.*).

Dibrom-Derivat $C_{30}H_{28}Br_2N_4O_4$; 3,3′-[8,18-Dibrom-3,7,13,17-tetramethyl-porphyrin-2,12-diyl]-di-propionsäure, Dibrom-deuteroporphyrin-V. Rote Kristalle [aus Py. + Me.] (*Fi. et al.*).

3,3′-[3,7,13,17-Tetramethyl-porphyrin-2,12-diyl]-di-propionsäure-dimethylester, Deuteroporphyrin-V-dimethylester $C_{32}H_{34}N_4O_4$, Formel III (R = CH_3) und Taut.

B. Aus Deuteroporphyrin-V (s. o.) beim Erwärmen mit methanol. HCl (*Fischer, Schormüller*, A. **473** [1929] 211, 246).

Kristalle (aus Py. + Ae.); F: 300°. λ_{max} in Äther (420 – 625 nm) sowie in wss. HCl [2%ig] (530 – 595 nm): *Fi., Sch.*

Kupfer(II)-Komplex $CuC_{32}H_{32}N_4O_4$. Kristalle; F: 281°. λ_{max} (Ae.; 420 – 565 nm): *Fi., Sch.*

Eisen(III)-Komplex $Fe(C_{32}H_{32}N_4O_4)Cl$. Rotbraune Kristalle. λ_{max} (Py. + $N_2H_4 \cdot H_2O$; 435 – 555 nm): *Fi., Sch.*

7-Äthyl-18-[2-methoxycarbonyl-äthyl]-3,8,13,17-tetramethyl-porphyrin-2-carbonsäure-methylester, 3-Desäthyl-rhodoporphyrin-dimethylester $C_{32}H_{34}N_4O_4$, Formel IV (R = X = H) und Taut. (in der Literatur als 2-Desäthyl-rhodoporphyrin-dimethylester bezeichnet).

B. Aus 3-Brom-3-desäthyl-rhodoporphyrin-dimethylester (s. u.) beim Erwärmen mit methanol. KOH in Pyridin unter Zusatz von Palladium/$CaCO_3$ und $N_2H_4 \cdot H_2O$ und anschliessenden Verestern mit Diazomethan in Äther (*Fischer, Krauss*, A. **521** [1936] 261, 274). Aus dem Eisen(III)-Komplex des 3-Brom-3-desäthyl-rhodoporphyrin-dimethylesters (s. u.) beim Erhitzen mit Resorcin (*Fi., Kr.*, l. c. S. 273). Neben anderen Verbindungen aus dem Eisen(III)-Komplex des Chlorin-e_6-trimethylesters (15-Methoxycarbonylmethyl-3^1,3^2-didehydro-rhodochlorin-dimethylester; S. 3074) beim Erhitzen mit Resorcin und anschliessenden Verestern (*Fischer, Wunderer*, A. **533** [1938] 230, 247).

Kristalle; F: 238° [aus Acn. + Me.] (*Fi., Wu.*), 230 – 232° (*Fi., Kr.*). λ_{max} (Py. + Ae.; 430 – 640 nm): *Fi., Kr.*; *Fi., Wu.*

Eisen(III)-Komplex. Kristalle (aus $CHCl_3$ + Eg.); Zers. bei 295° (*Fi., Kr.*). λ_{max} in Pyridin (440 – 625 nm) sowie in Pyridin unter Zusatz von $N_2H_4 \cdot H_2O$ (465 – 625 nm): *Fi., Kr.*

Eine Verbindung (Kristalle [aus Ae.]; F: 267°; λ_{max} [Py. + Ae.; 435 – 640 nm]), der ebenfalls diese Konstitution zugeschrieben wird, ist aus [5-Brom-4-(2-carboxy-äthyl)-3-methyl-pyrrol-2-yl]-[4-brom-3,5-dimethyl-pyrrol-2-yl]-methinium-bromid (E III/IV **25** 868) und [4-Äthoxycarbonyl-3,5-dimethyl-pyrrol-2-yl]-[3-äthyl-5-carboxy-4-methyl-pyrrol-2-yl]-methinium-bromid (E III/IV **25** 1106) in sehr geringer Menge über mehrere Stufen erhalten worden (*Fischer, Böckh*, A. **516** [1935] 177, 182, 197).

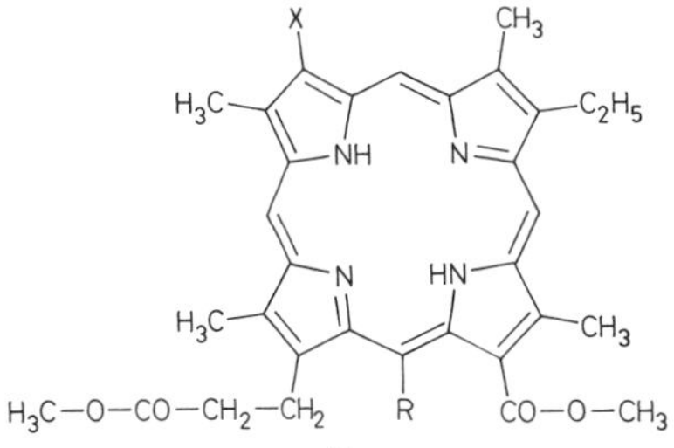

IV 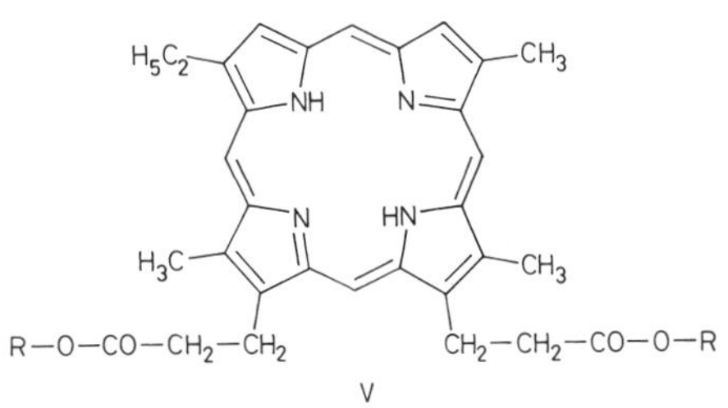 V

7-Äthyl-12-brom-18-[2-methoxycarbonyl-äthyl]-3,8,13,17-tetramethyl-porphyrin-2-carbonsäure-methylester, 3-Brom-3-desäthyl-rhodoporphyrin-dimethylester $C_{32}H_{33}BrN_4O_4$, Formel IV (R = H, X = Br) und Taut. (in der Literatur als 2-Desäthyl-2-brom-rhodoporphyrin-dimethylester bezeichnet).

B. Aus 3^1-Oxo-rhodoporphyrin-dimethylester (S. 3222) und Brom in Ameisensäure (*Fischer,*

Krauss, A. **521** [1936] 261, 272).

Kristalle (aus Py.); F: 300°. λ_{max} (Py. + Ae.; 435 – 640 nm): *Fi.*, *Kr.*

Kupfer(II)-Komplex $CuC_{32}H_{31}BrN_4O_4$. Kristalle; F: 268° [Zers. bei 278°]. λ_{max} (Py. + Ae.; 540 – 590 nm): *Fi.*, *Kr.*

Eisen(III)-Komplex. Kristalle. λ_{max} (Py. + $N_2H_4 \cdot H_2O$; 430 – 575 nm): *Fi.*, *Kr.*

Dicarbonsäuren $C_{31}H_{32}N_4O_4$

3,3'-[7-Äthyl-3,13,17-trimethyl-porphyrin-2,18-diyl]-di-propionsäure $C_{31}H_{32}N_4O_4$, Formel V (R = H) und Taut. (in der Literatur als 1,5,8-Trimethyl-4-äthyl-porphin-6,7-dipropionsäure bezeichnet).

B. In geringer Menge beim Erhitzen von Bis-[5-brom-3-(2-carboxy-äthyl)-4-methyl-pyrrol-2-yl]-methinium-bromid (E III/IV **25** 1108) mit [4-Äthyl-5-methyl-pyrrol-2-yl]-[4,5-dimethyl-pyrrol-2-yl]-methinium-bromid und Bernsteinsäure auf 190° (*Gewitz, Völker*, Z. physiol. Chem. **302** [1955] 119, 125).

Kristalle (aus Ae.), die unterhalb 300° nicht schmelzen.

3,3'-[7-Äthyl-3,13,17-trimethyl-porphyrin-2,18-diyl]-di-propionsäure-dimethylester $C_{33}H_{36}N_4O_4$, Formel V (R = CH_3) und Taut.

B. Aus der Säure (s. o.) und methanol. HCl (*Gewitz, Völker*, Z. physiol. Chem. **302** [1955] 119, 125).

Kristalle (aus $CHCl_3$ + Me.); F: 231°.

Eisen(III)-Komplex $Fe(C_{33}H_{34}N_4O_4)Cl$. Kristalle (aus Eg.); F: 254°.

Dibrom-Derivat $C_{33}H_{34}Br_2N_4O_4$; 3,3'-[7-Äthyl-8,12(?)-dibrom-3,13,17-trimethyl-porphyrin-2,18-diyl]-di-propionsäure-dimethylester. *B.* Aus dem Dimethylester (s. o.) und Brom in Essigsäure (*Ge.*, *Vö.*). — Kristalle (aus $CHCl_3$ + Me.).

7-Äthyl-18-[2-methoxycarbonyl-äthyl]-3,8,13,17,20-pentamethyl-porphyrin-2-carbonsäure-methylester, 15-Methyl-3-desäthyl-rhodoporphyrin-dimethylester $C_{33}H_{36}N_4O_4$, Formel IV (R = CH_3, X = H) und Taut. (in der Literatur als 2-Desäthyl-chloroporphyrin-e_4-dimethylester bezeichnet).

B. Neben 15-Methyl-3-desäthyl-rhodochlorin-dimethylester (S. 2984) aus dem Eisen(III)-Komplex des Chlorin-e_4-dimethylesters (S. 3016) beim Erhitzen mit Resorcin, Behandeln mit Eisen(II)-acetat, Essigsäure und wss. HCl und anschliessenden Verestern (*Fischer, Wunderer*, A. **533** [1938] 230, 249).

Kristalle (aus $CHCl_3$ + Me.); F: 249°. λ_{max} (Py. + Ae.; 435 – 630 nm): *Fi.*, *Wu.*

17-Äthyl-8-[2-methoxycarbonyl-äthyl]-3,7,10,13,18-pentamethyl-porphyrin-2-carbonsäure-methylester(?), 3-Methoxycarbonyl-3-desäthyl-phylloporphyrin-methylester(?) $C_{33}H_{36}N_4O_4$, vermutlich Formel VI und Taut. (in der Literatur als 2-Desäthyl-2-carbonsäure-phylloporphyrin-dimethylester(?) bezeichnet).

B. Aus $3,15^1$-Bis-methoxycarbonyl-3-desäthyl-phyllochlorin-methylester (S. 3058) beim Erwärmen mit konz. H_2SO_4 (*Fischer, Walter*, A. **549** [1941] 44, 52, 68).

Kristalle (aus Py. + Me.); F: 249°. λ_{max} (Py. + Ae.; 440 – 690 nm): *Fi.*, *Wa.*

VI

VII

Dicarbonsäuren $C_{32}H_{34}N_4O_4$

3,3'-[7-Äthyl-3,8,13,17-tetramethyl-porphyrin-2,18-diyl]-di-propionsäure, 8-Äthyl-deuteroporphyrin, 3-Desäthyl-mesoporphyrin $C_{32}H_{34}N_4O_4$, Formel VII (R = X = H) und Taut. (in der Literatur als 1,3,5,8-Tetramethyl-4-äthyl-porphin-6,7-dipropionsäure bezeichnet).

B. Beim Erhitzen von Bis-[5-brom-3-(2-carboxy-äthyl)-4-methyl-pyrrol-2-yl]-methinium-bromid (E III/IV **25** 1108) mit [4-Äthyl-5-brommethyl-3-methyl-pyrrol-2-yl]-[3-brom-4,5-dimethyl-pyrrol-2-yl]-methinium-bromid (E III/IV **23** 1337) und Bernsteinsäure auf 190–200° (*Fischer, Kirstahler,* Z. physiol. Chem. **198** [1931] 43, 58).

Kristalle (aus Ae. oder Eg. + Ae.). λ_{max} in Äther (435–625 nm), in wss. HCl [5%ig] (420–595 nm) sowie in wss. NaOH [0,1 n] (440–625 nm): *Fi., Ki.*

Kupfer(II)-Komplex $CuC_{32}H_{32}N_4O_4$. Kristalle (aus Py. + Eg.). λ_{max} (Eg.; 425–570 nm): *Fi., Ki.,* l. c. S. 60.

Eisen(III)-Komplex $Fe(C_{32}H_{32}N_4O_4)Cl$. Kristalle. λ_{max} (Py. + $N_2H_4 \cdot H_2O$; 435–555 nm): *Fi., Ki.,* l. c. S. 60.

3,3'-[7-Äthyl-3,8,13,17-tetramethyl-porphyrin-2,18-diyl]-di-propionsäure-dimethylester, 8-Äthyl-deuteroporphyrin-dimethylester $C_{34}H_{38}N_4O_4$, Formel VII (R = CH_3, X = H) und Taut.

B. Aus der vorangehenden Säure und methanol. HCl (*Fischer, Kirstahler,* Z. physiol. Chem. **198** [1931] 43, 60).

Kristalle (aus Py. + Me.); F: 213° [korr.]. λ_{max} ($CHCl_3$; 435–625 nm): *Fi., Ki.*

Kupfer(II)-Komplex $CuC_{34}H_{36}N_4O_4$. Kristalle (aus Py. + Eg.); F: 220°. λ_{max} (Py.; 425–575 nm): *Fi., Ki.*

Eisen(III)-Komplex $Fe(C_{34}H_{36}N_4O_4)Cl$. Kristalle (aus $CHCl_3$ + Eg.); F: 259° [korr.; nach Sintern]. λ_{max} (Py. + $N_2H_4 \cdot H_2O$; 440–555 nm): *Fi., Ki.*

3,3'-[7-Äthyl-12-brom-3,8,13,17-tetramethyl-porphyrin-2,18-diyl]-di-propionsäure, 8-Äthyl-3-brom-deuteroporphyrin $C_{32}H_{33}BrN_4O_4$, Formel VII (R = H, X = Br) und Taut.

B. Analog 8-Äthyl-deuteroporphyrin (s. o.) bei sehr kurzem [30 s] Verschmelzen der Komponenten (*Fischer, Kirstahler,* Z. physiol. Chem. **198** [1931] 43, 63). Beim Behandeln von 8-Äthyl-deuteroporphyrin (s. o.) mit Brom in Essigsäure und Behandeln des erhaltenen „Perbromids" mit Aceton und H_2O (*Fi., Ki.*).

Kristalle (aus Ae.). λ_{max} (Ae.; 435–625 nm): *Fi., Ki.*

3,3'-[7-Äthyl-12-brom-3,8,13,17-tetramethyl-porphyrin-2,18-diyl]-di-propionsäure-dimethylester, 8-Äthyl-3-brom-deuteroporphyrin-dimethylester $C_{34}H_{37}BrN_4O_4$, Formel VII (R = CH_3, X = Br) und Taut.

B. Beim Behandeln von 8-Äthyl-deuteroporphyrin-dimethylester (s. o.) mit Brom in Essigsäure und Behandeln des erhaltenen „Perbromids" mit Aceton und H_2O (*Fischer, Kirstahler,* Z. physiol. Chem. **198** [1931] 43, 62). Aus der vorangehenden Verbindung und methanol. HCl (*Fi., Ki.,* l. c. S. 63).

Kristalle (aus $CHCl_3$ + Me.); F: 271° [korr.] (*Fi., Ki.*). Absorptionsspektrum (Dioxan; 470–630 nm): *Stern, Pruckner,* Z. physik. Chem. [A] **180** [1937] 321, 322, 352. λ_{max} ($CHCl_3$; 435–625 nm): *Fi., Ki.*

Kupfer(II)-Komplex $CuC_{34}H_{35}BrN_4O_4$. Kristalle (aus Py. + Eg.); F: 230° [korr.; nach Sintern] (*Fi., Ki.*). λ_{max} ($CHCl_3$; 420–580 nm): *Fi., Ki.*

3,3'-[8-Äthyl-3,7,12,17-tetramethyl-porphyrin-2,18-diyl]-di-propionsäure, 3-Äthyl-deuteroporphyrin, 8-Desäthyl-mesoporphyrin $C_{32}H_{34}N_4O_4$, Formel VIII (R = X = H) und Taut. (in der Literatur als 1,3,5,8-Tetramethyl-2-äthyl-porphin-6,7-dipropionsäure bezeichnet).

B. Beim Erhitzen von Bis-[5-brom-3-(2-carboxy-äthyl)-4-methyl-pyrrol-2-yl]-methinium-bro=

mid (E III/IV **25** 1108) mit [3-Äthyl-5-brommethyl-4-methyl-pyrrol-2-yl]-[4-brom-3,5-dimethyl-pyrrol-2-yl]-methinium-bromid (E III/IV **23** 1336), Bernsteinsäure und Methylbernsteinsäure auf 180° (*Fischer, Kirstahler,* Z. physiol. Chem. **198** [1931] 43, 67).

Kristalle (aus Ae. oder Py.+Me.).

Kupfer(II)-Komplex $CuC_{32}H_{32}N_4O_4$. Kristalle (aus Py.+Eg.).

Eisen(III)-Komplex $Fe(C_{32}H_{32}N_4O_4)Cl$. Kristalle.

3,3'-[8-Äthyl-3,7,12,17-tetramethyl-porphyrin-2,18-diyl]-di-propionsäure-dimethylester, 3-Äthyl-deuteroporphyrin-dimethylester $C_{34}H_{38}N_4O_4$, Formel VIII (R = CH_3, X = H) und Taut. (in der Literatur als 2-Äthyl-deuteroporphyrin-dimethylester bezeichnet).

B. Aus der vorangehenden Säure und methanol. HCl (*Fischer, Kirstahler,* Z. physiol. Chem. **198** [1931] 43, 68). Beim Erhitzen von 3-[1-Hydroxy-äthyl]-deuteroporphyrin-dimethylester (S. 3147) mit HI und rotem Phosphor in Essigsäure und anschliessenden Verestern mit Diazomethan in Äther und Pyridin (*Fischer, Wecker,* Z. physiol. Chem. **272** [1942] 1, 17).

Kristalle (aus $CHCl_3$+Me. oder Py.+Me.); F: 214° [korr.] (*Fi., Ki.*).

Kupfer(II)-Komplex $CuC_{34}H_{36}N_4O_4$. Kristalle (aus $CHCl_3$+Eg.); F: 230° [korr.; nach Sintern] (*Fi., Ki.*).

Eisen(III)-Komplex $Fe(C_{34}H_{36}N_4O_4)Cl$. Kristalle (aus $CHCl_3$+Eg.); F: 220° [korr.] (*Fi., Ki.*).

3,3'-[8-Äthyl-13-brom-3,7,12,17-tetramethyl-porphyrin-2,18-diyl]-di-propionsäure, 3-Äthyl-8-brom-deuteroporphyrin $C_{32}H_{33}BrN_4O_4$, Formel VIII (R = H, X = Br) und Taut.

B. Beim Behandeln von 3-Äthyl-deuteroporphyrin (s. o.) mit Brom in Essigsäure und Behandeln des erhaltenen „Perbromids" mit Aceton und H_2O (*Fischer, Kirstahler,* Z. physiol. Chem. **198** [1931] 43, 70).

Kristalle (aus Ae.).

Kupfer(II)-Komplex $CuC_{32}H_{31}BrN_4O_4$. Kristalle (aus Py.+Eg.).

Dimethylester $C_{34}H_{37}BrN_4O_4$. Kristalle (aus $CHCl_3$+Me.); F: 259° [korr.]. – Kupfer(II)-Komplex $CuC_{34}H_{35}BrN_4O_4$. Rote Kristalle (aus $CHCl_3$+Eg.); F: 276°.

VIII IX

3,3'-[7-Äthyl-3,8,12,17-tetramethyl-porphyrin-2,18-diyl]-di-propionsäure $C_{32}H_{34}N_4O_4$, Formel IX (X = H) und Taut. (in der Literatur als 2,3,5,8-Tetramethyl-4-äthyl-6,7-dipropionsäure-porphyrin bezeichnet).

B. Neben der folgenden Verbindung aus [4-Äthyl-3,5-dimethyl-pyrrol-2-yl]-[4-brom-3,5-dimethyl-pyrrol-2-yl]-methinium-bromid (E III/IV **23** 1336) beim Erwärmen mit Brom in Essigsäure und anschliessenden Erhitzen mit Bis-[5-brom-3-(2-carboxy-äthyl)-4-methyl-pyrrol-2-yl]-methinium-bromid (E III/IV **25** 1108) und Methylbernsteinsäure (*Fischer et al.,* Z. physiol. Chem. **279** [1943] 1, 19).

Kristalle (aus Eg.); λ_{max} (Py.+Ae.; 430–625 nm): *Fi. et al.*

Dimethylester $C_{34}H_{38}N_4O_4$. Blaue Kristalle (aus $CHCl_3$+Me.); F: 249°. – Eisen(III)-Komplex $Fe(C_{34}H_{36}N_4O_4)Cl$. Schwarzblaue Kristalle (aus Eg.); F: 275°. λ_{max} (Py.+$N_2H_4 \cdot H_2O$; 505–555 nm): *Fi. et al.*

3,3'-[7-Äthyl-13-brom-3,8,12,17-tetramethyl-porphyrin-2,18-diyl]-di-propionsäure $C_{32}H_{33}BrN_4O_4$, Formel IX (X = Br) und Taut.

B. s. im vorangehenden Artikel.

Kristalle [aus Eg.] (*Fischer et al.*, Z. physiol. Chem. **279** [1943] 1, 20).

Dimethylester $C_{34}H_{37}BrN_4O_4$. Hellrote Kristalle (aus $CHCl_3$ + Me.); F: 228°. λ_{max} (Py. + Ae.; 435 – 625 nm): *Fi. et al.* Über die Basizität s. *Fi. et al.* – Eisen(III)-Komplex. Blau⸗schwarze Kristalle (aus Eg.); F: 267°. λ_{max} (Py. + $N_2H_4 \cdot H_2O$; 425 – 555 nm): *Fi. et al.*

3,3'-[3,7,8,12,13,17-Hexamethyl-porphyrin-2,18-diyl]-di-propionsäure, 3,8-Dimethyl-deutero⸗porphyrin $C_{32}H_{34}N_4O_4$, Formel X (R = X = H) und Taut. (in der Literatur als 1,2,3,4,5,8-Hexamethyl-porphin-6,7-dipropionsäure bezeichnet).

B. In geringer Menge beim Erwärmen von Bis-[3,4,5-trimethyl-pyrrol-2-yl]-methinium-bromid (E III/IV **23** 1337) mit Brom in Essigsäure und Erhitzen des Reaktionsprodukts mit Bis-[5-brom-3-(2-carboxy-äthyl)-4-methyl-pyrrol-2-yl]-methinium-bromid (E III/IV **25** 1108) und Bernstein⸗säure auf 240 – 250° (*Fischer, Jordan*, Z. physiol. Chem. **191** [1930] 36, 54).

Kristalle (aus Py. + Eg.). λ_{max} in Äther (430 – 630 nm) sowie in wss. HCl (415 – 595 nm): *Fi., Jo.*

Dihydrochlorid $C_{32}H_{34}N_4O_4 \cdot 2HCl$. Kristalle (aus wss. HCl); F: 387°.

Kupfer(II)-Komplex $CuC_{32}H_{32}N_4O_4$. Kristalle (aus Py. + Eg.). λ_{max} (Py. + Ae.; 425 – 575 nm): *Fi., Jo.*

Eisen(III)-Komplex $Fe(C_{32}H_{32}N_4O_4)Cl$. Kristalle, die sich unterhalb 360° nicht zersetzen. λ_{max} (Py. + $N_2H_4 \cdot H_2O$; 440 – 555 nm): *Fi., Jo.*

3,3'-[3,7,8,12,13,17-Hexamethyl-porphyrin-2,18-diyl]-di-propionsäure-dimethylester, 3,8-Dimethyl-deuteroporphyrin-dimethylester $C_{34}H_{38}N_4O_4$, Formel X (R = CH_3, X = H) und Taut.

B. Aus der vorangehenden Säure und methanol. HCl (*Fischer, Jordan*, Z. physiol. Chem. **191** [1930] 36, 55).

Kristalle (aus Py. + Me.); F: 318 – 320°. λ_{max} in $CHCl_3$ (430 – 630 nm), in einem Pyridin-Äther-Gemisch (435 – 630 nm) sowie in wss. HCl [5%ig] (420 – 600 nm): *Fi., Jo.*

Kupfer(II)-Komplex $CuC_{34}H_{36}N_4O_4$. Rote Kristalle (aus Py. + Eg.); F: 297°. λ_{max} in $CHCl_3$ (420 – 575 nm) sowie in Pyridin (430 – 575 nm): *Fi., Jo.*

Eisen(III)-Komplex $Fe(C_{34}H_{36}N_4O_4)Cl$. Kristalle (aus $CHCl_3$ + Eg.); F: 316°. λ_{max} (Py. + $N_2H_4 \cdot H_2O$; 490 – 555 nm): *Fi., Jo.*

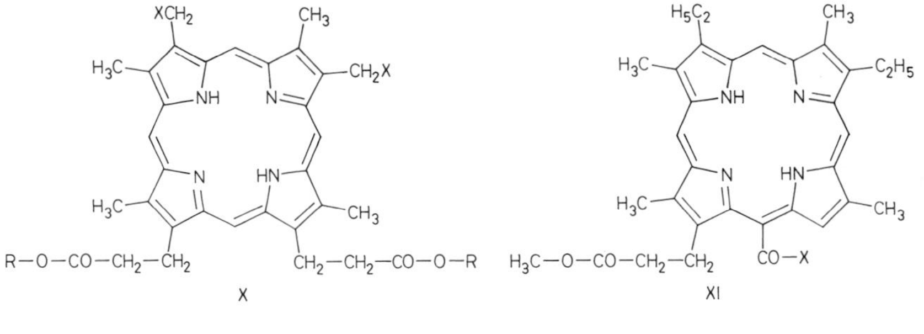

3,3'-[7,12-Bis-brommethyl-3,8,13,17-tetramethyl-porphyrin-2,18-diyl]-di-propionsäure, 3,8-Bis-brommethyl-deuteroporphyrin $C_{32}H_{32}Br_2N_4O_4$, Formel X (R = H, X = Br) und Taut.

B. Aus 3,8-Bis-methoxymethyl-deuteroporphyrin-dimethylester (S. 3156) und HBr in Essig⸗säure (*Fischer, Riedl*, A. **482** [1930] 214, 221).

Dihydrobromid $C_{32}H_{32}Br_2N_4O_4 \cdot 2HBr$. Hygroskopische Kristalle.

12,17-Diäthyl-3-[2-methoxycarbonyl-äthyl]-2,8,13,18-tetramethyl-porphyrin-5-carbonsäure-methylester, 15-Methoxycarbonyl-pyrroporphyrin-methylester $C_{34}H_{38}N_4O_4$, Formel XI ($X = O\text{-}CH_3$) und Taut. (in der Literatur als Pyrroporphyrin-γ-carbonsäure-dimethylester bezeichnet).

B. Beim Behandeln von Phylloporphyrin (S. 2959) mit $KMnO_4$ in Pyridin und anschliessend mit Diazomethan in Äther (*Fischer, Kanngiesser,* A. **543** [1940] 271, 278). Neben anderen Verbindungen beim Erwärmen von 15^1-Oxo-phylloporphyrin-methylester (S. 3178) mit methanol. KOH in Pyridin und anschliessenden Verestern (*Fischer, Mittermair,* A. **548** [1941] 147, 177).

Kristalle (aus Acn. + Me.); F: 242–244° (*Fi., Ka.*). λ_{max} (Py. + Ae.; 440–635 nm): *Fi., Ka.*

3-[8,13-Diäthyl-20-carbamoyl-3,7,12,17-tetramethyl-porphyrin-2-yl]-propionsäure-methylester, 15-Carbamoyl-pyrroporphyrin-methylester $C_{33}H_{37}N_5O_3$, Formel XI ($X = NH_2$) und Taut. (in der Literatur als Pyrroporphyrin-γ-carbonsäureamid-methylester bezeichnet).

B. Aus der folgenden Verbindung beim Erwärmen mit konz. H_2SO_4 auf 70° und anschliessenden Verestern (*Fischer, Kanngiesser,* A. **543** [1940] 271, 279).

Kristalle (aus Acn. + Me.); F: 287°. λ_{max} (Py. + Ae.; 440–630 nm): *Fi., Ka.*

3-[8,13-Diäthyl-20-cyan-3,7,12,17-tetramethyl-porphyrin-2-yl]-propionsäure-methylester, 15-Cyan-pyrroporphyrin-methylester $C_{33}H_{35}N_5O_2$, Formel XII und Taut. (in der Literatur als γ-Cyan-pyrroporphyrin-methylester bezeichnet).

B. Aus 15^1-Hydroxyimino-phylloporphyrin-methylester (S. 3178) beim Erhitzen mit Acetanhydrid und Natriumacetat (*Fischer, Stier,* A. **542** [1939] 224, 233).

Violette Kristalle (aus Py. + Me.); F: 261° (*Fi., St.*). λ_{max} (Py. + Ae.; 440–640 nm): *Fi., St.*

Brom-Derivat $C_{33}H_{34}BrN_5O_2$; 3-[8,13-Diäthyl-18-brom-20-cyan-3,7,12,17-tetramethyl-porphyrin-2-yl]-propionsäure-methylester, 13-Brom-15-cyan-pyrroporphyrin-methylester. Kristalle (aus Py. + Me.); F: 259° (*Fischer, Mittermair,* A. **548** [1941] 147, 168). λ_{max} (Py. + Ae.; 440–640 nm): *Fi., Mi.*

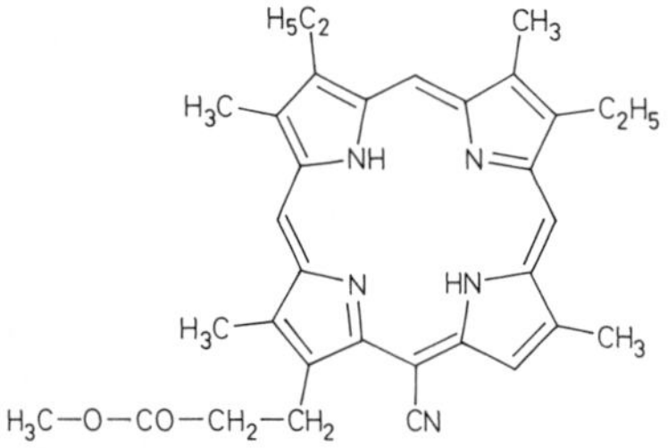

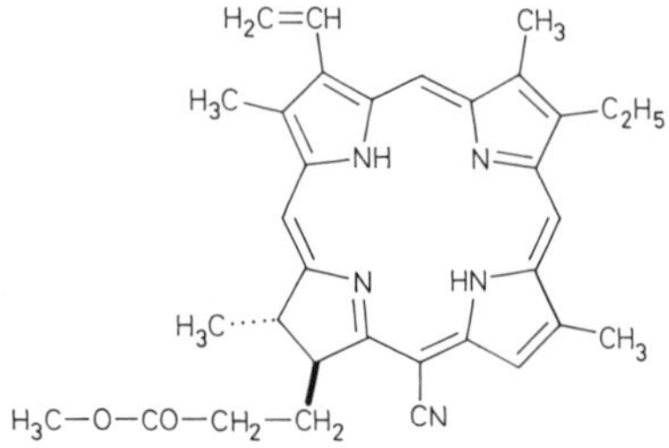

3-[(2*S*)-13-Äthyl-20-cyan-3*t*,7,12,17-tetramethyl-8-vinyl-2,3-dihydro-porphyrin-2*r*-yl]-propionsäure-methylester, 15-Cyan-3^1,3^2-didehydro-pyrrochlorin-methylester $C_{33}H_{35}N_5O_2$, Formel XIII (in der Literatur als Pyrrochlorin-methylester-γ-nitril bezeichnet).

B. Aus 15^1-Hydroxyimino-3^1,3^2-didehydro-phyllochlorin-methylester (S. 3180) beim Erhitzen mit Acetanhydrid unter Zusatz von K_2CO_3 (*Fischer, Strell,* A. **543** [1940] 143, 154).

Kristalle (aus Ae. + Me.); F: 205°. $[\alpha]^{20}_{690-720}$: −605° [Acn.; c = 3,3]. λ_{max} (Py. + Ae.; 430–685 nm): *Fi., St.*

13,17-Diäthyl-8-[2-carboxy-äthyl]-3,7,12,18-tetramethyl-porphyrin-2-carbonsäure, Rhodoporphyrin-XXI $C_{32}H_{34}N_4O_4$, Formel XIV ($R = R' = H$) und Taut.

B. Aus dem Monoäthylester (s. u.) beim Erwärmen mit methanol. KOH in wenig Pyridin (*Fischer, Schormüller,* A. **473** [1929] 211, 237).

Violette Kristalle (aus Py. + Ae.). λ_{max} in einem Pyridin-Äther-Gemisch (440 – 640 nm) sowie in wss. HCl [10%ig] (430 – 610 nm): *Fi., Sch.* Verschiebung der λ_{max} in wss. HCl [10%ig] und in wss. NaOH [3%ig] bei 30 – 100°: *Fi., Sch.,* l. c. S. 248, 249.

13,17-Diäthyl-8-[2-methoxycarbonyl-äthyl]-3,7,12,18-tetramethyl-porphyrin-2-carbonsäure-methylester, Rhodoporphyrin-XXI-dimethylester $C_{34}H_{38}N_4O_4$, Formel XIV ($R = R' = CH_3$) und Taut.

B. Aus der Säure (s. o.) und methanol. HCl (*Fischer, Schormüller,* A. **473** [1929] 211, 238).

Kristalle; F: 218° [aus Ae.] (*Fi., Sch.*), 210° [korr.; aus Py. + Me.] (*Stern, Klebs,* A. **505** [1933] 295, 300). Verbrennungsenthalpie bei 15°: *St., Kl.* λ_{max} in einem Pyridin-Äther-Gemisch (435 – 635 nm) sowie in wss. HCl [10%ig] (430 – 605 nm): *Fi., Sch.*; in Dioxan (505 – 635 nm): *Stern, Wenderlein,* Z. physik. Chem. [A] **170** [1934] 337, 345, 349; λ_{max} (wss. HCl [3 n]): 553 nm und 602 nm (*St., We.*). Fluorescenzmaxima (Dioxan; 630 – 700 nm): *Stern, Molvig,* Z. physik. Chem. [A] **175** [1936] 38, 42.

Kupfer(II)-Komplex $CuC_{34}H_{36}N_4O_4$. Rote Kristalle (aus $CHCl_3$ + Me.); F: 239° (*Fi., Sch.*). Absorptionsspektrum (Dioxan; 480 – 620 nm): *Stern et al.,* Z. physik. Chem. [A] **177** [1936] 40, 46, 65. λ_{max} (Py. + Ae.; 425 – 585 nm): *Fi., Sch.*

Eisen(III)-Komplex $Fe(C_{34}H_{36}N_4O_4)Cl$. F: 306°; λ_{max} (Py. + $N_2H_4 \cdot H_2O$; 450 – 575 nm): *Fi., Sch.*

3-[8-Äthoxycarbonyl-13,17-diäthyl-3,7,12,18-tetramethyl-porphyrin-2-yl]-propionsäure, Rhodoporphyrin-XXI-monoäthylester $C_{34}H_{38}N_4O_4$, Formel XIV ($R = C_2H_5$, $R' = H$) und Taut.

B. In geringer Menge beim Verschmelzen von [4-Äthoxycarbonyl-3,5-dimethyl-pyrrol-2-yl]-[4-(2-carboxy-äthyl)-3,5-dimethyl-pyrrol-2-yl]-methinium-bromid (E II **25** 175) mit Bis-[3-äthyl-5-brom-4-methyl-pyrrol-2-yl]-methinium-bromid (E II **23** 205) und Bernsteinsäure (*Fischer, Schormüller,* A. **473** [1929] 211, 236).

F: 290° [aus Ae.].

7,12-Diäthyl-18-[2-carboxy-äthyl]-3,8,13,17-tetramethyl-porphyrin-2-carbonsäure, Rhodoporphyrin [1]), Rhodoporphyrin-XV $C_{32}H_{34}N_4O_4$, Formel I ($X = X' = OH$) und Taut.

Zusammenfassende Darstellung: *H. Fischer, H. Orth,* Die Chemie des Pyrrols, Bd. 2, Tl. 1 [Leipzig 1937] S. 529; *K.M. Smith,* Porphyrins and Metalloporphyrins [Amsterdam 1975] S. 46, 53, 777.

B. Aus einem Gemisch von Phäophytin-a (S. 3242) und Phäophytin-b (S. 3287) bei der Hydrierung an Palladium/Kohle und anschliessenden Behandeln mit KOH und H_2O_2 in Propan-1-ol und H_2O (*Kenner et al.,* J.C.S. Perkin I **1973** 2517, 2521; vgl. *Treibs, Wiedemann,* A. **471** [1929] 146, 193). Aus Mesopurpurin-18-methylester (Syst.-Nr. 4699) beim Erhitzen mit wss. HCl in Essigsäure (*Ke. et al.*).

Rotbraune Kristalle [aus Ae. oder Py. + Eg.] (*Tr., Wi.,* l. c. S. 195, 196). IR-Spektrum (Nujol; 2 – 15 μ): *Falk, Willis,* Austral. J. scient. Res. [A] **4** [1951] 579, 588. Absorptionsspektrum (Ae. + Py.; 300 – 650 nm): *Hagenbach et al.,* Helv. phys. Acta **9** [1936] 3, 5, 25. λ_{max} der Kristalle (510 – 655 nm): *Treibs,* A. **506** [1933] 196, 256; von Lösungen in Äther (440 – 640 nm): *Tr., Wi.,* l. c. S. 232, 236; in Dioxan (500 – 640 nm): *Falk, Wi.,* l. c. S. 583; in Oxalsäure-diäthylester (440 – 625 nm): *Fischer et al.,* A. **490** [1931] 1, 19; in einem Pyridin-Äther-Gemisch (430 – 595 nm): *Fischer et al.,* A. **480** [1930] 109, 132; in wss. HCl [5%ig] (430 – 615 nm): *Tr., Wi.,* l. c. S. 232, 236; in konz. H_2SO_4 (435 – 615 nm): *Fischer, Treibs,* A. **466** [1928] 188, 242; in methanol. KOH (435 – 605 nm): *Tr.,* A. **506** 258, 259. Verteilung zwischen Äther und wss. HCl [3,5%ig und 4%ig]: *Tr., Wi.,* l. c. S. 159, 222.

Beim Erhitzen auf 310 – 315° entstehen Pyrroätioporphyrin-V [S. 1911] und Pyrroporphyrin [S. 2951] (*Fi., Tr.,* l. c. S. 211). Beim Erhitzen mit methanol. NaOH oder mit wss. H_2SO_4

[1] Bei von Rhodoporphyrin abgeleiteten Namen gilt die in Formel I angegebene Stellungsbezeichnung (vgl. *Merritt, Loening,* Pure appl. Chem. **51** [1979] 2251, 2297).

entsteht Pyrroporphyrin (*Tr.*, *Wi.*, l. c. S. 201).

Dihydrochlorid $C_{32}H_{34}N_4O_4 \cdot 2HCl$. Kristalle (*Tr.*, *Wi.*, l. c. S. 200).

Magnesium-Komplex. Kristalle [aus Ae.] (*Tr.*, *Wi.*, l. c. S. 199, 223); λ_{max} (wss. HCl; 435–605 nm): *Tr.*, *Wi.*, l. c. S. 232, 236.

Eisen(III)-Komplex $Fe(C_{32}H_{32}N_4O_4)Cl$; **Rhodohämin**. Kristalle (*Fi.*, *Tr.*, l. c. S. 226); λ_{max} (Py. + $N_2H_4 \cdot H_2O$; 460–575 nm): *Fi.*, *Tr.*, l. c. S. 227.

Styphnat $C_{32}H_{34}N_4O_4 \cdot C_6H_3N_3O_8$. Violette Kristalle (aus Acn. + Bzl.); F: 257° [korr.] (*Treibs*, A. **476** [1929] 1, 4, 53). λ_{max} der Kristalle (540–585 nm) sowie von Lösungen in Aceton, auch unter Zusatz von Styphninsäure und H_2O (530–610 nm): *Tr.*, A. **476** 4, 53.

Diflavianat (8-Hydroxy-5,7-dinitro-naphthalin-2-sulfonat) $C_{32}H_{34}N_4O_4 \cdot 2C_{10}H_6N_2O_8S$. Violette Kristalle [aus Acn.] (*Tr.*, A. **476** 4, 53). λ_{max} der Kristalle (560–610 nm) sowie von Lösungen in Aceton, auch unter Zusatz von Flaviansäure und H_2O (530–605 nm): *Tr.*, A. **476** 54.

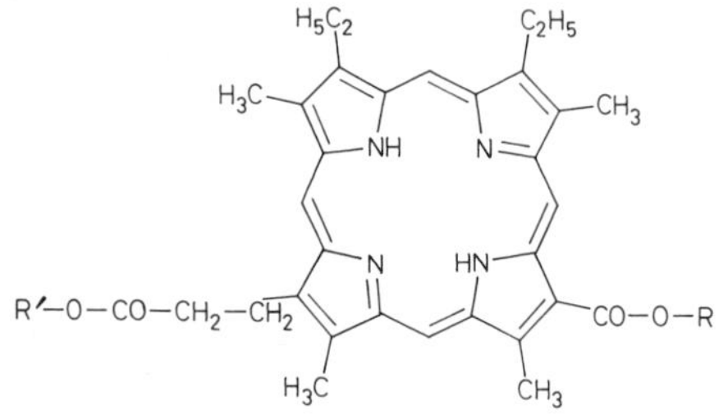

XIV

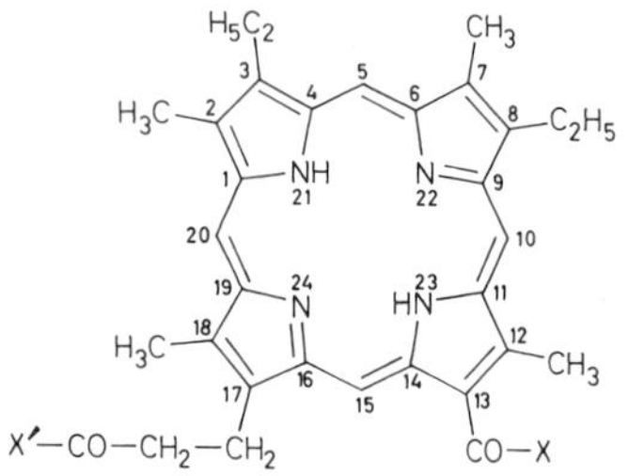

I

7,12-Diäthyl-18-[2-methoxycarbonyl-äthyl]-3,8,13,17-tetramethyl-porphyrin-2-carbonsäure, Rhodoporphyrin-17-methylester $C_{33}H_{36}N_4O_4$, Formel I (X = OH, X′ = O-CH_3) und Taut. (in der Literatur als Rhodoporphyrin-monomethylester-(7) bezeichnet).

Über diese Verbindung s. *Scheer, Wolf*, A. **1973** 1741, 1748; *Cox et al.*, J.C.S. Perkin I **1974** 512, 515. Die Identität mit dem nachstehend beschriebenen Präparat ist ungewiss.

B. Aus der vorangehenden Säure beim Behandeln mit HBr in Essigsäure und Methanol sowie aus dem folgenden Dimethylester beim Behandeln mit wss. HCl (*Fischer et al.*, A. **471** [1929] 237, 264).

Kristalle; F: 330° [nach Sintern ab 285°; aus Py. + Acn.] (*Fi. et al.*, A. **471** 264), 326° [aus $CHCl_3$] (*Fischer et al.*, A. **490** [1931] 38, 61).

Eisen(III)-Komplex $Fe(C_{33}H_{34}N_4O_4)Cl$. Kristalle (*Fi. et al.*, A. **471** 265). λ_{max} (Py. + $N_2H_4 \cdot H_2O$; 450–565 nm): *Fi. et al.*, A. **471** 265.

7,12-Diäthyl-18-[2-methoxycarbonyl-äthyl]-3,8,13,17-tetramethyl-porphyrin-2-carbonsäure-methylester, Rhodoporphyrin-dimethylester $C_{34}H_{38}N_4O_4$, Formel I (X = X′ = O-CH_3) und Taut.

Zusammenfassende Darstellung: *H. Fischer, H. Orth*, Die Chemie des Pyrrols, Bd. 2, Tl. 1 [Leipzig 1937] S. 534.

B. Aus der Säure (s. o.) und Diazomethan (*Kenner et al.*, J.C. S. Perkin I **1973** 2517, 2521; s. a. *Fischer et al.*, A. **480** [1930] 109, 131) oder Dimethylsulfat (*Fi.*, *Orth*, l. c. S. 532). Aus Mesopurpurin-7-trimethylester (S. 3295) beim Erhitzen in 2,4,6-Trimethyl-pyridin auf 200° (*Ke. et al.*).

Kristalle; F: 268° [korr.; aus Ae. oder $CHCl_3$ + Me.] (*Treibs, Wiedemann*, A. **471** [1929] 146, 197), 266° [korr.; aus Py. + Me.] (*Stern, Klebs*, A. **505** [1933] 295, 299), 263° [aus $CHCl_3$ + Me.] (*Fischer, Lakatos*, A. **506** [1933] 123, 145). Verbrennungsenthalpie bei 15°: *St.*, *Kl.* IR-Spektrum (KBr; 3000–1500 cm^{-1}): *Wetherell et al.*, Am. Soc. **81** [1959] 4517, 4519. Absorptionsspektrum (Dioxan; 220–450 nm bzw. 480–650 nm): *Pruckner, Stern*, Z. physik. Chem. [A] **177** [1936] 387, 388, 390, 395; *Stern, Wenderlein*, Z. physik. Chem. [A] **170** [1934] 337,

345, 346. λ_{max} in einem Äthanol-Äther-Gemisch bei 77 K (510–630 nm): *Conant, Kamerling,* Am. Soc. **53** [1931] 3522, 3527; in einem Pyridin-Äther-Gemisch (440–640 nm): *Fi. et al.,* l. c. S. 133; λ_{max} (wss. HCl): 554,5 nm und 602,5 nm (*St., We.,* l. c. S. 349). Fluorescenzmaxima der Kristalle: 702,5 nm; einer Lösung in Dioxan: 633 nm, 658,5 nm, 678,5 nm und 699 nm (*Stern, Molvig,* Z. physik. Chem. [A] **175** [1936] 38, 42, 43).

Beim Behandeln mit PbO_2 entsteht Rhodoxanthoporphinogen-dimethylester [S. 3308] (*Tr., Wi.,* l. c. S. 200). Überführung in eine Verbindung $C_{41}H_{42}N_4O_6$ („*meso*-Benzoyloxyrhodoporphyrin-dimethylester"; Kristalle [aus $CHCl_3$ + Me.]; F: 205° [nach Sintern bei 200°]; λ_{max} [Py. + Ae.; 430–650 nm]): *Stier,* Z. physiol. Chem. **272** [1942] 239, 269. Beim Erwärmen mit Methylmagnesiumjodid in Äther und anschliessenden Behandeln mit wss. HCl ist eine Verbindung $C_{35}H_{42}N_4O_3$ (Kristalle; F: 294°) erhalten worden (*Fischer et al.,* A. **505** [1933] 209, 232).

Kupfer(II)-Komplex $CuC_{34}H_{36}N_4O_4$. Rotbraune Kristalle (aus $CHCl_3$ + Me.); F: 243° [korr.] (*Treibs, Wiedemann,* A. **471** [1929] 146, 198; s. a. *Kunz, Sehrbundt,* B. **58** [1925] 1868, 1875).

Zink-Komplex $ZnC_{34}H_{36}N_4O_4$. Kristalle [aus Eg.] (*Kunz, Se.,* l. c. S. 1876). λ_{max} (Ae.; 435–605 nm): *Dietz, Werner,* Am. Soc. **56** [1934] 2180, 2183.

Eisen(II)-Komplex. Verbindung mit Pyridin $FeC_{34}H_{36}N_4O_4 \cdot 2C_5H_5N$. *B.* Aus dem nachfolgenden Eisen(III)-Komplex beim Erwärmen mit Pyridin und N_2H_4 in H_2O (*Stier,* Z. physiol. Chem. **272** [1942] 239, 268). – Rote Kristalle (aus Py. + H_2O); F: 195° [nach Sintern bei 182°] (*St.*).

Eisen(III)-Komplex $Fe(C_{34}H_{36}N_4O_4)Cl$; Rhodohämin-dimethylester. Kristalle (aus Me. + $CHCl_3$) mit 1 Mol Methanol; F: 294° [korr.] (*Tr., Wi.,* l. c. S. 199). IR-Spektrum (Nujol; 2–15 μ): *Falk, Willis,* Austral. J. scient. Res. [A] **4** [1951] 579, 588. λ_{max} (Py. + $N_2H_4 \cdot H_2O$; 450–575 nm): *Tr., Wi.,* l. c. S. 233; s. a. *Di., We.*

Nitro-Derivat $C_{34}H_{37}N_5O_6$. *B.* Beim Behandeln der Säure (s. o.) mit $NaNO_2$ in Essigsäure und anschliessenden Verestern mit Diazomethan (*Fischer, Klendauer,* A. **547** [1941] 123, 136). – Kristalle; F: 192° [nach Sintern bei 185°] (*Fi., Kl.*). λ_{max} in einem Pyridin-Äther-Gemisch (440–640 nm) und in wss. HCl (455–625 nm): *Fi., Kl.* – Kupfer(II)-Komplex $CuC_{34}H_{35}N_5O_6$. Kristalle (aus $CHCl_3$ + Me.); F: 220° (*Fi., Kl.*). λ_{max} (Py. + Ae.; 440–595 nm): *Fi., Kl.*

Dihydroxy-dihydro-Derivat $C_{34}H_{40}N_4O_6$ („Dioxychlorin"). *B.* Aus dem Dimethylester beim aufeinanderfolgenden Behandeln mit OsO_4, mit Na_2SO_3 und mit Diazomethan (*Fischer, Eckoldt,* A. **544** [1940] 138, 156; *Wenderoth,* A. **558** [1947] 53, 60). – Kristalle (aus Py. + Me.); F: 262° (*Fi., Eck.*). Absorptionsspektrum (Dioxan; 465–655 nm): *Pruckner,* Z. physik. Chem. [A] **188** [1941] 41, 49, 58. λ_{max} (Py. + Ae.; 435–650 nm): *Fi., Eck.* – Überführung in ein Bis-benzoyloxy-dihydro-Derivat $C_{48}H_{48}N_4O_8$ (Kristalle; F: 216°; λ_{max} [Ae. + Py.; 440–655 nm]): *We.* – Kupfer(II)-Komplex $CuC_{34}H_{38}N_4O_6$. Kristalle (aus Py. + Me.); F: 233° (*Fi., Eck.*). Absorptionsspektrum (Dioxan; 480–650 nm): *Pr.,* l. c. S. 53, 58.

Oxo-dihydro-Derivat $C_{34}H_{38}N_4O_5$. *B.* Aus dem Dihydroxy-dihydro-Derivat (s. o.) beim Behandeln mit H_2SO_4 [SO_3 enthaltend] und anschliessend mit Diazomethan (*Fi., Eck.,* l. c. S. 158). – Kristalle (aus Py. + Me.); F: 254° (*Fi., Eck.*). λ_{max} (Ae.; 440–645 nm): *Fi., Eck.*

3-[18-Äthoxycarbonyl-8,13-diäthyl-3,7,12,17-tetramethyl-porphyrin-2-yl]-propionsäure, Rhodoporphyrin-13-äthylester $C_{34}H_{38}N_4O_4$, Formel I (X = O-C_2H_5, X′ = OH) und Taut. (in der Literatur als Rhodoporphyrin-monoäthylester-(6) bezeichnet).

B. In geringer Menge aus [4-Äthoxycarbonyl-3,5-dimethyl-pyrrol-2-yl]-[3-äthyl-5-carboxy-4-methyl-pyrrol-2-yl]-methinium-bromid (E III/IV **25** 1106) und [4-Äthyl-3,5-dimethyl-pyrrol-2-yl]-[4-(2-carboxy-äthyl)-3-methyl-pyrrol-2-yl]-methinium-bromid (E II **25** 144) beim Bromieren und anschliessenden Erhitzen mit Bernsteinsäure (*Fischer et al.,* A. **480** [1930] 109, 131). In geringer Menge beim Erhitzen von [4-Äthoxycarbonyl-5-brom-3-methyl-pyrrol-2-yl]-[3-äthyl-4,5-dimethyl-pyrrol-2-yl]-methinium-bromid (E III/IV **25** 869) mit [4-Äthyl-5-brom-3-methyl-pyrrol-2-yl]-[5-äthyl-4-(2-carboxy-äthyl)-3-methyl-pyrrol-2-yl]-methinium-bromid (E III/IV **25** 879) und Methylbernsteinsäure auf 170° (*Fischer, Weichmann,* A. **492** [1932] 35, 59).

Kristalle (aus Ae.); F: 285° [korr.] (*Fi., We.*).

[7,12-Diäthyl-18-(2-methoxycarbonyl-äthyl)-3,8,13,17-tetramethyl-porphyrin-2-carbonsäure]-essigsäure-anhydrid, Essigsäure-[rhodoporphyrin-17-methylester]-anhydrid $C_{35}H_{38}N_4O_5$, Formel I (X = O-CO-CH_3, X' = O-CH_3) und Taut. (in der Literatur als Rhodoporphyrin-7-monomethylester-6-acetat bezeichnet).

B. Aus Rhodoporphyrin-17-methylester (s. o.) und Acetanhydrid (*Fischer et al.*, A. **471** [1929] 237, 257, 265).

Violette Kristalle (aus Acetanhydrid); F: 208° [korr.; Zers.].

[18-(2-Acetoxycarbonyl-äthyl)-7,12-diäthyl-3,8,13,17-tetramethyl-porphyrin-2-carbonsäure]-essigsäure-anhydrid, Essigsäure-rhodoporphyrin-anhydrid $C_{36}H_{38}N_4O_6$, Formel I (X = X' = O-CO-CH_3) und Taut. (in der Literatur als Rhodoporphyrindiacetat bezeichnet).

B. Aus Rhodoporphyrin (s. o.) und Acetanhydrid (*Fischer et al.*, A. **471** [1929] 237, 257, 262).

Kristalle (aus Acetanhydrid); F: 199° [korr.; Zers.]. λ_{max} (Ae.; 435–650 nm): *Fi. et al.*

Benzoesäure-[7,12-diäthyl-18-(2-benzoyloxycarbonyl-äthyl)-3,8,13,17-tetramethyl-porphyrin-2-carbonsäure]-anhydrid, Benzoesäure-rhodoporphyrin-anhydrid $C_{46}H_{42}N_4O_6$, Formel I (X = X' = O-CO-C_6H_5) und Taut. (in der Literatur als Rhodoporphyrindibenzoat bezeichnet).

B. Aus Rhodoporphyrin (s. o.) beim Erhitzen mit Benzoesäure-anhydrid (*Treibs*, A. **506** [1933] 196, 256).

Kristalle; F: 170° [korr.; rasches Erhitzen]. λ_{max} (Ae.; 435–650 nm): *Tr.*

Kupfer(II)-Komplex. λ_{max} ($CHCl_3$; 430–605 nm): *Tr.*

3-[8,13-Diäthyl-3,7,12,17-tetramethyl-18-(piperidin-1-carbonyl)-porphyrin-2-yl]-propionsäure-methylester, Rhodoporphyrin-17-methylester-13-piperidid $C_{38}H_{45}N_5O_3$, Formel II und Taut.

B. Aus sog. Mesochlorin-p_6-dimethylester-6-carbonsäure-piperidid (15-Methoxycarbonyl-rhodochlorin-17-methylester-13-piperidid; S. 3059) sowie aus sog. Mesorhodochlorin-monomethylester-6-carbonsäure-piperidid (Rhodochlorin-17-methylester-13-piperidid; S. 2986) beim Erwärmen mit KOH in Propan-1-ol (*Fischer, Gibian*, A. **550** [1942] 208, 249, 250).

Kristalle (aus $CHCl_3$ + Ae.); F: 260°. λ_{max} (Dioxan + Ae.; 430–625 nm): *Fi., Gi.*

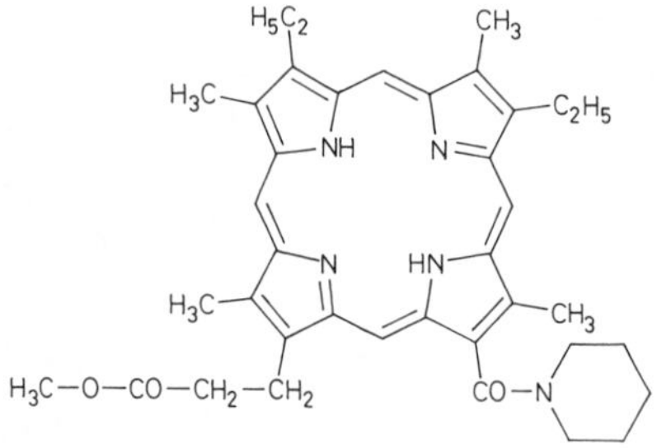

II

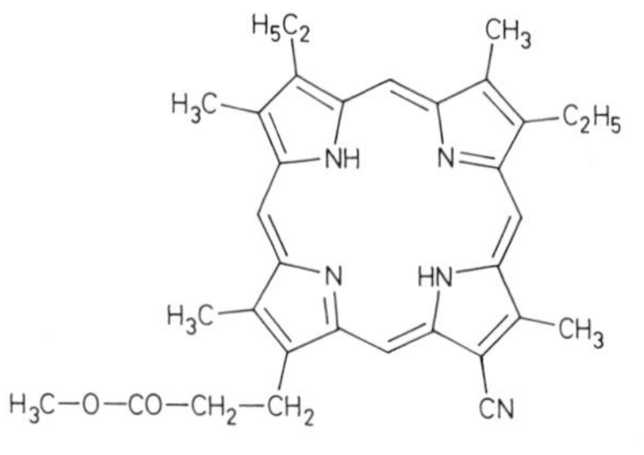

III

3-[8,13-Diäthyl-18-cyan-3,7,12,17-tetramethyl-porphyrin-2-yl]-propionsäure-methylester, 13-Cyan-pyrroporphyrin-methylester $C_{33}H_{35}N_5O_2$, Formel III und Taut. (in der Literatur als 6-Cyan-pyrroporphyrin-methylester bezeichnet).

B. Aus 13-Brom-pyrroporphyrin-methylester (S. 2956) beim Erhitzen mit CuCN in Chinolin (*Fischer, Laubereau*, A. **535** [1938] 17, 28). Aus dem 15^1-Hydroxyimino-phylloporphyrin-methylester (S. 3178) beim Erhitzen mit Acetanhydrid und Natriumacetat (*Fischer, Beer*, Z. physiol. Chem. **244** [1936] 31, 44).

Kristalle (aus Acn.); F: 250° (*Fi., La.*), 239° (*Fi., Beer*). λ_{max} (Py. + Ae.; 435–630 nm): *Fi., Beer.*

Eisen(III)-Komplex Fe($C_{33}H_{33}N_5O_2$)Cl. Blauschwarze Kristalle; F: 312° (*Fi., Beer*). λ_{max}

(Py. + $N_2H_4 \cdot H_2O$; 450 – 570 nm): *Fi., Beer.*

7,12-Diäthyl-18-[2-carbazoyl-äthyl]-3,8,13,17-tetramethyl-porphyrin-2-carbonsäure, Rhodoporphyrin-17-hydrazid $C_{32}H_{36}N_6O_3$, Formel I (X = OH, X′ = NH-NH$_2$) und Taut.

B. Aus Rhodoporphyrin-17-methylester (S. 3006) beim Erwärmen mit $N_2H_4 \cdot H_2O$ in Methanol (*Fischer et al.*, Z. physiol. Chem. **241** [1936] 201, 202, 211; s. a. *H. Fischer, H. Orth,* Die Chemie des Pyrrols, Bd. 2, Tl. 1 [Leipzig 1937] S. 578).

Kristalle (aus Py. + Me.); F: 285°.

7,12-Diäthyl-18-[2-carbazoyl-äthyl]-3,8,13,17-tetramethyl-porphyrin-2-carbonsäure-hydrazid, Rhodoporphyrin-dihydrazid $C_{32}H_{38}N_8O_2$, Formel I (X = X′ = NH-NH$_2$) und Taut.

B. Aus Rhodoporphyrin-dimethylester (S. 3006) und $N_2H_4 \cdot H_2O$ in Methanol bei 135° neben einem Monohydrazid (*Fischer et al.*, Z. physiol. Chem. **241** [1936] 201, 211; s. a. *H. Fischer, H. Orth,* Die Chemie des Pyrrols, Bd. 2, Tl. 1 [Leipzig 1937] S. 578).

Kristalle (aus Py.); unterhalb 360° nicht schmelzend (*Fi. et al.*).

(17*S*)-7-Äthyl-18*t*-[2-carboxy-äthyl]-3,8,13,17*r*-tetramethyl-12-vinyl-17,18-dihydro-porphyrin-2-carbonsäure, 3^1,3^2-Didehydro-rhodochlorin, Chlorin-f $C_{32}H_{34}N_4O_4$, Formel IV (R = R′ = H) und Taut. (in der älteren Literatur auch als Rhodochlorin bezeichnet).

Zusammenfassende Darstellung: *H. Fischer, A. Stern,* Die Chemie des Pyrrols, Bd. 2, Tl. 2 [Leipzig 1940] S. 131.

Über die vermutliche Identität mit Phytochlorin-f (*Willstätter, Hocheder,* A. **354** [1907] 205, 207; *Willstätter, Utzinger,* A. **382** [1911] 129, 176; *Willstätter et al.*, A. **385** [1911] 156, 177) und mit Chlorin-10 (*Treibs, Wiedemann,* A. **471** [1929] 146, 160, 178, 189) s. *Conant et al.*, Am. Soc. **53** [1931] 359, 362.

B. Aus Phäophorbid-a (S. 3237) in Pyridin beim Behandeln mit einer sauerstoffgesättigten Lösung von KOH in Propan-1-ol und anschliessenden kurzen Erhitzen (*Fischer, Pfeiffer,* A. **556** [1944] 131, 156; vgl. *Conant et al.*, Am. Soc. **53** [1931] 2382, 2392). Aus Pyrophäophorbid-a-methylester (3^1,3^2-Didehydro-phytochlorin-methylester; S. 3191) beim Behandeln mit H_2O_2 und KOH in Pyridin und Dioxan (*Fischer, Conrad,* A. **538** [1939] 143, 149). Aus Purpurin-7 (15-Hydroxyoxalyl-3^1,3^2-didehydro-rhodochlorin; Monomethylester S. 3304) beim Erwärmen mit KOH in Propan-1-ol (*Co. et al.*, l. c. S. 370). Aus Purpurin-7-trimethylester [S. 3304] (*Co. et al.*, l. c. S. 371) sowie aus 15-Methoxycarbonyl-3^1,3^2-didehydro-rhodochlorin-dimethylester [„Chlorin-p$_6$-trimethylester"; S. 3067] (*Dietz, Ross,* Am. Soc. **56** [1934] 159, 163) beim Erwärmen mit methanol. KOH.

Kristalle [aus Ae.] (*Co. et al.*, l. c. S. 371). λ_{max} in Äther (435 – 685 nm) und in wss. HCl [12%ig] (435 – 680 nm): *Co. et al.*, l. c. S. 371.

3-[(2*S*)-13-Äthyl-18-methoxycarbonyl-3*t*,7,12,17-tetramethyl-8-vinyl-2,3-dihydro-porphyrin-2-yl]-propionsäure, 3^1,3^2-Didehydro-rhodochlorin-13-methylester $C_{33}H_{36}N_4O_4$, Formel IV (R = CH$_3$, R′ = H) und Taut. (in der Literatur als Rhodochlorin-monomethylester bezeichnet).

B. Aus dem Dimethylester (s. u.) beim Behandeln mit wss. HCl (*Strell, Iscimenler,* A. **557** [1947] 175, 179, 184). Aus Phäopurpurin-7 (15-Hydroxyoxalyl-3^1,3^2-didehydro-rhodochlorin-13-methylester; S. 3304) beim Erhitzen in Biphenyl neben anderen Verbindungen (*Conant et al.*, Am. Soc. **53** [1931] 359, 369).

Kristalle (aus Acn. + Me.); F: 262° (*St., Is.*). Kristalle [aus Ae.] (*Co. et al.*). IR-Spektrum (KBr; 3000 – 1500 cm^{-1}): *Wetherell et al.*, Am. Soc. **81** [1959] 4517, 4519. λ_{max} in Äther (430 – 685 nm) und in wss. HCl [13%ig] (445 – 685 nm): *Co. et al.*

(17*S*)-7-Äthyl-18*t*-[2-methoxycarbonyl-äthyl]-3,8,13,17*r*-tetramethyl-12-vinyl-17,18-dihydro-porphyrin-2-carbonsäure, 3^1,3^2-Didehydro-rhodochlorin-17-methylester $C_{33}H_{36}N_4O_4$, Formel IV (R = H, R′ = CH$_3$) und Taut.

B. Aus der Säure (s. o.) beim Behandeln mit methanol. HCl (*Strell, Iscimenler,* A. **557** [1947]

186, 191).

Kristalle; F: 248° (*St., Is.*). IR-Spektrum (KBr; 3000–1500 cm^{-1}): *Wetherell et al.*, Am. Soc. **81** [1959] 4517, 4519.

(17*S*)-7-Äthyl-18*t*-[2-methoxycarbonyl-äthyl]-3,8,13,17*r*-tetramethyl-12-vinyl-17,18-dihydro-porphyrin-2-carbonsäure-methylester, 3^1,3^2-Didehydro-rhodochlorin-dimethylester, Chlorin-f-dimethylester $C_{34}H_{38}N_4O_4$, Formel IV (R = R′ = CH_3) und Taut.

B. Aus der Säure (s. o.) sowie aus 3^1,3^2-Didehydro-rhodochlorin-13-methylester (s. o.) mit Hilfe von Diazomethan oder Dimethylsulfat (*Conant et al.*, Am. Soc. **53** [1931] 359, 370; *Fischer, Pfeiffer*, A. **556** [1944] 131, 156).

Kristalle (aus Acn.+Me.); F: 210° (*Fischer, Conrad*, A. **538** [1939] 143, 149). $[\alpha]^{20}_{690-730}$: –453° [Acn.; c = 0,1] (*Fischer et al.*, A. **524** [1936] 222, 242); $[\alpha]^{20}_{\text{weisses Licht}}$: –1400° [Acn.; c = 0,01] (*Fi., Co.*, l. c. S. 156). IR-Spektrum (KBr; 3000–1500 cm^{-1}): *Wetherell et al.*, Am. Soc. **81** [1959] 4517, 4519. Absorptionsspektrum in Dioxan (200–450 nm bzw. 490–680 nm): *Pruckner, Stern*, Z. physik. Chem. [A] **177** [1936] 387, 388, 395; *Stern, Wenderlein*, Z. physik. Chem. [A] **177** [1936] 165, 167, 169; in wss. HCl (490–680 nm): *Stern, Molvig*, Z. physik. Chem. [A] **178** [1936] 161, 178, 179. Scheinbare Dissoziationsexponenten pK'_{a1}, pK'_{a2}, pK'_{a3} (triprotonierte Verbindung; Eg.; potentiometrisch ermittelt): –2,0 bzw. –0,7 bzw. 2,2 (*Conant et al.*, Am. Soc. **56** [1934] 2185, 2186).

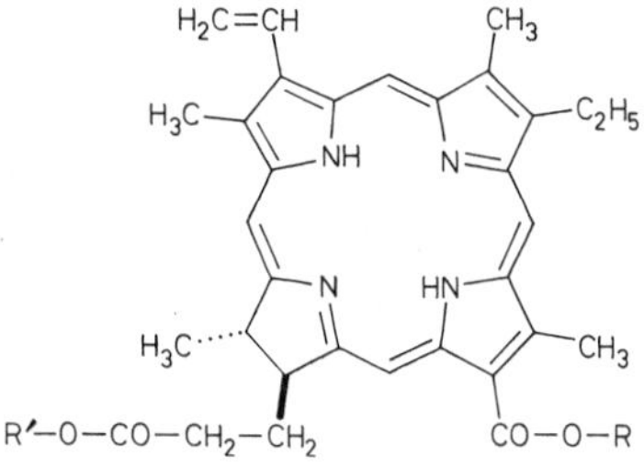

IV 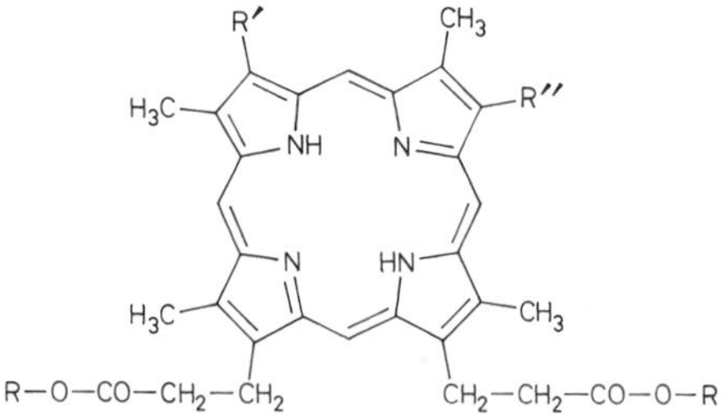 V

Dicarbonsäuren $C_{33}H_{36}N_4O_4$

3,3′-[7-Äthyl-3,8,12,13,17-pentamethyl-porphyrin-2,18-diyl]-di-propionsäure, 8-Äthyl-3-methyl-deuteroporphyrin, 3-Methyl-3-desäthyl-mesoporphyrin $C_{33}H_{36}N_4O_4$, Formel V (R = H, R′ = CH_3, R″ = C_2H_5) und Taut. (in der Literatur als 1,2,3,5,8-Pentamethyl-4-äthyl-porphyrin-6,7-dipropionsäure bezeichnet).

B. Beim Erhitzen von Bis-[5-brom-3-(2-carboxy-äthyl)-4-methyl-pyrrol-2-yl]-methinium-bromid (E III/IV **25** 1108) mit [4-Äthyl-5-brommethyl-3-methyl-pyrrol-2-yl]-[5-brommethyl-3,4-dimethyl-pyrrol-2-yl]-methinium-bromid (E III/IV **23** 1344) und Bernsteinsäure (*Fischer, Jordan*, Z. physiol. Chem. **191** [1930] 36, 46, 48). Aus Spirographishämin (Eisen(III)-Komplex des 3-Formyl-8-vinyl-deuteroporphyrins; S. 3233) beim Hydrieren an Palladium in wss. NaOH und anschliessenden Erwärmen mit Eisen(II)-acetat in Essigsäure und wss. HCl (*Warburg, Negelein*, Bio. Z. **244** [1932] 239, 241; vgl. *Fischer, v. Seemann*, Z. physiol. Chem. **242** [1936] 133, 150; *Fischer, Deilmann*, Z. physiol. Chem. **280** [1944] 186, 209).

Kristalle (aus Py.+Eg.); F: 383° (*Fi., Jo.*). λ_{max} in Äther (430–630 nm) sowie in wss. HCl [1%ig] (425–600 nm): *Fi., Jo.*

Kupfer(II)-Komplex $CuC_{33}H_{34}N_4O_4$. Kristalle (aus Py.+Eg. oder Py.+Me.); F: 364–366° (*Fi., Jo.*). λ_{max} (Py.+Ae.; 415–570 nm): *Fi., Jo.*

Silber(I)-Komplex $AgC_{33}H_{35}N_4O_4$. *B.* Aus dem Silber(I)-Komplex des Dimethylesters (s. u.) und methanol. NaOH in Pyridin (*Fi., Jo.*, l. c. S. 50). – Rote Kristalle [aus Py.+Eg.] (*Fi., Jo.*). λ_{max} (Py.; 415–570 nm): *Fi., Jo.*

Eisen(III)-Komplex $FeC_{33}H_{33}N_4O_4$. Kristalle (*Fi., Jo.*). λ_{max} (Py.+$N_2H_4 \cdot H_2O$; 430–555 nm): *Fi., Jo.*

3,3'-[7-Äthyl-3,8,12,13,17-pentamethyl-porphyrin-2,18-diyl]-di-propionsäure-dimethylester, 8-Äthyl-3-methyl-deuteroporphyrin-dimethylester $C_{35}H_{40}N_4O_4$, Formel V (R = R' = CH_3, R'' = C_2H_5) und Taut.

B. Aus der Säure (s. o.) und methanol. HCl (*Fischer, Jordan,* Z. physiol. Chem. **191** [1930] 36, 46).

Violette Kristalle (aus $CHCl_3$ oder Py. + Me.); F: 255°. λ_{max} in $CHCl_3$ (430–630 nm) sowie in einem Pyridin-Äther-Gemisch (440–630 nm): *Fi., Jo.*

Kupfer(II)-Komplex $CuC_{35}H_{38}N_4O_4$. Kristalle (aus $CHCl_3$ + Me.); F: 214°. λ_{max} in $CHCl_3$ (425–570 nm) sowie in Pyridin (430–575 nm): *Fi., Jo.*

Silber(I)-Komplex $AgC_{35}H_{39}N_4O_4$. Rote Kristalle (aus Bzl.); F: 233°. λ_{max} in $CHCl_3$ (425–570 nm) und in Pyridin (430–570 nm): *Fi., Jo.*

Eisen(III)-Komplex $Fe(C_{35}H_{38}N_4O_4)Cl$. Kristalle (aus $CHCl_3$ + Me.); Zers. bei 273°. λ_{max} (Py. + $N_2H_4 \cdot H_2O$; 430–555 nm): *Fi., Jo.*

3,3'-[8-Äthyl-3,7,12,13,17-pentamethyl-porphyrin-2,18-diyl]-di-propionsäure, 3-Äthyl-8-methyl-deuteroporphyrin, 8-Methyl-8-desäthyl-mesoporphyrin $C_{33}H_{36}N_4O_4$, Formel V (R = H, R' = C_2H_5, R'' = CH_3) und Taut.

B. Beim Erhitzen von Bis-[5-brom-3-(2-carboxy-äthyl)-4-methyl-pyrrol-2-yl]-methinium-bromid (E III/IV **25** 1108) mit [3-Äthyl-5-brommethyl-4-methyl-pyrrol-2-yl]-[5-brommethyl-3,4-dimethyl-pyrrol-2-yl]-methinium-bromid (E III/IV **23** 1345) und Bernsteinsäure auf 245–250° (*Fischer, Jordan,* Z. physiol. Chem. **191** [1930] 36, 51).

Kristalle (aus Py. + Eg.); F: 385°. λ_{max} in Äther (435–630 nm) sowie in wss. HCl [1%ig] (420–600 nm): *Fi., Jo.,* l. c. S. 53.

Kupfer(II)-Komplex $CuC_{33}H_{34}N_4O_4$. Kristalle (aus Py. + Eg.); F: 382°. λ_{max} (Py. + Ae.; 425–575 nm): *Fi., Jo.*

Silber(I)-Komplex $AgC_{33}H_{35}N_4O_4$. *B.* Aus dem Silber(I)-Komplex des Dimethylesters [s. u.] (*Fi., Jo.,* l. c. S. 54). – Rote Kristalle (aus Py. + Eg.).

Eisen(III)-Komplex $FeC_{33}H_{33}N_4O_4$. Kristalle (aus Eg. + H_2O). λ_{max} (Py. + $N_2H_4 \cdot H_2O$; 440–555 nm): *Fi., Jo.*

3,3'-[8-Äthyl-3,7,12,13,17-pentamethyl-porphyrin-2,18-diyl]-di-propionsäure-dimethylester, 3-Äthyl-8-methyl-deuteroporphyrin-dimethylester $C_{35}H_{40}N_4O_4$, Formel V (R = R'' = CH_3, R' = C_2H_5) und Taut.

B. Aus der Säure (s. o.) und methanol. HCl (*Fischer, Jordan,* Z. physiol. Chem. **191** [1930] 36, 51).

Kristalle (aus $CHCl_3$ + Me.); F: 290°. λ_{max} in $CHCl_3$ (430–585 nm) sowie in einem Pyridin-Äther-Gemisch (430–630 nm): *Fi., Jo.*

Kupfer(II)-Komplex $CuC_{35}H_{38}N_4O_4$. Kristalle (aus $CHCl_3$ + Me.); F: 266°. λ_{max} in $CHCl_3$ (420–575 nm) sowie in Pyridin (425–575 nm): *Fi., Jo.*

Silber(I)-Komplex $AgC_{35}H_{39}N_4O_4$. Kristalle (aus Bzl.); F: 272°.

Eisen(III)-Komplex $Fe(C_{35}H_{38}N_4O_4)Cl$. Kristalle (aus $CHCl_3$ + Me.); F: 277°. λ_{max} (Py. + $N_2H_4 \cdot H_2O$; 435–555 nm): *Fi., Jo.*

[12,17-Diäthyl-3-(2-methoxycarbonyl-äthyl)-2,8,13,18-tetramethyl-porphyrin-5-yl]-essigsäure, 15^1-Carboxy-phylloporphyrin-methylester, Isochloroporphyrin-e_4-monomethylester $C_{34}H_{38}N_4O_4$, Formel VI (X = OH, X' = H) und Taut.

B. Aus dem folgenden Dimethylester beim Behandeln mit wss. HCl [20%ig; 2,5 h] (*Strell, Iscimenler,* A. **557** [1947] 175, 185).

Kristalle (aus Ae.); F: 264–265°.

3-[8,13-Diäthyl-20-methoxycarbonylmethyl-3,7,12,17-tetramethyl-porphyrin-2-yl]-propionsäure-methylester, 15^1-Methoxycarbonyl-phylloporphyrin-methylester, Isochloroporphyrin-e_4-dimethylester $C_{35}H_{40}N_4O_4$, Formel VI (X = O-CH_3, X' = H) und Taut.

B. Aus Isochlorin-e_4-dimethylester (S. 3013) beim Hydrieren an Palladium in Essigsäure und anschliessenden Aufbewahren an der Luft (*Fischer, Kellermann,* A. **524** [1936] 25, 28). Aus dem Monobrom-Derivat (F: 146°) des Mesoisochlorin-e_4-dimethylesters (20(?)-Brom-15[1]-methoxycarbonyl-phyllochlorin-methylester; S. 2987) beim Erhitzen in Paraffinöl auf 220° und anschliessenden Verestern mit Diazomethan (*Fischer et al.,* B. **75** [1942] 1778, 1785). Aus 15-Methoxyoxalyl-pyrroporphyrin-methylester („Pyrroporphyrin-γ-glyoxylsäure-dimethylester"; S. 3225) beim Hydrieren an Palladium in Ameisensäure bei 90–95°, anschliessenden Aufbewahren an der Luft und Verestern mit Diazomethan (*Fischer et al.,* A. **543** [1940] 258, 269).

Kristalle (aus Acn.); F: 230–231° (*Fi. et al.,* A. **543** 268).

Überführung in 13[1]-Hydroxy-13[2]-methoxycarbonyl-13[1]-desoxo-phytoporphyrin-methylester (S. 3152) und Phäoporphyrin-a_5-dimethylester (13[2]-Carboxy-phytoporphyrin-methylester; S. 3235): *Fi., Ke.*; *Fischer, Laubereau,* A. **535** [1938] 17, 34.

Eisen(III)-Komplex $Fe(C_{35}H_{38}N_4O_4)Cl$. Kristalle (aus Eg.); F: 289° (*Fi., Ke.*). λ_{max} in einem Pyridin-Äther-Gemisch (455–565 nm) sowie in Pyridin unter Zusatz von $N_2H_4 \cdot H_2O$ (450–565 nm): *Fi., Ke.*

3-[8,13-Diäthyl-20-carbamoylmethyl-3,7,12,17-tetramethyl-porphyrin-2-yl]-propionsäure-methylester, 15[1]-Carbamoyl-phylloporphyrin-methylester $C_{34}H_{39}N_5O_3$, Formel VI (X = NH_2, X' = H) und Taut. (in der Literatur als Pyrroporphyrin-γ-essigsäure-amid-methylester bezeichnet).

B. Aus 15[1]-Carbamoyl-15[1]-hydroxy-phylloporphyrin-methylester (S. 3148) beim Hydrieren an Palladium in Ameisensäure und anschliessenden Aufbewahren an der Luft (*Fischer et al.,* A. **543** [1940] 258, 266).

Kristalle (aus Acn. + Me.); F: 318°.

3-[8,13-Diäthyl-18-brom-20-methoxycarbonylmethyl-3,7,12,17-tetramethyl-porphyrin-2-yl]-propionsäure-methylester, 13-Brom-15[1]-methoxycarbonyl-phylloporphyrin-methylester $C_{35}H_{39}BrN_4O_4$, Formel VI (X = O-CH_3, X' = Br) und Taut. (in der Literatur als 6-Brom-isochloroporphyrin-e_4-dimethylester bezeichnet).

B. Aus dem Dimethylester (s. o.) und Brom in Essigsäure (*Fischer, Kellermann,* A. **524** [1936] 25, 30). Aus 13,x-Dibrom-15[1]-methoxycarbonyl-phyllochlorin-methylester (S. 2988) beim Erhitzen in Paraffinöl auf 200° (*Fischer et al.,* B. **75** [1942] 1778, 1788).

Kristalle (aus Acn.); F: 249° (*Fi., Ke.*). λ_{max} (Py. + Ae.; 440–635 nm): *Fi., Ke.*

VI

VII

3-[(2*S*)-13-Äthyl-20-methoxycarbonylmethyl-3*t*,7,12,17-tetramethyl-8-vinyl-2,3-dihydro-porphyrin-2*r*-yl]-propionsäure, 15[1]-Methoxycarbonyl-3[1],3[2]-didehydro-phyllochlorin, Isochlorin-e_4-monomethylester $C_{34}H_{38}N_4O_4$, Formel VII (R = H) und Taut.

B. Aus 15-Methoxycarbonylmethyl-3[1],3[2]-didehydro-rhodochlorin (S. 3073) beim Erhitzen in Biphenyl auf 215° (*Conant, Armstrong,* Am. Soc. **55** [1933] 829, 837). Aus dem folgenden Dimethylester beim Behandeln mit wss. HCl (*Strell, Iscimenler,* A. **557** [1947] 175, 184).

Kristalle (aus Acn. + Me.); F: 190° (*Strell, Iscimenler,* A. **557** [1947] 186, 192). Kristalle [aus Acn. + PAe.] (*Co., Ar.*).

3-[(2*S*)-13-Äthyl-20-methoxycarbonylmethyl-3*t*,7,12,17-tetramethyl-8-vinyl-2,3-dihydro-porphyrin-2*r*-yl]-propionsäure-methylester, 15[1]-Methoxycarbonyl-3[1],3[2]-didehydro-phyllochlorin-methylester, Isochlorin-e_4-dimethylester $C_{35}H_{40}N_4O_4$, Formel VII (R = CH_3) und Taut.

Zusammenfassende Darstellung: *H. Fischer, A. Stern,* Die Chemie des Pyrrols, Bd. 2, Tl. 2 [Leipzig 1940] S. 127.

B. Beim Erhitzen von Chlorin-e_6-dimethylester (S. 3073) auf 220° (*Fischer, Kellermann,* A. **519** [1935] 209, 226). Aus dem vorangehenden Monomethylester und Diazomethan (*Conant, Armstrong,* Am. Soc. **55** [1933] 829, 837).

F: 206–208° [unkorr.] (*Co., Ar.*), 186° (*Fischer, Laubereau,* A. **535** [1938] 17, 25). $[\alpha]^{20}_{\text{weisses Licht}}$: −515° [Acn.; c = 0,2] (*Fischer, Stern,* A. **520** [1935] 88, 96). λ_{max} in Äther (430–685 nm) sowie in wss. HCl (445–680 nm): *Co., Ar.*; in einem Pyridin-Äther-Gemisch (435–680 nm) sowie in Essigsäure (445–670 nm): *Fi., Ke.*

Beim Behandeln mit $KMnO_4$ in Pyridin und mit HCl und Äther ist eine wahrscheinlich als (3[1]Ξ)-20-Chlor-3[1],3[2]-dihydroxy-15[1]-methoxycarbonyl-phyllochlorin-methylester zu formulierende Verbindung (S. 3155) erhalten worden (*Fischer, Kahr,* A. **531** [1937] 209, 230). Überführung in Isochloroporphyrin-e_4-dimethylester (15[1]-Methoxycarbonyl-phylloporphyrin-methylester; S. 3011) und in 3[1],3[2]-Didehydro-phyllochlorin-methylester (S. 2963): *Fi., Ke.,* l. c. S. 229, 230; in 15[1]-Oxo-3[1],3[2]-didehydro-phyllochlorin-methylester (S. 3179): *Fi., Kahr,* l. c. S. 242, 244.

Kupfer(II)-Komplex $CuC_{35}H_{38}N_4O_4$. Blaue Kristalle (aus Acn. + Me.); F: 162° (*Fi., Ke.,* l. c. S. 228).

Eisen(III)-Komplex $Fe(C_{35}H_{38}N_4O_4)Cl$. Kristalle (aus $CHCl_3$ + Eg.) (*Fischer, Ortiz-Velez,* A. **540** [1939] 224, 226). λ_{max} in einem Aceton-Äther-Gemisch (430–620 nm) und in Pyridin unter Zusatz von $N_2H_4 \cdot H_2O$ (430–625 nm): *Fi., Or.-Ve.*

3-[8,13-Diäthyl-18-carbamoylmethyl-3,7,12,17-tetramethyl-porphyrin-2-yl]-propionsäure-methylester, 13-Carbamoylmethyl-pyrroporphyrin-methylester $C_{34}H_{39}N_5O_3$, Formel VIII und Taut. (in der Literatur als 6-Essigsäureamid-pyrroporphyrin-methylester bezeichnet).

B. Aus 13-[Carbamoyl-hydroxy-methyl]-pyrroporphyrin-methylester (S. 3149) beim Hydrieren an Palladium in Ameisensäure bei 65° und anschliessenden Behandeln mit methanol. $FeCl_3$ (*Fischer, Dietl,* A. **547** [1941] 86, 100).

Kristalle (aus Acn.); F: 302°.

7,12-Diäthyl-18-[2-carboxy-äthyl]-3,8,13,17,20-pentamethyl-porphyrin-2-carbonsäure, 15-Methyl-rhodoporphyrin, Chloroporphyrin-e_4 $C_{33}H_{36}N_4O_4$, Formel IX (R = H, X = OH) und Taut.

Zusammenfassende Darstellung: *H. Fischer, A. Stern,* Die Chemie des Pyrrols, Bd. 2, Tl. 2 [Leipzig 1940] S. 220.

B. Aus Chlorin-e_4 [S. 3015] (*Conant, Bailey,* Am. Soc. **55** [1933] 795, 799; s. a. *Fischer et al.,* A. **500** [1933] 215, 242) sowie aus Chloroporphyrin-e_5 [Syst.-Nr. 4699] (*Fi. et al.,* A. **500** 232; *Fischer, Ebersberger,* A. **509** [1934] 19, 32) mit Hilfe von HI in Essigsäure.

Kristalle [aus Py. + Eg.] (*Fi. et al.,* A. **500** 233). λ_{max} (Oxalsäure-diäthylester; 445–625 nm): *Fischer et al.,* A. **490** [1931] 1, 18.

Beim Erhitzen bildet sich Phylloporphyrin [S. 2959] (*Fi. et al.,* A. **500** 234). Bildung von Chloroporphyrin-e_5 beim Erwärmen mit methanol. KOH unter Einleiten von Sauerstoff: *Fischer et al.,* A. **494** [1932] 86, 99. Überführung in Rhodoporphyrin (S. 3005) mit Hilfe von wss. HCl: *Fischer, Weichmann,* A. **492** [1932] 35, 63.

3-[8,13-Diäthyl-18-methoxycarbonyl-3,7,12,17,20-pentamethyl-porphyrin-2-yl]-propionsäure(?), 15-Methyl-rhodoporphyrin-13-methylester(?) $C_{34}H_{38}N_4O_4$, vermutlich Formel IX (R = H, X = O-CH_3) und Taut. (in der Literatur als Chloroporphyrin-e_4-monomethylester bezeichnet).

Zusammenfassende Darstellung: *H. Fischer, A. Stern,* Die Chemie des Pyrrols, Bd. 2, Tl. 2 [Leipzig 1940] S. 221.

B. Aus Chloroporphyrin-e_6-trimethylester (S. 3070) beim Erhitzen mit Ameisensäure (*Fischer et al.*, A. **486** [1931] 107, 148; s. a. *Fischer, Moldenhauer*, A. **478** [1930] 54, 89).

Rotviolette Kristalle [aus Ae.] (*Fi. et al.*, A. **486** 148). λ_{max} (Py.+Ae.; 440–635 nm): *Fi., Mo.*

Kupfer(II)-Komplex $CuC_{34}H_{36}N_4O_4$. Kristalle [aus Py.+Eg.] (*Fischer et al.*, A. **494** [1932] 86, 96). λ_{max} (Py.+Ae.; 435–595 nm): *Fi. et al.*, A. **494** 96.

Eisen(III)-Komplex $Fe(C_{34}H_{36}N_4O_4)Cl$. Kristalle [aus Eg.] (*Fi. et al.*, A. **494** 95). λ_{max} in einem Pyridin-Äther-Gemisch (495–585 nm) sowie in Pyridin unter Zusatz von $N_2H_4 \cdot H_2O$ (495–590 nm): *Fi. et al.*, A. **494** 89, 95.

VIII

IX

7,12-Diäthyl-18-[2-methoxycarbonyl-äthyl]-3,8,13,17,20-pentamethyl-porphyrin-2-carbonsäure, 15-Methyl-rhodoporphyrin-17-methylester $C_{34}H_{38}N_4O_4$, Formel IX (R = CH_3, X = OH) und Taut. (in der Literatur auch als Chloroporphyrin-e_4-monomethylester bezeichnet).

B. Aus dem folgenden Dimethylester beim Behandeln mit wss. HCl (*Strell, Iscimenler*, A. **557** [1947] 175, 185).

Kristalle (aus Ae.); F: 292°.

7,12-Diäthyl-18-[2-methoxycarbonyl-äthyl]-3,8,13,17,20-pentamethyl-porphyrin-2-carbonsäure-methylester, 15-Methyl-rhodoporphyrin-dimethylester, Chloroporphyrin-e_4-dimethylester $C_{35}H_{40}N_4O_4$, Formel IX (R = CH_3, X = O-CH_3) und Taut.

B. Aus der Säure (s. o.) und methanol. HCl (*Fischer, Moldenhauer*, A. **478** [1930] 54, 90) bzw. Diazomethan in Äther (*Fischer et al.*, A. **500** [1933] 215, 233).

Rotviolette Kristalle; F: 273° [korr.; aus Py.+Me.] (*Stern, Klebs*, A. **505** [1933] 295, 303), 268° [aus $CHCl_3$+Me.] (*Fischer et al.*, A. **486** [1931] 107, 149). Verbrennungsenthalpie bei 15°: *St., Kl.* Absorptionsspektrum (Dioxan; 480–660 nm): *Stern, Wenderlein*, Z. physik. Chem. [A] **174** [1935] 81, 83, 93. Fluorescenzmaxima (Dioxan): 648 nm und 707 nm (*Stern, Molvig*, Z. physik. Chem. [A] **175** [1936] 38, 42).

Beim Behandeln mit OsO_4, mit Na_2SO_3 und anschliessenden Verestern ist ein Dihydroxy-dihydro-Derivat ($C_{35}H_{42}N_4O_6$; Kristalle [aus Ae.], F: 284° [Kofler-App.] bzw. 268°; λ_{max} [Ae.; 440–655 nm]) erhalten worden (*Fischer, Pfeiffer*, A. **556** [1944] 131, 151). Beim Erhitzen mit Natriumäthylat in Pyridin und Xylol entsteht Phytoporphyrin [S. 3188] (*Fischer et al.*, A. **523** [1936] 164, 195). Beim Erwärmen mit Methylmagnesiumjodid in Äther und anschliessenden Behandeln mit wss. HCl ist eine Verbindung $C_{36}H_{44}N_4O_3$ (Kristalle [aus $CHCl_3$+Me.], F: 324°) erhalten worden (*Fischer et al.*, A. **505** [1933] 209, 233).

Kupfer(II)-Komplex $CuC_{35}H_{38}N_4O_4$. Kristalle [aus $CHCl_3$+Eg.] (*Fischer et al.*, A. **494** [1932] 86, 96). λ_{max} (Py.+Ae.; 440–595 nm): *Fi. et al.*, A. **494** 96.

Eisen(III)-Komplex $Fe(C_{35}H_{38}N_4O_4)Cl$. Kristalle [aus $CHCl_3$+Eg.] (*Fi. et al.*, A. **494** 95). λ_{max} in einem Pyridin-Äther-Gemisch (475–585 nm) sowie in Pyridin unter Zusatz von $N_2H_4 \cdot H_2O$ (495–585 nm): *Fi. et al.*, A. **494** 95.

3-[8,13-Diäthyl-18-carbamoyl-3,7,12,17,20-pentamethyl-porphyrin-2-yl]-propionsäure-methylester, 15-Methyl-rhodoporphyrin-13-amid-17-methylester, 13-Carbamoyl-phylloporphyrin-methylester $C_{34}H_{39}N_5O_3$, Formel IX (R = CH_3, X = NH_2) und Taut. (in der Literatur als Phylloporphyrin-6-carbonsäureamid-methylester bezeichnet).

B. Aus dem folgenden Nitril beim Erwärmen mit konz. H_2SO_4 und anschliessenden Verestern mit methanol. HCl (*Fischer, Mittermair,* A. **548** [1941] 147, 179).

Rote Kristalle (aus Acn.+Me.); F: 288° [nach Sintern bei 265°]. λ_{max} (Py.+Ae.; 450–650 nm): *Fi., Mi.*

3-[8,13-Diäthyl-18-cyan-3,7,12,17,20-pentamethyl-porphyrin-2-yl]-propionsäure-methylester, 13-Cyan-phylloporphyrin-methylester $C_{34}H_{37}N_5O_2$, Formel X und Taut. (in der Literatur als 6-Cyan-phylloporphyrin-XV-methylester bezeichnet).

B. Aus 13-Brom-phylloporphyrin-methylester (S. 2963) beim Erhitzen mit CuCN in Chinolin (*Fischer, Laubereau,* A. **535** [1938] 17, 30). Aus 13-[Hydroxyimino-methyl]-phylloporphyrin-methylester (S. 3183) beim Erhitzen mit wasserfreiem Kaliumacetat in Acetanhydrid (*Fischer et al.,* A. **523** [1936] 164, 182). Beim Erwärmen von 13-Cyan-phyllochlorin-methylester (S. 2989) mit HI in Essigsäure und anschliessenden Behandeln mit $FeCl_3$ in Methanol (*Fischer, Baláž,* A. **555** [1944] 81, 89).

Kristalle (aus Py.+Me.); F: 263° [korr.] (*Fi., La.*), 255° (*Fi. et al.*). λ_{max} (Py.+Ae.; 445–645 nm): *Fi. et al.*

Kupfer(II)-Komplex $CuC_{34}H_{35}N_5O_2$. Kristalle (aus Py.+Me.); F: 256–257° (*Fi. et al.*). λ_{max} (Py.; 440–605 nm): *Fi. et al.*

Eisen(III)-Komplex $Fe(C_{34}H_{35}N_5O_2)Cl$. Kristalle; F: 293° (*Fi., Ba.*). λ_{max} in Pyridin (485–535 nm) sowie in Pyridin unter Zusatz von $N_2H_4 \cdot H_2O$ (500–580 nm): *Fi., Ba.*

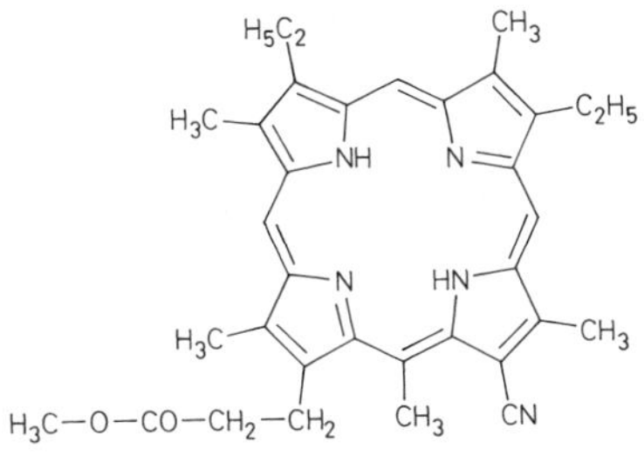

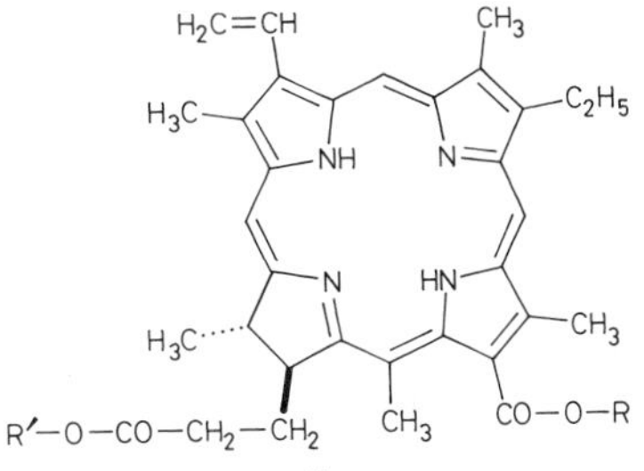

(17*S*)-7-Äthyl-18*t*-[2-carboxy-äthyl]-3,8,13,17*r*,20-pentamethyl-12-vinyl-17,18-dihydro-porphyrin-2-carbonsäure, 15-Methyl-3^1,3^2-didehydro-rhodochlorin, Chlorin-e_4 $C_{33}H_{36}N_4O_4$, Formel XI (R = R′ = H) und Taut.

Zusammenfassende Darstellung: *H. Fischer, A. Stern,* Die Chemie des Pyrrols, Bd. 2, Tl. 2 [Leipzig 1940] S. 125.

B. Beim Erhitzen von Chlorin-e_6 (15-Carboxymethyl-3^1,3^2-didehydro-rhodochlorin; S. 3072) in Pyridin (*Fischer et al.,* A. **500** [1933] 215, 241; vgl. *Fischer et al.,* A. **505** [1933] 209, 234).

Hygroskopische Kristalle [aus Ae.] (*Fi. et al.,* A. **505** 220, 235); F: 250° (*Fi. et al.,* A. **500** 241). λ_{max} (Py.+Ae.; 435–680 nm): *Fi. et al.,* A. **500** 241.

Überführung in Chloroporphyrin-e_4 (S. 3013): *Fi. et al.,* A. **500** 242; in 15-Methyl-3^1-oxo-rhodoporphyrin (S. 3228): *Fischer, Hasenkamp,* A. **513** [1934] 107, 120.

3-[(2*S*)-13-Äthyl-18-methoxycarbonyl-3*t*,7,12,17,20-pentamethyl-8-vinyl-2,3-dihydro-porphyrin-2*r*-yl]-propionsäure, 15-Methyl-3^1,3^2-didehydro-rhodochlorin-13-methylester $C_{34}H_{38}N_4O_4$, Formel XI (R = CH_3, R′ = H) und Taut. (in der Literatur als Chlorin-e_4-monomethylester bezeichnet).

B. Aus dem Dimethylester (s. u.) beim Behandeln mit wss. HCl (*Strell, Iscimenler,* A. **557** [1947] 175, 179, 183).

Kristalle (aus Ae.+Me.); F: 161°.

(17*S*)-7-Äthyl-18*t*-[2-methoxycarbonyl-äthyl]-3,8,13,17*r*,20-pentamethyl-12-vinyl-17,18-dihydro-porphyrin-2-carbonsäure, 15-Methyl-3^1,3^2-didehydro-rhodochlorin-17-methylester $C_{34}H_{38}N_4O_4$, Formel XI (R = H, R′ = CH_3) und Taut. (in der Literatur auch als Chlorin-e_4-monomethylester bezeichnet).

B. Aus der Säure (s. o.) beim Behandeln mit methanol. HCl (*Strell, Iscimenler,* A. **557** [1947]

186, 190).

Kristalle (aus Acn. + Me.); F: 162° (*St., Is.*). IR-Spektrum (KBr; 3000 – 1500 cm^{-1}): *Wetherell et al.*, Am. Soc. **81** [1959] 4517, 4519.

(17*S*)-7-Äthyl-18*t*-[2-methoxycarbonyl-äthyl]-3,8,13,17*r*,20-pentamethyl-12-vinyl-17,18-dihydro-porphyrin-2-carbonsäure-methylester, 15-Methyl-3¹,3²-didehydro-rhodochlorin-dimethylester, Chlorin-e₄-dimethylester $C_{35}H_{40}N_4O_4$, Formel XI (R = R′ = CH_3) und Taut.

B. Aus Chlorin-e_4 (s. o.) und Diazomethan in Äther (*Fischer et al.*, A. **500** [1933] 215, 241).

Blaue Kristalle; F: 175° [korr.; aus Py. + Me.] (*Stern, Klebs*, A. **505** [1933] 295, 303), 166° [aus $CHCl_3$ + Me.] (*Fi. et al.*). Verbrennungsenthalpie bei 15°: *St., Kl.* $[\alpha]^{20}_{\text{weisses Licht}}$: −337° [Acn.; c = 0,1] (*Fischer, Stern*, A. **519** [1935] 58, 68). IR-Spektrum (KBr; 3000 – 1500 cm^{-1}): *Wetherell et al.*, Am. Soc. **81** [1959] 4517, 4519. Absorptionsspektrum (Dioxan; 480 – 670 nm): *Stern, Wenderlein*, Z. physik. Chem. [A] **174** [1935] 81, 83, 97. Fluorescenzmaxima (Dioxan): 657 nm, 676 nm und 728 nm (*Stern, Molvig*, Z. physik. Chem. [A] **175** [1936] 38, 42).

Oxidation mit wss. $KMnO_4$ in Pyridin: *Fischer, Walter*, A. **549** [1941] 44, 69.

Eisen(III)-Komplex $Fe(C_{35}H_{38}N_4O_4)Cl$. Kristalle (aus Eg.); F: 182° (*Fischer, Wunderer*, A. **533** [1938] 230, 241).

[*Schomann*]

Dicarbonsäuren $C_{34}H_{38}N_4O_4$

18-[2-Methoxycarbonyl-äthyl]-3,8,12,17-tetramethyl-7,13-dipropyl-porphyrin-2-carbonsäure-methylester $C_{36}H_{42}N_4O_4$, Formel XII und Taut. (in der Literatur als Propylrhodoporphyrin-methylester bezeichnet).

B. Beim Erhitzen von 18-[2-Methoxycarbonyl-äthyl]-3,8,12,17-tetramethyl-7,13-dipropyl-porphyrin-2,20-dicarbonsäure-anhydrid („Propylrhodoporphyrin-γ-carbonsäure-anhydrid-methylester"; Syst.-Nr. 4699) mit HI und Essigsäure und anschliessenden Verestern (*Fischer, Schröder*, A. **537** [1939] 250, 285).

Rötliche Kristalle (aus Ae. + Me.); F: 185°.

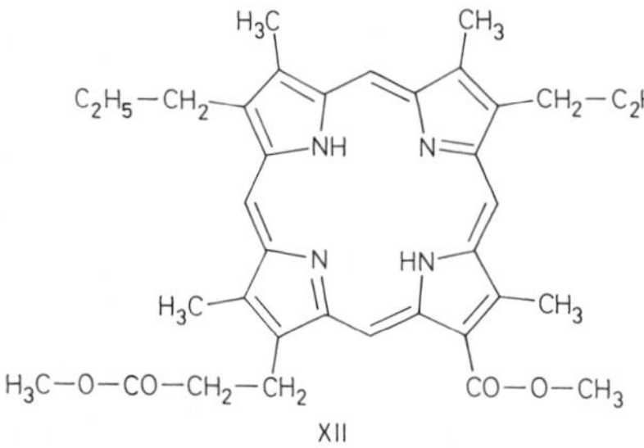

XII

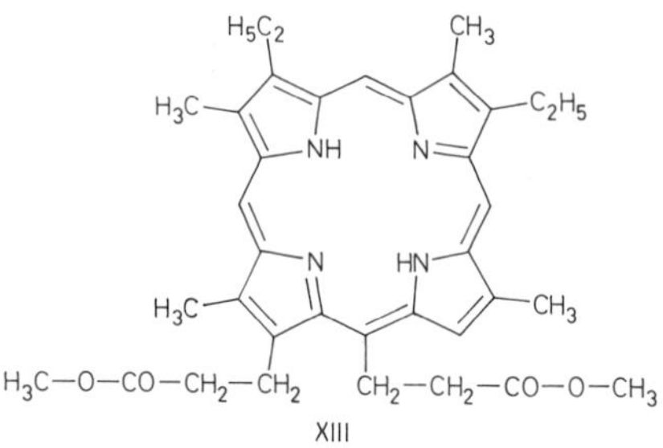

XIII

3,3′-[8,13-Diäthyl-3,7,12,17-tetramethyl-porphyrin-2,20-diyl]-di-propionsäure-dimethylester, 15¹-Methoxycarbonylmethyl-phylloporphyrin-methylester, 15-[2-Methoxycarbonyl-äthyl]-pyrroporphyrin-methylester $C_{36}H_{42}N_4O_4$, Formel XIII und Taut. (in der Literatur als Pyrroporphyrin-γ-propionsäure-dimethylester bezeichnet).

B. Aus 15¹-[Äthoxycarbonyl-cyan-methyl]-phylloporphyrin-methylester („Pyrroporphyrin-methylester-γ-[α-cyan-propionsäure-äthylester]"; S. 3078) mit Hilfe von wss. HCl und von Diazomethan (*Fischer, Kanngiesser*, A. **543** [1940] 271, 284). Aus 15¹-Dicyanmethyl-phylloporphyrin-methylester („γ-[ω-Dicyan-äthyl]-pyrroporphyrin-methylester"; S. 3078) mit Hilfe von wss. HCl und von Diazomethan (*Fischer, Mittermair*, A. **548** [1941] 147, 173).

Kristalle (aus Ae.); F: 202° (*Fi., Ka.*).

3,3′-[12,17-Diäthyl-3,8,13,18-tetramethyl-porphyrin-2,7-diyl]-di-propionsäure, Mesoporphyrin-I $C_{34}H_{38}N_4O_4$, Formel XIV und Taut.

Zusammenfassende Darstellung: *H. Fischer, H. Orth,* Die Chemie des Pyrrols, Bd. 2, Tl. 1 [Leipzig 1937] S. 435, 436.

B. Neben anderen Verbindungen beim Erhitzen von [5-Brom-3-(2-carboxy-äthyl)-4-methyl-pyrrol-2-yl]-[4-(2-carboxy-äthyl)-3,5-dimethyl-pyrrol-2-yl]-methinium-bromid (E III/IV **25** 1112) mit [3-Äthyl-5-brom-4-methyl-pyrrol-2-yl]-[4-äthyl-3,5-dimethyl-pyrrol-2-yl]-methinium-bromid (E III/IV **23** 1342) oder [4-Äthyl-5-brommethyl-3-methyl-pyrrol-2-yl]-[3-äthyl-5-brom-4-methyl-pyrrol-2-yl]-methinium-bromid (E III/IV **23** 1342) und Bernsteinsäure (*Fischer, Kirrmann,* A. **475** [1929] 266, 276) sowie von [3-(2-Carboxy-äthyl)-4,5-dimethyl-pyrrol-2-yl]-[4-(2-carboxy-äthyl)-3-methyl-pyrrol-2-yl]-methinium-bromid (E II **25** 177) mit [4-Äthyl-5-brom-3-methyl-pyrrol-2-yl]-[3-äthyl-4,5-dimethyl-pyrrol-2-yl]-methinium-bromid (E III/IV **23** 1343) und Bernsteinsäure (*Fi., Ki.,* l. c. S. 280).

Kristalle [aus Ae. + Py. oder Ae. + Eg.] (*Fi., Ki.,* l. c. S. 278). λ_{max} (Ae.): 495 nm, 525 nm, 578 nm, 597 nm und 623 nm (*Fi., Ki.*).

Dinatrium-Salz. Kristalle; λ_{max} (wss. NaOH): 500 nm, 533 nm, 564 nm und 614 nm (*Fi., Ki.*).

Dikalium-Salz $K_2C_{34}H_{36}N_4O_4$. Rote Kristalle [unreines Präparat] (*Fi., Ki.*). λ_{max} (H_2O sowie Me.; 430 – 630 nm): *Fi., Ki.*

Kupfer(II)-Komplex. Kristalle [aus Py. + Eg.] (*Fi., Ki.*).

Dimethylester $C_{36}H_{42}N_4O_4$. Dimorph; braunrote Kristalle; F: 170° [korr.] und (nach Wiedererstarren) F: 191° [korr.] (*Fi., Ki.,* l. c. S. 279, 280). Netzebenenabstände der bei 190° schmelzenden Modifikation: *Kennard, Rimington,* Biochem. J. **55** [1953] 105, 107. – Kupfer(II)-Komplex $CuC_{36}H_{40}N_4O_4$. Kristalle; F: 217° [korr.] (*Fi., Ki.*). – Eisen(III)-Komplex $Fe(C_{36}H_{40}N_4O_4)Cl$. Kristalle (aus $CHCl_3$ + Eg.); F: 261 – 266° [korr.] (*Fi., Ki.*).

Diäthylester $C_{38}H_{46}N_4O_4$. Rotbraune Kristalle; F: 167° [korr.] (*Fi., Ki.*).

XIV

XV

3,3′-[7,17-Diäthyl-3,8,13,18-tetramethyl-porphyrin-2,12-diyl]-di-propionsäure, Mesoporphyrin-II $C_{34}H_{38}N_4O_4$, Formel XV und Taut.

Zusammenfassende Darstellung: *H. Fischer, H. Orth,* Die Chemie des Pyrrols, Bd. 2, Tl. 1 [Leipzig 1937] S. 436, 437.

B. Beim Erhitzen von [3-Äthyl-5-brom-4-methyl-pyrrol-2-yl]-[4-(2-carboxy-äthyl)-3,5-dimethyl-pyrrol-2-yl]-methinium-bromid (E III/IV **25** 876) oder [4-Äthyl-5-brom-3-methyl-pyrrol-2-yl]-[3-(2-carboxy-äthyl)-4,5-dimethyl-pyrrol-2-yl]-methinium-bromid (E III/IV **25** 877) mit Methylbernsteinsäure (*Fischer, Berg,* A. **482** [1930] 189, 211, 212) sowie von [3-Äthyl-4,5-dimethyl-pyrrol-2-yl]-[5-brom-4-(2-carboxy-äthyl)-3-methyl-pyrrol-2-yl]-methinium-bromid (E II **25** 145) mit Bernsteinsäure (*Fischer et al.,* A. **466** [1928] 147, 176, 177).

Braune Kristalle [aus Ae. bzw. aus Py. + Me.] (*Fi. et al.*; *Fi., Berg,* l. c. S. 213). λ_{max}: 501 nm, 531 nm, 567 nm, 596 nm und 622 nm (*Fi. et al.*).

Dimethylester $C_{36}H_{42}N_4O_4$. Kristalle; F: 233° [aus $CHCl_3$ + Me.] (*Fi. et al.*), 230° [korr.] (*Fischer, Rothhaas,* A. **484** [1930] 85, 104), 228° [korr.; aus Py. + Me.] (*Fi., Berg,* l. c. S. 213). λ_{max}: 502 nm, 530 nm, 569 nm, 596 nm und 622 nm (*Fi. et al.*). – Kupfer(II)-Komplex

$CuC_{36}H_{40}N_4O_4$. Kristalle (aus $CHCl_3$ + Eg.); F: 261°; λ_{max}: 527 nm und 564 nm (*Fi. et al.*, l. c. S. 178). – Eisen(III)-Komplex $Fe(C_{36}H_{40}N_4O_4)Cl$. Kristalle (aus $CHCl_3$ + Ae.); λ_{max}: 520 nm und 555 nm (*Fi. et al.*).

3,3′-[7,12-Diäthyl-3,8,13,17-tetramethyl-porphyrin-2,18-diyl]-di-propionsäure, Mesoporphyrin [1]), Mesoporphyrin-IX $C_{34}H_{38}N_4O_4$, Formel I (auf S. 3026) und Taut.

Zusammenfassende Darstellung: *H. Fischer, H. Orth,* Die Chemie des Pyrrols, Bd. 2, Tl. 1 [Leipzig 1937] S. 430, 442; *K.M. Smith,* Porphyrins and Metalloporphyrins [Amsterdam 1975] S. 773.

Bildungsweisen.

Beim Erhitzen von [3-Äthyl-5-brommethyl-4-methyl-pyrrol-2-yl]-[4-äthyl-5-brommethyl-3-methyl-pyrrol-2-yl]-methinium-bromid (E II **23** 209) mit Bis-[5-brom-3-(2-carboxy-äthyl)-4-methyl-pyrrol-2-yl]-methinium-bromid (E III/IV **25** 1108) und Bernsteinsäure (*Fischer, Stangler,* A. **459** [1927] 53, 72; *Fischer,* D.R.P. 528268 [1928]; Frdl. **18** 3007). Aus Protoporphyrin (S. 3042) beim Hydrieren an Palladium in Ameisensäure (*Granick,* J. biol. Chem. **172** [1948] 717, 723; *Wittenberg, Shemin,* J. biol. Chem. **185** [1950] 103, 108) oder beim Erhitzen mit methanol. KOH und Pyridin (*Fischer, Hummel,* Z. physiol. Chem. **181** [1929] 107, 126). Beim Erhitzen von Protoporphyrin-dimethylester (S. 3052) mit L-Ascorbinsäure, wss. HI und Essigsäure (*Grinstein, Watson,* J. biol. Chem. **147** [1943] 671) oder von Protoporphyrin-diäthylester (S. 3054) mit wss. KI und Essigsäure (*Fischer, Jordan,* Z. physiol. Chem. **190** [1930] 75, 91). Aus Hämin (S. 3048) beim Hydrieren an Palladium/Kohle in wss.-methanol. KOH (*Davies,* Am. Soc. **62** [1940] 447) sowie beim Erhitzen mit Palladium und Ameisensäure (*Fischer, Pützer,* Z. physiol. Chem. **154** [1926] 39, 52; *Taylor,* J. biol. Chem. **135** [1940] 569, 570; *Corwin, Erdman,* Am. Soc. **68** [1946] 2473, 2475), mit HBr und Essigsäure (*Fischer, Lindner,* Z. physiol. Chem. **161** [1926] 1, 15), mit wss. HI und Essigsäure (*Fischer, Kögl,* Z. physiol. Chem. **138** [1924] 262, 270) oder mit wss. HI, rotem Phosphor und Essigsäure (*Piloty, Fink,* B. **45** [1912] 2495, 2497; *Fischer, Röse,* B. **46** [1913] 2460, 2465). Aus Hämin beim Erwärmen mit wss. HI, PH_4I und Essigsäure (*Zaleski,* Z. physiol. Chem. **37** [1902/03] 54, 55), mit Pyridin und methanol. KOH (*Willstätter, Fischer,* Z. physiol. Chem. **87** [1913] 423, 488), mit wss.-methanol. KOH (*Fischer, Röse,* Z. physiol. Chem. **88** [1913] 9, 12) oder mit KOH und Propan-1-ol (*Fischer, Dürr,* A. **501** [1933] 107, 129).

Physikalische Eigenschaften.

Lichtempfindliche (*Fischer, Dürr,* A. **501** [1933] 107, 113) rote Kristalle; unterhalb 340° (*Nencki, Zaleski,* B. **34** [1901] 997, 1000) bzw. unterhalb 310° [Sintern bei ca. 270°; aus Eg. + A.] (*Zaleski,* Z. physiol. Chem. **37** [1902/03] 54, 72) nicht schmelzend; Zers. ab 335° [korr.; unter vermindertem Druck] (*Fischer, Treibs,* A. **466** [1928] 188, 207); rotbraune Kristalle [aus Ae. oder A.] (*Willstätter, Fischer,* Z. physiol. Chem. **87** [1913] 423, 492). Netzebenenabstände: *Haurowitz,* B. **68** [1933] 1795, 1796. Pleochroismus: *Za.,* l. c. S. 71. Absorptionsspektrum in Dioxan (230 – 630 nm): *Pruckner,* Z. physik. Chem. [A] **187** [1940] 257, 266; *Fischer, Eckoldt,* A. **544** [1940] 138, 144; in Essigsäure, in Pyridin sowie in einem Essigsäure-Pyridin-Gemisch (460 – 650 nm): *Aronoff, Weast,* J. org. Chem. **6** [1941] 550, 556; in Pyridin (440 – 640 nm) sowie in wss. Na_2CO_3, auch unter Zusatz von Kaffein (320 – 640 nm): *Keilin,* Biochem. J. **37** [1943] 281, 284; in äthanol. HCl (220 – 640 nm) und in äthanol. NH_3 (220 – 670 nm): *Clar, Haurowitz,* B. **66** [1933] 331, 333. λ_{max} in einem Äther-Äthanol-Gemisch bei –196° und bei Raumtemperatur (470 – 625 nm): *Hausser et al.,* Z. physik. Chem. [B] **29** [1935] 391, 413; in Äther (420 – 630 nm): *Fischer, Pützer,* Z. physiol. Chem. **154** [1926] 39, 51; *Hellström,* Z. physik. Chem. [B] **12** [1931] 353, 357; Ark. Kemi **12** B Nr. 13 [1936] 4; *Treibs,* Z. physiol. Chem. **212** [1932] 33, 38; *Keys, Brugsch,* Am. Soc. **60** [1938] 2135, 2136; *Paul,* Acta chem. scand. **4** [1950] 1221, 1224; in mit Acetaten gepufferter Essigsäure (520 – 610 nm): *Vestling,* J. biol. Chem. **135** [1940] 623, 628; in methanol. KOH (490 – 630 nm): *Treibs,* A. **506** [1933] 196,

[1]) Bei von Mesoporphyrin abgeleiteten Namen gilt die in Formel I (auf S. 3026) angegebene Stellungsbezeichnung (vgl. *Merritt, Loening,* Pure appl. Chem. **51** [1979] 2251, 2265, 2297).

259; in wss. KOH (430–630 nm): *Fischer, Müller,* Z. physiol. Chem. **142** [1925] 120, 128; *Fischer, Zeile,* A. **468** [1929] 98, 116; *He.,* Z. physik. Chem. [B] **12** 359; s. a. *Fischer,* Z. physiol. Chem. **97** [1916] 109, 125. λ_{max} (konz. H_2SO_4): 549 nm und 594 nm (*Schumm,* Z. physiol. Chem. **152** [1926] 1, 3). Fluorescenzmaxima in einem Äther-Äthanol-Gemisch bei –196° und bei Raumtemperatur (570–700 nm): *Ha. et al.,* l. c. S. 414; in Äther (590–770 nm): *He.,* Z. physik. Chem. [B] **12** 357; in Pyridin (600–700 nm): *Dhéré, Bois,* C. r. **183** [1926] 321. Relative Intensität der Fluorescenz in wss. Lösungen vom pH 2–8: *Fink, Hoerburger,* Z. physiol. Chem. **225** [1934] 49, 51. Scheinbare Dissoziationsexponenten pK'_{a1}, pK'_{a2} und pK'_{a3} (Eg.; potentiometrisch ermittelt) bei 25°: –2,0 bzw. 2,4 bzw. 2,4 (*Conant et al.,* Am. Soc. **56** [1934] 2185, 2186).

Verteilung zwischen Äther und wss. HCl bei 20–26°: *Keys, Brugsch,* Am. Soc. **60** [1938] 2135, 2137, 2138; *Zeile, Rau,* Z. physiol. Chem. **250** [1937] 197, 200, 206.

Chemisches Verhalten.

Beim Behandeln des Eisen(III)-Komplexes mit wss. H_2O_2 und methanol. Natriummethylat in $CHCl_3$ ist [4(oder 3)-Äthyl-2-hydroxy-3(oder 4)-methyl-5-oxo-2,5-dihydro-pyrrol-2-yl]-[3(oder 4)-äthyl-4(oder 3)-methyl-5-oxo-1,5-dihydro-pyrrol-2-yliden]-methan (E III/IV **25** 342) erhalten worden (*Fischer, v. Dobeneck,* Z. physiol. Chem. **263** [1940] 125, 145). Beim Behandeln mit OsO_4 und Pyridin in Äther, Erwärmen mit Na_2SO_3 in wss. Methanol und Verestern ist sog. Dioxymesochlorin-dimethylester (3,3′-[7,12(oder 8*t*,13)-Diäthyl-7*r*,8*c*-dihydroxy-3,8*t*,13,17(oder 3,7,12,17)-tetramethyl-7,8-dihydro-porphyrin-2,18-diyl]-di-propionsäure-dimethylester?; S. 3156) erhalten worden (*Fischer, Pfeiffer,* A. **556** [1944] 131, 135, 146). Überführung in sog. Anhydro-dioxymesochlorin-dimethylester (S. 3156) beim Behandeln mit wss. H_2O_2 und konz. H_2SO_4 und anschliessenden Verestern: *Fischer et al.,* A. **482** [1930] 1, 13, 16; *Fi., Pf.,* l. c. S. 136, 150; *Bonnett et al.,* Soc. [C] **1969** 564. Beim Behandeln mit $KMnO_4$ und wss. K_2CO_3 sind 3-[2-Carboxy-äthyl]-4-methyl-pyrrol-2,5-dicarbonsäure und 3-Äthyl-4-methyl-pyrrol-2,5-dicarbonsäure erhalten worden (*Nicolaus et al.,* Ann. Chimica **46** [1956] 793, 798, 803).

Salze, Komplexverbindungen und Additionsverbindungen.

Dihydrochlorid $C_{34}H_{38}N_4O_4 \cdot 2HCl$. Kristalle [aus wss. HCl] (*Zaleski,* Z. physiol. Chem. **37** [1902/03] 54, 57; s. a. *Fischer, Riedl,* A. **486** [1931] 178, 189). Pleochroismus: *Za.,* l. c. S. 60. Absorptionsspektrum (wss. HCl; 220–500 nm): *Marchlewski, Moroz,* Bl. [4] **35** [1924] 705. λ_{max} der Kristalle (550–600 nm): *Treibs,* A. **476** [1926] 1, 12; von Lösungen in Methanol (490–610 nm): *Tr.,* A. **476** 14; in wss. HCl (400–600 nm): *Fischer, Kögl,* Z. physiol. Chem. **138** [1924] 262, 270; *Tr.,* A. **476** 12; *Hellström,* Z. physik. Chem. [B] **12** [1931] 353, 358; *Treibs,* Z. physiol. Chem. **212** [1932] 33, 38; *Keys, Brugsch,* Am. Soc. **60** [1938] 2135, 2136; *Paul,* Acta chem. scand. **4** [1950] 1221, 1224; s. a. *Schumm,* Z. physiol. Chem. **90** [1914] 1, 16. λ_{max} (A.): 400 nm (*Friedli,* Bl. Soc. Chim. biol. **6** [1924] 908, 929). Fluorescenzmaxima (wss. HCl): 599 nm, 616 nm und 653 nm (*He.,* l. c. S. 357).

Dinatrium-Salz $Na_2C_{34}H_{36}N_4O_4$. Kristalle [aus H_2O] (*Fischer, Müller,* Z. physiol. Chem. **142** [1925] 120, 130). λ_{max} (wss. NaOH; 480–640 nm): *Fischer, Putzer,* Z. physiol. Chem. **154** [1926] 39, 51; s. a. *Fischer,* Z. physiol. Chem. **96** [1915] 148, 180.

Magnesium-Komplex $MgC_{34}H_{36}N_4O_4$. Herstellung aus Mesoporphyrin-dimethylester, $MgBr_2$ und Pyridin: *Fischer et al.,* A. **495** [1932] 1, 26. – Hygroskopische Kristalle [aus Me. bzw. aus $CHCl_3$+Me.] (*Fischer, Müller,* Z. physiol. Chem. **142** [1925] 120, 138; *Fi. et al.*); Zers. ab 330° (*Fischer, Treibs,* A. **466** [1928] 188, 209). λ_{max} (Ae.; 480–650 nm): *Fi., Mü.,* l. c. S. 139.

Kupfer(II)-Komplex $CuC_{34}H_{36}N_4O_4$. Rötliche Kristalle, die unterhalb 310° nicht schmelzen (*Zaleski,* Z. physiol. Chem. **37** [1902/03] 54, 69, 71). λ_{max} (Py.): 527 nm und 563 nm (*Kuhn, Braun,* Z. physiol. Chem. **168** [1927] 27, 49).

Zink-Komplex $ZnC_{34}H_{36}N_4O_4$. Kristalle (*Zaleski,* Z. physiol. Chem. **37** [1902/03] 54, 69).

Verbindung mit 6 Mol Chrom(VI)-oxid $C_{34}H_{38}N_4O_4 \cdot 6CrO_3$. Instabile rötliche Kristalle mit 6 Mol H_2O und 3 Mol H_2SO_4 (*Treibs, Dieter,* A. **513** [1934] 65, 92).

Mangan(II)-Komplex. Absorptionsspektrum (wss. KOH; 440–660 nm): *Taylor,* J. biol. Chem. **135** [1940] 569, 591. – Verbindung mit 2 Mol Pyridin. Absorptionsspektrum (wss. KOH; 460–660 nm): *Ta.* Stabilitätskonstante in wss. Lösung vom pH 12,35: *Ta.,* l. c. S. 582. Redoxpotential (wss. Lösungen vom pH 7,5–13,5) bei 30°: *Ta.,* l. c. S. 581, 582, 594. – Verbindung mit 2-Methyl-pyridin. Redoxpotential (wss. Lösungen vom pH 7,5–12) bei 30°: *Ta.,* l. c. S. 578, 581. – Verbindung mit 2Mol Nicotin. Redoxpotential (wss. Lösungen vom pH 10–13,5) bei 30°: *Ta.,* l. c. S. 581, 585.

Mangan(III)-Komplex $Mn(C_{34}H_{36}N_4O_4)^+$. Absorptionsspektrum (wss. KOH; 450–660 nm): *Taylor,* J. biol. Chem. **135** [1940] 569, 591. – Verbindung mit Pyridin. Absorptionsspektrum (wss. KOH; 430–660 nm): *Ta.,* l. c. S. 591. Stabilitätskonstante in wss. Lösung vom pH 12,35: *Ta.,* l. c. S. 582, 594. Redoxpotential (wss. Lösungen vom pH 7,5–13,5) bei 30°: *Ta.,* l. c. S. 581, 582, 594. – Verbindung mit 1Mol Nicotin. Redoxpotential (wss. Lösungen vom pH 10–13,5) bei 30°: *Ta.,* l. c. S. 581, 585.

Eisen(II)-Komplex $FeC_{34}H_{36}N_4O_4$; **Mesohäm**. Herstellung aus Mesoporphyrin und Eisen(II)-acetat in Essigsäure: *Fischer et al.,* Z. physiol. Chem. **195** [1931] 1, 22. Violettbraune Kristalle (*Fi. et al.*). An der Luft und in Lösungsmitteln unbeständig (*Fi. et al.,* l. c. S. 24). λ_{max} (mit Acetaten gepufferte Eg.): 545–560 nm und 555–565 nm (*Vestling,* J. biol. Chem. **135** [1940] 623, 628). Redoxpotential (wss. A. vom pH 8,5–10,4) bei 30°: *Cowgill, Clark,* J. biol. Chem. **198** [1952] 33, 47. Geschwindigkeitskonstante der Reaktion mit CO in wss. NaOH sowie in einem wss. NaOH-Äthylenglykol-Gemisch bei 20°: *Smith,* Biochem. J. **73** [1959] 90, 96. – Verbindung mit N_2H_4. Absorptionsspektrum (wss.-äthanol. NaOH; 480–700 nm): *Haurowitz,* Z. physiol. Chem. **169** [1927] 235, 237. λ_{max} (wss. KOH): 546 nm (*Schumm,* Z. physiol. Chem. **156** [1926] 268). – Verbindung mit CO; Carbonylferro-mesoporphyrin. Herstellung: *Drabkin,* J. biol. Chem. **146** [1942] 605, 606. Absorptionsspektrum (wss. NaOH; 500–620 nm): *Dr.,* l. c. S. 610, 611. – Verbindung mit 1 Mol Pyridin. Geschwindigkeitskonstante der Reaktion mit CO in wss. NaOH bei 20°: *Sm.* – Verbindung mit 2 Mol Pyridin. Herstellung aus Mesohämin (S. 3021), Pyridin und $Na_2S_2O_4$ in wss. NaOH: *Zeile, Gnant,* Z. physiol. Chem. **263** [1940] 147, 157; *Dr.* Absorptionsspektrum (wss. NaOH; 490–620 nm): *Dr.,* l. c. S. 608, 611. λ_{max}: 519 nm und 551 nm [wss. NaOH] (*Ze., Gn.,* l. c. S. 149) bzw. 518 nm und 547 nm [Py.] (*Treibs,* Z. physiol. Chem. **212** [1932] 33, 38). Redoxpotential (wss. A. vom pH 9–12,5) bei 30°: *Davies,* J. biol. Chem. **135** [1940] 597, 601, 605, 613. Gleichgewichtskonstante des Reaktionssystems mit der Verbindung mit je 1 Mol Pyridin und CO in wss. Lösung bei 0–35° unter Ausschluss von Licht: *Broser, Lautsch,* Z. Naturf. **13b** [1958] 48. – Verbindung mit 1*H*-Imidazol. Herstellung aus Mesohäm und 1*H*-Imidazol in Benzol: *Corwin, Bruck,* Am. Soc. **80** [1958] 4736. Kristalle (*Co., Br.*). λ_{max} (Py.): 517 nm und 545 nm (*Co., Br.,* l. c. S. 4737). – Verbindung mit 1*H*-Imidazol und Sauerstoff. λ_{max} (Py.): 518 nm und 548 nm (*Co., Br.*). – Verbindung mit 2 Mol Nicotin. Stabilitätskonstante in wss. Äthanol vom pH 11,1 bei 30° und in wss.-äthanol. NaOH bei 23°: *Da.,* J. biol. Chem. **135** 609, 611. Redoxpotential (wss. A. vom pH 11–12,5) bei 30°: *Da.,* J. biol. Chem. **135** 605, 609. – Verbindung mit Cyanid. Herstellung aus Mesohämin, $N_2H_4 \cdot H_2O$ und NaCN in wss.-äthanol. NaOH: *Ha.,* l. c. S. 240; s. a. *Schumm,* Z. physiol. Chem. **153** [1926] 225, 248; aus Mesohämin, KCN und $Na_2S_2O_4$ in wss. NaOH: *Dr.,* l. c. S. 606; s. a. *Davies,* Am. Soc. **62** [1940] 447. Absorptionsspektrum in wss. NaOH (500–620 nm): *Dr.,* l. c. S. 608, 611; s. a. *Da.,* Am. Soc. **62** 447; in wss.-äthanol. NaOH unter Zusatz von $N_2H_4 \cdot H_2O$ (480–700 nm): *Ha.,* l. c. S. 237. λ_{max} (wss. KOH + $N_2H_4 \cdot H_2O$): 530 nm und 559 nm bzw. 527 nm und 557 nm (*Sch.,* Z. physiol. Chem. **153** 249, **156** 268). Redoxpotential (wss. Lösungen vom pH 9–12) bei 30°: *Da.,* J. biol. Chem. **135** 605.

Eisen(III)-Komplexe. a) Hydroxid; **Mesohämatin**. Absorptionsspektrum (wss.-äthanol. NaOH; 480–700 nm): *Haurowitz,* Z. physiol. Chem. **169** [1927] 235, 237. λ_{max} (wss. A. vom pH 9): 483 nm und 596 nm (*Cowgill, Clark,* J. biol. Chem. **198** [1952] 33, 40). Protonierungsgleichgewicht in wss. sowie wss.-äthanol. Lösung bei 30°: *Co., Cl.,* l. c. S. 47. Redoxpotential (wss. A. vom pH 8,5–10,4) bei 30°: *Co., Cl.,* l. c. S. 58. – Verbindung mit 2 Mol 1*H*-Imidazol $Fe(C_{34}H_{36}N_4O_4)OH \cdot 2C_3H_4N_2$. λ_{max}: 518 nm und 545 nm [Py.] (*Corwin, Bruck,* Am. Soc. **80** [1958] 4736) bzw. 346 nm, 403 nm und 528 nm [wss. A. vom pH 9] (*Co., Cl.,* l. c. S. 40). Stabilitätskonstante der Verbindung mit 1*H*-Imidazol sowie von Verbindungen mit Imidazol-Derivaten in wss. Äthanol: *Co., Cl.*, l. c. S. 56. – Verbindung mit 2Mol Nicotin. Stabilitätskonstante in wss. Lösung vom pH 10,8 bei 23° und in wss. Äthanol vom pH 11,1 bei 30°: *Davies*, J. biol. Chem. **135** [1940] 597, 609, 611. Redoxpotential (wss. A. vom pH 11–12,5) bei 30°: *Da.*, l. c. S. 605, 609. – Verbindung mit 2Mol Pilocarpinsäure [E III/IV **25** 1198]. λ_{max} (wss. A. vom pH 9): 346 nm, 403 nm und 527 nm (*Co., Cl.*, l. c. S. 40). Stabilitätskonstante in H_2O und in wss. Äthanol: *Co., Cl.*, l. c. S. 53, 56. Redoxpotential (wss. A. vom pH 8,7–10) bei 30°: *Co., Cl.*, l. c. S. 58. – Verbindung mit 2Mol Histamin. λ_{max} (wss. A. vom pH 9): 345 nm, 402 nm und 403 nm (*Co., Cl.*, l. c. S. 40). – Verbindung mit 2Mol Histidin. λ_{max} (wss. A. vom pH 9): 345 nm, 403 nm und 526 nm (*Co., Cl.*, l. c. S. 40). Stabilitätskonstante in H_2O: *Co., Cl.*, l. c. S. 56. – b) Chlorid $Fe(C_{34}H_{36}N_4O_4)Cl$; **Mesohämin**. Herstellung aus Mesoporphyrin, Eisen-Pulver und HCl in Buttersäure und wss. NaOH: *Haurowitz*, Z. physiol. Chem. **169** [1927] 91, 93; aus Mesoporphyrin und $FeCl_3$ in Buttersäure: *Haurowitz*, Z. physiol. Chem. **198** [1931] 9, 17; s. a. *Ha.*, Z. physiol. Chem. **169** 94; aus Mesoporphyrin-dihydrochlorid und Eisen(II)-acetat in Essigsäure: *Fischer, Stangler*, A. **459** [1928] 53, 74; *Fischer, Schneller*, Z. physiol. Chem. **128** [1923] 230, 238; s. a. *Zaleski*, Z. physiol. Chem. **43** [1904/05] 11. Dimorph; bräunliche Kristalle [aus $CHCl_3$ + Py. + wss. Eg. + NH_4Cl] (*Lindenfeld*, Roczniki Chem. **13** [1933] 645, 648, 654; C. **1934** I 2600); blaue Kristalle (*Fi., Sch.*); dunkle Kristalle [aus Py. + mit NaCl gesättigter Eg.] (*Fi., St.*). λ_{max} (mit Acetaten gepufferte Eg.): 530–542 nm und 630–640 nm (*Vestling*, J. biol. Chem. **135** [1940] 623, 628). Magnetische Susceptibilität bei 287,9 K: $+22{,}33 \cdot 10^{-6}\ cm^3 \cdot g^{-1}$ (*Rawlinson, Scutt*, Austral. J. scient. Res. [A] **5** [1952] 173, 181). Protonierungsgleichgewicht in wss. Lösung: *Maehly*, Acta chem. scand. **12** [1958] 1247, 1257. – Verbindung mit 2,4,6-Trimethyl-pyridin $Fe(C_{34}H_{36}N_4O_4)Cl \cdot 2C_8H_{11}N$. Kristalle (*Fischer et al.*, A. **471** [1929] 237, 256). – c) Perchlorat. Absorptionsspektrum (Dioxan; 340–660 nm): *Erdman, Corwin*, Am. Soc. **69** [1947] 750, 751. – d) Bromid $Fe(C_{34}H_{36}N_4O_4)Br$; Brommesohämin. Herstellung: *Li.*, l. c. S. 648, 655. Dimorph; bräunliche Kristalle (aus $CHCl_3$ + Py. + wss. Eg. + NH_4Br) bzw. blaue Kristalle (*Li.*). – e) Jodid $Fe(C_{34}H_{36}N_4O_4)I$; Jodmesohämin. Herstellung: *Li.*, l. c. S. 648, 655. Dimorph(?); blaue Kristalle [aus $CHCl_3$ + Py. + wss. Eg. + NaI] (*Li.*). – f) Sulfat. Absorptionsspektrum (Dioxan; 340–660 nm): *Er., Co.* – g) Cyanid. Absorptionsspektrum (wss.-äthanol. NaOH; 480–700 nm): *Ha.*, Z. physiol. Chem. **169** 237. Stabilitätskonstante in wss. Äthanol: *Co., Cl.*, l. c. S. 56. Redoxpotential (wss. Lösungen vom pH 9–12) bei 30°: *Da.*, l. c. S. 605. – h) Thiocyanat $Fe(C_{34}H_{36}N_4O_4)CNS$; Rhodanmesohämin. Herstellung: *Li.*, l. c. S. 648, 656. Dimorph; braune Kristalle [aus $CHCl_3$ + Py. + wss. Eg. + Ammonium-thiocyanat] (*Li.*).

Kobalt(II)-Komplex $CoC_{34}H_{36}N_4O_4$. Absorptionsspektrum (wss. NaOH; 440–620 nm): *Taylor*, J. biol. Chem. **135** [1940] 569, 587. – Verbindung mit Pyridin. Redoxpotential (wss. Lösungen vom pH 7,5–12,5) bei 30°: *Ta.*, l. c. S. 581. – Verbindung mit 2-Methyl-pyridin. Redoxpotential (wss. Lösungen vom pH 7,5–12) bei 30°: *Ta.*, l. c. S. 581. – Verbindung mit Nicotin. Absorptionsspektrum (wss. NaOH; 440–620 nm): *Ta.*, l. c. S. 587. Redoxpotential (wss. Lösungen vom pH 8,5–12,5) bei 30°: *Ta.*, l. c. S. 579, 581. – Verbindung mit Cyanid. Absorptionsspektrum (wss. NaOH; 440–620 nm): *Ta.*, l. c. S. 588.

Kobalt(III)-Komplex $[Co(C_{34}H_{36}N_4O_4)]^+$. Absorptionsspektrum (wss. NaOH; 450–620 nm): *Taylor*, J. biol. Chem. **135** [1940] 569, 587. – Verbindung mit Nicotin. Absorptionsspektrum (wss. NaOH; 440–620 nm): *Ta.*, l. c. S. 587. Redoxpotential (wss. Lösungen vom pH 8,5–12,5) bei 30°: *Ta.*, l. c. S. 579, 581. – Verbindung mit Cyanid. Absorptionsspektrum (wss. NaOH; 450–620 nm): *Ta.*, l. c. S. 588.

Dipicrat $C_{34}H_{38}N_4O_4 \cdot 2C_6H_3N_3O_7$. Rote Kristalle; F: 178° [korr.] (*Treibs*, A. **476** [1929] 1, 4, 28, 31). λ_{max} (Kristalle): 557 nm, 576 nm und 598 nm.

Distyphnat $C_{34}H_{38}N_4O_4 \cdot 2C_6H_3N_3O_8$. Rotviolette Kristalle (aus wss. Acn.); F: 232° [korr.] (*Treibs*, A. **476** [1929] 1, 4, 31). λ_{max} der Kristalle sowie von Lösungen in Aceton, auch unter Zusatz von Styphninsäure (550–610 nm): *Tr.*

Verbindung mit 2Mol Piperidin $C_{34}H_{38}N_4O_4 \cdot 2C_5H_{11}N$. Kristalle [aus Py. + H_2O] (*Fischer, Pützer*, B. **61** [1928] 1068, 1073).

Verbindung mit 2 Mol Chinidin $C_{34}H_{38}N_4O_4 \cdot 2C_{19}H_{22}N_2O_2$. Aceton enthaltende Kristalle (aus Acn.), F: 150° [unscharf], die an der Luft Aceton abgeben (*Treibs, Dieter*, A. **513** [1934] 65, 92).

Verbindung mit 2 Mol Chinin $C_{34}H_{38}N_4O_4 \cdot 2C_{19}H_{22}N_2O_2$. Braune Kristalle (aus Acn.); F: 160° [unscharf] (*Treibs, Dieter,* A. **513** [1934] 65, 92).

Dipicrolonat $C_{34}H_{38}N_4O_4 \cdot 2C_{10}H_8N_4O_5$. Rotbraune Kristalle (aus Acn.); F: 204° [korr.] (*Treibs,* A. **476** [1929] 1, 4, 31). λ_{max} der Kristalle sowie von Lösungen in Aceton, auch unter Zusatz von Picrolonsäure und H_2O (520–610 nm): *Tr.*

Diflavianat (Bis-[8-hydroxy-5,7-dinitro-naphthalin-2-sulfonat]). Violette Kristalle (aus wss. Acn.); F: 215° [unscharf] (*Treibs,* A. **476** [1929] 1, 4, 32). λ_{max} der Kristalle sowie von Lösungen in Aceton, auch unter Zusatz von Flaviansäure und H_2O (520–610 nm): *Tr.*

Derivat.

Mesoporphyrinanhydrid(?) $C_{34}H_{36}N_4O_3$(?). *B.* Beim Erhitzen von sog. Mesoporphyrin-diacetat [S. 3027] (*Fischer et al.,* A. **471** [1929] 237, 282). – Kristalle [aus $CHCl_3$] (*Fi. et al.,* l. c. S. 283). λ_{max} (Ae. + $CHCl_3$; 440–640 nm): *Fi. et al.* – Eisen(III)-Komplex $Fe(C_{34}H_{34}N_4O_3)Cl$(?); Mesohäminanhydrid(?). λ_{max} ($CHCl_3$ sowie Ae.; 430–650 nm): *Fi. et al.*

3,3'-[7,12-Diäthyl-3,8,13,17-tetramethyl-porphyrin-2,18-diyl]-di-propionsäure-dimethylester, Mesoporphyrin-dimethylester $C_{36}H_{42}N_4O_4$, Formel II (R = CH_3) [auf S. 3026] und Taut.

Zusammenfassende Darstellung: *H. Fischer, H. Orth,* Die Chemie des Pyrrols, Bd. 2, Tl. 1 [Leipzig 1937] S. 447.

Bildungsweisen.

Aus Mesoporphyrin (S. 3018) und methanol. HCl (*Zaleski,* Z. physiol. Chem. **37** [1902/03] 54, 62; *Corwin, Erdman,* Am. Soc. **68** [1946] 2473, 2475; *Granick,* J. biol. Chem. **172** [1948] 717, 723; *Fischer, Stangler,* A. **459** [1927] 53, 72). Aus Mesoporphyrin und Diazomethan (*Paul,* Acta chem. scand. **4** [1950] 1221, 1224; *Fischer, Schröder,* A. **537** [1939] 250, 271). Aus Protoporphyrin (S. 3042) oder Hämin (S. 3048) beim aufeinanderfolgenden Behandeln mit $N_2H_4 \cdot H_2O$ in Pyridin und mit methanol. HCl (*Fischer, Gibian,* A. **548** [1941] 183, 193). Beim Hydrieren von Protoporphyrin-dimethylester (S. 3052) an Platin in Methanol und anschliessenden Behandeln mit Luft (*Kuhn, Seyffert,* B. **61** [1928] 2509, 2516) bzw. an einem Palladium/Polymethacrylsäure-methylester-Katalysator in wss. Lösung (*Muir, Neuberger,* Biochem. J. **45** [1949] 163, 169).

Physikalische Eigenschaften.

Rote bzw. purpurgrün glänzende Kristalle (*Fischer, Stangler,* A. **459** [1927] 53, 73; *Corwin, Erdman,* Am. Soc. **68** [1946] 2473, 2476); F: 218° [korr.; aus $CHCl_3$ + Me.] (*Paul,* Acta chem. scand. **4** [1950] 1221, 1224), 216,5° [korr.; aus $CHCl_3$ + Me.] (*Granick,* J. biol. Chem. **172** [1948] 717, 725), 216° [korr.; aus $CHCl_3$ + Me.] (*Fi., St.*; *Stern, Klebs,* A. **505** [1933] 295, 301). Netzebenenabstände: *Haurowitz,* B. **68** [1935] 1795, 1796; *Kennard, Rimington,* Biochem. J. **55** [1953] 105, 107. Verbrennungsenthalpie bei 15°: *St., Kl.* ^{1}H-NMR-Spektrum ($CDCl_3$): *Becker et al.,* Am. Soc. **83** [1961] 3743, 3746, 3747; s. a. *Becker, Bradley,* J. chem. Physics **31** [1959] 1413. IR-Spektrum in Nujol (4000–670 cm^{-1}): *Falk, Willis,* Austral. J. scient. Res. [A] **4** [1951] 579, 586; in KBr (3000–1500 cm^{-1}): *Wetherell et al.,* Am. Soc. **81** [1959] 4517, 4519. Absorptionsspektrum in Benzol (470–650 nm): *Champlin, Dunning,* Anal. Chem. **30** [1958] 306; in methanol. HCl (500–660 nm): *Haurowitz,* B. **71** [1938] 1404, 1407; in HCl enthaltendem Glycerin sowie in Kastoröl (470–640 nm): *Šewtschenko et al.,* Doklady Akad. S.S.S.R. **128** [1959] 510, 511; Soviet Physics Doklady **4** [1960] 1035, 1036. λ_{max} der Kristalle (510–630 nm): *Treibs,* A. **476** [1929] 1, 11; von Lösungen in einem Äther-Äthanol-Gemisch bei –196° (490–620 nm): *Conant, Kamerling,* Am. Soc. **53** [1931] 3522, 3527; in Dioxan (490–620 nm): *Stern, Wenderlein,* Z. physik. Chem. [A] **174** [1935] 81, 83; *Falk, Wi.,* l. c. S. 583; in $CHCl_3$ (490–620 nm): *Kuhn, Seyffert,* B. **61** [1928] 2509, 2516; *Ha.,* B. **68** 1797; in einem Äther-$CHCl_3$-Gemisch (440–630 nm): *Fischer, Jordan,* Z. physiol. Chem. **190** [1930] 75, 91; in Methanol (430–620 nm): *Fischer, Zeile,* A. **468** [1929] 98, 116; *Fischer, Müller,* Z. physiol. Chem. **142** [1925] 120, 128; in Essigsäure, auch unter Zusatz von wss. NaCl (430–610 nm): *Treibs,* Z. physiol. Chem. **212** [1932] 26, 28; in Pyridin (490–620 nm): *Kuhn,*

Se.; in zahlreichen organischen Lösungsmitteln sowie in konz. H_2SO_4 und in wss. H_3PO_4 [83%ig] (490–630 nm): *Ha.*, B. **71** 1405, 1408. Einfluss der Temperatur (65–240°) auf λ_{max} (ca. 625 nm) in Phthalsäure-diäthylester: *Fischer, Schormüller,* A. **473** [1929] 211, 248. Fluorescenzspektrum in HCl enthaltendem Glycerin sowie in Kastoröl (570–730 nm): *S̄e. et al.* Fluorescenzmaxima: 597 nm, 623 nm, 654 nm, 672 nm und 691 nm [Dioxan] (*Stern, Molvig,* Z. physik. Chem. [A] **176** [1936] 209, 211) bzw. 617 nm [$CHCl_3$] (*Ha.*, B. **68** 1797). Quantenausbeute der Fluorescenz in Benzol bei 25°: *Forster, Livingston,* J. chem. Physics **20** [1952] 1315, 1318. Löschung der Fluorescenz von Lösungen in Benzol durch Sauerstoff, 1,3-Dinitro-benzol, Trinitrotoluol, [1,4]Benzochinon sowie Tetrachlor-[1,4]benzochinon: *Livingston et al.*, Am. Soc. **74** [1952] 1073. Polarisationsgrad der Fluorescenz in HCl enthaltendem Glycerin sowie in Kastoröl in Abhängigkeit von der Temperatur: *S̄e. et al.*, l. c. S. 512, 513. Magnetische Susceptibilität: $-1{,}515 \cdot 10^{-6}\ cm^3 \cdot g^{-1}$ (*Haurowitz, Kittel,* B. **66** [1933] 1046, 1047).

Löslichkeit in Benzol sowie in Äthylacetat: *Haurowitz,* B. **68** [1935] 1795, 1804.

Salze, Komplexverbindungen und Additionsverbindungen.

Germanium(IV)-Komplex. λ_{max} (Bzl.): 540 nm und 578 nm (*Stern, Deželić,* Z. physik. Chem. [A] **180** [1937] 131, 132).

Zinn(IV)-Komplex. Dichlorid $Sn(C_{36}H_{40}N_4O_4)Cl_2$. Rötlichviolette Kristalle [aus Eg.] (*Fischer, Pützer,* B. **61** [1928] 1068, 1074). λ_{max} (Bzl.): 540 nm und 578 nm (*Stern, Deželić,* Z. physik. Chem. [A] **180** [1937] 131, 132; s. a. *Haurowitz,* B. **68** [1935] 1795, 1797). – Diacetat $Sn(C_{36}H_{40}N_4O_4)(C_2H_3O_2)_2$. Bezüglich der Konstitution s. *J. Buchler,* in *K.M. Smith,* Porphyrins and Metalloporphyrins [Amsterdam 1977] S. 157, 179. Violette Kristalle (aus Py.+Eg.+H_2O) mit 2(?) Mol H_2O (*Fi., Pü.*).

Blei(II)-Komplex. λ_{max} (Dioxan): 531 nm und 580 nm (*Stern, Deželić,* Z. physik. Chem. [A] **180** [1937] 131, 132).

Aluminium-Komplex. Fluorescenzmaxima des festen Komplexes: 620 nm und 641 nm; einer Lösung in Dioxan: 579 nm, 603 nm und 631 nm (*Stern, Molvig,* Z. physik. Chem. [A] **175** [1936] 38, 43).

Gallium(III)-Komplex. Absorptionsspektrum (Bzl.; 490–590 nm): *Stern, Deželić,* Z. physik. Chem. [A] **180** [1937] 131, 132, 137.

Indium(III)-Komplex. λ_{max} (Bzl.): 540 nm und 578 nm (*Stern, Deželić,* Ž. physik. Chem. [A] **180** [1937] 131, 132).

Thallium(III)-Komplex. Absorptionsspektrum (Bzl.; 490–600 nm): *Stern, Deželić,* Z. physik. Chem. [A] **180** [1937] 131, 132, 137.

Magnesium-Komplex. Kristalle (*Haurowitz,* B. **68** [1935] 1795, 1803). λ_{max} ($CHCl_3$): 545 nm und 581 nm; Fluorescenzmaximum ($CHCl_3$): 586 nm (*Ha.*, l. c. S. 1797).

Kupfer(II)-Komplex. Rötliche (*Haurowitz, Zirm,* B. **62** [1929] 163, 169) Kristalle; F: 224° [korr.; aus $CHCl_3$+Eg.] (*Fischer, Stangler,* A. **459** [1927] 53, 73), 208° [korr.] (*Fischer et al.*, Z. physiol. Chem. **185** [1929] 33, 65 Anm.). Netzebenenabstände: *Haurowitz,* B. **68** [1935] 1795, 1796. Absorptionsspektrum in Dioxan (510–580 nm): *Stern, Deželić,* Z. physik. Chem. [A] **180** [1937] 131, 132, 135; in Benzol (470–640 nm): *Dünning, Moore,* Ind. eng. Chem. **51** [1959] 161, 162. λ_{max} ($CHCl_3$): 525 nm und 562 nm (*Treibs,* Z. physiol. Chem. **212** [1932] 33, 38; *Ha.*, l. c. S. 1797).

Silber(II)-Komplex $AgC_{36}H_{40}N_4O_4$. Kristalle [aus E.] (*Fischer, Neumann,* A. **494** [1932] 225, 240; s. a. *Haurowitz,* B. **68** [1935] 1795, 1805). Netzebenenabstände: *Ha.*, l. c. S. 1796. Absorptionsspektrum (Dioxan; 500–590 nm): *Stern, Deželić,* Z. physik. Chem. [A] **180** [1937] 131, 132, 135. λ_{max} ($CHCl_3$): 526 nm und 559 nm (*Ha.*, l. c. S. 1797). Magnetische Susceptibilität: $-0{,}21 \cdot 10^{-6}\ cm^3 \cdot g^{-1}$ (*Ha.*, l. c. S. 1805). Löslichkeit in Benzol sowie in Äthylacetat: *Ha.*, l. c. S. 1804.

Tetrachloroaurat(III) $2C_{36}H_{42}N_4O_4 \cdot HAuCl_4$. Schwarzviolette Kristalle [aus Acn.+H_2O] (*Treibs, Dieter,* A. **513** [1934] 65, 91).

Zink-Komplex $ZnC_{36}H_{40}N_4O_4$. Rotviolette Kristalle (*Haurowitz, Zirm,* B. **62** [1929] 163, 169). Netzebenenabstände: *Haurowitz,* B. **68** [1935] 1795, 1796. Absorptionsspektrum in Dioxan (510–580 nm): *Stern, Deželić,* Z. physik. Chem. [A] **180** [1937] 131, 132, 135; in Kastoröl (470–590 nm): *S̄ewtschenko et al.*, Doklady Akad. S.S.S.R. **128** [1959] 510, 511; Soviet Physics

Doklady **4** [1960] 1035, 1036. λ_{max} ($CHCl_3$): 537 nm und 572 nm (*Ha.,* l. c. S. 1797, 1806). Fluorescenzspektrum (Kastoröl; 550–670 nm): *Še. et al.* Fluorescenzmaximum ($CHCl_3$): 576 nm (*Ha.,* l. c. S. 1797). Polarisationsgrad der Fluorescenz in Kastoröl in Abhängigkeit von der Temperatur: *Še. et al.,* l. c. S. 512, 513. Löslichkeit in Benzol sowie in Äthylacetat: *Ha.,* l. c. S. 1804.

Cadmium-Komplex. Kristalle (*Haurowitz,* B. **68** [1935] 1795, 1803). λ_{max} ($CHCl_3$): 543 nm und 578 nm (*Ha.,* l. c. S. 1797). Fluorescenzmaximum ($CHCl_3$): 581 nm.

Quecksilber(II)-Komplex. Absorptionsspektrum (Dioxan; 500–590 nm): *Stern, Deželić,* Z. physik. Chem. [A] **180** [1937] 131, 132, 135.

Vanadium(IV)-Komplex $VO(C_{36}H_{40}N_4O_4)$. *B.* Aus Mesoporphyrin (S. 3018), $V_2O_2(SO_4)_2 \cdot 13H_2O$ und methanol. HCl (*Erdman et al.,* Am. Soc. **78** [1956] 5844, 5847). – Kristalle (aus Bzl. + Me.). Absorptionsspektrum in Dioxan (220–600 nm) sowie in wss. Pyridin (290–630 nm): *Er. et al.,* l. c. S. 5845.

Mangan(III)-Komplex $Mn(C_{36}H_{40}N_4O_4)Cl$. Kristalle (aus Acn.); F: 266° (*Fischer, Ekkoldt,* A. **544** [1940] 138, 162). λ_{max} ($CHCl_3$): 495 nm, 544 nm und ca. 578 nm (*Haurowitz,* B. **68** [1935] 1795, 1797). Magnetische Susceptibilität: $+6{,}64 \cdot 10^{-6}$ $cm^3 \cdot g^{-1}$ (*Ha.,* l. c. S. 1805).

Eisen(II)-Komplex $FeC_{36}H_{40}N_4O_4$; Mesohäm-dimethylester. Herstellung aus Mesoporphyrin-dimethylester und Eisen(II)-acetat in Essigsäure unter Stickstoff: *Fischer et al.,* Z. physiol. Chem. **195** [1931] 1, 22; *Corwin, Erdman,* Am. Soc. **68** [1946] 2473, 2476. – Rotbraune bzw. rote, gelb glänzende Kristalle (*Fi. et al.,* l. c. S. 22; *Co., Er.,* l. c. S. 2477); Sintern ab 145° (*Fi. et al.,* l. c. S. 22). An der Luft und in Lösungsmitteln unbeständig (*Fi. et al.,* l. c. S. 14; *Co., Er.,* l. c. S. 2474). Absorptionsspektrum in Dioxan (430–660 nm): *Co., Er.,* l. c. S. 2474; in wss.-äthanol. NaOH unter Zusatz von $N_2H_4 \cdot H_2O$ sowie unter Zusatz von $N_2H_4 \cdot H_2O$ und NaCN (480–700 nm): *Haurowitz,* Z. physiol. Chem. **169** [1927] 235, 237. λ_{max} der Kristalle: 542 nm, 577 nm und 642 nm (*Fi. et al.,* l. c. S. 25). – Verbindung mit 2 Mol Pyridin $Fe(C_{36}H_{40}N_4O_4) \cdot 2C_5H_5N$. Rötlichbraune Kristalle, die bei 55° 1 Mol Pyridin abgeben (*Fi. et al.,* l. c. S. 23). Absorptionsspektrum (Py. + $N_2H_4 \cdot H_2O$; 430–600 nm): *Lautsch, Schroeder,* Z. Naturf. **9b** [1954] 276, 283. λ_{max} (Py. + $N_2H_4 \cdot H_2O$): 519 nm und 548 nm (*Ha.,* l. c. S. 1797). Überführung in eine Verbindung („*meso*-Benzoyloxymesoporphyrin-dimethylester") $C_{43}H_{46}N_4O_6$ (Kristalle [aus Acn. + Ae.]; F: 197–199° [nach Sintern bei 175°]; λ_{max} [Py. + Ae.; 440–640 nm]; Zink-Komplex $ZnC_{43}H_{44}N_4O_6$: rotbraune Kristalle [aus Acn. + Me.]; F: 232°; λ_{max} [Py. + Ae.; 430–590 nm]): *Stier,* Z. physiol. Chem. **272** [1942] 239, 243, 263.

Eisen(III)-Komplexe. a) Hydroxid; Mesohämatin-dimethylester. Herstellung: *Erdman, Corwin,* Am. Soc. **69** [1947] 750, 754, 755. Rotschwarze, blau glänzende Kristalle (aus Me.); F: 200–201° (*Er., Co.*). Absorptionsspektrum in Dioxan sowie in Pyridin (320–650 nm): *Er., Co.,* l. c. S. 753; in wss.-äthanol. NaOH, auch unter Zusatz von NaCN (480–700 nm): *Haurowitz,* Z. physiol. Chem. **169** [1927] 235, 237. λ_{max} ($CHCl_3$): 490 nm und 597 nm (*Haurowitz,* B. **68** [1935] 1795, 1797). – Verbindung mit Pyridin. Absorptionsspektrum (wss. Py.; 490–650 nm): *Ha.,* Z. physiol. Chem. **169** 239, 242. – b) Fluorid; Fluormesohämin-dimethylester. Herstellung: *Er., Co.,* l. c. S. 753, 754. Rote Kristalle [aus Me. + $HClO_4$ + NH_4F] (*Er., Co.*). – c) Chlorid $Fe(C_{36}H_{40}N_4O_4)Cl$; Mesohämin-dimethylester. Herstellung aus Mesoporphyrin-dimethylester, Eisen(II)-acetat und NaCl in Essigsäure: *Fischer, Stangler,* A. **459** [1927] 53, 73; *Er., Co.,* l. c. S. 754; aus Mesoporphyrin-dimethylester und $FeCl_3$ in Buttersäure: *Fischer et al.,* Z. physiol. Chem. **195** [1931] 1, 12, 18; aus Hämin (S. 3048) und $N_2H_4 \cdot H_2O$ in Pyridin und anschliessende Veresterung: *Fischer, Gibian,* A. **548** [1941] 183, 194. Purpurfarbene (*Er., Co.*) Kristalle; F: 250° [korr.] (*Fi. et al.,* Z. physiol. Chem. **195** 15), 244,3–246,8° [aus $CHCl_3$ + CCl_4] (*Er., Co.*), 246° [korr.; aus $CHCl_3$ + Eg. bzw. aus $CHCl_3$ + Eg. + HCl] (*Fi., St.*; *Fi., Gi.*), 244,5–245,5° [korr.; Zers.; aus Py. + Eg. + NaCl] (*Er., Co.*). Netzebenenabstände: *Ha.,* B. **68** 1796. IR-Spektrum (Nujol; 4000–670 cm^{-1}): *Falk, Willis,* Austral. J. scient. Res. [A] **4** [1951] 579, 586. Absorptionsspektrum in Dioxan sowie in HCl enthaltendem Dioxan (230–680 nm): *Er., Co.,* l. c. S. 751, 752; in *m*-Kresol (430–660 nm): *Lautsch, Schroeder,* Z. Naturf. **9b** [1954] 276, 283; in Pyridin (350–680 nm): *Er., Co.,* l. c. S. 752; *La., Sch.* λ_{max}: 545 nm und 644 nm [Kristalle] (*Fi. et al.,* Z. physiol. Chem. **195** 25), 490 nm und 597 nm [$CHCl_3$] (*Ha.,* B. **68** 1797) bzw. 502 nm, 537 nm und 635 nm [Eg.] (*Fi. et al.*, Z. physiol. Chem. **195** 25). — Verbindung mit 2 Mol 1*H*-Imidazol $Fe(C_{36}H_{40}N_4O_4)Cl \cdot 2C_3H_4N_2$. Kristalle [aus $CHCl_3$ + Me.] (*Zeile, Piutti*, Z. physiol. Chem. **218** [1933] 52, 64). — d) Perchlorat. Absorptionsspektrum (Dioxan; 350—650 nm): *Er., Co.*, l. c. S. 752. — e) Bromid $Fe(C_{36}H_{40}N_4O_4)Br$. Herstellung: *Er., Co.*, l. c. S. 754. Rotschwarze Kristalle (aus Py. + Eg. + NaBr), F: 220—222° [korr.; Zers.]; rote Kristalle (aus 1,2-Dibrom-äthan + Hexan) mit 0,5 Mol 1,2-Dibrom-äthan, F: 214,5—215,5° [korr.; Zers.] (*Er., Co.*, l. c. S. 754). Absorptionsspektrum (Dioxan; 350—680 nm): *Er., Co.*, l. c. S. 751. — f) Jodid $Fe(C_{36}H_{40}N_4O_4)I$. Herstellung: *Er., Co.*, l. c. S. 754. Rote Kristalle (aus Py. + Eg. + NaI oder Äthyljodid + Hexan); F: 236—238° [korr.; Zers.] (*Er., Co.*). Absorptionsspektrum (Dioxan; 350—680 nm): *Er., Co.*, l. c. S. 751. — g) Acetat $Fe(C_{36}H_{40}N_4O_4)C_2H_3O_2$. Herstellung: *Fischer et al.*, A. **471** [1929] 237, 270. Schwarze Kristalle [aus wss. Eg.] (*Fi. et al.*, Z. physiol. Chem. **195** 24); F: 237° [korr.] (*Fi. et al.*, A. **471** 270), 230° [korr.] (*Fi. et al.*, Z. physiol. Chem. **195** 24).

Pentachloroferrat(III) $2C_{36}H_{42}N_4O_4 \cdot H_2FeCl_5$. Schwarze, bläulich glänzende Kristalle (*Treibs, Dieter*, A. **513** [1934] 65, 91).

Kobalt(II)-Komplex. Absorptionsspektrum (Bzl.; 500—570 nm): *Stern, Deželić*, Z. physik. Chem. [A] **180** [1937] 131, 132, 136. Paramagnetisch (*Haurowitz*, B. **68** [1935] 1795, 1805).

Kobalt(III)-Komplex. Absorptionsspektrum (Bzl.; 500—570 nm): *Stern, Deželić*, Z. physik. Chem. [A] **180** [1937] 131, 132, 134.

Nickel(II)-Komplex. Kristalle [aus Eg.] (*Haurowitz, Klemm*, B. **68** [1935] 2312). Netzebenenabstände: *Haurowitz*, B. **68** [1935] 1795, 1796. Absorptionsspektrum (Dioxan; 500—580 nm): *Stern, Deželić*, Z. physik. Chem. [A] **180** [1937] 131, 132, 135. λ_{max} ($CHCl_3$): 517 nm und 553 nm (*Ha.*, l. c. S. 1797). Diamagnetisch (*Ha., Kl.*).

Palladium(II)-Komplex. Absorptionsspektrum (Dioxan; 490—560 nm): *Stern, Deželić*, Z. physik. Chem. [A] **180** [1937] 131, 132, 135.

Hexachloroplatinat $C_{36}H_{42}N_4O_4 \cdot H_2PtCl_6$. Kristalle (*Treibs, Dieter*, A. **513** [1934] 65, 91).

Verbindung mit 1 Mol 1,3,5(?)-Trinitro-benzol. Braune Kristalle [aus Bzl. + PAe. oder $CHCl_3$ + Me.] (*Treibs, Dieter*, A. **513** [1934] 65, 91).

Verbindung mit Picrylchlorid $C_{36}H_{42}N_4O_4 \cdot C_6H_2ClN_3O_6$. Schwarzviolette Kristalle (aus $CHCl_3$ + Me.); F: 158° [korr.] (*Treibs*, A. **476** [1929] 1, 6, 59, 60). λ_{max} (Kristalle sowie Acn.; 490—630 nm): *Tr.*, l. c. S. 60.

Dipicrat. Purpurrote Kristalle (aus Me.); F: 145° (*Treibs*, A. **476** [1929] 1, 4, 32, 33). λ_{max} der Kristalle sowie von Lösungen in Aceton, auch unter Zusatz von Picrinsäure und H_2O (520—610 nm): *Tr.*

Distyphnat $C_{36}H_{42}N_4O_4 \cdot 2C_6H_3N_3O_8$. Rotviolette Kristalle (aus Me.); F: 185° (*Treibs*, A. **476** [1929] 1, 4, 32). λ_{max} der Kristalle: 555 nm, 577 nm und 599 nm.

Dipicrolonat $C_{36}H_{42}N_4O_4 \cdot 2C_{10}H_8N_4O_5$. Kristalle (aus Acn.); F: 195° [korr.] (*Treibs*, A. **476** [1929] 1, 4, 33). λ_{max} der Kristalle sowie von Lösungen in Aceton, auch unter Zusatz von H_2O (520—610 nm): *Tr.*

Pentakis-[2,6-dinitro-benzoat] $C_{36}H_{42}N_4O_4 \cdot 5C_7H_4N_2O_6$. Rote Kristalle (aus Me.); F: 153° [korr.] (*Treibs*, A. **476** [1929] 1, 6, 17, 19, 59). λ_{max} der Kristalle sowie von Lösungen in Methanol, auch unter Zusatz von 2,6-Dinitro-benzoesäure (530—610 nm): *Tr.*

Diflavianat (Bis-[8-hydroxy-5,7-dinitro-naphthalin-2-sulfonat]) $C_{36}H_{42}N_4O_4 \cdot 2C_{10}H_6N_2O_8S$. Kristalle (aus wss. Me.); F: 235° [korr.; nach Sintern ab 200°] (*Treibs*, A. **476** [1929] 1, 4, 33). λ_{max} der Kristalle sowie von Lösungen in Methanol, auch unter Zusatz von Flaviansäure (490—610 nm): *Tr.*

Derivate.

Jod-Derivat $C_{36}H_{41}IN_4O_4$. Kristalle (aus $CHCl_3$ + Me.); F: 195° (*Deželić*, Rad. Hrvat. Akad. **271** [1941] 47, 58; C. A. **1948** 5898). — Kupfer(II)-Komplex $CuC_{36}H_{39}IN_4O_4$. Rote Kristalle (aus $CHCl_3$ + Me.); F: 205°.

Nitro-Derivat $C_{36}H_{41}N_5O_6$; vermutlich Isomeren-Gemisch (s. dazu *Bonnett, Stephenson*, J. org. Chem. **30** [1965] 2791, 2794, 2797). Kristalle; F: 165° (*Fischer, Klendauer*, A. **547** [1941] 123, 135), 160° [aus $CHCl_3$ + Me.] (*Deželić*, Rad. Hrvat. Akad. **271** [1941] 47, 58; C. A. **1948**

5898). – Kupfer(II)-Komplex $CuC_{36}H_{39}N_5O_6$. Rote Kristalle (aus Bzl.+PAe.); F: 140° (*De.*, l. c. S. 59). λ_{max} (Py.+Ae.; 460–630 nm): *Fi., Kl.*, l. c. S. 136.

3,3'-[7,12-Diäthyl-3,8,13,17-tetramethyl-porphyrin-2,18-diyl]-di-propionsäure-diäthylester, Mesoporphyrin-diäthylester $C_{38}H_{46}N_4O_4$, Formel II (R = C_2H_5) und Taut.

B. Aus Mesoporphyrin-dihydrochlorid (S. 3019) und äthanol. HCl (*Zaleski*, Z. physiol. Chem. **37** [1902/03] 54, 62; *Lindenfeld*, Roczniki Chem. **13** [1933] 660, 674; C. **1934** I 2602). Aus dem Natrium-Salz des Mesoporphyrins und äthanol. HCl (*Fischer, Stangler*, A. **459** [1927] 53, 74).

Braunrote Kristalle [aus A.] (*Li. et al.*, l. c. S. 675); F: 202–205° [unkorr.] (*Za.*, l. c. S. 64), 204° [korr.] (*Fi., St.*).

Kupfer(II)-Komplex $CuC_{38}H_{44}N_4O_4$. Kristalle (aus Ae.); F: 211° [unkorr.] (*Za.*, l. c. S. 70).

Eisen(III)-Komplexe. a) Chlorid $Fe(C_{38}H_{44}N_4O_4)Cl$; Mesohämin-diäthylester. Herstellung: *Li.*, l. c. S. 675. Dimorph; bräunliche Kristalle [aus $CHCl_3$+wss. Eg.+NH_4Cl] (*Li.*). – b) Bromid $Fe(C_{38}H_{44}N_4O_4)Br$. Herstellung: *Li.*, l. c. S. 676, 677. Dimorph; braune Kristalle [aus $CHCl_3$+wss. Eg.+KBr] (*Li.*). – c) Jodid $Fe(C_{38}H_{44}N_4O_4)I$. Herstellung: *Li.*, l. c. S. 677. Dimorph; Kristalle [aus $CHCl_3$+wss. Eg.+KI] bzw. violettbraune Kristalle [aus wss. Eg. oder A.] (*Li.*). – d) Thiocyanat $Fe(C_{38}H_{44}N_4O_4)CNS$. Herstellung: *Li.*, l. c. S. 678. Dimorph; Kristalle [aus $CHCl_3$+wss. Eg.+Ammonium-thiocyanat] (*Li.*).

3,3'-[7,12-Diäthyl-3,8,13,17-tetramethyl-porphyrin-2,18-diyl]-di-propionsäure-diisopentylester, Mesoporphyrin-diisopentylester $C_{44}H_{58}N_4O_4$, Formel II (R = CH_2-CH_2-$CH(CH_3)_2$) und Taut.

Eisen(III)-Komplex $Fe(C_{44}H_{56}N_4O_4)Cl$; Mesohämin-diisopentylester. *B.* Neben anderen Verbindungen aus Mesohämin (S. 3021), Isopentylalkohol und Natrium (*Fischer et al.*, A. **482** [1930] 1, 8, 10). – Kristalle (aus Me.).

3,3'-[7,12-Diäthyl-3,8,13,17-tetramethyl-porphyrin-2,18-diyl]-di-propionsäure-dihexadecylester, Mesoporphyrin-dihexadecylester $C_{66}H_{102}N_4O_4$, Formel II (R = $[CH_2]_{15}$-CH_3) und Taut.

B. Aus Mesoporphyrin (S. 3018) und Hexadecan-1-ol in Pyridin mit Hilfe von $COCl_2$ (*Fischer, Schmidt*, A. **519** [1935] 244, 253).

Rote Kristalle; F: 126° (*Fi., Sch.*). λ_{max} (Dioxan): 497 nm, 528 nm, 567 nm, 595 nm und 620 nm (*Stern, Wenderlein*, Z. physik. Chem. [A] **175** [1936] 405, 406). Fluorescenzmaxima (Dioxan): 597 nm, 623 nm, 654 nm, 672 nm und 691 nm (*Stern, Molvig*, Z. physik. Chem. [A] **176** [1936] 209, 211).

3,3'-[7,12-Diäthyl-3,8,13,17-tetramethyl-porphyrin-2,18-diyl]-di-propionsäure-di-[(1*R*)-menthylester], Mesoporphyrin-di-[(1*R*)-menthylester] $C_{54}H_{74}N_4O_4$, Formel III und Taut.

B. Analog dem vorangehenden Ester (*Fischer, Schmidt*, A. **519** [1935] 244, 253).

Bräunlichrote Kristalle; F: 166°; $[\alpha]^{20}_{weisses\ Licht}$: −83,2° [Py.; c = 0,1] (*Fi., Sch.*). λ_{max} (Dioxan): 497 nm, 528 nm, 567 nm, 595 nm und 620 nm (*Stern, Wenderlein*, Z. physik. Chem. [A] **175** [1936] 405, 406). Fluorescenzmaxima (Dioxan): 597 nm, 623 nm, 654 nm, 672 nm und

691 nm (*Stern, Molvig,* Z. physik. Chem. [A] **176** [1936] 209, 211).

III

3,3'-[7,12-Diäthyl-3,8,13,17-tetramethyl-porphyrin-2,18-diyl]-di-propionsäure-dibenzylester, Mesoporphyrin-dibenzylester $C_{48}H_{50}N_4O_4$, Formel II (R = CH_2-C_6H_5) und Taut.

B. Analog den vorangehenden Verbindungen (*Broser, Lautsch,* Z. Naturf. **8b** [1953] 711, 721).

Absorptionsspektrum (Toluol?; 430–630 nm): *Lautsch et al.,* J. Polymer Sci. **8** [1952] 191, 205.

[3,3'-(7,12-Diäthyl-3,8,13,17-tetramethyl-porphyrin-2,18-diyl)-di-propionsäure]-essigsäure-anhydrid, Essigsäure-mesoporphyrin-anhydrid $C_{38}H_{42}N_4O_6$, Formel II (R = CO-CH_3) und Taut. (in der Literatur als Mesoporphyrin-diacetat bezeichnet).

B. Aus Mesoporphyrin (S. 3018) und Acetanhydrid (*Fischer et al.,* A. **471** [1929] 237, 259).

Kristalle; F: 225° [korr.; Zers.] (*Fi. et al.,* l. c. S. 257, 260).

Kupfer(II)-Komplex $CuC_{38}H_{40}N_4O_6$. Rote Kristalle; F: 197° [korr.; Zers.] (*Fi. et al.,* l. c. S. 257, 260).

Eisen(III)-Komplexe. a) Chlorid $Fe(C_{38}H_{40}N_4O_6)Cl$. Herstellung aus Mesoporphyrin, $FeCl_2$ und Acetanhydrid: *Fi. et al.,* l. c. S. 268; aus Mesohämin (S. 3021) und Acetanhydrid: *Fi. et al.,* l. c. S. 269; s. a. *Kuhn, Seyffert,* B. **61** [1928] 307, 313. Kristalle; F: 269° [korr.; Zers.] (*Fi. et al.,* l. c. S. 257, 269). λ_{max} in Äther (430–650 nm) und in einem wss. NaOH-Äther-Gemisch (460–600 nm): *Fi. et al.* – b) Acetat $Fe(C_{38}H_{40}N_4O_6)C_2H_3O_2$. Herstellung aus Mesoporphyrin, Eisen(II)-acetat und Acetanhydrid: *Fi. et al.,* l. c. S. 267. Violettschwarze Kristalle; F: ca. 235° [korr.; Zers.] (*Fi. et al.,* l. c. S. 257, 267).

Benzoesäure-[3,3'-(7,12-diäthyl-3,8,13,17-tetramethyl-porphyrin-2,18-diyl)-di-propionsäure]-anhydrid, Benzoesäure-mesoporphyrin-anhydrid $C_{48}H_{46}N_4O_6$, Formel II (R = CO-C_6H_5) und Taut. (in der Literatur als Mesoporphyrin-dibenzoat bezeichnet).

B. Aus Mesoporphyrin (S. 3018) und Benzoesäure-anhydrid in Äther (*Treibs,* A. **506** [1933] 196, 257).

Kristalle; Zers. ab 170°.

Kupfer-Komplex. λ_{max} ($CHCl_3$): 527 nm und 564 nm.

3,3'-[7,12-Diäthyl-3,8,13,17-tetramethyl-porphyrin-2,18-diyl]-di-propionsäure-diamid, Mesoporphyrin-diamid $C_{34}H_{40}N_6O_2$, Formel IV (X = NH_2) und Taut.

B. Beim Behandeln von Mesoporphyrin (S. 3018) mit $POCl_3$ und PCl_5 und anschliessend mit NH_3 in Aceton (*Zeile, Piutti,* Z. physiol. Chem. **218** [1933] 52, 61).

Rote Kristalle [aus Py.] (*Ze., Pi.,* l. c. S. 62); F: >360° [aus Py.+Me.] (*Lautsch et al.,* B. **90** [1957] 470, 480).

3,3'-[7,12-Diäthyl-3,8,13,17-tetramethyl-porphyrin-2,18-diyl]-di-propionsäure-dipiperidid, Mesoporphyrin-dipiperidid, 1,1'-Mesoporphyrindiyl-di-piperidin $C_{44}H_{56}N_6O_2$, Formel V und Taut.

Kupfer(II)-Komplex $CuC_{44}H_{54}N_6O_2$. Herstellung aus der Verbindung von Mesoporphy=

rin mit 2 Mol Piperidin (S. 3021) und Kupfer(II)-acetat in Pyridin: *Fischer, Pützer*, B. **61** [1928] 1068, 1073. – Kristalle (aus wss. Py.).

Zink-Komplex. Herstellung analog dem Kupfer(II)-Komplex: *Fi., Pü.* – Kristalle (aus Eg.); F: 286° [korr.].

3,3'-[7,12-Diäthyl-3,8,13,17-tetramethyl-porphyrin-2,18-diyl]-di-propionsäure-bis-carboxymethyl=amid, Mesoporphyrin-bis-carboxymethylamid, *N,N'*-Mesoporphyrindiyl-bis-glycin $C_{38}H_{44}N_6O_6$, Formel IV (X = NH-CH_2-CO-OH) und Taut.

B. Aus dem Dimethylester (s. u.) mit Hilfe von wss.-methanol. KOH (*Zeile, Piutti*, Z. physiol. Chem. **218** [1933] 52, 63). Aus dem Eisen(III)-Komplex des Dimethylesters mit Hilfe von HBr und Essigsäure (*Ze., Pi.*, l. c. S. 62).

Kristalle (aus Py.).

3,3'-[7,12-Diäthyl-3,8,13,17-tetramethyl-porphyrin-2,18-diyl]-di-propionsäure-bis-methoxy=carbonylmethylamid, Mesoporphyrin-bis-methoxycarbonylmethylamid, *N,N'*-Meso=porphyrindiyl-bis-glycin-dimethylester $C_{40}H_{48}N_6O_6$, Formel IV (X = NH-CH_2-CO-O-CH_3) und Taut.

B. Beim Behandeln von Mesoporphyrin (S. 3018) mit $POCl_3$ und PCl_5 und anschliessend mit Glycin-methylester in Aceton (*Zeile, Piutti*, Z. physiol. Chem. **218** [1933] 52, 62). Aus dem aus Mesoporphyrin-dihydrazid (S. 3030) hergestellten Diazid und Glycin-methylester in Pyridin (*Lautsch et al.*, B. **90** [1957] 470, 477).

Rote Kristalle (aus Py.); F: 261° [korr.] (*La. et al.*).

Eisen(III)-Komplex $Fe(C_{40}H_{46}N_6O_6)Cl$. Kristalle; F: 274° [korr.] (*Ze., Pi.*).

3,3'-[7,12-Diäthyl-3,8,13,17-tetramethyl-porphyrin-2,18-diyl]-di-propionsäure-bis-äthoxycarb=onylmethylamid, Mesoporphyrin-bis-äthoxycarbonylmethylamid, *N,N'*-Mesoporphyrindiyl-bis-glycin-diäthylester $C_{42}H_{52}N_6O_6$, Formel IV (X = NH-CH_2-CO-O-C_2H_5) und Taut.

B. Aus Mesoporphyrin (S. 3018) und *N*-Carbonyl-glycin-äthylester in Pyridin (*Lautsch et al.*, B. **90** [1957] 470, 477).

Kristalle (aus Py.+Me.); F: 265°.

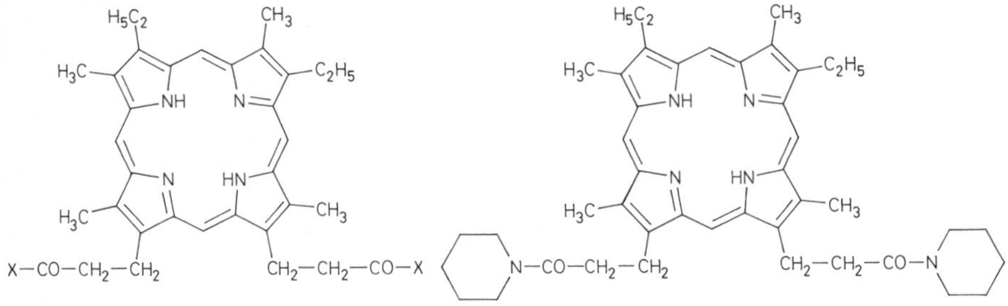

H_5C_2 CH_3 H_3C C_2H_5 NH N N HN H_3C CH_3 X—CO—CH_2—CH_2 CH_2—CH_2—CO—X

IV

H_5C_2 CH_3 H_3C C_2H_5 NH N N HN H_3C CH_3 N—CO—CH_2—CH_2 CH_2—CH_2—CO—N

V

***Opt.-inakt. 3,3'-[7,12-Diäthyl-3,8,13,17-tetramethyl-porphyrin-2,18-diyl]-di-propionsäure-bis-[1-methoxycarbonyl-äthylamid], Mesoporphyrin-bis-[1-methoxycarbonyl-äthylamid],** *N,N'*-Mesoporphyrindiyl-di-alanin-dimethylester $C_{42}H_{52}N_6O_6$, Formel IV (X = NH-CH(CH_3)-CO-O-CH_3) und Taut.

B. Analog *N,N'*-Mesoporphyrindiyl-bis-glycin-dimethylester [s. o.] (*Zeile, Piutti*, Z. physiol. Chem. **218** [1933] 52, 62). Aus Mesoporphyrin (S. 3018) und *N*-Carbonyl-DL-alanin-methylester in Pyridin (*Lautsch et al.*, B. **90** [1957] 470, 477). Aus dem aus Mesoporphyrin-dihydrazid (S. 3030) hergestellten Diazid und DL-Alanin-methylester in Pyridin (*La. et al.*).

Kristalle; F: 278° (*La. et al.*), 276° [korr.; aus Py.] (*Ze., Pi.*).

***Opt.-inakt. 3,3'-[7,12-Diäthyl-3,8,13,17-tetramethyl-porphyrin-2,18-diyl]-di-propionsäure-bis-[1-methoxycarbonyl-2-methyl-propylamid], Mesoporphyrin-bis-[1-methoxycarbonyl-2-methyl-propylamid],** *N,N'*-Mesoporphyrindiyl-di-valin-dimethylester $C_{46}H_{60}N_6O_6$, Formel IV (X = NH-CH(CO-O-CH_3)-CH(CH_3)$_2$) und Taut.

B. Analog *N,N'*-Mesoporphyrindiyl-bis-glycin-dimethylester [s. o.] (*Lautsch et al.*, B. **90** [1957] 470, 477, 478).

F: 284°.

***Opt.-inakt. 3,3'-[7,12-Diäthyl-3,8,13,17-tetramethyl-porphyrin-2,18-diyl]-di-propionsäure-bis-[1-methoxycarbonyl-3-methyl-butylamid], Mesoporphyrin-bis-[1-methoxycarbonyl-3-methyl-butylamid],** *N,N'*-Mesoporphyrindiyl-di-leucin-dimethylester $C_{48}H_{64}N_6O_6$, Formel IV (X = NH-CH(CO-O-CH_3)-CH_2-CH(CH_3)$_2$) und Taut.

B. Analog *N,N'*-Mesoporphyrindiyl-bis-glycin-dimethylester [s. o.] (*Lautsch et al.*, B. **90** [1957] 470, 477, 478).

F: 279°.

***Opt.-inakt. 3,3'-[7,12-Diäthyl-3,8,13,17-tetramethyl-porphyrin-2,18-diyl]-di-propionsäure-bis-[1-methoxycarbonyl-2-methyl-butylamid], Mesoporphyrin-bis-[1-methoxycarbonyl-2-methyl-butylamid],** *N,N'*-Mesoporphyrindiyl-di-isoleucin-dimethylester $C_{48}H_{64}N_6O_6$, Formel IV (X = NH-CH(CO-O-CH_3)-CH(CH_3)-C_2H_5) und Taut.

B. Analog *N,N'*-Mesoporphyrindiyl-bis-glycin-dimethylester [s. o.] (*Lautsch et al.*, B. **90** [1957] 470, 477, 478).

F: 274°.

***Opt.-inakt. 3,3'-[7,12-Diäthyl-3,8,13,17-tetramethyl-porphyrin-2,18-diyl]-di-propionsäure-bis-[1-methoxycarbonyl-2-phenyl-äthylamid], Mesoporphyrin-bis-[1-methoxycarbonyl-2-phenyl-äthylamid],** *N,N'*-Mesoporphyrindiyl-di-phenylalanin-dimethylester $C_{54}H_{60}N_6O_6$, Formel IV (X = NH-CH(CH_2-C_6H_5)-CO-O-CH_3) und Taut.

B. Analog *N,N'*-Mesoporphyrindiyl-bis-glycin-dimethylester [s. o.] (*Lautsch et al.*, B. **90** [1957] 470, 477). Aus Mesoporphyrin (S. 3018) und *N*-Carbonyl-DL-phenylalanin-methylester in Pyridin (*La. et al.*).

F: 234°.

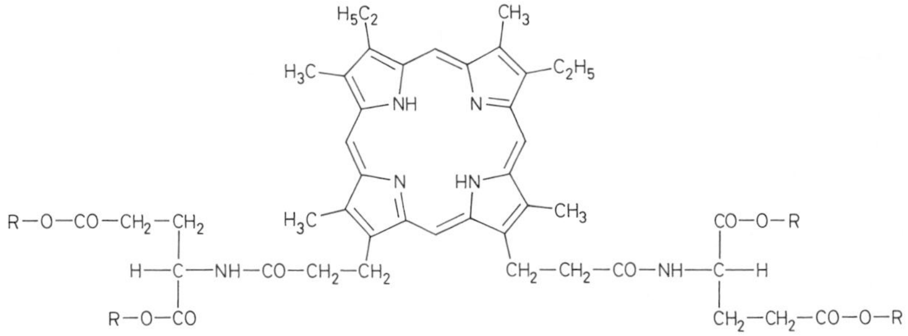

VI

3,3'-[7,12-Diäthyl-3,8,13,17-tetramethyl-porphyrin-2,18-diyl]-di-propionsäure-bis-[(*S*)-1,3-dicarboxy-propylamid], Mesoporphyrin-bis-[(*S*)-1,3-dicarboxy-propylamid], *N,N'*-Mesoporphyrindiyl-di-L-glutaminsäure $C_{44}H_{52}N_6O_{10}$, Formel VI (R = H) und Taut.

B. Aus dem folgenden Tetramethylester beim Erwärmen mit HBr in Essigsäure (*Lautsch et al.*, B. **90** [1957] 470, 478).

Eisen(III)-Komplex Fe($C_{44}H_{50}N_6O_{10}$)Cl. Feststoff [aus Eg. + Ae.]. Absorptionsspektrum (wss. Py. + $Na_2S_2O_4$; 430 – 660 nm): *La. et al.*, l. c. S. 472.

3,3'-[7,12-Diäthyl-3,8,13,17-tetramethyl-porphyrin-2,18-diyl]-di-propionsäure-bis-[(*S*)-1,3-bis-methoxycarbonyl-propylamid], Mesoporphyrin-bis-[(*S*)-1,3-bis-methoxycarbonyl-propylamid], *N,N'*-Mesoporphyrindiyl-di-L-glutaminsäure-tetramethylester $C_{48}H_{60}N_6O_{10}$, Formel VI (R = CH_3) und Taut.

B. Analog *N,N'*-Mesoporphyrindiyl-bis-glycin-dimethylester [S. 3028] (*Lautsch et al.*, B. **90** [1957] 470, 477, 478).

F: 218°. Absorptionsspektrum (Py.; 430–650 nm): *La.*, l. c. S. 472.

3,3'-[7,12-Diäthyl-3,8,13,17-tetramethyl-porphyrin-2,18-diyl]-di-propionsäure-dihydrazid, Mesoporphyrin-dihydrazid $C_{34}H_{42}N_8O_2$, Formel IV (X = NH-NH_2) und Taut.

B. Aus Mesoporphyrin-dimethylester (S. 3022) und $N_2H_4 \cdot H_2O$ in Methanol (*Fischer et al.*, Z. physiol. Chem. **241** [1936] 201, 209).

Blauviolette Kristalle (aus Py.), die unterhalb 300° nicht schmelzen (*Fi. et al.*). Absorptionsspektrum (420–650 nm): *Lautsch et al.*, J. Polymer Sci. **17** [1955] 479, 497.

Kupfer(II)-Komplex $CuC_{34}H_{40}N_8O_2$. Kristalle [aus Py. + Me.] (*Fi. et al.*).

Dibenzyliden-Derivat $C_{48}H_{50}N_8O_2$; 3,3'-[7,12-Diäthyl-3,8,13,17-tetramethyl-porphyrin-2,18-diyl]-di-propionsäure-bis-benzylidenhydrazid, Mesoporphyrin-bis-benzylidenhydrazid. Kristalle (aus $CHCl_3$ + Me.); F: 275° (*Fi. et al.*, l. c. S. 213).

3,3'-[7,12-Diäthyl-5,10,15,20-tetrachlor-3,8,13,17-tetramethyl-porphyrin-2,18-diyl]-di-propionsäure, 5,10,15,20-Tetrachlor-mesoporphyrin $C_{34}H_{34}Cl_4N_4O_4$, Formel VII und Taut.

B. Beim Behandeln von Mesoporphyrin (S. 3018) mit wss. HCl und wss. H_2O_2 in Essigsäure (*Fischer, Röse*, B. **46** [1913] 2460, 2461, 2462).

Unbeständig (*Fi., Röse*, l. c. S. 2462, 2463). Absorptionsspektrum ($CHCl_3$; 470–710 nm): *Hellström*, Z. physik. Chem. [B] **14** [1931] 9, 12. λ_{max} (A.; 510–620 nm): *He.*, l. c. S. 13. Relative Intensität der Fluorescenz in wss. Lösungen vom pH 2–8: *Fink, Hoerburger*, Z. physiol. Chem. **225** [1934] 49, 54.

Dihydrochlorid $C_{34}H_{34}Cl_4N_4O_4 \cdot 2HCl$. Hygroskopische grüne Kristalle [aus Eg. + wss. HCl] (*Fi., Röse*, l. c. S. 2462).

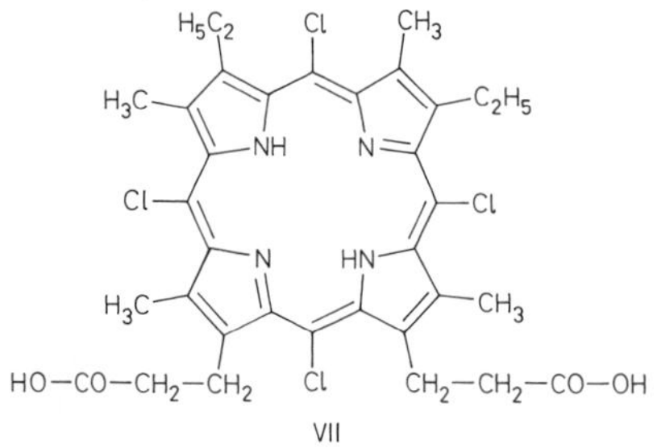

VII

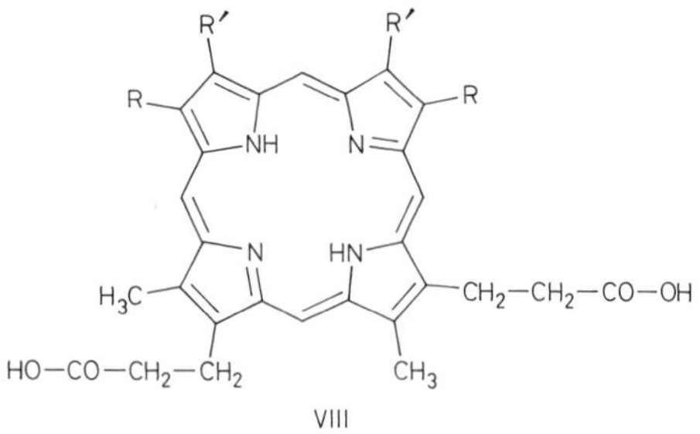

VIII

3,3'-[12,18-Diäthyl-3,8,13,17-tetramethyl-porphyrin-2,7-diyl]-di-propionsäure, Mesoporphyrin-VIII $C_{34}H_{38}N_4O_4$, Formel VIII (R = C_2H_5, R' = CH_3) und Taut.

Zusammenfassende Darstellung: *H. Fischer, H. Orth*, Die Chemie des Pyrrols, Bd. 2, Tl. 1 [Leipzig 1937] S. 441, 442.

B. Beim Erhitzen von [3-(2-Carboxy-äthyl)-4,5-dimethyl-pyrrol-2-yl]-[4-(2-carboxy-äthyl)-3,5-dimethyl-pyrrol-2-yl]-methinium-bromid (E III/IV **25** 1115) mit Bis-[4-äthyl-5-brom-3-methyl-pyrrol-2-yl]-methinium-bromid (E II **23** 205) und Bernsteinsäure (*Fischer, Rothhaas*, A. **484** [1930] 85, 110–112).

Kristalle [aus Me.] (*Fi., Ro.*). λ_{max} (Eg. + Ae.; 430–630 nm): *Fi., Ro.*

Eisen(III)-Komplex $Fe(C_{34}H_{36}N_4O_4)Cl$. Blauschwarze Kristalle [aus Eg.]; λ_{max} (Py. + N_2H_4): 516 nm und 547 nm (*Fi., Ro.*).

Dimethylester $C_{36}H_{42}N_4O_4$. Rote Kristalle (aus $CHCl_3$ + Me.); F: 184 – 186° [korr.] (*Fi., Ro.*). λ_{max} ($CHCl_3$ sowie Ae.; 430 – 630 nm): *Fi., Ro.* – Kupfer(II)-Komplex $CuC_{36}H_{40}N_4O_4$. Rote Kristalle (aus Eg.); F: 210° [korr.; nach Sintern]; λ_{max} (Py. + N_2H_4): 529 nm und 564 nm (*Fi., Ro.*). – Eisen(III)-Komplex $Fe(C_{36}H_{40}N_4O_4)Cl$. Blauschwarze Kristalle; F: 223°; λ_{max} (Py. + N_2H_4): 516 nm und 547 nm (*Fi., Ro.*).

3,3′-[12,17-Diäthyl-3,7,13,18-tetramethyl-porphyrin-2,8-diyl]-di-propionsäure, Mesoporphyrin-XI $C_{34}H_{38}N_4O_4$, Formel IX (R = CH_3, R′ = C_2H_5) und Taut.

Zusammenfassende Darstellung: *H. Fischer, H. Orth,* Die Chemie des Pyrrols, Bd. 2, Tl. 1 [Leipzig 1937] S. 452.

B. Beim Erhitzen von Bis-[4-(2-carboxy-äthyl)-3-methyl-pyrrol-2-yl]-methinium-bromid (E II **25** 175) mit [3-Äthyl-5-brommethyl-4-methyl-pyrrol-2-yl]-[4-äthyl-5-brommethyl-3-methyl-pyrrol-2-yl]-methinium-bromid (E II **23** 209) und Bernsteinsäure (*Fischer, Rothhaas,* A. **484** [1930] 85, 100).

Kristalle [aus Ae.] (*Fi., Ro.*).

Kupfer(II)-Komplex $CuC_{34}H_{36}N_4O_4$. Rote Kristalle (aus Py. + $CHCl_3$ + Eg.), die unterhalb 299° nicht schmelzen (*Fi., Ro.*).

Eisen(III)-Komplex $Fe(C_{34}H_{36}N_4O_4)Cl$. Blauschwarze Kristalle [aus Py. + Eg. + konz. HCl] (*Fi., Ro.*).

Dimethylester $C_{36}H_{42}N_4O_4$. Kristalle; F: 174,5° (*Fi., Ro.,* l. c. S. 101). – Kupfer(II)-Komplex $CuC_{36}H_{40}N_4O_4$. Kristalle; F: 189° (*Fi., Ro.*). – Eisen(III)-Komplex $Fe(C_{36}H_{40}N_4O_4)Cl$. Blauschwarze Kristalle; F: 263° (*Fi., Ro.*).

3,3′-[13,18-Diäthyl-3,8,12,17-tetramethyl-porphyrin-2,7-diyl]-di-propionsäure-dimethylester, Mesoporphyrin-XIV-dimethylester $C_{36}H_{42}N_4O_4$, Formel X und Taut.

Zusammenfassende Darstellung: *H. Fischer, H. Orth,* Die Chemie des Pyrrols, Bd. 2, Tl. 1 [Leipzig 1937] S. 454.

B. Neben anderen Verbindungen beim Erhitzen von [5-Brom-3-(2-carboxy-äthyl)-4-methyl-pyrrol-2-yl]-[4-(2-carboxy-äthyl)-3,5-dimethyl-pyrrol-2-yl]-methinium-bromid (E III/IV **25** 1112) mit [4-Äthyl-5-brom-3-methyl-pyrrol-2-yl]-[3-äthyl-4,5-dimethyl-pyrrol-2-yl]-methinium-bromid (E III/IV **23** 1343) und Bernsteinsäure und anschliessenden Verestern (*Fischer, Kirrmann,* A. **475** [1929] 266, 281).

Kristalle (aus $CHCl_3$ + Me.); F: 209° [korr.] (*Fi., Ki.*).

Kupfer(II)-Komplex $CuC_{36}H_{40}N_4O_4$. Kristalle (aus $CHCl_3$ + Eg.); F: 215° [korr.] (*Fi., Ki.*).

Eisen(III)-Komplex $Fe(C_{36}H_{40}N_4O_4)Cl$. Rotbraune Kristalle (aus $CHCl_3$ + Eg.); F: 261° [korr.] (*Fi., Ki.,* l. c. S. 282).

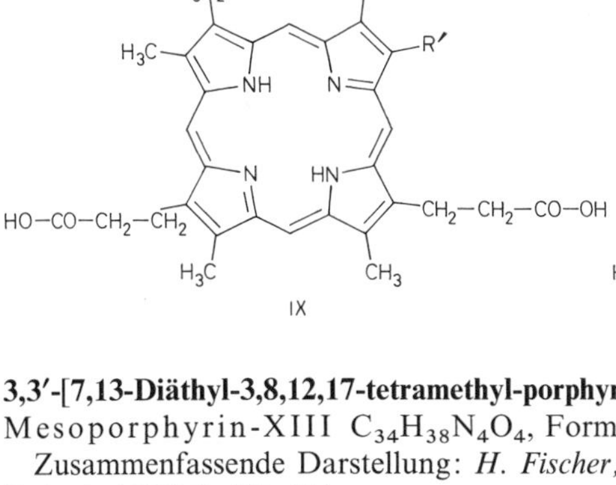

IX

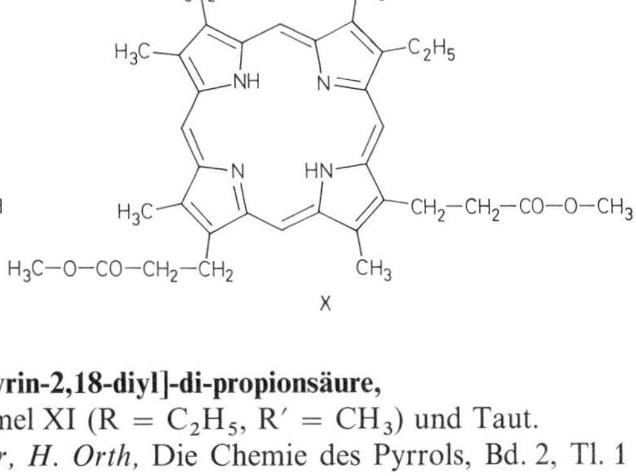

X

3,3′-[7,13-Diäthyl-3,8,12,17-tetramethyl-porphyrin-2,18-diyl]-di-propionsäure, Mesoporphyrin-XIII $C_{34}H_{38}N_4O_4$, Formel XI (R = C_2H_5, R′ = CH_3) und Taut.

Zusammenfassende Darstellung: *H. Fischer, H. Orth,* Die Chemie des Pyrrols, Bd. 2, Tl. 1 [Leipzig 1937] S. 453, 454.

B. Beim Erhitzen von Bis-[5-brom-3-(2-carboxy-äthyl)-4-methyl-pyrrol-2-yl]-methinium-bromid (E III/IV **25** 1108) mit Bis-[4-äthyl-5-brommethyl-3-methyl-pyrrol-2-yl]-methinium-bromid und Bernsteinsäure (*Fischer, Kirrmann,* A. **475** [1929] 266, 284).

Rote Kristalle (aus Acn. bzw. aus Py. + Eg. + H_2O), die unterhalb 300° bzw. 280° nicht schmelzen (*Fischer, Hansen,* A. **521** [1936] 128, 147; *Fi., Ki.,* l. c. S. 286). λ_{max} (Ae. + Py.; 430 – 630 nm): *Fi., Ki.*

Kupfer(II)-Komplex $CuC_{34}H_{36}N_4O_4$. Rote Kristalle, die unterhalb 280° nicht schmelzen (*Fi., Ki.,* l. c. S. 287). λ_{max}: 525 nm und 563 nm [Py.] bzw. 524 nm und 561 nm [Py. + Ae.] (*Fi., Ki.*).

Eisen(III)-Komplex $Fe(C_{34}H_{36}N_4O_4)Cl$. Rötliche Kristalle (aus Py. + Eg. + HCl), die unterhalb 280° nicht schmelzen; λ_{max} (Py. + N_2H_4): 516 nm und 547 nm (*Fi., Ki.*).

Dimethylester $C_{36}H_{42}N_4O_4$. Kristalle; F: 217° (*Fi., Ki.,* l. c. S. 285), 212° [korr.; aus Acn. + Me. oder $CHCl_3$ + Me.] (*Fi., Ha.,* l. c. S. 148). – Kupfer(II)-Komplex $CuC_{36}H_{40}N_4O_4$. Rote Kristalle (aus Py. + Eg.); F: 238° (*Fi., Ki.,* l. c. S. 285, 286). λ_{max} ($CHCl_3$): 524 nm und 561 nm (*Fi., Ki.*). – Eisen(III)-Komplex $Fe(C_{36}H_{40}N_4O_4)Cl$. Dunkel glänzende Kristalle (aus $CHCl_3$ + Ae.); F: 257° (*Fi., Ki.,* l. c. S. 285). λ_{max} (Py. + $N_2H_4 \cdot H_2O$): 515 nm und 548 nm (*Fi., Ki.*).

3,3′-[13,17-Diäthyl-3,7,12,18-tetramethyl-porphyrin-2,8-diyl]-di-propionsäure, Meso≠porphyrin-XII $C_{34}H_{38}N_4O_4$, Formel IX (R = C_2H_5, R′ = CH_3) und Taut.

Zusammenfassende Darstellung: *H. Fischer, H. Orth,* Die Chemie des Pyrrols, Bd. 2, Tl. 1 [Leipzig 1937] S. 452, 453.

B. Beim Erhitzen von Bis-[5-brommethyl-4-(2-carboxy-äthyl)-3-methyl-pyrrol-2-yl]-meth≠inium-bromid (E III/IV **25** 1115) mit Bis-[3-äthyl-5-brom-4-methyl-pyrrol-2-yl]-methinium-bro≠mid (E II **23** 205) und Bernsteinsäure (*Fischer et al.,* A. **466** [1928] 147, 166, 167) oder von Bis-[4-(2-carboxy-äthyl)-3,5-dimethyl-pyrrol-2-yl]-methinium-bromid (E III/IV **25** 1114) mit Bis-[3-äthyl-5-brom-4-methyl-pyrrol-2-yl]-methinium-bromid und Bernsteinsäure (*Fischer, Wa≠lach,* D.R.P. 522172 [1930]; Frdl. **17** 2639).

Kristalle [aus $CHCl_3$] (*Fi. et al.,* l. c. S. 168). λ_{max} (Ae. + Eg.; 490 – 630 nm): *Fi. et al.,* l. c. S. 169.

Dihydrochlorid $C_{34}H_{38}N_4O_4 \cdot 2HCl$. Kristalle [aus wss. HCl] (*Fi. et al.*).

Kupfer(II)-Komplex. Kristalle [aus Eg.] (*Fi. et al.*).

Eisen(III)-Komplex $Fe(C_{34}H_{36}N_4O_4)Cl$. Schwarze Kristalle [aus wss. Eg.] (*Fi. et al.*).

Dimethylester $C_{36}H_{42}N_4O_4$. Kristalle (aus $CHCl_3$ + Me.); F: 190 – 191° (*Fi. et al.,* l. c. S. 167; *Fi., Wa.*). – Kupfer(II)-Komplex $CuC_{36}H_{40}N_4O_4$. Rote Kristalle (aus Eg.); F: 215° (*Fi. et al.*). – Eisen(III)-Komplex $Fe(C_{36}H_{40}N_4O_4)Cl$. Dunkle Kristalle [aus Eg.] (*Fi. et al.,* l. c. S. 168).

Diäthylester $C_{38}H_{46}N_4O_4$. Kristalle (aus $CHCl_3$ + A.); F: 195 – 196° [korr.] (*Fi. et al.,* l. c. S. 167). – Kupfer(II)-Komplex $CuC_{38}H_{44}N_4O_4$. Rote Kristalle (aus Eg.); F: 203° (*Fi. et al.,* l. c. S. 168).

3,3′-[13,17-Diäthyl-3,8,12,18-tetramethyl-porphyrin-2,7-diyl]-di-propionsäure, Meso≠porphyrin-VI $C_{34}H_{38}N_4O_4$, Formel VIII (R = CH_3, R′ = C_2H_5) und Taut.

Zusammenfassende Darstellung: *H. Fischer, H. Orth,* Die Chemie des Pyrrols, Bd. 2, Tl. 1 [Leipzig 1937] S. 439, 440.

B. Beim Erhitzen von [3-(2-Carboxy-äthyl)-4,5-dimethyl-pyrrol-2-yl]-[4-(2-carboxy-äthyl)-3,5-dimethyl-pyrrol-2-yl]-methinium-bromid (E III/IV **25** 1115) oder [5-Brommethyl-3-(2-carboxy-äthyl)-4-methyl-pyrrol-2-yl]-[5-brommethyl-4-(2-carboxy-äthyl)-3-methyl-pyrrol-2-yl]-meth≠inium-bromid (E III/IV **25** 1116) mit Bis-[3-äthyl-5-brom-4-methyl-pyrrol-2-yl]-methinium-bro≠mid (E II **23** 205) und Bernsteinsäure (*Fischer, Rothhaas,* A. **484** [1930] 85, 107, 109).

Kristalle [aus Py. + H_2O] (*Fi., Ro.*). λ_{max} (Ae. + Eg.; 430 – 630 nm): *Fi., Ro.*

Kupfer(II)-Komplex $CuC_{34}H_{36}N_4O_4$. Rote Kristalle (aus Py. + Eg. + H_2O); F: 314° (*Fi., Ro.,* l. c. S. 109, 110). λ_{max} ($CHCl_3$, Py. sowie Py. + $N_2H_4 \cdot H_2O$; 420 – 500 nm): *Fi., Ro.*

Eisen(III)-Komplex $Fe(C_{34}H_{36}N_4O_4)Cl$. Dunkelblaue Kristalle (*Fi., Ro.,* l. c. S. 109). λ_{max} (Py. sowie Py. + $N_2H_4 \cdot H_2O$; 430 – 620 nm): *Fi., Ro.*

Dimethylester $C_{36}H_{42}N_4O_4$. Braune Kristalle (aus $CHCl_3$ + Me.); F: 199° (*Fi., Ro.,* l. c.

S. 107). λ_{max} ($CHCl_3$, Ae.+Eg. sowie Py.+Ae.; 430–630 nm): *Fi., Ro.,* l. c. S. 107, 108. – Kupfer(II)-Komplex $CuC_{36}H_{40}N_4O_4$. Rote Kristalle (aus Py.+Ae.); F: 210° (*Fi., Ro.,* l. c. S. 108). λ_{max}: 529 nm und 563 nm [Py.] bzw. 528 nm und 563 nm [Py.+$N_2H_4 \cdot H_2O$] (*Fi., Ro.*). – Eisen(III)-Komplex $Fe(C_{36}H_{40}N_4O_4)Cl$. Schwarze Kristalle (aus $CHCl_3$+Eg.+NaCl); λ_{max}: 554 nm und 602 nm [Py.] bzw. 515 nm und 547 nm [Py.+$N_2H_4 \cdot H_2O$] (*Fi., Ro.*).

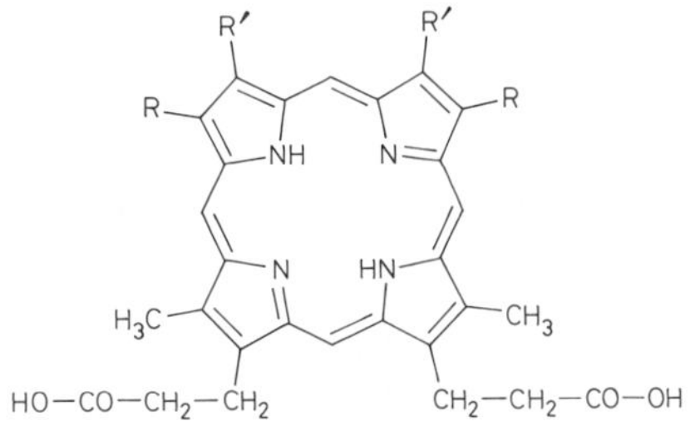

XI 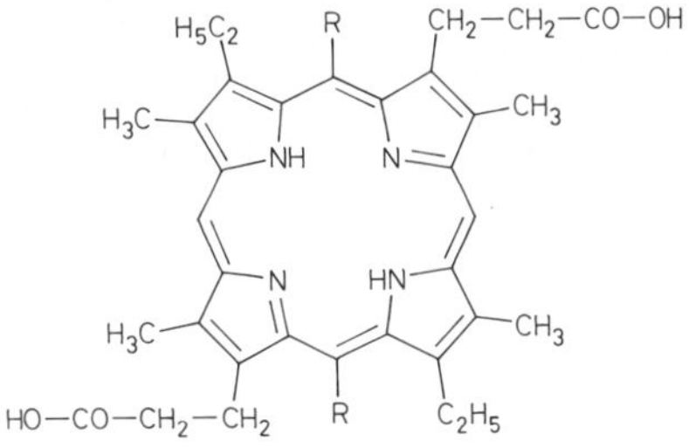 XII

3,3′-[8,12-Diäthyl-3,7,13,17-tetramethyl-porphyrin-2,18-diyl]-di-propionsäure, Mesoporphyrin-III, Isomesoporphyrin $C_{34}H_{38}N_4O_4$, Formel XI (R = CH_3, R′ = C_2H_5) und Taut.

Zusammenfassende Darstellung: *H. Fischer, H. Orth,* Die Chemie des Pyrrols, Bd. 2, Tl. 1 [Leipzig 1937] S. 437, 438.

B. Beim Erhitzen von Bis-[5-brom-3-(2-carboxy-äthyl)-4-methyl-pyrrol-2-yl]-methinium-bromid (E III/IV **25** 1108) mit Bis-[3-äthyl-5-brommethyl-4-methyl-pyrrol-2-yl]-methinium-bromid (E II **23** 209) und Bernsteinsäure (*Fischer, Stangler,* A. **459** [1927] 53, 74) oder von Bis-[3-(2-carboxy-äthyl)-4,5-dimethyl-pyrrol-2-yl]-methinium-bromid (E II **25** 179) mit Bis-[3-äthyl-5-brom-4-methyl-pyrrol-2-yl]-methinium-bromid (E II **23** 205) in Essigsäure (*Fischer et al.,* A. **452** [1927] 268, 289). Neben anderen Verbindungen beim Erwärmen von Bis-[5-carboxy-3-(2-carboxy-äthyl)-4-methyl-pyrrol-2-yl]-methinium-bromid mit Bis-[3-äthyl-5-carboxy-4-methyl-pyrrol-2-yl]-methinium-bromid und Ameisensäure unter Durchleiten von Luft (*Fi. et al.,* l. c. S. 288).

Dimethylester $C_{36}H_{42}N_4O_4$. Kristalle; F: 285° [korr.] (*Fi., St.,* l. c. S. 75), 275° [aus $CHCl_3$+Me.] (*Fi. et al.,* l. c. S. 289). λ_{max} ($CHCl_3$): 499 nm, 533 nm, 566 nm, 576 nm, 594 nm und 620 nm (*Fi., Orth*).

3,3′-[8,18-Diäthyl-3,7,13,17-tetramethyl-porphyrin-2,12-diyl]-di-propionsäure, Mesoporphyrin-V $C_{34}H_{38}N_4O_4$, Formel XII (R = H) und Taut.

Zusammenfassende Darstellung: *H. Fischer, H. Orth,* Die Chemie des Pyrrols, Bd. 2, Tl. 1 [Leipzig 1937] S. 439.

B. Beim Erhitzen von [4-Äthyl-3,5-dimethyl-pyrrol-2-yl]-[5-brom-4-(2-carboxy-äthyl)-3-methyl-pyrrol-2-yl]-methinium-bromid (E II **25** 144) mit Bernsteinsäure (*Fischer et al.,* A. **466** [1928] 147, 174, 175) oder von [4-Äthyl-5-brommethyl-3-methyl-pyrrol-2-yl]-[5-brommethyl-4-(2-carboxy-äthyl)-3-methyl-pyrrol-2-yl]-methinium-bromid (E III/IV **25** 879) mit Äthanol (*Fischer et al.,* Z. physiol. Chem. **279** [1943] 1, 19).

Braune Kristalle (*Fi. et al.,* A. **466** 174).

Dimethylester $C_{36}H_{42}N_4O_4$. Kristalle; F: 275° (*Fischer, Helberger,* A. **480** [1930] 235, 260), 274° [aus $CHCl_3$+Me.] (*Fi. et al.,* A. **466** 174; Z. physiol. Chem. **279** 19), 273° [korr.] (*Fischer, Rothhaas,* A. **484** [1930] 85, 102). – Kupfer(II)-Komplex $CuC_{36}H_{40}N_4O_4$. Rote Kristalle (aus $CHCl_3$+Eg.); F: 285–286°; λ_{max} ($CHCl_3$): 529 nm und 564 nm (*Fi. et al.,* A. **466** 175). – Eisen(III)-Komplex $Fe(C_{36}H_{40}N_4O_4)Cl$. Blauschwarze Kristalle (aus $CHCl_3$+Ae.); λ_{max}: 521 nm und 555 nm (*Fi. et al.,* A. **466** 174).

3,3′-[12,18-Diäthyl-3,7,13,17-tetramethyl-porphyrin-2,8-diyl]-di-propionsäure, Mesoporphyrin-IV $C_{34}H_{38}N_4O_4$, Formel XIII und Taut.

Zusammenfassende Darstellung: *H. Fischer, H. Orth,* Die Chemie des Pyrrols, Bd. 2, Tl. 1

[Leipzig 1937] S. 438.

B. Beim Erhitzen von Bis-[4-(2-carboxy-äthyl)-3-methyl-pyrrol-2-yl]-methinium-bromid (E II **25** 175) mit Bis-[4-äthyl-5-brommethyl-3-methyl-pyrrol-2-yl]-methinium-bromid und Bernsteinsäure (*Fischer, Kirrmann,* A. **475** [1929] 266, 274).

Kristalle [aus Eg. oder Ae.] (*Fi., Ki.*). λ_{max} (Ae., wss. HCl sowie wss. NaOH; 420–630 nm): *Fi., Ki.,* l. c. S. 275.

Kupfer(II)-Komplex $CuC_{34}H_{36}N_4O_4$. Rote Kristalle (aus Py.+Eg.); λ_{max} (Py.): 526 nm und 563 nm (*Fi., Ki.*).

Eisen(III)-Komplex $Fe(C_{34}H_{36}N_4O_4)Cl$. Kristalle [aus Py.+Eg.+HCl] (*Fi., Ki.*).

Dimethylester $C_{36}H_{42}N_4O_4$. Kristalle (aus $CHCl_3$+Me.); F: 238° [korr.] (*Fi., Ki.*). λ_{max} (Ae.): 494 nm, 528 nm, 568 nm, 598 nm und 623 nm (*Fi., Ki.,* l. c. S. 276). – Magnesium-Komplex. Rotbraune Kristalle (aus Ae.+PAe.) [unreines Präparat] (*Fi., Ki.,* l. c. S. 276). – Kupfer(II)-Komplex $CuC_{36}H_{40}N_4O_4$. Kristalle (aus $CHCl_3$+Ae.); F: 267° [korr.]; λ_{max} (Py.): 527 nm und 564 nm (*Fi., Ki.*). – Eisen(III)-Komplex $Fe(C_{36}H_{40}N_4O_4)Cl$. Schwarze Kristalle (aus $CHCl_3$+Eg.); F: 291° [korr.; nach Sintern bei 269°] (*Fi., Ki.*).

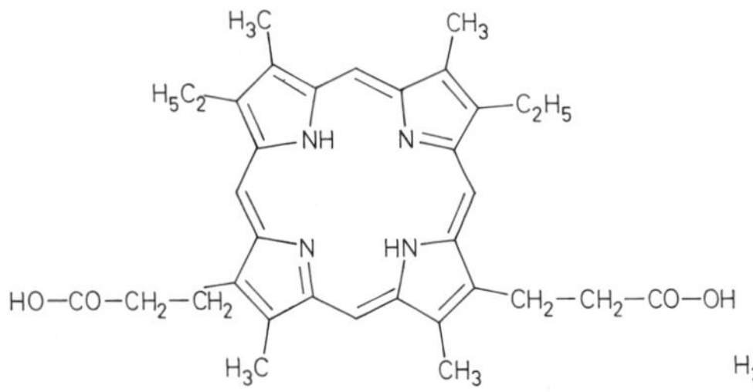

XIII

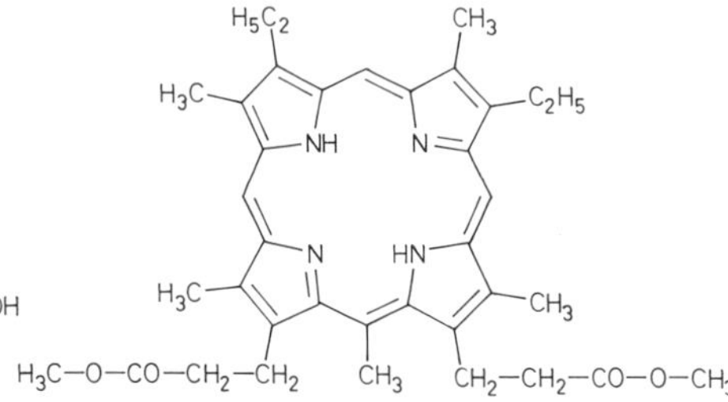

XIV

Dicarbonsäuren $C_{35}H_{40}N_4O_4$

3,3′-[7,12-Diäthyl-3,8,13,17,20-pentamethyl-porphyrin-2,18-diyl]-di-propionsäure-dimethylester, 15-Methyl-mesoporphyrin-dimethylester $C_{37}H_{44}N_4O_4$, Formel XIV und Taut. (in der Literatur als γ-Methyl-mesoporphyrin-IX-dimethylester bezeichnet).

Zusammenfassende Darstellung: *H. Fischer, H. Orth,* Die Chemie des Pyrrols, Bd. 2, Tl. 1 [Leipzig 1937] S. 455.

B. In geringer Ausbeute beim Erhitzen von [3-Äthyl-4,5-dimethyl-pyrrol-2-yl]-[5-brom-4-(2-carboxy-äthyl)-3-methyl-pyrrol-2-yl]-methinium-bromid (E II **25** 145) mit [4-Äthyl-5-brom-3-methyl-pyrrol-2-yl]-[5-äthyl-4-(2-carboxy-äthyl)-3-methyl-pyrrol-2-yl]-methinium-bromid (E III/IV **25** 879) und Methylbernsteinsäure und anschliessenden Behandeln mit methanol. HCl (*Fischer, Weichmann,* A. **492** [1932] 35, 57, 58).

Kristalle (aus Py.+Me.); F: 245° [korr.] (*Fi., We.*). λ_{max} (Ae.; 440–640 nm): *Fi., We.*

Dicarbonsäuren $C_{36}H_{42}N_4O_4$

3,3′-[3,7,12,17-Tetramethyl-8,13-dipropyl-porphyrin-2,18-diyl]-di-propionsäure, 3,8-Dipropyl-deuteroporphyrin, $3^2,8^2$-Dimethyl-mesoporphyrin $C_{36}H_{42}N_4O_4$, Formel XV (R = CH_3, R′ = CH_2-C_2H_5) und Taut. (in der Literatur als $2^{\omega},4^{\omega}$-Dimethyl-mesoporphyrin bezeichnet).

Zusammenfassende Darstellung: *H. Fischer, H. Orth,* Die Chemie des Pyrrols, Bd. 2, Tl. 1 [Leipzig 1937] S. 456.

B. Aus 3,8-Dipropenyl-deuteroporphyrin (S. 3056) mit Hilfe von Natrium und Isopentylalkohol (*Fischer, Dürr,* A. **501** [1933] 107, 125).

λ_{max} (Eg.+Ae. sowie wss. HCl; 430–630 nm): *Fi., Dürr,* l. c. S. 126. In $CHCl_3$-Lösung empfindlich gegen Licht (*Fi., Dürr*).

Beim Behandeln mit OsO_4 in Pyridin und Äther, Erwärmen mit Na_2SO_3 in wss. Methanol und Verestern ist ein 3,3′-[x,x-Dihydroxy-3,7,12,17-tetramethyl-8,13-dipropyl-x,x-dihydro-porphyrin-2,18-diyl]-di-propionsäure-dimethylester („Dioxychlorin") $C_{38}H_{48}N_4O_6$ (Kristalle [aus Ae.]; F: 185°; λ_{max} [Ae.; 430–570 nm]) erhalten worden (*Fischer,*

Pfeiffer, A. **556** [1944] 131, 148).

Dimethylester $C_{38}H_{46}N_4O_4$. Kristalle (aus $CHCl_3$+Ae.); F: 246° [korr.] (*Fi., Dürr*). λ_{max} ($CHCl_3$; 440–630 nm): *Fi., Dürr*. In $CHCl_3$-Lösung empfindlich gegen Licht (*Fi., Dürr*).

3,3'-[3,8,12,17-Tetramethyl-7,13-dipropyl-porphyrin-2,18-diyl]-di-propionsäure $C_{36}H_{42}N_4O_4$, Formel XV (R = CH_2-C_2H_5, R' = CH_3) und Taut. (in der Literatur als 2,3,5,8-Tetramethyl-1,4-dipropyl-porphin-6,7-dipropionsäure bezeichnet).

Zusammenfassende Darstellung: *H. Fischer, H. Orth,* Die Chemie des Pyrrols, Bd. 2, Tl. 1 [Leipzig 1937] S. 457.

B. Beim Erhitzen von Bis-[5-brom-3-(2-carboxy-äthyl)-4-methyl-pyrrol-2-yl]-methinium-bromid (E III/IV **25** 1108) mit Bis-[5-brommethyl-3-methyl-4-propyl-pyrrol-2-yl]-methinium-bromid (E III/IV **23** 1351) und Bernsteinsäure (*Fischer, Bertl,* Z. physiol. Chem. **229** [1934] 37, 53).

Kristalle (aus Py.+A.), die unterhalb 300° nicht schmelzen (*Fi., Be.*). λ_{max} (Py.+Ae.; 430–630 nm): *Fi., Be.*

Kupfer(II)-Komplex $CuC_{36}H_{40}N_4O_4$. Rote Kristalle (aus Py.); F: 312° (*Fi., Be.*).

Eisen(III)-Komplex $Fe(C_{36}H_{40}N_4O_4)Cl$. Schwarze Kristalle (aus Py.), die unterhalb 420° nicht schmelzen (*Fi., Be.*).

Dimethylester $C_{38}H_{46}N_4O_4$. Dunkle Kristalle (aus $CHCl_3$+Me.); F: 216° (*Fi., Be.*). – Kupfer(II)-Komplex $CuC_{38}H_{44}N_4O_4$. Rote Kristalle (aus $CHCl_3$+Eg.); F: 260° (*Fi., Be.*). – Eisen(III)-Komplex $Fe(C_{38}H_{44}N_4O_4)Cl$. Schwarze Kristalle (aus $CHCl_3$+Eg.); F: 228° (*Fi., Be.*).

XV I

3,3'-[8,18-Diäthyl-3,7,10,13,17,20-hexamethyl-porphyrin-2,12-diyl]-di-propionsäure $C_{36}H_{42}N_4O_4$, Formel XII (R = CH_3) und Taut. (in der Literatur als α,γ-Dimethyl-mesoporphyrin-V bezeichnet).

Zusammenfassende Darstellung: *H. Fischer, H. Orth,* Die Chemie des Pyrrols, Bd. 2, Tl. 1 [Leipzig 1937] S. 455, 456 [1]).

B. Neben anderen Verbindungen beim Erhitzen von [5-Brom-4-(2-carboxy-äthyl)-3-methyl-pyrrol-2-yl]-[4,5-diäthyl-3-methyl-pyrrol-2-yl]-methinium-bromid (E III/IV **25** 878) mit [3-Äthyl-5-brom-4-methyl-pyrrol-2-yl]-[4-brom-3,5-dimethyl-pyrrol-2-yl]-methinium-bromid (E III/IV **23** 1329) und Methylbernsteinsäure (*Fischer et al.,* A. **500** [1933] 137, 195, 197).

Rote Kristalle [aus Py.+Ae.] (*Fi. et al.*).

Dimethylester $C_{38}H_{46}N_4O_4$. Violette Kristalle (aus $CHCl_3$+Me.); F: 277° [korr.] (*Fi. et al.*). λ_{max} ($CHCl_3$, Py.+Ae. sowie wss. HCl; 450–645 nm): *Fi. et al.*

Dicarbonsäuren $C_nH_{2n-32}N_4O_4$

Dicarbonsäuren $C_{32}H_{32}N_4O_4$

3,3'-[3,8,13,17-Tetramethyl-7-vinyl-porphyrin-2,18-diyl]-di-propionsäure-dimethylester, 8-Vinyl-deuteroporphyrin-dimethylester $C_{34}H_{36}N_4O_4$, Formel I und Taut. (in der Literatur als 4-Vinyl-deuteroporphyrin-dimethylester bezeichnet).

B. Beim Erhitzen von 8-[1-Hydroxy-äthyl]-deuteroporphyrin (aus dem Dimethylester; S. 3146

---

[1]) Die hier angegebene Konstitution ist aufgrund der Bildungsweise unzutreffend.

hergestellt) und anschliessenden Behandeln mit Diazomethan in Äther (*Fischer, Wecker,* Z. physiol. Chem. **272** [1942] 1, 18).

Kristalle (aus $CHCl_3$+Me.), F: 264°; nach Alterung liegt der Schmelzpunkt bei 227° (*Fi., We.*). Absorptionsspektrum (Dioxan; 470–640 nm): *Pruckner,* Z. physik. Chem. [A] **190** [1942] 101, 122. λ_{max} (Py.+Ae.; 440–630 nm): *Fi., We.*

Eisen(III)-Komplex. Kristalle (aus $CHCl_3$+Me.); λ_{max} (Py.+Ae.+$N_2H_4 \cdot H_2O$): 519 nm und 552 nm (*Fi., We.*).

3-Äthyl-12-[2-methoxycarbonyl-äthyl]-7,10,13,17-tetramethyl-18-vinyl-porphyrin-2-carbonsäure(?), 7-Carboxy-3^1,3^2-didehydro-7-desmethyl-phylloporphyrin-methylester(?) $C_{33}H_{34}N_4O_4$, vermutlich Formel II (R = CO-OH) und Taut.

B. In geringer Ausbeute beim Behandeln des Eisen(III)-Komplexes von Neorhodinporphyrin-g_3-methylester (7^1-Oxo-3^1,3^2-didehydro-phylloporphyrin-methylester; S. 3187) mit Luft und wss. HI in $CHCl_3$ und Essigsäure (*Fischer, Breitner,* A. **511** [1934] 183, 187, 199).

λ_{max} (Py.+Ae.): 517 nm, 549 nm, 589 nm und 646 nm.

Methylester $C_{34}H_{36}N_4O_4$; 7-Methoxycarbonyl-3^1,3^2-didehydro-7-desmethyl-phylloporphyrin-methylester(?). Kristalle (aus Acn.+Me.); F: 205°.

3-[13-Äthyl-12-cyan-3,7,17,20-tetramethyl-8-vinyl-porphyrin-2-yl]-propionsäure-methylester, 7-Cyan-3^1,3^2-didehydro-7-desmethyl-phylloporphyrin-methylester $C_{33}H_{33}N_5O_2$, Formel II (R = CN) und Taut.

B. Beim Erhitzen von sog. Neorhodinporphyrin-g_3-methylester-oxim (7^1-Hydroxyimino-3^1,3^2-didehydro-phylloporphyrin-methylester; S. 3187) mit Acetanhydrid und Kaliumacetat (*Fischer, Breitner,* A. **522** [1936] 151, 160).

Kristalle (aus Py.+Me.); F: 244°. λ_{max} (Py.+Ae.): 515 nm, 552 nm, 586 nm und 645 nm.

7-Äthyl-18-[2-carboxy-äthyl]-3,8,13,17-tetramethyl-12-vinyl-porphyrin-2-carbonsäure, 3^1,3^2-Didehydro-rhodoporphyrin, Pseudoverdoporphyrin, Isorhodoporphyrin $C_{32}H_{32}N_4O_4$, Formel III (R = R′ = H) und Taut. (in der Literatur auch als Vinylrhodoporphyrin bezeichnet).

Zusammenfassende Darstellung: *H. Fischer, H. Orth,* Die Chemie des Pyrrols, Bd. 2, Tl. 1 [Leipzig 1937] S. 537.

B. Beim Behandeln von 3^1,3^2-Didehydro-rhodochlorin (S. 3009) mit $K_3[Fe(CN)_6]$ in wss. KOH oder mit MgO und ZnO in wss. NaOH unter Durchleiten von Sauerstoff (*Conant, Bailey,* Am. Soc. **55** [1933] 795, 798). Neben Rhodoporphyrin (S. 3005) beim Erhitzen von Chlorin-e_6 (15-Carboxymethyl-3^1,3^2-didehydro-rhodochlorin; S. 3072) mit wss.-methanol. NaOH und Pyridin (*Treibs, Wiedemann,* A. **471** [1929] 146, 174, 176; *Fischer, Kahr,* A. **524** [1936] 251, 256). Neben anderen Verbindungen beim Erhitzen eines Gemisches von Phäophytin-a (S. 3242) und Phäophytin-b (S. 3287) mit wss.-methanol. KOH und Pyridin (*Tr., Wi.,* l. c. S. 174, 177;

Treibs, Herrlein, A. **506** [1933] 1, 8, 10, 16; *Fi., Kahr*).

Kristalle [aus Ae.] (*Tr., He.,* l. c. S. 17; *Co., Ba.*). λ_{max} in einem Äther-Pyridin-Gemisch (440–650 nm): *Co., Ba.*; *Tr., He.*; in wss. HCl (445–665 nm): *Co., Ba.*

3-[13-Äthyl-18-methoxycarbonyl-3,7,12,17-tetramethyl-8-vinyl-porphyrin-2-yl]-propionsäure, 3^1,3^2-Didehydro-rhodoporphyrin-13-methylester $C_{33}H_{34}N_4O_4$, Formel III (R = CH_3, R′ = H) und Taut. (in der Literatur als Pseudoverdoporphyrin-monomethylester bezeichnet).

B. Neben anderen Verbindungen beim Erhitzen von Purpurin-7-monomethylester (15-Hydroxyoxalyl-3^1,3^2-didehydro-rhodochlorin-13-methylester; S. 3304) mit Biphenyl (*Conant et al.,* Am. Soc. **53** [1931] 359, 369).

Kristalle [aus Ae.] (*Co. et al.,* l. c. S. 370). λ_{max} (Ae. + Py. sowie saure wss. Lösung; 440–650 nm): *Co. et al.*

7-Äthyl-18-[2-methoxycarbonyl-äthyl]-3,8,13,17-tetramethyl-12-vinyl-porphyrin-2-carbonsäure-methylester, 3^1,3^2-Didehydro-rhodoporphyrin-dimethylester $C_{34}H_{36}N_4O_4$, Formel III (R = R′ = CH_3) und Taut. (in der Literatur auch als Vinylrhodoporphyrin-dimethylester, als Pseudoverdoporphyrin-dimethylester und als Isorhodoporphyrin-dimethylester bezeichnet).

Zusammenfassende Darstellung: *H. Fischer, H. Orth,* Die Chemie des Pyrrols, Bd. 2, Tl. 1 [Leipzig 1937] S. 538.

B. Aus der Dicarbonsäure (s. o.) und Diazomethan (*Conant, Bailey,* Am. Soc. **55** [1933] 795, 798). Beim Erhitzen von Purpurin-5-dimethylester (15-Formyl-3^1,3^2-didehydro-rhodochlorin-dimethylester; S. 3229) mit Pyridin (*Fischer, Kahr,* A. **531** [1937] 209, 239; *Fischer, Conrad,* A. **538** [1939] 143, 153). Beim Erhitzen von Purpurin-7-trimethylester (15-Methoxyoxalyl-3^1,3^2-didehydro-rhodochlorin-dimethylester; S. 3304) mit Pyridin, auch unter Zusatz von Na_2CO_3 (*Fischer et al.,* A. **490** [1931] 38, 87, 89). Beim Behandeln von 13^2-Acetoxy-13^2-methoxycarbonyl-3^1,3^2-didehydro-phytoporphyrin-methylester („10-Acetoxy-vinylphäoporphyrin-a_5-dimethylester"; S. 3337) in Pyridin und Methanol mit Diazomethan in Äther (*Fischer, Lautsch,* A. **525** [1936] 259, 268).

Kristalle; F: 280° [aus Acn. + Me.] (*Fi., Co.*), 277° [korr.; aus $CHCl_3$ + Me.] (*Fi. et al.,* l. c. S. 88), 273° [aus Py.] (*Fi., Kahr*), 272° [aus $CHCl_3$ + Me.] (*Fi., La.*). Verbrennungsenthalpie bei 15°: *Stern, Klebs,* A. **505** [1933] 295, 300. IR-Spektrum (KBr; 3000–1500 cm^{-1}): *Wetherell et al.,* Am. Soc. **81** [1959] 4517, 4519. Absorptionsspektrum (Dioxan; 480–660 nm): *Stern, Wenderlein,* Z. physik. Chem. [A] **170** [1934] 337, 340, 345, 346, [A] **175** [1936] 405, 414 Anm. 4. λ_{max} (Py. + Ae. sowie wss. HCl; 440–670 nm): *Fi. et al.,* l. c. S. 88. Fluorescenzmaxima der Kristalle: 644 nm, 662 nm und 711 nm (*Stern, Molvig,* Z. physik. Chem. [A] **176** [1936] 209, 211); einer Lösung in Dioxan: 632 nm, 644 nm, 656 nm, 685 nm und 704 nm (*Stern, Molvig,* Z. physik. Chem. [A] **175** [1936] 38, 42). Scheinbare Dissoziationsexponenten pK'_{a1}, pK'_{a2} und pK'_{a3} (Eg.; potentiometrisch ermittelt) bei 25°: −1,9 bzw. 1,8 bzw. 1,8 (*Conant et al.,* Am. Soc. **56** [1934] 2185, 2186).

Beim Erwärmen mit Azidobenzol ist 3-Formyl-3-desäthyl-rhodoporphyrin-dimethylester (S. 3221) erhalten worden (*Fischer, Krauss,* A. **521** [1936] 261, 284).

Zink-Komplex $ZnC_{34}H_{34}N_4O_4$. Rote Kristalle [aus $CHCl_3$ + Me.] (*Dietz, Werner,* Am. Soc. **56** [1934] 2180, 2183). λ_{max} (Ae.; 440–620 nm): *Di., We.*

Eisen(III)-Komplex $Fe(C_{34}H_{34}N_4O_4)Cl$. Kristalle [aus $CHCl_3$ + Me.] (*Fischer, Spielberger,* A. **510** [1934] 156, 168; *Di., We.*); F: 271° [korr.] (*Fi., Sp.*). λ_{max} (Py. + $N_2H_4 \cdot H_2O$; 450–590 nm): *Di., We.*; *Fi., Sp.*

18-[2-Äthoxycarbonyl-äthyl]-7-äthyl-3,8,13,17-tetramethyl-12-vinyl-porphyrin-2-carbonsäure-äthylester, 3^1,3^2-Didehydro-rhodoporphyrin-diäthylester $C_{36}H_{40}N_4O_4$, Formel III (R = R′ = C_2H_5) und Taut. (in der Literatur als Isorhodoporphyrin-diäthylester bezeichnet).

B. Aus der Dicarbonsäure (s. o.) und Diazoäthan (*Conant, Dietz,* Am. Soc. **55** [1933] 839, 846). Beim Erhitzen von sog. Purpurin-7-diäthylester-γ-methylester („Phäopurpurin-7-diäthylester", 15-Methoxyoxalyl-3^1,3^2-didehydro-rhodochlorin-diäthylester [aus „Chlorin-g-monomethylester" (S. 3303) hergestellt]) mit Na_2CO_3 in Pyridin (*Co., Di.*).

Kristalle (aus $CHCl_3$ + Me.); F: 240–241°.

Dicarbonsäuren $C_{33}H_{34}N_4O_4$

3-[13-Äthyl-20-methoxycarbonylmethyl-3,7,12,17-tetramethyl-8-vinyl-porphyrin-2-yl]-propionsäure-methylester, 15^1-Methoxycarbonyl-3^1,3^2-didehydro-phylloporphyrin-methylester $C_{35}H_{38}N_4O_4$, Formel IV und Taut. (in der Literatur als Vinylisochloroporphyrin-e_4-dimethylester bezeichnet).

B. Beim Erhitzen von Isochlorin-e_4-dimethylester (15^1-Methoxycarbonyl-3^1,3^2-didehydro-phyllochlorin-methylester; S. 3013) mit wss. Ameisensäure und Eisen-Pulver, Behandeln mit $FeCl_3$ und Methanol und anschliessend mit Diazomethan in Äther (*Fischer, Ortiz-Velez,* A. **540** [1939] 224, 230).

Kristalle (aus Acn. + Me.); F: 224°.

Kupfer(II)-Komplex $CuC_{35}H_{36}N_4O_4$. Kristalle (aus Acn. + Me.); F: 221°. λ_{max} (Py. + Ae.): 536 nm und 572 nm.

Eisen(III)-Komplex $Fe(C_{35}H_{36}N_4O_4)Cl$. Orangefarbene Kristalle (aus $CHCl_3$ + Eg.); F: 278°. λ_{max} (Py. + Ae.): 506 nm, 543 nm und 638 nm (*Fi., Or.-Ve.,* l. c. S. 232).

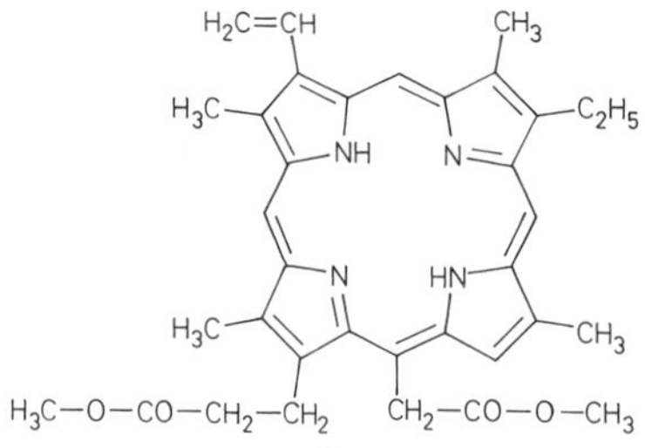

IV 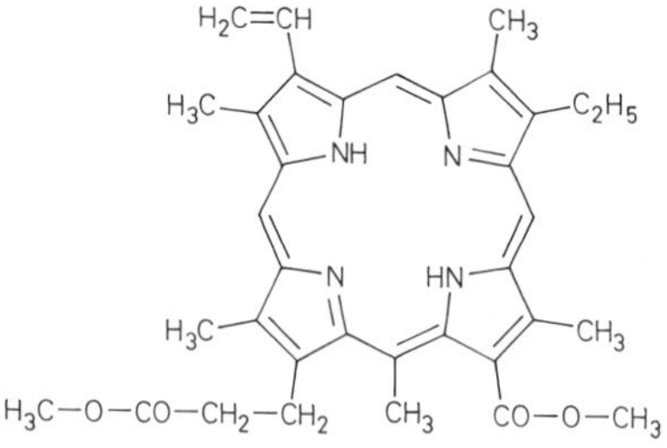 V

7-Äthyl-18-[2-methoxycarbonyl-äthyl]-3,8,13,17,20-pentamethyl-12-vinyl-porphyrin-2-carbonsäure-methylester, 15-Methyl-3^1,3^2-didehydro-rhodoporphyrin-dimethylester $C_{35}H_{38}N_4O_4$, Formel V und Taut. (in der Literatur als Vinylchloroporphyrin-e_4-dimethylester bezeichnet).

B. Beim Erwärmen von Chlorin-e_4-dimethylester (15-Methyl-3^1,3^2-didehydro-rhodochlorin-dimethylester; S. 3016) mit wss. Ameisensäure und Eisen-Pulver, Behandeln mit $FeCl_3$ und Methanol und anschliessend mit Diazomethan in Äther (*Fischer, Oestreicher,* Z. physiol. Chem. **262** [1939/40] 243, 262). Beim Erhitzen von sog. Vinylchloroporphyrin-e_6-dimethylester (analog „Vinylchloroporphyrin-e_6-trimethylester" [15-Methoxycarbonylmethyl-3^1,3^2-didehydro-rhodoporphyrin-dimethylester; S. 3081] hergestellt) mit Ameisensäure und anschliessenden Behandeln mit Diazomethan in Äther (*Fi., Oe.*).

Rotviolette Kristalle (aus Ae.); F: 254° (*Fi., Oe.,* l. c. S. 263). λ_{max} (Py. + Ae.): 511 nm, 548 nm und 586 nm.

Kupfer(II)-Komplex $CuC_{35}H_{36}N_4O_4$. Kristalle; F: 200° (*Fi., Oe.,* l. c. S. 264). λ_{max} (Py. + Ae.; 450–600 nm): *Fi., Oe.*

***Opt.-inakt. 2-[17-Äthyl-8-(2-methoxycarbonyl-äthyl)-3,7,13,18-tetramethyl-porphyrin-2-yl]-cyclopropancarbonsäure-methylester,** 3-[2-Methoxycarbonyl-cyclopropyl]-3-desäthyl-pyrroporphyrin-methylester, *DEE*-Pyrroporphyrin-methylester $C_{35}H_{38}N_4O_4$, Formel VI (R = H) und Taut.

B. Neben anderen Verbindungen beim Erhitzen von *DEE*-Phäophorbid-a (aus Phäophorbid-a [S. 3237] und Diazoessigsäure-methylester hergestellt) mit methanol. KOH in Pyridin und anschliessenden Behandeln mit Diazomethan in Äther (*Fischer, Kahr,* A. **524** [1936] 251, 267).

Braunrote Kristalle (aus Acn. + Me.); F: 187°. λ_{max} (Py. + Ae.; 420–630 nm): *Fi., Kahr,* l. c. S. 268.

(±)-8,13-Diäthyl-3,7,12,17-tetramethyl-2^2,2^3-dihydro-2^1*H*-benzo[*at*]porphyrin-2^2,18-dicarbonsäure-dimethylester, (±)-13-Methoxycarbonyl-15^1,17^2-cyclo-phylloporphyrin-methylester, (±)-Neoporphyrin-4-dimethylester $C_{35}H_{38}N_4O_4$, Formel VII und Taut.

B. Beim Erwärmen von Neopurpurin-4-dimethylester (S. 3041) mit wss. HI in Essigsäure, Reoxidieren und anschliessenden Behandeln mit Diazomethan in Äther (*Fischer, Strell,* A. **538** [1939] 157, 167).

Kristalle (aus Ae.); F: 228° (*Fi., St.*). λ_{max} (Py.+Ae.; 430–640 nm): *Fi., St.*

Kupfer(II)-Komplex $CuC_{35}H_{36}N_4O_4$. Kristalle (aus Ae.); F: 268°; λ_{max} (Py.+Ae.): 531 nm und 570 nm (*Fi., St.*).

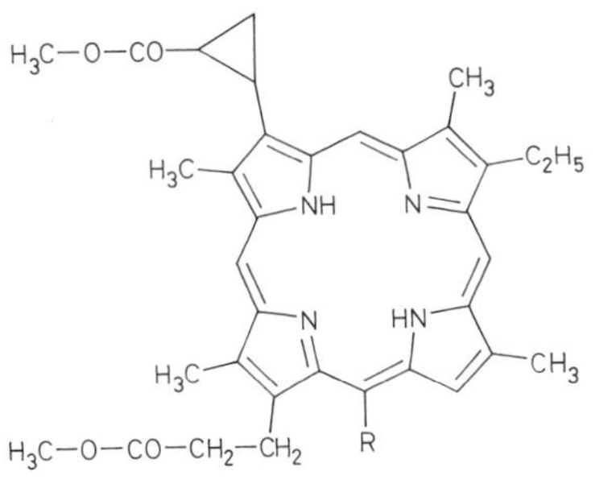

VI 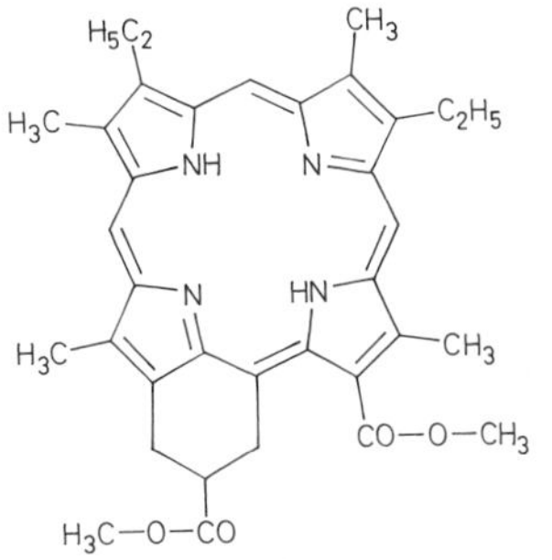 VII

(2*S*)-8,13-Diäthyl-3*c*,7,12,17-tetramethyl-(2*r*)-2,3-dihydro-2 ^{1}*H*-benzo[*at*]porphyrin-2^2,18-dicarbonsäure-dimethylester, 13-Methoxycarbonyl-15^1,17^2-didehydro-15^1,17^2-cyclo-phyllochlorin-methylester, Mesoneopurpurin-4-dimethylester $C_{35}H_{38}N_4O_4$, Formel VIII und Taut.

B. Bei der Hydrierung von Neopurpurin-4-dimethylester (S. 3041) an Palladium in Dioxan (*Fischer, Strell,* A. **540** [1939] 232, 243). Beim Behandeln von Mesopurpurin-5-dimethylester (S. 3219) mit KOH und Propan-1-ol in Pyridin und Äther und anschliessenden Verestern (*Fi., St.,* A. **540** 243).

Kristalle (aus Ae.+Me.); F: 202° (*Fi., St.,* A. **540** 244). λ_{max} (Dioxan+Ae.; 440–695 nm): *Fischer, Strell,* A. **538** [1939] 157, 167.

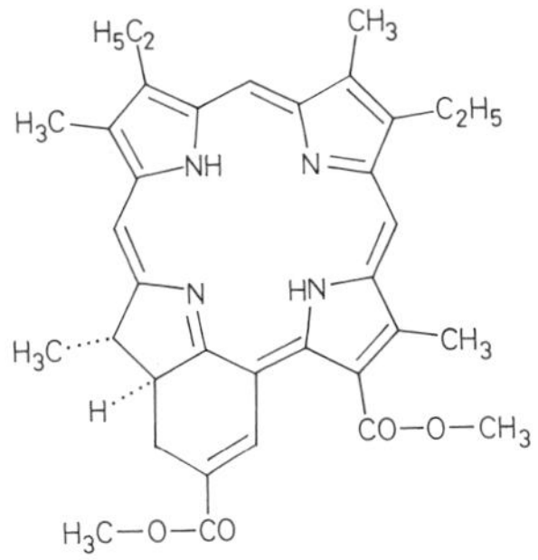

VIII 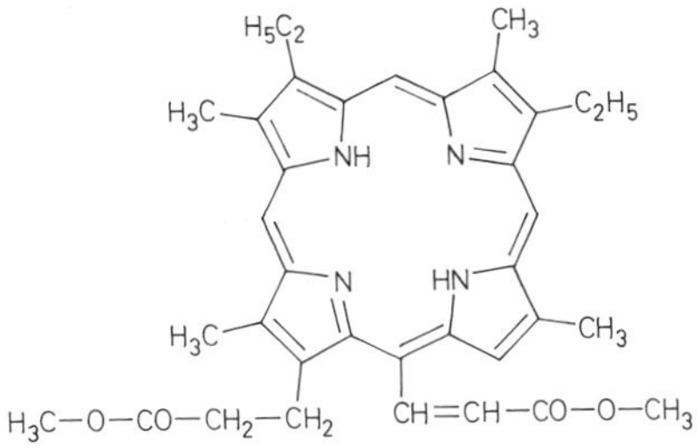 IX

Dicarbonsäuren $C_{34}H_{36}N_4O_4$

***3-[12,17-Diäthyl-3-(2-methoxycarbonyl-äthyl)-2,8,13,18-tetramethyl-porphyrin-5-yl]-acrylsäure-methylester, 15^1-Methoxycarbonylmethylen-phylloporphyrin-methylester,** 15-[2-Methoxycarbonyl-vinyl]-pyrroporphyrin-methylester $C_{36}H_{40}N_4O_4$, Formel IX und Taut. (in der Literatur als Pyrroporphyrin-γ-acrylsäure-dimethylester bezeichnet).

B. Beim Erwärmen von sog. γ-[ω-Dicyan-vinyl]-pyrroporphyrin (15^1-Dicyanmethylen-phyllo porphyrin-methylester; S. 3082) mit wss. HCl und anschliessenden Behandeln mit Diazomethan in Äther (*Fischer, Mittermair,* A. **548** [1941] 147, 174, 175).

Kristalle (aus Acn. + Me.); F: 254°. λ_{max} (Py. + Ae.): 509 nm, 545 nm, 582 nm und 645 nm.

Beim Erwärmen mit $NH_2OH \cdot HCl$ und Na_2CO_3 in Pyridin ist 15^1-Hydroxyimino-phyllopor= phyrin-methylester erhalten worden.

***3-[7,12-Diäthyl-18-(2-methoxycarbonyl-äthyl)-3,8,13,17-tetramethyl-porphyrin-2-yl]-acrylsäure-methylester, 13-[2-Methoxycarbonyl-vinyl]-pyrroporphyrin-methylester** $C_{36}H_{40}N_4O_4$, Formel X (X = O-CH_3) und Taut. (in der Literatur als Pyrroporphyrin-6-acrylsäure-dimethylester bezeichnet).

Zusammenfassende Darstellung: *H. Fischer, A. Stern,* Die Chemie des Pyrrols, Bd. 2, Tl. 2 [Leipzig 1937] S. 497.

B. Beim Erwärmen von 13-Formyl-pyrroporphyrin (Methylester, S. 3180) mit Malonsäure und Piperidin in Pyridin und anschliessenden Behandeln mit Diazomethan in Äther (*Fischer, Schwarz,* A. **512** [1934] 239, 248).

Kristalle (aus Acn.); F: 261° (*Fi., Sch.*). Absorptionsspektrum (Dioxan; 480–660 nm): *Stern, Wenderlein,* Z. physik. Chem. [A] **175** [1936] 405, 406, 418. λ_{max} (Py. + Ae. sowie wss. HCl; 430–650 nm): *Fi., Sch.*

Kupfer(II)-Komplex $CuC_{36}H_{38}N_4O_4$. Kristalle (aus Acn.); F: 229° (*Fi., Sch.*).

***3-[7,12-Diäthyl-18-(2-carbamoyl-äthyl)-3,8,13,17-tetramethyl-porphyrin-2-yl]-acrylsäure-amid, 13-[2-Carbamoyl-vinyl]-pyrroporphyrin-amid** $C_{34}H_{38}N_6O_2$, Formel X (X = NH_2) und Taut. (in der Literatur als Pyrroporphyrin-6-acrylsäure-diamid bezeichnet).

B. Beim Behandeln von 13-[2-Carboxy-vinyl]-pyrroporphyrin (Dimethylester; s. o.) mit Chlorokohlensäure-äthylester in Aceton mit Hilfe von Triäthylamin und anschliessend mit NH_3 (*Lautsch et al.,* B. **90** [1957] 470, 479).

Kristalle (aus Py. + Me.), die unterhalb 360° nicht schmelzen.

X

XI

***Opt.-inakt. 2-[17-Äthyl-8-(2-methoxycarbonyl-äthyl)-3,7,10,13,18-pentamethyl-porphyrin-2-yl]-cyclopropancarbonsäure-methylester,** 3-[2-Methoxycarbonyl-cyclopropyl]-3-desäthyl-phylloporphyrin-methylester, *DEE*-Phylloporphyrin-methylester $C_{36}H_{40}N_4O_4$, Formel VI (R = CH_3) und Taut.

B. Neben anderen Verbindungen beim Erhitzen von *DEE*-Phäophorbid-a (aus Phäophorbid-a [S. 3237] und Diazoessigsäure-methylester hergestellt) mit methanol. KOH und MgO in Pyridin und anschliessenden Behandeln mit Diazomethan in Äther (*Fischer, Kahr,* A. **524** [1936] 251, 266, 267).

Rotbraune Kristalle (aus Acn. + Me.); F: 207,5°. λ_{max} (Py. + Ae.; 430–640 nm): *Fi., Kahr.*

(±)-3-[7,12-Diäthyl-2^1-cyan-3,8,13,17-tetramethyl-2^1,2^2-dihydro-cyclopenta[*at*]porphyrin-18-yl]-propionsäure-methylester, (±)-13^1-Cyan-13^1-desoxo-phytoporphyrin-methylester $C_{35}H_{37}N_5O_2$, Formel XI und Taut. (in der Literatur als 9-Cyan-desoxophylloerythrin-methylester bezeichnet).

B. Beim Behandeln von (±)-13^1-Cyan-13^1-methoxycarbonyl-13^1-desoxo-phytoporphyrin methylester (S. 3083) mit wss. H_2SO_4 und anschliessend mit Diazomethan in Äther (*Fischer, Kanngiesser,* A. **543** [1940] 271, 282).

Kristalle (aus Ae.); F: 270°. λ_{max} (Py.+Ae.; 430–630 nm): *Fi., Ka.,* l. c. S. 283.

(±)-7,12-Diäthyl-18-[2-methoxycarbonyl-äthyl]-3,8,13,17-tetramethyl-2[1],2[2]-dihydro-cyclopenta[*at*]porphyrin-2[2]-carbonsäure-methylester, (±)-13[2]-Methoxycarbonyl-13[1]-desoxo-phytoporphyrin-methylester, Desoxophäoporphyrin-a$_5$-dimethylester $C_{36}H_{40}N_4O_4$, Formel XII und Taut.

B. Bei der Hydrierung von Phäoporphyrin-a$_5$-dimethylester (13[2]-Methoxycarbonyl-phytopor=phyrin-methylester; S. 3235) an Palladium in Ameisensäure und Reoxidation an der Luft in Äther (*Fischer, Stier,* A. **542** [1939] 224, 238, 239).

Blaue Kristalle (aus Py.+Me.); F: 289°. λ_{max} (Py.+Ae.; 440–630 nm): *Fi., St.*

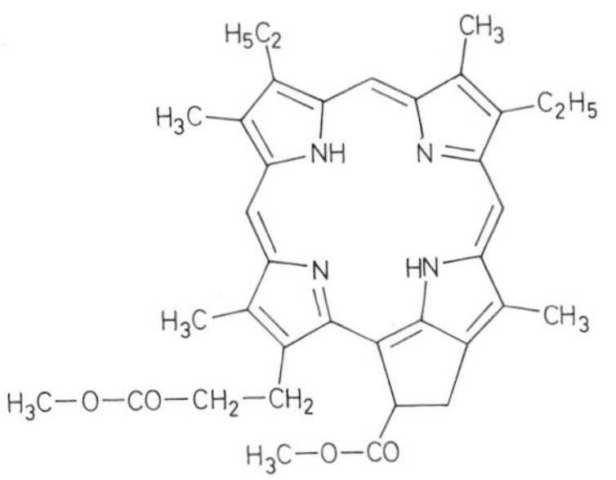

XII

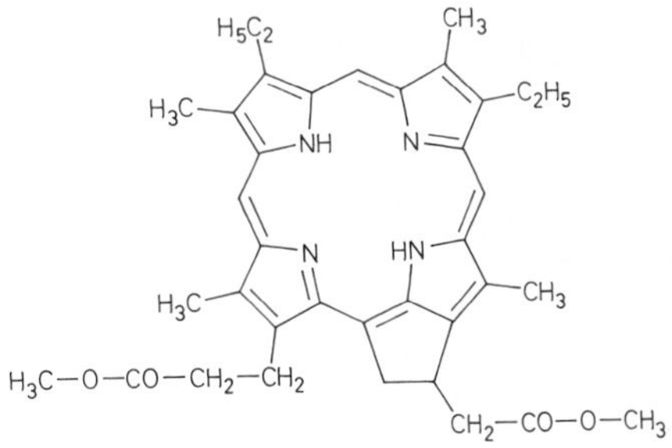

XIII

Dicarbonsäuren $C_{35}H_{38}N_4O_4$

(±)-3-[7,12-Diäthyl-2[1]-methoxycarbonylmethyl-3,8,13,17-tetramethyl-2[1],2[2]-dihydro-cyclopenta[*at*]porphyrin-18-yl]-propionsäure-methylester, (±)-13[1]-Methoxycarbonylmethyl-13[1]-desoxo-phytoporphyrin-methylester $C_{37}H_{42}N_4O_4$, Formel XIII und Taut. (in der Literatur als Desoxophyllerythrin-9-essigsäure-dimethylester bezeichnet).

B. Beim Erwärmen von 13-Formyl-phylloporphyrin-methylester (S. 3183) mit Malonsäure in Pyridin unter Zusatz von Piperidin und anschliessenden Behandeln mit Diazomethan in Äther (*Fischer et al.,* A. **523** [1936] 164, 184, 185).

Kristalle (aus Py.+Me.); F: 233°. λ_{max} (Py.+Ae.; 430–630 nm): *Fi. et al.* [*Urban*]

Dicarbonsäuren $C_nH_{2n-34}N_4O_4$

Dicarbonsäuren $C_{33}H_{32}N_4O_4$

(2*S*)-13-Äthyl-3*c*,7,12,17-tetramethyl-8-vinyl-(2*r*)-2,3-dihydro-2[1]*H*-benzo[*at*]porphyrin-2[2],18-di=carbonsäure-dimethylester, Neopurpurin-4-dimethylester $C_{35}H_{36}N_4O_4$, Formel I (X = H) und Taut.

B. Beim Behandeln von Purpurin-5-dimethylester (15-Formyl-3[1],3[2]-didehydro-rhodochlorin-dimethylester; S. 3229) mit KOH in Propan-1-ol und Pyridin und Verestern des Reaktionspro=dukts mit Diazomethan (*Fischer, Strell,* A. **538** [1939] 157, 165).

Kristalle (aus Ae.); F: 227°; $[\alpha]^{20}_{690-720}$: −555° [Acn.; c = 0,01] (*Fi., St.,* A. **538** 166). Absorptionsspektrum (Dioxan; 470–700 nm): *Pruckner,* zit. bei *Fi., St.,* A. **538** 158. λ_{max} (Py.+Ae.; 490–710 nm): *Fi., St.,* A. **538** 166.

Kupfer(II)-Komplex $CuC_{35}H_{34}N_4O_4$. Kristalle (aus Acn.); F: 245° (*Fischer, Strell,* A. **540** [1939] 232, 240).

(2*S*)-13-Äthyl-5-chlor-3*c*,7,12,17-tetramethyl-8-vinyl-(2*r*)-2,3-dihydro-2¹*H*-benzo[*at*]porphyrin-2²,18-dicarbonsäure-dimethylester $C_{35}H_{35}ClN_4O_4$, Formel I (X = Cl) und Taut.

Diese Konstitution kommt wahrscheinlich der von *Fischer, Strell* (A. **540** [1939] 232, 242) als $C_{35}H_{36}N_4O_6$ angesehenen Verbindung („Dioxy-neopurpurin-4-dimethylester") zu (vgl. dies= bezüglich *Woodward, Škarić*, Am. Soc. **83** [1961] 4676).

B. Aus sog. δ-Chlor-chlorin-e_6-trimethylester (20-Chlor-15-methoxycarbonylmethyl-3¹,3²-di= dehydro-rhodochlorin-dimethylester; S. 3074 im Artikel Chlorin-e_6-trimethylester) über mehrere Stufen (*Fi., St.*, l. c. S. 240, 242).

Kristalle; F: 191° (*Fi., St.*). λ_{max} (Py. + Ae.; 450 – 720 nm): *Fi., St.*

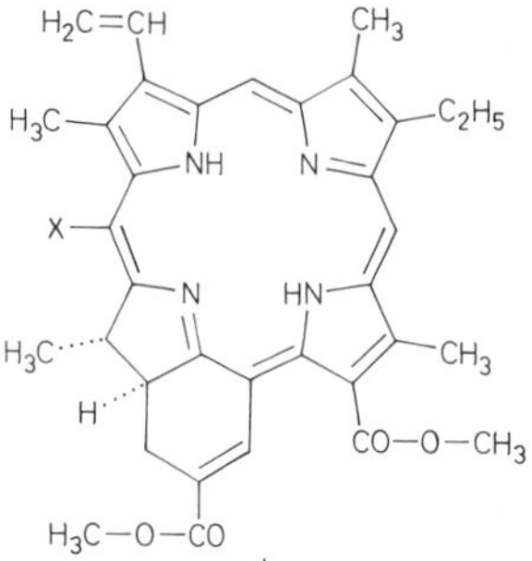

I

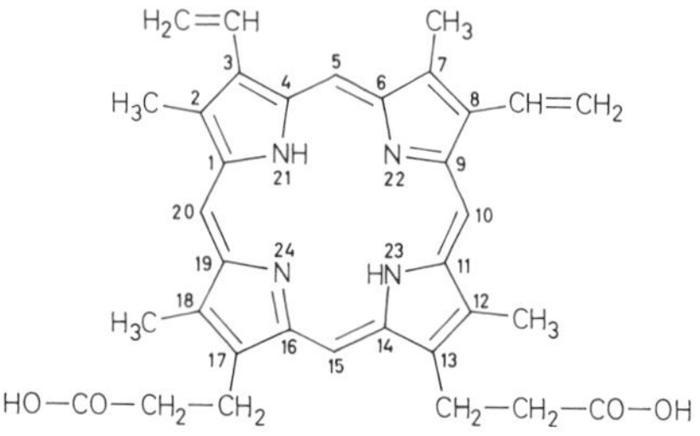

II

Dicarbonsäuren $C_{34}H_{34}N_4O_4$

3,3'-[3,7,12,17-Tetramethyl-8,13-divinyl-porphyrin-2,18-diyl]-di-propionsäure, Protoporphyrin[1]**)**, Protoporphyrin-IX, Ooporphyrin $C_{34}H_{34}N_4O_4$, Formel II und Taut.

Konstitution: *Fischer, Zeile*, A. **468** [1929] 98, 106.

Zusammenfassende Darstellungen: *H. Fischer, H. Orth*, Die Chemie des Pyrrols, Bd. 2, Tl. 1 [Leipzig 1937] S. 370, 390 – 401; *DiNello, Chang*, in *D. Dolphin*, The Porphyrins, Bd. 1 [New York 1978] S. 289, 290 – 294.

Vorkommen, Isolierung, Gewinnung, Bildungsweisen und Reinigung.

Vorkommen in freier oder gebundener Form: *H. Fischer, H. Orth*, Die Chemie des Pyrrols, Bd. 2, Tl. 1 [Leipzig 1937] S. 398, 399.

Isolierung aus Schalen von Eiern verschiedener Vögel: *Fischer, Kögl*, Z. physiol. Chem. **131** [1923] 241, 249; *Fischer, Lindner*, Z. physiol. Chem. **142** [1925] 141, 147; *Schwarz et al.*, Z. physiol. Chem. **312** [1958] 37, 38; aus Blut ohne oder mit Hilfe von Reduktionsmitteln: *Zelig= man*, Pr. Soc. exp. Biol. Med. **61** [1946] 350; *Hill, Holden*, Biochem. J. **20** [1926] 1326, 1331; *Hamsík*, Z. physiol. Chem. **196** [1931] 195; *Keys, Brugsch*, Am. Soc. **60** [1938] 2135, 2136.

Gewinnung aus Hämin (S. 3048) beim Behandeln mit $FeSO_4$ und wss. HCl in Essigsäure und wenig Pyridin: *Morell, Stewart*, Austral. J. exp. Biol. med. Sci. **34** [1956] 211; *Fuhrhop, Smith*, in *K.M. Smith*, Porphyrins and Metalloporphyrins [Amsterdam 1975] S. 757, 800; s. a. *Morell et al.*, Biochem. J. **78** [1961] 793, 794; beim Erhitzen mit Eisen-Pulver und Ameisensäure: *Fischer, Pützer*, Z. physiol. Chem. **154** [1926] 39, 53; *Ramsey*, Biochem. Prepar. **3** [1953] 39; mit Platinoxid und Ameisensäure: *Erdman et al.*, Am. Soc. **78** [1956] 5844. Gewinnung aus Hämatin (S. 3047) mit Hilfe verschiedener Reduktionsmittel: *Hamsík*, Z. physiol. Chem. **180** [1929] 308, **196** [1931] 195. Gewinnung aus Formiatohämin (S. 3049) beim Erhitzen mit NaH_2PO_2 und Ameisensäure: *Hamsík, Hofman*, Z. physiol. Chem. **310** [1958] 137.

B. Aus dem Dimethylester (S. 3052) mit Hilfe von äthanol. KOH (*Fuhrhop, Smith*, in *K.M. Smith*, Porphyrins and Metalloporphyrins [Amsterdam 1975] S. 757, 771), wss.-methanol. NaOH (*Fischer, Pützer*, Z. physiol. Chem. **154** [1926] 39, 46) oder wss. HCl (*Grinstein, Watson*,

[1]) Bei von Protoporphyrin abgeleiteten Namen gilt die in Formel II angegebene Stellungs= bezeichnung (vgl. *Merritt, Loening*, Pure appl. Chem. **51** [1979] 2251, 2297).

J. biol. Chem. **147** [1943] 667; *Falk et al.*, Biochem. J. **63** [1956] 87, 92, 93). Aus Hämatoporphyrin (S. 3157) beim Erhitzen im Hochvakuum auf 105° (*Fischer, Lindner*, Z. physiol. Chem. **142** [1925] 141, 152; *Fischer, Zeile*, A. **468** [1929] 98, 114).

Reinigung durch Kristallisation: *Fischer, Pützer*, Z. physiol. Chem. **154** [1926] 39, 46; *Fischer et al.*, Z. physiol. Chem. **193** [1930] 138, 141; *Hamsík*, Z. physiol. Chem. **196** [1931] 195; *Grinstein, Watson*, J. biol. Chem. **147** [1943] 667; über das Natrium-Salz: *Fi., Pü.*, l. c. S. 49; über das Kalium-Salz: *Hamsík*, Z. physiol. Chem. **241** [1936] 156, 166.

Physikalische Eigenschaften.

Kristalle [aus wss. Py.] (*Fischer, Pützer*, Z. physiol. Chem. **154** [1926] 39, 46; s. a. *Fischer et al.*, Z. physiol. Chem. **193** [1930] 138, 140–150; *Hamsík*, Z. physiol. Chem. **196** [1931] 195); Kristalle [aus Ae.] (*Falk, Willis*, Austral. J. scient. Res. [A] **4** [1951] 579, 583). Netzebenenabstände: *Haurowitz*, B. **68** [1935] 1795, 1796. Verbrennungsenthalpie bei 15°: *Stern, Klebs*, A. **505** [1933] 295, 301. IR-Spektrum (Nujol; 4000–670 cm^{-1}): *Falk, Wi.*, l. c. S. 586. Absorptionsspektrum in $CHCl_3$ (480–700 nm): *Kaziro et al.*, J. Biochem. Tokyo **44** [1957] 575, 582; in Äther (300–650 nm): *Granick*, J. biol. Chem. **175** [1948] 333, 338; in wss. Pyridin vom pH 9,4 (320–430 nm): *Holden*, Austral. J. exp. Biol. med. Sci. **19** [1941] 1,3; in wss. HCl [5%ig] (390–650 nm): *Ceithaml, Evans*, Arch. Biochem. **10** [1946] 397, 411; in wss. HCl [25%ig] (390–610 nm): *Grinstein, Wintrobe*, J. biol. Chem. **172** [1948] 459, 461; in wss. Lösung vom pH 7,6 (230–430 nm): *Holden*, Austral. J. exp. Biol. med. Sci. **15** [1937] 409, 415; s. a. *Rackow, Künnert*, Z. physik. Chem. **206** [1957] 281, 282; in äthanol. HCl (360–430 nm): *Ho.*, Austral. J. exp. Biol. med. Sci. **19** 3. λ_{max} (370–420 nm) in Pyridin, äthanol. HCl sowie wss. HCl: *Ho.*, Austral. J. exp. Biol. med. Sci. **15** 412; in wss. Pyridin sowie in einem Pyridin-$CHCl_3$-Gemisch: *Ho.*, Austral. J. exp. Biol. med. Sci. **19** 6; λ_{max} (480–640 nm) in Äther: *Hellström*, Z. physik. Chem. [B] **12** [1931] 353, 357; in Dioxan: *Stern, Wenderlein*, Z. physik. Chem. [A] **170** [1934] 337, 345; in einem Essigsäure-Äther-Gemisch, Pyridin sowie wss. NH_3: *Fi., Pü.*, l. c. S. 47, 54; in Pyridin, N_2H_4 sowie wss. Lösung vom pH 7,6: *Ho.*, Austral. J. exp. Biol. med. Sci. **15** 414; in einem Pyridin-$CHCl_3$-Gemisch: *Ho.*, Austral. J. exp. Biol. med. Sci. **19** 6. Fluorescenzspektrum (Cyclohexanol+Glycerin; 600–740 nm) sowie Polarisationsgrad der Fluorescenz: *Gurinowitsch, Šewtschenko*, Izv. Akad. S.S.S.R. Ser. fiz. **22** [1958] 1407, 1410; engl. Ausg. S. 1397, 1399. Fluorescenzmaxima (600–710 nm) in Pyridin: *Dhéré, Bois*, C. r. **183** [1926] 321; in Dioxan: *Stern, Molvig*, Z. physik. Chem. [A] **175** [1936] 38, 42. Magnetische Susceptibilität: $-399{,}9 \cdot 10^{-6}$ $cm^3 \cdot mol^{-1}$ (*Rawlinson, Scutt*, Austral. J. scient. Res. [A] **5** [1952] 173, 176; s. a. *Haurowitz, Kittel*, B. **66** [1933] 1046). Protonierungsgleichgewicht in Nitrobenzol: *Aronoff*, J. phys. Chem. **62** [1958] 428, 430.

Verteilung zwischen Äther und wss. HCl verschiedener Konzentration: *Zeile, Rau*, Z. physiol. Chem. **250** [1937] 197, 201; *Keys, Brugsch*, Am. Soc. **60** [1938] 2135, 2138. Druck-Fläche-Beziehung und Oberflächenpotential monomolekularer Schichten auf wss. H_2SO_4 [0,01 n]: *Alexander*, Soc. **1937** 1813, 1814.

Salze, Komplexverbindungen und Additionsverbindungen.

Kalium-Verbindung $K_2C_{34}H_{32}N_4O_4$. Kristalle (*Hamsík*, Z. physiol. Chem. **241** [1936] 156, 166).

Kupfer(II)-Komplex $CuC_{34}H_{32}N_4O_4$. Kristalle [aus Py.+Eg.] (*Fischer, Pützer*, Z. physiol. Chem. **154** [1926] 39, 59). Absorptionsspektrum (Py.+$CHCl_3$ sowie wss. Py. vom pH 9,6; 340–420 nm): *Holden*, Austral. J. exp. Biol. med. Sci. **19** [1941] 1, 4; s. a. *Rackow, Künnert*, Z. physik. Chem. **206** [1957] 281, 282. λ_{max} (Py.): 536,3 nm und 574,6 nm (*Fi., Pü.*, l. c. S. 60); λ_{max} (Py.+$CHCl_3$, wss. Py. vom pH 9,8 sowie äthanol. HCl; 530–580 nm): *Ho.*, l. c. S. 6.

Silber(II)-Komplex. Silber(I)-Salz $Ag_2[AgC_{34}H_{30}N_4O_4]$. Kristalle (*Fischer, Neumann*, A. **494** [1932] 225, 229, 240).

Magnesium-Komplex. Kalium-Salz $K_2[MgC_{34}H_{30}N_4O_4]$. Dichroitische (dunkelrot/hellgelb) Kristalle [aus Me. oder wss. Me.] (*Granick*, J. biol. Chem. **175** [1948] 333, 341). Absorptionsspektrum (wss.-äthanol. KOH; 220–670nm): *Gr.*, l. c. S. 336.

Zink-Komplex $ZnC_{34}H_{32}N_4O_4$. Kristalle (*Fischer, Pützer*, Z. physiol. Chem. **154** [1926] 39, 41, 60). Absorptionsspektrum (Py.+$CHCl_3$ sowie wss. Py. vom pH 9,8; 350–430 nm): *Holden*, Austral. J. exp. Biol. med. Sci. **19** [1941] 1, 3; s. a. *Rackow, Künnert*, Z. physik. Chem.

206 [1957] 281, 282. λ_{max} (Py.): 550,4 nm und 588,9 nm (*Fi., Pü.*). λ_{max} (Py. + $CHCl_3$ sowie wss. Py. vom pH 9,8; 540–590 nm): *Ho.*, l. c. S. 6.

Eisen(II)-Komplex $C_{34}H_{32}FeN_4O_4$; **Häm,** Ferroprotoporphyrin, Protohäm (in der älteren Literatur auch als Hämochromogen und als „reduziertes Hämatin" bezeichnet). Häm ist die prosthetische Gruppe des Hämoglobins (*Fischer et al.*, Z. physiol. Chem. **195** [1931] 1, 9); Biogenese: *Battersby, McDonald*, in *K.M. Smith*, Porphyrins and Metalloporphyrins [Amsterdam 1975] S. 61; *Frydman et al.*, in *D. Dolphin*, The Porphyrins, Bd. 6 [New York 1979] S. 1; *Bogorad*, in *D. Dolphin*, The Porphyrins, Bd. 6 [New York 1979] S. 125. Herstellung kristalliner Präparate beim Erhitzen von Protoporphyrin-dihydrochlorid mit Eisen(II)-acetat und Natriumacetat in Essigsäure unter Stickstoff: *Corwin, Bruck*, Am. Soc. **80** [1958] 4736, 4738; s. a. *Fi. et al.*, l. c. S. 20. Herstellung aus Hämatin (S. 3047) mit Hilfe von $Na_2S_2O_4$ in wss. NaOH: *Bertin-Sans, Moitessier*, Bl. [3] **9** [1893] 380; *Anson, Mirsky*, J. gen. Physiol. **12** [1928] 273, 274; von NaHS in wss. NaOH: *Be.-Sans, Mo.*; *Marchlewski, Urbańczyk*, Bio. Z. **277** [1935] 171, 174; von Eisen(II)-tartrat in wss. Alkali: *Hill, Holden*, Biochem. J. **21** [1927] 625, 627. – An der Luft unbeständige dunkelviolettbraune Kristalle (*Fi. et al.*, l. c. S. 21, 24). Absorptionsspektrum in wss. Lösung vom pH 6,8 (480–620 nm): *St. George, Pauling*, Sci. **114** [1951] 629, 630; in wss. Na_2CO_3 (370–600 nm bzw. 470–640 nm): *Keilin*, Biochem. J. **45** [1949] 440, 442, **37** [1943] 281, 283; in wss.-äthanol. Na_2CO_3 sowie in wss.-äthanol. NaOH (380–600 nm): *Keilin*, Biochem. J. **45** [1949] 448, 449; in wss. NaOH (230–470 nm bzw. 300–470 nm bzw. 380–600 nm): *Holden, Hicks*, Austral. J. exp. Biol. med. Sci. **10** [1932] 219, 223; *Ma., Ur.*; *Smith*, Biochem. J. **73** [1959] 90, 92; in wss. KOH (440–630 nm bzw. 470–670 nm): *Wang et al.*, Am. Soc. **80** [1958] 1109, 1111; *Shack, Clark*, J. biol. Chem. **171** [1947] 143, 181; in einem wss. NaOH-Äthylenglykol-Gemisch (380–600 nm): *Sm.* Paramagnetisch; magnetisches Moment (alkal. wss. Lösung): *Pauling, Coryel*, Pr. nation. Acad. U.S.A. **22** [1936] 159, 162; *Rawlinson*, Austral. J. exp. Biol. med. Sci. **18** [1940] 185, 188. Redoxpotential in wss. Lösungen vom pH 7–12,6: *Barron*, J. biol. Chem. **121** [1937] 285, 290, 293, 300; s. a. *Barron*, J. biol. Chem. **133** [1940] 51, 56; vom pH 8–11: *Sh., Cl.*, l. c. S. 158; vom pH 9,2: *Conant, Tongberg*, J. biol. Chem. **86** [1930] 733, 734. – Oxidativer Abbau von Häm oder Pyridinhämochromogen (S. 3045) zu Gemischen von Biliverdin-IXα, -IXβ, -IXγ und -IXδ mit Hilfe von L-Ascorbinsäure und Sauerstoff: *O'Carra*, in *K.M. Smith*, Porphyrins and Metalloporphyrins [Amsterdam 1975] S. 123; *Schmid, McDonagh*, in *D. Dolphin*, The Porphyrins, Bd. 6 [New York 1979] S. 257, 269. Geschwindigkeitskonstante der Reaktion mit CO in wss. NaOH und in einem wss. NaOH-Äthylenglykol-Gemisch bei 20°: *Sm.*, l. c. S. 96; s. a. *Clifcorn et al.*, J. biol. Chem. **111** [1935] 399, 404. Über die Gleichgewichtskonstante der Reaktionssysteme mit den Verbindungen mit 2 Mol Pyridin, je 1 Mol Cyanid und Pyridin bzw. 2 Mol Cyanid s. u.

Verbindung von Häm mit 1 Mol CO. Absorptionsspektrum in wss. Na_2CO_3 (370–600 nm bzw. 470–640 nm): *Keilin*, Biochem. J. **45** [1949] 440, 444, **37** [1943] 281, 283; in wss.-äthanol. Na_2CO_3 sowie in wss.-äthanol. NaOH (380–480 nm): *Keilin*, Biochem. J. **45** [1949] 448, 452; in wss. KOH (430–620 nm): *Wang et al.*, Am. Soc. **80** [1958] 1109, 1111; in wss. NaOH sowie in einem wss. NaOH-Äthylenglykol-Gemisch (380–600 nm): *Smith*, Biochem. J. **73** [1959] 90, 92, 95; in Cystein enthaltendem wss. NaOH sowie in wss.-methanol. NaOH (250–600 nm): *Warburg, Negelein*, Bio. Z. **214** [1929] 64, 66, 67, 85; s. a. *Warburg, Negelein*, Bio. Z. **202** [1928] 202, 224. Stabilitätskonstante in wss. Lösungen vom pH 9,6–10,5 bei 22–28°: *Wang et al.*, l. c. S. 1112.

Verbindung von Häm mit NH_3. Absorptionsspektrum (wss. NH_3; 490–640 nm): *v. Zeynek*, Z. physiol. Chem. **25** [1898] 492, 505.

Verbindung von Häm mit je 1 Mol NH_3 und CO. Herstellung eines festen Präparats: *Pregl*, Z. physiol. Chem. **44** [1905] 173. – Absorptionsspektrum (wss.-methanol. NH_3; 530–570 nm): *Schönberger*, Bio. Z. **278** [1935] 428, 430, 434; s. a. *Bertin-Sans, Moitessier*, Bl. [3] **9** [1893] 382.

Verbindung von Häm mit N_2H_4. Absorptionsspektrum (wss. NaOH [230–450 nm] bzw. wss.-äthanol. NaOH [490–690 nm]): *Marchlewski, Urbańczyk*, Bio. Z. **277** [1935] 171, 174; *Haurowitz*, Z. physiol. Chem. **169** [1927] 235, 237. – Verbindung mit CO. Absorptionsspektrum (wss. NaOH; 320–440 nm): *Holden, Lemberg*, Austral. J. exp. Biol. med. Sci. **17**

[1939] 133, 135.

Verbindung von Häm mit Nitrosobenzol. Absorptionsspektrum (alkal. wss. Lösung; 450–650 nm): *Keilin, Hartree,* Nature **151** [1943] 390.

Verbindung von Häm mit Piperidin. Absorptionsspektrum (wss. NaOH; 310–490 nm): *Adams,* Biochem. J. **30** [1936] 2016, 2019.

Verbindung von Häm mit 1 Mol Pyridin. Geschwindigkeitskonstante der Reaktion mit CO in wss. NaOH bei 20°: *Smith,* Biochem. J. **73** [1959] 90, 96; s. a. *Clifcorn et al.,* J. biol. Chem. **111** [1935] 399, 405. – Verbindung mit 1 Mol CO. Kristalle (*Wang et al.,* Am. Soc. **80** [1958] 1109). IR-Spektrum (KBr; 3000–1500 cm^{-1}): *Wang et al.* Absorptionsspektrum (wss. NaOH sowie wss. NaOH + Äthylenglykol; 390–430 nm): *Sm.,* l. c. S. 95. λ_{max} (wss. NaOH): 538,5 nm und 576,2 nm (*Hill,* Pr. roy. Soc. [B] **100** [1926] 419, 423). Stabilitätskonstante in wss. NaOH bei 25°: *Cl. et al.,* l. c. S. 407. Photochemische Dissoziation in Abhängigkeit vom CO-Druck [0,05–1 at], von der Temperatur [4–40°] und von der Wellenlänge [366 nm, 436 nm und 546 nm]: *Warburg, Negelein,* Bio. Z. **200** [1928] 414, 433–442, **204** [1929] 495, 496.

Verbindung von Häm mit 2 Mol Pyridin; Pyridinprotohämochrom-IX, Pyridinhämochromogen. Konstitution: *v. Zeynek,* Z. physiol. Chem. **70** [1910] 224, 228; *Hill,* Pr. roy. Soc. [B] **105** [1929] 112, 117; *Pauling, Coryell,* Pr. nation. Acad. U.S.A. **22** [1936] 159; *Rawlinson,* Austral. J. exp. Biol. med. Sci. **18** [1940] 185, 188, 190. – Herstellung aus Hämatin (S. 3047) und Pyridin mit Hilfe von $N_2H_4 \cdot H_2O$: *Kalmus,* Z. physiol. Chem. **70** [1910] 217, 222; *v. Ze.,* l. c. S. 227; von $Na_2S_2O_4$: *Hill,* Pr. roy. Soc. [B] **105** 117; von Glucose: *Fischer, Pützer,* Z. physiol. Chem. **154** [1926] 39, 48. Herstellung aus Hämin (S. 3048) und Pyridin mit Hilfe von Natrium: *Haurowitz,* Z. physiol. Chem. **169** [1927] 91, 98; von Quecksilber: *Hill,* Biochem. J. **19** [1925] 341, 347. – IR-Spektrum (Py.; 0,6–2,8 μ): *Merkelbach,* Z. angew. Phot. **1** [1939] 33, 38. Absorptionsspektrum in H_2O (440–700 nm bzw. 490–640 nm): *Kaziro, Kikuchi,* J. Biochem. Tokyo **38** [1951] 213, 215; *Haurowitz,* Z. physiol. Chem. **169** [1927] 235, 239; in wss. Lösung vom pH 7,7 (470–670 nm): *Shack, Clark,* J. biol. Chem. **171** [1947] 143, 181; vom pH 12 (500–670 nm): *Drabkin, Austin,* J. biol. Chem. **112** [1935] 89, 94; in wss. KOH (390–600 nm bzw. 470–670 nm): *Rawlinson, Hale,* Biochem. J. **45** [1949] 247, 249; *Sh., Cl.*; in wss. NaOH (310–500 nm): *Adams,* Biochem. J. **30** [1936] 2016, 2019; in Pyridin (330–660 nm bzw. 460–680 nm): *Hagenbach et al.,* Helv. phys. Acta **9** [1936] 3, 15, 25; *Treibs,* Z. physiol. Chem. **168** [1927] 68, 78. λ_{max} (wss. NaOH; 520–560 nm): *Zeile, Gnant,* Z. physiol. Chem. **263** [1940] 147, 149; *Drabkin,* J. biol. Chem. **146** [1942] 605, 608. Diamagnetisch (*Pa., Co.,* l. c. S. 162; *Ra.*). Stabilitätskonstante in alkal. wss. Lösung: *Phillips,* Rev. pure appl. Chem. **10** [1960] 35, 54; s. a. *Hill,* Pr. roy. Soc. [B] **105** 128; *Ze., Gn.,* l. c. S. 151; *Mori,* Sci. Tokyo **18** [1948] 55, 57; C. A. **1951** 2993. Redoxpotential in wss. Lösungen vom pH 7,4–12,8: *Sh., Cl.,* l. c. S. 158, 168; vom pH 7,5–10,5: *Banerjee,* C. r. **244** [1957] 2977; vom pH 8–12: *Barron,* J. biol. Chem. **121** [1937] 285, 300. – Gleichgewichtskonstante des Reaktionssystems mit der Verbindung von Häm mit je 1 Mol Cyanid und Pyridin in wss. Lösung: *Kaziro et al.,* J. Biochem. Tokyo **43** [1956] 539, 548; *Ph.*; s. a. *Mori.*

Verbindung von Häm mit 2-Methyl-pyridin. Redoxpotential in wss. Lösungen vom pH 8–12: *Barron,* J. biol. Chem. **121** [1937] 285, 300–304; s. a. *Barron,* J. biol. Chem. **133** [1940] 51, 56; vom pH 7,5–9,5: *Banerjee,* C. r. **244** [1957] 2977.

Verbindungen von Häm mit Chinolin, Piperazin, Isatin bzw. Aminosäuren (jeweils λ_{max} [wss. NaOH; 530–610 nm]): *Stern,* Z. physiol. Chem. **219** [1933] 105, 107.

Verbindung von Häm mit 1*H*-Imidazol. Herstellung: *Corwin, Reyes,* Am. Soc. **78** [1956] 2437; *Corwin, Bruck,* Am. Soc. **80** [1958] 4736. – Kristalle (*Co., Re.*). λ_{max} (Py.): 521 nm und 553 nm (*Co., Br.*).

Verbindungen von Häm mit 4-Methyl-1(3)*H*-imidazol, [2,2']Bipyridyl, 1*H*-Imidazol-4,5-dicarbonsäure, L-Tyrosin bzw. Histamin (jeweils λ_{max} [wss. NaOH; 530–610 nm]): *Stern,* Z. physiol. Chem. **215** [1933] 35, 44–46.

Verbindung von Häm mit Nicotin und CO. Absorptionsspektrum (wss. Lösung; 380–580 nm): *Warburg, Negelein,* Bio. Z. **200** [1928] 414, 458.

Verbindung von Häm mit 2 Mol Nicotin. Konstitution: *Hill,* Pr. roy. Soc. [B] **105** [1929] 112, 120; *Pauling, Coryell,* Pr. nation. Acad. U.S.A. **22** [1936] 159, 162. – Diamagnetisch

(*Pa.*, *Co.*). Stabilitätskonstante in wss. NaOH bei 16°: *Hill*, l. c. S. 128. Redoxpotential in wss. Lösungen vom pH 9,2 und pH 11,8: *Barron*, J. biol. Chem. **121** [1937] 285, 300, 306; sowie wss.-äthanol. Lösungen vom pH 10,2–12: *Davies*, J. biol. Chem. **135** [1940] 597, 602, 603, 605.

Verbindungen von Häm mit 1-Methyl-1*H*-benzimidazol bzw. 1,5,6-Trimethyl-1*H*-benzimidazol (jeweils Absorptionsspektrum [wss. NaOH; 500–580 nm]) sowie Verbindungen von Häm mit weiteren alkylsubstituierten Benzimidazolen (jeweils λ_{max} [wss. NaOH; 520–570 nm]): *McConnel et al.*, J. Pharm. Pharmacol. **5** [1953] 179, 187.

Verbindungen von Häm mit Methanol, Äthanol, Dimethylamin, Trimethylamin bzw. Anilin (jeweils λ_{max} [wss. Py.]: ca. 580 nm): *Falk*, *Nyholm*, in *A. Albert*, *G.M. Badger*, *C.W. Shoppee*, Current Trends in Heterocyclic Chemistry [London 1958] S. 130, 132.

Verbindungen von Häm mit Kaffein sowie mit Kaffein und CO. Absorptionsspektrum (wss. NaOH; 470–640 nm): *Keilin*, Biochem. J. **37** [1943] 281, 283.

Verbindung von Häm mit 1 Mol Cyanid. Absorptionsspektrum (wss. Na_2CO_3; 380–600 nm): *Keilin*, Biochem. J. **45** [1949] 440, 442; s. a. *Anson*, *Mirsky*, J. gen. Physiol. **12** [1928] 273, 279. Stabilitätskonstante in alkal. wss. Lösung: *Hill*, Pr. roy. Soc. [B] **105** [1929] 112, 122; *Mori*, Sci. Tokyo **18** [1948] 55, 56; C. A. **1951** 2993; s. dazu *Shack*, *Clark*, J. biol. Chem. **171** [1947] 143, 164. — Verbindung mit 1 Mol CO. Absorptionsspektrum (wss. Na_2CO_3; 380–600 nm): *Ke.*, l. c. S. 444. — Verbindung mit 1 Mol Pyridin. Absorptionsspektrum (H_2O; 390–600 nm): *Kaziro et al.*, J. Biochem. Tokyo **43** [1956] 539, 546. Stabilitätskonstante in wss. Lösung: *Phillips*, Rev. pure appl. Chem. **10** [1960] 35, 54. Gleichgewichtskonstante der Reaktionssysteme mit den Verbindungen von Häm mit 2 Mol Pyridin bzw. 2 Mol Cyanid in wss. Lösung: *Ka. et al.*, l. c. S. 548, 550; *Ph.*; s. a. *Mori*, l. c. S. 58. — Verbindung mit 1 Mol Nicotin. Stabilitätskonstante in wss. NaOH bei 16°: *Hill*, l. c. S. 123, 127.

Verbindung von Häm mit 2 Mol Cyanid. Absorptionsspektrum in wss. Na_2CO_3 (380–600 nm): *Keilin*, Biochem. J. **45** [1949] 440, 442; in wss. NaOH (230–470 nm bzw. 500–630 nm): *Holden*, *Hicks*, Austral. J. exp. Biol. med. Sci. **10** [1932] 219, 223; *Drabkin*, J. biol. Chem. **146** [1942] 605, 611; in wss. KOH (470–670 nm): *Shack*, *Clark*, J. biol. Chem. **171** [1947] 143, 181; s. a. *Barron*, J. biol. Chem. **121** [1937] 285, 307; in wss.-äthanol. NaOH (380–600 nm bzw. 480–700 nm): *Keilin*, Biochem. J. **45** [1949] 448, 449; *Haurowitz*, Z. physiol. Chem. **169** [1927] 235, 237. Diamagnetisch (*Pauling*, *Coryell*, Pr. nation. Acad. U.S.A. **22** [1936] 159, 162; *Ke.*, l. c. S. 453). Stabilitätskonstante in alkal. wss. Lösung: *Phillips*, Rev. pure appl. Chem. **10** [1960] 35, 54; s. a. *Sh.*, *Cl.*, l. c. S. 164; *Mori*, Sci. Tokyo **18** [1948] 55, 57; C. A. **1951** 2993; *Hill*, Pr. roy. Soc. [B] **105** [1929] 112, 128. Redoxpotential in wss. Lösungen vom pH 8–12: *Ba.*, J. biol. Chem. **121** 297, 298, 300; s. a. *Barron*, J. biol. Chem. **133** [1940] 51, 56; vom pH 9–10,5: *Banerjee*, C. r. **244** [1957] 2977. — Gleichgewichtskonstante des Reaktionssystems mit der Verbindung von Häm mit je 1 Mol Cyanid und Pyridin in wss. Lösung: *Kaziro et al.*, J. Biochem. Tokyo **43** [1956] 539, 550; *Ph.*; s. a. *Mori*, l. c. S. 58.

Verbindung von Häm mit 2 Mol Methylisocyanid. λ_{max} (wss.-methanol. NaOH): 432 nm, 532 nm und 562 nm (*Keilin*, Biochem. J. **45** [1949] 440, 444; s. a. *Warburg et al.*, Bio. Z. **214** [1929] 26, 37). — Über Verbindungen von Häm mit 1 Mol Methylisocyanid sowie mit je 1 Mol Methylisocyanid und CO s. *Ke.*, l. c. S. 443–445.

Verbindungen von Häm mit je 2 Mol Äthylisocyanid, Isopropylisocyanid bzw. *tert*-Butylisocyanid. Absorptionsspektrum (480–620 nm) und Stabilitätskonstante in wss. Lösung vom pH 6,8 bei 25°: *St. George*, *Pauling*, Sci. **114** [1951] 629, 640, 645. — Über Verbindungen von Häm mit je 1 Mol der Isocyanide s. *St. Ge.*, *Pa.*

Verbindung von Häm mit Glycin. λ_{max}: 525 nm und 556 nm (*Keilin*, Biochem. J. **45** [1949] 440, 443).

Verbindung von Häm mit Histidin. Redoxpotential in wss. Lösungen vom pH 7–9,5: *Barron*, J. biol. Chem. **121** [1937] 285, 300; vom pH 7–9: *Banerjee*, C. r. **244** [1957] 2977.

Verbindung von Häm mit N^{α}-Histidyl-histidin. Redoxpotential (wss. Lösungen vom pH 7–8,5): *Banerjee*, C. r. **244** [1957] 2977.

Eisen(III)-Komplexe $Fe(C_{34}H_{32}N_4O_4)^+$; Ferriprotoporphyrin. Absorptionsspektrum in wss. Lösungen vom pH 6,4 (470–670 nm): *Shack*, *Clark*, J. biol. Chem. **171** [1947] 143, 181; vom pH 7, auch unter Zusatz von Saccharose (320–680 nm): *Maehly*, *Åkeson*, Acta chem. scand. **12** [1958] 1259, 1261; in wss.-äthanol. Lösungen vom pH 6,8 (440–670 nm) bei –180° und +30°: *Ma., Åk.,* l. c. S. 1265; vom pH 7 (320–680 nm): *Ma., Åk.,* l. c. S. 1261; in Essigsäure (340–660 nm): *Keilin,* Biochem. J. **59** [1955] 571, 574; in äthanol. Oxalsäure (490–690 nm): *Haurowitz,* Z. physiol. Chem. **169** [1927] 235, 239; in wss. H_2SO_4 (320–460 nm): *Maehly,* Acta chem. scand. **12** [1958] 1247, 1252, 1253; *Ma., Åk.,* l. c. S. 1263; in wss.-äthanol. H_2SO_4 (340–430 nm): *Ma., Åk.,* l. c. S. 1263; in wss.-äthanol. H_2SO_4 (440–670 nm) bei –180° und +30°: *Ma., Åk.,* l. c. S. 1265; in H_2SO_4 enthaltendem Aceton (375–650 nm): *Lewis,* J. biol. Chem. **206** [1954] 109, 111; in konz. H_2SO_4 (230–530 nm): *Bandow,* Bio. Z. **299** [1938] 199, 206. Magnetische Susceptibilität (wss.-äthanol. H_2SO_4) bei 20,5°: $+12400 \cdot 10^{-6}$ $cm^3 \cdot mol^{-1}$ (*Ehrenberg,* zit. bei *Ma., Åk.,* l. c. S. 1267). Protonierungsgleichgewicht in H_2O: *Sh., Cl.,* l. c. S. 157, 163; *Phillips,* Rev. pure appl. Chem. **10** [1960] 35, 52; *Scheler, Jung,* Bio. Z. **329** [1957] 222, 224; *Ma.,* l. c. S. 1257; s. a. *Mori,* Sci. Tokyo **17** [1947] 334, 337; C. A. **1951** 2992. Elektrolytische Dissoziation der Carboxylgruppen: *Kilpi,* Acta chem. scand. **6** [1952] 475, 487, 490; s. a. *Morrison, Williams,* J. biol. Chem. **137** [1941] 461. Oberflächenspannung von wss. Lösungen vom pH 3–4 und pH 8–9: *Yusawa,* J. Biochem. Tokyo **22** [1935] 49, 68. Assoziation mit Äthanol in sauren, neutralen und alkal. wss. Lösungen: *Ma., Åk.,* l. c. S. 1262. – Gleichgewichtskonstante der Reaktionssysteme mit den Verbindungen mit 1 Mol Pyridin bzw. 2 Mol Pyridin in wss. Lösung bei 30°: *Ph.*; *Sh., Cl.,* l. c. S. 170, 172; mit dem Dicyanid in wss. Lösung bei 30°: *Ph.*; *Sh., Cl.,* l. c. S. 159; s. a. *Hogness et al.,* J. biol. Chem. **118** [1937] 1; *Mori,* Sci. Tokyo **17** [1947] 334, 337; C. A. **1951** 2992.

Hydroxid $Fe(C_{34}H_{32}N_4O_4)OH$ = $C_{34}H_{33}FeN_4O_5$; **Hämatin,** Protohämatin-IX, Hydroxyhämin, „Oxyhämin". Gewinnung aus Blut mit Hilfe von Oxalsäure in Aceton oder Äthanol oder von wss. H_2SO_4 in Aceton: *Hamsík,* Z. physiol. Chem. **176** [1928] 173, 175, 178–184; von methanol. KOH: *Hamsík,* Z. physiol. Chem. **178** [1928] 67, 69. – Herstellung von festen Präparaten der Zusammensetzung $FeC_{34}H_{33}N_4O_5$ in amorpher Form: *Hamsík,* Z. physiol. Chem. **148** [1925] 99, 102, **176** 178, 181, **241** [1936] 156, 157; in kristalliner Form: *Ha.,* Z. physiol. Chem. **148** 103, **241** 160; *Fischer et al.,* Z. physiol. Chem. **193** [1930] 138, 156. Herstellung von kristallinen Präparaten der Zusammensetzung $Fe_2C_{68}H_{64}N_8O_9$ (Oxyhäminhalbanhydrid, Hämatinhalbanhydrid): *Hamsík,* Z. physiol. Chem. **169** [1927] 64, 69, **241** 161; *Fischer, Zeile,* Z. physiol. Chem. **222** [1933] 151; *Haurowitz,* Z. physiol. Chem. **223** [1934] 74. Herstellung von kristallinen Präparaten der Zusammensetzung $FeC_{34}H_{31}N_4O_4$ (Oxyhäminanhydrid, Hämatinanhydrid): *Hamsík,* Z. physiol. Chem. **133** [1924] 173, 174, **169** 65. – Hämatin ist in neutraler und alkal. wss. Lösung binär assoziiert (*Hogness et al.,* J. biol. Chem. **118** [1937] 1, 11; *Shack, Clark,* J. biol. Chem. **171** [1947] 143, 159; s. a. *White,* in *D. Dolphin,* The Porphyrins, Bd. 5 [New York 1978] S. 303, 318). IR-Spektrum (Kristalle; 1,5–14,2 μ): *Heintz,* Arch. Phys. biol. **14** [1937] 131, 185. Absorptionsspektrum in wss. Lösungen vom pH 10,4 (230–470 nm): *Maehly, Åkeson,* Acta chem. scand. **12** [1958] 1259, 1260; vom pH 11,3 (450–700 nm): *Sh., Cl.,* l. c. S. 149; vom pH 14 (340–590 nm): *Maehly,* Arch. Biochem. **44** [1953] 430, 432; in wss. NaOH (210–440 nm bzw. 220–700 nm bzw. 280–500 nm bzw. 230–440 nm): *Friedli,* Bl. Soc. Chim. biol. **6** [1924] 908, 927; *Ho. et al.,* l. c. S. 4; *Adams,* Biochem. J. **30** [1936] 2016, 2019; *Hicks, Holden,* Austral. J. exp. Biol. med. Sci. **6** [1929] 175, 184; in wss. KOH (440–700 nm bzw. 470–670 nm): *Rawlinson, Scutt,* Austral. J. scient. Res. [A] **5** [1952] 173, 184; *Sh., Cl.,* l. c. S. 181; in wss.-äthanol. NaOH (440–670 nm) bei –180° und +30°: *Ma., Åk.,* l. c. S. 1265; in wss.-äthanol. NaOH (490–690 nm): *Haurowitz,* Z. physiol. Chem. **169** [1927] 235, 237; in äthanol. NaOH (230–450 nm bzw. 280–460 nm): *Hi., Ho.*; *Ad.*; zeitliche Veränderung des Absorptionsspektrums in alkal. wss. Lösung: *Ma., Åk.,* l. c. S. 1260; *Sh., Cl.,* l. c. S. 149; *Bljumenfel'd,* Doklady Akad. S.S.S.R. **85** [1952] 1111; C. A. **1953** 1198; *Poldermann,* Bio. Z. **251** [1932] 452, 456. Paramagnetisch; magnetisches Moment von amorphen und kristallinen Präparaten: *Ra., Sc.,* l. c. S. 182; s. a. *Haurowitz, Kittel,* B. **66** [1933] 1046; von Lösungen in wss. NaOH: *Rawlinson,* Austral. J. exp. Biol. med. Sci. **18** [1940] 185, 188; in Saccharose enthaltender wss. NaOH: *Pauling, Coryell,* Pr. nation. Acad. U.S.A. **22** [1936] 159, 161; *Ra.*; *Keilin,* Biochem. J. **45** [1949] 448, 453; in wss.-äthanol. NaOH: *Ehrenberg,* zit. bei *Ma., Åk.,* l. c. S. 1267; Hämatinhalbanhydrid und Hämatinanhydrid sind ebenfalls paramagnetisch; magnetisches Moment: *Ra., Sc.* Elektrische Leitfähigkeit fester Präparate bei 70–130° bzw. 110–170°: *Wartanjan,* Izv.

Akad. S.S.S.R. Ser. fiz. **20** [1956] 1541, 1544, 1545; engl. Ausg. S. 1412, 1414, 1415; *Cardew, Eley,* Discuss. Faraday Soc. **27** [1959] 115, 118, 119. Redoxpotential in wss. Lösungen vom pH 7–12,6: *Barron,* J. biol. Chem. **121** [1937] 285, 290, 293, 300; s. a. *Barron,* J. biol. Chem. **133** [1940] 51, 56; vom pH 8–11: *Sh., Cl.,* l. c. S. 158; vom pH 9,2: *Conant, Tongberg,* J. biol. Chem. **86** [1930] 733, 734. Polarographisches Halbstufenpotential (wss. Lösungen vom pH 7,9–13,1): *Brdička, Wiesner,* Collect. **12** [1947] 39, 47. Löslichkeit in alkal. wss. Lösung bei 30°: *Morrison, Williams,* J. biol. Chem. **137** [1941] 461, 473. Assoziation mit 2-Methyl-pyri=din, 3-Methyl-pyridin, 2,6-Dimethyl-pyridin, 2,4,6-Trimethyl-pyridin, Chinolin bzw. Isochinolin sowie mit diesen Basen und Cyanid in alkal. wss. Lösung: *Scheler, Jung,* Bio. Z. **329** [1957] 222; mit Nicotin und Cyanid in alkal. wss. Lösung: *Krebs,* Bio. Z. **204** [1929] 322, 337. Über die Beständigkeit von Hämatin s. *Hamsík,* Z. physiol. Chem. **183** [1929] 269, **186** [1930] 263, **190** [1930] 199, 202, **241** 157. Kinetik der durch γ-Strahlen induzierten Zersetzung in wss. NaOH: *Myers et al.,* Radiat. Res. **11** [1959] 761. – Dikalium-Salz $K_2Fe(C_{34}H_{30}N_4O_4)OH$. Paramagnetisch; magnetisches Moment von festen Präparaten und wss. Lösungen: *Ra., Sc.,* l. c. S. 183. – Trikalium-Salz $K_3Fe(C_{34}H_{30}N_4O_4)O$. Kristalle (*Hamsík,* Z. physiol. Chem. **182** [1929] 117, 120). Netzebenenabstände: *Clark, Shenk,* Radiology **28** [1937] 144, 153. Parama=gnetisch; magnetisches Moment eines festen Präparats und einer wss. Lösung: *Ra., Sc.,* l. c. S. 183. – Barium-Salz $BaFe(C_{34}H_{30}N_4O_4)OH$. Paramagnetisch; magnetisches Moment: *Ra., Sc.,* l. c. S. 182.

Chlorid $Fe(C_{34}H_{32}N_4O_4)Cl = C_{34}H_{32}ClFeN_4O_4$; **Hämin**, Protohämin, Protochlor=hämin-IX, Chlorhämin. Zusammenfassende Darstellung: *H. Fischer, H. Orth,* Die Chemie des Pyrrols, Bd. 2, Tl. 1 [Leipzig 1937] S. 371–378; s. a. *DiNello, Chang,* in *D. Dolphin,* The Porphyrins, Bd. 1 [New York 1978] S. 289, 290. – Gewinnung aus Blut mit Hilfe von NaCl enthaltender Essigsäure: *Fischer,* Org. Synth. Coll. Vol. III [1955] 442; *Fuhrhop, Smith,* in *K.M. Smith,* Porphyrins and Metalloporphyrins [Amsterdam 1975] S. 757, 809; s. a. *Schalfeew,* Ž. russ. fiz.-chim. Obšč. **27** [1895] 182; *Corwin, Erdman,* Am. Soc. **68** [1946] 2473, 2475; von $SrCl_2 \cdot 6\,H_2O$ enthaltendem Essigsäure-Aceton-Gemisch: *Labbe, Nishida,* Biochim. biophys. Acta **26** [1957] 437; *Fu., Sm.* – Herstellung aus Hämatin (S. 3047): *Fischer et al.,* Z. physiol. Chem. **193** [1930] 138, 156; aus Protoporphyrin (S. 3042): *Fischer, Pützer,* Z. physiol. Chem. **154** [1926] 39, 57; *Fischer et al.,* Z. physiol. Chem. **195** [1931] 1, 9; aus Hämin-dimethylester (S. 3053): *Fi. et al.,* Z. physiol. Chem. **193** 151. Reinigung durch Kristallisation: *Fi.*; *La., Ni.*; *Fu., Sm.* – Atomabstände und Bindungswinkel (Röntgen-Diagramm): *Koenig,* Acta cryst. **18** [1965] 663. – In der Aufsicht blau glänzende, in der Durchsicht braune Kristalle [„Teichmanns Kristalle“] (aus Py. + $CHCl_3$ + Eg. + NaCl); unterhalb 300° nicht schmelzend [Sintern ab 240°] (*Fi., Orth,* l. c. S. 371, 374; s. a. *Fi. et al.,* Z. physiol. Chem. **193** 150, 151, 154, 165; *Clark, Shenk,* Radiology **28** [1937] 144, 153). Triklin; Kristallstruktur-Analyse (Röntgen-Diagramm): *Ko.* Netzebenenabstände: *Cl., Sh.* Über Dimorphie s. *Lindenfeld,* Roczniki Chem. **11** [1931] 532, 535; C. **1931** II 1579; *Fi. et al.,* Z. physiol. Chem. **195** 26; *Richter,* Z. physiol. Chem. **253** [1938] 193, 206. Dichte der Kristalle: 1,415 (*Ko.,* l. c. S. 664). Reflexions- und Transmis=sionsvermögen dünner Schichten: *Rinaldi,* C. r. **240** [1955] 61; *Malé, Rinaldi,* C. r. **240** [1955] 2130. g-Faktor der EPR-Absorption (Kristalle): *Ingram, Bennett,* Discuss. Faraday Soc. **19** [1955] 140, 144. IR-Spektrum (Nujol; 2,5–15 μ): *Falk, Willis,* Austral. J. scient. Res. [A] **4** [1951] 579, 586. Absorptionsspektrum in wss. Äthanol (230–450 nm): *Friedli,* Bl. Soc. Chim. biol. **6** [1924] 908, 925; in Aceton (375–650 nm): *Lewis,* J. biol. Chem. **206** [1954] 109, 111; in Dioxan (480–660 nm): *Stern, Wenderlein,* Z. physik. Chem. [A] **174** [1935] 81, 102; in wss. HCl (250–480 nm bzw. 280–470 nm): *Hicks, Holden,* Austral. J. exp. Biol. med. Sci. **6** [1929] 175, 184; *Adams,* Biochem. J. **30** [1936] 2016, 2019; in äthanol. HCl (220–440 nm bzw. 250–450 nm bzw. 280–500 nm): *Fr.,* l. c. S. 927; *Hi., Ho.*; *Ad.*; in HCl enthaltendem Aceton (375–650 nm): *Le.*; über das Absorptionsspektrum in Pyridin s. bei der Verbindung mit 2 Mol Pyridin (S. 3050). Paramagnetisch; magnetische Susceptibilität bei 84 K, 192 K und 294 K: *Cambi, Szegoe,* Rend. Ist. lomb. **67** [1934] 275, 277; bei Raumtemperatur: *Haurowitz, Kittel,* B. **66** [1933] 1046, 1047; *Pauling, Coryell,* Pr. nation. Acad. U.S.A. **22** [1936] 159, 161; *Rawlinson, Scutt,* Austral. J. scient. Res. [A] **5** [1952] 173, 181. Elektrische Leitfähigkeit in Pyridin bei 25°: *Küster,* B. **53** [1920] 623, 633. Löslichkeit in alkal. wss. Lösung bei 30°: *Morrison, Williams,* J. biol. Chem. **137** [1941] 461, 473; in HCN, wss. HCN sowie äthanol.

HCN: *Haurowitz,* Z. physiol. Chem. **169** [1927] 235, 256. – Reaktion mit Ozon in Pyridin: *Deželič,* Rad. Hrvat. Akad. **271** [1941] 47, 61; C. A. **1948** 5898. Reaktion mit flüssigem HCl, mit flüssigem HBr, mit wss. HBr sowie mit HBr in Essigsäure: *Willstätter, Fischer,* Z. physiol. Chem. **87** [1913] 423, 443, 445, 449, 452. – Verbindung mit Aceton $Fe(C_{34}H_{32}N_4O_4)Cl \cdot C_3H_6O$. Herstellung aus Blut, Aceton und wss. HCl: *Hamsík,* Z. physiol. Chem. **190** [1930] 199, 206; *Richter,* Z. physiol. Chem. **253** [1938] 193, 211; *Richter, Hofman,* Z. anal. Chem. **113** [1938] 334. – Kristalle (*Richter,* Z. physiol. Chem. **190** [1930] 21, 29; *Ham.*; *Ri., Ho.*; s. a. *Lindenfeld,* Roczniki Chem. **13** [1933] 645, 657; C. **1934** I 2599). – Über kristalline Verbindungen mit 1 Mol und mit 2 Mol 2,4,6-Trimethyl-pyridin s. *Fischer et al.,* A. **471** [1929] 237, 254, 255; s. dazu *Langenbeck et al.,* A. **585** [1954] 68, 72.

Bromid $Fe(C_{34}H_{32}N_4O_4)Br$; Bromhämin. Gewinnung aus Blut mit Hilfe von KBr enthaltender Essigsäure: *Fischer et al.,* Z. physiol. Chem. **193** [1930] 138, 160; s. a. *Küster, Reihling,* Z. physiol. Chem. **91** [1914] 115, 125. – Herstellung aus Hämin (S. 3048): *Kü., Re.,* l. c. S. 126; *Lindenfeld,* Roczniki Chem. **15** [1935] 516, 539; C. **1936** I 2363; aus Hämatin (S. 3047): *Fi. et al.,* l. c. S. 161; *Richter,* Z. physiol. Chem. **253** [1938] 193, 206; aus Protoporphyrin (S. 3042): *Fi. et al.,* l. c. S. 162. – Kristalle [aus Py.+$CHCl_3$+Eg.+KBr+wss. HBr] (*Fi. et al.,* l. c. S. 160); über Dimorphie s. *Lindenfeld,* Roczniki Chem. **13** [1933] 645, 650; C. **1934** I 2599. Absorptionsspektrum (wss. A.; 230–440 nm): *Friedli,* Bl. Soc. Chim. biol. **6** [1924] 908, 925. Paramagnetisch; magnetische Susceptibilität: *Rawlinson, Scutt,* Austral. J. scient. Res. [A] **5** [1952] 173, 181. Elektrische Leitfähigkeit in Pyridin sowie in Benzonitril bei 25°: *Küster,* Z. physiol. Chem. **129** [1923] 157, 161, 185.

Jodid $Fe(C_{34}H_{32}N_4O_4)I$; Jodhämin. Gewinnung aus Blut mit Hilfe von KI enthaltender Essigsäure: *Fischer et al.,* Z. physiol. Chem. **193** [1930] 138, 161. – Herstellung aus Hämin (S. 3048): *Lindenfeld,* Roczniki Chem. **15** [1935] 516, 539; C. **1936** I 2363; aus Hämatin (S. 3047): *Fi. et al.,* l. c. S. 162; aus Protoporphyrin (S. 3042): *Fi. et al.,* l. c. S. 163. – Kristalle [aus Py.+$CHCl_3$+Eg.+KI] (*Fi. et al.*); über Dimorphie s. *Lindenfeld,* Roczniki Chem. **13** [1933] 645, 651; C. **1934** I 2599.

Azid $Fe(C_{34}H_{32}N_4O_4)N_3$; Azidohämin. Acetonhaltige Kristalle (*Richter,* Z. physiol. Chem. **253** [1938] 193, 213).

Hypophosphit $Fe(C_{34}H_{32}N_4O_4)H_2PO_2$; Hypophosphitohämin. Gewinnung aus Blut: *Hamsík, Hofman,* Z. physiol. Chem. **305** [1956] 143. – Herstellung aus Hämatin (S. 3047): *Hamsík,* Z. physiol. Chem. **253** [1938] 123. – Dichroitische braune Kristalle (*Ha.*).

Formiat $Fe(C_{34}H_{32}N_4O_4)CHO_2$; Protohäminformiat, Formiatohämin, Formylhydroxyhämin, „Formylhämin". Gewinnung aus Blut und Ameisensäure: *Hamsík, Hofman,* Z. physiol. Chem. **305** [1956] 143; *Šula,* Z. physiol. Chem. **188** [1930] 274, 275; s. a. *Brückner,* Bio. Z. **268** [1934] 181. – Herstellung aus Hämatin (S. 3047) und Ameisensäure: *Hamsík,* Z. physiol. Chem. **183** [1929] 103, 106; aus Hämin (S. 3048) und Ameisensäure: *Br.,* l. c. S. 183; *Lindenfeld,* Roczniki Chem. **15** [1935] 516, 533; C. **1936** I 2363. – Kristalle (*Ha., Ho.*); paramagnetisch; magnetische Susceptibilität: *Rawlinson, Scutt,* Austral. J. scient. Res. [A] **5** [1952] 173, 181. Kristalle (aus Py.+$CHCl_3$+A.+Ameisensäure) mit 2 Mol Äthanol (*Br.*); Netzebenenabstände: *Clark, Shenk,* Radiology **28** [1937] 144, 153. Absorptionsspektrum (wss. NaOH; 520–640 nm): *Br.,* l. c. S. 186.

Cyanid $Fe(C_{34}H_{32}N_4O_4)CN$. Verbindung mit 1 Mol Pyridin. Absorptionsspektrum in H_2O (390–600 nm): *Kaziro et al.,* J. Biochem. Tokyo **43** [1956] 539, 541, 546; in wss. Lösungen vom pH 10,3 (400–640 nm): *Krebs,* Bio. Z. **204** [1929] 322, 336; vom pH 11 (500–630 nm): *Drabkin,* J. biol. Chem. **142** [1942] 855, 859. Gleichgewichtskonstante der Reaktionssysteme mit dem Dicyanid sowie mit den Verbindungen des Eisen(III)-Komplexes mit 1 Mol Pyridin bzw. 2 Mol Pyridin in wss. Lösung bei 30°: *Phillips,* Rev. pure appl. Chem. **10** [1960] 35, 52, 53; s. a. *Shack, Clark,* J. biol. Chem. **171** [1947] 143, 177; *Ka. et al.* – Dicyanid. Absorptionsspektrum in H_2O (400–600 nm): *Ka. et al.,* l. c. S. 542, 544; in wss. Lösung vom pH 11,3 (500–630 nm): *Dr.,* l. c. S. 858; in wss. NaOH (220–700 nm bzw. 350–700 nm): *Hogness et al.,* J. biol. Chem. **118** [1937] 1, 4; *Myers et al.,* Radiat. Res. **11** [1959] 761, 771; in wss. KOH (470–670 nm): *Sh., Cl.,* l. c. S. 181; in wss.-äthanol. NaOH (490–690 nm): *Haurowitz,* Z. physiol. Chem. **169** [1927] 235, 237, 239. Stabilitätskonstante in wss. Lösung bei 30°: *Ph.,* l. c. S. 52, 55; *Sh., Cl.,* l. c. S. 159; s. a. *Ho. et al.*; *Mori,* Sci.

Tokyo **17** [1947] 334, 337; C. A. **1951** 2992. Redoxpotential in wss. Lösungen vom pH 8–12: *Barron,* J. biol. Chem. **121** [1937] 285, 297, 298, 300; s. a. *Barron,* J. biol. Chem. **133** [1940] 41, 56; vom pH 9–10,5: *Banerjee,* C. r. **244** [1957] 2977. Gleichgewichtskonstante des Reaktionssystems mit der Verbindung des Cyanids mit Pyridin: *Ph.,* l. c. S. 53; s. a. *Ka. et al.* – Über kristalline Verbindungen (hellrot) von Hämatin und Hämin mit HCN s. *Ha.,* l. c. S. 256.

Acetat $Fe(C_{34}H_{32}N_4O_4)C_2H_3O_2$; Protohäminacetat, Acetatohämin, Acetylhydroxyhämin, „Acetylhämin". Herstellung aus defibriniertem Blut und Essigsäure: *Šula,* Z. physiol. Chem. **188** [1930] 274, 276; aus Oxyhämoglobin und Essigsäure: *Küster, Gerlach,* Z. physiol. Chem. **119** [1922] 98, 104; aus Hämatin (S. 3047) und Essigsäure: *Hamsík,* Z. physiol. Chem. **148** [1925] 99, 106. – Bläuliche (*Šula*), schwarze (*Kü., Ge.*) bzw. braunviolette (*Ha.*) Kristalle. Netzebenenabstände: *Clark, Shenk,* Radiology **28** [1937] 144, 153. Paramagnetisch; magnetische Susceptibilität: *Rawlinson, Scutt,* Austral. J. scient. Res. [A] **5** [1952] 173, 181.

Propionat $Fe(C_{34}H_{32}N_4O_4)C_3H_5O_2$; Protohäminpropionat. Paramagnetisch; magnetische Susceptibilität: *Rawlinson, Scutt,* Austral. J. scient. Res. [A] **5** [1952] 173, 181.

Verbindungen des Eisen(III)-Komplexes mit 1*H*-Imidazol-4,5-dicarbonsäure, L-Tyrosin bzw. Histamin (jeweils λ_{max} [wss. NaOH; 600–650 nm]): *Stern,* Z. physiol. Chem. **215** [1933] 35, 44–46.

Thiocyanat $Fe(C_{34}H_{32}N_4O_4)CNS$; Rhodanhämin. Gewinnung aus Blut und Thiocyansäure bzw. Ammonium-thiocyanat: *Küster,* Z. physiol. Chem. **129** [1923] 157, 168; *Lindenfeld,* Roczniki Chem. **13** [1933] 645, 651; C. **1934** I 2599. – Herstellung aus Hämin (S. 3048) und Ammonium-thiocyanat: *Lindenfeld,* Roczniki Chem. **13** 654, **15** [1935] 516, 524; C. **1936** I 2363. – Dimorph(?); braunrote Kristalle [aus $CHCl_3$ + Py. + wss. Eg. + Ammonium-thiocyanat] bzw. dunkelblaue Kristalle [aus Py. + Eg. + Ammonium-thiocyanat] (*Li.,* Roczniki Chem. **13** 652, 653); elektrische Leitfähigkeit in Benzonitril bei 25°: *Kü.* Blauschwarze Kristalle mit 1 Mol Aceton (*Richter,* Z. physiol. Chem. **253** [1938] 193, 212; s. a. *Kü.,* l. c. S. 179).

Verbindung des Eisen(III)-Komplexes mit 2 Mol Pilocarpinsäure [vgl. E III/IV **25** 1198]. Stabilitätskonstante in alkal. wss. Lösung bei 30°: *Cowgill, Clark,* J. biol. Chem. **198** [1952] 33, 53; *Phillips,* Rev. pure appl. Chem. **10** [1960] 35, 55.

Verbindung des Eisen(III)-Komplexes mit NO. Absorptionsspektrum (Eg.; 320–660 nm): *Keilin,* Biochem. J. **59** [1955] 571, 574.

Verbindung des Eisen(III)-Komplexes mit 1 Mol Pyridin. Stabilitätskonstante in wss. Lösung bei 30°: *Phillips,* Rev. pure appl. Chem. **10** [1960] 35, 52; *Shack, Clark,* J. biol. Chem. **171** [1947] 143, 172. – Gleichgewichtskonstante der Reaktionssysteme mit der Verbindung des Cyanids mit Pyridin sowie mit der Verbindung des Eisen(III)-Komplexes mit 2 Mol Pyridin in wss. Lösung bei 30°: *Ph.*; *Sh., Cl.,* l. c. S. 174, 177.

Verbindung des Eisen(III)-Komplexes mit 2 Mol Pyridin. IR-Spektrum von „Pyridinhämin" (Py.; 0,6–2,8 μ): *Merkelbach,* Z. angew. Phot. **1** [1939] 33, 38. Absorptionsspektrum von „Pyridinhämatin" in wss. Lösungen vom pH 7,7 (470–670 nm): *Shack, Clark,* J. biol. Chem. **171** [1947] 143, 181; vom pH 10,3 (420–640 nm): *Krebs,* Bio. Z. **204** [1929] 322, 336; vom pH 11 (460–700 nm bzw. 500–630 nm): *Barron,* J. biol. Chem. **121** [1937] 285, 308; *Drabkin,* J. biol. Chem. **142** [1942] 855, 859; vom pH 12 (500–660 nm): *Drabkin, Austin,* J. biol. Chem. **112** [1935] 89, 93; in wss. NaOH (350–700 nm): *Myers et al.,* Radiat. Res. **11** [1959] 761, 770; in wss. KOH (470–670 nm): *Sh., Cl.*; von „Pyridinhämin" in H_2O (460–700 nm bzw. 490–690 nm): *Bar.*; *Haurowitz,* Z. physiol. Chem. **169** [1927] 235, 239; in Pyridin (330–650 nm bzw. 470–680 nm bzw. 480–650 nm): *Hagenbach et al.,* Helv. phys. Acta **9** [1936] 3, 15; *Treibs,* Z. physiol. Chem. **168** [1927] 68, 75; *Keilin,* Biochem. J. **51** [1952] 443, 447; zeitliche Veränderung des Absorptionsspektrums von „Pyridinhämin" in Pyridin: *Tr.* „Pyridinhämin" ist paramagnetisch; magnetische Susceptibilität in Pyridin: *Cambi, Szegoe,* Rend. Ist. lomb. **67** [1934] 275, 277; *Pauling, Coryell,* Pr. nation. Acad. U.S.A. **22** [1936] 159, 161; *Rawlinson,* Austral. J. exp. Biol. med. Sci. **18** [1940] 185, 187; in wss. Pyridin [50%ig]: *Ra.* Stabilitätskonstante in wss. Lösung bei 30°: *Phillips,* Rev. pure appl. Chem. **10** [1960] 35, 52, 55; s. a. *Sh., Cl.,* l. c. S. 170; *Mori,* Sci. Tokyo **17** [1947] 334, 338; C. A. **1951** 2992. Redoxpotential in wss. Lösungen vom pH 7,4–12,8: *Sh., Cl.,* l. c. S. 158, 168; vom pH 7,5–10,5: *Banerjee,* C. r. **244** [1957] 2977; vom pH 8–12: *Bar.,* l. c. S. 300. Assoziation mit H_2O_2

bzw. Äthylhydroperoxid in Pyridin: *Ke.* Gleichgewichtskonstante der Reaktionssysteme mit der Verbindung des Cyanids mit Pyridin sowie mit der Verbindung des Eisen(III)-Komplexes mit 1 Mol Pyridin in wss. Lösung bei 30°: *Ph.*; *Sh., Cl.,* l. c. S. 174, 177; s. a. *Kaziro et al.,* J. Biochem. Tokyo **43** [1956] 539; s. dazu *Ph.,* l. c. S. 53. — Über wenig beständige kristalline Präparate von „Pyridinhämatin" und „Pyridinhämin" s. *Fischer et al.,* Z. physiol. Chem. **193** [1930] 138, 156; *Hamsík,* Z. physiol. Chem. **241** [1936] 156, 160, **169** [1927] 64, 68; *Hau.,* l. c. S. 252; *Lindenfeld,* Roczniki Chem. **15** [1935] 516, 524; C. **1936** I 2363.

Verbindungen von Hämatin mit Piperazin, Isatin bzw. Aminosäuren (jeweils λ_{max} [wss. NaOH; 620—650 nm]): *Stern,* Z. physiol. Chem. **219** [1933] 105, 107.

Verbindung von Hämatin mit 1*H*-Imidazol $Fe(C_{34}H_{32}N_4O_4)OH \cdot 2C_3H_4N_2$. Violette Kristalle (*Langenbeck,* B. **65** [1932] 842; *Corwin, Reyes,* Am. Soc. **78** [1956] 2437). λ_{max}: 521 nm und 553 nm [Py.] (*Corwin, Bruck,* Am. Soc. **80** [1958] 4736) bzw. 538 nm und 572 nm [wss. NaOH] (*Stern,* Z. physiol. Chem. **215** [1933] 35, 45).

Verbindung von Hämatin mit 4-Methyl-1(3)*H*-imidazol $Fe(C_{34}H_{32}N_4O_4)OH \cdot 2C_4H_6N_2$. Rotviolette Kristalle (*Langenbeck,* B. **65** [1932] 842). λ_{max} (alkal. wss. Lösung): 532 nm und 584 nm bzw. 540 nm und 578 nm (*Holden, Freeman,* Austral. J. exp. Biol. med. Sci. **6** [1929] 79, 86; *La.*).

Verbindung von Hämatin mit Nicotin. Stabilitätskonstante in wss. Lösung vom pH 11,1 bei 23°: *Davies,* J. biol. Chem. **135** [1940] 597, 611. Redoxpotential in wss. Lösungen vom pH 9,2 und pH 11,8: *Barron,* J. biol. Chem. **121** [1937] 285, 300, 306; in wss. sowie wss.-äthanol. Lösungen vom pH 10,2—12: *Da.,* l. c. S. 602, 603, 605.

Verbindung von Hämatin mit 4-[1]Naphthyl-1(3)*H*-imidazol $Fe(C_{34}H_{32}N_4O_4)OH \cdot 2C_{13}H_{10}N_2$. Rotviolette Kristalle (*Langenbeck, Haase,* B. **84** [1951] 531).

Verbindung von Hämatin mit 4-[2]Naphthyl-1(3)*H*-imidazol $Fe(C_{34}H_{32}N_4O_4)OH \cdot 2C_{13}H_{10}N_2$. Violette Kristalle (*Langenbeck, Haase,* B. **84** [1951] 531).

Kobalt(II)-Komplex $CoC_{34}H_{32}N_4O_4$. Kristalle (*Fischer, Pützer,* Z. physiol. Chem. **154** [1926] 39, 60). λ_{max} in wss. NH_3: 394,5 nm und 566 nm; in einem wss. NaOH-Pyridin-Gemisch: 559 nm; in alkal. wss. Cyanid: 397 nm (*Holden,* Austral. J. exp. Biol. med. Sci. **19** [1941] 89; vgl. *Holden,* Austral. J. exp. Biol. med. Sci. **19** [1941] 1, 5, 6; *Fi., Pü.*).

Kobalt(III)-Komplex $Co(C_{34}H_{32}N_4O_4)^+$. Absorptionsspektrum (wss. NaOH; 520—600 nm): *McConnel et al.,* J. Pharm. Pharmacol. **5** [1953] 179, 185. λ_{max} in wss. NaOH: 417 nm, 540 nm und 577 nm; in wss. NH_3: 416 nm, 538 nm und 575 nm (*Holden,* Austral. J. exp. Biol. med. Sci. **19** [1941] 89). — Verbindung mit Pyridin. Absorptionsspektrum (wss. NaOH; 520—600 nm): *McC. et al.* λ_{max} (wss. NaOH): 419 nm, 537 nm und 574 nm (*Ho.*). — Verbindung mit 1*H*-Imidazol. Absorptionsspektrum (wss. NH_3; 340—450 nm): *Ho.* λ_{max}: 443 nm, 538 nm und 575 nm (*Ho.*) — Verbindung mit 4-Methyl-1(3)*H*-imidazol. λ_{max} (wss. NH_3?): 440 nm, 543 nm und 582 nm (*Ho.*). — Verbindung mit 1,5,6-Trimethyl-1*H*-benzimidazol. λ_{max} (alkal. wss. Lösung): 545 nm und 582 nm (*McC. et al.,* l. c. S. 192). — Verbindung mit (1*S*)-1-[5,6-Dimethyl-benzimidazol-1-yl]-1,5-anhydro-D-ara=bit [vgl. E III/IV **23** 1154]. λ_{max} (alkal. wss. Lösung): 540 nm und 577 nm (*McC. et al.*). — Chlorid $Co(C_{34}H_{32}N_4O_4)Cl$. Dunkelrote Kristalle (*McC. et al.,* l. c. S. 192). — Cyanid. Ver=bindung mit Pyridin. Absorptionsspektrum (wss. NaOH; 520—600 nm): *McC. et al.* — Di=cyanid. Absorptionsspektrum (wss. Lösung vom pH 8 [340—450 nm] bzw. wss. NaOH [520—600 nm]): *Ho.*; *McC. et al.*

Nickel(II)-Komplex $NiC_{34}H_{32}N_4O_4$. Kristalle (*Fischer, Pützer,* Z. physiol. Chem. **154** [1926] 39, 60). Absorptionsspektrum (350—410 nm) sowie λ_{max} (520—570 nm) [Py. + wss. NH_3, Py. + $CHCl_3$ sowie Py. + $CHCl_3$ + äthanol. HCl]: *Holden,* Austral. J. exp. Biol. med. Sci. **19** [1941] 1, 4, 6. λ_{max} (Py.): 523,2 nm und 562,3 nm (*Fi., Pü.,* l. c. S. 61). Magnetische Susceptibili=tät: $-0{,}54 \cdot 10^{-6}\ cm^3 \cdot g^{-1}$ (*Pauling, Coryell,* Pr. nation. Acad. U.S.A. **22** [1936] 159, 162).

Monopicrat $C_{34}H_{34}N_4O_4 \cdot C_6H_3N_3O_7$. Dunkelviolette Kristalle; F: 158° [korr.] (*Treibs,* A. **476** [1929] 1, 4, 34). — Dipicrat $C_{34}H_{34}N_4O_4 \cdot 2C_6H_3N_3O_7$. Violette Kristalle; F: 157° [korr.] (*Tr.*). λ_{max} der Kristalle sowie von Lösungen in Aceton unter Zusatz von Picrinsäure und H_2O (530—610 nm): *Tr.*

Styphnat $C_{34}H_{34}N_4O_4 \cdot C_6H_3N_3O_8$. Über zwei Präparate (dunkle Kristalle vom F: 234° [korr.] bzw. F: 226° [korr.]) s. *Treibs,* A. **476** [1929] 1, 33, 34.

Dipicrolonat $C_{34}H_{34}N_4O_4 \cdot 2C_{10}H_8N_4O_5$. Violette Kristalle; F: 160° [unscharf] (*Treibs*, A. **476** [1929] 1, 4, 34). λ_{max} der Kristalle sowie einer Lösung in Aceton unter Zusatz von Picrolonsäure (530–620 nm): *Tr.*

Diflavianat (Bis-[8-hydroxy-5,7-dinitro-naphthalin-2-sulfonat]) $C_{34}H_{34}N_4O_4 \cdot 2C_{10}H_6N_2O_8S$. Violette Kristalle; F: 211° [korr.]; λ_{max} (Kristalle): 563 nm und 608 nm (*Treibs*, A. **476** [1929] 1, 4, 35). – Triflavianat $C_{34}H_{34}N_4O_4 \cdot 3C_{10}H_6N_2O_8S$. Violettbraune Kristalle; F: 215° [korr.]. λ_{max} (Kristalle): 565 nm und 609 nm.

3,3′-[3,7,12,17-Tetramethyl-8,13-divinyl-porphyrin-2,18-diyl]-di-propionsäure-dimethylester, Protoporphyrin-dimethylester $C_{36}H_{38}N_4O_4$, Formel III (R = CH_3) und Taut.

Zusammenfassende Darstellung: *H. Fischer, H. Orth,* Die Chemie des Pyrrols, Bd. 2, Tl. 1 [Leipzig 1937] S. 401–404; s.a. *DiNello, Chang,* in *D. Dolphin,* The Porphyrins, Bd. 1 [New York 1978] S. 289, 290.

Gewinnung aus Blut und Methanol: *Chu,* J. biol. Chem. **163** [1946] 713, **166** [1946] 463; *Grinstein,* J. biol. Chem. **167** [1947] 515, 517; An. Asoc. quim. arg. **44** [1956] 169, 171; *Eriksen,* Scand. J. clin. Labor. Invest. **6** [1954] 49; aus Hämin (S. 3048) und Methanol: *Fischer, Eckoldt,* A. **544** [1940] 138, 161; *Fischer, Deilmann,* Z. physiol. Chem. **280** [1944] 186, 204.

B. Aus Protoporphyrin (S. 3042) und Diazomethan (*Fischer, Medick,* A. **517** [1935] 245, 261), methanol. HCl (*Fischer, Pützer,* Z. physiol. Chem. **154** [1926] 39, 45; *Ramsey,* Biochem. Prepar. **3** [1953] 39, 41) oder methanol. H_2SO_4 (*Falk et al.,* Biochem. J. **63** [1956] 87, 88). Beim Erhitzen von Hämatoporphyrin-dimethylester (S. 3160) im Hochvakuum auf 190° (*Fischer et al.,* Z. physiol. Chem. **185** [1929] 33, 50). Aus *O,O′*-Dimethyl-hämatoporphyrin-dimethylester (S. 3160) beim Erhitzen im Hochvakuum auf 155° (*Fischer, Müller,* Z. physiol. Chem. **142** [1925] 155, 171) oder beim Erwärmen mit HBr und Essigsäure (*Fischer, Dürr,* A. **501** [1933] 107, 128).

Reinigung durch Chromatographie und Kristallisation: *Ramsey,* Biochem. Prepar. **3** [1953] 39, 41.

Dimorph(?); braungelbe Kristalle [aus $CHCl_3$ + A.] bzw. braunrote Kristalle [aus A.] (*Lin=denfeld,* Roczniki Chem. **13** [1933] 660, 667; C. **1934** I 2601). Kristalle (aus $CHCl_3$ + Me.); F: 228–230° [auf 210° vorgeheizter App.] bzw. 214–217° [rasches Erhitzen bis 200°, langsames Erhitzen ab 200°] (*Ramsey,* Biochem. Prepar. **3** [1953] 39, 41), 226–227° [korr.; Kofler-App.] (*Paul,* Acta chem. scand. **4** [1950] 1221, 1225). Netzebenenabstände: *Kennard, Rimington,* Bio=chem. J. **55** [1953] 105, 107. Verbrennungsenthalpie bei 15°: *Stern, Klebs,* A. **505** [1933] 295, 301. ^{1}H-NMR-Spektrum ($CDCl_3$): *Becker et al.,* Am. Soc. **83** [1961] 3743, 3746, 3747; s. a. *Becker, Bradley,* J. chem. Physics **31** [1959] 1413. IR-Spektrum (Nujol [4000–670 cm^{-1}] bzw. KBr [3000–1500 cm^{-1}]): *Falk, Willis,* Austral. J. scient. Res. [A] **4** [1951] 579, 586; *Wetherell et al.,* Am. Soc. **81** [1959] 4517, 4519. Absorptionsspektrum in einem Äther-Essigsäure-Gemisch (470–650 nm): *Niemann,* Z. physiol. Chem. **146** [1925] 181, 194; in Äther (470–640 nm): *Chu, Chu,* Am. Soc. **75** [1953] 3021; in Dioxan (480–650 nm): *Stern, Wenderlein,* Z. physik. Chem. [A] **170** [1934] 337, 345, 346; s. a. *Falk, Wi.,* l. c. S. 583; in Benzol (500–650 nm) sowie in wss. HCl [0,1 n] (530–620 nm): *Falk, Nyholm,* in *A. Albert, G.M. Badger, C.W. Shoppee,* Current Trends in Heterocyclic Chemistry [London 1958] S. 130, 131; in wss. HCl [20%ig] (500–650 nm): *Kaziro et al.,* J. Biochem. Tokyo **44** [1957] 575, 577. λ_{max} der Kristalle (520–650 nm): *Treibs,* A. **476** [1929] 1, 11; von Lösungen in einem Äthanol-Äther-Gemisch (490–625 nm) bei 77 K: *Conant, Kamerling,* Am. Soc. **53** [1931] 3522, 3527; s. a. *Conant, Crawford,* Pr. nation. Acad. U.S.A. **16** [1930] 552; in Pyridin (500–630 nm): *Kuhn, Seyffert,* B. **61** [1928] 2509, 2516; in $CHCl_3$ (400–640 nm): *Grinstein,* J. biol. Chem. **167** [1947] 515, 518; *Ra.*; in organischen Lösungsmitteln (400–410 nm): *Phillips,* in *A. Albert, G.M. Badger, C.W. Shoppee,* Current Trends in Heterocyclic Chemistry [London 1958] S. 30, 31; in wss. HCl [25%ig] (400–610 nm): *Ra.*; s. a. *Fischer, Zeile,* A. **468** [1929] 98, 115. Einfluss der Tempe=ratur (65–200°) auf λ_{max} (ca. 635 nm) in Phthalsäure-diäthylester: *Fischer, Schormüller,* A. **473** [1929] 211, 248. Fluorescenzmaxima (Dioxan; 600–710 nm): *Stern, Molvig,* Z. physik. Chem. [A] **175** [1936] 38, 42. Löschung der Fluorescenz von Lösungen in Benzol durch Sauer=stoff, Trinitrotoluol und [1,4]Benzochinon: *Livingston et al.,* Am. Soc. **74** [1952] 1073. Polarisa=tionsgrad der Fluorescenz in HCl enthaltendem Glycerin sowie in Kastoröl in Abhängigkeit von der Temperatur: *Ševtschenko et al.*, Doklady Akad. S.S.S.R. **128** [1959] 510, 512, 513; Soviet Physics Doklady **4** [1960] 1035, 1037, 1038. Scheinbare Dissoziationsexponenten pK'_{a1} und pK'_{a2} (H_2O; spektrophotometrisch ermittelt) bei 20°: 1,3 bzw. 3,7 (*Ph.*, l. c. S. 33).

Beim Behandeln mit Luft bzw. Sauerstoff unter Belichtung in Pyridin (*Fischer, Bock*, Z. physiol. Chem. **255** [1938] 1, 5), $CHCl_3$ (*Fischer, Dürr*, A. **501** [1933] 107, 129) oder CH_2Cl_2 (*Inhoffen et al.*, A. **730** [1969] 173, 182) sind 3,3'-[7-Hydroxy-3,7,12,17-tetramethyl-8-((*Z*)-2-oxo-äthyliden)-13-vinyl-7,8-dihydro-porphyrin-2,18-diyl]-di-propionsäure-dimethylester (S. 3330) und 3,3'-[8-Hydroxy-3,8,13,17-tetramethyl-7-((*Z*)-2-oxo-äthyliden)-12-vinyl-7,8-dihydro-porphyrin-2,18-diyl]-di-propionsäure-dimethylester (S. 3330) erhalten worden. Überführung in einen x-Benzoyloxy-protoporphyrin-dimethylester $C_{43}H_{42}N_4O_6$ (Kristalle [aus Acn. + Me.]; F: 219° [nach Sintern bei 195°]; λ_{max} [Py. + Ae.; 490 – 650 nm]): *Stier*, Z. physiol. Chem. **272** [1942] 239, 249, 266.

Kupfer(II)-Komplex $CuC_{36}H_{36}N_4O_4$. Violette Kristalle (aus $CHCl_3$ + Me.); F: 217 – 218° (*Fischer, Pützer*, Z. physiol. Chem. **154** [1926] 39, 62). λ_{max} ($CHCl_3$): 533,1 nm und 571,8 nm (*Fi., Pü.*, l. c. S. 63); λ_{max} (Bzl.; 400 – 600 nm): *Falk, Nyholm*, in *A. Albert, G.M. Badger, C.W. Shoppee*, Current Trends in Heterocyclic Chemistry [London 1958] S. 130, 134, 136. Paramagnetisch (*Falk, Ny.*).

Silber(II)-Komplex. Kristalle; λ_{max} (Bzl.): 418 nm und 571 nm; paramagnetisch (*Falk, Nyholm*, in *A. Albert, G.M. Badger, C.W. Shoppee*, Current Trends in Heterocyclic Chemistry [London 1958] S. 130, 134).

Magnesium-Komplex $MgC_{36}H_{36}N_4O_4$. Herstellung: *Ross*, J. biol. Chem. **127** [1939] 163, 166; *Fischer, Eckoldt*, A. **544** [1940] 138, 161; *Granick*, J. biol. Chem. **175** [1948] 333, 339. Kristalle (aus Ae. + PAe.); F: 245° (*Fi., Eck.*), 223 – 225° (*Ross*). Absorptionsspektrum (Ae.; 300 – 700 nm bzw. 420 – 640 nm): *Gr.*, l. c. S. 336; *Ross*, l. c. S. 165. – Verbindung mit Pyridin $MgC_{36}H_{36}N_4O_4 \cdot 2C_5H_5N$. Kristalle; F: ca. 134° (*Ross*). Absorptionsspektrum (Py.; 430 – 640 nm): *Ross*.

Zink-Komplex $ZnC_{36}H_{36}N_4O_4$. Violette Kristalle (aus $CHCl_3$ + Me.); F: 230 – 235° (*Fischer, Pützer*, Z. physiol. Chem. **154** [1926] 39, 63; s. a. *Küster, Grosse*, Z. physiol. Chem. **179** [1928] 117, 134). λ_{max} ($CHCl_3$): 542,6 nm und 580,9 nm (*Fi., Pü.*); λ_{max} (Bzl.; 400 – 600 nm): *Falk, Nyholm*, in *A. Albert, G.M. Badger, C.W. Shoppee*, Current Trends in Heterocyclic Chemistry [London 1958] S. 130, 134, 136. Diamagnetisch (*Falk, Ny.*).

Cadmium-Komplex. Kristalle (*Falk, Nyholm*, in *A. Albert, G.M. Badger, C.W. Shoppee*, Current Trends in Heterocyclic Chemistry [London 1958] S. 130, 134. Absorptionsspektrum (Bzl.; 530 – 600 nm): *Falk, Ny.*, l. c. S. 131, 136. λ_{max} (Bzl.): 423 nm. Diamagnetisch.

Blei(II)-Komplex. Kristalle (*Falk, Nyholm*, in *A. Albert, G.M. Badger, C.W. Shoppee*, Current Trends in Heterocyclic Chemistry [London 1958] S. 130, 134). λ_{max} (Bzl.; 370 – 600 nm): *Falk, Ny.*, l. c. S. 136. Diamagnetisch.

Vanadyl(IV)-Komplex $VO(C_{36}H_{36}N_4O_4)$. Kristalle (*Erdman et al.*, Am. Soc. **78** [1956] 5844). Absorptionsspektrum (wss. Py. [300 – 620 nm] sowie Dioxan [240 – 620 nm]): *Er. et al.*

Eisen(III)-Komplexe. a) $Fe(C_{36}H_{36}N_4O_4)OH$; Hämatin-dimethylester, „Dimethylhämatin". Kristalle; F: 232° [korr.] (*Fischer et al.*, A. **471** [1929] 237, 273). λ_{max} ($CHCl_3$; 560 – 620 nm): *Fi. et al.*, A. **471** 273. – b) $Fe(C_{36}H_{36}N_4O_4)Cl$; Hämin-dimethylester, „Dimethylchlorhämin", „Dimethylhämin". Herstellung aus Protoporphyrin-dimethylester und Eisen(II)-acetat oder $FeCl_3$: *Fischer, Pützer*, Z. physiol. Chem. **154** [1926] 39, 55; *Fischer et al.*, Z. physiol. Chem. **193** [1930] 138, 151; aus Hämin (S. 3048) und methanol. HCl: *Küster, Schlayer*, Z. physiol. Chem. **168** [1927] 294, 302; s. a. *Nencki, Zaleski*, Z. physiol. Chem. **30** [1900] 384, 400. Kristalle; unterhalb 300° nicht schmelzend (*Ne., Za.*); F: 277° [korr.; aus $CHCl_3$ + Eg. + NaCl] (*Fi. et al.*, A. **471** 273), 274° [korr.] (*Fi. et al.*, Z. physiol. Chem. **193** 151). IR-Spektrum (Nujol; 4000 – 670 cm^{-1}): *Falk, Willis*, Austral. J. scient. Res. [A] **4** [1951] 579, 586. λ_{max} (Ae.; 490 – 660 nm): *Fi. et al.*, A. **471** 273. Paramagnetisch; magnetische Susceptibilität: *Rawlinson, Scutt*, Austral. J. scient. Res. [A] **5** [1952] 173, 181. Elektrische Leitfähigkeit in Pyridin bei 25°: *Küster*, B. **53** [1920] 623, 633; Z. physiol. Chem. **129** [1923] 157, 186. – c) $Fe(C_{36}H_{36}N_4O_4)Br$; Bromhämin-dimethylester, „Dimethylbromhämin". Herstellung aus Hämin mit Hilfe von methanol. HBr: *Küster*, Z. physiol. Chem. **151** [1926] 56, 76; *Fischer et al.*, Z. physiol. Chem. **185** [1929] 33, 59. Kristalle [aus Eg. bzw. aus $CHCl_3$ + Me. +

HBr] (*Kü.*, Z. physiol. Chem. **151** 77; *Fi. et al.*, Z. physiol. Chem. **185** 59).

Kobalt(II)-Komplex. Kristalle; λ_{max} (Bzl.): 404 nm und 563 nm (*Falk, Nyholm,* in *A. Albert, G.M. Badger, C.W. Shoppee,* Current Trends in Heterocyclic Chemistry [London 1958] S. 130, 134). Paramagnetisch; magnetisches Moment: *Falk, Ny.*

Kobalt(III)-Komplexe. a) Hydroxid oder Acetat. Roter Feststoff (*McConnel et al.*, J. Pharm. Pharmacol. **5** [1953] 179, 181, 193). Absorptionsspektrum (Me.+wenig $CHCl_3$; 510–590 nm): *McC. et al.*, l. c. S. 183. – b) Chlorid $Co(C_{36}H_{36}N_4O_4)Cl$. Dunkelroter Feststoff (*McC. et al.*, l. c. S. 193). Absorptionsspektrum (Me.+wenig $CHCl_3$; 510–590 nm): *McC. et al.*, l. c. S. 188. Verbindung mit Pyridin. Absorptionsspektrum (Me.+wenig $CHCl_3$; 510–590 nm): *McC. et al.*, l. c. S. 188. Verbindung mit 1,5,6-Trimethyl-1*H*-benzimidazol. Absorptionsspektrum (Me.+wenig $CHCl_3$; 510–590 nm): *McC. et al.*, l. c. S. 188. Verbindung mit (1*S*)-1-[5,6-Dimethyl-benzimidazol-1-yl]-1,5-anhydro-D-arabit [vgl. E III/IV **23** 1154]. λ_{max} (Me.+wenig $CHCl_3$): 537 nm und 572 nm (*McC. et al.*, l. c. S. 192). – c) Cyanid. Absorptionsspektrum (Me.+wenig $CHCl_3$; 510–590 nm): *McC. et al.*, l. c. S. 183, 190. Verbindung mit Pyridin. Absorptionsspektrum (Me.+wenig $CHCl_3$; 510–590 nm): *McC. et al.*, l. c. S. 190. Verbindung mit 1,5,6-Trimethyl-1*H*-benzimidazol. Absorptionsspektrum (Me.+wenig $CHCl_3$; 510–590 nm): *McC. et al.*, l. c. S. 190. – d) Dicyanid. Absorptionsspektrum (Me.+wenig $CHCl_3$; 510–590 nm): *McC. et al.*, l. c. S. 183.

Nickel(II)-Komplex. Kristalle (*Falk, Nyholm,* in *A. Albert, G.M. Badger, C.W. Shoppee,* Current Trends in Heterocyclic Chemistry [London 1958] S. 130, 134). Absorptionsspektrum (Bzl.; 520–580 nm): *Falk, Ny.*, l. c. S. 131, 136. λ_{max} (Bzl.): 402 nm. Diamagnetisch.

Dipicrat $C_{36}H_{38}N_4O_4 \cdot 2C_6H_3N_3O_7$. Dunkelviolette Kristalle; F: 150° [korr.]; λ_{max} (Kristalle): 563 nm und 608,5 nm (*Treibs,* A. **476** [1929] 1, 4, 36).

Distyphnat $C_{36}H_{38}N_4O_4 \cdot 2C_6H_3N_3O_8$. Blauviolette Kristalle; F: 135° [korr.] (*Treibs,* A. **476** [1929] 1, 4, 35). λ_{max} der Kristalle sowie von Lösungen in Aceton unter Zusatz von Styphninsäure und H_2O (530–620 nm): *Tr.*, l. c. S. 36.

Monopicrolonat $C_{36}H_{38}N_4O_4 \cdot C_{10}H_8N_4O_5$. Braune Kristalle; F: 143°; λ_{max} (Kristalle): 540 nm, 571 nm und 619 nm (*Treibs,* A. **476** [1929] 1, 4, 36). – Dipicrolonat $C_{36}H_{38}N_4O_4 \cdot 2C_{10}H_8N_4O_5$. Violette Kristalle; F: 115° [korr.]. λ_{max} der Kristalle sowie einer Lösung in Aceton unter Zusatz von Picrolonsäure (530–620 nm): *Tr.*

Diflavianat (Bis-[8-hydroxy-5,7-dinitro-naphthalin-2-sulfonat]) $C_{36}H_{38}N_4O_4 \cdot 2C_{10}H_6N_2O_8S$. Purpurrote Kristalle; Zers. bei 260° (*Treibs,* A. **476** [1929] 1, 4, 36). λ_{max} (Kristalle): 564 nm und 608 nm (*Tr.*, l. c. S. 37). – Triflavianat $C_{36}H_{38}N_4O_4 \cdot 3C_{10}H_6N_2O_8S$. Violette Kristalle; Zers. bei 230°. λ_{max} der Kristalle sowie einer Lösung in Aceton unter Zusatz von Flaviansäure (550–610 nm): *Tr.*

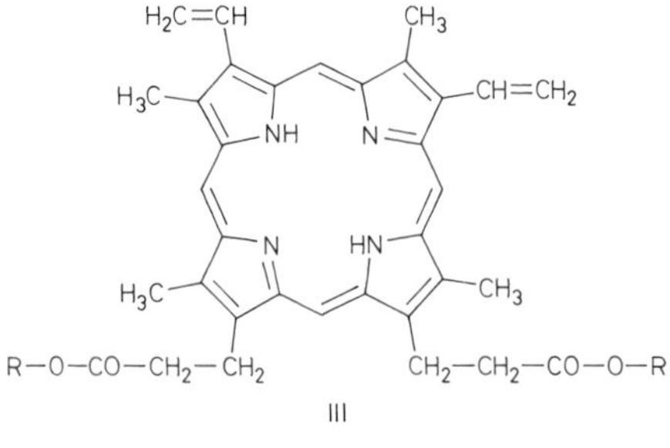

III 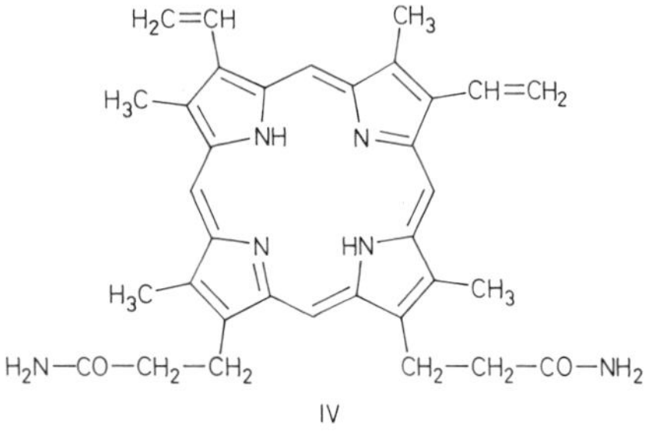 IV

3,3'-[3,7,12,17-Tetramethyl-8,13-divinyl-porphyrin-2,18-diyl]-di-propionsäure-diäthylester, Protoporphyrin-diäthylester $C_{38}H_{42}N_4O_4$, Formel III (R = C_2H_5) und Taut.

B. Aus Protoporphyrin (S. 3042) und äthanol. HCl (*Schumm,* Z. physiol. Chem. **170** [1927] 1, 3 Anm. 3, 5; *Lindenfeld,* Roczniki Chem. **13** [1933] 660, 668; C. **1934** I 2601).

Kristalle [aus $CHCl_3$+A.] (*Li.*, Roczniki Chem. **13** 668); F: 213° (*Sch.*).

Eisen(II)-Komplex. Verbindung mit Pyridin. Absorptionsspektrum (Bzl.;

425–700 nm): *Wang et al.*, Am. Soc. **80** [1958] 1109, 1113. – Verbindung mit Pyridin und CO. Absorptionsspektrum (Bzl.; 425–700 nm): *Wang et al.*

Eisen(III)-Komplexe. a) $Fe(C_{38}H_{40}N_4O_4)Cl$; Hämin-diäthylester. Herstellung aus Protoporphyrin-diäthylester, Eisen(II)-acetat und NH_4Cl: *Li.*, Roczniki Chem. **13** 669; aus Hämin (S. 3048) und äthanol. HCl: *Zaleski, Lindenfeld,* Roczniki Chem. **4** [1924] 31, 52; C. **1924** II 2167; *Nencki, Zaleski,* Z. physiol. Chem. **30** [1900] 384, 406; aus Hämin und äthanol. Trifluoressigsäure: *Wang et al.* Braungelbe Kristalle (aus $CHCl_3$+wss. Eg.); F: 256° [rasches Erhitzen] (*Lindenfeld,* Roczniki Chem. **15** [1935] 516, 528; C. **1936** I 2363). – b) $Fe(C_{38}H_{40}N_4O_4)Br$; Bromhämin-diäthylester. Herstellung aus Protoporphyrin-diäthylester, Eisen(II)-acetat und KBr: *Li.*, Roczniki Chem. **13** 670; aus Bromhämin (S. 3049) und äthanol. HBr: *Li.*, Roczniki Chem. **13** 669. Dimorph(?); gelbbraune Kristalle (aus $CHCl_3$+ wenig Py.+wss. Eg.+KBr) bzw. blau glänzende Kristalle [aus $CHCl_3$+A.] (*Li.*, Roczniki Chem. **13** 670). – c) $Fe(C_{38}H_{40}N_4O_4)I$; Jodhämin-diäthylester. Herstellung: *Li.*, Roczniki Chem. **13** 671, **15** 529. Violettbraune Kristalle (aus $CHCl_3$+wss. Eg.); F: 234–235° [schnelles Erhitzen] (*Li.*, Roczniki Chem. **15** 529). – d) $Fe(C_{38}H_{40}N_4O_4)C_2H_3O_2$. Gelbbraune Kristalle; F: 168–169° (*Li.*, Roczniki Chem. **15** 521, 531). – e) $Fe(C_{38}H_{40}N_4O_4)CNS$; Rhodanhämin-diäthylester. Herstellung: *Li.*, Roczniki Chem. **13** 673. Braunrote Kristalle [aus $CHCl_3$+ wss. Eg.] (*Li.*, Roczniki Chem. **13** 673).

3,3′-[3,7,12,17-Tetramethyl-8,13-divinyl-porphyrin-2,18-diyl]-di-propionsäure-dibenzylester, Protoporphyrin-dibenzylester $C_{48}H_{46}N_4O_4$, Formel III (R = CH_2-C_6H_5) und Taut.

B. Aus Protoporphyrin (S. 3042) und Benzylalkohol mit Hilfe von $COCl_2$ (*Lautsch et al.*, J. Polymer Sci. **8** [1952] 191, 204).

Absorptionsspektrum (Toluol?; 430–650 nm): *La. et al.*, l. c. S. 205.

Essigsäure-[3,3′-(3,7,12,17-tetramethyl-8,13-divinyl-porphyrin-2,18-diyl)-di-propionsäure]-anhydrid, Essigsäure-protoporphyrin-anhydrid $C_{38}H_{38}N_4O_6$, Formel III (R = CO-CH_3) und Taut. (in der Literatur auch als Protoporphyrin-diacetat und als Protoporphyrin-acetat bezeichnet).

B. Beim Erhitzen von Protoporphyrin (S. 3042) mit Acetanhydrid (*Fischer et al.*, A. **471** [1929] 237, 257, 261).

Schwarzviolette Kristalle; F: 231° [korr.; Zers.; vorgeheizter App.] (*Fi. et al.*). Über die Basizität s. *Fi. et al.*

Unbeständig (*Fi. et al.*).

Eisen(III)-Komplexe. a) $Fe(C_{38}H_{36}N_4O_6)OH$; „Protohämatin-acetat". Sehr zersetzliche Kristalle (*Fi. et al.*). λ_{max} (Ae.+wenig $CHCl_3$; 540–630 nm): *Fi. et al.*, l. c. S. 272. – b) $Fe(C_{38}H_{36}N_4O_6)Cl$; „Hämin-diacetat", „Allohämin". Herstellung aus Hämin (S. 3048) und Acetanhydrid: *Kuhn, Seyffert,* B. **61** [1928] 307, 310; *Fi. et al.*, l. c. S. 240, 248. Kristalle [aus Acetanhydrid] (*Ku., Se.*); F: 248° [korr.; Zers.; vorgeheizter App.] (*Fi. et al.*, l. c. S. 257, 271). λ_{max} (490–660 nm) in $CHCl_3$: *Kuhn, Se.*; in einem $CHCl_3$-Äther-Gemisch: *Fi. et al.*, l. c. S. 271; in Pyridin unter Zusatz von $N_2H_4 \cdot H_2O$: *Fi. et al.*, l. c. S. 248. – c) $Fe(C_{38}H_{36}N_4O_6)C_2H_3O_2$; „Proto-acetoxyhämin-acetat". Gewinnung beim Erhitzen von Protoporphyrin (S. 3042) mit Eisen(II)-acetat und Acetanhydrid: *Fi. et al.*, l. c. S. 270. Kristalle; F: 204° [korr.; Zers.; vorgeheizter App.] (*Fi. et al.*, l. c. S. 257, 270).

3,3′-[3,7,12,17-Tetramethyl-8,13-divinyl-porphyrin-2,18-diyl]-di-propionsäure-diamid, Protoporphyrin-diamid $C_{34}H_{36}N_6O_2$, Formel IV und Taut.

B. Aus Protoporphyrin [S. 3042] (*Lautsch et al.*, B. **90** [1957] 470, 479).

Kristalle; F: >360°.

3,3′-[3,7,13,17-Tetramethyl-8,12-divinyl-porphyrin-2,18-diyl]-di-propionsäure, Protoporphyrin-III $C_{34}H_{34}N_4O_4$, Formel V und Taut.

B. Beim Erhitzen von Hämatoporphyrin-III (S. 3162) im Hochvakuum auf 125° (*Fischer, Nüssler,* A. **491** [1931] 162, 181).

λ_{max} (Eg.+Ae.): 501,4 nm, 536,4 nm, 575,8 nm, 604,4 nm und 632,5 nm.

Dimethylester $C_{36}H_{38}N_4O_4$. Violettrote Kristalle (aus $CHCl_3$+Me.); F: 284° [korr.]. λ_{max} ($CHCl_3$ sowie wss. HCl [25%ig]; 490–640 nm): *Fi., Nü.* – Eisen(III)-Komplex $Fe(C_{36}H_{36}N_4O_4)Cl$. Violette Kristalle (aus $CHCl_3$+Eg.); F: 269° [korr.]. λ_{max} (Py.+N_2H_4): 525 nm und 557,6 nm.

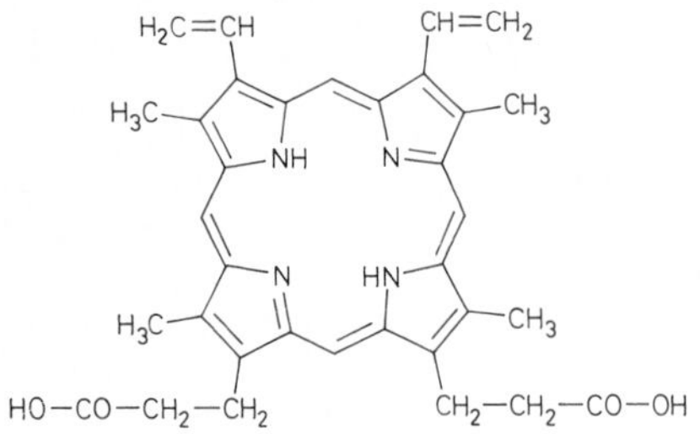

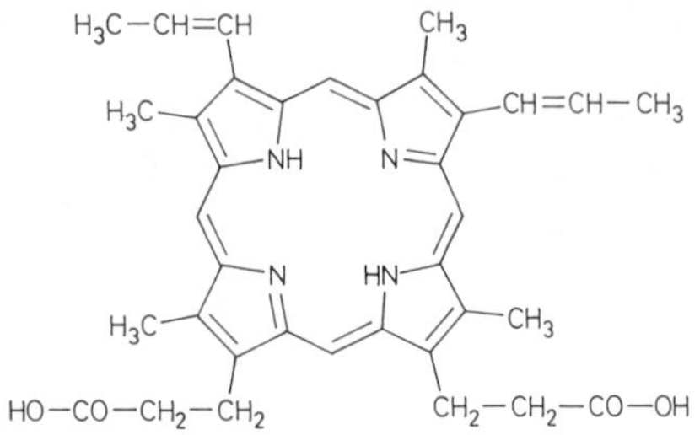

Dicarbonsäuren $C_{36}H_{38}N_4O_4$

***3,3'-[3,7,12,17-Tetramethyl-8,13-dipropenyl-porphyrin-2,18-diyl]-di-propionsäure, 3,8-Dipropenyl-deuteroporphyrin,** $3^2,8^2$-Dimethyl-protoporphyrin $C_{36}H_{38}N_4O_4$, Formel VI und Taut.

Zusammenfassende Darstellung: *H. Fischer, H. Orth,* Die Chemie des Pyrrols, Bd. 2, Tl. 1 [Leipzig 1937] S. 405.

B. Aus 3,8-Bis-[1-hydroxy-propyl]-deuteroporphyrin („Dimethyl-hämatoporphyrin"; S. 3163) bei 145°/0,4 Torr (*Fischer, Dürr,* A. **501** [1933] 107, 120).

λ_{max} ($CHCl_3$; 480–640 nm): *Fi., Dürr.*

Eisen(III)-Komplex $Fe(C_{36}H_{36}N_4O_4)Cl$. Kristalle [aus Py.+$CHCl_3$+Eg.+NaCl] (*Fi., Dürr*). λ_{max} (Py. sowie Py.+$N_2H_4 \cdot H_2O$; 510–580 nm): *Fi., Dürr.*

Dimethylester $C_{38}H_{42}N_4O_4$. Kristalle (aus Bzl.+A.+Eg.); F: 265° [korr.] (*Fi., Dürr*). λ_{max} ($CHCl_3$; 490–640 nm): *Fi., Dürr.* – In Lösungen lichtempfindlich (*Fi., Dürr*).

***Opt.-inakt. 2,2'-[7,12-Diäthyl-3,8,13,17-tetramethyl-porphyrin-2,18-diyl]-bis-cyclopropancarbonsäure-dimethylester** $C_{38}H_{42}N_4O_4$, Formel VII und Taut.

B. Aus Isoprotoätioporphyrin (S. 1935) bei aufeinanderfolgendem Umsetzen mit Diazoessigsäure-äthylester und mit Diazomethan (*Fischer et al.,* Z. physiol. Chem. **241** [1936] 201, 217).

Kristalle (aus Py.+Me.); F: 265°. λ_{max} (Py.; 490–630 nm): *Fi. et al.*

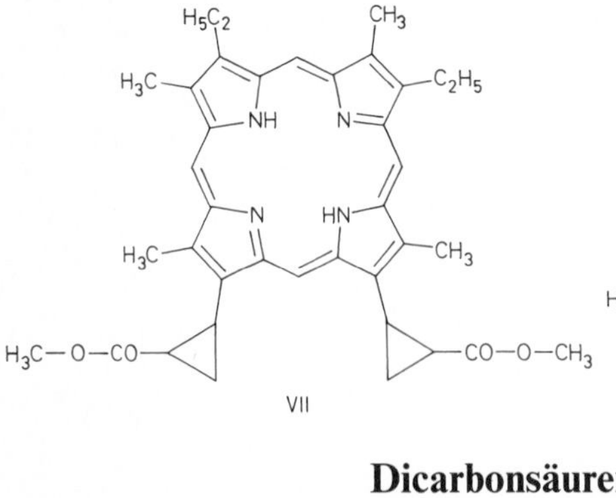

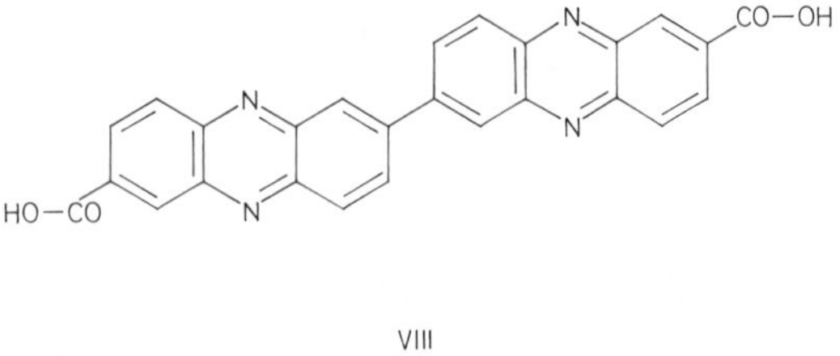

Dicarbonsäuren $C_nH_{2n-38}N_4O_4$

[2,2']Biphenazinyl-7,7'-dicarbonsäure $C_{26}H_{14}N_4O_4$, Formel VIII.

B. Beim Erhitzen von Benzidin mit 4-Nitro-toluol und KOH auf 160° und Erwärmen des Reaktionsprodukts mit wss. $KMnO_4$ (*Rosum,* Ukr. chim. Ž. **21** [1955] 491, 493; C. A. **1956** 7812).

Gelbe Kristalle (aus Eg.) mit 4 Mol Methanol; Zers. bei 320°. λ_{max} (H_2SO_4): 410 nm.

Dimethylester $C_{28}H_{18}N_4O_4$. Orangefarbene Kristalle (aus Butan-1-ol) mit 2 Mol Butan-1-ol; F: 210–212°. λ_{max} (H_2SO_4): 410 nm.

Diäthylester $C_{30}H_{22}N_4O_4$. Orangerote Kristalle (aus A.) mit 3 Mol Äthanol; F: 130°.

Diisopentylester $C_{36}H_{34}N_4O_4$. Rosafarbene Kristalle (aus Isopentylalkohol); F: 116°.

Diamid $C_{26}H_{16}N_6O_2$. Kristalle (aus Formamid) mit 1 Mol Formamid; F: 360–363° [Zers.].

3,3'-Bis-[2-carboxy-phenyl]-1(2)*H*,1'(2')*H*-[7,7']biindazolyl, 2,2'-[1(2)*H*,1'(2')*H*-[7,7']Biindazolyl-3,3'-diyl]-di-benzoesäure $C_{28}H_{18}N_4O_4$, Formel IX und Taut.

Konstitution: *Bradley, Geddes,* Soc. **1952** 1636, 1638.

B. Beim Erhitzen von 1(2)*H*,1'(2')*H*-[3,3']Bi[dibenz[*cd,g*]indazolyl]-6,6'-dion (S. 2614) mit KOH und Kaliumacetat auf 250° (*Br., Ge.,* l. c. S. 1642).

F: 330–331°.

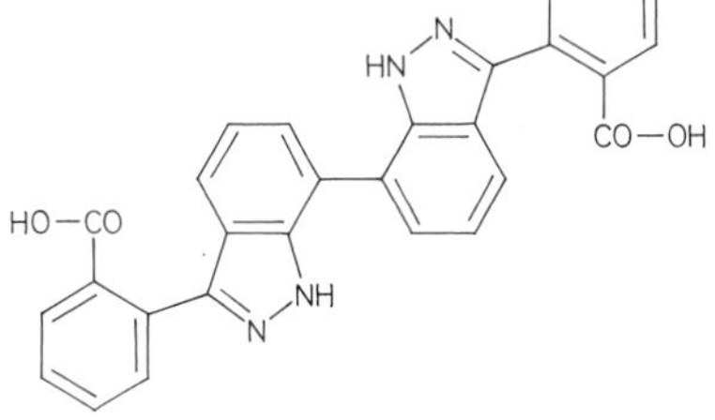

IX 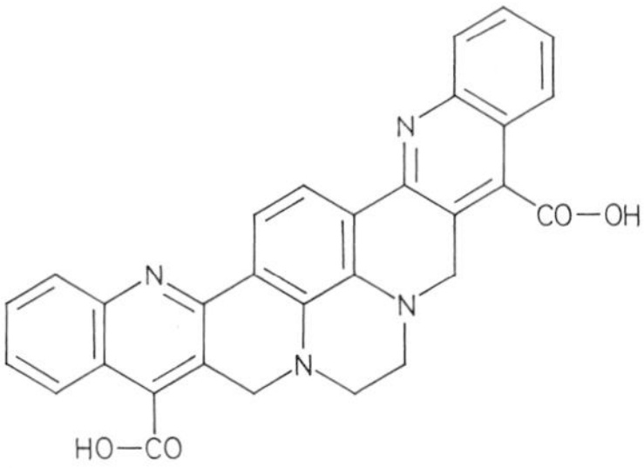 X

Dicarbonsäuren $C_nH_{2n-40}N_4O_4$

6,8,9,11-Tetrahydro-dichino[3,2-*c*;2',3'-*i*]pyrazino[1,2,3,4-*lmn*][1,10]phenanthrolin-5,12-dicarbonsäure $C_{30}H_{20}N_4O_4$, Formel X.

B. Beim Erwärmen von 2,3,5,6,8,9-Hexahydro-pyrazino[1,2,3,4-*lmn*][1,10]phenanthrolin-1,10-dion (E III/IV **24** 1723) mit Isatin und wss.-äthanol. KOH (*Almond, Mann,* Soc. **1951** 1906).

Dunkelgrüne Kristalle; F: 242–246° [evakuierte Kapillare].

Natrium-Salz $Na_2C_{30}H_{18}N_4O_4$. Rote Kristalle (aus wss. NaOH), die sich an der Luft rasch dunkel färben.

Dicarbonsäuren $C_nH_{2n-50}N_4O_4$

(±)-[5,5']Bi[benzo[*a*]phenazinyl]-6,6'-dicarbonsäure $C_{34}H_{18}N_4O_4$, Formel XI.

B. Aus (±)-3,4,3',4'-Tetraoxo-3,4,3',4'-tetrahydro-[1,1']binaphthyl-2,2'-dicarbonsäure und *o*-Phenylendiamin (*Pracejus,* A. **601** [1956] 61, 76).

F: 315–318° [korr.].

Dimethylester $C_{36}H_{22}N_4O_4$. *B.* Analog der Säure [s. o.] (*Pr.*). – Hellgelbe Kristalle (aus Toluol); F: 354–357° [korr.]. [*Härter*]

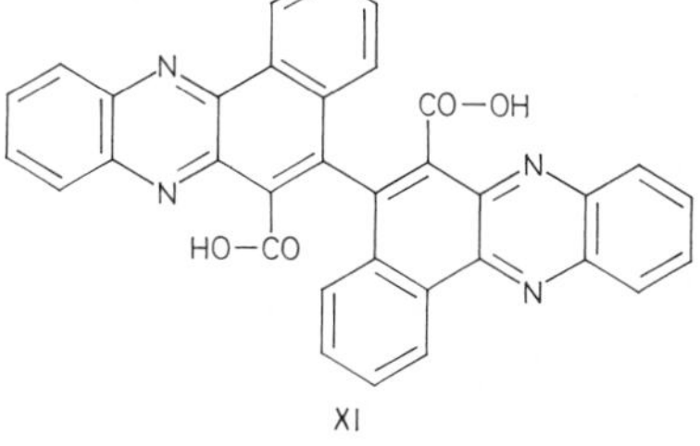

XI

C. Tricarbonsäuren

Tricarbonsäuren $C_nH_{2n-8}N_4O_6$

***Opt.-inakt. 3,5,4′,5′-Tetrahydro-3′*H*-[4,4′]bipyrazolyl-3,4,3′-tricarbonsäure-trimethylester** $C_{12}H_{16}N_4O_6$, Formel I.

Konstitution: *Sarkanen et al.*, Tappi **45** [1962] 24, 26.

B. Aus Buta-1,3-dien-1*c*,2,4*c*-tricarbonsäure (E IV **2** 2413) und Diazomethan (*Husband et al.*, Canad. J. Chem. **33** [1955] 68, 80).

Kristalle; F: 116–118° [Zers.] (*Hu. et al.*).

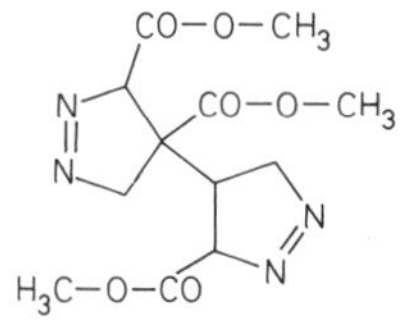

I 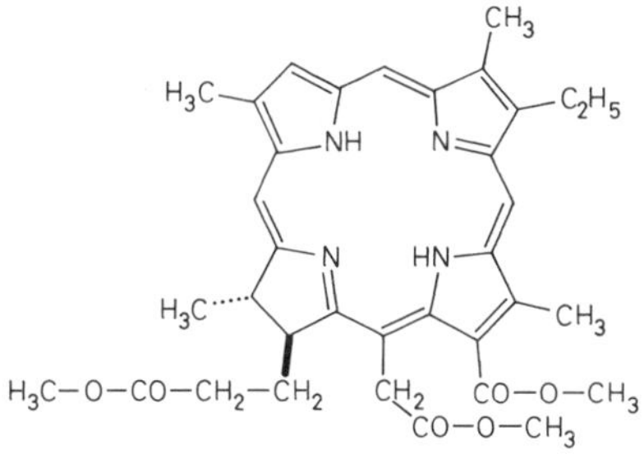 II

Tricarbonsäuren $C_nH_{2n-30}N_4O_6$

Tricarbonsäuren $C_{32}H_{34}N_4O_6$

(17*S*)-7-Äthyl-18*t*-[2-methoxycarbonyl-äthyl]-20-methoxycarbonylmethyl-3,8,13,17*r*-tetramethyl-17,18-dihydro-porphyrin-2-carbonsäure-methylester, 15-Methoxycarbonylmethyl-3-desäthyl-rhodochlorin-dimethylester $C_{35}H_{40}N_4O_6$, Formel II und Taut. (in der Literatur als 2-Desvinyl-chlorin-e_6-trimethylester bezeichnet).

B. Neben 3-Desäthyl-rhodoporphyrin-dimethylester (S. 2999) aus dem Eisen(III)-Komplex des Chlorin-e_6-trimethylesters (S. 3074) beim Erhitzen mit Resorcin, Behandeln mit wss. HCl und Verestern mit Diazomethan (*Fischer, Wunderer,* A. **533** [1938] 230, 235, 247; *Fischer et al.*, A. **557** [1947] 134, 140, 154).

Kristalle (aus Acn. + Me.); F: 199° (*Fi., Wu.*). λ_{max} (Py. + Ae.; 430–675 nm): *Fi., Wu.*

Kupfer(II)-Komplex $CuC_{35}H_{38}N_4O_6$. Rot glänzende Kristalle (aus Ae.); F: 204° (*Fi. et al.*). λ_{max} (Py. + Ae.; 430–645 nm): *Fi. et al.*

(7*S*)-17-Äthyl-8*t*-[2-methoxycarbonyl-äthyl]-10-methoxycarbonylmethyl-3,7*r*,13,18-tetramethyl-7,8-dihydro-porphyrin-2-carbonsäure-methylester, 3,15[1]-Bis-methoxycarbonyl-3-desäthyl-phyllochlorin-methylester $C_{35}H_{40}N_4O_6$, Formel III und Taut. (in der Literatur als 2-Desvinyl-isochlorin-e_4-2-carbonsäure-trimethylester bezeichnet).

B. Neben anderen Verbindungen beim Behandeln von Isochlorin-e_4-dimethylester (15^1-Methoxycarbonyl-3^1,3^2-didehydro-phyllochlorin-methylester; S. 3013) mit $KMnO_4$ und anschliessenden Verestern (*Fischer, Walter,* A. **549** [1941] 44, 52, 70). Beim Behandeln von 3-Formyl-15^1-methoxycarbonyl-3-desäthyl-phyllochlorin-methylester („2-Desvinyl-2-formyl-isochlorin-e_4-dimethylester"; S. 3218) mit HI und Luft in wss. HCl (*Fischer et al.*, A. **557** [1947] 134, 147).

Kristalle (aus Acn. + Me.); F: 199° (*Fi., Wa.*). λ_{max} (Py. + Ae.; 440–695 nm): *Fi., Wa.*

(7*S*)-17-Äthyl-8*t*-[2-methoxycarbonyl-äthyl]-3,7*r*,10,13,18-pentamethyl-7,8-dihydro-porphyrin-2,12-dicarbonsäure-dimethylester, 3-Methoxycarbonyl-15-methyl-3-desäthyl-rhodochlorin-dimethylester $C_{35}H_{40}N_4O_6$, Formel IV und Taut. (in der Literatur als 2-Desvinyl-chlorin-e_4-2-carbonsäure-trimethylester bezeichnet).

B. Neben anderen Verbindungen beim Oxidieren von Chlorin-e_4-dimethylester (15-Methyl-3^1,3^2-didehydro-rhodochlorin-dimethylester; S. 3016) mit $KMnO_4$ und anschliessenden Ver=

estern mit Diazomethan (*Fischer, Walter,* A. **549** [1941] 44, 54, 69).

Kristalle (aus Acn. + Me.); F: 194°. λ_{max} (Py. + Ae.; 440 – 695 nm): *Fi., Wa.*

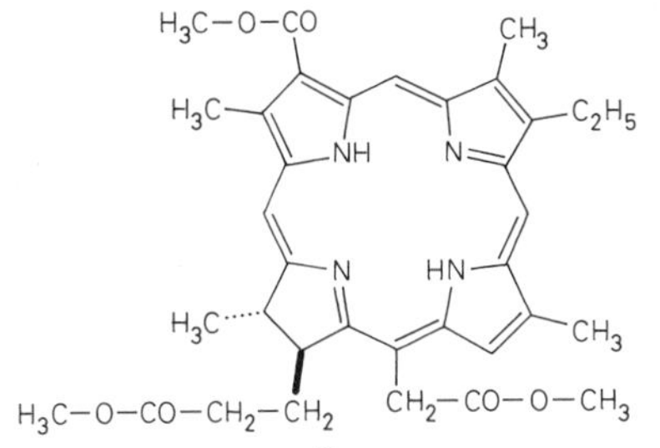

III 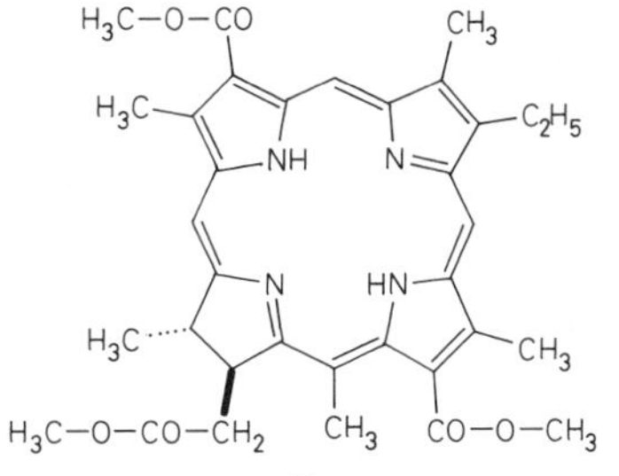 IV

Tricarbonsäuren $C_{33}H_{36}N_4O_6$

(17*S*)-7,12-Diäthyl-18*t*-[2-methoxycarbonyl-äthyl]-3,8,13,17*r*-tetramethyl-17,18-dihydro-porphyrin-2,20-dicarbonsäure-dimethylester, 15-Methoxycarbonyl-rhodochlorin-dimethylester, Mesochlorin-p_6-trimethylester $C_{36}H_{42}N_4O_6$, Formel V und Taut.

B. Beim Behandeln von Mesopurpurin-18-methylester (Syst.-Nr. 4699) mit methanol. KOH und anschliessenden Verestern mit Diazomethan (*Fischer et al.,* A. **524** [1936] 222, 225, 235). Aus Chlorin-p_6-trimethylester (15-Methoxycarbonyl-3^1,3^2-didehydro-rhodochlorin-dimethylester; S. 3067) mit Hilfe von $N_2H_4 \cdot H_2O$ (*Fischer, Gibian,* A. **548** [1941] 183, 189).

Kristalle (aus Acn. + Me. bzw. aus Ae. + PAe.); F: 201° (*Fi. et al.*; *Fi., Gi.*). $[\alpha]^{20}_{690-730}$: +334° [Acn.; c = 0,07] (*Fi. et al.*). λ_{max} (Py. + Ae.; 430 – 680 nm): *Fi. et al.*

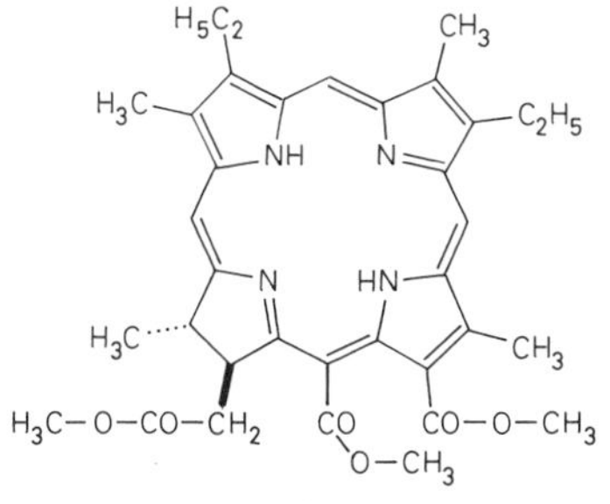

V 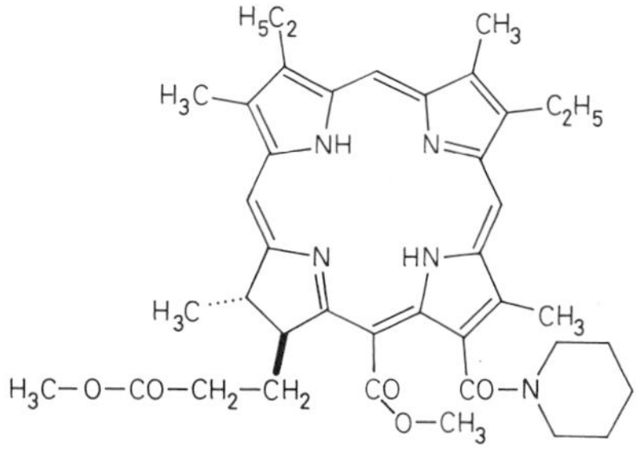 VI

(2*S*)-12,17-Diäthyl-3*t*-[2-methoxycarbonyl-äthyl]-2*r*,8,13,18-tetramethyl-7-[piperidin-1-carbonyl]-2,3-dihydro-porphyrin-5-carbonsäure-methylester, 15-Methoxycarbonyl-rhodochlorin-17-methylester-13-piperidid, 15-Methoxycarbonyl-13-[piperidin-1-carbonyl]-pyrrochlorin-methylester $C_{40}H_{49}N_5O_5$, Formel VI und Taut. (in der Literatur als Mesochlorin-p_6-dimethylester-6-carbonsäure-piperidid bezeichnet).

B. Aus 15-Methoxycarbonyl-3^1,3^2-didehydro-rhodochlorin-17-methylester-13-piperidid („Chlorin-p_6-dimethylester-6-carbonsäure-piperidid"; S. 3068) beim Hydrieren an Palladium in Aceton (*Fischer, Gibian,* A. **550** [1942] 208, 244).

Kristalle (aus Ae. + PAe.); F: 194°.

Tricarbonsäuren $C_{34}H_{38}N_4O_6$

3-[(2*S*)-8,13-Diäthyl-5(?)-cyan-20-methoxycarbonylmethyl-3*t*,7,12,17-tetramethyl-2,3-dihydro-porphyrin-2*r*-yl]-propionsäure-methylester, 20(?)-Cyan-15^1-methoxycarbonyl-phyllochlorin-methylester, 20(?)-Cyan-15-methoxycarbonylmethyl-pyrroporphyrin-methylester $C_{36}H_{41}N_5O_4$, vermutlich Formel VII und Taut. (in der Literatur als 7(oder 8)-Cyan-mesoisochlorin-e_4-dimethylester bezeichnet).

Bezüglich der Konstitution s. *Woodward, Škarić,* Am. Soc. **83** [1961] 4676; *Bonnett et al.,*

Soc. [C] **1966** 1600; *Inhoffen et al.*, Fortschr. Ch. org. Naturst. **26** [1968] 284, 327; *A. Treibs*, Das Leben und Wirken von Hans Fischer [München 1971] S. 424.

B. Aus 20(?)-Brom-15[1]-methoxycarbonyl-phyllochlorin-methylester („δ(?)-Brom-mesoiso-chlorin-e_4-dimethylester; S. 2987) und CuCN (*Fischer et al.*, B. **75** [1942] 1778, 1787).

Kristalle (aus Acn. + Me.); F: 138–140° [unkorr.]; $[\alpha]^{20}_{690-720}$: −1200° [Acn.; c = 0,02] (*Fi. et al.*). λ_{max} (Py. + Ae.; 430–680 nm): *Fi. et al.*

(17*S*)-7,12-Diäthyl-18*t*-[2-carboxy-äthyl]-20-carboxymethyl-3,8,13,17*r*-tetramethyl-17,18-dihydro-porphyrin-2-carbonsäure, 15-Carboxymethyl-rhodochlorin, Mesochlorin-e_6 $C_{34}H_{38}N_4O_6$, Formel VIII (R = R′ = H, X = OH) und Taut.

B. Aus Mesophäophorbid-a (3[1],3[2]-Dihydro-phäophorbid-a; S. 3230) beim Erwärmen mit methanol. KOH in Pyridin (*Fischer, Lakatos*, A. **506** [1933] 123, 132, 152). Aus Phäophorbid-a (S. 3237) beim Hydrieren an Palladium in wss. NaOH und Pyridin (*Fischer, Goebel*, A. **524** [1936] 269, 271, 279).

Kristalle [aus Ae. + PAe.] (*Fi., La.*). $[\alpha]^{20}_{690-730}$: −141° [Acn.] (*Fischer, Bub*, A. **530** [1937] 213, 216, 222 Anm. 1). λ_{max} (Py. + Ae.; 440–680 nm): *Fi., La.*

3-[(2*S*)-8,13-Diäthyl-18-methoxycarbonyl-20-methoxycarbonylmethyl-3*t*,7,12,17-tetramethyl-2,3-dihydro-porphyrin-2*r*-yl]-propionsäure, 15-Methoxycarbonylmethyl-rhodochlorin-13-methylester $C_{36}H_{42}N_4O_6$, Formel VIII (R = CH_3, R′ = H, X = O-CH_3) und Taut. (in der Literatur als Mesochlorin-e_6-dimethylester vom F: 221° bezeichnet).

B. Aus Mesochlorin-e_6-trimethylester (s. u.) mit Hilfe von wss. HCl (*Strell, Iscimenler*, A. **557** [1947] 175, 177, 183).

Kristalle (aus Acn. + Me.); F: 221°.

(17*S*)-7,12-Diäthyl-18*t*-[2-methoxycarbonyl-äthyl]-20-methoxycarbonylmethyl-3,8,13,17*r*-tetramethyl-17,18-dihydro-porphyrin-2-carbonsäure, 15-Methoxycarbonylmethyl-rhodochlorin-17-methylester $C_{36}H_{42}N_4O_6$, Formel VIII (R = R′ = CH_3, X = OH) und Taut. (in der Literatur als Mesochlorin-e_6-dimethylester (γ,7) bezeichnet).

Über die Konstitution s. *Fischer, Bub*, A. **530** [1937] 213, 218, 225.

B. Aus Mesochlorin-e_6 (s. o.) und methanol. HCl (*Fi., Bub*, l. c. S. 217, 225, 228; *Fischer, Laubereau*, A. **535** [1938] 17, 18, 26).

Kristalle; F: 203° (*Fi., Bub*), 196° [korr.; aus Ae. + PAe.] (*Fi., La.*). $[\alpha]^{20}_{690-730}$: −77° [Acn.; c = 0,2] (*Fi., Bub*).

Natrium-Salz. Grüne Kristalle (aus Me. + Acn.); F: 249° [korr.] (*Fi., La.*).

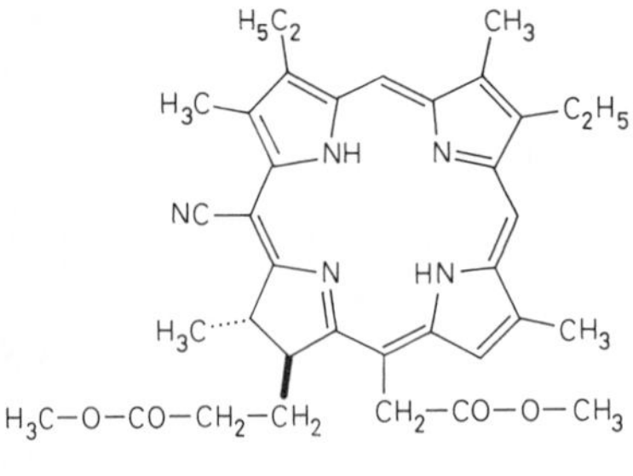

VII

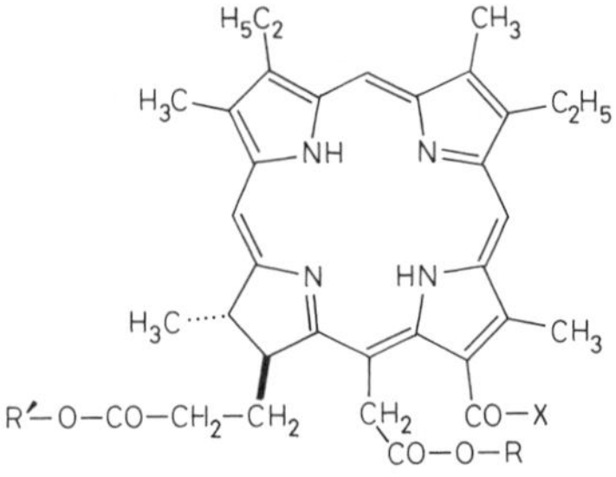

VIII

(17*S*)-7,12-Diäthyl-18*t*-[2-methoxycarbonyl-äthyl]-20-methoxycarbonylmethyl-3,8,13,17*r*-tetramethyl-17,18-dihydro-porphyrin-2-carbonsäure-methylester, 15-Methoxycarbonylmethyl-rhodochlorin-dimethylester, Mesochlorin-e_6-trimethylester $C_{37}H_{44}N_4O_6$, Formel VIII (R = R′ = CH_3, X = O-CH_3) und Taut.

Zusammenfassende Darstellung: *H. Fischer, A. Stern*, Die Chemie des Pyrrols, Bd. 2, Tl. 2

[Leipzig 1940] S. 102.

B. Aus Mesochlorin-e_6 (s. o.) beim Verestern mit Diazomethan (*Fischer, Lakatos,* A. **506** [1933] 123, 132, 153; *Fischer, Goebel,* A. **524** [1936] 269, 279). Beim Erwärmen von Chlorin-e_6 (S. 3072) mit $N_2H_4 \cdot H_2O$ in Pyridin und anschliessenden Verestern mit methanol. HCl (*Fischer, Gibian,* A. **548** [1941] 183, 190). Aus Mesophäophorbid-a (3^1,3^2-Dihydro-phäophorbid-a; S. 3230) in Pyridin und Methanol beim Behandeln mit Diazomethan in Äther (*Fi., Lak.,* l. c. S. 154; s. a. *Fischer, Bub,* A. **530** [1937] 213, 224).

Kristalle; F: 188° [aus Ae.+Me.] (*Fi., Lak.,* l. c. S. 154), 185° (*Fi., Go.*), 182° [aus Ae.+PAe.] (*Fi., Gi.*). $[\alpha]^{20}_{690-730}$: −187° [Acn.; c = 0,1] (*Fischer, Stern,* A. **520** [1935] 88, 96; s. a. *Fi., Bub,* l. c. S. 216; *Pruckner et al.,* A. **546** [1941] 41, 46). λ_{max} (Dioxan): 496 nm, 522 nm, 549 nm, 597 nm, 623 nm und 650 nm (*Stern, Wenderlein,* Z. physik. Chem. [A] **174** [1935] 321, 324, 331). Fluorescenzmaxima (Dioxan): 647,5 nm, 660 nm und 705,5 nm (*Stern, Molvig,* Z. physik. Chem. [A] **175** [1936] 38, 42, 54).

Der durch Behandeln mit Ag_2O in Pyridin, Dioxan und Methanol, anschliessende Extraktion mit wss. HCl und Verestern erhaltene sog. Dihydroxy-mesochlorin-e_6-trimethylester ($C_{37}H_{44}N_4O_8$) [Kristalle (aus PAe.), F: 124°; $[\alpha]^{20}_{690-720}$: −458° (Acn.; c = 0,04); λ_{max} (Py.+ Ae.; 435−685 nm)] (*Fischer, Lautsch,* A. **528** [1937] 247, 257, 264; s. a. *Pruckner,* Z. physik. Chem. [A] **188** [1941] 41, 45, 57; *Fischer, Dietl,* A. **547** [1941] 234, 252) ist wahrscheinlich als (17*S*)-7,12-Diäthyl-15-chlor-18*t*-[2-methoxycarbonyl-äthyl]-20-methoxycarbonylmethyl-3,8,13,17*r*-tetramethyl-17,18-dihydro-porphyrin-2-carbonsäure-methylester(20-Chlor-15-methoxycarbonylmethyl-rhodochlorin-dimethylester, „δ-Chlor-mesochlorin-e_6-trimethylester" $C_{37}H_{43}ClN_4O_6$ zu formulieren (s. dazu die entsprechenden Angaben im Artikel Chlorin-e_6-trimethylester [S. 3074]; vgl. *Fischer, Gerner,* A. **559** [1948] 77, 87). Beim Behandeln mit Brom oder beim Behandeln des Eisen(III)-Komplexes mit $SnBr_4$ in Acetanhydrid entsteht (17*S*)-7,12-Diäthyl-15?-brom-17*t*-[2-methoxycarbonyl-äthyl]-20-methoxycarbonylmethyl-3,8,13,17*r*-tetramethyl-17,18-dihydro-porphyrin-2-carbonsäure-methylester (20(?)-Brom-15-methoxycarbonylmethyl-rhodochlorin-dimethylester, „(δ(?)-Brom-mesochlorin-e_6-trimethylester" $C_{37}H_{43}BrN_4O_6$ [Kristalle (aus Acn.+Me.); F: 121°; $[\alpha]^{20}_{690-720}$: −680° (Acn.; c = 0,03); λ_{max} (Ae.; 490−685 nm)] (*Fischer et al.,* B. **75** [1942] 1778, 1790−1792; s. dazu *Bonnett et al.,* Soc. [C] **1966** 1600; *A. Treibs,* Das Leben und Wirken von Hans Fischer [München 1971] S. 423−426).

(17*S*)-7,12-Diäthyl-18*t*-[2-methoxycarbonyl-äthyl]-20-methoxycarbonylmethyl-3,8,13,17*r*-tetramethyl-17,18-dihydro-porphyrin-2-carbonsäure-[2-hydroxy-äthylester], 15-Methoxycarbonylmethyl-rhodochlorin-13-[2-hydroxy-äthylester]-17-methylester $C_{38}H_{46}N_4O_7$, Formel VIII (R = R′ = CH_3, X = O-CH_2-CH_2-OH) und Taut.

B. Aus der folgenden Verbindung und Äthylenglykol (*Fischer, Bub,* A. **530** [1937] 213, 217, 226).

Kristalle (aus Acn.+Me.); F: 168°. $[\alpha]^{20}_{690-730}$: −180° [Acn.; c = 0,1]. λ_{max} (Py.+Ae.; 425−670 nm): *Fi., Bub.*

Benzoesäure-[(17*S*)-7,12-diäthyl-18*t*-(2-methoxycarbonyl-äthyl)-20-methoxycarbonylmethyl-3,8,13,17*r*-tetramethyl-17,18-dihydro-porphyrin-2-carbonsäure]-anhydrid, Benzoesäure-[15-methoxycarbonylmethyl-rhodochlorin-17-methylester]-anhydrid $C_{43}H_{46}N_4O_7$, Formel VIII (R = R′ = CH_3, X = O-CO-C_6H_5) und Taut. (in der Literatur als Mesochlorin-e_6-dimethylester-benzoesäure-anhydrid bezeichnet).

B. Aus 15-Methoxycarbonylmethyl-rhodochlorin-17-methylester (Natrium-Salz; S. 3060) und Benzoylchlorid (*Fischer, Bub,* A. **530** [1937] 213, 225, 228). Beim Hydrieren von [(17*S*)-7-Äthyl-18*t*-(2-methoxycarbonyl-äthyl)-20-methoxycarbonylmethyl]-3,8,13,17*r*-tetramethyl-12-vinyl-17,18-dihydro-porphyrin-2-carbonsäure]-benzoesäure-anhydrid (S. 3075) an Palladium in Aceton (*Fi., Bub*).

Kristalle (aus Acn.+Me.); F: 195° (*Fi., Bub*). $[\alpha]^{20}_{690-720}$: ca. −196° [Acn.; c = 0,01], −490° [Acn.; c = 0,005]; $[\alpha]^{20}_{\text{weisses Licht}}$: +490° [Acn.; c = 0,01], +980° [Acn.; c = 0,005] (*Pruckner et al.,* A. **546** [1941] 41, 46). λ_{max} (Py.+Ae.; 425−670 nm): *Fi., Bub.*

3-[(2*S*)-8,13-Diäthyl-18-carbamoyl-20-methoxycarbonylmethyl-3*t*,7,12,17-tetramethyl-2,3-dihydro-porphyrin-2*r*-yl]-propionsäure-methylester, 15-Methoxycarbonylmethyl-rhodochlorin-13-amid-17-methylester $C_{36}H_{43}N_5O_5$, Formel VIII (R = R′ = CH_3, X = NH_2) und Taut. (in der Literatur als Mesochlorin-e_6-dimethylester-6-carbonsäure-amid bezeichnet).

B. Aus Mesophäophorbid-a (3^1,3^2-Dihydro-phäophorbid-a; S. 3230) beim Behandeln mit wss. bzw. methanol. NH_3 in Pyridin und anschliessenden Verestern mit Diazomethan (*Fischer, Gibian,* A. **550** [1942] 208, 248; *Fischer et al.*, A. **557** [1947] 163, 169).

Kristalle; F: 194° [aus Ae.+PAe.] (*Fi., Gi.*), 145° [aus Me.] (*Fi. et al.*). λ_{max} (Ae.; 430–665 nm): *Fi. et al.*

3-[(2*S*)-8,13-Diäthyl-20-methoxycarbonylmethyl-3*t*,7,12,17-tetramethyl-18-methylcarbamoyl-2,3-dihydro-porphyrin-2*r*-yl]-propionsäure-methylester, 15-Methoxycarbonylmethyl-rhodochlorin-13-methylamid-17-methylester $C_{37}H_{45}N_5O_5$, Formel VIII (R = R′ = CH_3, X = NH-CH_3).

B. Beim Hydrieren von 15-Methoxycarbonylmethyl-3^1,3^2-didehydro-rhodochlorin-13-methylamid-17-methylester (S. 3076) an Platin in Aceton (*Fischer et al.*, A. **557** [1947] 163, 167).

Hellgrüne Kristalle (aus Me.); F: 270°. λ_{max} (Py.+Ae.; 430–665 nm): *Fi. et al.*

3-[(2*S*)-8,13-Diäthyl-20-methoxycarbonylmethyl-3*t*,7,12,17-tetramethyl-18-(piperidin-1-carbonyl)-2,3-dihydro-porphyrin-2*r*-yl]-propionsäure-methylester, 15-Methoxycarbonylmethyl-rhodochlorin-17-methylester-13-piperidid, 15^1-Methoxycarbonyl-13-[piperidin-1-carbonyl]-phyllochlorin-methylester $C_{41}H_{51}N_5O_5$, Formel IX und Taut. (in der Literatur als Mesochlorin-e_6-dimethylester-6-carbonsäure-piperidid bezeichnet).

B. Aus Mesophäophorbid-a (3^1,3^2-Dihydro-phäophorbid-a; S. 3230) beim Behandeln mit Piperidin und anschliessenden Verestern mit Diazomethan (*Fischer, Gibian,* A. **550** [1942] 208, 248).

Kristalle (aus Ae.); F: 205°.

IX

X

3-[(2*S*)-8,13-Diäthyl-18-cyan-20-methoxycarbonylmethyl-3*t*,7,12,17-tetramethyl-2,3-dihydro-porphyrin-2*r*-yl]-propionsäure-methylester, 13-Cyan-15^1-methoxycarbonyl-phyllochlorin-methylester $C_{36}H_{41}N_5O_4$, Formel X und Taut. (in der Literatur als 6-Cyan-mesoisochlorin-e_4-dimethylester bezeichnet).

B. Aus 13-Cyan-15^1-methoxycarbonyl-3^1,3^2-didehydro-phyllochlorin-methylester („6-Cyan-isochlorin-e_4-dimethylester"; S. 3077) beim Hydrieren an Palladium in Aceton (*Fischer et al.*, A. **557** [1947] 163, 172). Beim Erhitzen von 15-Methoxycarbonylmethyl-rhodochlorin-13-amid-17-methylester (s. o.) mit Acetanhydrid (*Fi. et al.*, l. c. S. 169) oder von 13-Brom-15^1-methoxycarbonyl-phyllochlorin-methylester (S. 2988) mit CuCN in Chinolin (*Fi. et al.*, l. c. S. 170).

Kristalle (aus Ae.); F: 210° (*Fi. et al.*, l. c. S. 169), 205° (*Fischer, Gerner,* A. **559** [1948] 77, 90). λ_{max} (Py.+Ae.; 425–670 nm): *Fi. et al.*, l. c. S. 170.

3-[(2*S*)-8,13-Diäthyl-18-(3-benzoyl-carbazoyl)-20-methoxycarbonylmethyl-3*t*,7,12,17-tetramethyl-2,3-dihydro-porphyrin-2*r*-yl]-propionsäure-methylester, 15-Methoxycarbonylmethyl-rhodochlorin-13-[*N′*-benzoyl-hydrazid]-17-methylester $C_{43}H_{48}N_6O_6$, Formel VIII (R = R′ = CH_3, X = NH-NH-CO-C_6H_5) und Taut. (in der Literatur als Mesochlorin-e_6-dimethylester-6-carbonsäure-benzoylhydrazid bezeichnet).

B. Aus Phäophorbid-a (S. 3237) oder Chlorin-e_6-trimethylester (S. 3074) beim aufeinanderfolgenden Umsetzen mit $N_2H_4 \cdot H_2O$ und Benzoylchlorid und anschliessenden Verestern (*Fischer, Gibian,* A. **548** [1941] 183, 192).

Kristalle (aus Ae.); F: 227°.

(7*R*)-7*r*-Äthyl-18*c*-[2-methoxycarbonyl-äthyl]-20-methoxycarbonylmethyl-3,8*t*,13,17*t*-tetramethyl-12-vinyl-7,8,17,18-tetrahydro-porphyrin-2-carbonsäure-methylester $C_{37}H_{44}N_4O_6$, Formel XI und Taut. (in der Literatur als 2-Desacetyl-2-vinyl-bacteriochlorin-e_6-trimethylester bezeichnet).

B. Neben anderen Verbindungen beim Erhitzen von (7*R*)-7*r*-Äthyl-12-[(*Ξ*)-1-hydroxy-äthyl]-18*c*-[2-methoxycarbonyl-äthyl]-20-methoxycarbonylmethyl-3,8*t*,13,17*t*-tetramethyl-7,8,17,18-tetrahydro-porphyrin-2-carbonsäure-methylester (S. 3164) im Hochvakuum (*Mittenzwei,* Z. physiol. Chem. **275** [1942] 93, 116).

Kristalle (aus Acn.+Me.); F: 242–244°. λ_{max} (Py.+Ae.; 420–695 nm): *Mi.*

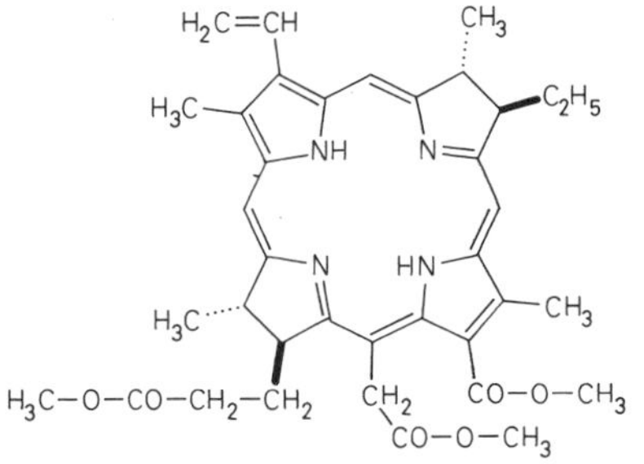

XI

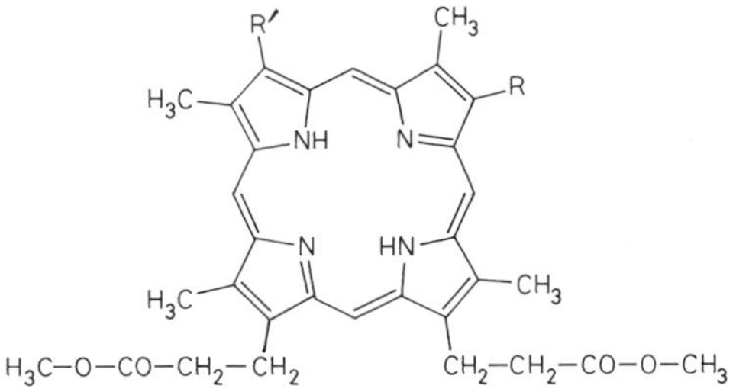

XII

Tricarbonsäuren $C_nH_{2n-32}N_4O_6$

Tricarbonsäuren $C_{31}H_{30}N_4O_6$

13,17-Bis-[2-methoxycarbonyl-äthyl]-3,8,12,18-tetramethyl-porphyrin-2-carbonsäure-methylester, 8-Methoxycarbonyl-deuteroporphyrin-dimethylester $C_{34}H_{36}N_4O_6$, Formel XII (R = CO-O-CH_3, R′ = H) und Taut. (in der Literatur als 1,3,5,8-Tetramethyl-porphin-4-carbonsäure-6,7-dipropionsäure-trimethylester bezeichnet).

B. Aus [4-Äthoxycarbonyl-3,5-dimethyl-pyrrol-2-yl]-[3-brom-4,5-dimethyl-pyrrol-2-yl]-methinium-bromid (E III/IV **25** 865) und Bis-[5-brom-3-(2-carboxy-äthyl)-4-methyl-pyrrol-2-yl]-methinium-bromid (E III/IV **25** 1108) beim Erhitzen mit Bernsteinsäure und Behandeln des Reaktionsprodukts mit methanol. HCl (*Fischer, Kirstahler,* Z. physiol. Chem. **198** [1931] 43, 73). Aus 8-Formyl-deuteroporphyrin-dimethylester (S. 3220) in Essigsäure und wss. HI beim Behandeln mit Luft und anschliessenden Verestern (*Fischer, Beer,* Z. physiol. Chem. **244** [1936] 31, 36, 51).

Kristalle; F: 206° [aus Py.+Eg.] (*Fi., Beer*), 205° [aus Py.+Me.] (*Fi., Ki.*). λ_{max} in einem Pyridin-Äther-Gemisch (435–640 nm): *Fi., Ki.*; *Fi., Beer*; in wss. HCl (425–610 nm): *Fi., Beer.*

Eisen(III)-Komplex $Fe(C_{34}H_{34}N_4O_6)Cl$. Kristalle; F: >300° (*Fi., Beer*). λ_{max} (Py.+N_2H_4; 490–575 nm): *Fi., Beer.*

3,3′-[7(oder 12)-Cyan-3,8,13,17-tetramethyl-porphyrin-2,18-diyl]-di-propionsäure-dimethylester, 8(oder 3)-Cyan-deuteroporphyrin-dimethylester $C_{33}H_{33}N_5O_4$, Formel XII (R = CN, R′ = H oder R′ = CN, R = H) und Taut. (in der Literatur als 4-Cyan-deuteroporphyrin-dimethylester bezeichnet).

B. Aus einem Gemisch von 3-Formyl-deuteroporphyrin-dimethylester und 8-Formyl-deuteroporphyrin-dimethylester (vgl. S. 3220) beim Erhitzen des Oxims (F: 226°) mit Acetanhydrid und Natriumacetat (*Fischer, Beer,* Z. physiol. Chem. **244** [1936] 31, 36, 50).

Kristalle (aus Acn.+Me.); F: 207° (*Fi., Beer*). λ_{max} (Dioxan): 506 nm, 542,5 nm, 568 nm und 625 nm (*Stern, Wenderlein,* Z. physik. Chem. [A] **176** [1936] 81, 86, 92); λ_{max} (Py.+Ae. sowie wss. HCl; 430–635 nm): *Fi., Beer.*

Eisen(III)-Komplex $Fe(C_{33}H_{31}N_5O_4)Cl$. Kristalle; unterhalb 320° nicht schmelzend (*Fi., Beer*). λ_{max} (Py.+N_2H_4; 440–570 nm): *Fi., Beer.*

7-Äthyl-18-[2-methoxycarbonyl-äthyl]-3,8,13,17-tetramethyl-porphyrin-2,12-dicarbonsäure-dimethylester, 3-Methoxycarbonyl-3-desäthyl-rhodoporphyrin-dimethylester $C_{34}H_{36}N_4O_6$, Formel XIII und Taut. (in der Literatur als 2-Desäthyl-2-carboxy-rhodoporphyrin-trimethylester bezeichnet).

B. Aus Purpurin-9-tetramethylester (3-Methoxycarbonyl-15-methoxyoxalyl-3-desäthyl-rhodochlorin-dimethylester; S. 3313) beim Erhitzen mit Pyridin (*Fischer, Kahr,* A. **531** [1937] 209, 211, 229).

Kristalle (aus Ae. oder Acn.+Me.); F: 270°. λ_{max} (Py.+Ae.; 430–645 nm): *Fi., Kahr.*

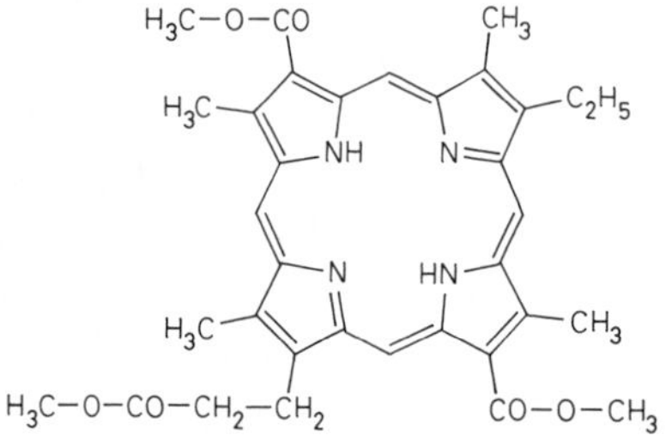

Tricarbonsäuren $C_{33}H_{34}N_4O_6$

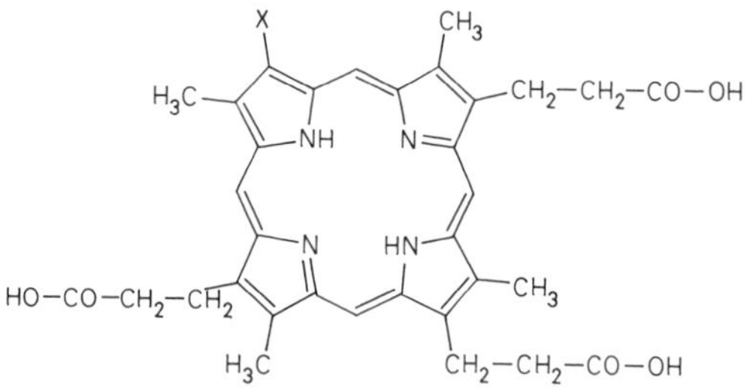

3,3′,3″-[3,8,13,18-Tetramethyl-porphyrin-2,7,12-triyl]-tri-propionsäure $C_{33}H_{34}N_4O_6$, Formel XIV (X = H) und Taut. (in der Literatur als 1,3,5,7-Tetramethyl-porphyrin-4,6,8-tripropionsäure bezeichnet).

B. Aus 3,3′,3″-[17-Brom-3,8,13,18-tetramethyl-porphyrin-2,7,12-triyl]-tri-propionsäure (s. u.) beim Erwärmen mit Palladium/$CaCO_3$ und $N_2H_4 \cdot H_2O$ in Äthanol (*Fischer, v. Holt,* Z. physiol. Chem. **227** [1934] 124, 136).

Kristalle (aus Ae.); unterhalb 270° nicht schmelzend. λ_{max} (Py.+Ae. sowie wss. HCl; 420–630 nm): *Fi., v. Holt.*

Eisen(III)-Komplex $Fe(C_{33}H_{32}N_4O_6)Cl$. Blauviolette Kristalle (aus Eg.); unterhalb 300° nicht schmelzend. λ_{max} (Py.+$N_2H_4 \cdot H_2O$; 435–550 nm): *Fi., v. Holt.*

Trimethylester $C_{36}H_{40}N_4O_6$. Rotviolette Kristalle (aus $CHCl_3$+Me.); F: 195–196°. λ_{max} (Py.+Ae. sowie wss. HCl; 430–630 nm): *Fi., v. Holt.* – Kupfer(II)-Komplex $CuC_{36}H_{38}N_4O_6$. Rote Kristalle (aus $CHCl_3$+Eg.); F: 189–190°. – Eisen(III)-Komplex $Fe(C_{36}H_{38}N_4O_6)Cl$. Blauviolette Kristalle (aus $CHCl_3$+Eg.); F: 225–226°. λ_{max} (Py.+$N_2H_4 \cdot H_2O$; 435–555 nm): *Fi., v. Holt.*

3,3′,3″-[17-Brom-3,8,13,18-tetramethyl-porphyrin-2,7,12-triyl]-tri-propionsäure $C_{33}H_{33}BrN_4O_6$, Formel XIV (X = Br) und Taut.

B. Neben anderen Verbindungen aus [4-(2-Carboxy-äthyl)-3,5-dimethyl-pyrrol-2-yl]-[3,5-dibrom-4-methyl-pyrrol-2-yl]-methinium-bromid (E III/IV **25** 867) und [5-Brom-3-(2-carboxy-äthyl)-4-methyl-pyrrol-2-yl]-[4-(2-carboxy-äthyl)-3,5-dimethyl-pyrrol-2-yl]-methinium-bromid (E III/IV **25** 1112) beim Erhitzen mit Citronensäure und Behandeln des Reaktionsprodukts mit Brom in Essigsäure (*Fischer, v. Holt,* Z. physiol. Chem. **227** [1934] 124, 133, 135).

Kristalle (aus Ae.); unterhalb 290° nicht schmelzend. λ_{max} (Py.+Ae. sowie wss. HCl;

440–630 nm): *Fi., v. Holt.*

Eisen(III)-Komplex $Fe(C_{33}H_{31}BrN_4O_6)Br$. Unterhalb 290° nicht schmelzend. λ_{max} (Py.+ $N_2H_4 \cdot H_2O$; 440–555 nm): *Fi., v. Holt.*

Trimethylester $C_{36}H_{39}BrN_4O_6$. Rotviolette Kristalle (aus $CHCl_3$+Me.); F: 203–204°. λ_{max} (Py.+Ae. sowie wss. HCl; 440–630 nm): *Fi., v. Holt.* – Kupfer(II)-Komplex $CuC_{36}H_{37}BrN_4O_6$. Dunkelrote Kristalle (aus $CHCl_3$+Me.); F: 316–317°. – Zink-Komplex. Kristalle; F: 235–236°. – Eisen(III)-Komplex $Fe(C_{36}H_{37}BrN_4O_6)Br$. Blauviolette Kristalle (aus $CHCl_3$+Me.); F: 230–231°. λ_{max} (Py.+$N_2H_4 \cdot H_2O$; 435–555 nm): *Fi., v. Holt.*

3,3′,3″-[3,8,12,17-Tetramethyl-porphyrin-2,7,18-triyl]-tri-propionsäure-trimethylester $C_{36}H_{40}N_4O_6$, Formel XV und Taut. (in der Literatur als 2,3,5,8-Tetramethyl-porphin-4,6,7-tripropionsäure-trimethylester bezeichnet).

B. Aus [4-(2-Carboxy-äthyl)-3,5-dimethyl-pyrrol-2-yl]-[3,5-dimethyl-pyrrol-2-yl]-methinium-bromid (E II **25** 143) und Bis-[5-brom-3-(2-carboxy-äthyl)-4-methyl-pyrrol-2-yl]-methinium-bromid (E III/IV **25** 1108) beim Erhitzen mit Bernsteinsäure und anschliessenden Verestern (*Fischer, Jordan,* Z. physiol. Chem. **191** [1930] 36, 61, **193** [1930] 166).

Violette Kristalle (aus $CHCl_3$+Me.); F: 215° (*Fi., Jo.,* Z. physiol. Chem. **191** 45, 62). λ_{max} ($CHCl_3$ sowie Py.+Ae.; 425–630 nm): *Fi., Jo.,* Z. physiol. Chem. **191** 62.

Kupfer(II)-Komplex $CuC_{36}H_{38}N_4O_6$. Rote Kristalle (aus Py.+Eg.); F: 233° (*Fi., Jo.,* Z. physiol. Chem. **191** 62). λ_{max} ($CHCl_3$ sowie Py.+Ae.; 415–575 nm): *Fi., Jo.,* Z. physiol. Chem. **191** 62.

Eisen(III)-Komplex $Fe(C_{36}H_{38}N_4O_6)Cl$. Kristalle [aus wss. Eg.] (*Fi., Jo.,* Z. physiol. Chem. **191** 62). λ_{max} (Py.+$N_2H_4 \cdot H_2O$; 435–550 nm): *Fi., Jo.,* Z. physiol. Chem. **191** 63.

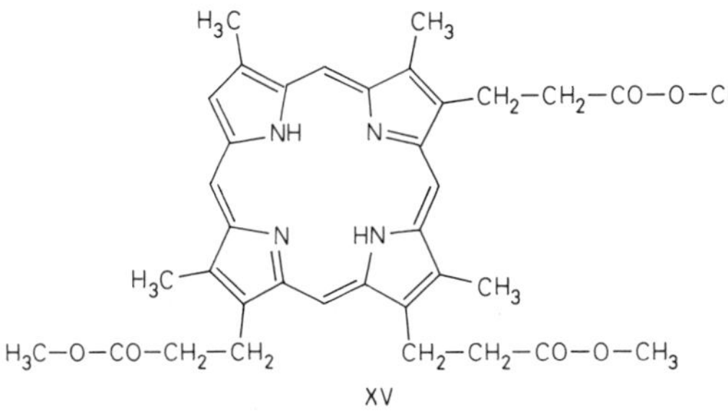

XV

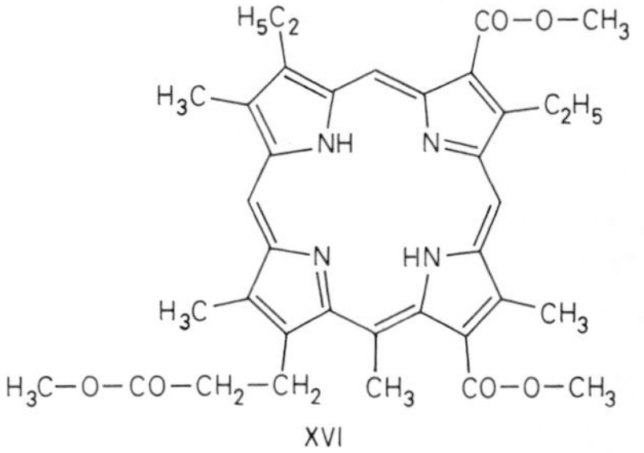

XVI

3,18-Diäthyl-12-[2-methoxycarbonyl-äthyl]-7,10,13,17-tetramethyl-porphyrin-2,8-dicarbonsäure-dimethylester, 7-Methoxycarbonyl-15-methyl-7-desmethyl-rhodoporphyrin-dimethylester $C_{36}H_{40}N_4O_6$, Formel XVI und Taut.

B. Aus dem Eisen(III)-Komplex des 15-Methyl-7^1-oxo-rhodoporphyrin-dimethylesters (Rhodinporphyrin-g_5-dimethylester; S. 3227) in Essigsäure und wss. HI beim Behandeln mit Luft und anschliessenden Verestern (*Fischer, Bauer,* A. **523** [1936] 235, 238, 261).

Kristalle (aus Py.+Me.); F: 214°. λ_{max} (Py.+Ae.; 450–655 nm): *Fi., Ba.*

7,12-Diäthyl-18-[2-carboxy-äthyl]-3,8,13,17-tetramethyl-porphyrin-2,20-dicarbonsäure, 15-Carboxy-rhodoporphyrin $C_{33}H_{34}N_4O_6$, Formel I (R = R′ = R″ = H) und Taut. (in der Literatur als Rhodoporphyrin-γ-carbonsäure bezeichnet).

Zusammenfassende Darstellung: *H. Fischer, H. Orth,* Die Chemie des Pyrrols, Bd. 2, Tl. 1 [Leipzig 1937] S. 539.

B. Aus Chloroporphyrin-e_5 (15-Formyl-rhodoporphyrin; S. 3225) in wss. HCl (*Fischer, Weichmann,* A. **492** [1932] 35, 44, 65) oder Chloroporphyrin-e_5-monomethylester (15-Formyl-rhodoporphyrin-17-methylester; S. 3226) in methanol. KOH und Pyridin (*Fischer et al.,* A. **505** [1933] 209, 214, 221) beim Behandeln mit Sauerstoff. Aus Chlorin-p_6 (S. 3067), Phäopurpurin-7 (15-Hydroxyoxalyl-3^1,3^2-didehydro-rhodochlorin; S. 3304) oder Phäopurpurin-18 (Syst.-

Nr. 4699) beim Behandeln mit wss. HI und Essigsäure (*Fischer, Krauss,* A. **521** [1936] 261, 269, 285). Aus Phytoporphyrin (S. 3188) beim Behandeln mit methanol. KOH in Pyridin im Sauerstoff-Strom (*Fischer et al.,* A. **486** [1931] 107, 150, 153). Aus Phäoporphyrin-a_5-mono= methylester, (13^2-Methoxycarbonyl-phytoporphyrin; S. 3234) in konz. H_2SO_4 beim Behandeln mit wss. H_2O_2 (*Fischer et al.,* A. **490** [1931] 38, 46, 65).

Kristalle [aus Ae.] (*Fi. et al.,* A. **486** 150). λ_{max} (Py. + Ae.; 440–635 nm): *Fi. et al.,* A. **486** 151.

7,12-Diäthyl-18-[2-methoxycarbonyl-äthyl]-3,8,13,17-tetramethyl-porphyrin-2,20-dicarbonsäure-2-methylester, 15-Carboxy-rhodoporphyrin-dimethylester $C_{35}H_{38}N_4O_6$, Formel I (R = R″ = CH_3, R′ = H) und Taut.

B. Aus 15-Methoxycarbonyl-rhodoporphyrin-dimethylester (s. u.) mit Hilfe von wss. HCl (*Strell, Iscimenler,* A. **557** [1947] 175, 182, 185).

Kristalle (aus Ae.); F: 285°.

7,12-Diäthyl-18-[2-methoxycarbonyl-äthyl]-3,8,13,17-tetramethyl-porphyrin-2,20-dicarbonsäure-20-methylester, 15-Methoxycarbonyl-rhodoporphyrin-17-methylester $C_{35}H_{38}N_4O_6$, Formel I (R = H, R′ = R″ = CH_3) und Taut. (in der Literatur als Rhodoporphyrin-γ-carbonsäure-dimethylester bezeichnet).

B. Aus 15-Carboxy-rhodoporphyrin (s. o.) und methanol. HCl (*Strell, Iscimenler,* A. **557** [1947] 186, 190, 192, **559** [1948] 233).

Kristalle (aus Ae.); F: 192° (*St., Is.,* A. **557** 192).

7,12-Diäthyl-18-[2-methoxycarbonyl-äthyl]-3,8,13,17-tetramethyl-porphyrin-2,20-dicarbonsäure-dimethylester, 15-Methoxycarbonyl-rhodoporphyrin-dimethylester $C_{36}H_{40}N_4O_6$, Formel I (R = R′ = R″ = CH_3) und Taut. (in der Literatur als Rhodoporphyrin-γ-carbonsäure-trimethylester bezeichnet).

B. Aus 15-Carboxy-rhodoporphyrin (s. o.) und Diazomethan (*Fischer et al.,* A. **486** [1931] 107, 151, 174, **490** [1931] 38, 64, 66; *Fischer, Weichmann,* A. **492** [1932] 35, 65; *Fischer, Hend= schel,* Z. physiol. Chem. **216** [1933] 57, 67). Aus 7,12-Diäthyl-18-[2-carboxy-äthyl]-3,8,13,17-tetramethyl-porphyrin-2,20-dicarbonsäure-anhydrid („Rhodoporphyrin-γ-carbonsäure-anhy= drid") beim Behandeln mit Diazomethan in Äther, Pyridin und Methanol (*Fischer et al.,* A. **498** [1932] 194, 205, 220) oder beim Behandeln mit methanol. KOH in Pyridin und Äther und anschliessenden Verestern mit Diazomethan (*Fischer et al.,* A. **524** [1936] 222, 225, 234).

Rotviolette Kristalle (aus $CHCl_3$ + Me.); F: 252° [korr.] (*Fi. et al.,* A. **490** 64, 66). Absorp= tionsspektrum (Dioxan; 480–660 nm): *Stern, Wenderlein,* Z. physik. Chem. [A] **175** [1936] 405, 406, 420. λ_{max} (Dioxan): 506 nm, 543 nm, 574 nm und 626 nm (*Stern, Pruckner,* Z. physik. Chem. [A] **180** [1937] 321, 322).

3-[8,13-Diäthyl-18,20-dicyan-3,7,12,17-tetramethyl-porphyrin-2-yl]-propionsäure-methylester, 13,15-Dicyan-pyrroporphyrin-methylester $C_{34}H_{34}N_6O_2$, Formel II und Taut. (in der Literatur als 6,γ-Dicyan-pyrroporphyrin-methylester bezeichnet).

B. Aus 13-Brom-15-cyan-pyrroporphyrin (aus dem Methylester „6-Brom-γ-cyan-pyrropor=

phyrin-methylester" [S. 3004] erhalten) beim Erhitzen mit CuCN in Chinolin und Verestern des Reaktionsprodukts mit Diazomethan (*Fischer, Mittermair,* A. **548** [1941] 147, 169).

Kristalle (aus Py.+Me.); F: 258°. λ_{max} (Py.+Ae.; 450–645 nm): *Fi., Mi.*

(17*S*)-7-Äthyl-18*t*-[2-carboxy-äthyl]-3,8,13,17*r*-tetramethyl-12-vinyl-17,18-dihydro-porphyrin-2,20-dicarbonsäure, 15-Carboxy-3¹,3²-didehydro-rhodochlorin, Chlorin-p₆, Chlorin-a, β-Phyllotaonin $C_{33}H_{34}N_4O_6$, Formel III (R = R' = H, X = OH) und Taut.

Zusammenfassende Darstellung: *H. Fischer, A. Stern,* Die Chemie des Pyrrols, Bd. 2, Tl. 2 [Leipzig 1940] S. 120.

B. Aus Purpurin-18 (Syst.-Nr. 4699) mit Hilfe von wss. NaOH (*Malarski, Marchlewski,* Bio. Z. **42** [1912] 219, 229), von methanol. KOH (*Conant, Moyer,* Am. Soc. **52** [1930] 3013, 3022; *Fischer et al.,* A. **498** [1932] 194, 199, 214–216) oder von wss. HCl (*Fi. et al.*).

Kristalle [aus Ae.] (*Fi. et al.*; *Co., Mo.*). λ_{max} (Ae.; 430–695 nm): *Fi. et al.*; *Co., Mo.* Protonierungsgleichgewicht in Nitrobenzol: *Aronoff,* J. phys. Chem. **62** [1958] 428, 430.

(17*S*)-7-Äthyl-18*t*-[2-methoxycarbonyl-äthyl]-3,8,13,17*r*-tetramethyl-12-vinyl-17,18-dihydro-porphyrin-2,20-dicarbonsäure, 15-Carboxy-3¹,3²-didehydro-rhodochlorin-17-methylester $C_{34}H_{36}N_4O_6$, Formel III (R = H, R' = CH_3, X = OH) und Taut. (in der Literatur als Chlorin-p_6-monomethylester bezeichnet).

B. Aus Chlorin-p_6 (s. o.) und methanol. HCl (*Strell, Iscimenler,* A. **557** [1947] 186, 191, 192). Aus Purpurin-18-methylester (Syst.-Nr. 4699) mit Hilfe von wss. oder methanol. KOH (*Dietz, Ross,* Am. Soc. **56** [1934] 159, 163; *St., Is.*).

Kristalle (aus Acn.+Me.); F: 173° (*St., Is.*).

(17*S*)-7-Äthyl-18*t*-[2-carboxy-äthyl]-3,8,13,17*r*-tetramethyl-12-vinyl-17,18-dihydro-porphyrin-2,20-dicarbonsäure-dimethylester, 15-Methoxycarbonyl-3¹,3²-didehydro-rhodochlorin-13-methylester $C_{35}H_{38}N_4O_6$, Formel III (R = CH_3, R' = H, X = O-CH_3) und Taut.

B. Aus dem Trimethylester (s. u.) mit Hilfe von methanol. KOH oder wss. HCl (*Dietz, Ross,* Am. Soc. **56** [1934] 159, 160, 163; *Strell, Iscimenler,* A. **557** [1947] 175, 177, 183).

Blaue Kristalle; F: 242–243° [aus Acn.+Me.] (*St., Is.*), 241–242° [aus Acn.+PAe.] (*Di., Ross*).

(17*S*)-7-Äthyl-18*t*-[2-methoxycarbonyl-äthyl]-3,8,13,17*r*-tetramethyl-12-vinyl-17,18-dihydro-porphyrin-2,20-dicarbonsäure-20-methylester, 15-Carboxy-3¹,3²-didehydro-rhodochlorin-dimethylester $C_{35}H_{38}N_4O_6$, Formel III (R = R' = CH_3, X = OH) und Taut.

B. Aus Chlorin-p_6 (s. o.) und methanol. HCl (*Strell, Iscimenler,* A. **557** [1947] 186, 191). Aus Purpurin-18-methylester (Syst.-Nr. 4699) und methanol. HCl (*St., Is.*).

Kristalle (aus Acn.+Me.); F: 183°.

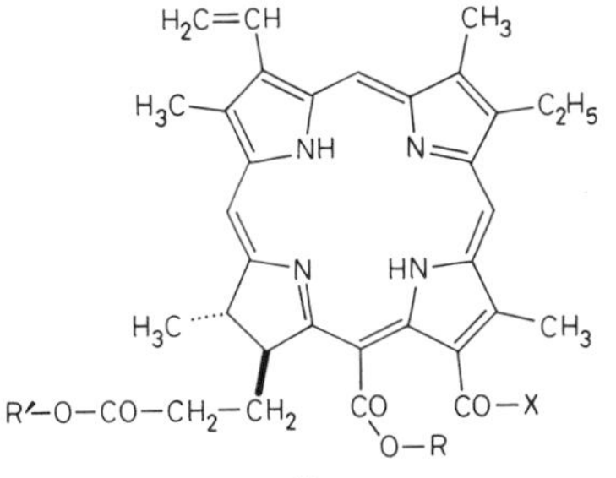

III 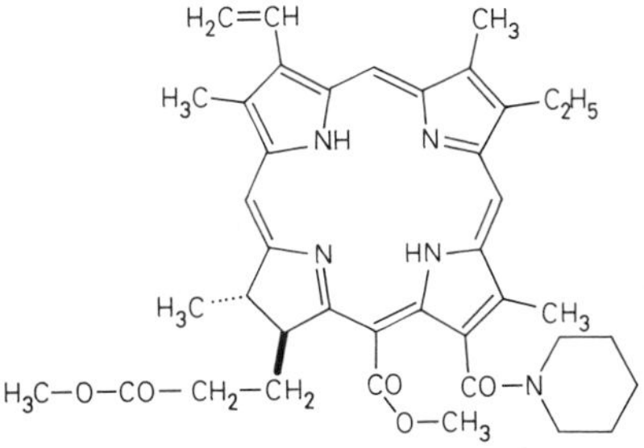 IV

(17*S*)-7-Äthyl-18*t*-[2-methoxycarbonyl-äthyl]-3,8,13,17*r*-tetramethyl-12-vinyl-17,18-dihydro-porphyrin-2,20-dicarbonsäure-dimethylester, 15-Methoxycarbonyl-3¹,3²-didehydro-rhodochlorin-dimethylester, Chlorin-p₆-trimethylester $C_{36}H_{40}N_4O_6$, Formel III (R = R' = CH_3, X = O-CH_3) und Taut.

B. Aus Chlorin-p_6 [s. o.] (*Conant, Moyer,* Am. Soc. **52** [1930] 3013, 3022; *Fischer et al.,*

A. **498** [1932] 194, 215) oder aus Purpurin-18 [Syst.-Nr. 4699] (*Fi. et al.*) und Diazomethan.

Blauglänzende Kristalle (aus Ae.); F: 239–240° (*Co., Mo.*), 237° (*Fi. et al.*, l. c. S. 215, 224). Verbrennungsenthalpie bei 15°: *Stern, Klebs*, A. **505** [1933] 295, 304. $[\alpha]^{20}_{\text{weisses Licht}}$: +185° [Acn.; c = 0,08] (*Fischer, Stern*, A. **519** [1935] 58, 65, 68). Absorptionsspektrum (490–680 nm) in Dioxan: *Stern, Wenderlein*, Z. physik. Chem. [A] **177** [1936] 165, 167, 173; *Pruckner*, Z. physik. Chem. [A] **187** [1940] 257, 263, 264; in Aceton und in CCl_4: *Pr.* Fluorescenzmaxima (Dioxan): 690 nm und 749,5 nm (*Stern, Molvig*, Z. physik. Chem. [A] **175** [1936] 38, 42, 55).

Der beim Behandeln mit Ag_2O in Pyridin, Dioxan und Methanol und anschliessend mit wss. HCl in Äther erhaltene sog. Dihydroxy-chlorin-p$_6$-trimethylester ($C_{36}H_{40}N_4O_8$) [rote Kristalle (aus PAe.); F: 118°; $[\alpha]^{20}_{690-720}$: +501° (Acn.; c = 0,04); λ_{max} (Py.+Ae.; 440–710 nm)] (*Fischer, Lautsch*, A. **528** [1937] 247, 262, 264; s. a. *Stern, Deželić*, Z. physik. Chem. [A] **179** [1937] 275, 277, 280) ist als (17*S*)-7-Äthyl-15-chlor-18*t*-[2-methoxycarbonyl-äthyl]-3,8,13,17*r*-tetramethyl-12-vinyl-17,18-dihydro-porphyrin-2,20-dicarbonsäure-dimethylester (20-Chlor-15-methoxycarbonyl-3^1,3^2-didehydro-rhodochlorin-dimethylester, „δ-Chlor-chlorin-p$_6$-trimethylester") $C_{36}H_{39}ClN_4O_6$ zu formulieren (*Woodward, Škarić*, Am. Soc. **83** [1961] 4676; s. a. *Bonnett et al.*, Soc. [C] **1966** 1600; *Inhoffen et al.*, Fortschr. Ch. org. Naturst. **26** [1968] 284, 327; *A. Treibs*, Das Leben und Wirken von Hans Fischer [München 1971] S. 420–422).

Magnesium-Komplex. λ_{max} (Ae.+Diisopentyläther+Py.; 430–700 nm): *Fischer, Goebel*, A. **522** [1936] 168, 179).

Kupfer(II)-Komplex $CuC_{36}H_{38}N_4O_6$. Schwarze Kristalle (aus Acn.+Ae.); F: 235° (*Dietz, Ross*, Am. Soc. **56** [1934] 159, 163). λ_{max} (Ae.; 490–675 nm): *Di., Ross.*

Zink-Komplex. Grünlichschwarze Kristalle (aus Acn.+Ae.); F: 242° (*Di., Ross*). λ_{max} (Ae.; 530–680 nm): *Di., Ross.*

(2*S*)-12-Äthyl-7-carbamoyl-3*t*-[2-methoxycarbonyl-äthyl]-2*r*,8,13,18-tetramethyl-17-vinyl-2,3-dihydro-porphyrin-5-carbonsäure-methylester, 15-Methoxycarbonyl-3^1,3^2-didehydro-rhodochlorin-13-amid-17-methylester $C_{35}H_{39}N_5O_5$, Formel III (R = R′ = CH_3, X = NH_2) und Taut. (in der Literatur als Chlorin-p$_6$-dimethylester-6-carbonsäure-amid bezeichnet).

B. Aus Purpurin-18-methylester (Syst.-Nr. 4699) beim Umsetzen mit wss. NH_3 und anschliessenden Verestern (*Fischer, Gibian*, A. **550** [1942] 208, 245).

Kristalle (aus Ae.+Acn.); F: 224° [Zers.; unter Bildung des Dicarbonsäure-imids].

(2*S*)-12-Äthyl-3*t*-[2-methoxycarbonyl-äthyl]-2*r*,8,13,18-tetramethyl-7-methylcarbamoyl-17-vinyl-2,3-dihydro-porphyrin-5-carbonsäure-methylester, 15-Methoxycarbonyl-3^1,3^2-didehydro-rhodochlorin-13-methylamid-17-methylester $C_{36}H_{41}N_5O_5$, Formel III (R = R′ = CH_3, X = NH-CH_3) und Taut.

B. Analog der vorangehenden Verbindung (*Fischer, Gibian*, A. **547** [1941] 216, 227).

Kristalle (aus Acn.+PAe.); Sintern bei ca. 155° [Zers.]. λ_{max} (Dioxan+Ae.; 435–685 nm): *Fi., Gi.*

Zink-Komplex. λ_{max} (Dioxan+Ae.; 430–655 nm): *Fi., Gi.*

(2*S*)-12-Äthyl-7-äthylcarbamoyl-3*t*-[2-methoxycarbonyl-äthyl]-2*r*,8,13,18-tetramethyl-17-vinyl-2,3-dihydro-porphyrin-5-carbonsäure-methylester, 15-Methoxycarbonyl-3^1,3^2-didehydro-rhodochlorin-13-äthylamid-17-methylester $C_{37}H_{43}N_5O_5$, Formel III (R = R′ = CH_3, X = NH-C_2H_5) und Taut.

B. Analog den vorangehenden Verbindungen (*Fischer, Gibian*, A. **550** [1942] 208, 244).

Kristalle (aus Ae.+PAe.); F: 226°.

(2*S*)-12-Äthyl-3*t*-[2-methoxycarbonyl-äthyl]-2*r*,8,13,18-tetramethyl-7-[piperidin-1-carbonyl]-17-vinyl-2,3-dihydro-porphyrin-5-carbonsäure-methylester, 15-Methoxycarbonyl-3^1,3^2-didehydro-rhodochlorin-17-methylester-13-piperidid, 15-Methoxycarbonyl-13-[piperidin-1-carbonyl]-3^1,3^2-didehydro-pyrrochlorin-methylester $C_{40}H_{47}N_5O_5$, Formel IV und Taut.

B. Analog den vorangehenden Verbindungen (*Fischer, Gibian*, A. **547** [1941] 216, 228, 229).

Kristalle (aus Ae.+PAe.); F: 199°.

Zink-Komplex $ZnC_{40}H_{45}N_5O_5$. Kristalle (aus Ae.), die bei ca. 280° sintern und unterhalb 300° nicht schmelzen (*Fi., Gi.*, l. c. S. 230).

(17*S*)-7-Äthyl-8-cyan-18*t*-[2-methoxycarbonyl-äthyl]-3,13,17*r*,20-tetramethyl-12-vinyl-17,18-dihydro-porphyrin-2-carbonsäure-methylester, 7-Cyan-15-methyl-3¹,3²-didehydro-7-desmethyl-rhodochlorin-dimethylester $C_{35}H_{37}N_5O_4$, Formel V und Taut. (in der Literatur als „Nitril von Rhodin-g_5-dimethylester" bezeichnet).

B. Aus sog. Rhodin-g_5-dimethylester-oxim (7¹-Hydroxyimino-15-methyl-3¹,3²-didehydro-rhodochlorin-dimethylester; S. 3229) beim Erhitzen mit Acetanhydrid und Kaliumacetat (*Fischer, Bauer*, A. **523** [1936] 235, 260).

Blauschwarze Kristalle (aus Acn.+Me.); F: 181° (*Fi., Ba.*). λ_{max} (Py.+Ae.; 445–665 nm): *Fi., Ba.*

Kupfer(II)-Komplex $CuC_{35}H_{35}N_5O_4$. Blauviolette Kristalle (aus Acn.); F: 188° (*Fi., Ba.*). $[\alpha]^{20}_{690-730}$: −629° [Acn.; c = 0,1] (*Fischer, Stern*, A. **520** [1935] 88, 97; *Fi., Ba.*, l. c. S. 255). λ_{max} (Py.+Ae.; 450–630 nm): *Fi., Ba.*

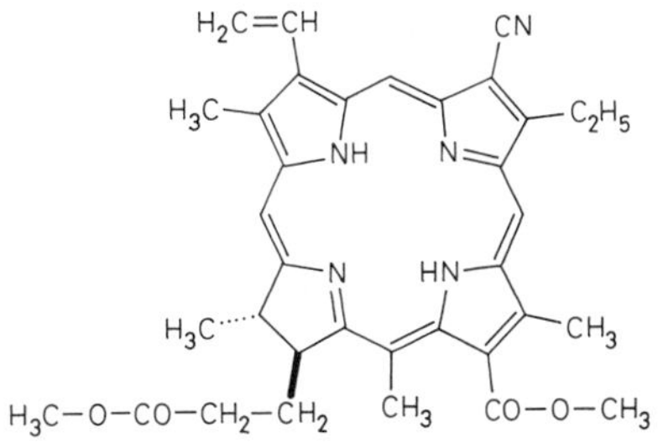

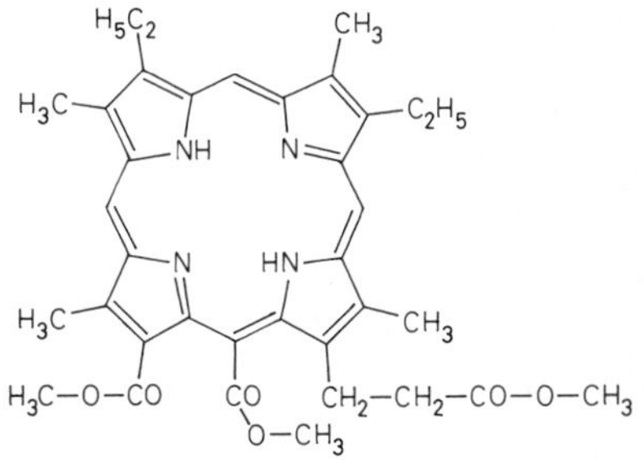

8,13-Diäthyl-18-[2-methoxycarbonyl-äthyl]-3,7,12,17-tetramethyl-porphyrin-2,20-dicarbonsäure-dimethylester $C_{36}H_{40}N_4O_6$, Formel VI und Taut. (in der Literatur als „isomerer Rhodoporphyrin-γ-carbonsäure-trimethylester" bezeichnet).

B. Beim Erwärmen von 8,13-Diäthyl-18-[2-carboxy-äthyl]-20-formyl-3,7,12,17-tetramethyl-porphyrin-2-carbonsäure (Isochloroporphyrin-e_5; S. 3230) in wss. HCl unter Durchleiten von Sauerstoff und Verestern des Reaktionsprodukts mit Diazomethan (*Fischer, Ebersberger*, A. **509** [1934] 19, 22, 31).

Kristalle (aus $CHCl_3$+Me.); F: 278° [korr.].

Tricarbonsäuren $C_{34}H_{36}N_4O_6$

7,12-Diäthyl-18-[2-carboxy-äthyl]-20-carboxymethyl-3,8,13,17-tetramethyl-porphyrin-2-carbonsäure, 15-Carboxymethyl-rhodoporphyrin, Chloroporphyrin-e_6 $C_{34}H_{36}N_4O_6$, Formel VII (R = R′ = H, X = OH) und Taut.

Zusammenfassende Darstellung: *H. Fischer, A. Stern*, Die Chemie des Pyrrols, Bd. 2, Tl. 2 [Leipzig 1940] S. 214.

B. Aus Phäoporphyrin-a_5-monomethylester (13²-Methoxycarbonyl-phytoporphyrin; S. 3234) mit Hilfe von KOH in Propan-1-ol (*Fischer et al.*, A. **490** [1931] 38, 45, 58). Aus Chlorin-e_6 (S. 3072) beim Behandeln mit wss. HI in Essigsäure (*Fischer et al.*, A. **500** [1933] 215, 216, 228). Aus Chlorin-e_6-trimethylester (S. 3074) beim Erhitzen mit Ameisensäure (*Fischer, Moldenhauer*, A. **478** [1930] 54, 86).

Kristalle [aus Py.+A.] (*Fi. et al.*, A. **500** 229). λ_{max} (Oxalsäure-diäthylester; 450–630 nm): *Fischer et al.*, A. **490** [1931] 1, 19.

Bezüglich der Reaktion mit OsO_4 s. die beim Trimethylester (S. 3071) zitierte Literatur.

7,12-Diäthyl-18-[2-carboxy-äthyl]-20-methoxycarbonylmethyl-3,8,13,17-tetramethyl-porphyrin-2-carbonsäure, 15-Methoxycarbonylmethyl-rhodoporphyrin, Chloroporphyrin-e_6-mono≈methylester $C_{35}H_{38}N_4O_6$, Formel VII (R = CH_3, R′ = H, X = OH) und Taut.

B. Aus Phäoporphyrin-a_5-monomethylester (S. 3234) mit Hilfe von methanol. KOH (*Fischer et al.*, A. **486** [1931] 107, 144).

Braunrote Kristalle (aus Py. + Ae.); F: 235° [Zers.] (*Fi. et al.*). λ_{max} (Py. + Ae.; 440 – 640 nm): *Fi. et al.*

Eisen(III)-Komplex $Fe(C_{35}H_{36}N_4O_6)Cl$. Kristalle [aus Eg.] (*Fischer, Moldenhauer*, A. **478** [1930] 54, 78; *Fischer, Weichmann*, A. **498** [1932] 268, 273, 275, 283). λ_{max} (Py. + Ae. bzw. Py. sowie Py. + $N_2H_4 \cdot H_2O$; 445 – 590 nm): *Fi., Mo.*; *Fi., We.*

[12,17-Diäthyl-7-methoxycarbonyl-3-(2-methoxycarbonyl-äthyl)-2,8,13,18-tetramethyl-porphyrin-5-yl]-essigsäure, 15-Carboxymethyl-rhodoporphyrin-dimethylester $C_{36}H_{40}N_4O_6$, Formel VII (R = H, R′ = CH_3, X = O-CH_3) und Taut. (in der Literatur als Chloroporphyrin-e_6-dimethylester bezeichnet).

Konstitution: *Strell, Iscimenler*, A. **557** [1947] 175, 180.

B. Aus Chloroporphyrin-e_6 (s. o.) und methanol. HCl (*Strell, Iscimenler*, A. **557** [1947] 186, 192). Aus dem Trimethylester (s. u.) mit Hilfe von wss. HCl (*Fischer et al.*, A. **486** [1931] 107, 114, 143; *St., Is.*, l. c. S. 184). Aus Chlorin-e_6-trimethylester (S. 3074) bei der Hydrierung an Platin in Essigsäure und wss. HI und anschliessenden Behandlung mit Luft (*Fischer, Lakatos*, A. **506** [1933] 123, 141).

Kristalle (aus Ae. + Me. bzw. aus Acn. + Me.); F: 262° (*St., Is.*, l. c. S. 192), 262° (*Fi., La.*).

7,12-Diäthyl-18-[2-methoxycarbonyl-äthyl]-20-methoxycarbonylmethyl-3,8,13,17-tetramethyl-porphyrin-2-carbonsäure, 15-Methoxycarbonylmethyl-rhodoporphyrin-17-methylester $C_{36}H_{40}N_4O_6$, Formel VII (R = R′ = CH_3, X = OH) und Taut. (in der Literatur als Chloroporphyrin-e_6-dimethylester bezeichnet).

B. Aus 15-Methoxycarbonylmethyl-3^1,3^2-didehydro-rhodochlorin-17-methylester (S. 3073) mit Hilfe von wss. HI in Essigsäure unter Stickstoff (*Strell, Iscimenler*, A. **557** [1947] 175, 181, 185; s. a. *Fischer, Kellermann*, A. **519** [1935] 209, 219).

Kristalle (aus Acn. + Me.); F: 225° (*St., Is.*).

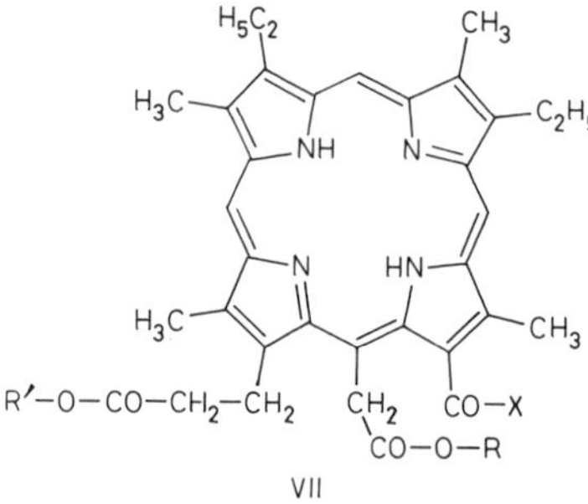

VII 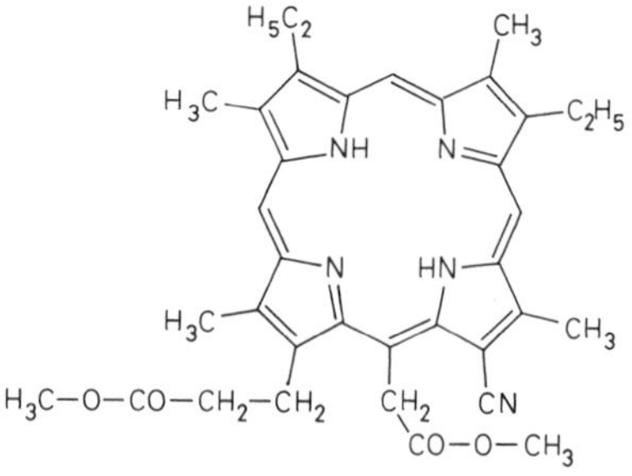 VIII

7,12-Diäthyl-18-[2-methoxycarbonyl-äthyl]-20-methoxycarbonylmethyl-3,8,13,17-tetramethyl-porphyrin-2-carbonsäure-methylester, 15-Methoxycarbonylmethyl-rhodoporphyrin-dimethylester, Chloroporphyrin-e_6-trimethylester $C_{37}H_{42}N_4O_6$, Formel VII (R = R′ = CH_3, X = O-CH_3) und Taut.

B. Aus Chloroporphyrin-e_6 (s. o.) und Diazomethan (*Fischer et al.*, A. **486** [1931] 107, 146, **500** [1933] 215, 229) oder methanol. HCl (*Fischer, Moldenhauer*, A. **478** [1930] 54, 78). Aus 15-Carboxymethyl-rhodoporphyrin-dimethylester (s. o.) und methanol. HCl (*Fi. et al.*, A. **486** 143). Aus der vorangehenden Verbindung und Diazomethan (*Fischer, Kellermann*, A. **519** [1935] 209, 219). Aus Phäoporphyrin-a_5-dimethylester (13^2-Methoxycarbonyl-phytoporphyrin-methyl≈ester [S. 3235]) beim Behandeln mit methanol. HCl (*Fi. et al.*, A. **486** 163) oder mit methanol. Natriummethylat in Aceton und anschliessend mit Diazomethan in Äther (*Fischer, Oestreicher*,

A. **546** [1941] 56). Aus Phäoporphyrin-a_5-monomethylester (13^2-Methoxycarbonyl-phytoporphyrin; S. 3234) beim Behandeln mit Diazomethan in Äther, Pyridin und Methanol (*Fischer et al.*, A. **505** [1933] 209, 226) oder mit wss. $Ba(OH)_2$ und anschliessenden Verestern (*Fischer, Pfeiffer*, A. **556** [1944] 131, 156). Aus Chlorin-e_6-trimethylester (S. 3074) beim Hydrieren an Platin in Essigsäure und wss. HI, anschliessenden Behandeln mit Luft und Verestern mit Diazomethan (*Fischer, Lakatos*, A. **506** [1933] 123, 141). Über die Bildung aus Mesochlorin-e_6-trimethylester (15-Methoxycarbonylmethyl-rhodochlorin-dimethylester; S. 3060) s. *Fi., La.*, l. c. S. 154.

Rotviolette Kristalle; F: 255° [korr.; aus $CHCl_3$+Me.] (*Fi., Mo.*, l. c. S. 78), 254° [aus $CHCl_3$+Me.] (*Fi. et al.*, A. **486** 114), 253° [korr.; aus Py.+Me.] (*Stern, Klebs*, A. **505** [1933] 295, 302). Verbrennungsenthalpie bei 15°: *St., Kl.* Absorptionsspektrum (Dioxan; 480–640 nm): *Stern, Wenderlein*, Z. physik. Chem. [A] **174** [1935] 81, 83, 93. λ_{max} (Ae.; 440–635 nm): *Fi. et al.*, A. **486** 163. Fluorescenzmaxima (Dioxan): 631 nm und 705 nm (*Stern, Molvig*, Z. physik. Chem. [A] **175** [1936] 38, 42).

Über die Reaktion mit OsO_4 in Pyridin s. *Wenderoth*, A. **558** [1947] 53, 55, 59; *Fi., Pf.*, l. c. S. 141, 151; *A. Treibs*, Das Leben und Wirken von Hans Fischer [München 1971] S. 316–318; vgl. dazu *Johnson, Oldfield*, Soc. **1965** 4303, 4308; *Inhoffen, Nolte*, A. **725** [1969] 167.

Eisen(III)-Komplex $Fe(C_{37}H_{40}N_4O_6)Cl$. Kristalle; F: 260° (*Fischer, Weichmann*, A. **498** [1932] 268, 273. λ_{max} in Pyridin (445–590 nm), in $CHCl_3$ (445–565 nm) sowie in $CHCl_3$ unter Zusatz von $N_2H_4 \cdot H_2O$ (455–595 nm): *Fi., We.*, l. c. S. 274, 283.

7,12-Diäthyl-18-[2-methoxycarbonyl-äthyl]-20-methoxycarbonylmethyl-3,8,13,17-tetramethyl-porphyrin-2-carbonsäure-[2-hydroxy-äthylester], 15-Methoxycarbonylmethyl-rhodoporphyrin-13-[2-hydroxy-äthylester]-17-methylester $C_{38}H_{44}N_4O_7$, Formel VII (R = R′ = CH_3, X = O-CH_2-CH_2-OH) und Taut.

B. Aus 15-Methoxycarbonylmethyl-3^1,3^2-didehydro-rhodochlorin-13-[2-hydroxy-äthylester]-17-methylester (S. 3075) mit Hilfe von wss. HI (*Fischer, Kellermann*, A. **519** [1935] 209, 212, 223).

Kristalle (aus Acn.+Me.); F: 249° [Zers. ab 253°].

3-[8,13-Diäthyl-18-carbamoyl-20-methoxycarbonylmethyl-3,7,12,17-tetramethyl-porphyrin-2-yl]-propionsäure-methylester, 15-Methoxycarbonylmethyl-rhodoporphyrin-13-amid-17-methylester $C_{36}H_{41}N_5O_5$, Formel VII (R = R′ = CH_3, X = NH_2) und Taut.

B. Beim Behandeln von Phäoporphyrin-a_5-monomethylester (S. 3234) mit methanol. NH_3 und anschliessenden Verestern mit Diazomethan (*Fischer, Goebel*, A. **524** [1936] 269, 272, 281). Aus 15-Methoxycarbonylmethyl-3^1,3^2-didehydro-rhodochlorin-13-amid-17-methylester (S. 3076) mit Hilfe von wss. HI (*Fi., Go.*).

Kristalle (aus Ae.); F: 278°. λ_{max} (Py.+Ae.; 490–635 nm): *Fi., Go.*

3-[8,13-Diäthyl-18-cyan-20-methoxycarbonylmethyl-3,7,12,17-tetramethyl-porphyrin-2-yl]-propionsäure-methylester, 13-Cyan-15^1-methoxycarbonyl-phylloporphyrin-methylester $C_{36}H_{39}N_5O_4$, Formel VIII und Taut. (in der Literatur als 6-Cyan-isochloroporphyrin-e_4-dimethylester bezeichnet).

B. Aus der vorangehenden Verbindung beim Erhitzen mit Acetanhydrid (*Fischer et al.*, A. **557** [1947] 163, 172). Aus 13-Cyan-15^1-methoxycarbonyl-phyllochlorin-methylester („6-Cyan-mesoisochlorin-e_4-dimethylester"; S. 3062) beim Behandeln mit wss. HI und Essigsäure und anschliessend mit $FeCl_3$ in Äther (*Fi. et al.*, l. c. S. 165, 170).

Kristalle (aus Acn.); F: 277° [Zers.]. λ_{max} (Py.+Acn. sowie Py.+Ae.; 435–635 nm): *Fi. et al.*

3-[8,13-Diäthyl-20-methoxycarbonylmethyl-3,7,12,17-tetramethyl-18-(3-phenyl-carbazoyl)-porphyrin-2-yl]-propionsäure-methylester, 15^1-Methoxycarbonylmethyl-rhodoporphyrin-17-methylester-13-[*N′*-phenyl-hydrazid] $C_{42}H_{46}N_6O_5$, Formel VII (R = R′ = CH_3, X = NH-NH-C_6H_5) und Taut.

B. Beim Behandeln von Phäoporphyrin-a_5-monomethylester (13^2-Methoxycarbonyl-phytoporphyrin; S. 3234) mit Phenylhydrazin und anschliessenden Verestern mit Diazomethan (*Fischer, Goebel,* A. **524** [1936] 269, 273, 282).

Kristalle (aus Ae.); F: 259°. λ_{max} (Py. + Ae.; 435–635 nm): *Fi., Go.*

(17*S*)-7-Äthyl-18*t*-[2-carboxy-äthyl]-20-carboxymethyl-3,8,13,17*r*-tetramethyl-12-vinyl-17,18-dihydro-porphyrin-2-carbonsäure, 15-Carboxymethyl-3[1],3[2]-didehydro-rhodochlorin, Chlorin-e$_6$ $C_{34}H_{36}N_4O_6$, Formel IX (R = R′ = H) und Taut.

Chlorin-e$_6$ hat auch in den als Pseudochlorin-p$_6$ bezeichneten Präparaten (*Fischer et al.,* A. **498** [1932] 194, 204; *Fischer, Kahr,* A. **524** [1936] 251, **531** [1937] 209, 241; *Stern, Wenderlein,* Z. physik. Chem. [A] **177** [1936] 165, 188) vorgelegen (*Fischer et al.,* A. **534** [1938] 292, 294; *Pruckner,* Z. physik. Chem. [A] **187** [1940] 257, 260, **188** [1941] 41, 45 Anm. 1).

Zusammenfassende Darstellungen: *Smith,* in *S. Coffey,* Rodd's Chemistry of Carbon Compounds, Bd. 4B [Amsterdam 1977] S. 237, 286, 293, 299; *Fuhrhop,* in *K.M. Smith,* Porphyrins and Metalloporphyrins [Amsterdam 1975] S. 625, 641; *H. Fischer, A. Stern,* Die Chemie des Pyrrols, Bd. 2, Tl. 2 [Leipzig 1940] S. 91.

B. Aus dem Trimethylester (S. 3074) mit Hilfe von methanol. KOH (*Conant, Moyer,* Am. Soc. **52** [1930] 3013, 3020; *Fischer et al.,* A. **485** [1931] 1, 24; *Fischer, Siebel,* A. **499** [1932] 84, 103). Neben Rhodin-g$_7$ (15-Carboxymethyl-7[1]-oxo-3[1],3[2]-didehydro-rhodochlorin; S. 3301) aus einem Gemisch von Phäophytin-a (S. 3242) und Phäophytin-b [S. 3287] (*Treibs, Wiedemann,* A. **466** [1928] 264, 272, 275, **471** [1929] 146, 166; *Fischer, Bäumler,* A. **474** [1929] 65, 92; *Fischer, Oestreicher,* Z. physiol. Chem. **262** [1940] 243, 259) oder aus einem Gemisch von Äthylchlorophyllid-a (S. 3240) und Äthylchlorophyllid-b [S. 3286] (*Fi., Si.,* l. c. S. 107) mit Hilfe von methanol. KOH. Neben anderen Verbindungen aus Phäophorbid-a (S. 3237) beim Behandeln mit methanol. KOH und Pyridin in Äther (*Co., Mo.,* l. c. S. 3018; s. a. *Fi. et al.,* A. **498** 196; *Fi., Si.,* l. c. S. 102), mit wss. NaOH (*Fi. et al.,* A. **498** 226) oder mit wss. $Ba(OH)_2$ (*Fi., Si.,* l. c. S. 105). Aus Methylphäophorbid-a (S. 3239) beim Erwärmen mit methanol. KOH und Pyridin in Äther (*Co., Mo.*) oder mit wss. $Ba(OH)_2$ (*Fi., Si.,* l. c. S. 106).

Braune, in der Durchsicht olivgrüne Kristalle (aus Ae.) mit 1 Mol H_2O (*Tr., Wi.,* A. **466** 273, **471** 235; *Stoll, Wiedemann,* Helv. **16** [1933] 183, 200, 205). $[\alpha]^{20}_{\text{weisses Licht}}$: −141° [Py.; c = 0,06] (*Fischer, Stern,* A. **519** [1935] 58, 68). λ_{max} (400–690 nm) in einem Pyridin-Äther-Gemisch: *Tr., Wi.,* A. **466** 287, 290; in wss. HCl sowie wss. Lösungen vom pH 5,9 und pH 7: *Tr., Wi.,* A. **471** 229, 236. Scheinbare Dissoziationsexponenten pK'_{a1}, pK'_{a2} und pK'_{a3} (triprotonierte Verbindung; Eg.; potentiometrisch ermittelt) bei 25°: −2,2 bzw. 0,3 bzw. 1,9 (*Conant et al.,* Am. Soc. **56** [1934] 2185, 2186).

Verhalten gegenüber komplexbildenden Metall-Ionen in methanol. KOH: *Strell, Zuther,* A. **612** [1958] 264, 270, 271. Oxidation mit $K_3[Mo(CN)_8]$ in wss. Essigsäure unter Zusatz von Pyridin in Aceton: *Conant, Armstrong,* Am. Soc. **55** [1933] 829, 832, 835; s. a. *Conant et al.,* Am. Soc. **53** [1931] 2382, 2392.

Magnesium-Komplex. *B.* Beim Behandeln von Chlorin-e$_6$ in Pyridin mit Äthylmagnesiumbromid in Äther (*Treibs, Wiedemann,* A. **471** [1929] 136, 229). λ_{max} (Ae.; 400–700 nm): *Tr., Wi.,* l. c. S. 230, 236. – Trikalium-Salz $MgK_3C_{34}H_{31}N_4O_6$. *B.* Aus Chlorophyll-a [S. 3243] (*Willstätter, Utzinger,* A. **382** [1911] 129, 160) oder Methylchlorophyllid-a [S. 3239] (*Willstätter et al.,* A. **400** [1913] 147, 152) mit Hilfe von methanol. KOH. Dunkelblaues Pulver (*Wi. et al.,* A. **400** 153). λ_{max} (methanol. KOH; 430–670 nm): *Willstätter et al.,* A. **385** [1911] 156, 184.

Trikalium-Salz $K_3C_{34}H_{33}N_4O_6$. Braune sowie blaue Kristalle (*Wi., Ut.,* l. c. S. 173).

Kupfer(II)-Komplex. *B.* Aus dem Kupfer(II)-Komplex des Chlorin-e$_6$-trimethylesters (S. 3075) durch Hydrolyse (*Strell, Zuther,* A. **612** [1958] 264, 271). – Kristalle [aus Eg.] (*Fischer, Siebel,* A. **494** [1932] 73, 86). λ_{max} (Ae.; 435–675 nm): *Fi., Si.*

Eisen(III)-Komplex $Fe(C_{34}H_{34}N_4O_6)Cl$. *B.* Beim Erwärmen von Chlorin-e$_6$ (*Schneider,* Am. Soc. **63** [1941] 1477) oder Chlorin-e$_6$-trimethylester [S. 3074] mit Eisen(II)-acetat und NaCl in Essigsäure (*St., Zu.*). – Kristalle [aus Ae. bzw. aus Eg.] (*St., Zu.*; *Sch.*). λ_{max} ($CHCl_3$): 619 nm (*Sch.*). – Überführung in das Hydroxid $Fe(C_{34}H_{34}N_4O_6)OH$ beim Behandeln mit wss. NaOH in Äther: *St., Zu.*

(17*S*)-7-Äthyl-18*t*-[2-carboxy-äthyl]-20-methoxycarbonylmethyl-3,8,13,17*r*-tetramethyl-12-vinyl-17,18-dihydro-porphyrin-2-carbonsäure, 15-Methoxycarbonylmethyl-3[1],3[2]-didehydro-rhodochlorin, Chlorin-e_6-α-monomethylester $C_{35}H_{38}N_4O_6$, Formel IX (R = H, R′ = CH_3) und Taut.

B. Aus Chlorin-e_6-trimethylester (S. 3074) mit Hilfe von methanol. KOH (*Conant, Armstrong,* Am. Soc. **55** [1933] 829, 831, 836). Aus 15-Methoxycarbonylmethyl-3[1],3[2]-didehydro-rhodochlorin-17-methylester (s. u.) mit Hilfe von wss. HCl (*Strell, Iscimenler,* A. **557** [1947] 175, 180, 184).

Kristalle [aus Acn. + PAe.] (*Co., Ar.*); F: 200° [aus Acn. + Me.] (*St., Is.*).

Beim Erhitzen in Biphenyl auf 215° entsteht Isochlorin-e_4-monomethylester [15[1]-Methoxycarbonyl-3[1],3[2]-didehydro-phyllochlorin; S. 3012] (*Co., Ar.*). Oxidation mit $K_3[Mo(CN)_8]$ in Pyridin und Aceton: *Co., Ar.*

3-[(2*S*)-13-Äthyl-20-carboxymethyl-18-methoxycarbonyl-3*t*,7,12,17-tetramethyl-8-vinyl-2,3-dihydro-porphyrin-2*r*-yl]-propionsäure, 15-Carboxymethyl-3[1],3[2]-didehydro-rhodochlorin-13-methylester, Chlorin-e_6-β-monomethylester $C_{35}H_{38}N_4O_6$, Formel IX (R = CH_3, R′ = H) und Taut.

B. Aus Chlorin-e_6 (S. 3072) und Diazomethan (*Conant, Armstrong,* Am. Soc. **55** [1933] 829, 832, 837).

Kristalle (aus Acn. + PAe.).

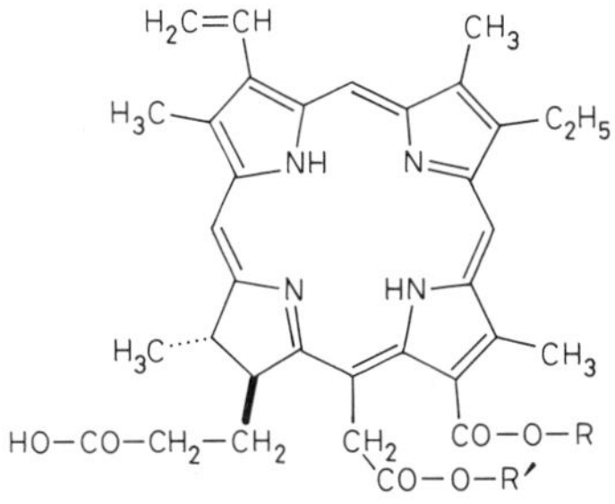

IX 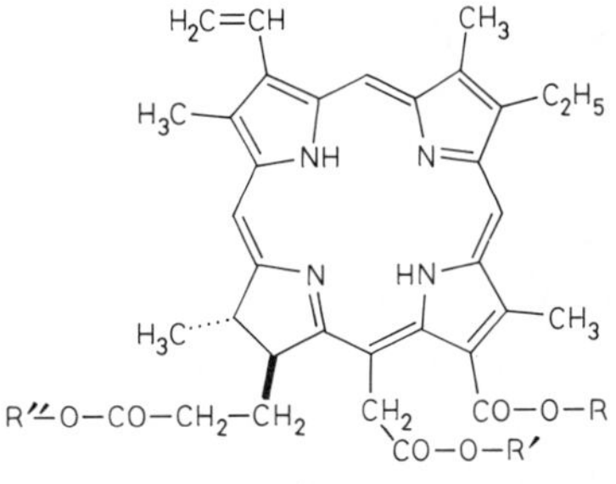 X

3-[(2*S*)-13-Äthyl-18-methoxycarbonyl-20-methoxycarbonylmethyl-3*t*,7,12,17-tetramethyl-8-vinyl-2,3-dihydro-porphyrin-2*r*-yl]-propionsäure, 15-Methoxycarbonylmethyl-3[1],3[2]-didehydro-rhodochlorin-13-methylester $C_{36}H_{40}N_4O_6$, Formel IX (R = R′ = CH_3) und Taut. (in der Literatur als Chlorin-e_6-dimethylester bezeichnet).

B. Aus dem Trimethylester (s. u.) mit Hilfe von wss. HCl (*Conant, Armstrong,* Am. Soc. **55** [1933] 829, 832, 838; *Strell,* A. **546** [1941] 252, 272) oder mit methanol. KOH (*Strell, Iscimenler,* A. **557** [1947] 175, 176, 186). Aus Phäophorbid-a (S. 3237) beim Erwärmen mit methanol. Na_2CO_3 und Pyridin (*Fischer, Kahr,* A. **531** [1937] 209, 215, 233).

Kristalle; F: 215° [Zers.; aus Acn. + Me.] bzw. 210° [Zers.; aus Ae.] (*Fi., Kahr*), 205 – 210° [aus Acn. + Me.] (*St., Is.*). $[\alpha]_{690-730}^{20}$: −241° [Acn.; c = 0,1] (*Fi., Kahr,* l. c. S. 244).

(17*S*)-7-Äthyl-18*t*-[2-methoxycarbonyl-äthyl]-20-methoxycarbonylmethyl-3,8,13,17*r*-tetramethyl-12-vinyl-17,18-dihydro-porphyrin-2-carbonsäure, 15-Methoxycarbonylmethyl-3[1],3[2]-didehydro-rhodochlorin-17-methylester $C_{36}H_{40}N_4O_6$, Formel X (R = H, R′ = R″ = CH_3) und Taut. (in der Literatur als Chlorin-e_6-dimethylester bezeichnet).

B. Aus Chlorin-e_6 (S. 3072) beim Behandeln mit methanol. HCl (*Fischer, Moldenhauer,* A. **481** [1930] 132, 139; *Fischer, Siebel,* A. **499** [1932] 84, 87, 95; *Fischer, Kellermann,* A. **519** [1935] 209, 211, 218) oder mit Acetylbromid und Methanol in Aceton (*Strell, Iscimenler,* A. **557** [1947] 186, 188, 191).

Kristalle; F: 214° [korr.] (*Fi., Si.*), 212° (*Fi., Ke.*), 210° [aus Acn. + Me.] (*St., Is.*).

Reaktion mit wss. HI in Essigsäure: *Fi., Ke.,* l. c. S. 219.

Kupfer(II)-Komplex $CuC_{36}H_{38}N_4O_6$. Kristalle [aus $CHCl_3$ + Me.] (*Fi., Si.,* l. c. S. 96); F: 198° [aus Acn. + Me.] (*Fi., Ke.*).

(17*S*)-7-Äthyl-18*t*-[2-methoxycarbonyl-äthyl]-20-methoxycarbonylmethyl-3,8,13,17*r*-tetramethyl-12-vinyl-17,18-dihydro-porphyrin-2-carbonsäure-methylester, 15-Methoxycarbonylmethyl-3^1,3^2-didehydro-rhodochlorin-dimethylester, Chlorin-e$_6$-trimethylester $C_{37}H_{42}N_4O_6$, Formel X (R = R′ = R″ = CH_3) und Taut.

B. Aus Chlorin-e$_6$ (S. 3072) und Diazomethan (*Treibs, Wiedemann,* A. **471** [1929] 146, 167) oder methanol. HCl (*Conant, Armstrong,* Am. Soc. **55** [1933] 829, 833). Aus dem Trikalium-Salz des Chlorins-e$_6$ und Dimethylsulfat (*Willstätter, Utzinger,* A. **382** [1911] 129, 175; *Fischer, Moldenhauer,* A. **478** [1930] 54, 70; *Fischer, Siebel,* A. **499** [1932] 84, 99, 101). Aus den beiden Chlorin-e$_6$-monomethylestern (S. 3073) oder 15-Methoxycarbonylmethyl-3^1,3^2-didehydro-rhodochlorin-17-methylester (S. 3073) und Diazomethan (*Co., Ar.,* l. c. S. 836, 838; *Fi., Si.,* l. c. S. 97), methanol. HCl oder Dimethylsulfat (*Fi., Si.,* l. c. S. 98). Aus (7*R*)-7*r*-Äthyl-18*c*-[2-methoxycarbonyl-äthyl]-20-methoxycarbonylmethyl-3,8*t*,13,17*r*-tetramethyl-12-vinyl-7,8,17,18-tetrahydro-porphyrin-2-carbonsäure-methylester (S. 3063) mit Hilfe von [1,4]Benzochinon (*Mittenzwei,* Z. physiol. Chem. **275** [1942] 93, 118). Aus Phäophorbid-a (S. 3237) oder Phäophorbid-a-methylester (S. 3239) beim Behandeln mit Diazomethan in Äther, Methanol und Pyridin (*Fischer et al.,* A. **498** [1932] 194, 204, 221; *Fischer, Riedmair,* A. **506** [1933] 107, 113, 115; *Fischer, Schmidt,* A. **519** [1935] 244, 251; *Fischer, Lautsch,* A. **528** [1937] 265, 270; s. a. *Conant, Moyer,* Am. Soc. **52** [1930] 3013, 3014, 3019), beim Behandeln mit methanol. Natriummethylat in Pyridin (*Fischer, Hofmann,* Z. physiol. Chem. **245** [1937] 139, 145, 151), beim Behandeln mit methanol. Natriummethylat in Aceton und anschliessend mit Diazomethan in Äther (*Fischer, Oestreicher,* A. **546** [1941] 49, 56) oder beim Behandeln mit methanol. KOH in Pyridin und anschliessend mit $COCl_2$ (*Fischer, Goebel,* A. **524** [1936] 269, 283).

Kristalle; F: 215° [korr.; aus Acn. + Me.] (*Treibs, Wiedemann,* A. **471** [1929] 146, 168), 213,5 – 214,5° [unkorr.; aus Ae.] (*Conant, Armstrong,* Am. Soc. **55** [1933] 829, 834), 213° [korr.; aus Acn. + Me.] (*Stern, Klebs,* A. **505** [1933] 295, 302), 212° [unkorr.; aus $CHCl_3$ + Me.] (*Fischer, Siebel,* A. **499** [1932] 84, 100). Verbrennungsenthalpie bei 15°: *St., Kl.* $[\alpha]^{20}_{690-720}$: −332° [Acn.; c = 0,05] (*Fischer, Lautsch,* A. **528** [1937] 247, 275; s. a. *Pruckner et al.,* A. **546** [1941] 41, 46). Absorptionsspektrum in einem Äthanol-Äther-Gemisch (480 – 670 nm) bei −196°: *Conant, Kamerling,* Am. Soc. **53** [1931] 3522, 3525; in Dioxan (200 – 500 nm bzw. 480 – 670 nm): *Stern, Pruckner,* Z. physik. Chem. [A] **185** [1940] 140, 142, 147; *Stern, Wenderlein,* Z. physik. Chem. [A] **174** [1935] 81, 83, 98, [A] **175** [1936] 405, 425. λ_{max} (Ae. + Diisopentyläther + Py.; 400 – 700 nm): *Fischer, Goebel,* A. **522** [1936] 168, 178. Fluorescenzmaxima (Dioxan): 658,5 nm, 677 nm und 728,5 nm (*Stern, Molvig,* Z. physik. Chem. [A] **175** [1936] 38, 42). Scheinbare Dissoziationsexponenten pK'_{a1}, pK'_{a2} und pK'_{a3} (triprotonierte Verbindung; Eg.; potentiometrisch ermittelt) bei 25°: −2,0 bzw. 0,4 bzw. 1,9 (*Conant et al.,* Am. Soc. **56** [1934] 2185, 2186).

Reaktion mit wss. HI in Essigsäure: *Fischer, Moldenhauer,* A. **478** [1930] 54, 56, 79, **481** [1930] 132, 135, 143; *Fischer et al.,* A. **508** [1934] 224, 246; *Fischer, Hasenkamp,* A. **513** [1934] 107, 108; mit HBr in Essigsäure: *Fischer et al.,* A. **534** [1938] 1, 3, 9. Beim Erhitzen mit Ameisensäure ist Chloroporphyrin-e$_6$ [S. 3069] (*Fi., Mo.,* A. **478** 86), bei Zusatz von Eisen und anschliessendem Verestern ist 15-Methoxycarbonylmethyl-3^1,3^2-didehydro-rhodoporphyrin-dimethylester („Vinylchloroporphyrin-e$_6$-trimethylester"; S. 3081) erhalten worden (*Fischer et al.,* A. **538** [1939] 128, 138). Der beim Behandeln mit Ag_2O in Pyridin, Dioxan und Methanol bzw. mit $KMnO_4$ in Pyridin und jeweils anschliessenden Behandeln mit wss. HCl in Äther erhaltene sog. Dihydroxy-chlorin-e$_6$-trimethylester [Kristalle (aus PAe.), F: 114°; $[\alpha]^{20}_{690-720}$: −529° (Acn.; c = 0,04); λ_{max} (Py. + Ae.; 440 – 700 nm)] (*Fischer, Lautsch,* A. **528** [1937] 247, 255, 264; s. a. *Fischer, Kahr,* A. **531** [1937] 209, 228; *Stern, Deželić,* Z. physik. Chem. [A] **179** [1937] 275, 277, 278; *Pruckner,* Z. physik. Chem. [A] **188** [1941] 41, 57) ist wahrscheinlich als (17*S*)-7-Äthyl-15-chlor-18*t*-[2-methoxycarbonyl-äthyl]-20-methoxycarbonylmethyl-3,8,13,17*r*-tetramethyl-12-vinyl-17,18-dihydro-porphyrin-2-carbonsäure-methylester (20-Chlor-15-methoxycarbonylmethyl-3^1,3^2-didehydro-rhodochlorin-dimethylester, „δ-Chlor-chlorin-e$_6$-trimethylester") $C_{37}H_{41}ClN_4O_6$ zu formulieren (s. diesbezüglich *Woodward, Škarić,* Am. Soc. **83** [1961] 4676; *Bonnett et al.,* Soc. [C] **1966** 1600; *Inhoffen et al.,* Fortschr. Ch. org. Naturst. **26** [1968] 284, 327; *A. Treibs,* Das Leben und Wirken von Hans Fischer [München 1971] S. 420 – 422).

Kupfer(II)-Komplex $CuC_{37}H_{40}N_4O_6$. Dunkelgrüne Kristalle; F: 225° [korr.; aus $CHCl_3$+Me.] (*Treibs, Wiedemann,* A. **471** [1929] 146, 171, 230), 218–220° [aus Acn.+PAe.] (*Conant, Armstrong,* Am. Soc. **55** [1933] 829, 834). λ_{max} (Ae.; 430–665 nm): *Tr., Wi.*; *Co., Ar.*; s. a. *Fischer, Goebel,* A. **522** [1936] 168, 178.

Silber(I)-Komplex $AgC_{37}H_{41}N_4O_6$. Kristalle [aus A.] (*Fischer, Siebel,* A. **494** [1932] 73, 79, 85). λ_{max} (Ae.; 430–640 nm): *Fi., Si.*

Zink-Komplex $ZnC_{37}H_{40}N_4O_6$. Dunkelgrüne Kristalle; F: 243–245° (*Co., Ar.*). λ_{max} (Ae.; 440–660 nm): *Co., Ar.*

Eisen(III)-Komplex $Fe(C_{37}H_{40}N_4O_6)Cl$. Kristalle (aus Eg.); F: 169° (*Fischer, Wunderer,* A. **533** [1938] 230, 234, 240). λ_{max} ($CHCl_3$ sowie $CHCl_3+N_2H_4 \cdot H_2O$; 440–650 nm): *Fi., Wu.*

(17*S*)-18*t*-[2-Äthoxycarbonyl-äthyl]-7-äthyl-20-methoxycarbonylmethyl-3,8,13,17*r*-tetramethyl-12-vinyl-17,18-dihydro-porphyrin-2-carbonsäure-äthylester, 15-Methoxycarbonylmethyl-3^1,3^2-didehydro-rhodochlorin-diäthylester $C_{39}H_{46}N_4O_6$, Formel X (R = R″ = C_2H_5, R′ = CH_3) und Taut. (in der Literatur als Chlorin-e_6-diäthylester-α-monomethylester bezeichnet).

B. Aus 15-Methoxycarbonylmethyl-3^1,3^2-didehydro-rhodochlorin (Chlorin-e_6-α-mono=methylester; S. 3073) und Diazoäthan (*Conant, Armstrong,* Am. Soc. **55** [1933] 829, 837).

Kristalle (aus Ae.); F: 152°.

Kupfer(II)-Komplex. Kristalle (aus Ae.+PAe.); F: 166,5–167° [unkorr.].

(17*S*)-18*t*-[2-Äthoxycarbonyl-äthyl]-20-äthoxycarbonylmethyl-7-äthyl-3,8,13,17*r*-tetramethyl-12-vinyl-17,18-dihydro-porphyrin-2-carbonsäure-methylester, 15-Äthoxycarbonylmethyl-3^1,3^2-didehydro-rhodochlorin-17-äthylester-13-methylester $C_{39}H_{46}N_4O_6$, Formel X (R = CH_3, R′ = R″ = C_2H_5) und Taut.

B. Aus 15-Carboxymethyl-3^1,3^2-didehydro-rhodochlorin-13-methylester (Chlorin-e_6-β-mono=methylester; S. 3073) und Diazoäthan (*Conant, Armstrong,* Am. Soc. **55** [1933] 829, 838).

Kristalle (aus Ae.); F: 155–157°.

Kupfer(II)-Komplex. Kristalle (aus Ae.+PAe.); F: 187–189°.

(17*S*)-18*t*-[2-Äthoxycarbonyl-äthyl]-20-äthoxycarbonylmethyl-7-äthyl-3,8,13,17*r*-tetramethyl-12-vinyl-17,18-dihydro-porphyrin-2-carbonsäure-äthylester, 15-Äthoxycarbonylmethyl-3^1,3^2-didehydro-rhodochlorin-diäthylester, Chlorin-e_6-triäthylester $C_{40}H_{48}N_4O_6$, Formel X (R = R′ = R″ = C_2H_5) und Taut.

B. Aus Chlorin-e_6 (S. 3072) und Diazoäthan (*Fischer, Siebel,* A. **499** [1932] 84, 89, 100).

Grüne Kristalle (aus $CHCl_3$+A.); F: 149° [unkorr.] (*Fi., Si.*).

Kupfer(II)-Komplex $CuC_{40}H_{46}N_4O_6$. Kristalle (aus Ae.+PAe.); F: 154–155° (*Conant, Armstrong,* Am. Soc. **55** [1933] 829, 835). λ_{max} (Ae.; 425–660 nm): *Co., Ar.*

(17*S*)-7-Äthyl-18*t*-[2-methoxycarbonyl-äthyl]-20-methoxycarbonylmethyl-3,8,13,17*r*-tetramethyl-12-vinyl-17,18-dihydro-porphyrin-2-carbonsäure-[2-hydroxy-äthylester], 15-Methoxycarbonyl=methyl-3^1,3^2-didehydro-rhodochlorin-13-[2-hydroxy-äthylester]-17-methylester $C_{38}H_{44}N_4O_7$, Formel X (R = CH_2-CH_2-OH, R′ = R″ = CH_3) und Taut.

B. Aus der folgenden Verbindung und Äthylenglykol (*Fischer, Kellermann,* A. **519** [1935] 209, 212, 223).

Kristalle (aus Acn.+Me.); F: 172°.

Kupfer(II)-Komplex $CuC_{38}H_{42}N_4O_7$. Grüne Kristalle (aus Acn.+Me.); F: 185°.

[(17*S*)-7-Äthyl-18*t*-(2-methoxycarbonyl-äthyl)-20-methoxycarbonylmethyl-3,8,13,17*r*-tetra=methyl-12-vinyl-17,18-dihydro-porphyrin-2-carbonsäure]-benzoesäure-anhydrid, Benzoesäure-[15-methoxycarbonylmethyl-3^1,3^2-didehydro-rhodochlorin-17-methylester]-anhydrid $C_{43}H_{44}N_4O_7$, Formel X (R = CO-C_6H_5, R′ = R″ = CH_3) und Taut. (in der Literatur als Chlorin-e_6-dimethylester-benzoesäure-anhydrid bezeichnet).

B. Aus 15-Methoxycarbonylmethyl-3^1,3^2-didehydro-rhodochlorin-17-methylester (S. 3073) oder dessen Natrium-Salz und Benzoylchlorid (*Fischer, Kellermann,* A. **519** [1935] 209, 211, 221).

Kristalle (aus Acn. + Me.); F: 205° (*Fi., Ke.*). $[\alpha]^{20}_{690-730}$: −125° [Acn.; c = 0,2] (*Fischer, Stern,* A. **520** [1935] 88, 96). λ_{max} (Py. + Ae.; 435 − 695 nm): *Fi., Ke.*

3-[(2*S*)-13-Äthyl-18-carbamoyl-20-methoxycarbonylmethyl-3*t*,7,12,17-tetramethyl-8-vinyl-2,3-dihydro-porphyrin-2*r*-yl]-propionsäure-methylester, 15-Methoxycarbonylmethyl-3¹,3²-didehydro-rhodochlorin-13-amid-17-methylester $C_{36}H_{41}N_5O_5$, Formel XI (R = CH_3, R′ = H) und Taut.

B. Aus Phäophorbid-a-methylester (S. 3239) und methanol. NH_3 (*Fischer, Goebel,* A. **524** [1936] 269, 272, 280).

Kristalle (aus Ae. + PAe.); F: 195°.

3-[(2*S*)-13-Äthyl-20-methoxycarbonylmethyl-3*t*,7,12,17-tetramethyl-18-methylcarbamoyl-8-vinyl-2,3-dihydro-porphyrin-2*r*-yl]-propionsäure-methylester, 15-Methoxycarbonylmethyl-3¹,3²-didehydro-rhodochlorin-13-methylamid-17-methylester $C_{37}H_{43}N_5O_5$, Formel XI (R = R′ = CH_3) und Taut.

B. Analog der vorangehenden Verbindung (*Fischer, Goebel,* A. **524** [1936] 269, 272, 279).

Kristalle (aus Ae.); F: 234° (*Fi., Go.*). λ_{max} (Py. + Ae.; 430 − 680 nm): *Fi., Go.*

Kupfer(II)-Komplex $CuC_{37}H_{41}N_5O_5$. Grünviolette Kristalle (aus Me.); F: 171° (*Fischer et al.,* A. **557** [1947] 163, 167). λ_{max} (Py. + Ae.; 430 − 635 nm): *Fi. et al.*

Zink-Komplex $ZnC_{37}H_{41}N_5O_5$. Grüne Kristalle (aus PAe. + Ae.); unterhalb 350° nicht schmelzend (*Fi. et al.*). λ_{max} (Py. + Ae.; 435 − 665 nm): *Fi. et al.*

XI XII

3-[(2*S*)-13-Äthyl-18-äthylcarbamoyl-20-methoxycarbonylmethyl-3*t*,7,12,17-tetramethyl-8-vinyl-2,3-dihydro-porphyrin-2*r*-yl]-propionsäure-methylester, 15-Methoxycarbonylmethyl-3¹,3²-didehydro-rhodochlorin-13-äthylamid-17-methylester $C_{38}H_{45}N_5O_5$, Formel XI (R = CH_3, R′ = C_2H_5) und Taut.

B. Analog den vorangehenden Verbindungen (*Fischer, Gibian,* A. **550** [1942] 208, 247; *Broser, Lautsch,* Z. Naturf. **8b** [1953] 711, 721).

Kristalle (aus Acn. + PAe.); F: 194° (*Fi., Gi.*); blauschwarze Kristalle [aus Ae.] (*Br., La.,* Z. Naturf. **8b** 721). Absorptionsspektrum in einem Toluol-Pyridin-Gemisch (400 − 700 nm): *Lautsch et al.,* J. Polymer Sci. **8** [1952] 191, 197, 200; in wss. HCl [4,5 n] sowie wss. Lösungen vom pH 1,7 und pH 8,5 (500 − 700 nm): *Broser, Lautsch,* Naturwiss. **38** [1951] 209; s. a. *La. et al.,* l. c. S. 199. Scheinbare Dissoziationsexponenten pK'_{a1} und pK'_{a2} (diprotonierte Verbindung; H_2O; spektrophotometrisch ermittelt): 0 bzw. 2,7 (*Br., La.,* Naturwiss. **38** 209; s. a. *La. et al.,* l. c. S. 198).

3-[(2*S*)-13-Äthyl-18-benzylcarbamoyl-20-methoxycarbonylmethyl-3*t*,7,12,17-tetramethyl-8-vinyl-2,3-dihydro-porphyrin-2*r*-yl]-propionsäure, 15-Methoxycarbonylmethyl-3¹,3²-didehydro-rhodochlorin-13-benzylamid $C_{42}H_{45}N_5O_5$, Formel XI (R = H, R′ = CH_2-C_6H_5) und Taut.

B. Aus Phäophorbid-a (S. 3237) und Benzylamin (*Fischer, Conrad,* A. **538** [1939] 143, 145, 153).

Kristalle (aus Ae. + PAe.); F: 175°.

3-[(2*S*)-13-Äthyl-20-methoxycarbonylmethyl-3*t*,7,12,17-tetramethyl-18-(piperidin-1-carbonyl)-8-vinyl-2,3-dihydro-porphyrin-2*r*-yl]-propionsäure, 15-Methoxycarbonylmethyl-3^1,3^2-didehydro-rhodochlorin-13-piperidid $C_{40}H_{47}N_5O_5$, Formel XII und Taut.

Konstitution: *Fischer, Gibian,* A. **550** [1942] 208, 227.

B. Aus Phäophorbid-a (S. 3237) und Piperidin (*Fischer, Spielberger,* A. **510** [1934] 156, 166).

Kristalle (aus Ae.), die bei 280° sintern und unterhalb 300° nicht schmelzen (*Fi., Sp.*). λ_{max} (Py. + Ae.; 440 – 690 nm): *Fi., Sp.*

Methylester $C_{41}H_{49}N_5O_5$; 15-Methoxycarbonylmethyl-3^1,3^2-didehydro-rhodochlorin-17-methylester-13-piperidid. *B.* Aus der Säure (s. o.) und Diazomethan oder aus Phäophorbid-a-methylester (S. 3239) und Piperidin (*Fi., Sp.,* l. c. S. 167, 168). – Kristalle (aus Ae.); F: 221° [korr.] (*Fi., Sp.*).

3-[(2*S*)-13-Äthyl-18-cyan-20-methoxycarbonylmethyl-3*t*,7,12,17-tetramethyl-8-vinyl-2,3-dihydro-porphyrin-2*r*-yl]-propionsäure-methylester, 13-Cyan-15^1-methoxycarbonyl-3^1,3^2-didehydro-phyllochlorin-methylester $C_{36}H_{39}N_5O_4$, Formel XIII und Taut. (in der Literatur als Isochlorin-e_4-6-nitril-dimethylester bezeichnet).

B. Aus dem Amid (S. 3076) mit Hilfe von Acetanhydrid (*Fischer et al.,* A. **557** [1947] 163, 172).

Kristalle (aus Acn. + Me.); F: 246°. λ_{max} (Py. + Ae.; 430 – 685 nm): *Fi. et al.*

Kupfer(II)-Komplex $CuC_{36}H_{37}N_5O_4$. Kristalle (aus Acn. + Me.); F: 220°.

3-[(2*S*)-13-Äthyl-20-methoxycarbonylmethyl-3*t*,7,12,17-tetramethyl-18-(3-phenyl-carbazoyl)-8-vinyl-2,3-dihydro-porphyrin-2*r*-yl]-propionsäure, 15-Methoxycarbonylmethyl-3^1,3^2-didehydro-rhodochlorin-13-[*N'*-phenyl-hydrazid] $C_{41}H_{44}N_6O_5$, Formel XI (R = H, R' = NH-C_6H_5) und Taut.

B. Analog der folgenden Verbindung (*Fischer et al.,* A. **557** [1947] 163, 168).

Grüne Kristalle (aus Acn. + Me.). λ_{max} (Py. + Ae.; 445 – 695 nm): *Fi. et al.*

3-[(2*S*)-13-Äthyl-18-carbazoyl-20-methoxycarbonylmethyl-3*t*,7,12,17-tetramethyl-8-vinyl-2,3-dihydro-porphyrin-2*r*-yl]-propionsäure-methylester, 15-Methoxycarbonylmethyl-3^1,3^2-didehydro-rhodochlorin-13-hydrazid-17-methylester $C_{36}H_{42}N_6O_5$, Formel XI (R = CH_3, R' = NH_2) und Taut.

B. Aus Phäophorbid-a-methylester (S. 3239) und N_2H_4 (*Fischer, Conrad,* A. **538** [1939] 143, 153).

F: 195° [nach Aufblähen bei 145°].

3-[(2*S*)-13-Äthyl-20-methoxycarbonylmethyl-3*t*,7,12,17-tetramethyl-18-(3-phenyl-carbazoyl)-8-vinyl-2,3-dihydro-porphyrin-2*r*-yl]-propionsäure-methylester, 15-Methoxycarbonylmethyl-3^1,3^2-didehydro-rhodochlorin-17-methylester-13-[*N'*-phenyl-hydrazid] $C_{42}H_{46}N_6O_5$, Formel XI (R = CH_3, R' = NH-C_6H_5) und Taut.

B. Analog der vorangehenden Verbindung (*Fischer et al.,* A. **557** [1947] 163, 168).

Hellgrüne Kristalle (aus Acn. + Me.); F: 263°. λ_{max} (Ae. + Py.; 445 – 690 nm): *Fi. et al.*

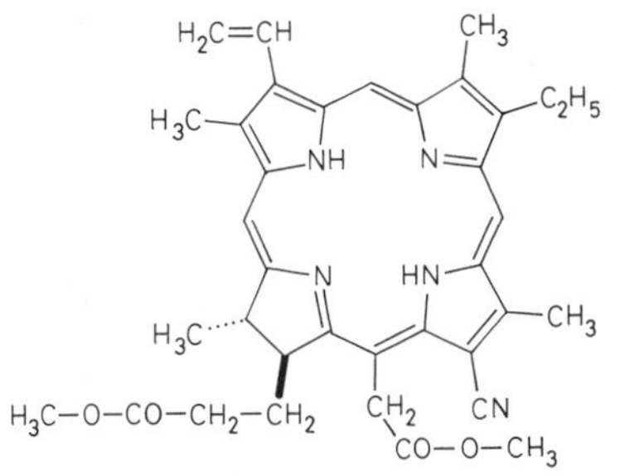

XIII

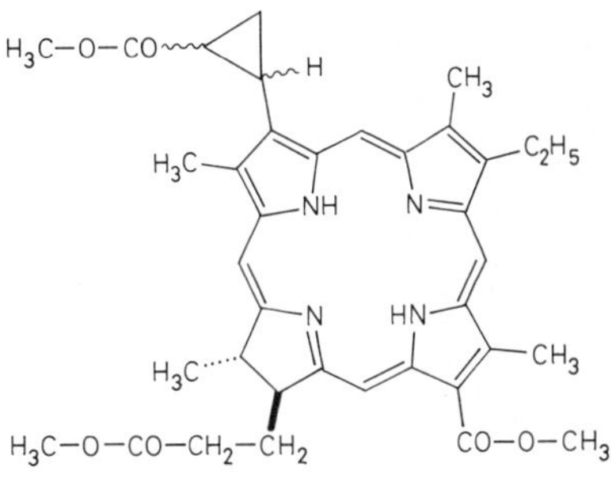

XIV

(17*S*)-7-Äthyl-18*t*-[2-methoxycarbonyl-äthyl]-12-[(1*Ξ*,2*Ξ*)-2-methoxycarbonyl-cyclopropyl]-3,8,13,17*r*-tetramethyl-17,18-dihydro-porphyrin-2-carbonsäure-methylester, 3-[(1*Ξ*,2*Ξ*)-2-Methoxycarbonyl-cyclopropyl]-3-desäthyl-rhodochlorin-dimethylester, *DEE*-Rhodochlorin-dimethylester $C_{37}H_{42}N_4O_6$, Formel XIV und Taut.

B. Aus $3^1,3^2$-Didehydro-rhodochlorin-dimethylester (S. 3010) und Diazoessigsäure-methylester (*Fischer et al.*, A. **524** [1936] 222, 243).

Kristalle (aus Acn. + Me.); F: 198°. $[\alpha]^{20}_{690-730}$: −302° [Acn.; c = 0,05]. λ_{max} (Py. + Ae.; 425−675 nm): *Fi. et al.*

Tricarbonsäuren $C_{35}H_{38}N_4O_6$

(±)-2-Cyan-3-[12,17-diäthyl-3-(2-methoxycarbonyl-äthyl)-2,8,13,18-tetramethyl-porphyrin-5-yl]-propionsäure-äthylester, (±)-15[1]-[Äthoxycarbonyl-cyan-methyl]-phylloporphyrin-methylester, (±)-15-[2-Äthoxycarbonyl-2-cyan-äthyl]-pyrroporphyrin-methylester $C_{38}H_{43}N_5O_4$, Formel I (R = CO-O-C_2H_5) und Taut.

B. Aus dem Zink-Komplex des 2-Cyan-3-[12,17-diäthyl-3-(2-methoxycarbonyl-äthyl)-2,8,13,18-tetramethyl-porphyrin-5-yl]-acrylsäure-äthylesters (aus 15^1-Oxo-phylloporphyrin-methylester [S. 3178] und Cyanessigsäure-äthylester hergestellt) beim Hydrieren an Platin in Dioxan und anschliessenden Behandeln mit Diazomethan in Äther (*Fischer, Kanngiesser*, A. **543** [1940] 271, 275, 283).

Kristalle (aus Acn. + Me.); F: 238°. λ_{max} (Py. + Ae.; 435−640 nm): *Fi., Ka.*

3-[8,13-Diäthyl-20-(2,2-dicyan-äthyl)-3,7,12,17-tetramethyl-porphyrin-2-yl]-propionsäure-methylester, 15^1-Dicyanmethyl-phylloporphyrin-methylester, 15-[2,2-Dicyan-äthyl]-pyrroporphyrin-methylester $C_{36}H_{38}N_6O_2$, Formel I (R = CN) und Taut. (in der Literatur als *γ*-[*ω*-Dicyan-äthyl]-pyrroporphyrin-methylester bezeichnet).

B. Aus 3-[8,13-Diäthyl-20-(2,2-dicyan-vinyl)-3,7,12,17-tetramethyl-porphyrin-2-yl]-propionsäure-methylester (Zink-Komplex; S. 3082) beim Hydrieren an Platin in Dioxan und anschliessenden Behandeln mit Diazomethan in Äther (*Fischer, Mittermair*, A. **548** [1941] 147, 173).

Kristalle (aus Acn. + Me.); F: 254−255°.

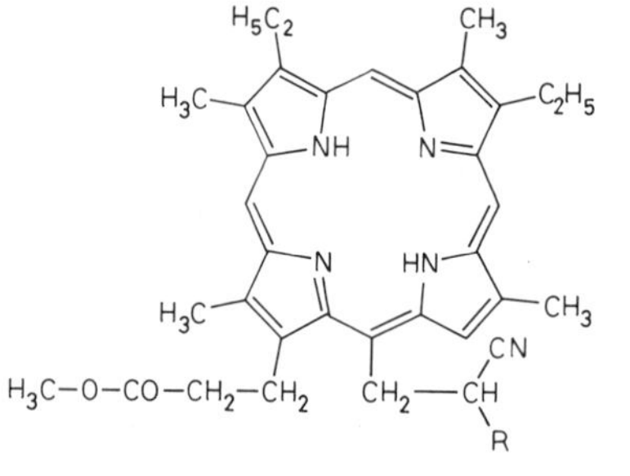

I

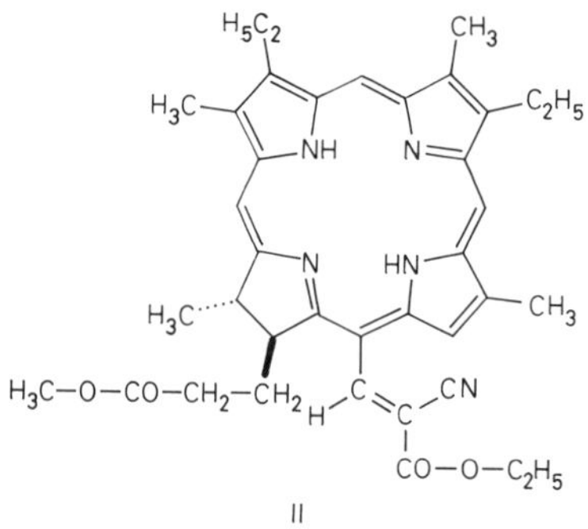

II

2-Cyan-3*t*(?)-[(2*S*)-12,17-diäthyl-3*t*-(2-methoxycarbonyl-äthyl)-2*r*,8,13,18-tetramethyl-2,3-dihydro-porphyrin-5-yl]-acrylsäure-äthylester, 15^1-[(*E*?)-Äthoxycarbonyl-cyan-methylen]-phyllochlorin-methylester, 15-[(*E*?)-2-Äthoxycarbonyl-2-cyan-vinyl]-pyrrochlorin-methylester $C_{38}H_{43}N_5O_4$, vermutlich Formel II und Taut. (in der Literatur als Mesopyrrochlorin-methylester-*γ*-[*α*-cyan-acrylsäure-äthylester] bezeichnet).

B. Beim Erwärmen von Mesopurpurin-3-methylester (15^1-Oxo-phyllochlorin-methylester; S. 3174) mit Cyanessigsäure-äthylester in Gegenwart von Äthylamin in Pyridin (*Fischer, Gerner,*

A. **553** [1942] 67, 71, 78).

Kristalle (aus Acn. + Me.); F: 226°. λ_{max} (Py. + Ae.; 435 – 665 nm): *Fi.*, *Ge.*

[7,12-Diäthyl-18-(2-methoxycarbonyl-äthyl)-3,8,13,17-tetramethyl-porphyrin-2-ylmethyl]-malonsäure-dimethylester, 13-[2,2-Bis-methoxycarbonyl-äthyl]-pyrroporphyrin-methylester $C_{38}H_{42}N_4O_6$, Formel III und Taut.

B. Aus 13-Methoxymethyl-pyrroporphyrin-methylester (S. 3138) bei aufeinanderfolgendem Behandeln mit HBr in Essigsäure, mit der Kalium-Verbindung des Malonsäure-diäthylesters in Aceton und mit methanol. HCl (*Fischer, Riedl*, A. **486** [1931] 178, 180, 186).

Kristalle (aus Py. + Me.); F: 235°. λ_{max} (Ae. + $CHCl_3$ sowie $CHCl_3$; 435 – 625 nm): *Fi.*, *Ri.*

Eisen(III)-Komplex $Fe(C_{38}H_{40}N_4O_6)Cl$. λ_{max} (Py. + N_2H_4; 440 – 550 nm): *Fi.*, *Ri.*

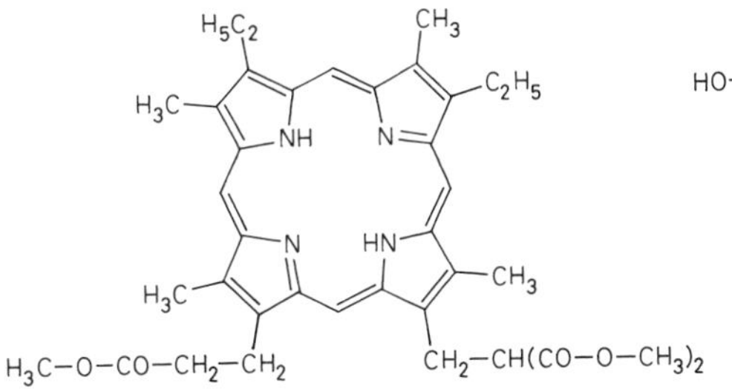

3,3′,3″-[13-Äthyl-3,8,12,17-tetramethyl-porphyrin-2,7,18-triyl]-tri-propionsäure $C_{35}H_{38}N_4O_6$, Formel IV und Taut.

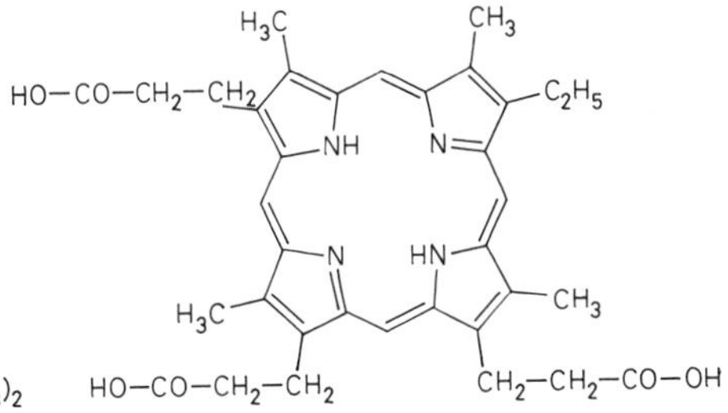

B. Aus [4-Äthyl-5-brommethyl-3-methyl-pyrrol-2-yl]-[5-brommethyl-4-(2-carboxy-äthyl)-3-methyl-pyrrol-2-yl]-methinium-bromid (E III/IV **25** 879) und Bis-[5-brom-3-(2-carboxy-äthyl)-4-methyl-pyrrol-2-yl]-methinium-bromid (E III/IV **25** 1108) beim Erhitzen mit Methylbernsteinsäure oder mit HBr in Essigsäure (*Fischer et al.*, A. **479** [1930] 26, 27, 32).

Kristalle (aus Ae.).

Überführung in eine Dihydro-Verbindung $C_{35}H_{40}N_4O_6$ (grüne Kristalle [aus Ae.], unterhalb 285° nicht schmelzend; Trimethylester $C_{38}H_{46}N_4O_6$: blaue Kristalle [aus Ae.], F: 166° [korr.]; Kupfer(II)-Komplex des Trimethylesters $CuC_{38}H_{44}N_4O_6$: blaugrüne Kristalle) beim Erhitzen des Eisen(III)-Komplexes mit Natrium und Amylalkohol und anschliessenden Behandeln mit Luft in wss. NaOH: *Fi. et al.*, l. c. S. 35.

Dihydrochlorid $C_{35}H_{38}N_4O_6 \cdot 2HCl$. Kristalle (aus wss. HCl).

Kupfer(II)-Komplex $CuC_{35}H_{36}N_4O_6$. Rote Kristalle (aus Py. + Eg.).

Trimethylester $C_{38}H_{44}N_4O_6$. Kristalle (aus Me.); F: 175° [korr.]. λ_{max} ($CHCl_3$; 480 – 625 nm): *Fi. et al.* – Kupfer(II)-Komplex $CuC_{38}H_{42}N_4O_6$. Rote Kristalle (aus $CHCl_3$ + Me.); F: 214° [korr.]. λ_{max} (Py.; 525 – 575 nm): *Fi. et al.* – Eisen(III)-Komplex $Fe(C_{38}H_{42}N_4O_6)Cl$. Braunschwarze Kristalle (aus Eg.); F: 233° [korr.]. λ_{max} (Py. + N_2H_4; 435 – 555 nm): *Fi. et al.*

Triäthylester $C_{41}H_{50}N_4O_6$. Kristalle (aus Py. + A.); F: 167° (*Fi. et al.*, l. c. S. 33).

(1Ξ,2Ξ)-2-[(7*S*)-17-Äthyl-8*t*-(2-methoxycarbonyl-äthyl)-10-methoxycarbonylmethyl-3,7*r*,13,18-tetramethyl-7,8-dihydro-porphyrin-2-yl]-cyclopropancarbonsäure-methylester, 15^1-Methoxycarbonyl-3-[(1Ξ,2Ξ)-2-methoxycarbonyl-cyclopropyl]-3-desäthyl-phyllochlorin-methylester, *DEE*-Isochlorin-e_4-dimethylester $C_{38}H_{44}N_4O_6$, Formel V und Taut.

B. Beim Erwärmen von Isochlorin-e_4-dimethylester (15^1-Methoxycarbonyl-3^1,3^2-didehydro-phyllochlorin-methylester; S. 3013) mit Diazoessigsäure-methylester (*Fischer, Laubereau*, A. **535** [1938] 17, 24; *Fischer, Kellermann*, A. **519** [1935] 209, 230).

Kristalle (aus Acn. + Me.); F: 208° [korr.] (*Fi.*, *La.*). $[\alpha]^{20}_{690-730}$: −772° [Acn.; c = 0,03] (*Fi.*, *La.*). λ_{max} (Py. + Ae.; 440 – 670 nm): *Fi.*, *Ke.*

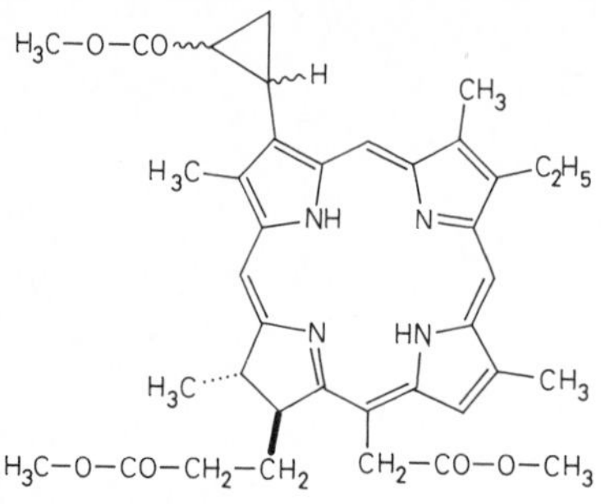

V 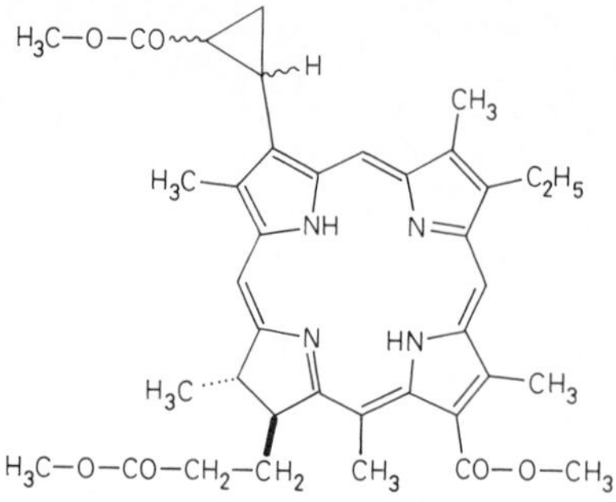 VI

(17*S*)-7-Äthyl-18*t*-[2-methoxycarbonyl-äthyl]-12-[(1Ξ,2Ξ)-2-methoxycarbonyl-cyclopropyl]-3,8,13,17*r*,20-pentamethyl-17,18-dihydro-porphyrin-2-carbonsäure-methylester, 3-[(1Ξ,2Ξ)-2-Methoxycarbonyl-cyclopropyl]-15-methyl-3-desäthyl-rhodochlorin-dimethylester, *DEE*-Chlorin-e_4-dimethylester $C_{38}H_{44}N_4O_6$, Formel VI und Taut.

B. Beim Erwärmen von Chlorin-e_4-dimethylester (15-Methyl-3^1,3^2-didehydro-rhodochlorin-dimethylester; S. 3016) mit Diazoessigsäure-methylester (*Fischer, Medick,* A. **517** [1935] 245, 252, 271).

Blau glänzende Kristalle (aus Acn. + Me.); F: 184°. λ_{max} (Py. + Ae.; 420 – 670 nm): *Fi., Me.*

Tricarbonsäuren $C_{36}H_{40}N_4O_6$

[7,12-Diäthyl-18-(2-methoxycarbonyl-äthyl)-3,8,13,17,20-pentamethyl-porphyrin-2-ylmethyl]-malonsäure-dimethylester, 13-[2,2-Bis-methoxycarbonyl-äthyl]-phylloporphyrin-methylester $C_{39}H_{46}N_4O_6$, Formel VII und Taut.

B. Aus 13-Methoxymethyl-phylloporphyrin-methylester (S. 3139) bei aufeinanderfolgendem Behandeln mit HBr in Essigsäure, mit der Kalium-Verbindung des Malonsäure-diäthylesters in Aceton und mit methanol. HCl (*Fischer et al.,* A. **508** [1934] 154, 155, 160).

Kristalle (aus $CHCl_3$); F: 211 – 212°. λ_{max} (Py. + Ae.; 445 – 640 nm): *Fi. et al.*

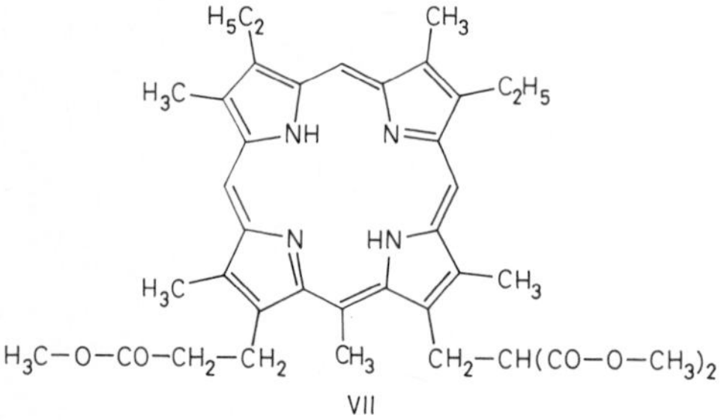

VII 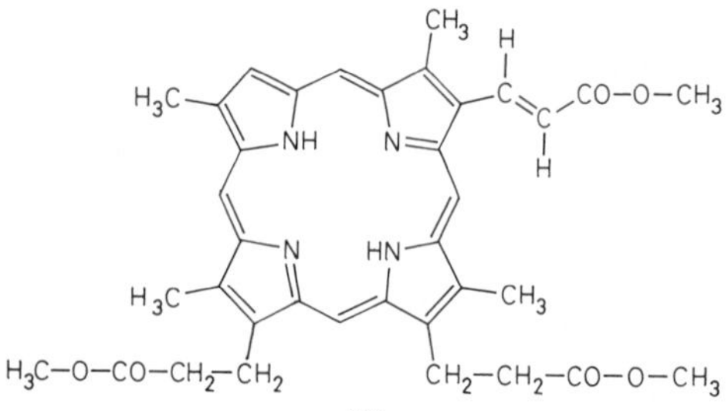 VIII

Tricarbonsäuren $C_nH_{2n-34}N_4O_6$

Tricarbonsäuren $C_{33}H_{32}N_4O_6$

3*t*(?)-[13,17-Bis-(2-methoxycarbonyl-äthyl)-3,8,12,18-tetramethyl-porphyrin-2-yl]-acrylsäure-methylester, 8-[*trans*(?)-2-Methoxycarbonyl-vinyl]-deuteroporphyrin-dimethylester $C_{36}H_{38}N_4O_6$, vermutlich Formel VIII und Taut. (in der Literatur als Deuteroporphyrin-4-acrylsäure bezeichnet).

Für die nachstehend beschriebene Verbindung kommt auch die Formulierung als 3*t*(?)-[8,12-Bis-(2-methoxycarbonyl-äthyl)-3,7,13,18-tetramethyl-porphyrin-2-yl]-acrylsäure-methylester (3-[*trans*(?)-2-Methoxycarbonyl-vinyl]-deuteroporphyrin-di=

methylester) in Betracht.

B. Aus einem Gemisch von 3-Formyl-deuteroporphyrin-dimethylester und 8-Formyl-deuteroporphyrin-dimethylester (vgl. S. 3220) bei aufeinanderfolgendem Behandeln mit Malonsäure in Pyridin und Piperidin und mit Diazomethan in Äther (*Fischer, Beer,* Z. physiol. Chem. **244** [1936] 31, 49).

Kristalle (aus Acn.); F: 195°. λ_{max} (Py. + Ae.; 440 – 640 nm): *Fi., Beer.*

Kupfer(II)-Komplex $CuC_{36}H_{36}N_4O_6$. Kristalle (aus Acn.); F: 216°. λ_{max} (Py.; 445 – 600 nm): *Fi., Beer.*

Eisen(III)-Komplex. Kristalle; F: 263° [nach Sintern bei 238°]. λ_{max} (Py. + $N_2H_4 \cdot H_2O$; 465 – 585 nm): *Fi., Beer.*

Tricarbonsäuren $C_{34}H_{34}N_4O_6$

7-Äthyl-18-[2-methoxycarbonyl-äthyl]-20-methoxycarbonylmethyl-3,8,13,17-tetramethyl-12-vinyl-porphyrin-2-carbonsäure-methylester, 15-Methoxycarbonylmethyl-3¹,3²-didehydro-rhodoporphyrin-dimethylester $C_{37}H_{40}N_4O_6$, Formel IX und Taut. (in der Literatur als Vinylchloroporphyrin-e_6-trimethylester bezeichnet).

B. Aus Chlorin-e_6-trimethylester (S. 3074) beim Erwärmen mit wss. Ameisensäure und Eisen, Behandeln des Reaktionsprodukts mit $FeCl_3$ in Äther und Methanol und anschliessenden Verestern (*Fischer et al.,* A. **538** [1939] 128, 138). Aus (*R*)-13²-Methoxycarbonyl-3¹,3²-didehydro-phytoporphyrin-methylester („Vinylphäoporphyrin-a_5-dimethylester"; S. 3248) mit Hilfe von methanol. Natriummethylat (*Fischer, Oestreicher,* A. **546** [1941] 49, 57) oder von methanol. KOH (*Fi. et al.*).

Kristalle; F: 234° (*Fi. et al.*). λ_{max} (Ae.; 450 – 635 nm): *Fi. et al.*; λ_{max} (Dioxan): 409 nm, 512 nm, 579 nm und 633 nm (*Granick,* J. biol. Chem. **183** [1950] 713, 714, 719).

Kupfer(II)-Komplex $CuC_{37}H_{38}N_4O_6$. Kristalle (aus Acn. + Ae.); F: 222° (*Fi. et al.*). λ_{max} (Py. + Ae.; 530 – 600 nm): *Fi. et al.*

IX

X

Opt.-inakt. 7-Äthyl-18-[2-methoxycarbonyl-äthyl]-12-[2-methoxycarbonyl-cyclopropyl]-3,8,13,17-tetramethyl-porphyrin-2-carbonsäure-methylester, 3-[2-Methoxycarbonyl-cyclopropyl]-3-desäthyl-rhodoporphyrin-dimethylester $C_{37}H_{40}N_4O_6$, Formel X und Taut. (in der Literatur als *DEE*-Vinylrhodoporphyrin-dimethylester bezeichnet).

B. Aus 3¹,3²-Didehydro-rhodoporphyrin-dimethylester („Vinylrhodoporphyrin-dimethylester"; S. 3037) und Diazoessigsäure-methylester (*Fischer, Krauss,* A. **521** [1936] 261, 283). Aus (17*S*)-7-Äthyl-18*t*-[2-methoxycarbonyl-äthyl]-12-[(1Ξ,2Ξ)-2-methoxycarbonyl-cyclopropyl]-3,8,13,17*r*-tetramethyl-17,18-dihydro-porphyrin-2-carbonsäure-methylester (S. 3078) beim Behandeln mit wss. HI in Essigsäure (*Fischer et al.,* A. **524** [1936] 222, 227, 243). Aus Purpurin-7-trimethylester (S. 3304) beim Erwärmen mit Diazoessigsäure-methylester und Erwärmen des Reaktionsprodukts mit Methanol und Pyridin (*Fi., Kr.,* l. c. S. 284; s. a. *Fischer, Kahr,* A. **524** [1936] 251, 256, 265). Aus *DEE*-Phäophorbid-a (Methylester; S. 3308) beim Erhitzen mit methanol. KOH und Pyridin und anschliessenden Verestern mit Diazomethan (*Fi., Kahr,* l. c. S. 268).

Braunrote Kristalle (aus Py.); F: 247° (*Fi., Kr.*), 246° (*Fi., Kahr*). Absorptionsspektrum (Dioxan; 490–670 nm): *Stern, Wenderlein,* Z. physik. Chem. [A] **175** [1936] 405, 414. λ_{max} (Py. + Ae.; 435–640 nm): *Fi., Kr.*

(2*S*)-8,13-Diäthyl-3*c*,7,12,17-tetramethyl-(2*r*)-2,3-dihydro-2¹*H*-benzo[*at*]porphyrin-2²,2³,18-tricarbonsäure-trimethylester, Mesochloroviolin-trimethylester, Mesoneopurpurin-6-trimethylester $C_{37}H_{40}N_4O_6$, Formel XI und Taut.

B. Aus sog. „instabilem Mesochlorin-7-monomethylester" (S. 3295) beim Behandeln mit Benzoylchlorid und Pyridin, anschliessenden Hydrolysieren und Verestern (*Strell, Iscimenler,* A. **553** [1942] 53, 58, 63).

Violette Kristalle (aus Acn. + Me.); F: 198°. Über das optische Drehungsvermögen in $CHCl_3$ s. *St., Is.* λ_{max} (Py. + Ae.; 440–695 nm): *St., Is.*

Zink-Komplex $ZnC_{37}H_{38}N_4O_6$. Kristalle (aus Me.); F: 218°. λ_{max} (Py. + Ae.; 445–670 nm): *St., Is.,* l. c. S. 65.

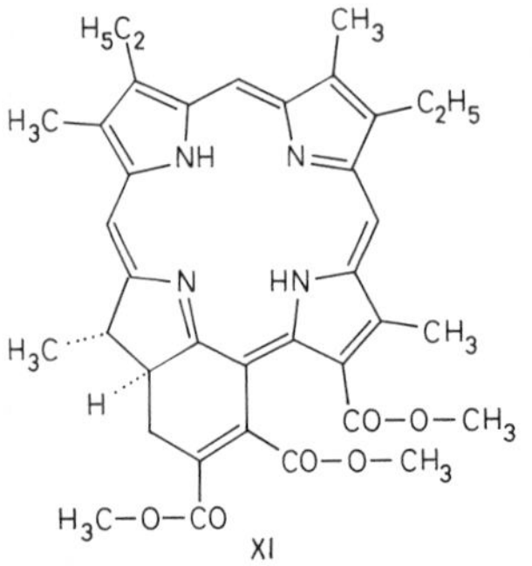

XI

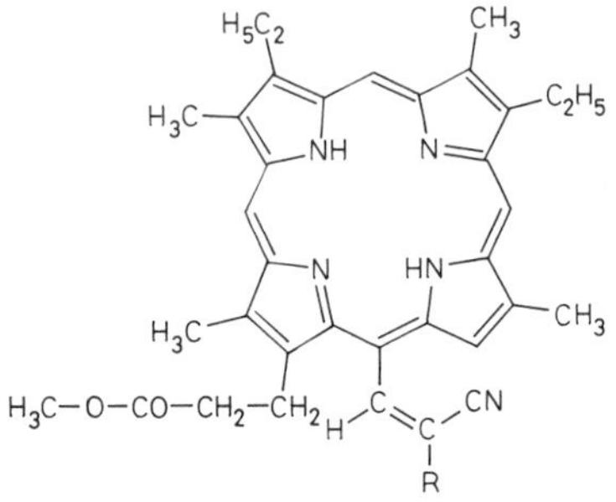

XII

Tricarbonsäuren $C_{35}H_{36}N_4O_6$

2-Cyan-3*t*(?)-[12,17-diäthyl-3-(2-methoxycarbonyl-äthyl)-2,8,13,18-tetramethyl-porphyrin-5-yl]-acrylsäure-methylester, 15¹-[(*E*?)-Cyan-methoxycarbonyl-methylen]-phylloporphyrin-methylester, 15-[(*E*?)-2-Cyan-2-methoxycarbonyl-vinyl]-pyrroporphyrin-methylester $C_{37}H_{39}N_5O_4$, vermutlich Formel XII (R = $CO-O-CH_3$) und Taut. (in der Literatur als Pyrroporphyrin-γ-[α-cyan-acrylsäure]-dimethylester bezeichnet).

B. Aus 15¹-Oxo-phylloporphyrin-methylester („γ-Formyl-pyrroporphyrin-methylester"; S. 3178) und Cyanessigsäure-methylester beim Erwärmen mit Pyridin und Piperidin, Behandeln des Reaktionsprodukts mit wss. HCl und anschliessenden Verestern mit Diazomethan (*Fischer, Kanngiesser,* A. **543** [1940] 271, 280).

Kristalle (aus Acn. + Me.); F: 240°. λ_{max} (Py. + Ae.; 435–645 nm): *Fi., Ka.*

3-[8,13-Diäthyl-20-(2,2-dicyan-vinyl)-3,7,12,17-tetramethyl-porphyrin-2-yl]-propionsäure-methylester, 15¹-Dicyanmethylen-phylloporphyrin-methylester, 15-[2,2-Dicyan-vinyl]-pyrroporphyrin-methylester $C_{36}H_{36}N_6O_2$, Formel XII (R = CN) und Taut.

B. Aus 15¹-Oxo-phylloporphyrin-methylester (S. 3178) beim Behandeln mit Malononitril in Pyridin (*Fischer, Mittermair,* A. **548** [1941] 147, 170).

Kristalle (aus Acn. + Me.); F: 272°.

Zink-Komplex $ZnC_{36}H_{34}N_6O_2$. Hellrote Kristalle (aus Acn.); F: 310°. λ_{max} (Py. + Ae.; 480–650 nm): *Fi., Mi.*

3-[(2*S*)-13-Äthyl-20-(2,2-dicyan-vinyl)-3*t*,7,12,17-tetramethyl-8-vinyl-2,3-dihydro-porphyrin-2*r*-yl]-propionsäure-methylester, 15¹-Dicyanmethylen-3¹,3²-didehydro-phyllochlorin-methylester $C_{36}H_{36}N_6O_2$, Formel XIII und Taut.

B. Beim Erwärmen von Purpurin-3-methylester (15¹-Oxo-3¹,3²-didehydro-phyllochlorin-methylester; S. 3179) mit Malononitril in Pyridin (*Fischer, Strell,* A. **543** [1940] 143, 147, 156).

Kristalle (aus Ae.); F: 222°. λ_{max} (Ae.; 450–715 nm): *Fi., St.*

***Opt.-inakt. 2-[17-Äthyl-8-(2-methoxycarbonyl-äthyl)-10-methoxycarbonylmethyl-3,7,13,18-tetramethyl-porphyrin-2-yl]-cyclopropancarbonsäure-methylester,** 15^1-Methoxycarbonyl-3-[2-methoxycarbonyl-cyclopropyl]-3-desäthyl-phylloporphyrin-methylester, *DEE*-Isochloroporphyrin-e_4-dimethylester $C_{38}H_{42}N_4O_6$, Formel XIV und Taut.

B. In geringer Menge aus *DEE*-Isochlorin-e_4-dimethylester (S. 3079) beim Erhitzen mit Kupfer(II)-acetat in Essigsäure im Luftstrom und Behandeln des Reaktionsprodukts mit konz. H_2SO_4 (*Fischer, Laubereau,* A. **535** [1938] 17, 18, 24).

Kristalle (aus Acn. + Me.); F: 196° [korr.]. λ_{max} (Py. + Ae.; 435 – 635 nm): *Fi., La.*

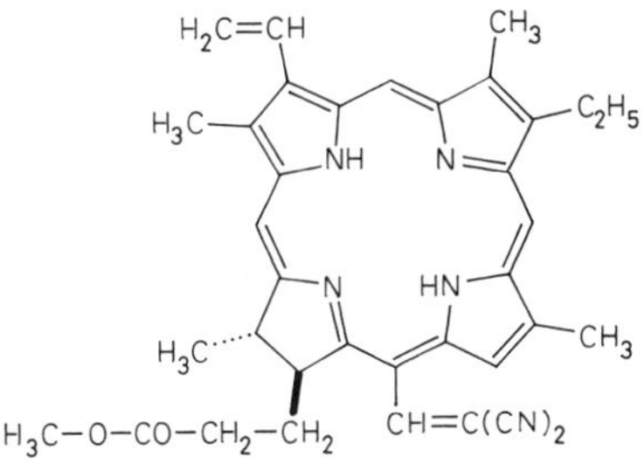

XIII

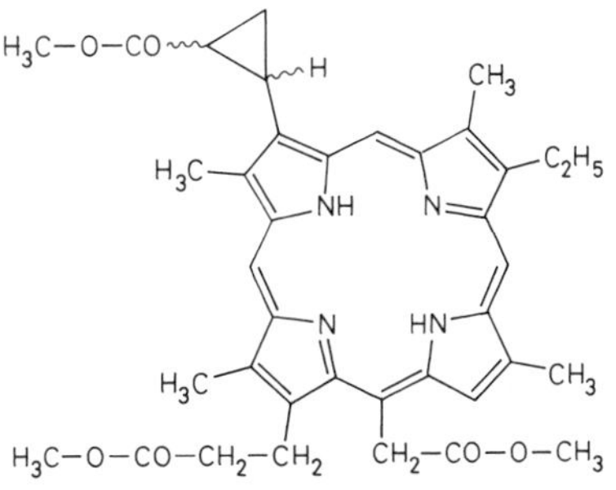

XIV

(±)-7,12-Diäthyl-2^1-cyan-18-[2-methoxycarbonyl-äthyl]-3,8,13,17-tetramethyl-2^1,2^2-dihydro-cyclopenta[*at*]porphyrin-2^1-carbonsäure-methylester, 13^1-Cyan-13^1-methoxycarbonyl-13^1-desoxo-phytoporphyrin-methylester $C_{37}H_{39}N_5O_4$, Formel I und Taut. (in der Literatur als 9-Cyan-9-carbomethoxy-desoxophylloerythrin-methylester bezeichnet).

B. Aus sog. Pyrroporphyrin-γ-[α-cyan-acrylsäure]-dimethylester (2-Cyan-3*t*(?)-[12,17-diäthyl-3-(2-methoxycarbonyl-äthyl)-2,8,13,18-tetramethyl-porphyrin-5-yl]-acrylsäure-methylester; S. 3082) beim Erhitzen mit Bernsteinsäure (*Fischer, Kanngiesser,* A. **543** [1940] 271, 273, 281).

Kristalle (aus Me. + Acn.); F: 246°. λ_{max} (Py. + Ae.; 425 – 625 nm): *Fi., Ka.*

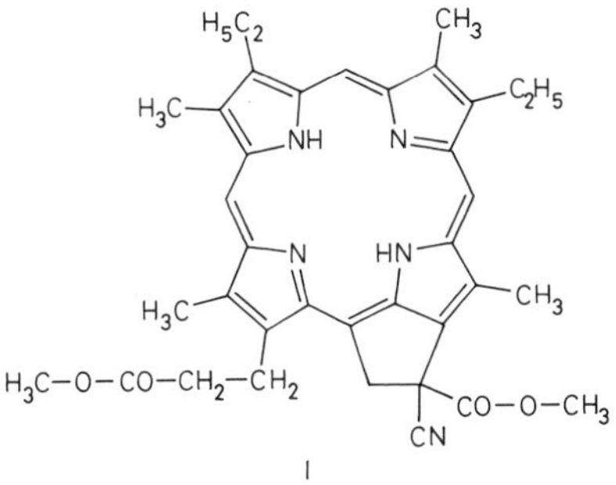

I

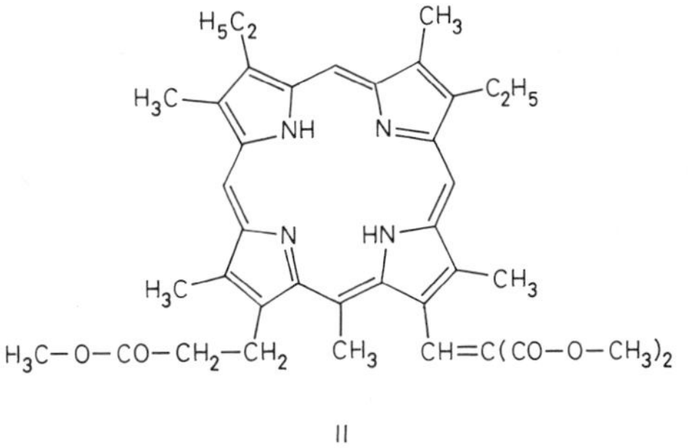

II

Tricarbonsäuren $C_{36}H_{38}N_4O_6$

[7,12-Diäthyl-18-(2-methoxycarbonyl-äthyl)-3,8,13,17,20-pentamethyl-porphyrin-2-ylmethylen]-malonsäure-dimethylester, 13-[2,2-Bis-methoxycarbonyl-vinyl]-phylloporphyrin-methylester $C_{39}H_{44}N_4O_6$, Formel II und Taut. (in der Literatur als Phylloporphyrin-6-vinyl-ω,ω'-dicarbonsäure bezeichnet).

B. Aus 13-Formyl-phylloporphyrin-methylester (S. 3183) beim Behandeln mit Malonsäure in Pyridin und Piperidin und anschliessenden Verestern mit Diazomethan (*Fischer et al.,* A. **523** [1936] 164, 167, 183).

Kristalle (aus Py. + Me.); F: 255°. λ_{max} (Py. + Ae.; 435 – 635 nm): *Fi. et al.*

(±)-3-[7,12-Diäthyl-2¹-dicyanmethyl-3,8,13,17-tetramethyl-2¹,2²-dihydro-cyclopenta[*at*]=porphyrin-18-yl]-propionsäure-methylester, (±)-13¹-Dicyanmethyl-13¹-desoxo-phytoporphyrin-methylester $C_{37}H_{38}N_6O_2$, Formel III und Taut. (in der Literatur als 9-Dicyanmethyl-desoxophylloerythrin-methylester bezeichnet).

B. Beim Erhitzen von 13-Formyl-phylloporphyrin-methylester (S. 3183) mit Malononitril in Pyridin und Piperidin (*Fischer et al.*, A. **523** [1936] 164, 174, 194).

Kristalle (aus Py. + Me.); F: 222°. λ_{max} (Py. + Ae.; 420–625 nm): *Fi. et al.*

III IV

Tricarbonsäuren $C_nH_{2n-36}N_4O_6$

8,13-Diäthyl-3,7,12,17-tetramethyl-2¹*H*-benzo[*at*]porphyrin-2²,2³,18-tricarbonsäure-trimethyl=ester $C_{37}H_{38}N_4O_6$, Formel IV und Taut. (in der Literatur als Chloroviolin-porphyrin-trimethylester bezeichnet).

B. Aus Mesochloroviolin-trimethylester (S. 3082) bei aufeinanderfolgendem Behandeln mit wss. HI in Essigsäure und mit Luft (*Strell, Iscimenler*, A. **553** [1942] 53, 60, 65).

Kristalle (aus Ae.); F: 278°. λ_{max} (Py. + Ae.; 435–635 nm): *St., Is.*

Kupfer(II)-Komplex $CuC_{37}H_{36}N_4O_6$. Kristalle (aus Acn. + Me.); F: 301°. λ_{max} (Py. + Ae.): 529 nm und 571 nm.

V

(2*S*)-13-Äthyl-3*c*,7,12,17-tetramethyl-8-vinyl-(2*r*)-2,3-dihydro-2¹*H*-benzo[*at*]porphyrin-2²,2³,18-tricarbonsäure-trimethylester, Chloroviolin-trimethylester, Neopurpurin-6-tri=methylester $C_{37}H_{38}N_4O_6$, Formel V und Taut.

B. Aus sog. „instabilem Chlorin-7-monomethylester" (S. 3303) beim Behandeln mit Benz=oylchlorid und Pyridin, anschliessenden Hydrolysieren und Verestern (*Strell, Iscimenler*, A. **553** [1942] 53, 56, 58, 61).

Blauviolette Kristalle (aus Acn. + Me.); F: 185° [Zers. ab 270°]. λ_{max} (Acn. + Ae.; 445–715 nm): *St., Is.*

D. Tetracarbonsäuren

Tetracarbonsäuren $C_nH_{2n-26}N_4O_8$

1,1,2,2-Tetrakis-[3-äthoxycarbonyl-4,5-dimethyl-pyrrol-2-yl]-äthan, 4,5,4′,5′,4″,5″,4‴,5‴-Octamethyl-2,2′,2″,2‴-äthandiyliden-tetrakis-pyrrol-3-carbonsäure-tetraäthylester $C_{38}H_{50}N_4O_8$, Formel VI (E II 338).

B. Aus 4,5-Dimethyl-pyrrol-3-carbonsäure-äthylester und Glyoxal mit Hilfe von wss. HBr (*Treibs, Reitsam,* B. **90** [1957] 777, 781, 785).

Kristalle (aus $CHCl_3$+PAe.); F: 251°.

Beim längeren Erwärmen mit wss. HBr in Äthanol entsteht Tris-[3-äthoxycarbonyl-4,5-dimethyl-pyrrol-2-yl]-äthen (S. 992); dieses ist identisch mit der beim Erwärmen mit $AlCl_3$ in CS_2 erhaltenen, E II 339 als 4,5,4′,5′,4″,5″,4‴,5‴-Octamethyl-2,2′,2″,2‴-äthendiyliden-tetrakis-pyrrol-3-carbonsäure-tetraäthylester $C_{38}H_{48}N_4O_8$ beschriebenen Verbindung.

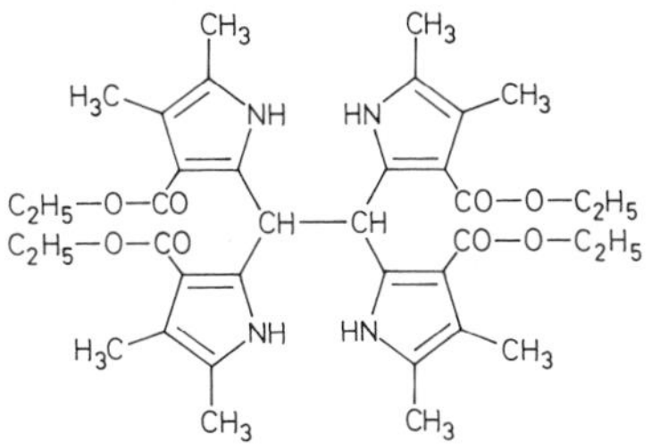

VI 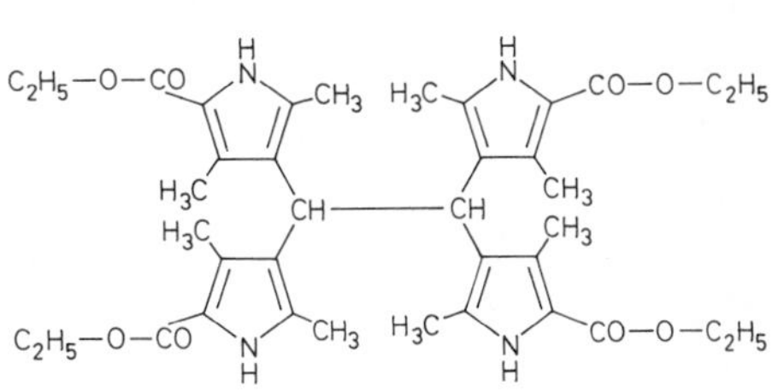 VII

1,1,2,2-Tetrakis-[5-äthoxycarbonyl-2,4-dimethyl-pyrrol-3-yl]-äthan, 3,5,3′,5′,3″,5″,3‴,5‴-Octamethyl-4,4′,4″,4‴-äthandiyliden-tetrakis-pyrrol-2-carbonsäure-tetraäthylester $C_{38}H_{50}N_4O_8$, Formel VII.

B. Aus 3,5-Dimethyl-pyrrol-2-carbonsäure-äthylester und Glyoxal-bis-dimethylacetal mit Hilfe von konz. H_2SO_4 (*Fischer, Gademann,* A. **550** [1942] 196, 204).

Kristalle (aus A.+Acn.); F: 220°.

1,1,4,4-Tetrakis-[4-äthoxycarbonyl-3,5-dimethyl-pyrrol-2-yl]-butan, 2,4,2′,4′,2″,4″,2‴,4‴-Octamethyl-5,5′,5″,5‴-butandiyliden-tetrakis-pyrrol-3-carbonsäure-tetraäthylester $C_{40}H_{54}N_4O_8$, Formel VIII (n = 2).

B. Aus 2,4-Dimethyl-pyrrol-3-carbonsäure-äthylester und Succinaldehyd mit Hilfe von wss. HBr (*Treibs, Seifert,* A. **612** [1958] 242, 256).

Kristalle (aus A.); F: 257°.

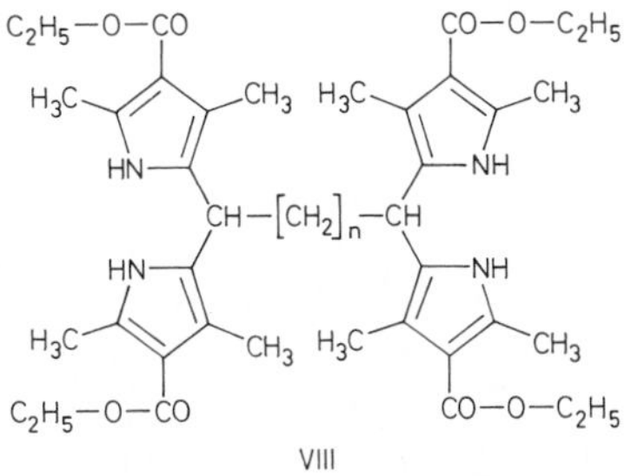

VIII 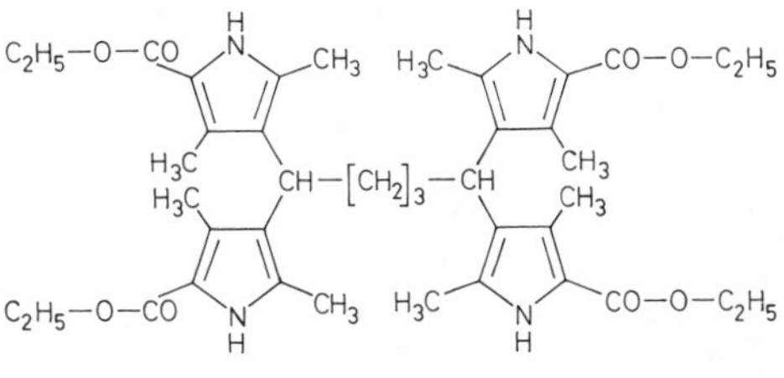 IX

1,1,5,5-Tetrakis-[4-äthoxycarbonyl-3,5-dimethyl-pyrrol-2-yl]-pentan, 2,4,2′,4′,2″,4″,2‴,4‴-Octamethyl-5,5′,5″,5‴-pentandiyliden-tetrakis-pyrrol-3-carbonsäure-tetraäthylester $C_{41}H_{56}N_4O_8$, Formel VIII (n = 3).

B. Aus 2,4-Dimethyl-pyrrol-3-carbonsäure-äthylester und Glutaraldehyd mit Hilfe von wss. HBr (*Treibs, Seifert,* A. **612** [1958] 242, 256).

Kristalle (aus A.); F: 229°.

1,1,5,5-Tetrakis-[5-äthoxycarbonyl-2,4-dimethyl-pyrrol-3-yl]-pentan, 3,5,3′,5′,3″,5″,3‴,5‴-Octamethyl-4,4′,4″,4‴-pentandiyliden-tetrakis-pyrrol-2-carbonsäure-tetraäthylester $C_{41}H_{56}N_4O_8$, Formel IX.

B. Aus 3,5-Dimethyl-pyrrol-2-carbonsäure-äthylester und Glutaraldehyd mit Hilfe von wss. HBr (*Treibs, Seifert,* A. **612** [1958] 242, 257).

Kristalle (aus A.); F: 266°. λ_{max} ($CHCl_3$?): 590–610 nm.

1,1,2,2-Tetrakis-[5-äthoxycarbonyl-4-äthyl-3-methyl-pyrrol-2-yl]-äthan, 3,3′,3″,3‴-Tetraäthyl-4,4′,4″,4‴-tetramethyl-5,5′,5″,5‴-äthandiyliden-tetrakis-pyrrol-2-carbonsäure-tetraäthylester $C_{42}H_{58}N_4O_8$, Formel X (R = CH_3, R′ = C_2H_5).

B. Aus Bis-[5-äthoxycarbonyl-4-äthyl-3-methyl-pyrrol-2-yl]-methan beim Erwärmen mit $FeCl_3$ in Essigsäure (*Fischer et al.,* A. **493** [1932] 1, 9).

Kristalle (aus Eg.+H_2O); F: 164° [korr.].

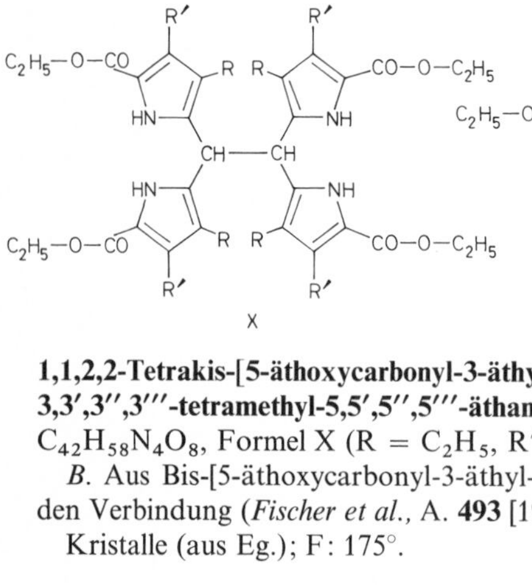

X

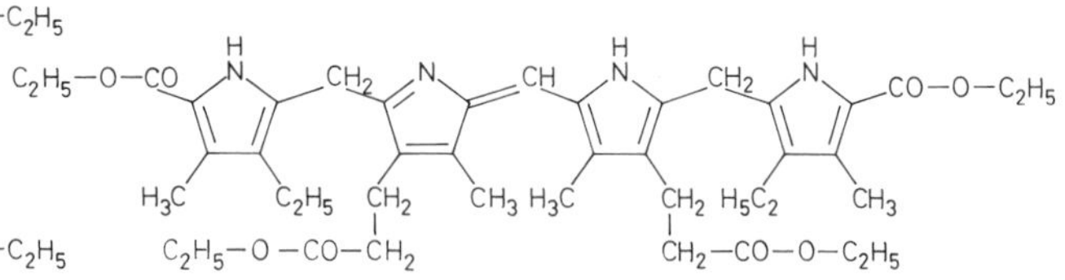

XI

1,1,2,2-Tetrakis-[5-äthoxycarbonyl-3-äthyl-4-methyl-pyrrol-2-yl]-äthan, 4,4′,4″,4‴-Tetraäthyl-3,3′,3″,3‴-tetramethyl-5,5′,5″,5‴-äthandiyliden-tetrakis-pyrrol-2-carbonsäure-tetraäthylester $C_{42}H_{58}N_4O_8$, Formel X (R = C_2H_5, R′ = CH_3).

B. Aus Bis-[5-äthoxycarbonyl-3-äthyl-4-methyl-pyrrol-2-yl]-methan analog der vorangehenden Verbindung (*Fischer et al.,* A. **493** [1932] 1, 10).

Kristalle (aus Eg.); F: 175°.

Tetracarbonsäuren $C_nH_{2n-28}N_4O_8$

***7,13-Bis-[2-äthoxycarbonyl-äthyl]-3,17-diäthyl-2,8,12,18-tetramethyl-5,15,22,24-tetrahydro-21*H*-bilin-1,19-dicarbonsäure-diäthylester** $C_{43}H_{58}N_4O_8$, Formel XI.

B. Aus Bis-[5-brommethyl-4-(2-carboxy-äthyl)-3-methyl-pyrrol-2-yl]-methinium-bromid (E III/IV **25** 1115) und 4-Äthyl-3-methyl-pyrrol-2-carbonsäure-äthylester in Äthanol (*Fischer, Reinecke,* Z. physiol. Chem. **258** [1939] 243, 245, 250).

Gelbe Kristalle; F: 132°.

Hydrobromid $C_{43}H_{58}N_4O_8 \cdot HBr$. Kristalle (aus Eg.+$H_2O$); F: 184°.

Tetracarbonsäuren $C_nH_{2n-30}N_4O_8$

***1,1,5,5-Tetrakis-[4-äthoxycarbonyl-3,5-dimethyl-pyrrol-2-yl]-penta-1,4-dien, 2,4,2′,4′,2″,4″,2‴,4‴-Octamethyl-5,5′,5″,5‴-penta-1,4-diendiyliden-tetrakis-pyrrol-3-carbonsäure-tetraäthylester** $C_{41}H_{52}N_4O_8$, Formel XII (R = H).

B. Aus 1,1-Bis-[4-äthoxycarbonyl-3,5-dimethyl-pyrrol-2-yl]-äthen und wss. Formaldehyd

beim Erwärmen mit Essigsäure (*Treibs, Reitsam,* A. **611** [1958] 205, 217).
Kristalle (aus Py.); F: 262°.

***3,3'-{5,5'-Bis-[3-(2-äthoxycarbonyl-äthyl)-5-chlor-4-methyl-pyrrol-2-ylidenmethyl]-3,3'-dimethyl-1*H*,1'*H*-[2,2']bipyrrolyl-4,4'-diyl}-di-propionsäure-diäthylester** $C_{42}H_{52}Cl_2N_4O_8$, Formel XIII (R = C_2H_5, X = Cl) und Taut.

B. Aus dem Palladium-Komplex der folgenden, in den Tetraäthylester überführten Verbindung beim Behandeln mit wss. HCl (*Fischer, Stachel,* Z. physiol. Chem. **258** [1939] 121, 129, 135).

Dunkelgrüne Kristalle (aus Acn. + A.); F: 241°.

Palladium-Komplex. Dunkelbraune Kristalle; F: 182° (*Fi., St.,* l. c. S. 130).

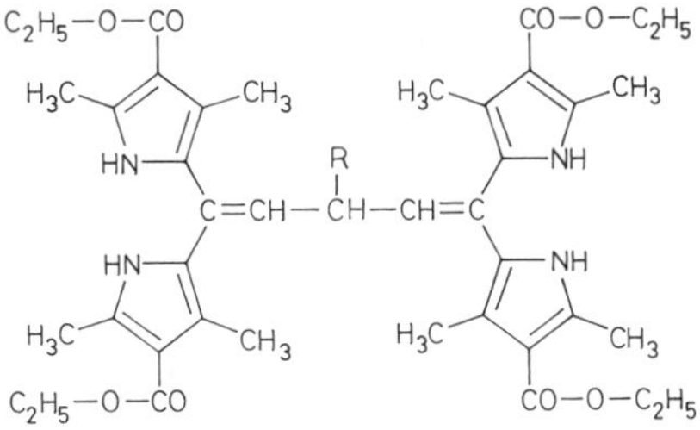

XII

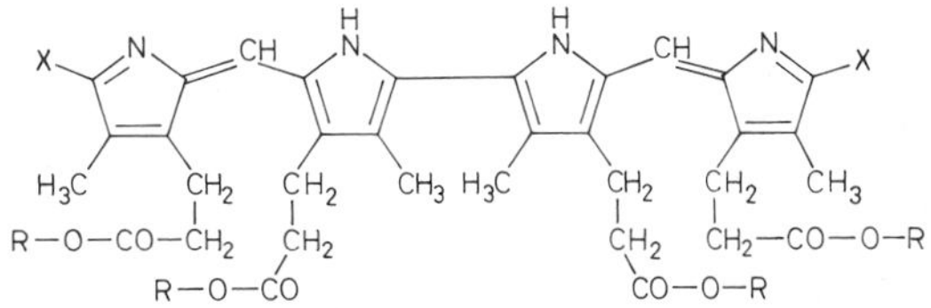

XIII

***3,3'-{5,5'-Bis-[5-brom-3-(2-methoxycarbonyl-äthyl)-4-methyl-pyrrol-2-ylidenmethyl]-3,3'-dimethyl-1*H*,1'*H*-[2,2']bipyrrolyl-4,4'-diyl}-di-propionsäure-dimethylester** $C_{38}H_{44}Br_2N_4O_8$, Formel XIII (R = CH_3, X = Br) und Taut.

B. Aus [5-Brom-3-(2-methoxycarbonyl-äthyl)-4-methyl-pyrrol-2-yl]-[5-brom-3-(2-methoxycarbonyl-äthyl)-4-methyl-pyrrol-2-yliden]-methan (E III/IV **25** 1108) mit Hilfe von Palladium/$CaCO_3$ (*Fischer, Stachel,* Z. physiol. Chem. **258** [1939] 121, 128, 134, 135).

Grüne Kristalle (aus Acn. + Me.); F: 225°.

Palladium-Komplex $PdC_{38}H_{42}Br_2N_4O_8$. Braune Kristalle (aus Acn. + Me.); F: 168°.

***3,3'-{5,5'-Bis-[5-jod-3-(2-methoxycarbonyl-äthyl)-4-methyl-pyrrol-2-ylidenmethyl]-3,3'-dimethyl-1*H*,1'*H*-[2,2']bipyrrolyl-4,4'-diyl}-di-propionsäure-dimethylester** $C_{38}H_{44}I_2N_4O_8$, Formel XIII (R = CH_3, X = I) und Taut.

B. Analog der entsprechenden Chlor-Verbindung [s. o.] (*Fischer, Stachel,* Z. physiol. Chem. **258** [1939] 121, 128, 135).

Grünliche Kristalle (aus Acn.); F: 237°.

***1,1,5,5-Tetrakis-[4-äthoxycarbonyl-3,5-dimethyl-pyrrol-2-yl]-3-äthyl-penta-1,4-dien, 2,4,2',4',2'',4'',2''',4'''-Octamethyl-5,5',5'',5'''-[3-äthyl-penta-1,4-diendiyliden]-tetrakis-pyrrol-3-carbonsäure-tetraäthylester** $C_{43}H_{56}N_4O_8$, Formel XII (R = C_2H_5).

B. Aus 1,1-Bis-[4-äthoxycarbonyl-3,5-dimethyl-pyrrol-2-yl]-äthen und Propionaldehyd beim Erwärmen mit Essigsäure (*Treibs, Reitsam,* A. **611** [1958] 205, 209, 218).

Kristalle (aus A.); F: 220°.

Tetracarbonsäuren $C_nH_{2n-32}N_4O_8$

***1,1,5-Tris-[4-äthoxycarbonyl-3,5-dimethyl-pyrrol-2-yl]-5-[4-äthoxycarbonyl-3,5-dimethyl-pyrrol-2-yliden]-penta-1,3-dien** $C_{41}H_{50}N_4O_8$, Formel I.

B. Aus 1,1,5,5-Tetrakis-[4-äthoxycarbonyl-3,5-dimethyl-pyrrol-2-yl]-penta-1,4-dien (S. 3086) in Essigsäure beim Behandeln mit Luft (*Treibs, Reitsam,* A. **611** [1958] 205, 218).

Hydrobromid $C_{41}H_{50}N_4O_8 \cdot HBr$; 1,1,5,5-Tetrakis-[4-äthoxycarbonyl-3,5-dimethyl-pyrrol-2-yl]-pentamethinium-bromid. *B.* Aus 1,1-Bis-[4-äthoxycarbonyl-

3,5-dimethyl-pyrrol-2-yl]-äthen-hydrobromid, Orthoameisensäure-triäthylester und wss. HBr (*Treibs, Seifert,* A. **612** [1958] 242, 254). – Braune Kristalle (aus $CHCl_3$); F: 248°. λ_{max} ($CHCl_3$?): 690–730 nm.

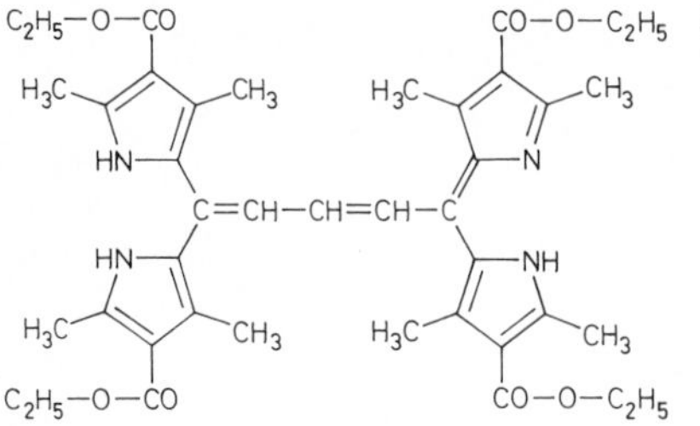

I

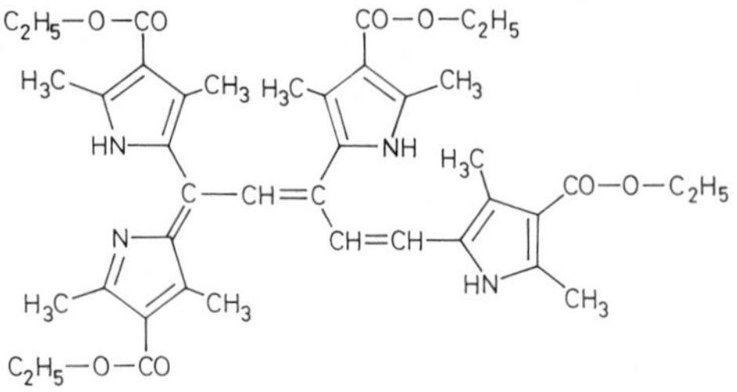

II

***1,3,5-Tris-[4-äthoxycarbonyl-3,5-dimethyl-pyrrol-2-yl]-5-[4-äthoxycarbonyl-3,5-dimethyl-pyrrol-2-yliden]-penta-1,3-dien** $C_{41}H_{50}N_4O_8$, Formel II und Taut.

Hydrobromid $C_{41}H_{50}N_4O_8 \cdot HBr$; 1,1,3,5-Tetrakis-[4-äthoxycarbonyl-3,5-dimethyl-pyrrol-2-yl]-pentamethinium-bromid. *B.* Aus 1,1,3-Tris-[4-äthoxycarbonyl-3,5-dimethyl-pyrrol-2-yl]-3-methyl-trimethinium-chlorid (S. 997), 5-Formyl-2,4-dimethyl-pyrrol-3-carbonsäure-äthylester und wss. HBr (*Treibs, Seifert,* A. **612** [1958] 242, 255). – Schwarzgrüne Kristalle (aus Ae.); F: 213°. λ_{max} ($CHCl_3$?): 560–590 nm.

Ein wahrscheinlich identisches Präparat (braune Kristalle [aus $CHCl_3$+Ae.]; F: 227–228°) ist aus 1,1,3-Tris-[4-äthoxycarbonyl-3,5-dimethyl-pyrrol-2-yl]-3-methyl-trimethinium-bromid, Orthoameisensäure-triäthylester und wss. HBr erhalten worden (*Tr., Se.,* l. c. S. 245, 255).

(7*S*)-17-Äthyl-8*t*-[2-methoxycarbonyl-äthyl]-10-methoxycarbonylmethyl-3,7*r*,13,18-tetramethyl-7,8-dihydro-porphyrin-2,12-dicarbonsäure-dimethylester, 3-Methoxycarbonyl-15-methoxycarbonylmethyl-3-desäthyl-rhodochlorin-dimethylester $C_{37}H_{42}N_4O_8$, Formel III (R = $CO\text{-}O\text{-}CH_3$) und Taut. (in der Literatur als 2-Desvinyl-chlorin-e_6-2-carbonsäure-tetramethylester bezeichnet).

B. Aus Chlorin-e_6-trimethylester (S. 3074) beim Behandeln mit wss. $KMnO_4$ und Verestern des Reaktionsprodukts mit Diazomethan (*Fischer, Walter,* A. **549** [1941] 44, 59).

Braunrote Kristalle (aus Py.+Me.); F: 253°. λ_{max} (Py.+Ae.; 490–700 nm): *Fi., Wa.*

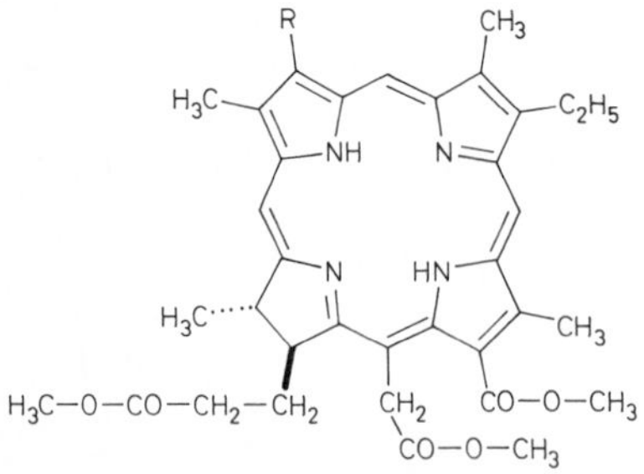

III

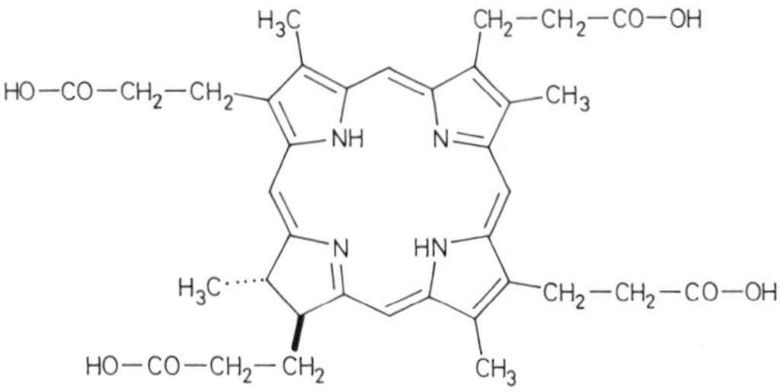

IV

(17*S*)-7-Äthyl-12-cyan-18*t*-[2-methoxycarbonyl-äthyl]-20-methoxycarbonylmethyl-3,8,13,17*r*-tetramethyl-17,18-dihydro-porphyrin-2-carbonsäure-methylester, 3-Cyan-15-methoxycarbonylmethyl-3-desäthyl-rhodochlorin-dimethylester $C_{36}H_{39}N_5O_6$, Formel III (R = CN) und Taut. (in der Literatur als 2-Desvinyl-2-cyan-chlorin-e_6-trimethylester bezeichnet).

B. Aus sog. 2-Desvinyl-2-formyl-chlorin-e_6-trimethylester-oxim (3-[Hydroxyimino-methyl]-

15-methoxycarbonylmethyl-3-desäthyl-rhodochlorin-dimethylester; S. 3294) mit Hilfe von Natriumacetat und Acetanhydrid (*Fischer, Walter,* A. **549** [1941] 44, 63).

Kristalle (aus Acn.+Me.); F: 230°. λ_{max} (Py.+Ae.; 490–710 nm): *Fi., Wa.*

(±)-3,3′,3″,3‴-[3*t*,8,13,18-Tetramethyl-2,3-dihydro-porphyrin-2*r*,7,12,17-tetrayl]-tetra-propionsäure, *rac*-Koprochlorin-I $C_{36}H_{40}N_4O_8$, Formel IV+Spiegelbild und Taut.

B. In geringer Menge aus dem Eisen(III)-Komplex des Koproporphyrin-I-tetramethylesters (S. 3095) beim aufeinanderfolgenden Behandeln mit Natrium in Pentan-1-ol und mit Luft (*Fischer, Fröwis,* Z. physiol. Chem. **195** [1931] 49, 53, 71).

Schwarzgrüne Kristalle (aus Ae.); unterhalb 280° nicht schmelzend. λ_{max} (Ae. [480–655 nm] sowie wss. HCl [540–625 nm]): *Fi., Fr.*

Tetracarbonsäuren $C_nH_{2n-34}N_4O_8$

Tetracarbonsäuren $C_{28}H_{22}N_4O_8$

3,8,13,18-Tetramethyl-porphyrin-2,7,12,17-tetracarbonsäure-tetraäthylester $C_{36}H_{38}N_4O_8$, Formel V und Taut.

B. Aus [3-Äthoxycarbonyl-5-brom-4-methyl-pyrrol-2-yliden]-[4-äthoxycarbonyl-3,5-di≈methyl-pyrrol-2-yl]-methan (E III/IV **25** 1096) beim Erhitzen mit CuCl in Naphthalin und Hydrolysieren des Kupfer-Komplexes (s. u.) mit methanol. H_2SO_4 (*Corwin, Sydow,* Am. Soc. **75** [1953] 4484).

Kristalle (aus $CHCl_3$+Isooctan). λ_{max} (Dioxan): 526 nm, 556 nm und 596 nm.

Kupfer(II)-Komplex $CuC_{36}H_{36}N_4O_8$. Purpurrote Kristalle (aus Nitrobenzol). λ_{max} ($CHCl_3$): 553 nm und 592 nm.

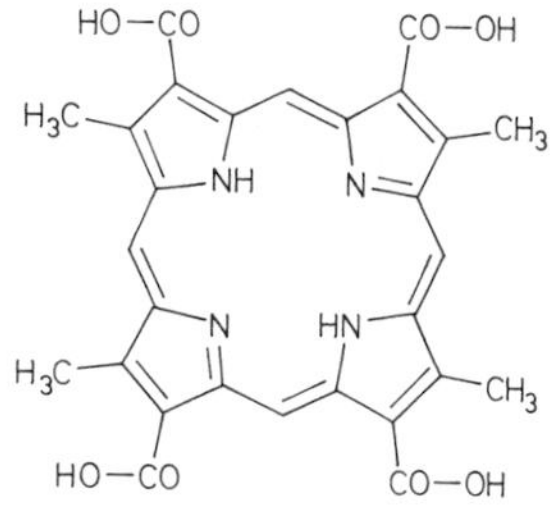

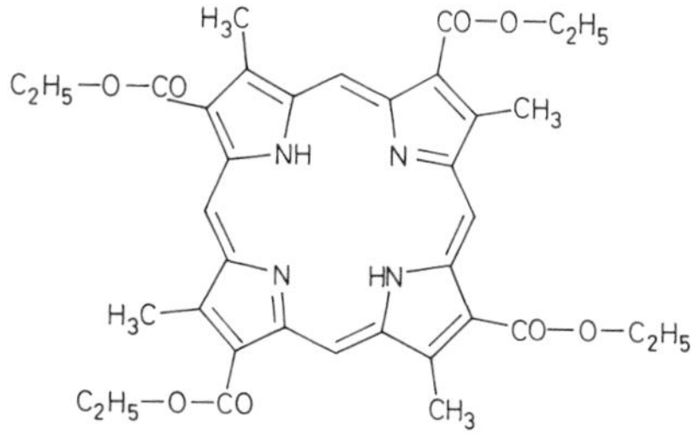

3,7,13,17-Tetramethyl-porphyrin-2,8,12,18-tetracarbonsäure $C_{28}H_{22}N_4O_8$, Formel VI und Taut. (in der Literatur als 1,4,5,8-Tetramethyl-2,3,6,7-tetracarboxy-porphyrin bezeichnet).

B. Aus dem Tetraäthylester [s. u.] (*Andrews et al.,* Am. Soc. **72** [1950] 491, 493).

Kristalle (aus $CHCl_3$+Me.).

Tetraäthylester $C_{36}H_{38}N_4O_8$. *B.* Aus Bis-[3-äthoxycarbonyl-4-methyl-pyrrol-2-yl]-methan und 5-Formyl-1,2,4-trimethyl-pyrrol-3-carbonsäure-äthylester oder 4-Formyl-3,5-di≈methyl-pyrrol-2-carbonsäure-äthylester (*An. et al.*). Aus Bis-[3-äthoxycarbonyl-4-methyl-pyrrol-2-yl]-methan beim Erhitzen mit CH_2I_2 und Pyridin in Xylol unter Zusatz von Kupfer(II)-acetat (*Corwin, Sydow,* Am. Soc. **75** [1953] 4484). – Kristalle [aus $CHCl_3$+Me.] (*An. et al.*). λ_{max} (510–650 nm): *An. et al.*

Tetracarbonsäuren $C_{32}H_{30}N_4O_8$

3,3′,3″,3‴-Porphyrin-2,7,12,17-tetrayl-tetra-propionsäure $C_{32}H_{30}N_4O_8$, Formel VII und Taut. (in der Literatur als Porphin-1,3,5,7-tetrapropionsäure bezeichnet).

B. Aus [3-Brom-4-(2-carboxy-äthyl)-5-methyl-pyrrol-2-yl]-[4,5-dibrom-3-(2-carboxy-äthyl)-

pyrrol-2-yl]-methinium-bromid (E III/IV **25** 1105) beim Erhitzen mit Brenztraubensäure (*Fischer et al.*, A. **525** [1936] 24, 32, 40, 42).

Kristalle [aus Py.+Me.] (*Fi. et al.*). λ_{max} (Py.+Ae. [480–620 nm] sowie wss. HCl [540–595 nm]): *Fi. et al.*

Tetramethylester $C_{36}H_{38}N_4O_8$. Kristalle (aus Py.+Me.); F: 265–266° (*Fi. et al.*). Absorptionsspektrum (Dioxan; 480–640 nm): *Stern et al.*, Z. physik. Chem. [A] **177** [1936] 40, 44, 53. Fluorescenzmaxima (Dioxan; 590–720 nm): *St. et al.*

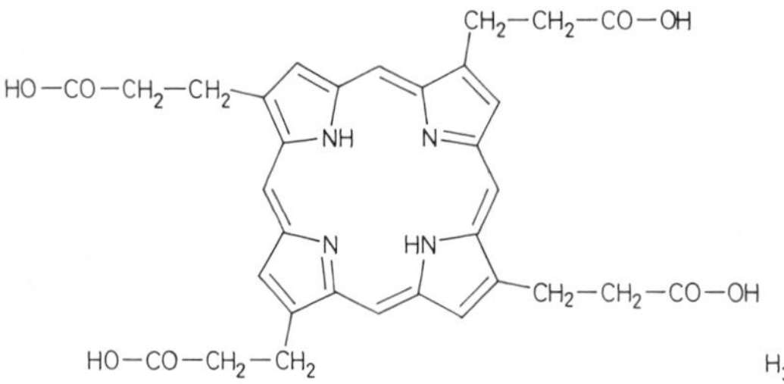

VII 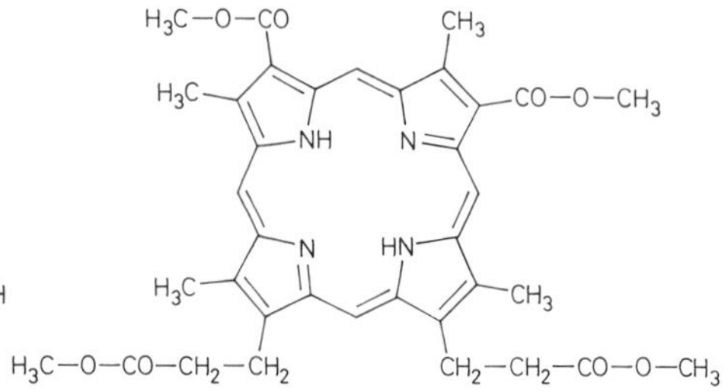 VIII

13,17-Bis-[2-methoxycarbonyl-äthyl]-3,8,12,18-tetramethyl-porphyrin-2,7-dicarbonsäure-dimethylester, 3,8-Bis-methoxycarbonyl-deuteroporphyrin-dimethylester $C_{36}H_{38}N_4O_8$, Formel VIII und Taut. (in der Literatur als Deuteroporphyrin-2,4-dicarbonsäure-tetramethylester bezeichnet).

B. Aus Hämin (S. 3048) beim aufeinanderfolgenden Behandeln mit wss. $KMnO_4$ in Pyridin und mit Eisen(II)-acetat in wss. HCl und Verestern des Reaktionsprodukts mit Diazomethan (*Fischer, Deilmann*, A. **545** [1940] 22, 25).

Kristalle (aus Acn.+Me.); F: 185°.

Zink-Komplex $ZnC_{36}H_{36}N_4O_8$. Violette Kristalle (aus Acn.+Me.); F: 274–280°. λ_{max} (Eg.+Ae.; 545–600 nm): *Fi., De.*

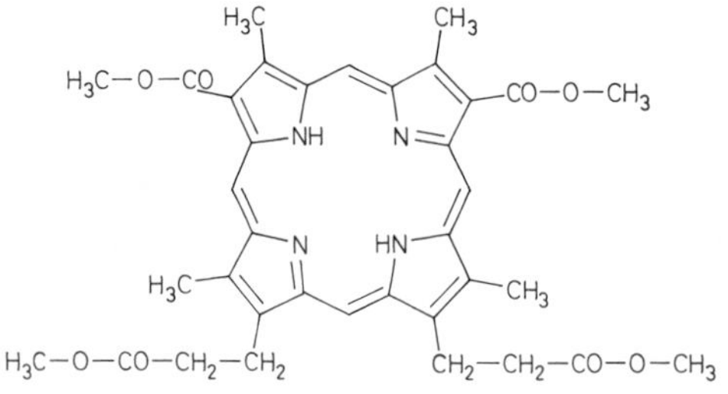

IX 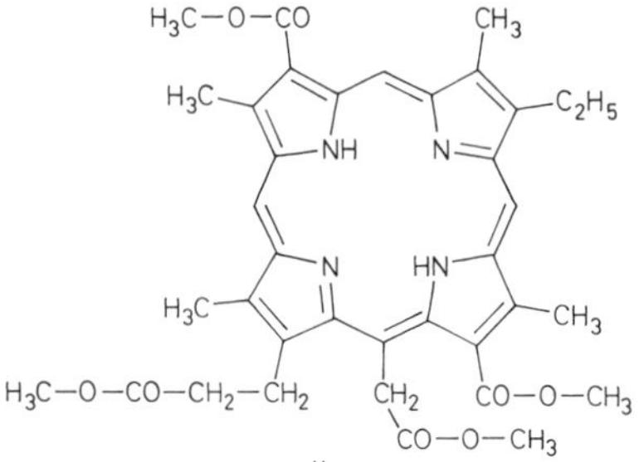 X

13,17-Bis-[2-methoxycarbonyl-äthyl]-3,7,12,18-tetramethyl-porphyrin-2,8-dicarbonsäure-dimethylester $C_{36}H_{38}N_4O_8$, Formel IX und Taut. (in der Literatur als 1,4,6,7-Tetramethyl-porphin-dicarbonsäure-(5,8)-di-[β-propionsäure]-(2,3)-tetramethylester bezeichnet).

B. Aus Bis-[4-äthoxycarbonyl-3,5-dimethyl-pyrrol-2-yl]-methinium-bromid (E III/IV **25** 1101) und Bis-[5-brom-3-(2-carboxy-äthyl)-4-methyl-pyrrol-2-yl]-methinium-bromid (E III/IV **25** 1108) beim Erhitzen mit Brenztraubensäure und Bernsteinsäure und Überführen des Reaktionsprodukts in den Methylester (*Fischer et al.*, A. **498** [1932] 284, 287, 293).

F: 282°. λ_{max} (Py.+Ae.; 505–640 nm): *Fi. et al.*

Tetracarbonsäuren $C_{33}H_{32}N_4O_8$

17-Äthyl-8-[2-methoxycarbonyl-äthyl]-10-methoxycarbonylmethyl-3,7,13,18-tetramethyl-porphyrin-2,12-dicarbonsäure-dimethylester, 3-Methoxycarbonyl-15-methoxycarbonylmethyl-3-desäthyl-rhodoporphyrin-dimethylester $C_{37}H_{40}N_4O_8$, Formel X und Taut. (in der Literatur als 2-Desäthyl-2-carbonsäure-chloroporphyrin-e_6-tetramethylester bezeichnet).

B. Aus 3-Methoxycarbonyl-15-methoxycarbonylmethyl-3-desäthyl-rhodochlorin-dimethylester (S. 3088) beim Erwärmen mit wss. HI in Essigsäure und Verestern des Reaktionsprodukts mit Diazomethan (*Fischer et al.*, A. **557** [1947] 163, 173).

Kristalle (aus Acn.+Me.); F: 258° [Zers.]. λ_{max} (Schmelze sowie Lösung in Py.+Ae.; 505–645 nm): *Fi. et al.*

Tetracarbonsäuren $C_{34}H_{34}N_4O_8$

3,18-Diäthyl-12-[2-methoxycarbonyl-äthyl]-10-methoxycarbonylmethyl-7,13,17-trimethyl-porphyrin-2,8-dicarbonsäure-8-methylester, 7-Carboxy-15-methoxycarbonylmethyl-7-desmethyl-rhodoporphyrin-dimethylester, Rhodinporphyrin-g_8-trimethylester $C_{37}H_{40}N_4O_8$, Formel XI (R = H) und Taut.

B. Aus dem Eisen(III)-Komplex des Rhodinporphyrin-g_7-trimethylesters (15-Methoxycarbonylmethyl-7^1-oxo-rhodoporphyrin-dimethylester; S. 3298) beim Behandeln mit wss. HI und Essigsäure im Luftstrom (*Fischer, Breitner,* A. **510** [1934] 183, 184, 186).

Hygroskopische Kristalle (aus Acn.); F: 285° [Zers.]. λ_{max} (Py.+Ae.; 495–645 nm): *Fi., Br.*

3,18-Diäthyl-12-[2-methoxycarbonyl-äthyl]-10-methoxycarbonylmethyl-7,13,17-trimethyl-porphyrin-2,8-dicarbonsäure-dimethylester, 7-Methoxycarbonyl-15-methoxycarbonylmethyl-7-desmethyl-rhodoporphyrin-dimethylester, Rhodinporphyrin-g_8-tetramethylester $C_{38}H_{42}N_4O_8$, Formel XI (R = CH_3) und Taut.

Zusammenfassende Darstellung: *H. Fischer, A. Stern,* Die Chemie des Pyrrols, Bd. 2, Tl. 2 [Leipzig 1940] S. 293.

B. Aus Rhodinporphyrin-g_8-trimethylester (s. o.) und Diazomethan (*Fischer, Breitner,* A. **510** [1934] 183, 184, 187). Aus Rhodin-g_8-tetramethylester (s. u.) beim Hydrieren in Essigsäure an Palladium und anschliessenden Behandeln mit Luft (*Fischer, Lautenschlager,* A. **528** [1937] 9, 15, 31).

Blaue Kristalle; F: 268° [aus Acn.+Me.] (*Fi., Br.*), 263° [aus Py.+Me.] (*Fi., La.*). Absorptionsspektrum (Dioxan; 480–660 nm): *Stern, Wenderlein,* Z. physik. Chem. [A] **175** [1936] 405, 406, 425. λ_{max} (Py.+Ae.; 495–645 nm): *Fi., Br.*; *Fi., La.*

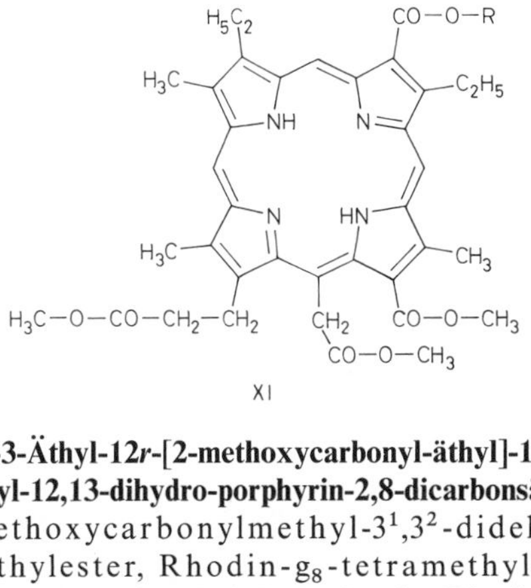

XI

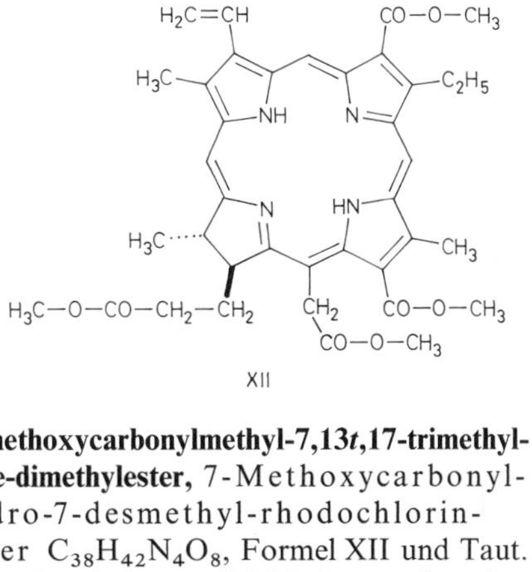

XII

(12*S*)-3-Äthyl-12*r*-[2-methoxycarbonyl-äthyl]-10-methoxycarbonylmethyl-7,13*t*,17-trimethyl-18-vinyl-12,13-dihydro-porphyrin-2,8-dicarbonsäure-dimethylester, 7-Methoxycarbonyl-15-methoxycarbonylmethyl-3^1,3^2-didehydro-7-desmethyl-rhodochlorin-dimethylester, Rhodin-g_8-tetramethylester $C_{38}H_{42}N_4O_8$, Formel XII und Taut.

B. Aus dem Eisen(III)-Komplex des Rhodin-g_7-trimethylesters (15-Methoxycarbonylmethyl-

7^1-oxo-$3^1,3^2$-didehydro-rhodochlorin-dimethylester; S. 3301) beim aufeinanderfolgenden Behandeln mit HI und Essigsäure, mit Luft und mit Diazomethan (*Fischer, Bauer,* A. **523** [1936] 235, 238, 262). Aus Phäophorbid-b_7-trimethylester ((13^2R)-7,13^2-Bis-methoxycarbonyl-$3^1,3^2$-didehydro-7-desmethyl-phytochlorin-methylester; S. 3307) beim Erhitzen mit wss. $Ba(OH)_2$ und Verestern des Reaktionsprodukts mit Diazomethan (*Fischer, Lautenschlager,* A. **528** [1937] 9, 15, 31).

Blauschwarze Kristalle (aus Acn. + Me.); F: 182° (*Fi., La.*). λ_{max} (Py. + Ae.; 500 – 665 nm): *Fi., La.*

Tetracarbonsäuren $C_{35}H_{36}N_4O_8$

(17*S*)-7-Äthyl-18*t*-[2-methoxycarbonyl-äthyl]-12-[(1*Ξ*,2*Ξ*)-2-methoxycarbonyl-cyclopropyl]-3,8,13,17*r*-tetramethyl-17,18-dihydro-porphyrin-2,20-dicarbonsäure-dimethylester, 15-Methoxycarbonyl-3-[(1*Ξ*,2*Ξ*)-2-methoxycarbonyl-cyclopropyl]-3-desäthyl-rhodochlorin-dimethylester, *DEE*-Chlorin-p_6-trimethylester $C_{39}H_{44}N_4O_8$, Formel XIII und Taut.

B. Aus *DEE*-Phäopurpurin-18-methylester ((17*S*)-7-Äthyl-18*t*-[2-methoxycarbonyl-äthyl]-12-[(1*Ξ*,2*Ξ*)-2-methoxycarbonyl-cyclopropyl]-3,8,13,17*r*-tetramethyl-17,18-dihydro-porphyrin-2,20-dicarbonsäure-anhydrid; Syst.-Nr. 4699) beim Behandeln mit methanol. KOH und anschliessenden Verestern mit Diazomethan (*Fischer, Kahr,* A. **524** [1936] 251, 254, 260).

Kristalle (aus Acn. + Me.); F: 220°. $[\alpha]^{20}_{ca.\,700}$: +411° [Acn.; c = 0,1]. λ_{max} (Py. + Ae.; 485 – 690 nm): *Fi., Kahr.*

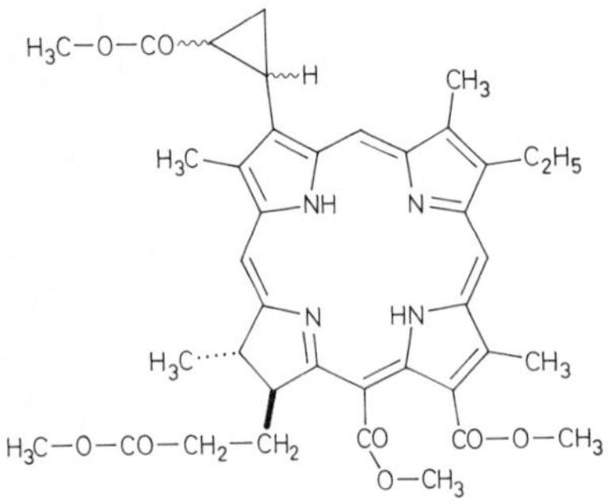

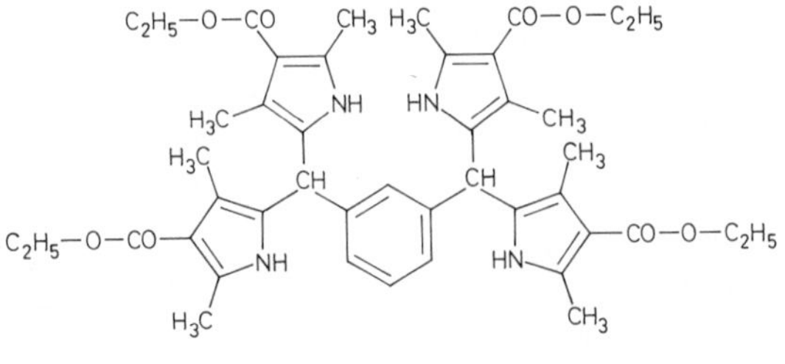

Tetracarbonsäuren $C_{36}H_{38}N_4O_8$

1,3-Bis-[bis-(4-äthoxycarbonyl-3,5-dimethyl-pyrrol-2-yl)-methyl]-benzol $C_{44}H_{54}N_4O_8$, Formel I.

B. Aus 2,4-Dimethyl-pyrrol-3-carbonsäure-äthylester und Isophthalaldehyd mit Hilfe von wss. HBr (*Treibs, Seifert,* A. **612** [1958] 242, 256).

Kristalle; Zers. bei 251°.

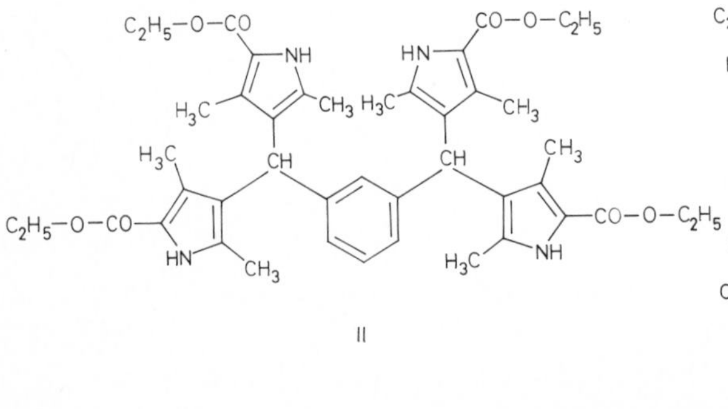

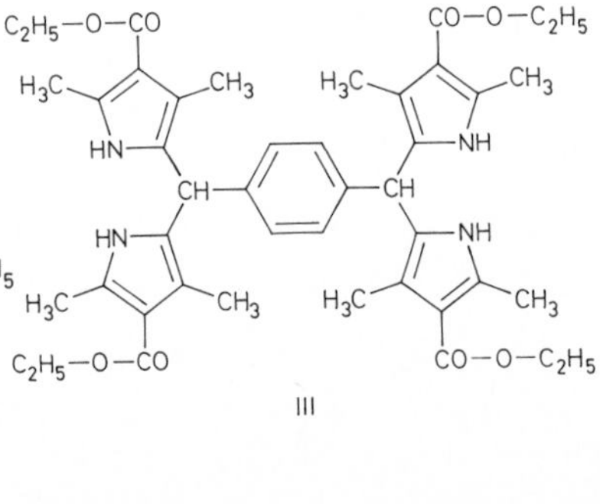

1,3-Bis-[bis-(5-äthoxycarbonyl-2,4-dimethyl-pyrrol-3-yl)-methyl]-benzol $C_{44}H_{54}N_4O_8$, Formel II.

B. Analog der vorangehenden Verbindung (*Treibs, Seifert,* A. **612** [1958] 242, 257).

Kristalle (aus A.); F: 163°.

1,4-Bis-[bis-(4-äthoxycarbonyl-3,5-dimethyl-pyrrol-2-yl)-methyl]-benzol $C_{44}H_{54}N_4O_8$, Formel III.

Diese Konstitution kommt der früher (E II **25** 257) als 2,4,2',4'-Tetramethyl-5,5'-[4-formyl-benzyliden]-bis-pyrrol-3-carbonsäure-diäthylester beschriebenen Verbindung zu (*Treibs, Seifert,* A. **612** [1958] 242, 246 Anm. 5).

B. Analog den vorangehenden Verbindungen (*Tr., Se.,* l. c. S. 256).

Kristalle; Zers. bei 275°.

1,4-Bis-[bis-(5-äthoxycarbonyl-2,4-dimethyl-pyrrol-3-yl)-methyl]-benzol $C_{44}H_{54}N_4O_8$, Formel IV.

B. Analog den vorangehenden Verbindungen (*Treibs, Seifert,* A. **612** [1958] 242, 257).

Kristalle (aus Eg.); F: 296–301°.

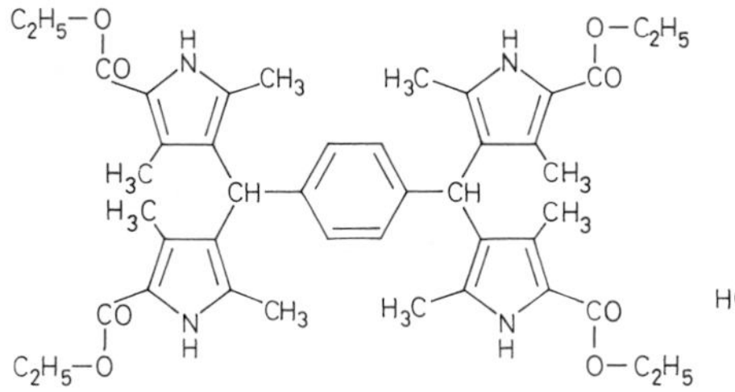

IV

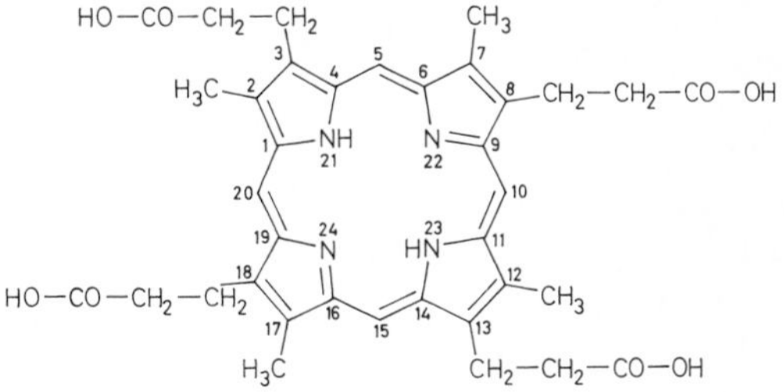

V

3,3',3'',3'''-[3,8,13,18-Tetramethyl-porphyrin-2,7,12,17-tetrayl]-tetra-propionsäure, Koproporphyrin-I [1]), Coproporphyrin-I, Koproporphyrin $C_{36}H_{38}N_4O_8$, Formel V und Taut.

Zusammenfassende Darstellungen: *Watson, Larson,* Physiol. Rev. **27** [1947] 478–510; *H. Fischer, H. Orth,* Die Chemie des Pyrrols, Bd. 2, Tl. 1 [Leipzig 1937] S. 477.

Isolierung aus Urin bei Porphyrie: *Fischer,* Z. physiol. Chem. **97** [1916] 148, 161; *Fischer, Zerweck,* Z. physiol. Chem. **137** [1924] 242, 246; *Gray, Neuberger,* Biochem. J. **47** [1950] 81, 82; s. a. *McSwiney et al.,* Biochem. J. **46** [1950] 147; aus den Faeces bei Porphyrie: *Fischer,* Z. physiol. Chem. **96** [1915] 148, 161, **97** 163; *Fischer, Zerweck,* Z. physiol. Chem. **137** [1924] 176, 238; *Gray, Ne.*; aus Hefen nach Züchtung in geeigneten Nährlösungen: *Fischer, Fink,* Z. physiol. Chem. **140** [1924] 57, **144** [1925] 101, 107, **150** [1925] 243; *Fischer, Hilmer,* Z. physiol. Chem. **153** [1926] 167; *Fink,* Bio. Z. **211** [1929] 65.

B. Aus 3-[4-Methyl-pyrrol-3-yl]-propionsäure und Chlormethyl-methyl-äther (*Fischer, Adler,* Z. physiol. Chem. **197** [1931] 237, 253, 277; *Fischer, Hofmann,* Z. physiol. Chem. **246** [1937] 15, 19) oder Ameisensäure (*Fischer, Treibs,* A. **450** [1926] 132, 136, 148; *Fischer,* D.R.P. 490420 [1926]; Frdl. **16** 2857; *Fi., Ho.*). Aus 5-Brommethyl-4-[2-carboxy-äthyl]-3-methyl-pyrrol-2-carbonsäure-äthylester beim Erhitzen mit HBr und Essigsäure (*Fischer et al.,* A. **461** [1928] 244, 255, 275; *Fischer,* D.R.P. 524637 [1927]; Frdl. **18** 3004), auch unter Zusatz von Bernsteinsäure (*Fischer,* D.R.P. 526280 [1928]; Frdl. **18** 3007). Aus 4-[2-Carboxy-äthyl]-3,5-dimethyl-pyrrol-2-carbonsäure-äthylester beim Erhitzen mit HBr und Essigsäure (*Fischer,* D.R.P. 525837 [1927]; Frdl. **18** 3006). Aus [5-Brom-3-(2-carboxy-äthyl)-4-methyl-pyrrol-2-yl]-[4-(2-carboxy-äthyl)-3,5-dimethyl-pyrrol-2-yl]-methinium-bromid (E III/IV **25** 1112) beim Erhitzen mit Essigsäure (*Fischer, Andersag,* A. **450** [1926] 201, 206, 212), mit Bernsteinsäure (*Fischer et al.,* A. **466**

---

[1]) Bei von Koproporphyrin abgeleiteten Namen gilt die in Formel V angegebene Stellungsbezeichnung (vgl. *Merritt, Loening,* Pure appl. Chem. **51** [1979] 2251, 2296).

[1928] 147, 148, 156; *Fischer, Kirrmann,* A. **475** [1929] 266, 276, 282; s. a. *Fischer, Klarer,* D.R.P. 515992 [1926]; Frdl. **17** 2638) oder mit Citronensäure (*Fischer, v. Holt,* Z. physiol. Chem. **227** [1934] 124, 126, 133; *Fischer, Fröwis,* Z. physiol. Chem. **195** [1931] 49, 63; *Libowitzky,* Z. physiol. Chem. **265** [1940] 191, 202). Aus [5-Brom-4-(2-carboxy-äthyl)-3-methyl-pyrrol-2-yl]-[3-(2-carboxy-äthyl)-4,5-dimethyl-pyrrol-2-yl]-methinium-bromid (E II **25** 177) beim Erhitzen mit Bernsteinsäure (*Fi. et al.,* A. **466** 170). Aus [4-Äthyl-3,5-dimethyl-pyrrol-2-yl]-[4-(2-carboxy-äthyl)-3-methyl-pyrrol-2-yl]-methinium-bromid (E II **25** 144) beim Erhitzen mit methanol. Kaliummethylat (*Fischer, Berg,* A. **482** [1930] 189, 195, 213). Aus 4-[2-Carboxy-äthyl]-5-hydroxymethyl-3-methyl-pyrrol-2-carbonsäure beim Erhitzen mit wss.-methanol. HBr (*Siedel, Winkler,* A. **554** [1943] 162, 177, 194). Aus 5-Amino-4-oxo-valeriansäure in Gegenwart von 5-Aminolävulin-Dehydrogenase aus Organextrakten (*Gajdos, Gajdos-Török,* C. r. Soc. Biol. **149** [1955] 1932). Aus dem Tetramethylester (S. 3095) mit Hilfe von wss. NaOH (*Fischer,* Z. physiol. Chem. **96** [1915] 148, 169; *Fi., An.,* l. c. S. 214). Aus 2,2′,2″,2‴-[3,8,13,18-Tetramethyl-porphyrin-2,7,12,17-tetrayl]-tetra-bernsteinsäure-octamethylester (S. 3129) beim Erhitzen mit wss. HCl (*Fischer, Zischler,* Z. physiol. Chem. **245** [1937] 123, 124, 131). Aus [3,8,13,18-Tetramethyl-porphyrin-2,7,12,17-tetrayltetramethyl]-tetra-malonsäure-octamethylester beim Erhitzen mit HBr und Essigsäure (*Fi., Zi.*) oder wss. HCl (*Fischer, Siebert,* A. **483** [1930] 1, 16). Beim Erhitzen von Uroporphyrin-I [S. 3132] (*Fischer, Hilger,* Z. physiol. Chem. **149** [1925] 65, 66), auch unter Zusatz von Resorcin (*Schumm,* Z. physiol. Chem. **181** [1929] 141, 167). Aus Uroporphyrin-I-octamethylester (S. 3133) beim Erhitzen mit wss. HCl (*Fischer, Zerweck,* Z. physiol. Chem. **137** [1924] 242, 261; *Fischer, Haarer,* Z. physiol. Chem. **204** [1932] 101, 104; *Edmondson, Schwartz,* J. biol. Chem. **205** [1953] 605, 606; *Grinstein et al.,* J. biol. Chem. **157** [1945] 323, 334; *MacDonald, Stedman,* Canad. J. Chem. **32** [1954] 896, 899).

Kristalle [aus Eg.+Ae. bzw. aus Py.+Eg.+H_2O] (*Fischer,* Z. physiol. Chem. **96** [1915] 148, 169; *Fischer, Andersag,* A. **450** [1926] 201, 214). IR-Spektrum (CCl_4; 2–14 μ): *Craven et al.,* Anal. Chem. **24** [1952] 1214. Absorptionsspektrum in einem Äther-Essigsäure-Gemisch (240–440 nm): *Paic,* C. r. **203** [1936] 933; in Pyridin (440–680 nm): *Treibs,* Z. physiol. Chem. **168** [1927] 68, 81; in sauren, neutralen und alkal. wss. Lösungen (240–440 nm bzw. 320–640 nm): *Paic,* C. r. **203** 933; *Neuberger, Scott,* Pr. roy. Soc. [A] **213** [1952] 307, 313–315; in wss. HCl und wss. NaOH (300–600 nm): *Jope, O'Brien,* Biochem. J. **39** [1945] 239, 240; in wss. HCl (240–430 nm): *Paic,* Ann. Inst. Pasteur **59** [1937] 197, 202. λ_{max} in $CHCl_3$, Äthylacetat und Dioxan (390–630 nm): *Chu, Chu,* J. biol. Chem. **234** [1959] 2741, 2743; in Äther (490–630 nm): *Keys, Brugsch,* Am. Soc. **60** [1938] 2135, 2136; *Fischer, Zerweck,* Z. physiol. Chem. **137** [1924] 242, 263; in einem Äther-Essigsäure-Gemisch (490–630 nm): *Fi., Ze.*; *Fischer, Andersag,* A. **458** [1927] 117, 144; *Treibs,* Z. physiol. Chem. **212** [1932] 33, 38; in wss. HCl (500–600 nm): *Fi., An.*; *Tr.,* Z. physiol. Chem. **212** 38; *Chu, Chu*; s. a. *Keys, Br.* Fluorescenzmaxima der an Al_2O_3 adsorbierten Verbindung (590–660 nm): *Bandow,* Z. physik. Chem. [B] **39** [1938] 155, 163; einer Lösung in Pyridin (610–700 nm): *Dhéré, Bris,* C. r. **183** [1926] 321. Relative Intensität der Fluorescenz in wss. HCl [bis 20%ig], wss. Lösungen vom pH 2–10 sowie wss. NaOH [bis 20%ig]: *Chu, Chu,* l. c. S. 2744; in wss. Lösungen vom pH 0–3: *Jope, O'Br.,* l. c. S. 241; vom pH 2–8: *Fink, Hoerburger,* Z. physiol. Chem. **218** [1933] 181, 194, 195; Naturwiss. **22** [1934] 292; Z. physiol. Chem. **232** [1935] 28, 31. Scheinbare Dissoziationsexponenten pK'_{a1} und pK'_{a2} der protonierten Verbindung (H_2O; spektrophotometrisch ermittelt) bei 20°: 4,2 bzw. 7,16 (*Ne., Sc.,* l. c. S. 319). Isoelektrischer Punkt einer wss. Lösung: ca. pH 4 (*Fink,* Naturwiss. **17** [1929] 388; Bio. Z. **211** [1929] 65, 102; s. a. *Fink, Weber,* Naturwiss. **18** [1930] 16).

Bildung eines *N*-Methyl-Derivats (Absorptionsspektrum [wss. Lösungen vom pH −0,7, pH 4,5 und pH 13; 460–650 nm]; scheinbare Dissoziationsexponenten pK'_{a1} und pK'_{a2} der protonierten Verbindung [H_2O; spektrophotometrisch ermittelt] bei 20°: 0,7 bzw. 11,3): *Neuberger, Scott,* Pr. roy. Soc. [A] **213** [1952] 307, 312, 317–319.

Dihydrochlorid. Violettrote Kristalle [aus wss. HCl] (*Fischer, Andersag,* A. **458** [1927] 117, 128).

Sulfat $C_{36}H_{38}N_4O_8 \cdot H_2SO_4$. Violette Kristalle [aus wss. H_2SO_4] (*Fischer, Fröwis,* Z. physiol. Chem. **195** [1931] 49, 70).

Kupfer(II)-Komplex $CuC_{36}H_{36}N_4O_8$. Kristalle [aus Py.+Eg.] (*Fischer, Andersag,* A. **458**

[1927] 117, 129). Absorptionsspektrum in wenig Essigsäure enthaltendem Äther (250–420 nm): *Paic*, C. r. **203** [1936] 933; Ann. Inst. Pasteur **59** [1937] 197, 202; in wss. NaOH (240–430 nm bzw. 470–680 nm): *Paic*; *Treibs*, Z. physiol. Chem. **168** [1927] 68, 84, 85. λ_{max} (Py.): 529,8 nm und 566,9 nm (*Fi.*, *An.*, l. c. S. 147).

Silber(II)-Komplex $AgC_{36}H_{36}N_4O_8$. Rotbraune Kristalle [aus Py.] (*Fischer, Fröwis*, Z. physiol. Chem. **195** [1931] 49, 66). λ_{max} (Py.; 520–580 nm): *Fi.*, *Fr.*

Zink-Komplex. Absorptionsspektrum (Ae.; 390–630 nm): *Kapp*, Brit. J. exp. Path. **20** [1939] 33, 36.

Eisen(II)-Komplex $FeC_{36}H_{36}N_4O_8$. Absorptionsspektrum in wenig Essigsäure enthaltendem Äther (380–420 nm): *Paic*, C. r. **204** [1937] 298; Ann. Inst. Pasteur **59** [1937] 197, 200; in wss. NaOH (310–420 nm): *Paic*, C. r. **203** [1936] 933. – Verbindung mit CO. λ_{max} (wss. Lösung vom pH 12,1): 527 nm und 557 nm (*Drabkin*, J. biol. Chem. **146** [1942] 605, 610). – Verbindung mit Pyridin. Absorptionsspektrum in wenig Essigsäure enthaltendem Äther (370–420 nm): *Paic*, C. r. **204** 298; Ann. Inst. Pasteur **59** 200; in wss. NaOH (300–430 nm): *Paic*, C. r. **203** 933; Ann. Inst. Pasteur **59** 200; in wss. Lösungen vom pH 8,5 und pH 12,4 (420–600 nm): *Clark, Perkins*, J. biol. Chem. **135** [1940] 643, 650. λ_{max}: 518 nm und 548 nm [Py.] (*Treibs*, Z. physiol. Chem. **212** [1932] 33, 38) bzw. 518 nm und 547 nm [wss. KOH] (*Drabkin*, J. biol. Chem. **140** [1941] 373, 381, **146** 608). Stabilitätskonstante (alkal. wss. Lösung): *Vestling*, J. biol. Chem. **135** [1940] 623, 635; *Cl.*, *Pe.*, l. c. S. 651. Redoxpotential (wss. Lösungen vom pH 8,5–13) bei 30°: *Ve.*, l. c. S. 631, 635. – Verbindung mit Nicotin. Stabilitätskonstante (wss. Lösung vom pH 11,1) und Redoxpotential (wss. Lösungen vom pH 8,5–12,5) bei 30°: *Ve.*, l. c. S. 632, 635, 636. – Verbindung mit Kaffein. Absorptionsspektrum (wss. NaOH; 310–420 nm): *Paic*, C. r. **204** 299; Ann. Inst. Pasteur **59** 200. – Verbindung mit Cyanid. Absorptionsspektrum (wss. NaOH; 490–600 nm): *Dr.*, J. biol. Chem. **146** 608, 611. Stabilitätskonstante und Redoxpotential (wss. Lösungen vom pH 10–13) bei 30°: *Ve.*, l. c. S. 633, 635, 637.

Eisen(III)-Komplexe. a) Hydroxid. Absorptionsspektrum (wss. NaOH; 260–420 nm): *Paic*, C. r. **203** [1936] 933. Protonierungsgleichgewicht in wss. Lösung: *Clark, Perkins*, J. biol. Chem. **135** [1940] 643, 649. – b) Chlorid $Fe(C_{36}H_{36}N_4O_8)Cl = C_{36}H_{36}ClFeN_4O_8$; **Koprohämin.** Kristalle [aus Py. + Eg. + NaCl + wss. HCl] (*Fischer et al.*, A. **466** [1928] 147, 160). – c) Cyanid. Stabilitätskonstante und Redoxpotential (wss. Lösungen vom pH 10–13) bei 30°: *Vestling*, J. biol. Chem. **135** [1940] 623, 633, 635, 637. – d) Acetat $Fe(C_{36}H_{36}N_4O_8)(C_2H_3O_2)$. Kristalle [aus Py. + Eg. + H_2O] (*Fi. et al.*, l. c. S. 159). – e) Verbindung mit Pyridin. Protonierungsgleichgewicht in wss. Lösung: *Cl.*, *Pe.*, l. c. S. 649. Stabilitätskonstante (alkal. wss. Lösung): *Ve.*, l. c. S. 635; *Cl.*, *Pe.*, l. c. S. 651. Redoxpotential (wss. Lösungen vom pH 8,5–13) bei 30°: *Ve.*, l. c. S. 631, 635. – f) Verbindung mit Nicotin. Stabilitätskonstante (wss. Lösung vom pH 11,1) und Redoxpotential (wss. Lösungen vom pH 8,5–12,5) bei 30°: *Ve.*, l. c. S. 632, 635, 636.

Dipicrat $C_{36}H_{38}N_4O_8 \cdot 2C_6H_3N_3O_7$. Rotviolette Kristalle (aus Acn.); F: 251° [korr.] (*Treibs*, A. **476** [1929] 1, 4, 43). λ_{max} der Kristalle sowie von Lösungen in Aceton, auch unter Zusatz von Picrinsäure und H_2O (520–600 nm): *Tr.*

Styphnat $C_{36}H_{38}N_4O_8 \cdot C_6H_3N_3O_8$. Braune Kristalle (aus Acn.); F: 295° [korr.] (*Treibs*, A. **476** [1929] 1, 4, 42). λ_{max} der Kristalle sowie von Lösungen in Aceton unter Zusatz von Styphninsäure und H_2O (525–605 nm): *Tr.*

Diflavianat (Bis-[8-hydroxy-5,7-dinitro-naphthalin-2-sulfonat]) $C_{36}H_{38}N_4O_8 \cdot 2C_{10}H_6N_2O_8S$. Rote Kristalle (aus Acn.); F: 310° [unscharf] (*Treibs*, A. **476** [1929] 1, 4, 43). λ_{max} der Kristalle sowie von Lösungen in Aceton, auch unter Zusatz von Flaviansäure und H_2O (450–605 nm): *Tr.*

Dipicrolonat $C_{36}H_{38}N_4O_8 \cdot 2C_{10}H_8N_4O_5$. Orangerote Kristalle (aus Acn.); F: 256° [korr.] (*Treibs*, A. **476** [1929] 1, 4, 43). λ_{max} der Kristalle sowie von Lösungen in Aceton unter Zusatz von Picrolonsäure und H_2O (525–610 nm): *Tr.*

3,3′,3″,3‴-[3,8,13,18-Tetramethyl-porphyrin-2,7,12,17-tetrayl]-tetra-propionsäure-tetramethylester, Koproporphyrin-I-tetramethylester $C_{40}H_{46}N_4O_8$, Formel VI (X = O-CH_3) und Taut.

Zusammenfassende Darstellung: *H. Fischer, H. Orth*, Die Chemie des Pyrrols, Bd. 2, Tl. 1

[Leipzig 1937] S. 483.

B. Aus Koproporphyrin-I (S. 3093) und methanol. HCl (*Fischer,* Z. physiol. Chem. **96** [1915] 148, 161; *Fischer, Andersag,* A. **450** [1926] 201, 213; *Siedel, Winkler,* A. **554** [1943] 162, 194; *Gray, Neuberger,* Biochem. J. **47** [1950] 81, 82) oder Diazomethan (*MacDonald, Stedman,* Canad. J. Chem. **32** [1954] 896, 899). Aus Uroporphyrin-I-octamethylester (S. 3133) mit Hilfe von HI und rotem Phosphor in Essigsäure (*Fischer,* Z. physiol. Chem. **97** [1916] 109, 116; s. a. *Rimington, Miles,* Biochem. J. **50** [1951] 202, 203).

Rotbraune bis violette Kristalle; F: 257–259° [aus $CHCl_3$ + Me.] (*Gray, Neuberger,* Biochem. J. **47** [1950] 81, 82), 254° [korr.; aus Py. + Ae.] (*Stern, Klebs,* A. **505** [1933] 295, 301), 250–253° [unkorr.; Zers.] (*Vestling,* J. biol. Chem. **135** [1940] 623, 626), 252° [korr.; aus $CHCl_3$ + Me.] (*Fischer et al.,* A. **466** [1928] 147, 157), 250° [aus $CHCl_3$ + Me.] (*Fischer, Haarer,* Z. physiol. Chem. **204** [1932] 101, 104). Triklin; Dimensionen der Elementarzelle (Röntgen-Diagramm): *Kennard,* Nature **171** [1953] 876. Netzebenenabstände: *Kennard, Rimington,* Biochem. J. **55** [1953] 105. Verbrennungsenthalpie bei 15°: *St., Kl.* ^{1}H-NMR-Spektrum ($CDCl_3$): *Becker et al.,* Am. Soc. **83** [1961] 3743, 3745, 3747; *Becker, Bradley,* J. chem. Physics **31** [1959] 1413. IR-Spektrum (Nujol; 3500–650 cm^{-1} bzw. 1300–700 cm^{-1}): *Falk, Willis,* Austral. J. scient. Res. [A] **4** [1951] 579, 587; *Gray et al.,* Biochem. J. **47** [1950] 87, 90. Absorptionsspektrum in $CHCl_3$ (240–510 nm): *Hausmann, Krumpel,* Bio. Z. **186** [1927] 203, 205, 211; in Dioxan (370–640 nm): *Chu, Chu,* J. biol. Chem. **157** [1945] 323, 335; in wss. HCl (480–610 nm): *Stern, Wenderlein,* Z. physik. Chem. [A] **170** [1934] 337, 349. λ_{max} in $CHCl_3$ (480–625 nm): *Fischer,* Z. physiol. Chem. **97** [1916] 109, 127; *Schumm,* Z. physiol. Chem. **98** [1916] 123, 168, **136** [1924] 243, 276; *Fischer, Zerweck,* Z. physiol. Chem. **137** [1924] 242, 261; *Fischer, Andersag,* A. **458** [1927] 117, 145; in CCl_4 und in Benzol, in wss. Phenol und in Phenol-Äthanol-Gemischen, jeweils auch unter Zusatz von wss. HCl, wss. H_2SO_4 oder wss. KOH sowie in einem Äthanol-Pyrrol-Gemisch (490–625 nm): *Sch.,* Z. physiol. Chem. **136** 266–277; in Dioxan (495–620 nm): *St., We.,* l. c. S. 345; λ_{max} (wss. HCl): 549 nm und 592 nm (*Grinstein et al.,* J. biol. Chem. **157** [1945] 323, 335). Fluorescenzmaximum der festen Verbindung: 714 nm (*Stern, Molvig,* Z. physik. Chem. [A] **176** [1936] 209, 211); Fluorescenzmaxima (Dioxan; 595–690 nm): *Stern, Molvig,* Z. physik. Chem. [A] **175** [1936] 38, 42. Scheinbare Dissoziationsexponenten pK'_{a1} und pK'_{a2} (H_2O; spektrophotometrisch ermittelt) bei 20°: 1,7 bzw. 4,1 (*Phillips,* in *A. Albert, G.M. Badger, C.W. Shoppee,* Current Trends in Heterocyclic Chemistry [London 1958] S. 30, 33). Phasendiagramm (fest/flüssig) des Systems mit Koproporphyrin-III-tetramethylester (S. 3099): *Jope, O'Brien,* Biochem. J. **39** [1945] 239, 242.

Reaktion mit konz. HNO_3 s. S. 3098 im Artikel Dinitrokoproporphyrin-I. Bildung eines *N*-Methyl-Derivats (F: 135–140° [unkorr.]; λ_{max} [$CHCl_3$]: 504,4 nm, 536,4 nm, 584,4 nm und 642,2 nm; scheinbare Dissoziationsexponenten pK'_{a1} und pK'_{a2} [H_2O; spektrophotometrisch ermittelt] bei 20°: 0,7 bzw. ca. 8,3): *Neuberger, Scott,* Pr. roy. Soc. [A] **213** [1952] 307, 312, 319.

Kupfer(II)-Komplex $CuC_{40}H_{44}N_4O_8$. Rote Kristalle; F: 285,5° [korr.; aus Py. + Eg.] (*Fischer,* Z. physiol. Chem. **96** [1915] 148, 164), 280–285° (*Grinstein et al.,* J. biol. Chem. **157** [1945] 323, 335), 273–274° (*Canivet et al.,* C. r. **241** [1955] 522), 269–270° [aus Py. + Eg.] (*Fischer, Andersag,* A. **450** [1926] 201, 207, 213). λ_{max} in Pyridin: 532 nm und 570 nm (*Fi.,* Z. physiol. Chem. **96** 181); in $CHCl_3$: 525,2 nm und 561,8 nm (*Fischer, Andersag,* A. **458** [1927] 117, 146; *Treibs,* Z. physiol. Chem. **212** [1932] 26, 38; s. a. *Gr. et al.*) bzw. 530 nm und 563 nm (*Ca. et al.*).

Silber(II)-Komplex $AgC_{40}H_{44}N_4O_8$. Kristalle; F: 286° (*Fischer, Fröwis,* Z. physiol. Chem. **195** [1931] 49, 66). λ_{max} (Py.; 520–570 nm): *Fi., Fr.*

Magnesium-Komplex. λ_{max} in $CHCl_3$ (500–625 nm): *Fi., An.,* A. **458** 145; in Äther (410–625 nm): *Fischer, Hilger,* Z. physiol. Chem. **140** [1924] 223, 233.

Zink-Komplex. Hellrote Kristalle (aus A.); F: 299° [korr.] (*Fischer et al.,* A. **466** [1928] 147, 161). λ_{max} (Py.; 500–585 nm): *Fi. et al.,* A. **466** 161.

Cadmium-Komplex. Kristalle; λ_{max} ($CHCl_3$): 533,5 nm und 571,1 nm (*Fischer, Hilger,* Z. physiol. Chem. **149** [1925] 65, 69).

Mangan(III)-Komplex $Mn(C_{40}H_{44}N_4O_8)Cl$. Kristalle (aus $CHCl_3$ + Ae.), F: 267° [korr.] (*Fi. et al.,* A. **466** 160); Kristalle [aus E.] (*Fi., Hi.,* Z. physiol. Chem. **149** 69). λ_{max} (Py.

[500—590 nm] sowie Py. + $N_2H_4 \cdot H_2O$ [460—590 nm]): *Fi. et al.*, A. **466** 161.

Eisen(II)-Komplex. Verbindung mit Pyridin $FeC_{40}H_{44}N_4O_8 \cdot 2C_5H_5N$. Violettrote Kristalle (aus Py. + H_2O); F: 158—162° [Zers.] (*Libowitzky, Fischer*, Z. physiol. Chem. **255** [1938] 209, 225). λ_{max} in Pyridin (485—555 nm): *Li., Fi.*; *Fi., An.*, A. **458** 146; in einem $CHCl_3$-Pyridin-Gemisch (515—550 nm): *Fi., Fr.*

Eisen(III)-Komplexe. a) Hydroxid $Fe(C_{40}H_{44}N_4O_8)OH$. Kristalle (aus $CHCl_3$ + Ae.); F: 215° (*Fi., Fr.*, l. c. S. 69). λ_{max} ($CHCl_3$; 555—610 nm): *Fi., Fr.* — b) Chlorid $Fe(C_{40}H_{44}N_4O_8)Cl$. Kristalle (aus $CHCl_3$ + Ae.); F: 245° (*Fi., Fr.*, l. c. S. 68; s. a. *Fi., An.*, A. **450** 214). λ_{max} ($CHCl_3$; 505—650 nm): *Fi., Fr.* — c) Acetat $Fe(C_{40}H_{44}N_4O_8)(C_2H_3O_2)$. Kristalle (aus Eg. + Ae.); F: 193° (*Fi., Fr.*). λ_{max} ($CHCl_3$; 530—640 nm): *Fi., Fr.* — d) Verbindung mit Pyridin. λ_{max} (Py.; 515—630 nm): *Fi., An.*, A. **458** 145.

Kobalt(II)-Komplex $CoC_{40}H_{44}N_4O_8$. Rotviolette Kristalle; F: 270°; λ_{max} ($CHCl_3$): 518 nm und 554 nm (*Fi., Fr.*, l. c. S. 65).

Nickel(II)-Komplex $NiC_{40}H_{44}N_4O_8$. Kristalle (*Libowitzky*, Z. physiol. Chem. **265** [1940] 191, 203).

Dipicrat $C_{40}H_{46}N_4O_8 \cdot 2C_6H_3N_3O_7$. Violette Kristalle (aus Me.); F: 146° [korr.] (*Treibs*, A. **476** [1929] 1, 4, 45). λ_{max} der Kristalle (555—600 nm): *Tr.*, A. **476** 4, 45.

Distyphnat $C_{40}H_{46}N_4O_8 \cdot 2C_6H_3N_3O_8$. Rote Kristalle (aus Me.), F: 154° [korr.] sowie violette Kristalle (aus Me.), F: 143° [korr.] (*Tr.*, A. **476** 4, 44). λ_{max} der Kristalle sowie von Lösungen in Aceton, auch unter Zusatz von Styphinsäure und H_2O (525—600 nm): *Tr.*, A. **476** 4, 44.

Diflavianat (Bis-[8-hydroxy-5,7-dinitro-naphthalin-2-sulfonat]) $C_{40}H_{46}N_4O_8 \cdot 2C_{10}H_6N_2O_8S$. Dunkelviolette Kristalle (aus wss. Me.); F: 225° [korr.] (*Tr.*, A. **476** 4, 45). λ_{max} der Kristalle sowie von Lösungen in Aceton, auch unter Zusatz von H_2O (525—600 nm): *Tr.*, A. **476** 4, 45, 46.

Dipicrolonat $C_{40}H_{46}N_4O_8 \cdot 2C_{10}H_8N_4O_5$. Rote Kristalle (aus $CHCl_3$ + Me.); F: 245° [korr.] (*Tr.*, A. **476** 4, 45). λ_{max} der Kristalle sowie einer Lösung in Aceton unter Zusatz von Picrolonsäure (530—605 nm): *Tr.*, A. **476** 4, 45.

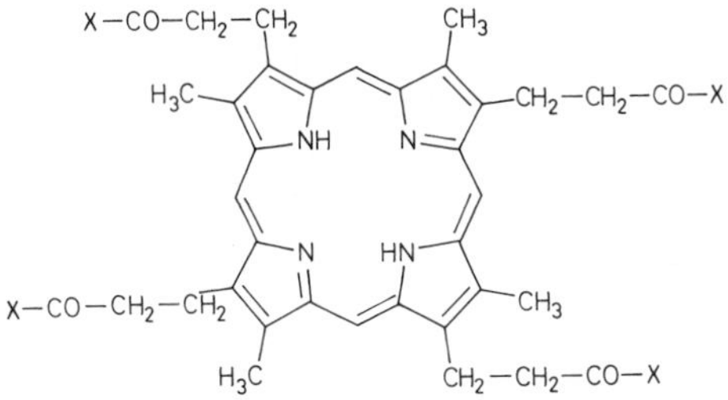

VI

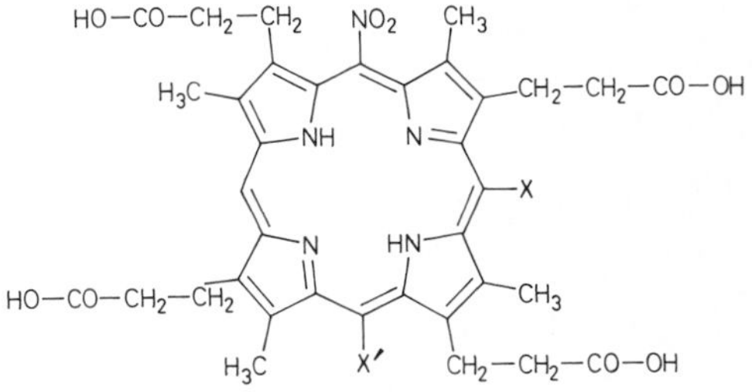

VII

3,3′,3″,3‴-[3,8,13,18-Tetramethyl-porphyrin-2,7,12,17-tetrayl]-tetra-propionsäure-tetraäthylester, Koproporphyrin-I-tetraäthylester $C_{44}H_{54}N_4O_8$, Formel VI (X = O-C_2H_5) und Taut.

B. Aus Koproporphyrin-I (S. 3093) beim Behandeln mit äthanol. HCl (*Fischer*, Z. physiol. Chem. **96** [1915] 148, 156; *Fischer, Andersag*, A. **458** [1927] 117, 129; *Fischer, Fröwis*, Z. physiol. Chem. **195** [1931] 49, 63).

Kristalle (aus $CHCl_3$ + A.); F: 226° [korr.] (*Fi., Fr.*), 225—226° [korr.] (*Fi., An.*).

Essigsäure-[3,3′,3″,3‴-(3,8,13,18-tetramethyl-porphyrin-2,7,12,17-tetrayl)-tetra-propionsäure]-anhydrid, Essigsäure-koproporphyrin-I-anhydrid $C_{44}H_{46}N_4O_{12}$, Formel VI (X = O-CO-CH_3) und Taut. (in der Literatur als Koproporphyrin-I-tetraacetat bezeichnet).

B. Aus Koproporphyrin-I (S. 3093) und Acetanhydrid (*Fischer et al.*, A. **471** [1929] 237, 266).

Kristalle; F: 182° [korr.].

Eisen(III)-Komplex. Acetat $Fe(C_{44}H_{44}N_4O_{12})(C_2H_3O_2)$. Schwarzbraune Kristalle (*Fi. et al.*, l. c. S. 277).

3,3′,3″,3‴-[3,8,13,18-Tetramethyl-porphyrin-2,7,12,17-tetrayl]-tetra-propionsäure-tetrahydrazid, Koproporphyrin-I-tetrahydrazid $C_{36}H_{46}N_{12}O_4$, Formel VI (X = NH-NH_2) und Taut.

B. Aus Koproporphyrin-I-tetramethylester (S. 3095) und $N_2H_4 \cdot H_2O$ (*Fischer et al.*, A. **466** [1928] 147, 161; *Fischer, Fröwis*, Z. physiol. Chem. **195** [1931] 49, 79; *Fischer et al.*, Z. physiol. Chem. **241** [1936] 201, 206).

Kristalle (aus wss. HCl+NH_3); unterhalb 320° nicht schmelzend (*Fi. et al.*, A. **466** 161).

Eisen(II)-Komplex. Verbindung mit N_2H_4. Kristalle (*Fi., Fr.*).

3,3′,3″,3‴-[3,8,13,18-Tetramethyl-porphyrin-2,7,12,17-tetrayl]-tetra-propionylazid, Koproporphyrin-I-tetraazid $C_{36}H_{34}N_{16}O_4$, Formel VI (X = N_3) und Taut.

B. Aus dem Tetrahydrazid (s. o.) beim Behandeln mit $NaNO_2$ und wss. HCl (*Fischer, Fröwis*, Z. physiol. Chem. **195** [1931] 49, 79; *Fischer et al.*, Z. physiol. Chem. **241** [1936] 201, 207).

Braunrote Kristalle (aus $CHCl_3$+Ae.); bei Raumtemperatur rasche, bei 90° explosive Zersetzung (*Fi., Fr.*). λ_{max} ($CHCl_3$+Ae.; 485–625 nm): *Fi., Fr.*

3,3′,3″,3‴-[3,8,13,18-Tetramethyl-5,10(oder 5,15)-dinitro-porphyrin-2,7,12,17-tetrayl]-tetra-propionsäure, 5,10(oder 5,15)-Dinitro-koproporphyrin-I $C_{36}H_{36}N_6O_{12}$, Formel VII (X = NO_2, X′ = H oder X = H, X′ = NO_2) und Taut. (in der Literatur als Dinitrokoproporphyrin-I bezeichnet).

Bezüglich der Konstitution vgl. *A. Treibs*, Das Leben und Wirken von Hans Fischer [München 1971] S. 294, 295; s. dagegen *Stern, Molvig*, Z. physik. Chem. [A] **177** [1936] 365, 368, 370.

B. Neben Pent-3*c*-en-1,3,4-tricarbonsäure-3,4-anhydrid beim Behandeln von Koproporphyrin-I-tetramethylester (S. 3095) mit konz. HNO_3 (*Fischer, Fröwis*, Z. physiol. Chem. **195** [1931] 49, 54, 74; s. a. *Fischer, Hilger*, Z. physiol. Chem. **149** [1925] 65, 68).

Braune Kristalle [aus Py.+Ae.] (*Fi., Fr.*). λ_{max} (konz. HNO_3 [560–635 nm] sowie Ae. [530–635 nm]): *Fi., Fr.*

Beim Behandeln mit methanol. HCl unter Kühlung entsteht der Tetramethylester (s. u.), unter Erwärmen entsteht ein Dihydroxy-nitro-porphyrin-tetramethylester(?) $C_{40}H_{45}N_5O_{12}$ [Kristalle (aus $CHCl_3$+Me.); F: 206°; λ_{max}: 576,6 nm und 630 nm (wss. HCl) bzw. 516,9 nm und 592,9 nm (Py.); Kupfer(II)-Komplex $CuC_{40}H_{43}N_5O_{12}$: Kristalle (aus $CHCl_3$+Ae.), F: 245°, λ_{max} ($CHCl_3$; 525–585 nm)] (*Fi., Fr.*, l. c. S. 76). Beim Behandeln mit Natrium-Amalgam und wss. NaOH und anschliessend mit Luft entstehen Koproporphyrin und ein x-Nitro-koproporphyrin-I $C_{36}H_{37}N_5O_{10}$ [Tetramethylester $C_{40}H_{45}N_5O_{10}$: Kristalle (aus $CHCl_3$+Me.), F: 204°, λ_{max} (Ae.; 485–630 nm)] (*Fi., Fr.*, l. c. S. 77).

Tetramethylester $C_{40}H_{44}N_6O_{12}$. Braunviolette Kristalle (aus $CHCl_3$+Me.); F: 191° (*Fi., Fr.*, l. c. S. 75). – Kupfer(II)-Komplex $CuC_{40}H_{42}N_6O_{12}$. Kristalle; F: 200° (*Fi., Fr.*, l. c. S. 76). λ_{max} (Py.; 535–585 nm): *Fi., Fr.* – Silber(II)-Komplex $AgC_{40}H_{42}N_6O_{12}$. Kristalle (aus $CHCl_3$+Me.); F: 240° (*Fi., Fr.*, l. c. S. 76). λ_{max} (Py.; 525–580 nm): *Fi., Fr.*

3,3′,3″,3‴-[3,8,13,17-Tetramethyl-porphyrin-2,7,12,18-tetrayl]-tetra-propionsäure, Koproporphyrin-III, β-Isokoproporphyrin $C_{36}H_{38}N_4O_8$, Formel VIII (R = H) und Taut.

Isolierung aus Urin und Faeces bei Porphyrie: *Fischer et al.*, Z. physiol. Chem. **182** [1929] 265, 272, 286; *Mertens*, Z. physiol. Chem. **250** [1937] 57, 61, 71; *Grotepass, Defalque*, Z. physiol. Chem. **252** [1938] 155; *Grinstein et al.*, J. biol. Chem. **157** [1945] 323, 330, 332; *Watson et al.*, J. biol. Chem. **157** [1945] 345, 350, 354.

B. Neben Koproporphyrin-I (S. 3093) aus [5-Brom-3-(2-carboxy-äthyl)-4-methyl-pyrrol-2-yl]-[4-(2-carboxy-äthyl)-3,5-dimethyl-pyrrol-2-yl]-methinium-bromid (E III/IV **25** 1112) und [4-(2-Carboxy-äthyl)-3,5-dimethyl-pyrrol-2-yl]-[4-(2-carboxy-äthyl)-3-methyl-pyrrol-2-yl]-methinium-bromid (E III/IV **25** 1112) beim Erhitzen mit Bernsteinsäure (*Fischer, Hierneis*, Z. physiol. Chem. **196** [1931] 155, 158, 164). Aus Bis-[4-(2-carboxy-äthyl)-3-methyl-pyrrol-2-yl]-methinium-bromid (E II **25** 175) und [5-Brommethyl-4-(2-carboxy-äthyl)-3-methyl-pyrrol-2-yl]-[5-brommethyl-3-(2-methoxycarbonyl-äthyl)-4-methyl-pyrrol-2-yl]-methinium-bromid (aus

[4-(2-Carboxy-äthyl)-3,5-dimethyl-pyrrol-2-yl]-[3-(2-methoxycarbonyl-äthyl)-4,5-dimethyl-pyrrol-2-yl]-methinium-bromid [E II **25** 179] hergestellt) beim Erhitzen mit Bernsteinsäure (*Fi.*, *Hi.*, l. c. S. 155, 162). Aus Bis-[5-brom-3-(2-carboxy-äthyl)-4-methyl-pyrrol-2-yl]-methinium-bromid (E III/IV **25** 1108) und [4-(2-Carboxy-äthyl)-3,5-dimethyl-pyrrol-2-yl]-[3-(2-methoxycarbonyl-äthyl)-4,5-dimethyl-pyrrol-2-yl]-methinium-bromid (E III/IV **25** 1115) beim Erhitzen mit Bernsteinsäure (*Fischer et al.*, Z. physiol. Chem. **182** [1929] 265, 269, 283). Beim Erhitzen von [13,17-Bis-(2-methoxycarbonyl-äthyl)-3,8,12,18-tetramethyl-porphyrin-2,7-diyldimethyl]-di-malonsäure-tetramethylester mit wss. HCl (*Fischer, Riedl*, A. **482** [1930] 214, 217, 224). Aus Uroporphyrin-III-octamethylester (S. 3134) beim Erhitzen mit wss. HCl (*Nicholas, Rimington*, Biochem. J. **50** [1951] 194, 200; s. a. *Waldenström*, Dtsch. Arch. klin. Med. **178** [1935] 38, 48; *Grinstein et al.*, J. biol. Chem. **157** [1945] 323, 334).

Biosynthese aus Porphobilinogen (E III/IV **22** 6871) mit Hilfe von hämolysierten Küken-Erythrocyten: *Falk et al.*, Nature **172** [1953] 292; durch Rhodopseudomonas spheroides: *Heath, Hoare*, Biochem. J. **72** [1959] 14, 16; s. a. *Hoare, Heath*, Nature **181** [1958] 1592; aus verschiedenen Substraten durch Rhodopseudomonas spheroides: *Lascelles*, Biochem. J. **62** [1956] 78, 88, 89, **72** [1959] 508, 512; durch Micrococcus lysodeikticus: *Townsley, Neilands*, J. biol. Chem. **224** [1957] 695; durch Corynebacterium diphtheriae: *Gray, Holt*, Biochem. J. **43** [1948] 91; *Hale et al.*, Brit. J. exp. Path. **31** [1950] 96.

IR-Spektrum (CCl_4; 2–14 μ): *Craven*, Anal. Chem. **24** [1952] 1214. Absorptionsspektrum in Äther (450–650 nm): *Hirai*, Bl. Nagoya City Univ. Dep. gen. Educ. **4** [1958] 5; C. A. **1959** 5383; in wss. HCl und wss. NaOH (300–600 nm): *Jope, O'Brien*, Biochem. J. **39** [1945] 239, 240. λ_{max} in Äther (490–630 nm): *Gray, Holt*, J. biol. Chem. **169** [1947] 235; in einem Essigsäure-Äther-Gemisch (480–630 nm): *Fischer, Andersag*, A. **458** [1927] 117, 144; *Treibs*, Z. physiol. Chem. **212** [1932] 33, 38; in wss. HCl und in wss. Lösung vom pH 6,8 (400–620 nm): *Mauzerall, Granick*, J. biol. Chem. **232** [1958] 1141, 1143; in wss. HCl (540–595 nm): *Fi.*, *An.*; *Tr.*; *Gray, Holt*. Relative Intensität der Fluorescenz in wss. Lösungen vom pH 0–3: *Jope, O'Br.*, l. c. S. 241; vom pH 2–8: *Fink, Hoerburger*, Z. physiol. Chem. **218** [1933] 181, 194; Naturwiss. **22** [1934] 292; Z. physiol. Chem. **232** [1935] 28, 32.

Dihydrochlorid. Rote Kristalle (*Fischer et al.*, Z. physiol. Chem. **182** [1929] 265, 285).

Kupfer(II)-Komplex $CuC_{36}H_{36}N_4O_8$. Rote Kristalle [aus Py. + Eg. + H_2O] (*Fischer, Andersag*, A. **458** [1927] 117, 134). λ_{max}: 529,8 nm und 566,9 nm [Py.] (*Fi.*, *An.*, l. c. S. 147) bzw. 525,2 nm und 561,8 nm [$CHCl_3$] (*Treibs*, Z. physiol. Chem. **212** [1932] 33, 38).

Eisen(II)-Komplex. λ_{max} (Py. + wss. NaOH + $Na_2S_2O_4$): 517 nm und 548 nm (*Paul*, Acta chem. scand. **12** [1958] 1611, 1613).

3,3′,3″,3‴-[3,8,13,17-Tetramethyl-porphyrin-2,7,12,18-tetrayl]-tetra-propionsäure-tetramethylester, Koproporphyrin-III-tetramethylester $C_{40}H_{46}N_4O_8$, Formel VIII (R = CH_3) und Taut.

Zusammenfassende Darstellung: *H. Fischer, H. Orth*, Die Chemie des Pyrrols, Bd. 2, Tl. 1 [Leipzig 1937] S. 489.

Isolierung aus Mycobacterium karlinski: *Todd*, Biochem. J. **45** [1949] 386, 388; aus der Kulturflüssigkeit von Corynebacterium diphtheriae: *Falk, Willis*, Austral. J. scient. Res. [A] **4** [1951] 579, 584.

B. Aus 5-Acetoxymethyl-4-[2-methoxycarbonyl-äthyl]-3-methyl-pyrrol-2-carbonsäure-benzylester über mehrere Stufen (*Johnson et al.*, Soc. **1959** 3416, 3423). Aus Koproporphyrin-III (s. o.) und methanol. HCl (*Fischer, Andersag*, A. **458** [1927] 117, 131; *Fischer et al.*, Z. physiol. Chem. **182** [1929] 265, 283; *Grinstein et al.*, J. biol. Chem. **157** [1945] 323, 328, 334; *Goldberg*, Biochem. J. **57** [1954] 55, 57, 59).

Polymorph; dunkelrote Kristalle (aus der Schmelze), F: 181–182° (*Gray, Holt*, Biochem. J. **43** [1948] 191; *Falk, Wi.*), 178–182° [korr.] (*Morsingh, MacDonald*, Am. Soc. **82** [1960] 4377, 4380, 4383), 172–174° (*Go.*; *Todd*) bzw. Kristalle, F: 168–170° [nach Sintern bei 155°; aus $CHCl_3$ + Me.] (*Fischer, Riedl*, A. **482** [1930] 214, 217, 224), 167–170° [korr.; aus der Schmelze] (*Mo., MacD.*), 167–168° [nach Sintern ab 155°; aus $CHCl_3$ + Me.] (*Fischer, Hierneis*, Z. physiol. Chem. **196** [1931] 155, 164) bzw. Kristalle, F: 155–157° [aus $CHCl_3$ + Me.] (*Gray, Holt*; s. a. *Falk, Wi.*), 153–155° [korr.; aus $CHCl_3$ + Me. oder Acn. + Me.] (*Mo., MacD.*),

154° [unkorr.] (*Go.*), 150° (*Todd*), 142–143° (*Fi., Hi.*). Netzebenenabstände: *Kennard, Rimington,* Biochem. J. **55** [1953] 105. ^{1}H-NMR-Spektrum ($CDCl_3$): *Becker et al.*, Am. Soc. **83** [1961] 3743, 3745, 3747; s. a. *Becker, Bradley,* J. chem. Physics **31** [1959] 1413. IR-Spektrum (Nujol; 3500–650 cm^{-1} bzw. 1300–700 cm^{-1}): *Falk, Wi.*; *Gray et al.*, Biochem. J. **47** [1950] 87, 90. Absorptionsspektrum (Dioxan; 450–650 nm): *Pruckner,* Z. physik. Chem. [A] **190** [1942] 101, 119, 124. λ_{max} in $CHCl_3$ von 400 nm bis 620 nm: *Jo. et al.*; von 480 nm bis 630 nm: *Fi., An.*, l. c. S. 145; *Todd*; *Gray, Holt*; λ_{max} (wss. HCl; 545–590 nm): *Stern, Wenderlein,* Z. physik. Chem. [A] **170** [1934] 337, 340, 349. Phasendiagramm (fest/flüssig) des Systems mit Koproporphyrin-I-tetramethylester (S. 3095): *Jope, O'Brien,* Biochem. J. **39** [1945] 239, 242.

Kupfer(II)-Komplex $CuC_{40}H_{44}N_4O_8$. Kristalle; F: 217–219° [korr.; nach Sintern ab 213°] (*Morsingh, MacDonald,* Am. Soc. **82** [1960] 4377, 4380, 4383), 218° (*Gray, Holt,* Biochem. J. **43** [1948] 191), 206–210° [korr.] (*Grinstein et al.*, J. biol. Chem. **157** [1945] 323, 329, 336), 206–207° [nach Sintern ab 195°; aus $CHCl_3$+Me.] (*Fischer, Hierneis,* Z. physiol. Chem. **196** [1931] 155, 165), 177° [korr.; aus wss. Eg.] (*Fischer, Andersag,* A. **458** [1927] 117, 119, 133; s. dazu *Mertens,* Z. physiol. Chem. **250** [1937] 57, 77 Anm.). λ_{max} ($CHCl_3$): 524,8 nm und 562,5 nm (*Gr. et al.*) bzw. 526 nm und 563 nm (*Gray, Holt*; s. a. *Fi., An.*, l. c. S. 146).

Magnesium-Komplex. λ_{max} ($CHCl_3$; 530–590 nm): *Fi., An.*, l. c. S. 145.

Zink-Komplex $ZnC_{40}H_{44}N_4O_8$. Rote Kristalle (aus $CHCl_3$+Me.); F: 216–217° (*Fi., Hi.*, l. c. S. 165, 166).

Eisen(III)-Komplex $Fe(C_{40}H_{44}N_4O_8)Cl$. Violettschwarze (*Fi., An.*, l. c. S. 134) Kristalle; F: 179° [aus Me.+Ae.] (*Fi., Hi.*). λ_{max} (Py. sowie Py.+$N_2H_4 \cdot H_2O$; 485–630 nm): *Fi., An.*

Kobalt(II)-Komplex $CoC_{40}H_{44}N_4O_8$. Rotbraune Kristalle (aus $CHCl_3$+Me.); F: 195–198°; λ_{max} ($CHCl_3$): 267 nm, 327 nm, 413 nm, 520 nm und 555 nm (*Johnson et al.*, Soc. **1959** 3416, 3423).

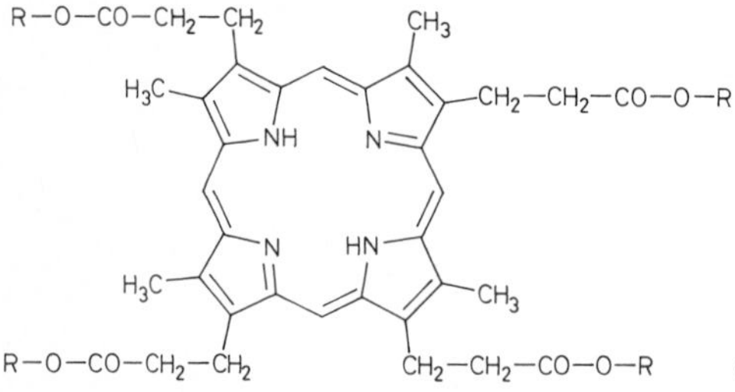

VIII 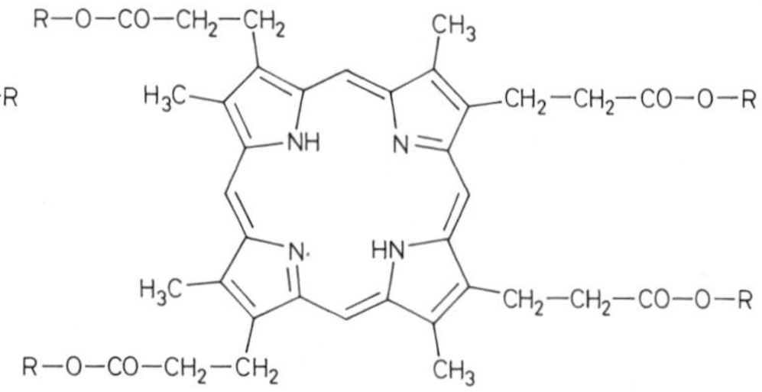   IX

3,3′,3″,3‴-[3,8,13,17-Tetramethyl-porphyrin-2,7,12,18-tetrayl]-tetra-propionsäure-tetraäthylester, Koproporphyrin-III-tetraäthylester $C_{44}H_{54}N_4O_8$, Formel VIII ($R = C_2H_5$) und Taut.

B. Aus 5-Acetoxymethyl-4-[2-äthoxycarbonyl-äthyl]-3-methyl-pyrrol-2-carbonsäure-benzylester über mehrere Stufen (*Bullock et al.*, Soc. **1958** 1430, 1438). Aus 5-Acetoxymethyl-4-[2-äthoxycarbonyl-äthyl]-3-methyl-pyrrol-2-carbonsäure-*tert*-butylester beim Erhitzen mit Äthylenglykol und Behandeln des Reaktionsprodukts mit Luft (*Johnson et al.*, Soc. **1959** 3416, 3423). Aus Koproporphyrin-III (S. 3098) und äthanol. HCl (*Fischer, Andersag,* A. **458** [1927] 117, 119, 134).

Dimorph(?); Kristalle (aus A.), F: 164–166° [korr.] und Kristalle, F: 161–163° [korr.; nach Wiedererstarren liegt der Schmelzpunkt bei 161–166°] (*Morsingh, MacDonald,* Am. Soc. **82** [1960] 4377, 4383). Rotbraune Kristalle (aus $CHCl_3$+Me.); F: 147–149° (*Bu. et al.*), 146–148° (*Jo. et al.*). λ_{max} ($CHCl_3$; 260–620 nm bzw. 400–620 nm): *Jo. et al.*; *Bu. et al.*

3,3′,3″,3‴-[3,8,12,17-Tetramethyl-porphyrin-2,7,13,18-tetrayl]-tetra-propionsäure, Koproporphyrin-IV $C_{36}H_{38}N_4O_8$, Formel IX (R = H) und Taut.

Zusammenfassende Darstellung: *H. Fischer, H. Orth,* Die Chemie des Pyrrols, Bd. 2, Tl. 1 [Leipzig 1937] S. 493.

B. Aus Bis-[5-brom-3-(2-carboxy-äthyl)-4-methyl-pyrrol-2-yl]-methinium-bromid (E III/IV **25**

1108) und Bis-[5-brommethyl-4-(2-carboxy-äthyl)-3-methyl-pyrrol-2-yl]-methinium-bromid (E III/IV **25** 1115) beim Erhitzen mit Bernsteinsäure (*Fischer et al.*, Z. physiol. Chem. **182** [1929] 265, 268, 278) oder mit Methylbernsteinsäure (*Fischer, Kürzinger,* Z. physiol. Chem. **196** [1931] 213, 235). Aus Bis-[5-(äthylmercapto-methyl)-4-(2-methoxycarbonyl-äthyl)-3-methyl-pyrrol-2-yl]-methinium-bromid (E III/IV **25** 1343) und Bis-[5-brom-3-(2-carboxy-äthyl)-4-methyl-pyrrol-2-yl]-methinium-bromid (*Fi., Kü.*, l. c. S. 226) oder aus Bis-[5-brom-4-(2-carboxy-äthyl)-3-methyl-pyrrol-2-yl]-methinium-bromid (E II **25** 175) und Bis-[3-(2-carboxy-äthyl)-4,5-dimethyl-pyrrol-2-yl]-methinium-bromid [E II **25** 179] (*Fi., Kü.*, l. c. S. 221, 236) beim Erhitzen mit Bernsteinsäure. Beim Erhitzen von Uroporphyrin-IV-octamethylester (S. 3135) mit wss. HCl (*MacDonald, Michl,* Canad. J. Chem. **34** [1956] 1768, 1780).

Blaurote Kristalle (aus Py. + Eg.); unterhalb 300° nicht schmelzend (*Fi., Kü.*, l. c. S. 237). λ_{max}: 547,9 nm, 569,5 nm und 591,2 nm [wss. HCl] bzw. 494,7 nm, 526,3 nm, 566,9 nm und 622,5 nm [Ae. + Eg.] (*Treibs,* Z. physiol. Chem. **212** [1932] 33, 38). Relative Intensität der Fluorescenz in wss. Lösungen vom pH 2–8: *Fink, Hoerburger,* Z. physiol. Chem. **218** [1933] 181, 194.

Dihydrochlorid $C_{36}H_{38}N_4O_8 \cdot 2HCl$. Kristalle (aus wss. HCl); F: 285° (*Fi., Kü.*, l. c. S. 237).

Kupfer(II)-Komplex $CuC_{36}H_{36}N_4O_8$. Kristalle [aus Py. + Eg.] (*Fi., Kü.*, l. c. S. 238). λ_{max}: 527,2 nm und 563 nm [Py.] (*Fi., Kü.*) bzw. 561,8 nm und 583,5 nm [$CHCl_3$] (*Tr.*).

Eisen(III)-Komplex $Fe(C_{36}H_{36}N_4O_8)Cl$. Blauschwarze Kristalle (aus Eg.); F: 300° (*Fi., Kü.*, l. c. S. 238). λ_{max} (Py. + $N_2H_4 \cdot H_2O$; 495–560 nm): *Fi., Kü.*; *Tr.*

Tetraäthylester $C_{44}H_{54}N_4O_8$. Kristalle (aus A.); F: 156–160° [korr.; nach Kristallumwandlung bei 90° und partiellem Schmelzen bei 145°] und (nach Wiedererstarren) F: 165–168° [korr.] (*Morsingh, MacDonald,* Am. Soc. **82** [1960] 4377, 4384). Blaurote Kristalle (aus $CHCl_3$ + A.); F: 152° [korr.] (*Fi. et al.*). – Kupfer(II)-Komplex $CuC_{44}H_{52}N_4O_8$. Rote Kristalle (aus Eg.); F: 180–181° (*Fi. et al.*, l. c. S. 280).

3,3′,3′′,3′′′-[3,8,12,17-Tetramethyl-porphyrin-2,7,13,18-tetrayl]-tetra-propionsäure-tetramethylester, Koproporphyrin-IV-tetramethylester $C_{40}H_{46}N_4O_8$, Formel IX (R = CH_3) und Taut.

Zusammenfassende Darstellung: *H. Fischer, H. Orth,* Die Chemie des Pyrrols, Bd. 2, Tl. 1 [Leipzig 1937] S. 492.

B. Aus Koproporphyrin-IV (s. o.) und methanol. HCl (*Fischer, Kürzinger,* Z. physiol. Chem. **196** [1931] 213, 236; *MacDonald, Michl,* Canad. J. Chem. **34** [1956] 1768, 1780).

Gelbe Kristalle, F: 184–186° [korr.] und rote Kristalle, F: 182–184° [korr.] [beide Modifikationen werden nach Kristallumwandlung bei 168–170° und partiellem Schmelzen mit Kristallumwandlung bei 175° erhalten] (*Morsingh, MacDonald,* Am. Soc. **82** [1960] 4377, 4383). Kristalle (aus $CHCl_3$ + Me.); F: 183–184° (*Fi., Kü.*). Gelbe Kristalle (aus Me.); F: 182–184° [bei 168–170° Sintern und partielle Umwandlung in rote Kristalle vom F: 174–176°] (*MacD., Mi.*). Kristalle (aus $CHCl_3$ + Me.); F: 168–169° [nach Sintern bei 161°] (*Fischer et al.*, Z. physiol. Chem. **182** [1929] 265, 279). λ_{max} (wss. HCl): 547 nm und 591 nm (*Stern, Wenderlein,* Z. physik. Chem. [A] **170** [1934] 337, 349).

Beim Behandeln mit konz. H_2SO_4 [SO_3 enthaltend] und Verestern des Reaktionsprodukts mit Diazomethan entsteht Koprorhodin-IV-trimethylester $C_{39}H_{42}N_4O_7$ [blaue Kristalle (aus Acn. + Me.); F: 183–184°; λ_{max} (Acn.; 465–645 nm)] (*Fi., Kü.*, l. c. S. 238).

Kupfer(II)-Komplex $CuC_{40}H_{44}N_4O_8$. Rote Kristalle (*Fi. et al.*); F: 230–233° [korr.; aus $CHCl_3$ + Me.] (*Mo., MacD.*, l. c. S. 4384), 216–217° [aus Eg.] (*Fi. et al.*).

Eisen(III)-Komplex $Fe(C_{40}H_{44}N_4O_8)Cl$. Schwarzblaue Kristalle [aus Eg.] (*Fi. et al.*, l. c. S. 280).

3,3′,3′′,3′′′-[3,7,13,17-Tetramethyl-porphyrin-2,8,12,18-tetrayl]-tetra-propionsäure, Koproporphyrin-II, Isokoproporphyrin $C_{36}H_{38}N_4O_8$, Formel X (R = H) und Taut.

Zusammenfassende Darstellung: *H. Fischer, H. Orth,* Die Chemie des Pyrrols, Bd. 2, Tl. 1 [Leipzig 1937] S. 487.

B. Aus Bis-[5-brom-3-(2-carboxy-äthyl)-4-methyl-pyrrol-2-yl]-methinium-bromid (E III/IV **25**

1108) und Bis-[3-(2-carboxy-äthyl)-4,5-dimethyl-pyrrol-2-yl]-methinium-bromid (E II **25** 179) beim Erhitzen mit Bernsteinsäure (*Fischer, Andersag,* A. **458** [1927] 117, 120, 139). Aus [5-Brom-4-(2-carboxy-äthyl)-3-methyl-pyrrol-2-yl]-[4-(2-carboxy-äthyl)-3,5-dimethyl-pyrrol-2-yl]-methinium-bromid (E III/IV **25** 1112) beim Erhitzen mit Bernsteinsäure (*Fischer et al.*, A. **466** [1928] 147, 152, 173) oder mit Methylbernsteinsäure (*Siedel, Winkler,* A. **554** [1943] 162, 177, 196). Aus Bis-[4-(2-carboxy-äthyl)-3-methyl-pyrrol-2-yl]-methinium-bromid (E II **25** 175) und Formaldehyd beim Erhitzen mit wss. HBr (*Fischer, Lamatsch,* A. **462** [1928] 240, 243, 250). Aus Bis-[4-(2-carboxy-äthyl)-3-methyl-pyrrol-2-yl]-methinium-bromid und Bis-[5-brommethyl-4-(2-carboxy-äthyl)-3-methyl-pyrrol-2-yl]-methinium-bromid (E III/IV **25** 1115) beim Erhitzen mit Bernsteinsäure (*Fi., La.*, l. c. S. 249). Aus Uroporphyrin-II-octamethylester [S. 3135] oder -octaäthylester [S. 3136] (*MacDonald, Michl,* Canad. J. Chem. **34** [1956] 1768, 1778, 1779) sowie aus 2,2′,2″,2‴-[3,7,13,17-Tetramethyl-porphyrin-2,8,12,18-tetrayl]-tetra-bernsteinsäure-octamethylester [S. 3130] (*Fischer, v. Holt,* Z. physiol. Chem. **229** [1934] 93, 95, 101; *Fischer, Staff,* Z. physiol. Chem. **234** [1935] 97, 103, 117) beim Erhitzen mit wss. HCl. Aus [3,7,13,17-Tetramethyl-porphyrin-2,8,12,18-tetrayltetramethyl]-tetra-malonsäure beim Erhitzen (*Fischer, Heisel,* A. **457** [1927] 83, 92, 96).

λ_{max} (Ae.+Eg. sowie wss. HCl; 480–625 nm): *Fi., An.*, l. c. S. 144; *Treibs,* Z. physiol. Chem. **212** [1932] 33, 38. Relative Intensität der Fluorescenz in wss. Lösungen vom pH 2–8: *Fink, Hoerburger,* Z. physiol. Chem. **218** [1933] 181, 194.

Kupfer(II)-Komplex $CuC_{36}H_{36}N_4O_8$. Rote Kristalle [aus Py.+Eg.] (*Fi., An.*, l. c. S. 130). λ_{max}: 529,8 nm und 566,9 nm [Py.] (*Fi., An.*, l. c. S. 147) bzw. 525,2 nm und 561,8 nm [$CHCl_3$] (*Tr.*).

Tetraäthylester $C_{44}H_{54}N_4O_8$. Kristalle (aus $CHCl_3$+A.); F: 258° [korr.] (*Fi., An.*, l. c. S. 130).

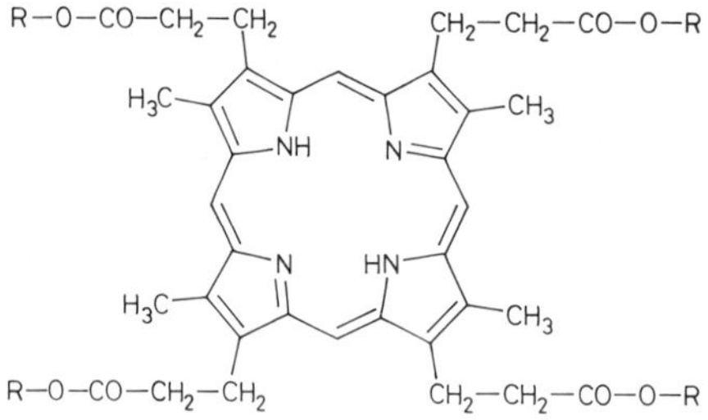

X

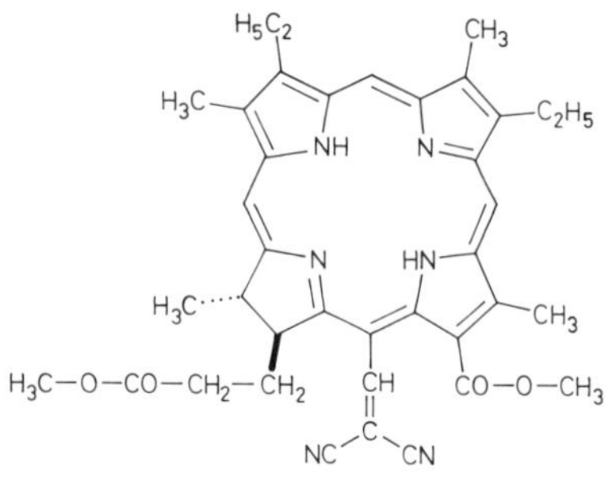

XI

3,3′,3″,3‴-[3,7,13,17-Tetramethyl-porphyrin-2,8,12,18-tetrayl]-tetra-propionsäure-tetramethylester, Koproporphyrin-II-tetramethylester $C_{40}H_{46}N_4O_8$, Formel X (R = CH_3) und Taut.

Zusammenfassende Darstellung: *H. Fischer, H. Orth,* Die Chemie des Pyrrols, Bd. 2, Tl. 1 [Leipzig 1937] S. 488.

B. Aus Koproporphyrin-II (s. o.) und methanol. HCl (*Fischer, Andersag,* A. **450** [1926] 201, 218; *Siedel, Winkler,* A. **554** [1943] 162, 196; *Fischer, Heisel,* A. **457** [1927] 83, 92, 96; *MacDonald, Michl,* Canad. J. Chem. **34** [1956] 1768, 1779).

Kristalle; F: 292° [nach Sintern bei 280°; aus $CHCl_3$+Me.] (*Si., Wi.*), 289° [korr.] (*Fi., He.*), 286–289° [nach Kristallumwandlung bei ca. 170° und 270°; aus Me.] (*MacD., Mi.*), 288° (*Fischer, Lamatsch,* A. **462** [1928] 240, 250). Absorptionsspektrum in Dioxan (230–450 nm bzw. 480–660 nm): *Pruckner, Stern,* Z. physik. Chem. [A] **177** [1936] 387, 388, 390; *Fischer et al.*, A. **521** [1936] 122, 123; in wss. HCl (490–610 nm): *Stern, Wenderlein,* Z. physik. Chem. [A] **170** [1934] 337, 349. λ_{max} in $CHCl_3$ (480–630 nm): *Fischer, Andersag,* A. **458** [1927] 117, 145; in Dioxan (490–625 nm): *St., We.*, l. c. S. 345. Fluorescenzmaxima (Dioxan bzw. wss. HCl; 595–690 nm): *Stern, Molvig,* Z. physik. Chem. [A] **175** [1936] 38, 42, [A] **176** [1936] 209, 211.

Beim Erwärmen mit wss. HI und Essigsäure entsteht vorwiegend 3-[4,5-Dimethyl-pyrrol-3-yl]-

propionsäure (*Fi., An.,* A. **458** 122, 141).

Kupfer(II)-Komplex. Absorptionsspektrum (Dioxan; 480–620 nm): *Stern et al.,* Z. physik. Chem. [A] **177** [1936] 40, 46, 59. λ_{max}: 531,1 nm und 564,6 nm [Py.] bzw. 525,2 nm und 561,8 nm [$CHCl_3$] (*Fi., An.,* A. **458** 146).

Silber(II)-Komplex $AgC_{40}H_{44}N_4O_8$. Kristalle (aus $CHCl_3$ + Me.); F: 274° [Zers.] (*Fischer, Hartmann,* Z. physiol. Chem. **226** [1934] 116, 129).

Magnesium-Komplex. λ_{max} ($CHCl_3$; 500–625 nm): *Fi., An.,* A. **458** 145.

Eisen(III)-Komplex $Fe(C_{40}H_{44}N_4O_8)Cl$. Schwarze Kristalle [aus $CHCl_3$ + Ae.] (*Fi., An.,* A. **458** 130). λ_{max}: 515–519 nm, 546–550 nm und 631 nm [Py.] bzw. 485,5 nm, 520 nm, 546,8 nm und 553,2 nm [Py. + $N_2H_4 \cdot H_2O$] (*Fi., An.,* A. **458** 145, 146).

Kobalt(II)-Komplex $CoC_{40}H_{44}N_4O_8$. Kristalle [aus $CHCl_3$ + Ae.] (*Fi., Ha.*).

(17*S*)-7,12-Diäthyl-20-[2,2-dicyan-vinyl]-18*t*-[2-methoxycarbonyl-äthyl]-3,8,13,17*r*-tetramethyl-17,18-dihydro-porphyrin-2-carbonsäure-methylester, 15-[2,2-Dicyan-vinyl]-rhodochlorin-dimethylester, Mesopurpurin-4-dimethylester $C_{38}H_{40}N_6O_4$, Formel XI und Taut.

Bezüglich der Konstitution s. *Fischer, Mittermair,* A. **548** [1941] 147, 153.

B. Aus sog. „instabilem Mesochlorin-4-methylester" (Syst.-Nr. 4699) und Diazomethan (*Strell,* A. **546** [1941] 252, 258, 268).

Kristalle (aus Acn. + Me.); F: 196° (*St.*). λ_{max} (Acn. + Ae.; 440–705 nm): *St.*

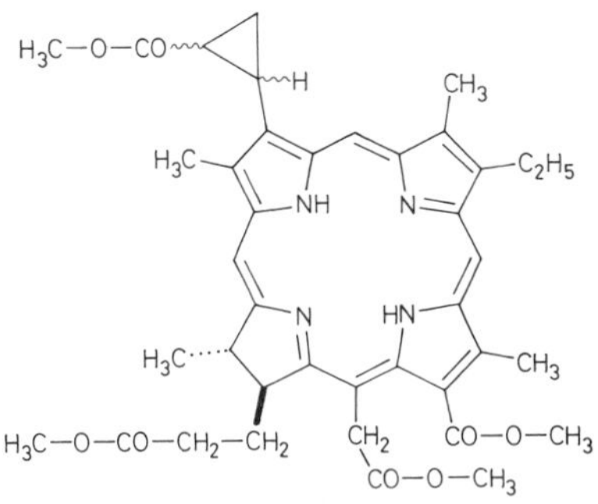

XII

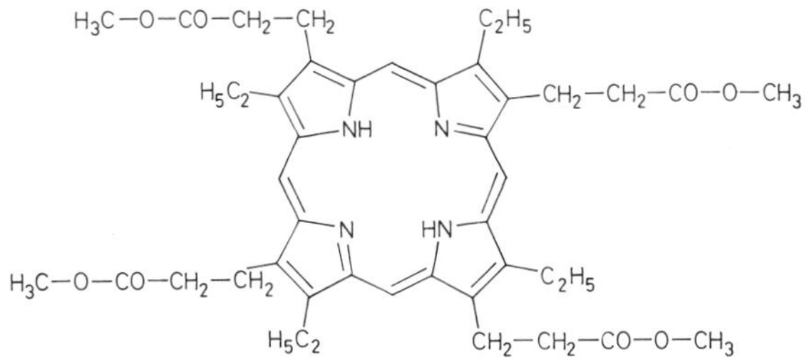

I

(17*S*)-7-Äthyl-18*t*-[2-methoxycarbonyl-äthyl]-12-[(1*Ξ*,2*Ξ*)-2-methoxycarbonyl-cyclopropyl]-20-methoxycarbonylmethyl-3,8,13,17*r*-tetramethyl-17,18-dihydro-porphyrin-2-carbonsäure-methylester, 3-[(1*Ξ*,2*Ξ*)-2-Methoxycarbonyl-cyclopropyl]-15-methoxycarbonylmethyl-3-desäthyl-rhodochlorin-dimethylester, *DEE*-Chlorin-e_6-trimethylester $C_{40}H_{46}N_4O_8$, Formel XII und Taut.

Zusammenfassende Darstellung: *H. Fischer, A. Stern,* Die Chemie des Pyrrols, Bd. 2, Tl. 2 [Leipzig 1940] S. 103.

B. Aus Chlorin-e_6-trimethylester (S. 3074) und Diazoessigsäure-methylester (*Fischer, Medick,* A. **517** [1935] 245, 252, 268). Aus *DEE*-Phäophorbid-a-methylester (S. 3308) beim Behandeln mit methanol. KOH und anschliessenden Verestern mit Diazomethan oder beim Behandeln mit Methanol und Diazomethan (*Fi., Me.,* l. c. S. 263, 264).

Grüne Kristalle (aus Acn. + Me.); F: 187–189° (*Fi., Me.*). λ_{max} (Py. + Ae.; 485–670 nm): *Fi., Me.*

Der beim Behandeln mit Ag_2O in Pyridin, Dioxan und Methanol und anschliessenden Behandeln mit wss. HCl in Äther erhaltene sog. Dihydroxy-*DEE*-chlorin-e_6-trimethylester [Kristalle (aus PAe.); $[\alpha]^{20}_{690-720}$: −573° [Acn.; c = 0,02]; λ_{max} (Py. + Ae.; 440–685 nm)] (*Fischer, Lautsch,* A. **528** [1937] 247, 257, 264) ist wahrscheinlich als (17*S*)-7-Äthyl-15-chlor-18*t*-[2-methoxycarbonyl-äthyl]-12-[(1*Ξ*,2*Ξ*)-2-methoxycarbonyl-cyclopropyl]-20-methoxycarbonylmethyl-3,8,13,17*r*-tetramethyl-17,18-dihydro-porphyrin-2-carbonsäure-methylester, 20-Chlor-3-[(1*Ξ*,2*Ξ*)-2-methoxycarbonyl-cyclopropyl]-15-methoxycarbonylmethyl-3-desäthyl-rhodochlorin-dimethylester (*δ*-Chlor-*DEE*-chlorin-e_6-trimethylester) $C_{40}H_{45}ClN_4O_8$ zu formulieren (s. dazu die Angaben im Artikel Chlorin-e_6-

trimethylester).

Magnesium-Komplex. λ_{max} (Ae. + Py. + Diisopentyläther; 400 – 700 nm): *Fischer, Goebel,* A. **522** [1936] 168, 178.

Tetracarbonsäuren $C_{40}H_{46}N_4O_8$

3,3′,3″,3‴-[3,8,13,18-Tetraäthyl-porphyrin-2,7,12,17-tetrayl]-tetra-propionsäure-tetramethyl-ester $C_{44}H_{54}N_4O_8$, Formel I und Taut. (in der Literatur als 1,3,5,7-Tetraäthyl-porphin-2,4,6,8-tetrapropionsäure-tetramethylester bezeichnet).

B. Aus [4-Äthyl-5-brom-3-(2-carboxy-äthyl)-pyrrol-2-yl]-[3-äthyl-4-(2-carboxy-äthyl)-5-methyl-pyrrol-2-yl]-methinium-bromid (E II **25** 179) beim Erhitzen mit Bernsteinsäure und Behandeln des Reaktionsprodukts mit methanol. HCl (*Fischer, Stangler,* A. **462** [1928] 251, 252, 258).

Kristalle (aus $CHCl_3$ + Me. oder Py.); F: 193°.

Kupfer(II)-Komplex $CuC_{44}H_{52}N_4O_8$. Rote Kristalle (aus Py. + Ae.); F: 265°.

Eisen(III)-Komplex $Fe(C_{44}H_{52}N_4O_8)Cl$. Kristalle (aus $CHCl_3$ + Ae.); F: 170°.

3,3′,3″,3‴-[3,8,12,17-Tetraäthyl-porphyrin-2,7,13,18-tetrayl]-tetra-propionsäure-tetramethyl-ester $C_{44}H_{54}N_4O_8$, Formel II und Taut. (in der Literatur als 1,4,6,7-Tetraäthyl-porphin-2,3,5,8-tetrapropionsäure-tetramethylester bezeichnet).

B. Aus Bis-[4-äthyl-5-brom-3-(2-carboxy-äthyl)-pyrrol-2-yl]-methinium-bromid (E II **25** 178) und Bis-[3-äthyl-4-(2-carboxy-äthyl)-5-methyl-pyrrol-2-yl]-methinium-bromid (E II **25** 179) beim Erhitzen mit Bernsteinsäure und Behandeln des Reaktionsprodukts mit methanol. HCl (*Fischer, Stangler,* A. **462** [1928] 251, 254, 263).

Kristalle (aus $CHCl_3$ + Me. oder Py.); F: 182°.

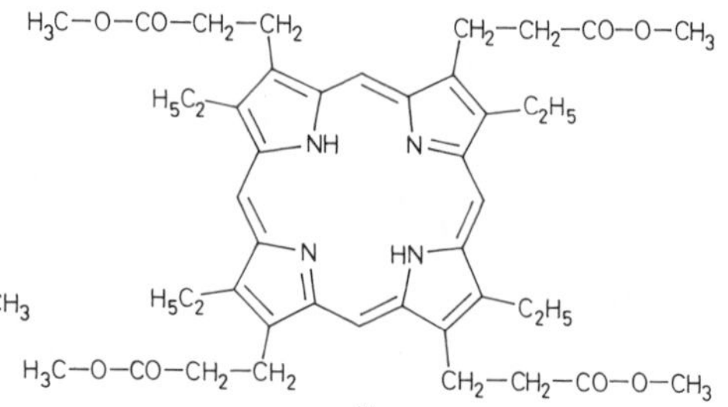

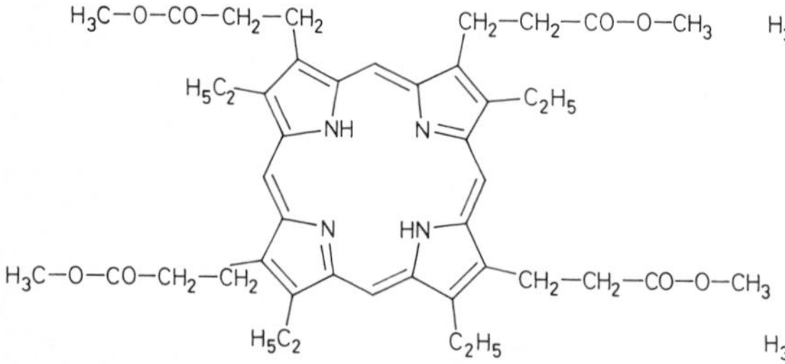

3,3′,3″,3‴-[3,7,13,17-Tetraäthyl-porphyrin-2,8,12,18-tetrayl]-tetra-propionsäure-tetramethyl-ester $C_{44}H_{54}N_4O_8$, Formel III und Taut. (in der Literatur als 1,4,5,8-Tetraäthyl-porphin-2,3,6,7-tetrapropionsäure-tetramethylester bezeichnet).

B. Aus Bis-[4-äthyl-5-carboxy-3-(2-carboxy-äthyl)-pyrrol-2-yl]-methan (E II **25** 190) beim Behandeln mit Ameisensäure und Behandeln des Reaktionsprodukts mit methanol. HCl (*Fischer, Stangler,* A. **462** [1928] 251, 253, 261).

Kristalle; F: 170°.

Tetracarbonsäuren $C_nH_{2n-36}N_4O_8$

***Opt.-inakt. 7-Äthyl-18-[2-methoxycarbonyl-äthyl]-12-[2-methoxycarbonyl-cyclopropyl]-3,8,13,17-tetramethyl-porphyrin-2,20-dicarbonsäure-dimethylester,** 15-Methoxycarbonyl-3-[2-methoxycarbonyl-cyclopropyl]-3-desäthyl-rhodoporphyrin-dimethylester $C_{39}H_{42}N_4O_8$, Formel IV und Taut. (in der Literatur als „*DEE*-Rhodoporphyrin-γ-carbonsäure-tetramethylester aus *DEE*-Chlorin-p_6“ bezeichnet).

B. Aus *DEE*-Chlorin-p_6-trimethylester (S. 3092) beim Behandeln mit wss. HI in Essigsäure

und anschliessenden Verestern mit Diazomethan (*Fischer, Kahr,* A. **524** [1936] 251, 255, 263).
Kristalle (aus Ae.); F: 232°. λ_{max} (Py. + Ae.; 500 – 635 nm): *Fi., Kahr.*

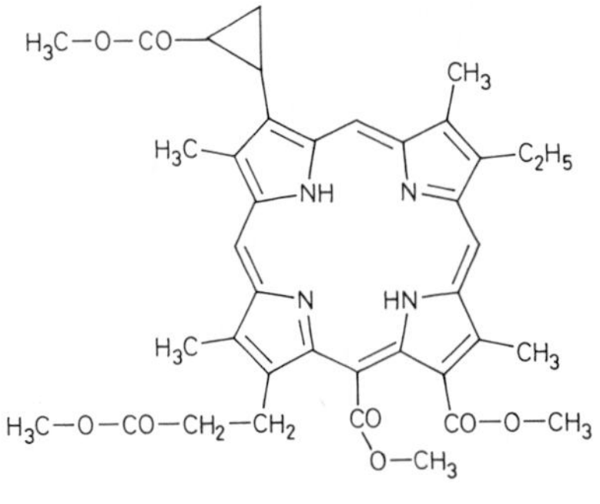

IV 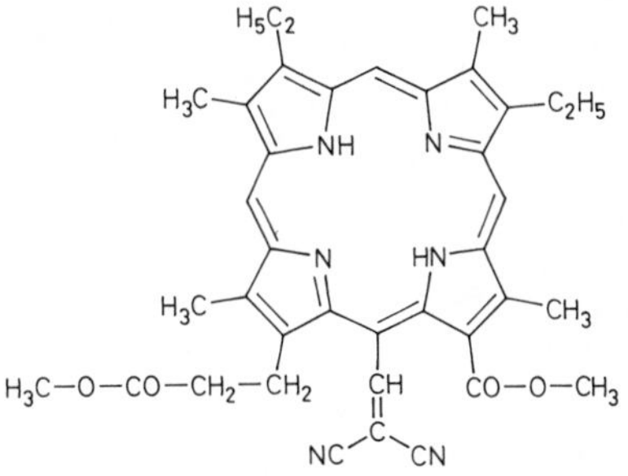 V

7,12-Diäthyl-20-[2,2-dicyan-vinyl]-18-[2-methoxycarbonyl-äthyl]-3,8,13,17-tetramethyl-porphyrin-2-carbonsäure-methylester, 15-[2,2-Dicyan-vinyl]-rhodoporphyrin-dimethylester $C_{38}H_{38}N_6O_4$, Formel V und Taut. (in der Literatur als Rhodoporphyrin-γ-[ω-dicyan-vinyl]-dimethylester bezeichnet).

B. Aus Chloroporphyrin-e_5-dimethylester (15-Formyl-rhodoporphyrin-dimethylester; S. 3227) und Malononitril (*Fischer, Mittermair,* A. **548** [1941] 147, 151, 153, 172).

Kristalle; F: 271 – 272°. λ_{max} (Py. + Ae.; 500 – 660 nm): *Fi., Mi.*

(17*S*)-7-Äthyl-20-[2,2-dicyan-vinyl]-18*t*-[2-methoxycarbonyl-äthyl]-3,8,13,17*r*-tetramethyl-12-vinyl-17,18-dihydro-porphyrin-2-carbonsäure, 15-[2,2-Dicyan-vinyl]-3¹,3²-didehydro-rhodochlorin-17-methylester, Purpurin-4-monomethylester $C_{37}H_{36}N_6O_4$, Formel VI (R = H) und Taut.

Konstitution: *Fischer, Strell,* A. **543** [1940] 143, 147.

B. Aus Purpurin-5-dimethylester (15-Formyl-3¹,3²-didehydro-rhodochlorin-dimethylester; S. 3229) und Malononitril in Pyridin unter Zusatz von Na_2CO_3 (*Fi., St.,* l. c. S. 156).

Kristalle (aus Acn. + Me.); F: > 320°. λ_{max} (Py. + Ae.; 450 – 700 nm): *Fi., St.*

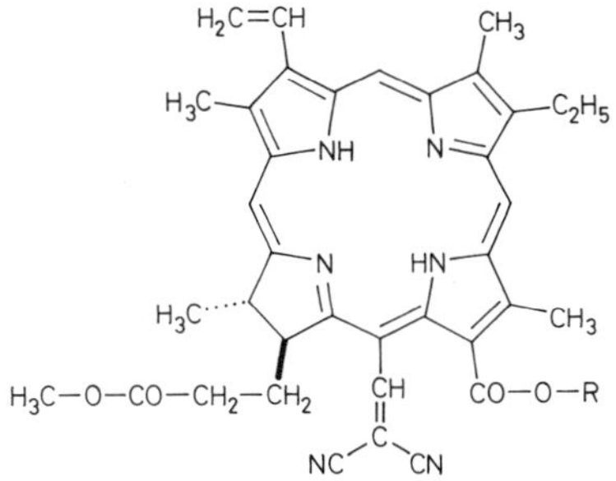

VI 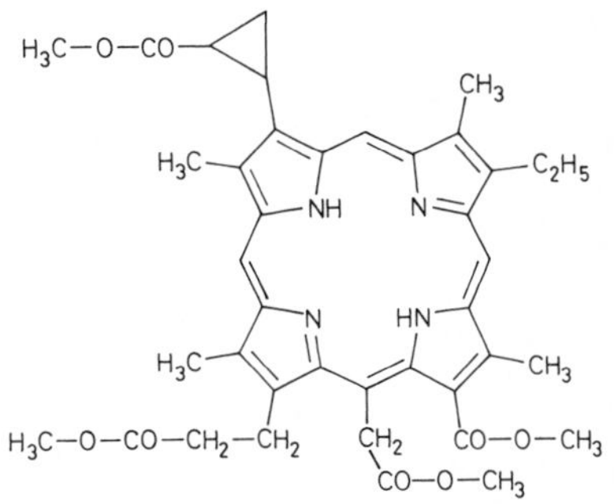 VII

(17*S*)-7-Äthyl-20-[2,2-dicyan-vinyl]-18*t*-[2-methoxycarbonyl-äthyl]-3,8,13,17*r*-tetramethyl-12-vinyl-17,18-dihydro-porphyrin-2-carbonsäure-methylester, 15-[2,2-Dicyan-vinyl]-3¹,3²-didehydro-rhodochlorin-dimethylester $C_{38}H_{38}N_6O_4$, Formel VI (R = CH_3) und Taut.

B. Aus dem Monomethylester (s. o.) beim Behandeln mit Diazomethan (*Strell,* A. **546** [1941] 252, 267, 268).

Kristalle (aus Acn. + Me.); F: 186°. $[\alpha]^{20}_{690}$: +590°; $[\alpha]^{20}_{\text{weisses Licht}}$: +2980° [jeweils Acn.; c = 0,003]. λ_{max} (Acn. + Ae.; 480 – 715 nm): *St.*

***Opt.-inakt. 7-Äthyl-18-[2-methoxycarbonyl-äthyl]-12-[2-methoxycarbonyl-cyclopropyl]-20-methoxycarbonylmethyl-3,8,13,17-tetramethyl-porphyrin-2-carbonsäure-methylester,** 3-[2-Methoxycarbonyl-cyclopropyl]-15-methoxycarbonylmethyl-3-desäthyl-rhodoporphyrin-dimethylester $C_{40}H_{44}N_4O_8$, Formel VII und Taut.

B. Aus *DEE*-Chlorin-e_6-trimethylester (S. 3103) beim Erwärmen mit wss. HI in Essigsäure und anschliessenden Verestern mit Diazomethan (*Fischer, Medick,* A. **517** [1935] 245, 252, 270).

Violette Kristalle (aus $CHCl_3$ + Me.); F: 235°. λ_{max} (Py. + Ae.; 435 – 635 nm): *Fi., Me.*

***Opt.-inakt. 1-Cyan-3-[12,17-diäthyl-3-(2-methoxycarbonyl-äthyl)-2,8,13,18-tetramethyl-porphyrin-5-yl]-cyclopropan-1,2-dicarbonsäure-1-äthylester-2-methylester, 15-[2-Äthoxycarbonyl-2-cyan-3-methoxycarbonyl-cyclopropyl]-pyrroporphyrin-methylester** $C_{41}H_{45}N_5O_6$, Formel VIII und Taut.

B. Aus 2-Cyan-3*t*(?)-[12,17-diäthyl-3-(2-methoxycarbonyl-äthyl)-2,8,13,18-tetramethyl-porphyrin-5-yl]-acrylsäure-äthylester (aus 15^1-Oxo-phylloporphyrin-methylester [S. 3178] und Cyanessigsäure-äthylester hergestellt) und Diazoessigsäure-methylester (*Fischer, Kanngiesser,* A. **543** [1940] 271, 275, 283).

F: 205 – 208°. λ_{max} (Py. + Ae.; 455 – 640 nm): *Fi., Ka.*

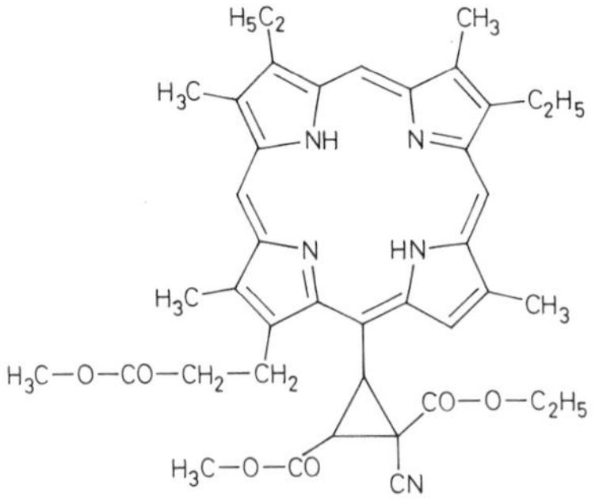

Tetracarbonsäuren $C_nH_{2n-38}N_4O_8$

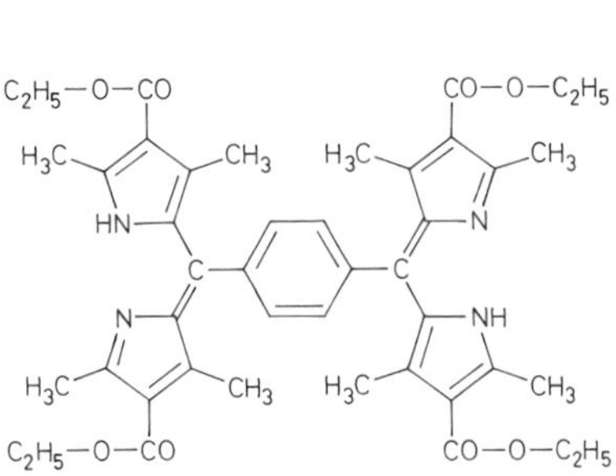

1,4-Bis-[(4-äthoxycarbonyl-3,5-dimethyl-pyrrol-2-yl)-(4-äthoxycarbonyl-3,5-dimethyl-pyrrol-2-yliden)-methyl]-benzol $C_{44}H_{50}N_4O_8$, Formel IX.

B. Aus 5-Jod-2,4-dimethyl-pyrrol-3-carbonsäure-äthylester und Terephthalaldehyd in Gegenwart von wss. HCl (*Treibs, Kolm,* A. **614** [1958] 176, 183, 196).

Gelborangefarbene Kristalle (aus Xylol), die sich nach Sintern bei 272° schwarz färben.

***Opt.-inakt. 3,3′-[7,12-Bis-(2-methoxycarbonyl-cyclopropyl)-3,8,13,17-tetramethyl-porphyrin-2,18-diyl]-di-propionsäure-dimethylester, 3,8-Bis-[2-methoxycarbonyl-cyclopropyl]-deuteroporphyrin-dimethylester,** *DEE*-Protoporphyrin-dimethylester $C_{42}H_{46}N_4O_8$, Formel X und Taut.

B. Beim Erhitzen von Protoporphyrin-dimethylester (S. 3052) mit Diazoessigsäure-äthylester und Verestern der erhaltenen Säure mit Diazomethan (*Fischer, Medick,* A. **517** [1935] 245, 246, 258).

Kristalle (aus Acn. + Me.); F: 194°. λ_{max} (Py. + Ae.; 485 – 630 nm): *Fi., Me.*

Kupfer(II)-Komplex $CuC_{42}H_{44}N_4O_8$. λ_{max} (Py. + Ae.; 250 – 570 nm): *Fi., Me.*

Zink-Komplex $ZnC_{42}H_{44}N_4O_8$. Hellrote Kristalle. λ_{max} (Py. + Ae.; 535 – 685 nm): *Fi., Me.*

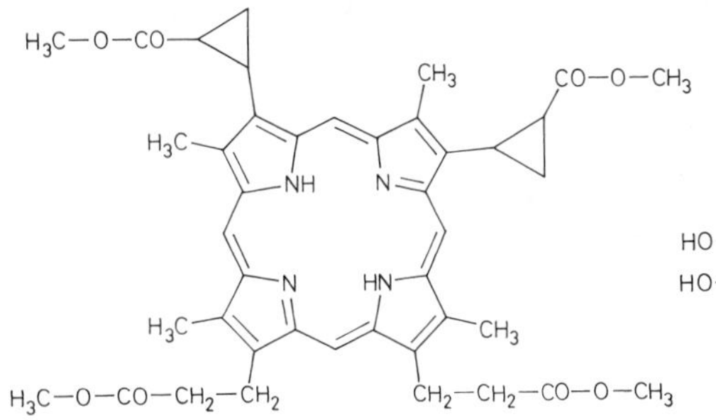

X

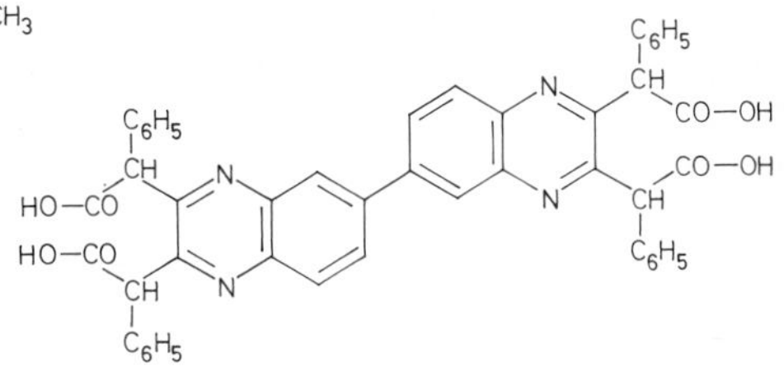

XI

Tetracarbonsäuren $C_nH_{2n-62}N_4O_8$

***Opt.-inakt. 2,3,2′,3′-Tetrakis-[carboxy-phenyl-methyl]-[6,6′]bichinoxalinyl, 2,2′,2′′,2′′′-Tetraphenyl-2,2′,2′′,2′′′-[6,6′]bichinoxalinyl-2,3,2′,3′-tetrayl-tetra-essigsäure** $C_{48}H_{34}N_4O_8$, Formel XI.

B. Aus 3,4-Dioxo-2,5-diphenyl-adiponitril und Biphenyl-3,4,3′,4′-tetrayltetraamin (*Tiwari, Dutt,* Pr. nation. Acad. India **7** [1937] 58, 62).

Gelblichbraune Kristalle (aus Eg.); F: 235–236°. [*Mischon*]

E. Pentacarbonsäuren

Pentacarbonsäuren $C_nH_{2n-36}N_4O_{10}$

[7,12,17-Tris-(2-methoxycarbonyl-äthyl)-3,8,13,18-tetramethyl-porphyrin-2-ylmethyl]-malonsäure-dimethylester, Ätioporphyrin-I-$3^2,3^2,8^2,13^2,18^2$-pentacarbonsäure-pentamethylester, Isokonchoporphyrin-I-pentamethylester $C_{42}H_{48}N_4O_{10}$, Formel XII.

Die Identität des von *Fischer, Jordan* (Z. physiol. Chem. **190** [1930] 75, 77, 85) unter dieser Konstitution beschriebenen sog. Konchoporphyrin-pentamethylesters (F: 271–273°) ist ungewiss (*Fischer, v. Holt,* Z. physiol. Chem. **227** [1934] 124, 129; *Nicholas, Comfort,* Biochem. J. **45** [1949] 208).

B. Beim aufeinanderfolgenden Behandeln des Eisen(III)-Komplexes von 3,3′,3′′-[17-Hydroxymethyl-3,8,13,18-tetramethyl-porphyrin-2,7,12-triyl]-tri-propionsäure mit HBr in Essigsäure, mit der Kalium-Verbindung des Malonsäure-diäthylesters und mit methanol. HCl (*Fi., v. Holt,* l. c. S. 138).

Rotviolette Kristalle (aus $CHCl_3$+Me.); F: 172° (*Fi., v. Holt,* l. c. S. 139). λ_{max} ($CHCl_3$ [490–630 nm], Py.+Ae. [440–630 nm] sowie wss. HCl [25%ig] [440–600 nm]): *Fi., v. Holt,* l. c. S. 139.

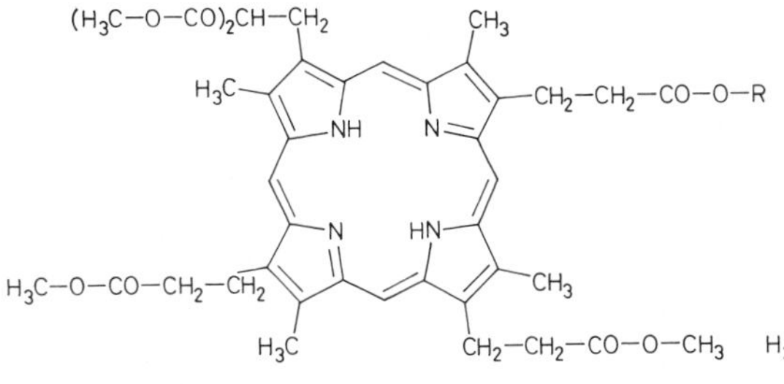

XII

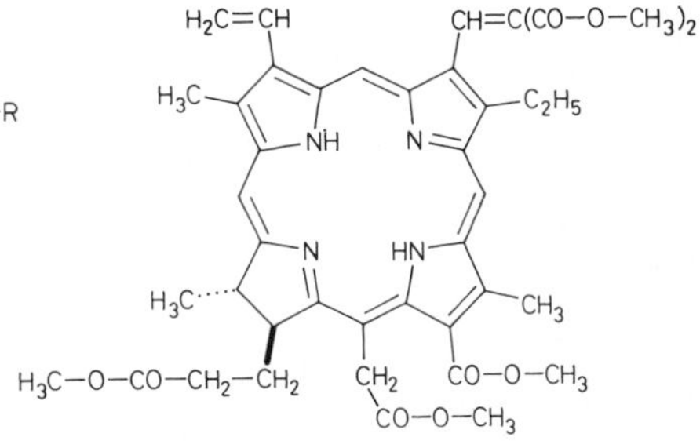

XIII

Pentacarbonsäuren $C_nH_{2n-38}N_4O_{10}$

[(12*S*)-3-Äthyl-8-methoxycarbonyl-12*r*-(2-methoxycarbonyl-äthyl)-10-methoxycarbonylmethyl-7,13*t*,17-trimethyl-18-vinyl-12,13-dihydro-porphyrin-2-ylmethylen]-malonsäure-dimethylester, 7^1-[Bis-methoxycarbonyl-methylen]-15-methoxycarbonylmethyl-3^1,3^2-didehydro-rhodochlorin-dimethylester $C_{42}H_{46}N_4O_{10}$, Formel XIII und Taut.

B. Beim Erwärmen von Rhodin-g_7-trimethylester (15-Methoxycarbonylmethyl-7^1-oxo-3^1,3^2-didehydro-rhodochlorin-dimethylester; S. 3301) mit Malonsäure-dimethylester und $[NH_4]_2CO_3$ in Pyridin (*Fischer, Breitner,* A. **516** [1935] 61, 74).

Kristalle (aus Acn. + Me.); F: 205°. λ_{max} (Py. + Ae.; 450 – 680 nm): *Fi., Br.*

F. Hexacarbonsäuren

Hexacarbonsäuren $C_nH_{2n-30}N_4O_{12}$

Bis-[4-äthoxycarbonyl-5-(3,5-bis-äthoxycarbonyl-4-methyl-pyrrol-2-ylmethyl)-3-methyl-pyrrol-2-yl]-methan, 2,8,12,18-Tetramethyl-bilinogen-1,3,7,13,17,19-hexacarbonsäure-hexaäthylester $C_{41}H_{52}N_4O_{12}$, Formel XIV (R = H).

B. Beim Erwärmen von 5-[3-Äthoxycarbonyl-4-methyl-pyrrol-2-ylmethyl]-3-methyl-pyrrol-2,4-dicarbonsäure-diäthylester mit wss. Formaldehyd und konz. wss. HCl in Äthanol (*Corwin, Buc,* Am. Soc. **66** [1944] 1151, 1155).

Rötliche Kristalle (aus Eg. oder Butan-1-ol); F: 216 – 217°.

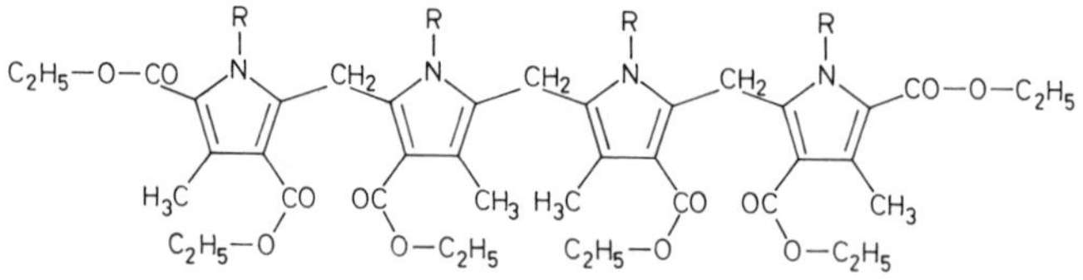

XIV

Bis-[4-äthoxycarbonyl-5-(3,5-bis-äthoxycarbonyl-1,4-dimethyl-pyrrol-2-ylmethyl)-1,3-dimethyl-pyrrol-2-yl]-methan, 2,8,12,18,21,22,23,24-Octamethyl-bilinogen-1,3,7,13,17,19-hexacarbonsäure-hexaäthylester $C_{45}H_{60}N_4O_{12}$, Formel XIV (R = CH_3).

B. Beim Erwärmen von 5-[3-Äthoxycarbonyl-1,4-dimethyl-pyrrol-2-ylmethyl]-1,3-dimethyl-pyrrol-2,4-dicarbonsäure-diäthylester mit Paraformaldehyd und Essigsäure in Butan-1-ol (*Corwin, Buc,* Am. Soc. **66** [1944] 1151, 1156).

Kristalle (aus Dioxan, Me. oder A.); F: 147 – 149°.

Hexacarbonsäuren $C_nH_{2n-38}N_4O_{12}$

2,2'-[13,17-Bis-(2-methoxycarbonyl-äthyl)-3,8,12,18-tetramethyl-porphyrin-2,7-diyldimethyl]-di-malonsäure-tetramethylester, 3^2,3^2,8^2,8^2-Tetrakis-methoxycarbonyl-mesoporphyrin-dimethylester $C_{44}H_{50}N_4O_{12}$, Formel XV (R = CH_3) und Taut.

B. Beim aufeinanderfolgenden Behandeln von 3,8-Bis-methoxymethyl-deuteroporphyrin-dimethylester mit HBr in Essigsäure, mit der Kalium-Verbindung des Malonsäure-diäthylesters und mit methanol. HCl (*Fischer, Riedl,* A. **482** [1930] 214, 221).

Kristalle (aus $CHCl_3$ + Me.); F: 202°. λ_{max} ($CHCl_3$ + Ae.; 440 – 630 nm): *Fi., Ri.,* l. c. S. 223.

Eisen(II)-Komplex. λ_{max} (440 – 610 nm): *Fi., Ri.,* l. c. S. 224.

Eisen(III)-Komplex $Fe(C_{44}H_{48}N_4O_{12})Cl$. Kristalle (aus Eg.); F: 200° [nach Sintern bei 165°] (*Fi., Ri.,* l. c. S. 223).

2,2′-[13,17-Bis-(2-äthoxycarbonyl-äthyl)-3,8,12,18-tetramethyl-porphyrin-2,7-diyldimethyl]-di-malonsäure-tetraäthylester, 3^2,3^2,8^2,8^2-Tetrakis-äthoxycarbonyl-mesoporphyrin-diäthylester $C_{50}H_{62}N_4O_{12}$, Formel XV (R = C_2H_5) und Taut.

B. Analog dem vorangehenden Methylester (*Fischer, Riedl,* A. **482** [1930] 214, 223).

Kristalle; F: 161° [nach Sintern bei 122°]. λ_{max} ($CHCl_3$ + Ae.; 440 – 630 nm): *Fi., Ri.*

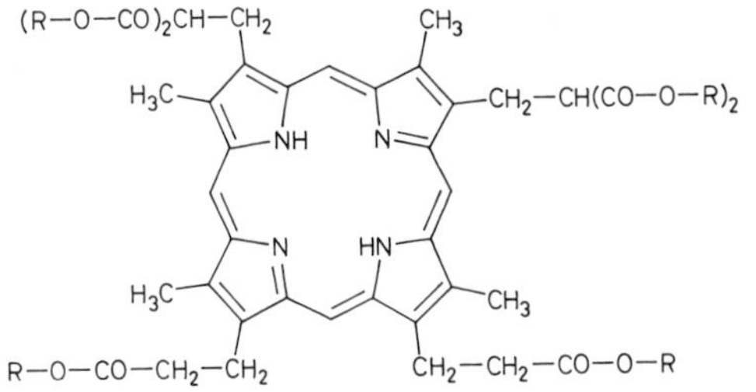

XV

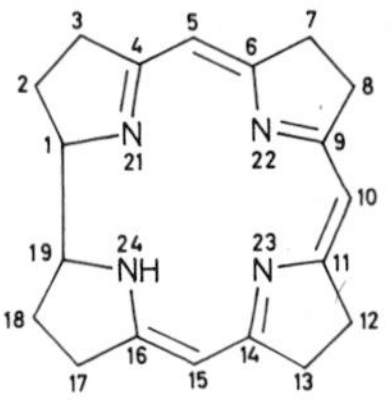

I

G. Heptacarbonsäuren

Heptacarbonsäuren $C_nH_{2n-30}N_4O_{14}$

3-[(1*R*)-7*t*,12*t*,17*t*-Tris-(2-carbamoyl-äthyl)-2*c*,13*c*,18*c*-tris-carbamoylmethyl-3*c*,5,8,8,13*t*,15,18*t*,19-octamethyl-(1*rH*,19*tH*)-corrin-3*t*-yl]-propionsäure [1]**, Hydrogenobyrsäure** $C_{45}H_{66}N_{10}O_8$.

Kobalt(III)-Komplex $[C_{45}H_{65}CoN_{10}O_8]^{2+}$; **Cobyrsäure,** Cby, Faktor V_{1a}, Formel II. Isolierung aus dem Abwasserfaulschlamm von Hefefabriken: *Bernhauer et al.,* Helv. **43** [1960] 693, 695.

Aqua-cyano-kobalt(III)-Komplex $[C_{46}H_{67}CoN_{11}O_9]^+$; *Coα*-Cyano-*Coβ*-aqua-cobyrsäure. Betain $C_{46}H_{66}CoN_{11}O_9$, Formel III. Konstitution und Konfiguration: *Venkatesan et al.,* Pr. roy. Soc. [A] **323** [1971] 455. Konfiguration am Kobalt-Atom: *Ve. et al.,* l. c. S. 471. – Dunkelrote wasserhaltige Kristalle (aus wss. Acn.); Zers. > 200° [nach Dunkelfärbung bei 140 – 160°] (*Bernhauer et al.,* Bio. Z. **334** [1961] 279, 280). Orangerote Kristalle (aus H_2O) mit 11 Mol H_2O (*Ve. et al.,* l. c. S. 456). IR-Spektrum (KBr; 4000 – 600 cm^{-1}): *Be. et al.,* Bio. Z. **334** 281.

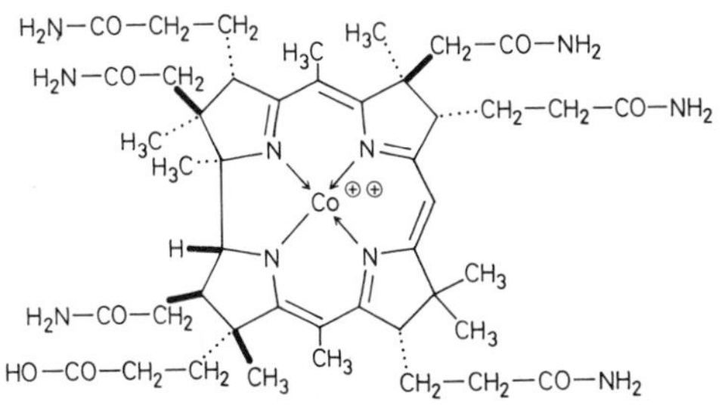

II

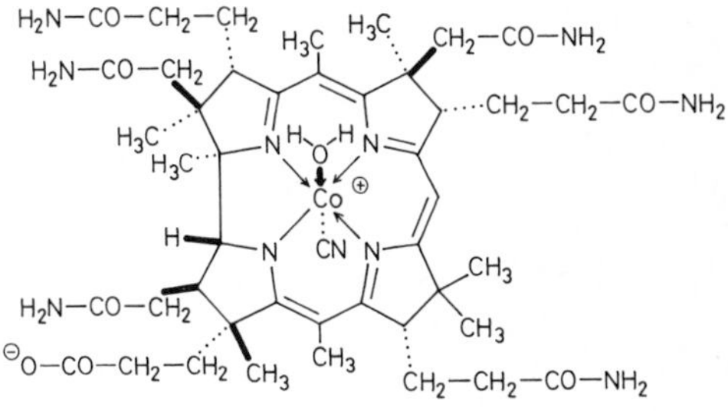

III

3,3′,3″,3‴-[2,13,18-Tris-carbamoylmethyl-3,5,8,8,13,15,18,19-octamethyl-corrin-3,7,12,17-tetrayl]-tetra-propionsäure-7,12,17-triamid-3-[2-hydroxy-propylamid] $C_{48}H_{73}N_{11}O_8$.

a) **Hydrogenobyrinsäure-*a,b,c,d,e,g*-hexaamid-*f*-[(*R*)-2-hydroxy-propylamid], Hydrogenobinamid.**

Kobalt(III)-Komplex $[C_{48}H_{72}CoN_{11}O_8]^{2+}$; **Cobinamid,** Cbi, Faktor-B, Formel IV.

[1]) Die Stellungsbezeichnung bei von Corrin abgeleiteten Namen entspricht der in Formel I angegebenen.

Identität von Faktor-B mit Faktor-I und Ätiocobalamin: *Dellweg et al.*, Bio. Z. **327** [1955] 422; mit Vitamin-B_{12p}: *De. et al.*, l. c. S. 424 Anm. – Isolierung aus Kulturen von Rhizobium melibioti: *Kaszubiak et al.*, Acta microbiol. polon. **6** [1957] 239; C. A. **1958** 18656; von Corynebacterium diphteriae: *Pawełkiewicz, Zodrow*, Acta microbiol. polon. **6** [1957] 9, 10; C. A. **1958** 7429; von Propionibacterium shermanii: *Janicki, Pawełkiewicz*, Acta biochim. polon. **1** [1954] 307, 308; C. A. **1955** 16071; Bl. Acad. polon. [II] **3** [1955] 5; *Pawełkiewicz, Zodrow*, Acta biochim. polon. **3** [1956] 225, 243; C. A. **1957** 10661; *Pawełkiewicz, Walerych*, Acta biochim. polon. **5** [1958] 327, 328; C. A. **1960** 18677. – *B.* Neben 13-Epi-cobinamid (s. unter b) beim Behandeln von Faktor-III (S. 3121) mit wss. $HClO_4$ (*Friedrich, Bernhauer*, Z. Naturf. **9b** [1954] 685, 686). Aus Pseudovitamin-B_{12} (*Co*α-[α-(6-Amino-purin-7-yl)]-*Co*β-cyano-cobamid-betain) mit Hilfe von $Ce(OH)_3$ (*Friedrich, Bernhauer*, B. **89** [1956] 2507, 2512). – Beim Behandeln mit starken Säuren ist ein Gleichgewichtsgemisch mit 13-Epi-cobinamid erhalten worden (*Bonnett et al.*, Soc. [C] **1971** 3736, 3737).

Aqua-sulfito-kobalt(III)-Komplex $C_{48}H_{74}CoN_{11}O_{12}S$; Aqua-sulfito-cobinamid. Über die Koordinierung von Schwefel-Atom und Kobalt-Atom vgl. die Angaben im Artikel Sulfitocobalamin (S. 3116). – Gelbbraune wasserhaltige Kristalle [aus wss. Acn.] (*Bernhauer, Wagner*, Bio. Z. **337** [1963] 366, 368, 379). IR-Spektrum (KBr; 4000–600 cm^{-1}): *Be., Wa.*, l. c. S. 371.

Aqua-cyano-kobalt(III)-Komplex $[C_{49}H_{74}CoN_{12}O_9]^+$; Aqua-cyano-cobinamid. Über die Konfiguration am Kobalt-Atom s. *Friedrich*, Z. Naturf. **21b** [1966] 138, 595; *Firth et al.*, Soc. [A] **1968** 453. – *B.* Aus Vitamin-B_{12} (S. 3117) mit Hilfe von $Ce(OH)_3$ (*Fi. et al.*, l. c. S. 454). – ^{1}H-NMR-Absorption (D_2O): *Hill et al.*, Soc. [A] **1968** 564, 566.

Dicyano-kobalt(III)-Komplex $C_{50}H_{72}CoN_{13}O_8$; Dicyano-cobinamid. ORD (wss. KCN [0,1 m]; 600–240 nm) und CD (wss. KCN [0,1 m]; 600–250 nm): *Bo. et al.* ^{1}H-NMR-Absorption (D_2O): *Hill et al.*

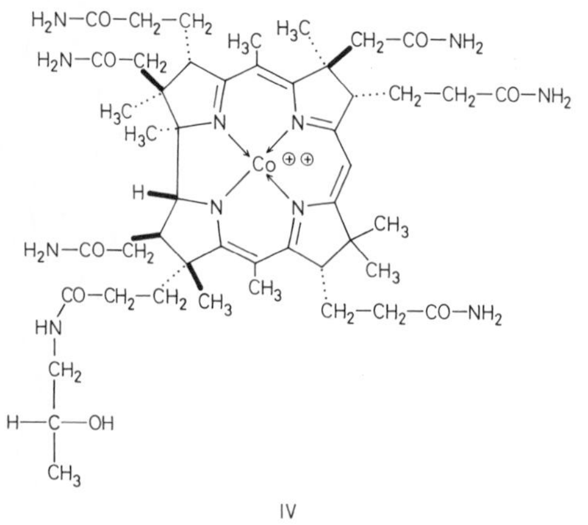

IV

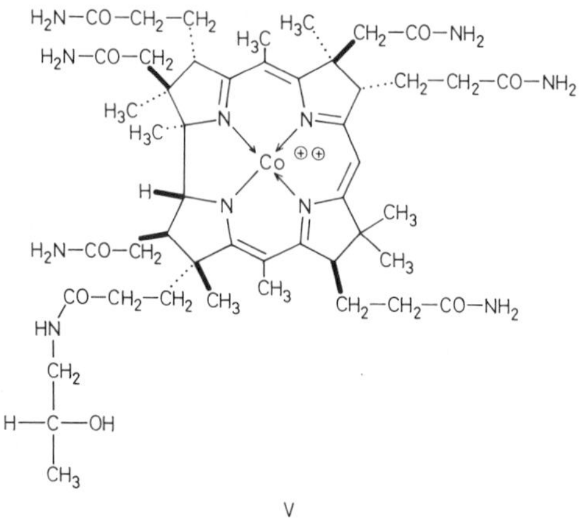

V

b) **13-Epi-hydrogenobinamid.**

Kobalt(III)-Komplex $[C_{48}H_{72}CoN_{11}O_8]^{2+}$; 13-Epi-cobinamid, Neocobinamid, Formel V. Konstitution und Konfiguration: *Bonnett et al.*, Soc. [C] **1971** 3736, 3737. – Identität von Faktor-Ia mit 13-Epi-cobinamid: *Bonnett et al.*, Nature **229** [1971] 473; s. a. *Bonnett et al.*, Soc. [C] **1969** 1163, 1165. – *B.* Neben anderen Verbindungen beim Behandeln von Faktor-III (S. 3121) mit konz. wss. HCl oder wss. $HClO_4$ (*Friedrich, Bernhauer*, Z. Naturf. **9b** [1954] 685, 686). – Beim Behandeln mit starken Säuren ist ein Gleichgewichtsgemisch mit Cobinamid (s. o.) erhalten worden (*Bo. et al.*, Soc. [C] **1971** 3740).

Dicyano-kobalt(III)-Komplex $C_{50}H_{72}CoN_{13}O_8$; Dicyano-13-epi-cobinamid. ORD (wss. KCN [0,1 m]; 650–250 nm) und CD (wss. KCN [0,1 m]; 600–250 nm): *Bo. et al.*, Soc. [C] **1971** 3737.

Hydrogenobyrinsäure-*a,b,c,d,e,g*-hexaamid-*f*-[(*R*)-2-phosphonooxy-propylamid] $C_{48}H_{74}N_{11}O_{11}P$.

Kobalt(III)-Komplex $[C_{48}H_{73}CoN_{11}O_{11}P]^{2+}$; Cobyrinsäure-*a,b,c,d,e,g*-hexa-amid-*f*-[(*R*)-2-phosphonooxy-propylamid]. Dibetain $C_{48}H_{71}CoN_{11}O_{11}P$; *O*-Phosphono-cobinamid, Cobinamidphosphat, Faktor-Y_2, Formel VI. Isolierung aus Kulturen von Propionibacterium shermanii: *Pawełkiewicz,* Acta biochim. polon. **3** [1956] 581, 582; C. A. **1960** 25012; von Nocardia rugosa: *DiMarco et al.,* Boll. Soc. ital. Biol. **33** [1957] 1513.

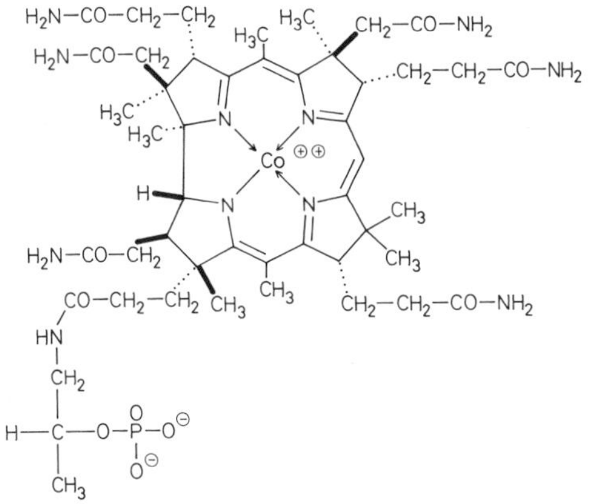

VI

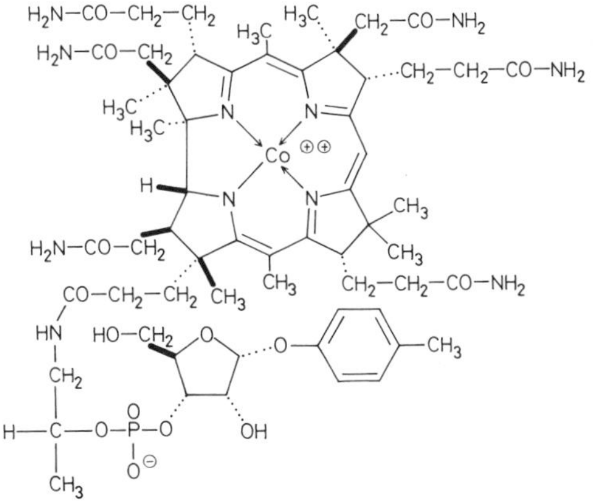

VII

[α-*p*-Tolyloxy]-hydrogenobamid $C_{60}H_{88}N_{11}O_{15}P$.

Kobalt(III)-Komplex $[C_{60}H_{87}CoN_{11}O_{15}P]^{2+}$; [α-*p*-Tolyloxy]-cobamid. Betain $[C_{60}H_{86}CoN_{11}O_{15}P]^{+}$; Faktor-Ib, Formel VII. Konstitution und Konfiguration am C-Atom 1 des Ribose-Teils: *Dinglinger, Braun,* Z. physiol. Chem. **351** [1970] 1157. – Isolierung aus dem Abwasser von Hefefabriken: *Dellweg, Bernhauer,* Arch. Biochem. **69** [1957] 74, 75, 77; *Di., Br.* – Nicht rein erhalten (*De., Be.*; *Di., Br.*). Verteilung zwischen Butan-1-ol und wss. $[NH_4]_2SO_4$: *De., Be.*

[α-Benzimidazol-1-yl]-hydrogenobamid $C_{60}H_{86}N_{13}O_{14}P$.

Kobalt(III)-Komplex $[C_{60}H_{85}CoN_{13}O_{14}P]^{2+}$; *Co*α-[α-Benzimidazol-1-yl]-cobamid. Betain $[C_{60}H_{84}CoN_{13}O_{14}P]^{+}$. Isolierung aus dem Abwasserfaulschlamm von Hefefabriken: *Friedrich, Bernhauer,* B. **91** [1958] 2061, 2064. – Biosynthese durch Streptomyces griseus unter Zusatz von *o*-Phenylendiamin: *Fantes, O'Callaghan,* Biochem. J. **59** [1955] 79, 81; durch Propionibacterium shermanii unter Zusatz von 1*H*-Benzimidazol: *Pawełkiewicz, Nowakowska,* Acta biochim. polon. **2** [1955] 259, 265; C. A. **1957** 13070; durch Propionibacterium arabinosum unter Zusatz von 1*H*-Benzimidazol: *Perlman, Barrett,* Canad. J. Microbiol. **4** [1958] 9, 12. Biosynthese aus Faktor-B (S. 3110) durch Escherichia coli unter Zusatz von 1*H*-Benzimidazol, D-Ribose, K_2HPO_4 und KH_2PO_4: *Dellweg et al.,* Bio. Z. **327** [1956] 422, 425, 432; von 1*H*-Benzimidazol-2-carbonsäure, D-Ribose, K_2HPO_4 und KH_2PO_4: *Dellweg et al.,* Bio. Z. **328** [1956] 88, 90.

Cyano-kobalt(III)-Komplex $[C_{61}H_{85}CoN_{14}O_{14}P]^{+}$; *Co*α-[α-Benzimidazol-1-yl]-*Co*β-cyano-cobamid. Betain $C_{61}H_{84}CoN_{14}O_{14}P$, Formel VIII (X = X' = H). Rote Kristalle [aus wss. Acn.] (*Fa., O'Ca.*). Absorptionsspektrum in H_2O (240–560 nm): *Pa., No.,* l. c. S. 268; in wss. Lösung vom pH 6 (250–340 nm): *Fr., Be.,* l. c. S. 2062. Verteilung zwischen Butan-1-ol und wss. $[NH_4]_2SO_4$: *De. et al.,* Bio. Z. **327** 437; zwischen einem Trichloräthen–4-Chlor-phenol-Gemisch und H_2O: *Aschaffenburger Zellstoffwerke,* U.S.P. 2893988 [1955].

Dicyano-kobalt(III)-Komplex $C_{62}H_{85}CoN_{15}O_{14}P$; Dicyano-[α-benzimidazol-1-yl]-cobamid, Formel IX (R = H). UV-Spektrum (wss. Lösung vom pH 10,5; 250–340 nm): *Fr., Be.,* l. c. S. 2062.

[α-(5,6-Dichlor-benzimidazol-1-yl)]-hydrogenobamid $C_{60}H_{84}Cl_2N_{13}O_{14}P$.

Kobalt(III)-Komplex $[C_{60}H_{83}Cl_2CoN_{13}O_{14}P]^{2+}$; *Coα*-[α-(5,6-Dichlor-benzimidazol-1-yl)]-cobamid. Betain $[C_{60}H_{82}Cl_2CoN_{13}O_{14}P]^{+}$. Biosynthese durch Streptomyces griseus unter Zusatz von 5,6-Dichlor-1*H*-benzimidazol: *Fantes, O'Callaghan,* Biochem. J. **63** [1956] 10P; aus Faktor-B (S. 3109) durch Escherichia coli unter Zusatz von 5,6-Dichlor-1*H*-benzimidazol, D-Ribose, NaH_2PO_4 und Na_2HPO_4: *Dellweg et al.,* Bio. Z. **327** [1956] 422, 425, 434.

Cyano-kobalt(III)-Komplex $[C_{61}H_{83}Cl_2CoN_{14}O_{14}P]^{+}$; *Coα*-[α-(5,6-Dichlor-benzimidazol-1-yl)]-*Coβ*-cyano-cobamid. Betain $C_{61}H_{82}Cl_2CoN_{14}O_{14}P$, Formel VIII (X = X' = Cl). Kristalle [aus wss. Acn.] (*De. et al.*). Orthorhombisch; Dimensionen der Elementarzelle (Röntgen-Diagramm): *Crowfoot Hodgkin et al.,* Pr. roy. Soc. [A] **242** [1957] 228, 231. Verteilung zwischen Butan-1-ol und wss. $[NH_4]_2SO_4$: *De. et al.,* l. c. S. 437.

[α-(5-Nitro-benzimidazol-1-yl)]-hydrogenobamid $C_{60}H_{85}N_{14}O_{16}P$.

Kobalt(III)-Komplex $[C_{60}H_{84}CoN_{14}O_{16}P]^{2+}$; *Coα*-[α-(5-Nitro-benzimidazol-1-yl)]-cobamid. Betain $[C_{60}H_{83}CoN_{14}O_{16}P]^{+}$. Biosynthese [jeweils unter Zusatz von 5-Nitro-1(3)*H*-benzimidazol] durch Propionibacterium shermanii: *Pawełkiewicz, Nowakowska,* Acta biochim. polon. **2** [1955] 259, 265; C. A. **1957** 13070; durch Propionibacterium arabinosum: *Perlman, Barrett,* Canad. J. Microbiol. **4** [1958] 9, 12.

Cyano-kobalt(III)-Komplex $[C_{61}H_{84}CoN_{15}O_{16}P]^{+}$; *Coα*-[α-(5-Nitro-benzimidazol-1-yl)]-*Coβ*-cyano-cobamid. Betain $C_{61}H_{83}CoN_{15}O_{16}P$, Formel VIII (X = NO_2, X' = H). Kristalle [aus wss. Acn.] (*Pa., No.,* l. c. S. 268). Absorptionsspektrum (H_2O; 240 – 560 nm): *Pa., No.,* l. c. S. 269.

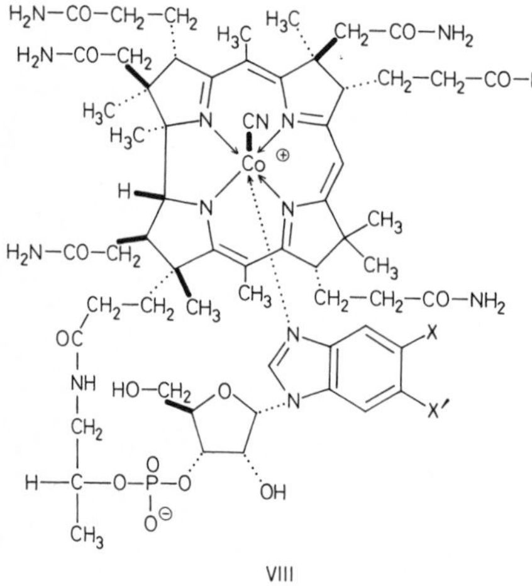

VIII

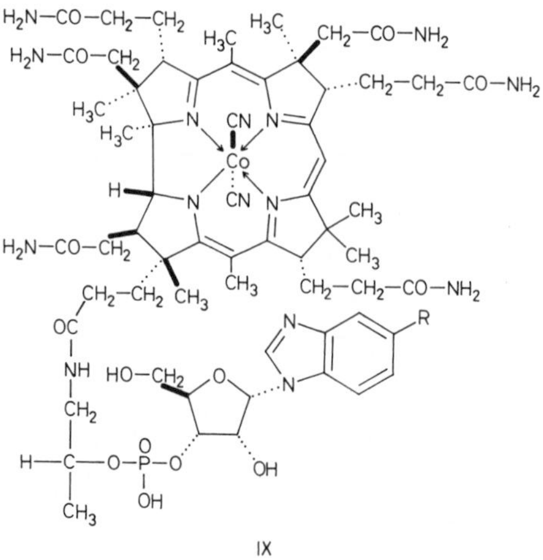

IX

[α-(5,6-Dinitro-benzimidazol-1-yl)]-hydrogenobamid $C_{60}H_{84}N_{15}O_{18}P$.

Kobalt(III)-Komplex $[C_{60}H_{83}CoN_{15}O_{18}P]^{2+}$; *Coα*-[α-(5,6-Dinitro-benzimidazol-1-yl)]-cobamid. Betain $[C_{60}H_{82}CoN_{15}O_{18}P]^{+}$. Biosynthese [jeweils unter Zusatz von 5,6-Dinitro-1*H*-benzimidazol] durch Propionibacterium shermanii: *Pawełkiewicz, Nowakowska,* Acta biochim. polon. **2** [1955] 259, 265; C. A. **1957** 13070; durch Corynebacterium diphteriae: *Pawełkiewicz, Zodrow,* Acta microbiol. polon. **6** [1957] 9, 11; C. A. **1958** 7429.

Cyano-kobalt(III)-Komplex $[C_{61}H_{83}CoN_{16}O_{18}P]^{+}$; *Coα*-[α-(5,6-Dinitro-benzimidazol-1-yl)]-*Coβ*-cyano-cobamid. Betain $C_{61}H_{82}CoN_{16}O_{18}P$, Formel VIII (X = X' = NO_2). Kristalle [aus wss. Acn.] (*Pa., No.,* l. c. S. 268). Absorptionsspektrum (H_2O; 240 – 560 nm): *Pa., No.,* l. c. S. 270.

[α-(5-Amino-benzimidazol-1-yl)]-hydrogenobamid $C_{60}H_{87}N_{14}O_{14}P$.

Cyano-kobalt(III)-Komplex $[C_{61}H_{86}CoN_{15}O_{14}P]^+$; *Coα*-[α-(5-Amino-benzimid=azol-1-yl)]-*Coβ*-cyano-cobamid. Betain $C_{61}H_{85}CoN_{15}O_{14}P$, Formel VIII (X = NH_2, X' = H). Biosynthese neben der folgenden Verbindung durch Propionibacterium shermanii unter Zusatz von 1(3)*H*-Benzimidazol-5-ylamin: *Bernhauer, Reber,* Bio. Z. **335** [1962] 463, 470. – Rote Kristalle (aus wss. Acn.).

[α-(6-Amino-benzimidazol-1-yl)]-hydrogenobamid $C_{60}H_{87}N_{14}O_{14}P$.

Cyano-kobalt(III)-Komplex $[C_{61}H_{86}CoN_{15}O_{14}P]^+$; *Coα*-[α-(6-Amino-benzimid=azol-1-yl)]-*Coβ*-cyano-cobamid. Betain $C_{61}H_{85}CoN_{15}O_{14}P$, Formel VIII (X = H, X' = NH_2). *B.* s. im vorangehenden Artikel. – Rote Kristalle [aus wss. Acn.] (*Bernhauer, Reber,* Bio. Z. **335** [1962] 463, 470).

[α-(6-Methyl-benzimidazol-1-yl)]-hydrogenobamid $C_{61}H_{88}N_{13}O_{14}P$.

Cyano-kobalt(III)-Komplex $[C_{62}H_{87}CoN_{14}O_{14}P]^+$; *Coα*-[α-(6-Methyl-benzimid=azol-1-yl)]-*Coβ*-cyano-cobamid. Betain $C_{62}H_{86}CoN_{14}O_{14}P$, Formel VIII (X = H, X' = CH_3). Biosynthese in geringer Menge neben *Coα*-[α-(5-Methyl-benzimidazol-1-yl)]-*Coβ*-cyano-cobamid durch Propionibacterium shermanii unter Zusatz von 5-Methyl-1(3)*H*-benz=imidazol: *Friedrich, Bernhauer,* B. **91** [1958] 1665, 1668. – Rote Kristalle (aus wss. Acn.).

[α-(5-Methyl-benzimidazol-1-yl)]-hydrogenobamid $C_{61}H_{88}N_{13}O_{14}P$.

Kobalt(III)-Komplex $[C_{61}H_{87}CoN_{13}O_{14}P]^{2+}$; *Coα*-[α-(5-Methyl-benzimidazol-1-yl)]-cobamid. Betain $[C_{61}H_{86}CoN_{13}O_{14}P]^+$. Isolierung aus dem Abwasserfaulschlamm von Hefefabriken: *Friedrich, Bernhauer,* B. **91** [1958] 2061, 2064. – Biosynthese [jeweils unter Zusatz von 5-Methyl-1(3)*H*-benzimidazol] durch Propionibacterium shermanii: *Friedrich, Bernhauer,* B. **91** [1958] 1665, 1668; *Pawełkiewicz,* Acta biochim. polon. **1** [1954] 313, 316; C. A. **1955** 16071; Bl. Acad. polon. [II] **3** [1955] 3; durch Propionibacterium arabinosum: *Perlman, Barrett,* Canad. J. Microbiol. **4** [1958] 9, 12. Biosynthese aus Faktor-B (S. 3110) durch Escherichia coli unter Zusatz von 5-Methyl-1(3)*H*-benzimidazol, D-Ribose, K_2HPO_4 und KH_2PO_4: *Dellweg et al.,* Bio. Z. **327** [1956] 422, 425, 434; von 5-Methyl-1(3)*H*-benzimidazol-2-carbonsäure, D-Ribose, K_2HPO_4 und KH_2PO_4: *Dellweg et al.,* Bio. Z. **328** [1956] 88, 90.

Cyano-kobalt(III)-Komplex $[C_{62}H_{87}CoN_{14}O_{14}P]^+$; *Coα*-[α-(5-Methyl-benzimid=azol-1-yl)]-*Coβ*-cyano-cobamid. Betain $C_{62}H_{86}CoN_{14}O_{14}P$, Formel VIII (X = CH_3, X' = H). Rote Kristalle [aus wss. Acn.] (*Fr., Be.,* l. c. S. 1668). UV-Spektrum (wss. Lösung vom pH 6; 250–340 nm): *Fr., Be.,* l. c. S. 2062. Verteilung zwischen Butan-1-ol und wss. $[NH_4]_2SO_4$: *De. et al.,* Bio. Z. **327** 437; zwischen einem Trichloräthen–4-Chlor-phenol-Gemisch und H_2O: *Aschaffenburger Zellstoffwerke,* U.S.P. 2893988 [1955].

Dicyano-kobalt(III)-Komplex $C_{63}H_{87}CoN_{15}O_{14}P$; Dicyano-[α-(5-methyl-benz=imidazol-1-yl)]-cobamid, Formel IX (R = CH_3). UV-Spektrum (wss. Lösung vom pH 10,5; 250–340 nm): *Fr., Be.,* l. c. S. 2062.

[α-(5(?)-Trifluormethyl-benzimidazol-1-yl)]-hydrogenobamid $C_{61}H_{85}F_3N_{13}O_{14}P$.

Hydroxo-kobalt(III)-Komplex $[C_{61}H_{85}CoF_3N_{13}O_{15}P]^+$; *Coα*-[α-(5(?)-Trifluor=methyl-benzimidazol-1-yl)]-*Coβ*-hydroxo-cobamid. Betain $C_{61}H_{84}CoF_3N_{13}O_{15}P$, vermutlich Formel X (X = OH). *B.* Beim Hydrieren von *Coα*-[α-(5(?)-Trifluormethyl-benzimid=azol-1-yl)]-*Coβ*-cyano-cobamid-betain (s. u.) an Platin in H_2O (*Olin Mathieson Chem. Corp.,* U.S.P. 2995498 [1957]). – Rote Kristalle [aus wss. Acn.] (*Olin Mathieson,* U.S.P. 2995498).

Chloro-kobalt(III)-Komplex $[C_{61}H_{84}ClCoF_3N_{13}O_{14}P]^+$; *Coα*-[α-(5(?)-Trifluor=methyl-benzimidazol-1-yl)]-*Coβ*-chloro-cobamid. Betain $C_{61}H_{83}ClCoF_3N_{13}O_{14}P$, vermutlich Formel X (X = Cl). *B.* Beim Behandeln von *Coα*-[α-(5(?)-Trifluormethyl-benzimid=azol-1-yl)]-*Coβ*-hydroxo-cobamid-betain (s. o.) mit wss. HCl (*Olin Mathieson,* U.S.P. 2995498). – Rote Kristalle (*Olin Mathieson,* U.S.P. 2995498).

Cyano-kobalt(III)-Komplex $[C_{62}H_{84}CoF_3N_{14}O_{14}P]^+$; *Coα*-[α-(5(?)-Trifluor=methyl-benzimidazol-1-yl)]-*Coβ*-cyano-cobamid. Betain $C_{62}H_{83}CoF_3N_{14}O_{14}P$, ver=mutlich Formel X (X = CN). Biosynthese durch Propionibacterium arabinosum unter Zusatz von 2-Nitro-4-trifluormethyl-anilin und $Co(NO_2)_2$: *Perlman, Barrett,* Canad. J. Microbiol. **4** [1958] 9, 12,13; *Olin Mathieson Chem. Corp.,* U.S.P. 2980591 [1957], 2995498; von 4-Trifluormethyl-*o*-phenylendiamin und $Co(NO_2)_2$: *Pe., Ba.*; *Olin Mathieson,* U.S.P. 2980591. Biosynthese durch Propionibacterium pentosaceum unter Zusatz von 2-Nitro-4-trifluormethyl-anilin und $Co(NO_2)_2$: *Olin Mathieson,* U.S.P. 2980591. – Rote Kristalle [aus wss. Acn.] (*Olin Mathieson,* U.S.P. 2995498).

[α-(5(oder 6)-Methyl-6(oder 5)-nitro-benzimidazol-1-yl)]-hydrogenobamid $C_{61}H_{87}N_{14}O_{16}P$.

Cyano-kobalt(III)-Komplex $[C_{62}H_{86}CoN_{15}O_{16}P]^+$; *Coα*-[α-(5(oder 6)-Methyl-6(oder 5)-nitro-benzimidazol-1-yl)]-*Coβ*-cyano-cobamid. Betain $C_{62}H_{85}CoN_{15}O_{16}P$, Formel VIII (X = CH_3, X' = NO_2 oder X = NO_2, X' = CH_3). Biosynthese durch Propionibacterium shermanii unter Zusatz von 5-Methyl-6-nitro-1(3)*H*-benzimidazol: *Pawełkiewicz, Nowakowska,* Acta biochim. polon. **2** [1955] 259, 265; C. A. **1937** 13070. – Kristalle [aus wss. Acn.] (*Pa., No.,* l. c. S. 268). Absorptionsspektrum (H_2O; 240–560 nm): *Pa., No.,* l. c. S. 270.

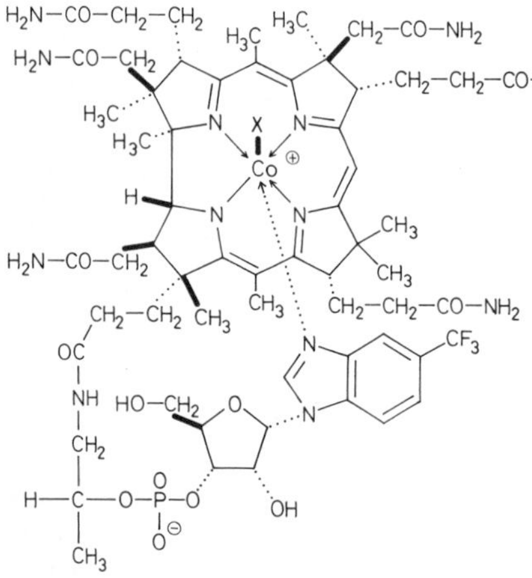

X

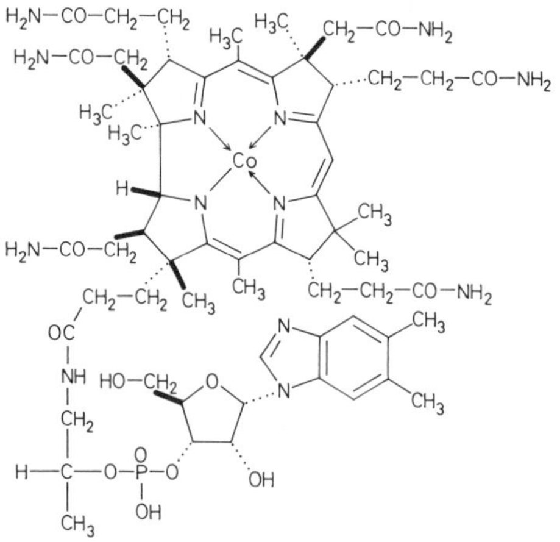

XI

[α-(5,6-Dimethyl-benzimidazol-1-yl)]-hydrogenobamid $C_{62}H_{90}N_{13}O_{14}P$.

Zusammenfassende Darstellungen über die nachstehend beschriebenen Kobalt-Komplexe: 1. Europ. Symp. Vitamin-B_{12}, Hamburg 1956 [Stuttgart 1957]; 2. Europ. Symp. Vitamin B_{12}, Hamburg 1961 [Stuttgart 1962]; *Bernhauer et al.,* Ang. Ch. **75** [1963] 1145–1156; *Bonnett,* Chem. Reviews **63** [1963] 573–605; *A.F. Wagner, K. Folkers,* Vitamins and Coenzyms [New York 1964] S. 194–243; *E.L. Smith,* Vitamin-B_{12} [London 1965]; *Wagner,* Ann. Rev. Biochem. **35** Tl. 1 [1966] 405–434; *Hogenkamp,* Ann. Rev. Biochem. **37** [1968] 225–248; *S.P. Colowick, N.O. Kaplan,* Methods in Enzymology, Bd. 18 C [New York 1971] S. 1–133; *J.M. Wood, D.G. Brown,* Structure and Bonding, Bd. 11 [Berlin 1972] S. 47–105; *J.M. Pratt,* Inorganic Chemistry of Vitamin B_{12} [London 1972]; Gmelin Erg.-Bd. 5, Kobalt-Organische Verbindungen [Weinheim 1973] S. 42–55; *Brown,* Progr. inorg. Chem. **18** [1973] 177–286; *Eschenmoser,* Naturwiss. **61** [1974] 513–525; *R. Ammon, W. Dirscherl,* Fermente, Hormone, Vitamine, 3. Aufl., Bd. 3, Tl. 2 [Stuttgart 1960]; *W. Friedrich,* Vitamin-B_{12} und verwandte Corrinoide [Stuttgart 1975] und dort auf S. 1 zitierte Literatur; *Schranzer,* Ang. Ch. **88** [1976] 465–474, **89** [1977] 239–251; *B. Zagalak, W. Friedrich,* Vitamin-B_{12} [Berlin 1979]; *Golding,* in *D. Barton, W.D. Ollis,* Comprehensive Organic Chemistry, Bd. 5 [Oxford 1979] S. 549–584; *S.P. Colowick, N.O. Kaplan,* Methods in Enzymology, Bd. 67F [New York 1980] S. 1–108; *Johnson,* Chem. Soc. Rev. **9** [1980] 125–141; *Kirschbaum,* in *K. Florey,* Analatytical Profiles of Drug Substances, Bd. 10 [New York 1981] S. 183.

Konstitution und Konfiguration von Vitamin-B_{12} und den nachstehend beschriebenen Kobalt-Komplexen: *Crowfoot Hodgkin et al.*, Pr. roy. Soc. [A] **242** [1957] 228, [A] **251** [1959] 306; *White*, Pr. roy. Soc. [A] **266** [1962] 440; *Crowfoot Hodgkin et al.*, Pr. roy. Soc. [A] **266** [1962] 475, 494; *Brink-Shoemaker et al.*, Pr. roy. Soc. [A] **278** [1964] 1; *Crowfoot Hodgkin*, Ang. Ch. **77** [1965] 954.

Kobalt(I)-Komplex $C_{62}H_{89}CoN_{13}O_{14}P$; [α-(5,6-Dimethyl-benzimidazol-1-yl)]-cob(I)-amid, Vitamin-B_{12s}, Cob(I)alamin, Formel XI (in der Literatur auch als Hydrido= cobalamin bezeichnet). Über die Wertigkeit des Kobalt-Atoms s. *Schranzer et al.*, B. **98** [1965] 3324; *Das et al.*, Soc. [A] **1968** 1261. Über die Koordinierung am Kobalt-Atom s. *Brodie, Poe*, Biochemistry **10** [1971] 914, 920; *Schranzer, Holland*, Am. Soc. **93** [1971] 4060; *Schranzer*, Ang. Ch. **88** [1976] 465, 467, 469. – *B.* Aus Vitamin-B_{12} (S. 3117) mit Hilfe von Zink und wss. NH_4Cl (*Schindler*, Helv. **34** [1951] 1356, 1361), von $CrCl_2$ (*Boos et al.*, Sci. **117** [1953] 603; vgl. *Tackett et al.*, Biochemistry **2** [1963] 919) oder von Chrom(II)-acetat (*Beaven, Johnson*, Nature **176** [1955] 1264). Beim Behandeln von Vitamin-B_{12} oder von Hydroxocobalamin (S. 3116) mit $NaBH_4$ und $Co(NO_3)_2$ in H_2O (*Dolphin*, in *S.P. Colowick, N.O. Kaplan*, Methods in Enzymology, Bd. 18 C [New York 1971] S. 34, 41). – ^{1}H-NMR-Spektrum (D_2O): *Br., Poe*, l. c. S. 921. Absorptionsspektrum (H_2O; 220–700 nm): *Do.*, l. c. S. 35; *Be., Jo.*

Kobalt(II)-Komplex $[C_{62}H_{89}CoN_{13}O_{14}P]^+$; *Co*α-[α-(5,6-Dimethyl-benzimidazol-1-yl)]-cob(II)-amid. Betain $C_{62}H_{88}CoN_{13}O_{14}P$; Vitamin-$B_{12r}$, Cob(II)-alamin, For= mel XII. Über die Koordinierung am Kobalt-Atom s. *Bayston et al.*, Biochemistry **9** [1970] 2164; *Hill et al.*, in *S.P. Colowick, N.O. Kaplan*, Methods in Enzymology, Bd. 18 C [New York 1971] S. 5, 29; *J.M. Wood, D.G. Brown*, Structure and Bonding, Bd. 11 [Berlin 1972] S. 47, 66; *Cockle et al.*, J.C.S. Dalton **1972** 297, 302. – *B.* Aus Vitamin-B_{12} (S. 3117) mit Hilfe von Zink und wss. NH_4Cl (*Schindler*, Helv. **34** [1951] 1356, 1361; vgl. hierzu *Dolphin*, in *S.P. Colowick, N.O. Kaplan*, Methods in Enzymology, Bd. 18 C [New York 1971] S. 34, 41), von $CrCl_2$ (*Boos et al.*, Sci. **117** [1953] 603; vgl. hierzu *Do.*) oder von Chrom(II)-acetat (*Beaven, Johnson*, Nature **176** [1955] 1265; vgl. hierzu *Do.*). Beim Hydrieren von Vitamin-B_{12} an Platin (*Diehl, Murie*, Iowa Coll. J. **26** [1952] 555, 556; *Ellingboe et al.*, Iowa Coll. J. **30** [1955] 263; *Diehl, Voigt*, Iowa Coll. J. **32** [1958] 471). Beim Bestrahlen von Methylcobalamin (aus Cyano- oder Hydroxocobalamin beim aufeinanderfolgenden Behandeln mit $NaBH_4$ und CH_3I hergestellt) in Isopropylalkohol mit einer Wolfram-Lampe (*Do.*, l. c. S. 45; *Yamada et al.*, in *S.P. Colowick, N.O. Kaplan*, Methods in Enzymology, Bd. 18 C [New York 1971] S. 52). – Dunkelbraunes Pulver (*Ya.*). Absorptionsspektrum (H_2O; 230–700 nm): *Do.*, l. c. S. 35; *Be., Jo.*; s. a. *Di., Mu.*, l. c. S. 557. Polarographisches Halbstufenpotential (wss. Lösungen vom pH 5,32–10,08): *Jaselskis, Diehl*, Am. Soc. **76** [1954] 4345, 4347.

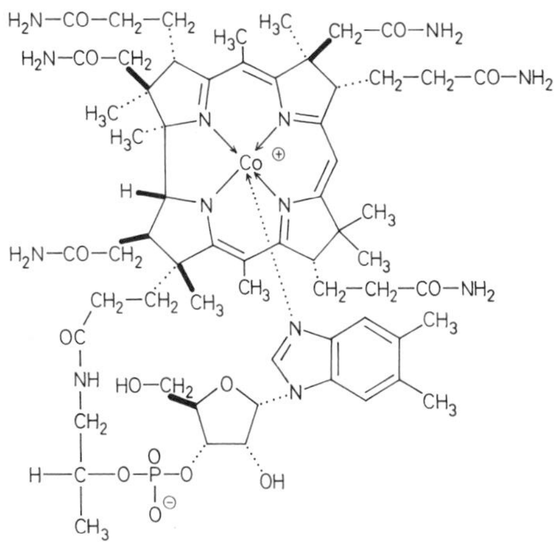

XII

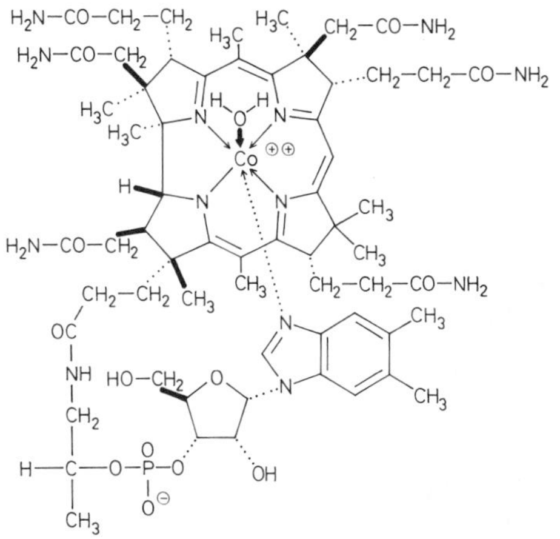

XIII

Aqua-kobalt(III)-Komplex $[C_{62}H_{91}CoN_{13}O_{15}P]^{2+}$; *Coα*-[α-(5,6-Dimethylbenzimidazol-1-yl)]-*Coβ*-aqua-cobamid. Betain $[C_{62}H_{90}CoN_{13}O_{15}P]^+$; Aquacobalamin, Formel XIII und Hydroxo-kobalt(III)-Komplex $[C_{62}H_{90}CoN_{13}O_{15}P]^+$; *Coα*-[α-(5,6-Dimethyl-benzimidazol-1-yl)]-*Coβ*-hydroxo-cobamid. Betain $C_{62}H_{89}CoN_{13}O_{15}P$; Hydroxocobalamin, Formel XIV (X = OH) (in der Literatur auch als Vitamin-B_{12a} oder Vitamin-B_{12b} bezeichnet). Gleichgewichtskonstante des Systems Aquacobalamin⇌Hydroxocobalamin + H^+ in wss. Lösung: *Eilbeck et al.*, J.C.S. Dalton **1974** 2205; *Lexa et al.*, Am. Soc. **99** [1977] 2786, 2789. – Isolierung aus Kulturen von Streptomyces griseus: *Merck & Co. Inc.*, U.S.P. 2738301, 2738302 [1950]. – Biosynthese durch Streptomyces griseus oder Streptomyces aureofaciens unter Zusatz von $Co(NO_3)_2$: *Tarr*, Canad. J. Technol. **29** [1951] 391, 394. – *B.* Aus Vitamin-B_{12} (S. 3117) bei der Einwirkung von Licht in schwach saurer wss. Lösung (*Veer et al.*, Biochim. biophys. Acta **6** [1950] 225). Beim Hydrieren von Vitamin-B_{12} an Platin (*Kaczka et al.*, Am. Soc. **73** [1951] 335; *Merck & Co. Inc.*, U.S.P. 2738301, 2738302) oder an Platin bzw. Raney-Nickel (*Merck & Co. Inc.*, U.S.P. 2738301). – Rote Kristalle (aus wss. Acn.), die sich ab 200° dunkel färben und unterhalb 300° nicht schmelzen (*Ka. et al.*). Orthorhombisch; Dimensionen der Elementarzelle (Röntgen-Diagramm): *Crowfoot Hodgkin et al.*, Pr. roy. Soc. [A] **242** [1957] 228, 231. Kristalloptik: *Ka. et al.* $[\alpha]_{643,8}^{20}$: −19,5° [H_2O; c = 0,5] (*Smith et al.*, Biochem. J. **52** [1952] 389, 392). IR-Spektrum in KBr (4000–300 cm^{-1}): *Hogenkamp*, J. biol. Chem. **240** [1965] 3641, 3642; in Nujol (3500–750 cm^{-1}): *Jackson et al.*, Am. Soc. **73** [1951] 337, 340. Absorptionsspektrum in H_2O (220–620 nm): *Pierce et al.*, Am. Soc. **72** [1950] 2615; *Ja. et al.*; in wss. Lösungen vom pH 5 und pH 8,8 (250–580 nm): *Ka. et al.*; vom pH 12 (250–350 nm): *Cooley et al.*, J. Pharm. Pharmacol. **3** [1954] 271, 275. Magnetische Susceptibilität: $-0{,}114 \cdot 10^{-6}$ $cm^3 \cdot g^{-1}$ (*Diehl et al.*, Iowa Coll. J. **26** [1951] 19). Polarographisches Halbstufenpotential (wss. Lösungen vom pH 2,4, pH 7,1 und pH 12,4): *Hogenkamp, Holmes*, Biochemistry **9** [1970] 1886, 1888; s. a. *Sm. et al.*, l. c. S. 392. In 1 ml wss. Aceton [80%ig] lösen sich ca. 3,6 mg; in 1 ml wss. Aceton [85%ig] lösen sich ca. 0,71 mg (*Merck & Co. Inc.*, U.S.P. 2738301, 2738302). Verteilung zwischen Benzylalkohol und wss. Lösungen vom pH 2–9,5: *Smith et al.*, Biochem. J. **52** [1952] 395, 396.

Chloro-kobalt(III)-Komplex $[C_{62}H_{89}ClCoN_{13}O_{14}P]^+$; *Coα*-[α-(5,6-Dimethylbenzimidazol-1-yl)]-*Coβ*-chloro-cobamid. Betain $C_{62}H_{88}ClCoN_{13}O_{14}P$; Chlorocobalamin, Formel XIV (X = Cl). *B.* Beim Bestrahlen (λ: 400–750 nm) von Vitamin-B_{12} (S. 3117) in wss. HCl (*Merck & Co. Inc.*, U.S.P. 2694679 [1951]). Aus Hydroxocobalamin (s. o.) und wss. HCl (*Kaczka et al.*, Am. Soc. **73** [1951] 3569, 3571). – Rote Kristalle (*Ka. et al.*). Kristalloptik: *Merck & Co. Inc.*, U.S.P. 2738302 [1950]. Absorptionsspektrum (wss. Lösung; 290–1000 nm): *Pratt, Thorp*, Soc. [A] **1966** 187, 189; s. a. *Ka. et al.*, l. c. S. 3572.

Bromo-kobalt(III)-Komplex $[C_{62}H_{89}BrCoN_{13}O_{14}P]^+$; *Coα*-[α-(5,6-Dimethylbenzimidazol-1-yl)]-*Coβ*-bromo-cobamid. Betain $C_{62}H_{88}BrCoN_{13}O_{14}P$; Bromocobalamin, Formel XIV (X = Br). *B.* Aus Hydroxocobalamin (s. o.) und wss. HBr (*Kaczka et al.*, Am. Soc. **73** [1951] 3569, 3571). – Rote Kristalle [aus wss. Acn.] (*Ka. et al.*). Absorptionsspektrum (wss. Lösung; 290–1000 nm): *Pratt, Thorp*, Soc. [A] **1966** 187, 189; s. a. *Ka. et al.*, l. c. S. 3572.

Sulfito-kobalt(III)-Komplex $C_{62}H_{89}CoN_{13}O_{17}PS$; *Coα*-[α-(5,6-Dimethyl-benzimidazol-1-yl)]-*Coβ*-sulfito-cobamid⇌*Coα*-[α-(5,6-Dimethyl-benzimidazol-1-yl)]-*Coβ*-hydrogensulfito-cobamid-betain, Formel XIV (X = SO_2-OH). Sulfitocobalamin. Über die Koordinierung von Schwefel-Atom und Kobalt-Atom s. *Hill et al.*, J. theoret. Biol. **3** [1962] 423, 433; *Bernhauer, Wagner*, Bio. Z. **337** [1963] 366; *Dolphin et al.*, Nature **199** [1963] 170; *Firth et al.*, Soc. [A] **1969** 381, 383, 385. – *B.* Aus Vitamin-B_{12} (s. u.) und wss. $NaHSO_3$ (*Be., Wa.*, l. c. S. 379; s. a. *Abbott Labor.*, U.S.P. 2721162 [1952]). – Absorptionsspektrum (wss. Lösungen vom pH 2,1, pH 7 und pH 10,5; 230–600 nm): *Be., Wa.*, l. c. S. 370; s. a. *Abbott Labor.*

Sulfato-kobalt(III)-Komplex $C_{62}H_{89}CoN_{13}O_{18}PS$; *Coα*-[α-(5,6-Dimethyl-benzimidazol-1-yl)]-*Coβ*-sulfato-cobamid⇌*Coα*-[α-(5,6-Dimethyl-benzimidazol-1-yl)]-*Coβ*-hydrogensulfato-cobamid-betain, Formel XIV (X = O-SO_2-OH). Sulfatocobalamin. Über die Koordinierung von Sauerstoff-Atom und Kobalt-Atom s. *Dolphin, John son*, Soc. **1965** 2174, 2175. – *B.* Beim aufeinanderfolgenden Behandeln von Vitamin-B_{12} (s. u.) in H_2O mit SO_2 und Luft (*Kaczka et al.*, Am. Soc. **73** [1951] 3569, 3571). Aus Hydroxocobalamin (S. 3116) und wss. H_2SO_4 (*Ka. et al.*). Beim Bestrahlen (λ: 400–750 nm) von Vitamin-B_{12} in wss. H_2SO_4 (*Merck & Co. Inc.*, U.S.P. 2694679 [1951]). – Rote Kristalle [aus wss. Acn.] (*Ka. et al.*). Kristalloptik: *Merck & Co. Inc.*, U.S.P. 2694679. λ_{max} (wss. H_2SO_4 [0,1 n]): 273 nm, 350 nm und 523 nm (*Merck & Co. Inc.*, U.S.P. 2694679). In 1 ml wss. Aceton [85%ig] lösen sich ca. 0,73 mg (*Merck & Co. Inc.*, U.S.P. 2738302 [1950]).

Amido-kobalt(III)-Komplex $[C_{62}H_{91}CoN_{14}O_{14}P]^+$; *Coα*-[α-(5,6-Dimethyl-benzimidazol-1-yl)]-*Coβ*-amido-cobamid. Betain $C_{62}H_{90}CoN_{14}O_{14}P$, Formel XIV (X = NH_2) (in der Literatur auch als Ammoniacobalichrom bezeichnet). *B.* Aus Hydroxocobalamin (S. 3116) und flüssigem NH_3 (*Cooley et al.*, J. Pharm. Pharmacol. **3** [1951] 271, 279). – Rote Kristalle [aus wss. Acn.] (*Co. et al.*). Absorptionsspektrum (wss. Lösungen vom pH 2 und pH 10; 240–600 nm): *Co. et al.*, l. c. S. 280; vgl. hierzu *Hill et al.*, J. theoret. Biol. **3** [1962] 423, 425.

Nitrito-kobalt(III)-Komplex $[C_{62}H_{89}CoN_{14}O_{16}P]^+$; *Coα*-[α-(5,6-Dimethyl-benzimidazol-1-yl)]-*Coβ*-nitrito-cobamid. Betain $C_{62}H_{88}CoN_{14}O_{16}P$, Nitritocobalamin, Vitamin-B_{12c}, Formel XIV (X = NO_2). Über die Koordinierung von Kobalt-Atom und Nitrito-Gruppe s. *Firth et al.*, Soc. [A] **1969** 381, 385. – *B.* Aus Hydroxocobalamin (S. 3116) und HNO_2 (*Kaczka et al.*, Am. Soc. **73** [1951] 3569, 3571). – Rote Kristalle [aus wss. Acn.] (*Ka. et al.*). Orthorhombisch; Dimensionen der Elementarzelle (Röntgen-Diagramm): *Crowfoot Hodgkin et al.*, Pr. roy. Soc. [A] **242** [1957] 228, 231. $[\alpha]^{20}_{643,8}$: +50° [H_2O; c = 0,5] (*Smith et al.*, Biochem. J. **52** [1952] 389, 392). IR-Spektrum (Nujol; 1700–700 cm^{-1}): *Sm. et al.*, l. c. S. 391. λ_{max} (H_2O): 354 nm und 530 nm (*Ka. et al.*). Diamagnetisch (*Sm. et al.*, l. c. S. 392). Elektrische Leitfähigkeit in H_2O bei 25°: *Sm. et al.*, l. c. S. 392. Polarographisches Halbstufenpotential (wss. Lösungen vom pH 3,3–9,6): *Sm. et al.*, l. c. S. 392. Verteilung zwischen Benzylalkohol und wss. Lösungen vom pH 4, pH 5 und pH 9,5: *Smith et al.*, Biochem. J. **52** [1952] 395, 396.

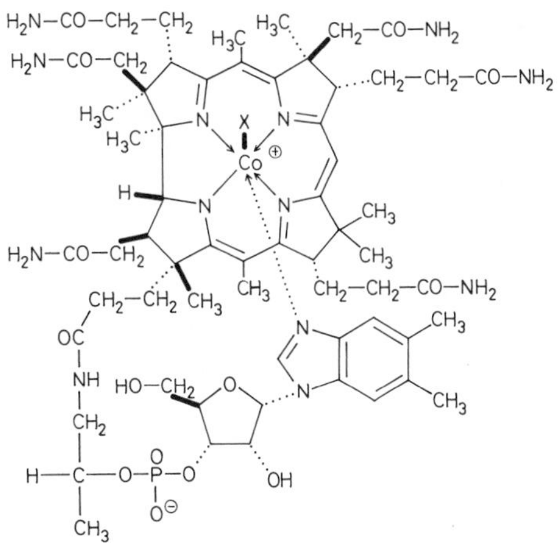

XIV

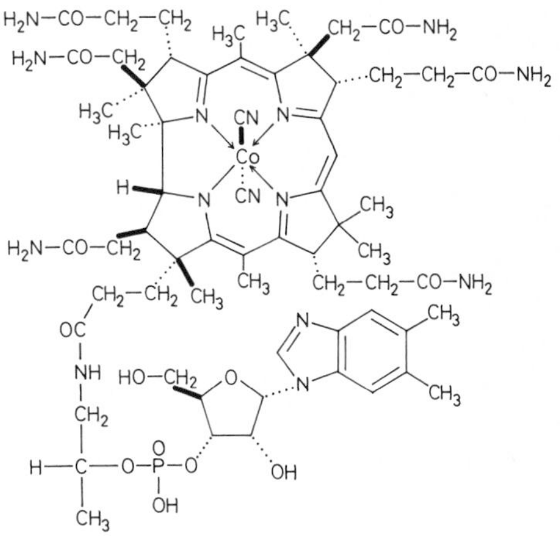

XV

Cyano-kobalt(III)-Komplex $[C_{63}H_{89}CoN_{14}O_{14}P]^+$; *Coα*-[α-(5,6-Dimethyl-benzimidazol-1-yl)]-*Coβ*-cyano-cobamid. Betain $C_{63}H_{88}CoN_{14}O_{14}P$; **Cyanocobalamin,** Cobalamin, Vitamin-B_{12}, Formel XIV (X = CN). Vorkommen und Isolierung: *R. Ammon, W. Dirscherl,* Fermente, Hormone, Vitamine, 3. Aufl., Bd. 3, Tl. 2 [Stuttgart 1960]; *W. Friedrich,* Vitamin-B_{12} und verwandte Corrinoide [Stuttgart 1975] S. 10–13, 169–176. – Herstellung: *R. Ammon, W. Dirscherl,* Bd. 3, Tl. 2, S. 176–187; *Noyes,* Vitamin-B_{12} Manufacture [Park Ridge 1969]; *Edwards,* in *D. Perlman,* Advances in Applied Microbiology, Bd. 11 [New York 1969]. – Totalsynthese: *Woodward,* Pure appl. Chem. **33** [1973] 145. – Herstellung von *Coα*-[α-(5,6-Dimethyl-[2-^{14}C]benzimidazol-1-yl)]-*Coβ*-cyano-cobamid-betain: *Weygand et al.*, Z. Naturf. **9b** [1954] 449; von [^{14}*C*]Vitamin-B_{12}: *Ostrowski,* Nukleonika **3** [1958] Nr. spec. S. 90, 92; von *Coα*-[α-(5,6-Dimethyl-benzimidazol-1-yl)]-*Coβ*-[^{14}*C*]cyano-cobamid-betain: *Boxer et al.,* Arch. Biochem. **30** [1951] 470; *Smith et al.,* Biochem. J. **52** [1952] 395, 399; von [^{32}*P*]Vitamin-B_{12}: *Smith et al.,* Biochem. J. **52** [1952] 387; von [^{58}*Co*]Vitamin-B_{12}: *Bradley et al.,* Lancet **267** [1954] 476; von [^{60}*Co*]Vitamin-B_{12}: *Chaiet et al.,* Sci. **111** [1950] 601; *Rosenblum, Woodbury,* Sci. **113** [1951] 215; *Anderson, Delabarre,* Am. Soc. **73** [1951] 4051; *Smith,* Biochem. J. **52** [1952] 384, 386; *Sm. et al.,* l. c. S. 387; *Maddock, Coelho,* Soc. **1954** 4702; *Johnson et al.,* J. biol. Chem. **218** [1956] 379; *Os.* – Rote Kristalle [aus wss. Acn.] (*Fantes et al.,* Pr. roy. Soc. [B] **136** [1949/50] 592, 598). Kristalle, die sich bei 210–220° dunkel färben und unterhalb 300° nicht schmelzen (*Rickes et al.,* Sci. **107** [1948] 396, **108** [1948] 634). Orthorhombisch; Dimensionen der Elementarzelle (Röntgen-Diagramm): *Crowfoot Hodgkin et al.,* Pr. roy. Soc. [A] **242** [1957] 228, 231. Dichte der Kristalle: 1,34 (*Cr. Ho. et al.,* l. c. S. 232). Kristalloptik: *Ri. et al.* $[\alpha]^{23}_{656,3}$: −59° [H_2O] (*Brink et al.,* Am. Soc. **71** [1949] 1854); $[\alpha]^{23}_{643,8}$: −110° [H_2O; c = 0,5] (*Smith et al.,* Biochem. J. **52** [1952] 389, 392). ^{1}H-NMR-Spektrum (DMSO-d_6): *Brodie, Poe,* Biochemistry **10** [1971] 914, 915. IR-Spektrum in KBr (4000–380 cm^{-1} bzw. 900–800 cm^{-1}): *Hogenkamp et al.,* J. biol. Chem. **240** [1965] 3641, 3642; *Boretti et al.,* B. **92** [1959] 3023, 3025; in Nujol (3400–750 cm^{-1}): *Jackson et al.,* Am. Soc. **73** [1951] 337, 340. Absorptionsspektrum in Methanol (220–600 nm): *Schindler,* Helv. **34** [1951] 101, 102; in wss. Dioxan (320–600 nm): *Van Melle,* J. Am. pharm. Assoc. **45** [1956] 26, 28; in H_2O (220–620 nm): *Pierce et al.,* Am. Soc. **72** [1950] 2615; *Bonnett et al.,* Soc. **1957** 1148, 1150; in wss. Lösungen vom pH 2–10 (250–350 nm): *Cooley et al.,* J. Pharm. Pharmacol. **3** [1951] 271, 274; vom pH 4 und pH 7 (250–580 nm): *Hartley et al.,* J. Pharm. Pharmacol. **2** [1950] 648, 652. Kobalt-K-Röntgenabsorptionskante: *Boehm et al.,* Z. Naturf. **9b** [1954] 509, 512. Fluorescenzspektrum (wss. Lösung vom pH 7; 250–400 nm): *Duggan et al.,* Arch. Biochem. **68** [1957] 1, 11. Elektrische Leitfähigkeit in H_2O bei 25°: *Fantes et al.,* Pr. roy. Soc. [B] **136** [1950] 592, 604. Polarographisches Halbstufenpotential (wss. Lösung vom pH 12,4): *Hogenkamp, Holmes,* Biochemistry **9** [1970] 1886, 1888; s. a. *Diehl et al.,* Iowa Coll. J. **24** [1950] 433, 436. Verteilung zwischen Butan-1-ol und wss. $[NH_4]_2SO_4$: *Dellweg et al.,* Bio. Z. **327** [1956] 422, 437; zwischen einem Trichloräthen–4-Chlor-phenol-Gemisch und H_2O: *Aschaffenburger Zellstoffwerke,* U.S.P. 2893988 [1955]; zwischen verschiedene Phenole enthaltendem Trichloräthylen und H_2O: *Friedrich, Bernhauer,* Z. Naturf. **9b** [1954] 755, 757; zwischen Benzylalkohol und einer wss. Lösung vom pH 6: *Heathcote,* J. Pharm. Pharmacol. **4** [1952] 641, 643; zwischen Benzylalkohol und wss. Lösungen vom pH 2–9,5: *Smith et al.,* Biochem. J. **52** [1952] 395, 396. – Beim Behandeln mit Trifluoressigsäure sind neben anderen Verbindungen Cobinamid (S. 3109), 13-Epi-cobinamid (S. 3110) und Neovitamin-B_{12} (über die Konstitution und Konfiguration dieser Verbindung s. *Stoeckli-Evans,* J.C.S. Perkin II **1972** 605) erhalten worden (*Bonnett et al.,* Soc. [C] **1971** 3736, 3741). Beim Erwärmen mit wss. NaOH [0,1 n] bei 100° [10 min] unter Einleiten von Luft ist Dehydrovitamin-B_{12} [Vitamin-B_{12}-lactam; *Coα*-[α-(5,6-Dimethyl-benzimidazol-1-yl)]-*Coβ*-cyano-8-amino-cobamsäure-*a,b,d,e,g*-pentaamid-*c* → 8-lactam-betain; Syst.-Nr. 4187] (*Bonnett et al.,* Soc. **1957** 1158, 1163), beim Erhitzen mit wss. NaOH [30%ig] bei 150° [1 h] ist Dicyano-8-amino-cobyrinsäure-*c* → 8-lactam [sog. Hexacarbonsäure; Syst.-Nr. 4187] (*Bonnett et al.,* Soc. **1957** 1148, 1154) erhalten worden. Bildung von Vitamin-B_{12}-lacton (*Coα*-[α-(5,6-Dimethyl-benzimidazol-1-yl)]-*Coβ*-cyano-8-hydroxy-cobamsäure-*a,b,d,e,g*-pentaamid-*c* → 8-lacton-betain; Syst.-Nr. 4699) mit Hilfe von Natrium-[*N*-chlor-toluol-4-sulfonamid]: *Bo. et al.,* Soc. **1957** 1165. Beim Behandeln mit Na_2CrO_4 und Essigsäure ist (*S*)-3-[4,4-Dimethyl-2,5-dioxo-pyrrolidin-3-yl]-propionsäure-amid (E III/IV **22** 3169) erhalten worden (*Kuehl et al.,* Am. Soc. **77** [1955] 4418). Überführung in 3-[(3a*S*)-3a-Methyl-2,4,6-trioxo-(3a*r*)-hexahydro-pyrrolo[3,4-*b*]pyrrol-6a*r*-yl]-propionsäure (E III/IV **25** 1837): *Clark et al.,* Soc. **1958** 3283, 3286. Zeitlicher Verlauf der Hydrolyse in wss. $Ce(OH)_3$, auch in Gegenwart von HCN, bei 95°: *Friedrich, Bernhauer,* B. **89** [1956] 2507, 2508.

Dicyano-kobalt(III)-Komplex $C_{64}H_{89}CoN_{15}O_{14}P$; Dicyano-[α-(5,6-dimethyl-benzimidazol-1-yl)]-cobamid, Dicyanocobalamin, Formel XV. Absorptionsspektrum in wss. KCN [0,1 m] (220–600 nm): *Bonnett et al.,* Soc. **1957** 1148, 1150; in wss. Lösungen vom pH 9 (250–600 nm): *Diehl, Sealock,* Rec. chem. Progr. **13** [1952] 9, 11; *Wijmenga et al.,* Biochim. biophys. Acta **6** [1950] 229, 233; vom pH 11 (450–650 nm): *Rudkin, Taylor,* Anal.

Chem. **24** [1952] 1155; vom pH 12 (250–350 nm): *Cooley et al.*, J. Pharm. Pharmacol. **3** [1951] 271, 275. Polarographisches Halbstufenpotential (wss. KCN [0,1 m] vom pH 12,4): *Hogenkamp, Holmes*, Biochemistry **9** [1970] 1886, 1888; s. a. *Diehl et al.*, Experientia **7** [1951] 60. Verteilung zwischen Benzylalkohol und wss. Lösungen vom pH 3–9,5: *Smith et al.*, Biochem. J. **52** [1952] 395, 396, 397.

Cyanato(*N*)-kobalt(III)-Komplex $[C_{63}H_{89}CoN_{14}O_{15}P]^+$; *Co*α-[α-(5,6-Dimethyl-benzimidazol-1-yl)]-*Co*β-cyanato(*N*)-cobamid. Betain $C_{63}H_{88}CoN_{14}O_{15}P$; Isocyanatocobalamin, Formel XIV (X = NCO). Über die Koordinierung von Kobalt-Atom und Stickstoff-Atom der Cyanato-Gruppe s. *Firth et al.*, Soc. [A] **1969** 381, 385. – *B.* Aus Chlorocobalamin (S. 3116) oder Hydroxocobalamin (S. 3116) und Kaliumcyanat (*Kaczka et al.*, Am. Soc. **73** [1951] 3569, 3571). – Rote Kristalle [aus wss. Acn.] (*Ka. et al.*). λ_{max} (H_2O): 272–278 nm, 353 nm und 520–530 nm (*Ka. et al.*, l. c. S. 3572).

Thiocyanato(*S*)-kobalt(III)-Komplex $[C_{63}H_{89}CoN_{14}O_{14}PS]^+$; *Co*α-[α-(5,6-Dimethyl-benzimidazol-1-yl)]-*Co*β-thiocyanato(*S*)-cobamid. Betain $C_{63}H_{88}CoN_{14}O_{14}PS$; Thiocyanato(*S*)-cobalamin, Formel XIV (X = S-CN). In Kristallen liegt Thiocyanato(*S*)-cobalamin, in Lösung liegt vermutlich ein Gemisch aus Thiocyanato(*S*)-cobalamin neben weniger Thiocyanato(*N*)-cobalamin vor (*J.M. Pratt*, Inorganic Chemistry of Vitamin-B_{12} [London 1972] S. 154). – *B.* Aus Hydroxocobalamin (S. 3116) und Kalium-thiocyanat (*Buhs et al.*, Sci. **113** [1951] 625; *Merck & Co. Inc.*, U.S.P. 2738302 [1950]). Herstellung von [^{35}S]Thiocyanatocobalamin: *Smith et al.*, Biochem. J. **52** [1952] 395, 398. – Rote Kristalle [aus wss. Acn.] (*Merck & Co. Inc.*). Orthorhombisch; Dimensionen der Elementarzelle (Röntgen-Diagramm): *Crowfoot Hodgkin et al.*, Pr. roy. Soc. [A] **242** [1957] 228, 231. Kristalloptik: *Merck & Co. Inc.* λ_{max} (H_2O): 274 nm, 352 nm und 520–530 nm (*Merck & Co. Inc.*). Verteilung zwischen Benzylalkohol und wss. Lösungen vom pH 3–9,5: *Sm. et al.*, l. c. S. 396; s. a. *Merck & Co. Inc.*

Selenocyanato(*Se*)-kobalt(III)-Komplex $[C_{63}H_{89}CoN_{14}O_{14}PSe]^+$; *Co*α-[α-(5,6-Dimethyl-benzimidazol-1-yl)]-*Co*β-selenocyanato(*Se*)-cobamid. Betain $C_{63}H_{88}CoN_{14}O_{14}PSe$; Selenocyanato(*Se*)-cobalamin, Formel XIV (X = Se-CN). Über die Koordinierung von Selen-Atom und Kobalt-Atom s. *Firth et al.*, Soc. [A] **1969** 381, 385. – Orthorhombisch; Dimensionen der Elementarzelle (Röntgen-Diagramm): *Crowfoot Hodgkin et al.*, Pr. roy. Soc. [A] **242** [1957] 228, 231. Dichte der Kristalle: 1,37 (*Cr. Ho. et al.*, l. c. S. 232).

Kobalt(III)-Komplex mit (±)-Histidin (in der Literatur auch als Histidin-cobalichrom bezeichnet). Über die Koordinierung zwischen Histidin und dem Kobalt-Atom s. *Hill et al.*, Biochem. J. **120** [1970] 263, 268. – *B.* Aus Hydroxocobalamin (S. 3116) und Histidin (*Cooley et al.*, J. Pharm. Pharmacol. **3** [1951] 271, 281). – Absorptionsspektrum (wss. Lösungen vom pH 2 und pH 10; 260–620 nm): *Co. et al.*, l. c. S. 282.

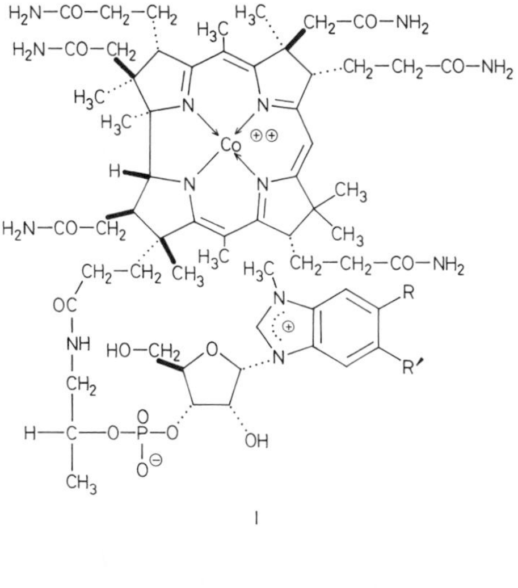

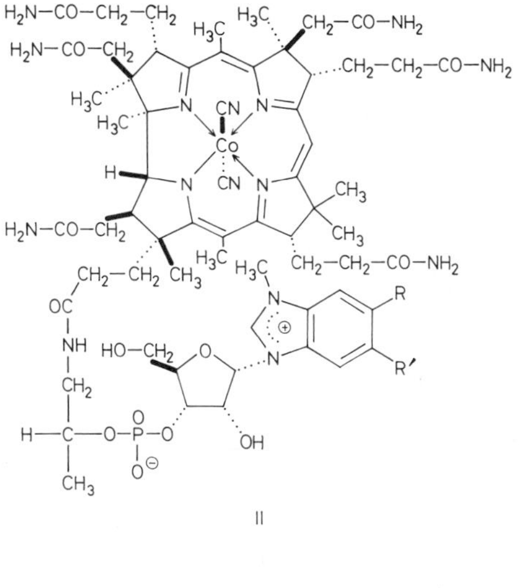

[α-(3,5,6-Trimethyl-benzimidazolium-1-yl)]-hydrogenobamid $[C_{63}H_{93}N_{13}O_{14}P]^+$.

Kobalt(III)-Komplex $[C_{63}H_{92}CoN_{13}O_{14}P]^{3+}$; [α-(3,5,6-Trimethyl-benzimidazolium-1-yl)]-cobamid. Betain $[C_{63}H_{91}CoN_{13}O_{14}P]^{2+}$, Faktor-$B_{12}$Nm, Formel I (R = R′ = CH_3). *B.* Beim Behandeln von Vitamin-B_{12} (S. 3117) mit Dimethylsulfat, NaCN und wss. $NaHCO_3$ (*Friedrich, Bernhauer,* B. **89** [1956] 2030, 2041).

Dicyano-kobalt(III)-Komplex $[C_{65}H_{92}CoN_{15}O_{14}P]^+$; Dicyano-[α-(3,5,6-trimethyl-benzimidazolium-1-yl)]-cobamid. Betain $C_{65}H_{91}CoN_{15}O_{14}P$, Formel II (R = R′ = CH_3). Absorptionsspektrum (schwach saure, neutrale und alkal. wss. Lösungen unter Zusatz von Cyanid-Ionen; 240–600 nm): *Fr., Be.,* l. c. S. 2033.

[α-(5(?),7(?)-Dimethyl-benzimidazol-1-yl)]-hydrogenobamid $C_{62}H_{90}N_{13}O_{14}P$.

Cyano-kobalt(III)-Komplex $[C_{63}H_{89}CoN_{14}O_{14}P]^+$; *Co*α-[α-(5(?),7(?)-Dimethyl-benzimidazol-1-yl)]-*Co*β-cyano-cobamid. Betain $C_{63}H_{88}CoN_{14}O_{14}P$, vermutlich Formel III. Bezüglich der Position der Methyl-Gruppen am Benzimidazol-Gerüst s. *R. Ammon, W. Dirscherl,* Fermente, Hormone, Vitamine, 3. Aufl., Bd. 3, Tl. 2 [Stuttgart 1960]; *W. Friedrich,* Vitamin-B_{12} und verwandte Corrinoide [Stuttgart 1975] S. 181. – Biosynthese aus Faktor-B (S. 3109) durch Escherichia coli unter Zusatz von 4,6-Dimethyl-1(3)*H*-benzimidazol, D-Ribose, K_2HPO_4 und KH_2PO_4: *Dellweg et al.,* Bio. Z. **327** [1956] 422, 425, 434; *Aschaffenburger Zellstoffwerke,* U.S.P. 2893988 [1955]. – Kristalle [aus wss. Acn.] (*De. et al.*). Verteilung zwischen Butan-1-ol und wss. $[NH_4]_2SO_4$ sowie zwischen einem Trichloräthen–4-Chlor-phenol-Gemisch und H_2O: *Aschaffenburger Zellstoffwerke.*

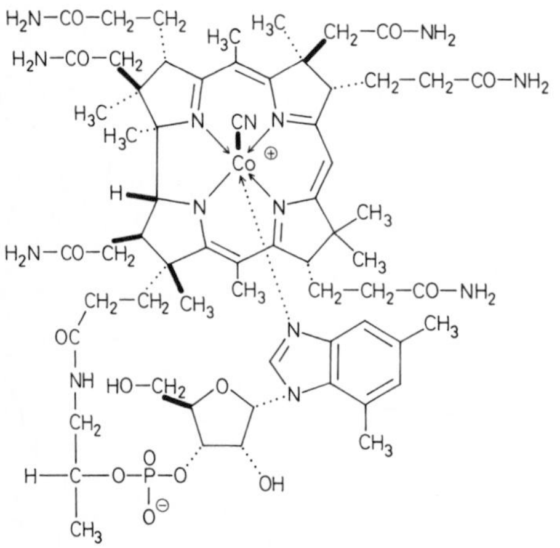

III

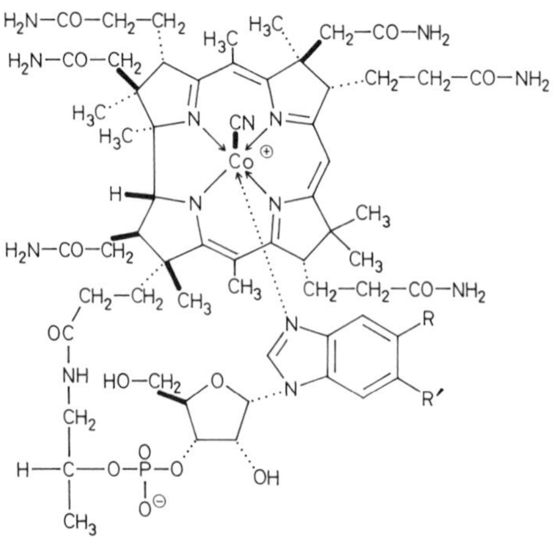

IV

[α-(5,6-Diäthyl-benzimidazol-1-yl)]-hydrogenobamid $C_{64}H_{94}N_{13}O_{14}P$.

Cyano-kobalt(III)-Komplex $[C_{65}H_{93}CoN_{14}O_{14}P]^+$; *Co*α-[α-(5,6-Diäthyl-benzimidazol-1-yl)]-*Co*β-cyano-cobamid. Betain $C_{65}H_{92}CoN_{14}O_{14}P$, Formel IV (R = R′ = C_2H_5). Biosynthese aus Faktor-B (S. 3109) durch Escherichia coli unter Zusatz von D-Ribose, 5,6-Diäthyl-1*H*-benzimidazol, K_2HPO_4 und KH_2PO_4: *Dellweg et al.,* Bio. Z. **327** [1956] 422, 430, 434. – Kristalle [aus wss. Acn.] (*De. et al.*). Verteilung zwischen Butan-1-ol und wss. $[NH_4]_2SO_4$: *De. et al.,* l. c. S. 437; zwischen einem Trichloräthen–4-Chlor-phenol-Gemisch und H_2O: *Aschaffenburger Zellstoffwerke,* U.S.P. 2893988 [1955].

[α-(5,6,7,8-Tetrahydro-naphth[2,3-*d*]imidazol-1-yl)]-hydrogenobamid $C_{64}H_{92}N_{13}O_{14}P$.

Cyano-kobalt(III)-Komplex $[C_{65}H_{91}CoN_{14}O_{14}P]^+$; *Co*α-[α-(5,6,7,8-Tetrahydro-naphth[2,3-*d*]imidazol-1-yl)]-*Co*β-cyano-cobamid. Betain $C_{65}H_{90}CoN_{14}O_{14}P$, Formel V. Biosynthese durch Nocardia rugosa unter Zusatz von 5,6,7,8-Tetrahydro-naphthalin-2,3-diyldiamin: *Boretti et al.,* B. **92** [1959] 3023, 3026. – IR-Spektrum (KBr; 900–800 cm^{-1}):

Bo. et al., l. c. S. 3025.

Dicyano-kobalt(III)-Komplex $C_{66}H_{91}CoN_{15}O_{14}P$; Dicyano-[α-(5,6,7,8-tetra-hydro-naphth[2,3-*d*]imidazol-1-yl)]-cobamid, Formel VI. UV-Spektrum (Na_2HPO_4 und NaCN enthaltende wss. Lösung; 260–370 nm): *Bo. et al.*, l. c. S. 3026.

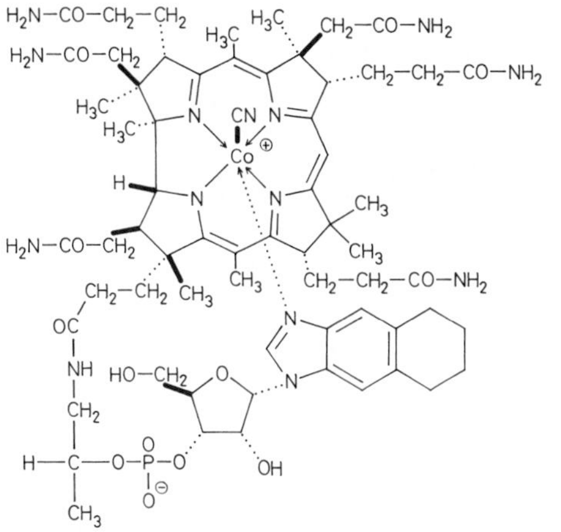

[α-(Naphth[2,3-*d*]imidazol-1-yl)]-hydrogenobamid $C_{64}H_{88}N_{13}O_{14}P$.

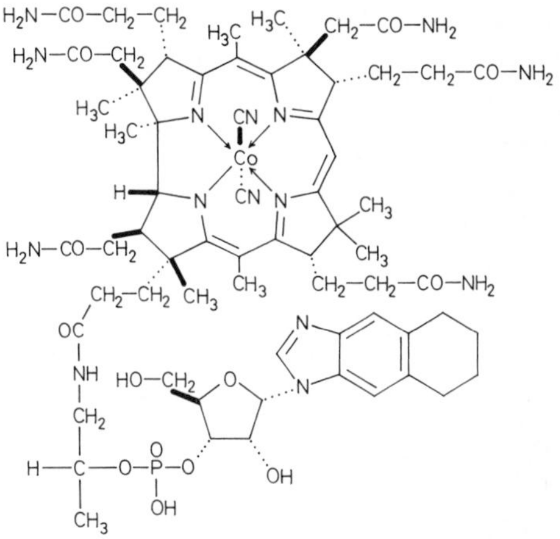

Cyano-kobalt(III)-Komplex $[C_{65}H_{87}CoN_{14}O_{14}P]^+$; *Co*α-[α-(Naphth[2,3-*d*]imid-azol-1-yl)]-*Co*β-cyano-cobamid. Betain $C_{65}H_{86}CoN_{14}O_{14}P$, Formel VII. Biosynthese aus Faktor-B (S. 3109) durch Escherichia coli unter Zusatz von D-Ribose, 1*H*-Naphth[2,3-*d*]-imidazol, K_2HPO_4 und KH_2PO_4: *Dellweg et al.*, Bio. Z. **328** [1956] 96, 98. – Rote Kristalle (aus wss. Acn.). Absorptionsspektrum (H_2O; 250–600 nm): *De. et al.* Verteilung zwischen Butan-1-ol und wss. $[NH_4]_2SO_4$: *De. et al.*

[α-(5-Hydroxy-benzimidazol-1-yl)]-hydrogenobamid $C_{60}H_{86}N_{13}O_{15}P$.

Kobalt(III)-Komplex $[C_{60}H_{85}CoN_{13}O_{15}P]^{2+}$; *Co*α-[α-(5-Hydroxy-benzimidazol-1-yl)]-cobamid. Betain $[C_{60}H_{84}CoN_{13}O_{15}P]^+$, Faktor-III. Isolierung aus Faulschlamm: *Bernhauer*, Ang. Ch. **65** [1953] 627; *Bernhauer, Friedrich*, Ang. Ch. **66** [1954] 776. Biosynthese [jeweils unter Zusatz von 1(3)*H*-Benzimidazol-5-ol] aus *Co*α-[α-(6-Amino-2-methyl-purin-7-yl)]-*Co*β-cyano-cobamid-betain (Faktor-A; Syst.-Nr. 4176) durch Propionibacterium shermanii: *Aschaffenburger Zellstoffwerke*, D.B.P. 1058210 [1958]; aus Faktor-B (S. 3109) durch Escheri-chia coli: *Robinson et al.*, Am. Soc. **77** [1955] 5192. – Zeitlicher Verlauf der Hydrolyse in wss. $HClO_4$ [70%ig] bei 23° (Bildung von Cobinamid [S. 3109] und 13-Epi-cobinamid [S. 3110]): *Friedrich, Bernhauer*, Z. Naturf. **9b** [1954] 685, 687; in wss. $Ce(OH)_3$, auch in Gegenwart von HCN, bei 95°: *Friedrich, Bernhauer*, B. **89** [1956] 2507, 2508. Reaktion mit Dimethylsulfat unter Bildung von Faktor-III m (s. u.) oder Faktor-III Nm (S. 3124) und Faktor-III mNm (S. 3124): *Friedrich, Bernhauer*, B. **89** [1956] 2030, 2041.

Cyano-kobalt(III)-Komplex $[C_{61}H_{85}CoN_{14}O_{15}P]^+$; *Co*α-[α-(5-Hydroxy-benz-imidazol-1-yl)]-*Co*β-cyano-cobamid. Betain $C_{61}H_{84}CoN_{14}O_{15}P$, Formel VIII (R = H). Rote Kristalle (*Fr., Be.*, Ang. Ch. **65** 627). Absorptionsspektrum in wss. Lösungen vom pH 6 (250–600 nm): *Fr., Be.*, Ang. Ch. **65** 628; vom pH 8–11 (260–350 nm): *Friedrich, Bernhauer*, B. **90** [1957] 154. Verteilung zwischen Butan-1-ol und wss. $[NH_4]_2SO_4$: *Be., Fr.*, l. c. S. 779; zwischen H_2O und verschiedene Phenole enthaltendem Trichloräthen: *Friedrich, Bernhauer*, Z. Naturf. **9b** [1954] 755, 757.

Dicyano-kobalt(III)-Komplex $C_{62}H_{85}CoN_{15}O_{15}P$; Dicyano-[α-(5-hydroxy-benz-imidazol-1-yl)]-cobamid, Formel IX (R = H). Absorptionsspektrum in wss. Lösungen vom pH 8,3–11 (260–350 nm): *Fr., Be.*, B. **90** 155; vom pH 10,3 (250–600 nm): *Fr., Be.*, Ang. Ch. **65** 628. Verteilung zwischen Butan-1-ol und wss. $[NH_4]_2SO_4$: *Fr., Be.*, Ang. Ch. **65** 627.

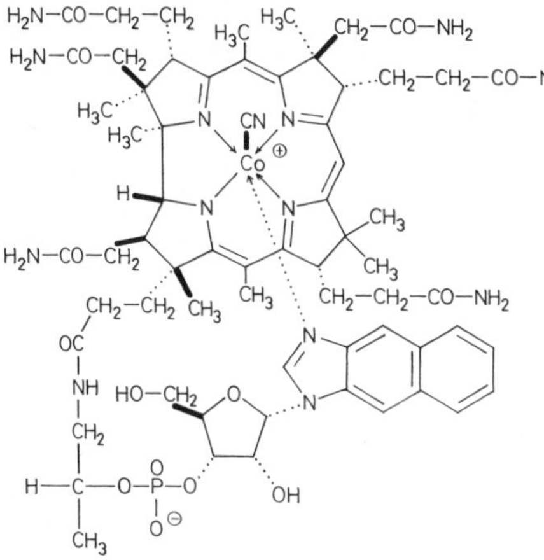

VII 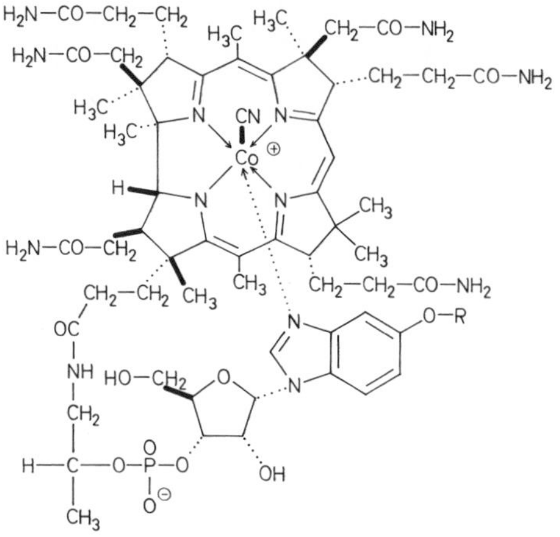 VIII

[α-(5-Methoxy-benzimidazol-1-yl)]-hydrogenobamid $C_{61}H_{88}N_{13}O_{15}P$.

Kobalt(III)-Komplex $[C_{61}H_{87}CoN_{13}O_{15}P]^{2+}$; *Co*α-[α-(5-Methoxy-benzimidazol-1-yl)]-cobamid. Betain $[C_{61}H_{86}CoN_{13}O_{15}P]^{+}$; Faktor-III m. *B.* Beim Behandeln von Faktor-III (S. 3121) mit Dimethylsulfat und wss. Na_2CO_3 (*Friedrich, Bernhauer,* B. **89** [1956] 2030, 2041).

Cyano-kobalt(III)-Komplex $[C_{62}H_{87}CoN_{14}O_{15}P]^{+}$; *Co*α-[α-(5-Methoxy-benzimidazol-1-yl)]-*Co*β-cyano-cobamid. Betain $C_{62}H_{86}CoN_{14}O_{15}P$, Formel VIII ($R = CH_3$). Rote Kristalle. Verteilung zwischen Butan-1-ol und wss. $[NH_4]_2SO_4$: *Fr., Be.,* l. c. S. 2032.

[α-(5-Äthoxy-benzimidazol-1-yl)]-hydrogenobamid $C_{62}H_{90}N_{13}O_{15}P$.

Cyano-kobalt(III)-Komplex $[C_{63}H_{89}CoN_{14}O_{15}P]^{+}$; *Co*α-[α-(5-Äthoxy-benzimidazol-1-yl)]-*Co*β-cyano-cobamid. Betain $C_{63}H_{88}CoN_{14}O_{15}P$, Formel VIII ($R = C_2H_5$). Biosynthese durch Propionibacterium shermanii unter Zusatz von 5-Äthoxy-1(3)*H*-benzimidazol: *Pawełkiewicz, Nowakowska,* Acta biochim. polon. **2** [1955] 259, 265; C. A. **1957** 13070. — *B.* Beim Behandeln von *Co*α-[α-(5-Hydroxy-benzimidazol-1-yl)]-*Co*β-cyano-cobamid-betain (S. 3121) mit Diäthylsulfat und wss. Na_2CO_3 (*Friedrich, Bernhauer,* B. **89** [1956] 2030, 2041). — Rote Kristalle [aus wss. Acn.] (*Pa., No.,* l. c. S. 268; *Fr., Be.*). Absorptionsspektrum (H_2O; 250–600 nm): *Pa., No.,* l. c. S. 271. Verteilung zwischen Butan-1-ol und wss. $[NH_4]_2SO_4$: *Fr., Be.,* l. c. S. 2032.

[α-(5-Allyloxy-benzimidazol-1-yl)]-hydrogenobamid $C_{63}H_{90}N_{13}O_{15}P$.

Cyano-kobalt(III)-Komplex $[C_{64}H_{89}CoN_{14}O_{15}P]^{+}$; *Co*α-[α-(5-Allyloxy-benzimidazol-1-yl)]-*Co*β-cyano-cobamid. Betain $C_{64}H_{88}CoN_{14}O_{15}P$, Formel VIII ($R = CH_2\text{-}CH{=}CH_2$). *B.* Beim Behandeln von *Co*α-[α-(5-Hydroxy-benzimidazol-1-yl)]-*Co*β-cyano-cobamid-betain (S. 3121) mit Allylbromid und wss. Na_2CO_3 (*Gross et al.,* B. **90** [1957] 1202, 1208). — Rote Kristalle. λ_{max} (wss. Lösungen vom pH 2–12): 282 nm, 293 nm und 361 nm (*Gr. et al.,* l. c. S. 1203). Verteilung zwischen Butan-1-ol und wss. $[NH_4]_2SO_4$: *Gr. et al.,* l. c. S. 1205.

Dicyano-kobalt(III)-Komplex $C_{65}H_{89}CoN_{15}O_{15}P$; Dicyano-[α-(5-allyloxy-benzimidazol-1-yl)]-cobamid, Formel IX ($R = CH_2\text{-}CH{=}CH_2$). λ_{max} (wss. Lösungen vom pH 6–12): 278 nm, 301 nm und 368 nm (*Gr. et al.,* l. c. S. 1203).

{α-[5-(2,4-Dinitro-phenoxy)-benzimidazol-1-yl]}-hydrogenobamid $C_{66}H_{88}N_{15}O_{19}P$.

Cyano-kobalt(III)-Komplex $[C_{67}H_{87}CoN_{16}O_{19}P]^{+}$; *Co*α-{α-[5-(2,4-Dinitro-phenoxy)-benzimidazol-1-yl]}-*Co*β-cyano-cobamid. Betain $C_{67}H_{86}CoN_{16}O_{19}P$, Formel

VIII (R = $C_6H_3(NO_2)_2$). *B.* Beim Behandeln von *Coα*-[α-(5-Hydroxy-benzimidazol-1-yl)]-*Coβ*-cyano-cobamid-betain (S. 3121) mit 1-Fluor-2,4-dinitro-benzol und wss. $NaHCO_3$ (*Gross et al.*, B. **90** [1957] 1202, 1207). – Rote Kristalle. λ_{max} (wss. Lösungen vom pH 2–12): 279 nm und 361 nm (*Gr. et al.*, l. c. S. 1203). Verteilung zwischen Butan-1-ol und wss. $[NH_4]_2SO_4$: *Gr. et al.*, l. c. S. 1205.

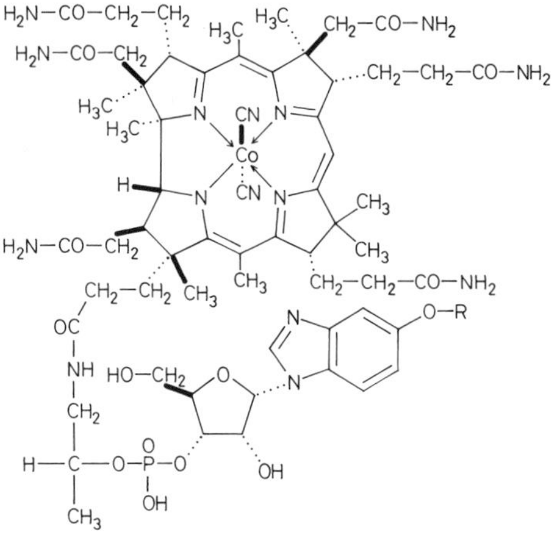

IX

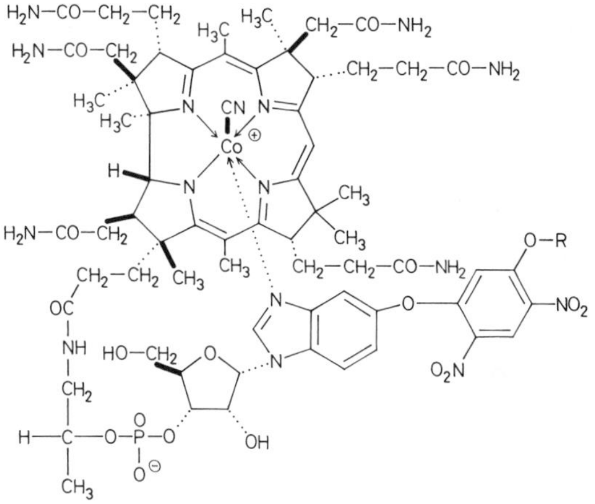

X

[α-(5-Benzyloxy-benzimidazol-1-yl)]-hydrogenobamid $C_{67}H_{92}N_{13}O_{15}P$.

Cyano-kobalt(III)-Komplex $[C_{68}H_{91}CoN_{14}O_{15}P]^+$; *Coα*-[α-(5-Benzyloxy-benzimidazol-1-yl)]-*Coβ*-cyano-cobamid. Betain $C_{68}H_{90}CoN_{14}O_{15}P$, Formel VIII (R = CH_2-C_6H_5). *B.* Beim Behandeln von *Coα*-[α-(5-Hydroxy-benzimidazol-1-yl)]-*Coβ*-cyano-cobamid-betain (S. 3121) mit Benzylbromid und wss. Na_2CO_3 (*Gross et al.*, B. **90** [1957] 1202, 1208). – Rote Kristalle. λ_{max} (wss. Lösungen vom pH 2–12): 294 nm und 361 nm (*Gr. et al.*, l. c. S. 1203). Verteilung zwischen Butan-1-ol und wss. $[NH_4]_2SO_4$: *Gr. et al.*, l. c. S. 1205.

Dicyano-kobalt(III)-Komplex $C_{69}H_{91}CoN_{15}O_{15}P$; Dicyano-[α-(5-benzyloxy-benzimidazol-1-yl)]-cobamid, Formel IX (R = CH_2-C_6H_5). λ_{max} (wss. Lösungen vom pH 6–12): 278 nm, 301 nm und 368 nm (*Gr. et al.*, l. c. S. 1203).

{α-[5-(2-Hydroxy-äthoxy)-benzimidazol-1-yl]}-hydrogenobamid $C_{62}H_{90}N_{13}O_{16}P$.

Cyano-kobalt(III)-Komplex $[C_{63}H_{89}CoN_{14}O_{16}P]^+$; *Coα*-{α-[5-(2-Hydroxy-äthoxy)-benzimidazol-1-yl]}-*Coβ*-cyano-cobamid. Betain $C_{63}H_{88}CoN_{14}O_{16}P$, Formel VIII (R = CH_2-CH_2-OH). *B.* Beim Behandeln von *Coα*-[α-(5-Hydroxy-benzimidazol-1-yl)]-*Coβ*-cyano-cobamid-betain (S. 3121) mit 2-Brom-äthanol und wss. Na_2CO_3 (*Gross et al.*, B. **90** [1957] 1202, 1208). – Rote Kristalle. λ_{max} (wss. Lösungen vom pH 2–12): 280 nm, 291 nm und 361 nm (*Gr. et al.*, l. c. S. 1203). Verteilung zwischen Butan-1-ol und wss. $[NH_4]_2SO_4$: *Gr. et al.*, l. c. S. 1205.

{α-[5-(5-Hydroxy-2,4-dinitro-phenoxy)-benzimidazol-1-yl]}-hydrogenobamid $C_{66}H_{88}N_{15}O_{20}P$.

Cyano-kobalt(III)-Komplex $[C_{67}H_{87}CoN_{16}O_{20}P]^+$; *Coα*-{α-[5-(5-Hydroxy-2,4-dinitro-phenoxy)-benzimidazol-1-yl]}-*Coβ*-cyano-cobamid. Betain $C_{67}H_{86}CoN_{16}O_{20}P$, Formel X (R = H). *B.* Beim Behandeln von *Coα*-[α-(5-Hydroxy-benzimidazol-1-yl)]-*Coβ*-cyano-cobamid-betain (S. 3121) mit 1,5-Difluor-2,4-dinitro-benzol und wss. $NaHCO_3$ (*Gross et al.*, B. **90** [1957] 1202, 1207). – Rote Kristalle. λ_{max}: 279 nm und 361 nm [wss. Lösung vom pH<2,3] bzw. 280 nm und 361 nm [wss. Lösung vom pH>4,6] (*Gr. et al.*, l. c. S. 1203). Verteilung zwischen Butan-1-ol und wss. $[NH_4]_2SO_4$: *Gr. et al.*, l. c. S. 1205.

{α-[5-(5-Benzyloxy-2,4-dinitro-phenoxy)-benzimidazol-1-yl]}-hydrogenobamid $C_{73}H_{94}N_{15}O_{20}P$.

Cyano-kobalt(III)-Komplex $[C_{74}H_{93}CoN_{16}O_{20}P]^+$; *Coα*-{α-[5-(5-Benzyloxy-

2,4-dinitro-phenoxy)-benzimidazol-1-yl]}-*Coβ*-cyano-cobamid. Betain $C_{74}H_{92}CoN_{16}O_{20}P$, Formel X (R = CH_2-C_6H_5). *B.* Aus *Coα*-{α-[5-(5-Hydroxy-2,4-dinitro-phenoxy)-benzimidazol-1-yl]}-*Coβ*-cyano-cobamid-betain (S. 3123) und Benzylbromid (*Gross et al.*, B. **90** [1957] 1202, 1207). – Rote Kristalle. λ_{max} (wss. Lösungen vom pH 2–12): 279 nm und 361 nm (*Gr. et al.*, l. c. S. 1203).

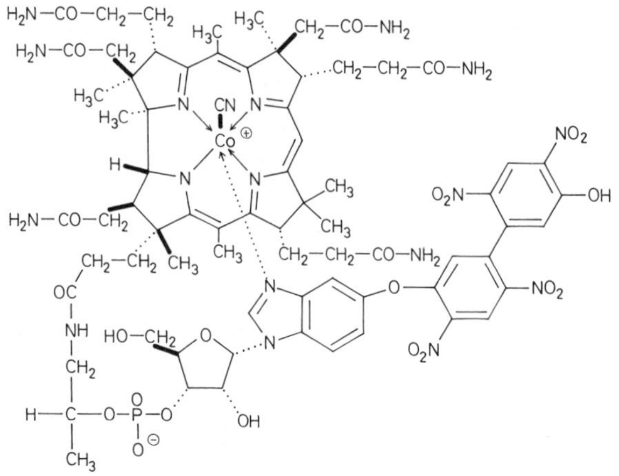

XI

{α-[5-(5′-Hydroxy-4,6,2′,4′-tetranitro-biphenyl-3-yloxy)-benzimidazol-1-yl]}-hydrogenobamid $C_{72}H_{90}N_{17}O_{24}P$.

Cyano-kobalt(III)-Komplex $[C_{73}H_{89}CoN_{18}O_{24}P]^+$; *Coα*-{α-[5-(5′-Hydroxy-4,6,2′,4′-tetranitro-biphenyl-3-yloxy)-benzimidazol-1-yl]}-*Coβ*-cyano-cobamid. Betain $C_{73}H_{88}CoN_{18}O_{24}P$, Formel XI. *B.* Beim Behandeln von *Coα*-[α-(5-Hydroxy-benzimidazol-1-yl)]-*Coβ*-cyano-cobamid-betain mit 5,5′-Difluor-2,4,2′,4′-tetranitro-biphenyl und wss. $NaHCO_3$ (*Gross et al.*, B. **90** [1957] 1202, 1207). – λ_{max} (wss. Lösung vom pH 6): 274 nm und 361 nm (*Gr. et al.*, l. c. S. 1203).

[α-(5-Hydroxy-3-methyl-benzimidazolium-1-yl)]-hydrogenobamid $[C_{61}H_{89}N_{13}O_{15}P]^+$.

Kobalt(III)-Komplex $[C_{61}H_{88}CoN_{13}O_{15}P]^{3+}$; [α-(5-Hydroxy-3-methyl-benzimidazolium-1-yl)]-cobamid. Betain $[C_{61}H_{87}CoN_{13}O_{15}P]^{2+}$; Faktor-III Nm, Formel I (R = OH, R′ = H) auf S. 3119. *B.* Neben Faktor-III mNm (s. u.) beim Behandeln von Faktor-III (S. 3121) mit Dimethylsulfat, NaCN und wss. $NaHCO_3$ (*Friedrich, Bernhauer*, B. **89** [1956] 2030, 2042).

Dicyano-kobalt(III)-Komplex $[C_{63}H_{88}CoN_{15}O_{15}P]^+$; Dicyano-[α-(5-hydroxy-3-methyl-benzimidazolium-1-yl)]-cobamid. Betain $C_{63}H_{87}CoN_{15}O_{15}P$, Formel II (R = OH, R′ = H) auf S. 3119. Absorptionsspektrum (schwach saure, neutrale und alkal. wss. Lösungen unter Zusatz von Cyanid-Ionen; 240–600 nm): *Fr., Be.*, l. c. S. 2033.

[α-(5-Methoxy-3-methyl-benzimidazolium-1-yl)]-hydrogenobamid $[C_{62}H_{91}N_{13}O_{15}P]^+$.

Kobalt(III)-Komplex $[C_{62}H_{90}CoN_{13}O_{15}P]^{3+}$; [α-(5-Methoxy-3-methyl-benzimidazolium-1-yl)]-cobamid. Betain $[C_{62}H_{89}CoN_{13}O_{15}P]^{2+}$; Faktor-mNm, Formel I (R = O-CH_3, R′ = H) auf S. 3119. *B.* s. o. im Artikel Faktor-III Nm.

Dicyano-kobalt(III)-Komplex $[C_{64}H_{90}CoN_{15}O_{15}P]^+$; Dicyano-[α-(5-methoxy-3-methyl-benzimidazolium-1-yl)]-cobamid. Betain $C_{64}H_{89}CoN_{15}O_{15}P$, Formel II (R = O-$CH_3$, R′ = H) auf S. 3119. Absorptionsspektrum (schwach saure, neutrale und alkal. wss. Lösungen unter Zusatz von Cyanid-Ionen; 240–600 nm): *Friedrich, Bernhauer*, B. **89** [1956] 2030, 2033.

[α-(4(oder 7)-Brom-6(oder 5)-methoxy-benzimidazol-1-yl)]-hydrogenobamid $C_{61}H_{87}BrN_{13}O_{15}P$.

Hydroxo-kobalt(III)-Komplex $[C_{61}H_{87}BrCoN_{13}O_{16}P]^+$; *Coα*-[α-(4(oder 7)-

Brom-6(oder 5)-methoxy-benzimidazol-1-yl)]-*Coβ*-hydroxo-cobamid. Betain $C_{61}H_{86}BrCoN_{13}O_{16}P$, Formel XII (X = OH) oder XIII (X = OH). *B.* Beim Hydrieren von *Coα*-[α-(4(oder 7)-Brom-6(oder 5)-methoxy-benzimidazol-1-yl)]-*Coβ*-cyano-cobamid-betain (s. u.) an Platin in H_2O (*Olin Mathieson Chem. Corp.*, U.S.P. 2995498 [1957]). – Rote Kristalle (aus wss. Acn.).

Chloro-kobalt(III)-Komplex $[C_{61}H_{86}BrClCoN_{13}O_{15}P]^+$; *Coα*-[α-(4(oder 7)-Brom-6(oder 5)-methoxy-benzimidazol-1-yl)]-*Coβ*-chloro-cobamid. Betain $C_{61}H_{85}BrClCoN_{13}O_{15}P$, Formel XII (X = Cl) oder XIII (X = Cl). *B.* Beim Behandeln von *Coα*-[α-(4(oder 7)-Brom-6(oder 5)-methoxy-benzimidazol-1-yl)]-*Coβ*-hydroxo-cobamid-betain (s. o.) mit wss. HCl (*Olin Mathieson*). – Rote Kristalle.

Cyano-kobalt(III)-Komplex $[C_{62}H_{86}BrCoN_{14}O_{15}P]^+$; *Coα*-[α-(4(oder 7)-Brom-6(oder 5)-methoxy-benzimidazol-1-yl)]-*Coβ*-cyano-cobamid. Betain $C_{62}H_{85}BrCoN_{14}O_{15}P$, Formel XII (X = CN) oder XIII (X = CN). Biosynthese durch Propionibacterium arabinosum unter Zusatz von 3-Brom-5-methoxy-*o*-phenylendiamin und $Co(NO_3)_2$: *Olin Mathieson*. – Rote Kristalle (aus wss. Acn.).

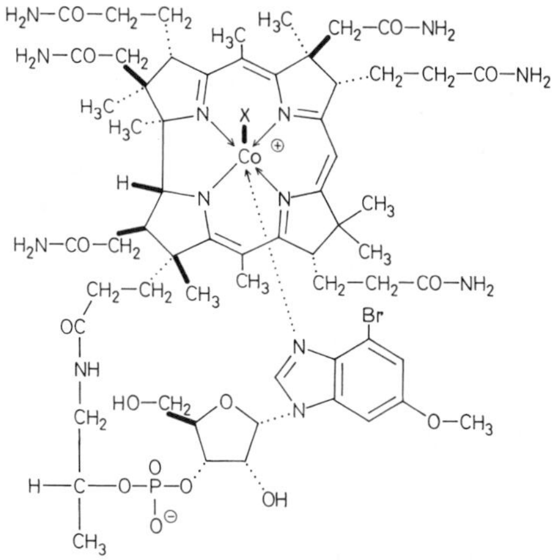

XII

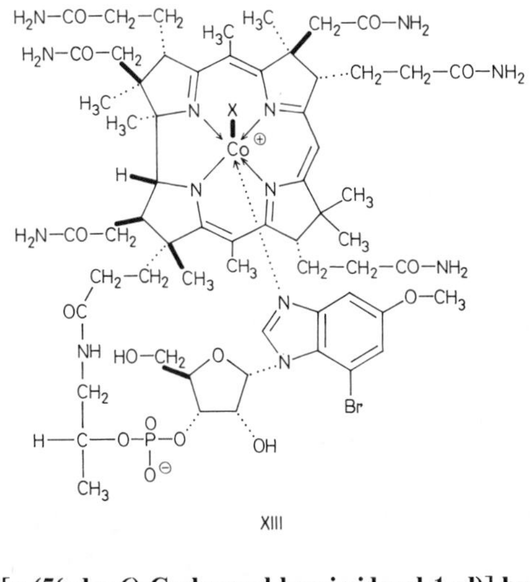

XIII

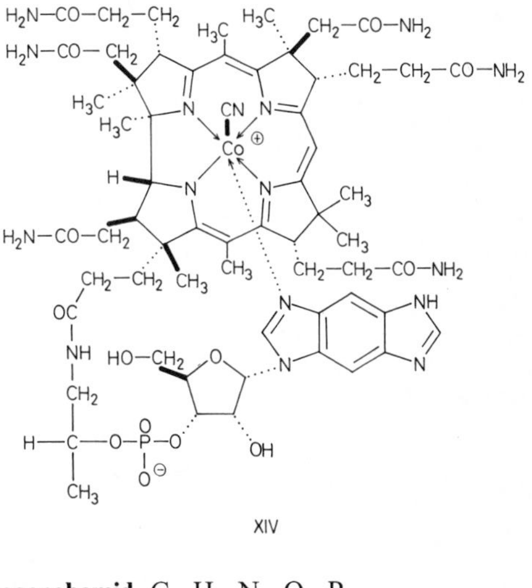

XIV

[α-(5(oder 6)-Carbamoyl-benzimidazol-1-yl)]-hydrogenobamid $C_{61}H_{87}N_{14}O_{15}P$.

Cyano-kobalt(III)-Komplex $[C_{62}H_{86}CoN_{15}O_{15}P]^+$; *Coα*-[α-(5(oder 6)-Carbamoyl-benzimidazol-1-yl)]-*Coβ*-cyano-cobamid. Betain $C_{62}H_{85}CoN_{15}O_{15}P$, Formel IV (R = CO-$NH_2$, R′ = H oder R = H, R′ = CO-NH_2) auf S. 3120. Biosynthese durch Escherichia coli aus Faktor-B (S. 3109) unter Zusatz von D-Ribose, 1(3)*H*-Benzimidazol-5-carbamid, K_2HPO_4 und KH_2PO_4: *Dellweg et al.*, Bio. Z. **328** [1956] 88, 92. – Kristalle [aus wss. Acn.] (*De. et al.*). Verteilung zwischen Butan-1-ol und wss. $[NH_4]_2SO_4$: *De. et al.*; zwischen einem Trichloräthen-4-Chlor-phenol-Gemisch und H_2O: *Aschaffenburger Zellstoffwerke*, U.S.P. 2893988 [1955].

[α-(5(7)*H*-Benzo[1,2-*d*;4,5-*d′*]diimidazol-1-yl)]-hydrogenobamid $C_{61}H_{86}N_{15}O_{14}P$.

Cyano-kobalt(III)-Komplex $[C_{62}H_{85}CoN_{16}O_{14}P]^+$; *Coα*-[α-(5(7)*H*-Benzo[1,2-*d*;4,5-*d′*]diimidazol-1-yl)]-*Coβ*-cyano-cobamid. Betain $C_{62}H_{84}CoN_{16}O_{14}P$, Formel XIV und Taut. Biosynthese [jeweils unter Zusatz von 1,5-Dihydro-benzo[1,2-*d*;4,5-*d′*]diimidazol] durch Propionibacterium shermanii: *Pawełkiewicz, Nowakowska*, Acta biochem. polon. **2** [1955] 259, 262; C. A. **1957** 13070; durch Corynebacterium diphteriae: *Pawełkiewicz, Zodrow*, Acta microbiol. polon. **6** [1957] 9, 12; C. A. **1958** 7429. – Kristalle [aus wss. Acn.] (*Pa., No.*, l. c. S. 268). Absorptionsspektrum (H_2O; 230–430 nm): *Pa., No.*, l. c. S. 272.

[α-(6-Oxo-1,6-dihydro-purin-7-yl)]-hydrogenobamid $C_{58}H_{84}N_{15}O_{15}P$.

Cyano-kobalt(III)-Komplex $[C_{59}H_{83}CoN_{16}O_{15}P]^+$; *Coα*-[α-(6-Oxo-1,6-dihydro-purin-7-yl)]-*Coβ*-cyano-cobamid. Betain $C_{59}H_{82}CoN_{16}O_{15}P$; Faktor-G, Formel XV (R = H). Isolierung aus den Exkrementen von Schweinen und Kälbern: *Brown et al.*, Biochem. J. **59** [1955] 82, 83. – *B.* Aus *Coα*-[α-(6-Amino-purin-7-yl)]-*Coβ*-cyano-cobamid-betain (Pseudovitamin-B_{12}; Syst.-Nr. 4176) mit Hilfe von wss. $NaNO_2$ und Essigsäure (*Br. et al.*, l. c. S. 84). – Kristalle (aus wss. Acn.). λ_{max}: 359 nm, 516 nm und 540 nm (*Br. et al.*, l. c. S. 85).

[α-(2-Methyl-6-oxo-1,6-dihydro-purin-7-yl)]-hydrogenobamid $C_{59}H_{86}N_{15}O_{15}P$.

Cyano-kobalt(III)-Komplex $[C_{60}H_{85}CoN_{16}O_{15}P]^+$; *Coα*-[α-(2-Methyl-6-oxo-1,6-dihydro-purin-7-yl)]-*Coβ*-cyano-cobamid. Betain $C_{60}H_{84}CoN_{16}O_{15}P$; Faktor-H, Formel XV (R = CH_3). Isolierung aus den Exkrementen von Schweinen und Kälbern: *Brown et al.*, Biochem. J. **59** [1955] 82, 83. – *B.* Aus *Coα*-[α-(6-Amino-2-methyl-purin-7-yl)]-*Coβ*-cyano-cobamid-betain (Faktor-A; Syst.-Nr. 4176) mit Hilfe von wss. $NaNO_2$ und Essigsäure (*Br. et al.*, l. c. S. 84). – Kristalle (aus wss. Acn.). λ_{max}: 358,5 nm, 517 nm und 540 nm (*Br. et al.*, l. c. S. 85).

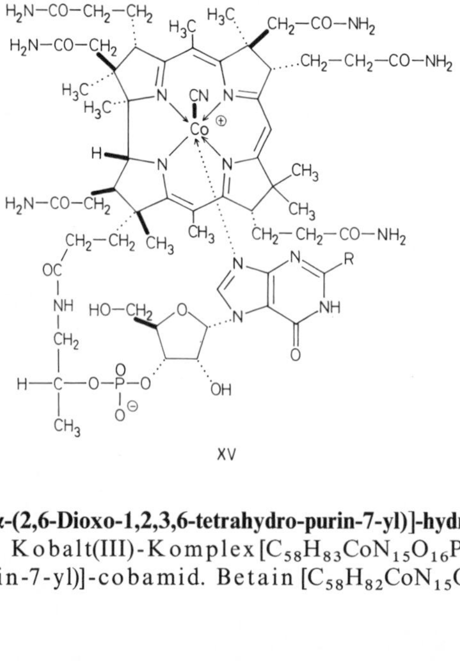

XV

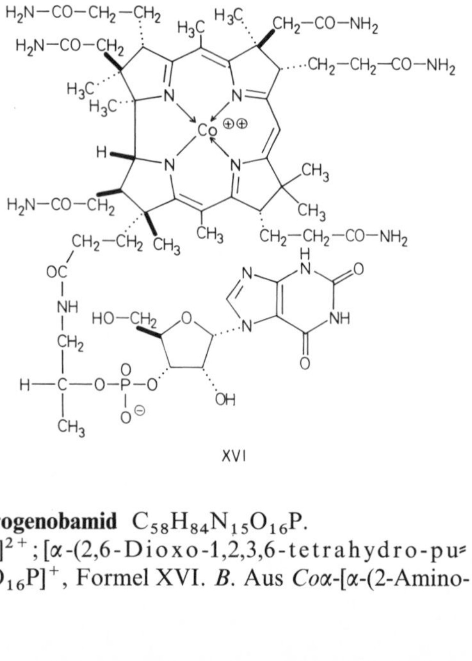

XVI

[α-(2,6-Dioxo-1,2,3,6-tetrahydro-purin-7-yl)]-hydrogenobamid $C_{58}H_{84}N_{15}O_{16}P$.

Kobalt(III)-Komplex $[C_{58}H_{83}CoN_{15}O_{16}P]^{2+}$; [α-(2,6-Dioxo-1,2,3,6-tetrahydro-purin-7-yl)]-cobamid. Betain $[C_{58}H_{82}CoN_{15}O_{16}P]^+$, Formel XVI. *B.* Aus *Coα*-[α-(2-Amino-

6-oxo-1,6-dihydro-purin-7-yl)]-*Coβ*-cyano-cobamid-betain (Syst.-Nr. 4179) mit Hilfe von $NaNO_2$ und wss. Essigsäure (*Friedrich, Bernhauer,* Z. physiol. Chem. **317** [1959] 116, 123). – UV-Spektrum (wss. Lösungen vom pH 3,8 und pH 9,5 unter Zusatz von Cyanid-Ionen; 250–400 nm): *Fr., Be.,* l. c. S. 121.

[α-(2-Methylmercapto-6-oxo-1,6-dihydro-purin-7-yl)]-hydrogenobamid $C_{59}H_{86}N_{15}O_{15}PS$.

Cyano-kobalt(III)-Komplex $[C_{60}H_{85}CoN_{16}O_{15}PS]^+$; *Coα*-[α-(2-Methylmercapto-6-oxo-1,6-dihydro-purin-7-yl)]-*Coβ*-cyano-cobamid. Betain $C_{60}H_{84}CoN_{16}O_{15}PS$, Formel XV (R = S-$CH_3$). *B.* Beim Behandeln von *Coα*-[α-(6-Amino-2-methylmercapto-purin-7-yl)]-*Coβ*-cyano-cobamid-betain (Syst.-Nr. 4178) mit $NaNO_2$ und wss. Essigsäure (*Friedrich, Bernhauer,* B. **90** [1957] 1966, 1973). – Rote Kristalle (aus wss. Acn.).

Heptacarbonsäuren $C_nH_{2n-40}N_4O_{14}$

XVII

3,3′,3″,3‴-[3,8,13-Tris-methoxycarbonylmethyl-17-methyl-porphyrin-2,7,12,18-tetrayl]-tetra-propionsäure-tetramethylester, Ätioporphyrin-III-$2^1,3^2,7^1,8^2,12^1,13^2,17^2$-heptacarbonsäure-heptamethylester $C_{46}H_{52}N_4O_{14}$, Formel XVII.

Diese Konstitution kommt der von *Grinstein et al.* (J. biol. Chem. **157** [1945] 323, 332, 333) als „208°-Porphyrin"-methylester, von *Falk et al.* (Biochem. J. **63** [1956] 87, 90, 92) als Pseudouroporphyrin-methylester und von *Del C. Batlle, Grinstein* (Biochim. biophys. Acta **82** [1964] 1, 10, 11) als Phyriaporphyrin-III-heptamethylester bezeichneten Verbindung zu (*Battersby et al.,* J.C.S. Perkin I **1976** 1008, 1013, 1018; *Clezy et al.,* Austral. J. Chem. **29** [1976] 393, 394, 401, 411; *Jackson et al.,* Bioorg. Chem. **9** [1980] 71, 72, 79, 112).

Isolierung aus dem Harn von an Porphyrie erkrankten Patienten: *Gr. et al.*; aus Erythrozyten: *Falk et al.*

Kristalle (aus $CHCl_3$ + Me.); F: 223–225° (*Ba. et al.*). [*Schunck*]

H. Octacarbonsäuren

Octacarbonsäuren $C_nH_{2n-18}N_4O_{16}$

***Opt.-inakt. 1,2-Bis-[3,3-bis-äthoxycarbonyl-4,5-dihydro-3*H*-pyrazol-4-yl]-äthan-1,1,2,2-tetra≠carbonsäure-tetraäthylester** $C_{32}H_{46}N_4O_{16}$, Formel I.

B. Aus Hexa-1,5-dien-1,1,3,3,4,4,6,6-octacarbonsäure-octaäthylester und Diazomethan (*Cor≠sano, Inverardi,* Ric. scient. **29** [1959] 74, 75).

Kristalle (aus PAe.); F: 151—152° [Zers.]. λ_{max}: 318 nm.

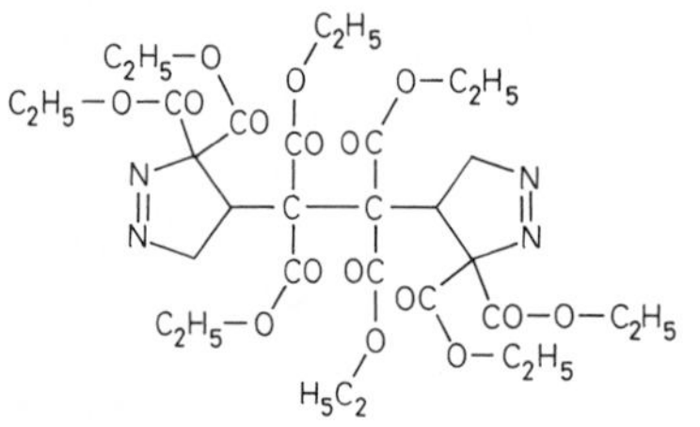

I

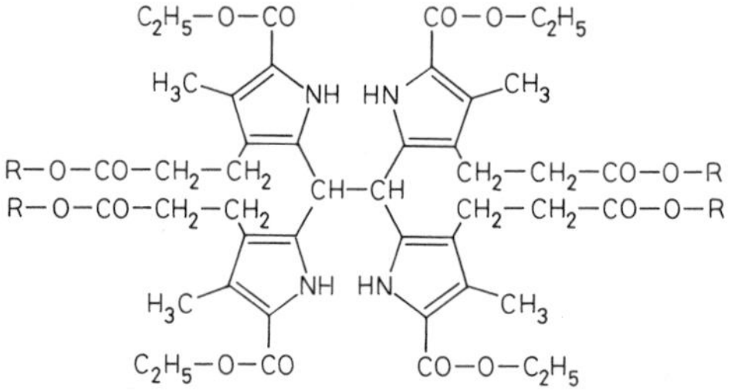

II

Octacarbonsäuren $C_nH_{2n-34}N_4O_{16}$

1,1,2,2-Tetrakis-[5-äthoxycarbonyl-3-(2-carboxy-äthyl)-4-methyl-pyrrol-2-yl]-äthan, 4,4′,4″,4‴-Tetrakis-[2-carboxy-äthyl]-3,3′,3″,3‴-tetramethyl-5,5′,5″,5‴-äthandiyliden-tetrakis-pyrrol-2-carbonsäure-tetraäthylester $C_{46}H_{58}N_4O_{16}$, Formel II (R = H).

B. Aus 4,4′-Bis-[2-carboxy-äthyl]-3,3′-dimethyl-5,5′-methandiyl-bis-pyrrol-2-carbonsäure-di≠äthylester mit Hilfe von $FeCl_3$ (*Fischer et al.,* A. **493** [1932] 1, 8).

Kristalle (aus wss. Eg.); F: 275° [korr.; Zers.].

1,1,2,2-Tetrakis-[5-äthoxycarbonyl-3-(2-äthoxycarbonyl-äthyl)-4-methyl-pyrrol-2-yl]-äthan, 4,4′,4″,4‴-Tetrakis-[2-äthoxycarbonyl-äthyl]-3,3′,3″,3‴-tetramethyl-5,5′,5″,5‴-äthandiyliden-tetrakis-pyrrol-2-carbonsäure-tetraäthylester $C_{54}H_{74}N_4O_{16}$, Formel II (R = C_2H_5).

B. Aus der vorangehenden Verbindung und äthanol. HCl (*Fischer et al.,* A. **493** [1932] 1, 9).

Kristalle (aus Bzl.); F: 132° [korr.].

Octacarbonsäuren $C_nH_{2n-36}N_4O_{16}$

3,3′,3″,3‴-[3,8,13,18-Tetrakis-methoxycarbonylmethyl-porphyrinogen-2,7,12,17-tetrayl]-tetra-propionsäure-tetramethylester, Uroporphyrinogen-I-octamethylester $C_{48}H_{60}N_4O_{16}$, Formel III.

Über die Konstitution s. *Fischer, Bub,* A. **530** [1937] 213 Anm. 3.

B. Bei der Hydrierung von Uroporphyrin-I-octamethylester (S. 3133) an Platin (*Fischer, Zer≠weck,* Z. physiol. Chem. **137** [1924] 242, 253).

Kristalle (aus Me.); F: 148° [nach Sintern und Dunkelfärbung bei 145—146°] (*Fi., Ze.*).

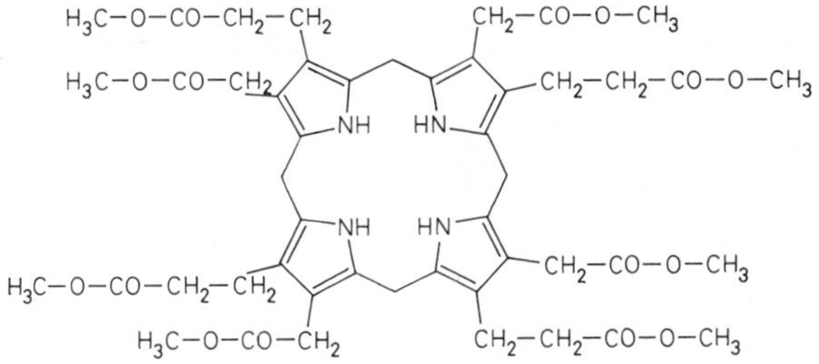

III

Octacarbonsäuren $C_nH_{2n-42}N_4O_{16}$

Octacarbonsäuren $C_{40}H_{38}N_4O_{16}$

***Opt.-inakt. 2,2′,2″,2‴-[3,8,13,18-Tetramethyl-porphyrin-2,7,12,17-tetrayl]-tetra-bernsteinsäure-octamethylester** $C_{48}H_{54}N_4O_{16}$, Formel IV und Taut. (in der Literatur als 1,3,5,7-Tetramethyl-porphin-2,4,6,8-tetrabernsteinsäure-octamethylester bezeichnet).

B. Aus der Octacarbonsäure (aus (±)-[5-Carboxy-2,4-dimethyl-pyrrol-3-yl]-bernsteinsäure beim Behandeln mit Brom und Essigsäure und Erhitzen des Reaktionsprodukts mit Methylbernsteinsäure hergestellt) und methanol. HCl (*Fischer, Zischler,* Z. physiol. Chem. **245** [1937] 123, 128).

Rotbraune Kristalle (aus $CHCl_3$+Me.); F: 255° (*Fi., Zi.*). λ_{max} in Dioxan (500–630 nm): *Stern, Wenderlein,* Z. physik. Chem. [A] **170** [1934] 337, 345; in einem Pyridin-Äther-Gemisch und in wss. HCl (435–635 nm): *Fi., Zi.* Fluorescenzmaxima (Dioxan; 600–700 nm): *Stern, Molvig,* Z. physik. Chem. [A] **175** [1936] 38, 42.

Kupfer(II)-Komplex $CuC_{48}H_{52}N_4O_{16}$. Hellrote Kristalle (aus $CHCl_3$+Me.); F: 260° (*Fi., Zi.*).

Eisen(III)-Komplex. Kristalle (*Fi., Zi.*). λ_{max} ($CHCl_3$+$N_2H_4 \cdot H_2O$; 440–560 nm): *Fi., Zi.*

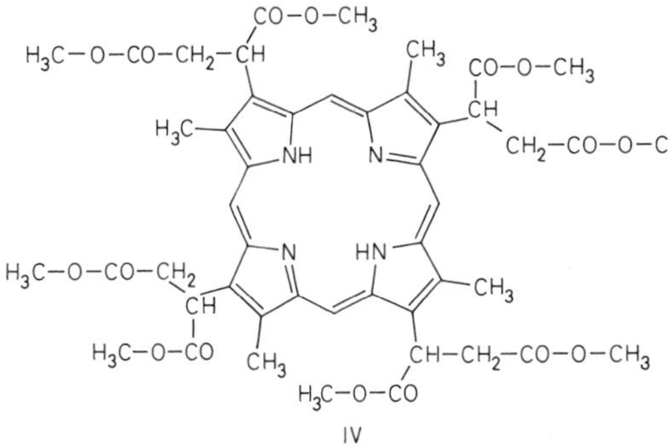

IV

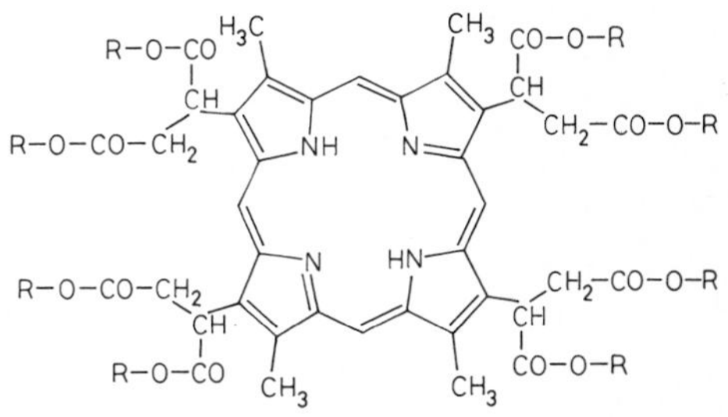

V

***Opt.-inakt. 2,2′,2″,2‴-[3,7,13,17-Tetramethyl-porphyrin-2,8,12,18-tetrayl]-tetra-bernsteinsäure** $C_{40}H_{38}N_4O_{16}$, Formel V (R = H) und Taut. (in der Literatur als 1,4,5,8-Tetramethyl-porphin-2,3,6,7-tetrabernsteinsäure bezeichnet).

B. Aus dem Hexanatrium-Salz der opt.-inakt. 4,4′-Bis-[1,2-dicarboxy-äthyl]-3,3′-dimethyl-5,5′-methandiyl-bis-pyrrol-2-carbonsäure (aus opt.-inakt. 4,4′-Bis-[1,2-dicarboxy-äthyl]-3,3′-dimethyl-5,5′-methandiyl-bis-pyrrol-2-carbonsäure-diäthylester [E III/IV **25** 1184] oder opt.-inakt. 4,4′-Bis-[1,2-bis-methoxycarbonyl-äthyl]-3,3′-dimethyl-5,5′-methandiyl-bis-pyrrol-2-carbonsäure-diäthylester [E III/IV **25** 1184] mit Hilfe von wss.-äthanol. NaOH hergestellt) mit Hilfe von Ameisensäure und Luft (*Fischer, v. Holt,* Z. physiol. Chem. **229** [1934] 93, 99; *Fischer, Staff,* Z. physiol. Chem. **234** [1935] 97, 116).

λ_{max} (wss. HCl): 559 nm und 604,3 nm (*Fi., v. Holt*).

***Opt.-inakt. 2,2′,2″,2‴-[3,7,13,17-Tetramethyl-porphyrin-2,8,12,18-tetrayl]-tetra-bernstein≈säure-octamethylester** $C_{48}H_{54}N_4O_{16}$, Formel V (R = CH_3) und Taut.

B. Neben anderen Verbindungen aus [4-Methyl-pyrrol-3-yl]-bernsteinsäure-dimethylester und Bis-chlormethyl-äther oder Dichlormethyl-methyl-äther (*Fischer, Hofmann,* Z. physiol. Chem. **246** [1937] 15, 20). Aus der vorangehenden Octacarbonsäure und methanol. HCl (*Fischer, v. Holt,* Z. physiol. Chem. **229** [1934] 93, 100; *Fischer, Staff,* Z. physiol. Chem. **234** [1935] 97, 116).

Kristalle (aus $CHCl_3$ + Me.); F: 317–318° (*Fi., v. Holt*). λ_{max} ($CHCl_3$, Py. + Ae. sowie wss. HCl; 430–630 nm): *Fi., v. Holt.*

Kupfer(II)-Komplex $CuC_{48}H_{52}N_4O_{16}$. Hellrote Kristalle (aus $CHCl_3$ + Eg.), die unterhalb 290° nicht schmelzen (*Fi., v. Holt*).

Eisen(III)-Komplex $Fe(C_{48}H_{52}N_4O_{16})Cl$. Kristalle (aus $CHCl_3$ + Ae.); F: 228° (*Fi., St.*). λ_{max} (Py. + $N_2H_4 \cdot H_2O$; 430–560 nm): *Fi., v. Holt; Fi., St.*

[3,8,13,18-Tetramethyl-porphyrin-2,7,12,17-tetrayltetramethyl]-tetra-malonsäure, Isouro≈porphyrin-I $C_{40}H_{38}N_4O_{16}$, Formel VI (R = H) und Taut.

Zusammenfassende Darstellung: *H. Fischer, H. Orth,* Die Chemie des Pyrrols, Bd. 2, Tl. 1 [Leipzig 1937] S. 517.

B. Aus [3-(2,2-Bis-äthoxycarbonyl-äthyl)-5-brom-4-methyl-pyrrol-2-yl]-[4-(2,2-bis-äthoxycar≈bonyl-äthyl)-3,5-dimethyl-pyrrol-2-yl]-methinium-bromid (vgl. E III/IV **25** 1179) mit Hilfe von HBr und Ameisensäure oder von HBr und Essigsäure (*Fischer, Siebert,* A. **483** [1930] 1, 15; *Fischer, v. Holt,* Z. physiol. Chem. **229** [1934] 93, 96).

Eisen(III)-Komplex $FeC_{40}H_{35}N_4O_{16}$. Kristalle [aus wss. HCl] (*Fi., v. Holt*).

Octahydrazid $C_{40}H_{54}N_{20}O_8$. Hygroskopische Kristalle (*Fischer et al.,* Z. physiol. Chem. **241** [1936] 201, 212).

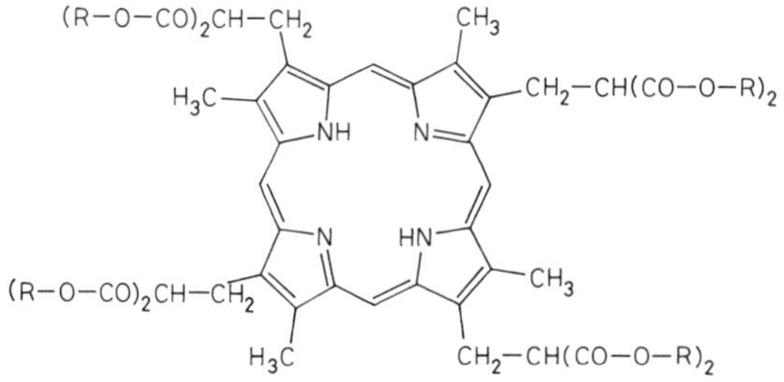

(R–O–CO)$_2$CH–CH$_2$ CH$_3$
H$_3$C CH$_2$–CH(CO–O–R)$_2$
NH N
N HN
(R–O–CO)$_2$CH–CH$_2$ CH$_3$
H$_3$C CH$_2$–CH(CO–O–R)$_2$

VI

[3,8,13,18-Tetramethyl-porphyrin-2,7,12,17-tetrayltetramethyl]-tetra-malonsäure-octamethylester, Isouroporphyrin-I-octamethylester $C_{48}H_{54}N_4O_{16}$, Formel VI (R = CH_3) und Taut.

B. Aus Isouroporphyrin-I (s. o.) und methanol. HCl (*Fischer, Siebert,* A. **483** [1930] 1, 15; *Fischer, v. Holt,* Z. physiol. Chem. **229** [1934] 93, 96).

Kristalle (aus $CHCl_3$ + Me.); F: 287° (*Fi., v. Holt,* l. c. S. 93), 284° (*Fi., Si.*).

Kupfer(II)-Komplex $CuC_{48}H_{52}N_4O_{16}$. Kristalle (aus $CHCl_3$ + Ae.); F: 289° [nach Sintern ab 280°] (*Fi., Si.,* l. c. S. 17). λ_{max} (Py. + Ae.; 430–575 nm): *Fi., v. Holt.*

Silber(I)-Komplex $AgC_{48}H_{53}N_4O_{16}$. Kristalle (aus $CHCl_3$ + Me.); F: 290° (*Fi., v. Holt*). λ_{max} (Py. + Ae.; 435–570 nm): *Fi., v. Holt.*

Eisen(III)-Komplex $Fe(C_{48}H_{52}N_4O_{16})Cl$. Kristalle (aus $CHCl_3$ + Me.); F: 256° (*Fi., v. Holt*). λ_{max} (Py. + $N_2H_4 \cdot H_2O$; 445–560 nm): *Fi., v. Holt.*

Nickel(II)-Komplex $NiC_{48}H_{52}N_4O_{16}$. Kristalle (aus $CHCl_3$ + Me.); F: 272° (*Fi., v. Holt*). λ_{max} (Py.; 435–565 nm): *Fi., v. Holt.*

[3,7,13,17-Tetramethyl-porphyrin-2,8,12,18-tetrayltetramethyl]-tetra-malonsäure, Isouro≈porphyrin-II $C_{40}H_{38}N_4O_{16}$, Formel VII (R = H) und Taut.

Zusammenfassende Darstellung: *H. Fischer, H. Orth,* Die Chemie des Pyrrols, Bd. 2, Tl. 1 [Leipzig 1937] S. 519.

B. Aus dem Hexanatrium-Salz der 4,4'-Bis-[2,2-dicarboxy-äthyl]-3,3'-dimethyl-5,5'-methandiyl-bis-pyrrol-2-carbonsäure (E II **25** 192) mit Hilfe von Ameisensäure und Luft (*Fischer, Heisel,* A. **457** [1927] 83, 91; *Fischer,* D.R.P. 511644 [1926]; Frdl. **17** 2638).

Kristalle [aus wss. Ameisensäure oder Py.+Eg.] (*Fi., He.*). λ_{max} (wss. HCl sowie wss. NaOH; 430–610 nm): *Fi., He.*

Octahydrazid $C_{40}H_{54}N_{20}O_8$. Kristalle, die unterhalb 300° nicht schmelzen (*Fischer, Thurnher,* Z. physiol. Chem. **204** [1932] 68, 70, 79).

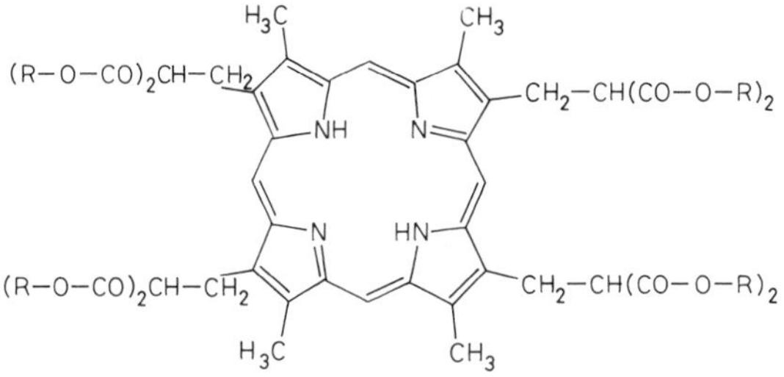

VII

[3,7,13,17-Tetramethyl-porphyrin-2,8,12,18-tetrayltetramethyl]-tetra-malonsäure-octamethylester, Isouroporphyrin-II-octamethylester $C_{48}H_{54}N_4O_{16}$, Formel VII (R = CH_3) und Taut.

B. Aus Isouroporphyrin-II (s. o.) und methanol. HCl (*Fischer, Heisel,* A. **457** [1927] 83, 93).

Kristalle; F: 271° [korr.; aus Py.+Me.] (*Stern, Klebs,* A. **505** [1933] 295, 302), 263° [aus $CHCl_3$+Me.] (*Fi., He.*). Verbrennungsenthalpie bei 15°: *St., Kl.* λ_{max} (495–630 nm) in $CHCl_3$, Äther und wss. HCl: *Fi., He.*; in Dioxan: *Stern, Wenderlein,* Z. physik. Chem. [A] **170** [1934] 337, 345; *Fischer, Zischler,* Z. physiol. Chem. **245** [1937] 123, 125. Fluorescenzmaxima (Dioxan; 600–700 nm): *Stern, Molvig,* Z. physik. Chem. [A] **175** [1936] 38, 42.

Beim Behandeln mit wss. HNO_3 (D: 1,48) ist ein x-Nitro-isouroporphyrin-II-octamethylester $C_{48}H_{53}N_5O_{18}$ (Kristalle [aus $CHCl_3$+Me.]; F: 240°; λ_{max}: 504,2 nm, 537,9 nm, 574,1 nm und 629,1 nm [$CHCl_3$] bzw. 573 nm und 620,6 nm [wss. HCl]; Kupfer(II)-Komplex $CuC_{48}H_{51}N_5O_{18}$: Kristalle [aus $CHCl_3$+Ae.], F: 280°; Silber(I)-Komplex $AgC_{48}H_{52}N_5O_{18}$; Eisen(III)-Komplex $Fe(C_{48}H_{51}N_5O_{18})Cl$: Kristalle [aus $CHCl_3$+Ae.], F: 279°) erhalten worden (*Fischer, Thurnher,* Z. physiol. Chem. **204** [1932] 68, 76).

Magnesium-Komplex $MgC_{48}H_{52}N_4O_{16}$. Kristalle (aus $CHCl_3$+Me.); F: 239°; λ_{max} ($CHCl_3$): 546 nm und 583,4 nm (*Fi., Th.,* l. c. S. 75).

Kupfer(II)-Komplex $CuC_{48}H_{52}N_4O_{16}$. Kristalle (aus Eg.); F: 280° (*Fi., He.,* l. c. S. 94). λ_{max} (Eg. sowie Ae.+Eg.; 525–570 nm): *Fi., He.*

Silber(I)-Komplex $AgC_{48}H_{53}N_4O_{16}$. Kristalle (aus $CHCl_3$+Me.); F: 315°; λ_{max} ($CHCl_3$): 526,4 nm und 561,3 nm (*Fi., Th.,* l. c. S. 74, 75).

Zink-Komplex $ZnC_{48}H_{52}N_4O_{16}$. Kristalle, die unterhalb 300° nicht schmelzen (*Fi., Th.*).

Eisen(III)-Komplex $Fe(C_{48}H_{52}N_4O_{16})Cl$. Kristalle (aus $CHCl_3$+Ae.); λ_{max} (Py.+N_2H_4·H_2O): 522 nm und 550 nm (*Fi., He.*).

Kobalt(II)-Komplex $CoC_{48}H_{52}N_4O_{16}$. Rotviolette Kristalle (aus $CHCl_3$+Me.); F: 316° [Zers. bei 320–325°]; λ_{max} ($CHCl_3$): 518,1 nm und 554,3 nm (*Fischer, Fröwis,* Z. physiol. Chem. **195** [1931] 49, 65).

Nickel(II)-Komplex $NiC_{48}H_{52}N_4O_{16}$. Kristalle (aus $CHCl_3$+Ae.), die unterhalb 300° nicht schmelzen (*Fi., Th.*).

Picrat $C_{48}H_{54}N_4O_{16}$·$C_6H_3N_3O_7$. Blauviolette Kristalle (aus $CHCl_3$+Me.); F: 240° [korr.] (*Treibs,* A. **476** [1929] 1, 4, 47). λ_{max} der Kristalle sowie von Lösungen in Aceton unter Zusatz von Picrinsäure (530–610 nm): *Tr.*

Styphnat $C_{48}H_{54}N_4O_{16}$·$C_6H_3N_3O_8$. Rote Kristalle (aus $CHCl_3$+Me.); F: 232° [korr.] (*Tr.,* l. c. S. 4, 46). λ_{max} der Kristalle sowie von Lösungen in Aceton unter Zusatz von Styphninsäure (530–610 nm): *Tr.,* l. c. S. 4, 47.

Diflavianat (8-Hydroxy-5,7-dinitro-naphthalin-2-sulfonat) $C_{48}H_{54}N_4O_{16} \cdot 2C_{10}H_6N_2O_8S$. Rotviolette Kristalle (aus $CHCl_3$ + Me.); F: 215° [korr.] (*Tr.*, l. c. S. 4, 47). λ_{max} der Kristalle sowie von Lösungen in Aceton, auch unter Zusatz von H_2O (520–600 nm): *Tr.*, l. c. S. 4, 48.

3,3′,3″,3‴-[3,8,13,18-Tetrakis-carboxymethyl-porphyrin-2,7,12,17-tetrayl]-tetra-propionsäure, Uroporphyrin-I $C_{40}H_{38}N_4O_{16}$, Formel VIII (R = H) und Taut.

Bestätigung der Konstitution: *MacDonald,* Soc. **1952** 4184; *MacDonald, Stedman,* Canad. J. Chem. **32** [1954] 896, 898.

Zusammenfassende Darstellung: *H. Fischer, H. Orth,* Die Chemie des Pyrrols, Bd. 2, Tl. 1 [Leipzig 1937] S. 504, 512.

Isolierung aus menschlichem Harn bei Porphyrie: *Fischer, Zerweck,* Z. physiol. Chem. **137** [1924] 242, 247; *Grinstein et al.,* J. biol. Chem. **157** [1945] 323, 325; *Rimington,* Biochem. J. **37** [1943] 443, 444; *Rimington, Miles,* Biochem. J. **50** [1951] 202; aus Rinderharn: *With,* Biochem. J. **68** [1958] 717.

B. Aus Porphobilinogen (E III/IV **22** 6871) mit Hilfe von Alkali (*Cookson, Rimington,* Biochem. J. **57** [1954] 476, 479) oder mit Hilfe von Porphobilinogen-Desaminase (*Bogorad,* J. biol. Chem. **233** [1958] 501, 506). Beim Erhitzen von [5-Brom-3-(2-carboxy-äthyl)-4-carboxymethyl-pyrrol-2-yl]-[4-(2-carboxy-äthyl)-3-carboxymethyl-5-methyl-pyrrol-2-yl]-methinium-bromid (E III/IV **25** 1179) mit Methylbernsteinsäure (*MacDonald, Stedman,* Canad. J. Chem. **32** [1954] 896, 898).

Kristalle [aus Py. + Eg.] (*Fischer, Hilger,* Z. physiol. Chem. **149** [1925] 65, 67). IR-Spektrum (Nujol; 2–15 μ): *Falk, Willis,* Austral. J. scient. Res. [A] **4** [1951] 579, 588. IR-Banden (fester Film; 3–14 μ): *Chu, Chu,* J. biol. Chem. **234** [1959] 2751. Absorptionsspektrum (wss. Lösung vom pH 7; 390–600 nm): *Bogorad,* J. biol. Chem. **233** [1958] 501, 505. λ_{max} ($CHCl_3$, Äthylacetat, Dioxan sowie wss. HCl; 400–625 nm): *Chu, Chu,* J. biol. Chem. **234** [1959] 2741, 2743. Fluorescenzmaxima (Py.; 615–700 nm): *Dhéré, Bois,* C. r. **183** [1926] 321. Relative Intensität der Fluorescenz in wss. HCl [bis 20%ig], wss. Lösungen vom pH 2–10 sowie wss. NaOH [bis 20%ig] in Abhängigkeit von der Konzentration: *Chu, Chu,* l. c. S. 2744. Protonierungsgleichgewicht in wss. Lösung: *Neuberger, Scott,* Pr. roy. Soc. [A] **213** [1952] 307, 318.

Relative Ausbeute der Decarboxylierung in wss. HCl [0,5–5%ig]: *Chu, Chu,* J. biol. Chem. **234** [1959] 2747, 2748.

Kupfer(II)-Komplex $CuC_{40}H_{36}N_4O_{16}$. λ_{max} (wss. NH_3; 520–570 nm): *Fischer, Hilger,* Z. physiol. Chem. **128** [1923] 167, 168.

Eisen(II)-Komplex; Urohäm-I. Absorptionsspektrum (wss. NaOH sowie wss.-äthanol. NaOH; 480–600 nm): *Keilin,* Biochem. J. **45** [1949] 448, 450. λ_{max} (Py. sowie wss. NaOH; 515–585 nm): *Fischer, Andersag,* A. **458** [1927] 117, 147. Magnetische Susceptibilität (wss. NaOH) bei 20,5°: $+13585 \cdot 10^{-6}$ $cm^3 \cdot mol^{-1}$ (*Ke.,* Biochem. J. **45** 453). – Verbindung mit NO. Absorptionsspektrum (wss. NaOH; 350–620 nm): *Keilin,* Biochem. J. **59** [1955] 571, 573. – Verbindung mit Pyridin. λ_{max} (wss. Lösung vom pH 7): 520 nm und 550 nm (*Keilin,* Biochem. J. **51** [1952] 443, 448). – Über eine Verbindung mit 1 Mol Cyanid s. *Keilin,* Biochem. J. **45** [1949] 440, 442, 445. – Verbindung mit 2 Mol Cyanid. Absorptionsspektrum (wss. Na_2CO_3; 380–600 nm): *Ke.,* Biochem. J. **45** 445, 446; s. a. *Schumm,* Z. physiol. Chem. **156** [1926] 268. Magnetische Susceptibilität (wss. Na_2CO_3) bei 20,5°: $+909 \cdot 10^{-6}$ $cm^3 \cdot mol^{-1}$ (*Ke.,* Biochem. J. **45** 453). – Über eine Verbindung mit 1 Mol Methylisocyanid s. *Ke.,* Biochem. J. **45** 445, 446. – Verbindung mit 2 Mol Methylisocyanid. Absorptionsspektrum (alkal. wss. Lösung; 380–600 nm): *Ke.,* Biochem. J. **45** 445, 446.

Eisen(III)-Komplex $Fe(C_{40}H_{36}N_4O_{16})^+$; Urohämatin-I und Urohämin-I. Gewinnung eines Urohämatin-I-anhydrids $FeC_{40}H_{35}N_4O_{16}$ (fast schwarze Kristalle; λ_{max} [Py.; 540–600 nm]) aus Urohämin-I-octamethylester (S. 3133): *Fischer, Andersag,* A. **458** [1927] 117, 127, 143, 147. Absorptionsspektrum in Essigsäure (340–660 nm): *Keilin,* Biochem. J. **59** [1955] 571, 573; in wss. NaOH (340–640 nm): *Keilin,* Biochem. J. **51** [1952] 443, 444, **59** 573. Assoziation mit Äthylhydroperoxid in wss. NaOH: *Ke.,* Biochem. J. **51** 448. – Verbindung mit NO. Absorptionsspektrum (Eg. [330–620 nm] sowie wss. NaOH [350–640 nm]): *Ke.,* Biochem. J. **59** 573. – Verbindung mit 1 Mol H_2O_2. Absorptionsspektrum (340–640 nm) sowie Stabilitätskonstante in wss. NaOH: *Ke.*, Biochem. J. **51** 444, 445. – Verbindung mit Pyridin. Absorptionsspektrum (wss. Lösung vom pH ca. 7; 320–640 nm): *Ke.*, Biochem. J. **51** 446. Assoziation mit H_2O_2 und mit Äthylhydroperoxid in wss. Lösung vom pH ca. 7: *Ke.*, Biochem. J. **51** 446, 448.

Octaäthylester $C_{56}H_{70}N_4O_{16}$; 3,3′,3″,3‴-[3,8,13,18-Tetrakis-äthoxycarbonyl-methyl-porphyrin-2,7,12,17-tetrayl]-tetra-propionsäure-tetraäthylester [1]), Uro-porphyrin-I-octaäthylester. Kristalle (aus $CHCl_3$+A.); F: 220° (*Fischer*, Z. physiol. Chem. **95** [1915] 34, 51).

Octahydrazid $C_{40}H_{54}N_{20}O_8$; 3,3′,3″,3‴-[3,8,13,18-Tetrakis-carbazoylmethyl-porphyrin-2,7,12,17-tetrayl]-tetra-propionsäure-tetrahydrazid [1]),Uroporphyrin-I-octahydrazid. Hygroskopische Kristalle, die unterhalb 360° nicht schmelzen (*Fischer et al.*, Z. physiol. Chem. **241** [1936] 201, 211).

Octaacetyl-Derivat $C_{56}H_{54}N_4O_{24}$; 2,7,12,17-Tetrakis-[2-acetoxycarbonyl-äthyl]-3,8,13,18-tetrakis-acetoxycarbonylmethyl-porphyrin [1]), Essigsäure-[3,3′,3″,3‴-(3,8,13,18-tetrakis-acetoxycarbonylmethyl-porphyrin-2,7,12,17-tetrayl)-tetra-propionsäure]-anhydrid, Essigsäure-uroporphyrin-I-anhydrid. Kristalle (*Fischer et al.*, A. **471** [1929] 243, 257, 266).

3,3′,3″,3‴-[3,8,13,18-Tetrakis-methoxycarbonylmethyl-porphyrin-2,7,12,17-tetrayl]-tetra-propionsäure-tetramethylester, Uroporphyrin-I-octamethylester $C_{48}H_{54}N_4O_{16}$, Formel VIII (R = CH_3) und Taut.

B. Aus Uroporphyrin-I (s. o.) und methanol. HCl oder methanol. H_2SO_4 (*Fischer*, Z. physiol. Chem. **95** [1915] 34, 49; *Fischer, Zerweck*, Z. physiol. Chem. **137** [1924] 242, 247).

Kristalle; F: 295–297° (*With*, Biochem. J. **68** [1958] 717, 719), 293° (*Rimington, Miles*, Biochem. J. **50** [1951] 202, 203), 291–292° [korr.; aus $CHCl_3$+Me.] (*MacDonald, Stedman*, Canad. J. Chem. **32** [1954] 896, 898); bei langsamem Erhitzen färbt sich die Verbindung dunkel und schmilzt dann nicht unterhalb 340° (*MacD., St.*). Netzebenenabstände: *Kennard, Rimington*, Biochem. J. **55** [1953] 105, 107. ^{1}H-NMR-Spektrum ($CDCl_3$): *Becker et al.*, Am. Soc. **83** [1961] 3743, 3745, 3747; s. a. *Becker, Bradley*, J. chem. Physics **31** [1959] 1413. IR-Spektrum (Nujol; 2–15 μ): *Falk, Willis*, Austral. J. scient. Res. [A] **4** [1951] 579, 588. Absorptionsspektrum (380–640 nm) in $CHCl_3$: *Nicholas, Rimington*, Biochem. J. **50** [1951/52] 194, 199; in Dioxan: *Chu, Chu*, J. biol. Chem. **234** [1959] 2741, 2745. λ_{max} (455–630 nm) in $CHCl_3$: *MacDonald*, Soc. **1952** 4184, 4189; in $CHCl_3$ und in wss. HCl: *Grinstein et al.*, J. biol. Chem. **157** [1945] 323, 333; in $CHCl_3$, auch unter Zusatz von wss. HCl: *Schumm*, Z. physiol. Chem. **164** [1927] 143, 150; in einem Äther-Pyridin-Gemisch und in wss. HCl: *Treibs*, Z. physiol. Chem. **212** [1932] 33, 39. Fluorescenzmaxima (Dioxan; 600–700 nm): *Stern, Molvig*, Z. physik. Chem. [A] **175** [1936] 38, 42. Scheinbare Dissoziationsexponenten pK'_{a1} und pK'_{a2} (H_2O; spektrophotometrisch ermittelt) bei 20°: 1,8 bzw. 2,2 (*Phillips*, in *A. Albert, G.M. Badger, C.W. Shoppee*, Current Trends in Heterocyclic Chemistry [London 1958] S. 30, 33). Schmelzdiagramm des Systems mit Uroporphyrin-III-octamethylester (s. u.): *Nicholas, Rimington*, Biochem. J. **55** [1953] 109, 111.

Kupfer(II)-Komplex $CuC_{48}H_{52}N_4O_{16}$. Hellrote Kristalle [aus Py.+Eg.] (*Fi.*, Z. physiol. Chem. **95** 57); F: 346–348° (*Mertens*, Z. physiol. Chem. **250** [1937] 57, 74 Anm.), 319° [unkorr.; Zers.] (*Gr. et al.*, l. c. S. 334). λ_{max} (Ae.+Eg.): 527,6 nm und 564,2 nm (*Tr.*, Z. physiol. Chem. **212** 39; s. a. *Gr. et al.*).

Silber(I)-Komplex. F: 306° [unkorr.; Zers.]; λ_{max}: 528,3 nm und 562,6 nm (*Gr. et al.*).

Zink-Komplex $ZnC_{48}H_{52}N_4O_{16}$. Kristalle [aus A.] (*Fischer*, Z. physiol. Chem. **97** [1916] 148, 167); F: 330° [unkorr.; Zers.] (*Gr. et al.*). λ_{max}: 539,1 nm und 574,7 nm (*Gr. et al.*).

Cadmium-Komplex. Kristalle; F: >330° (*Gr. et al.*), 314° [aus $CHCl_3$+Me.] (*Fischer, Hilger*, Z. physiol. Chem. **149** [1925] 65, 68). λ_{max} ($CHCl_3$): 538 nm und 576,8 nm (*Fi., Hi.*).

Eisen(III)-Komplex $Fe(C_{48}H_{52}N_4O_{16})Cl$; Urohämin-I-octamethylester. Kristalle (aus $CHCl_3$+A.+Ae.); Zers. bei 280° [nach Sintern bei 238°] (*Fi.*, Z. physiol. Chem. **95** 58).

---

[1]) Die Einheitlichkeit dieses Präparats ist fraglich (s. diesbezüglich *Fischer, Hofmann*, Z. physiol. Chem. **246** [1937] 15, 16).

IR-Spektrum (Nujol; 2–15 μ): *Falk, Wi.*, l. c. S. 588. λ_{max} (Py.; 550–630 nm): *Fischer*, Z. physiol. Chem. **96** [1915] 148, 182.

Kobalt(II)-Komplex. F: 316° [unkorr.; Zers.]; λ_{max}: 519,2 nm und 554,3 nm (*Gr. et al.*).

Diflavianat (8-Hydroxy-5,7-dinitro-naphthalin-2-sulfonat) $C_{48}H_{54}N_4O_{16} \cdot 2C_{10}H_6N_2O_8S$. Rote Kristalle (aus Me.); F: 176° [korr.] (*Treibs*, A. **476** [1929] 1, 4, 46). λ_{max} der Kristalle sowie von Lösungen in Aceton, auch unter Zusatz von Flaviansäure (530–600 nm): *Tr.*, A. **476** 4, 46.

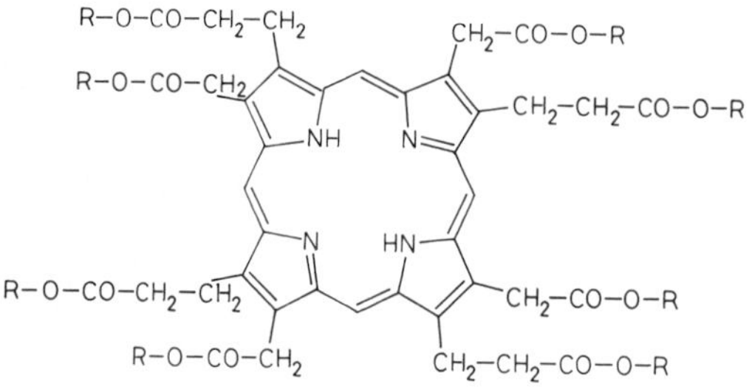

3,3',3'',3'''-[3,8,13,17-Tetrakis-carboxymethyl-porphyrin-2,7,12,18-tetrayl]-tetra-propionsäure, Uroporphyrin-III $C_{40}H_{38}N_4O_{16}$, Formel IX (R = H) und Taut.

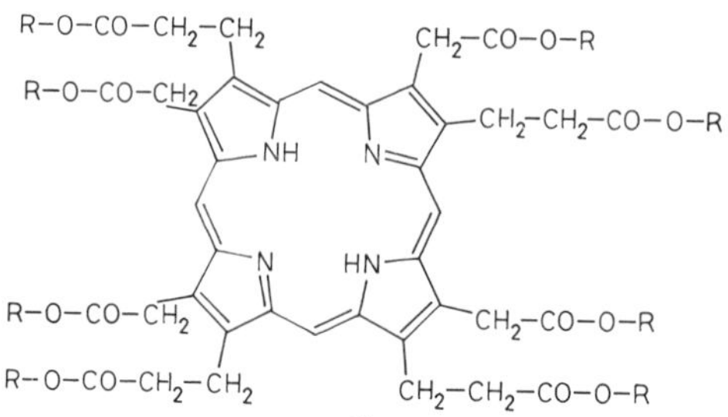

Isolierung als Kupfer(II)-Komplex aus Federn von Turacus-Arten: *Fischer, Hilger*, Z. physiol. Chem. **138** [1924] 49, 53; *Nicholas, Rimington*, Biochem. J. **50** [1951/52] 194, 196; *With*, Nature **179** [1957] 824; Scand. J. clin. Labor. Invest. **9** [1957] 398.

B. Beim Erhitzen von 4-[2-Carboxy-äthyl]-3-carboxymethyl-5-hydroxymethyl-pyrrol-2-carbonsäure (aus 5-Acetoxymethyl-4-[2-äthoxycarbonyl-äthyl]-3-äthoxycarbonylmethyl-pyrrol-2-carbonsäure-äthylester mit Hilfe von wss.-methanol. NaOH hergestellt) oder 5-Aminomethyl-3-[2-carboxy-äthyl]-4-carboxymethyl-pyrrol-2-carbonsäure bzw. dessen Triäthylester mit wss. HCl (*Treibs, Ott*, A. **615** [1958] 137, 161, 164). Aus Porphobilinogen (E III/IV **22** 6871) beim Erhitzen in saurer Lösung (*Cookson, Rimington*, Nature **171** [1953] 875; Biochem. J. **57** [1954] 476, 479; *Bogorad*, J. biol. Chem. **233** [1958] 516, 518).

Kupfer(II)-Komplex $CuC_{40}H_{36}N_4O_{16}$. Diese Konstitution kommt dem von *Fischer, Hilger* (Z. physiol. Chem. **128** [1923] 167, **138** 49) als Kupfer(II)-Komplex des Uroporphyrins-I (S. 3132) formulierten Turacin zu (*Rimington*, Pr. roy. Soc. [B] **127** [1939] 106, 111; *With*). – Dunkelrote Kristalle (*Fi., Hi.*, Z. physiol. Chem. **138** 60). Absorptionsspektrum (360–610 nm) in saurer und alkal. wss. Lösung: *Keilin*, Biochem. J. **49** [1951] 544, 546. λ_{max} (wss. NH_3; 520–570 nm): *Fi., Hi.*, Z. physiol. Chem. **128** 168, **138** 60; λ_{max} in verschiedenen Lösungsmitteln: *Keilin*, Pr. roy. Soc. [B] **100** [1926] 129–134. Elektrolytische Dissoziation in wss. Lösung: *Ke.*, Biochem. J. **49** 546.

3,3',3'',3'''-[3,8,13,17-Tetrakis-methoxycarbonylmethyl-porphyrin-2,7,12,18-tetrayl]-tetra-propionsäure-tetramethylester, Uroporphyrin-III-octamethylester $C_{48}H_{54}N_4O_{16}$, Formel IX (R = CH_3) und Taut.

B. Aus Uroporphyrin-III (s. o.) mit Hilfe von methanol. HCl oder methanol. H_2SO_4 (*Mertens*, Z. physiol. Chem. **250** [1937] 57, 68; *Bogorad*, J. biol. Chem. **233** [1958] 516).

Kristalle; F: 274° [unkorr.] (*Goldberg*, Biochem. J. **57** [1954] 55, 59), 264° [aus Bzl. + PAe.] (*Nicholas, Rimington*, Biochem. J. **50** [1951/52] 194, 196), 258–261° [aus $CHCl_3$ + Me.] (*Bo.*). Netzebenenabstände: *Kennard, Rimington*, Biochem. J. **55** [1953] 105, 107. IR-Spektrum (Nujol; 2–15 μ): *Falk, Willis*, Austral. J. scient. Res. [A] **4** [1951] 579, 588. Absorptionsspektrum ($CHCl_3$; 380–640 nm): *Ni., Ri.*, Biochem. J. **50** 199. Schmelzdiagramm des Systems mit Uroporphyrin-I-octamethylester (s. o.): *Nicholas, Rimington*, Biochem. J. **55** [1953] 109, 111.

Kupfer(II)-Komplex. Rote Kristalle (aus $CHCl_3$ + Eg.); F: 304°; λ_{max}: 533 nm und 568 nm

[Py.] bzw. 528 nm und 565,3 nm [$CHCl_3$] (*Me.*, l. c. S. 70).

Silber(I)-Komplex. Kristalle (aus $CHCl_3$+Me.); F: 260°; λ_{max}: 530 nm und 565,0 nm [Py.] bzw. 530 nm und 565,5 nm [$CHCl_3$] (*Me.*).

Zink-Komplex. Kristalle (aus $CHCl_3$+Me.); F: 318°; λ_{max}: 547 nm und 582 nm [Py.] bzw. 536 nm und 571,5 nm [$CHCl_3$] (*Me.*).

Cadmium-Komplex. Kristalle (aus $CHCl_3$+Me.); F: 295–298°; λ_{max}: 547 nm und 582,5 nm [Py.] bzw. 534,5 nm und 571,5 nm [$CHCl_3$] (*Me.*).

Mangan(II)-Komplex. Kristalle [aus E.] (*Me.*). λ_{max} ($CHCl_3$ sowie Py.; 555–595 nm): *Me.*

Eisen(II)-Komplex. λ_{max} (Py.+$N_2H_4 \cdot H_2O$): 520 nm und 550 nm (*Me.*).

Nickel(II)-Komplex. Kristalle (aus $CHCl_3$+Me.); F: 280°; λ_{max}: 553,5 nm [Py.] bzw. 520 nm und 555,5 nm [$CHCl_3$] (*Me.*).

3,3′,3′′,3′′′-[3,8,12,17-Tetrakis-methoxycarbonylmethyl-porphyrin-2,7,13,18-tetrayl]-tetrapropionsäure-tetramethylester, Uroporphyrin-IV-octamethylester $C_{48}H_{54}N_4O_{16}$, Formel X und Taut.

B. Aus Uroporphyrin-IV (aus Bis-[5-brom-3-(2-carboxy-äthyl)-4-carboxymethyl-pyrrol-2-yl]-methinium-bromid [E III/IV **25** 1178] und Bis-[4-(2-carboxy-äthyl)-3-carboxymethyl-5-methyl-pyrrol-2-yl]-methinium-bromid [E III/IV **25** 1180] hergestellt) und methanol. HCl (*MacDonald, Michl,* Canad. J. Chem. **34** [1956] 1768, 1779).

Amorpher Feststoff (aus Acn.); F: 255,5–259,5° [nach Kristallisation bei 245°].

$H_3C-O-CO-CH_2$ $CH_2-CH_2-CO-O-CH_3$
$H_3C-O-CO-CH_2-CH_2$ $CH_2-CO-O-CH_3$
NH N
N HN
$H_3C-O-CO-CH_2-CH_2$ $CH_2-CO-O-CH_3$
$H_3C-O-CO-CH_2$ $CH_2-CH_2-CO-O-CH_3$

X

3,3′,3′′,3′′′-[3,7,13,17-Tetrakis-methoxycarbonylmethyl-porphyrin-2,8,12,18-tetrayl]-tetrapropionsäure-tetramethylester, Uroporphyrin-II-octamethylester $C_{48}H_{54}N_4O_{16}$, Formel XI (R = CH_3) und Taut.

B. Aus Uroporphyrin-II (aus Bis-[4-(2-carboxy-äthyl)-3-carboxymethyl-pyrrol-2-yl]-methan und Ameisensäure mit Hilfe von HBr und Essigsäure bzw. aus Bis-[5-brom-3-(2-carboxy-äthyl)-4-carboxymethyl-pyrrol-2-yl]-methinium-bromid [E III/IV **25** 1178] und Bis-[3-(2-carboxy-äthyl)-4-carboxymethyl-5-methyl-pyrrol-2-yl]-methinium-bromid [E III/IV **25** 1180] hergestellt) und methanol. HCl (*Arsenault et al.*, Am. Soc. **82** [1960] 4384, 4388; *MacDonald,* Am. Soc. **79** [1957] 2659; *MacDonald, Michl,* Canad. J. Chem. **34** [1956] 1768, 1777). Aus Bis-[4-(2-methoxycarbonyl-äthyl)-3-methoxycarbonylmethyl-pyrrol-2-yl]-methan und Bis-[5-formyl-4-(2-methoxycarbonyl-äthyl)-3-methoxycarbonylmethyl-pyrrol-2-yl]-methan beim aufeinanderfolgenden Behandeln mit HI enthaltender Essigsäure, mit Luft nach Zusatz von Natriumacetat und mit methanol. HCl (*Ar. et al.*; s. a. *MacD.*).

Rote Kristalle (aus Acn.+$CHCl_3$); F: 312–315,5° (*MacD., Mi.*).

3,3′,3′′,3′′′-[3,7,13,17-Tetrakis-äthoxycarbonylmethyl-porphyrin-2,8,12,18-tetrayl]-tetrapropionsäure-tetraäthylester, Uroporphyrin-II-octaäthylester $C_{56}H_{70}N_4O_{16}$, Formel XI (R = C_2H_5) und Taut.

B. Aus Uroporphyrin-II (aus dem Octamethylester [s. o.] mit Hilfe von wss. HCl hergestellt) und äthanol. HCl (*MacDonald, Michl,* Canad. J. Chem. **34** [1956] 1768, 1778).

Kristalle (aus $CHCl_3$ + Me.); F: 252 – 255° [nach Sintern bei 247°].

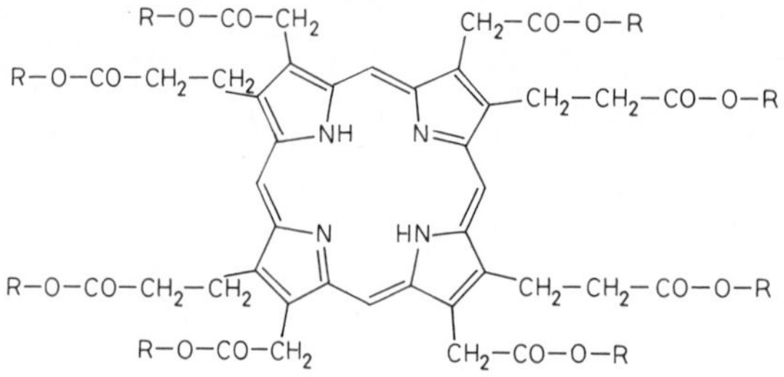

Octacarbonsäuren $C_{44}H_{46}N_4O_{16}$

[3,7,13,17-Tetraäthyl-porphyrin-2,8,12,18-tetrayltetramethyl]-tetra-malonsäure-octamethylester $C_{52}H_{62}N_4O_{16}$, Formel XII und Taut.

B. Aus der Octacarbonsäure (aus dem Hexanatrium-Salz der 3,3′-Diäthyl-4,4′-bis-[2,2-dicarb=oxy-äthyl]-5,5′-methandiyl-bis-pyrrol-2-carbonsäure mit Hilfe von Ameisensäure hergestellt) und methanol. HCl (*Fischer, Riedl,* Z. physiol. Chem. **207** [1932] 193, 197).

Kristalle (aus $CHCl_3$ + Me.); F: 229°. λ_{max} ($CHCl_3$ + Ae.; 435 – 630 nm): *Fi., Ri.*

Kupfer(II)-Komplex $CuC_{52}H_{60}N_4O_{16}$. Rote Kristalle (aus $CHCl_3$ + Me.); F: 248° [un=korr.]. λ_{max}: 529,2 nm und 565,4 nm [$CHCl_3$] bzw. 526,5 nm und 563,9 nm [Ae.].

Zink-Komplex $ZnC_{52}H_{60}N_4O_{16}$. Rotviolette Kristalle (aus $CHCl_3$ + Me.); F: 264 – 265° [unkorr.]. λ_{max}: 536,9 nm und 573,8 nm [$CHCl_3$] bzw. 538,6 nm und 575,9 nm [Ae.].

Eisen(III)-Komplex $Fe(C_{52}H_{60}N_4O_{16})Cl$. Dunkelbraune Kristalle (aus $CHCl_3$ + Me.); F: 174° [unkorr.]. λ_{max} (Ae. + $N_2H_4 \cdot H_2O$; 435 – 555 nm): *Fi., Ri.* [*Richter*]

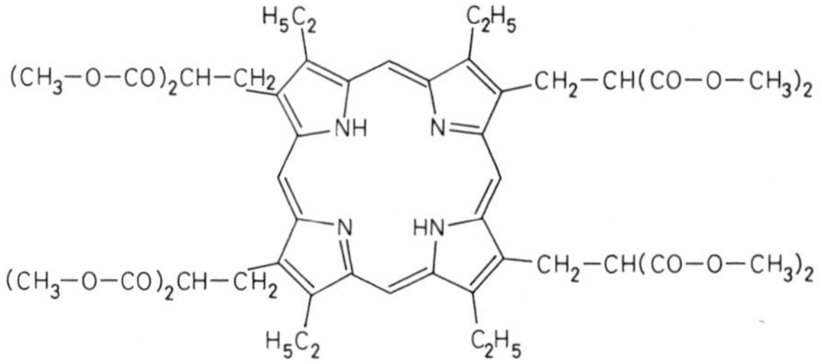

J. Hydroxycarbonsäuren

1. Hydroxycarbonsäuren mit 3 Sauerstoff-Atomen

Hydroxycarbonsäuren $C_nH_{2n-8}N_4O_3$

6-Acetoxy-2-chlor-7,8-dihydro-pteridin-4-carbonsäure-äthylester $C_{11}H_{11}ClN_4O_4$, Formel I.

B. Aus 2-Chlor-6-oxo-5,6,7,8-tetrahydro-pteridin-4-carbonsäure-äthylester (*Clark, Layton,* Soc. **1959** 3411, 3413).

Kristalle (aus wss. A.); F: 153 – 154°.

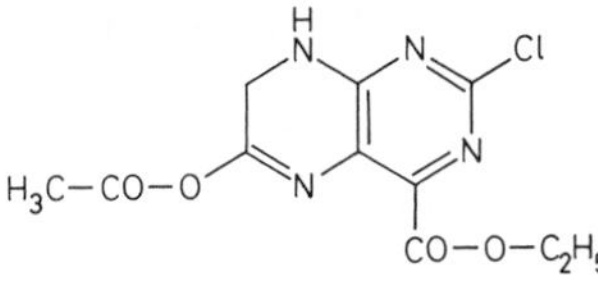

I

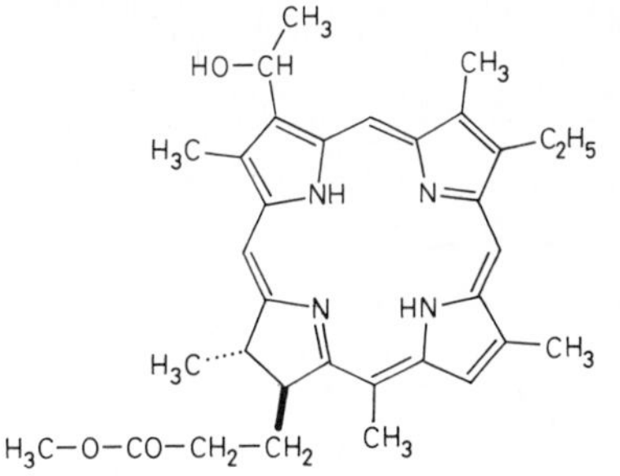

II

Hydroxycarbonsäuren $C_nH_{2n-26}N_4O_3$

3-[(2*S*)-13-Äthyl-8-((*Ξ*)-1-hydroxy-äthyl)-3*t*,7,12,17,20-pentamethyl-2,3-dihydro-porphyrin-2*r*-yl]-propionsäure-methylester, (3¹*Ξ*)-3¹-Hydroxy-phyllochlorin-methylester $C_{33}H_{40}N_4O_3$, Formel II und Taut. (in der Literatur als 2,α-Oxy-mesophyllochlorin-methylester bezeichnet).

B. Aus 3¹,3²-Didehydro-phyllochlorin-methylester (S. 2963) beim Behandeln mit HBr in Essigsäure, mit wss. HCl und anschliessenden Verestern (*Fischer, Baláž,* A. **553** [1942] 166, 180).

Blau glänzende Kristalle (aus PAe.); F: 131°. $[\alpha]^{20}_{690-720}$: −657° [Acn.; c = 0,06]. λ_{max} (Ae.; 435−665 nm): *Fi., Ba.*

Über ein *O*-Methyl-Derivat (F: 130−140°; nicht rein erhalten) s. *Fi., Ba.,* l. c. S. 181.

3-[(2*S*)-8,13-Diäthyl-18-methoxymethyl-3*t*,7,12,17,20-pentamethyl-2,3-dihydro-porphyrin-2*r*-yl]-propionsäure-methylester, 13-Methoxymethyl-phyllochlorin-methylester $C_{35}H_{44}N_4O_3$, Formel III und Taut. (in der Literatur als Mesophyllochlorin-6-methyläther-methylester bezeichnet).

B. Aus dem Kupfer(II)-Komplex des Mesophyllochlorins (S. 2943) beim Behandeln mit Chlormethyl-methyl-äther und $SnBr_4$, Behandeln des Reaktionsprodukts mit HBr in Essigsäure und wss. HCl und anschliessenden Verestern mit Diazomethan (*Fischer, Gerner,* A. **553** [1942] 146, 161).

Kristalle; F: 168°. $[\alpha]^{20}_{\text{rotes Licht}}$: −945° [Acn.; c = 0,03]. λ_{max} (Py.+Ae.; 435−670 nm): *Fi., Ge.*

Überführung in einen Kupfer(II)-Komplex $CuC_{34}H_{40}N_4O_3$ (F: 137°; $[\alpha]^{20}_{\text{weisses Licht}}$: −475° [Acn.; c = 0,015]; λ_{max} [Py.+Ae.; 435−650 nm]): *Fi., Ge.*

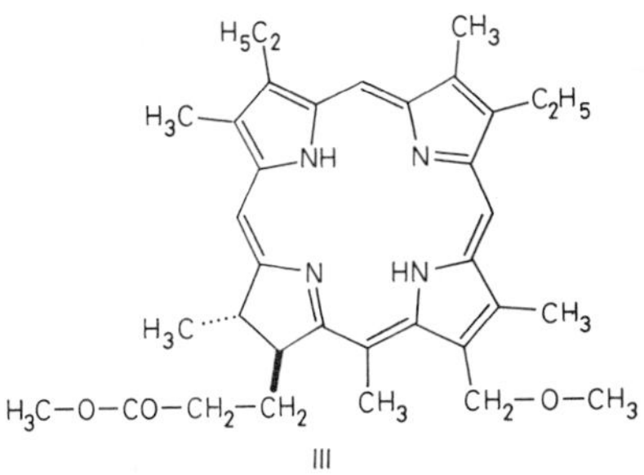

III

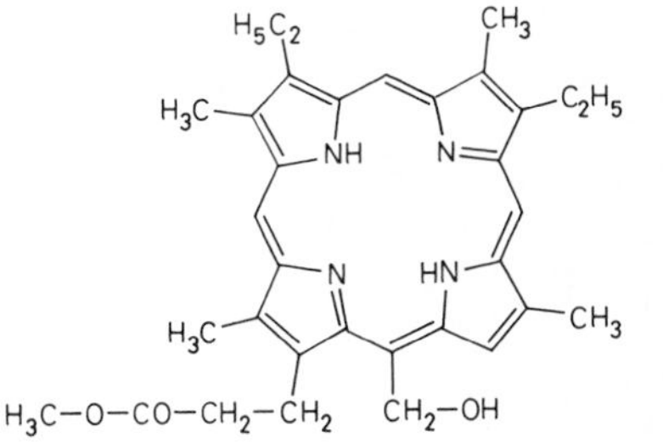

IV

Hydroxycarbonsäuren $C_nH_{2n-28}N_4O_3$

3-[8,13-Diäthyl-20-hydroxymethyl-3,7,12,17-tetramethyl-porphyrin-2-yl]-propionsäure-methylester, 15¹-Hydroxy-phylloporphyrin-methylester $C_{33}H_{38}N_4O_3$, Formel IV und Taut. (in der Literatur als γ-Oxymethyl-pyrroporphyrin-methylester bezeichnet).

B. Aus dem Zink-Komplex des 15¹-Oxo-phylloporphyrin-methylesters (S. 3178) beim Hydrie=

ren an Platin in Dioxan und anschliessenden Behandeln mit wss. HCl (*Fischer, Stier,* A. **542** [1939] 224, 227, 234).

Kristalle (aus Acn. + Me.); F: 236°. λ_{max} (Py. + Ae.; 440 – 635 nm): *Fi., St.*

(±)-3-[13-Äthyl-8-(1-hydroxy-äthyl)-3,7,12,17,20-pentamethyl-porphyrin-2-yl]-propionsäure-methylester, (±)-3¹-Hydroxy-phylloporphyrin-methylester $C_{33}H_{38}N_4O_3$, Formel V und Taut. (in der Literatur als 2-Desäthyl-2-(α-oxy-äthyl)-phylloporphyrin-methylester bezeichnet).

B. Aus 3¹-Oxo-phylloporphyrin-methylester (S. 3179) beim Erhitzen mit äthanol. KOH und anschliessenden Behandeln mit Diazomethan in Äther (*Fischer, MacDonald,* A. **540** [1939] 211, 221). Aus 3¹,3²-Didehydro-phylloporphyrin-methylester („Vinylphylloporphyrin-methylester"; S. 2971) beim aufeinanderfolgenden Behandeln mit HBr in Essigsäure und mit wss. Natriumacetat (*Fi., MacD.*).

Kristalle (aus Acn. + Me.); F: 209 – 210°. λ_{max} (Py. + Ae.; 435 – 635 nm): *Fi., MacD.*

V

VI

3-[8,13-Diäthyl-18-methoxymethyl-3,7,12,17-tetramethyl-porphyrin-2-yl]-propionsäure-methylester, 13-Methoxymethyl-pyrroporphyrin-methylester $C_{34}H_{40}N_4O_3$, Formel VI (R = H, R′ = CH_3) und Taut.

B. Aus Pyrrohämin (S. 2952) bei aufeinanderfolgender Umsetzung mit Chlormethyl-methyläther und $SnCl_4$, mit HBr in Essigsäure und mit Methanol (*Fischer, Riedl,* A. **486** [1931] 178, 183).

Kristalle (aus Py. + Me.); F: 232° (*Fi., Ri.*). λ_{max} ($CHCl_3$; 440 – 625 nm): *Fi., Ri.*

Beim Behandeln mit HBr in Essigsäure und mit wss. HCl ist 3-[8,13-Diäthyl-18-hydroxymethyl-3,7,12,17-tetramethyl-porphyrin-2-yl]-propionsäure, 13-Hydroxymethyl-pyrroporphyrin („freies Oxymethylpyrroporphyrin") $C_{32}H_{36}N_4O_3$ (?; hygroskopische Kristalle [aus Ae. oder Py. + Ae.], die unterhalb 290° nicht schmelzen) erhalten worden (*Fi., Ri.*, l. c. S. 185; vgl. *H. Fischer, H. Orth,* Die Chemie des Pyrrols, Bd. 2, Tl. 1 [Leipzig 1937] S. 277, 278). Überführung in 3-[18-Acetoxymethyl-8,13-diäthyl-3,7,12,17-tetramethyl-porphyrin-2-yl]-propionsäure-methylester(?), 13-Acetoxymethyl-pyrroporphyrin-methylester(?) $C_{35}H_{40}N_4O_4$ (Kupfer(II)-Komplex $CuC_{35}H_{38}N_4O_4$: Kristalle [aus Eg.]; F: 192°; λ_{max} [$CHCl_3$; 425 – 565 nm]): *Fi., Ri.*, l. c. S. 185.

Eisen(III)-Komplex $Fe(C_{34}H_{38}N_4O_3)Cl$. Kristalle (aus $CHCl_3$ + Eg.); F: 242° [bei schnellem Erhitzen] (*Fi., Ri.*). λ_{max} (Py. + $N_2H_4 \cdot H_2O$; 440 – 550 nm): *Fi., Ri.*

(±)-3-[8,13-Diäthyl-20-(1-hydroxy-äthyl)-3,7,12,17-tetramethyl-porphyrin-2-yl]-propionsäure-methylester, (±)-15¹-Hydroxy-15¹-methyl-phylloporphyrin-methylester, (±)-15-[1-Hydroxy-äthyl]-pyrroporphyrin-methylester $C_{34}H_{40}N_4O_3$, Formel VII und Taut. (in der Literatur als γ-(α-Oxy-äthyl)-pyrroporphyrin-methylester bezeichnet).

B. Aus 15¹-Oxo-phylloporphyrin (vgl. S. 3178) beim aufeinanderfolgenden Behandeln mit Methylmagnesiumjodid, mit wss. HCl und mit Diazomethan (*Fischer, Mittermair,* A. **548** [1941] 147, 173).

Kristalle (aus $CHCl_3$ + Me. oder Acn. + Me.); F: 227°.

(±)-3-[8,13-Diäthyl-18-(1-hydroxy-äthyl)-3,7,12,17-tetramethyl-porphyrin-2-yl]-propionsäure-methylester, (±)-13-[1-Hydroxy-äthyl]-pyrroporphyrin-methylester $C_{34}H_{40}N_4O_3$, Formel VI ($R = CH_3$, $R' = H$) und Taut. (in der Literatur als 6-(α-Oxy-äthyl)-pyrroporphyrin-XV-methylester bezeichnet).

Zusammenfassende Darstellung: *H. Fischer, H. Orth,* Die Chemie des Pyrrols, Bd. 2, Tl. 1 [Leipzig 1937] S. 279.

B. Aus 13-Formyl-pyrroporphyrin-methylester (S. 3180) und Methylmagnesiumjodid (*Fischer, Beer,* Z. physiol. Chem. **244** [1936] 31, 41). Über die Bildung aus 13-Acetyl-pyrroporphyrin (S. 3182) s. *Fischer et al.,* A. **475** [1929] 241, 261.

Kristalle (aus Ae. oder Acn. + Me.); F: 285° (*Fi., Beer*). λ_{max} (Py. + Ae.; 440 – 625 nm): *Fi., Beer.*

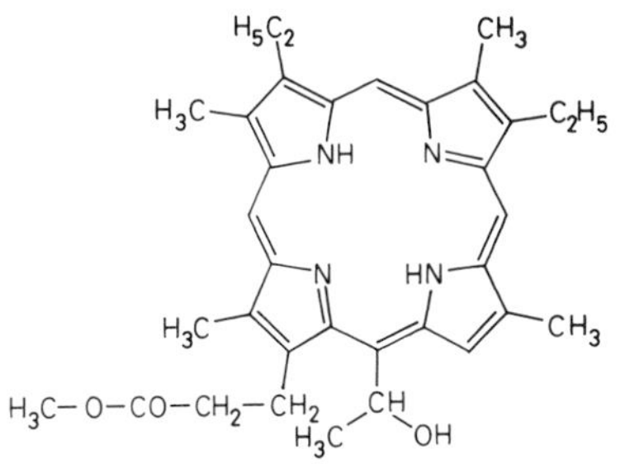

VII

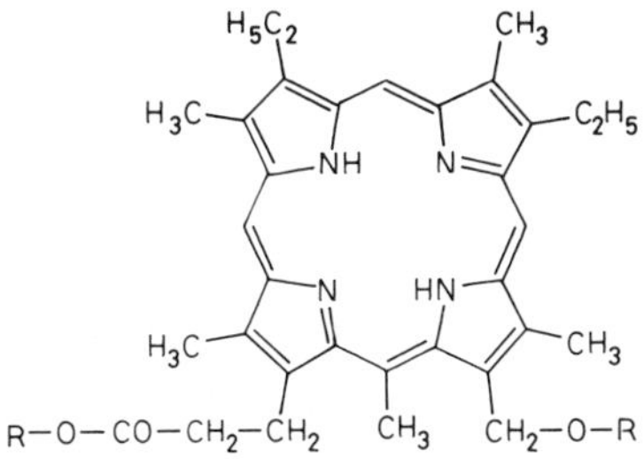

VIII

3-[8,13-Diäthyl-18-hydroxymethyl-3,7,12,17,20-pentamethyl-porphyrin-2-yl]-propionsäure, 13-Hydroxymethyl-phylloporphyrin $C_{33}H_{38}N_4O_3$, Formel VIII (R = H) und Taut.

Zusammenfassende Darstellung: *H. Fischer, H. Orth,* Die Chemie des Pyrrols, Bd. 2, Tl. 1 [Leipzig 1937] S. 281.

B. Aus Phyllohämin (S. 2960) beim aufeinanderfolgenden Behandeln mit Chlormethyl-methyläther, mit Essigsäure, mit HBr in Essigsäure und mit wss. HCl (*Fischer et al.,* A. **508** [1934] 154, 157).

Kristalle (*Fi. et al.*). λ_{max} (Py. + Ae.; 445 – 640 nm): *Fi. et al.*

3-[8,13-Diäthyl-18-methoxymethyl-3,7,12,17,20-pentamethyl-porphyrin-2-yl]-propionsäure-methylester, 13-Methoxymethyl-phylloporphyrin-methylester $C_{35}H_{42}N_4O_3$, Formel VIII ($R = CH_3$) und Taut.

B. Aus dem Eisen(III)-Komplex (Rohprodukt) der vorangehenden Verbindung bei der Umsetzung mit HBr in Essigsäure, mit Methanol und mit methanol. KOH (*Fischer et al.,* A. **508** [1934] 154, 158).

Kristalle (aus Acn.); F: 241° [korr.].

Überführung in 3-[18-Acetoxymethyl-8,13-diäthyl-3,7,12,17,20-pentamethyl-porphyrin-2-yl]-propionsäure-methylester, 13-Acetoxymethyl-phylloporphyrin-methylester $C_{36}H_{42}N_4O_4$ (Kupfer(II)-Komplex $CuC_{36}H_{40}N_4O_4$: rote Kristalle [aus Eg.]; F: 205 – 206°): *Fi. et al.*

3-[(2*S*)-13-Äthyl-20-((*Ξ*)-1-hydroxy-propyl)-3*t*,7,12,17-tetramethyl-8-vinyl-2,3-dihydro-porphyrin-2*r*-yl]-propionsäure-methylester, (15¹*Ξ*)-15¹-Äthyl-15¹-hydroxy-3¹,3²-didehydro-phyllochlorin-methylester, 15-[(*Ξ*)-1-Hydroxy-propyl]-3¹,3²-didehydro-pyrrochlorin-methylester $C_{35}H_{42}N_4O_3$, Formel IX und Taut. (in der Literatur als γ-(γ'-Propanol)-pyrrochlorin-methylester bezeichnet).

B. Aus Purpurin-3 (15¹-Oxo-3¹,3²-didehydro-phyllochlorin; Methylester, s. S. 3179) beim Behandeln mit Äthylmagnesiumbromid und anschliessend mit Diazomethan (*Fischer, Gerner,* A. **553** [1942] 67, 81).

Kristalle; F: 211°. Über das optische Drehungsvermögen in Aceton s. *Fi., Ge.* λ_{max} (Py.+Ae.; 435–680 nm): *Fi., Ge.*

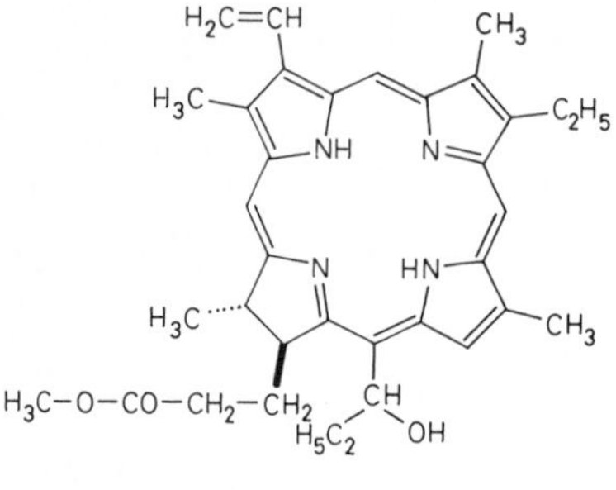

IX

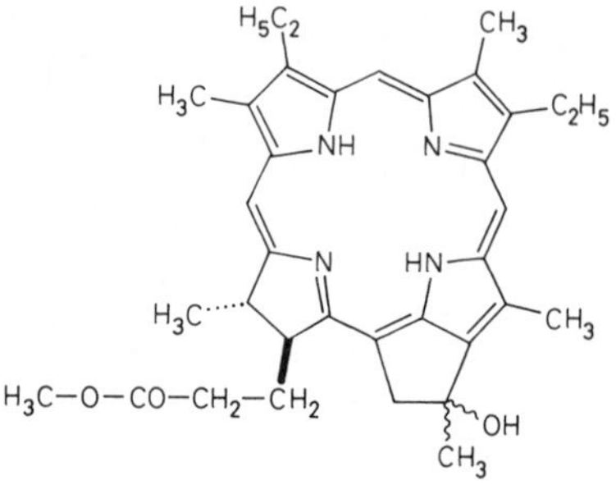

X

3-[(2¹Ξ,18S)-7,12-Diäthyl-2¹-hydroxy-2¹,3,8,13,17t-pentamethyl-2¹,2²,17,18-tetrahydro-cyclopenta[*at*]porphyrin-18r-yl]-propionsäure-methylester, (13Ξ)-13¹-Hydroxy-13¹-methyl-13¹-desoxo-phytochlorin-methylester $C_{35}H_{42}N_4O_3$, Formel X und Taut. (in der Literatur als „Acetylmesophyllochlorin-methylester" bezeichnet).

B. Aus dem Kupfer(II)-Komplex des Phyllochlorin-methylesters (S. 2943) beim Behandeln mit Acetanhydrid und $SnCl_2$, mit HCl in Essigsäure und anschliessenden Verestern (*Fischer et al.*, A. **557** [1947] 134, 159; vgl. *Fischer, Baláž*, A. **555** [1944] 81, 92).

Kristalle (aus Ae.+Me.); F: 148° (*Fi. et al.*). $[\alpha]_{\text{gelbes Licht}}$: +6500° [Acn.; c = 0,002] (*Fi. et al.*, l. c. S. 162). λ_{max} (Py.+Ae.; 430–670 nm): *Fi., Ba.*

Kupfer(II)-Komplex $CuC_{35}H_{40}N_4O_3$. Kristalle (aus Eg.+H_2O); F: 127° (*Fi. et al.*). λ_{max} (Py.+Ae.; 430–650 nm): *Fi. et al.*

Monobrom-Derivat $C_{35}H_{41}BrN_4O_3$(?). Blaue Kristalle (aus Ae.+Me.); F: 141° (*Fi. et al.*, l. c. S. 160). $[\alpha]_{\text{rotes Licht}}$: −1400°; $[\alpha]_{\text{gelbes Licht}}$: +2000° [jeweils in Acn.; c = 0,01] (*Fi. et al.*, l. c. S. 162). λ_{max} (Py.+Ae.; 430–685 nm): *Fi. et al.*, l. c. S. 160, 162.

Hydroxycarbonsäuren $C_nH_{2n-30}N_4O_3$

(±)-3-[7,12-Diäthyl-2¹-hydroxy-3,8,13,17-tetramethyl-2¹,2²-dihydro-cyclopenta[*at*]porphyrin-18-yl]-propionsäure-methylester, (±)-13¹-Hydroxy-13¹-desoxo-phytoporphyrin-methylester $C_{34}H_{38}N_4O_3$, Formel XI (R = H) und Taut. (in der Literatur als 9-Oxy-desoxophyllerythrin-methylester bezeichnet).

Zusammenfassende Darstellung: *H. Fischer, H. Orth*, Die Chemie des Pyrrols, Bd. 2, Tl. 1 [Leipzig 1940] S. 201.

B. Aus 13-Formyl-phylloporphyrin-methylester (S. 3183) beim Erhitzen mit Na_2CO_3 in Pyridin und anschliessenden Verestern (*Fischer et al.*, A. **523** [1936] 164, 186). Aus Phytoporphyrin-methylester (S. 3189) mit Hilfe von $NaBH_4$ (*Holt*, Plant Physiol. **34** [1959] 310, 313).

Kristalle (aus Acn.); F: 276° (*Fi. et al.*).

Kupfer(II)-Komplex $CuC_{34}H_{36}N_4O_3$. Kristalle (aus Eg.); F: 228° (*Fi. et al.*). λ_{max} (Py.; 425–575 nm): *Fi. et al.*

O-Acetyl-Derivat $C_{36}H_{40}N_4O_4$; (±)-3-[2¹-Acetoxy-7,12-diäthyl-3,8,13,17-tetramethyl-2¹,2²-dihydro-cyclopenta[*at*]porphyrin-18-yl]-propionsäure-methylester, (±)-13¹-Acetoxy-13¹-desoxo-phytoporphyrin-methylester. Kristalle (aus Acn.); F: 234° (*Fi. et al.*, l. c. S. 189). λ_{max} (Py.+Ae.; 435–625 nm): *Fi. et al.*

O-Benzoyl-Derivat $C_{41}H_{42}N_4O_4$; (±)-3-[7,12-Diäthyl-2¹-benzoyloxy-3,8,13,17-tetramethyl-2¹,2²-dihydro-cyclopenta[*at*]porphyrin-18-yl]-propionsäure-methylester, (±)-13¹-Benzoyloxy-13¹-desoxo-phytoporphyrin-methylester. Kristalle (aus Py.+Me.); F: 253° (*Fi. et al.*, l. c. S. 187). λ_{max} (Py.+Ae.; 430–625 nm): *Fi. et al.*

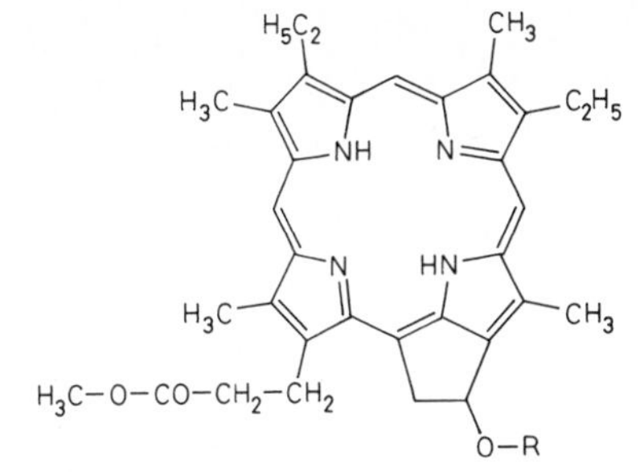

XI 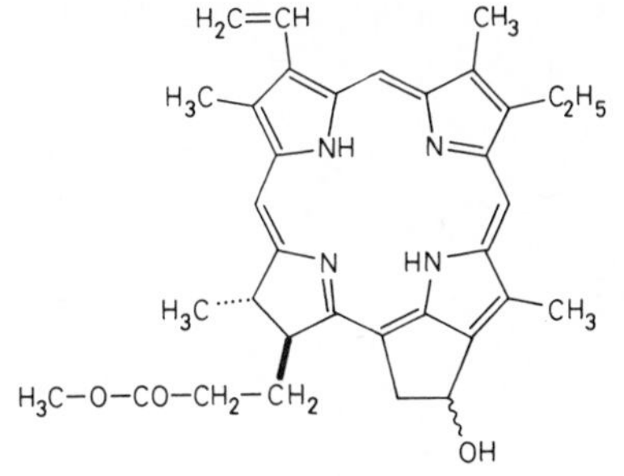 XII

(±)-3-[7,12-Diäthyl-2[1]-methoxy-3,8,13,17-tetramethyl-2[1],2[2]-dihydro-cyclopenta[*at*]porphyrin-18-yl]-propionsäure-methylester, (±)-13[1]-Methoxy-13[1]-desoxo-phytoporphyrin-methylester $C_{35}H_{40}N_4O_3$, Formel XI (R = CH_3) und Taut. (in der Literatur als 9-Methoxy-desoxophyll=erythrin-methylester bezeichnet).

B. Aus 13-Formyl-phylloporphyrin-methylester (S. 3183) beim Behandeln mit Methanol und wenig konz. HCl und anschliessenden Verestern mit Diazomethan (*Fischer et al.*, A. **523** [1936] 164, 185).

Kristalle (aus Acn.); F: 222–223°. λ_{max} (Py. + Ae. [430–630 nm] sowie wss. HCl (25%ig) [435–605 nm]): *Fi. et al.*

(±)-3-[7,12-Diäthyl-2[1]-benzyloxy-3,8,13,17-tetramethyl-2[1],2[2]-dihydro-cyclopenta[*at*]porphyrin-18-yl]-propionsäure-methylester, (±)-13[1]-Benzyloxy-13[1]-desoxo-phytoporphyrin-methylester $C_{41}H_{44}N_4O_3$, Formel XI (R = CH_2-C_6H_4) und Taut. (in der Literatur als 9-Benzyloxy-desoxophyllerythrin-methylester bezeichnet).

B. Aus der vorangehenden Verbindung und Benzylalkohol mit Hilfe von Jod (*Fischer et al.*, A. **523** [1936] 164, 172, 189).

Kristalle (aus Py. + Me.); F: 228°. λ_{max} (Py. + Ae.; 425–630 nm): *Fi. et al.*

3-[(2[1]Ξ,18*S*)-7-Äthyl-2[1]-hydroxy-3,8,13,17*t*-tetramethyl-12-vinyl-2[1],2[2],17,18-tetrahydro-cyclopenta[*at*]porphyrin-18*r*-yl]-propionsäure-methylester, (13[1]Ξ)-13[1]-Hydroxy-3[1],3[2]-didehydro-13[1]-desoxo-phytochlorin-methylester $C_{34}H_{38}N_4O_3$, Formel XII und Taut. (in der Literatur als 9-Oxy-desoxomethylpyrophäophorbid-a bezeichnet).

B. Aus 3[1],3[2]-Didehydro-phytochlorin-methylester (Methylpyrophäophorbid-a; S. 3191) mit Hilfe von Aluminiumisopropylat in Isopropylalkohol (*Fischer et al.*, A. **545** [1940] 154, 167).

Kristalle (aus Ae.); F: 245°. λ_{max} (Py. + Ae.; 445–670 nm): *Fi. et al.*

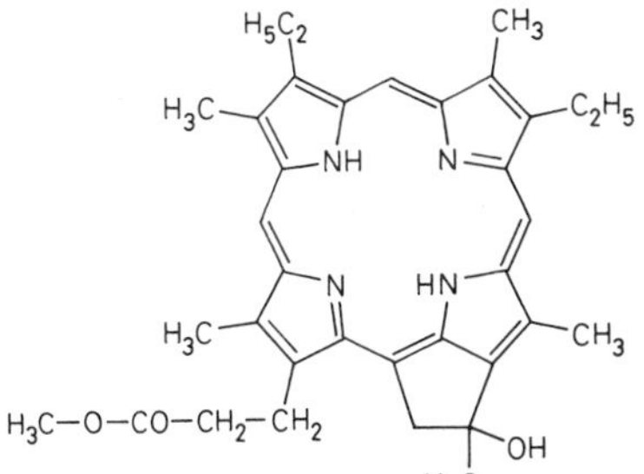

XIII 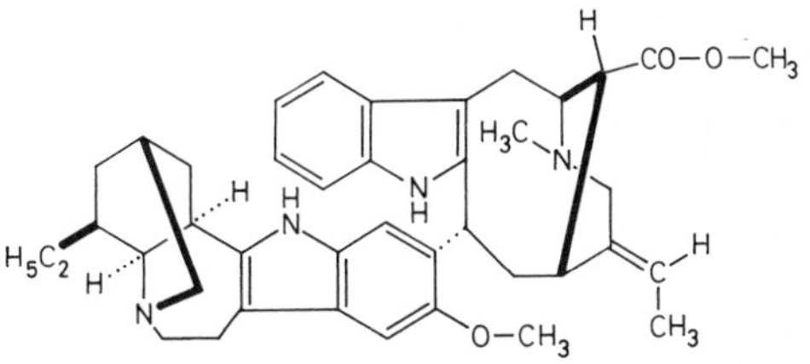 XIV

(±)-3-[7,12-Diäthyl-2[1]-hydroxy-2[1],3,8,13,17-pentamethyl-2[1],2[2]-dihydro-cyclopenta[*at*]porphyrin-18-yl]-propionsäure-methylester, (±)-13[1]-Hydroxy-13[1]-methyl-13[1]-desoxo-phytoporphyrin-methylester $C_{35}H_{40}N_4O_3$, Formel XIII und Taut. (in der Literatur als 9-Oxy-9-methyl-desoxophyllerythrin-methylester bezeichnet).

B. Aus 13-Acetyl-phylloporphyrin-methylester (S. 3185) beim Erhitzen mit Na_2CO_3 in Pyridin

und anschliessenden Verestern (*Fischer et al.*, A. **557** [1947] 134, 161).
Kristalle (aus Acn.); F: 224°. λ_{max} (Py. + Ae.; 430 – 630 nm): *Fi. et al.*

Hydroxycarbonsäuren $C_nH_{2n-32}N_4O_3$

(3*R*,16*R*)-3-[12-Methoxy-ibogamin-13-yl]-vobasan-17-säure-methylester, Desmethoxycarbonyl-epivoacamin $C_{41}H_{50}N_4O_3$, Formel XIV.

Diese Konstitution und Konfiguration kommt der von *Percheron* (A. ch. [13] **4** [1959] 303, 345) als Decarbomethoxyvoacamin bezeichneten Verbindung zu (*Büchi et al.*, Am. Soc. **86** [1964] 4631, 4633, 4636).

B. Aus Voacamin (S. 3153) beim Erwärmen mit methanol. KOH und Erwärmen des Dikalium-Salzes mit methanol. HCl (*Pe.*).

Kristalle (aus CH_2Cl_2 + Me.); F: ca. 230° [Zers.] (*Bü. et al.*, l. c. S. 4637), 215 – 220° [korr.; evakuierte Kapillare] (*Pe.*). $[\alpha]_D$: –46° [$CHCl_3$; c = 6,8] (*Bü. et al.*), –39° [$CHCl_3$; c = 1] (*Pe.*, l. c. S. 347). λ_{max} (A.): 227 nm, 287 nm und 294 nm (*Bü. et al.*). IR-Spektrum (Nujol; 2 – 9 μ bzw. $CHCl_3$): *Pe.*, l. c. S. 358; *Bü. et al.*

Hydroxycarbonsäuren $C_nH_{2n-36}N_4O_3$

(±)-3-[8,13-Diäthyl-18-(α-hydroxy-benzyl)-3,7,12,17-tetramethyl-porphyrin-2-yl]-propionsäure, (±)-13-[α-Hydroxy-benzyl]-pyrroporphyrin $C_{38}H_{40}N_4O_3$, Formel XV und Taut.

B. Aus 13-Benzoyl-pyrroporphyrin-methylester (S. 3195) beim Erwärmen mit äthanol. KOH (*Fischer, Hansen*, A. **521** [1936] 128, 154). Aus 13-Formyl-pyrroporphyrin-methylester (S. 3180) und Phenylmagnesiumjodid (*Fischer, Beer*, Z. physiol. Chem. **244** [1936] 31, 43).

Rote Kristalle (aus Ae.), die unterhalb 300° nicht schmelzen (*Fi., Ha.*).

Methylester $C_{39}H_{42}N_4O_3$. Bläulichrote Kristalle (aus Acn.); F: 206° [korr.] (*Fi., Ha.*). λ_{max} (Py. + Ae. [430 – 630 nm] sowie wss. HCl (10%ig) [430 – 600 nm]): *Fi., Ha.*; s. a. *Fi., Beer.*

XV XVI

Hydroxycarbonsäuren $C_nH_{2n-38}N_4O_3$

(±)-3-[7,12-Diäthyl-2[1]-hydroxy-3,8,13,17-tetramethyl-2[1]-phenyl-2[1],2[2]-dihydro-cyclopenta[*at*]porphyrin-18-yl]-propionsäure-methylester, (±)-13[1]-Hydroxy-13[1]-phenyl-13[1]-desoxo-phytoporphyrin-methylester $C_{40}H_{42}N_4O_3$, Formel XVI und Taut. (in der Literatur als 9-Oxy-9-phenyl-desoxophyllerythrin-methylester bezeichnet).

B. Aus 13-Benzoyl-phylloporphyrin-methylester (S. 3196) beim Erwärmen mit methanol. KOH und anschliessenden Verestern mit Diazomethan (*Fischer et al.*, A. **523** [1936] 164, 192).

Kristalle (aus Py. + Me.); F: 278°. λ_{max} (Py. + Ae.; 450 – 625 nm): *Fi. et al.*

2. Hydroxycarbonsäuren mit 4 Sauerstoff-Atomen

Hydroxycarbonsäuren $C_nH_{2n-12}N_4O_4$

(4Ξ,6*S*)-4-[3-Hydroxy-5-hydroxymethyl-2-methyl-[4]pyridyl]-4,5,6,7-tetrahydro-1*H*-imidazo≈[4,5-*c*]pyridin-6-carbonsäure $C_{14}H_{16}N_4O_4$, Formel I und Taut.

B. Aus L-Histidin und Pyridoxal (E III/IV **21** 6417) beim Behandeln mit wss. KOH und mit wss. HCl (*Heyl et al.*, Am. Soc. **70** [1948] 3429, 3431).

Kristalle; F: 207–208° [Zers.].

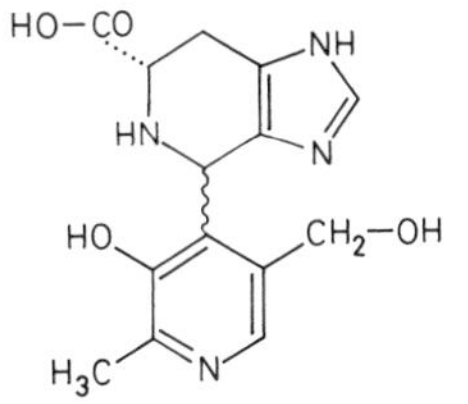

I

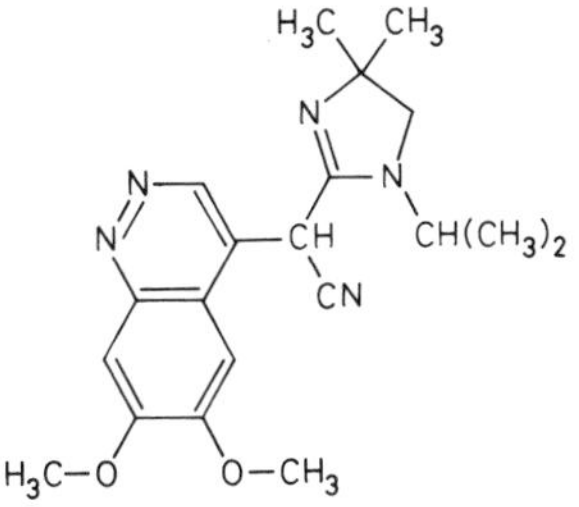

II

Hydroxycarbonsäuren $C_nH_{2n-14}N_4O_4$

(±)-[6,7-Dimethoxy-cinnolin-4-yl]-[1-isopropyl-4,4-dimethyl-4,5-dihydro-1*H*-imidazol-2-yl]-acetonitril $C_{20}H_{25}N_5O_2$, Formel II.

B. Aus 4-Chlor-6,7-dimethoxy-cinnolin und [1-Isopropyl-4,4-dimethyl-4,5-dihydro-1*H*-imid≈azol-2-yl]-acetonitril mit Hilfe von $NaNH_2$ in Benzol (*Castle, Cox,* J. org. Chem. **9** [1954] 1117, 1122).

Gelbe Kristalle (aus A.); F: 242–243° [unkorr.; Zers.].

Hydroxycarbonsäuren $C_nH_{2n-26}N_4O_4$

3-[(2*S*)-13-Äthyl-8-((Ξ)-1,2-dihydroxy-äthyl)-3*t*,7,12,17,20-pentamethyl-2,3-dihydro-porphyrin-2*r*-yl]-propionsäure-methylester, (3^1Ξ)-3^1,3^2-Dihydroxy-phyllochlorin-methylester $C_{33}H_{40}N_4O_4$, Formel III und Taut. (in der Literatur als 2-Desvinyl-2-glycoyl-phyllochlorin-methylester bezeichnet).

B. Neben anderen Verbindungen beim Behandeln von 3^1,3^2-Didehydro-phyllochlorin-methyl≈ester (S. 2963) mit $KMnO_4$ in Pyridin und H_2O (*Fischer, Walter,* A. **549** [1941] 44, 74).

F: 148°. λ_{max} (Py.+Ae.; 440–705 nm): *Fi., Wa.*

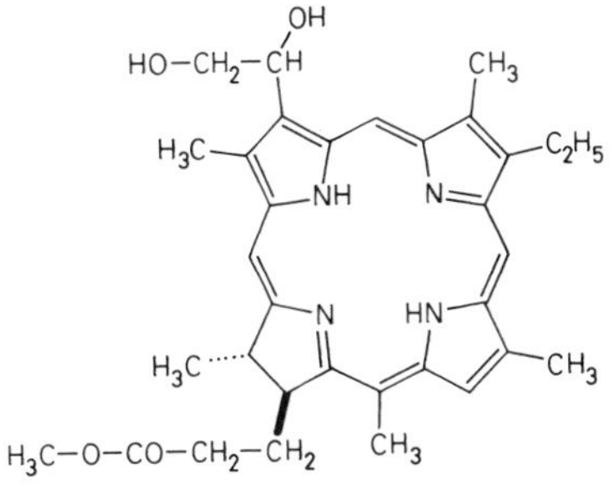

III

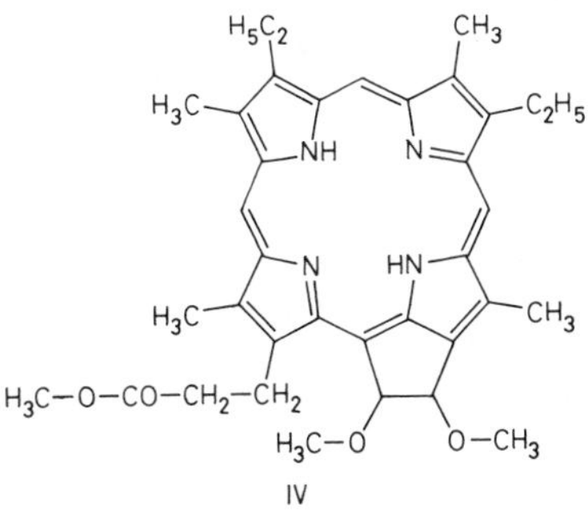

IV

Hydroxycarbonsäuren $C_nH_{2n-30}N_4O_4$

***Opt.-inakt. 3-[7,12-Diäthyl-2¹,2²-dimethoxy-3,8,13,17-tetramethyl-2¹,2²-dihydro-cyclopenta[*at*]porphyrin-18-yl]-propionsäure-methylester, 13¹,13²-Dimethoxy-13¹-desoxo-phytoporphyrin-methylester** $C_{36}H_{42}N_4O_4$, Formel IV und Taut. (in der Literatur als „Dimethyläther des 9,10-Dioxy-desoxophyllerythrin-methylesters" bezeichnet).

B. Neben anderen Verbindungen aus (±)-13¹-Methoxy-13¹-desoxo-phytoporphyrin-methylester (S. 3141) beim Erwärmen mit Jod und Methanol in $CHCl_3$ (*Fischer et al.*, A. **523** [1936] 164, 188).

Kristalle (aus Ae.); F: 220°. λ_{max} (Py. + Ae.; 430 – 625 nm): *Fi. et al.*

3. Hydroxycarbonsäuren mit 5 Sauerstoff-Atomen

Hydroxycarbonsäuren $C_nH_{2n-10}N_4O_5$

7-Methoxy-5-methyl-pyrazolo[4,3-*d*]pyrimidin-3,3-dicarbonsäure-diäthylester $C_{13}H_{16}N_4O_5$, Formel V.

B. Beim Erhitzen von 7-Chlor-5-methyl-pyrazolo[4,3-*d*]pyrimidin-3,3-dicarbonsäure-diäthylester mit Methanol (*Rose*, Soc. **1954** 4116, 4121).

Kristalle (aus Me.); F: 124°.

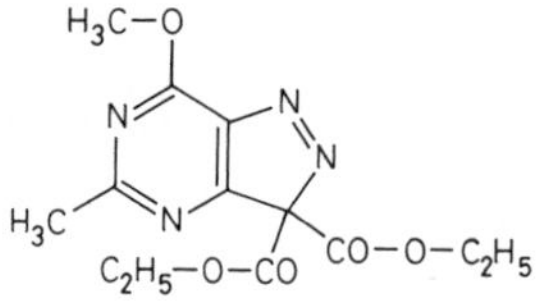

V

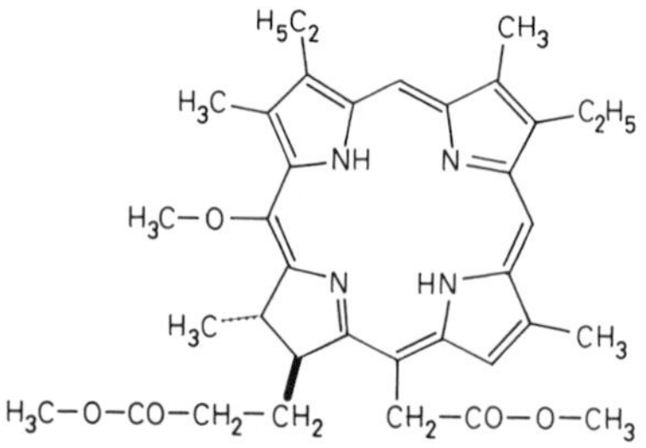

VI

Hydroxycarbonsäuren $C_nH_{2n-28}N_4O_5$

3-[(2*S*)-8,13-Diäthyl-5(?)-methoxy-20-methoxycarbonylmethyl-3*t*,7,12,17-tetramethyl-2,3-dihydro-porphyrin-2*r*-yl]-propionsäure-methylester, 20(?)-Methoxy-15¹-methoxycarbonyl-phyllochlorin-methylester, 20(?)-Methoxy-15-methoxycarbonylmethyl-pyrroporphyrin-methylester $C_{36}H_{44}N_4O_5$, vermutlich Formel VI und Taut. (in der Literatur als δ(?)-Methoxy-mesoisochlorin-e₄-dimethylester bezeichnet).

B. Aus 20(?)-Brom-15¹-methoxycarbonyl-phyllochlorin-methylester („δ(?)-Brom-mesoisochlorin-e₄-dimethylester; S. 2987) beim Erwärmen mit methanol. KOH und Pyridin und anschliessenden Behandeln mit Diazomethan (*Fischer et al.*, B. **75** [1942] 1778, 1786).

Kristalle (aus Acn. + Me.); F: 211° [unkorr.]. $[\alpha]^{20}_{690-720}$: −820° [Acn.; c = 0,04]. λ_{max} (Py. + Ae.; 430 – 665 nm): *Fi. et al.*

3-[(2*S*)-8,13-Diäthyl-20-((*Ξ*)-hydroxy-methoxycarbonyl-methyl)-3*t*,7,12,17-tetramethyl-2,3-dihydro-porphyrin-2*r*-yl]-propionsäure-methylester, (15¹*Ξ*)-15¹-Hydroxy-15¹-methoxycarbonyl-phyllochlorin-methylester, 15-[(*Ξ*)-Hydroxy-methoxycarbonyl-methyl]-pyrrochlorin-methylester $C_{35}H_{42}N_4O_5$, Formel VII (R = X′ = H, X = O-CH_3) und Taut. (in der Literatur als Mesopyrrochlorin-γ-glykolsäure-dimethylester bezeichnet).

B. Aus (15¹*Ξ*)-15¹-Carbamoyl-15¹-methoxy-phyllochlorin-methylester (sog. „Chlorin-0,5";

s. u.) bei der Hydrierung an Palladium in Essigsäure (*Fischer, Strell,* A. **556** [1944] 224, 231).
Kristalle (aus Acn. + Me.); F: 200°.

3-[(2*S*)-8,13-Diäthyl-20-((*Ξ*)-carbamoyl-hydroxy-methyl)-3*t*,7,12,17-tetramethyl-2,3-dihydro-porphyrin-2*r*-yl]-propionsäure-methylester, (15¹*Ξ*)-15¹-Carbamoyl-15¹-hydroxy-phyllochlorin-methylester $C_{34}H_{41}N_5O_4$, Formel VII (R = X′ = H, X = NH_2) und Taut. (in der Literatur als Chlorin-2 bezeichnet).

B. Neben der folgenden Verbindung beim Behandeln von Mesopurpurin-3-methylester (S. 3174) mit HCN und K_2CO_3 in Pyridin und anschliessend mit methanol. HCl (*Fischer, Strell,* A. **556** [1944] 224, 228).

Kristalle (aus Ae. + Me.); F: 205°.

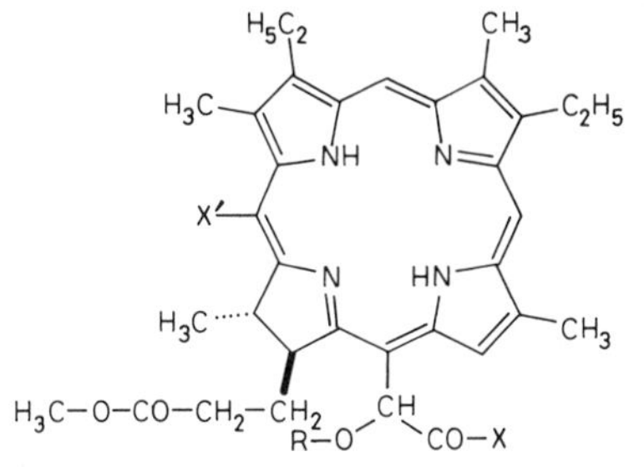

VII 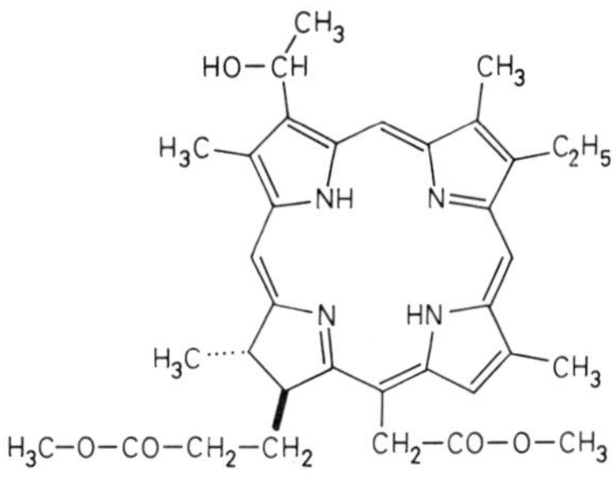 VIII

3-[(2*S*)-8,13-Diäthyl-20-((*Ξ*)-carbamoyl-methoxy-methyl)-3*t*,7,12,17-tetramethyl-2,3-dihydro-porphyrin-2*r*-yl]-propionsäure-methylester, (15¹*Ξ*)-15¹-Carbamoyl-15¹-methoxy-phyllochlorin-methylester $C_{35}H_{43}N_5O_4$, Formel VII (R = CH_3, X = NH_2, X′ = H) und Taut. (in der Literatur als Chlorin-0,5 bezeichnet).

B. s. im vorangehenden Artikel.

Kristalle (aus Ae. + Me.); F: 176° (*Fischer, Strell,* A. **556** [1944] 224, 228, 229).

3-[(2*S*)-8,13-Diäthyl-20-((*Ξ*)-carbamoyl-methoxy-methyl)-5(?)-chlor-3*t*,7,12,17-tetramethyl-2,3-dihydro-porphyrin-2*r*-yl]-propionsäure-methylester, (15¹*Ξ*)-15¹-Carbamoyl-20(?)-chlor-15¹-methoxy-phyllochlorin-methylester $C_{35}H_{42}ClN_5O_4$, vermutlich Formel VII (R = CH_3, X = NH_2, X′ = Cl) und Taut. (in der Literatur als Monochlor-chlorin-0,5 bezeichnet).

Bezüglich der Position des Chloratoms s. *Woodward, Škarič,* Am. Soc. **83** [1961] 4676.

B. Aus Mesopurpurin-3-methylester (S. 3174) beim Behandeln mit HCN und K_2CO_3 in Pyridin und anschliessend mit peroxidhaltigem Äther und methanol. HCl (*Fischer, Strell,* A. **556** [1944] 224, 233).

Kristalle (aus Ae. + Me.); F: 162° (*Fi., St.*). λ_{max} (Acn. + Ae.; 435 – 675 nm): *Fi., St.*

3-[(2*S*)-13-Äthyl-8-((*Ξ*)-1-hydroxy-äthyl)-20-methoxycarbonylmethyl-3*t*,7,12,17-tetramethyl-2,3-dihydro-porphyrin-2*r*-yl]-propionsäure-methylester, (3¹*Ξ*)-3¹-Hydroxy-15¹-methoxycarbonyl-phyllochlorin-methylester, (3¹*Ξ*)-3¹-Hydroxy-15-methoxycarbonylmethyl-pyrrochlorin-methylester $C_{35}H_{42}N_4O_5$, Formel VIII und Taut. (in der Literatur als 2,α-Oxy-mesoisochlorin-e_4-dimethylester bezeichnet).

B. Aus Isochlorin-e_4-dimethylester (15¹-Methoxycarbonyl-3¹,3²-didehydro-phyllochlorin-methylester; S. 3013) beim aufeinanderfolgenden Behandeln mit HBr in Essigsäure, mit wss. HCl und mit Diazomethan (*Fischer, Ortiz-Velez,* A. **540** [1939] 224, 227). Aus 3-Formyl-15¹-methoxycarbonyl-3-desäthyl-phyllochlorin-methylester („2-Desvinyl-2-formyl-isochlorin-e_4-dimethylester"; S. 3218) beim Erwärmen mit Methylmagnesiumjodid in Pyridin und Äther und anschliessenden Verestern (*Fischer, Walter,* A. **549** [1941] 44, 72).

Kristalle (aus Ae.); F: 170° (*Fi., Or.-Ve.*). λ_{max} (Py. + Ae.; 425 – 665 nm): *Fi., Or.-Ve.*

3-[(2*S*)-8,13-Diäthyl-18-hydroxymethyl-20-methoxycarbonylmethyl-3*t*,7,12,17-tetramethyl-2,3-dihydro-porphyrin-2*r*-yl]-propionsäure-methylester, 13-Hydroxymethyl-15[1]-methoxycarbonyl-phyllochlorin-methylester, 13-Hydroxymethyl-15-methoxycarbonylmethyl-pyrrochlorin-methylester $C_{36}H_{44}N_4O_5$, Formel IX (R = H) und Taut. (in der Literatur als Mesoisochlorin-e_4-6-carbinol-dimethylester bezeichnet).

B. Aus dem Kupfer(II)-Komplex der folgenden Verbindung beim aufeinanderfolgenden Behandeln mit HBr in Essigsäure, mit wss. HCl und mit Diazomethan (*Fischer, Gerner,* A. **553** [1942] 146, 163).

F: 151°. $[\alpha]^{20}_{\text{weisses Licht}}$: −505° [Acn.; c = 0,02]. λ_{max} (Py.+Ae.; 435−675 nm): *Fi., Ge.*

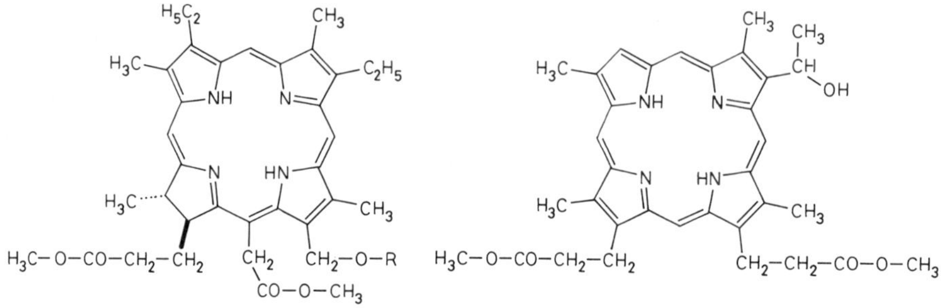

IX X

3-[(2*S*)-8,13-Diäthyl-20-methoxycarbonylmethyl-18-methoxymethyl-3*t*,7,12,17-tetramethyl-2,3-dihydro-porphyrin-2*r*-yl]-propionsäure-methylester, 15[1]-Methoxycarbonyl-13-methoxymethyl-phyllochlorin-methylester $C_{37}H_{46}N_4O_5$, Formel IX (R = CH_3) und Taut. (in der Literatur als Mesoisochlorin-e_4-6-methyläther-dimethylester bezeichnet).

B. Neben anderen Verbindungen aus dem Kupfer(II)-Komplex des Mesoisochlorin-e_4-dimethylesters (15[1]-Methoxycarbonyl-phyllochlorin-methylester; S. 2987) beim aufeinanderfolgenden Behandeln mit Chlormethyl-methyl-äther und $SnBr_4$, mit HBr in Essigsäure, mit wss. HCl und mit Diazomethan (*Fischer, Gerner,* A. **553** [1942] 146, 159).

Kristalle (aus Acn.+Me.); F: 159°. $[\alpha]^{20}_{\text{weisses Licht}}$: −668° [Acn.; c = 0,03]. λ_{max} (Py.+Ae.; 435−670 nm): *Fi., Ge.*

Überführung in einen Kupfer(II)-Komplex $CuC_{36}H_{42}N_4O_5$ (Kristalle; F: 170°; $[\alpha]^{20}_{\text{weisses Licht}}$: −1260° [Acn.; c = 0,02]; λ_{max} [Py.+Ae.; 435−650 nm]): *Fi., Ge.,* l. c. S. 161.

Hydroxycarbonsäuren $C_nH_{2n-30}N_4O_5$

Hydroxycarbonsäuren $C_{32}H_{34}N_4O_5$

(±)-3,3′-[7-(1-Hydroxy-äthyl)-3,8,13,17-tetramethyl-porphyrin-2,18-diyl]-di-propionsäure-dimethylester, (±)-8-[1-Hydroxy-äthyl]-deuteroporphyrin-dimethylester $C_{34}H_{38}N_4O_5$, Formel X und Taut. (in der Literatur als 4-Hydroxyäthyl-deuteroporphyrin-dimethylester bezeichnet).

Das nachstehend beschriebene Präparat ist von fraglicher Einheitlichkeit (s. dazu *Brockmann et al.,* A. **718** [1968] 148, 151).

B. Aus 8-Formyl-deuteroporphyrin-dimethylester (Isomerengemisch vom F: 255°; vgl. S. 3220) durch Hydrolysieren, Umsetzen mit Methylmagnesiumjodid und Verestern (*Fischer, Wecker,* Z. physiol. Chem. **272** [1942] 1, 17).

Kristalle (aus $CHCl_3$+Me.); F: 237° [korr.] (*Fi., We.*).

Kupfer(II)-Komplex. Kristalle (aus $CHCl_3$+Me.); F: 218° (*Fi., We.*). λ_{max} (Py.+Ae.): 524 nm und 560 nm (*Fi., We.*).

O-Methyl-Derivat $C_{35}H_{40}N_4O_5$; (±)-3,3′-[7-(1-Methoxy-äthyl)-3,8,13,17-tetramethyl-porphyrin-2,18-diyl]-di-propionsäure-dimethylester, (±)-8-[1-Methoxy-äthyl]-deuteroporphyrin-dimethylester. Kristalle (aus $CHCl_3$); F: 192° (*Fi., We.*).

(±)-3,3′-[8-(1-Hydroxy-äthyl)-3,7,12,17-tetramethyl-porphyrin-2,18-diyl]-di-propionsäure-dimethylester, (±)-3-[1-Hydroxy-äthyl]-deuteroporphyrin-dimethylester $C_{34}H_{38}N_4O_5$, Formel XI und Taut. (in der Literatur als 2-Hydroxyäthyl-deuteroporphyrin-dimethylester bezeichnet).

Das nachstehend beschriebene Präparat ist von fraglicher Einheitlichkeit (s. dazu *Brockmann et al.*, A. **718** [1968] 148, 151).

B. Aus 3-Formyl-deuteroporphyrin-dimethylester (Isomerengemisch vom F: 215–220°; vgl. S. 3220) durch Hydrolysieren, Umsetzen mit Methylmagnesiumjodid und Verestern (*Fischer, Wecker,* Z. physiol. Chem. **272** [1942] 1, 16).

Kristalle (aus Acn. + Me.); F: 233° [korr.] (*Fi., We.*).

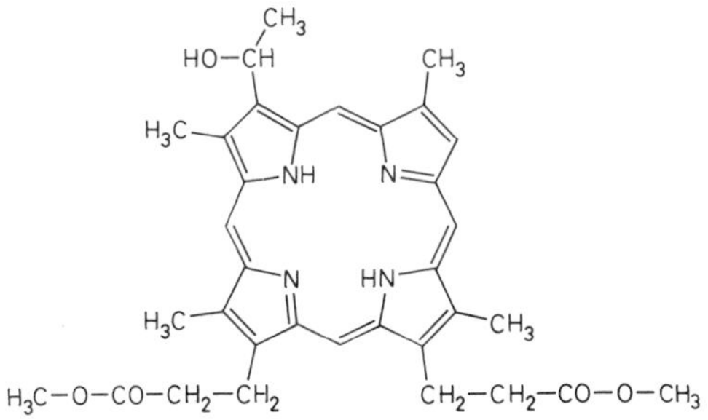

XI

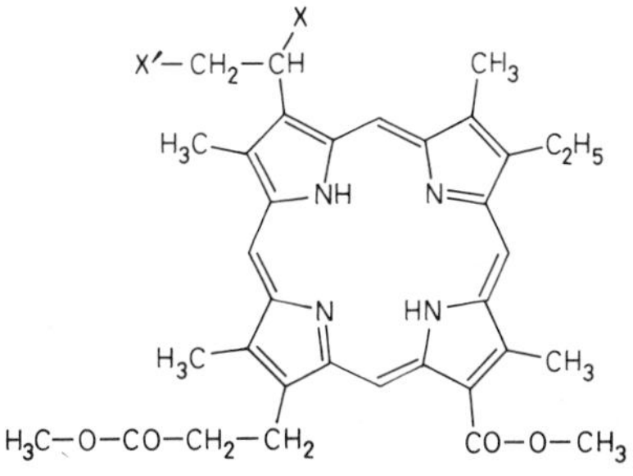

XII

(±)-7-Äthyl-12-[1-hydroxy-äthyl]-18-[2-methoxycarbonyl-äthyl]-3,8,13,17-tetramethyl-porphyrin-2-carbonsäure-methylester, (±)-3¹-Hydroxy-rhodoporphyrin-dimethylester $C_{34}H_{38}N_4O_5$, Formel XII (X = OH, X′ = H) und Taut. (in der Literatur als 2-Desäthyl-2-oxäthyl-rhodoporphyrin-dimethylester und als 2-Desvinyl-2-oxäthyl-pseudoverdoporphyrin-dimethylester bezeichnet).

B. Aus 3¹-Oxo-rhodoporphyrin-dimethylester (S. 3222) mit Hilfe von äthanol. KOH (*Fischer et al.*, A. **508** [1934] 224, 245; *Fischer, Krauss,* A. **521** [1936] 261, 277). Aus Pseudoverdoporphyrin-dimethylester (3¹,3²-Didehydro-rhodoporphyrin-dimethylester; S. 3037) beim Erwärmen mit HBr in Essigsäure, mit wss. KOH und anschliessenden Verestern mit Diazomethan (*Fi., Kr.*, l. c. S. 281). Aus 3-Formyl-3-desäthyl-rhodoporphyrin-dimethylester (S. 3221) und Methylmagnesiumjodid (*Fi., Kr.*, l. c. S. 280).

Kristalle (aus Ae. oder Py. + Me.); F: 255° (*Fi., Kr.*, l. c. S. 277). λ_{max} (Py. + Ae.; 435–640 nm): *Fi., Kr.*, l. c. S. 277, 282; *Fi. et al.* Über die Basizität s. *Fi., Kr.*, l. c. S. 277, 281.

Kupfer(II)-Komplex. Kristalle; F: 222° (*Fi., Kr.*, l. c. S. 278). λ_{max} (Py. + Ae.; 435–590 nm): *Fi., Kr.*

(±)-7-Äthyl-12-[1-methoxy-äthyl]-18-[2-methoxycarbonyl-äthyl]-3,8,13,17-tetramethyl-porphyrin-2-carbonsäure-methylester, (±)-3¹-Methoxy-rhodoporphyrin-dimethylester $C_{35}H_{40}N_4O_5$, Formel XII (X = O-CH_3, X′ = H) und Taut. (in der Literatur als 2-Desvinyl-2-methoxyäthyl-pseudoverdoporphyrin-dimethylester bezeichnet).

B. Aus Pseudoverdoporphyrin-dimethylester (3¹,3²-Didehydro-rhodoporphyrin-dimethylester; S. 3037) beim Erwärmen mit HBr in Essigsäure, mit methanol. KOH und anschliessenden Verestern mit Diazomethan (*Fischer, Krauss,* A. **521** [1936] 261, 280).

Kristalle (aus Py. + Me.); F: 196° [Zers.]. λ_{max} (Py. + Ae.; 435–640 nm): *Fi., Kr.*

(±)-7-Äthyl-12-[1(oder 2)-brom-2(oder 1)-methoxy-äthyl]-18-[2-methoxycarbonyl-äthyl]-3,8,13,17-tetramethyl-porphyrin-2-carbonsäure-methylester, (±)-3¹(oder 3²)-Brom-3²(oder 3¹)-methoxy-rhodoporphyrin-dimethylester $C_{35}H_{39}BrN_4O_5$, Formel XII (X = Br, X′ = O-CH_3 oder X = O-CH_3, X′ = Br) und Taut.

B. Aus Pseudoverdoporphyrin-dimethylester (3¹,3²-Didehydro-rhodoporphyrin-dimethylester; S. 3037) beim Behandeln mit Brom in Ameisensäure, Erwärmen des Reaktionsprodukts mit methanol. KOH und anschliessenden Verestern mit Diazomethan (*Fischer, Krauss,* A. **521** [1936] 261, 282).

Kristalle (aus Py. + Me.); F: 190°. λ_{max} (Py. + Ae.; 435 – 645 nm): *Fi., Kr.*

Hydroxycarbonsäuren $C_{33}H_{36}N_4O_5$

(±)-3-[8,13-Diäthyl-20-(hydroxy-methoxycarbonyl-methyl)-3,7,12,17-tetramethyl-porphyrin-2-yl]-propionsäure-methylester, (±)-15[1]-Hydroxy-15[1]-methoxycarbonyl-phylloporphyrin-methylester, (±)-15-[Hydroxy-methoxycarbonyl-methyl]-pyrroporphyrin-methylester $C_{35}H_{40}N_4O_5$, Formel XIII (R = CO-O-CH$_3$) und Taut. (in der Literatur als Pyrroporphyrin-γ-glykolsäure-dimethylester bezeichnet).

B. Aus dem Zink-Komplex des 15[1]-Methoxycarbonyl-15[1]-oxo-phylloporphyrin-methylesters („Pyrroporphyrin-γ-glyoxylsäure-dimethylester; S. 3225) beim Hydrieren an Platin in Dioxan und anschliessenden Behandeln mit wss. HCl (*Fischer, Stier,* A. **542** [1939] 224, 237). Aus 15[1]-Methoxycarbonyl-15[1]-oxo-phylloporphyrin-methylester bei der Hydrierung an Palladium/ $BaSO_4$ in Ameisensäure und anschliessenden Oxidation in Äther an der Luft (*Fi., St.,* l. c. S. 236). Aus (±)-15[1]-Cyan-15[1]-hydroxy-phylloporphyrin-methylester (s. u.) mit Hilfe von methanol. HCl (*Fischer et al.,* A. **543** [1940] 258, 264, 268).

Grüne Kristalle (aus Acn. + Me.); F: 281° (*Fi. et al.,* l. c. S. 268), 278° (*Fi., St.*).

(±)-3-[8,13-Diäthyl-20-(carbamoyl-hydroxy-methyl)-3,7,12,17-tetramethyl-porphyrin-2-yl]-propionsäure-methylester, (±)-15[1]-Carbamoyl-15[1]-hydroxy-phylloporphyrin-methylester $C_{34}H_{39}N_5O_4$, Formel XIII (R = CO-NH$_2$) und Taut. (in der Literatur als Pyrroporphyrin-γ-glykolsäureamid-methylester bezeichnet).

B. Aus der folgenden Verbindung beim Behandeln mit konz. H_2SO_4 und anschliessend mit Diazomethan (*Fischer et al.,* A. **543** [1940] 258, 265).

Hellrote Kristalle (aus Ae.) bzw. dunkelviolette Kristalle (aus Acn. + Me.); F: 252°.

Zink-Komplex $ZnC_{34}H_{37}N_5O_4$. Dunkelrote Kristalle (aus wss. Me.); F: 319°. λ_{max} (Py. + Ae.; 530 – 595 nm): *Fi. et al.*

(±)-3-[8,13-Diäthyl-20-(cyan-hydroxy-methyl)-3,7,12,17-tetramethyl-porphyrin-2-yl]-propionsäure-methylester, (±)-15[1]-Cyan-15[1]-hydroxy-phylloporphyrin-methylester $C_{34}H_{37}N_5O_3$, Formel XIII (R = CN) und Taut. (in der Literatur als γ-Formyl-pyrroporphyrin-methylester-cyanhydrin und als Pyrroporphyrin-methylester-γ-glykolsäure-nitril bezeichnet).

B. Aus 15[1]-Oxo-phylloporphyrin-methylester („γ-Formyl-pyrroporphyrin-methylester"; S. 3178) beim Behandeln mit HCN und Na_2CO_3 in Pyridin und anschliessend mit Diazomethan (*Fischer, Stier,* A. **542** [1939] 224, 235).

λ_{max} (Py. + Ae.; 445 – 650 nm): *Fi., St.*

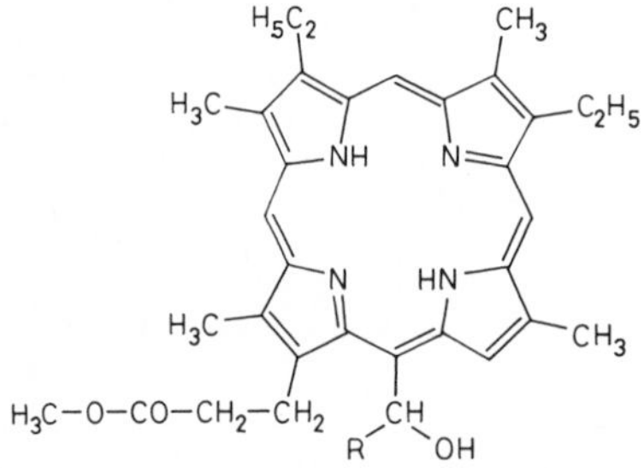

XIII

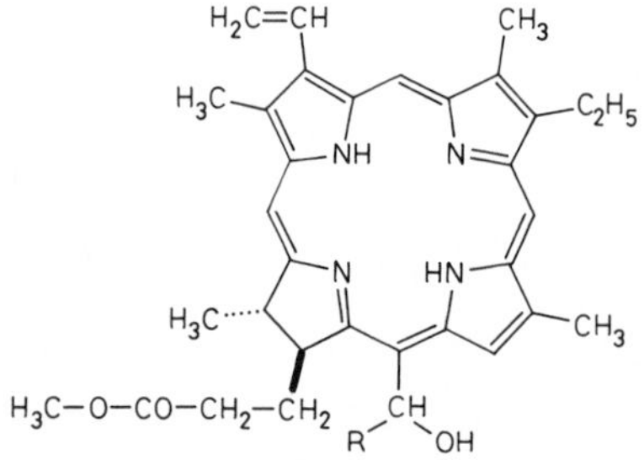

XIV

3-[(2*S*)-13-Äthyl-20-((*Ξ*)-hydroxy-methoxycarbonyl-methyl)-3*t*,7,12,17-tetramethyl-8-vinyl-2,3-dihydro-porphyrin-2*r*-yl]-propionsäure-methylester, ($15^1\Xi$)-15^1-Hydroxy-15^1-methoxycarbonyl-3^1,3^2-didehydro-phyllochlorin-methylester, 15-[(Ξ)-Hydroxy-methoxycarbonyl-methyl]-3^1,3^2-didehydro-pyrrochlorin-methylester $C_{35}H_{40}N_4O_5$, Formel XIV (R = CO-O-CH_3) und Taut. (in der Literatur als Pyrrochlorin-γ-glykolsäure-dimethylester bezeichnet).

B. Als Hauptprodukt neben der folgenden Verbindung aus ($15^1\Xi$)-15^1-Cyan-15^1-hydroxy-3^1,3^2-didehydro-phyllochlorin-methylester (s. u.) beim Behandeln mit methanol. HCl (*Fischer, Strell,* A. **543** [1940] 143, 160).

Kristalle (aus Acn. + Me.); F: 243°. λ_{max} (Py. + Ae.; 425 – 680 nm): *Fi., St.*

3-[(2*S*)-13-Äthyl-20-((*Ξ*)-carbamoyl-hydroxy-methyl)-3*t*,7,12,17-tetramethyl-8-vinyl-2,3-dihydro-porphyrin-2*r*-yl]-propionsäure-methylester(?), ($15^1\Xi$)-15^1-Carbamoyl-15^1-hydroxy-3^1,3^2-didehydro-phyllochlorin-methylester(?) $C_{34}H_{39}N_5O_4$, vermutlich Formel XIV (R = CO-NH_2) und Taut.

B. s. im vorangehenden Artikel.

Kristalle (aus Acn. + Me.); F: 215° (*Fischer, Strell,* A. **543** [1940] 143, 151, 161).

3-[(2*S*)-13-Äthyl-20-((*Ξ*)-cyan-hydroxy-methyl)-3*t*,7,12,17-tetramethyl-8-vinyl-2,3-dihydro-porphyrin-2*r*-yl]-propionsäure-methylester, ($15^1\Xi$)-15^1-Cyan-15^1-hydroxy-3^1,3^2-didehydro-phyllochlorin-methylester $C_{34}H_{37}N_5O_3$, Formel XIV (R = CN) und Taut. (in der Literatur als Pyrrochlorin-methylester-γ-oxynitril bezeichnet).

B. Aus Purpurin-3-methylester (15^1-Oxo-3^1,3^2-didehydro-phyllochlorin-methylester; S. 3179) beim Behandeln mit HCN und K_2CO_3 in Pyridin (*Fischer, Strell,* A. **543** [1940] 143, 159).

Kristalle (aus Ae. + Me.). λ_{max} (Ae.; 435 – 680 nm): *Fi., St.*

(±)-3-[8,13-Diäthyl-18-(carbamoyl-hydroxy-methyl)-3,7,12,17-tetramethyl-porphyrin-2-yl]-propionsäure-methylester, (±)-13-[Carbamoyl-hydroxy-methyl]-pyrroporphyrin-methylester $C_{34}H_{39}N_5O_4$, Formel I (R = CO-NH_2) und Taut. (in der Literatur als Pyrroporphyrin-methylester-6-glycolsäure-amid bezeichnet).

B. Aus der folgenden Verbindung beim Behandeln mit konz. H_2SO_4 und anschliessend mit Diazomethan in Äther (*Fischer, Dietl,* A. **547** [1941] 86, 90, 97).

Kristalle (aus Ae.); F: 250°. λ_{max} (Py. + Ae.; 440 – 630 nm): *Fi., Di.*

Kupfer(II)-Komplex $CuC_{34}H_{37}N_5O_4$. Kristalle (aus Acn. + Me.); F: 235°. λ_{max} (Py. + Ae.; 420 – 575 nm): *Fi., Di.*

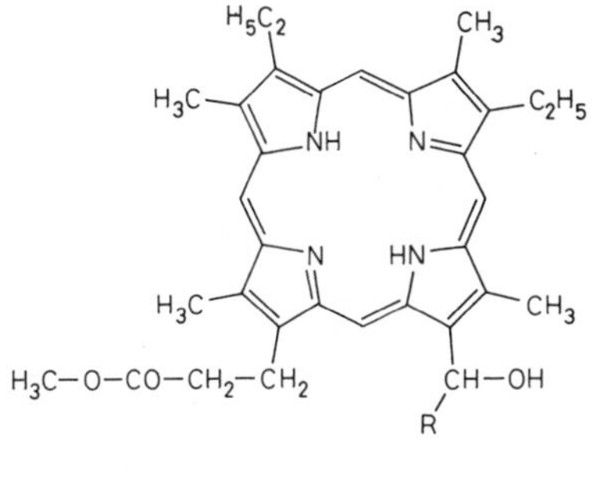

I

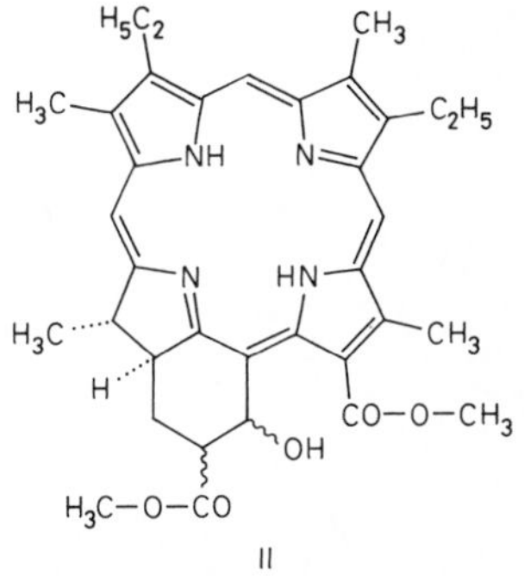

II

(±)-3-[8,13-Diäthyl-18-(cyan-hydroxy-methyl)-3,7,12,17-tetramethyl-porphyrin-2-yl]-propionsäure-methylester, (±)-13-[Cyan-hydroxy-methyl]-pyrroporphyrin-methylester $C_{34}H_{37}N_5O_3$, Formel I (R = CN) und Taut. (in der Literatur als Pyrroporphyrin-6-oxynitril bezeichnet).

B. Aus 13-Formyl-pyrroporphyrin-methylester (S. 3180) beim Behandeln mit HCN und

K_2CO_3 in $CHCl_3$ (*Fischer, Beer,* Z. physiol. Chem. **244** [1936] 31, 40).

Kristalle (aus $CHCl_3$ oder Acn.); F: 232°. λ_{max} (Py. + Ae.; 435 – 625 nm): *Fi., Beer.*

(2S)-8,13-Diäthyl-2$^3\xi$-hydroxy-3c,7,12,17-tetramethyl-(2r)-2,2^2,2^3,3-tetrahydro-2^{1}H-benzo[at]porphyrin-2$^2\xi$,18-dicarbonsäure-dimethylester $C_{35}H_{40}N_4O_5$, Formel II und Taut.

Der von *Fischer, Strell* (A. **540** [1939] 232, 246) mit Vorbehalt unter dieser Konstitution beschriebene Mesoisopurpurin-5-dimethylester ist analog dem sog. Isopurpurin-5-dimethylester (S. 3151) als 3-[(18*S*,2′*Ξ*)-7,12-Diäthyl-2′-methoxy-3,8,13,17*t*-tetramethyl-6′-oxo-17,18-dihydro-2′*H*,6′*H*-pyrano[3,4,5-*ta*]porphyrin-18*r*-yl]-propionsäure-methylester (Syst.-Nr. 4699) zu formulieren (*Woodward et al.,* Am. Soc. **82** [1960] 3800; *Woodward,* Pure appl. Chem. **2** [1961] 383, 401; Ang. Ch. **72** [1960] 651, 661).

Hydroxycarbonsäuren $C_{34}H_{38}N_4O_5$

(±)-3′-Hydroxy-3,3′-[8,13-diäthyl-3,7,12,17-tetramethyl-porphyrin-2,20-diyl]-di-propionsäure-dimethylester, (±)-15^1-Hydroxy-15^1-methoxycarbonylmethyl-phylloporphyrin-methylester, (±)-15-[1-Hydroxy-2-methoxycarbonyl-äthyl]-pyrroporphyrin-methylester $C_{36}H_{42}N_4O_5$, Formel III und Taut. (in der Literatur als Pyrroporphyrin-γ-(β-oxy-propionsäure)-dimethylester bezeichnet).

B. Aus 15^1-Methoxycarbonylmethylen-phylloporphyrin-methylester („Pyrroporphyrin-γ-acrylsäure-dimethylester"; S. 3039) beim Behandeln mit HBr in Essigsäure, mit wss. HCl und anschliessenden Verestern (*Fischer, Mittermair,* A. **548** [1941] 147, 176).

Kristalle (aus Acn. + Me.); F: 259 – 260°. λ_{max} (Py. + Ae.; 450 – 635 nm): *Fi., Mi.*

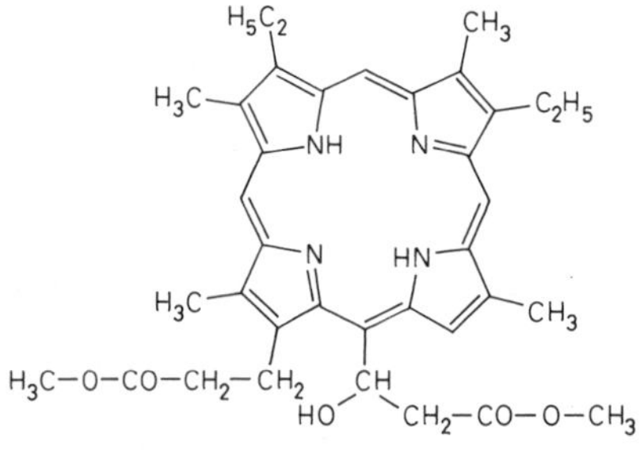

III

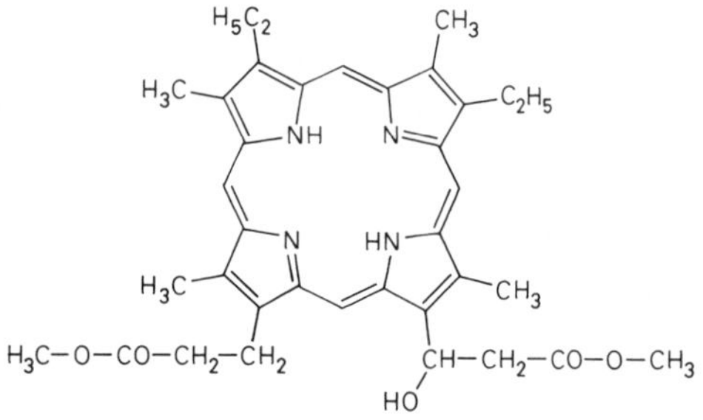

IV

(±)-3-Hydroxy-3,3′-[7,12-diäthyl-3,8,13,17-tetramethyl-porphyrin-2,18-diyl]-di-propionsäure-dimethylester, (±)-13^1-Hydroxy-mesoporphyrin-dimethylester $C_{36}H_{42}N_4O_5$, Formel IV und Taut. (in der Literatur als Pyrroporphyrin-6-β-oxy-propionsäure-dimethylester bezeichnet).

B. Aus 13-[2-Methoxycarbonyl-vinyl]-pyrroporphyrin-methylester („Pyrroporphyrin-6-acrylsäure-dimethylester"; S. 3040) beim aufeinanderfolgenden Behandeln mit HBr in Essigsäure, mit wss. NaOH und mit Diazomethan (*Fischer, Beer,* Z. physiol. Chem. **244** [1936] 31, 39).

Kristalle (aus Acn.); F: 224°.

(±)-3-[8,13-Diäthyl-18-(cyan-hydroxy-methyl)-3,7,12,17,20-pentamethyl-porphyrin-2-yl]-propionsäure-methylester, (±)-13-[Cyan-hydroxy-methyl]-phylloporphyrin-methylester $C_{35}H_{39}N_5O_3$, Formel V und Taut. (in der Literatur als Phylloporphyrin-6-formyl-cyanhydrin-methylester bezeichnet).

B. Aus 13-Formyl-phylloporphyrin-methylester (S. 3183) beim Behandeln mit HCN und K_2CO_3 in Pyridin und anschliessend mit Diazomethan (*Fischer et al.,* A. **523** [1936] 164, 183).

Kristalle (aus A.); F: 236°. λ_{max} (Py. + Ae.; 445 – 645 nm): *Fi. et al.*

(17*S*)-7,12-Diäthyl-$2^{1}\xi$-hydroxy-18*t*-[2-methoxycarbonyl-äthyl]-3,8,13,17*r*-tetramethyl-2^{1},2^{2},17,18-tetrahydro-cyclopenta[*at*]porphyrin-$2^{2}\xi$-carbonsäure-methylester, ($13^{1}\Xi$,$13^{2}\Xi$)-13^{1}-Hydroxy-13^{2}-methoxycarbonyl-13^{1}-desoxo-phytochlorin-methylester, ($13^{1}\Xi$,$13^{2}\Xi$)-13^{1}-Hydroxy-3^{1},3^{2}-dihydro-13^{1}-desoxo-phäophorbid-a-methylester $C_{36}H_{42}N_{4}O_{5}$, Formel VI (R = H) und Taut. (in der Literatur als 9-Oxy-desoxo-mesophäophorbid-a-dimethylester bezeichnet).

B. Neben anderen Verbindungen aus dem Eisen(III)-Komplex des Mesoisochlorin-e_4-dimethylesters (15^{1}-Methoxycarbonyl-phyllochlorin-methylester; S. 2987) beim Behandeln mit Äthyl-dichlormethyl-äther und $SnBr_4$, mit Eisen(II)-acetat und wss. HCl und mit Diazomethan (*Fischer, Gerner,* A. **559** [1948] 77, 89).

Kristalle (aus Ae.); F: 198°. λ_{max} (Py. + Ae.; 430–680 nm): *Fi., Ge.*

Beim Behandeln mit $KMnO_4$ entstehen ($13^{1}\Xi$,$13^{2}\Xi$)-13^{1},13^{2}-Dihydroxy-13^{2}-methoxycarbonyl-13^{1}-desoxo-phytochlorin-methylester („9,10-Dioxy-desoxo-mesophäophorbid-a-dimethylester"; S. 3163) und ($13^{2}\Xi$)-13^{2}-Hydroxy-13^{2}-methoxycarbonyl-phytochlorin-methylester („10-Oxy-mesophäophorbid-a-dimethylester"; S. 3329).

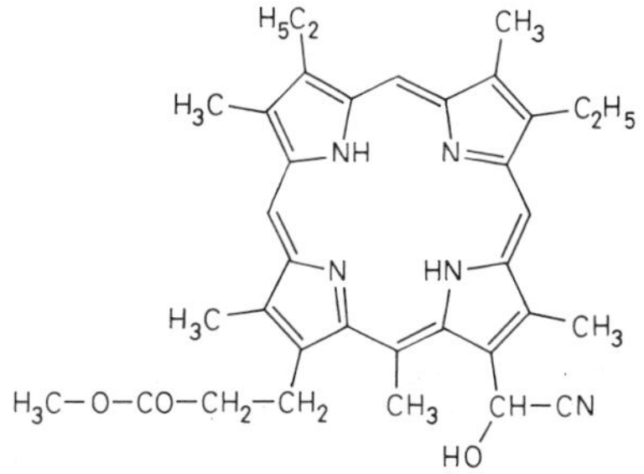

V 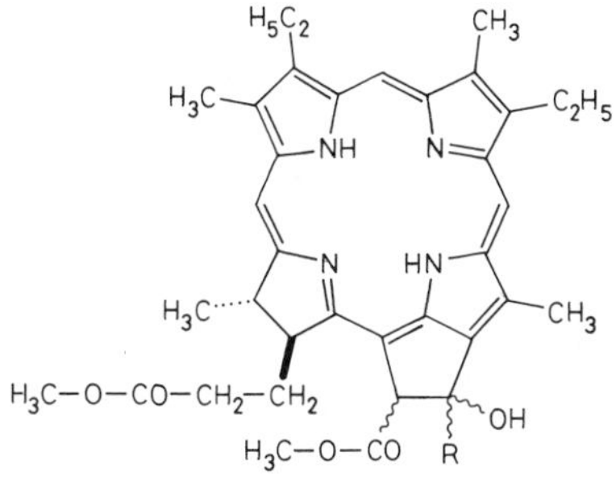 VI

Hydroxycarbonsäuren $C_{35}H_{40}N_{4}O_{5}$

(17*S*)-7,12-Diäthyl-$2^{1}\xi$-hydroxy-18*t*-[2-methoxycarbonyl-äthyl]-$2^{1}\xi$,3,8,13,17*r*-pentamethyl-2^{1},2^{2},17,18-tetrahydro-cyclopenta[*at*]porphyrin-$2^{2}\xi$-carbonsäure-methylester, ($13^{1}\Xi$,$13^{2}\Xi$)-13^{1}-Hydroxy-13^{2}-methoxycarbonyl-13^{1}-methyl-13^{1}-desoxo-phytochlorin-methylester $C_{37}H_{44}N_{4}O_{5}$, Formel VI (R = CH_3) und Taut. (in der Literatur als „6-Acetyl-mesoisochlorin-e_4-dimethylester" bezeichnet).

B. Aus dem Kupfer(II)-Komplex des Mesoisochlorin-e_4-dimethylesters (15^{1}-Methoxycarbonyl-phyllochlorin-methylester; S. 2987) beim Behandeln mit Acetanhydrid und $SnCl_2$, mit konz. wss. HCl in Essigsäure und mit Diazomethan (*Fischer et al.,* A. **557** [1947] 134, 136, 147).

Kristalle (aus Ae. + Me.); F: 194° (*Fi. et al.*). $[\alpha]_{\text{rotes Licht}}$: −400°; $[\alpha]_{\text{gelbes Licht}}$: +700° [jeweils in Acn.; c = 0,01] (*Fi. et al.,* l. c. S. 163). λ_{max} (Py. + Ae.; 430–670 nm): *Fi. et al.*

Über ein Monobrom-Derivat $C_{37}H_{43}BrN_{4}O_{5}$ ($[\alpha]^{20}_{\text{rotes Licht}}$: −330° [Acn.; c = 0,01]) s. *Fischer, Gerner,* A. **559** [1948] 77, 88.

Hydroxycarbonsäuren $C_{n}H_{2n-32}N_{4}O_{5}$

(2*S*)-13-Äthyl-$2^{3}\xi$-hydroxy-3*c*,7,12,17-tetramethyl-8-vinyl-(2*r*)-2,2^{2},2^{3},3-tetrahydro-2^{1}*H*-benzo[*at*]porphyrin-$2^{2}\xi$,18-dicarbonsäure-dimethylester $C_{35}H_{38}N_{4}O_{5}$, Formel VII und Taut.

Der von *Fischer, Strell* (A. **540** [1939] 232, 244) mit Vorbehalt unter dieser Konstitution beschriebene Isopurpurin-5-dimethylester ist als 3-[(18*S*,2′Ξ)-7-Äthyl-2′-methoxy-3,8,13,17*t*-tetramethyl-6′-oxo-12-vinyl-17,18-dihydro-2′*H*,6′*H*-pyrano[3,4,5-*ta*]porphyrin-18*r*-yl]-propionsäure-methylester (Syst.-Nr. 4699) zu formulieren (*Woodward et al.,* Am. Soc. **82** [1960] 3800;

Woodward, Pure appl. Chem. **2** [1961] 383, 401; Ang. Ch. **72** [1960] 651, 661).

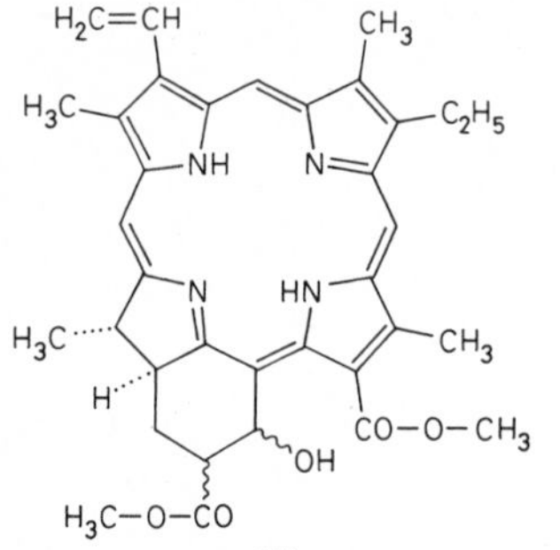

VII

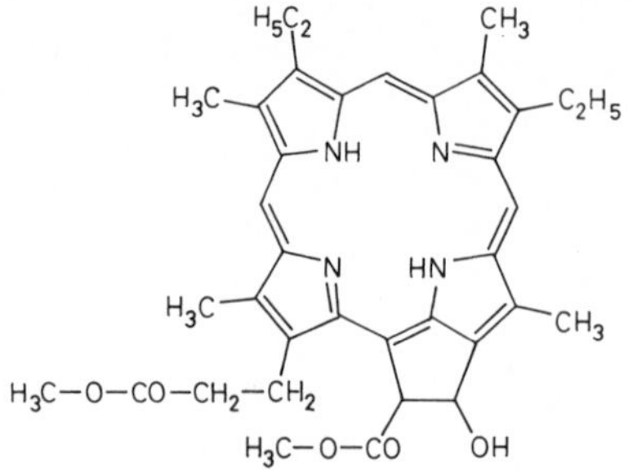

VIII

***Opt.-inakt. 7,12-Diäthyl-2[1]-hydroxy-18-[2-methoxycarbonyl-äthyl]-3,8,13,17-tetramethyl-2[1],2[2]-dihydro-cyclopenta[*at*]porphyrin-2[2]-carbonsäure-methylester, 13[1]-Hydroxy-13[2]-methoxycarbonyl-13[1]-desoxo-phytoporphyrin-methylester** $C_{36}H_{40}N_4O_5$, Formel VIII und Taut. (in der Literatur als 9-Oxy-desoxophäoporphyrin-a$_5$-dimethylester bezeichnet).

Zusammenfassende Darstellung: *H. Fischer, A. Stern,* Die Chemie des Pyrrols, Bd. 2, Tl. 2 [Leipzig 1940] S. 181.

B. Aus Phäoporphyrin-a$_5$-monomethylester (13^2-Methoxycarbonyl-phytoporphyrin; S. 3234) beim Hydrieren an Palladium in Ameisensäure und anschliessenden Verestern (*Fischer, Hasenkamp,* A. **515** [1935] 148, 161). Aus Phäoporphyrin-a$_5$-dimethylester (S. 3235) mit Hilfe von Aluminiumisopropylat (*Fischer et al.,* A. **545** [1940] 154, 172) oder $NaBH_4$ (*Holt,* Plant Physiol. **34** [1959] 310, 313). Aus dem Eisen(III)-Komplex des Isochloroporphyrin-e$_4$-dimethylesters (15^1-Methoxycarbonyl-phylloporphyrin-methylester; S. 3011) und Äthyl-dichlormethyl-äther mit Hilfe von $SnBr_4$ und Behandeln des erhaltenen Eisen(III)-Komplexes mit konz. H_2SO_4 (*Fischer, Kellermann,* A. **524** [1936] 25, 28).

Kristalle (aus Acn.); F: 283° (*Fischer, Grassl,* A. **517** [1935] 1, 19). λ_{max} in einem Pyridin-Äther-Gemisch (425–625 nm): *Fi., Ha.*; *Fi., Gr.*; in methanol. KOH (435–625 nm): *Fi., Ha.*

Eisen(III)-Komplex $Fe(C_{36}H_{38}N_4O_5)Cl$. Kristalle (aus $CHCl_3$ oder Py.+Eg.+NaCl); F: 284° [korr.; Zers.] (*Fischer, Laubereau,* A. **535** [1938] 17, 35).

Hydroxycarbonsäuren $C_nH_{2n-34}N_4O_5$

12-Methoxy-11-[(3*R*,16*S*)-16-methoxycarbonyl-17-nor-vobasan-3-yl]-ibogamin-18-carbonsäure-methylester, Voacamidin $C_{43}H_{52}N_4O_5$, Formel IX.

Konstitution und Konfiguration: *Renner, Fritz,* Tetrahedron Letters **1964** 283, 284; s. a. *Büchi et al.,* Am. Soc. **86** [1964] 4631, 4637.

Isolierung aus Rinde von Voacanga africana: *Renner,* Experientia **13** [1957] 468.

Kristalle (aus Bzl.); F: 128–130° [Zers.]; $[\alpha]_D^{24}$: −174,5° [$CHCl_3$] (*Re.*). IR-Banden (KBr; sowie $CHCl_3$; 2,8–14,8 μ): *Re.* λ_{max} (Me.): 227,5 nm und 292,5 nm (*Re.*).

Dihydrochlorid $C_{43}H_{52}N_4O_5 \cdot 2HCl$. Kristalle (aus Acn.+Me.); F: 265–267° [Zers.]; $[\alpha]_D^{16,5}$: −166,5° [Me.] (*Re.*).

Dihydrobromid $C_{43}H_{52}N_4O_5 \cdot 2HBr$. Kristalle (aus Acn.) mit 0,5 Mol H_2O; F: 265–266° [Zers.]; $[\alpha]_D^{22}$: −144° [Me.] (*Re.*).

Dihydrojodid $C_{43}H_{52}N_4O_5 \cdot 2HI$. Kristalle (aus Acn.) mit 0,5 Mol H_2O; F: 263–264° [Zers.]; $[\alpha]_D^{26}$: −142° [Me.] (*Re.*).

13-Methoxy-12-[(3*R*,16*S*)-16-methoxycarbonyl-17-nor-vobasan-3-yl]-ibogamin-18-carbonsäure-methylester, Conoduramin $C_{43}H_{52}N_4O_5$, Formel X.

Konstitution und Konfiguration: *Renner, Fritz,* Tetrahedron Letters **1964** 283, 286.

Isolierung aus Wurzelrinde von Conopharyngia durissima: *Renner et al.,* Helv. **42** [1959]

1572, 1577.

Kristalle (aus Me. + Acn.); Zers. bei 215–217° [korr.; rasches Erhitzen; auf 210° vorgeheizter App.]; $[\alpha]_D^{23}$: −77,5° [$CHCl_3$; c = 1] (*Re. et al.*, l. c. S. 1580). IR-Spektrum (KBr; 2,5–15,5 μ): *Re. et al.*, l. c. S. 1579. λ_{max} (Me.): 228 nm, 287 nm und 294,5 nm (*Re. et al.*). Scheinbare Dissoziationsexponenten pK'_{a1} und pK'_{a2} (wss. 2-Methoxy-äthanol [80%ig]; potentiometrisch ermittelt): 5,40 bzw. 7,00 (*Re. et al.*). Verteilung zwischen einem Benzol-Äther-Gemisch und einer wss. Lösung vom pH 4: *Re. et al.*

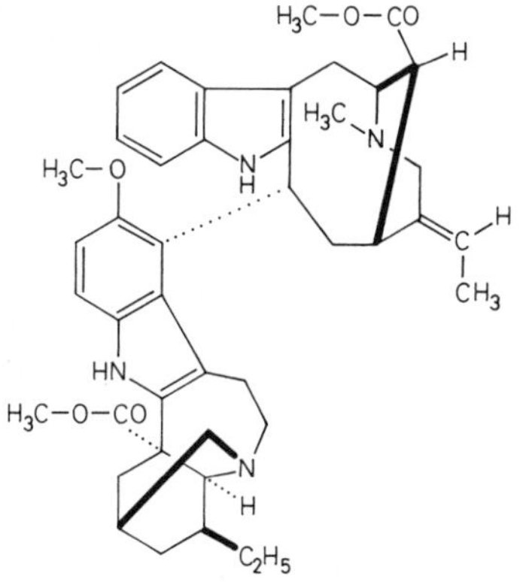

12-Methoxy-13-[(3*R*,16*S*)-16-methoxycarbonyl-17-nor-vobasan-3-yl]-ibogamin-18-carbonsäure-methylester, Voacamin, Voacanginin $C_{43}H_{52}N_4O_5$, Formel XI.

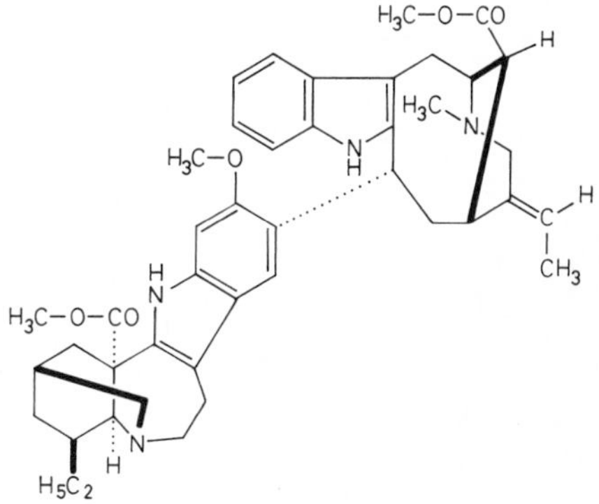

Konstitution und Konfiguration: *Büchi et al.*, Am. Soc. **86** [1964] 4631; *Budzikiewicz et al.*, Bl. **1963** 1899, 1900; *Thomas, Biemann,* Am. Soc. **87** [1965] 5447.

Isolierung aus Stammrinde und Wurzeln von Voacanga africana: *La Barre, Gillo,* C. r. Soc. Biol. **149** [1955] 1075; *Labor. Gobey,* U.S.P. 2823204 [1956]; *Sorelux S.A., Oletta S.A.,* U.S.P. 2866784 [1956]; *Percheron,* A. ch. [13] **4** [1959] 303, 336; *Stauffacher, Seebeck,* Helv. **41** [1958] 169, 176; *Rao,* J. org. Chem. **23** [1958] 1455; aus Rinde von Stemmadenia donnell-smithii: *Walls et al.,* Tetrahedron **2** [1958] 173, 182.

Kristalle (aus Acn. + Me.); F: 222–223° [korr.; Zers.; evakuierte Kapillare] (*Labor. Gobey*; *Pe.*, l. c. S. 319, 345). $[\alpha]_D^{20}$: −52° [$CHCl_3$; c = 1] (*Labor. Gobey*; *Pe.*, l. c. S. 320). IR-Spektrum (Nujol; 2–16 μ bzw. 2–9 μ): *Janot et al.*, C. r. **244** [1957] 1955; *Pe.*, l. c. S. 357. UV-Spektrum (A.; 210–320 nm): *Ja. et al.* λ_{max} (A.): 225 nm und 295 nm (*Pe.*, l. c. S. 320) bzw. 225 nm, 286 nm und 292 nm (*Wa. et al.*). Scheinbare Dissoziationsexponenten pK'_{a1} und pK'_{a2} (H_2O; potentiometrisch ermittelt): 5,45 bzw. 7,14 (*Pe.*, l. c. S. 320).

Überführung in Desmethoxycarbonyl-epivoacamin (S. 3142): *Pe.*, l. c. S. 345, 347; *Bü. et al.*

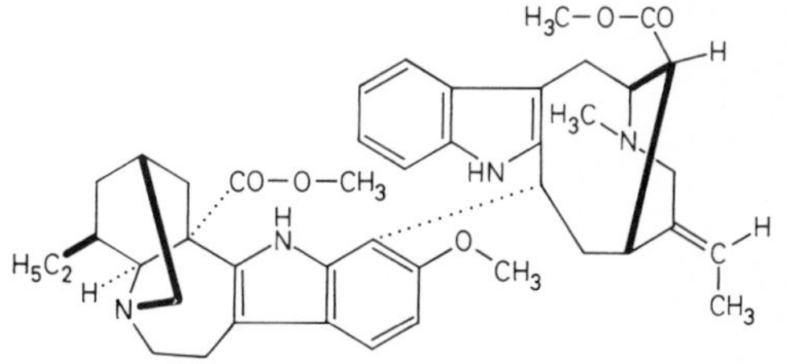

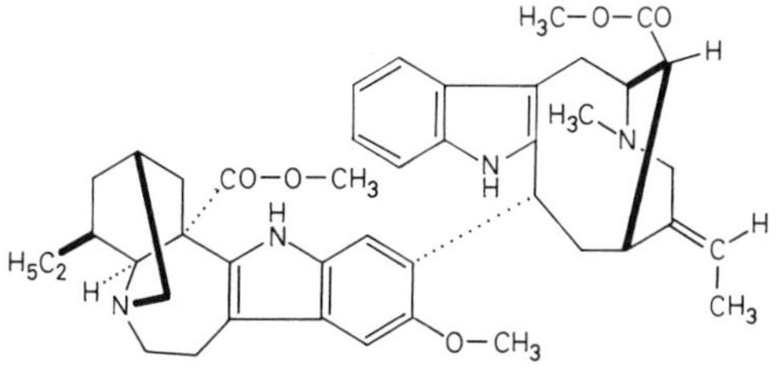

13-Methoxy-14-[(3*R*,16*S*)-16-methoxycarbonyl-17-nor-vobasan-3-yl]-ibogamin-18-carbonsäure-methylester, Conodurin $C_{43}H_{52}N_4O_5$, Formel XII.

Konstitution und Konfiguration: *Renner, Fritz,* Tetrahedron Letters **1964** 283, 285.

Isolierung aus Wurzelrinde von Conopharyngia durissima: *Renner et al.*, Helv. **42** [1959] 1572, 1577.

Kristalle (aus Me. + Acn.); F: 222–225° [korr.; Zers. ab 200°]; $[\alpha]_D^{23}$: –101° [$CHCl_3$; c = 1] (*Re. et al.*, l. c. S. 1580). IR-Spektrum (KBr; 2,5–15,5 μ): *Re. et al.*, l. c. S. 1579. λ_{max} (Me.): 225 nm, 285 nm und 292,5 nm (*Re. et al.*). Verteilung zwischen einem Benzol-Äther-Gemisch und einer wss. Lösung vom pH 4,1: *Re. et al.*

4. Hydroxycarbonsäuren mit 6 Sauerstoff-Atomen

Hydroxycarbonsäuren $C_nH_{2n-10}N_4O_6$

5,5′-Diacetoxy-1,1′-diphenyl-1*H*,1′*H*-[4,4′]bipyrazolyl-3,3′-dicarbonsäure-diäthylester $C_{28}H_{26}N_4O_8$, Formel XIII.

B. Beim Erhitzen von 5,5′-Dioxo-1,1′-diphenyl-2,5,2′,5′-tetrahydro-1*H*,1′*H*-[4,4′]bipyrazolyl-3,3′-dicarbonsäure-diäthylester mit Acetanhydrid (*Ohle, Melkonian,* B. **74** [1941] 398, 408).

Kristalle (aus Eg.); F: 169°.

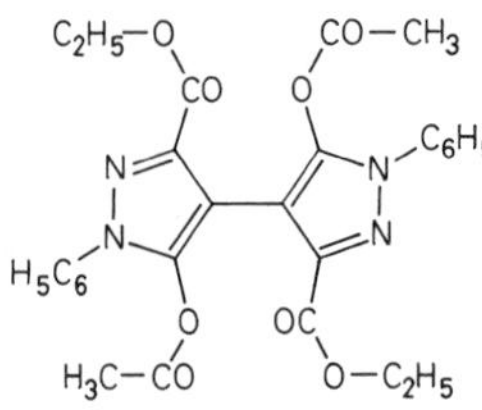

XIII

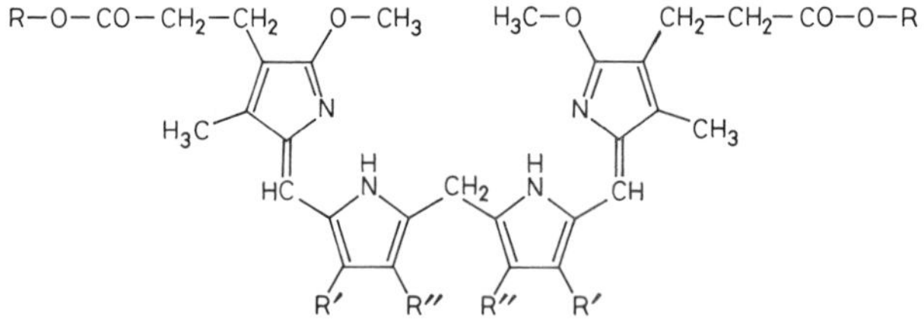

XIV

Hydroxycarbonsäuren $C_nH_{2n-26}N_4O_6$

3,3′-[1,19-Dimethoxy-3,7,13,17-tetramethyl-10,23-dihydro-22*H*-bilin-2,18-diyl]-di-propionsäure-dimethylester, *O,O′*-Dimethyl-deuterobilirubin-IIIγ-dimethylester $C_{33}H_{40}N_4O_6$, Formel XIV (R = R′ = CH_3, R″ = H) und Taut.

B. Aus 3-[2-Methoxy-4-methyl-5-(3-methyl-pyrrol-2-ylmethylen)-5*H*-pyrrol-3-yl]-propionsäure (E III/IV **25** 1214) beim Behandeln mit Formaldehyd und wss. HCl und anschliessenden Verestern mit Diazomethan (*Fischer, Fries,* Z. physiol. Chem. **231** [1935] 231, 252).

Hellgelbe Kristalle (aus $CHCl_3$ + Me.); F: 113°.

3,3′-[7,13-Diäthyl-1,19-dimethoxy-3,17-dimethyl-10,23-dihydro-22*H*-bilin-2,18-diyl]-di-propionsäure-dimethylester $C_{35}H_{44}N_4O_6$, Formel XIV (R = CH_3, R′ = C_2H_5, R″ = H) und Taut. (in der Literatur als „Äthyldeuterobilirubin-IIIγ-dimethylester-dimethyläther" bezeichnet).

B. Analog der vorangehenden Verbindung (*Fischer, Fries,* Z. physiol. Chem. **231** [1935] 231, 254).

Hellgelb; F: 282–285°.

3,3′-[3,17-Diäthyl-1,19-dimethoxy-2,7,13,18-tetramethyl-10,23-dihydro-22*H*-bilin-8,12-diyl]-di-propionsäure, *O,O′*-Dimethyl-mesobilirubin-XIIIα $C_{35}H_{44}N_4O_6$, Formel XV (R = H, R′ = CH_3, R″ = C_2H_5) und Taut.

B. Aus *O*-Methyl-neoxanthobilirubinsäure (E III/IV **25** 1216) beim Behandeln mit Formaldehyd und wss. HCl (*Siedel, Fischer,* Z. physiol. Chem. **214** [1933] 145, 170).

Gelbe Kristalle (aus Me. oder Py. + Me. + H_2O); F: 193° [Zers. ab 160°].

Dihydrochlorid $C_{35}H_{44}N_4O_6 \cdot 2HCl$. Rote Kristalle (aus Me.); F: 295° [Grünfärbung bei 180–190°].

Dimethylester $C_{37}H_{48}N_4O_6$. Gelbe Kristalle (aus Me.); F: 144°.

3,3'-[2,17-Diäthyl-1,19-dimethoxy-3,7,13,18-tetramethyl-10,23-dihydro-22*H*-bilin-8,12-diyl]-dipropionsäure-dimethylester, *O,O'*-Dimethyl-mesobilirubin-IXα-dimethylester $C_{37}H_{48}N_4O_6$, Formel XV (R = R'' = CH_3, R' = C_2H_5) und Taut.

B. Aus *O,O'*-Dimethyl-bilirubin-IXα-dimethylester (S. 3157) bei der Hydrierung an Palladium in Aceton und Methanol (*Fischer et al.*, Z. physiol. Chem. **268** [1941] 197, 218).

Kristalle (aus Me.); F: 132°.

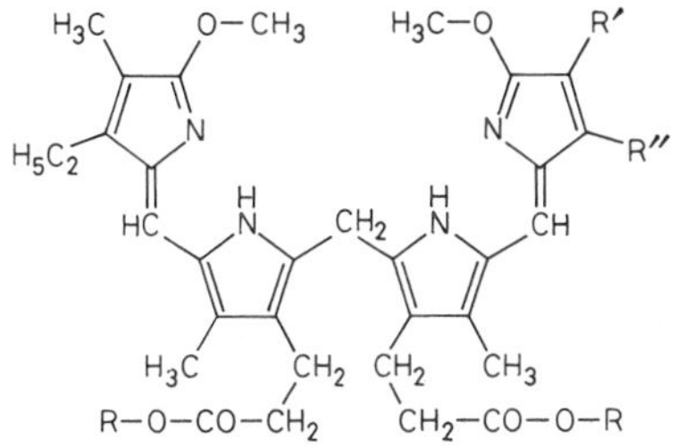

XV

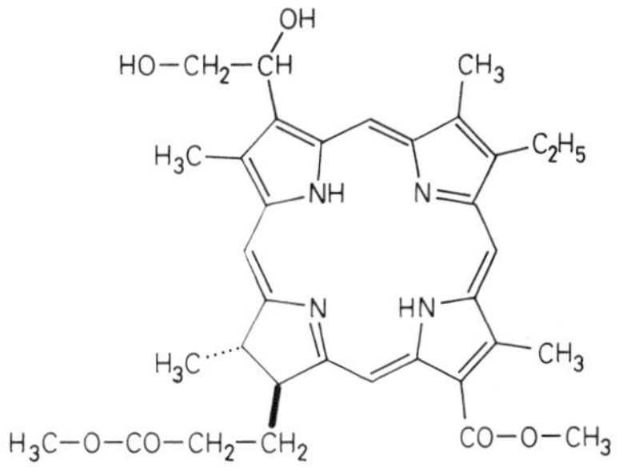

I

3,3'-[8,12-Diäthyl-1,19-dimethoxy-3,7,13,17-tetramethyl-10,23-dihydro-22*H*-bilin-2,18-diyl]-dipropionsäure, *O,O'*-Dimethyl-mesobilirubin-IIIγ $C_{35}H_{44}N_4O_6$, Formel XIV (R = H, R' = CH_3, R'' = C_2H_5) und Taut.

B. Aus 3-[5-(4-Äthyl-3-methyl-pyrrol-2-ylidenmethyl)-2-methoxy-4-methyl-pyrrol-3-yl]-propionsäure (E III/IV **25** 1215) beim Behandeln mit Formaldehyd und wss. HCl (*Fischer, Fries*, Z. physiol. Chem. **231** [1935] 231, 256).

Hellgelbe Kristalle (aus $CHCl_3$ + PAe.); F: 212° [Zers. ab 190°].

Dihydrochlorid $C_{35}H_{44}N_4O_6 \cdot 2HCl$. Rote Kristalle (aus Me.); F: 198–200° [Zers. ab 170°].

Dimethylester $C_{37}H_{48}N_4O_6$. Hellgelbe Kristalle (aus Ae.); F: 164°.

Hydroxycarbonsäuren $C_nH_{2n-28}N_4O_6$

(17*S*)-7-Äthyl-12-[(Ξ)-1,2-dihydroxy-äthyl]-18*t*-[2-methoxycarbonyl-äthyl]-3,8,13,17*r*-tetramethyl-17,18-dihydro-porphyrin-2-carbonsäure-methylester, (3^1Ξ)-3^1,3^2-Dihydroxy-rhodochlorin-dimethylester $C_{34}H_{40}N_4O_6$, Formel I und Taut. (in der Literatur als 2-Glykol-rhodochlorin-methylester bezeichnet).

B. Aus 3^1,3^2-Didehydro-rhodochlorin-dimethylester (S. 3010) mit Hilfe von OsO_4 in Pyridin und Äther (*Fischer, Pfeiffer*, A. **556** [1944] 131, 153).

Kristalle (aus Ae.); F: 233°. λ_{max} (Ae.; 430–675 nm): *Fi., Pf.*

3-[(2*S*)-13-Äthyl-5-chlor-8-((Ξ)-1,2-dihydroxy-äthyl)-20-methoxycarbonylmethyl-3*t*,7,12,17-tetramethyl-2,3-dihydro-porphyrin-2*r*-yl]-propionsäure-methylester, (3^1Ξ)-20-Chlor-3^1,3^2-dihydroxy-15^1-methoxycarbonyl-phyllochlorin-methylester $C_{35}H_{41}ClN_4O_6$, Formel II und Taut.

Diese Konstitution kommt wahrscheinlich der von *Fischer, Kahr* (A. **531** [1937] 209, 212) als 3-[13-Äthyl-8-(1,2-dihydroxy-äthyl)-17,18-dihydroxy-20-methoxycarbonylmethyl-3,7,12,17-tetramethyl-17,18-dihydro-porphyrin-2-yl]-propionsäure-methylester („2-Desvinyl-2-glykolyl-5,6-dioxy-isochlorin-e_4-dimethylester“) $C_{35}H_{42}N_4O_8$

formulierten Verbindung zu (vgl. diesbezüglich *Woodward, Škarič,* Am. Soc. **83** [1961] 4676; *Treibs,* Das Leben und Wirken von Hans Fischer [München 1971] S. 420).

B. In geringer Menge aus Isochlorin-e$_4$-dimethylester (15^1-Methoxycarbonyl-3^1,3^2-didehydro-phyllochlorin-methylester; S. 3013) beim Behandeln mit $KMnO_4$ in Pyridin, mit HCl und Äther und mit Diazomethan (*Fi., Kahr,* l. c. S. 230).

Kristalle (aus Acn. + Me.); F: 192° [Zers.] (*Fi., Kahr*). λ_{max} (Py. + Ae.; 445 – 700 nm): *Fi., Kahr.*

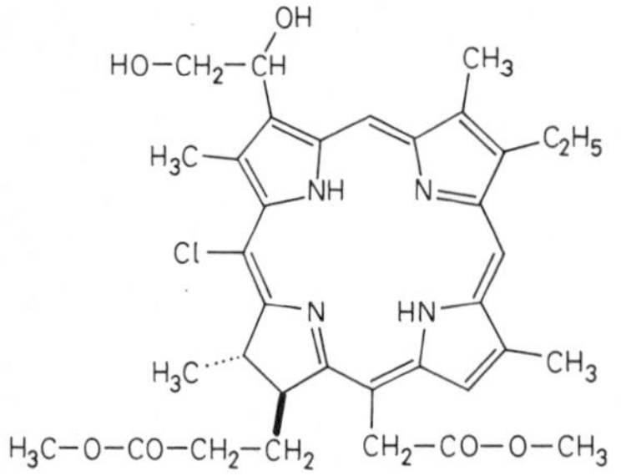

(±)-3,3′-[7,12(oder 8*t*,13)-Diäthyl-7*r*,8*c*-dihydroxy-3,8*t*,13,17(oder 3,7,12,17)-tetramethyl-7,8-dihydro-porphyrin-2,18-diyl]-di-propionsäure-dimethylester(?) $C_{36}H_{44}N_4O_6$, vermutlich Formel III ($R = C_2H_5$, $R' = CH_3$ oder $R = CH_3$, $R' = C_2H_5$) + Spiegelbild und Taut. (in der Literatur als Dioxymesochlorin-dimethylester bezeichnet).

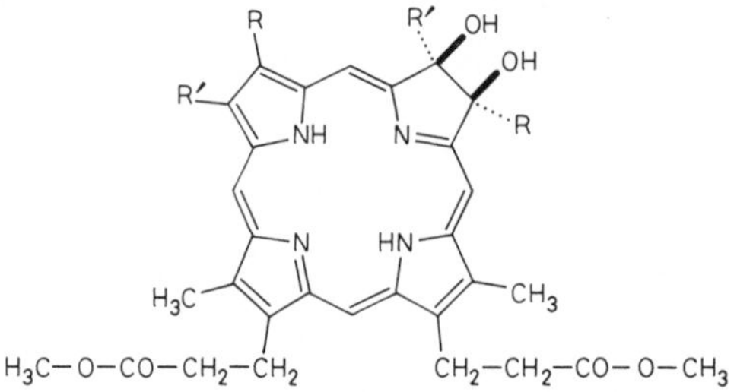

B. Aus Mesoporphyrin (S. 3018) mit Hilfe von OsO_4 (*Fischer, Pfeiffer,* A. **556** [1944] 131, 133, 146).

Kristalle (aus Ae.); F: 212° (*Fi., Pf.*). λ_{max} (Ae.; 430 – 650 nm): *Fi., Pf.*

Beim Behandeln mit konz. H_2SO_4 [SO_3 enthaltend] und anschliessenden Verestern ist eine Anhydro-Verbindung $C_{36}H_{42}N_4O_5$ (Kristalle [aus Ae.]; F: 214°; λ_{max} [Ae.; 440 – 645 nm]; Zink-Komplex $ZnC_{36}H_{40}N_4O_5$: rotviolette Kristalle [aus Ae.], F: 236°, λ_{max} [Ae.; 435 – 645 nm]; bezüglich der Konstitution vgl. *Bonnett et al.,* Soc. [C] **1969** 564) erhalten worden (*Fi., Pf.,* l. c. S. 147, 150).

Hydroxycarbonsäuren $C_nH_{2n-30}N_4O_6$

3,3′-[7,12-Bis-methoxymethyl-3,8,13,17-tetramethyl-porphyrin-2,18-diyl]-di-propionsäure-dimethylester, 3,8-Bis-methoxymethyl-deuteroporphyrin-dimethylester $C_{36}H_{42}N_4O_6$, Formel IV und Taut. (in der Literatur als 2,4-Di-(oxymethyl)-deuteroporphyrin-dimethylester-dimethyläther bezeichnet).

B. Aus Deuterohämin (S. 2993) beim Behandeln mit Chlormethyl-methyl-äther und $SnCl_4$ und Behandeln des erhaltenen Eisen(III)-Komplexes des 3,8-Bis-hydroxymethyl-deuteroporphyrins (Mono-*O*-acetyl-Derivat $C_{34}H_{36}N_4O_7$; $Fe(C_{34}H_{34}N_4O_7)Cl$: Kristalle [aus Eg.], die unterhalb 270° nicht schmelzen, λ_{max} [Py. + $N_2H_4 \cdot H_2O$; 440 – 555 nm]) mit HBr in Essigsäure, mit Methanol und mit methanol. KOH (*Fischer, Riedl,* A. **482** [1930] 214, 218).

Kristalle (aus $CHCl_3$ + Me.); F: 215° [nach Sintern ab 202°] (*Fi., Ri.,* A. **482** 219). λ_{max} ($CHCl_3$ sowie $CHCl_3$ + Ae.; 440 – 630 nm): *Fi., Ri.,* A. **482** 220.

Überführung in 3,3′-[7,12-Bis-acetoxymethyl-3,8,13,17-tetramethyl-porphyrin-2,18-diyl]-di-propionsäure-dimethylester(?), 3,8-Bis-acetoxymethyl-deuteroporphyrin-dimethylester(?) $C_{38}H_{42}N_4O_8$ (Kupfer(II)-Komplex $CuC_{38}H_{40}N_4O_8$: Kristalle [aus Eg.], F: ca. 220° [nach Sintern ab 180°], λ_{max} [$CHCl_3$]: 526,6 nm und 564,9 nm): *Fischer, Riedl,* A. **486** [1931] 178, 180, 189.

Eisen(III)-Komplex $Fe(C_{36}H_{40}N_4O_6)Cl$. Kristalle (aus Eg.); F: 241° (*Fi., Ri.,* A. **482** 220). λ_{max} (Py. + $N_2H_4 \cdot H_2O$; 440 – 555 nm): *Fi., Ri.,* A. **482** 221.

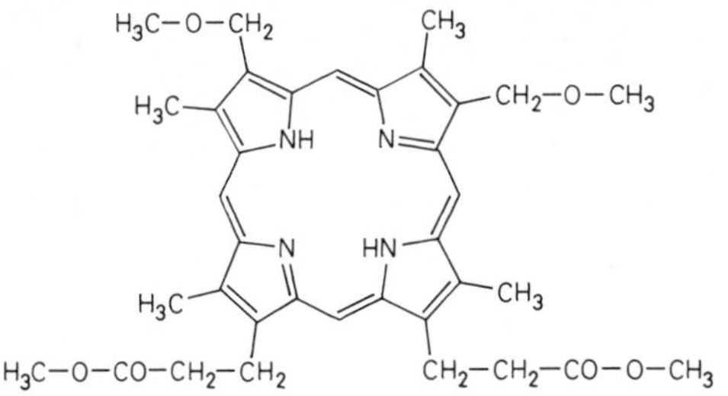

3,3'-[1,19-Dimethoxy-2,7,13,17-tetramethyl-3,18-divinyl-10,23-dihydro-22*H*-bilin-8,12-diyl]-di-propionsäure-dimethylester, *O,O'*-Dimethyl-bilirubin-IXα-dimethylester $C_{37}H_{44}N_4O_6$, Formel V und Taut.

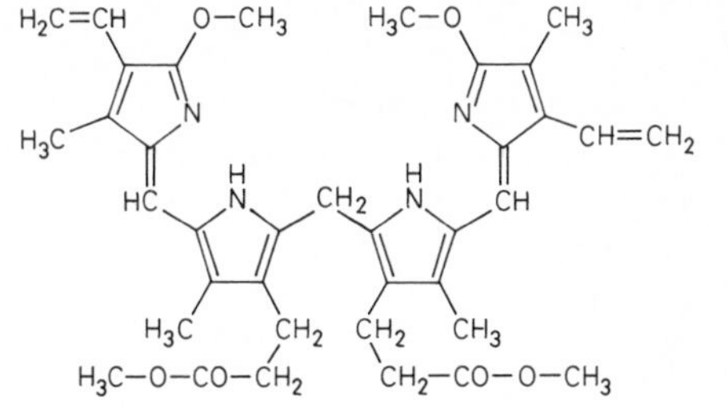

Bestätigung der Konstitution: *Kuenzle et al.*, Biochem. J. **133** [1973] 357, 359.

B. Neben der Mono-*O*-methyl-Verbindung (S. 3328) aus dem Ammonium-Salz des Bilirubins-IXα (S. 3268) und Diazomethan (*Fischer et al.*, Z. physiol. Chem. **268** [1941] 197, 217; s. a. *Arichi*, J. Okayama med. Soc. **71** [1959] 7065, 7066; C. A. **1960** 24970).

Kristalle (aus Me.); F: 156° (*Fi. et al.*). Absorptionsspektrum ($CHCl_3$ sowie Me.; 400–600 nm): *Ar.*, l. c. S. 7068. [*Schomann*]

Hydroxycarbonsäuren $C_{34}H_{38}N_4O_6$

3,3'-[7,12-Bis-(1-hydroxy-äthyl)-3,8,13,17-tetramethyl-porphyrin-2,18-diyl]-di-propionsäure, Hämatoporphyrin $C_{34}H_{38}N_4O_6$, Formel VI (R = R' = H) und Taut.

a) Opt.-akt. Präparat; Hämatoporphyrin-c.

Eisen(III)-Komplex $Fe(C_{34}H_{36}N_4O_6)Cl$; Hämatohämin-c. *B.* Aus Cytochrom-c mit Hilfe von Ag_2SO_4 in wss. Essigsäure (*Paul*, Acta chem. scand. **5** [1951] 389, 391). – Absorptionsspektrum (Me.; 360–700 nm): *Paul*, l. c. S. 393.

Über zwei als *O*-Methyl-hämatoporphyrin-c-dimethylester $C_{37}H_{44}N_4O_6$ angesehene Präparate (Kristalle [aus $CHCl_3$+Me.]; F: 110° bzw. F: 203–206°) s. *Paul*, l. c. S. 394.

O,O'-Dimethyl-hämatoporphyrin-c-dimethylester $C_{38}H_{46}N_4O_6$; 3,3'-[7,12-Bis-(1-methoxy-äthyl)-3,8,13,17-tetramethyl-porphyrin-2,18-diyl]-di-propionsäure-dimethylester. Kristalle (aus $CHCl_3$+Me.); F: 145° (*Paul*, l. c. S. 394). Über das optische Drehungsvermögen in Dioxan und in Essigsäure s. *Paul*, l. c. S. 396. IR-Spektrum (Paraffinöl; 3800–600 cm^{-1}): *Paul*, l. c. S. 396. Absorptionsspektrum (Dioxan; 360–700 nm): *Paul*, l. c. S. 393. λ_{max} ($CHCl_3$, wss. Py. sowie wss. HCl; 500–630 nm): *Paul*, l. c. S. 397.

b) Opt.-inakt. Präparate; **Hämatoporphyrin,** Hämatoporphyrin-IX.

Konstitution: *Fischer, Zeile*, A. **468** [1929] 98, 106.

Zusammenfassende Darstellungen: *H. Fischer, H. Orth*, Die Chemie des Pyrrols, Bd. 2, Tl. 1 [Leipzig 1937] S. 417–429; *DiNello, Chang*, in *D. Dolphin*, The Porphyrins, Bd. 1 [New York 1978] S. 289, 297.

B. Beim Behandeln von Hämin (S. 3048) mit HBr in Essigsäure und anschliessend mit H_2O (*Nencki, Zaleski*, Z. physiol. Chem. **30** [1900] 384, 423; *Willstätter, Fischer*, Z. physiol. Chem. **87** [1913] 423, 461; *Fischer, Röse*, B. **46** [1913] 2460, 2465). Beim Erwärmen von Hämin mit HCl in Essigsäure und anschliessenden Behandeln mit H_2O (*Fischer et al.*, Z. physiol. Chem. **84** [1913] 262, 281). Beim Behandeln von Hämin mit konz. H_2SO_4 und anschliessend mit H_2O (*Hamsík*, Z. physiol. Chem. **84** [1913] 60, 61). Beim Behandeln von Protoporphyrin-dimethylester (S. 3052) mit HBr in Essigsäure und anschliessend mit H_2O (*Fischer, Lindner*, Z. physiol. Chem. **142** [1925] 141, 151, **145** [1925] 202, 214). Beim Erwärmen von $3^1,8^1$-Dioxo-mesoporphyrin-dimethylester (Diacetyldeuteroporphyrin-IX-dimethylester; S. 3279) mit äthanol. KOH (*Fischer, Zeile*, A. **468** [1929] 98, 112). – Reinigung: *Wi., Fi.*, l. c. S. 439, 462; *Schumm*, Z. physiol. Chem. **170** [1927] 1, 11; *Granick, Bogorad*, J. biol. Chem. **202** [1953]

781, 785; *Granick et al.*, J. biol. Chem. **202** [1953] 801, 805.

Violette, in der Durchsicht rotbraune Kristalle (*Willstätter, Fischer,* Z. physiol. Chem. **87** [1913] 423, 462). Netzebenenabstände: *Haurowitz,* B. **68** [1935] 1795, 1796. IR-Spektrum (Py.; 0,7–2,2 μ): *Merkelbach,* Z. angew. Phot. **1** [1939] 33, 40 Anm., 41. Absorptionsspektrum in Äthanol (480–640 nm): *Goto,* Bio. Z. **135** [1923] 329, 332; *Téthi,* Bio. Z. **192** [1928] 105, 110; *Zilzer,* Bio. Z. **192** [1928] 118, 119; *Leikola,* Bio. Z. **223** [1930] 436, 437; in einem Äthanol-Pyridin-Gemisch (450–800 nm): *Krasnovsky,* J. Chim. phys. **55** [1958] 968, 972; in einem Äthanol-Essigsäure-Gemisch (480–620 nm): *Goto,* l. c. S. 333; in $CHCl_3$ (250–490 nm): *Marchlewski, Moroz,* Bl. [4] **35** [1924] 705, 708; in Essigsäure, wss. HCl, wss. Lösungen vom pH 2–8 und wss. NaOH (300–440 nm): *Bandow,* Ber. naturforsch. Ges. Freiburg i. Br. **35** [1937] 120, 122; in wss. Lösungen vom pH 9,6–11,5 (200–440 nm): *Ruggieri,* Boll. chim. farm. **96** [1957] 287, 288; in wss. NaOH (510–630 nm): *Le.*; in wss. KOH (500–630 nm): *Té.*, l. c. S. 111; *Zi.*, l. c. S. 119, 120; in wss. NH_3 (510–630 nm): *Té.*; in alkal. wss. Lösung (210–500 nm): *Hausmann, Krumpel,* Bio. Z. **186** [1927] 203, 211; in äthanol. NH_3 (480–630 nm): *Goto*; in wss. Lösung vom pH 3,5 (200–440 nm): *Ru.*; in wss. HCl (220–550 nm): *Ma., Mo.*; *Ha., Kr.*; s. a. *Adams,* Biochem. J. **30** [1936] 2016, 2019; in wss.-äthanol. HCl verschiedener Konzentration (500–620 nm): *Goto,* l. c. S. 342; *Té.*, l. c. S. 115, 116. λ_{max} in wenig Essigsäure enthaltendem Äther (470–630 nm): *Fischer, Zeile,* A. **468** [1929] 98, 114; in Pyridin, wss. Lösungen vom pH 1–11 und äthanol. HCl (370–420 nm): *Holden,* Austral. J. exp. Biol. med. Sci. **15** [1937] 409, 411; in wss. und wss.-äthanol. KOH verschiedener Konzentration (490–630 nm): *Kajdi,* Bio. Z. **165** [1925] 475, 485; in wss. HCl [2,5%ig] (530–600 nm): *Fischer, Lindner,* Z. physiol. Chem. **168** [1927] 152, 164; in wss. HCl [25%ig] (400–600 nm bzw. 510–600 nm): *Schumm,* Z. physiol. Chem. **90** [1914] 1, 9–11, 27; *Treibs,* A. **476** [1929] 1, 12; in wss. und wss.-äthanol. HCl verschiedener Konzentration (540–600 nm): *Ka.*, l. c. S. 482; in wss. und wss.-äthanol. H_2SO_4 verschiedener Konzentration (540–600 nm): *Ka.*

Fluorescenzspektrum in Äthanol, Essigsäure, wss. NaOH und sauren wss. Lösungen (580–680 nm) sowie in wss. HCl (460–680 nm): *Bandow, Klaus,* Z. physiol. Chem. **238** [1936] 1, 5, 9; in Dioxan und wss. NaOH (600–710 nm): *Bandow,* Z. physik. Chem. [B] **39** [1938] 155, 157; in Glycerin (430–690 nm) und wss. NH_3 (550–690 nm): *Rafalowski,* Z. Phys. **71** [1931] 798, 800, 802. Fluorescenzmaxima in Pyridin (610–700 nm): *Dhéré, Bois,* C. r. **183** [1926] 321; in wss. H_2SO_4 (590–660 nm): *Ba.*, l. c. S. 163. Relative Intensität der Fluorescenz in wss. Lösungen vom pH 2–8: *Fink, Hoerburger,* Z. physiol. Chem. **225** [1934] 49, 53. Abklingzeit der Fluorescenz in Äthanol und in Pyridin: *Dmitriewškiĭ et al.*, Doklady Akad. S.S.S.R. **114** [1957] 751; Doklady biol. Sci. Sect. **112–117** [1957] 468. Elektrische Leitfähigkeit bei 70–130°: *Wartanjan,* Izv. Akad. S.S.S.R. Ser. fiz. **20** [1956] 1541, 1544, 1545; engl. Ausg. S. 1412, 1414, 1415; Doklady Akad. S.S.S.R. **143** [1962] 1317; Soviet Physics Doklady **7** [1962] 332. Polarographisches Halbstufenpotential (wss. Lösung): *Theorell,* Bio. Z. **298** [1938] 242, 259.

Verteilung zwischen Äther und wss. HCl [0,04–0,3%ig]: *Keys, Brugsch,* Am. Soc. **60** [1938] 2135, 2138. Oberflächenspannung von wss. Lösungen vom pH 3–4 und vom pH 8–9: *Yusawa,* J. Biochem. Tokyo **22** [1935] 49, 68. Druck-Fläche-Beziehung und Oberflächenpotential monomolekularer Schichten auf wss. H_2SO_4 [0,01 n]: *Alexander,* Soc. **1937** 1813, 1814.

Dihydrochlorid $C_{34}H_{38}N_4O_6 \cdot 2HCl$. Rote Kristalle (*Willstätter, Fischer,* Z. physiol. Chem. **87** [1913] 423, 465; s. a. *Fischer et al.*, Z. physiol. Chem. **185** [1929] 33, 44). λ_{max} (Kristalle): 557 nm, 580 nm und 600 nm (*Treibs,* A. **476** [1929] 1, 12).

Kupfer(II)-Komplex $CuC_{34}H_{36}N_4O_6$. Purpurrotes Pulver (*Schultze et al.*, J. biol. Chem. **106** [1934] 735, 738). Absorptionsspektrum (wss. A.? [510–580 nm] bzw. wss. Na_2CO_3 [500–600 nm]): *Müller, Brugsch,* Bio. Z. **330** [1958] 85, 86; *Sch. et al.*, l. c. S. 741.

Silber(I)-Verbindung $Ag_2C_{34}H_{36}N_4O_6$. Dunkelviolettes Pulver (*Küster,* Z. physiol. Chem. **86** [1913] 51, 64).

Zink-Komplex. Absorptionsspektrum (wss. A.?; 490–590 nm): *Müller, Brugsch,* Bio. Z. **330** [1958] 85, 86. Fluorescenzmaxima (A.; 570–650 nm): *Dhéré et al.*, C. r. **179** [1924] 1356.

Eisen(II)-Komplex; Hämatohäm. Verbindung mit 2 Mol Hydroxid. Stabilitätskonstante (wss. NaOH) bei 20°: *Keilin,* Biochem. J. **45** [1949] 448, 450. – Verbindung mit Pyridin. Absorptionsspektrum (wss. NaOH; 500–650 nm): *Paul,* Acta chem. scand. **12** [1958] 1611, 1617. λ_{max} (Py.): 518 nm und 549 nm (*Haurowitz,* Z. physiol. Chem. **169** [1927] 235, 247). – Verbindung mit Cyanid. λ_{max} (wss. KOH): 529 nm und 560 nm (*Schumm,* Z. physiol. Chem. **156** [1926] 268).

Eisen(III)-Komplex $Fe(C_{34}H_{36}N_4O_6)Cl$; Hämatohämin. Herstellung aus Hämatoporphyrin (s. o.): *Zeile,* Z. physiol. Chem. **189** [1930] 127, 144; aus *O,O'*-Dimethyl-hämatoporphyrin (s. u.): *Küster, Maurer,* Z. physiol. Chem. **133** [1924] 126, 138; *Davies,* J. biol. Chem. **135** [1940] 597, 598. – Kristalle (*Kü., Ma.*); amorphes Präparat (*Ze.*; *Da.*). – Verbindungen mit Pyridin, mit α-Picolin bzw. mit Cyanid (jeweils Redoxpotential in wss. Lösungen vom pH 9,5–12): *Da.,* l. c. S. 600, 604, 605.

Kobalt(III)-Komplex. λ_{max} (wss. Eg. sowie wss. Lösungen vom pH 2–11; 520–570 nm): *McConnel et al.,* J. Pharm. Pharmacol. **5** [1953] 179, 181, 192. – Verbindungen mit Pyridin, mit 1,5,6-Trimethyl-1*H*-benzimidazol, mit 5,6-Dimethyl-1-β-D-ribopyranosyl-1*H*-benzimidazol bzw. mit 1-α-D-Arabinopyranosyl-5,6-dimethyl-1*H*-benzimidazol (jeweils λ_{max} [wss. Lösung vom pH 9; 530–580 nm]): *McC. et al.* – Cyanid. λ_{max} (wss. Eg.): 530 nm und 563 nm. – Verbindungen mit Pyridin, mit 1-β-D-Glucopyranosyl-1*H*-benzimidazol, mit 1,5,6-Trimethyl-1*H*-benzimidazol bzw. mit 1-α-D-Arabinopyranosyl-5,6-dimethyl-1*H*-benzimidazol (jeweils λ_{max} [wss. Eg.; 530–590 nm]) sowie Verbindung mit Cyanid (λ_{max} [wss. Lösung vom pH 9; 530–590 nm]): *McC. et al.*

Dipicrolonat $C_{34}H_{38}N_4O_6 \cdot 2C_{10}H_8N_4O_5$. Braune Kristalle; Zers. bei 180° (*Treibs,* A. **476** [1929] 1, 4, 40). λ_{max} der Kristalle sowie einer Lösung in Aceton unter Zusatz von Picrolonsäure (525–610 nm): *Tr.*

Diflavianat (8-Hydroxy-5,7-dinitro-naphthalin-2-sulfonat) $C_{34}H_{38}N_4O_6 \cdot 2C_{10}H_6N_2O_8S$. Braunrote Kristalle; Zers. ab 200°; λ_{max} der Kristalle: 554 nm und 597 nm (*Treibs,* A. **476** [1929] 1, 4, 40).

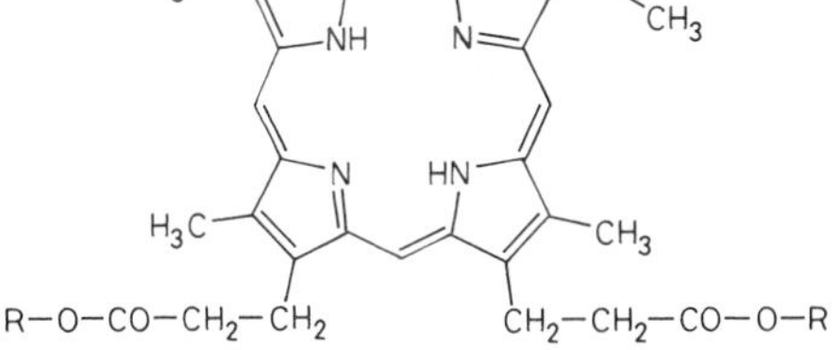

VI 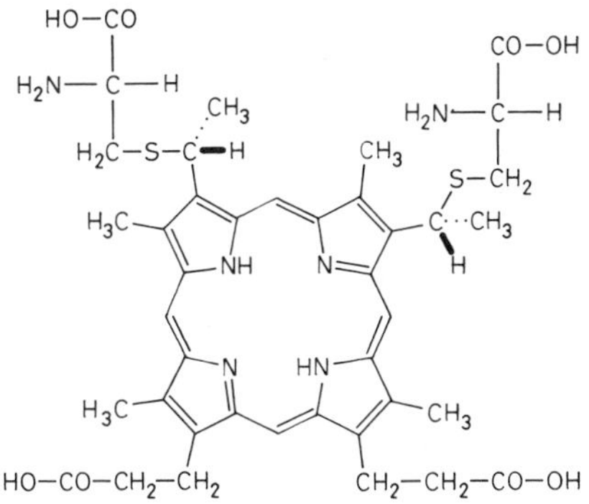 VII

***Opt.-inakt. 3,3'-[7,12-Bis-(1-methoxy-äthyl)-3,8,13,17-tetramethyl-porphyrin-2,18-diyl]-di-propionsäure, *O,O'*-Dimethyl-hämatoporphyrin** $C_{36}H_{42}N_4O_6$, Formel VI (R = H, R' = CH_3) und Taut.

B. Beim Behandeln von Hämin (S. 3048) mit HBr in Essigsäure und Behandeln des Reaktionsprodukts mit methanol. KOH (*Wittenberg, Shemin,* J. biol. Chem. **178** [1949] 47, 49; s. a. *Willstätter, Fischer,* Z. physiol. Chem. **87** [1913] 423, 474; *Küster, Bauer,* Z. physiol. Chem. **94** [1915] 172, 181; *Küster, Maurer,* Z. physiol. Chem. **133** [1924] 126, 135; *Küster, Zimmermann,* Z. physiol. Chem. **153** [1926] 125, 130).

Rotviolette Kristalle [aus Ae.] (*Kü., Ma.*; *Wi., Sh.*; s. a. *Wi., Fi.*) bzw. braunrote Kristalle [aus wss. Me.] (*Kü., Ma.*); unterhalb 270° nicht schmelzend (*Wi., Fi.*). Absorptionsspektrum (A.; 210–440 nm): *Friedli,* Bl. Soc. Chim. biol. **6** [1924] 908, 927. λ_{max} (A., Ae., alkal. wss. Lösung sowie wss. HCl; 490–630 nm): *Küster,* Z. physiol. Chem. **155** [1926] 113, 116.

Beim Erwärmen mit Essigsäure ist ein *O*-Methyl-hämatoporphyrin $C_{35}H_{40}N_4O_6$ (Kristalle [aus $CHCl_3$ + PAe.]; Dimethylester $C_{37}H_{44}N_4O_6$: dunkelrot, F: 151–152°) erhalten worden (*Kü.*, Z. physiol. Chem. **155** 116, 118).

Kupfer(II)-Komplex $CuC_{36}H_{40}N_4O_6$. Dunkelbraunrote Kristalle (*Küster*, Z. physiol. Chem. **109** [1920] 125, 128).

Silber(II)-Komplex. Silber(I)-Salz $Ag_2[AgC_{36}H_{38}N_4O_6]$. Rotbraun (*Kü.*, *Ma.*, l. c. S. 136).

Eisen(III)-Komplex $Fe(C_{36}H_{40}N_4O_6)OH$. Schwarzbraunes Pulver (*Kü.*, *Ma.*, l. c. S. 141).

Verbindung mit Chinin. Kristalle; F: 145–150° (*Treibs, Dieter*, A. **513** [1934] 65, 74, 93).

***Opt.-inakt. 3,3′-[7,12-Bis-(1-hydroxy-äthyl)-3,8,13,17-tetramethyl-porphyrin-2,18-diyl]-di-propionsäure-dimethylester, Hämatoporphyrin-dimethylester** $C_{36}H_{42}N_4O_6$, Formel VI ($R = CH_3$, $R' = H$) und Taut.

B. Beim Behandeln von Hämatoporphyrin (S. 3157) mit methanol. HCl (*Granick et al.*, J. biol. Chem. **202** [1953] 801, 805; *Fischer et al.*, Z. physiol. Chem. **185** [1929] 33, 46; s. a. *Willstätter, Fischer*, Z. physiol. Chem. **87** [1913] 423, 469).

Herstellung eines an den C-Atomen 3^1 oder/und 8^1 ^{14}C-markierten Präparats: *Bruce*, Org. Synth. Isotopes **1958** 470.

Kristalle (aus $CHCl_3$+Me.); F: 217–223° (*Gr. et al.*), 212° [korr.] (*Fi. et al.*). ^{1}H-NMR-Spektrum ($CDCl_3$): *Becker et al.*, Am. Soc. **83** [1961] 3743, 3746, 3747; s. a. *Becker, Bradley*, J. chem. Physics **31** [1959] 1413. IR-Spektrum eines festen Films (9–10 μ) sowie in Nujol (4,5–14,5 μ): *Gr. et al.*, l. c. S. 811; in Nujol (2–15 μ): *Falk, Willis*, Austral. J. scient. Res. [A] **4** [1951] 579, 587. Absorptionsspektrum (Py.; 350–650 nm): *Gr. et al.*, l. c. S. 806. λ_{max} in einem Essigsäure-Äther-Gemisch (470–630 nm): *Fi. et al.*; in $CHCl_3$ (480–630 nm): *Fischer, Schneller*, Z. physiol. Chem. **135** [1924] 253, 274.

Eisen(III)-Komplex $Fe(C_{36}H_{40}N_4O_6)Cl$; Hämatohämin-dimethylester. Braunrotes Pulver (*Küster, Maurer*, Z. physiol. Chem. **133** [1924] 126, 138). IR-Spektrum (Nujol; 2–15 μ): *Falk, Wi.*

***Opt.-inakt. 3,3′-[7,12-Bis-(1-methoxy-äthyl)-3,8,13,17-tetramethyl-porphyrin-2,8-diyl]-di-propionsäure-dimethylester, *O,O′*-Dimethyl-hämatoporphyrin-dimethylester** $C_{38}H_{46}N_4O_6$, Formel VI ($R = R' = CH_3$) und Taut. (in der Literatur auch als Tetramethylhämato-porphyrin bezeichnet).

Zusammenfassende Darstellung: *H. Fischer, H. Orth*, Die Chemie des Pyrrols, Bd. 2, Tl. 1 [Leipzig 1937] S. 425–428.

B. Aus Hämatoporphyrin [S. 3157] (*Fischer et al.*, Z. physiol. Chem. **193** [1930] 138, 156) oder Hämatoporphyrin-dimethylester [s. o.] (*Fischer et al.*, Z. physiol. Chem. **185** [1929] 33, 49) beim Behandeln mit HBr in Essigsäure und Behandeln des Reaktionsprodukts mit Methanol. Aus Hämatoporphyrin und Methanol beim Erwärmen mit HCl und H_2SO_4 (*Granick et al.*, J. biol. Chem. **202** [1953] 801, 808). Aus *O,O′*-Dimethyl-hämatoporphyrin (s. o.) und Diazomethan (*Küster, Bauer*, Z. physiol. Chem. **94** [1915] 172, 185). Aus Hämin (S. 3048) und Methanol (*Küster*, Z. physiol. Chem. **86** [1913] 51, 69). Aus Hämatohämin (S. 3159) und Methanol (*Paul*, Acta chem. scand. **5** [1951] 389, 395). Aus dem Eisen(III)-Komplex [s. u.] (*Gr. et al.*, l. c. S. 807). – Reinigung: *Gr. et al.*

Vermutlich polymorphe Kristalle (*Fischer, Zeile*, A. **468** [1929] 98, 107); F: 185°, F: 178,5°, F: 140° bzw. F: 110° (*Fischer, Müller*, Z. physiol. Chem. **142** [1925] 155, 162–169); über das Schmelzverhalten s. a. *Granick et al.*, J. biol. Chem. **202** [1953] 801, 808. Kristallmorphologie: *Fi., Mü.* Netzebenenabstände: *Haurowitz*, B. **68** [1935] 1795, 1796. IR-Spektrum eines festen Films (1100–1000 cm^{-1}): *Gr. et al.*, l. c. S. 811; in Nujol (4000–670 cm^{-1}): *Falk, Willis*, Austral. J. scient. Res. [A] **4** [1951] 578, 587; eines Präparats vom F: 148° in Paraffinöl (3800–600 cm^{-1}): *Paul*, Acta chem. scand. **5** [1951] 389, 396. Absorptionsspektrum in Methanol (220–630 nm): *Clar, Haurowitz*, B. **66** [1933] 331, 333; in $CHCl_3$ (250–500 nm bzw. 480–650 nm): *Hausmann, Krumpel*, Bio. Z. **186** [1927] 203, 211; *Haurowitz*, B. **71** [1938] 1404, 1407; in CS_2, Benzol sowie CCl_4 (480–650 nm): *Ha.*, B. **71** 1407. λ_{max} (460–630 nm) der Kristalle: *Treibs*, A. **476** [1929] 1, 11; von Lösungen in Pyridin: *Gr. et al.*, l. c. S. 807; in wss. Pyridin: *Paul,* l. c. S. 397; in Äther: *Fi., Mü.,* l. c. S. 170; in zahlreichen organischen Lösungsmitteln: *Ha.,* B. **71** 1405, 1408.

Magnesium-Komplex $MgC_{38}H_{44}N_4O_6$. Kristalle (aus PAe.); F: 188° (*Fischer, Dürr,* A. **501** [1933] 107, 128). λ_{max} (Ae.; 520–660 nm): *Fi., Dürr,* l. c. S. 129.

Zink-Komplex $ZnC_{38}H_{44}N_4O_6$. Kristalle (aus wss. Me.) mit 1 Mol H_2O; λ_{max} ($CHCl_3$): 536,9 nm und 572,5 nm (*Fischer et al.,* Z. physiol. Chem. **185** [1929] 33, 71; s. a. *Küster, Grosse,* Z. physiol. Chem. **179** [1928] 117, 125).

Eisen(III)-Komplex $Fe(C_{38}H_{44}N_4O_6)Cl$. *B.* Beim Erwärmen von Hämin (S. 3048) mit methanol. H_2SO_4 (*Fischer, Lindner,* Z. physiol. Chem. **168** [1927] 152, 156). – Blauschwarze Kristalle [aus wss.-methanol. HCl] (*Fischer, Hummel,* Z. physiol. Chem. **175** [1928] 75, 87). Kristalle (aus $CHCl_3$ + Me. oder Bzl.); unterhalb 300° nicht schmelzend; in einem Falle wurde F: 225° beobachtet (*Fi., Li.*).

Absorptionsspektrum (500–650 nm) von Metall-Komplexen fraglicher Einheitlichkeit (s. dazu *Stern, Wenderlein,* Z. physik. Chem. [A] **175** [1936] 405, 434 Anm. 2): *Haurowitz,* B. **68** [1935] 1795, 1800.

Dipicrat $C_{38}H_{46}N_4O_6 \cdot 2C_6H_3N_3O_7$. Violette Kristalle; F: 155° [korr.] (*Treibs,* A. **476** [1929] 1, 4, 41). λ_{max} einer Lösung in Aceton unter Zusatz von Picrinsäure (550–600 nm): *Tr.*

Distyphnat $C_{38}H_{46}N_4O_6 \cdot 2C_6H_3N_3O_8$. Rötlichviolette Kristalle; F: 171° [korr.] (*Tr.*). λ_{max} der Kristalle sowie von Lösungen in Aceton unter Zusatz von Styphninsäure und H_2O (550–600 nm): *Tr.*

Picrolonat $C_{38}H_{46}N_4O_6 \cdot C_{10}H_8N_4O_5$. Über zwei Präparate (rote Kristalle, F: 132° bzw. violette Kristalle, F: 110° [korr.]) s. *Tr.,* l. c. S. 4, 41, 42.

Triflavianat (8-Hydroxy-5,7-dinitro-naphthalin-2-sulfonat) $C_{38}H_{46}N_4O_6 \cdot 3C_{10}H_6N_2O_8S$. Hellrote Kristalle; F: 183° [korr.] (*Tr.,* l. c. S. 4, 42). λ_{max} der Kristalle sowie von Lösungen in Aceton, auch unter Zusatz von H_2O (550–600 nm): *Tr.,* l. c. S. 4, 42.

***Opt.-inakt. 3,3′-[7,12-Bis-(1-acetoxy-äthyl)-3,8,13,17-tetramethyl-porphyrin-2,18-diyl]-di-propionsäure-dimethylester, *O,O′*-Diacetyl-hämatoporphyrin-dimethylester** $C_{40}H_{46}N_4O_8$, Formel VI (R = CH_3, R′ = CO-CH_3) und Taut.

B. Aus Hämin (S. 3048) über mehrere Stufen (*Stier,* Z. physiol. Chem. **273** [1942] 47, 68).

λ_{max} (Py. + Ae.; 480–640 nm): *St.*

***Opt.-inakt. 3,3′-[7,12-Bis-(1-äthoxy-äthyl)-3,8,13,17-tetramethyl-porphyrin-2,18-diyl]-di-propionsäure-diäthylester, *O,O′*-Diäthyl-hämatoporphyrin-diäthylester** $C_{42}H_{54}N_4O_6$, Formel VI (R = R′ = C_2H_5) und Taut. (in der Literatur auch als Tetraäthylhämatoporphyrin bezeichnet).

B. Beim Behandeln von Hämin (S. 3048) mit HBr in Essigsäure und Erwärmen des Reaktionsprodukts mit Äthanol (*Fischer et al.,* Z. physiol. Chem. **185** [1929] 33, 51). Beim Erwärmen von Hämatoporphyrin (S. 3157) mit äthanol. HCl (*Fi. et al.,* l. c. S. 50).

Polymorph(?); Kristalle (aus $CHCl_3$ + A.); F: 149° [korr.], F: 146° bzw. F: 132°. λ_{max} (Eg. + Ae.; 470–630 nm): *Fi. et al.*

3,3′-{7,12-Bis-[1-(2-amino-2-carboxy-äthylmercapto)-äthyl]-3,8,13,17-tetramethyl-porphyrin-2,18-diyl}-di-propionsäure $C_{40}H_{48}N_6O_8S_2$.

a) **3,3′-{7,12-Bis-[(*R*?)-1-((*R*)-2-amino-2-carboxy-äthylmercapto)-äthyl]-3,8,13,17-tetramethyl-porphyrin-2,18-diyl}-di-propionsäure, (*R*?,*R*?)-3[1],8[1]-Bis-[(*R*)-2-amino-2-carboxy-äthylmercapto]-mesoporphyrin,** Porphyrin-c, vermutlich Formel VII und Taut.

Konstitutionsbestätigung: *Slama et al.,* Am. Soc. **97** [1975] 6556. Konfiguration: *Redfield, Gupta,* Cold Spring Harbor Symp. quant. Biol. **36** [1971] 405, 410; s. a. *Slama et al.,* Biochemistry **16** [1977] 1750.

Bildung aus Cytochrom-c mit Hilfe von wss. HCl: *Theorell,* Bio. Z. **298** [1938] 242, 261; von wss. HCl und SO_2: *Hill, Keilin,* Pr. roy. Soc. [B] **107** [1930] 286, 290; von wss. H_2SO_4:

Zeile, Meyer, Z. physiol. Chem. **262** [1939] 178, 197.

Absorptionsspektrum (wss. HCl; 240–620 nm): *Th.,* l. c. S. 243. λ_{max} (Py.; 500–630 nm): *Hill, Ke.* Scheinbare Dissoziationskonstanten K'_{a1}, K'_{a2}, K'_{a3} und K'_{a4} (H_2O; potentiometrisch ermittelt): $2\cdot10^{-6}$ bzw. $2\cdot10^{-6}$ bzw. $6\cdot10^{-10}$ bzw. $6\cdot10^{-10}$ (*Th.,* l. c. S. 245, 260). Polarographisches Halbstufenpotential (wss. Lösung): *Th.,* l. c. S. 259.

Tetramethylester $C_{44}H_{56}N_6O_8S_2$; 3,3′-{7,12-Bis-[(*R*?)-1-((*R*)-2-amino-2-methoxycarbonyl-äthylmercapto)-äthyl]-3,8,13,17-tetramethyl-porphyrin-2,18-diyl}-di-propionsäure-dimethylester,(*R*?,*R*?)-3^1,8^1-Bis-[(*R*)-2-amino-2-methoxycarbonyl-äthylmercapto]-mesoporphyrin-dimethylester. Feststoff mit 1 Mol H_2O (*Ze., Me.,* l. c. S. 184, 197, 198). $[\alpha]^{17}_{weisses\ Licht}$: −172° [wss. HCl (0,1%ig); c = 0,1] (*Ze., Me.,* l. c. S. 186, 198). λ_{max} ($CHCl_3$; 500–630 nm): *Ze., Me.,* l. c. S. 185. Verteilung zwischen Äther und wss. Lösungen vom pH 3,3–4,8: *Ze., Me.,* l. c. S. 186.

b) **3,3′-{7,12-Bis-[(Ξ)-1-((*R*)-2-amino-2-carboxy-äthylmercapto)-äthyl]-3,8,13,17-tetramethyl-porphyrin-2,18-diyl}-di-propionsäure, (Ξ,Ξ)-3^1,8^1-Bis-[(*R*)-2-amino-2-carboxy-äthylmercapto]-mesoporphyrin,** Formel VIII und Taut.

B. Beim Erwärmen von Hämin (S. 3048) mit HBr in Essigsäure und Erhitzen des Reaktionsprodukts mit L-Cystein-hydrochlorid (*Zeile, Meyer,* Z. physiol. Chem. **262** [1939] 178, 181, 192).

Tetramethylester $C_{44}H_{56}N_6O_8S_2$; 3,3′-{7,12-Bis-[(Ξ)-1-((*R*)-2-amino-2-methoxycarbonyl-äthylmercapto)-äthyl]-3,8,13,17-tetramethyl-porphyrin-2,18-diyl}-di-propionsäure-dimethylester, (Ξ,Ξ)-3^1,8^1-Bis-[(*R*)-2-amino-2-methoxycarbonyl-äthylmercapto]-mesoporphyrin-dimethylester. $[\alpha]^{17}_{weisses\ Licht}$: +27° [wss. HCl (0,1%ig); c = 0,1] (*Ze., Me.,* l. c. S. 193). Absorptionsspektrum (Py. [430–660 nm] bzw. $CHCl_3$ [480–660 nm]): *Lautsch et al.,* J. Polymer Sci. **17** [1955] 479, 501; *Ze., Me.,* l. c. S. 185. Verteilung zwischen Äther und wss. Lösungen vom pH 3,3–4,8: *Ze., Me.,* l. c. S. 186. – Eisen(II)-Komplex. Absorptionsspektrum (Py.; 440–650 nm): *La. et al.* – Eisen(III)-Komplex. Absorptionsspektrum (Py.; 440–670 nm): *La. et al.*

VIII IX

***Opt.-inakt. 3,3′-[8,12-Bis-(1-hydroxy-äthyl)-3,7,13,17-tetramethyl-porphyrin-2,18-diyl]-di-propionsäure,** Hämatoporphyrin-III $C_{34}H_{38}N_4O_6$, Formel IX und Taut.

Zusammenfassende Darstellung: *H. Fischer, H. Orth,* Die Chemie des Pyrrols, Bd. 2, Tl. 1 [Leipzig 1937] S. 284.

B. Beim Erwärmen von Diacetyldeuteroporphyrin-III (S.) mit äthanol. KOH (*Fischer, Nüssler,* A. **491** [1931] 162, 179).

λ_{max} (Py. + Ae. sowie wss. HCl [25%ig]; 470–630 nm): *Fi., Nü.*

O,O′-Dimethyl-Derivat des Dimethylesters $C_{38}H_{46}N_4O_6$; 3,3′-[8,12-Bis-(1-methoxy-äthyl)-3,7,13,17-tetramethyl-porphyrin-2,18-diyl]-di-propionsäure-dimethylester. Rote Kristalle (aus $CHCl_3$ + Me.); Zers. bei 178° [korr.]. λ_{max} (Eg. + Ae.;

480 – 630 nm): *Fi., Nü.*

(17*S*)-7,12-Diäthyl-2[1]ξ,2[2]-dihydroxy-18*t*-[2-methoxycarbonyl-äthyl]-3,8,13,17*r*-tetramethyl-2[1],2[2],17,18-tetrahydro-cyclopenta[*at*]porphyrin-2[2]ξ-carbonsäure-methylester(?), (13[1]Ξ,13[2]Ξ)-13[1],13[2]-Dihydroxy-13[2]-methoxycarbonyl-13[1]-desoxo-phytochlorin-methylester(?), (13[1]Ξ,13[2]Ξ)-13[1],13[2]-Dihydroxy-3[1],3[2]-dihydro-13[1]-desoxo-phäophorbid-a-methylester(?) $C_{36}H_{42}N_4O_6$, vermutlich Formel X und Taut. (in der Literatur als 9,10-Dioxy-desoxo-mesophäophorbid-a-dimethylester(?) bezeichnet).

B. Aus (13[1]Ξ,13[2]Ξ)-13[1]-Hydroxy-13[2]-methoxycarbonyl-13[1]-desoxo-phytochlorin-methylester („9-Oxy-desoxo-mesophäophorbid-a-dimethylester"; S. 3151) und $KMnO_4$ in wss. Pyridin (*Fischer, Gerner,* A. **559** [1948] 77, 83, 90).

Kristalle; F: 128°. λ_{max} (Py. + Ae.; 480 – 680 nm): *Fi., Ge.*

X

XI

Hydroxycarbonsäuren $C_{36}H_{42}N_4O_6$

***Opt.-inakt. 3,3′-[7,12-Bis-(1-hydroxy-propyl)-3,8,13,17-tetramethyl-porphyrin-2,18-diyl]-dipropionsäure, 3,8-Bis-[1-hydroxy-propyl]-deuteroporphyrin** $C_{36}H_{42}N_4O_6$, Formel XI und Taut. (in der Literatur auch als Dimethylhämatoporphyrin bezeichnet).

Zusammenfassende Darstellung: *H. Fischer, H. Orth,* Die Chemie des Pyrrols, Bd. 2, Tl. 1 [Leipzig 1937] S. 285.

B. Beim Erwärmen von 3,8-Dipropionyl-deuteroporphyrin (S. 3281) mit äthanol. KOH (*Fischer, Dürr,* A. **501** [1933] 107, 117).

λ_{max} (Eg. + Ae. sowie wss. HCl [20%ig]; 480 – 630 nm): *Fi., Dürr,* l. c. S. 118, 119.

Eisen(II)-Komplexe und Eisen(III)-Komplexe (jeweils λ_{max} [Py.; 510 – 580 nm]): *Fi., Dürr,* l. c. S. 119.

Hydroxycarbonsäuren $C_nH_{2n-32}N_4O_6$

***Opt.-inakt. 7-Äthyl-2[1]-hydroxy-12-[1-hydroxy-äthyl]-18-[2-methoxycarbonyl-äthyl]-3,8,13,17-tetramethyl-2[1],2[2]-dihydro-cyclopenta[*at*]porphyrin-2[2]-carbonsäure-methylester, 3[1],13[1]-Dihydroxy-13[2]-methoxycarbonyl-13[1]-desoxo-phytoporphyrin-methylester,** 3[1],13[1]-Dihydroxy-17,18-didehydro-3[1],3[2]-dihydro-13[1]-desoxo-phäophorbid-a-methylester $C_{36}H_{40}N_4O_6$, Formel XII und Taut. (in der Literatur auch als 2-Oxäthyl-9-oxy-desoxo-phäoporphyrin-a_5-dimethylester bezeichnet).

B. Beim Behandeln des Eisen(III)-Komplexes des 15[1]-Methoxycarbonyl-3[1],3[2]-didehydro-phylloporphyrin-methylesters („Vinylisochloroporphyrin-e_4-dimethylester"; S. 3038) mit Äthyl-dichlormethyl-äther und $SnBr_4$ und anschliessend mit wss. HCl (*Fischer, Oestreicher,* A. **550** [1942] 252, 258).

Kristalle (aus Ae.). λ_{max} (Ae.; 490 – 630 nm): *Fi., Oe.*

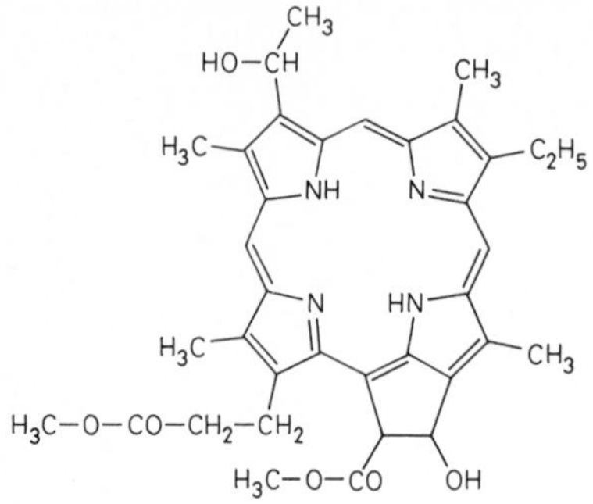

XII 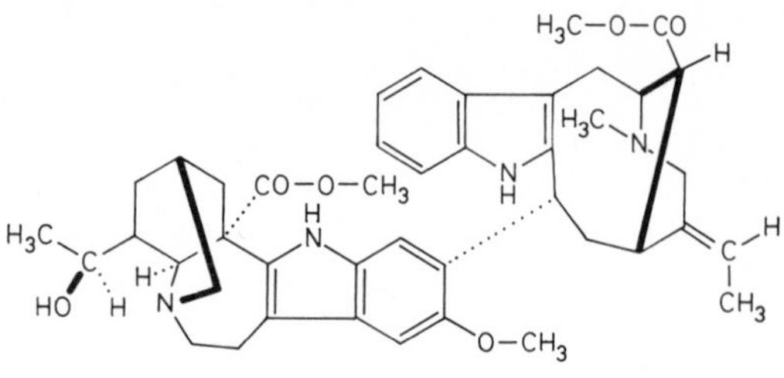 XIII

Hydroxycarbonsäuren $C_nH_{2n-34}N_4O_6$

(20*S*)-20-Hydroxy-12-methoxy-13-[(3*R*,16*S*)-16-methoxycarbonyl-17-nor-vobasan-3-yl]-ibogamin-18-carbonsäure-methylester, Voacorin $C_{43}H_{52}N_4O_6$, Formel XIII.

Voacorin hat wahrscheinlich auch in dem von *La Barre, Gillo* (C. r. Soc. Biol. **150** [1956] 1628) aus Voacanga africana isolierten Voacalin (F: 280–285° [evakuierte Kapillare]; $[\alpha]_D$: −47,5° [$CHCl_3$; c = 1]; λ_{max} [A.]: 225 nm und 295 nm) vorgelegen (*Rao,* J. org. Chem. **23** [1958] 1455; *Stauffacher, Seebeck,* Helv. **41** [1958] 169, 170; *Percheron,* A. ch. [13] **4** [1959] 303, 313). Das von *Janot, Goutarel* (U.S.P. 2823204 [1956]) aus Voacanga africana isolierte Voacaminin (Kristalle; F: 242°; $[\alpha]_D^{20}$: −45° [$CHCl_3$; c = 0,4]; λ_{max}: 225 nm und 295 nm) ist vermutlich ein Gemisch von Voacorin und Voacamin (S. 3153) gewesen (*Pe.*). Konstitution und Konfiguration: *Budzikiewicz et al.,* Bl. **1963** 1899, 1903; *Büchi et al.,* Am. Soc. **86** [1964] 4631, 4636; die Konfiguration der Hydroxy-Gruppe ergibt sich aus der genetischen Beziehung zu Voacristin (E III/IV **25** 1286).

Isolierung aus der Rinde von Voacanga africana: *Goutarel, Janot,* C. r. **242** [1956] 2981; *Rao*; *St., Se.,* l. c. S. 177; *Pe.,* l. c. S. 336, 341; von Voacanga bracteata: *Janot et al.,* C. r. **244** [1957] 1955.

Kristalle; F: 276–281° [korr.; aus Acn.] (*Pe.*), 270–275° [korr.; evakuierte Kapillare; aus Me.+Ae.] (*St., Se.*), 273° [Zers.; evakuierte Kapillare; aus Me., Ae. oder Acn.] (*Ja. et al.*), 270–273° [aus Me.] (*Rao*). $[\alpha]_D^{20}$: −37° [$CHCl_3$; c = 0,7] (*St., Se.*); $[\alpha]_D^{25}$: −35° [$CHCl_3$; c = 1] (*Rao*); $[\alpha]_D$: −42° [$CHCl_3$] (*Ja. et al.*). IR-Spektrum (Nujol; 5000–625 cm^{-1}) und UV-Spektrum (210–320 nm): *Ja. et al.* Protonierungsgleichgewicht in wss. (?) 2-Methoxy-äthanol: *Ja. et al.*

5. Hydroxycarbonsäuren mit 7 Sauerstoff-Atomen

Hydroxycarbonsäuren $C_nH_{2n-28}N_4O_7$

(7*R*)-7*r*-Äthyl-12-[(*Ξ*)-1-hydroxy-äthyl]-18*c*-[2-methoxycarbonyl-äthyl]-20-methoxycarbonylmethyl-3,8*t*,13,17*t*-tetramethyl-7,8,17,18-tetrahydro-porphyrin-2-carbonsäure-methylester, (3^1*Ξ*)-3^1-Hydroxy-15-methoxycarbonylmethyl-bacteriorhodochlorin-dimethylester $C_{37}H_{46}N_4O_7$, Formel I und Taut. (in der Literatur auch als Bacterio-2-desacetyl-2,α-oxy-mesochlorin-e_6-trimethylester bezeichnet).

B. Aus Bacteriochlorin-e_6-trimethylester (S. 3293) mit Hilfe von Aluminiumisopropylat (*Mittenzwei,* Z. physiol. Chem. **275** [1942] 93, 115) oder KBH_4 (*Golden et al.,* Soc. **1958** 1725, 1732).

Hygroskopischer Feststoff (aus Ae.+PAe.); Zers. bei ca. 200° [nach Sintern bei 128°] (*Mi.*). λ_{max} (Bzl. [380–730 nm] bzw. Py.+Ae. [420–680 nm]): *Go. et al.,* l. c. S. 1728; *Mi.*

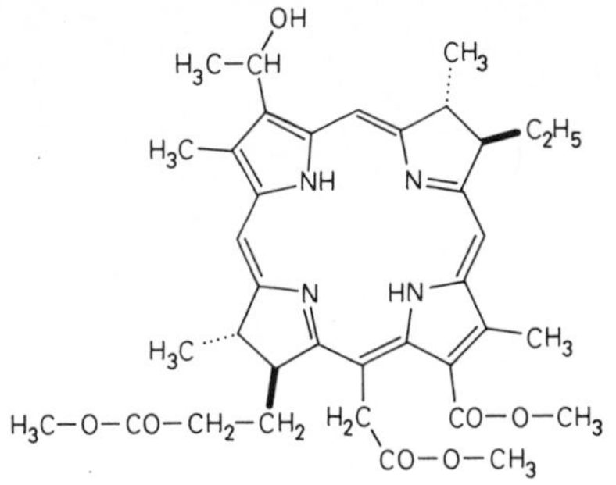

Hydroxycarbonsäuren $C_nH_{2n-30}N_4O_7$

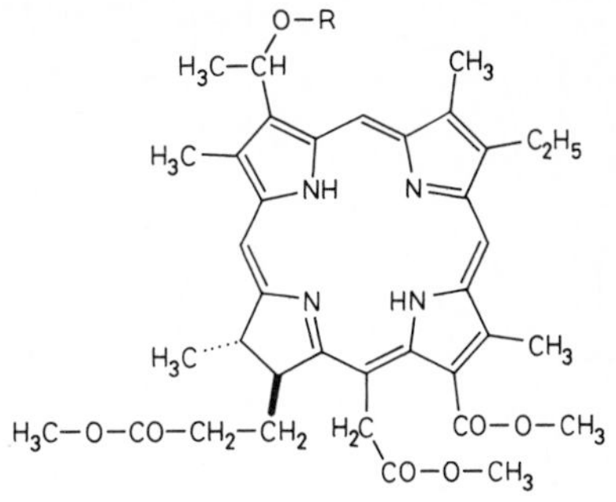

(17*S*)-7-Äthyl-12-[(*Ξ*)-1-hydroxy-äthyl]-18*t*-[2-methoxycarbonyl-äthyl]-20-methoxycarbonylmethyl-3,8,13,17*r*-tetramethyl-17,18-dihydro-porphyrin-2-carbonsäure-methylester, (3[1]*Ξ*)-3[1]-Hydroxy-15-methoxycarbonylmethyl-rhodochlorin-dimethylester $C_{37}H_{44}N_4O_7$, Formel II (R = H) und Taut. (in der Literatur auch als 2,α-Oxy-mesochlorin-e_6-trimethylester bezeichnet).

B. Aus Chlorin-e_6-trimethylester (S. 3074) bei aufeinanderfolgender Umsetzung mit HBr, wss. HCl und Diazomethan (*Fischer et al.*, A. **534** [1938] 1, 9). Aus 15-Methoxycarbonylmethyl-3[1]-oxo-rhodochlorin-dimethylester („2-Desvinyl-2-acetyl-chlorin-e_6-trimethylester"; S. 3296) mit Hilfe von Aluminiumisopropylat (*Fischer et al.*, A. **545** [1940] 154, 176).

Blaue Kristalle; F: 215° [aus E.+PAe.] (*Fi. et al.*, A. **534** 10), 204° [aus Ae.] (*Fi. et al.*, A. **545** 177). $[\alpha]^{20}_{690-720}$: −295° [Acn.; c = 0,04] (*Fi. et al.*, A. **534** 22). λ_{max} (Py.+Ae.; 440−680 nm): *Fi. et al.*, A. **534** 10, **545** 177.

(17*S*)-7-Äthyl-12-[(*Ξ*)-1-methoxy-äthyl]-18*t*-[2-methoxycarbonyl-äthyl]-20-methoxycarbonylmethyl-3,8,13,17*r*-tetramethyl-17,18-dihydro-porphyrin-2-carbonsäure-methylester, (3[1]*Ξ*)-3[1]-Methoxy-15-methoxycarbonylmethyl-rhodochlorin-dimethylester $C_{38}H_{46}N_4O_7$, Formel II (R = CH_3) und Taut. (in der Literatur auch als 2,α-Methoxy-mesochlorin-e_6-trimethylester bezeichnet).

B. Aus Chlorin-e_6-trimethylester (S. 3074) bei aufeinanderfolgender Umsetzung mit HBr und Methanol (*Fischer et al.*, A. **534** [1938] 1, 12).

Kristalle; F: 170°. λ_{max} (Py.+Ae.; 430−680 nm): *Fi. et al.*

(17*S*)-12-[(*Ξ*)-1-Acetoxy-äthyl]-7-äthyl-18*t*-[2-methoxycarbonyl-äthyl]-20-methoxycarbonylmethyl-3,8,13,17*r*-tetramethyl-17,18-dihydro-porphyrin-2-carbonsäure-methylester, (3[1]*Ξ*)-3[1]-Acetoxy-15-methoxycarbonylmethyl-rhodochlorin-dimethylester $C_{39}H_{46}N_4O_8$, Formel II (R = CO-CH_3) und Taut. (in der Literatur auch als 2,α-Acetoxy-mesochlorin-e_6-trimethylester bezeichnet).

B. Aus Chlorin-e_6-trimethylester (S. 3074) bei aufeinanderfolgender Umsetzung mit HBr und Natriumacetat (*Fischer et al.*, A. **534** [1938] 1, 11).

Kristalle; F: 117−118°. λ_{max} (Py.+Ae.; 440−680 nm): *Fi. et al.*

Hydroxycarbonsäuren $C_nH_{2n-32}N_4O_7$

3,3′,3″-[17-Hydroxymethyl-3,8,13,18-tetramethyl-porphyrin-2,7,12-triyl]-tri-propionsäure $C_{34}H_{36}N_4O_7$, Formel III und Taut. (in der Literatur als 1,3,5,7-Tetramethyl-2-oxymethyl-porphin-4,6,8-tripropionsäure bezeichnet).

Eisen(III)-Komplex $Fe(C_{34}H_{34}N_4O_7)Cl$. *B.* Aus 3,3′,3″-[3,8,13,18-Tetramethyl-porphyrin-2,7,12-triyl]-tri-propionsäure und Chlormethyl-methyl-äther (*Fischer, v. Holt,* Z. physiol. Chem. **227** [1934] 124, 138). – Unterhalb 300° nicht schmelzend. λ_{max} ($Py+N_2H_4 \cdot H_2O$): 520 nm und 551 nm.

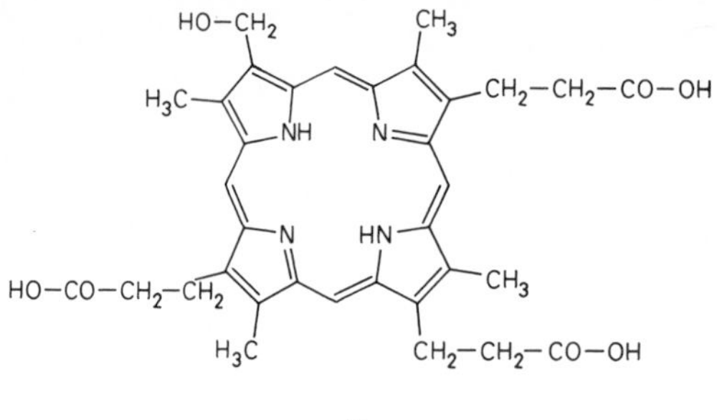

III

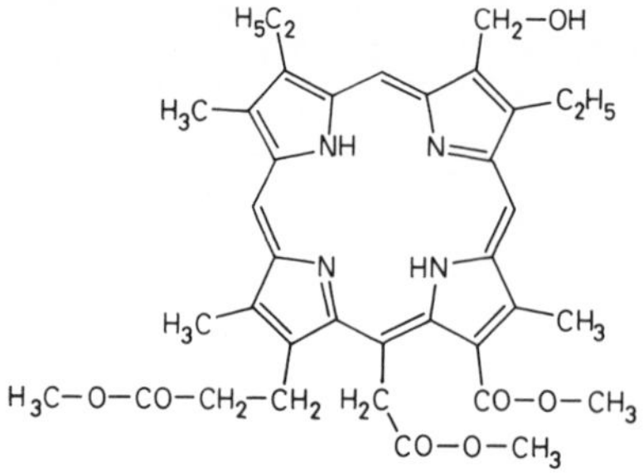

IV

7,12-Diäthyl-8-hydroxymethyl-18-[2-methoxycarbonyl-äthyl]-20-methoxycarbonylmethyl-3,13,17-trimethyl-porphyrin-2-carbonsäure-methylester, 7^1-Hydroxy-15-methoxycarbonylmethyl-rhodoporphyrin-dimethylester $C_{37}H_{42}N_4O_7$, Formel IV und Taut. (in der Literatur auch als Rhodinporphyrin-g_7-3-methanol-trimethylester bezeichnet).

B. Aus 7^1-Hydroxy-13^2-methoxycarbonyl-phytoporphyrin-methylester („Phäoporphyrin-b_6-3-methanol-dimethylester"; S. 3334) beim Erhitzen mit wss. $Ba(OH)_2$ und Behandeln des Reaktionsprodukts mit Diazomethan (*Fischer, Lautenschlager,* A. **528** [1937] 9, 26).

Kristalle (aus $CHCl_3$ + Me.); F: 258°. λ_{max} (Py. + Ae.; 460 – 660 nm): *Fi., La.*

(±)-7-Äthyl-12-[1-hydroxy-äthyl]-18-[2-methoxycarbonyl-äthyl]-20-methoxycarbonylmethyl-3,8,13,17-tetramethyl-porphyrin-2-carbonsäure-methylester, (±)-3^1-Hydroxy-15-methoxycarbonylmethyl-rhodoporphyrin-dimethylester $C_{37}H_{42}N_4O_7$, Formel V und Taut. (in der Literatur auch als 2,α-Oxy-chloroporphyrin-e_6-trimethylester bezeichnet).

B. Aus 15-Methoxycarbonylmethyl-3^1,3^2-didehydro-rhodoporphyrin-dimethylester („Vinylchloroporphyrin-e_6-trimethylester"; S. 3081) mit Hilfe von HBr oder HI (*Fischer, Oestreicher,* Z. physiol. Chem. **262** [1940] 243, 259, 260). Aus 15-Methoxycarbonylmethyl-3^1-oxo-rhodoporphyrin-dimethylester („Oxochloroporphyrin-e_6-trimethylester"; S. 3300) mit Hilfe von Aluminiumisopropylat (*Fischer et al.,* A. **545** [1940] 154, 174).

Kristalle (aus Ae. bzw. aus Acn. + Me.); F: 247° (*Fi., Oe.*; *Fi. et al.*). λ_{max} (Py. + Ae.; 440 – 640 nm): *Fi., Oe.*; *Fi. et al.*

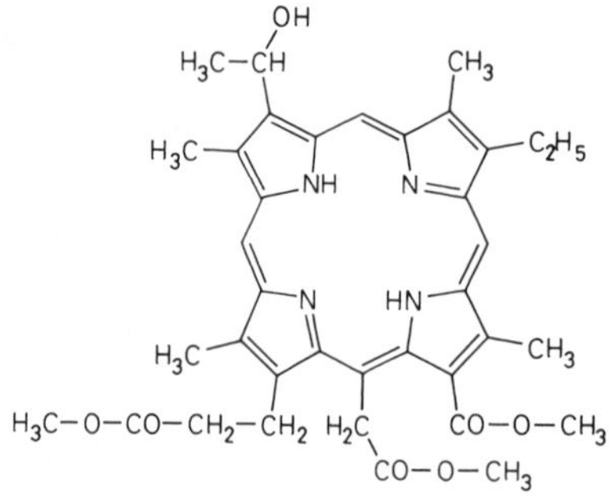

V

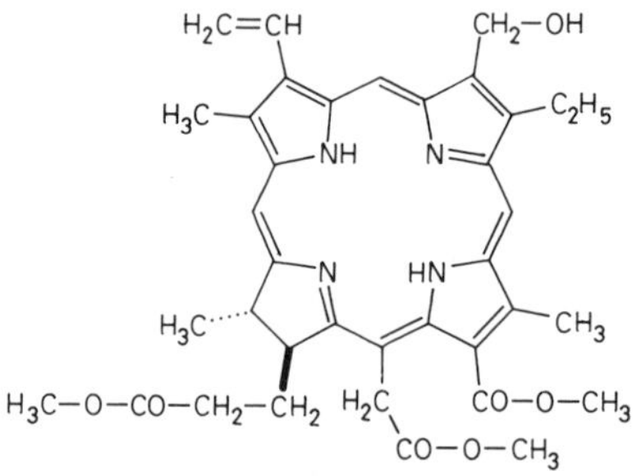

VI

(17*S*)-7-Äthyl-8-hydroxymethyl-18*t*-[2-methoxycarbonyl-äthyl]-20-methoxycarbonylmethyl-3,13,17*r*-trimethyl-12-vinyl-17,18-dihydro-porphyrin-2-carbonsäure-methylester, 7^1-Hydroxy-15-methoxycarbonylmethyl-3^1,3^2-didehydro-rhodochlorin-dimethylester $C_{37}H_{42}N_4O_7$, Formel VI und Taut. (in der Literatur auch als Rhodin-g_7-trimethylester-3-methanol bezeichnet).

B. Aus Rhodin-g_7-trimethylester (S. 3301) mit Hilfe von Aluminiumisopropylat (*Fischer et al.,*

A. **545** [1940] 154, 169).

Ätherhaltige Kristalle (aus Ae.); F: 184–186°. λ_{max} (Py. + Ae.; 440–690 nm): *Fi. et al.*

6. Hydroxycarbonsäuren mit 8 Sauerstoff-Atomen

Hydroxycarbonsäuren $C_nH_{2n-30}N_4O_8$

(17*S*)-7-Äthyl-12-[(*Ξ*)-1,2-dihydroxy-äthyl]-18*t*-[2-methoxycarbonyl-äthyl]-20-methoxycarbonylmethyl-3,8,13,17*r*-tetramethyl-17,18-dihydro-porphyrin-2-carbonsäure-methylester, (3[1]*Ξ*)-3[1],3[2]-Dihydroxy-15-methoxycarbonylmethyl-rhodochlorin-dimethylester $C_{37}H_{44}N_4O_8$, Formel VII und Taut. (in der Literatur auch als 2-Desvinyl-2-glycoyl-chlorin-e_6-trimethylester bezeichnet).

B. Neben anderen Verbindungen beim Behandeln von Chlorin-e_6-trimethylester (S. 3074) mit $KMnO_4$ in wss. Pyridin (*Fischer, Walter,* A. **549** [1941] 44, 59).

Dimorph; Kristalle (aus Ae.), F: 208° und Kristalle (aus Acn. + Me.), F: 140° (*Fischer, Pfeiffer,* A. **556** [1944] 131, 146). $[\alpha]^{20}_{\text{weisses Licht}}$: +2000° [Acn.; c = 0,01]; $[\alpha]^{20}_{680-730}$: −198° [Acn.; c = 0,03] (*Fi., Wa.,* l. c. S. 75). λ_{max} (Py. + Ae.; 430–670 nm): *Fi., Wa.,* l. c. S. 61.

VII

VIII

Hydroxycarbonsäuren $C_nH_{2n-32}N_4O_8$

***ent*-4α-Acetoxy-15-[(7*S*,9*R*)-5*c*-äthyl-5*t*-hydroxy-9-methoxycarbonyl-1,4,5,6,7,8,9,10-octahydro-2*H*-3,7-methano-azacycloundecino[5,4-*b*]indol-9*r*-yl]-3-hydroxy-16-methoxy-1-methyl-6,7-didehydro-aspidospermidin-3β-carbonsäure-methylester, Vincaleukoblastin,** Vinblastin $C_{46}H_{58}N_4O_9$, Formel VIII.

Konstitution: *Bommer et al.,* Am. Soc. **86** [1964] 1439; *Neuss et al.,* Am. Soc. **86** [1964] 1440. Konfiguration: *Moncrief, Lipscomb,* Am. Soc. **87** [1965] 4963.

Zusammenfassende Darstellung: *Taylor,* in *R.H.F. Manske,* The Alkaloids, Bd. 8 [New York 1965] S. 269, 271, Bd. 11 [New York 1968] S. 99, 102.

Isolierung aus Vinca rosea: *Noble et al.,* Ann. N.Y. Acad. Sci. **76** [1958] 882; *Svoboda et al.,* J. Am. pharm. Assoc. **48** [1959] 659, 664.

Kristalle (aus Me.) mit 2 Mol Methanol und 1 Mol H_2O; F: 211–216° (*Neuss et al.,* Am. Soc. **81** [1959] 4754). Kristalle (aus A.) mit 1 Mol Äther; F: 201–211°; $[\alpha]^{26}_{D}$: +42° [$CHCl_3$] (*Ne. et al.,* Am. Soc. **81** 4754). IR-Spektrum ($CHCl_3$; 5000–800 cm^{-1}): *German et al.,* Am. Soc. **81** [1959] 4745; *Sv. et al.,* l. c. S. 663. λ_{max} (A.): 214 nm und 259 nm (*Ne. et al.,* Am. Soc. **81** 4755). Scheinbare Dissoziationsexponenten pK'_{a1} und pK'_{a2} (diprotonierte Verbindung; H_2O; potentiometrisch ermittelt): 5,4 bzw. 7,4 (*Ne. et al.,* Am. Soc. **81** 4754).

Hydrochlorid $C_{46}H_{58}N_4O_9 \cdot 2HCl$. Kristalle mit 2 Mol H_2O; F: 244–246° [Zers.] (*Ne. et al.,* Am. Soc. **81** 4754).

Sulfat $C_{46}H_{58}N_4O_9 \cdot H_2SO_4$; Velban. Kristalle mit 1 Mol H_2O; F: 284–285°; $[\alpha]_D^{26}$: −28° [Me.] (*Ne. et al.*, Am. Soc. **81** 4754).

7. Hydroxycarbonsäuren mit 9 Sauerstoff-Atomen

Hydroxycarbonsäuren $C_nH_{2n-34}N_4O_9$

(17*S*)-7-Äthyl-8-[(*Ξ*)-cyan-hydroxy-methyl]-18*t*-[2-methoxycarbonyl-äthyl]-20-methoxycarbonylmethyl-3,13,17*r*-trimethyl-12-vinyl-17,18-dihydro-porphyrin-2-carbonsäure-methylester, (7^1*Ξ*)-7^1-Cyan-7^1-hydroxy-15-methoxycarbonylmethyl-3^1,3^2-didehydro-rhodochlorin-dimethylester $C_{38}H_{41}N_5O_7$, Formel IX und Taut. (in der Literatur als „Oxynitril aus Rhodin-g_7-trimethylester" bezeichnet).

B. Aus Rhodin-g_7-trimethylester (S. 3301) und HCN (*Fischer et al.*, A. **503** [1933] 1, 38).

Kristalle (aus Ae.); F: 230°. λ_{max} (Py. + Ae.; 450–660 nm): *Fi. et al.*

IX

X

3,3′,3″,3‴-[5-Acetoxy-3,8,13,18-tetramethyl-porphyrin-2,7,12,17-tetrayl]-tetra-propionsäure-tetramethylester, 5-Acetoxy-koproporphyrin-I-tetramethylester $C_{42}H_{48}N_4O_{10}$, Formel X (R = CO-CH_3) und Taut.

B. Aus 5-Oxo-5,22-dihydro-koproporphyrin-I-tetramethylester („Iso-oxy-koproporphyrin-I-tetramethylester"; S. 3313) oder dessen Eisen(III)-Komplex und Acetanhydrid in Pyridin (*Libowitzky, Fischer*, Z. physiol. Chem. **255** [1938] 209, 229, 231).

Violettrote Kristalle (aus Py. + Me.); F: 199°. λ_{max} (Dioxan sowie wss. HCl [5%ig]; 480–630 nm): *Li., Fi.*

Eisen(II)-Komplex und Eisen(III)-Komplex (jeweils λ_{max} [Py.; 500–660 nm]): *Li., Fi.*

3,3′,3″,3‴-[5-Benzoyloxy-3,8,13,18-tetramethyl-porphyrin-2,7,12,17-tetrayl]-tetra-propionsäure-tetramethylester, 5-Benzoyloxy-koproporphyrin-I-tetramethylester $C_{47}H_{50}N_4O_{10}$, Formel X (R = CO-C_6H_5) und Taut.

B. Aus 5-Oxo-5,22-dihydro-koproporphyrin-I-tetramethylester („Iso-oxy-koproporphyrin-I-tetramethylester"; S. 3313) oder dessen Eisen(III)-Komplex und Benzoylchlorid in Pyridin (*Libowitzky, Fischer*, Z. physiol. Chem. **255** [1938] 209, 228, 231).

Kristalle (aus Py. + Me.); F: 242° (*Li., Fi.*). Absorptionsspektrum (Dioxan; 480–650 nm): *Pruckner*, Z. physik. Chem. [A] **190** [1942] 101, 120. λ_{max} (wss. HCl [5%ig]; 510–610 nm): *Li., Fi.*

Eisen(II)-Komplex $FeC_{47}H_{48}N_4O_{10}$. Gelbrote Kristalle (aus wss. Py.); F: 120–125° (*Stier*, Z. physiol. Chem. **272** [1942] 239, 262). λ_{max} (Py.; 480–560 nm): *St.*

Eisen(III)-Komplex $Fe(C_{47}H_{48}N_4O_{10})Cl$. Kristalle (aus $CHCl_3$+Eg.); F: 222° (*St.*, l. c. S. 261). λ_{max} (Py.; 510–560 nm): *St.*

8. Hydroxycarbonsäuren mit 10 Sauerstoff-Atomen

Hydroxycarbonsäuren $C_nH_{2n-30}N_4O_{10}$

3,3′-{5,5′-Bis-[5-methoxy-3-(2-methoxycarbonyl-äthyl)-4-methyl-pyrrol-2-ylidenmethyl]-3,3′-dimethyl-[2,2′]bipyrrolyl-4,4′-diyl}-di-propionsäure-dimethylester $C_{40}H_{50}N_4O_{10}$, Formel XI und Taut.

B. Aus [5-Brom-3-(2-methoxycarbonyl-äthyl)-4-methyl-pyrrol-2-yl]-[5-methoxy-3-(2-methoxycarbonyl-äthyl)-4-methyl-pyrrol-2-yliden]-methan (E III/IV **25** 1303) beim Erwärmen mit Palladium/$CaCO_3$ in methanol. KOH und Behandeln des Reaktionsprodukts mit methanol. HCl (*Fischer, Stachel,* Z. physiol. Chem. **258** [1939] 121, 132).

Grüne Kristalle (aus Acn.+Me.); F: 184°.

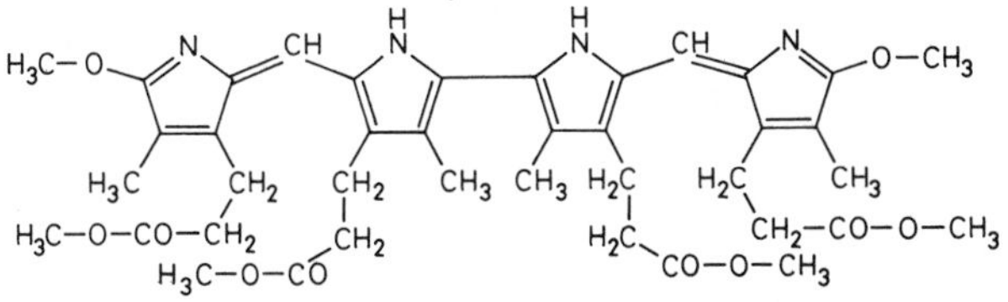

XI

3,3′,3″,3‴-[1,19-Dimethoxy-2,8,12,18-tetramethyl-10,23-dihydro-22*H*-bilin-3,7,13,17-tetrayl]-tetra-propionsäure, *O,O′*-Dimethyl-koprobilirubin-II*β* $C_{37}H_{44}N_4O_{10}$, Formel XII und Taut.

B. Aus 4-[2-Carboxy-äthyl]-5-[3-(2-carboxy-äthyl)-5-methoxy-4-methyl-pyrrol-2-ylidenmethyl]-3-methyl-pyrrol-2-carbonsäure (E III/IV **25** 1346) und Formaldehyd (*Fischer, Aschenbrenner,* Z. physiol. Chem. **229** [1934] 71, 84).

Kristalle (aus Py.+A.); F: 253° [Zers.].

Tetramethylester $C_{41}H_{52}N_4O_{10}$. *B.* Aus der Säure [s. o.] und Diazomethan (*Fi., Asch.*). Analog der Säure [s. o.] (*Fi., Asch.*). – Gelbbraune Kristalle (aus $CHCl_3$+Acn.); F: 152–153°.

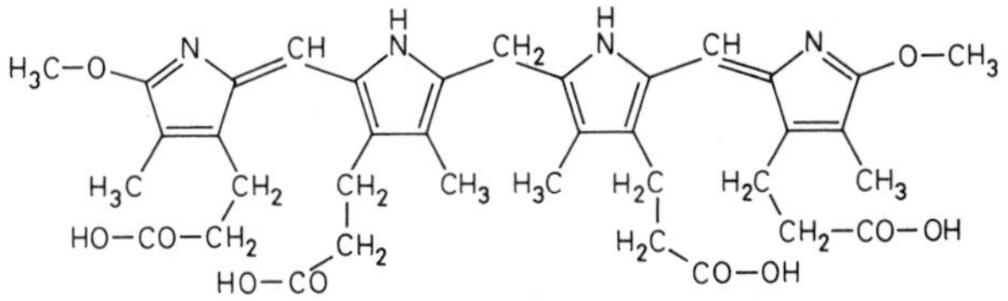

XII

3,3′,3″,3‴-[1,19-Dimethoxy-3,7,13,17-tetramethyl-10,23-dihydro-22*H*-bilin-2,8,12,18-tetrayl]-tetra-propionsäure, *O,O′*-Dimethyl-koprobilirubin-II*γ* $C_{37}H_{44}N_4O_{10}$, Formel XIII und Taut.

B. Aus [4-(2-Carboxy-äthyl)-5-methoxy-3-methyl-pyrrol-2-yliden]-[4-(2-carboxy-äthyl)-3-methyl-pyrrol-2-yl]-methan (E III/IV **25** 1301) und Formaldehyd (*Fischer, Fries,* Z. physiol. Chem. **231** [1935] 231, 255).

Dihydrochlorid $C_{37}H_{44}N_4O_{10} \cdot 2HCl$. Rote Kristalle (aus Me.); F: 282° [nach Grünfärbung ab 220°].

Tetramethylester $C_{41}H_{52}N_4O_{10}$. Dihydrochlorid $C_{41}H_{52}N_4O_{10} \cdot 2HCl$. Rote Kristalle (aus wss.-methanol. HCl); F: 256° [nach Grünfärbung bei 170°].

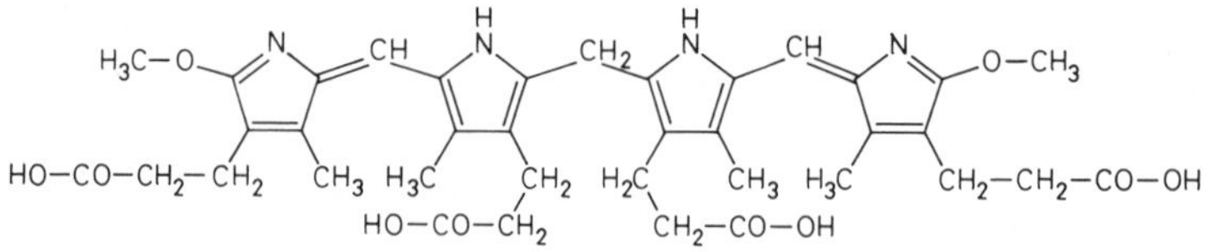

XIII

Hydroxycarbonsäuren $C_nH_{2n-34}N_4O_{10}$

3,3′,3″,3‴-[5,10-Bis-benzoyloxy-3,8,13,18-tetramethyl-porphyrin-2,7,12,17-tetrayl]-tetrapropionsäure-tetramethylester, 5,10-Bis-benzoyloxy-koproporphyrin-I-tetramethylester $C_{54}H_{54}N_4O_{12}$, Formel XIV und Taut.

Position der Benzoyloxy-Gruppen: *Pruckner,* Z. physik. Chem. [A] **190** [1942] 101, 120.

B. Beim Erwärmen des Eisen(II)-Komplexes des 5-Benzoyloxy-koproporphyrin-I-tetramethylesters (S. 3168) mit wss. H_2O_2 in Pyridin und anschliessenden Behandeln mit Benzoylchlorid (*Stier,* Z. physiol. Chem. **272** [1942] 239, 262).

Kristalle (aus Py. + Me.); F: 266° [nach Sintern bei 200°] (*St.*). Absorptionsspektrum (Dioxan; 480–650 nm): *Pr.* λ_{max} (Py. + Ae.; 480–640 nm): *St.* [*Härter*]

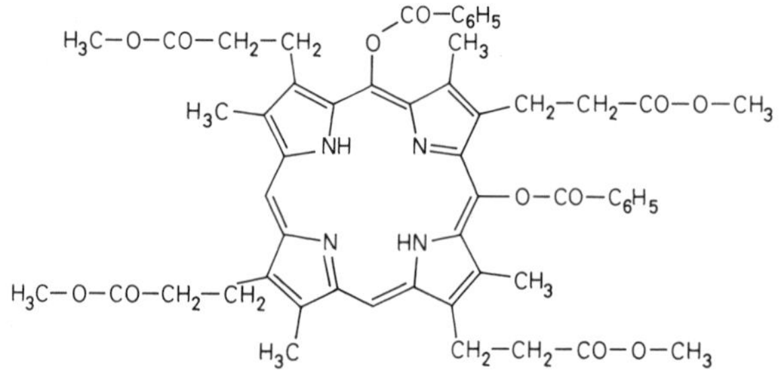

XIV

K. Oxocarbonsäuren

1. Oxocarbonsäuren mit 3 Sauerstoff-Atomen

Oxocarbonsäuren $C_nH_{2n-4}N_4O_3$

[1-Phenyl-1*H*-tetrazol-5-yl]-brenztraubensäure $C_{10}H_8N_4O_3$, Formel I (R = H) und Taut.

B. Aus dem Äthylester [s. u.] (*Jacobson, Amstutz,* J. org. Chem. **18** [1953] 1183, 1188).

Kristalle (aus Nitroäthan + Bzl. + PAe.); F: 172–173°.

[1-Phenyl-1*H*-tetrazol-5-yl]-brenztraubensäure-äthylester $C_{12}H_{12}N_4O_3$, Formel I (R = C_2H_5) und Taut.

In äthanol. Lösung liegt zu 93% 2-Hydroxy-3-[1-phenyl-1*H*-tetrazol-5-yl]-acrylsäure-äthylester vor (*Jacobson, Amstutz,* J. org. Chem. **18** [1953] 1183, 1184).

B. Aus 5-Methyl-1-phenyl-1*H*-tetrazol und Oxalsäure-diäthylester mit Hilfe von Natriumäthylat (*Ja., Am.*, l. c. S. 1188).

Kristalle (aus Bzl. + PAe.); F: 87 – 89°.

Oxim $C_{12}H_{13}N_5O_3$; 2-Hydroxyimino-3-[1-phenyl-1*H*-tetrazol-5-yl]-propionsäure-äthylester. F: 116 – 117°.

2,4-Dinitro-phenylhydrazon $C_{18}H_{16}N_8O_6$; 2-[2,4-Dinitro-phenylhydrazono]-3-[1-phenyl-1*H*-tetrazol-5-yl]-propionsäure-äthylester. F: 176,5 – 177,5°.

2-[1-Phenyl-1*H*-tetrazol-5-ylmethyl]-acetessigsäure-äthylester $C_{14}H_{16}N_4O_3$, Formel II und Taut.

B. Aus 5-Chlormethyl-1-phenyl-1*H*-tetrazol und der Natrium-Verbindung des Acetessigsäure-äthylesters (*Jacobson et al.*, J. org. Chem. **19** [1954] 1909, 1917).

$Kp_{0,03}$: 169,5°.

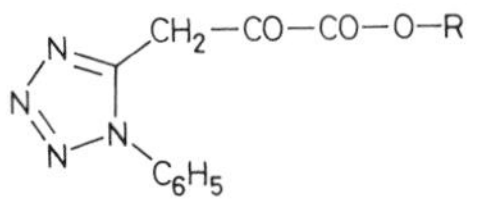

I 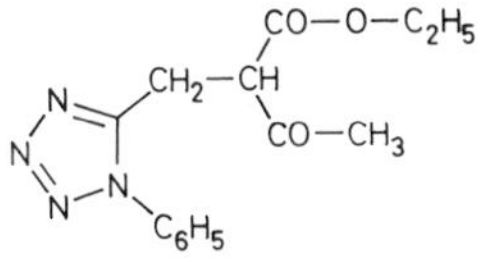 II 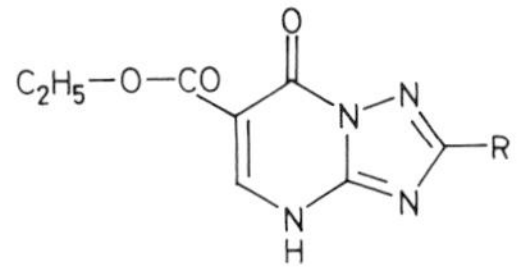 III

Oxocarbonsäuren $C_nH_{2n-8}N_4O_3$

7-Oxo-4,7-dihydro-[1,2,4]triazolo[1,5-*a*]pyrimidin-6-carbonsäure-äthylester $C_8H_8N_4O_3$, Formel III (R = H) und Taut.

Diese Konstitution kommt vermutlich auch der von *De Cat, Van Dormael* (Bl. Soc. chim. Belg. **60** [1951] 69, 73) als 5-Oxo-4,5-dihydro-[1,2,4]triazolo[1,5-*a*]pyrimidin-6-carbonsäure-äthylester $C_8H_8N_4O_3$ angesehenen Verbindung zu (*Allen et al.*, J. org. Chem. **24** [1959] 779, 780).

B. Aus 1*H*-[1,2,4]Triazol-3-ylamin und Äthoxymethylen-malonsäure-diäthylester (*Al. et al.*; *De Cat, Van Do.*).

F: 244 – 245° [unkorr.; Zers.] (*Sirakawa*, J. pharm. Soc. Japan **79** [1959] 899, 903; C. A. **1960** 556), 210 – 212° [aus Cyclohexan] (*De Cat, Van Do.*). λ_{max} (Me.): 248 nm und 291 nm (*Al. et al.*).

Verbindung mit 1*H*-[1,2,4]Triazol-3-ylamin $C_8H_8N_4O_3 \cdot C_2H_4N_4$. Zers. bei 194 – 196° [unkorr.; nach Sintern bei 190°] (*Si.*).

6-Oxo-6,7-dihydro-1*H*-purin-8-carbonsäure $C_6H_4N_4O_3$, Formel IV (R = H, X = O) und Taut.

B. Beim Erhitzen von [4-Amino-6-oxo-1,6-dihydro-pyrimidin-5-yl]-oxalamidsäure mit NaOH (*Ishidate, Yuki*, Pharm. Bl. **5** [1957] 240, 243).

F: > 350°.

6-Thioxo-6,7-dihydro-1*H*-purin-8-carbonsäure-äthylester $C_8H_8N_4O_2S$, Formel IV (R = C_2H_5, X = S) und Taut.

B. Aus 5,6-Diamino-3*H*-pyrimidin-4-thion und Oxalsäure-diäthylester (*Ishidate, Yuki*, Pharm. Bl. **5** [1957] 244).

Kristalle (aus H_2O); Zers. bei 280 – 300°.

2-Methyl-7-oxo-4,7-dihydro-[1,2,4]triazolo[1,5-*a*]pyrimidin-6-carbonsäure-äthylester $C_9H_{10}N_4O_3$, Formel III (R = CH_3) und Taut.

B. Aus 5-Methyl-1*H*-[1,2,4]triazol-3-ylamin und Äthoxymethylen-malonsäure-diäthylester (*Allen et al.*, J. org. Chem. **24** [1959] 779, 780, 786).

λ_{max} (Me.): 248 nm und 291 nm.

IV V VI VII

6-Methyl-7-oxo-4,7-dihydro-[1,2,4]triazolo[1,5-*a*]pyrimidin-5-carbonsäure $C_7H_6N_4O_3$, Formel V und Taut.

B. Aus der folgenden Verbindung beim Erhitzen mit wss. HCl (*Allen et al.*, J. org. Chem. **24** [1959] 793, 795).

F: >325°.

6-Methyl-7-oxo-4,7-dihydro-[1,2,4]triazolo[1,5-*a*]pyrimidin-5-carbonsäure-[1*H*-[1,2,4]triazol-3-ylamid] $C_9H_8N_8O_2$, Formel VI und Taut.

B. Aus Methyloxalessigsäure-diäthylester und 1*H*-[1,2,4]Triazol-3-ylamin (*Allen et al.*, J. org. Chem. **24** [1959] 793, 795).

Kristalle (aus DMF) mit 1 Mol H_2O; F: 275°. Feststoff mit 1 Mol Äthanol; F: 257°.

2-Chlor-6-oxo-5,6,7,8-tetrahydro-pteridin-4-carbonsäure $C_7H_5ClN_4O_3$, Formel VII.

B. Aus dem Äthylester [s. u.] (*Clark, Layton,* Soc. **1959** 3411, 3415).

Zers. >220°.

Äthylester $C_9H_9ClN_4O_3$. *B.* Aus *N*-[6-Äthoxycarbonyl-5-amino-2-chlor-pyrimidin-4-yl]-glycin-äthylester beim Erhitzen mit wss. Essigsäure (*Cl., La.*). – Kristalle (aus wss. A.); Zers. >250°.

2-Chlor-6-oxo-5,6,7,8-tetrahydro-pteridin-7-carbonsäure-äthylester $C_9H_9ClN_4O_3$, Formel VIII und Taut.

B. Aus [2-Chlor-5-nitro-pyrimidin-4-ylamino]-malonsäure-diäthylester beim Hydrieren in Methanol an Raney-Nickel (*Boon et al.*, Soc. **1951** 96, 98, 101).

Kristalle (aus wss. NH_3); F: 239°. λ_{max}: 298 nm [wss. HCl] bzw. 312 nm [wss. NaOH].

3-[6-Oxo-6,7-dihydro-1*H*-purin-8-yl]-propionsäure $C_8H_8N_4O_3$, Formel IX (X = O) und Taut.

B. Beim Erhitzen von *N*-[4-Amino-6-oxo-1,6-dihydro-pyrimidin-5-yl]-succinamidsäure [Natrium-Salz] (*Ishidate, Yuki,* Pharm. Bl. **5** [1957] 240, 243).

Kristalle (aus H_2O); F: 310° [Zers.].

VIII IX X

3-[6-Thioxo-6,7-dihydro-1*H*-purin-8-yl]-propionsäure $C_8H_8N_4O_2S$, Formel IX (X = S) und Taut.

B. Analog der vorangehenden Verbindung (*Ishidate, Yuki,* Pharm. Bl. **5** [1957] 244).

Kristalle (aus H_2O); F: 296–298° [Zers.].

Oxocarbonsäuren $C_nH_{2n-12}N_4O_3$

[1-Methyl-1*H*-tetrazol-5-yl]-phenyl-brenztraubensäure-äthylester $C_{13}H_{14}N_4O_3$, Formel X und Taut.

In äthanol. Lösung liegt zu 87% 2-Hydroxy-3-[1-methyl-1*H*-tetrazol-5-yl]-3-phenylacrylsäure-äthylester vor (*Jacobson, Amstutz,* J. org. Chem. **18** [1953] 1183, 1184).

B. Aus 5-Benzyl-1-methyl-1*H*-tetrazol und Oxalsäure-diäthylester mit Hilfe von Natrium-äthylat (*Ja., Am.,* l. c. S. 1188).

Kristalle (aus wss. A. oder CCl_4); F: 104–105°.

Oxocarbonsäuren $C_nH_{2n-16}N_4O_3$

2-[2-(4-Hydroxy-phenyl)-5-oxo-1-phenyl-2,5-dihydro-1*H*-[1,2,3]triazol-4-yl]-chinolin-4-carbonsäure $C_{24}H_{16}N_4O_4$, Formel XI (R = H).

B. Aus 5-Acetyl-2-[4-hydroxy-phenyl]-3-phenyl-2,3-dihydro-[1,2,3]triazol-4-on und Isatin in wss. NaOH (*Poskočil, Allan,* Collect. **21** [1956] 920, 924).

Orangefarbene Kristalle; F: 270° [korr.].

2-[2-(3-Carboxy-4-hydroxy-phenyl)-5-oxo-1-phenyl-2,5-dihydro-1*H*-[1,2,3]triazol-4-yl]-chinolin-4-carbonsäure $C_{25}H_{16}N_4O_6$, Formel XI (R = CO-OH).

B. Analog der vorangehenden Verbindung (*Poskočil, Allan,* Collect. **21** [1956] 920, 925).

Orangefarbene Kristalle (aus wss. Eg.) mit 1 Mol H_2O; F: 235° [korr.].

5-[3-Oxo-3,4-dihydro-chinoxalin-2-yl]-2-phenyl-2*H*-pyrazol-3-carbonsäure $C_{18}H_{12}N_4O_3$, Formel XII (R = H) und Taut.

B. Aus 3-[5-Hydroxymethyl-1-phenyl-1*H*-pyrazol-3-yl]-1*H*-chinoxalin-2-on beim Behandeln mit $KMnO_4$ in wss. NaOH (*Henseke, Dittrich,* B. **92** [1959] 1550, 1557).

Hellgelbe Kristalle (aus A.); F: 246° [Zers.].

Äthylester $C_{20}H_{16}N_4O_3$. Kristalle (aus A.); F: 260° [nach Sintern ab 230°].

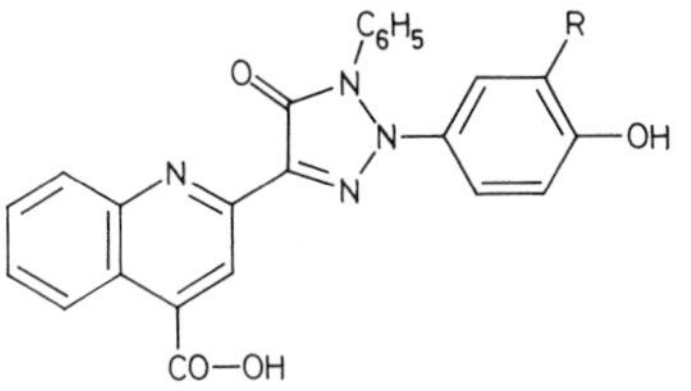

XI 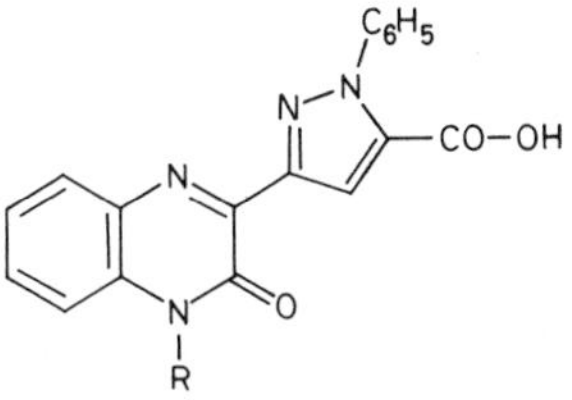 XII 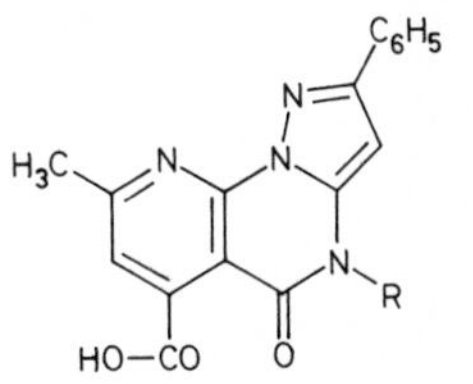 XIII

5-[4-Methyl-3-oxo-3,4-dihydro-chinoxalin-2-yl]-2-phenyl-2*H*-pyrazol-3-carbonsäure $C_{19}H_{14}N_4O_3$, Formel XII (R = CH_3).

B. Aus der vorangehenden Verbindung und Dimethylsulfat (*Henseke, Dittrich,* B. **92** [1959] 1550, 1557).

Kristalle (aus A.); Zers. bei 227°.

Oxocarbonsäuren $C_nH_{2n-22}N_4O_3$

8-Methyl-5-oxo-2-phenyl-4,5-dihydro-pyrazolo[1,5-*a*]pyrido[3,2-*e*]pyrimidin-6-carbonsäure $C_{17}H_{12}N_4O_3$, Formel XIII (R = H).

B. Aus dem Äthylester [s. u.] (*Checchi,* G. **88** [1958] 591, 603).

Kristalle (aus Eg.); F: 306–308° [Zers.].

Äthylester $C_{19}H_{16}N_4O_3$. *B.* Aus 2-Oxo-4-[5-oxo-2-phenyl-4,5-dihydro-pyrazolo[1,5-*a*]pyrimidin-7-ylamino]-pent-3-ensäure-äthylester (S. 1382) beim Erhitzen (*Ch.*). – Kristalle (aus A.); F: 248–250°.

Hydrazid $C_{17}H_{14}N_6O_2$. *B.* Aus 2-Oxo-4-[5-oxo-2-phenyl-4,5-dihydro-pyrazolo[1,5-*a*]pyrimidin-7-ylamino]-pent-3-ensäure-äthylester beim Erhitzen mit $N_2H_4 \cdot H_2O$ (*Ch.,* l. c. S. 605). – Gelbe Kristalle (aus Me.); Zers. bei 270–280°. – Triacetyl-Derivat $C_{23}H_{20}N_6O_5$. Kristalle (aus Acn.); F: 170–172°.

4,8-Dimethyl-5-oxo-2-phenyl-4,5-dihydro-pyrazolo[1,5-*a*]pyrido[3,2-*e*]pyrimidin-6-carbonsäure $C_{18}H_{14}N_4O_3$, Formel XIII (R = CH_3).

B. Aus dem Äthylester [s. u.] (*Checchi,* G. **88** [1958] 591, 603).

Kristalle (aus Eg.); F: 300 – 302° [Zers.].

Äthylester $C_{20}H_{18}N_4O_3$. *B.* Aus 4-[4-Methyl-5-oxo-2-phenyl-4,5-dihydro-pyrazolo[1,5-*a*]pyrimidin-7-ylamino]-2-oxo-pent-3-ensäure-äthylester (S. 1382) beim Erhitzen (*Ch.*). – Kristalle (aus Me.); F: 172 – 173°.

Oxocarbonsäuren $C_nH_{2n-28}N_4O_3$

3-[(2*S*)-13-Äthyl-20-formyl-3*t*,7,12,17-tetramethyl-2,3-dihydro-porphyrin-2*r*-yl]-propionsäure-methylester, 15[1]-Oxo-3-desäthyl-phyllochlorin-methylester $C_{31}H_{34}N_4O_3$, Formel XIV und Taut. (in der Literatur als 2-Desvinyl-purpurin-3-methylester bezeichnet).

B. Neben 15[1]-Oxo-3-desäthyl-phylloporphyrin-methylester (S. 3176) aus 15[1]-Carboxy-3-desäthyl-phyllochlorin („2-Desvinyl-isochlorin-e$_4$“; Dimethylester s. S. 2984) beim Erhitzen in Pyridin im Sauerstoff-Strom und anschliessenden Verestern (*Strell, Kalojanoff,* A. **577** [1952] 97, 101). Aus 3-Desäthyl-phyllochlorin (Methylester; S. 2941) beim Behandeln mit $KMnO_4$ in Pyridin und anschliessenden Verestern (*St., Ka.,* l. c. S. 104).

Kristalle (aus Acn. + Me.); F: 201° [Zers.]. λ_{max} (Py. + Ae.; 430 – 695 nm): *St., Ka.*

Kupfer(II)-Komplex. λ_{max} (Py. + Ae.; 430 – 655 nm): *St., Ka.*

Zink-Komplex. λ_{max} (Py. + Ae.; 440 – 660 nm): *St., Ka.*

Eisen(III)-Komplex. λ_{max} (Ae. sowie Py. + $N_2H_4 \cdot H_2O$; 440 – 640 nm): *St., Ka.*

Oxim $C_{31}H_{35}N_5O_3$; 3-[(2*S*)-13-Äthyl-20-(hydroxyimino-methyl)-3*t*,7,12,17-tetramethyl-2,3-dihydro-porphyrin-2*r*-yl]-propionsäure-methylester, 15[1]-Hydroxyimino-3-desäthyl-phyllochlorin-methylester. λ_{max} (Py. + Ae.; 450 – 685 nm): *St., Ka.*

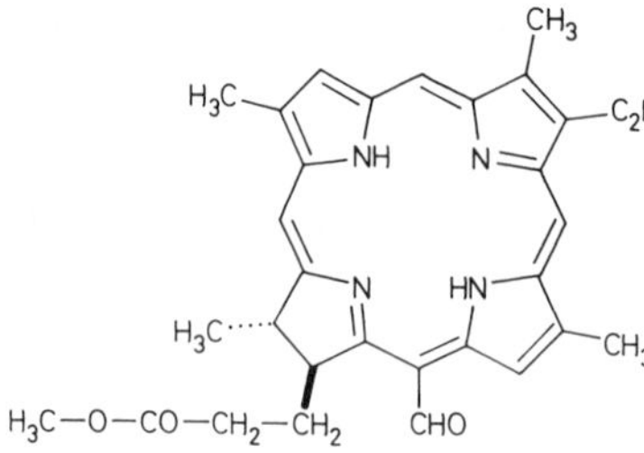

XIV

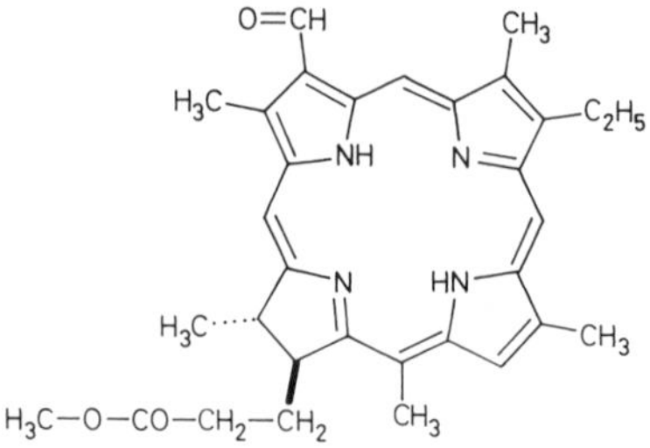

I

3-[(2*S*)-13-Äthyl-8-formyl-3*t*,7,12,17,20-pentamethyl-2,3-dihydro-porphyrin-2*r*-yl]-propionsäure-methylester, 3-Formyl-3-desäthyl-phyllochlorin-methylester $C_{32}H_{36}N_4O_3$, Formel I und Taut. (in der Literatur als 2-Desvinyl-2-formyl-phyllochlorin-methylester bezeichnet).

B. Neben anderen Verbindungen aus $3^1,3^2$-Didehydro-phyllochlorin-methylester („Phyllochlorin-methylester“; S. 2963) beim Behandeln mit $KMnO_4$ in Pyridin und anschliessenden Verestern (*Fischer, Walter,* A. **549** [1941] 44, 74).

Kristalle (aus Acn. + Me.); F: 231°. $[\alpha]^{20}_{680-730}$: –1700° [Acn.; c = 0,01]. λ_{max} (Py. + Ae.; 450 – 700 nm): *Fi., Wa.*

3-[8,13-Diäthyl-20-formyl-3,7,12,17-tetramethyl-2,3-dihydro-porphyrin-2-yl]-propionsäure-methylester $C_{33}H_{38}N_4O_3$.

a) **3-[(2*S*)-8,13-Diäthyl-20-formyl-3*t*,7,12,17-tetramethyl-2,3-dihydro-porphyrin-2*r*-yl]-propionsäure-methylester, 15[1]-Oxo-phyllochlorin-methylester,** „akt.“ Mesopurpurin-3-methylester, Formel II und Taut.

B. Aus Mesophyllochlorin (aus „akt.“ Mesophyllochlorin-methylester?; S. 2943) beim Behandeln mit $KMnO_4$ in Pyridin und anschliessenden Verestern (*Fischer, Gerner,* A. **553** [1942] 67, 68, 74). Beim Hydrieren von Purpurin-3-methylester (S. 3179) an Palladium in Aceton (*Fischer, Strell,* A. **543** [1940] 143, 152).

Kristalle; F: 166° [aus Ae.] (*Fi., Ge.,* l. c. S. 74), 155° [aus Acn. + Me.] (*Fi., St.*). Über das optische Drehungsvermögen in Aceton s. *Fi., Ge.,* l. c. S. 75. λ_{max} (Py. + Ae.; 425–690 nm): *Fi., St.*; *Fi., Ge.,* l. c. S. 75.

Reaktion des Kupfer(II)-Komplexes mit Harnstoff-hydrochlorid und $SnBr_4$ unter Bildung eines x-Brom-15[1]-oxo-phylloporphyrin-methylesters („γ-Formyl-x-brom-pyrroporphyrin-methylester") $C_{33}H_{35}BrN_4O_3$ (Kristalle [aus Ae.]; F: 224°; λ_{max} [Py. + Ae.; 440–635 nm]): *Fischer, Gerner,* A. **553** [1942] 146, 159.

Kupfer(II)-Komplex $CuC_{33}H_{36}N_4O_3$. F: 173° [aus Acn. + Me.]; $[\alpha]^{20}_{\text{weisses Licht}}$: ca. +140° [Acn.; c = 0,01] (*Fi., Ge.,* l. c. S. 77). λ_{max} (Py. + Ae.; 435–655 nm): *Fi., Ge.,* l. c. S. 77.

Zink-Komplex $ZnC_{33}H_{36}N_4O_3$. F: 193° [aus Acn. + Me.]; die Verbindung ist in Aceton rechtsdrehend (*Fi., Ge.,* l. c. S. 77). λ_{max} (Py. + Ae.; 440–650 nm): *Fi., Ge.,* l. c. S. 77.

Eisen(III)-Komplex $Fe(C_{33}H_{36}N_4O_3)Cl$. Kristalle (aus Acn. + Me.); F: 182° (*Fi., Ge.,* l. c. S. 76). $[\alpha]^{20}_{\text{weisses Licht}}$: +4000° [Acn.; c = 0,007] (*Fi., Ge.,* l. c. S. 76; s. a. *Pruckner et al.,* A. **546** [1941] 41, 47). λ_{max} (Py. + Ae. sowie Py. + Ae. + $N_2H_4 \cdot H_2O$; 465–680 nm): *Fi., Ge.,* l. c. S. 76.

b) **(±)-3-[8,13-Diäthyl-20-formyl-3*t*,7,12,17-tetramethyl-2,3-dihydro-porphyrin-2*r*-yl]-propionsäure-methylester, *rac*-15[1]-Oxo-phyllochlorin-methylester,** „inakt." Mesopurpurin-3-methylester, Formel II + Spiegelbild und Taut.

B. Aus *rac*-Phyllochlorin („inakt." Mesophyllochlorin; S. 2943) beim Behandeln mit $KMnO_4$ in Pyridin und anschliessenden Verestern (*Fischer, Gerner,* A. **553** [1942] 67, 68, 75).

Kristalle; F: 178°.

3-[(2*S*)-8-Acetyl-13-äthyl-3*t*,7,12,17,20-pentamethyl-2,3-dihydro-porphyrin-2*r*-yl]-propionsäure-methylester, 3[1]-Oxo-phyllochlorin-methylester $C_{33}H_{38}N_4O_3$, Formel III und Taut. (in der Literatur als 2-Desvinyl-2-acetyl-phyllochlorin-methylester bezeichnet).

B. Aus sog. 2,α-Oxy-mesophyllochlorin-methylester ((3[1]Ξ)-3[1]-Hydroxy-phyllochlorin-methylester; S. 3137) beim Behandeln mit $KMnO_4$ in Pyridin (*Fischer, Baláž,* A. **553** [1942] 166, 171, 182). Neben 13-Acetyl-3[1]-oxo-phyllochlorin-methylester (S. 3207) aus 13-Acetyl-15[1]-methoxycarbonyl-3[1]-oxo-phyllochlorin-methylester („2,6-Diacetyl-isochlorin-e_4-dimethylester"; S. 3275) beim Behandeln mit konz. wss. HCl, Erhitzen des Reaktionsprodukts mit Pyridin und anschliessenden Verestern (*Fischer et al.,* A. **557** [1947] 134, 158).

Braune Kristalle; F: 206° [aus Acn. + Me.] (*Fi., Ba.*), 201° (*Fi. et al.*). λ_{max} (Py. + Ae.; 445–690 nm): *Fi., Ba.*; s. a. *Fi. et al.,* l. c. S. 162.

Zink-Komplex. Blaue Kristalle (aus Ae. + PAe.); F: 151° (*Fi., Ba.*). λ_{max} (Ae.; 455–670 nm): *Fi., Ba.*

Oxim $C_{33}H_{39}N_5O_3$; 3-[(2*S*)-13-Äthyl-8-(1-hydroxyimino-äthyl)-3*t*,7,12,17,20-pentamethyl-2,3-dihydro-porphyrin-2*r*-yl]-propionsäure-methylester, 3[1]-Hydroxyimino-phyllochlorin-methylester. λ_{max} (Ae.; 435–670 nm): *Fi., Ba.*, l. c. S. 184.

Oxocarbonsäuren $C_nH_{2n-30}N_4O_3$

Oxocarbonsäuren $C_{30}H_{30}N_4O_3$

3-[13-Äthyl-20-formyl-3,7,12,17-tetramethyl-porphyrin-2-yl]-propionsäure-methylester, 15^1-Oxo-3-desäthyl-phylloporphyrin-methylester $C_{31}H_{32}N_4O_3$, Formel IV und Taut. (in der Literatur als 2-Desäthyl-γ-formyl-pyrroporphyrin-methylester bezeichnet).

B. Neben 15^1-Oxo-3-desäthyl-phyllochlorin-methylester (S. 3174) aus 15^1-Carboxy-3-desäthyl-phyllochlorin („2-Desvinyl-isochlorin-e_4"; Dimethylester s. S. 2984) beim Erhitzen in Pyridin im Sauerstoff-Strom und anschliessenden Verestern (*Strell, Kalojanoff,* A. **577** [1952] 97, 102).

Kristalle (aus Acn. + Me.); F: 218°. λ_{max} (Py. + Ae.; 450–660 nm): *St., Ka.*

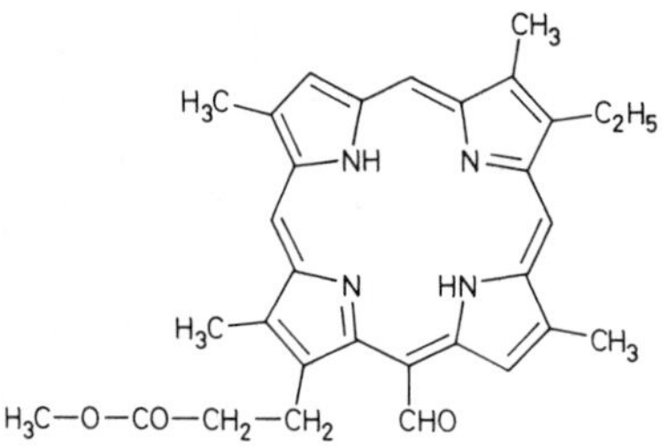

3-[(18*S*)-7-Äthyl-3,13,17*t*-trimethyl-2^1-oxo-2^1,2^2,17,18-tetrahydro-cyclopenta[*at*]porphyrin-18*r*-yl]-propionsäure, 3-Desäthyl-7-desmethyl-phytochlorin $C_{30}H_{30}N_4O_3$, Formel V (R = X = H) und Taut. (in der Literatur als 2-Desvinyl-3-desformyl-pyrophäophorbid-b bezeichnet).

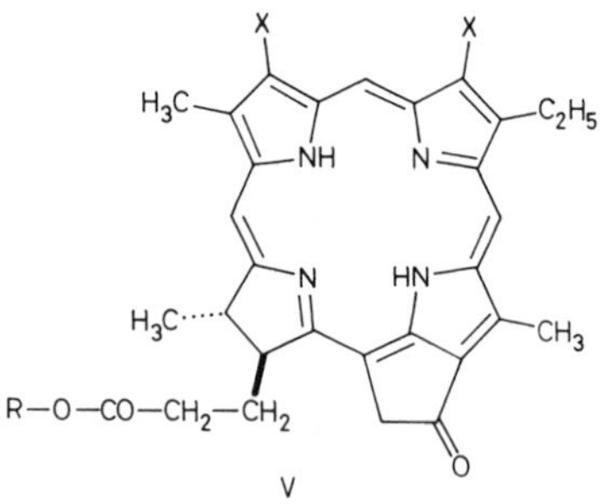

Zusammenfassende Darstellung: *H. Fischer, A. Stern,* Die Chemie des Pyrrols, Bd. 2, Tl. 2 [Leipzig 1940] S. 80.

B. Aus dem Eisen(III)-Komplex des 7^1-Oxo-phytochlorin-methylesters (S. 3207) beim Erhitzen mit Resorcin und Behandeln des Reaktionsprodukts mit wss. H_2SO_4 oder Eisen(II)-acetat in Essigsäure und wss. HCl (*Fischer, Wunderer,* A. **533** [1938] 230, 237, 250).

Methylester $C_{31}H_{32}N_4O_3$. Grüne Kristalle (aus Py. + Me.); F: 221° (*Fi., Wu.*). λ_{max} (Py. + Ae.; 430–670 nm): *Fi., Wu.* – Oxim $C_{31}H_{33}N_5O_3$; 3-[(18*S*)-7-Äthyl-2^1-hydroxyimino-3,13,17*t*-trimethyl-2^1,2^2,17,18-tetrahydro-cyclopenta[*at*]porphyrin-18*r*-yl]-propionsäure-methylester, 3-Desäthyl-7-desmethyl-phytochlorin-methylester-oxim. λ_{max} (Ae.; 445–670 nm): *Fi., Wu.*

3-[(18*S*)-7-Äthyl-8,12(?)-dibrom-3,13,17*t*-trimethyl-2^1-oxo-2^1,2^2,17,18-tetrahydro-cyclopenta[*at*]porphyrin-18*r*-yl]-propionsäure-methylester, 3(?),7-Dibrom-3-desäthyl-7-desmethyl-phytochlorin-methylester $C_{31}H_{30}Br_2N_4O_3$, vermutlich Formel V (R = CH_3, X = Br) und Taut. (in der Literatur als „Dibromkörper aus 2-Desvinyl-3-desformyl-pyrophäophorbid-b-methylester" bezeichnet).

B. Aus dem vorangehenden Methylester und Brom (*Fischer, Wunderer,* A. **533** [1938] 230, 237, 251).

Kristalle (aus Acn. + Me.). λ_{max} (Ae.; 450–680 nm): *Fi., Wu.*

Oxocarbonsäuren $C_{31}H_{32}N_4O_3$

3-[8-Acetyl-13-äthyl-3,7,12,17-tetramethyl-porphyrin-2-yl]-propionsäure-methylester, 3[1]-Oxo-pyrroporphyrin-methylester $C_{32}H_{34}N_4O_3$, Formel VI und Taut. (in der Literatur als 2-Desäthyl-2-acetyl-pyrroporphyrin-methylester und als Oxopyrroporphyrin-methylester bezeichnet).

B. Aus 3[1]-Oxo-rhodoporphyrin (S. 3222) beim Erhitzen in [2]Naphthol und Verestern des Reaktionsprodukts mit Diazomethan (*Fischer, Hasenkamp,* A. **519** [1935] 42, 55; s. a. *Fischer, Hasenkamp,* A. **513** [1934] 107, 110, 122; *Fischer, Krauss,* A. **521** [1936] 261, 264).

Kristalle (aus Py.); F: 255° (*Fi., Ha.,* A. **519** 55). λ_{max} (Py. + Ae.; 440 – 640 nm): *Fi., Ha.,* A. **519** 55.

Eisen(III)-Komplex $Fe(C_{32}H_{32}N_4O_3)Cl$. Kristalle [aus $CHCl_3$] (*Fi., Ha.,* A. **519** 56). λ_{max} (Py. + $N_2H_4 \cdot H_2O$; 455 – 585 nm): *Fi., Ha.,* A. **519** 56.

Oxim $C_{32}H_{35}N_5O_3$; 3-[13-Äthyl-8-(1-hydroxyimino-äthyl)-3,7,12,17-tetramethyl-porphyrin-2-yl]-propionsäure-methylester, 3[1]-Hydroxyimino-pyrroporphyrin-methylester. Kristalle (aus Py. + Me.); F: 272° (*Fi., Ha.,* A. **519** 56). λ_{max} (Py. + Ae.; 430 – 625 nm): *Fi., Ha.,* A. **519** 56.

VI VII

3-[(18*S*)-7-Äthyl-3,8,13,17*t*-tetramethyl-2[1]-oxo-2[1],2[2],17,18-tetrahydro-cyclopenta[*at*]porphyrin-18*r*-yl]-propionsäure-methylester, 3-Desäthyl-phytochlorin-methylester $C_{32}H_{34}N_4O_3$, Formel VII und Taut. (in der Literatur als 2-Desvinyl-pyrophäophorbid-a-methylester bezeichnet).

Zusammenfassende Darstellung: *H. Fischer, A. Stern,* Die Chemie des Pyrrols, Bd. 2, Tl. 2 [Leipzig 1940] S. 79.

B. Aus dem Eisen(III)-Komplex des Pyrophäophorbid-a-methylesters (3[1],3[2]-Didehydro-phytochlorin-methylester; S. 3191) oder des Phäophorbid-a-methylesters (S. 3239) beim Erhitzen mit Resorcin, Behandeln des Reaktionsprodukts mit wss. H_2SO_4 oder Eisen(II)-acetat und wss. HCl und anschliessenden Verestern (*Fischer, Wunderer,* A. **533** [1938] 230, 242, 244). Aus 3-Desvinyl-phäophorbid-a-methylester (S. 3224) beim Erhitzen in Pyridin (*Fischer et al.,* A. **557** [1947] 134, 156).

Kristalle (aus Acn. + Me.); F: 173° (*Fi., Wu.*; s. a. *Fi. et al.*). Absorptionsspektrum (Dioxan; 480 – 670 nm): *Stern, Wenderlein,* Z. physik. Chem. [A] **177** [1936] 165, 167, 183. λ_{max} (Py. + Ae.; 440 – 675 nm): *Fi., Wu.*

Kupfer(II)-Komplex $CuC_{32}H_{32}N_4O_3$. λ_{max} (Ae.; 440 – 660 nm): *Fischer, Oestreicher,* A. **550** [1942] 252, 256. – Beim Behandeln mit Acetanhydrid und $SnBr_4$ ist 3[1]-Oxo-phytochlorin-methylester („2-Desvinyl-2-acetyl-pyrophäophorbid-a-methylester"; S. 3208) erhalten worden (*Fi., Oe.*; s. a. *Fi. et al.*).

Zink-Komplex $ZnC_{32}H_{32}N_4O_3$. Kristalle (aus Ae.); F: 264° (*Fi., Oe.*). λ_{max} (Ae.; 440 – 660 nm): *Fi., Oe.*

Eisen(III)-Komplex $Fe(C_{32}H_{32}N_4O_3)Cl$. Kristalle (aus Eg.); F: 184° (*Fi., Wu.,* l. c. S. 245). λ_{max} ($CHCl_3$ sowie $CHCl_3$ + $N_2H_4 \cdot H_2O$; 440 – 655 nm): *Fi., Wu.,* l. c. S. 246.

Oxim $C_{32}H_{35}N_5O_3$; 3-[(18*S*)-7-Äthyl-2[1]-hydroxyimino-3,8,13,17*t*-tetramethyl-2[1],2[2],17,18-tetrahydro-cyclopenta[*at*]porphyrin-18*r*-yl]-propionsäure-methylester, 3-Desäthyl-phytochlorin-methylester-oxim. Kristalle (aus Acn. + Me.); F: 244°

(*Fi., Wu.*, l. c. S. 246). λ_{max} (Py.+Ae.; 445–675 nm): *Fi., Wu.*

Brom-Derivat $C_{32}H_{33}BrN_4O_3$; 3-[(18*S*)-7-Äthyl-12(?)-brom-3,8,13,17*t*-tetramethyl-2[1]-oxo-2[1],2[2],17,18-tetrahydro-cyclopenta[*at*]porphyrin-18*r*-yl]-propionsäure-methylester, 3(?)-Brom-3-desäthyl-phytochlorin-methylester. *B.* Aus 3-Desäthyl-phytochlorin-methylester (s. o.) und Brom (*Fi., Wu.*, l. c. S. 247). – Kristalle (aus Acn.+Me.); Zers. bei 256° [nach Sintern bei 200°] (*Fi., Wu.*). λ_{max} (Py.+Ae.; 440–690 nm): *Fi., Wu.*

Oxocarbonsäuren $C_{32}H_{34}N_4O_3$

3-[8,13-Diäthyl-20-formyl-3,7,12,17-tetramethyl-porphyrin-2-yl]-propionsäure-methylester, 15[1]-Oxo-phylloporphyrin-methylester, 15-Formyl-pyrroporphyrin-methylester $C_{33}H_{36}N_4O_3$, Formel VIII (X = H) und Taut. (in der Literatur als γ-Formyl-pyrroporphyrin-methylester bezeichnet).

Zusammenfassende Darstellung: *H. Fischer, A. Stern,* Die Chemie des Pyrrols, Bd. 2, Tl. 2 [Leipzig 1940] S. 226.

B. Aus Phylloporphyrin-methylester (S. 2961) beim Behandeln mit Jod und Natriumacetat in Essigsäure (*Fischer, Stier,* A. **542** [1939] 224, 231). Beim Erwärmen von Purpurin-3-methylester (15[1]-Oxo-3[1],3[2]-didehydro-phyllochlorin-methylester; S. 3179) mit wss. HI in Essigsäure (*Fischer, Strell,* A. **543** [1940] 143, 151).

Kristalle; F: 246° [aus Ae.] (*Fi., Str.*), 244° [aus Py.+Me.] (*Fi., Stier*). λ_{max} (Py.+Ae.; 450–660 nm): *Fi., Stier*; *Fi., Str.*

Kupfer(II)-Komplex $CuC_{33}H_{34}N_4O_3$. Kristalle (aus Py.+Eg.); F: 203° (*Fi., Stier*). λ_{max} (Py.+Ae.; 450–620 nm): *Fi., Stier.*

Eisen(III)-Komplex $Fe(C_{33}H_{34}N_4O_3)Cl$. Kristalle (aus Py.+Eg.); F: 305° (*Fischer, Mittermair,* A. **548** [1941] 147, 167). λ_{max} (Py.+$N_2H_4 \cdot H_2O$; 470–640 nm): *Fi., Mi.*

Oxim $C_{33}H_{37}N_5O_3$; 3-[8,13-Diäthyl-20-(hydroxyimino-methyl)-3,7,12,17-tetramethyl-porphyrin-2-yl]-propionsäure-methylester, 15[1]-Hydroxyimino-phylloporphyrin-methylester. Rotbraune Kristalle (aus Py.+Me.); F: 277° (*Fi., Stier,* l. c. S. 233). λ_{max} (Py.+Ae.; 445–630 nm): *Fi., Stier.*

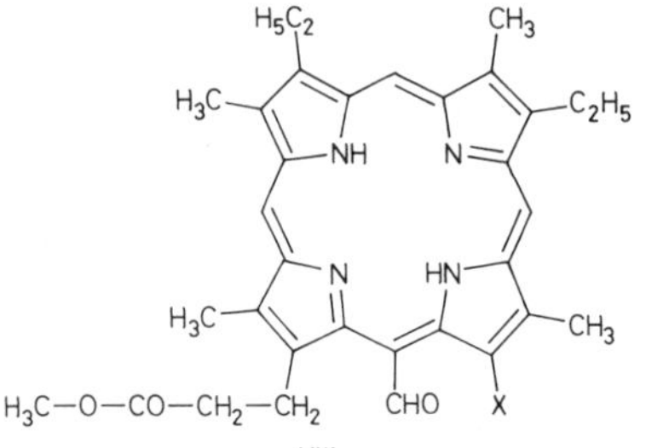

VIII

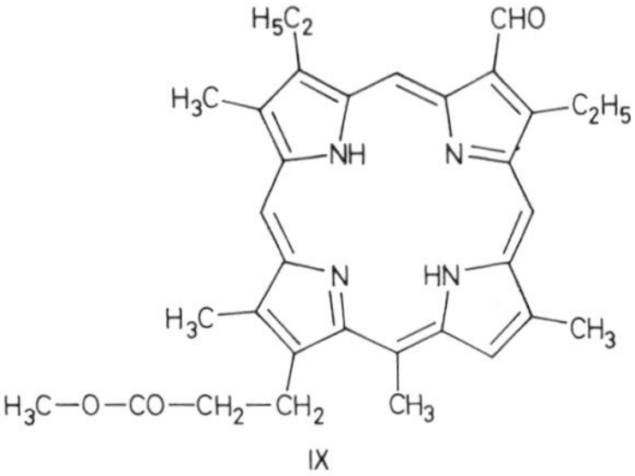

IX

3-[8,13-Diäthyl-18-brom-20-formyl-3,7,12,17-tetramethyl-porphyrin-2-yl]-propionsäure-methylester, 13-Brom-15[1]-oxo-phylloporphyrin-methylester $C_{33}H_{35}BrN_4O_3$, Formel VIII (X = Br) und Taut. (in der Literatur als 6-Brom-γ-formyl-pyrroporphyrin-methylester bezeichnet).

B. Aus der vorangehenden Verbindung und Brom (*Fischer, Mittermair,* A. **548** [1941] 147, 168).

Kristalle (aus Acn.+Me.); F: 241°. λ_{max} (Py.+Ae.; 445–630 nm): *Fi., Mi.*

3-[8,13-Diäthyl-12-formyl-3,7,17,20-tetramethyl-porphyrin-2-yl]-propionsäure-methylester, 7[1]-Oxo-phylloporphyrin-methylester $C_{33}H_{36}N_4O_3$, Formel IX und Taut. (in der Literatur als 3-Desmethyl-3-formyl-phylloporphyrin-methylester bezeichnet).

Zusammenfassende Darstellung: *H. Fischer, A. Stern,* Die Chemie des Pyrrols, Bd. 2, Tl. 2 [Leipzig 1940] S. 298.

B. Beim Erwärmen von Rhodin-g_3-methylester (7^1-Oxo-3^1,3^2-didehydro-phyllochlorin-methylester; S. 3180) mit wss. HI in Essigsäure (*Fischer, Bauer,* A. **523** [1936] 235, 241, 267). Neben Rhodin-g_3-methylester aus Rhodin-g_5 (15-Methyl-7^1-oxo-3^1,3^2-didehydro-rhodochlorin; S. 3229) beim Erhitzen und anschliessenden Verestern (*Fi., Ba.*). Aus Rhodin-g_3 (s. u.) oder Rhodin-g_5 beim Erwärmen mit Ameisensäure und anschliessenden Verestern (*Fi., Ba.,* l. c. S. 269).

Braune Kristalle (aus Py. + Me.); F: 235° (*Fi., Ba.*). λ_{max} (Py. + Ae.; 450 – 660 nm): *Fi., Ba.*

Oxim $C_{33}H_{37}N_5O_3$; 3-[8,13-Diäthyl-12-(hydroxyimino-methyl)-3,7,17,20-tetramethyl-porphyrin-2-yl]-propionsäure-methylester, 7^1-Hydroxyimino-phylloporphyrin-methylester. Kristalle (aus Py. + Me.); F: 244° (*Fi., Ba.*). λ_{max} (Py. + Ae.; 455 – 650 nm): *Fi., Ba.*

Diese Verbindung hat möglicherweise in unreiner Form in dem unter derselben Konstitution beschriebenen sog. Rhodinporphyrin-g_3-methylester [F: 231°] (zusammenfassende Darstellung: *H. Fischer, A. Stern,* Die Chemie des Pyrrols, Bd. 2, Tl. 2 [Leipzig 1940] S. 299; vgl. *Fi., Ba.,* l. c. S. 241, 242, 269; *Fischer, Breitner,* A. **511** [1934] 183, 186; *Fischer et al.,* A. **503** [1933] 1, 6, 15, 18, 32, **498** [1932] 228, 233, 244, 265) sowie in sog. Pyrorhodin-g-porphyrin-methylester [rote Kristalle; F: 228 – 230°; λ_{max} (wss. HCl sowie Ae.; 445 – 655 nm)] (*Conant et al.,* Am. Soc. **53** [1931] 4436, 4441) vorgelegen.

3-[8-Acetyl-13-äthyl-3,7,12,17,20-pentamethyl-porphyrin-2-yl]-propionsäure-methylester, 3^1-Oxo-phylloporphyrin-methylester $C_{33}H_{36}N_4O_3$, Formel X und Taut. (in der Literatur als Oxophylloporphyrin-methylester bezeichnet).

B. Beim Behandeln von 3^1,3^2-Didehydro-phyllochlorin-methylester (S. 2963) in Essigsäure mit wss. HI und Luft und anschliessenden Verestern (*Fischer, MacDonald,* A. **540** [1939] 211, 213, 220).

Kristalle (aus Acn.); F: 257° [Kapillare] bzw. 272° [Kofler-App.]. λ_{max} (Py. + Ae.; 440 – 650 nm): *Fi., MacD.*

Kupfer(II)-Komplex $CuC_{33}H_{34}N_4O_3$. Kristalle (aus $CHCl_3$ + Me.); F: 278° [korr.].

Oxim $C_{33}H_{37}N_5O_3$; 3-[13-Äthyl-8-(1-hydroxyimino-äthyl)-3,7,12,17,20-pentamethyl-porphyrin-2-yl]-propionsäure-methylester, 3^1-Hydroxyimino-phylloporphyrin-methylester. Kristalle (aus Acn. + Me.); F: 290° [korr.; Zers.]. λ_{max} (Py. + Ae.; 440 – 640 nm): *Fi., MacD.*

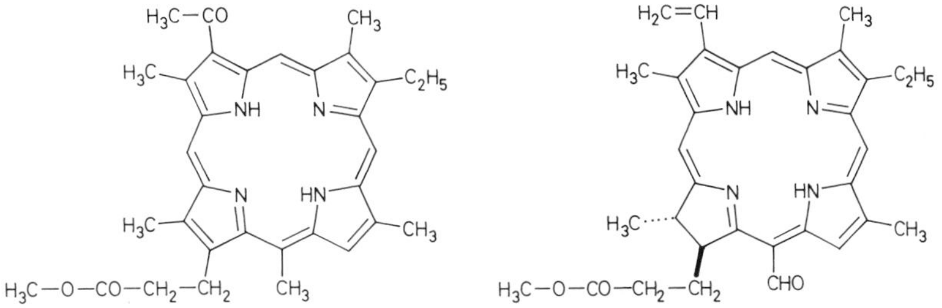

3-[(2*S*)-13-Äthyl-20-formyl-3*t*,7,12,17-tetramethyl-8-vinyl-2,3-dihydro-porphyrin-2*r*-yl]-propionsäure-methylester, 15^1-Oxo-3^1,3^2-didehydro-phyllochlorin-methylester, Purpurin-3-methylester $C_{33}H_{36}N_4O_3$, Formel XI und Taut. (in der Literatur auch als γ-Formyl-pyrrochlorin-methylester bezeichnet).

Zusammenfassende Darstellung: *H. Fischer, A. Stern,* Die Chemie des Pyrrols, Bd. 2, Tl. 2 [Leipzig 1940] S. 139.

B. Aus Isochlorin-e_4 (15^1-Carboxy-3^1,3^2-didehydro-phyllochlorin; Methylester s. S. 3012) beim Erhitzen in Pyridin unter Sauerstoffzufuhr oder beim Behandeln mit $KMnO_4$ in Pyridin und Verestern des Reaktionsprodukts mit Diazomethan (*Fischer, Kahr,* A. **531** [1937] 209,

226, 242, 244).

Grüne Kristalle (aus PAe.); F: 181° (*Fi., Kahr,* l. c. S. 227, 243). $[\alpha]^{20}_{690-730}$: −401° [wss. HCl (20%ig); c = 0,05] (*Fi., Kahr,* l. c. S. 244). Absorptionsspektrum (Dioxan; 470–700 nm): *Stern, Pruckner,* Z. physik. Chem. [A] **180** [1937] 321, 322, 334. λ_{max} (Py.+Ae.; 475–705 nm): *Fi., Kahr.*

Der beim Behandeln mit Ag_2O in Pyridin, Dioxan und Methanol, anschliessenden Behandeln mit wss. HCl und Verestern erhaltene „Dioxypurpurin-3-methylester" [F: 196°; $[\alpha]^{20}_{\text{weisses Licht}}$: +1500° (Acn.; c = 0,01)] (*Fischer, Gerner,* A. **553** [1942] 67, 73, 79) ist wahrscheinlich als 3-[(2*S*)-13-Äthyl-5-chlor-20-formyl-3*t*,7,12,17-tetramethyl-8-vinyl-2,3-dihydro-porphyrin-2*r*-yl]-propionsäure-methylester, 20-Chlor-15¹-oxo-3¹,3²-didehydro-phyllochlorin-methylester $C_{33}H_{35}ClN_4O_3$ zu formulieren (s. dazu die Angaben im Artikel Chlorin-e_6-trimethylester [S. 3074]).

Oxim $C_{33}H_{37}N_5O_3$; 3-[(2*S*)-13-Äthyl-20-(hydroxyimino-methyl)-3*t*,7,12,17-tetra=methyl-8-vinyl-2,3-dihydro-porphyrin-2*r*-yl]-propionsäure-methylester, 15¹-Hydroxyimino-3¹,3²-didehydro-phyllochlorin-methylester. F: 145° [aus PAe.] (*Fischer, Strell,* A. **543** [1940] 143, 153).

Semicarbazon $C_{34}H_{39}N_7O_3$; 3-[(2*S*)-13-Äthyl-3*t*,7,12,17-tetramethyl-20-semicar=bazonomethyl-8-vinyl-2,3-dihydro-porphyrin-2*r*-yl]-propionsäure-methylester, 15¹-Semicarbazono-3¹,3²-didehydro-phyllochlorin-methylester. λ_{max} (Py.+Ae.; 445–695 nm): *Fi., Kahr.*

3-[(2*S*)-13-Äthyl-12-formyl-3*t*,7,17,20-tetramethyl-8-vinyl-2,3-dihydro-porphyrin-2*r*-yl]-propionsäure, 7¹-Oxo-3¹,3²-didehydro-phyllochlorin, Rhodin-g_3 $C_{32}H_{34}N_4O_3$, Formel XII (R = H) und Taut.

Zusammenfassende Darstellung: *H. Fischer, A. Stern,* Die Chemie des Pyrrols, Bd. 2, Tl. 2 [Leipzig 1940] S. 275.

B. Neben anderen Verbindungen beim Erhitzen von Rhodin-g_5 (15-Methyl-7¹-oxo-3¹,3²-dide=hydro-rhodochlorin; S. 3229) oder von Rhodin-g_7 [15-Carboxymethyl-7¹-oxo-3¹,3²-didehydro-rhodochlorin; S. 3301] (*Fischer, Bauer,* A. **523** [1936] 235, 240, 266, 268; s. a. *Conant et al.,* Am. Soc. **53** [1931] 4436, 4441).

F: 200° [Zers.] (*Fi., Ba.*).

3-[(2*S*)-13-Äthyl-12-formyl-3*t*,7,17,20-tetramethyl-8-vinyl-2,3-dihydro-porphyrin-2*r*-yl]-propionsäure-methylester, 7¹-Oxo-3¹,3²-didehydro-phyllochlorin-methylester, Rhodin-g_3-methylester $C_{33}H_{36}N_4O_3$, Formel XII (R = CH_3) und Taut.

B. Aus der vorangehenden Säure und Diazomethan (*Conant et al.,* Am. Soc. **53** [1931] 4436, 4441).

Rote Kristalle; F: 243° [aus Acn.] (*Fischer, Bauer,* A. **523** [1936] 235, 240, 266), 235° (*Co. et al.*). $[\alpha]^{20}_{690-730}$: −428° [Acn.; c = 0,06] (*Fischer, Stern,* A. **520** [1935] 88, 97; *Fi., Ba.,* l. c. S. 255). Absorptionsspektrum (Dioxan; 480–670 nm): *Stern, Wenderlein,* Z. physik. Chem. [A] **175** [1936] 405, 406, 436. λ_{max} in wss. HCl (465–650 nm) sowie in Äther (455–660 nm): *Co. et al.*; in einem Pyridin-Äther-Gemisch (450–660 nm): *Fi., Ba.*

Oxim $C_{33}H_{37}N_5O_3$; 3-[(2*S*)-13-Äthyl-12-(hydroxyimino-methyl)-3*t*,7,17,20-tetra=methyl-8-vinyl-2,3-dihydro-porphyrin-2*r*-yl]-propionsäure-methylester, 7¹-Hydroxyimino-3¹,3²-didehydro-phyllochlorin-methylester. λ_{max} (Py.+Ae.; 460–670 nm): *Fi., Ba.,* l. c. S. 266.

Semicarbazon $C_{34}H_{39}N_7O_3$; 3-[(2*S*)-13-Äthyl-3*t*,7,17,20-tetramethyl-12-semi=carbazonomethyl-8-vinyl-2,3-dihydro-porphyrin-2*r*-yl]-propionsäure-methyl=ester, 7¹-Semicarbazono-3¹,3²-didehydro-phyllochlorin-methylester. Schwarze Kristalle (*Co. et al.*). λ_{max} in wss. HCl (480–675 nm) sowie in Äther (460–675 nm): *Co. et al.*

3-[8,13-Diäthyl-18-formyl-3,7,12,17-tetramethyl-porphyrin-2-yl]-propionsäure-methylester, 13-Formyl-pyrroporphyrin-methylester $C_{33}H_{36}N_4O_3$, Formel XIII und Taut. (in der Literatur als 6-Formyl-pyrroporphyrin-methylester bezeichnet).

Zusammenfassende Darstellung: *H. Fischer, H. Orth,* Die Chemie des Pyrrols, Bd. 2, Tl. 1

[Leipzig 1937] S. 290.

B. Aus dem Eisen(III)-Komplex des Pyrroporphyrin-methylesters (S. 2954) beim aufeinanderfolgenden Behandeln mit Äthyl-dichlormethyl-äther und $SnCl_4$, mit H_2O und mit konz. H_2SO_4 (*Fischer, Schwarz,* A. **512** [1934] 239, 241, 246).

Kristalle (aus Acn.); F: 248° (*Fi., Sch.*). Absorptionsspektrum (Dioxan; 470–660 nm): *Stern, Wenderlein,* Z. physik. Chem. [A] **174** [1935] 81, 83, 88. λ_{max} in einem Pyridin-Äther-Gemisch (440–645 nm): *Fi., Sch.*; *Fischer, v. Seemann,* Z. physiol. Chem. **242** [1936] 133, 148; in wss. HCl (440–620 nm): *Fi., Sch.* Fluorescenzmaxima (Dioxan): 640,5 nm, 664 nm, 684 nm und 703,5 nm (*Stern, Molvig,* Z. physik. Chem. [A] **175** [1936] 38, 42, 47).

Reaktion mit Malonsäure-dimethylester, mit Cyanessigsäure-äthylester, mit Malononitril, mit Brenztraubensäure bzw. mit Methylamin: *Fischer, Beer,* Z. physiol. Chem. **244** [1936] 31, 46.

Kupfer(II)-Komplex $CuC_{33}H_{34}N_4O_3$. Kristalle (aus Acn. + Me.); F: 208° (*Fi., Sch.*).

Zink-Komplex $ZnC_{33}H_{34}N_4O_3$. Rote Kristalle (aus Acn.); F: 210° (*Fischer, Dietl,* A. **547** [1941] 86, 95). λ_{max} (Py. + Ae.; 450–620 nm): *Fi., Di.*

Eisen(III)-Komplex $Fe(C_{33}H_{34}N_4O_3)Cl$. Kristalle; F: 265° (*Fi., Sch.*). λ_{max} (Py. + $N_2H_4 \cdot H_2O$; 440–585 nm): *Fi., Sch.*

Oxim $C_{33}H_{37}N_5O_3$; 3-[8,13-Diäthyl-18-(hydroxyimino-methyl)-3,7,12,17-tetramethyl-porphyrin-2-yl]-propionsäure-methylester, 13-[Hydroxyimino-methyl]-pyrroporphyrin-methylester. Kristalle (aus $CHCl_3$ + Me.); F: 260° (*Fi., Sch.*). λ_{max} (Py. + Ae.; 430–640 nm): *Fi., Sch.* – Kupfer(II)-Komplex $CuC_{33}H_{35}N_5O_3$. Kristalle (aus Acn.); F: 255° (*Fi., Sch.*). – Eisen(III)-Komplex $Fe(C_{33}H_{35}N_5O_3)Cl$. Blauschwarze Kristalle; F: 303° (*Fi., Sch.*). λ_{max} (Py. + $N_2H_4 \cdot H_2O$; 405–570 nm) *Fi., Sch.*

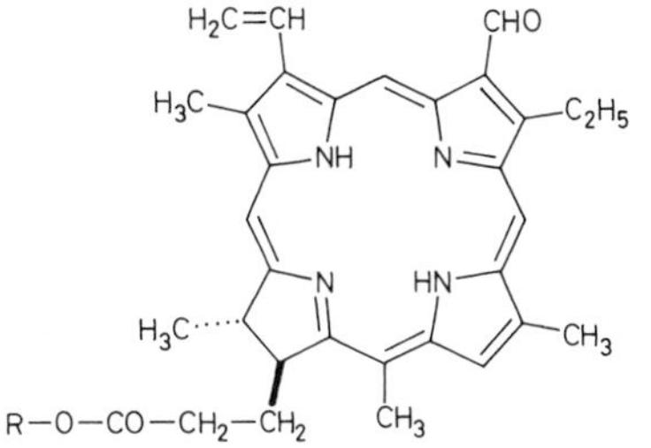

XII

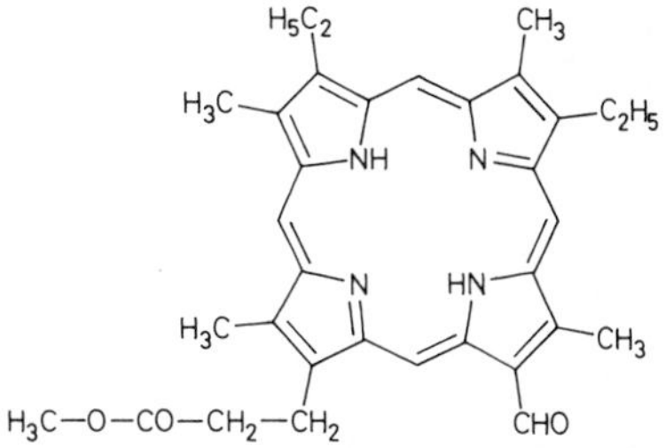

XIII

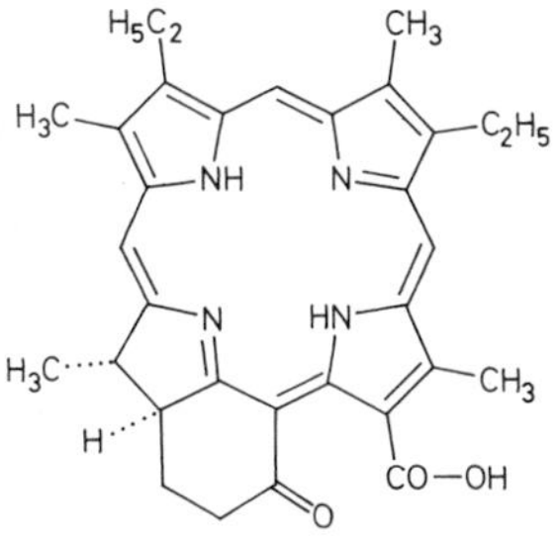

XIV

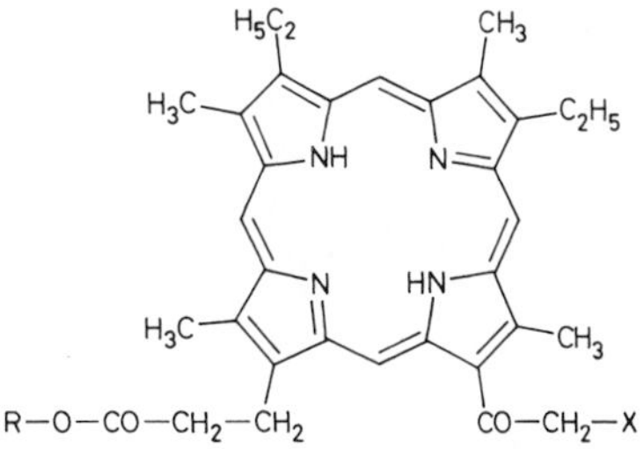

XV

(2S)-8,13-Diäthyl-3c,7,12,17-tetramethyl-2^3-oxo-(2r)-2,2^2,2^3,3-tetrahydro-2^1H-benzo[at]porphyrin-18-carbonsäure, Anhydromesorhodochlorin $C_{32}H_{34}N_4O_3$, Formel XIV und Taut.

Zusammenfassende Darstellung: *H. Fischer, A. Stern,* Die Chemie des Pyrrols, Bd. 2, Tl. 2 [Leipzig 1940] S. 135, 136.

B. Aus Rhodochlorin (S. 2985) mit Hilfe von H_2SO_4 [SO_3 enthaltend] (*Fischer, Herrle,* A. **530** [1937] 230, 235, 243, 244).

Kristalle (aus Ae.); F: 257° (*Fi., He.*).

Methylester $C_{33}H_{36}N_4O_3$. Blau glänzende Kristalle (aus Acn. + Me.); F: 279°; $[\alpha]^{20}_{690-730}$: −1341° [Acn.; c = 0,06] (*Fi., He.*, l. c. S. 243). λ_{max} (Py. + Ae.; 430−670 nm): *Fi., He.*, l. c. S. 256. − Kupfer(II)-Komplex $CuC_{33}H_{34}N_4O_3$. Kristalle (aus Py. + Me.); F: 308° (*Fi., He.*). λ_{max} (Py. + Ae.; 425−670 nm): *Fi., He.*

Oxocarbonsäuren $C_{33}H_{36}N_4O_3$

3-[18-Acetyl-8,13-diäthyl-3,7,12,17-tetramethyl-porphyrin-2-yl]-propionsäure, 13-Acetyl-pyrroporphyrin $C_{33}H_{36}N_4O_3$, Formel XV (R = X = H) und Taut. (in der Literatur als 6-Acetyl-pyrroporphyrin bezeichnet).

Zusammenfassende Darstellung: *H. Fischer, H. Orth,* Die Chemie des Pyrrols, Bd. 2, Tl. 1 [Leipzig 1937] S. 299−301.

B. Beim aufeinanderfolgenden Behandeln von Pyrrohämin (S. 2952) mit Acetanhydrid und $SnCl_4$ und mit konz. H_2SO_4 (*Fischer et al.*, A. **475** [1929] 241, 246, 257).

Kristalle [aus Py. + Eg.] (*Fi. et al.*). λ_{max} in konz. H_2SO_4 (475−670 nm), in wss. HCl (445−620 nm), in wss. NH_3 (445−610 nm), in Pyridin (450−645 nm) sowie in einem Essigsäure-Äther-Gemisch (440−640 nm): *Fi. et al.*

Reaktion mit äthanol. KOH: *Fi. et al.*, l. c. S. 261.

Kupfer(II)-Komplex $CuC_{33}H_{34}N_4O_3$. Kristalle (*Fi. et al.*). λ_{max} (Eg. + Ae.; 440−600 nm): *Fi. et al.*

Eisen(III)-Komplex $Fe(C_{33}H_{34}N_4O_3)Cl$. Kristalle (*Fi. et al.*). λ_{max} (Py. + $N_2H_4 \cdot H_2O$; 455−585 nm): *Fi. et al.*

Oxim $C_{33}H_{37}N_5O_3$; 3-[8,13-Diäthyl-18-(1-hydroxyimino-äthyl)-3,7,12,17-tetramethyl-porphyrin-2-yl]-propionsäure, 13-[1-Hydroxyimino-äthyl]-pyrroporphyrin. Braune Kristalle [aus Eg.] (*Fischer, Pratesi,* A. **500** [1933] 203, 212). λ_{max} in wss. HCl (430−595 nm), in einem Pyridin-Äther-Gemisch (445−625 nm) sowie in einem Essigsäure-Äther-Gemisch (445−625 nm): *Fi., Pr.*

3-[18-Acetyl-8,13-diäthyl-3,7,12,17-tetramethyl-porphyrin-2-yl]-propionsäure-methylester, 13-Acetyl-pyrroporphyrin-methylester $C_{34}H_{38}N_4O_3$, Formel XV (R = CH_3, X = H) und Taut.

B. Aus der vorangehenden Säure und methanol. HCl (*Fischer et al.*, A. **475** [1929] 241, 260).

Kristalle (aus Py. + Acn.); F: 278° [korr.] (*Fi. et al.*). Absorptionsspektrum (Dioxan; 480−660 nm): *Stern, Wenderlein,* Z. physik. Chem. [A] **175** [1936] 405, 406, 418. λ_{max} (Eg. + Ae. sowie $CHCl_3$; 445−645 nm): *Fi. et al.*

Kupfer(II)-Komplex $CuC_{34}H_{36}N_4O_3$. Kristalle; F: 245° [korr.]; λ_{max} (Eg. + Ae.): 539,1 nm und 582,2 nm (*Fi. et al.*).

Eisen(III)-Komplex $Fe(C_{34}H_{36}N_4O_3)Cl$. Kristalle; F: 265° [korr.]; λ_{max} (Py. + $N_2H_4 \cdot H_2O$): 529,5 nm und 570,6 nm (*Fi. et al.*).

Oxim $C_{34}H_{39}N_5O_3$; 3-[8,13-Diäthyl-18-(1-hydroxyimino-äthyl)-3,7,12,17-tetramethyl-porphyrin-2-yl]-propionsäure-methylester, 13-[1-Hydroxyimino-äthyl]-pyrroporphyrin-methylester. *B.* Aus 3-[7,12-Diäthyl-18-(2-methoxycarbonyl-äthyl)-3,8,13,17-tetramethyl-porphyrin-2-yl]-acrylsäure („6-Acrylsäure-pyrroporphyrin-methylester"; vgl. S. 3040) in Pyridin beim Erwärmen mit $NH_2OH \cdot HCl$ und anschliessenden Verestern (*Fischer, Dietl,* A. **547** [1941] 86, 88, 95). − Dunkelrote Kristalle (aus Ae. + Me.); F: 255° (*Fi., Di.*). λ_{max} (Py. + Ae.; 440−630 nm): *Fi., Di.* − Kupfer(II)-Komplex $CuC_{34}H_{37}N_5O_3$. Rote Kristalle (aus Ae. + Me.); F: 239° (*Fi., Di.*). λ_{max} (Py. + Ae.; 425−575 nm): *Fi., Di.*

O-Benzoyl-oxim $C_{41}H_{43}N_5O_4$; 3-[8,13-Diäthyl-18-(1-benzoyloxyimino-äthyl)-3,7,12,17-tetramethyl-porphyrin-2-yl]-propionsäure-methylester, 13-[1-Benzoyloxyimino-äthyl]-pyrroporphyrin-methylester. Kristalle (aus Acn.); F: 191° (*Fi., Di.*). λ_{max} (Py. + Ae.; 435−625 nm): *Fi., Di.*

3-[8,13-Diäthyl-18-chloracetyl-3,7,12,17-tetramethyl-porphyrin-2-yl]-propionsäure-methylester, 13-Chloracetyl-pyrroporphyrin-methylester $C_{34}H_{37}ClN_4O_3$, Formel XV (R = CH_3, X = Cl) und Taut. (in der Literatur als 6-Chloracetyl-pyrroporphyrin-methylester bezeichnet).

B. Neben anderen Verbindungen aus Pyrroporphyrin-methylester (S. 2953) und Chloracetylchlorid unter Zusatz von $AlCl_3$ (*Fischer, Laubereau,* A. **535** [1938] 17, 20, 30).

Bläuliche Kristalle (aus Ae.); F: 263° [korr.]. λ_{max} (Py. + Ae.; 440–640 nm): *Fi., La.*

Beim Erhitzen mit Bernsteinsäure entstehen hauptsächlich Phytoporphyrin-methylester (S. 3189) und 13-Glykoloyl-pyrroporphyrin-methylester [S. 3321] (*Fi., La.,* l. c. S. 32).

3-[8-Acetyl-13,17-diäthyl-3,7,12,18-tetramethyl-porphyrin-2-yl]-propionsäure, 17[1]-Oxo-ätioporphyrin-IV-3[2]-carbonsäure $C_{33}H_{36}N_4O_3$, Formel I und Taut. (in der Literatur als 5-Acetyl-pyrroporphyrin-XXI bezeichnet).

B. Aus dem Eisen(III)-Komplex des Pyrroporphyrins-XXI (S. 2951) beim Behandeln mit Acetanhydrid und $SnCl_4$ und Erwärmen des Reaktionsprodukts mit Essigsäure und HBr (*Fischer, Schormüller,* A. **473** [1929] 211, 234).

Kristalle (aus Py. + Eg.). λ_{max} in wss. HCl (430–610 nm) sowie in einem Äther-Pyridin-Gemisch (435–640 nm): *Fi., Sch.*

I II

3-[8,13-Diäthyl-18-formyl-3,7,12,17,20-pentamethyl-porphyrin-2-yl]-propionsäure-methylester, 13-Formyl-phylloporphyrin-methylester $C_{34}H_{38}N_4O_3$, Formel II und Taut. (in der Literatur als 6-Formyl-phylloporphyrin-methylester bezeichnet).

Zusammenfassende Darstellung: *H. Fischer, H. Orth,* Die Chemie des Pyrrols, Bd. 2, Tl. 1 [Leipzig 1937] S. 291.

B. Aus dem Eisen(III)-Komplex des Phylloporphyrin-methylesters (S. 2961) beim aufeinanderfolgenden Behandeln mit Äthyl-dichlormethyl-äther, $POCl_3$ und $SnCl_4$ (*Fischer, Schwarz,* A. **512** [1934] 239, 243, 248) oder $SnBr_4$ (*Fischer et al.,* A. **523** [1936] 164, 165, 179), mit konz. H_2SO_4 und mit Diazomethan.

Kristalle (aus Ae. oder Acn.); F: 236° (*Fi. et al.*), 231° (*Fi., Sch.*). λ_{max} in wss. HCl (460–630 nm) sowie in einem Pyridin-Äther-Gemisch (445–645 nm): *Fi., Sch.*; *Fi. et al.*

Beim Erhitzen in Pyridin entsteht 13[1]-Hydroxy-13[1]-desoxo-phytoporphyrin-methylester [„9-Oxy-desoxophyllerythrin-methylester"; S. 3140] (*Fi. et al.*). Oxidation mit Sauerstoff: *Fi. et al.,* l. c. S. 168.

Kupfer(II)-Komplex $CuC_{34}H_{36}N_4O_3$. Kristalle; F: 208° [aus Py. + Eg.] (*Fi. et al.*), 206° [aus Acn. + Me.] (*Fi., Sch.*). λ_{max} (Py. + $N_2H_4 \cdot H_2O$; 455–615 nm): *Fi. et al.*

Zink-Komplex $ZnC_{34}H_{36}N_4O_3$. Rote Kristalle (aus Acn.); F: 235° (*Fischer, Mittermair,* A. **548** [1941] 147, 178). λ_{max} (Py. + Ae.; 470–635 nm): *Fi., Mi.*

Eisen(III)-Komplex $Fe(C_{34}H_{36}N_4O_3)Cl$. Kristalle (aus $CHCl_3$ + Eg.); F: 245° (*Fi. et al.*). λ_{max} (Py. + $N_2H_4 \cdot H_2O$; 460–595 nm): *Fi. et al.* – Reduktion mit Natrium und Isopentylalkohol: *Fi. et al.,* l. c. S. 194.

Oxim $C_{34}H_{39}N_5O_3$; 3-[8,13-Diäthyl-18-(hydroxyimino-methyl)-3,7,12,17,20-pentamethyl-porphyrin-2-yl]-propionsäure-methylester, 13-[Hydroxyimino-methyl]-phylloporphyrin-methylester. Kristalle (aus Acn. + Me.); F: 257° (*Fi. et al.*), 244° (*Fi., Sch.*). λ_{max} (Py. + Ae.; 440–640 nm): *Fi., Sch.*; *Fi. et al.*

3-[(18S)-7,12-Diäthyl-3,8,13,17t-tetramethyl-2¹-oxo-2¹,2²,17,18-tetrahydro-cyclopenta[at]porphyrin-18r-yl]-propionsäure, Phytochlorin [1]**,** Mesopyrophäophorbid-a $C_{33}H_{36}N_4O_3$, Formel III (R = H) und Taut.

Isolierung aus Schafkot: *Fischer, Stadler,* Z. physiol. Chem. **239** [1936] 167, 174; s. a. *Fischer, Hendschel,* Z. physiol. Chem. **206** [1932] 255, 262, 272.

B. Bei der Hydrierung von Pyrophäophorbid-a [3¹,3²-Didehydro-phytochlorin; S. 3190] (*Fischer, Stern,* A. **520** [1935] 88, 96). Beim Erwärmen von Mesoisochlorin-e_4 (15¹-Carboxy-phyllochlorin; S. 2986) mit konz. H_2SO_4 (*Fischer, Laubereau,* A. **535** [1938] 17, 19, 28). Beim Erhitzen von Mesophäophorbid-a (3¹,3²-Dihydro-phäophorbid-a; S. 3230) in Pyridin (*Fischer, Lakatos,* A. **506** [1933] 123, 131, 150).

Kristalle [aus Ae.] (*Fi., Lak.*). $[\alpha]^{20}_{690-730}$: −366° [Acn.; c = 0,1] (*Fi., Stern*). λ_{max} (Ae.; 490−535 nm): *Fi., Lak.*

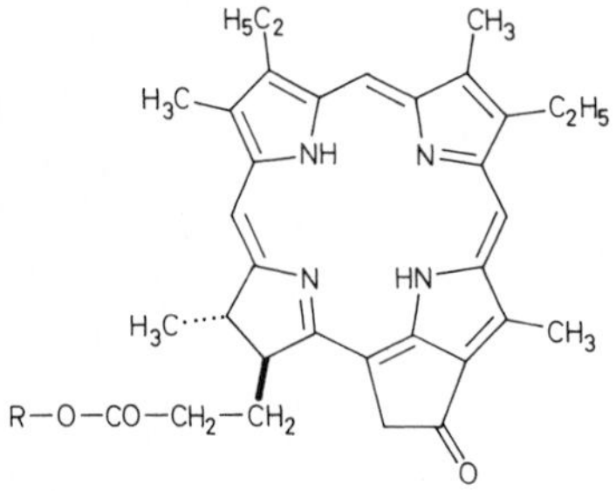

III

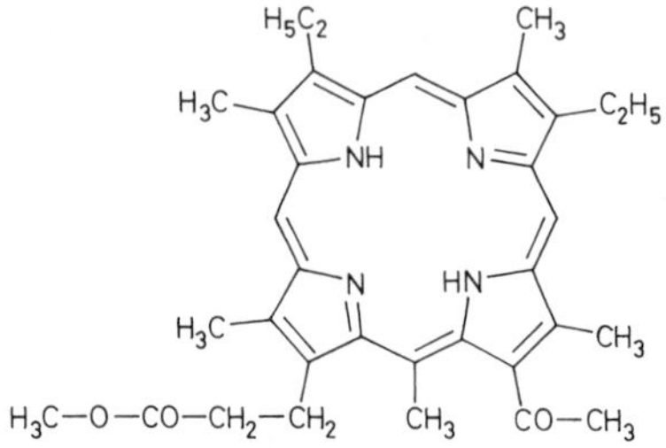

IV

3-[(18S)-7,12-Diäthyl-3,8,13,17t-tetramethyl-2¹-oxo-2¹,2²,17,18-tetrahydro-cyclopenta[at]porphyrin-18r-yl]-propionsäure-methylester, Phytochlorin-methylester, Mesopyrophäophorbid-a-methylester $C_{34}H_{38}N_4O_3$, Formel III (R = CH_3) und Taut.

B. Aus Phytochlorin (s. o.) und Diazomethan (*Fischer, Lakatos,* A. **506** [1933] 123, 150, 153; *Fischer, Laubereau,* A. **535** [1938] 17, 28). Aus Pyrophäophorbid-a-methylester (3¹,3²-Didehydro-phytochlorin-methylester; S. 3191) beim Behandeln mit $N_2H_4 \cdot H_2O$ in Pyridin und anschliessenden Verestern (*Fischer, Gibian,* A. **548** [1941] 183, 191). Beim Erhitzen von Mesochlorin-e_6-trimethylester (15-Methoxycarbonylmethyl-rhodochlorin-dimethylester; S. 3060) mit Na_2CO_3 und Pyridin (*Fi., Lak.,* l. c. S. 156; s. a. *Fischer, Bub,* A. **530** [1937] 213, 216, 223). Aus 15-Methoxycarbonylmethyl-rhodochlorin-13-[2-hydroxy-äthylester]-17-methylester (S. 3061) beim Erhitzen mit Na_2CO_3 und Pyridin (*Fi., Bub,* l. c. S. 227).

Kristalle; F: 244° [korr.; aus Acn.] (*Fi., Lau.*), 240° [aus Acn.] (*Fi., Lak.,* l. c. S. 153), 232° [aus $CHCl_3$+Ae.] (*Fi., Gi.*; s. a. *Fi., Bub*). $[\alpha]^{20}_{690-730}$: −361° (*Fi., Lau.*), −350° (*Fi., Bub*) [jeweils in Acn.; c = 0,1], −306° [Py.; c = 0,08] (*Fischer, Stadler,* Z. physiol. Chem. **239** [1936] 167, 178).

Oxim $C_{34}H_{39}N_5O_3$; 3-[(18S)-7,12-Diäthyl-2¹-hydroxyimino-3,8,13,17t-tetramethyl-2¹,2²,17,18-tetrahydro-cyclopenta[at]porphyrin-18r-yl]-propionsäure-methylester, Phytochlorin-methylester-oxim. Kristalle (aus Ae.+PAe.); unterhalb 300° nicht schmelzend (*Fi., Gi.*). λ_{max} (Ae.; 440−670 nm): *Fi., Gi.*

Brom-Derivat $C_{34}H_{37}BrN_4O_3$; 3-[(18S)-7,12-Diäthyl-15(?)-brom-3,8,13,17t-tetramethyl-2¹-oxo-2¹,2²,17,18-tetrahydro-cyclopenta[at]porphyrin-18r-yl]-propionsäure-methylester, 20(?)-Brom-phytochlorin-methylester („δ(?)-Brom-mesopyrophäophorbid-a-methylester“). *B.* Beim Erhitzen von 20(?)-Brom-15-methoxycarbonylmethyl-rhodochlorin-dimethylester („δ(?)-Brom-mesochlorin-e_6-trimethylester“; S. 3061) mit Acetanhydrid und Kaliumacetat (*Fischer et al.,* B. **75** [1942] 1778, 1794). − Kristalle (aus Ae.); F: 144°; $[\alpha]^{20}_{690-720}$: −482°; $[\alpha]^{20}_{\text{weisses Licht}}$: −602° [jeweils in Acn.; c = 0,008] (*Fi. et al.*). λ_{max} (Py.+Ae.; 445−685 nm): *Fi. et al.*

[1]) Bei von Phytochlorin abgeleiteten Namen wird die gleiche Stellungsbezeichnung wie bei Phytoporphyrin (S. 3188) verwendet.

Oxocarbonsäuren $C_{34}H_{38}N_4O_3$

3-[18-Acetyl-8,13-diäthyl-3,7,12,17,20-pentamethyl-porphyrin-2-yl]-propionsäure-methylester, 13-Acetyl-phylloporphyrin-methylester $C_{35}H_{40}N_4O_3$, Formel IV und Taut. (in der Literatur als 6-Acetyl-phylloporphyrin-methylester bezeichnet).

Zusammenfassende Darstellung: *H. Fischer, H. Orth,* Die Chemie des Pyrrols, Bd. 2, Tl. 1 [Leipzig 1937] S. 301.

B. Aus Phyllohämin (S. 2960) beim aufeinanderfolgenden Behandeln mit Acetanhydrid und $SnCl_4$, mit HBr und Essigsäure und mit Diazomethan (*Fischer et al.,* A. **508** [1934] 154, 156, 162).

Kristalle (aus Acn.); F: 286° (*Fi. et al.*). λ_{max} (Py. + Ae.; 445–635 nm): *Fi. et al.*

Kupfer(II)-Komplex $CuC_{35}H_{38}N_4O_3$. Kristalle (aus Acn.); F: 318° [unkorr.] (*Fi. et al.*). λ_{max} ($CHCl_3$ + Ae.; 440–600 nm): *Fi. et al.*

Eisen(III)-Komplex $Fe(C_{35}H_{38}N_4O_3)Cl$. Schwarze Kristalle; F: 314° [unkorr.] (*Fi. et al.*). λ_{max} (Py. + $N_2H_4 \cdot H_2O$; 500–580 nm): *Fi. et al.*

Oxocarbonsäuren $C_nH_{2n-32}N_4O_3$

Oxocarbonsäuren $C_{30}H_{28}N_4O_3$

3-[7-Äthyl-3,13,17-trimethyl-2¹-oxo-2¹,2²-dihydro-cyclopenta[*at*]porphyrin-18-yl]-propionsäure-methylester, 3-Desäthyl-7-desmethyl-phytoporphyrin-methylester $C_{31}H_{30}N_4O_3$, Formel V und Taut. (in der Literatur als 2-Desäthyl-3-desmethyl-phylloerythrin-methylester bezeichnet).

B. Aus 3-Desäthyl-7-desmethyl-phytochlorin-methylester (S. 3176) in Essigsäure beim Erwärmen mit wss. HI (*Fischer, Wunderer,* A. **533** [1938] 230, 238, 252).

Kristalle (aus Py. + Me.); F: 232°. λ_{max} (Py. + Ae.; 445–640 nm): *Fi., Wu.*

V

VI

Oxocarbonsäuren $C_{31}H_{30}N_4O_3$

3-[7-Äthyl-3,8,13,17-tetramethyl-2¹-oxo-2¹,2²-dihydro-cyclopenta[*at*]porphyrin-18-yl]-propionsäure-methylester, 3-Desäthyl-phytoporphyrin-methylester $C_{32}H_{32}N_4O_3$, Formel VI und Taut. (in der Literatur als 2-Desäthyl-phylloerythrin-methylester bezeichnet).

Zusammenfassende Darstellung: *H. Fischer, A. Stern,* Die Chemie des Pyrrols, Bd. 2, Tl. 2 [Leipzig 1940] S. 196.

B. Aus 3-Desäthyl-phytochlorin-methylester (S. 3177) beim Behandeln mit HI und Essigsäure (*Fischer, Wunderer,* A. **533** [1938] 230, 234, 244). Als Hauptprodukt beim Erhitzen von 3¹-Oxo-phytoporphyrin (S. 3209) mit konz. wss. HCl und Verestern des Reaktionsprodukts (*Fischer, Hasenkamp,* A. **513** [1934] 107, 111, 125). Beim Erhitzen von 3-Desäthyl-13¹-desoxo-phytoporphyrin-methylester (S. 2971) mit konz. H_2SO_4 und Verestern des Reaktionsprodukts (*Fischer, Rose,* A. **519** [1935] 1, 33). In geringer Menge aus dem Eisen(III)-Komplex des Phäophorbids-a (S. 3237) oder des Pyrophäophorbid-a-methylesters (3¹,3²-Didehydro-phytochlorin-methylesters; S. 3191) beim aufeinanderfolgenden Erhitzen mit Resorcin, Behandeln mit H_2SO_4 oder Eisen(II)-acetat und wss. HCl und anschliessenden Verestern (*Fi.*, *Wu.*, l. c. S. 242, 244).

Kristalle; F: 261° [aus Py.+Me.] (*Fi.*, *Ha.*), 252° (*Fi.*, *Wu.*). λ_{max} (Py.+Ae.; 440–635 nm): *Fi.*, *Wu.*

Kupfer(II)-Komplex $CuC_{32}H_{30}N_4O_3$. Kristalle (aus Py.+Eg.); F: 266° (*Fi.*, *Ha.*). λ_{max} (Py.+Ae.; 445–605 nm): *Fi.*, *Ha.*

Eisen(III)-Komplex $Fe(C_{32}H_{30}N_4O_3)Cl$. Kristalle (aus $CHCl_3$); F: 320° (*Fi.*, *Ha.*). λ_{max} in $CHCl_3$ (455–570 nm) sowie in $CHCl_3$ unter Zusatz von $N_2H_4 \cdot H_2O$ (450–590 nm): *Fi.*, *Wu.*

Oxocarbonsäuren $C_{32}H_{32}N_4O_3$

3-[13-Äthyl-20-formyl-3,7,12,17-tetramethyl-8-vinyl-porphyrin-2-yl]-propionsäure-methylester, 15^1-Oxo-3^1,3^2-didehydro-phylloporphyrin-methylester $C_{33}H_{34}N_4O_3$, Formel VII und Taut. (in der Literatur als 2-Desäthyl-2-vinyl-γ-formyl-pyrroporphyrin-methylester bezeichnet).

Zusammenfassende Darstellung: *H. Fischer, A. Stern,* Die Chemie des Pyrrols, Bd. 2, Tl. 2 [Leipzig 1940] S. 232.

B. Aus Purpurin-3-methylester (15^1-Oxo-3^1,3^2-didehydro-phyllochlorin-methylester; S. 3179) beim Behandeln mit methanol. KOH in Pyridin und anschliessenden Verestern mit Diazomethan (*Fischer, Strell,* A. **543** [1940] 143, 144, 152).

Kristalle (aus Ae.); F: 208° (*Fi.*, *Str.*). λ_{max} (Py.+Ae.; 430–665 nm): *Fi.*, *Str.*

Oxim $C_{33}H_{35}N_5O_3$; 3-[13-Äthyl-20-(hydroxyimino-methyl)-3,7,12,17-tetramethyl-8-vinyl-porphyrin-2-yl]-propionsäure-methylester, 15^1-Hydroxyimino-3^1,3^2-didehydro-phylloporphyrin-methylester. Kristalle (*Fi.*, *Str.*). λ_{max} (Py.+Ae.; 450–630 nm): *Fi.*, *Str.*

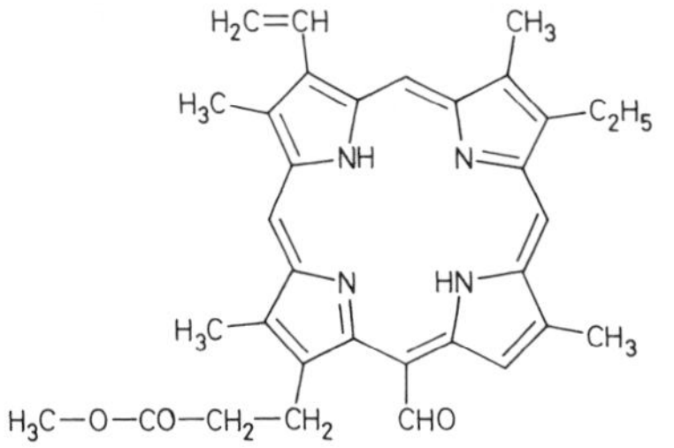

VII

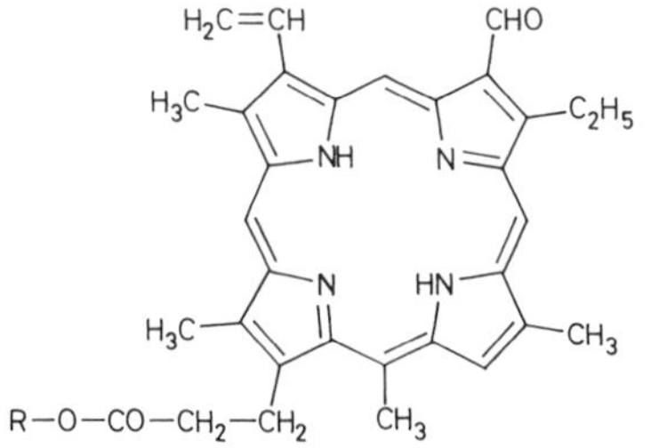

VIII

3-[13-Äthyl-12-formyl-3,7,17,20-tetramethyl-8-vinyl-porphyrin-2-yl]-propionsäure, 7^1-Oxo-3^1,3^2-didehydro-phylloporphyrin, Neorhodinporphyrin-g_3 $C_{32}H_{32}N_4O_3$, Formel VIII (R = H) und Taut.

Zusammenfassende Darstellung: *H. Fischer, A. Stern,* Die Chemie des Pyrrols, Bd. 2, Tl. 2 [Leipzig 1940] S. 300.

Konstitution: *Fischer, Breitner,* A. **516** [1935] 61, 67.

B. Aus Rhodin-g_7 (15-Carboxymethyl-7^1-oxo-3^1,3^2-didehydro-rhodochlorin; S. 3301) beim Erwärmen mit Ameisensäure (*Fischer, Breitner,* A. **511** [1934] 183, 185, 194, 197).

Kristalle [aus Py.+Acn.] (*Fi.*, *Br.*, A. **511** 195). λ_{max} (Py.+Ae.; 450–655 nm): *Fi.*, *Br.*, A. **511** 195.

Über die Reaktion mit wss. HCl s. *Fi.*, *Br.*, A. **511** 197.

3-[13-Äthyl-12-formyl-3,7,17,20-tetramethyl-8-vinyl-porphyrin-2-yl]-propionsäure-methylester, 7^1-Oxo-3^1,3^2-didehydro-phylloporphyrin-methylester, Neorhodinporphyrin-g_3-methylester $C_{33}H_{34}N_4O_3$, Formel VIII (R = CH_3) und Taut.

B. Aus der vorangehenden Säure mit Diazomethan (*Fischer, Breitner,* A. **511** [1934] 183, 195).

Kristalle (aus Py. + Me.); F: 243°.

Eisen(III)-Komplex $Fe(C_{33}H_{32}N_4O_3)Cl$. Blaue Kristalle (aus Eg.). λ_{max} (Py. + $N_2H_4 \cdot H_2O$; 535 – 590 nm): *Fi., Br.*, l. c. S. 198.

Oxim $C_{33}H_{35}N_5O_3$; 3-[13-Äthyl-12-(hydroxyimino-methyl)-3,7,17,20-tetramethyl-8-vinyl-porphyrin-2-yl]-propionsäure-methylester, 7^1-Hydroxyimino-3^1,3^2-didehydro-phylloporphyrin-methylester. Blaue Kristalle (aus Py. + Me.); F: 245°. λ_{max} (Py. + Ae.; 455 – 650 nm): *Fi., Br.*

8,13-Diäthyl-3,7,12,17-tetramethyl-2^3-oxo-2^2,2^3-dihydro-2^1*H*-benzo[*at*]porphyrin-18-carbonsäure, Rhodorhodin $C_{32}H_{32}N_4O_3$, Formel IX und Taut.

B. Aus Rhodochlorin (S. 2985) beim Behandeln mit P_2O_5 (*Fischer, Herrle,* A. **530** [1937] 230, 244). Aus Anhydromesorhodochlorin (S. 3181) beim Behandeln mit wss. HI und Essigsäure (*Fi., He.*). Beim Behandeln von Rhodoporphyrin-dihydrazid (S. 3009) mit $KMnO_4$ und wss. H_2SO_4 (*Fi., He.*, l. c. S. 246).

Kristalle (aus Py. + Me.); F: > 330°. λ_{max} in wss. HCl (470 – 640 nm) sowie in einem Pyridin-Äther-Gemisch (440 – 640 nm): *Fi., He.*

Methylester $C_{33}H_{34}N_4O_3$. *B.* Aus Rhodorhodin und Diazomethan (*Fi., He.*, l. c. S. 245). Beim Behandeln von Rhodoporphyrin-17-hydrazid-13-methylester (vgl. S. 3009) mit $KMnO_4$ und wss. H_2SO_4 (*Fi., He.*, l. c. S. 246). – Kristalle (aus Py. + Me.); F: 298°. λ_{max} (Py.; 450 – 650 nm): *Fi., He.*

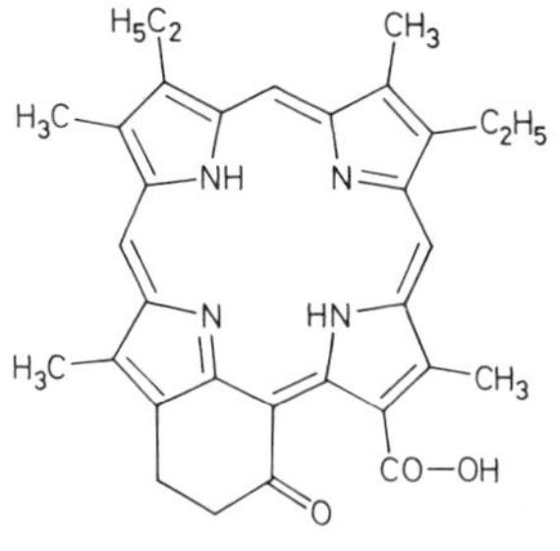

IX

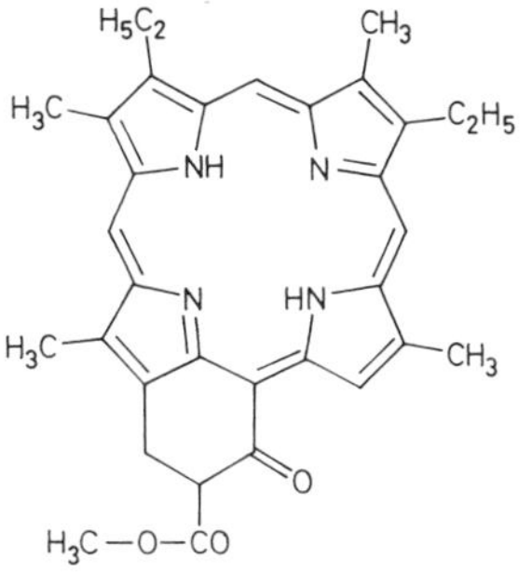

X

8,13-Diäthyl-3,7,12,17-tetramethyl-2^3-oxo-2^2,2^3-dihydro-2^1*H*-benzo[*at*]porphyrin-2^2-carbonsäure-methylester, 15^1-Oxo-15^1,17^2-cyclo-phylloporphyrin-methylester $C_{33}H_{34}N_4O_3$, Formel X und Taut.

B. Neben 15-Methoxycarbonyl-pyrroporphyrin-methylester („Pyrroporphyrin-γ-carbonsäure-dimethylester"; S. 3004) beim Erwärmen von 15^1-Oxo-phylloporphyrin-methylester („γ-Formyl-pyrroporphyrin-methylester"; S. 3178) mit methanol. KOH und Pyridin und Verestern des Reaktionsprodukts mit Diazomethan (*Fischer, Mittermair,* A. **548** [1941] 147, 159, 177).

Kristalle (aus Py. + Me.); F: 276°. λ_{max} (Py. + Ae.; 450 – 690 nm): *Fi., Mi.*

3-[(18*S*)-7-Äthyl-3,13,17*t*-trimethyl-2^1-oxo-12-vinyl-2^1,2^2,17,18-tetrahydro-cyclopenta[*at*]porphyrin-18*r*-yl]-propionsäure-methylester, 3^1,3^2-Didehydro-7-desmethyl-phytochlorin-methylester $C_{33}H_{34}N_4O_3$, Formel XI und Taut. (in der Literatur als 3-Desformyl-pyrophäophorbid-b-methylester und als 3-Desmethyl-pyrophäophorbid-a-methylester bezeichnet).

Zusammenfassende Darstellung: *H. Fischer, A. Stern,* Die Chemie des Pyrrols, Bd. 2, Tl. 2 [Leipzig 1940] S. 259.

B. Aus Phäophorbid-b_7-trimethylester ((13^2*R*)-7,13^2-Bis-methoxycarbonyl-3^1,3^2-didehydro-7-desmethyl-phytochlorin-methylester; S. 3307) beim Erhitzen mit Ameisensäure und Verestern des Reaktionsprodukts (*Fischer, Lautenschlager,* A. **528** [1937] 9, 34).

Kristalle (aus Acn. + Me.); F: 180° (*Fi., La.*). λ_{max} (Py. + Ae.; 440 – 680 nm): *Fi., La.*

Oxim $C_{33}H_{35}N_5O_3$; 3-[(18S)-7-Äthyl-2¹-hydroxyimino-3,13,17t-trimethyl-12-vinyl-2¹,2²,17,18-tetrahydro-cyclopenta[*at*]porphyrin-18r-yl]-propionsäure-methylester, 3¹,3²-Didehydro-7-desmethyl-phytochlorin-methylester-oxim. Kristalle [aus Acn. + Me.] (*Fi., La.*). λ_{max} (Py. + Ae.; 445 – 680 nm): *Fi., La.*

Oxocarbonsäuren $C_{33}H_{34}N_4O_3$

3-[7,12-Diäthyl-3,8,13,17-tetramethyl-2¹-oxo-2¹,2²-dihydro-cyclopenta[*at*]porphyrin-18-yl]-propionsäure, Phytoporphyrin [1]), Phylloerythrin $C_{33}H_{34}N_4O_3$, Formel XII (R = H) und Taut.

Zusammenfassende Darstellung: *H. Fischer, A. Stern,* Die Chemie des Pyrrols, Bd. 2, Tl. 2 [Leipzig 1940] S. 189.

Isolierung aus Rindergalle: *Loebisch, Fischler,* M. **24** [1903] 335, 336; *Noack, Kiessling,* Z. physiol. Chem. **182** [1929] 13, 20, **193** [1930] 97, 129; *Fischer, Bäumler,* A. **474** [1929] 65, 112; aus Rindergallensteinen nach *Fischer* (Z. physiol. Chem. **78** [1911] 227) [neben Bilirubin]: *Keys, Brugsch,* Am. Soc. **60** [1938] 2135, 2136; *Fischer, Hess,* Z. physiol. Chem. **187** [1930] 133.

B. Aus Pyrophäophorbid-a (3¹,3²-Didehydro-phytochlorin; S. 3190) beim Behandeln mit HI in Essigsäure (*Stoll, Wiedemann,* Helv. **17** [1934] 837, 846) sowie beim Hydrieren in Essigsäure an Palladium und Behandeln der erhaltenen Leukoverbindung mit Sauerstoff in $CHCl_3$ (*Fischer, Bub,* A. **530** [1937] 213, 220) oder mit Luft in Essigsäure (*H. Fischer, A. Stern,* Die Chemie des Pyrrols, Bd. 2, Tl. 2 [Leipzig 1940] S. 191). Neben anderen Verbindungen aus Chloroporphyrin-e_4-dimethylester (15-Methyl-rhodoporphyrin-dimethylester; S. 3014) beim Erhitzen mit Natriumäthylat, Pyridin und Xylol (*Fischer et al.,* A. **523** [1936] 164, 165, 195). Aus Mesophäophorbid-a (3¹,3²-Dihydro-phäophorbid-a; S. 3230) beim Erhitzen mit Ameisensäure oder HBr und Essigsäure (*Fischer, Lakatos,* A. **506** [1933] 123, 131, 147). Aus Phäophorbid-a (S. 3237) oder aus Phäophytin-a (S. 3242) beim Erhitzen mit wss. HCl (*Fischer et al.,* A. **490** [1931] 1, 2, 34). Aus Phäophorbid-a-methylester beim Erhitzen mit Ameisensäure (*Fischer et al.,* A. **486** [1931] 107, 165). Aus Phäoporphyrin-a_5-monomethylester (13²-Methoxycarbonyl-phytoporphyrin; S. 3234) beim Erwärmen mit HBr und Essigsäure (*Fischer, Süs,* A. **482** [1930] 225, 226, 228; *Fischer, Hendschel,* Z. physiol. Chem. **206** [1932] 255, 278) oder beim Erhitzen mit Essigsäure im Sauerstoff-Strom (*Fi. et al.,* A. **490** 21; *Fischer, Hagert,* A. **502** [1933] 41, 60). Aus Chloroporphyrin-e_6 (15-Carboxymethyl-rhodoporphyrin; S. 3069) beim Erwärmen mit HBr und Essigsäure (*Fischer, Moldenhauer,* A. **481** [1930] 132, 137, 152; *Fi. et al.,* A. **486** 114, **490** 12).

In der Durchsicht rote, in der Aufsicht blauviolette Kristalle [aus Py. + Ae.] (*Fischer, Bäumler,* A. **474** [1929] 65, 116, **480** [1930] 197, 231; s. a. *Fischer, Süs,* A. **482** [1930] 225, 229, 230); Kristalle [aus Ae.] (*Fischer et al.,* A. **486** [1931] 107, 167). Bräunliche bzw. blauviolett glänzende Kristalle (aus $CHCl_3$) mit 0,5 Mol $CHCl_3$ (*Fi., Bä.,* A. **480** 230; *Fischer, Riedmair,* A. **497** [1932] 181, 186); Kristalle (aus Py. + Eg.) mit 0,5 Mol $CHCl_3$ (*Fi. et al.,* A. **486** 142). Absorptionsspektrum in einem äther. wss. Essigsäure-Gemisch (400 – 670 nm): *Perrin,* Biochem. J. **68** [1958] 314, 316; in Pyridin, wss. HCl, wss. H_2SO_4 [48 – 86,4%ig] sowie konz. H_2SO_4 (500 – 680 nm): *Aronoff, Weast,* J. org. Chem. **6** [1941] 550, 553, 554. λ_{max} in $CHCl_3$ sowie in HCl enthaltendem $CHCl_3$ (455 – 645 nm): *Fischer, Hilmer,* Z. physiol. Chem. **143** [1925] 1, 2; in Äther (515 – 640 nm): *Keys, Brugsch,* Am. Soc. **60** [1938] 2135, 2136; in einem Pyridin-Äther-Gemisch (445 – 640 nm): *Fi., Süs*; in Oxalsäure-diäthylester (455 – 615 nm): *Fischer et al.,* A. **490** [1931] 1, 19; in wss. HCl (450 – 630 nm): *Fi., Hi.*; *Fischer, Hagert,* A. **502** [1933] 41, 67; *Keys, Br.* Fluorescenzmaxima (580 – 750 nm) in verschiedenen Lösungsmitteln: *Dhéré,* C. r. **195** [1932] 336. Protonierungsgleichgewicht in Nitrobenzol: *Aronoff,* J. phys. Chem. **62** [1958] 428, 430.

Beim Erhitzen mit methanol. KOH unter Zusatz von MgO oder mit Natrium- oder Kaliummethylat entstehen Phylloporphyrin [S. 2959], Pyrroporphyrin [S. 2951] und Rhodoporphyrin [S. 3005] (*Fischer, Bäumler,* A. **474** [1929] 65, 119, **480** [1930] 197, 233; *Fischer, Moldenhauer,*

---

[1]) Bei von Phytoporphyrin abgeleiteten Namen gilt die in Formel XII angegebene Stellungsbezeichnung (vgl. *Merritt, Loening,* Pure appl. Chem. **51** [1979] 2251, 2298).

A. **481** [1930] 132, 156). Beim Behandeln einer Lösung in Pyridin und Äthanol mit methanol. KOH im Sauerstoff-Strom entsteht 15-Carboxy-rhodoporphyrin [„Rhodoporphyrin-γ-carbonsäure"; S. 3065] als Hauptprodukt (*Fischer et al.*, A. **486** [1931] 107, 150), beim Erwärmen mit methanol. KOH im Sauerstoff-Strom entstehen daneben Rhodoporphyrin und Chloroporphyrin-e_5 [15-Formyl-rhodoporphyrin; S. 3225] (*Fischer et al.*, A. **490** [1931] 1, 24). Reaktion mit H_2O_2 und wss. HCl: *Fischer et al.*, A. **485** [1931] 1, 11.

Eisen(III)-Komplex $Fe(C_{33}H_{32}N_4O_3)Cl$. Kristalle (*Fischer et al.*, A. **490** [1931] 1, 14). λ_{max} (Py.; 475–600 nm): *Fi. et al.*, A. **490** 15; s. a. *Fischer, Weichmann*, A. **498** [1932] 268, 283. λ_{max}: 530 nm und 573,6 nm [Py. + Ae. + $N_2H_4 \cdot H_2O$] (*Fi. et al.*, A. **490** 15) bzw. 528, 2 nm, 575,7 nm und 605,5 nm [Py. + $CHCl_3$ + $N_2H_4 \cdot H_2O$] (*Fischer, Hilmer*, Z. physiol. Chem. **143** [1925] 1, 4).

Oxim $C_{33}H_{35}N_5O_3$; 3-[7,12-Diäthyl-2^1-hydroxyimino-3,8,13,17-tetramethyl-2^1,2^2-dihydro-cyclopenta[*at*]porphyrin-18-yl]-propionsäure, Phytoporphyrin-oxim. Rotviolette Kristalle (*Fischer et al.*, A. **485** [1931] 1, 13, **486** [1931] 107, 142). λ_{max} (Py. + Ae.; 440–640 nm): *Fi. et al.*, A. **485** 25. – Magnesium-Komplex. λ_{max} (Ae. + Diisopentyläther + Py.; 450–670 nm): *Fischer, Goebel*, A. **522** [1936] 168, 178. – Eisen(III)-Komplex. Kristalle (*Fi., We.*, l. c. S. 280, 283). λ_{max} (Py.; 480–580 nm): *Fi., We.*, l. c. S. 280, 283.

Hydrazon $C_{33}H_{36}N_6O_2$; 3-[7,12-Diäthyl-2^1-hydrazono-3,8,13,17-tetramethyl-2^1,2^2-dihydro-cyclopenta[*at*]porphyrin-18-yl]-propionsäure, Phytoporphyrin-hydrazon. Rotviolette Kristalle (*Fi. et al.*, A. **485** 13).

Semicarbazon $C_{34}H_{37}N_7O_3$; 3-[7,12-Diäthyl-3,8,13,17-tetramethyl-2^1-semicarbazono-2^1,2^2-dihydro-cyclopenta[*at*]porphyrin-18-yl]-propionsäure, Phytoporphyrin-semicarbazon. Kristalle [aus A. + Ae.] (*Fi. et al.*, A. **485** 12). λ_{max} (Py.; 465–630 nm): *Fi. et al.*, A. **485** 12, 25.

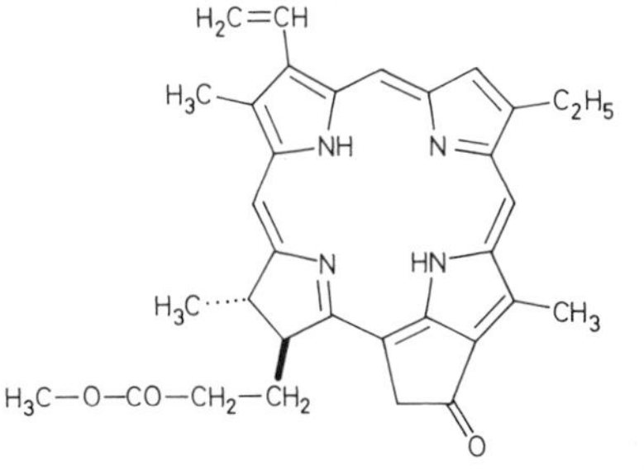

XI

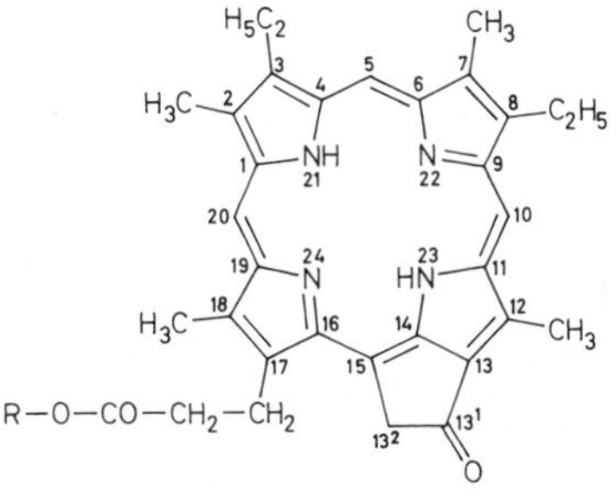

XII

3-[7,12-Diäthyl-3,8,13,17-tetramethyl-2^1-oxo-2^1,2^2-dihydro-cyclopenta[*at*]porphyrin-18-yl]-propionsäure-methylester, Phytoporphyrin-methylester $C_{34}H_{36}N_4O_3$, Formel XII (R = CH_3) und Taut.

Zusammenfassende Darstellung: *H. Fischer, A. Stern*, Die Chemie des Pyrrols, Bd. 2, Tl. 2 [Leipzig 1940] S. 192.

B. Aus Phytoporphyrin (s. o.) beim Behandeln mit methanol. HCl (*Fischer, Bäumler*, A. **474** [1929] 65, 74, 112, **480** [1930] 197, 233; *Fischer et al.*, A. **486** [1931] 107, 142) oder mit Diazomethan (*Fi., Bä.*, A. **474** 113, **480** 232; *Fischer, Riedmair*, A. **497** [1932] 181, 188). Aus Pyrophäophorbid-a-methylester (3^1,3^2-Didehydro-phytochlorin-methylester; S. 3191) oder Mesopyrophäophorbid-a-methylester (Phytochlorin-methylester; S. 3184) beim Hydrieren in Essigsäure an Palladium und Behandeln des Reaktionsprodukts mit Luft (*Fischer, Lakatos*, A. **506** [1933] 123, 128, 151). Beim Behandeln von Pyrophäophorbid-a-methylester (*Fischer, Kellermann*, A. **519** [1935] 209, 212, 226) oder Mesopyrophäophorbid-a-methylester (*Fi., Lak.*) mit HI und Essigsäure. Aus 13-Chloracetyl-pyrroporphyrin-methylester (S. 3183) beim Erhitzen mit Bernsteinsäure oder aus 13-Glykoloyl-pyrroporphyrin-methylester (S. 3321) beim Erhitzen mit konz. H_2SO_4 (*Fischer, Laubereau*, A. **535** [1938] 17, 21, 32). Beim Erhitzen von Isochloroporphyrin-e_4-dimethylester (15^1-Methoxycarbonyl-phylloporphyrin-methylester; S. 3011) mit Chinolin (*Fischer et al.*, B. **75** [1942] 1778, 1792).

Rot bis violett glänzende Kristalle; F: 268° [aus $CHCl_3$+Me.] (*Fi., Bä.*, A. **480** 233), 268° [korr.; aus Py.+Me.] (*Fi., Lau.*), 267° [aus $CHCl_3$+Me.] (*Fischer, Bub*, A. **530** [1937] 213, 220), 266° [aus $CHCl_3$+Me.] (*Fischer, Süs*, A. **482** [1930] 225, 230), 264° [aus Ae.] (*Fi., Ri.*). Verbrennungsenthalpie bei 15°: *Stern, Klebs*, A. **505** [1933] 295, 305. IR-Spektrum (Nujol; 3200–650 cm^{-1}): *Falk, Willis*, Austral. J. scient. Res. [A] **4** [1951] 579, 589, 590. Absorptionsspektrum (Dioxan; 480–660 nm): *Stern, Wenderlein*, Z. physik. Chem. [A] **174** [1935] 81, 83, 91. Fluorescenzmaxima (Dioxan): 600 nm, 642 nm, 669 nm und 709,5 nm (*Stern, Molvig*, Z. physik. Chem. [A] **175** [1936] 38, 42).

Magnesium-Komplex $MgC_{34}H_{34}N_4O_3$. Violette Kristalle (*Fischer, Goebel*, A. **524** [1936] 269, 270, 278). λ_{max} (Ae.; 520–620 nm): *Fi., Go.*

Eisen(III)-Komplex. IR-Spektrum (Nujol; 3200–700 cm^{-1}): *Falk, Wi.*

Oxim $C_{34}H_{37}N_5O_3$; 3-[7,12-Diäthyl-2^1-hydroxyimino-3,8,13,17-tetramethyl-2^1,2^2-dihydro-cyclopenta[*at*]porphyrin-18-yl]-propionsäure-methylester, Phytoporphyrin-methylester-oxim. Rote Kristalle; Zers. >300° (*Fi. et al.*, A. **486** 168); F: 270° [Zers.] (*Fischer et al.*, A. **485** [1931] 1, 14). λ_{max} (440–630 nm): *Fi. et al.*, A. **486** 168.

Semicarbazon $C_{35}H_{39}N_7O_3$; 3-[7,12-Diäthyl-3,8,13,17-tetramethyl-2^1-semicarbazono-2^1,2^2-dihydro-cyclopenta[*at*]porphyrin-18-yl]-propionsäure-methylester, Phytoporphyrin-methylester-semicarbazon. Rote Kristalle (*Fi. et al.*, A. **485** 12).

Chlor-Derivat $C_{34}H_{35}ClN_4O_3$. *B.* Aus Phytoporphyrin-methylester beim Behandeln mit konz. wss. HCl und H_2O_2 (*Fischer, Dietl*, A. **547** [1941] 234, 245). – Kristalle (aus $CHCl_3$+Me.), die bei 241° sintern (*Fi., Di.*). λ_{max} (Py.+Ae.; 450–635 nm): *Fi., Di.* – Kupfer(II)-Komplex $CuC_{34}H_{33}ClN_4O_3$. Kristalle (aus Py.+Me.); F: 275° (*Fi., Di.*). – Oxim $C_{34}H_{36}ClN_5O_3$. Kristalle (aus Acn.+Me.); unterhalb 340° nicht schmelzend (*Fi., Di.*). λ_{max} (Py.+Ae.; 450–635 nm): *Fi., Di.*

3-[7,12-Diäthyl-3,8,13,17-tetramethyl-2^1-oxo-2^1,2^2-dihydro-cyclopenta[*at*]porphyrin-18-yl]-propionsäure-äthylester, Phytoporphyrin-äthylester $C_{35}H_{38}N_4O_3$, Formel XII (R = C_2H_5) und Taut.

B. Aus Phytoporphyrin (S. 3188) und äthanol. HCl (*Fischer et al.*, A. **490** [1931] 38, 40, 73). Aus Äthylchlorophyllid-a (S. 3240) beim Erhitzen mit Pyridin und Behandeln des Reaktionsprodukts mit HI und Essigsäure (*Fi. et al.*, A. **490** 82).

Kristalle (aus $CHCl_3$+Me.); F: 258° (*Fischer et al.*, A. **495** [1932] 1, 23).

3-[(18*S*)-7-Äthyl-3,8,13,17*t*-tetramethyl-2^1-oxo-12-vinyl-2^1,2^2,17,18-tetrahydro-cyclopenta[*at*]porphyrin-18*r*-yl]-propionsäure, 3^1,3^2-Didehydro-phytochlorin, Pyrophäophorbid-a, Pyrophäophorbin-a $C_{33}H_{34}N_4O_3$, Formel XIII (R = H) und Taut.

Zusammenfassende Darstellung: *H. Fischer, A. Stern*, Die Chemie des Pyrrols, Bd. 2, Tl. 2 [Leipzig 1940] S. 73.

Isolierung aus Schafkot: *Fischer, Stadler*, Z. physiol. Chem. **239** [1936] 167, 168, 174; s. a. *Fischer, Hendschel*, Z. physiol. Chem. **206** [1932] 255, 271.

B. Neben anderen Verbindungen aus Phäophorbid-a (S. 3237) beim Erhitzen mit Biphenyl (*Conant, Hyde*, Am. Soc. **51** [1929] 3668, 3671, 3673) oder mit Pyridin (*Fischer et al.*, A. **490** [1931] 1, 7, 33, **508** [1934] 224, 236; *Fischer, Breitner*, A. **522** [1936] 151, 165), auch unter Zusatz von Na_2CO_3 (*Fischer, Siebel*, A. **494** [1932] 73, 76, 81). Aus Chlorin-e_6-trimethylester (15-Methoxycarbonylmethyl-3^1,3^2-didehydro-rhodochlorin-dimethylester; S. 3074) beim Erhitzen mit Acetanhydrid und Kaliumacetat (*Fischer et al.*, B. **75** [1942] 1778, 1794).

Olivgrüne bis braune Kristalle (aus Ae.), F: ca. 235° [korr.] (*Stoll, Wiedemann*, Helv. **17** [1934] 837, 843, 846); Kristalle mit blauem Glanz (aus Ae.), F: 210–220° (*Co., Hyde*, l. c. S. 3673). $[\alpha]^{20}_{\text{weisses Licht}}$: –342° [Acn.; c = 0,1] (*Fischer, Stern*, A. **519** [1935] 58, 60, 68; s. a. *Pruckner et al.*, A. **546** [1941] 41, 45), –352° [Py.; c = 0,08] (*Fi., Sta.*, l. c. S. 178). IR-Spektrum ($CHCl_3$; 3800–650 cm^{-1}): *Holt, Jacobs*, Plant. Physiol. **30** [1955] 553, 555, 556. λ_{max} (Py.+Ae.; 440–680 nm): *St., Wi.*, l. c. S. 847. Protonierungsgleichgewicht in Nitrobenzol: *Aronoff*, J. phys. Chem. **62** [1958] 428, 430.

Das beim Behandeln mit Ag_2O in Pyridin, Dioxan und Methanol unter Sauerstoffzufuhr und anschliessenden Behandeln mit wss. HCl und mit Diazomethan erhaltene sog. Dioxypyrophäophorbid-a [λ_{max} (Py. + Ae.; 450 – 695 nm)] (*Fischer, Lautsch,* A. **528** [1937] 247, 248, 260) ist wahrscheinlich als 3-[(18*S*)-7-Äthyl-15-chlor-3,8,13,17*t*-tetramethyl-2¹-oxo-12-vinyl-2¹,2²,17,18-tetrahydro-cyclopenta[*at*]porphyrin-18*r*-yl]-propionsäure-methylester, 20-Chlor-3¹,3²-didehydro-phytochlorin-methylester $C_{34}H_{35}ClN_4O_3$ zu formulieren (s. dazu die Angaben im Artikel Chlorin-e$_6$-trimethylester [S. 3074]). Beim Hydrieren an Palladium in Essigsäure ist eine Leukoverbindung $C_{33}H_{42}N_4O_3$ (?; Kristalle; F: 202°; $[\alpha]_{690-730}$: 0° [wss. HCl (20%ig) sowie $CHCl_3$; c = 0,3]) erhalten worden (*Fischer, Bub,* A. **530** [1937] 213, 215, 220).

Zink-Komplex. $[\alpha]^{20}_{690-730}$: –360° [Acn.; c = 0,1] (*Fischer, Stern,* A. **520** [1935] 88, 96).

Oxim $C_{33}H_{35}N_5O_3$; 3-[(18*S*)-7-Äthyl-2¹-hydroxyimino-3,8,13,17*t*-tetramethyl-12-vinyl-2¹,2²,17,18-tetrahydro-cyclopenta[*at*]porphyrin-18*r*-yl]-propionsäure, 3¹,3²-Didehydro-phytochlorin-oxim. *B.* Beim Erwärmen von Phäophorbid-a-methylester-oxim (S. 3240) mit methanol. KOH und Pyridin (*Stoll, Wi.,* l. c. S. 839, 844, 847). Aus Pyrophäophorbid-a und NH_2OH (*St., Wi.*). – Grüne Kristalle (aus Acn. + Me.); unterhalb 280° nicht schmelzend (*St., Wi.*). λ_{max} (Py. + Ae.; 450 – 685 nm): *St., Wi.*

2,4-Dinitro-phenylhydrazon $C_{39}H_{38}N_8O_6$; 3-[(18*S*)-7-Äthyl-2¹-(2,4-dinitro-phenylhydrazono)-3,8,13,17*t*-tetramethyl-12-vinyl-2¹,2²,17,18-tetrahydro-cyclopenta[*at*]porphyrin-18*r*-yl]-propionsäure, 3¹,3²-Didehydro-phytochlorin-[2,4-dinitro-phenylhydrazon]. IR-Spektrum (Nujol; 3800 – 650 cm^{-1}): *Holt, Ja.*

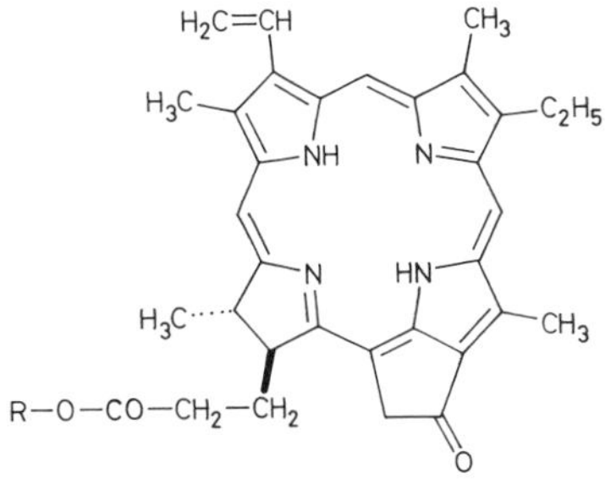

XIII

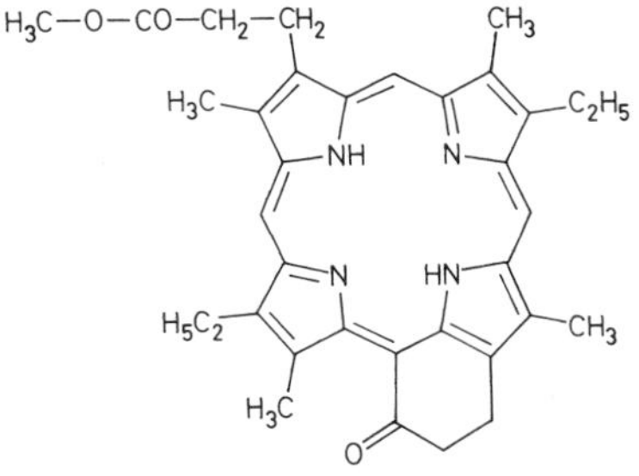

XIV

3-[(18*S*)-7-Äthyl-3,8,13,17*t*-tetramethyl-2¹-oxo-12-vinyl-2¹,2²,17,18-tetrahydro-cyclopenta[*at*]porphyrin-18*r*-yl]-propionsäure-methylester, 3¹,3²-Didehydro-phytochlorin-methylester, Pyrophäophorbid-a-methylester, Methylpyrophäophorbid-a $C_{34}H_{36}N_4O_3$, Formel XIII (R = CH_3) und Taut.

Zusammenfassende Darstellung: *H. Fischer, A. Stern,* Die Chemie des Pyrrols, Bd. 2, Tl. 2 [Leipzig 1940] S. 74.

B. Aus Pyrophäophorbid-a [s. o.] (*Fischer et al.,* B. **75** [1942] 1778, 1794). Aus Phäophorbid-a-methylester (S. 3239) analog der vorangehenden Verbindung (*Conant, Hyde,* Am. Soc. **51** [1929] 3668, 3672; *Fischer et al.,* A. **490** [1931] 1, 7, 31; *Fischer, Breitner,* A. **522** [1936] 151, 165; *Fischer, Lautsch,* A. **528** [1937] 265, 272). Aus Chlorin-e$_6$-trimethylester [15-Methoxycarbonylmethyl-3¹,3²-didehydro-rhodochlorin-dimethylester; S. 3074] (*Fischer, Siebel,* A. **494** [1932] 73, 75, 79) oder aus 15-Methoxycarbonyl-3¹,3²-didehydro-rhodochlorin-13-[2-hydroxy-äthylester]-17-methylester [S. 3075] (*Fischer, Kellermann,* A. **519** [1935] 209, 212, 225) beim Erhitzen mit Pyridin und Na_2CO_3.

Kristalle; F: 241° [korr.; aus Acn. + Me.] (*Stern, Klebs,* A. **505** [1933] 295, 305), 230° [aus Acn. + Me.] (*Fi., La.*), 230° [unkorr.; aus $CHCl_3$ + Me.] (*Fi., Si.*). Verbrennungsenthalpie bei 15°: *St., Kl.* $[\alpha]^{20}_{690-720}$: –468° [Acn.; c = 0,05] (*Fi., La.,* l. c. S. 275); $[\alpha]^{20}_{\text{weisses Licht}}$: –388° [Acn.; c = 0,1] (*Fischer, Stern,* A. **519** [1935] 58, 60, 68). Absorptionsspektrum (Dioxan; 480 – 670 nm): *Stern, Wenderlein,* Z. physik. Chem. [A] **174** [1935] 81, 83, 98, [A] **177** [1936] 165, 182; s. a. *Eisner, Linstead,* Soc. **1955** 3742, 3746. Fluorescenzmaxima (Dioxan): 660 nm, 679 nm und 716 nm (*Stern, Molvig,* Z. physik. Chem. [A] **175** [1936] 38, 42).

Kupfer(II)-Komplex $CuC_{34}H_{34}N_4O_3$. Kristalle (aus $CHCl_3$ + Me.); unterhalb 320° nicht schmelzend (*Fischer, Wunderer,* A. **533** [1938] 230, 242). λ_{max} (Py. + Ae.; 450 – 680 nm): *Fi., Wu.*

Eisen(III)-Komplex $Fe(C_{34}H_{34}N_4O_3)Cl$. Kristalle (aus Eg.); unterhalb 320° nicht schmelzend (*Fi., Wu.*, l. c. S. 240).

Oxim $C_{34}H_{37}N_5O_3$; 3-[(18*S*)-7-Äthyl-2¹-hydroxyimino-3,8,13,17*t*-tetramethyl-12-vinyl-2¹,2²,17,18-tetrahydro-cyclopenta[*at*]porphyrin-18*r*-yl]-propionsäure-methylester, 3¹,3²-Didehydro-phytochlorin-methylester-oxim. Blaugrüne Kristalle mit violettem Glanz (aus Ae.+PAe.), die ab 310° sintern (*Stoll, Wiedemann*, Helv. **17** [1934] 837, 843, 845). Absorptionsspektrum (Dioxan; 480–680 nm): *St., We.*, Z. physik. Chem. [A] **177** 167, 182. λ_{max} in einem Pyridin-Äther-Gemisch (500–670 nm): *St., Wi.*; in Äther (450–690 nm): *Fi., Si.*

Oxocarbonsäuren $C_{34}H_{36}N_4O_3$

3-[7,17-Diäthyl-3,8,13,18-tetramethyl-2³-oxo-2²,2³-dihydro-2¹*H*-benzo[*at*]porphyrin-12-yl]-propionsäure-methylester, Mesorhodin-II-methylester $C_{35}H_{38}N_4O_3$, Formel XIV und Taut.

B. Aus Mesoporphyrin-II-dimethylester (S. 3017) beim Behandeln mit H_2SO_4 [SO_3 enthaltend] (*Fischer, Schröder*, A. **541** [1939] 196, 201).

Kristalle (aus Acn.); F: 240° [nach Sintern].

3-[7,12-Diäthyl-3,8,13,17-tetramethyl-2¹-oxo-2²,2³-dihydro-2¹*H*-benzo[*at*]porphyrin-18-yl]-propionsäure-methylester, Isomesorhodin $C_{35}H_{38}N_4O_3$, Formel I und Taut.

B. Aus 15¹-Carboxymethyl-phylloporphyrin („Pyrroporphyrin-γ-propionsäure"; Dimethylester s. S. 3016) beim Behandeln mit H_2SO_4 [SO_3 enthaltend] und Verestern des Reaktionsprodukts mit Diazomethan (*Fischer, Kanngiesser*, A. **543** [1940] 271, 276, 285).

Kristalle mit violettem Glanz (aus Acn.); unterhalb 325° nicht schmelzend [Schwarzfärbung bei 248°]. λ_{max} (Py.+Ae.; 440–645 nm): *Fi., Ka.*

Oxim $C_{35}H_{39}N_5O_3$; 3-[7,12-Diäthyl-2¹-hydroxyimino-3,8,13,17-tetramethyl-2²,2³-dihydro-2¹*H*-benzo[*at*]porphyrin-18-yl]-propionsäure-methylester. λ_{max} (Py.+Ae.; 460–640 nm): *Fi., Ka.*

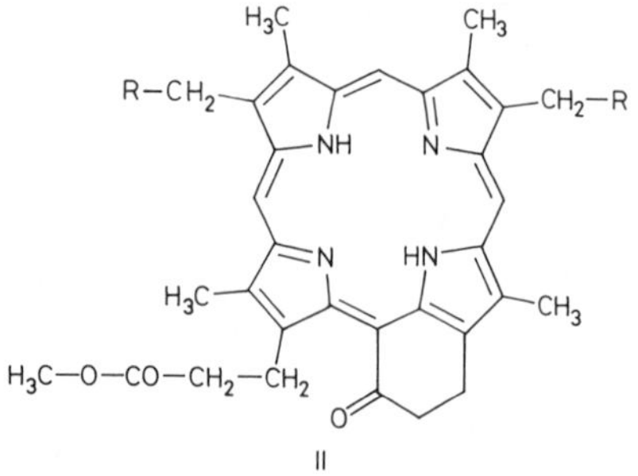

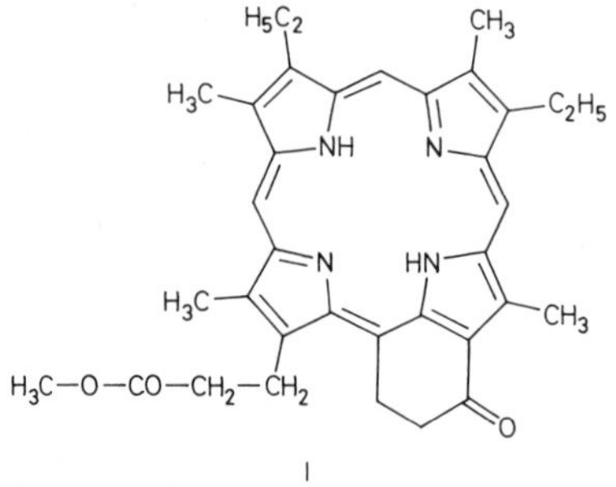

3-[7,13-Diäthyl-3,8,12,17-tetramethyl-2³-oxo-2²,2³-dihydro-2¹*H*-benzo[*at*]porphyrin-18-yl]-propionsäure-methylester, Mesorhodin-XIII-methylester $C_{35}H_{38}N_4O_3$, Formel II ($R = CH_3$) und Taut.

B. Aus Mesoporphyrin-XIII-dimethylester (S. 3032) beim Behandeln mit H_2SO_4 [SO_3 enthaltend] (*Fischer, Schröder*, A. **541** [1939] 196, 200).

Kristalle (aus Py.); F: 275°.

Oxocarbonsäuren $C_{36}H_{40}N_4O_3$

3-[3,8,12,17-Tetramethyl-2³-oxo-7,13-dipropyl-2²,2³-dihydro-2¹*H*-benzo[*at*]porphyrin-18-yl]-propionsäure-methylester $C_{37}H_{42}N_4O_3$, Formel II ($R = C_2H_5$) und Taut. (in der Literatur als Propylrhodin-methylester bezeichnet).

B. Aus 3,3'-[3,8,12,17-Tetramethyl-7,13-dipropyl-porphyrin-2,18-diyl]-di-propionsäure

(S. 3035) beim Behandeln mit H_2SO_4 [SO_3 enthaltend] und Verestern des Reaktionsprodukts mit Diazomethan (*Fischer, Schröder,* A. **537** [1939] 250, 269).

Kristalle (aus Py. + Me.); F: 262° (*Fi., Sch.*).

Beim Behandeln mit OsO_4 in Pyridin und Äther, Erwärmen des Reaktionsprodukts mit Na_2SO_3 in Methanol und Verestern mit Diazomethan entsteht eine Dihydroxy-Verbindung $C_{37}H_{44}N_4O_5$ [Kristalle (aus $CHCl_3$ + Me.); F: 223°; λ_{max} (Py. + Ae.; 435–685 nm)] (*Fischer, Eckoldt,* A. **544** [1940] 138, 148, 160).

Kupfer(II)-Komplex $CuC_{37}H_{40}N_4O_3$. Kristalle [aus Py.] (*Fi., Sch.*).

Oxim $C_{37}H_{43}N_5O_3$; 3-[2³-Hydroxyimino-3,8,12,17-tetramethyl-7,13-dipropyl-2²,2³-dihydro-2¹*H*-benzo[*at*]porphyrin-18-yl]-propionsäure-methylester. Kristalle [aus Acn.] (*Fi., Sch.*). – Kupfer(II)-Komplex $CuC_{37}H_{41}N_5O_3$. Kristalle [aus Py. + Me.] (*Fi., Sch.*).

Oxocarbonsäuren $C_nH_{2n-34}N_4O_3$

Oxocarbonsäuren $C_{32}H_{30}N_4O_3$

8,13-Diäthyl-3,7,12,17-tetramethyl-2³-oxo-2³*H*-benzo[*at*]porphyrin-18-carbonsäure $C_{32}H_{30}N_4O_3$ und Taut.

7,12-Diäthyl-8′a-hydroxy-3,8,13,17-tetramethyl-8′a*H*-chromeno[6,5,4,3-*rsta*]porphyrin-2′-on, Glaukorhodin, Formel III.

Konstitution: *Strell et al.,* A. **614** [1958] 205, 207, 208.

B. Aus Rhodochlorin (S. 2985) beim Erhitzen mit Essigsäure und Acetanhydrid in Pyridin und Piperidin (*St. et al.,* l. c. S. 210).

Violette Kristalle (aus Acn. + Ae.); F: 312°. λ_{max} (Ae.; 440–650 nm): *St. et al.*

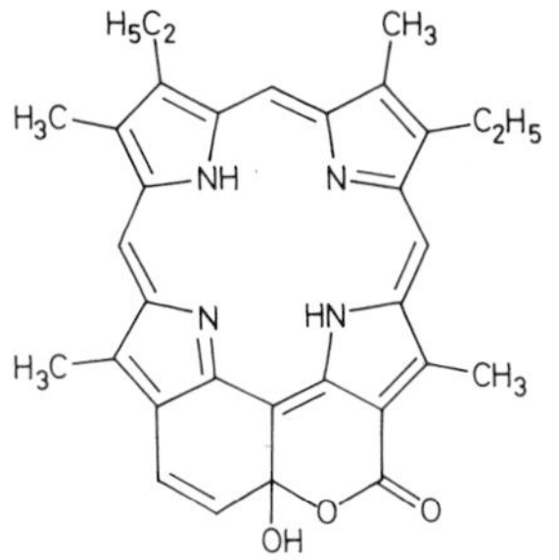

III

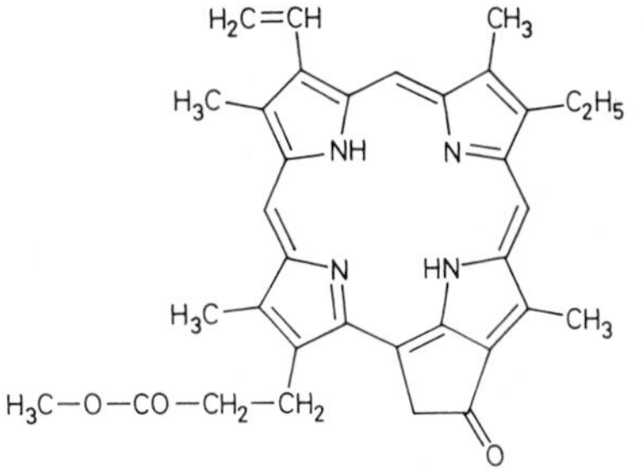

IV

Oxocarbonsäuren $C_{33}H_{32}N_4O_3$

3-[7-Äthyl-3,8,13,17-tetramethyl-2¹-oxo-12-vinyl-2¹,2²-dihydro-cyclopenta[*at*]porphyrin-18-yl]-propionsäure-methylester, 3¹,3²-Didehydro-phytoporphyrin-methylester $C_{34}H_{34}N_4O_3$, Formel IV und Taut. (in der Literatur als Vinylphylloerythrin-methylester bezeichnet).

Zusammenfassende Darstellung: *H. Fischer, A. Stern,* Die Chemie des Pyrrols, Bd. 2, Tl. 2 [Leipzig 1940] S. 231.

B. Beim Erwärmen von Pyrophäophorbid-a-methylester (3¹,3²-Didehydro-phytochlorin-methylester; S. 3191) mit Ameisensäure und Eisen-Pulver (*Fischer et al.,* A. **538** [1939] 128, 132, 140; Z. physiol. Chem. **257** [1939] IV, VII).

Kristalle; F: 278° [aus Acn.] (*Fi. et al.,* A. **538** 140), 276° (*Fischer, Albert,* A. **599** [1956] 209). λ_{max} (Py. + Ae.; 450–645 nm): *Fi. et al.,* A. **538** 141; *Fi., Al.*

Oxocarbonsäuren $C_{34}H_{34}N_4O_3$

3-[7,17-Diäthyl-3,8,13,18-tetramethyl-2³-oxo-2³*H*-benzo[*at*]porphyrin-12-yl]-propionsäure-methylester $C_{35}H_{36}N_4O_3$, Formel V und Taut. (in der Literatur als „Verdin aus Mesorhodin-II-methylester" bezeichnet).

B. Aus Mesorhodin-II-methylester (S. 3192) beim Erhitzen mit Semicarbazid-hydrochlorid in Pyridin (*Fischer, Schröder,* A. **541** [1939] 196, 201).

Kristalle (aus Acn.); F: 222–223° [nach Sintern].

3-[7,12-Diäthyl-3,8,13,17-tetramethyl-2³-oxo-2³*H*-benzo[*at*]porphyrin-18-yl]-propionsäure-methylester, Mesoverdin-II-methylester $C_{35}H_{36}N_4O_3$, Formel VI ($R = CH_3$, $R' = C_2H_5$) und Taut.

Konstitution: *Fischer, Schröder,* A. **537** [1939] 250, 253, 259, **541** [1939] 196, 199; *A. Treibs,* Das Leben und Wirken von Hans Fischer [München 1971] S. 310.

B. s. u. im Artikel Mesoverdin-I-methylester.

Blaue Kristalle (aus Py. + Me.); F: 228° (*Fi., Sch.,* A. **537** 268).

V

VI

3-[7,13-Diäthyl-3,8,12,17-tetramethyl-2³-oxo-2³*H*-benzo[*at*]porphyrin-18-yl]-propionsäure-methylester, Mesoverdin-XIII-methylester $C_{35}H_{36}N_4O_3$, Formel VII ($R = CH_3$) und Taut.

B. Aus Mesorhodin-XIII-methylester (S. 3192) beim Erhitzen mit Semicarbazid-hydrochlorid in Pyridin (*Fischer, Schröder,* A. **541** [1939] 196, 200).

Kristalle; F: 241°.

3-[8,13-Diäthyl-3,7,12,17-tetramethyl-2³-oxo-2³*H*-benzo[*at*]porphyrin-18-yl]-propionsäure-methylester, Mesoverdin-I-methylester $C_{35}H_{36}N_4O_3$, Formel VI ($R = C_2H_5$, $R' = CH_3$) und Taut.

Konstitution: *Fischer, Schröder,* A. **537** [1939] 250, 253, 259, **541** [1939] 196; *A. Treibs,* Das Leben und Wirken von Hans Fischer [München 1971] S. 310.

B. Neben Mesoverdin-II-methylester (s. o.) aus sog. Mesorhodin-IX-methylester (Isomeren-Gemisch, hergestellt aus Mesoporphyrin [S. 3018]) beim Erhitzen mit Essigsäure (*Fischer et al.,* Z. physiol. Chem. **241** [1936] 201, 219; *Fi., Sch.,* A. **537** 268) oder mit Pyridin und Semicarbazid-hydrochlorid (*Fi., Sch.,* A. **541** 201).

Kristalle (aus Py. + Me.); F: 252° (*Fi. et al.*; *Fi., Sch.,* A. **537** 268).

Kupfer(II)-Komplex $CuC_{35}H_{34}N_4O_3$. Kristalle [aus Py. + Me.] (*Fi., Sch.,* A. **537** 269).

Oxocarbonsäuren $C_{36}H_{38}N_4O_3$

3-[3,8,12,17-Tetramethyl-2³-oxo-7,13-dipropyl-2³*H*-benzo[*at*]porphyrin-18-yl]-propionsäure-methylester $C_{37}H_{40}N_4O_3$, Formel VII ($R = C_2H_5$) und Taut. (in der Literatur als Propylverdin-methylester bezeichnet).

B. Beim Erhitzen von sog. Propylrhodin-methylester (3-[3,8,12,17-Tetramethyl-2³-oxo-7,13-

dipropyl-2^2,2^3-dihydro-2^1*H*-benzo[*at*]porphyrin-18-yl]-propionsäure-methylester; S. 3192) in Pyridin mit Semicarbazid-hydrochlorid (*Fischer, Schröder,* A. **537** [1939] 250, 256, 274).

Grüne Kristalle; F: 204°.

Oxidation mit OsO_4 bzw. mit $KMnO_4$: *Fi., Sch.,* l. c. S. 280, 284.

Kupfer(II)-Komplex $CuC_{37}H_{38}N_4O_3$. Schwarzblaue Kristalle (aus Py. + Me.).

Zink-Komplex $ZnC_{37}H_{38}N_4O_3$. Grüne Kristalle (aus Py. + Me.).

VII

VIII

Oxocarbonsäuren $C_nH_{2n-36}N_4O_3$

13-Äthyl-3,7,12,17-tetramethyl-2^3-oxo-8-vinyl-2^3*H*-benzo[*at*]porphyrin-18-carbonsäure $C_{32}H_{28}N_4O_3$ und Taut.

7-Äthyl-8′a-hydroxy-3,8,13,17-tetramethyl-12-vinyl-8′a*H*-chromeno[6,5,4,3-*rsta*]porphyrin-2′-on, Formel VIII (in der Literatur als Vinylglaukorhodin bezeichnet).

Konstitution: *Strell et al.,* A. **614** [1958] 205, 207, 208.

B. Neben anderen Verbindungen aus 3^1,3^2-Didehydro-rhodochlorin (S. 3009) beim Erhitzen mit Essigsäure und Acetanhydrid in Pyridin und Piperidin (*St. et al.,* l. c. S. 209).

Violette Kristalle (aus Acn. + Ae.), die ab 310° sintern. λ_{max} (Ae.; 450–665 nm): *St. et al.*

Kupfer(II)-Komplex. λ_{max} (Ae.; 400–705 nm): *St. et al.*

Zink-Komplex. λ_{max} (Ae.; 460–705 nm): *St. et al.*

Oxocarbonsäuren $C_nH_{2n-38}N_4O_3$

3-[8,13-Diäthyl-18-benzoyl-3,7,12,17-tetramethyl-porphyrin-2-yl]-propionsäure-methylester, 13-Benzoyl-pyrroporphyrin-methylester $C_{39}H_{40}N_4O_3$, Formel IX (R = H) und Taut. (in der Literatur als 6-Benzoyl-pyrroporphyrin-methylester bezeichnet).

Zusammenfassende Darstellung: *H. Fischer, H. Orth,* Die Chemie des Pyrrols, Bd. 2, Tl. 1 [Leipzig 1937] S. 312.

B. Beim Erwärmen des Eisen(III)-Komplexes des Pyrroporphyrin-methylesters (S. 2954) mit Benzoesäure-anhydrid und $SnBr_4$ und Behandeln des Reaktionsprodukts mit konz. H_2SO_4 (*Fischer, Hansen,* A. **521** [1936] 128, 136, 151).

Kristalle (aus Acn. oder Py. + Me.); F: 313° [korr.] (*Fi., Ha.*). Absorptionsspektrum (Dioxan; 470–660 nm): *Stern, Wenderlein,* Z. physik. Chem. [A] **174** [1935] 81, 83, 88. λ_{max} in wss. HCl (435–610 nm) sowie in einem Pyridin-Äther-Gemisch (440–585 nm): *Fi., Ha.*

Kupfer(II)-Komplex $CuC_{39}H_{38}N_4O_3$. Kristalle [aus Py. + Eg.] (*Fi., Ha.*).

Eisen(III)-Komplex $Fe(C_{39}H_{38}N_4O_3)Cl$. Schwarze Kristalle (*Fi., Ha.*). λ_{max} in Pyridin (500–630 nm) sowie in Pyridin unter Zusatz von $N_2H_4 \cdot H_2O$ (500–575 nm): *Fi., Ha.*

Oxim $C_{39}H_{41}N_5O_3$; 3-[8,13-Diäthyl-18-(α-hydroxyimino-benzyl)-3,7,12,17-tetramethyl-porphyrin-2-yl]-propionsäure-methylester, 13-[α-Hydroxyimino-benzyl]-pyrroporphyrin-methylester. Blaurote Kristalle (aus $CHCl_3$ + Me. oder Acn. + Me.);

F: 244° (*Fi., Ha.*). λ_{max} in wss. HCl (440–600 nm) sowie in einem Pyridin-Äther-Gemisch (430–625 nm): *Fi., Ha.*

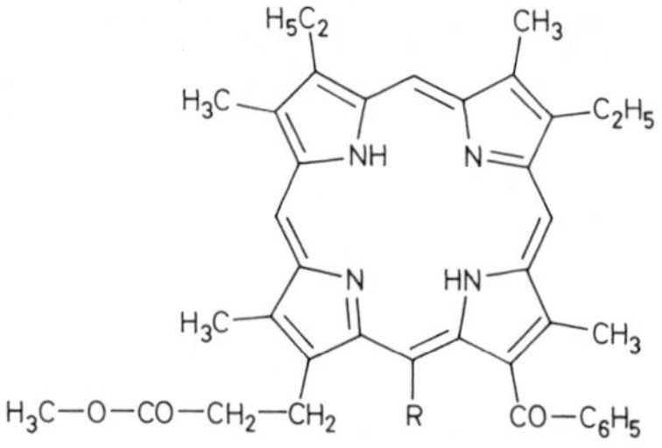

3-[8,13-Diäthyl-18-benzoyl-3,7,12,17,20-pentamethyl-porphyrin-2-yl]-propionsäure-methylester, 13-Benzoyl-phylloporphyrin-methylester $C_{40}H_{42}N_4O_3$, Formel IX (R = CH_3) und Taut. (in der Literatur als 6-Benzoyl-phylloporphyrin-methylester bezeichnet).

Zusammenfassende Darstellung: *H. Fischer, H. Orth,* Die Chemie des Pyrrols, Bd. 2, Tl. 1 [Leipzig 1937] S. 313.

B. Analog der vorangehenden Verbindung (*Fischer et al.*, A. **523** [1936] 164, 173, 190).

Kristalle (aus Py. + Me.); F: 303° (*Fi. et al.*). λ_{max} (Py. + Ae.; 440–635 nm): *Fi. et al.*

Kupfer(II)-Komplex $CuC_{40}H_{40}N_4O_3$. Kristalle (aus Py. + Eg.); F: 258° (*Fi. et al.*). λ_{max} (Py.; 445–595 nm): *Fi. et al.*

Eisen(III)-Komplex $Fe(C_{40}H_{40}N_4O_3)Cl$. Kristalle (aus Eg.); F: 262° (*Fi. et al.*). λ_{max} (Py.; 500–575 nm): *Fi. et al.* [*Mischon*]

2. Oxocarbonsäuren mit 4 Sauerstoff-Atomen

Oxocarbonsäuren $C_nH_{2n-8}N_4O_4$

Oxocarbonsäuren $C_6H_4N_4O_4$

5,7-Dioxo-5,6,7,8-tetrahydro-tetrazolopyridin-6-carbonsäure $C_6H_4N_4O_4$, Formel X (X = OH) und Taut.

B. Aus dem Amid mit Hilfe von $NaNO_2$ und konz. H_2SO_4 (*Schroeter, Finck,* B. **71** [1938] 671, 683).

Kristalle (aus A. oder Dioxan); Zers. bei 195°.

Natrium-Salz $NaC_6H_3N_4O_4$. Kristalle mit 2 Mol H_2O.

Silber(I)-Salz $AgC_6H_3N_4O_4$. Kristalle.

5,7-Dioxo-5,6,7,8-tetrahydro-tetrazolopyridin-6-carbonsäure-methylester $C_7H_6N_4O_4$, Formel X (X = O-CH_3) und Taut.

B. Aus dem Silber(I)-Salz der Carbonsäure (s. o.) mit Hilfe von CH_3I (*Schroeter, Finck,* B. **71** [1938] 671, 683).

Kristalle (aus Me.); F: 198° [Zers.].

5,7-Dioxo-5,6,7,8-tetrahydro-tetrazolopyridin-6-carbonsäure-amid $C_6H_5N_5O_3$, Formel X (X = NH_2) und Taut.

B. Beim Erwärmen des Nitrils (s. u.) mit konz. H_2SO_4 (*Schroeter, Finck,* B. **71** [1938] 671, 682).

Kristalle (aus H_2O).

Ammonium-Salz $[NH_4]C_6H_4N_5O_3$. Kristalle.

Dinatrium-Salz $Na_2C_6H_3N_5O_3$. Kristalle mit 3 Mol H_2O.

Barium-Salz $Ba(C_6H_4N_5O_3)_2$. Kristalle mit 3 Mol H_2O.

5,7-Dioxo-5,6,7,8-tetrahydro-tetrazolopyridin-6-carbonitril $C_6H_3N_5O_2$, Formel XI und Taut.

B. Beim Behandeln von 6-Hydrazino-2,4-dihydroxy-nicotinonitril mit $NaNO_2$ und konz. H_2SO_4 (*Schroeter, Finck,* B. **71** [1938] 671, 681).

Kristalle (aus H_2O), die beim Berühren mit einem heissen Metalldraht verpuffen.

Natrium-Salze. a) $NaC_6H_2N_5O_2$. Kristalle mit 2 Mol H_2O. – b) $Na_2C_6HN_5O_2$. Kristalle mit 5 Mol H_2O.

1,3,7-Trimethyl-2,6-dioxo-2,3,6,7-tetrahydro-1*H*-purin-8-carbonsäure $C_9H_{10}N_4O_4$, Formel XII (X = OH) (H 574; dort auch als Kaffein-carbonsäure-(8) bezeichnet).

B. Beim Behandeln von 8-Hydroxymethyl-1,3,7-trimethyl-3,7-dihydro-purin-2,6-dion mit wss. $KMnO_4$ (*Golowtschinškaja,* Ž. obšč. Chim. **18** [1948] 2129, 2132; C. A. **1949** 3794).

F: 226–227° (*Go.*).

Säurechlorid $C_9H_9ClN_4O_3$; 1,3,7-Trimethyl-2,6-dioxo-2,3,6,7-tetrahydro-1*H*-purin-8-carbonylchlorid, Formel XII (X = Cl). Gelbe Kristalle (aus Bzl.); F: 168–173° (*Golowtschinškaja, Tschaman,* Ž. obšč. Chim. **22** [1952] 2225, 2228; engl. Ausg. S. 2285, 2287).

1,3,7-Trimethyl-2,6-dioxo-2,3,6,7-tetrahydro-1*H*-purin-8-carbonitril $C_9H_9N_5O_2$, Formel XIII (H 575; dort auch als 8-Cyan-kaffein bezeichnet).

B. Aus dem Amid (H 575) mit Hilfe von $POCl_3$ (*Ehrhart, Hennig,* Ar. **289** [1956] 453, 455).

Kristalle (aus DMF); F: 151°.

1,3,7-Trimethyl-2,6-dioxo-2,3,6,7-tetrahydro-1*H*-purin-8-thiocarbonsäure-*S*-benzylester $C_{16}H_{16}N_4O_3S$, Formel XII (X = S-CH_2-C_6H_5).

B. Aus dem Säurechlorid (s. o.) und Phenylmethanthiol (*Golowtschinškaja, Tschaman,* Ž. obšč. Chim. **22** [1952] 2225, 2228; engl. Ausg. S. 2285, 2287).

Kristalle; F: 175–176°.

Oxocarbonsäuren $C_7H_6N_4O_4$

2,6-Dioxo-1,2,5,6,7,8-hexahydro-pteridin-4-carbonsäure $C_7H_6N_4O_4$, Formel XIV (R = H, X = O) und Taut.

B. Aus dem folgenden Äthylester mit Hilfe von wss. NaOH (*Clark, Layton,* Soc. **1959** 3411, 3415).

Zers. >250°.

2,6-Dioxo-1,2,5,6,7,8-hexahydro-pteridin-4-carbonsäure-äthylester $C_9H_{10}N_4O_4$, Formel XIV (R = C_2H_5, X = O) und Taut.

B. Beim Erwärmen von 6-[Äthoxycarbonylmethyl-amino]-5-amino-2-oxo-1,2-dihydro-pyrimidin-4-carbonsäure-äthylester mit H_2O (*Clark, Layton,* Soc. **1959** 3411, 3414).

Kristalle (aus H_2O); Zers. >240°.

Picrat $C_9H_{10}N_4O_4 \cdot C_6H_3N_3O_7$. Gelbe Kristalle (aus H_2O); Zers. >190°.

6-Oxo-2-thioxo-1,2,5,6,7,8-hexahydro-pteridin-4-carbonsäure $C_7H_6N_4O_3S$, Formel XIV (R = H, X = S) und Taut.

B. Aus dem Äthylester (s. u.) mit Hilfe von wss. NaOH (*Clark, Layton,* Soc. **1959** 3411,

3415).

Zers. >275°.

Natrium-Salz $NaC_7H_5N_4O_3S$. Kristalle (aus H_2O) mit 1 Mol H_2O; Zers. >280°.

6-Oxo-2-thioxo-1,2,5,6,7,8-hexahydro-pteridin-4-carbonsäure-äthylester $C_9H_{10}N_4O_3S$, Formel XIV (R = C_2H_5, X = S) und Taut.

B. Beim Erwärmen von 6-[Äthoxycarbonylmethyl-amino]-5-amino-2-thioxo-1,2-dihydro-pyr= imidin-4-carbonsäure-äthylester mit H_2O (*Clark, Layton,* Soc. **1959** 3411, 3415).

Gelb; Zers. >230° [Rohprodukt].

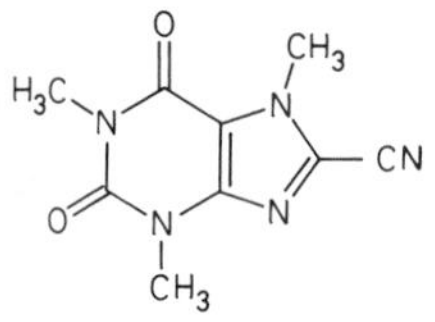

XIII 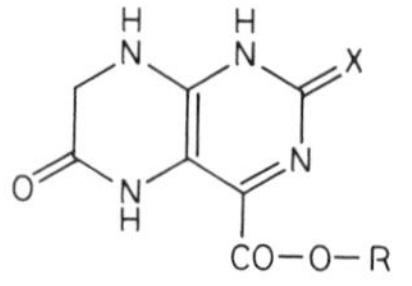 XIV 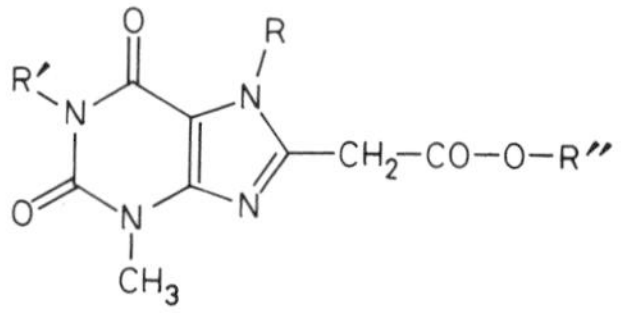 XV

[1,3-Dimethyl-2,6-dioxo-2,3,6,7-tetrahydro-1*H*-purin-8-yl]-essigsäure $C_9H_{10}N_4O_4$, Formel XV (R = R'' = H, R' = CH_3) und Taut. (H 575; dort auch als Theophyllin-essigsäure-(8) bezeichnet).

Piperazin-Salz $C_4H_{10}N_2 \cdot C_9H_{10}N_4O_4$. Pulver (*Simon,* J. pharm. Belg. [NS] **7** [1952] 448).

[2-Benzhydryloxy-äthyl]-dimethyl-amin-Salz $C_{17}H_{21}NO \cdot C_9H_{10}N_4O_4$. Hygrosko= pisch; F: ca. 65–70° (*Searle & Co.,* U.S.P. 2703803 [1952]).

[1,3-Dimethyl-2,6-dioxo-2,3,6,7-tetrahydro-1*H*-purin-8-yl]-essigsäure-[2-dimethylamino-äthylester] $C_{13}H_{19}N_5O_4$, Formel XV (R = H, R' = CH_3, R'' = CH_2-CH_2-N(CH_3)$_2$) und Taut.

B. Aus dem Silber-Salz der [1,3-Dimethyl-2,6-dioxo-2,3,6,7-tetrahydro-1*H*-purin-8-yl]-essig= säure (H 575) beim Erwärmen mit [2-Chlor-äthyl]-dimethyl-amin in Methanol (*Diwag Chem. Fabr.,* D.B.P. 862301 [1951]).

F: 250–253° [Zers.; aus Me. + Ae.].

[3,7-Dimethyl-2,6-dioxo-2,3,6,7-tetrahydro-1*H*-purin-8-yl]-essigsäure-[2-diäthylamino-äthylester] $C_{15}H_{23}N_5O_4$, Formel XV (R = CH_3, R' = H, R'' = CH_2-CH_2-N(C_2H_5)$_2$).

B. Analog der vorangehenden Verbindung (*Diwag Chem. Fabr.,* D.B.P. 862301 [1951]).

F: 236–238° [Zers.].

[1,3,7-Trimethyl-2,6-dioxo-2,3,6,7-tetrahydro-1*H*-purin-8-yl]-essigsäure $C_{10}H_{12}N_4O_4$, Formel XV (R = R' = CH_3, R'' = H).

B. Beim Erhitzen von [1,3,7-Trimethyl-2,6-dioxo-2,3,6,7-tetrahydro-1*H*-purin-8-yl]-malon= säure-diäthylester mit wss. HCl (*Golowtschinškaja,* Sbornik Statei obšč. Chim. **1953** 692, 698; C. A. **1955** 1070).

Kristalle (aus Me. oder H_2O); F: 205–206° [Zers.].

Natrium-Salz $NaC_{10}H_{11}N_4O_4$. Kristalle (aus wss. A.); F: 266–280°.

Methylester $C_{11}H_{14}N_4O_4$. Kristalle (aus Me.); F: 173–174°.

Äthylester $C_{12}H_{16}N_4O_4$. Kristalle (aus Me.); F: 142–142,5°.

Amid $C_{10}H_{13}N_5O_3$. Kristalle (aus Me.); F: 271–273°.

Nitril $C_{10}H_{11}N_5O_2$; [1,3,7-Trimethyl-2,6-dioxo-2,3,6,7-tetrahydro-1*H*-purin-8-yl]-acetonitril. Kristalle (aus A., E. oder Bzl.); F: 228–229°.

Oxocarbonsäuren $C_8H_8N_4O_4$

(±)-[4,7-Dioxo-3,4,5,6,7,8-hexahydro-pteridin-6-yl]-essigsäure $C_8H_8N_4O_4$, Formel I und Taut.

B. Beim Behandeln von [4,7-Dioxo-3,4,7,8-tetrahydro-pteridin-6-yl]-essigsäure-äthylester mit amalgamiertem Natrium in H_2O (*Albert, Brown,* Soc. **1953** 74, 78).

Kristalle (aus H_2O); F: 320° [unkorr.; Zers.]. λ_{max} (wss. Lösung vom pH 6,52): 276 nm und 325 nm (*Al., Br.,* l. c. S. 75). Scheinbare Dissoziationsexponenten pK'_{a1}, pK'_{a2} und pK'_{a3} (H_2O; potentiometrisch ermittelt) bei 20°: 4,49 bzw. 8,59 bzw. ca. 11.

3-[1,3,7-Trimethyl-2,6-dioxo-2,3,6,7-tetrahydro-1*H*-purin-8-yl]-propionsäure $C_{11}H_{14}N_4O_4$, Formel II (X = OH).

B. Beim Hydrieren von 3-[1,3,7-Trimethyl-2,6-dioxo-2,3,6,7-tetrahydro-1*H*-purin-8-yl]-acryl=säure (S. 3203) an Raney-Nickel in wss. NaOH (*Golowtschinškaja, Tschaman,* Ž. obšč. Chim. **22** [1952] 528, 531; engl. Ausg. S. 593, 596). Beim Erhitzen von [1,3,7-Trimethyl-2,6-dioxo-2,3,6,7-tetrahydro-1*H*-purin-8-ylmethyl]-malonsäure mit Chinolin auf 130° (*Go., Tsch.,* l. c. S. 533).

Kristalle (aus H_2O, Me. oder A.); F: 232–233°.

Natrium-Salz $NaC_{11}H_{13}N_4O_4$. Kristalle; F: 280–283° [Zers.].

3-[1,3,7-Trimethyl-2,6-dioxo-2,3,6,7-tetrahydro-1*H*-purin-8-yl]-propionsäure-methylester $C_{12}H_{16}N_4O_4$, Formel II (X = O-CH_3).

B. Aus der vorangehenden Säure und Methanol mit Hilfe von konz. H_2SO_4 (*Golowtschinškaja, Tschaman,* Ž. obšč. Chim. **22** [1952] 528, 532; engl. Ausg. S. 593, 596).

Kristalle (aus Me. oder A.); F: 162–164°.

3-[1,3,7-Trimethyl-2,6-dioxo-2,3,6,7-tetrahydro-1*H*-purin-8-yl]-propionsäure-äthylester $C_{13}H_{18}N_4O_4$, Formel II (X = O-C_2H_5).

B. Analog der vorangehenden Verbindung (*Golowtschinškaja, Tschaman,* Ž. obšč. Chim. **22** [1952] 528, 532; engl. Ausg. S. 593, 596).

Kristalle (aus A.); F: 135–136°.

3-[1,3,7-Trimethyl-2,6-dioxo-2,3,6,7-tetrahydro-1*H*-purin-8-yl]-propionsäure-[2-dimethylamino-äthylester] $C_{15}H_{23}N_5O_4$, Formel II (X = O-CH_2-CH_2-N(CH_3)$_2$).

B. Aus dem Säurechlorid (s. u.) und 2-Dimethylamino-äthanol (*Golowtschinškaja, Tschaman,* Ž. obšč. Chim. **22** [1952] 528, 534; engl. Ausg. S. 593, 598).

Hydrochlorid $C_{15}H_{23}N_5O_4 \cdot HCl$. Kristalle (aus A. oder Butan-1-ol); F: 222–224°.

3-[1,3,7-Trimethyl-2,6-dioxo-2,3,6,7-tetrahydro-1*H*-purin-8-yl]-propionsäure-[2-diäthylamino-äthylester] $C_{17}H_{27}N_5O_4$, Formel II (X = O-CH_2-CH_2-N(C_2H_5)$_2$).

B. Analog der vorangehenden Verbindung (*Golowtschinškaja, Tschaman,* Ž. obšč. Chim. **22** [1952] 528, 534; engl. Ausg. S. 593, 598).

Hydrochlorid $C_{17}H_{27}N_5O_4 \cdot HCl$. Kristalle (aus A. oder Butan-1-ol); F: 226–228°.

3-[1,3,7-Trimethyl-2,6-dioxo-2,3,6,7-tetrahydro-1*H*-purin-8-yl]-propionylchlorid $C_{11}H_{13}ClN_4O_3$, Formel II (X = Cl).

B. Beim Erwärmen von 3-[1,3,7-Trimethyl-2,6-dioxo-2,3,6,7-tetrahydro-1*H*-purin-8-yl]-pro=pionsäure mit $SOCl_2$ in Benzol (*Golowtschinškaja, Tschaman,* Ž. obšč. Chim. **22** [1952] 528, 533; engl. Ausg. S. 593, 597).

Gelbe Kristalle; F: 127–135°.

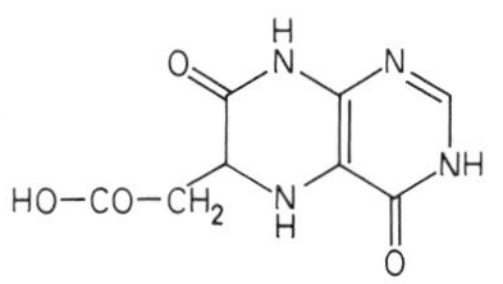

I 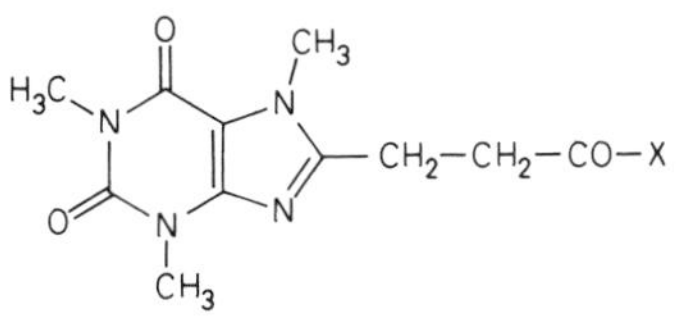 II 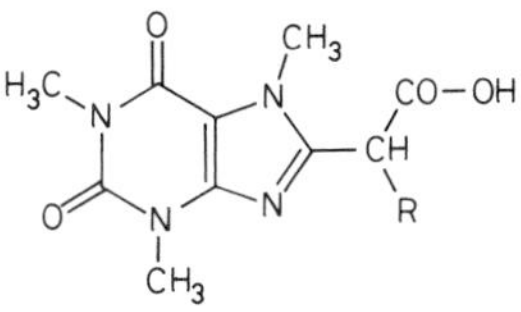 III

3-[1,3,7-Trimethyl-2,6-dioxo-2,3,6,7-tetrahydro-1*H*-purin-8-yl]-propionsäure-amid $C_{11}H_{15}N_5O_3$, Formel II (X = NH_2).

B. Aus dem vorangehenden Säurechlorid und wss. NH_3 (*Golowtschinškaja, Tschaman,* Ž. obšč. Chim. **22** [1952] 528, 534; engl. Ausg. S. 593, 597).

Kristalle (aus A. oder Butan-1-ol); F: 233–235°.

3-[1,3,7-Trimethyl-2,6-dioxo-2,3,6,7-tetrahydro-1*H*-purin-8-yl]-propionsäure-dimethylamid $C_{13}H_{19}N_5O_3$, Formel II (X = $N(CH_3)_2$).

B. Aus dem Säurechlorid (s. o.) und Dimethylamin in Benzol (*Golowtschinškaja, Tschaman,* Ž. obšč. Chim. **22** [1952] 528, 534; engl. Ausg. S. 593, 597).

Kristalle (aus H_2O, A., E. oder Bzl.); F: 188–189°.

3-[1,3,7-Trimethyl-2,6-dioxo-2,3,6,7-tetrahydro-1*H*-purin-8-yl]-thiopropionsäure-*S*-benzylester $C_{18}H_{20}N_4O_3S$, Formel II (X = $S\text{-}CH_2\text{-}C_6H_5$).

B. Aus dem Säurechlorid (s. o.) und Phenylmethanthiol (*Golowtschinškaja, Tschaman,* Ž. obšč. Chim. **22** [1952] 2220, 2223; engl. Ausg. S. 2279, 2281).

Kristalle (aus A., Acn. oder Butanon); F: 126–127°.

Beim Behandeln mit Raney-Nickel in Dioxan sind 8-[3-Hydroxy-propyl]-1,3,7-trimethyl-3,7-dihydro-purin-2,6-dion (Hauptprodukt) und 8-Äthyl-1,3,7-trimethyl-3,7-dihydro-purin-2,6-dion erhalten worden.

(±)-2-[1,3,7-Trimethyl-2,6-dioxo-2,3,6,7-tetrahydro-1*H*-purin-8-yl]-propionsäure $C_{11}H_{14}N_4O_4$, Formel III (R = CH_3).

B. Beim Erhitzen von Methyl-[1,3,7-trimethyl-2,6-dioxo-2,3,6,7-tetrahydro-1*H*-purin-8-yl]-malonsäure-diäthylester mit wss. HCl (*Golowtschinškaja,* Sbornik Statei obšč. Chim. **1953** 692, 700; C. A. **1955** 1070).

Kristalle (aus Acn.); F: 170–171°.

Natrium-Salz $NaC_{11}H_{13}N_4O_4$. Kristalle.

Methylester $C_{12}H_{16}N_4O_4$. Kristalle (aus Me.); F: 151–152°.

Äthylester $C_{13}H_{18}N_4O_4$. Kristalle (aus A.); F: 138–139°.

Oxocarbonsäuren $C_9H_{10}N_4O_4$

(±)-3,5′-Dimethyl-5,3′-dioxo-1,2′-diphenyl-1,5,2′,3′-tetrahydro-1′*H*-[4,4′]bipyrazolyl-4-carbonitril $C_{21}H_{17}N_5O_2$, Formel IV und Taut.

B. Beim Behandeln von 5,5′-Dimethyl-2,2′-diphenyl-2*H*,2′*H*-[4,4′]bipyrazolyliden-3,3′-dion mit NaCN in wss. Äthanol (*Westöö,* Acta chem. scand. **9** [1955] 797, 800).

Kristalle (aus Bzl.+PAe.); F: 198° [Zers.]. λ_{max}: 245 nm [H_2O] bzw. 255 nm [methanol. KOH] (*We.,* l. c. S. 799).

(±)-2-[1,3,7-Trimethyl-2,6-dioxo-2,3,6,7-tetrahydro-1*H*-purin-8-yl]-buttersäure $C_{12}H_{16}N_4O_4$, Formel III (R = C_2H_5).

B. Beim Erhitzen von Äthyl-[1,3,7-trimethyl-2,6-dioxo-2,3,6,7-tetrahydro-1*H*-purin-8-yl]-malonsäure-diäthylester mit wss. HCl (*Golowtschinškaja,* Sbornik Statei obšč. Chim. **1953** 702, 705; C. A. **1955** 1070).

Kristalle; F: 147–148° [Zers.].

Natrium-Salz $NaC_{12}H_{15}N_4O_4$. Kristalle (aus A.); F: 243–250° [Zers.].

Methylester $C_{13}H_{18}N_4O_4$. Kristalle (aus Me.); F: 111–112,5°.

Äthylester $C_{14}H_{20}N_4O_4$. Kristalle (aus A.); F: 105,5–106,5°.

Amid $C_{12}H_{17}N_5O_3$. Kristalle (aus A.); F: 238–238,5°.

Oxocarbonsäuren $C_{10}H_{12}N_4O_4$

Bis-[1,5-dimethyl-3-oxo-2-phenyl-2,3-dihydro-1*H*-pyrazol-4-yl]-essigsäure $C_{24}H_{24}N_4O_4$, Formel V (H 576; E II 340; dort auch als Diantipyrylessigsäure bezeichnet).

B. Beim Erwärmen von (±)-1,5-Dimethyl-2-phenyl-4-[2,2,2-trichlor-1-hydroxy-äthyl]-1,2-di=

hydro-pyrazol-3-on mit äthanol. NaOH (*Bodendorf et al.*, A. **563** [1949] 1, 6; *Ledrut, Combes*, Bl. **1950** 127) oder mit äthanol. KOH (*Schmidt*, Pharmazie **11** [1956] 191, 193). Beim Erhitzen von [1,5-Dimethyl-3-oxo-2-phenyl-2,3-dihydro-1*H*-pyrazol-4-yl]-glyoxylsäure mit amalgamiertem Zink und wss. HCl (*Schmidt*, Ar. **289** [1956] 150, 155).

Kristalle; F: 241–242° [aus A.] (*Sch.*, Pharmazie **11** 193), 241° [aus A.] (*Sch.*, Ar. **289** 155), 239–241° [aus wss. A. bzw. aus A.+E.] (*Bo. et al.*; *Le.*, *Co.*).

Methylester $C_{25}H_{26}N_4O_4$. Kristalle (aus wss. A.); F: 204° (*Bo. et al.*, l. c. S. 8).

Äthylester $C_{26}H_{28}N_4O_4$ (E II 340). F: 92° [aus wss. A.] (*Bo. et al.*, l. c. S. 8).

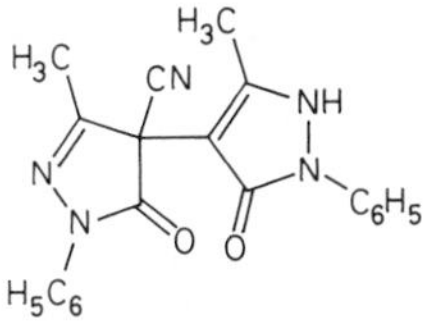

IV 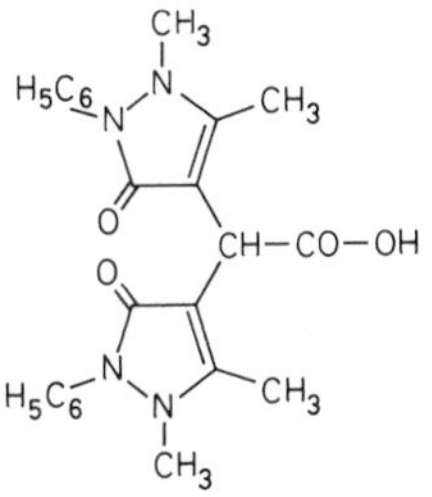 V 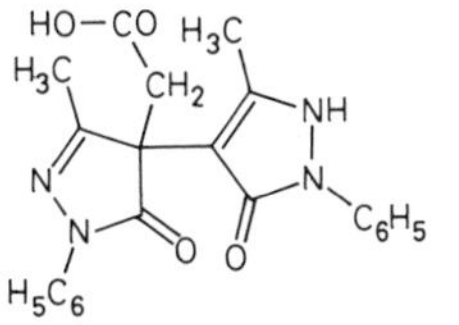 VI 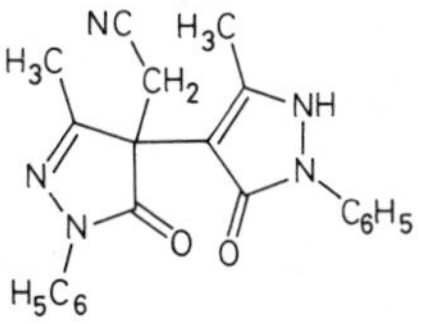 VII

(±)-[3,5′-Dimethyl-5,3′-dioxo-1,2′-diphenyl-1,5,2′,3′-tetrahydro-1′*H*-[4,4′]bipyrazolyl-4-yl]-essigsäure $C_{22}H_{20}N_4O_4$, Formel VI und Taut.

B. Beim Erhitzen des Nitrils (s. u.) mit konz. wss. HCl (*Westöö*, Acta chem. scand. **10** [1956] 9, 13).

Kristalle (aus E.); F: 213° [Zers.].

(±)-[3,5′-Dimethyl-5,3′-dioxo-1,2′-diphenyl-1,5,2′,3′-tetrahydro-1′*H*-[4,4′]bipyrazolyl-4-yl]-acetonitril $C_{22}H_{19}N_5O_2$, Formel VII und Taut.

B. Beim Erwärmen von opt.-inakt. Cyan-[3,5′-dimethyl-5,3′-dioxo-1,2′-diphenyl-1,5,2′,3′-tetrahydro-1′*H*-[4,4′]bipyrazolyl-4-yl]-essigsäure (S. 3253) mit Äthanol und Pyridin (*Westöö*, Acta chem. scand. **10** [1956] 9, 12).

Kristalle (aus E.+A.); F: 160°.

(±)-2-[1,3,7-Trimethyl-2,6-dioxo-2,3,6,7-tetrahydro-1*H*-purin-8-yl]-valeriansäure $C_{13}H_{18}N_4O_4$, Formel VIII (R = H, n = 2).

B. Beim Erhitzen von Propyl-[1,3,7-trimethyl-2,6-dioxo-2,3,6,7-tetrahydro-1*H*-purin-8-yl]-malonsäure-diäthylester mit wss. HCl (*Golowtschinškaja*, Sbornik Statei obšč. Chim. **1953** 702, 707; C. A. **1955** 1070).

Kristalle (aus A.); F: 136,5° [Zers.].

(±)-2-[1,3,7-Trimethyl-2,6-dioxo-2,3,6,7-tetrahydro-1*H*-purin-8-yl]-valeriansäure-äthylester $C_{15}H_{22}N_4O_4$, Formel VIII (R = C_2H_5, n = 2).

B. Beim Erwärmen von [1,3,7-Trimethyl-2,6-dioxo-2,3,6,7-tetrahydro-1*H*-purin-8-yl]-malonsäure-diäthylester mit Propylbromid und äthanol. Natriumäthylat (*Golowtschinškaja*, Sbornik Statei obšč. Chim. **1953** 702, 707; C. A. **1955** 1070).

Kristalle (aus A.); F: 115–117°.

Oxocarbonsäuren $C_{11}H_{14}N_4O_4$

(±)-2-[1,3,7-Trimethyl-2,6-dioxo-2,3,6,7-tetrahydro-1*H*-purin-8-yl]-hexansäure $C_{14}H_{20}N_4O_4$, Formel VIII (R = H, n = 3).

B. Aus Butyl-[1,3,7-trimethyl-2,6-dioxo-2,3,6,7-tetrahydro-1*H*-purin-8-yl]-malonsäure-diäthylester mit Hilfe von wss.-äthanol. NaOH (*Golowtschinškaja*, Sbornik Statei obšč. Chim. **1953** 702, 709; C. A. **1955** 1070).

Kristalle (aus E., Bzl. oder H_2O); F: 134° [Zers.].
Äthylester $C_{16}H_{24}N_4O_4$. Kristalle (aus A.); F: 110,5–111,5°.

Oxocarbonsäuren $C_nH_{2n-10}N_4O_4$

4,7-Dioxo-3,4,7,8-tetrahydro-pteridin-6-carbonsäure $C_7H_4N_4O_4$, Formel IX und Taut.

B. Beim Behandeln von 4,7-Dioxo-3,4,7,8-tetrahydro-pteridin-6-carbaldehyd mit $KMnO_4$ und wss. NaOH (*Albert, Brown*, Soc. **1953** 74, 79).

Feststoff mit 1 Mol H_2O, der sich bei ca. 260° bräunlich färbt. λ_{max} (wss. Lösung): 224 nm, 288 nm und 336 nm [pH 4,85] bzw. 226 nm, 293 nm und 331 nm [pH 8,37] (*Al., Br.*, l. c. S. 75). Scheinbare Dissoziationsexponenten pK'_{a1}, pK'_{a2} und pK'_{a3} (H_2O; potentiometrisch ermittelt) bei 20°: ca. 3 bzw. 6,69 bzw. 10,05.

VIII IX X XI

2,4-Dioxo-1,2,3,4-tetrahydro-pteridin-6-carbonsäure $C_7H_4N_4O_4$, Formel X (R = R′ = H).

B. Beim Erwärmen von (±)-*N*-{4-[(2,4-Dioxo-1,2,3,4-tetrahydro-pteridin-6-ylmethyl)-amino]-benzoyl}-glutaminsäure mit $KMnO_4$ und wss. NaOH (*Angier et al.*, Am. Soc. **74** [1952] 408, 410).

Kristalle [aus wss. HCl] (*An. et al.*, l. c. S. 411); F: 345° [Zers.] (*Masuda et al.*, Chem. pharm. Bl. **6** [1958] 291). UV-Spektrum (wss. Lösung vom pH 6,3; 260–380 nm): *Levenberg, Hayaishi*, J. biol. Chem. **234** [1959] 955, 958. λ_{max}: 237,5 nm, 265 nm und 330 nm [wss. HCl] bzw. 267,5 nm und 370 nm [wss. NaOH] (*An. et al.*).

1-Methyl-2,4-dioxo-1,2,3,4-tetrahydro-pteridin-6-carbonsäure $C_8H_6N_4O_4$, Formel X (R = CH_3, R′ = H).

B. Aus 1-Methyl-6-[D$_r$-1t_F,2c_F,3r_F,4-tetrahydroxy-but-1cat_F-yl]-1*H*-pteridin-2,4-dion mit Hilfe von $KMnO_4$ und wss. NaOH (*Henseke, Patzwaldt*, B. **89** [1956] 2904, 2908).

F: 276° [Zers.; aus wss. NaOH + wss. HCl].

1,3-Dimethyl-2,4-dioxo-1,2,3,4-tetrahydro-pteridin-6-carbonsäure $C_9H_8N_4O_4$, Formel X (R = R′ = CH_3).

B. Analog der vorangehenden Verbindung (*Henseke, Patzwaldt*, B. **89** [1956] 2904, 2909).

Kristalle (aus wss. NaOH + wss. HCl); F: 230–231° [Zers.].

4,6-Dioxo-3,4,5,6-tetrahydro-pteridin-7-carbonsäure $C_7H_4N_4O_4$, Formel XI (R = H) und Taut.

B. Beim Erwärmen von 5,6-Diamino-3*H*-pyrimidin-4-on mit dem Dinatrium-Salz der Mesoxalsäure in wss. Essigsäure (*Pfleiderer*, B. **92** [1959] 3190, 3197).

Gelbe Kristalle (aus Eg.). Gelbliche Kristalle (aus wss. H_2SO_4) mit 1 Mol H_2O; F: > 350°. λ_{max} (wss. Lösung): 270 nm und 365 nm [pH 0], 219 nm, 266 nm und 359 nm [pH 4,4], 239 nm, 283 nm und 361 nm [pH 8,2] bzw. 256 nm und 370 nm [pH 12] (*Pf.*, l. c. S. 3193). Scheinbare Dissoziationsexponenten pK'_{a1}, pK'_{a2} und pK'_{a3} (H_2O; potentiometrisch ermittelt) bei 20°: 2,3 bzw. 6,6 bzw. 9,85.

3-Methyl-4,6-dioxo-3,4,5,6-tetrahydro-pteridin-7-carbonsäure $C_8H_6N_4O_4$, Formel XI (R = CH_3) und Taut.

B. Beim Erwärmen von 5,6-Diamino-3-methyl-3*H*-pyrimidin-4-on mit dem Dinatrium-Salz der Mesoxalsäure in wss. Essigsäure (*Pfleiderer*, B. **92** [1959] 3190, 3197).

Gelbliche Kristalle (aus H_2O) mit 2 Mol H_2O; F: >340°. λ_{max} (wss. Lösung): 264 nm und 370 nm [pH 0], 233 nm, 257 nm und 357 nm [pH 4,6] bzw. 242 nm, 288 nm und 362 nm [pH 10] (*Pf.*, l. c. S. 3193). Scheinbare Dissoziationsexponenten pK'_{a1} und pK'_{a2} (H_2O; potentiometrisch ermittelt) bei 20°: 2,4 bzw. 6,75.

2,4-Dioxo-1,2,3,4-tetrahydro-pteridin-7-carbonsäure $C_7H_4N_4O_4$, Formel XII (R = H).

B. Beim Erwärmen von 7-Methyl-1*H*-pteridin-2,4-dion mit $KMnO_4$ und wss. NaOH (*Cain et al.*, Am. Soc. **70** [1948] 3026, 3028; *Masuda et al.*, Chem. pharm. Bl. **6** [1958] 291).

Kristalle (aus wss. HCl), F: 340° [Zers.] (*Ma. et al.*); gelbliche Kristalle (aus wss. HCl), Zers. bei 270–275° (*Cain et al.*). λ_{max} (wss. NaOH): 245 nm und 360 nm (*Cain et al.*).

2,4-Dioxo-1,2,3,4-tetrahydro-pteridin-7-carbonsäure-methylester $C_8H_6N_4O_4$, Formel XII (R = CH_3).

B. Aus der Säure und methanol. HCl (*Cain et al.*, Am. Soc. **70** [1948] 3026, 3028).

Rötliche Kristalle (aus Me. oder H_2O), die beim Erhitzen auf 300° dunkel werden. λ_{max} (wss. HCl): 223 nm und 325 nm (*Cain et al.*, l. c. S. 3027).

XII XIII XIV

[4,7-Dioxo-3,4,7,8-tetrahydro-pteridin-6-yl]-essigsäure $C_8H_6N_4O_4$, Formel XIII (R = H) und Taut.

B. Aus dem Äthylester (s. u.) mit Hilfe von wss. NaOH (*Albert, Brown*, Soc. **1953** 75, 78).

Gelb.

[4,7-Dioxo-3,4,7,8-tetrahydro-pteridin-6-yl]-essigsäure-äthylester $C_{10}H_{10}N_4O_4$, Formel XIII (R = C_2H_5) und Taut.

B. Beim Erhitzen von 5,6-Diamino-3*H*-pyrimidin-4-on mit der Natrium-Verbindung des Oxalessigsäure-diäthylesters und Essigsäure (*Albert, Brown*, Soc. **1953** 74, 77).

Gelbe Kristalle (aus Py.); Zers. bei ca. 250°. λ_{max} (wss. Lösung vom pH 4): 287 nm und 327 nm (*Al., Br.*, l. c. S. 75). Scheinbare Dissoziationsexponenten pK'_{a1} und pK'_{a2} (H_2O; potentiometrisch ermittelt) bei 20°: 6,23 bzw. 9,62.

***3-[1,3,7-Trimethyl-2,6-dioxo-2,3,6,7-tetrahydro-1*H*-purin-8-yl]-acrylsäure** $C_{11}H_{12}N_4O_4$, Formel XIV.

B. Beim Erhitzen von [1,3,7-Trimethyl-2,6-dioxo-2,3,6,7-tetrahydro-1*H*-purin-8-ylmethylen]-malonsäure mit Chinolin (*Golowtschinškaja, Tschaman*, Ž. obšč. Chim. **22** [1952] 528, 531; engl. Ausg. S. 593, 595).

Kristalle (aus Butan-1-ol, Butanon oder Chlortoluol); F: 269–271° [Zers.].

Äthylester $C_{13}H_{16}N_4O_4$. Kristalle (aus A.); F: 207–208°.

Oxocarbonsäuren $C_nH_{2n-16}N_4O_4$

1,3-Dimethyl-2,4-dioxo-1,2,3,4-tetrahydro-benzo[*g*]pteridin-7-carbonsäure-methylester $C_{14}H_{12}N_4O_4$, Formel I, und **1,3-Dimethyl-2,4-dioxo-1,2,3,4-tetrahydro-benzo[*g*]pteridin-8-carbonsäure-methylester** $C_{14}H_{12}N_4O_4$, Formel II.

a) Isomeres vom F: 265°.

B. Neben dem unter b) beschriebenen Isomeren beim Erwärmen von Alloxan mit 3,4-Diamino-benzoesäure-hydrochlorid in H_2O und Behandeln des Reaktionsprodukts mit Diazomethan in Äther (*Kuhn, Cook,* B. **70** [1937] 761, 768).

Gelbe Kristalle (aus wss. A.); F: 265°.

b) Isomeres vom F: 184°.

B. s. unter a).

Gelbe Kristalle (aus wss. A.); F: 184°.

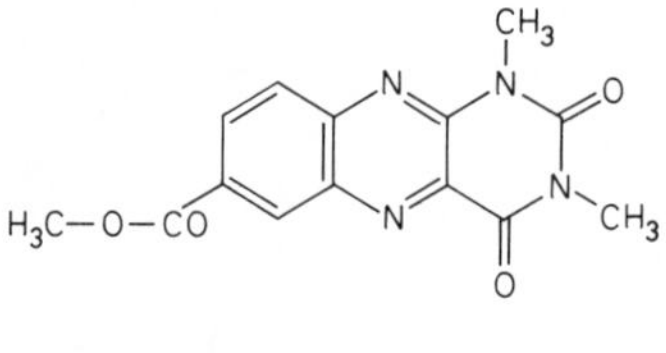

I

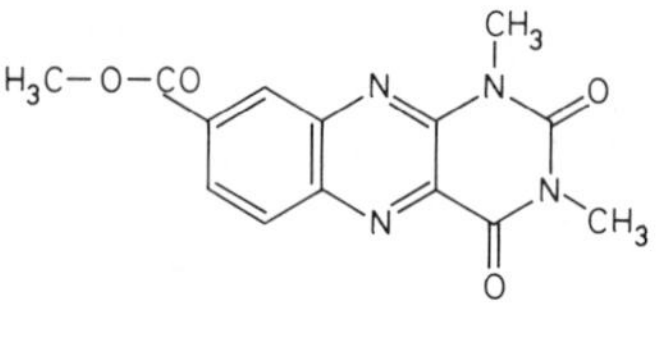

II

2,4-Dioxo-10-phenyl-2,3,4,10-tetrahydro-benzo[*g*]pteridin-7-carbonsäure $C_{17}H_{10}N_4O_4$, Formel III (R = H) und Taut.

B. Aus Alloxan und 3-Amino-4-anilino-benzoesäure in Essigsäure unter Zusatz von H_3BO_3 (*Fernholz, Fernholz,* B. **84** [1951] 257, 258).

Gelbe Kristalle (aus Eg.); unterhalb 365° nicht schmelzend.

2,4-Dioxo-10-phenyl-2,3,4,10-tetrahydro-benzo[*g*]pteridin-7-carbonsäure-methylester $C_{18}H_{12}N_4O_4$, Formel III (R = CH_3) und Taut.

B. Analog der vorangehenden Verbindung (*Fernholz, Fernholz,* B. **84** [1951] 257, 258).

Gelbe Kristalle (aus Acn.); F: 363° [Zers.].

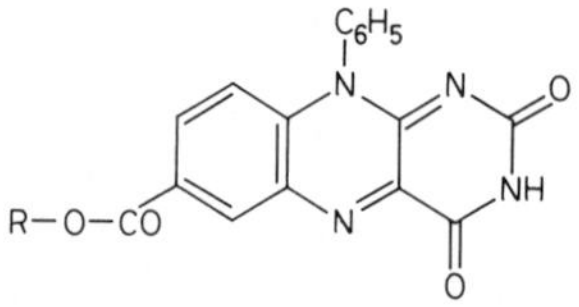

III

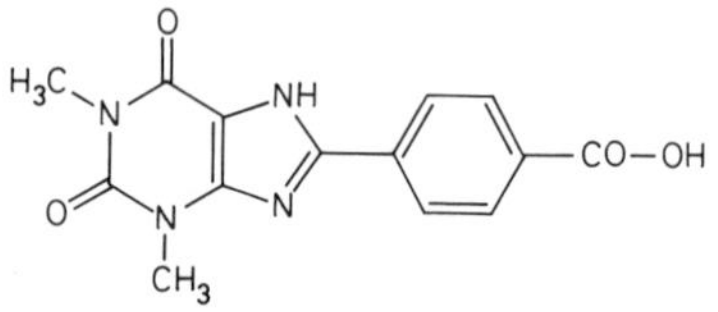

IV

4-[1,3-Dimethyl-2,6-dioxo-2,3,6,7-tetrahydro-1*H*-purin-8-yl]-benzoesäure $C_{14}H_{12}N_4O_4$, Formel IV und Taut.

B. Beim Erwärmen von *N*-[6-Amino-1,3-dimethyl-2,4-dioxo-1,2,3,4-tetrahydro-pyrimidin-5-yl]-terephthalamidsäure-methylester mit wss. NaOH (*Kompiš et al.,* Chem. Zvesti **12** [1958] 519, 520; C. A. **1959** 3232).

Kristalle (aus Py.); unterhalb 360° nicht schmelzend.

Äthylester $C_{16}H_{16}N_4O_4$. Kristalle (aus A.); unterhalb 350° nicht schmelzend (*Ko. et al.,* l. c. S. 521).

7-Methyl-2,4-dioxo-1,2,3,4-tetrahydro-benzo[*g*]pteridin-8-carbonsäure $C_{12}H_8N_4O_4$, Formel V und Taut.

B. Beim Erwärmen der folgenden Verbindung mit wss. KOH (*Hemmerich et al.,* Helv. **42** [1959] 2164, 2176).

Kristalle (aus wss. DMF).

7,10-Dimethyl-2,4-dioxo-2,3,4,10-tetrahydro-benzo[*g*]pteridin-8-carbonsäure $C_{13}H_{10}N_4O_4$, Formel VI und Taut.

B. Beim Erhitzen von 7,8,10-Trimethyl-10*H*-benzo[*g*]pteridin-2,4-dion mit $NaNO_2$ und Essigsäure (*Hemmerich et al.,* Helv. **42** [1959] 2164, 2176).

Gelb.

Ammonium-Salz. Orangefarbene Kristalle (aus wss. Eg. + Ammoniumacetat).

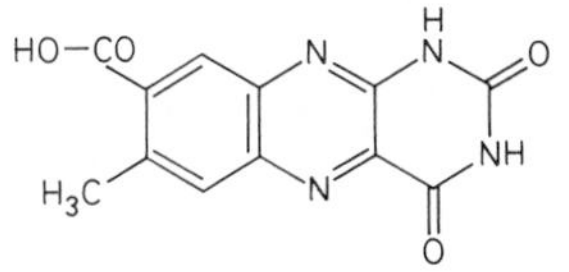

V 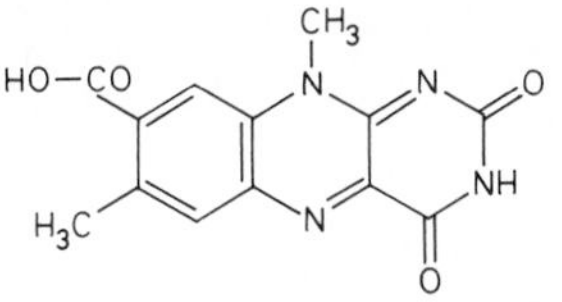 VI

4-[1,3-Dimethyl-2,6-dioxo-2,3,6,7-tetrahydro-1*H*-purin-8-ylmethyl]-benzoesäure $C_{15}H_{14}N_4O_4$, Formel VII und Taut.

B. Beim Erhitzen von 5,6-Diamino-1,3-dimethyl-1*H*-pyrimidin-2,4-dion mit [4-Methoxycarbonyl-phenyl]-essigsäure auf 200° und Erwärmen des Reaktionsprodukts mit wss. NaOH (*Kompiš et al.*, Chem. Zvesti **12** [1958] 519, 522; C. A. **1959** 3232).

Gelbe Kristalle (aus Py.); unterhalb 300° nicht schmelzend.

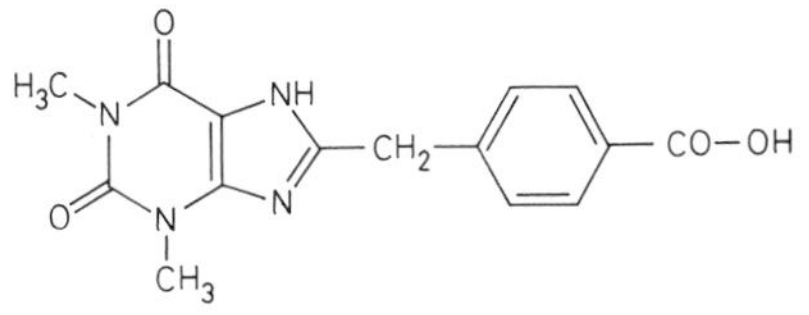

VII 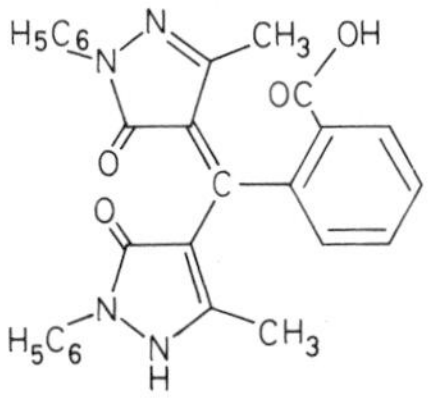 VIII 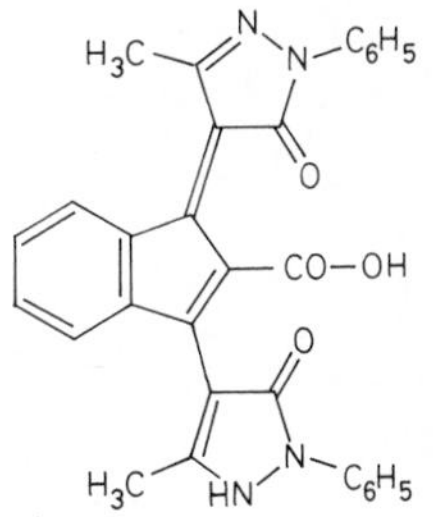 IX

Oxocarbonsäuren $C_nH_{2n-18}N_4O_4$

2-[(5-Methyl-3-oxo-2-phenyl-2,3-dihydro-1*H*-pyrazol-4-yl)-(3-methyl-5-oxo-1-phenyl-1,5-dihydro-pyrazol-4-yliden)-methyl]-benzoesäure $C_{28}H_{22}N_4O_4$, Formel VIII und Taut.

B. Beim Erhitzen von 5-Methyl-2-phenyl-1,2-dihydro-pyrazol-3-on mit Phthalsäure-anhydrid in Pyridin (*Eastman Kodak Co.*, U.S.P. 2226156 [1940]).

Rote Kristalle (aus Me.); F: 217–218° [Zers.]. λ_{max} (Me.): 494 nm.

Oxocarbonsäuren $C_nH_{2n-22}N_4O_4$

3-[5-Methyl-2-phenyl-3-oxo-2,3-dihydro-1*H*-pyrazol-4-yl]-1-[3-methyl-1-phenyl-5-oxo-1,5-dihydro-pyrazol-4-yliden]-inden-2-carbonsäure $C_{30}H_{22}N_4O_4$, Formel IX und Taut.

B. Beim Erhitzen von 5-Methyl-2-phenyl-1,2-dihydro-pyrazol-3-on mit dem Dinatrium-Salz der 1,3-Dioxo-indan-2-carbonsäure auf 135–140° (*Gevaert Photo-Prod. N.V.*, U.S.P. 2620339 [1947]).

Schwarze Kristalle (aus Me.). Lösungen in Äthanol sind dunkelviolett.

Natrium-Salz. Grün. λ_{max} (Me.): 680 nm.

Oxocarbonsäuren $C_nH_{2n-26}N_4O_4$

***3-[2,17-Diäthyl-3,7,13,18-tetramethyl-1,19-dioxo-19,21,22,24-tetrahydro-1*H*-bilin-8-yl]-propionsäure-methylester,** Pyrroglaukobilin-methylester $C_{31}H_{36}N_4O_4$, Formel X.

B. Beim Behandeln von Pyrrohämin (S. 2952) in wss. Pyridin mit $N_2H_4 \cdot H_2SO_4$, wss. NaOH und Sauerstoff und anschliessenden Erwärmen mit methanol. HCl (*Stier*, Z. physiol. Chem. **273** [1942] 47, 59, 74).

Hellblaue Kristalle (aus Acn.+Me.); F: 305° [nach Sintern bei 227°].

X

XI

Oxocarbonsäuren $C_nH_{2n-30}N_4O_4$

3-[(2*S*)-8,18-Diacetyl-13-äthyl-3*t*,7,12,17,20-pentamethyl-2,3-dihydro-porphyrin-2*r*-yl]-propionsäure-methylester, 13-Acetyl-3¹-oxo-phyllochlorin-methylester $C_{35}H_{40}N_4O_4$, Formel XI und Taut. (in der Literatur als 2-Desvinyl-2,6-diacetyl-phyllochlorin-methylester bezeichnet).

Konstitution: *Fischer et al.*, A. **557** [1947] 134, 141; s. a. *Inhoffen et al.*, A. **695** [1966] 112, 116.

B. Aus dem Kupfer(II)-Komplex des 3-Desäthyl-phyllochlorin-methylesters (S. 2941) beim Behandeln mit $SnCl_2$ und Acetanhydrid (*Fi. et al.*, l. c. S. 161; s. a. *Fischer, Baláž*, A. **553** [1942] 166, 172, 184). Beim Behandeln von sog. 2,6-Diacetyl-isochlorin-e_4-dimethylester (13-Acetyl-15¹-methoxycarbonyl-3¹-oxo-phyllochlorin-methylester; S. 3275) mit wss. HCl, anschliessenden Erhitzen mit Pyridin und Behandeln mit Diazomethan (*Fi. et al.*, l. c. S. 158).

Kristalle (aus Ae. oder Acn.+Me.); F: 217° (*Fi. et al.*, l. c. S. 158). $[\alpha]^{20}_{690-720}$: −752° [Acn.; c = 0,02] (*Fi., Ba.*, l. c. S. 185); $[\alpha]_{\text{rotes Licht}}$: −800°; $[\alpha]_{\text{gelbes Licht}}$: +1200° [jeweils in Acn.; c = 0,01] (*Fi. et al.*, l. c. S. 162). λ_{max} (Acn.+Ae.; 440−700 nm): *Fi., Ba.*, l. c. S. 185; s. a. *Fi. et al.*, l. c. S. 162.

Kupfer(II)-Komplex $CuC_{35}H_{38}N_4O_4$. Kristalle mit rotem Oberflächenglanz (aus Ae.); F: 175° (*Fi. et al.*, l. c. S. 161). $[\alpha]_{\text{rotes Licht}}$: −860°; $[\alpha]_{\text{gelbes Licht}}$: +2900° [jeweils in Acn.; c = 0,006] (*Fi. et al.*, l. c. S. 162). λ_{max} (Py.+Ae.; 445−685 nm): *Fi. et al.*, l. c. S. 161.

Oxocarbonsäuren $C_nH_{2n-32}N_4O_4$

3-[(18*S*)-7-Äthyl-12-formyl-3,8,13,17*t*-tetramethyl-2¹-oxo-2¹,2²,17,18-tetrahydro-cyclopenta[*at*]porphyrin-18*r*-yl]-propionsäure-methylester, 3-Formyl-3-desäthyl-phytochlorin-methylester $C_{33}H_{34}N_4O_4$, Formel XII und Taut. (in der Literatur als 2-Desvinyl-2-formyl-methylpyrophäophorbid-a bezeichnet).

B. Neben anderen Verbindungen aus Pyrophäophorbid-a-methylester (3¹,3²-Didehydro-phytochlorin-methylester; S. 3191) mit Hilfe von $KMnO_4$ in wss. Pyridin (*Fischer, Walter*, A. **549** [1941] 44, 51, 67).

Violette Kristalle (aus Acn.+Me.); F: 168°. $[\alpha]^{20}_{\text{weisses Licht}}$: +1500° [Acn.; c = 0,006] (*Fi., Wa.*, l. c. S. 75). Absorptionsspektrum (Py.+Ae.; 490−700 nm): *Fi., Wa.*, l. c. S. 58.

Dioxim $C_{33}H_{36}N_6O_4$; 3-[(18*S*)-7-Äthyl-2¹-hydroxyimino-12-(hydroxyimino-methyl)-3,8,13,17*t*-tetramethyl-2¹,2²,17,18-tetrahydro-cyclopenta[*at*]porphyrin-18*r*-yl]-propionsäure-methylester, 3-[Hydroxyimino-methyl]-3-desäthyl-phytochlorin-methylester-oxim. Kristalle (aus Acn.+Me.); unterhalb 350° nicht schmelzend (*Fi., Wa.*, l. c. S. 67). $[\alpha]^{20}_{680-730}$: −400°; $[\alpha]^{20}_{\text{weisses Licht}}$: +800° [jeweils in Acn.; c = 0,01] (*Fi., Wa.*, l. c. S. 75). λ_{max} (Py.+Ae.; 450−675 nm): *Fi., Wa.*, l. c. S. 67.

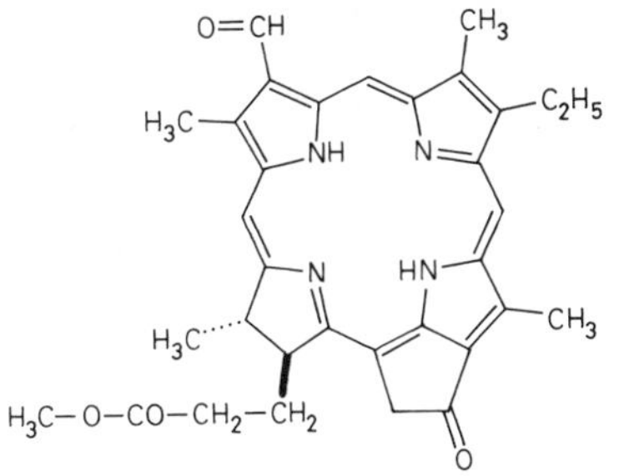

XII

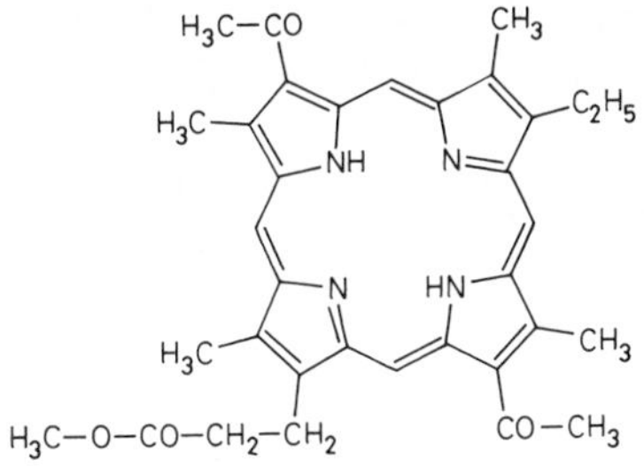

XIII

3-[8,18-Diacetyl-13-äthyl-3,7,12,17-tetramethyl-porphyrin-2-yl]-propionsäure-methylester, 13-Acetyl-3[1]-oxo-pyrroporphyrin-methylester $C_{34}H_{36}N_4O_4$, Formel XIII und Taut. (in der Literatur als 2,6-Diacetyl-2-desäthyl-pyrroporphyrin-methylester bezeichnet).

B. Aus dem Eisen(III)-Komplex des 3-Desäthyl-pyrroporphyrin-methylesters (S. 2947) oder des 3[1]-Oxo-pyrroporphyrin-methylesters (S. 3177) beim Behandeln mit Acetanhydrid und $SnCl_4$ (*Fischer, Hasenkamp,* A. **519** [1935] 42, 47, 57).

Kristalle (aus Py. + Me.); F: 290° (*Fi., Ha.*). Absorptionsspektrum (Dioxan; 480 – 660 nm): *Stern, Wenderlein,* Z. physik. Chem. [A] **175** [1936] 405, 406, 407, 422. λ_{max} (Py. + Ae.; 440 – 650 nm): *Fi., Ha.,* l. c. S. 57, 58.

3-[(18*S*)-7,12-Diäthyl-8-formyl-3,13,17*t*-trimethyl-2[1]-oxo-2[1],2[2],17,18-tetrahydro-cyclopenta[*at*]porphyrin-18*r*-yl]-propionsäure, 7[1]-Oxo-phytochlorin, Mesopyrophäophorbid-b $C_{33}H_{34}N_4O_4$, Formel I (R = H) und Taut. (in der Literatur auch als Dihydropyrophäophorbid-b bezeichnet).

B. Bei der Hydrierung von Pyrophäophorbid-b (S. 3209) an Palladium in Dioxan (*Fischer, Lautenschlager,* A. **528** [1937] 9, 20). Beim Erhitzen von Mesophäophorbid-b (S. 3280) mit Pyridin (*Fischer et al.,* A. **509** [1934] 201, 209).

Kristalle (aus Ae.); F: 251° (*Fi. et al.*). λ_{max} (Py. + Ae.; 460 – 665 nm): *Fi. et al.*

3-[(18*S*)-7,12-Diäthyl-8-formyl-3,13,17*t*-trimethyl-2[1]-oxo-2[1],2[2],17,18-tetrahydro-cyclopenta[*at*]porphyrin-18*r*-yl]-propionsäure-methylester, 7[1]-Oxo-phytochlorin-methylester, Mesopyrophäophorbid-b-methylester $C_{34}H_{36}N_4O_4$, Formel I (R = CH_3) und Taut.

B. Aus der Säure (s. o.) und Diazomethan in Äther (*Fischer et al.,* A. **509** [1934] 201, 210; *Fischer, Lautenschlager,* A. **528** [1937] 9, 20).

Kristalle (aus Acn.); F: 256° (*Fi., La.*). $[\alpha]^{20}_{690-730}$: –244° [Acn.; c = 0,1] (*Fischer, Stern,* A. **520** [1935] 88, 97). λ_{max} (Py. + Ae.; 455 – 655 nm): *Fi., La.*

Reaktion mit Aluminiumisopropylat in Isopropylalkohol: *Fischer et al.,* A. **545** [1940] 154, 155, 170. Über die Reaktion mit L(?)-Cystein-hydrochlorid und Kaliumacetat in Pyridin s. *Tyray,* A. **556** [1944] 171, 175.

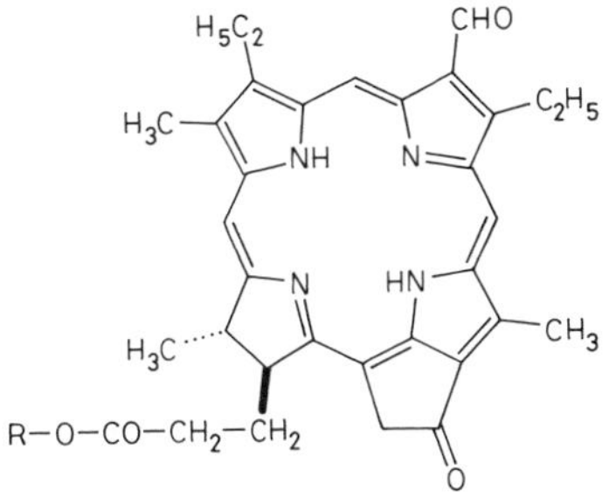

I

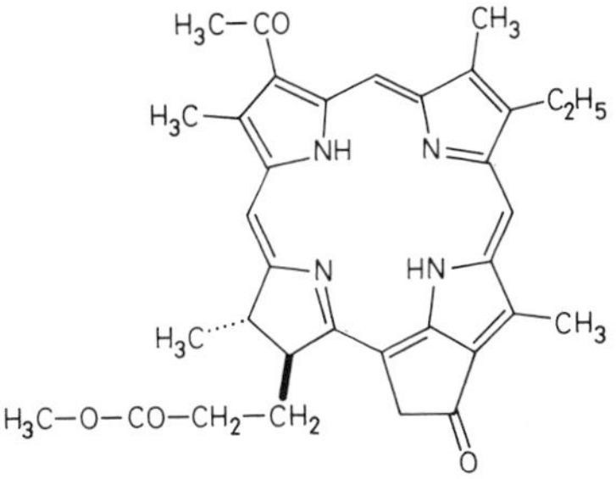

II

3-[(18*S*)-12-Acetyl-7-äthyl-3,8,13,17*t*-tetramethyl-2[1]-oxo-2[1],2[2],17,18-tetrahydro-cyclopenta[*at*]porphyrin-18*r*-yl]-propionsäure-methylester, 3[1]-Oxo-phytochlorin-methylester $C_{34}H_{36}N_4O_4$, Formel II und Taut. (in der Literatur als 2-Desvinyl-2-acetyl-pyrophäophorbid-a-methylester bezeichnet).

B. Beim Erwärmen des Kupfer(II)-Komplexes des 3-Desäthyl-phytochlorin-methylesters (S. 3177) mit Acetanhydrid und $SnCl_2$ (*Fischer et al.*, A. **557** [1947] 134, 139, 151; s. a. *Fischer, Oestreicher*, A. **550** [1942] 252, 257). Beim Behandeln von (3[1]*Ξ*)-3[1]-Hydroxy-phytochlorin-methylester („2,α-Oxy-mesopyrophäophorbid-a-methylester"; S. 3323) mit $KMnO_4$ in Pyridin (*Fi. et al.*, l. c. S. 139, 150). Beim Erhitzen von (13[2]*R*)-13[2]-Methoxycarbonyl-3[1]-oxo-phytochlorin-methylester („2-Desvinyl-2-acetyl-phäophorbid-a-methylester"; S. 3281) mit Pyridin (*Fi. et al.*, l. c. S. 140, 157).

Dimorph; Kristalle (aus Acn. + Me.); F: 172° und (nach Wiedererstarren) F: 267° (*Fi. et al.*, l. c. S. 139, 151, 158). $[\alpha]_{\text{rotes Licht}}$: −400°; $[\alpha]_{\text{gelbes Licht}}$: +1700° [jeweils in Acn.; c = 0,008] (*Fi. et al.*, l. c. S. 163). λ_{max} (Py. + Ae.): 485,7 nm, 546 nm, 621 nm und 681 nm (*Fi. et al.*, l. c. S. 158).

Oxocarbonsäuren $C_nH_{2n-34}N_4O_4$

Oxocarbonsäuren $C_{33}H_{32}N_4O_4$

3-[7,12-Diäthyl-3,8,13,17-tetramethyl-2[1],2[2]-dioxo-2[1],2[2]-dihydro-cyclopenta[*at*]porphyrin-18-yl]-propionsäure-methylester, 13[2]-Oxo-phytoporphyrin-methylester $C_{34}H_{34}N_4O_4$, Formel III und Taut. (in der Literatur als 10-Oxo-phylloerythrin-methylester bezeichnet).

B. Beim Erwärmen [27 h] von Phytoporphyrin (S. 3188) mit SeO_2 in Äthanol und anschliessenden Behandeln mit Diazomethan in Äther (*Fischer, Ebersberger*, A. **509** [1934] 19, 25, 36).

Blaue Kristalle (aus Py. + Me.); F: 273° [korr.]. λ_{max} in einem Pyridin-Äther-Gemisch (470 – 645 nm) sowie in wss. HCl (550 – 640 nm): *Fi., Eb.*

Monooxim $C_{34}H_{35}N_5O_4$; 3-[7,12-Diäthyl-2[1](oder 2[2])-hydroxyimino-3,8,13,17-tetramethyl-2[2](oder 2[1])-oxo-2[1],2[2]-dihydro-cyclopenta[*at*]porphyrin-18-yl]-propionsäure-methylester. Blaue Kristalle (aus Py. + Me.); unterhalb 300° nicht schmelzend. λ_{max} (Py. + Ae.): 529,9 nm, 573,0 nm, 591,7 nm und 644,5 nm.

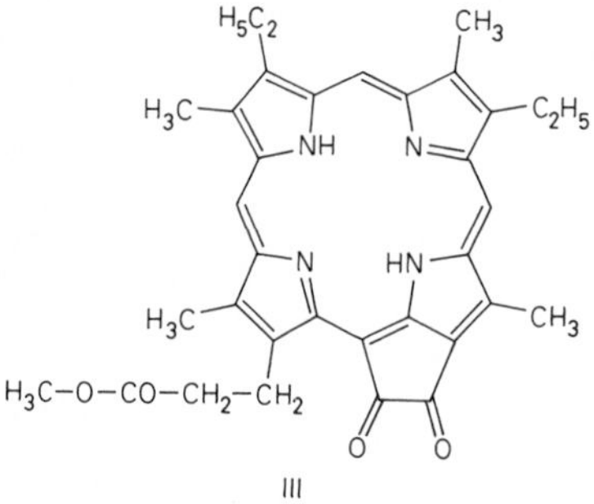

III

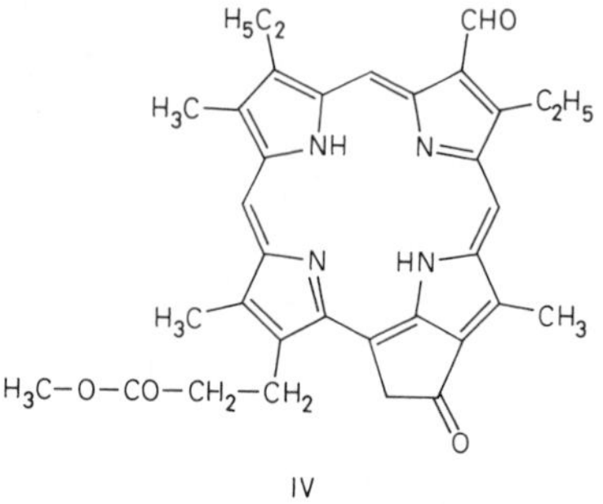

IV

3-[7,12-Diäthyl-8-formyl-3,13,17-trimethyl-2[1]-oxo-2[1],2[2]-dihydro-cyclopenta[*at*]porphyrin-18-yl]-propionsäure-methylester, 7[1]-Oxo-phytoporphyrin-methylester, Phäoporphyrin-b_4-methylester $C_{34}H_{34}N_4O_4$, Formel IV und Taut.

B. Beim Erwärmen von Rhodinporphyrin-g_7-trimethylester (15-Methoxycarbonylmethyl-7[1]-oxo-rhodoporphyrin-dimethylester; S. 3298) mit HBr und Essigsäure und anschliessenden Behandeln mit Diazomethan (*Fischer, Breitner*, A. **511** [1934] 183, 184, 193).

Violette Kristalle (aus Py. + Me.); F: 262°. λ_{max} (Py. + Ae.): 528,8 nm, 565,5 nm, 593 nm und 649,9 nm.

3-[12-Acetyl-7-äthyl-3,8,13,17-tetramethyl-2¹-oxo-2¹,2²-dihydro-cyclopenta[*at*]porphyrin-18-yl]-propionsäure, 3¹-Oxo-phytoporphyrin $C_{33}H_{32}N_4O_4$, Formel V (R = H) und Taut. (in der Literatur als Oxophylloerythrin bezeichnet).

B. Beim Behandeln von Pyrophäophorbid-a (3¹,3²-Didehydro-phytochlorin; S. 3190) mit wss. HI und Essigsäure (*Fischer et al.,* A. **508** [1934] 224, 225, 237). Aus (3¹*Ξ*)-3¹-Hydroxy-phyto⸗chlorin („2,α-Oxy-dihydro-pyrophäophorbid-a"; S. 3322) beim Behandeln mit wss. HI und Es⸗sigsäure (*Fischer, Hasenkamp,* A. **519** [1935] 42, 45, 53).

Kristalle [aus Py.+Ae.] (*Fi. et al.,* l. c. S. 237). λ_{max} (Py.+Ae.): 527,3 nm, 569,8 nm, 600 nm und 650 nm (*Fi. et al.,* l. c. S. 238).

Beim Erhitzen mit wss. HCl auf 190° sind 3-Desäthyl-phytoporphyrin [Methylester s. S. 3185] (Hauptprodukt) und 3-Desäthyl-pyrroporphyrin (Methylester s. S. 2947) erhalten worden (*Fischer, Hasenkamp,* A. **513** [1934] 107, 111, 125, 126). Beim Erhitzen mit HBr und Essigsäure auf 190° entsteht 3-Desäthyl-13¹-desoxo-phytoporphyrin [S. 2971] (*Fi., Ha.,* A. **513** 113, 128).

3-[12-Acetyl-7-äthyl-3,8,13,17-tetramethyl-2¹-oxo-2¹,2²-dihydro-cyclopenta[*at*]porphyrin-18-yl]-propionsäure-methylester, 3¹-Oxo-phytoporphyrin-methylester $C_{34}H_{34}N_4O_4$, Formel V (R = CH_3) und Taut. (in der Literatur als Oxophylloerythrin-methylester bezeichnet).

B. Aus der vorangehenden Säure und Diazomethan (*Fischer et al.,* A. **508** [1934] 224, 225, 238; *Fischer, Hasenkamp,* A. **513** [1934] 107, 124). Beim Behandeln von (3¹*Ξ*)-3¹-Hydroxy-phytochlorin-methylester („2,α-Oxy-dihydro-pyrophäophorbid-a-methylester"; S. 3323) mit wss. HI und Essigsäure (*Fischer, Hasenkamp,* A. **519** [1935] 42, 45, 53; s. a. *Fischer, Oestreicher,* Z. physiol. Chem. **262** [1940] 243, 250, 262).

Kristalle [aus Py.+Me.] (*Fi. et al.*); F: 280° (*Fi., Ha.,* A. **513** 124), 275° (*Fi. et al.*). Absorp⸗tionsspektrum (Dioxan; 480–660 nm): *Stern, Wenderlein,* Z. physik. Chem. [A] **175** [1936] 405, 406, 426.

Eisen(III)-Komplex $Fe(C_{34}H_{32}N_4O_4)Cl$. Kristalle (*Fi. et al.,* l. c. S. 238). λ_{max}: 559,6 nm [$CHCl_3$], 509,4 nm, 543,5 nm und 595,2 nm [$CHCl_3+N_2H_4 \cdot H_2O$] bzw. 596,9 nm [Py.+$N_2H_4 \cdot H_2O$] (*Fi. et al.,* l. c. S. 239).

Dioxim $C_{34}H_{36}N_6O_4$; 3-[7-Äthyl-2¹-hydroxyimino-12-(1-hydroxyimino-äthyl)-2,8,13,17-tetramethyl-2¹,2²-dihydro-cyclopenta[*at*]porphyrin-18-yl]-propion⸗säure-methylester, 3¹-Hydroxyimino-phytoporphyrin-methylester-oxim. Rote Kristalle [aus Py.+Me.] (*Fi. et al.,* l. c. S. 238).

Bis-[*O*-acetyl-oxim] $C_{38}H_{40}N_6O_6$; 3-[2¹-Acetoxyimino-12-(1-acetoxyimino-äthyl)-7-äthyl-3,8,13,17-tetramethyl-2¹,2²-dihydro-cyclopenta[*at*]porphyrin-18-yl]-propionsäure-methylester, 3¹-Acetoxyimino-phytoporphyrin-methylester-[*O*-acetyl-oxim]. Kristalle (aus Acetanhydrid oder Ae.); Zers. bei 208° (*Fi., Ha.,* A. **513** 122). λ_{max} (Py.+Ae.): 521,1 nm, 559,4 nm, 584,8 nm und 634,4 nm (*Fi., Ha.,* A. **513** 123).

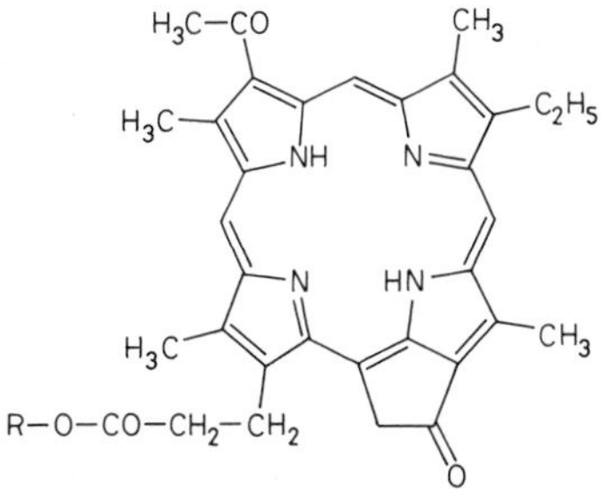

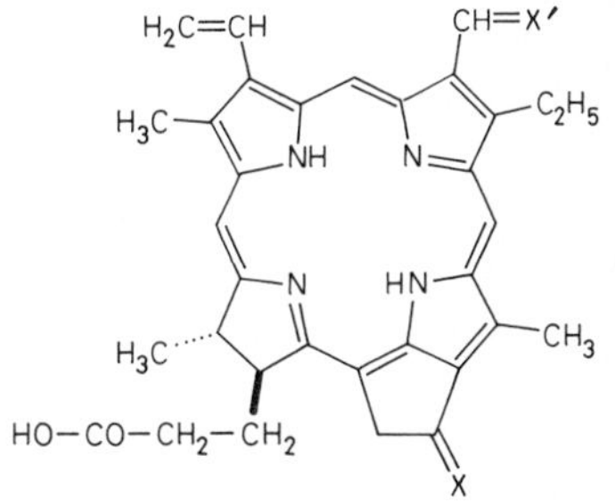

3-[(18*S*)-7-Äthyl-8-formyl-3,13,17*t*-trimethyl-2¹-oxo-12-vinyl-2¹,2²,17,18-tetrahydro-cyclopenta[*at*]porphyrin-18*r*-yl]-propionsäure, 7¹-Oxo-3¹,3²-didehydro-phytochlorin, Pyrophäophorbid-b $C_{33}H_{32}N_4O_4$, Formel VI (X = X' = O) und Taut.

Zusammenfassende Darstellung: *H. Fischer, A. Stern,* Die Chemie des Pyrrols, Bd. 2, Tl. 2

[Leipzig 1940] S. 252.

Isolierung aus Schafkot: *Fischer, Stadler,* Z. physiol. Chem. **239** [1936] 167, 169, 175.

B. Beim Erhitzen von Phäophorbid-b (S. 3284) mit Pyridin (*Fischer et al.,* A. **509** [1934] 201, 211). Beim Erwärmen von Pyrophäophorbid-b-dioxim (s. u.) mit wss. HCl (*Stoll, Wiedemann,* Helv. **17** [1934] 837, 840, 850).

Hygroskopische braune bis grünlichschwarze Kristalle mit violettem Oberflächenglanz [aus Ae. + PAe.] (*St., Wi.,* l. c. S. 851). Kristalle (aus Ae. oder Acn. + Me.) mit 0,5 Mol H_2O; F: 232° (*Fi. et al.,* l. c. S. 212). $[\alpha]^{20}_{\text{weisses Licht}}$: −463° [Py.; c = 0,09] (*Fischer, Stern,* A. **519** [1935] 58, 68). λ_{max} (Py. + Ae.; 465 – 670 nm): *Fi. et al.,* l. c. S. 212; *St., Wi.,* l. c. S. 843, 851.

Überführung in Pyrophäophorbid-b_5-dimethylester (S. 3234) beim Behandeln mit HCl enthaltender Essigsäure und wss. HI in Aceton unter Durchleiten von Luft und anschliessenden Behandeln mit Diazomethan: *Fischer, Lautenschlager,* A. **528** [1937] 9, 16, 32. Die beim Behandeln mit wss. H_2O_2, $FeSO_4$ und wss. HCl in Dioxan oder mit CrO_3 in Essigsäure und anschliessend mit wss. HCl und jeweiligen Verestern erhaltene,als 17,18-Dihydroxy-7[1]-oxo-3[1],3[2]-didehydro-phytochlorin-methylester (Dihydroxypyrophäophorbid-b-methylester) angesehene Verbindung [Kristalle (aus Ae.); F: 202°; $[\alpha]^{20}_{\text{weisses Licht}}$: −750° (Acn.; c = 0,02); λ_{max} (Py. + Ae.): 481 nm, 532 nm, 564 nm, 603 nm und 662 nm] (*Fischer, Conrad,* A. **538** [1939] 143, 145, 150, 151, 156) ist wahrscheinlich als 3-[(18*S*)-7-Äthyl-15-chlor-8-formyl-3,13,17*t*-trimethyl-2[1]-oxo-12-vinyl-2[1],2[2],17,18-tetrahydro-cyclopenta[*at*]porphyrin-18*r*-yl]-propionsäure-methylester (20-Chlor-7[1]-oxo-3[1],3[2]-didehydro-phytochlorin-methylester, „δ-Chlor-pyrophäophorbid-b-methylester“) $C_{34}H_{33}ClN_4O_4$ zu formulieren (vgl. dazu die entsprechenden Angaben im Artikel Chlorin-e_6-trimethylester [S. 3074]). Bei der Hydrierung an Palladium sind in Dioxan nach anschliessender Veresterung mit Diazomethan Mesopyrophäophorbid-b-methylester (7[1]-Oxo-phytochlorin-methylester; S. 3207), in Aceton und wss. NH_3 nach Reoxidation an der Luft und Veresterung mit Diazomethan 7[1]-Hydroxy-phytoporphyrin-methylester („Phäoporphyrin-b_4-3-methanol-methylester“; S. 3324) sowie in Methanol und wss. NH_3 nach Reoxidation an der Luft und Veresterung mit Diazomethan 7[1]-Hydroxy-phytochlorin-methylester („Mesopyrophäophorbid-b-3-methanol-methylester“; S. 3322) erhalten worden (*Fi., La.,* l. c. S. 10, 13, 20, 22, 26). Beim Erwärmen mit HBr in Essigsäure, anschliessenden Erwärmen mit Methanol und Verestern mit Diazomethan sind in Abhängigkeit von den Reaktionsbedingungen (3[1]*Ξ*)-3[1]-Methoxy-7[1]-oxo-phytochlorin-methylester („Methyläther des 2-Oxäthyl-pyrophäophorbid-b-methylesters“; S. 3327) bzw. 3[1]-Methoxy-7[1]-oxo-phytoporphyrin-methylester („Methyläther des 2-Oxäthyl-phäoporphyrin-b_4-methylesters“; S. 3327) erhalten worden (*Fi., La.,* l. c. S. 18, 19, 37, 38). Bildung von 13[1]-Desoxo-phytoporphyrin (S. 2974) beim Erhitzen mit $N_2H_4 \cdot H_2O$ und äthanol. Natriumäthylat: *Fi. et al.,* l. c. S. 204, 212.

Eisen(III)-Komplex $Fe(C_{33}H_{30}N_4O_4)Cl$. Unterhalb 320° nicht schmelzend (*Fischer, Wunderer,* A. **533** [1938] 230, 237, 240).

***3-[(18*S*)-7-Äthyl-8-formyl-2[1]-hydroxyimino-3,13,17*t*-trimethyl-12-vinyl-2[1],2[2],17,18-tetrahydro-cyclopenta[*at*]porphyrin-18*r*-yl]-propionsäure, 7[1]-Oxo-3[1],3[2]-didehydro-phytochlorin-oxim,** Pyrophäophorbid-b-monooxim-II $C_{33}H_{33}N_5O_4$, Formel VI (X = N-OH, X′ = O) und Taut.

B. Beim Erwärmen von Pyrophäophorbid-b-dioxim (s. u.) mit wss. HCl (*Stoll, Wiedemann,* Helv. **17** [1934] 837, 840, 849).

Grünlichschwarze Kristalle (aus Ae. + PAe.). λ_{max} (Py. + Ae.; 460 – 680 nm): *St., Wi.,* l. c. S. 843, 849.

***3-[(18*S*)-7-Äthyl-2[1]-hydroxyimino-8-(hydroxyimino-methyl)-3,13,17*t*-trimethyl-12-vinyl-2[1],2[2],17,18-tetrahydro-cyclopenta[*at*]porphyrin-18*r*-yl]-propionsäure, 7[1]-Hydroxyimino-3[1],3[2]-didehydro-phytochlorin-oxim,** Pyrophäophorbid-b-dioxim $C_{33}H_{34}N_6O_4$, Formel VI (X = X′ = N-OH) und Taut.

B. Beim Erwärmen von Phäophorbid-b-methylester-dioxim (s. u.) in Pyridin mit methanol. KOH (*Stoll, Wiedemann,* Helv. **17** [1934] 837, 840, 847).

Hygroskopische schwarzbraune Kristalle mit grünem Oberflächenglanz (aus Acn. + PAe. oder

Me.). λ_{max} (Py. + Ae.; 450 – 690 nm): *St., Wi.,* l. c. S. 843, 848.

3-[(18*S*)-7-Äthyl-8-formyl-3,13,17*t*-trimethyl-2^1-oxo-12-vinyl-2^1,2^2,17,18-tetrahydro-cyclopenta[*at*]porphyrin-18*r*-yl]-propionsäure-methylester, 7^1-Oxo-3^1,3^2-didehydro-phytochlorin-methylester, Pyrophäophorbid-b-methylester, Methylpyrophäophorbid-b $C_{34}H_{34}N_4O_4$, Formel VII (X = X′ = O) und Taut.

Zusammenfassende Darstellung: *H. Fischer, A. Stern,* Die Chemie des Pyrrols, Bd. 2, Tl. 2 [Leipzig 1940] S. 253.

B. Aus Pyrophäophorbid-b (s. o.) und Diazomethan in Äther (*Fischer et al.,* A. **509** [1934] 201, 212). Beim Erhitzen von Phäophorbid-b-methylester (S. 3285) in Pyridin (*Fischer, Breitner,* A. **522** [1936] 151, 159, 165). Beim Erhitzen von Rhodin-g_7-trimethylester (15-Methoxycarbonylmethyl-7^1-oxo-3^1,3^2-didehydro-rhodochlorin-dimethylester; S. 3301) mit Pyridin und Na_2CO_3 (*Fischer, Breitner,* A. **511** [1934] 183, 184, 190).

Schwarze Kristalle; F: 246° [Zers.; aus Acn.] (*Fi. et al.*), 245° [aus Acn. + Me.] (*Fi., Br.,* A. **511** 190). $[\alpha]^{20}_{690-720}$: −562° [Acn.; c = 0,05] (*Fischer, Lautsch,* A. **528** [1937] 265, 275); $[\alpha]^{20}_{690-730}$: −432° [Py.; c = 0,1] (*Fischer, Stern,* A. **520** [1935] 88, 97). Absorptionsspektrum (Dioxan; 480 – 670 nm): *Stern, Wenderlein,* Z. physik. Chem. [A] **174** [1935] 321, 324, 328, 330.

Über die Reaktion mit L(?)-Cystein-hydrochlorid und Kaliumacetat in Pyridin s. *Tyray,* A. **556** [1944] 171, 175.

Eisen(III)-Komplex $Fe(C_{34}H_{32}N_4O_4)Cl$. Unterhalb 320° nicht schmelzend (*Fischer, Wunderer,* A. **533** [1938] 230, 237, 240).

***3-[(18*S*)-7-Äthyl-8-formyl-2^1-hydroxyimino-3,13,17*t*-trimethyl-12-vinyl-2^1,2^2,17,18-tetrahydro-cyclopenta[*at*]porphyrin-18*r*-yl]-propionsäure-methylester, 7^1-Oxo-3^1,3^2-didehydro-phytochlorin-methylester-oxim,** Pyrophäophorbid-b-methylester-oxim-II $C_{34}H_{35}N_5O_4$, Formel VII (X = N-OH, X′ = H) und Taut.

B. Aus Pyrophäophorbid-b-monooxim-II (s. o.) und methanol. HCl (*Stoll, Wiedemann,* Helv. **17** [1934] 837, 840, 850).

Grünlichschwarze Kristalle mit violettblauem Oberflächenglanz (aus Ae. + Me.); F: ca. 207° [korr.].

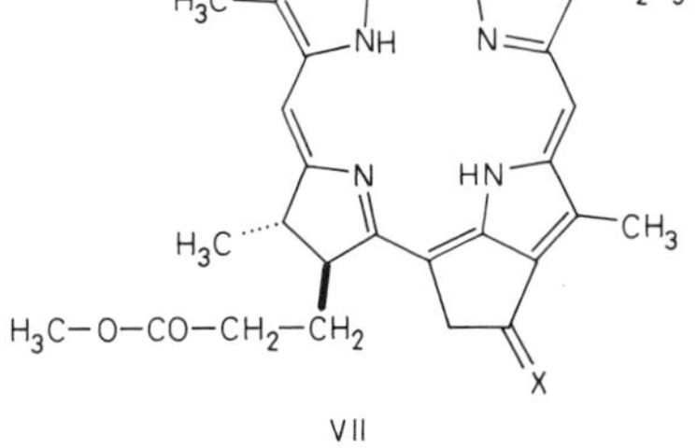

VII

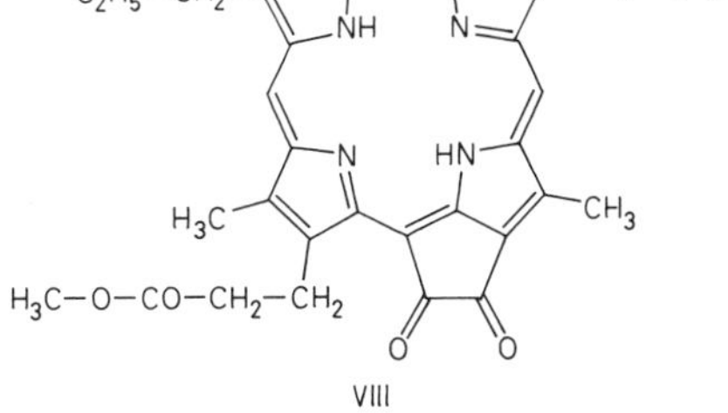

VIII

***3-[(18*S*)-7-Äthyl-8-(hydroxyimino-methyl)-3,13,17*t*-trimethyl-2^1-oxo-12-vinyl-2^1,2^2,17,18-tetrahydro-cyclopenta[*at*]porphyrin-18*r*-yl]-propionsäure-methylester, 7^1-Hydroxyimino-3^1,3^2-didehydro-phytochlorin-methylester,** Pyrophäophorbid-b-methylester-oxim-I $C_{34}H_{35}N_5O_4$, Formel VII (X = O, X′ = N-OH) und Taut.

B. Beim Erhitzen von 7^1-Hydroxyimino-15-methoxycarbonylmethyl-3^1,3^2-didehydro-rhodochlorin-dimethylester (Rhodin-g_7-trimethylester-oxim; S. 3301) mit Pyridin und Na_2CO_3 (*Fischer, Breitner,* A. **511** [1934] 183, 184, 191).

Kristalle (aus Acn. + Me.); F: 260°. λ_{max} (Py. + Ae.): 514,8 nm, 546,6 nm, 561,8 nm, 608,9 nm und 664,2 nm.

***3-[(18*S*)-7-Äthyl-2[1]-hydroxyimino-8-(hydroxyimino-methyl)-3,13,17*t*-trimethyl-12-vinyl-2[1],2[2],17,18-tetrahydro-cyclopenta[*at*]porphyrin-18*r*-yl]-propionsäure-methylester, 7[1]-Hydroxyimino-3[1],3[2]-didehydro-phytochlorin-methylester-oxim,** Pyrophäophorbid-b-methylester-dioxim $C_{34}H_{36}N_6O_4$, Formel VII (X = X' = N-OH) und Taut.

B. Beim Behandeln von Pyrophäophorbid-b-dioxim (s. o.) mit methanol. HCl (*Stoll, Wiedemann,* Helv. **17** [1934] 837, 840 Anm. 2, 848; s. a. *Fischer et al.,* A. **509** [1934] 201, 204, 213).

Schwarzbraune Kristalle (aus Me.), die ab 315° sintern (*St., Wi.,* l. c. S. 848).

Oxocarbonsäuren $C_{35}H_{36}N_4O_4$

3-[3,8,12,17-Tetramethyl-2[1],2[2]-dioxo-7,13-dipropyl-2[1],2[2]-dihydro-cyclopenta[*at*]porphyrin-18-yl]-propionsäure-methylester $C_{36}H_{38}N_4O_4$, Formel VIII und Taut. (in der Literatur als „Propylphylloerythrindiketon-methylester" bezeichnet).

B. In geringen Mengen neben anderen Verbindungen bei der Oxidation von sog. Propylverdin-methylester (3-[3,8,12,17-Tetramethyl-2[3]-oxo-7,13-dipropyl-2[3]*H*-benzo[*at*]porphyrin-18-yl]-propionsäure-methylester; S. 3194) mit $KMnO_4$ und wss. NaOH in Pyridin (*Fischer, Schröder,* A. **537** [1939] 250, 262, 278).

Grüne Kristalle (aus Py.+Me.); F: 256°. [*Staehle*]

3. Oxocarbonsäuren mit 5 Sauerstoff-Atomen

Oxocarbonsäuren $C_nH_{2n-6}N_4O_5$

[1-Phenyl-1*H*-tetrazol-5-yl]-oxalessigsäure-diäthylester $C_{15}H_{16}N_4O_5$, Formel IX und Taut.

B. Aus [1-Phenyl-1*H*-tetrazol-5-yl]-brenztraubensäure-äthylester (Natrium-Verbindung) und Chlorokohlensäure-äthylester (*Jacobson, Amstutz,* J. org. Chem. **18** [1953] 1183, 1186, 1188).

Kristalle (aus PAe.); F: 100–101°.

CO–O–C_2H_5 | CH – CO–CO–O–C_2H_5 ; N–N–C_6H_5

IX

CH_3, H, O, N, N, N, H_3C, N, O, O, CO–O–C_2H_5

X

Oxocarbonsäuren $C_nH_{2n-10}N_4O_5$

Oxocarbonsäuren $C_7H_4N_4O_5$

6,8-Dimethyl-4,5,7-trioxo-1,4,5,6,7,8-hexahydro-pyrimido[4,5-*c*]pyridazin-3-carbonsäure-äthylester $C_{11}H_{12}N_4O_5$, Formel X und Taut.

B. Aus 6-Hydrazino-1,3-dimethyl-1*H*-pyrimidin-2,4-dion und Dihydroxymalonsäure-diäthylester (*Pfleiderer, Ferch,* A. **615** [1958] 48, 51).

Gelbliche Kristalle (aus A.); F: 263–265°. λ_{max} (wss. Lösung): 238 nm und 385 nm [pH 5] bzw. 236 nm und 396 nm [pH 9] (*Pf., Fe.,* l. c. S. 50). Scheinbarer Dissoziationsexponent pK'_a (H_2O) bei 20°: 7,32.

2,4,7-Trioxo-1,2,3,4,7,8-hexahydro-pteridin-6-carbonsäure $C_7H_4N_4O_5$, Formel XI (R = R' = H) und Taut.

Diese Konstitution kommt auch einer von *Tschesche, Korte* (B. **84** [1951] 801, 803, 808) als 2,4,6-Trioxo-1,2,3,4,5,6-hexahydro-pteridin-7-carbonsäure formulierten Verbindung zu (*Pfleiderer,* B. **90** [1957] 2624).

Nach Ausweis des UV-Spektrums liegt in wss. Lösung 7-Hydroxy-2,4-dioxo-1,2,3,4-tetrahydro-pteridin-6-carbonsäure vor (*Pfleiderer,* B. **90** [1957] 2617, 2619).

B. Aus 5,6-Diamino-1*H*-pyrimidin-2,4-dion beim Erhitzen des Sulfats mit dem Dinatrium-Salz der Mesoxalsäure in H_2O (*Tsch., Ko.*) oder beim Erhitzen mit Dihydroxymalonsäure-diäthylester in H_2O und anschliessend mit wss. NaOH (*Pf.,* B. **90** 2622; s. a. *I.G. Farbenind.,* D.R.P. 750061 [1941]; D.R.P. Org. Chem. **3** 1314; *Steinbuch,* Helv. **31** [1948] 2051, 2056) sowie beim Erhitzen mit Alloxan-monohydrat (E III/IV **24** 2137) und wss. NaOH (*Taylor, Loux,* Am. Soc. **81** [1959] 2474, 2477).

Kristalle; F: >360° (*Ta., Loux*), >340° [aus H_2O] (*Pf.,* B. **90** 2922). UV-Spektrum in wss. Lösungen vom pH 0 und pH 12 (220–390 nm): *Pf.,* B. **90** 2620, 2621; in wss. NaOH (220–380 nm): *Tsch., Ko.* λ_{max}: 270 nm und 339 nm [wss. Lösung vom pH 0] (*Pfleiderer,* B. **92** [1959] 2468, 2476), 275 nm und 340 nm [wss. Lösung vom pH 4] bzw. 279 nm und 334 nm [wss. Lösung vom pH 8] (*Pf.,* B. **90** 2620), 227 nm, 280 nm und 341 nm [wss. NaOH] (*Ta., Loux*). Scheinbare Dissoziationsexponenten pK'_{a1}, pK'_{a2} und pK'_{a3} (H_2O; potentiometrisch ermittelt) bei 20°: ca. 2,0 bzw. 5,98 bzw. 9,90 (*Pf.,* B. **90** 2620).

1-Methyl-2,4,7-trioxo-1,2,3,4,7,8-hexahydro-pteridin-6-carbonsäure $C_8H_6N_4O_5$, Formel XI (R = CH_3, R′ = H) und Taut.

Nach Ausweis des UV-Spektrums liegt in wss. Lösung 7-Hydroxy-1-methyl-2,4-dioxo-1,2,3,4-tetrahydro-pteridin-6-carbonsäure vor (*Pfleiderer,* B. **90** [1957] 2617, 2619).

B. Beim Erhitzen von 5,6-Diamino-1-methyl-1*H*-pyrimidin-2,4-dion mit Dihydroxymalonsäure-diäthylester in H_2O und anschliessenden Hydrolysieren (*Pf.,* l. c. S. 2622; s. a. *Matsuura et al.,* Am. Soc. **75** [1953] 4446, 4449).

Kristalle (aus H_2O) mit 1 Mol H_2O; F: >340° (*Pf.*). UV-Spektrum (wss. Lösung vom pH 13; 220–380 nm): *Pf.,* l. c. S. 2620, 2621; s. a. *Hirata et al.,* Experientia **8** [1952] 339. λ_{max}: 246 nm, 275 nm und 340 nm [wss. Lösung vom pH 0], 243 nm, 276 nm und 343 nm [wss. Lösung vom pH 4] bzw. 253 nm, 282 nm und 336 nm [wss. Lösung vom pH 8,5] (*Pf.,* l. c. S. 2620), 257 nm und 347 nm [wss. NaOH] (*Ma. et al.,* l. c. S. 4447). Scheinbare Dissoziationsexponenten pK'_{a1}, pK'_{a2} und pK'_{a3} (H_2O; potentiometrisch ermittelt) bei 20°: ca. 2,0 bzw. 6,15 bzw. 10,75 (*Pf.,* l. c. S. 2620).

3-Methyl-2,4,7-trioxo-1,2,3,4,7,8-hexahydro-pteridin-6-carbonsäure $C_8H_6N_4O_5$, Formel XI (R = H, R′ = CH_3) und Taut.

Nach Ausweis des UV-Spektrums liegt in wss. Lösung 7-Hydroxy-3-methyl-2,4-dioxo-1,2,3,4-tetrahydro-pteridin-6-carbonsäure vor (*Pfleiderer,* B. **90** [1957] 2617, 2619).

B. Analog der vorangehenden Verbindung (*Pf.,* l. c. S. 2622).

Kristalle (aus H_2O); F: >340°. UV-Spektrum (wss. Lösung vom pH 13; 220–380 nm): *Pf.,* l. c. S. 2620, 2621. λ_{max} (wss. Lösung): 249 nm, 269 nm und 340 nm [pH 0], 244 nm, 272 nm und 341 nm [pH 3,9] bzw. 279 nm und 335 nm [pH 8,3] (*Pf.,* l. c. S. 2620). Scheinbare Dissoziationsexponenten pK'_{a1}, pK'_{a2} und pK'_{a3} (H_2O; potentiometrisch ermittelt) bei 20°: ca. 1,8 bzw. 6,00 bzw. 10,60 (*Pf.,* l. c. S. 2620).

XI XII XIII

8-Methyl-2,4,7-trioxo-1,2,3,4,7,8-hexahydro-pteridin-6-carbonsäure $C_8H_6N_4O_5$, Formel XII (R = H, R′ = CH_3).

B. Aus 6-Methylamino-5-nitroso-1*H*-pyrimidin-2,4-dion durch Reduktion mit $Na_2S_2O_4$, Umsetzung mit Dihydroxymalonsäure-diäthylester und Hydrolyse (*Pfleiderer*, B. **90** [1957] 2617, 2622).

Gelbliche Kristalle (aus H_2O) mit 1 Mol H_2O; F: >360°. λ_{max} (wss. Lösung): 241 nm, 277 nm und 360 nm [pH 0], 286 nm und 368 nm [pH 3,4], 259 nm, 289 nm und 360 nm [pH 7,9] bzw. 265 nm und 376 nm [pH 14] (*Pf.*, l. c. S. 2620). Scheinbare Dissoziationsexponenten pK'_{a1}, pK'_{a2} und pK'_{a3} (H_2O; potentiometrisch ermittelt) bei 20°: ca. 2,20 bzw. 4,72 bzw. 11,10 (*Pf.*, l. c. S. 2620).

1,3-Dimethyl-2,4,7-trioxo-1,2,3,4,7,8-hexahydro-pteridin-6-carbonsäure $C_9H_8N_4O_5$, Formel XI (R = R' = CH_3) und Taut. (H 577; dort als 1,3-Dimethyl-2,4,6-trioxo-1,2,3,4,5,6-hexahydro-pteridin-7-carbonsäure oder 1,3-Dimethyl-2,4,7-trioxo-1,2,3,4,7,8-hexahydro-pteridin-6-carbonsäure formuliert).

Nach Ausweis des UV-Spektrums liegt in wss. Lösung 7-Hydroxy-1,3-dimethyl-2,4-dioxo-1,2,3,4-tetrahydro-pteridin-6-carbonsäure vor (*Pfleiderer*, B. **90** [1957] 2617, 2619).

B. Aus 2,4,7-Trioxo-1,2,3,4,7,8-hexahydro-pteridin-6-carbonsäure (s. o.) und Dimethylsulfat (*Pfleiderer, Geissler*, B. **87** [1954] 1274, 1277). Aus 1,3-Dimethyl-2,4,7-trioxo-1,2,3,4,7,8-hexahydro-pteridin-6-carbaldehyd mit Hilfe von $KMnO_4$ (*Pfleiderer*, B. **89** [1956] 641, 646). Aus dem Äthylester (s. u.) mit Hilfe von Na_2CO_3 (*Pf., Ge.*).

Kristalle (aus Me.); F: 242° [Zers.] (*Pf., Ge.*; *Pf.*, B. **89** 646). UV-Spektrum (wss. Lösung vom pH 0; 220–380 nm): *Pf.*, B. **90** 2620, 2621. λ_{max} (wss. Lösung): 251 nm, 276 nm und 343 nm [pH 4,2] bzw. 282 nm und 335 nm [pH 8,5] (*Pf.*, B. **90** 2620). Scheinbare Dissoziationsexponenten pK'_{a1} und pK'_{a2} (H_2O; potentiometrisch ermittelt) bei 20°: ca. 2,1 bzw. 6,30 (*Pf.*, B. **90** 2620).

Äthylester $C_{11}H_{12}N_4O_5$. *B.* Aus 5,6-Diamino-1,3-dimethyl-1*H*-pyrimidin-2,4-dion und Dihydroxymalonsäure-diäthylester (*Pf., Ge.*). – Kristalle (aus $CHCl_3$ oder Dioxan) mit 1 Mol H_2O; F: 190–192° (*Pf., Ge.*).

Methylamid $C_{10}H_{11}N_5O_4$. *B.* Aus Dimethylalloxan beim Behandeln mit wss. NaOH und anschliessend mit 5,6-Diamino-1,3-dimethyl-1*H*-pyrimidin-2,4-dion (*Pfleiderer*, B. **88** [1955] 1625, 1630). Aus dem Äthylester (s. o.) und Methylamin (*Pf.*, B. **88** 1630). – Kristalle (aus Eg. oder H_2O); F: 288° (*Pf.*, B. **88** 1630).

1,3,8-Trimethyl-2,4,7-trioxo-1,2,3,4,7,8-hexahydro-pteridin-6-carbonsäure $C_{10}H_{10}N_4O_5$, Formel XII (R = R' = CH_3).

B. Aus 5-Amino-1,3-dimethyl-6-methylamino-1*H*-pyrimidin-2,4-dion und dem Dinatrium-Salz der Mesoxalsäure (*Pfleiderer*, B. **90** [1957] 2617, 2623). Aus dem Äthylester (s. u.) mit Hilfe von $NaHCO_3$ (*Pf.*).

Kristalle (aus Me.); F: 215° [Zers.]. Kristalle (aus H_2O) mit 1 Mol H_2O; F: 160–162° [H_2O-Abgabe] und (nach Wiedererstarren ab 170°) F: 200–210° [Zers.]. UV-Spektrum (wss. Lösung vom pH 0; 220–400 nm): *Pf.*, l. c. S. 2620, 2621. λ_{max} (wss. Lösung vom pH 5): 290 nm und 346 nm (*Pf.*, l. c. S. 2620). Scheinbarer Dissoziationsexponent pK'_a (H_2O; potentiometrisch ermittelt) bei 20°: 2,82 (*Pf.*, l. c. S. 2620).

Äthylester $C_{12}H_{14}N_4O_5$. *B.* Aus 5-Amino-1,3-dimethyl-6-methylamino-1*H*-pyrimidin-2,4-dion und Dihydroxymalonsäure-diäthylester (*Pf.*). – Gelbliche Kristalle (aus H_2O); F: 239°. λ_{max} (wss. Lösung vom pH 7): 218 nm, 261 nm, 288 nm und 365 nm (*Pf.*, l. c. S. 2620).

4,7-Dioxo-2-thioxo-1,2,3,4,7,8-hexahydro-pteridin-6-carbonsäure $C_7H_4N_4O_4S$, Formel XIII und Taut.

B. Aus 5,6-Diamino-2-thioxo-2,3-dihydro-1*H*-pyrimidin-4-on und Dihydroxymalonsäure-diäthylester (*Polonovski et al.*, Bl. [5] **12** [1945] 78, 80).

Wasserhaltige Kristalle, die beim Erhitzen CO_2 abspalten.

2,4,6-Trioxo-1,2,3,4,5,6-hexahydro-pteridin-7-carbonsäure $C_7H_4N_4O_5$, Formel XIV (R = R' = H, X = OH) und Taut.

Eine von *Tschesche, Korte* (B. **84** [1951] 801, 803, 808) unter dieser Konstitution beschriebene

Verbindung ist als 2,4,7-Trioxo-1,2,3,5,7,8-hexahydro-pteridin-6-carbonsäure (s. o.) zu formulieren (*Pfleiderer*, B. **90** [1957] 2624).

B. Aus dem Methylamid (s. u.) mit Hilfe von wss. NaOH (*Pf.*, l. c. S. 2629).

Gelbe Kristalle (aus H_2O) mit 1 Mol H_2O; F: >340° (*Pf.*). Absorptionsspektrum (wss. Lösungen vom pH 0 und pH 11,8; 210–420 nm): *Pf.*, l. c. S. 2627, 2628. λ_{max} (wss. Lösung): 241 nm und 379 nm [pH 4,4] bzw. 233 nm, 266 nm und 384 nm [pH 8,4] (*Pf.*, l. c. S. 2627). Scheinbare Dissoziationsexponenten pK'_{a1}, pK'_{a2} und pK'_{a3} (H_2O; potentiometrisch ermittelt) bei 20°: ca. 1,7 bzw. 7,20 bzw. 9,63 (*Pf.*, l. c. S. 2627).

Natrium-Salz $NaC_7H_3N_4O_5$. Gelbe Kristalle (aus H_2O) mit 2 Mol H_2O; F: >340° (*Pf.*).

Methylamid $C_8H_7N_5O_4$. *B.* Aus 5,6-Diamino-1*H*-pyrimidin-2,4-dion und Dimethylalloxan (*Pf.*). – Gelbe Kristalle (aus H_2O); F: >330° [Zers.] (*Pf.*).

1-Methyl-2,4,6-trioxo-1,2,3,4,5,6-hexahydro-pteridin-7-carbonsäure $C_8H_6N_4O_5$, Formel XIV (R = CH_3, R′ = H, X = OH) und Taut.

B. Aus dem Methylamid (s. u.) mit Hilfe von wss. NaOH (*Pfleiderer,* B. **90** [1957] 2624, 2630).

Gelbe Kristalle (aus H_2O) mit 1 Mol H_2O, die bei 255–257° unter Zersetzung sintern, bei 270° wiedererstarren und sich ab 330° zersetzen. Absorptionsspektrum (wss. Lösungen vom pH 0 und pH 12,5; 210–420 nm): *Pf.*, l. c. S. 2627, 2628. λ_{max} (wss. Lösung): 246 nm und 382 nm [pH 4,5] bzw. 231 nm, 268 nm und 388 nm [pH 8,7] (*Pf.*, l. c. S. 2627). Scheinbare Dissoziationsexponenten pK'_{a1}, pK'_{a2} und pK'_{a3} (H_2O; potentiometrisch ermittelt) bei 20°: ca. 1,8 bzw. 7,11 bzw. 10,32 (*Pf.*, l. c. S. 2627).

Dinatrium-Salz $Na_2C_8H_4N_4O_5$. Gelbe Kristalle (aus wss. $NaHCO_3$) mit 2 Mol H_2O; F: >340°.

Methylamid $C_9H_9N_5O_4$. *B.* Aus 5,6-Diamino-1-methyl-1*H*-pyrimidin-2,4-dion und Dimethylalloxan (*Pf.*, l. c. S. 2629). – Gelb; F: >340°.

3-Methyl-2,4,6-trioxo-1,2,3,4,5,6-hexahydro-pteridin-7-carbonsäure $C_8H_6N_4O_5$, Formel XIV (R = H, R′ = CH_3, X = OH) und Taut.

B. Aus dem Methylamid mit Hilfe von wss. NaOH (*Pfleiderer,* B. **90** [1957] 2624, 2630).

Gelbe Kristalle (aus H_2O) mit 2 Mol H_2O; F: >350°. Absorptionsspektrum (wss. Lösungen vom pH 0 und pH 12,5; 210–420 nm): *Pf.*, l. c. S. 2627, 2628. λ_{max} (wss. Lösung): 242 nm und 379 nm [pH 5] bzw. 234 nm und 387 nm [pH 8,9] (*Pf.*, l. c. S. 2627). Scheinbare Dissoziationsexponenten pK'_{a1}, pK'_{a2} und pK'_{a3} (H_2O; potentiometrisch ermittelt) bei 20°: ca. 1,9 bzw. 7,52 bzw. 10,20 (*Pf.*, l. c. S. 2627).

Methylamid $C_9H_9N_5O_4$. *B.* Aus 3-Methyl-2-methylmercapto-4,6-dioxo-3,4,5,6-tetrahydro-pteridin-7-carbonsäure-methylamid mit Hilfe von wss. H_2SO_4 (*Pf.*). – Gelbe Kristalle (aus H_2O); F: 318°.

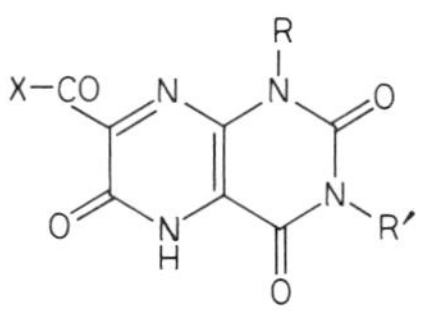

XIV 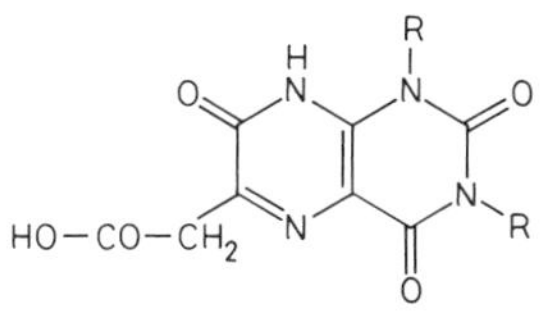 XV 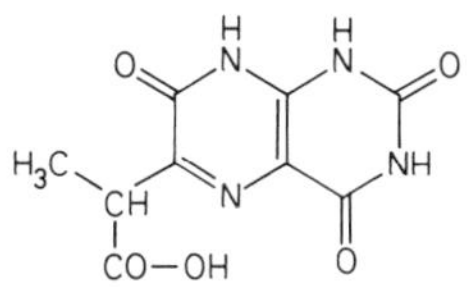 XVI

1,3-Dimethyl-2,4,6-trioxo-1,2,3,4,5,6-hexahydro-pteridin-7-carbonsäure-methylamid $C_{10}H_{11}N_5O_4$, Formel XIV (R = R′ = CH_3, X = NH-CH_3) und Taut.

B. Aus 5,6-Diamino-1,3-dimethyl-1*H*-pyrimidin-2,4-dion und Dimethylalloxan (*Bredereck, Pfleiderer,* B. **87** [1954] 1268, 1272).

Gelbe Kristalle (aus H_2O); F: 298–305° [Zers.] (*Br., Pf.*), 298° [Zers.] (*Pfleiderer,* B. **88** [1955] 1625, 1630).

Oxocarbonsäuren $C_8H_6N_4O_5$

[2,4,7-Trioxo-1,2,3,4,7,8-hexahydro-pteridin-6-yl]-essigsäure $C_8H_6N_4O_5$, Formel XV (R = H) und Taut.

B. Aus 5,6-Diamino-1*H*-pyrimidin-2,4-dion und Oxalessigsäure-diäthylester (*Tschesche, Korte,* B. **84** [1951] 801, 808).

Kristalle (aus H_2O), die beim Erhitzen CO_2 abspalten.

[1,3-Dimethyl-2,4,7-trioxo-1,2,3,4,7,8-hexahydro-pteridin-6-yl]-essigsäure $C_{10}H_{10}N_4O_5$, Formel XV (R = CH_3) und Taut.

B. Aus dem Äthylester (s. u.) mit Hilfe von Na_2CO_3 (*Pfleiderer,* B. **89** [1956] 641, 646).

Kristalle, die beim Erhitzen CO_2 abspalten.

Äthylester $C_{12}H_{14}N_4O_5$. *B.* Aus 5,6-Diamino-1,3-dimethyl-1*H*-pyrimidin-2,4-dion und der Natrium-Verbindung des Oxalessigsäure-diäthylesters (*Pf.*). – Kristalle (aus H_2O); F: 183°.

Oxocarbonsäuren $C_9H_8N_4O_5$

(±)-2-[2,4,7-Trioxo-1,2,3,4,7,8-hexahydro-pteridin-6-yl]-propionsäure $C_9H_8N_4O_5$, Formel XVI und Taut.

B. Aus 5,6-Diamino-1*H*-pyrimidin-2,4-dion und Methyloxalessigsäure-diäthylester (*Matsuura et al.,* Am. Soc. **75** [1953] 4446, 4449).

Kristalle.

Oxocarbonsäuren $C_{11}H_{12}N_4O_5$

1-[4-Äthoxycarbonyl-5-methyl-1(?)-phenyl-1(?)*H*-pyrazol-3-yl]-2-[4-äthoxycarbonyl-5-oxo-1-phenyl-2,5-dihydro-1*H*-pyrazol-3-yl]-äthan, 5′-Methyl-5-oxo-1,1′(?)-diphenyl-2,5-dihydro-1*H*,1′(?)*H*-3,3′-äthandiyl-bis-pyrazol-4-carbonsäure-diäthylester $C_{27}H_{28}N_4O_5$, vermutlich Formel I und Taut.

B. Aus [5-Oxo-dihydro-[2]furyliden]-malonsäure-diäthylester bei aufeinanderfolgendem Umsetzen mit der Natrium-Verbindung des Acetessigsäure-äthylesters und mit Phenylhydrazin (*Ruggli, Maeder,* Helv. **27** [1944] 436, 442).

Kristalle (aus wss. A.); F: 114–115°.

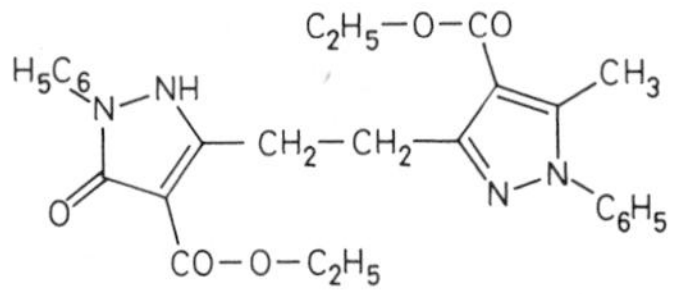

I

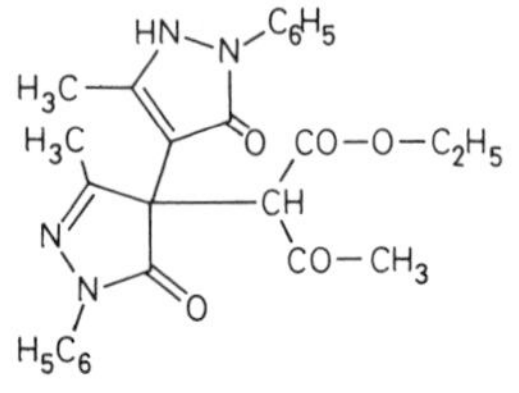

II

Oxocarbonsäuren $C_{12}H_{14}N_4O_5$

(±)-2-[3,5′-Dimethyl-5,3′-dioxo-1,2′-diphenyl-1,5,2′,3′-tetrahydro-1′*H*-[4,4′]bipyrazolyl-4-yl]-acetessigsäure-äthylester $C_{26}H_{26}N_4O_5$, Formel II und Taut.

B. Aus Pyrazolblau (S. 2494) und Acetessigsäure-äthylester (*Westöö,* Acta chem. scand. **10** [1956] 9, 13).

Kristalle (aus A.); F: 106°.

Oxocarbonsäuren $C_nH_{2n-12}N_4O_5$

3*t*(?)-[1,3-Dimethyl-2,4,7-trioxo-1,2,3,4,7,8-hexahydro-pteridin-6-yl]-acrylsäure $C_{11}H_{10}N_4O_5$, vermutlich Formel III und Taut.

B. Aus 1,3-Dimethyl-2,4,7-trioxo-1,2,3,4,7,8-hexahydro-pteridin-6-carbaldehyd und Malonsäure (*Pfleiderer*, B. **89** [1956] 641, 646).

Gelbliche Kristalle (aus Eg.) mit 1 Mol H_2O; F: 260–261° [Zers.]. Absorptionsspektrum (Eg.; 220–430 nm): *Pf.*, l. c. S. 644.

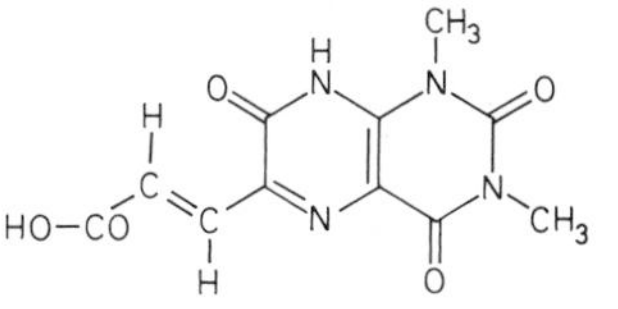

III 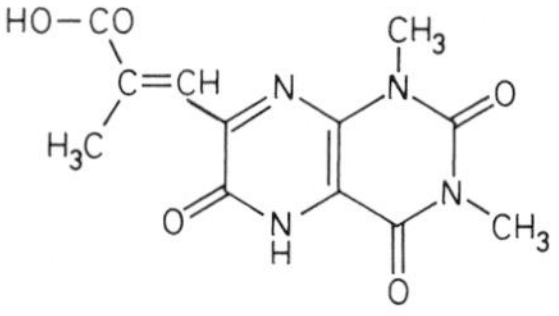 IV

***3-[1,3-Dimethyl-2,4,6-trioxo-1,2,3,4,5,6-hexahydro-pteridin-7-yl]-2-methyl-acrylsäure** $C_{12}H_{12}N_4O_5$, Formel IV und Taut.

B. Neben anderen Verbindungen aus 5,6-Diamino-1,3-dimethyl-1*H*-pyrimidin-2,4-dion und Brenztraubensäure (*Pfleiderer*, B. **89** [1956] 641, 643, 645).

Orangerote Kristalle (aus Ameisensäure); F: 260° [Zers.]. Absorptionsspektrum (Eg.; 220–460 nm): *Pf.*, l. c. S. 644.

Oxocarbonsäuren $C_nH_{2n-28}N_4O_5$

(±)-3-[7,12-Diäthyl-2²-methoxycarbonyl-3,8,13,17-tetramethyl-2¹-oxo-2¹,2²,5,10,15,20,22,24-octahydro-cyclopenta[*at*]porphyrin-18-yl]-propionsäure, (±)-13²-Methoxycarbonyl-5,10,15,20,22,24-hexahydro-phytoporphyrin, Phäoporphyrinogen-a_5-monomethylester $C_{35}H_{42}N_4O_5$, Formel V (R = H) und Taut.

B. Bei der Hydrierung von Phäophorbid-a (S. 3237) an Palladium in Essigsäure (*Fischer, Bub*, A. **530** [1937] 213, 214, 218).

Luftempfindliche Kristalle (aus Acn.); F: 242°.

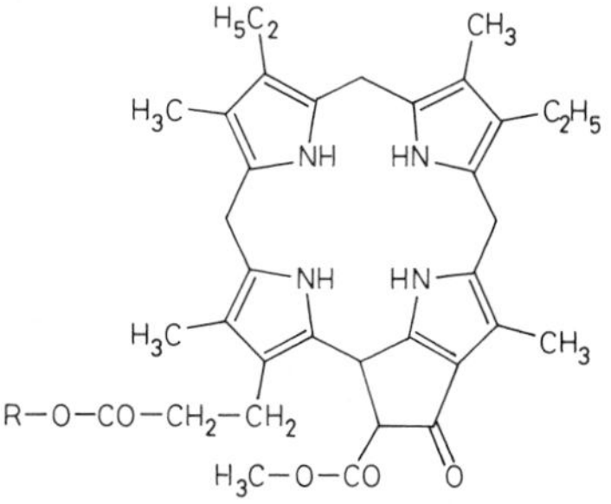

V 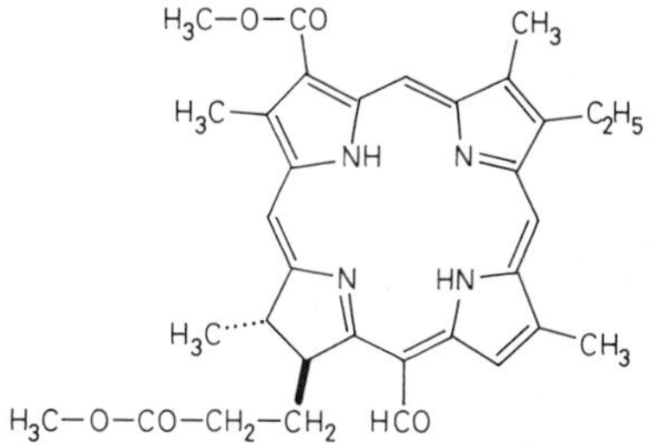 VI

(±)-7,12-Diäthyl-18-[2-methoxycarbonyl-äthyl]-3,8,13,17-tetramethyl-2¹-oxo-2¹,2²,5,10,15,20,22,24-octahydro-cyclopenta[*at*]porphyrin-2²-carbonsäure-methylester, (±)-13²-Methoxycarbonyl-5,10,15,20,22,24-hexahydro-phytoporphyrin-methylester, Phäoporphyrinogen-a_5-dimethylester $C_{36}H_{44}N_4O_5$, Formel V (R = CH_3) und Taut.

B. Bei der Hydrierung von Phäophorbid-a-methylester (S. 3239) an Palladium in Essigsäure (*Fischer, Bub*, A. **530** [1937] 213, 215, 220).

Kristalle; F: 240°.

Oxocarbonsäuren $C_nH_{2n-30}N_4O_5$

Oxocarbonsäuren $C_{31}H_{32}N_4O_5$

(7*S*)-17-Äthyl-10-formyl-8*t*-[2-methoxycarbonyl-äthyl]-3,7*r*,13,18-tetramethyl-7,8-dihydro-porphyrin-2-carbonsäure-methylester, 3-Methoxycarbonyl-15[1]-oxo-3-desäthyl-phyllochlorin-methylester $C_{33}H_{36}N_4O_5$, Formel VI und Taut. (in der Literatur als 2-Desvinyl-2-carbonsäure-purpurin-3-dimethylester bezeichnet).

B. Beim Behandeln von Purpurin-3-methylester (15^1-Oxo-3^1,3^2-didehydro-phyllochlorin-methylester; S. 3179) mit $KMnO_4$ in Pyridin und anschliessenden Verestern (*Fischer, Gerner,* A. **553** [1942] 67, 73, 80).

Kristalle (aus Acn. + Me.); F: 181°. $[\alpha]^{20}_{\text{weisses Licht}}$: +1250° [Acn.; c = 0,009]. λ_{max} (Py. + Ae.): 508,4 nm, 537,7 nm, 630 nm und 690,2 nm.

Oxocarbonsäuren $C_{32}H_{34}N_4O_5$

3-[(2*S*)-13-Äthyl-8-formyl-20-methoxycarbonylmethyl-3*t*,7,12,17-tetramethyl-2,3-dihydro-porphyrin-2*r*-yl]-propionsäure-methylester, 3-Formyl-15^1-methoxycarbonyl-3-desäthyl-phyllochlorin-methylester $C_{34}H_{38}N_4O_5$, Formel VII und Taut. (in der Literatur als 2-Desvinyl-2-formyl-isochlorin-e_4-dimethylester bezeichnet).

B. Als Hauptprodukt aus Isochlorin-e_4-dimethylester (15^1-Methoxycarbonyl-3^1,3^2-didehydro-phyllochlorin-methylester; S. 3013) mit Hilfe von $KMnO_4$ (*Fischer, Walter,* A. **549** [1941] 44, 52, 70).

Kristalle (aus Ae. oder Acn. + Me.); F: 221°. $[\alpha]^{20}_{680-730}$: +170°; $[\alpha]^{20}_{\text{weisses Licht}}$: +1800° [jeweils in Acn.; c = 0,01] (*Fi., Wa.,* l. c. S. 75). Absorptionsspektrum (Py. + Ae.; 490–705 nm): *Fi., Wa.,* l. c. S. 59, 71.

O=CH, CH_3, H_3C, C_2H_5, NH, N, N, HN, H_3C, CH_3, $H_3C-O-CO-CH_2-CH_2$, $CH_2-CO-O-CH_3$

VII

HO, H, N=C, CH_3, H_3C, C_2H_5, NH, N, N, HN, H_3C, CH_3, $H_3C-O-CO-CH_2-CH_2$, $CH_3-CO-O-CH_3$

VIII

3-[(2*S*)-13-Äthyl-8-((*E*)-hydroxyimino-methyl)-20-methoxycarbonylmethyl-3*t*,7,12,17-tetramethyl-2,3-dihydro-porphyrin-2*r*-yl]-propionsäure-methylester, 3-[(*E*)-Hydroxyimino-methyl]-15^1-methoxycarbonyl-3-desäthyl-phyllochlorin-methylester $C_{34}H_{39}N_5O_5$, Formel VIII und Taut.

B. Aus der vorangehenden Verbindung und $NH_2OH \cdot HCl$ (*Fischer, Walter,* A. **549** [1941] 44, 53, 71).

Kristalle (aus Acn. + Me.); F: 190°. λ_{max} (Py. + Ae.; 450–685 nm): *Fi., Wa.*

O-Acetyl-Derivat $C_{36}H_{41}N_5O_6$; 3-[(2*S*)-8-((*E*)-Acetoxyimino-methyl)-13-äthyl-20-methoxycarbonylmethyl-3*t*,7,12,17-tetramethyl-2,3-dihydro-porphyrin-2*r*-yl]-propionsäure-methylester, 3-[(*E*)-Acetoxyimino-methyl]-15^1-methoxycarbonyl-3-desäthyl-phyllochlorin-methylester. Kristalle (aus Acn. + Me.); F: 171°. λ_{max} (Py. + Ae.; 440–690 nm): *Fi., Wa.*

(17*S*)-7-Äthyl-12-formyl-18*t*-[2-methoxycarbonyl-äthyl]-3,8,13,17*r*,20-pentamethyl-17,18-dihydro-porphyrin-2-carbonsäure-methylester, 3-Formyl-15-methyl-3-desäthyl-rhodochlorin-methylester $C_{34}H_{38}N_4O_5$, Formel IX und Taut. (in der Literatur als 2-Desvinyl-2-formyl-chlorin-e_4-dimethylester bezeichnet).

B. Neben anderen Verbindungen aus Chlorin-e_4-dimethylester (15-Methyl-3^1,3^2-didehydro-rhodochlorin-dimethylester; S. 3016) mit Hilfe von $KMnO_4$ (*Fischer, Walter,* A. **549** [1941] 44, 54, 69).

Kristalle (aus Acn. + Me.); F: 193°. $[\alpha]^{20}_{680-730}$: −443° [Acn.; c = 0,007] (*Fi., Wa.,* l. c. S. 75). λ_{max} (Py. + Ae.; 450−710 nm): *Fi., Wa.,* l. c. S. 70.

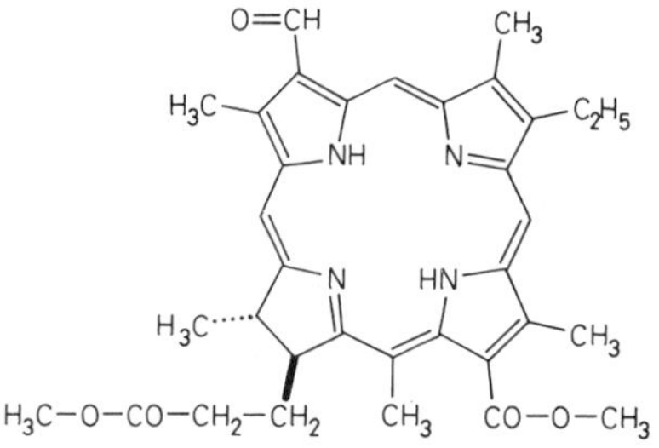

IX

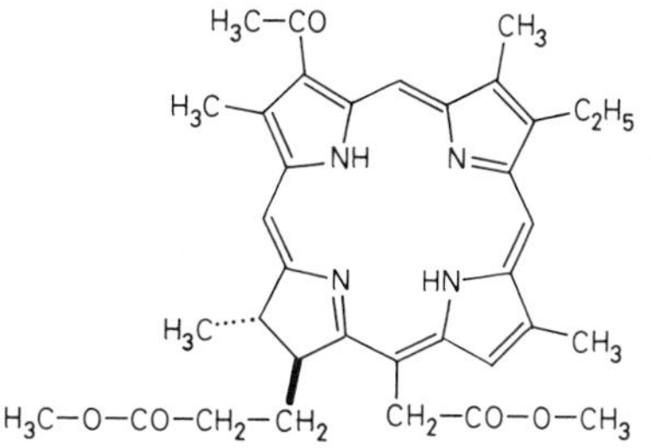

X

Oxocarbonsäuren $C_{33}H_{36}N_4O_5$

3-[(2*S*)-8-Acetyl-13-äthyl-20-methoxycarbonylmethyl-3*t*,7,12,17-tetramethyl-2,3-dihydro-porphyrin-2*r*-yl]-propionsäure-methylester, 15^1-Methoxycarbonyl-3^1-oxo-phyllochlorin-methylester $C_{35}H_{40}N_4O_5$, Formel X und Taut. (in der Literatur als 2-Desvinyl-2-acetyl-isochlorin-e_4-dimethylester bezeichnet).

B. Beim Behandeln von ($3^1\Xi$)-3^1-Hydroxy-15^1-methoxycarbonyl-phyllochlorin-methylester („2,α-Oxy-mesoisochlorin-e_4-dimethylester"; S. 3145) mit $KMnO_4$ in Pyridin (*Fischer, Ortiz-Velez,* A. **540** [1939] 224, 228). Aus 15^1-Methoxycarbonyl-3-desäthyl-phyllochlorin-methylester („2-Desvinyl-isochlorin-e_4-dimethylester"; S. 2984) beim Erhitzen des Kupfer(II)-Komplexes mit Acetanhydrid und $SnCl_2$ und anschliessenden Behandeln mit H_2O (*Inhoffen et al.,* A. **695** [1966] 112, 116, 120, 127, 129; s. a. *Fischer et al.,* A. **557** [1947] 134, 142, 152).

Orangefarbene Kristalle; F: 247° [unkorr.; aus $CHCl_3$ + Me.] (*In. et al.*), 243° [aus Acn.] (*Fi., Or.-Ve.*; s. a. *Fi. et al.,* l. c. S. 142). λ_{max} ($CHCl_3$): 421 nm und 675 nm (*In. et al.*); λ_{max} (Py. + Ae.; 445−695 nm): *Fi., Or.-Ve.*; s. a. *Fi. et al.,* l. c. S. 162.

Kupfer(II)-Komplex $CuC_{35}H_{38}N_4O_5$. Kristalle (aus Ae.); F: 209° (*Fi. et al.,* l. c. S. 153).

Oxim $C_{35}H_{41}N_5O_5$; 3-[(2*S*)-13-Äthyl-8-[1-hydroxyimino-äthyl]-20-methoxy-carbonylmethyl-3*t*,7,12,17-tetramethyl-2,3-dihydro-porphyrin-2*r*-yl]-propion-säure-methylester, 3^1-Hydroxyimino-15^1-methoxycarbonyl-phyllochlorin-methylester. F: 169° (*Fi. et al.,* l. c. S. 153).

(17*S*)-7,12-Diäthyl-20-formyl-18*t*-[2-methoxycarbonyl-äthyl]-3,8,13,17*r*-tetramethyl-17,18-dihydro-porphyrin-2-carbonsäure-methylester, 15-Formyl-rhodochlorin-dimethylester, Mesopurpurin-5-dimethylester $C_{35}H_{40}N_4O_5$, Formel XI und Taut.

Bezüglich der Konstitution s. *Stern, Pruckner,* Z. physik. Chem. [A] **180** [1937] 321, 344.

B. Neben anderen Verbindungen beim Erhitzen von Mesochlorin-e_6 (15-Carboxymethyl-rhodochlorin; S. 3060) mit Pyridin im Sauerstoff-Strom und anschliessenden Verestern (*Fischer, Kahr,* A. **531** [1937] 209, 239).

Kristalle (aus Py. + Me. oder Acn. + Me.); F: 127°; $[\alpha]^{20}_{690-730}$: +79,5° [Acn.; c = 0,1] (*Fi., Kahr,* l. c. S. 240, 244). λ_{max} (Py. + Ae.; 435−705 nm): *Fi. Kahr.*

Beim Behandeln mit KOH enthaltendem Propan-1-ol und Pyridin in Äther und anschliessenden Verestern ist Mesoneopurpurin-4-dimethylester (S. 3039) erhalten worden (*Fischer, Strell,* A. **540** [1939] 232, 243).

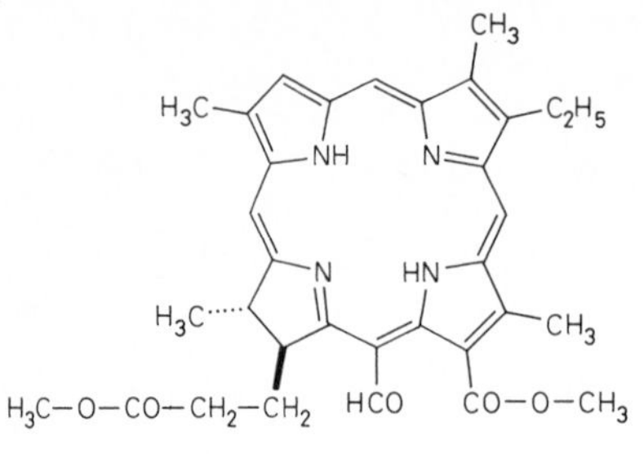

XI 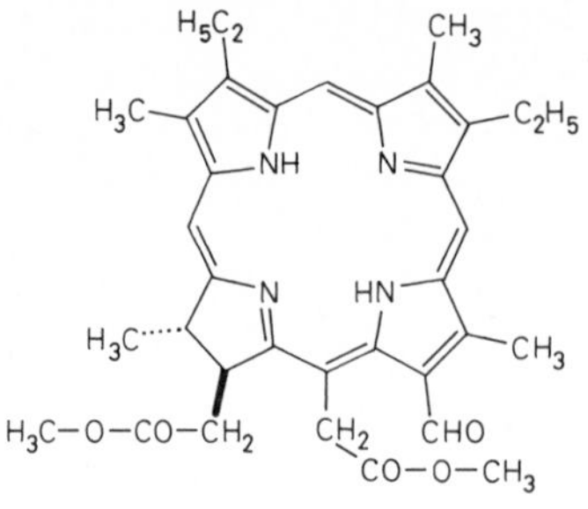 XII

Oxocarbonsäuren $C_{34}H_{38}N_4O_5$

3-[(2*S*)-8,13-Diäthyl-18-formyl-20-methoxycarbonylmethyl-3*t*,7,12,17-tetramethyl-2,3-dihydro-porphyrin-2*r*-yl]-propionsäure-methylester, 13-Formyl-15[1]-methoxycarbonyl-phyllochlorin-methylester $C_{36}H_{42}N_4O_5$, Formel XII und Taut. (in der Literatur als 6-Formyl-mesoisochlorin-e$_4$-dimethylester bezeichnet).

Konstitution: *Fischer et al.*, A. **557** [1947] 134, 135, 144.

B. Aus 13-Hydroxymethyl-15[1]-methoxycarbonyl-phyllochlorin-methylester („Mesoisochlorin-e$_4$-6-carbinol-dimethylester"; S. 3146) mit Hilfe von $KMnO_4$ (*Fischer, Gerner,* A. **553** [1942] 146, 152, 165).

Kristalle (aus Acn. + Me.); F: 159°; $[\alpha]^{20}_{\text{weisses Licht}}$: +1635° [Acn.; c = 0,01] (*Fi., Ge.*). λ_{max} (Py. + Ae.; 435 – 710 nm): *Fi., Ge.*; s. a. *Fi. et al.*, l. c. S. 162.

Oxocarbonsäuren $C_nH_{2n-32}N_4O_5$

Oxocarbonsäuren $C_{31}H_{30}N_4O_5$

3,3'-[7-Formyl-3,8,13,17-tetramethyl-porphyrin-2,18-diyl]-di-propionsäure-dimethylester, 8-Formyl-deuteroporphyrin-dimethylester $C_{33}H_{34}N_4O_5$, Formel XIII (R = H) und Taut. (in der Literatur als 4-Formyl-deuteroporphyrin-dimethylester bezeichnet).

Konstitution: *Clezy, Diakiw,* J.C.S. Chem. Commun. **1973** 453.

B. Neben der folgenden Verbindung aus dem Eisen(III)-Komplex des Deuteroporphyrin-dimethylesters (S. 2994) bei aufeinanderfolgender Umsetzung mit Äthyl-dichlormethyl-äther und mit Diazomethan (*Fischer, Beer,* Z. physiol. Chem. **244** [1936] 31, 36, 47; *Fischer, Wecker,* Z. physiol. Chem. **272** [1942] 1, 4, 14; *Parker,* Biochim. biophys. Acta **35** [1959] 496, 499).

Kristalle; F: 252 – 253° [korr.; aus $CHCl_3$ + Me.] (*Pa.*), 241 – 242° (*Cl., Di.*). IR-Spektrum (Nujol; 2 – 15 µ): *Falk, Willis,* Austral. J. scient. Res. [A] **4** [1951] 579, 587, 590. λ_{max} ($CHCl_3$): 515 nm, 555 nm, 579 nm und 639,5 nm (*Pa.*, l. c. S. 505; s. a. *Fi., Beer*).

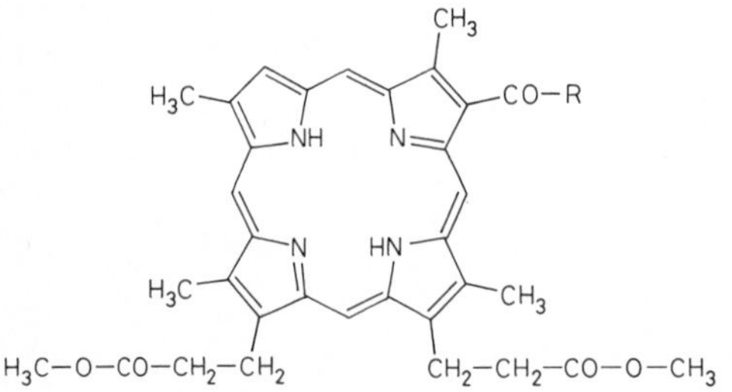

XIII 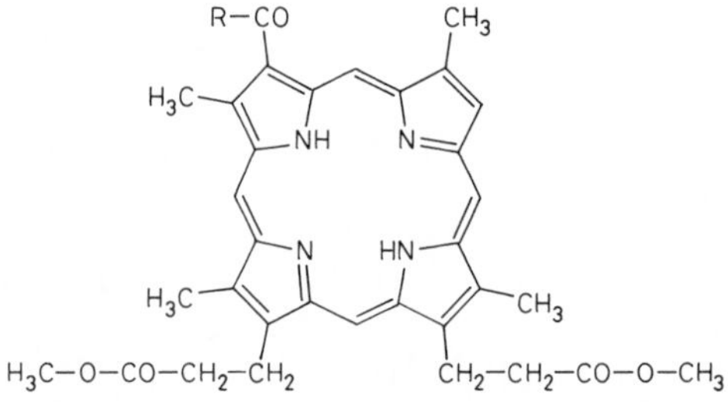 XIV

3,3′-[8-Formyl-3,7,12,17-tetramethyl-porphyrin-2,18-diyl]-di-propionsäure-dimethylester, 3-Formyl-deuteroporphyrin-dimethylester $C_{33}H_{34}N_4O_5$, Formel XIV (R = H) und Taut. (in der Literatur als 2-Formyl-deuteroporphyrin-dimethylester bezeichnet).

Konstitution: *Clezy, Diakiw,* J.C.S. Chem. Commun. **1973** 453.

B. s. im vorangehenden Artikel.

Kristalle; F: 275–277° [korr.; aus $CHCl_3$+Me.] (*Parker,* Biochim. biophys. Acta **35** [1959] 496, 499), 266–268° (*Cl., Di.*). IR-Spektrum (Nujol; 2–15 μ): *Falk, Willis,* Austral. J. scient. Res. [A] **4** [1951] 579, 587, 590. λ_{max} ($CHCl_3$): 515 nm, 555 nm, 580 nm und 641 nm (*Pa.,* l. c. S. 505).

7-Äthyl-12-formyl-18-[2-methoxycarbonyl-äthyl]-3,8,13,17-tetramethyl-porphyrin-2-carbonsäure-methylester, 3-Formyl-3-desäthyl-rhodoporphyrin-dimethylester $C_{33}H_{34}N_4O_5$, Formel XV und Taut. (in der Literatur als 2-Desäthyl-2-formyl-rhodoporphyrin-dimethylester bezeichnet).

B. Aus dem Eisen(III)-Komplex des 3-Desäthyl-rhodoporphyrin-dimethylesters (S. 2999) bei aufeinanderfolgendem Behandeln mit Äthyl-dichlormethyl-äther und Diazomethan (*Fischer, Krauss,* A. **521** [1936] 261, 266, 279). Aus Pseudoverdoporphyrin-dimethylester (3^1,3^2-Didehydro-rhodoporphyrin-dimethylester; S. 3037) mit Hilfe von Azidobenzol (*Fi., Kr.,* l. c. S. 268, 284).

Kristalle (aus Py.+Me.); F: 284° (*Fi., Kr.,* l. c. S. 279, 284). λ_{max} (Py.+Ae.; 440–645 nm): *Fi., Kr.*

Oxim $C_{33}H_{35}N_5O_5$; 7-Äthyl-12-[hydroxyimino-methyl]-18-[2-methoxycarbonyl-äthyl]-3,8,13,17-tetramethyl-porphyrin-2-carbonsäure-methylester, 3-[Hydroxyimino-methyl]-3-desäthyl-rhodoporphyrin-dimethylester. Kristalle (aus Py.+Me.); F: 262° (*Fi., Kr.,* l. c. S. 280). λ_{max} (Py.+Ae.; 435–650 nm): *Fi., Kr.*

Oxocarbonsäuren $C_{32}H_{32}N_4O_5$

3,3′-[7-Acetyl-3,8,13,17-tetramethyl-porphyrin-2,18-diyl]-di-propionsäure-dimethylester, 8-Acetyl-deuteroporphyrin-dimethylester $C_{34}H_{36}N_4O_5$, Formel XIII (R = CH_3) und Taut. (in der Literatur als 4-Acetyl-deuteroporphyrin-dimethylester bezeichnet).

Konstitution: *Clezy et al.,* J.C.S. Chem. Commun. **1972** 413.

B. Neben der folgenden Verbindung und 3^1,8^1-Dioxo-mesoporphyrin-dimethylester („2,4-Diacetyl-deuteroporphyrin-dimethylester"; S. 3279) beim Behandeln des Eisen(III)-Komplexes des Deuteroporphyrin-dimethylesters (S. 2994) mit Essigsäure, Oxalylchlorid und $SnCl_4$ und anschliessenden Verestern (*Fischer, Deilmann,* Z. physiol. Chem. **280** [1944] 186, 202, 214). Neben der folgenden Verbindung beim Erwärmen eines Gemisches von 3-[1-Hydroxy-äthyl]-deuteroporphyrin-dimethylester (S. 3147) und 8-[1-Hydroxy-äthyl]-deuteroporphyrin-dimethylester (S. 3146) mit $Na_2Cr_2O_7$ in Pyridin und anschliessenden Verestern (*Fischer, Wecker,* Z. physiol. Chem. **272** [1942] 1, 11, 17).

Rote Kristalle (aus $CHCl_3$+Me.); F: 212° [unkorr.] (*Brockmann et al.,* A. **718** [1968] 148, 161; s. a. *Cl. et al.*), 210° (*Fi., We.*). λ_{max} (Py.+Ae.; 440–640 nm): *Fi., We.,* l. c. S. 18; s. a. *Stern, Pruckner,* Z. physik. Chem. [A] **180** [1937] 321, 322, 352; *Pruckner,* Z. physik. Chem. [A] **190** [1942] 101, 122, 124.

3,3′-[8-Acetyl-3,7,12,17-tetramethyl-porphyrin-2,18-diyl]-di-propionsäure-dimethylester, 3-Acetyl-deuteroporphyrin-dimethylester $C_{34}H_{36}N_4O_5$, Formel XIV (R = CH_3) und Taut. (in der Literatur als 2-Acetyl-deuteroporphyrin-dimethylester bezeichnet).

Konstitution: *Clezy et al.,* J.C.S. Chem. Commun. **1972** 413.

B. s. im vorangehenden Artikel.

Rote Kristalle; F: 243,5° [korr.] (*Lemberg, Falk,* Biochem. J. **49** [1951] 674, 676), 240° [unkorr.; aus $CHCl_3$+Me.] (*Brockmann et al.,* A. **718** [1968] 148, 161; s. a. *Cl. et al.*), 233° [aus $CHCl_3$+Me.] (*Fischer, Wecker,* Z. physiol. Chem. **272** [1942] 1, 17). IR-Spektrum (Nujol; 2–15 μ): *Falk, Willis,* Austral. J. scient. Res. [A] **4** [1951] 579, 587, 590. λ_{max} ($CHCl_3$): 511 nm, 548 nm, 578 nm und 634 nm (*Le., Falk,* l. c. S. 678); λ_{max} (Py.+Ae.; 440–640 nm): *Fi., We.,* l. c. S. 18; s. a. *Stern, Pruckner,* Z. physik. Chem. [A] **180** [1937] 321, 322, 352; *Pruckner,*

Z. physik. Chem. [A] **190** [1942] 101, 122, 124.

Eisen(III)-Komplex. IR-Spektrum (Nujol; 2–15 μ): *Falk, Wi.*, l. c. S. 588, 590.

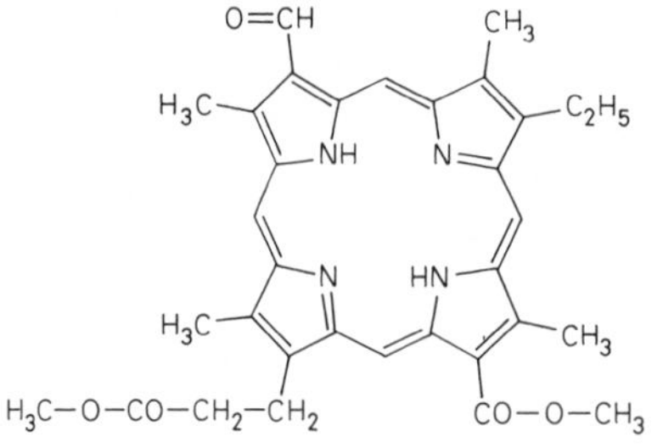

7,12-Diäthyl-8-formyl-18-[2-methoxycarbonyl-äthyl]-3,13,17-trimethyl-porphyrin-2-carbonsäure-methylester, 7[1]-Oxo-rhodoporphyrin-dimethylester, *b*-Rhodoporphyrin-dimethylester $C_{34}H_{36}N_4O_5$, Formel I und Taut. (in der Literatur auch als 3-Desmethyl-3-formyl-rhodoporphyrin-dimethylester bezeichnet).

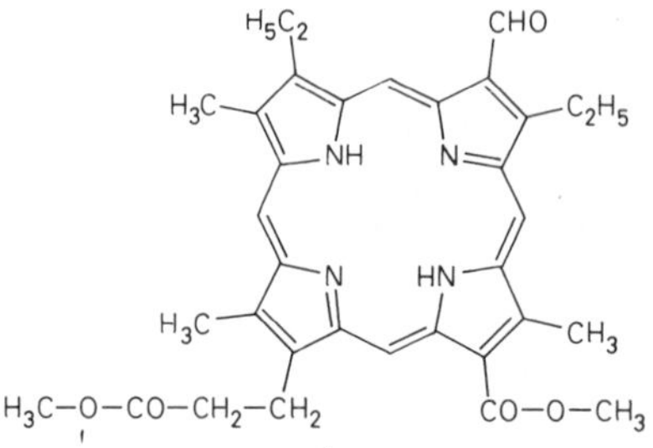

B. Beim Erwärmen von 7^1-Oxo-3^1,3^2-didehydro-rhodochlorin (*b*-Rhodochlorin-dimethylester; S. 3223) oder von 15-Methoxyoxalyl-7^1-oxo-3^1,3^2-didehydro-rhodochlorin-dimethylester (*b*-Phäopurpurin-7-trimethylester; S. 3311) mit wss. HI und Essigsäure (*Fischer, Bauer,* A. **523** [1936] 235, 251, 284). Beim Erhitzen von 15-Methoxyoxalyl-7^1-oxo-rhodochlorin-dimethylester (*b*-Mesopurpurin-7-trimethylester; S. 3310) mit Pyridin (*Fischer, Conrad,* A. **538** [1939] 143, 150).

Kristalle; F: 220° (*Fi., Co.*), 218° [aus Py. + Me.] (*Fi., Ba.*). λ_{max} (Py. + Ae.; 445–645 nm): *Fi., Ba.*

12-Acetyl-7-äthyl-18-[2-carboxy-äthyl]-3,8,13,17-tetramethyl-porphyrin-2-carbonsäure, 3[1]-Oxo-rhodoporphyrin $C_{32}H_{32}N_4O_5$, Formel II (R = H) und Taut. (in der Literatur als Oxorhodoporphyrin und als 2-Desäthyl-2-acetyl-rhodoporphyrin bezeichnet).

B. Beim aufeinanderfolgenden Behandeln von Phäophorbid-a (S. 3237) mit Jod in Essigsäure, mit PH_4I und mit wss. HCl (*Fischer et al.,* A. **508** [1934] 224, 227, 242; *Fischer, Krauss,* A. **521** [1936] 261, 262, 270). Aus Oxochloroporphyrin-e_5 (15-Formyl-3^1-oxo-rhodoporphyrin; S. 3277) beim Erhitzen mit wss. H_2SO_4, Ameisensäure oder Pyridin (*Fischer, Hasenkamp,* A. **513** [1934] 107, 118).

Kristalle [aus Py.] (*Fi. et al.*; *Fi., Kr.*). λ_{max} (440–645 nm) in einem Pyridin-Äther-Gemisch: *Fi. et al.*, l. c. S. 244; in einem Pyridin-Äther-Gemisch und in $CHCl_3$: *Fischer, v. Seemann,* Z. physiol. Chem. **242** [1936] 133, 138.

12-Acetyl-7-äthyl-18-[2-methoxycarbonyl-äthyl]-3,8,13,17-tetramethyl-porphyrin-2-carbonsäure-methylester, 3[1]-Oxo-rhodoporphyrin-dimethylester $C_{34}H_{36}N_4O_5$, Formel II (R = CH_3) und Taut.

B. Beim Behandeln des Eisen(III)-Komplexes des 3-Desäthyl-rhodoporphyrin-dimethylesters (S. 2999) mit Acetanhydrid und $SnCl_4$ und anschliessenden Verestern (*Fischer, Krauss,* A. **521** [1936] 261, 264, 275). Aus 3^1-Oxo-rhodoporphyrin (s. o.) und methanol. HCl (*Lemberg, Falk,* Biochem. J. **49** [1951] 674, 676) oder Diazomethan (*Fischer et al.,* A. **508** [1934] 224, 244). Beim Erhitzen von 15-Methoxyoxalyl-3^1-oxo-rhodochlorin-dimethylester („2-Desvinyl-2-acetyl-purpurin-7-trimethylester"; S. 3111) mit Pyridin (*Fischer et al.,* A. **534** [1938] 1, 7, 21).

Kristalle (aus Py.); F: 284° (*Fi., Kr.*, l. c. S. 271), 280° [korr.] (*Le., Falk*). Absorptionsspektrum (Dioxan; 470–660 nm): *Stern, Wenderlein,* Z. physik. Chem. [A] **174** [1935] 81, 83, 84, 88. λ_{max} (Py. + Ae.; 440–640 nm): *Fi., Kr.*, l. c. S. 276.

Eisen(III)-Komplex $Fe(C_{34}H_{34}N_4O_5)Cl$. Kristalle (aus Eg.); F: 287° [Zers.]; λ_{max}: 510 nm, 557 nm und 584 nm [Py.] bzw. 684 nm [Py. + $N_2H_4 \cdot H_2O$] (*Fi., Kr.*, l. c. S. 271).

Oxim $C_{34}H_{37}N_5O_5$; 7-Äthyl-12-[1-hydroxyimino-äthyl]-18-[2-methoxycarbonyl-äthyl]-3,8,13,17-tetramethyl-porphyrin-2-carbonsäure-methylester, 3^1-Hydroxyimino-rhodoporphyrin-dimethylester. Kristalle (aus Py. + Me.); Zers. bei 268° (*Fi. et al.*, A. **508** 244). Absorptionsspektrum (Dioxan; 480 – 660 nm): *Stern, Wenderlein*, Z. physik. Chem. [A] **176** [1936] 81, 89, 92, 94. λ_{max} (Py. + Ae.; 440 – 645 nm): *Fi. et al.*, A. **508** 244.

Semicarbazon $C_{35}H_{39}N_7O_5$; 7-Äthyl-18-[2-methoxycarbonyl-äthyl]-3,8,13,17-tetramethyl-12-[1-semicarbazono-äthyl]-porphyrin-2-carbonsäure-methylester, 3[1]-Semicarbazono-rhodoporphyrin-dimethylester. Kristalle (aus Py. + Me.); F: 270° [Zers.] (*Fi., Kr.*, l. c. S. 271). λ_{max} (Py. + Ae.; 440 – 640 nm): *Fi., Kr.*, l. c. S. 271.

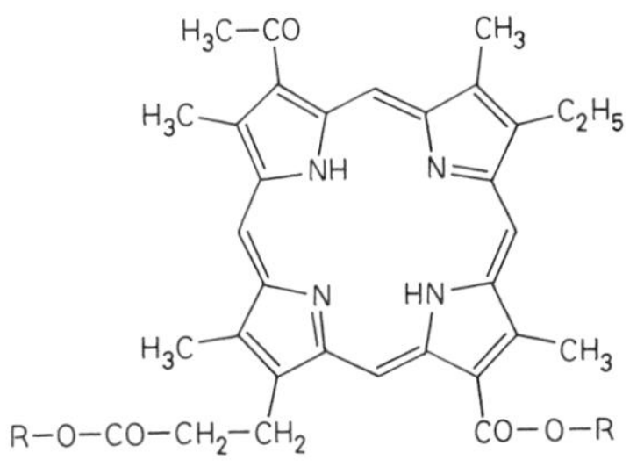

(17*S*)-7-Äthyl-18*t*-[2-carboxy-äthyl]-8-formyl-3,13,17*r*-trimethyl-12-vinyl-17,18-dihydro-porphyrin-2-carbonsäure, 7[1]-Oxo-3[1],3[2]-didehydro-rhodochlorin, *b*-Rhodochlorin, Rhodin-l $C_{32}H_{32}N_4O_5$, Formel III (R = H) und Taut.

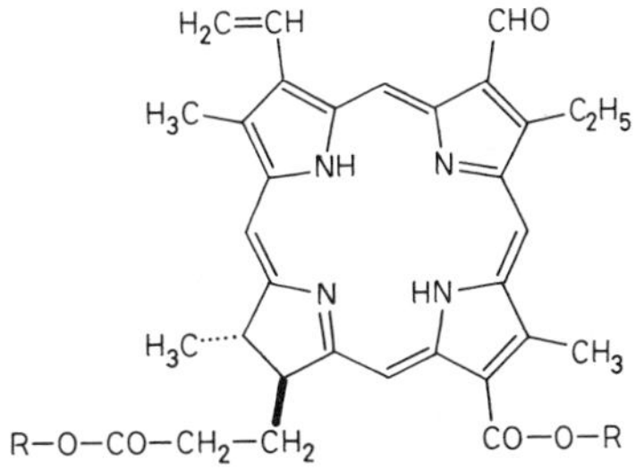

B. Aus 15-Methoxyoxalyl-7[1]-oxo-3[1],3[2]-didehydro-rhodochlorin-dimethylester (Rhodin-k-trimethylester; S. 3311) mit Hilfe von methanol. KOH (*Conant et al.*, Am. Soc. **53** [1931] 4436, 4445). Aus Phäophorbid-b-methylester (S. 3285) über mehrere Stufen (*Co. et al.*, l. c. S. 4446).

Kristalle (aus Acn. + Me.). λ_{max} (Ae. sowie wss. HCl; 450 – 670 nm): *Co. et al.*

Monomethylester $C_{33}H_{34}N_4O_5$, *b*-Rhodochlorin-monomethylester, Rhodin-l-monomethylester. *B.* Aus sog. Rhodin-k-monomethylester (S. 3311) beim Erhitzen in Biphenyl (*Co. et al.*, l. c. S. 4444). – Schwarze Kristalle (aus Ae.); F: 187°. λ_{max} (Ae. sowie wss. HCl; 455 – 670 nm): *Co. et al.*

(17*S*)-7-Äthyl-8-formyl-18*t*-[2-methoxycarbonyl-äthyl]-3,13,17*r*-trimethyl-12-vinyl-17,18-dihydro-porphyrin-2-carbonsäure-methylester, 7[1]-Oxo-3[1],3[2]-didehydro-rhodochlorin-dimethylester, *b*-Rhodochlorin-dimethylester, Rhodin-l-dimethylester $C_{34}H_{36}N_4O_5$, Formel III (R = CH_3) und Taut.

B. Aus *b*-Rhodochlorin (s. o.) und Diazomethan (*Conant et al.*, Am. Soc. **53** [1931] 4436, 4446). Beim Erwärmen von *b*-Phäopurpurin-7-trimethylester (15-Methoxyoxalyl-7[1]-oxo-3[1],3[2]-didehydro-rhodochlorin-dimethylester; S. 3311) mit propylalkohol. KOH und anschliessenden Verestern (*Fischer, Bauer*, A. **523** [1936] 235, 250, 283).

Schwarze Kristalle [aus Ae. oder Acn.] (*Co. et al.*). Kristalle (aus Acn. + Me.); F: 198° (*Fi., Ba.*). $[\alpha]^{20}_{690-730}$: −230° [Acn.; c = 0,06] (*Fi., Ba.*, l. c. S. 255). λ_{max} (Py. + Ae.; 450 – 665 nm): *Fi., Ba.*, l. c. S. 284.

Semicarbazon $C_{35}H_{39}N_7O_5$; (17*S*)-7-Äthyl-18*t*-[2-methoxycarbonyl-äthyl]-3,13,17*r*-trimethyl-8-semicarbazonomethyl-12-vinyl-17,18-dihydro-porphyrin-2-carbonsäure-methylester, 7[1]-Semicarbazono-3[1],3[2]-didehydro-rhodochlorin-dimethylester, *b*-Rhodochlorin-dimethylester-semicarbazon, Rhodin-l-dimethylester-semicarbazon. Schwarze Kristalle [aus Ae.] (*Co. et al.*). λ_{max} in Äther (465 – 695 nm) sowie in wss. HCl (570 – 680 nm): *Co. et al.*

(17*S*)-7-Äthyl-18*t*-[2-methoxycarbonyl-äthyl]-3,8,13,17*r*-tetramethyl-2[1]-oxo-2[1],2[2],17,18-tetrahydro-cyclopenta[*at*]porphyrin-12-carbonsäure-methylester, 3-Methoxycarbonyl-3-desäthyl-phytochlorin-methylester $C_{34}H_{36}N_4O_5$, Formel IV und Taut. (in der Literatur als 2-Desvinyl-2-carbonsäure-pyrophäophorbid-a-dimethylester bezeichnet).

B. Neben anderen Verbindungen beim Behandeln von Pyrophäophorbid-a-methylester (3[1],3[2]-

Didehydro-phytochlorin-methylester; S. 3191) mit $KMnO_4$ in wss. Pyridin und anschliessenden Verestern (*Fischer, Walter,* A. **549** [1941] 44, 51, 65). Beim Erhitzen von 3-Methoxycarbonyl-15-methoxycarbonylmethyl-3-desäthyl-rhodochlorin-dimethylester („2-Desvinyl-chlorin-e_6-2-car≈bonsäure-tetramethylester"; S. 3088) mit Na_2CO_3 in Pyridin und anschliessenden Verestern (*Fi., Wa.,* l. c. S. 68).

Kristalle (aus Py.+Me.); F: 266°. λ_{max} (Py.+Ae.; 445–700 nm): *Fi., Wa.*

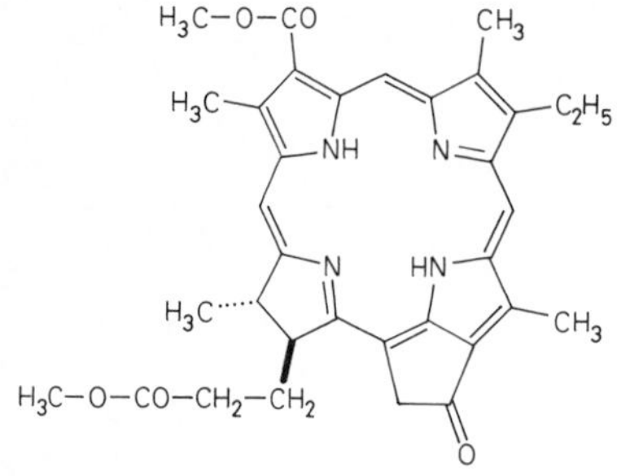

IV

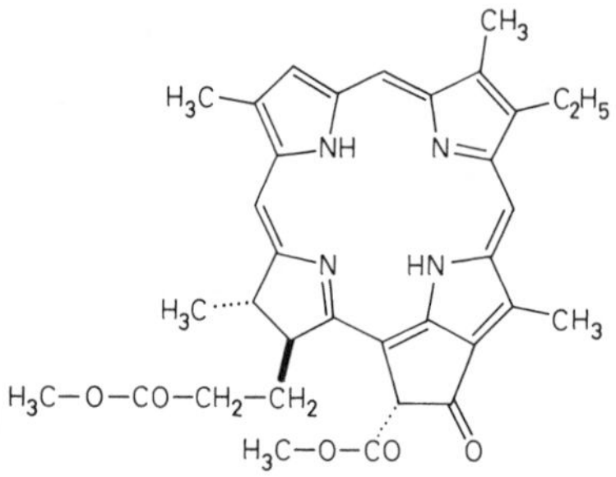

V

(2^2*R*)-7-Äthyl-18*t*-[2-methoxycarbonyl-äthyl]-3,8,13,17*c*-tetramethyl-2^1-oxo-2^1,2^2,17,18-tetrahydro-cyclopenta[*at*]porphyrin-2^2*r*-carbonsäure-methylester, (13^2 *R*)-13^2-Methoxy≈carbonyl-3-desäthyl-phytochlorin-methylester, 3-Desvinyl-phäophorbid-a-methylester $C_{34}H_{36}N_4O_5$, Formel V und Taut. (in der Literatur als 2-Desvinyl-phäophorbid-a-methylester bezeichnet).

B. Beim Erwärmen von 15-Methoxycarbonylmethyl-3-desäthyl-rhodochlorin-dimethylester („2-Desvinyl-chlorin-e_6-trimethylester"; S. 3058) mit methanol. KOH in Pyridin und anschlies≈senden Verestern (*Fischer et al.,* A. **557** [1947] 134, 155).

Kristalle (aus Ae.); F: 186°. $[\alpha]_{\text{rotes Licht}}$: −1180°; $[\alpha]_{\text{gelbes Licht}}$: +1780° [jeweils in wss. HCl (20%ig); c = 0,007] (*Fi. et al.,* l. c. S. 163). λ_{max} (Py.+Ae.; 435–680 nm): *Fi. et al.*

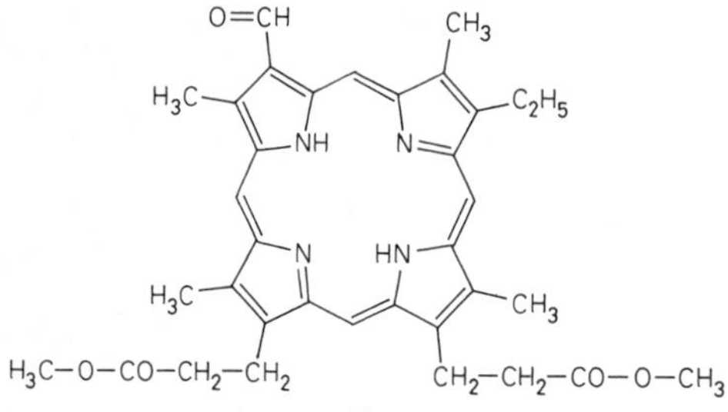

VI

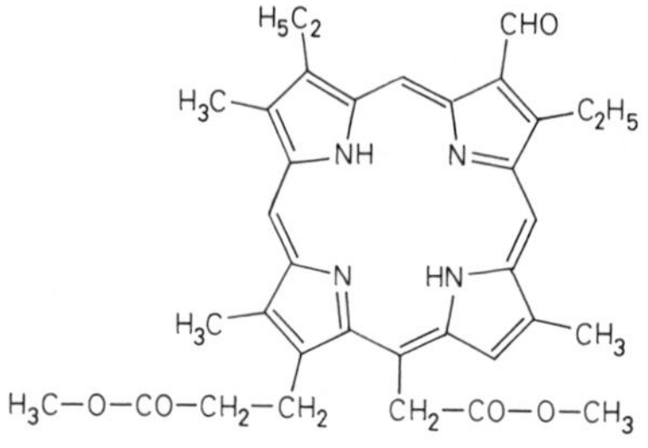

VII

Oxocarbonsäuren $C_{33}H_{34}N_4O_5$

3,3′-[7-Äthyl-12-formyl-3,8,13,17-tetramethyl-porphyrin-2,18-diyl]-di-propionsäure-dimethylester, 8-Äthyl-3-formyl-deuteroporphyrin-dimethylester, Dihydrochlorocruoroporphyrin-dimethylester $C_{35}H_{38}N_4O_5$, Formel VI und Taut.

B. Beim Hydrieren von 3-Formyl-8-vinyl-deuteroporphyrin-dimethylester (Chlorocruoropor≈phyrin-dimethylester; S. 3233) an Palladium in Essigsäure (*Parker,* Biochim. biophys. Acta **35** [1959] 496, 499, 504).

Kristalle (aus $CHCl_3$+Ae.). λ_{max} ($CHCl_3$): 518,5 nm, 558,5 nm, 580,5 nm und 641,5 nm.

3-[8,13-Diäthyl-12-formyl-20-methoxycarbonylmethyl-3,7,17-trimethyl-porphyrin-2-yl]-propionsäure-methylester, 15¹-Methoxycarbonyl-7¹-oxo-phylloporphyrin-methylester, Isorhodinporphyrin-g_5-dimethylester $C_{35}H_{38}N_4O_5$, Formel VII und Taut.

B. Beim Erwärmen von Isorhodin-g_5-dimethylester (s. u.) mit wss. HI und Essigsäure (*Fischer, Bauer,* A. **523** [1936] 235, 243, 273).

Kristalle (aus Py. + Me.); F: 253°. λ_{max} (Py. + Ae.; 445 – 655 nm): *Fi., Ba.*

3-[8,13-Diäthyl-20-methoxyoxalyl-3,7,12,17-tetramethyl-porphyrin-2-yl]-propionsäure-methylester, 15-Methoxyoxalyl-pyrroporphyrin-methylester, 15¹-Methoxycarbonyl-15¹-oxo-phylloporphyrin-methylester $C_{35}H_{38}N_4O_5$, Formel VIII und Taut. (in der Literatur als Pyrroporphyrin-γ-glyoxylsäure-dimethylester bezeichnet).

B. Beim Erwärmen von 15¹-Methoxycarbonyl-phylloporphyrin-methylester (Isochloroporphyrin-e_4-dimethylester; S. 3011) mit Jod und Natriumacetat in Essigsäure (*Fischer, Stier,* A. **542** [1939] 224, 228, 236). Aus 15¹-Hydroxy-15¹-methoxycarbonyl-phylloporphyrin-methylester („Pyrroporphyrin-γ-glykolsäure-dimethylester"; S. 3148) mit Hilfe von $KMnO_4$ (*Fischer et al.,* A. **543** [1940] 258, 269).

Violettglänzende Kristalle (aus Py. + Me.); F: 248° (*Fi., St.*). λ_{max} (Py. + Ae.; 440 – 640 nm): *Fi., St.*

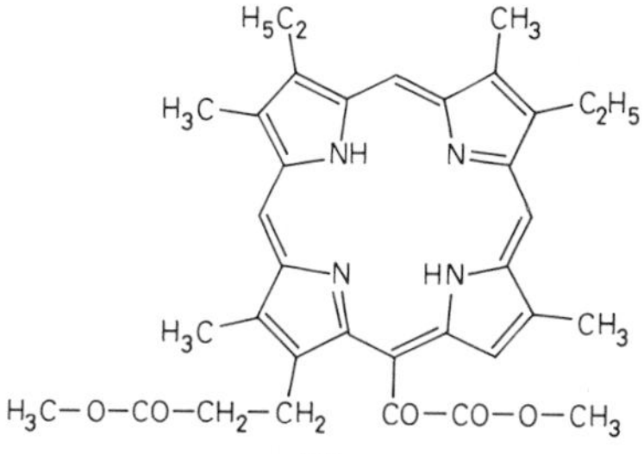

3-[(2*S*)-13-Äthyl-12-formyl-20-methoxycarbonylmethyl-3*t*,7,17-trimethyl-8-vinyl-2,3-dihydro-porphyrin-2*r*-yl]-propionsäure-methylester, 15¹-Methoxycarbonyl-7¹-oxo-3¹,3²-didehydro-phyllochlorin-methylester, Isorhodin-g_5-dimethylester $C_{35}H_{38}N_4O_5$, Formel IX und Taut.

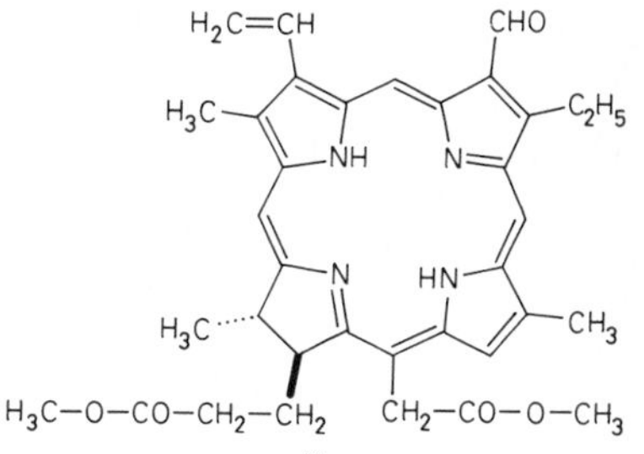

B. Beim Erhitzen von 15-Methoxycarbonylmethyl-7¹-oxo-3¹,3²-didehydro-rhodochlorin-17-methylester („Rhodin-g_7-dimethylester"; S. 3301) in Biphenyl (*Fischer, Bauer,* A. **523** [1936] 235, 242, 272).

Kristalle (aus Acn. + Me.); F: 255° (*Fi., Ba.,* l. c. S. 271). $[\alpha]^{20}_{690-730}$: −424° [Acn.; c = 0,06] (*Fi., Ba.,* l. c. S. 255). λ_{max} (Py. + Ae.; 450 – 665 nm): *Fi., Ba.,* l. c. S. 272.

3-[8,13-Diäthyl-18-aminooxalyl-3,7,12,17-tetramethyl-porphyrin-2-yl]-propionsäure-methylester, 13-Aminooxalyl-pyrroporphyrin-methylester $C_{34}H_{37}N_5O_4$, Formel X und Taut. (in der Literatur als 6-Glyoxylsäureamid-pyrroporphyrin-methylester bezeichnet).

B. Aus 13-[Carbamoyl-hydroxy-methyl]-pyrroporphyrin-methylester („Pyrroporphyrin-methylester-6-glycolsäureamid"; S. 3149) mit Hilfe von $KMnO_4$ (*Fischer, Dietl,* A. **547** [1941] 86, 99).

Kristalle (aus Ae.); F: 265°. λ_{max} (Py. + Ae.; 445 – 635 nm): *Fi., Di.*

7,12-Diäthyl-18-[2-carboxy-äthyl]-20-formyl-3,8,13,17-tetramethyl-porphyrin-2-carbonsäure, 15-Formyl-rhodoporphyrin, Chloroporphyrin-e_5 $C_{33}H_{34}N_4O_5$, Formel XI (R = R′ = H) und Taut.

Zusammenfassende Darstellung: *H. Fischer, A. Stern,* Die Chemie des Pyrrols, Bd. 2, Tl. 2

[Leipzig 1940] S. 208.

B. Aus 13^1-Desoxo-phytoporphyrin [S. 2974] (*Fischer et al.*, A. **494** [1932] 86, 87, 90) oder aus Phytoporphyrin [S. 3189] (*Fi. et al.*, A. **494** 88, 93) mit Hilfe von H_2SO_4 [SO_3 enthaltend]. Aus Chloroporphyrin-e_4 (15-Methyl-rhodoporphyrin; S. 3013) beim Erhitzen mit wss. HCl im Sauerstoff-Strom (*Fischer, Weichmann*, A. **492** [1932] 35, 44, 64) oder beim Erwärmen mit methanol. KOH in Pyridin und Äthanol im Sauerstoff-Strom (*Fi. et al.*, A. **494** 90, 99). Aus Chloroporphyrin-e_4-dimethylester (S. 3014) mit Hilfe von H_2SO_4 [SO_3 enthaltend] (*Fi. et al.*, A. **494** 90, 99). Aus Chloroporphyrin-e_6 (15-Carboxymethyl-rhodoporphyrin; S. 3069) beim Behandeln mit H_2SO_4 [SO_3 enthaltend] (*Fischer, Moldenhauer*, A. **481** [1930] 132, 137, 147), beim Erhitzen mit Essigsäure unter Luftzutritt (*Fischer et al.*, A. **490** [1931] 1, 8, 21) oder beim Behandeln mit Jod in Essigsäure (*Fischer, Kellermann*, A. **519** [1935] 209, 210, 220). Beim Erwärmen von Chlorin-e_6 (15-Carboxymethyl-3^1,3^2-didehydro-rhodochlorin; S. 3072) mit wss. HI in Essigsäure (*Fischer, Moldenhauer*, A. **478** [1930] 54, 56, 71; s. a. *Fischer et al.*, A. **505** [1933] 209, 220). Beim Erwärmen eines Gemisches aus Phäophytin-a (S. 3242) und Phäophytin-b (S. 3287) mit KOH in Aceton und Methanol und anschliessend mit wss. HI in Essigsäure (*Fischer, Mittermair*, A. **548** [1941] 147, 151, 171). Aus Phäoporphyrin-a_7-mono⸗methylester (S. 3299) mit Hilfe von wss. H_2SO_4 (*Fi. et al.*, A. **505** 215, 227).

Kristalle [aus Py. + Ae. bzw. aus $CHCl_3$] (*Fi.*, *Mo.*, A. **478** 72; *Fi. et al.*, A. **494** 91, 93). λ_{max} (Py. + Ae.; 440 – 640 nm): *Fi.*, *Mo.*, A. **478** 72, 94; *Fi. et al.*, A. **494** 91.

Kalium-Salz. Violette Kristalle (*Fischer et al.*, A. **486** [1931] 107, 171). λ_{max} (Me.; 510 – 635 nm): *Fi. et al.*, A. **486** 172.

Kupfer(II)-Komplex $CuC_{33}H_{32}N_4O_5$. Kristalle (*Fischer et al.*, A. **500** [1933] 215, 234). λ_{max} (Py.): 553,4 nm und 595,3 nm (*Fi. et al.*, A. **500** 234).

Eisen(III)-Komplex $Fe(C_{33}H_{32}N_4O_5)Cl$. Kristalle [aus Eg.] (*Fi.*, *Mo.*, A. **478** 75). λ_{max} (Py. + Ae.): 532,4 nm und 572,2 nm (*Fi.*, *Mo.*, A. **478** 76, 94).

Oxim $C_{33}H_{35}N_5O_5$; 7,12-Diäthyl-18-[2-carboxy-äthyl]-20-[hydroxyimino-methyl]-3,8,13,17-tetramethyl-porphyrin-2-carbonsäure, 15-[Hydroxyimino-methyl]-rhodoporphyrin, Chloroporphyrin-e_5-oxim. Braunrote Kristalle, die sich beim Trocknen unter vermindertem Druck bei 90° grün färben (*Fi. et al.*, A. **486** 124, 172; s. a. *Fischer et al.*, A. **485** [1931] 1, 3, 22, 25).

X

XI

7,12-Diäthyl-20-formyl-18-[2-methoxycarbonyl-äthyl]-3,8,13,17-tetramethyl-porphyrin-2-carbonsäure, 15-Formyl-rhodoporphyrin-17-methylester, Chloroporphyrin-e_5-monomethylester $C_{34}H_{36}N_4O_5$, Formel XI (R = H, R′ = CH_3) und Taut.

B. Beim Erwärmen von Chloroporphyrin-e_4-dimethylester (15-Methyl-rhodoporphyrin-di⸗methylester; S. 3014) mit Jod in Essigsäure (*Fischer et al.*, A. **500** [1933] 215, 230). Aus Chloro⸗porphyrin-e_5 (s. o.) beim kurzen Behandeln mit Diazomethan in Äther (*Fischer et al.*, A. **500** 230, **505** [1933] 209, 212, 220). Beim Behandeln von 13^2-Hydroxy-phytoporphyrin-methylester („10-Oxy-phylloerythrin-methylester"; S. 3323) mit wss. HI in Essigsäure im Luftstrom und anschliessenden Verestern (*Fischer, Scherer*, A. **519** [1935] 234, 236, 242).

Kristalle (aus $CHCl_3$ + Me.); F: 273° (*Fi.*, *Sch.*). Kristalle [aus Py. oder Py. + A. bzw. aus Py. + Me.] (*Fi. et al.*, A. **500** 230, 231, **505** 221).

7,12-Diäthyl-20-formyl-18-[2-methoxycarbonyl-äthyl]-3,8,13,17-tetramethyl-porphyrin-2-carbonsäure-methylester, 15-Formyl-rhodoporphyrin-dimethylester, Chloroporphyrin-e_5-dimethylester $C_{35}H_{38}N_4O_5$, Formel XI (R = R′ = CH_3) und Taut.

B. Aus Chloroporphyrin-e_5 (S. 3225) und Diazomethan (*Fischer, Moldenhauer,* A. **478** [1930] 54, 57, 61, 73). Aus Chloroporphyrin-e_5-monomethylester (S. 3226) und Dimethylsulfat (*Fischer et al.,* A. **500** [1933] 215, 220, 231, 240).

Kristalle (aus Py. + Me.), F: 275° [korr.] (*Stern, Klebs,* A. **505** [1933] 295, 302); in der Durchsicht orangefarbene mit blauem Oberflächenglanz, in dickerer Schicht violettschwarze Kristalle (aus $CHCl_3$ + Me.), F: 272° [korr.] (*Fi., Mo.*). Verbrennungsenthalpie bei 15°: *St., Kl.* Absorptionsspektrum (Dioxan; 480 – 660 nm): *Stern, Wenderlein,* Z. physik. Chem. [A] **174** [1935] 321, 323, 324, 326. λ_{max} (Py. + Ae.; 450 – 645 nm): *Fi., Mo.*

Kupfer(II)-Komplex $CuC_{35}H_{36}N_4O_5$. Kristalle; λ_{max} (Py.): 590,5 nm und 651,5 nm (*Fi. et al.,* A. **500** 237).

Eisen(III)-Komplex $Fe(C_{35}H_{36}N_4O_5)Cl$. Kristalle [aus $CHCl_3$ + Eg.] (*Fi. et al.,* A. **500** 235). λ_{max} (Py. sowie Py. + $N_2H_4 \cdot H_2O$; 450 – 640 nm): *Fi. et al.,* A. **500** 235, 236.

Oxim $C_{35}H_{39}N_5O_5$; 7,12-Diäthyl-20-[hydroxyimino-methyl]-18-[2-methoxycarbonyl-äthyl]-3,8,13,17-tetramethyl-porphyrin-2-carbonsäure-methylester, 15-[Hydroxyimino-methyl]-rhodoporphyrin-dimethylester, Chloroporphyrin-e_5-dimethylester-oxim. *B.* Aus Chloroporphyrin-e_5-monomethylester (s. o.) beim Erwärmen mit $NH_2OH \cdot HCl$ und Na_2CO_3 in Pyridin und anschliessenden Behandeln mit Diazomethan in Äther (*Fischer et al.,* A. **505** [1933] 209, 223). – $CHCl_3$ enthaltende Kristalle [aus $CHCl_3$ + Me.] (*Fi. et al.,* A. **505** 223). λ_{max} ($CHCl_3$; 445 – 635 nm): *Fi. et al.,* A. **505** 223.

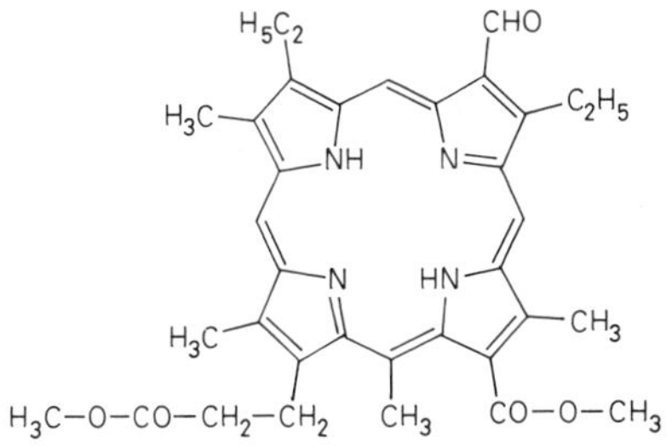

XII

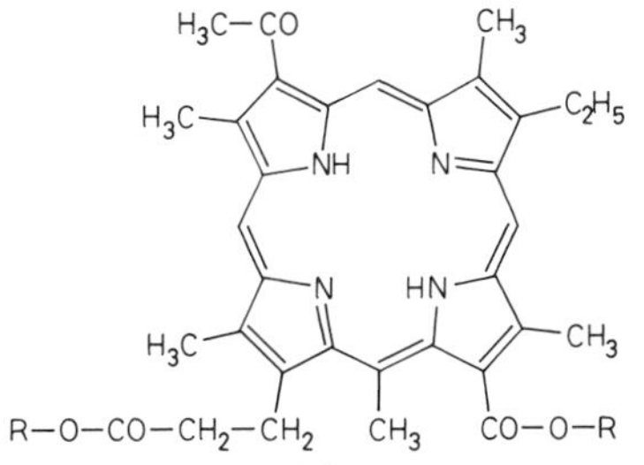

XIII

7,12-Diäthyl-8-formyl-18-[2-methoxycarbonyl-äthyl]-3,13,17,20-tetramethyl-porphyrin-2-carbonsäure-methylester, 15-Methyl-7^1-oxo-rhodoporphyrin-dimethylester, Rhodinporphyrin-g_5-dimethylester $C_{35}H_{38}N_4O_5$, Formel XII und Taut.

B. Aus Rhodin-g_5 (15-Methyl-7^1-oxo-3^1,3^2-didehydro-rhodochlorin; S. 3229) beim Erwärmen mit wss. HI in Essigsäure und anschliessenden Verestern (*Fischer, Breitner,* A. **516** [1935] 61, 65, 74). Aus Rhodinporphyrin-g_7-trimethylester (15-Methoxycarbonylmethyl-7^1-oxo-rhodoporphyrin-dimethylester; S. 3298) beim Erhitzen mit Ameisensäure und anschliessenden Verestern (*Fischer, Breitner,* A. **511** [1934] 183, 185, 192).

Kristalle (aus Acn. + Me.); F: 264° (*Fi., Br.,* A. **511** 193). λ_{max} (Py. + Ae.; 455 – 660 nm): *Fi., Br.,* A. **511** 192; *Fischer, Grassl,* A. **517** [1935] 1, 21.

Eisen(III)-Komplex. Kristalle (aus Eg.); F: 286°; λ_{max} (Py. + $N_2H_4 \cdot H_2O$): 539,4 nm und 581 nm (*Fischer, Bauer,* A. **523** [1936] 235, 261).

Oxim $C_{35}H_{39}N_5O_5$; 7,12-Diäthyl-8-[hydroxyimino-methyl]-18-[2-methoxycarbonyl-äthyl]-3,13,17,20-tetramethyl-porphyrin-2-carbonsäure-methylester, 7^1-Hydroxyimino-15-methyl-rhodoporphyrin-dimethylester, Rhodinporphyrin-g_5-dimethylester-oxim. Kristalle (aus Acn. + Me.); F: 263° (*Fi., Br.,* A. **511** 193). λ_{max} (Py. + Ae.; 445 – 650 nm): *Fi., Br.,* A. **511** 193.

12-Acetyl-7-äthyl-18-[2-carboxy-äthyl]-3,8,13,17,20-pentamethyl-porphyrin-2-carbonsäure, 15-Methyl-3¹-oxo-rhodoporphyrin $C_{33}H_{34}N_4O_5$, Formel XIII (R = H) und Taut. (in der Literatur als Oxochloroporphyrin-e_4 bezeichnet).

Zusammenfassende Darstellung: *H. Fischer, A. Stern,* Die Chemie des Pyrrols, Bd. 2, Tl. 2 [Leipzig 1940] S. 223.

B. Aus Chlorin-e_4 (15-Methyl-3¹,3²-didehydro-rhodochlorin; S. 3015) beim Behandeln mit wss. HI in Essigsäure und anschliessenden Aufbewahren an der Luft (*Fischer, Hasenkamp,* A. **513** [1934] 107, 109, 120).

Hygroskopische Kristalle; Zers. bei 309° (*Fi., Ha.,* l. c. S. 120, 122). λ_{max} (Py. + Ae.; 440 – 650 nm): *Fi., Ha.*

12-Acetyl-7-äthyl-18-[2-methoxycarbonyl-äthyl]-3,8,13,17,20-pentamethyl-porphyrin-2-carbonsäure-methylester, 15-Methyl-3¹-oxo-rhodoporphyrin-dimethylester $C_{35}H_{38}N_4O_5$, Formel XIII ($R = CH_3$) und Taut.

B. Aus der Dicarbonsäure (s. o.) und Diazomethan (*Fischer, Hasenkamp,* A. **513** [1934] 107, 120).

Kristalle (aus Py.); F: 288° (*Fi., Ha.*). Absorptionsspektrum (Dioxan; 480 – 660 nm): *Stern, Wenderlein,* Z. physik. Chem. [A] **175** [1936] 405, 406, 408, 423.

Kupfer(II)-Komplex $CuC_{35}H_{36}N_4O_5$. Kristalle (aus Py. + Me.); F: 260° (*Fi., Ha.*). λ_{max} (Py. + Ae.; 445 – 615 nm): *Fi., Ha.*

Oxim $C_{35}H_{39}N_5O_5$; 7-Äthyl-12-[1-hydroxyimino-äthyl]-18-[2-methoxycarbonyl-äthyl]-3,8,13,17,20-pentamethyl-porphyrin-2-carbonsäure-methylester, 3¹-Hydroxyimino-15-methyl-rhodoporphyrin-dimethylester. Kristalle; Zers. bei 260° (*Fi., Ha.*). Absorptionsspektrum (Dioxan; 480 – 660 nm): *Stern, Wenderlein,* Z. physik. Chem. [A] **176** [1936] 81, 90, 92, 94. λ_{max} (Py. + Ae.; 440 – 645 nm): *Fi., Ha.*

O-Acetyl-oxim $C_{37}H_{41}N_5O_6$; 12-[1-Acetoxyimino-äthyl]-7-äthyl-18-[2-methoxycarbonyl-äthyl]-3,8,13,17,20-pentamethyl-porphyrin-2-carbonsäure-methylester, 3¹-Acetoxyimino-15-methyl-rhodoporphyrin-dimethylester. Kristalle (aus Acetanhydrid); Zers. bei 230° (*Fi., Ha.,* l. c. S. 110, 124). λ_{max} (Py. + Ae.; 435 – 645 nm): *Fi., Ha.*

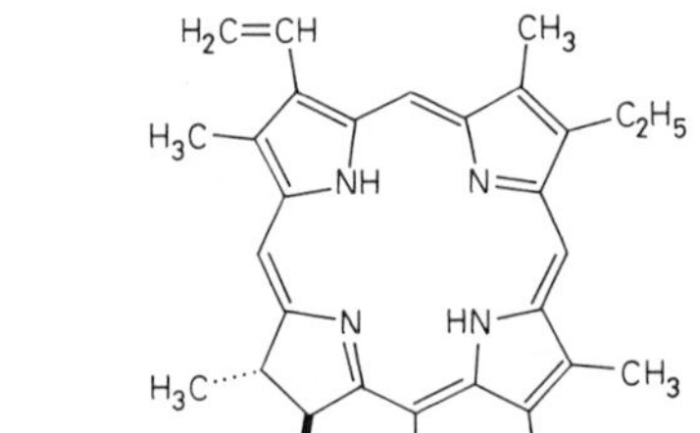

XIV

(17*S*)-7-Äthyl-18*t*-[2-carboxy-äthyl]-20-formyl-3,8,13,17*r*-tetramethyl-12-vinyl-17,18-dihydro-porphyrin-2-carbonsäure, 15-Formyl-3¹,3²-didehydro-rhodochlorin $C_{33}H_{34}N_4O_5$, Formel XIV (R = R′ = H) und Taut. (in der Literatur als „instabiles Chlorin-5" bezeichnet).

B. Aus Purpurin-5-dimethylester (s. u.) mit Hilfe von methanol. $Ba(OH)_2$ (*Fischer, Strell,* A. **540** [1939] 232, 236, 244). Aus 15-Methoxycarbonylmethyl-3¹,3²-didehydro-rhodochlorin-13-methylamid-17-methylester (S. 3076) mit Hilfe von KOH enthaltendem Propan-1-ol (*Fischer, Conrad,* A. **538** [1939] 143, 146, 152).

Feststoff [aus Ae. bzw. aus Acn. + PAe.] (*Fi., St.*; *Fi., Co.*); unterhalb 320° nicht schmelzend (*Fi., Co.*). λ_{max} (Py. + Ae.; 455 – 685 nm): *Fi., Co.*

3-[(2*S*)-13-Äthyl-20-formyl-18-methoxycarbonyl-3*t*,7,12,17-tetramethyl-8-vinyl-2,3-dihydro-porphyrin-2*r*-yl]-propionsäure, 15-Formyl-3[1],3[2]-didehydro-rhodochlorin-13-methylester, Purpurin-5-monomethylester $C_{34}H_{36}N_4O_5$, Formel XIV (R = CH_3, R′ = H) und Taut.

B. Aus Purpurin-5-dimethylester (s. u.) mit Hilfe von wss. HCl (*Strell,* A. **546** [1941] 252, 253, 270).

Kristalle (aus Acn. + Me.); F: 220° [Zers.]. $[\alpha]^{20}_{\text{weisses Licht}}$: +250° [Acn.; c = 0,02].

(17*S*)-7-Äthyl-20-formyl-18*t*-[2-methoxycarbonyl-äthyl]-3,8,13,17*r*-tetramethyl-12-vinyl-17,18-dihydro-porphyrin-2-carbonsäure-methylester, 15-Formyl-3[1],3[2]-didehydro-rhodochlorin-dimethylester, Purpurin-5-dimethylester $C_{35}H_{38}N_4O_5$, Formel XIV (R = R′ = CH_3) und Taut.

Konstitution: *Fischer, Strell,* A. **538** [1939] 157, 159; s. a. *Stern, Pruckner,* Z. physik. Chem. [A] **180** [1937] 321, 344.

B. Aus der Säure („instabiles Chlorin-5" [s. o.]) und Diazomethan (*Fischer, Conrad,* A. **538** [1939] 143, 146, 152). Aus Chlorin-e_6 (15-Carboxymethyl-3[1],3[2]-didehydro-rhodochlorin; S. 3072) beim Behandeln mit $KMnO_4$ in Pyridin oder beim Erhitzen mit Pyridin im Sauerstoff-Strom und jeweiligen anschliessenden Verestern (*Fischer, Kahr,* A. **531** [1937] 209, 211, 236, 239).

Kristalle (aus Py. + Me. oder Acn. + Me.); F: 194° (*Fi., Kahr,* l. c. S. 237). $[\alpha]^{20}_{690-730}$: +242° [Acn.; c = 0,07] (*Fi., Kahr,* l. c. S. 244). Absorptionsspektrum (Dioxan; 480–700 nm): *St., Pr.,* l. c. S. 322, 347. λ_{max} (Py. + Ae.; 435–715 nm): *Fi., Kahr,* l. c. S. 237.

Zink-Komplex $ZnC_{35}H_{36}N_4O_5$. Kristalle (aus Acn. + Me.); F: 165° (*Strell,* A. **546** [1941] 252, 271). λ_{max} (Acn. + Ae.; 440–685 nm): *St.*

(17*S*)-7-Äthyl-18*t*-[2-carboxy-äthyl]-8-formyl-3,13,17*r*,20-tetramethyl-12-vinyl-17,18-dihydro-porphyrin-2-carbonsäure, 15-Methyl-7[1]-oxo-3[1],3[2]-didehydro-rhodochlorin, Rhodin-g_5 $C_{33}H_{34}N_4O_5$, Formel I (R = H) und Taut.

Zusammenfassende Darstellung: *H. Fischer, A. Stern,* Die Chemie des Pyrrols, Bd. 2, Tl. 2 [Leipzig 1940] S. 271.

B. Beim Erhitzen von Rhodin-g_7 (15-Carboxymethyl-7[1]-oxo-3[1],3[2]-didehydro-rhodochlorin; S. 3301) mit Pyridin (*Fischer, Bauer,* A. **523** [1936] 235, 238, 257, 258). Aus Rhodin-g_7-oxim (15-Carboxymethyl-7[1]-hydroxyimino-3[1],3[2]-didehydro-rhodochlorin; S. 3301) beim Erhitzen mit Pyridin und anschliessenden Behandeln mit wss. HCl (*Fischer, Breitner,* A. **516** [1935] 61, 65, 73).

Kristalle (aus Acn.); F: 212° (*Fi., Ba.,* l. c. S. 266).

(17*S*)-7-Äthyl-8-formyl-18*t*-[2-methoxycarbonyl-äthyl]-3,13,17*r*,20-tetramethyl-12-vinyl-17,18-dihydro-porphyrin-2-carbonsäure-methylester, 15-Methyl-7[1]-oxo-3[1],3[2]-didehydro-rhodochlorin-dimethylester, Rhodin-g_5-dimethylester $C_{35}H_{38}N_4O_5$, Formel I (R = CH_3) und Taut.

B. Aus Rhodin-g_5 (s. o.) und Diazomethan (*Fischer, Breitner,* A. **516** [1935] 61, 73; *Fischer, Bauer,* A. **523** [1936] 235, 259).

Kristalle (aus Acn. + Me.); F: 190° (*Fi., Ba.,* l. c. S. 257). $[\alpha]^{20}_{690-730}$: −566° [Acn.; c = 0,03] (*Fischer, Stern,* A. **520** [1935] 88, 97; *Fi., Ba.,* l. c. S. 255). Absorptionsspektrum (Dioxan; 480–670 nm): *Stern, Wenderlein,* Z. physik. Chem. [A] **174** [1935] 321, 324, 326, 333. λ_{max} (Py. + Ae.; 450–670 nm): *Fi., Br.*; *Fi., Ba.* Fluorescenzmaxima (Dioxan): 661,5 nm und 710,5 nm (*Stern, Molvig,* Z. physik. Chem. [A] **175** [1936] 38, 43, 57).

Kupfer(II)-Komplex $CuC_{35}H_{36}N_4O_5$. Grüne Kristalle (aus Acn.); F: 181° (*Fi., Ba.,* l. c. S. 259). $[\alpha]^{20}_{690-730}$: −515° [Acn.; c = 0,1] (*Fi., St.*; *Fi., Ba.,* l. c. S. 255). λ_{max} (Py. + Ae.; 465–640 nm): *Fi., Ba.*; s. a. *Fischer, Goebel,* A. **522** [1936] 168, 179.

Zink-Komplex. λ_{max} (Py. + Ae.; 475–640 nm): *Fi., Ba.*

Oxim $C_{35}H_{39}N_5O_5$; (17*S*)-7-Äthyl-8-[hydroxyimino-methyl]-18*t*-[2-methoxycarbonyl-äthyl]-3,13,17*r*,20-tetramethyl-12-vinyl-17,18-dihydro-porphyrin-2-carbonsäure-methylester, 7[1]-Hydroxyimino-15-methyl-3[1],3[2]-didehydro-rhodochlorin-dimethylester, Rhodin-g_5-dimethylester-oxim. Kristalle [aus Acn.] (*Fi., Br.*); F: 214° (*Fi., Ba.,* l. c. S. 258). λ_{max} (Py. + Ae.; 450–680 nm): *Fi., Br.*

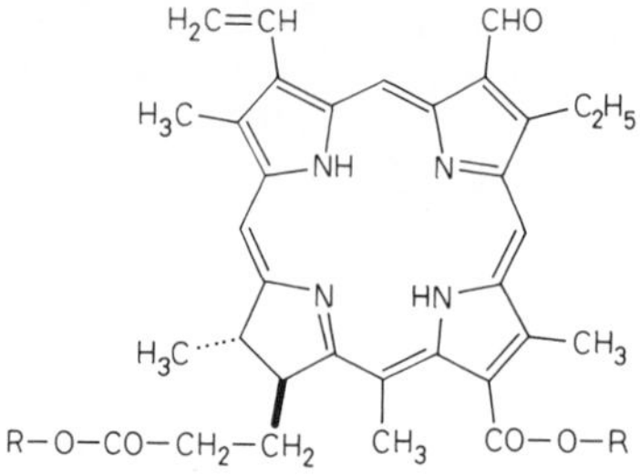

8,13-Diäthyl-18-[2-carboxy-äthyl]-20-formyl-3,7,12,17-tetramethyl-porphyrin-2-carbonsäure, Isochloroporphyrin-e₅ $C_{33}H_{34}N_4O_5$, Formel II und Taut.

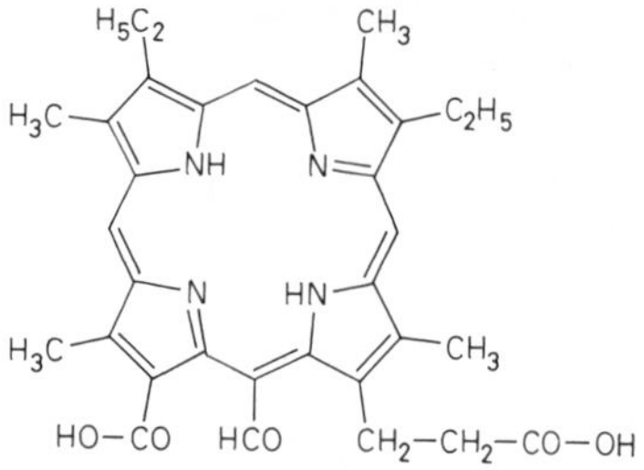

B. Aus Mesorhodin (Gemisch isomerer 3-[Diäthyl-tetramethyl-2³-oxo-2²,2³-dihydro-2¹*H*-benzo[*at*]porphyrin-18-yl]-propionsäuren; aus Mesoporphyrin-dimethylester [S. 3022] hergestellt) mit Hilfe von $KMnO_4$ (*Fischer, Ebersberger,* A. **509** [1934] 19, 23, 28).

Kristalle (aus Py. + A.).

Monomethylester $C_{34}H_{36}N_4O_5$; 8,13-Diäthyl-20-formyl-18-[2-methoxycarbonyl-äthyl]-3,7,12,17-tetramethyl-porphyrin-2-carbonsäure, Isochloroporphyrin-e_5-monomethylester. Kristalle [aus Py. + Eg.] (*Fi., Eb.,* l. c. S. 29).

Dimethylester $C_{35}H_{38}N_4O_5$; 8,13-Diäthyl-20-formyl-18-[2-methoxycarbonyl-äthyl]-3,7,12,17-tetramethyl-porphyrin-2-carbonsäure-methylester, Isochloroporphyrin-e_5-dimethylester. Blaue Kristalle (aus $CHCl_3$ + Me.); F: 286° (*Fi., Eb.,* l. c. S. 30). – Kupfer(II)-Komplex $CuC_{35}H_{36}N_4O_5$. Kristalle (aus $CHCl_3$ + Me.). – Eisen(III)-Komplex $Fe(C_{35}H_{36}N_4O_5)Cl$. Kristalle (aus Py. + Eg.).

Oxocarbonsäuren $C_{34}H_{36}N_4O_5$

3,3′-[8-Acetyl-13-äthyl-3,7,12,17-tetramethyl-porphyrin-2,18-diyl]-di-propionsäure-dimethylester, 3¹-Oxo-mesoporphyrin-dimethylester $C_{36}H_{40}N_4O_5$, Formel III und Taut. (in der Literatur als 1,3,5,8-Tetramethyl-2-acetyl-4-äthyl-6,7-dipropionsäure-porphin-dimethylester bezeichnet).

B. Beim Behandeln des Eisen(III)-Komplexes des 3,3′-[7-Äthyl-3,8,13,17-tetramethyl-porphyrin-2,18-diyl]-di-propionsäure-dimethylesters (S. 3001) mit Acetanhydrid und $SnCl_4$ und anschliessenden Verestern (*Fischer, Kirstahler,* Z. physiol. Chem. **198** [1931] 43, 45, 64).

Kristalle mit violettem Oberflächenglanz (aus $CHCl_3$ + Me.); F: 261° [korr.]. λ_{max} ($CHCl_3$ sowie Eg. + Ae.; 440 – 645 nm): *Fi., Ki.*

Kupfer(II)-Komplex $CuC_{36}H_{38}N_4O_5$. Kristalle (aus Eg. + Ae.); F: 227° [korr.]. λ_{max} ($CHCl_3$; 430 – 600 nm): *Fi., Ki.*

Eisen(III)-Komplex $Fe(C_{36}H_{38}N_4O_5)Cl$. Kristalle (aus $CHCl_3$ + Eg.); F: 260° [korr.]. λ_{max} (Py. + $N_2H_4 \cdot H_2O$; 445 – 580 nm): *Fi., Ki.*

3-[(18*S*)-7,12-Diäthyl-2²*t*-methoxycarbonyl-3,8,13,17*t*-tetramethyl-2¹-oxo-2¹,2²,17,18-tetrahydro-cyclopenta[*at*]porphyrin-18*r*-yl]-propionsäure, (13²*R*)-13²-Methoxycarbonyl-phytochlorin, 3¹,3²-Dihydro-phäophorbid-a, Mesophäophorbid-a $C_{35}H_{38}N_4O_5$, Formel IV (R = X = H) und Taut.

Zusammenfassende Darstellung: *H. Fischer, A. Stern,* Die Chemie des Pyrrols, Bd. 2, Tl. 2 [Leipzig 1940] S. 66.

B. Bei der Hydrierung von Phäophorbid-a (S. 3237) an Palladium in Aceton bis zur Aufnahme von 1 Mol Wasserstoff (*Fischer et al.,* A. **524** [1936] 222, 224, 231; s. a. *Fischer, Lakatos,* A. **506** [1933] 123, 131, 145).

Kristalle (aus Ae. + PAe.); Kristalle (aus Ae.) mit 1 Mol H_2O (*Fi., La.*). Über das optische Drehungsvermögen in Aceton s. *Pruckner et al.,* A. **546** [1941] 41, 45. Absorptionsspektrum (Ae. + Py.; 300 – 700 nm): *Hagenbach et al.,* Helv. phys. Acta **9** [1936] 3, 8, 25. λ_{max} (Ae. + Py.; 430 – 680 nm): *Fi., La.*

Oxim $C_{35}H_{39}N_5O_5$; 3-[(18*S*)-7,12-Diäthyl-2¹-hydroxyimino-2²*t*-methoxycarbonyl-3,8,13,17*t*-tetramethyl-2[1],2[2],17,18-tetrahydro-cyclopenta[*at*]porphyrin-18*r*-yl]-propionsäure, (13[2]*R*)-13[2]-Methoxycarbonyl-phytochlorin-oxim, 3[1],3[2]-Dihydro-phäophorbid-a-oxim, Mesophäophorbid-a-oxim. Schwarze Kristalle (aus Ae.) mit 1 Mol H_2O; Zers. bei 236° (*Fi., La.*, l. c. S. 149). λ_{max} (Ae.; 445—680 nm): *Fi., La.*

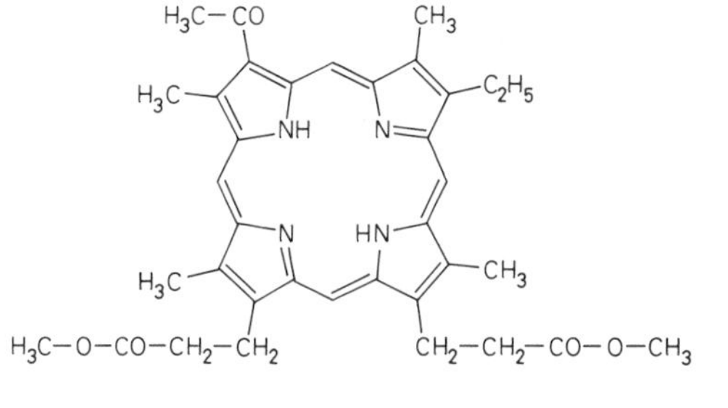

III 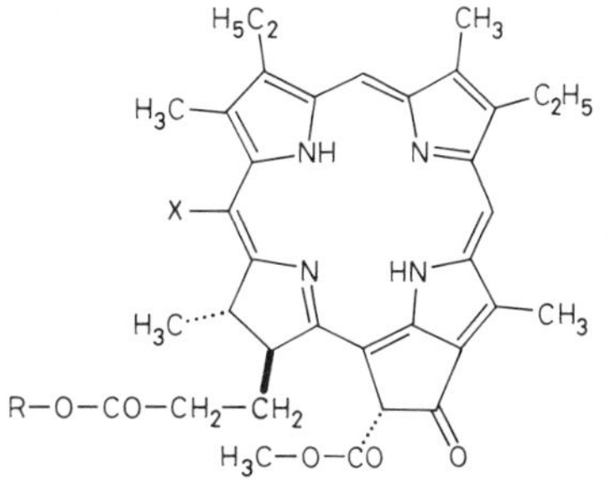 IV

(2[2]*R*)-7,12-Diäthyl-18*t*-[2-methoxycarbonyl-äthyl]-3,8,13,17*c*-tetramethyl-2[1]-oxo-2[1],2[2],17,18-tetrahydro-cyclopenta[*at*]porphyrin-2[2]*r*-carbonsäure-methylester, 3-[(18*S*)-7,12-Diäthyl-2[2]*t*-methoxycarbonyl-3,8,13,17*t*-tetramethyl-2[1]-oxo-2[1],2[2],17,18-tetrahydro-cyclopenta[*at*]porphyrin-18*r*-yl]-propionsäure-methylester, (13[2]*R*)-13[2]-Methoxycarbonyl-phytochlorin-methylester, 3[1],3[2]-Dihydro-phäophorbid-a-methylester, Mesophäophorbid-a-methylester $C_{36}H_{40}N_4O_5$, Formel IV (R = CH_3, X = H) und Taut.

B. Aus Mesophäophorbid-a (s. o.) und Diazomethan (*Fischer, Lakatos,* A. **506** [1933] 123, 131, 146; *Fischer, Spielberger,* A. **515** [1935] 130, 137, 147).

Kristalle; F: 219° [nach Sintern ab 215°; aus Acn.] (*Fi., Sp.*), 218° [korr.; aus Acn. + Me.] (*Fi., Lak.*; *Fischer, Lambrecht,* Z. physiol. Chem. **253** [1938] 253, 258). Verbrennungsenthalpie bei 15°: *H. Fischer, H. Orth,* Die Chemie des Pyrrols, Bd. 2, Tl. 1 [Leipzig 1937] S. 598; *H. Fischer, A. Stern,* Die Chemie des Pyrrols, Bd. 2, Tl. 2 [Leipzig 1940] S. 67. $[\alpha]^{20}_{690-730}$: −181° [Acn.; c = 0,1] (*Fischer, Stern,* A. **520** [1935] 88, 96). Absorptionsspektrum (Dioxan; 480—670 nm): *Stern, Wenderlein,* Z. physik. Chem. [A] **174** [1935] 321, 324, 330; s. a. *Lautsch et al.,* J. Polymer Sci. **8** [1952] 190, 203. Fluorescenzmaxima (Dioxan; 650—800 nm): *Stern, Molvig,* Z. physik. Chem. [A] **176** [1936] 209, 211, 215.

Kupfer(II)-Komplex $CuC_{36}H_{38}N_4O_5$. F: 200° (*Fischer et al.,* A. **509** [1934] 201, 208). λ_{max} (A.; 435—680 nm): *Fi. et al.*

Zink-Komplex $ZnC_{36}H_{38}N_4O_5$. *B.* Beim Hydrieren des Zink-Komplexes von Phäophorbid-a-methylester (S. 3239) an Palladium in Äther (*Fischer, Pfeiffer,* A. **555** [1944] 94, 107). — Kristalle (aus Ae.); Zers. bei 150° (*Fi., Pf.*). λ_{max} (Ae.; 435—665 nm): *Fi., Pf.*

Eisen(III)-Komplex $Fe(C_{36}H_{38}N_4O_5)Cl$. F: ca. 197° (*Fi. et al.*). λ_{max} in Äther (450—645 nm) sowie in Pyridin (440—665 nm): *Fi. et al.*

Oxim $C_{36}H_{41}N_5O_5$; (2[2]*R*)-7,12-Diäthyl-2[1]-hydroxyimino-18*t*-[2-methoxycarbonyl-äthyl]-3,8,13,17*c*-tetramethyl-2[1],2[2],17,18-tetrahydro-cyclopenta[*at*]porphyrin-2[2]*r*-carbonsäure-methylester, (13[2]*R*)-13[2]-Methoxycarbonyl-phytochlorin-methylester-oxim, 3[1],3[2]-Dihydro-phäophorbid-a-methylester-oxim, Mesophäophorbid-a-methylester-oxim. Kristalle (aus Acn. + Me.); F: 215° (*Fi., Sp.*). λ_{max} (Py. + Ae.; 435—680 nm): *Fi., Sp.*

3-[(18*S*)-7,12-Diäthyl-2[2]*t*-methoxycarbonyl-3,8,13,17*t*-tetramethyl-2[1]-oxo-2[1],2[2],17,18-tetrahydro-cyclopenta[*at*]porphyrin-18*r*-yl]-propionsäure-äthylester, (13[2]*R*)-13[2]-Methoxycarbonyl-phytochlorin-äthylester, 3[1],3[2]-Dihydro-phäophorbid-a-äthylester, Mesophäophorbid-a-äthylester $C_{37}H_{42}N_4O_5$, Formel IV (R = C_2H_5, X = H) und Taut.

B. Aus Äthylchlorophyllid-a (S. 3240) bei der Hydrierung an Palladium in Dioxan (*Fischer, Spielberger,* A. **515** [1935] 130, 134, 142).

$[\alpha]^{20}_{690-730}$: $-195°$ [Acn.; c = 0,2] (*Fischer, Stern,* A. **520** [1935] 88, 96).
Magnesium-Komplex. λ_{max} (Py. + Ae.; 440 – 665 nm): *Fi., Sp.*

(2^2R)-7,12-Diäthyl-15(?)-chlor-18*t*-[2-methoxycarbonyl-äthyl]-3,8,13,17*c*-tetramethyl-2^1-oxo-2^1,2^2,17,18-tetrahydro-cyclopenta[*at*]porphyrin-2^2r-carbonsäure-methylester, (13^2R)-20(?)-Chlor-13^2-methoxycarbonyl-phytochlorin-methylester, 20(?)-Chlor-3^1,3^2-dihydro-phäophorbid-a-methylester, δ(?)-Chlor-mesophäophorbid-a-methylester $C_{36}H_{39}ClN_4O_5$, vermutlich Formel IV (R = CH_3, X = Cl) und Taut.

Über die Konstitution s. *Woodward, Škarić,* Am. Soc. **83** [1961] 46, 76; *A. Treibs,* Das Leben und Wirken von Hans Fischer [München 1971] S. 420 – 422.

B. Beim Behandeln von Mesophäophorbid-a-methylester (s. o.) oder von Mesophäophorbid-a (s. o.) mit wss. HCl in Äther im Sonnenlicht und anschliessenden Verestern (*Fischer, Gerner,* A. **559** [1948] 77, 79, 80, 87). Beim Behandeln von Mesophäophorbid-a-methylester mit wss. H_2O_2 und wss. HCl und anschliessenden Verestern (*Fischer, Dietl,* A. **547** [1941] 234, 248).

Kristalle (aus Ae.), F: 201° (*Fi., Ge.*); bräunliche Kristalle (aus Me.), F: 196° (*Fi., Di.*). $[\alpha]^{20}_{\text{weisses Licht}}$: $+438°$ [Acn.; c = 0,01] (*Fi., Di.*). λ_{max} (Py. + Ae.; 435 – 690 nm): *Fi., Ge.*; *Fi., Di.*

Überführung in 20(?)-Chlor-15-methoxycarbonylmethyl-rhodochlorin-dimethylester (S. 3061) und in 20(?)-Chlor-15-methoxyoxalyl-rhodochlorin-dimethylester (S. 3296): *Fi., Di.,* l. c. S. 248, 252.

[*Kayser*]

Oxocarbonsäuren $C_nH_{2n-34}N_4O_5$

Oxocarbonsäuren $C_{32}H_{30}N_4O_5$

7-Äthyl-8-formyl-18-[2-methoxycarbonyl-äthyl]-3,13,17-trimethyl-12-vinyl-porphyrin-2-carbonsäure-methylester, 7^1-Oxo-3^1,3^2-didehydro-rhodoporphyrin-dimethylester $C_{34}H_{34}N_4O_5$, Formel V und Taut. (in der Literatur als 3-Desmethyl-3-formyl-pseudoverdoporphyrin-dimethylester bezeichnet).

B. Aus *b*-Phäopurpurin-7-trimethylester (15-Methoxyoxalyl-7^1-oxo-3^1,3^2-didehydro-rhodochlorin-dimethylester; S. 3311) beim Erhitzen in Pyridin (*Fischer, Bauer,* A. **523** [1936] 235, 280).

Kristalle (aus Py.); F: 250°. λ_{max} (Py. + Ae.; 450 – 650 nm): *Fi., Ba.*

V

VI

Oxocarbonsäuren $C_{33}H_{32}N_4O_5$

3,3'-[8-Formyl-3,7,12,17-tetramethyl-13-vinyl-porphyrin-2,18-diyl]-di-propionsäure, 3-Formyl-8-vinyl-deuteroporphyrin, Spirographisporphyrin, Chlorocruoroporphyrin $C_{33}H_{32}N_4O_5$, Formel VI und Taut.

Die von *Fischer, Deilmann* (Z. physiol. Chem. **280** [1944] 186, 205, 212) und von *Lemberg, Parker* (Austral. J. exp. Biol. med. Sci. **30** [1952] 163, 165) bzw. von *Fischer, Wecker* (Z. physiol. Chem. **272** [1942] 1, 19) aus Protoporphyrin-dimethylester (S. 3052) bzw. Deuterohämin (S. 2993) erhaltenen Präparate waren nicht einheitlich (*Inhoffen et al.,* A. **730** [1969] 173, 180; *Sono, Asakura,* Biochemistry **13** [1974] 4386).

Zusammenfassende Darstellungen: *DiNello, Chang,* in *D. Dolphin,* The Porphyrins, Bd. 1 [New York 1978] S. 289, 303–308; *H. Fischer, H. Orth,* Die Chemie des Pyrrols, Bd. 2, Tl. 1 [Leipzig 1937] S. 467.

Gewinnung aus dem Blut von Spirographis spallanzanii über den Eisen(III)-Komplex (s. u.): *Warburg et al.,* Bio. Z. **227** [1930] 171, 172; *Warburg, Negelein,* Bio. Z. **244** [1932] 9, 14; *Fischer, v. Seemann,* Z. physiol. Chem. **242** [1936] 133, 136; von Myxicola infundibulum, von Sabella pavonina und von Branchiomma vesiculosum: *Kennedy,* J. marine biol. Assoc. **32** [1953] 365; von Sabella starte indica: *Lemberg, Falk,* Biochem. J. **49** [1951] 674, 677.

Kristalle [aus Ae.] (*Wa., Ne.,* l. c. S. 14, 15). λ_{max} in $CHCl_3$ sowie in einem Pyridin-Äther-Gemisch (450–650 nm): *Fi., v. Se.,* l. c. S. 138; in Äther (500–650 nm): *Wa., Ne.,* l. c. S. 16; in Dioxan (510–640 nm): *Stern, Molvig,* Z. physik. Chem. [A] **177** [1936] 365, 366; in Pyridin sowie in wss. HCl (510–645 nm): *Ke.*

Eisen(II)-Komplex. Redoxpotential (wss. Lösungen vom pH 7,22 und pH 9,63) bei 30°: *Barron,* J. biol. Chem. **133** [1940] 51, 55, 56. – Verbindung mit CO. Absorptionsspektrum (wss. NaOH + Cystein-hydrochlorid; 270–700 nm): *Wa. et al.,* l. c. S. 180. – Verbindung mit Pyridin. λ_{max} (wss. Py. + wss. $NaOH + N_2H_4 \cdot H_2O$): 575–590 nm (*Wa. et al.,* l. c. S. 183), 584 nm (*Wa., Ne.,* l. c. S. 16). – Verbindung mit 2-Methyl-pyridin. λ_{max} (wss. Lösung): 537,5 nm und 585 nm (*Ba.*). Redoxpotential (wss. Lösung vom pH 9,63) bei 30°: *Ba.* – Verbindung mit Pilocarpin. λ_{max} (wss. Lösung): 544,1 nm und 588,3 nm (*Ba.*). Redoxpotential (wss. Lösung vom pH 9,63) bei 30°: *Ba.* – Verbindung mit Cyanid. λ_{max} (wss. Lösung): 550 nm und 593 nm (*Ba.*). Redoxpotential (wss. Lösung vom pH 9,95) bei 30°: *Ba.*

Eisen(III)-Komplex $Fe(C_{33}H_{30}N_4O_5)Cl$; Spirographishämin. Kristalle [aus Py. + Eg. + NaCl] (*Wa. et al.*). Redoxpotential (wss. Lösungen vom pH 7,22 und pH 9,63) bei 30°: *Ba.*

Dimethylester $C_{35}H_{36}N_4O_5$. Kristalle (aus $CHCl_3$ + Ae.); F: 285° [korr.] (*Wa., Ne.,* l. c. S. 241). IR-Spektrum (Nujol; 2–15 μ): *Falk, Willis,* Austral. J. scient. Res. [A] **4** [1951] 579, 588, 590. λ_{max} ($CHCl_3$; 510–650 nm): *Wa., Ne.,* l. c. S. 241.

Oxim $C_{33}H_{33}N_5O_5$; 3,3′-[8-(Hydroxyimino-methyl)-3,7,12,17-tetramethyl-13-vinyl-porphyrin-2,18-diyl]-di-propionsäure, 3-[Hydroxyimino-methyl]-8-vinyl-deuteroporphyrin, Spirographisporphyrin-oxim. Kristalle [aus Py. + H_2O] (*Warburg, Negelein,* Bio. Z. **244** [1932] 16, 239, 240). λ_{max} (Ae.; 435–640 nm): *Fi., v. Se.,* l. c. S. 141.

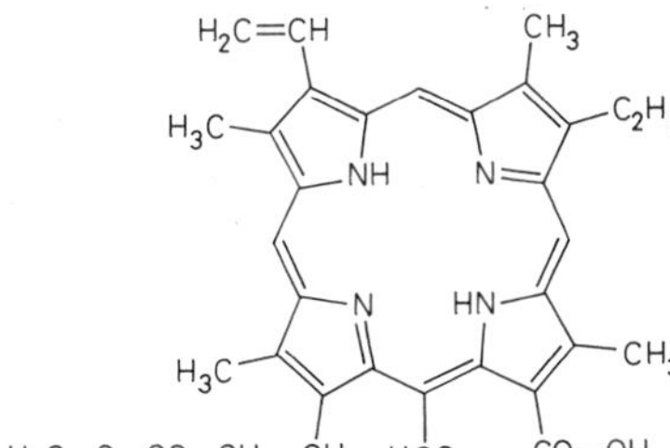

VII

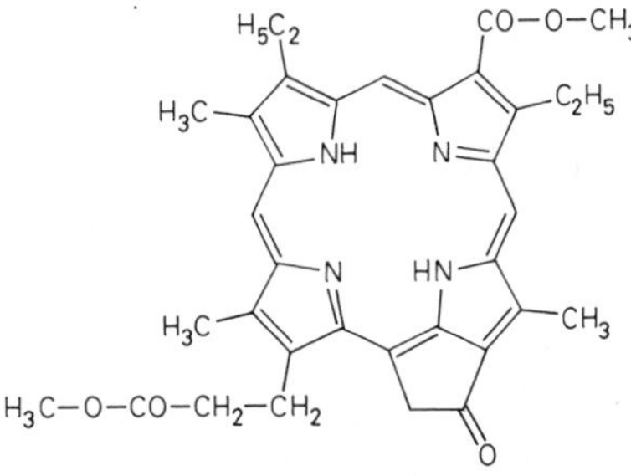

VIII

7-Äthyl-20-formyl-18-[2-methoxycarbonyl-äthyl]-3,8,13,17-tetramethyl-12-vinyl-porphyrin-2-carbonsäure, 15-Formyl-3[1],3[2]-didehydro-rhodoporphyrin-17-methylester $C_{34}H_{34}N_4O_5$, Formel VII und Taut. (in der Literatur auch als 2-Vinyl-chloroporphyrin-e_5-methylester bezeichnet).

B. Aus Isopurpurin-5-dimethylester (3-[(18*S*,2′*Ξ*)-7-Äthyl-2′-methoxy-3,8,13,17*t*-tetramethyl-6′-oxo-12-vinyl-17,18-dihydro-2′*H*,6′*H*-pyrano[3,4,5-*ta*]porphyrin-18*r*-yl]-propionsäure-methylester [Syst.-Nr. 4699]; vgl. S. 3151) beim Erwärmen mit methanol. KOH und wenig Pyridin (*Fischer, Strell,* A. **540** [1939] 232, 246). Aus 15-Methyl-3[1],3[2]-didehydro-rhodoporphyrin-dimethylester („Vinylchloroporphyrin-e_4-dimethylester“ [S. 3038]) beim Erwärmen mit Jod und Kaliumacetat in Essigsäure (*Fischer, Oestreicher,* Z. physiol. Chem. **262** [1939/40] 243, 264). In geringer Ausbeute beim Behandeln von 15-Methoxyoxalyl-3[1],3[2]-didehydro-rhodoporphyrin

(„2-Vinyl-phäoporphyrin-a_7-monomethylester" [Trimethylester s. S. 3305]) mit konz. H_2SO_4 (*Fischer, Albert,* A. **599** [1956] 203, 210).

Kristalle (aus Ae. bzw. aus Acn. + Me.), die unterhalb von 300° bzw. 320° nicht schmelzen (*Fi., St.*; *Fi., Oe.*). λ_{max} in einem $CHCl_3$-Äther-Gemisch (485–640 nm): *Fi., St.*; in einem Pyridin-Äther-Gemisch (465–640 nm): *Fi., Oe.*

7,12-Diäthyl-18-[2-methoxycarbonyl-äthyl]-3,13,17-trimethyl-2^1-oxo-2^1,2^2-dihydro-cyclopenta[*at*]porphyrin-8-carbonsäure-methylester, 3-[7,12-Diäthyl-8-methoxycarbonyl-3,13,17-trimethyl-2^1-oxo-2^1,2^2-dihydro-cyclopenta[*at*]porphyrin-18-yl]-propionsäure-methylester, 7-Methoxycarbonyl-7-desmethyl-phytoporphyrin-methylester, Phäoporphyrin-b_5-dimethylester $C_{35}H_{36}N_4O_5$, Formel VIII und Taut.

Zusammenfassende Darstellung: *H. Fischer, A. Stern,* Die Chemie des Pyrrols, Bd. 2, Tl. 2 [Leipzig 1940] S. 290.

B. Aus der folgenden Verbindung beim Hydrieren an Palladium in Essigsäure und Aufbewahren des Reaktionsprodukts an der Luft (*Fischer, Lautenschlager,* A. **528** [1937] 9, 33).

Kristalle (aus $CHCl_3$ + Me.); F: 264° (*Fi., La.*). λ_{max} (Py. + Ae.; 455–650 nm): *Fi., La.*

(17*S*)-7-Äthyl-18*t*-[2-methoxycarbonyl-äthyl]-3,13,17*r*-trimethyl-2^1-oxo-12-vinyl-2^1,2^2,17,18-tetrahydro-cyclopenta[*at*]porphyrin-8-carbonsäure-methylester, 3-[(18*S*)-7-Äthyl-8-methoxycarbonyl-3,13,17*t*-trimethyl-2^1-oxo-12-vinyl-2^1,2^2,17,18-tetrahydro-cyclopenta[*at*]porphyrin-18*r*-yl]-propionsäure-methylester, 7-Methoxycarbonyl-3^1,3^2-didehydro-7-desmethyl-phytochlorin-methylester, Pyrophäophorbid-b_5-dimethylester $C_{35}H_{36}N_4O_5$, Formel IX (R = CO-O-CH_3) und Taut.

B. Aus Phäophorbid-b_7-trimethylester ((13^2*R*)-7,13^2-Bis-methoxycarbonyl-3^1,3^2-didehydro-7-desmethyl-phytochlorin-methylester; S. 3307) beim Erhitzen in Pyridin sowie aus Pyrophäophorbid-b (S. 3209) mit Hilfe von Luftsauerstoff und Diazomethan (*Fischer, Lautenschlager,* A. **528** [1937] 9, 32).

Kristalle (aus Acn. + Me.); F: 250°. λ_{max} (Py. + Ae.; 455–675 nm): *Fi., La.*

3-[(18*S*)-7-Äthyl-8-cyan-3,13,17*t*-trimethyl-2^1-oxo-12-vinyl-2^1,2^2,17,18-tetrahydro-cyclopenta[*at*]porphyrin-18*r*-yl]-propionsäure-methylester, 7-Cyan-3^1,3^2-didehydro-7-desmethyl-phytochlorin-methylester, Pyrophäophorbid-b-nitril $C_{34}H_{33}N_5O_3$, Formel IX (R = CN) und Taut.

B. Aus Phäophorbid-b-methylester-7^1-oxim („Methylphäophorbid-b-monooxim"; S. 3285) beim Erhitzen mit Acetanhydrid und Kaliumacetat und anschliessenden Verestern (*Fischer, Grassl,* A. **517** [1935] 1, 9).

Blau glänzende Kristalle (aus Acn.); F: 256°. λ_{max} (Py. + Ae.; 455–665 nm): *Fi., Gr.*

Oxocarbonsäuren $C_{34}H_{34}N_4O_5$

3-[7,12-Diäthyl-2^2-methoxycarbonyl-3,8,13,17-tetramethyl-2^1-oxo-2^1,2^2-dihydro-cyclopenta[*at*]porphyrin-18-yl]-propionsäure, 13^2-Methoxycarbonyl-phytoporphyrin, Phäoporphyrin-a_5-monomethylester, Protophäoporphyrin-a $C_{35}H_{36}N_4O_5$, Formel X (R = H) und Taut. (in der Literatur auch als Phäoporphyrin-a_5 bezeichnet).

Zusammenfassende Darstellung: *H. Fischer, A. Stern,* Die Chemie des Pyrrols, Bd. 2, Tl. 2 [Leipzig 1940] S. 166.

B. Aus Phäophytin-a (S. 3242) beim Erwärmen mit HI in Essigsäure (*Fischer, Bäumler,* A. **474** [1929] 65, 102; *Fischer, Hendschel,* Z. physiol. Chem. **206** [1932] 255, 277). Aus Phäophorbid-a (S. 3237) beim Erwärmen mit HI in Essigsäure (*Fischer, Bäumler,* A. **474** 94, **480** [1930] 197, 208; *Fischer et al.,* A. **486** [1931] 107, 132, 139; *Stoll, Wiedemann,* Helv. **16** [1933] 739, 764) sowie beim Hydrieren in Essigsäure an Palladium (*St., Wi.,* l. c. S. 766) oder Platin (*Fischer, Lakatos,* A. **506** [1933] 123, 143) und Aufbewahren des Reaktionsprodukts an der Luft. Aus 15-Methoxycarbonylmethyl-rhodoporphyrin („Chloroporphyrin-e_6-monomethylester"; S. 3070) beim Erhitzen in Essigsäure (*Fischer et al.,* A. **490** [1931] 1, 20).

Blauviolette Kristalle [aus Py. + Ae., Py. + Eg. oder Ae.] (*Fischer et al.,* A. **486** [1931] 107,

133, 137, 139). Absorptionsspektrum (Ae. + Py.; 350 – 670 nm): *Hagenbach et al.*, Helv. phys. Acta **9** [1936] 3, 8, 25. λ_{max} in Äther (515 – 635 nm): *Hellström*, Z. physik. Chem. [B] **14** [1931] 9, 15; in einem Äther-Pyridin-Gemisch (450 – 640 nm): *Fi. et al.*, A. **486** 139; in Oxal-säure-diäthylester (455 – 605 nm): *Fi. et al.*, A. **490** 19; in Dioxan (415 – 635 nm): *Granick*, J. biol. Chem. **183** [1950] 713, 714.

Bildung von 15-Carboxy-rhodoporphyrin (Rhodoporphyrin-γ-carbonsäure; S. 3065) und 15-Methoxyoxalyl-rhodoporphyrin (Phäoporphyrin-a_7-monomethylester; S. 3299) beim Behandeln mit wss. H_2O_2 in konz. H_2SO_4: *Fischer et al.*, A. **490** [1931] 38, 65. Beim Behandeln mit Schwefel in H_2SO_4 [SO_3 enthaltend] entsteht Phäoporphyrin-a_7-monomethylester (*Fischer, Riedmair*, A. **497** [1932] 181, 191). Beim Erwärmen mit HBr in Essigsäure (*Fischer, Süs*, A. **482** [1930] 225, 228, 230; *Fischer, Hendschel*, Z. physiol. Chem. **206** [1932] 255, 278) oder beim Erhitzen in Essigsäure unter Durchleiten von Sauerstoff (*Fi. et al.*, A. **490** 21) ist Phytoporphyrin (S. 3188) erhalten worden. Bildung von Chloroporphyrin-e_6-monomethylester (S. 3070) beim Behandeln mit methanol. KOH in Pyridin: *Fi. et al.*, A. **486** 144; von Chloroporphyrin-e_6-trimethylester (S. 3070) beim Behandeln mit methanol. HCl: *Fi. et al.*, A. **486** 134, 138; von Chloroporphyrin-e_4-monomethylester (S. 3013) beim Behandeln mit Äther enthaltender wss. HCl: *Fi. et al.*, A. **490** 29. Überführung in den Geranylester $C_{45}H_{52}N_4O_5$ (Kristalle [aus Py.]; F: 194°), in einen Menthylester $C_{45}H_{54}N_4O_5$ (Kristalle [aus Py.]; F: 254°) sowie in einen Bornylester $C_{45}H_{52}N_4O_5$ (Kristalle [aus Py.]; F: 243° [nach Sintern]): *Fischer, Goebel*, A. **524** [1936] 269, 283, 284. Beim Behandeln mit Benzoylchlorid und Pyridin ist ein Benzoyl-Derivat $C_{42}H_{40}N_4O_6$(?) (Kristalle [aus $CHCl_3$ + Me.]; F: 211 – 212° [korr.]; λ_{max} [Py. + Ae.; 450 – 650 nm]) erhalten worden (*St., Wi.*, l. c. S. 767). Beim Behandeln des Magnesium-Komplexes mit Diazoäthan in Äther ist Phäoporphyrin-a_5-di(?)äthylester $C_{38}H_{42}N_4O_5$ (Magnesium-Komplex $MgC_{38}H_{40}N_4O_5$(?): hygroskopische violette Kristalle [aus A.]; Zers. ab ca. 220°) erhalten worden (*Fi., Go.*, l. c. S. 276).

Magnesium-Komplex $MgC_{35}H_{34}N_4O_5$. Hygroskopische violette Kristalle [aus $CHCl_3$ + Me.] (*Fischer, Goebel*, A. **524** [1936] 269, 275). λ_{max} (Ae.; 445 – 625 nm): *Fi., Go.*

Eisen(III)-Komplex $Fe(C_{35}H_{34}N_4O_5)Cl$. Kristalle (aus Py. + $CHCl_3$ + HCl enthaltender Eg.); Zers. bei 300° (*Fischer, Weichmann*, A. **498** [1932] 268, 276). λ_{max} (Py. [470 – 615 nm] sowie Py. + $N_2H_4 \cdot H_2O$ [435 – 595 nm]): *Fi., We.*

Oxim $C_{35}H_{37}N_5O_5$; 3-[7,12-Diäthyl-2[1]-hydroxyimino-2[2]-methoxycarbonyl-3,8,13,17-tetramethyl-2[1],2[2]-dihydro-cyclopenta[*at*]porphyrin-18-yl]-propionsäure, 13[2]-Methoxycarbonyl-phytoporphyrin-oxim, Phäoporphyrin-a_5-monomethylester-oxim, Protophäoporphyrin-a-oxim. Rotbraune Kristalle [aus Py.] (*Fischer et al.*, A. **486** [1931] 107, 135, 138). – Eisen(III)-Komplex $Fe(C_{35}H_{35}N_5O_5)Cl$. Blauschwarze Kristalle, die unterhalb 300° nicht schmelzen (*Fi., We.*, l. c. S. 278). λ_{max} (Py.; 460 – 585 nm): *Fi., We.*

H2C=CH, R, H3C, C2H5, NH, N, N, HN, H3C, CH3, H3C–O–CO–CH2–CH2, O

IX

H5C2, CH3, H3C, C2H5, NH, N, N, HN, H3C, CH3, R–O–CO–CH2–CH2, H3C–O–CO, O

X

7,12-Diäthyl-18-[2-methoxycarbonyl-äthyl]-3,8,13,17-tetramethyl-2[1]-oxo-2[1],2[2]-dihydro-cyclopenta[*at*]porphyrin-2[2]-carbonsäure-methylester, 3-[7,12-Diäthyl-2[2]-methoxycarbonyl-3,8,13,17-tetramethyl-2[1]-oxo-2[1],2[2]-dihydro-cyclopenta[*at*]porphyrin-18-yl]-propionsäure-methylester, 13[2]-Methoxycarbonyl-phytoporphyrin-methylester, Phäoporphyrin-a_5-dimethylester $C_{36}H_{38}N_4O_5$, Formel X (R = CH_3) und Taut.

Zusammenfassende Darstellung: *H. Fischer, A. Stern*, Die Chemie des Pyrrols, Bd. 2, Tl. 2

[Leipzig 1940] S. 171.

B. Aus Phäophorbid-a-methylester (S. 3239) beim Hydrieren an Palladium in Essigsäure und Aufbewahren des Reaktionsprodukts an der Luft (*Fischer, Lakatos,* A. **506** [1933] 123, 144) oder beim Behandeln mit HI in Essigsäure (*Fischer et al.,* A. **486** [1931] 107, 160, **495** [1932] 1, 21). Aus Methylchlorophyllid-a (S. 3239) beim Erwärmen mit HI in Essigsäure und anschliessenden Verestern mit Diazomethan (*Fischer et al.,* A. **490** [1931] 38, 69). Aus Chloroporphyrin-e_6-trimethylester (S. 3070) beim Erhitzen mit Na_2CO_3 oder mit Essigsäure in Pyridin (*Fischer et al.,* A. **505** [1933] 209, 226). Aus dem vorangehenden Monomethylester und Diazomethan in Äther (*Fi. et al.,* A. **486** 133, 137, 140).

Blauviolette Kristalle; F: 277° [korr.; aus Py.+Ae.] (*Stern, Klebs,* A. **505** [1933] 295, 304), 273° [Zers.; aus $CHCl_3$+Me.] (*Fi. et al.,* A. **486** 134). Verbrennungsenthalpie bei 15°: *St., Kl.,* l. c. S. 305. Absorptionsspektrum (Dioxan; 480–660 nm): *Stern, Wenderlein,* Z. physik. Chem. [A] **174** [1935] 81, 91. Fluorescenzmaxima (Dioxan): 598 nm, 638,5 nm, 668 nm und 707,5 nm (*Stern, Molvig,* Z. physik. Chem. [A] **175** [1936] 38, 42).

Reaktion mit OsO_4: *Fischer, Pfeiffer,* A. **556** [1944] 131, 152. Überführung in 10-Oxy-phäoporphyrin-a_5-dimethylester (S. 3331) bzw. 10-Methoxy-phäoporphyrin-a_5-dimethylester (S. 3332) mit Hilfe von Jod: *Fischer et al.,* A. **508** [1934] 224, 243; *Fischer, Heckmair,* A. **508** [1934] 250, 254; *Fischer et al.,* A. **510** [1934] 169, 178. Beim Hydrieren an Palladium in Ameisensäure bei Raumtemperatur ist 9-Oxy-desoxophäoporphyrin-a_5-dimethylester [S. 3152] (*Fischer, Hasenkamp,* A. **515** [1935] 148, 161), bei 55–60° ist Desoxophäoporphyrin-a_5-dimethylester [S. 3041] erhalten worden (*Fischer, Stier,* A. **542** [1939] 224, 238).

Magnesium-Komplex $MgC_{36}H_{36}N_4O_5$. *B.* Aus dem Magnesium-Komplex des Monomethylesters (s. o.) und Diazomethan in Äther (*Fischer, Goebel,* A. **524** [1936] 269, 275). – Hygroskopische violette Kristalle (aus $CHCl_3$+Me.); Zers. ab ca. 220° (*Fi., Go.*). Absorptionsspektrum (Dioxan; 510–640 nm): *Stern, Wenderlein,* Z. physik. Chem. [A] **177** [1936] 165, 167, 190. Fluorescenzmaxima (Dioxan): 621 nm, 667 nm, 686 nm und 707,5 nm (*St., We.,* Z. physik. Chem. [A] **177** 191).

Zink-Komplex $ZnC_{36}H_{36}N_4O_5$. Rote hygroskopische Kristalle (aus $CHCl_3$+Me.); F: 300° (*Fischer et al.,* A. **557** [1947] 163, 168). λ_{max} (Py.+Ae.; 450–620 nm): *Fi. et al.,* A. **557** 169.

Eisen(III)-Komplex $Fe(C_{36}H_{36}N_4O_5)Cl$. Kristalle; F: 305–306° [Zers.] (*Fischer, Weichmann,* A. **498** [1932] 268, 271, 277). λ_{max} (Py. [480–600 nm] sowie Py.+$N_2H_4 \cdot H_2O$ [525–575 nm]): *Fi., We.*

Oxim $C_{36}H_{39}N_5O_5$; 3-[7,12-Diäthyl-2[1]-hydroxyimino-2[2]-methoxycarbonyl-3,8,13,17-tetramethyl-2[1],2[2]-dihydro-cyclopenta[*at*]porphyrin-18-yl]-propionsäure-methylester, 13[2]-Methoxycarbonyl-phytoporphyrin-methylester-oxim, Phäoporphyrin-a_5-dimethylester-oxim. Kristalle (aus Me.), Zers. >300° (*Fischer, Laubereau,* A. **535** [1938] 17, 35); Kristalle, Zers. >300° (*Fi. et al.,* A. **486** 161); rote Kristalle (aus Acn.+Me.), F: 280° [Zers. ab 260°] (*Fi., Lak.,* l. c. S. 149); hellrote Kristalle [aus Py.+Me.+H_2O] (*Fi. et al.,* A. **508** 249). Absorptionsspektrum (Dioxan; 480–660 nm): *Stern, Wenderlein,* Z. physik. Chem. [A] **176** [1936] 81, 92, 96.

Monochlor-Derivat $C_{36}H_{37}ClN_4O_5$; 13[2](?)-Chlor-13[2]-methoxycarbonyl-phytoporphyrin-methylester. *B.* Aus dem Dimethylester beim Behandeln mit wss. HCl und wss. H_2O_2 und anschliessenden Verestern (*Fischer, Dietl,* A. **547** [1941] 234, 237, 247). – Kristalle (aus $CHCl_3$+Me.); F: 272° (*Fi., Di.*). – Kupfer(II)-Komplex $CuC_{36}H_{35}ClN_4O_5$. F: 205° (*Fi., Di.*).

3-[7,12-Diäthyl-2[2]-methoxycarbonyl-3,8,13,17-tetramethyl-2[1]-oxo-2[1],2[2]-dihydro-cyclopenta[*at*]porphyrin-18-yl]-propionsäure-äthylester, 13[2]-Methoxycarbonyl-phytoporphyrin-äthylester, Phäoporphyrin-a_5-äthylester-methylester $C_{37}H_{40}N_4O_5$, Formel X (R = C_2H_5) und Taut.

Zusammenfassende Darstellung: *H. Fischer, A. Stern,* Die Chemie des Pyrrols, Bd. 2, Tl. 2 [Leipzig 1940] S. 173.

B. Aus Äthylchlorophyllid-a (S. 3240) beim Erwärmen mit HI in Essigsäure (*Fischer et al.,* A. **490** [1931] 38, 71) sowie beim Hydrieren an Palladium in Essigsäure und Aufbewahren

des Reaktionsprodukts an der Luft (*Fischer, Spielberger,* A. **515** [1935] 130, 141).
Kristalle (aus Py. + Acn.); F: 269° (*Fi., Sp.*).

3-[7,12-Diäthyl-2²-methoxycarbonyl-3,8,13,17-tetramethyl-2¹-oxo-2¹,2²-dihydro-cyclopenta[*at*]porphyrin-18-yl]-propionsäure-[2-dimethylamino-äthylester], 13²-Methoxycarbonyl-phytoporphyrin-[2-dimethylamino-äthylester], Phäoporphyrin-a_5-[2-dimethylamino-äthylester]-methylester $C_{39}H_{45}N_5O_5$, Formel X (R = CH_2-CH_2-$N(CH_3)_2$) und Taut.

B. Aus Phäoporphyrin-a_5-monomethylester (S. 3234) und 2-Dimethylamino-äthanol (*Fischer, Goebel,* A. **524** [1936] 269, 284).

Kristalle (aus Py. + Me.); F: 247° [Zers.]. [*Schomann*]

***Opt.-inakt. 2-[17-Äthyl-18-formyl-8-(2-methoxycarbonyl-äthyl)-3,7,10,13-tetramethyl-porphyrin-2-yl]-cyclopropancarbonsäure-methylester,** 3-[2-Methoxycarbonyl-cyclopropyl]-7¹-oxo-3-desäthyl-phylloporphyrin-methylester, *DEE*-Neorhodinporphyrin-g_3-methylester $C_{36}H_{38}N_4O_5$, Formel XI und Taut.

B. Aus Neorhodinporphyrin-g_3-methylester (S. 3186) beim Erwärmen mit Diazoessigsäure-äthylester und aufeinanderfolgenden Behandeln mit wss. HCl und mit Diazomethan (*Fischer, Breitner,* A. **511** [1934] 183, 198).

Kristalle (aus Acn.); F: 230°.

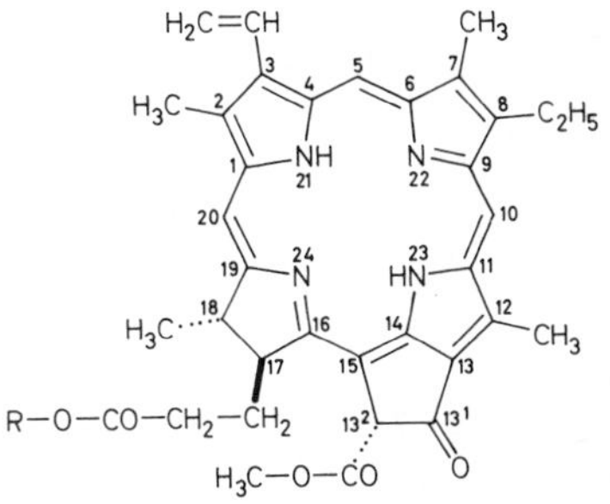

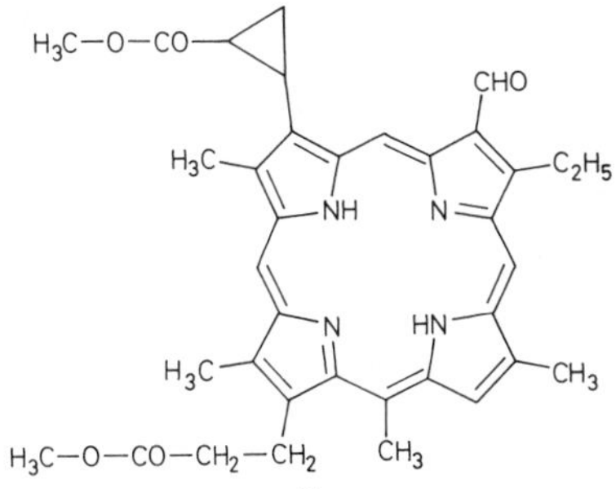

3-[(18*S*)-7-Äthyl-2²*t*-methoxycarbonyl-3,8,13,17*t*-tetramethyl-2¹-oxo-12-vinyl-2¹,2²,17,18-tetrahydro-cyclopenta[*at*]porphyrin-18*r*-yl]-propionsäure, (13²*R*)-13²-Methoxycarbonyl-3¹,3²-didehydro-phytochlorin, Phäophorbid-a [1]) $C_{35}H_{36}N_4O_5$, Formel XII (R = H) und Taut.

Zusammenfassende Darstellung: *H. Fischer, A. Stern,* Die Chemie des Pyrrols, Bd. 2, Tl. 2 [Leipzig 1940] S. 58.

B. Aus Methylchlorophyllid-a (S. 3239) mit Hilfe von wss. HCl (*Willstätter, Stoll,* A. **387** [1912] 317, 378; *Fischer, Hagert,* A. **502** [1933] 41, 56). Aus Phäophytin-a (S. 3242) mit Hilfe von wss. HCl (*Wi., St.*; *Stoll, Wiedemann,* Helv. **16** [1933] 183, 197; *Fischer et al.,* A. **490** [1931] 1, 37, **498** [1932] 228, 241) oder mit Hilfe eines Enzym-Präparats aus Heracleum spondylium (*Fischer, Schmidt,* A. **519** [1935] 244, 251).

Dunkelblaue Kristalle [aus Ae., Me. oder A.] (*Willstätter, Stoll,* A. **387** [1912] 317, 382; *Fischer, Bäumler,* A. **474** [1929] 65, 82); Zers. > 250° (*Stoll, Wiedemann,* Helv. **16** [1933] 183, 199), bei ca. 240° [nach Sintern bei 200°] (*Wi., St.*), bei 190 – 200° [vorgeheizter App.] (*Fi., Bä.*). Hygroskopisch (*St., Wi.,* l. c. S. 199). Über das optische Drehungsvermögen in einem Methanol-Pyridin-Gemisch bzw. in Aceton s. *Stoll, Wiedemann,* Helv. **16** [1933] 307, 309, 313; *Fischer, Stern,* A. **519** [1935] 58, 60, 68. IR-Spektrum ($CHCl_3$; 3600 – 650 cm^{-1}): *Holt, Jacobs,* Plant Physiol. **30** [1955] 553, 555, 556. Absorptionsspektrum in wenig Pyridin enthaltendem

---

[1]) Bei von Phäophorbid-a abgeleiteten Namen gilt die in Formel XII angegebene Stellungsbezeichnung (vgl. *Merritt, Loening,* Pure appl. Chem. **51** [1979] 2251, 2273).

Äther (310–660 nm): *Hagenbach et al.*, Helv. phys. Acta **9** [1936] 3, 11, 25; in $CHCl_3$ (400–700 nm): *Kennedy, Nicol*, Pr. roy. Soc. [B] **150** [1959] 509, 512, 515. λ_{max} (450–685 nm) in Äther: *Fi., Bä.*, l. c. S. 84; in wss. HCl: *Fischer, Hagert*, A. **502** [1933] 41, 67. Fluorescenzmaximum (Ae.+Isopentan+A.) bei 77 K: 670,1 nm (*Becker, Kasha*, Am. Soc. **77** [1955] 3669). Fluorescenzmaxima: 670 nm und 730 nm [Ae.] bzw. 679 nm [CS_2] (*Dhéré, Raffy*, Bl. Soc. Chim. biol. **17** [1935] 1384, 1409). Protonierungsgleichgewicht in Nitrobenzol: *Aronoff*, J. phys. Chem. **62** [1958] 428, 430.

Bildung von Phäoporphyrin-a_5-monomethylester (S. 3234) und sog. Oxophäoporphyrin-a_5-monomethylester (13^2-Methoxycarbonyl-3^1-oxo-phytoporphyrin; S. 3283) beim Erwärmen mit wss. HI und Essigsäure: *Fischer et al.*, A. **500** [1933] 215, 251; *Fischer, Riedmair*, A. **505** [1933] 87, 93. Bildung von Phäoporphyrin-a_7-monomethylester (S. 3299), Phäoporphyrin-a_5-monomethylester und sog. 10-Oxy-phäoporphyrin-a_5-monomethylester („Neophäoporphyrin-a_6"; Dimethylester s. S. 3331) bei aufeinanderfolgendem Behandeln mit Sauerstoff bzw. Jod und mit wss. HI und Essigsäure: *Fischer, Hagert*, A. **502** [1933] 41, 43, 56, 70; s. a. *Stoll, Wiedemann*, Helv. **17** [1934] 163, 170. Über die Reaktion mit Jod in Essigsäure und anschliessend mit PH_4I s. *Fischer et al.*, A. **508** [1934] 224, 227, 242; *Fischer, Krauss*, A. **521** [1936] 261, 270. Oxidation mit $KMnO_4$ in Pyridin: *Fischer, Kahr*, A. **531** [1937] 209, 234; *St.*, l. c. S. 52, 61. Beim Erhitzen mit Ag_2O und Essigsäure, folgenden Behandeln mit wss. HCl und Verestern mit Diazomethan ist (±)-13^2-Acetoxy-13^2-methoxycarbonyl-3^1,3^2-didehydro-phytoporphyrin-methylester („10-Acetoxy-vinylphäoporphyrin-a_5-dimethylester"; S. 3337) erhalten worden (*Fischer, Lautsch*, A. **525** [1936] 259, 263). Beim Erhitzen mit wss. HCl ist Phytoporphyrin (S. 3188) erhalten worden (*Fischer et al.*, A. **490** [1931] 1, 34). Beim Erwärmen mit HBr in Essigsäure und anschliessend mit wss. HCl ist ($3^1\Xi$)-3^1-Hydroxy-3^1,3^2-dihydro-phäophorbid-a-methylester („2,α-Oxy-meso-methylphäophorbid-a"; S. 3330) erhalten worden (*Fischer, Hasenkamp*, A. **519** [1935] 42, 44, 48). Beim Erhitzen mit HBr in Essigsäure (*Fischer, Bäumler*, A. **480** [1930] 197, 198, 218; *Fischer et al.*, A. **486** [1931] 107, 108, 156; *Fischer, Riedmair*, A. **497** [1932] 181, 190) oder mit Ameisensäure (*Fi., Bä.*, l. c. S. 202, 217) ist 13^1-Desoxo-phytoporphyrin (S. 2974) als Hauptprodukt erhalten worden. Beim Behandeln mit Benzoylchlorid und Pyridin ist ein Benzoyl-Derivat $C_{42}H_{40}N_4O_6$(?) (Kristalle [aus $CHCl_3$+Me.] mit 1 Mol Pyridin; F: 210–211°; λ_{max} [Ae.+Py.; 440–685 nm]) erhalten worden (*Stoll, Wiedemann*, Helv. **16** [1933] 739, 758, **17** 170; s. a. *Fischer, Spielberger*, A. **510** [1934] 156, 161; *Fi., Ri.*, A. **505** 93; *Treibs*, A. **506** [1933] 196, 219).

Kupfer(II)-Komplex. Kristalle, die unterhalb 320° nicht schmelzen (*Fischer, Wunderer*, A. **533** [1938] 230, 242; s. dazu *Strell, Zuther*, A. **612** [1958] 264, 267). λ_{max} (Py.+Ae.; 450–680 nm): *Fi., Wu.* Phosphorescenzmaximum (Ae.+Isopentan+A.) bei 77 K: 867,5 nm (*Becker, Kasha*, Am. Soc. **77** [1955] 3669).

Magnesium-Komplex $MgC_{35}H_{34}N_4O_5$; Chlorophyllid-a. Hygroskopische blauschwarze Kristalle [aus Ae. oder wss. Acn.] (*Willstätter, Stoll*, A. **387** [1912] 317, 366). Absorptionsspektrum (Glycerin+A.; 250–720 nm): *Gurinowitsch*, Trudy Inst. fiz. Mat. Akad. Belorussk. S.S.R. Nr. 3 [1959] 111, 113; C. A. **1961** 26661. Fluorescenzpolarisationsspektrum (Glycerin+A.; 280–700 nm): *Gu.* Abklingzeit der Fluorescenz in Äthanol und in Äther bei 20°: *Dmitriewskiĭ et al.*, Doklady Akad. S.S.S.R. **114** [1957] 751; Doklady biol. Sci. Sect. **112–117** [1957] 468.

Bildung von Eisen(III)-Komplexen (Phäohämin-a): *Fischer, Bäumler*, A. **474** [1929] 65, 86; *Warburg*, B. **64** [1931] 682; *Fischer, Wunderer*, A. **533** [1938] 230, 239; *Strell, Zuther*, A. **612** [1958] 264, 267; *Kikuchi, Barron*, Am. Soc. **81** [1959] 3990.

Oxim $C_{35}H_{37}N_5O_5$; 3-[(18*S*)-7-Äthyl-2^1-hydroxyimino-2^2*t*-methoxycarbonyl-3,8,13,17*t*-tetramethyl-12-vinyl-2^1,2^2,17,18-tetrahydro-cyclopenta[*at*]porphyrin-18*r*-yl]-propionsäure, (13^2*R*)-13^2-Methoxycarbonyl-3^1,3^2-didehydro-phytochlorin-oxim, Phäophorbid-a-oxim. Kristalle [aus Acn.+Me. bzw. aus $CHCl_3$+Me. oder Ae.] (*Fischer, Spielberger*, A. **510** [1934] 156, 166; *Stoll, Wiedemann*, Helv. **17** [1934] 163, 180, 837, 842). λ_{max} (Ae. bzw. Ae.+Py.; 445–690 nm): *Fischer, Siebel*, A. **499** [1932] 84, 107; *St., Wi.*, l. c. S. 842.

2,4-Dinitro-phenylhydrazon $C_{41}H_{40}N_8O_8$; 3-[(18*S*)-7-Äthyl-2^1-(2,4-dinitro-phenylhydrazono)-2^2*t*-methoxycarbonyl-3,8,13,17*t*-tetramethyl-12-vinyl-2^1,2^2,

17,18-tetrahydro-cyclopenta[*at*]porphyrin-18*r*-yl]-propionsäure, (13²*R*)-13²-Methoxycarbonyl-3¹,3²-didehydro-phytochlorin-[2,4-dinitro-phenylhydrazon], Phäophorbid-a-[2,4-dinitro-phenylhydrazon]. IR-Spektrum ($CHCl_3$; 3600–650 cm^{-1}): *Holt, Jacobs,* Plant Physiol. **30** [1955] 553, 555, 556.

(2²*R*)-7-Äthyl-18*t*-[2-methoxycarbonyl-äthyl]-3,8,13,17*c*-tetramethyl-2¹-oxo-12-vinyl-2¹,2²,17,18-tetrahydro-cyclopenta[*at*]porphyrin-2²*r*-carbonsäure-methylester, 3-[(18*S*)-7-Äthyl-2²*t*-methoxycarbonyl-3,8,13,17*t*-tetramethyl-2¹-oxo-12-vinyl-2¹,2²,17,18-tetrahydro-cyclopenta[*at*]porphyrin-18*r*-yl]-propionsäure-methylester, (13²*R*)-13²-Methoxycarbonyl-3¹,3²-didehydro-phytochlorin-methylester, Phäophorbid-a-methylester, Methylphäophorbid-a $C_{36}H_{38}N_4O_5$, Formel XII (R = CH_3) und Taut.

Konfiguration: *Wolf et al.,* A. **704** [1967] 208.

Zusammenfassende Darstellung: *H. Fischer, A. Stern,* Die Chemie des Pyrrols, Bd. 2, Tl. 2 [Leipzig 1940] S. 52, 64.

B. Aus dem vorangehenden Phäophorbid-a und Diazomethan (*Fischer, Bäumler,* A. **474** [1929] 65, 86; *Fischer, Spielberger,* A. **515** [1935] 130, 138, 146) oder methanol. HCl (*H. Fischer, A. Stern,* Die Chemie des Pyrrols, Bd. 2, Tl. 2 [Leipzig 1940] S. 65; *Falk, Willis,* Austral. J. scient. Res. [A] **4** [1951] 579, 584). Aus Phäophorbid-a und Methanol mit Hilfe eines Chlorophyllase-Präparats (*Fischer, Lambrecht,* Z. physiol. Chem. **253** [1938] 253, 257). Aus Methylchlorophyllid-a (s. u.) mit Hilfe von wss. HCl (*Willstätter, Stoll,* A. **387** [1912] 317, 370; *Fischer et al.,* A. **486** [1931] 107, 158). Aus Phäophytin-a (S. 3242) mit Hilfe von methanol. HCl (*Stoll, Wiedemann,* Helv. **16** [1933] 183, 197; *Fischer et al.,* A. **486** 158, **490** [1931] 1, 36; *Conant, Dietz,* Am. Soc. **55** [1933] 839, 843).

Dunkelblaue Kristalle; Zers. bei ca. 280° [aus $CHCl_3$+Me.] (*Stoll, Wiedemann,* Helv. **16** [1933] 183, 199); F: 236° [aus Acn.+Me.] (*Fischer, Lautsch,* A. **528** [1937] 265, 269), 228° [aus Ae.] (*Fischer et al.,* A. **486** [1931] 107, 158); Zers. bei 208° [aus Acn.+Me.] (*Fischer, Bäumler,* A. **474** [1929] 65, 86). Verbrennungsenthalpie bei 15°: *Stern, Klebs,* A. **505** [1933] 295, 304. Über das optische Drehungsvermögen in einem Methanol-Pyridin-Gemisch s. *Stoll, Wiedemann,* Helv. **16** [1933] 307, 313; in Aceton s. *Fi., La.,* l. c. S. 275; *Pruckner et al.,* A. **546** [1941] 41, 45. IR-Spektrum in Nujol (2–15 μ): *Falk, Willis,* Austral. J. scient. Res. [A] **4** [1951] 579, 589; in $CHCl_3$ (1800–1600 cm^{-1}): *Holt,* Plant Physiol. **34** [1959] 310, 311. Absorptionsspektrum (Dioxan; 200–700 nm): *Stern, Pruckner,* Z. physik. Chem. [A] **185** [1940] 140, 141, 145, 148. λ_{max} (410–690 nm) in $CHCl_3$, wss. HCl und wss. NH_3: *Kennedy, Nicol,* Pr. roy. Soc. [B] **150** [1959] 509, 516; in Äther: *Fi. et al.,* l. c. S. 159; *Holt,* l. c. S. 312. Fluorescenzmaxima (Dioxan): 681,5 nm und 717,5 nm (*Stern, Molvig,* Z. physik. Chem. [A] **175** [1936] 38, 42). Scheinbare Dissoziationsexponenten pK'_{a1}, pK'_{a2} und pK'_{a3} (Eg.; potentiometrisch ermittelt) bei 25°: –2,3 bzw. –1,4 bzw. 1,9 (*Conant et al.,* Am. Soc. **56** [1934] 2185, 2186).

Beim Erhitzen mit Jod und Natriumacetat in Äthanol ist sog. 10-Acetoxy-phäophorbid-a-methylester (S. 3336) erhalten worden (*Fischer, Heckmaier,* A. **508** [1934] 250, 253, 259; s. a. *Strell,* A. **550** [1942] 50, 51). Bildung von „10-Oxy-phäophorbid-a-methylester" (S. 3335) beim Behandeln des Zink-Komplexes in Aceton mit Luft oder beim Erhitzen des Zink-Komplexes mit Sauerstoff und Essigsäure: *Fischer, Pfeiffer,* A. **555** [1944] 94, 110. Bildung des Kupfer(II)-Komplexes des „10-Oxy (bzw. 10-Acetoxy)-phäophorbid-a-methylesters" beim Erhitzen mit Kupfer(II)-acetat in Essigsäure: *Strell, Zuther,* A. **612** [1958] 264, 266, 268. Bei aufeinanderfolgendem Behandeln von Methylchlorophyllid-a (s. u.) mit [1,4]Benzochinon und Methanol und mit wss. HI und Essigsäure ist sog. 10-Methoxy-phäoporphyrin-a_5-dimethylester (S. 3332) erhalten worden (*Fischer et al.,* A. **495** [1932] 1, 30). Beim Behandeln mit Benzoylchlorid und Pyridin ist ein Benzoyl-Derivat $C_{43}H_{42}N_4O_6$(?) (grüne Kristalle [aus Ae.+PAe.] mit 1 Mol Pyridin; F: 182°; λ_{max} [Ae.+Py.; 435–685 nm]) erhalten worden (*Stoll, Wiedemann,* Helv. **16** [1933] 739, 760, **17** [1934] 163, 165, 173).

Magnesium-Komplex $MgC_{36}H_{36}N_4O_5$; Methylchlorophyllid-a. Isolierung aus Blättern: *R. Willstätter, A. Stoll,* Untersuchungen über Chlorophyll [Berlin 1913] S. 201; *Willstätter, Stoll,* A. **387** [1912] 317, 335, 345. – Hygroskopische blaugrüne Kristalle [aus Ae.] (*Wi., St.,* A. **387** 351, 354; *Fischer, Spielberger,* A. **510** [1934] 156, 163). Über das optische Drehungsvermögen in Aceton s. *Fischer, Stern,* A. **519** [1935] 58, 62, 68; *Pruckner et al.,* A. **546** [1940]

41, 45. λ_{max} (400–700 nm) in Äther: *Holt,* Plant Physiol. **34** [1959] 310, 312; in Dioxan: *Stern, Wenderlein,* Z. physik. Chem. [A] **176** [1936] 81, 92, 111; in einem Pyridin-Äther-Gemisch: *Fi., Sp.,* l. c. S. 164. Fluorescenzmaxima (Dioxan): 656 nm, 672 nm, 720,5 nm und 809 nm (*Stern, Molvig,* Z. physik. Chem. [A] **176** [1936] 209, 211). Photoleitfähigkeit eines Films bei 400–750 nm: *Nelson,* J. chem. Physics **27** [1957] 864; s. a. *Nelson,* J. chem. Physics **29** [1958] 388.

Zink-Komplex $ZnC_{36}H_{36}N_4O_5$. Kristalle (aus Me. + Acn.); F: 174° (*Fischer, Pfeiffer,* A. **555** [1944] 94, 107). $[\alpha]^{20}_{690-730}$: −372° [Acn.; c = 0,1] (*Fischer, Stern,* A. **520** [1935] 88, 96). λ_{max} (Ae.; 450–675 nm): *Fi., Pf.*

Oxim $C_{36}H_{39}N_5O_5$; 3-[(18*S*)-7-Äthyl-2[1]-hydroxyimino-2[2]*t*-methoxycarbonyl-3,8,13,17*t*-tetramethyl-12-vinyl-2[1],2[2],17,18-tetrahydro-cyclopenta[*at*]porphyrin-18*r*-yl]-propionsäure-methylester, (13[2] *R*)-13[2]-Methoxycarbonyl-3[1],3[2]-didehydro-phytochlorin-methylester-oxim, Phäophorbid-a-methylester-oxim. Grünlichschwarze Kristalle [aus Acn. + Me. oder $CHCl_3$ + Me. bzw. aus Ae. oder Me.] (*Stoll, Wiedemann,* Helv. **17** [1934] 163, 178, 837, 842); unterhalb 260° nicht schmelzend (*St., Wi.,* l. c. S. 179). λ_{max} (Ae. + Py.; 440–685 nm): *St., Wi.,* l. c. S. 179, 842; *Fischer et al.,* A. **508** [1934] 224, 248.

3-[(18*S*)-7-Äthyl-2[2]*t*-methoxycarbonyl-3,8,13,17*t*-tetramethyl-2[1]-oxo-12-vinyl-2[1],2[2],17,18-tetrahydro-cyclopenta[*at*]porphyrin-18*r*-yl]-propionsäure-äthylester, (13[2]*R*)-13[2]-Methoxycarbonyl-3[1],3[2]-didehydro-phytochlorin-äthylester, Phäophorbid-a-äthylester, Äthylphäophorbid-a $C_{37}H_{40}N_4O_5$, Formel XII (R = C_2H_5) und Taut.

Zusammenfassende Darstellung: *H. Fischer, A. Stern,* Die Chemie des Pyrrols, Bd. 2, Tl. 2 [Leipzig 1940] S. 53, 61.

B. Aus Phäophorbid-a (S. 3237) und Äthanol mit Hilfe eines Chlorophyllase-Präparats (*Fischer, Lambrecht,* Z. physiol. Chem. **253** [1938] 253, 257). Aus Phäophytin-a (S. 3242) mit Hilfe von äthanol. HCl (*Fischer et al.,* A. **495** [1932] 1, 22).

F: 233° (*Fi., La.*). IR-Spektrum ($CHCl_3$; 3800–650 cm^{-1}): *Holt, Jacobs,* Plant Physiol. **30** [1955] 553, 554, 555.

Kupfer(II)-Komplex. Phosphorescenzspektrum (A. + Ae. + 3-Methyl-pentan; 12000–11200 cm^{-1}) bei 77 K: *Fernandez, Becker,* J. chem. Physics **31** [1959] 467, 470.

Magnesium-Komplex $MgC_{37}H_{38}N_4O_5$; Äthylchlorophyllid-a. Kristalle (aus Ae.) mit 1 Mol H_2O (*Fischer, Spielberger,* A. **510** [1934] 156, 165; *Fischer, Goebel,* A. **524** [1936] 269, 270). Dunkelblaugrüne Kristalle (aus Acn. + H_2O) mit 2 Mol H_2O; trigonal; Kristallstruktur-Analyse (Röntgen-Diagramm); Dichte der Kristalle: 1,28 (*Strouse,* Pr. nation. Acad. U.S.A. **71** [1974] 325). IR-Spektrum ($CHCl_3$; 3800–650 cm^{-1}): *Holt, Ja.,* l. c. S. 554, 555. Absorptionsspektrum von Mikrokristallen verschiedener Grösse (400–830 nm): *Jacobs et al.,* Arch. Biochem. **72** [1957] 495, 497, 498, 503, 507; *Rabinowitch et al.,* Z. Phys. **133** [1952] 261, 264, 265; s. a. *Jacobs, Holt,* J. chem. Physics **20** [1952] 1326; einer monomolekularen Schicht (390–780 nm): *Jacobs et al.,* J. chem. Physics **22** [1954] 142; Arch. Biochem. **72** 500, 503; von Lösungen in Äther (390–700 nm): *Ja. et al.,* Arch. Biochem. **72** 500, 503; *Watson,* Nature **171** [1953] 842; in Aceton (380–700 nm): *Ja., Holt; Ra. et al.* Oszillatorstärke des λ_{max} bei 648 nm (Ae.): *Ja. et al.,* Arch. Biochem. **72** 503. Reflexionsspektrum der Kristalle (600–1000 nm): *Ja. et al.,* Arch. Biochem. **72** 499. Quantenausbeute der Fluorescenz in Äther: *Latimer et al.,* Sci. **124** [1956] 585.

Oxim $C_{37}H_{41}N_5O_5$; 3-[(18*S*)-7-Äthyl-2[1]-hydroxyimino-2[2]*t*-methoxycarbonyl-3,8,13,17*t*-tetramethyl-12-vinyl-2[1],2[2],17,18-tetrahydro-cyclopenta[*at*]porphyrin-18*r*-yl]-propionsäure-äthylester, (13[2] *R*)-13[2]-Methoxycarbonyl-3[1],3[2]-didehydro-phytochlorin-äthylester-oxim, Phäophorbid-a-äthylester-oxim. IR-Spektrum ($CHCl_3$; 3800–1600 cm^{-1}): *Holt, Ja.,* l. c. S. 556.

3-[(18*S*)-7-Äthyl-2[2]*t*-methoxycarbonyl-3,8,13,17*t*-tetramethyl-2[1]-oxo-12-vinyl-2[1],2[2],17,18-tetrahydro-cyclopenta[*at*]porphyrin-18*r*-yl]-propionsäure-hexadecylester, (13[2]*R*)-13[2]-Methoxycarbonyl-3[1],3[2]-didehydro-phytochlorin-hexadecylester, Phäophorbid-a-hexadecylester $C_{51}H_{68}N_4O_5$, Formel XII (R = $[CH_2]_{15}$-CH_3) und Taut.

B. Aus Phäophorbid-a (S. 3237) und Hexadecan-1-ol mit Hilfe von $COCl_2$ (*Fischer, Schmidt,*

A. **519** [1935] 244, 251).
Schwarzgrün; F: 141°.

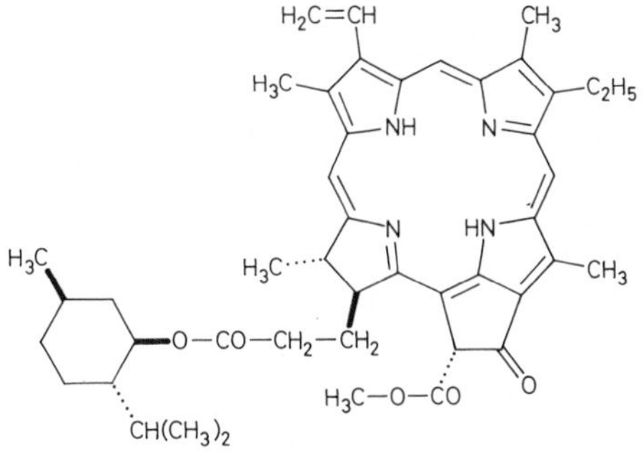

XIII

3-[(18*S*)-7-Äthyl-2²*t*-methoxycarbonyl-3,8,13,17*t*-tetramethyl-2¹-oxo-12-vinyl-2¹,2²,17,18-tetrahydro-cyclopenta[*at*]porphyrin-18*r*-yl]-propionsäure-[(1*R*)-menthylester], (13²*R*)-13²-Methoxycarbonyl-3¹,3²-didehydro-phytochlorin-[(1*R*)-menthylester], Phäophorbid-a-[(1*R*)-menthylester] $C_{45}H_{54}N_4O_5$, Formel XIII und Taut.

B. Analog der vorangehenden Verbindung (*Fischer, Schmidt,* A. **519** [1935] 244, 252).
Schwarzgrün; F: 186° [nach Sintern bei 160°]. $[\alpha]^{20}_{\text{weisses Licht}}$: −210° [Acn.; c = 0,1].

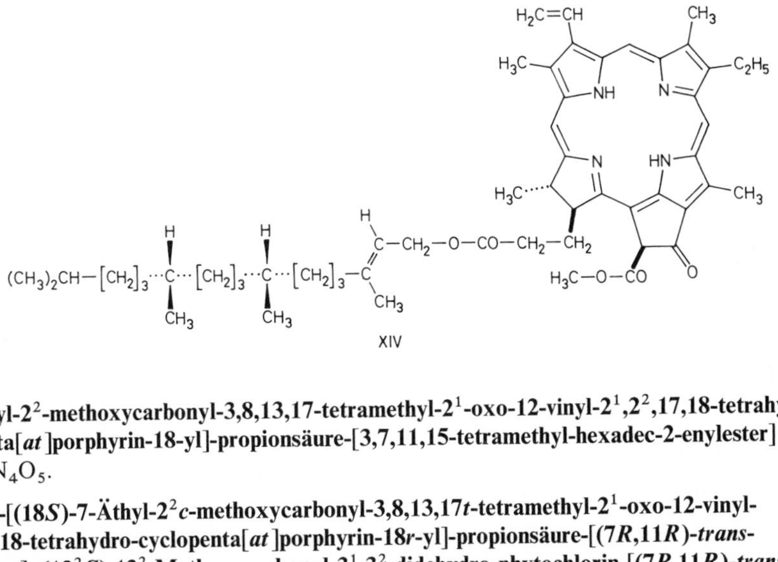

XIV

3-[7-Äthyl-2²-methoxycarbonyl-3,8,13,17-tetramethyl-2¹-oxo-12-vinyl-2¹,2²,17,18-tetrahydro-cyclopenta[*at*]porphyrin-18-yl]-propionsäure-[3,7,11,15-tetramethyl-hexadec-2-enylester] $C_{55}H_{74}N_4O_5$.

a) **3-[(18*S*)-7-Äthyl-2²*c*-methoxycarbonyl-3,8,13,17*t*-tetramethyl-2¹-oxo-12-vinyl-2¹,2²,17,18-tetrahydro-cyclopenta[*at*]porphyrin-18*r*-yl]-propionsäure-[(7*R*,11*R*)-*trans*-phytylester], (13²*S*)-13²-Methoxycarbonyl-3¹,3²-didehydro-phytochlorin-[(7*R*,11*R*)-*trans*-phytylester], Phäophytin-a′,** Formel XIV und Taut.

Magnesium-Komplex $MgC_{55}H_{72}N_4O_5$; **Chlorophyll-a′.** Diese Konstitution und Konfiguration kommt vermutlich einer von *Hynninen* (Acta chem. scand. **27** [1973] 1487) als Magnesium-Komplex des 3-[(18*S*)-7-Äthyl-2¹-hydroxy-2²-methoxycarbonyl-3,8,13,17*t*-tetramethyl-12-vinyl-17,18-dihydro-cyclopenta[*at*]porphyrin-18*r*-yl]-propionsäure-phytylesters $C_{55}H_{74}N_4O_5$ formulierten Verbindung zu (*Katz et al.,* Am. Soc. **90** [1968] 6841; *Scheer* bzw. *Brockmann,* in *D. Dolphin,* The Porphyrins, Bd. 2 [New York 1978] S. 1, 32 bzw. S. 287, 291). – Tautomerie-Gleichgewicht mit Chlorophyll-a (S. 3243) in Propan-1-ol bei 95–100°: *Strain, Manning,* J. biol. Chem. **146** [1942] 275. – Isolierung aus grünen Blättern nach Erhitzen mit H_2O: *St., Ma.*; *Strain,* J. agric. Food Chem. **2** [1954] 1222, 1223. – *B.* Aus Chlorophyll-a beim Behandeln mit Pyridin (*Hy.,* l. c. S. 1488). – ¹H-NMR-Spektrum

(THF-d_8) und ^{1}H-NMR-Absorption (Py.-d_5 sowie Trifluoressigsäure): *Katz et al.*, l. c. S. 6843, 6844. Absorptionsspektrum (Ae.; 350–700 nm): *Hy.*, l. c. S. 1489, 1490.

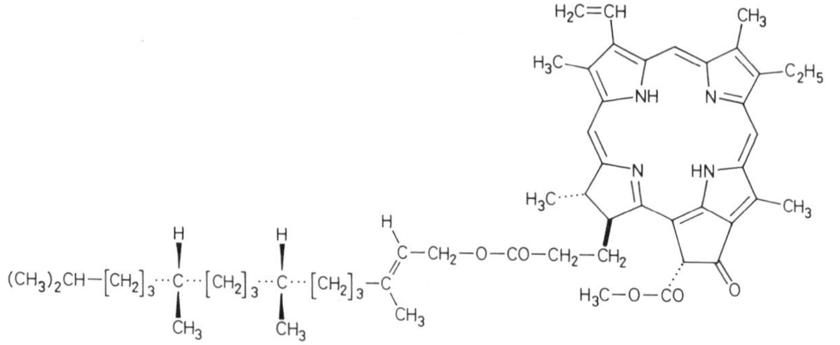

XV

b) **3-[(18*S*)-7-Äthyl-2^2*t*-methoxycarbonyl-3,8,13,17*t*-tetramethyl-2^1-oxo-12-vinyl-2^1,2^2,17,18-tetrahydro-cyclopenta[*at*]porphyrin-18*r*-yl]-propionsäure-[(7*R*,11*R*)-*trans*-phytylester], (13^2*R*)-13^2-Methoxycarbonyl-3^1,3^2-didehydro-phytochlorin-[(7*R*,11*R*)-*trans*-phytylester], Phäophytin-a,** Formel XV und Taut.

Über Konstitution und Konfiguration s. u. bei Chlorophyll-a.

Zusammenfassende Darstellung: *H. Fischer, A. Stern,* Die Chemie des Pyrrols, Bd. 2, Tl. 2 [Leipzig 1940] S. 1–27, 47, 55.

B. Aus Chlorophyll-a (s. u.) mit Hilfe von äthanol. Oxalsäure (*Willstätter, Hocheder,* A. **354** [1907] 205, 206) oder von äthanol. bzw. wss.-äthanol. HCl (*R. Willstätter, A. Stoll,* Untersuchungen über Chlorophyll [Berlin 1913] S. 256, 274; s. a. *Stoll, Wiedemann,* Helv. **16** [1933] 183, 196; *Fischer, Hagert,* A. **502** [1933] 1, 56).

Trennung von Phäophytin-b (S. 3287) durch Chromatographieren an Saccharose: *Winterstein, Stein,* Z. physiol. Chem. **220** [1933] 247, 263, 274.

Blaugrüne bis blauschwarze Kristalle mit 0,5 Mol H_2O(?); F: 178–180° [nach Sintern bei 150°; rasches Erhitzen; aus $CHCl_3$+Me.; nach Trocknen bei 60° im Hochvakuum] (*Treibs, Wiedemann,* A. **471** [1929] 146, 165), 129° [aus $CHCl_3$+Me.] (*Fischer, Schmidt,* A. **519** [1935] 244, 250), 120° [nach Sintern bei 110–114°; aus A.] (*Willstätter, Isler,* A. **390** [1912] 269, 333). $[\alpha]^{25}_{720}$: −126° [Me.+Py. (95:5); c = 0,04] (*Stoll, Wiedemann,* Helv. **16** [1933] 307, 309, 313; s. dazu *Fischer, Stern,* A. **519** [1935] 58, 60). IR-Spektrum (CCl_4 sowie Py.; 3800–650 cm^{-1}): *Holt, Jacobs,* Plant Physiol. **30** [1955] 553, 555, 556; s. a. *Weigl, Livingston,* Am. Soc. **75** [1953] 2173.

Absorptionsspektrum in einem Propan-Propen-Dipropyläther-Gemisch bei 75 K, 190 K und 225 K (300–750 nm): *Freed, Sancier,* Am. Soc. **76** [1954] 198, 202; in Hexan (220–700 nm): *Weber, Teale,* Trans. Faraday Soc. **54** [1958] 640, 645; in Benzol (430–560 nm): *Livingston,* Am. Soc. **77** [1955] 2179; in Benzol, Methanol, Äthanol, Isobutylalkohol und Isopentylalkohol (630–720 nm): *Krawzow,* Izv. Akad. S.S.S.R. Ser. fiz. **23** [1959] 78; engl. Ausg. S. 77; in Methanol (340–700 nm bzw. 400–700 nm): *Livingston et al.*, Am. Soc. **75** [1953] 3025; *Manning, Strain,* J. biol. Chem. **151** [1943] 1, 14; in Äthanol (200–700 nm) und in Cyclohexanol (300–700 nm): *Gurinowitsch et al.*, Optika Spektr. **3** [1957] 237, 239; C. A. **1958** 1762; in Äther (380–700 nm): *Pinckard et al.*, Arch. Biochem. **44** [1953] 189, 191; in Dioxan (480–670 nm): *Stern, Wenderlein,* Z. physik. Chem. [A] **175** [1936] 405, 406, 413; in Aceton (340–700 nm): *Dilung, Dain,* Ž. fiz. Chim. **33** [1959] 2740, 2743; engl. Ausg. S. 605, 607; in DMF (350–700 nm): *Holt,* Canad. J. Biochem. Physiol. **36** [1958] 439, 444; in Pyridin (400–700 nm): *Ewštigneew, Gawrilowa,* Doklady Akad. S.S.S.R. **96** [1954] 1201; C. A. **1954** 13832; in methanol. HCl und methanol. Natriummethylat (340–700 nm): *Li. et al.* λ_{max} (Ae., Piperidin sowie Py.; 400–670 nm): *Krašnowškiĭ, Brin,* Doklady Akad. S.S.S.R. **89** [1952] 527; C. A. **1953** 8195. Triplett-Triplett-Absorptionsspektrum (Bzl.; 430–560 nm): *Li.*

Fluorescenz-Anregungsspektrum (Hexan; 220–700 nm): *Weber, Teale,* Trans. Faraday Soc.

54 [1958] 640, 644, 645. Fluorescenzspektrum in Methanol, Äthanol, Isobutylalkohol, Isopentylalkohol sowie Cyclohexanol (630–750 nm): *Krawzow,* Izv. Akad. S.S.S.R. Ser. fiz. **23** [1959] 78; engl. Ausg. S. 77; in Äther (630–770 nm): *French et al.,* Plant Physiol. **31** [1956] 369, 371. Fluorescenzmaxima: 676 nm und 730,5 nm [Ae.] (*Dhéré, Raffy,* Bl. Soc. Chim. biol. **17** [1935] 1385, 1409) bzw. 677 nm, 717 nm, 751 nm und 804 nm [Dioxan] (*Stern, Molvig,* Z. physik. Chem. [A] **176** [1936] 209, 211, 214). Quantenausbeute der Fluorescenz in Benzol: *Weber, Teale,* Trans. Faraday Soc. **53** [1957] 646, 654; in Methanol: *Forster, Livingston,* J. chem. Physics **20** [1952] 1315, 1318. Fluorescenzpolarisationsspektrum (Cyclohexanol; 300–700 nm bzw. 650–750 nm): *Gurinowitsch et al.,* Optika Spektr. **3** [1957] 237, 239; C. A. **1958** 1762; *Kr.*

Absorptionsspektrum der Komplexe mit Kupfer(2+), Silber(+), Zink(2+) und Cadmium(2+) in Äthanol (200–700 nm): *Gurinowitsch et al.,* Optika Spektr. **3** [1957] 237, 239; C. A. **1958** 1762; des Komplexes mit Zinn(2+) in Aceton (340–700 nm): *Dilung, Dain,* Ž. fiz. Chim. **33** [1959] 2740, 2743; engl. Ausg. S. 605, 607. Absorptionsspektrum und Fluorescenzpolarisationsspektrum der Komplexe mit Zink(2+), Kobalt(2+) und Nickel(2+) in Cyclohexanol (300–700 nm): *Gu. et al.,* l. c. S. 240.

Reversible Photoreduktion mit L-Ascorbinsäure in Pyridin bei −40° und +20°: *Ewštigneewa, Gawrilowa,* Doklady Akad. S.S.S.R. **96** [1954] 1201, 1202; C. A. **1954** 13832; s. a. *Krasnovsky,* J. Chim. phys. **55** [1958] 968, 969; mit L-Ascorbinsäure in Äthanol, Piperidin, Pyridin und Chinolin sowie in Äthanol unter Zusatz von Piperidin, Pyridin, Chinolin und Nicotin: *Krašnowškiĭ, Brin,* Doklady Akad. S.S.S.R. **89** [1953] 527, 529; C. A. **1953** 8195.

Magnesium-Komplex $MgC_{55}H_{72}N_4O_5$; **Chlorophyll-a.**

Konstitution: *Fischer, Wenderoth,* A. **537** [1939] 170, 173, **545** [1940] 140. Konfiguration: *Fleming,* Soc. [C] **1968** 2765, 2767; *Brockmann,* A. **754** [1971] 139, 140; *Brockmann, Bode,* A. **1974** 1017.

Tautomerie-Gleichgewicht mit Chlorophyll-a′ (S. 3241) in Propan-1-ol bei 95–100°: *Strain, Manning,* J. biol. Chem. **146** [1942] 275.

Isolierung aus Brennesselblättern: *R. Willstätter, A. Stoll,* Untersuchungen über Chlorophyll [Berlin 1913] S. 126; *Stoll, Wiedemann,* Helv. **16** [1933] 739, 741; *Schertz,* Ind. eng. Chem. **30** [1938] 1073; aus Gerstenblättern: *Zscheile,* Bot. Gaz. **95** [1934] 529, 533, 550; aus Spinat: *Jacobs et al.,* Arch. Biochem. **53** [1954] 228, 229; *Strain, Svec,* in *L.P. Vernon, G.R. Seely,* The Chlorophylls [New York 1966] S. 54; aus Luzerne: *Shearon, Gee,* Ind. eng. Chem. **41** [1949] 218, 223; *Judah et al.,* Ind. eng. Chem. **46** [1954] 2262–2271; aus Algen: *Kasahara, Nishide,* J. chem. Soc. Japan Ind. Chem. Sect. **61** [1958] 695; C. A. **1961** 10600; aus grünem Pflanzenmaterial: *Brit. Chlorophyll Co.,* Brit. P. 514061 [1938]; aus grünem Pflanzenmaterial nach Einfrieren: *Schertz, Van Sant,* U.S.P. 2098110 [1933].

Trennung von Chlorophyll-b (S. 3287) durch Chromatographieren an Saccharose: *Winterstein, Stein,* Z. physiol. Chem. **220** [1933] 247, 264, 272; *Winterstein, Schön,* Z. physiol. Chem. **230** [1934] 139, 144; *Stoll, Wiedemann,* Helv. **42** [1959] 679, 681; an Inulin: *Mackinney,* J. biol. Chem. **132** [1940] 91, 93, 100; an Fe_2O_3: *Glemser, Rieck,* Naturwiss. **45** [1958] 569.

Herstellung von [^{28}Mg]Chlorophyll-a: *Becker, Sheline,* J. chem. Physics **21** [1953] 946.

Grüne Kristalle [aus wss. Acn. bzw. aus Ae.+H_2O, Ae.+Hexan+H_2O oder Ae.+Pentan+H_2O bzw. aus wss. Acn., besonders unter Zusatz von Calcium-Ionen, oder Ae.+PAe.+H_2O bzw. aus Isopropylalkohol+Pentan+H_2O] (*Stoll, Wiedemann,* Helv. **42** [1959] 679, 681; *Jacobs et al.,* Arch. Biochem. **53** [1954] 228, 230; J. chem. Physics **21** [1953] 2246; *Zill et al.,* Sci. **128** [1958] 478); F: 150–153° [korr.; Zers.] (*Stoll, Wiedemann,* Helv. **16** [1933] 739, 757). Netzebenenabstände: *Donnay,* Arch. Biochem. **80** [1959] 80, 81; s. a. *Ja. et al.,* J. chem. Physics **21** 2246. Dichte der Kristalle: 1,079 (*Do.,* l. c. S. 82). Optisches Drehungsvermögen in Aceton: *Stoll, Wiedemann,* Helv. **16** [1933] 307, 309, 313; s. dazu *Fischer, Stern,* A. **519** [1935] 58, 60. ^{1}H-NMR-Spektrum (THF-d_8) und ^{1}H-NMR-Absorption (Py.-d_5 sowie Trifluoressigsäure): *Katz et al.,* Am. Soc. **90** [1968] 6841, 6843, 6844. IR-Spektrum in KBr (6600–600 cm^{-1}): *St., Wi.,* Helv. **42** 682; in Nujol, $CHCl_3$, CCl_4, Äther, CS_2 sowie Pyridin (3800–650 cm^{-1}): *Holt, Jacobs,* Plant Physiol. **30** [1955] 553–556; s. a. *Weigl, Livingston,* Am. Soc. **75** [1953] 2173. IR-Spektrum eines deuterierten Präparats (Film; 5000–600 cm^{-1}): *Strain et al.,* Nature **184** [1959] 730.

Absorptionsspektrum eines kristallinen und eines nicht-kristallinen Films (390–790 nm): *Jacobs et al.*, Arch. Biochem. **53** [1954] 228, 235; in einem Propan-Propen-Dipropyläther-Gemisch bei 75 K und 230 K (400–780 nm): *Freed, Sancier*, Sci. **114** [1951] 275; in Mineralöl (400–790 nm bzw. 630–720 nm): *Ja. et al.*, l. c. S. 233; *Lavorel*, J. phys. Chem. **61** [1957] 1600, 1603; in einem Nujol-Benzol-Gemisch (350–730 nm): *Trurnit, Colmano*, Biochim. biophys. Acta **31** [1959] 434, 444; in Petroläther (570–800 nm): *Zill et al.*, Sci. **128** [1958] 478; in Hexan (220–690 nm): *Weber, Teale*, Trans. Faraday Soc. **54** [1958] 640, 645, 646; in 3-Methyl-pentan, auch unter Zusatz von Äthanol (400–720 nm): *Fernandez, Becker*, J. chem. Physics **31** [1959] 467, 470; in Benzol, auch in Gegenwart kleiner Mengen Benzylalkohol oder Benzylamin, bei 11°, 30° und 67° (400–720 nm): *Livingston et al.*, Am. Soc. **71** [1949] 1542, 1546; in Benzol (250–740 nm): *Winterstein, Stein*, Z. physiol. Chem. **220** [1933] 247, 263, 268; in Methanol (400–700 nm): *Manning, Strain*, J. biol. Chem. **151** [1943] 1, 11; *Strain, Manning*, J. biol. Chem. **144** [1942] 625, 628; in Äthanol (650–740 nm): *Krawzow*, Izv. Akad. S.S.S.R. Ser. fiz. **23** [1959] 78; engl. Ausg. S. 77; in Äther (265–700 nm bzw. 310–650 nm bzw. 350–720 nm bzw. 390–690 nm): *Harris, Zscheile*, Bot. Gaz. **104** [1943] 515, 518, 519, 521, 523; *Hagenbach et al.*, Helv. phys. Acta **9** [1936] 3, 11, 25, 26; *Tr., Co.*, l. c. S. 443; *Zscheile, Comar*, Bot. Gaz. **102** [1941] 463, 468, 469, 471; in Cyclohexanol (350–560 nm): *Livingston*, Am. Soc. **77** [1955] 2179; in Cyclohexanol sowie Glycerin (250–720 nm): *Gurinowitsch et al.*, Optika Spektr. **3** [1957] 237, 239; C. A. **1958** 1762; in einem Cyclohexanol-Glycerin-Gemisch (250–720 nm): *Gurinowitsch*, Trudy Inst. Fiz. Mat. Akad. Belorussk. S.S.R. Nr. 3 [1959] 111, 113; C. A. **1961** 26661; in Benzylalkohol sowie Benzylamin (400–720 nm): *Li. et al.*; in Aceton (400–680 nm): *Ja. et al.*; in Dioxan (250–800 nm): *Stoll, Wiedemann*, Helv. **42** [1959] 679, 682; in Phenylhydrazin, Piperidin, Pyridin sowie Nicotin (600–700 nm): *Krašnowškiĭ, Brin*, Doklady Akad. S.S.S.R. **89** [1953] 527; C. A. **1953** 8195; in Pyridin (350–730 nm bzw. 350–700 nm bzw. 400–720 nm bzw. 400–700 nm): *Linschitz, Sarkanen*, Am. Soc. **80** [1958] 4826, 4829; *Holt*, Canad. J. Biochem. Physiol. **36** [1958] 439, 443; *Weller*, Am. Soc. **76** [1954] 5819; *Livingston, Stockman*, J. phys. Chem. **66** [1962] 2533, 2535; in zahlreichen organischen Lösungsmitteln (400–700 nm): *Ha., Zsch.*, l. c. S. 518, 519, 521. λ_{max} (Ae. + Py.; 440–680 nm): *Stoll, Wiedemann*, Helv. **16** [1933] 739, 757. λ_{max} (400–680 nm) in zahlreichen organischen Lösungsmitteln: *Tr., Co.*, l. c. S. 436, 437; *Kr., Brin.* Absorptionsspektrum dünner Schichten an der Grenzfläche H_2O/Luft und Nujol/Benzol (350–730 nm): *Tr., Co.*, l. c. S. 443–447. – λ_{max} eines deuterierten Präparats (Me.): 432 nm und 661 nm (*Strain et al.*, Nature **184** [1959] 730).

Triplett-Triplett-Absorptionsspektrum in Cyclohexanol (350–560 nm): *Livingston*, Am. Soc. **77** [1955] 2179; in Pyridin (350–730 nm): *Linschitz, Sarkanen*, Am. Soc. **80** [1958] 4826, 4829.

Über die Aktivierung der Fluorescenz s. *Livingston et al.*, Am. Soc. **71** [1949] 1542; s. a. *Watson*, Trans. Faraday Soc. **48** [1952] 526. Fluorescenz-Anregungsspektrum (Hexan; 220–700 nm): *Weber, Teale*, Trans. Faraday Soc. **54** [1958] 640, 644, 645. Fluorescenzspektrum in Isobutylalkohol bei –140°, –120° und +19° (640–760 nm): *Krawzow*, Izv. Akad. S.S.S.R. Ser. fiz. **23** [1959] 78; engl. Ausg. S. 77; in Äthanol in Abhängigkeit von der Konzentration bei –193° und bei Raumtemperatur (600–760 nm): *Brody*, Sci. **128** [1958] 838; in Äthanol sowie in einem Äthanol-Glycerin-Gemisch (640–760 nm): *Kr.*; in Äther (620–780 nm): *Zscheile, Harris*, J. phys. Chem. **47** [1943] 623, 628, 630; in Äther sowie in Aceton (625–775 nm): *French et al.*, Plant Physiol. **31** [1956] 369, 371. Fluorescenzmaxima: 676 nm und 725–730 nm [Bzl.] bzw. 666 nm und 730 nm [Ae.] (*Li. et al.*, l. c. S. 1545). Fluorescenzmaximum in zahlreichen organischen Lösungsmitteln: *Biermacher*, zit. bei *Dhéré*, Fortschr. Ch. org. Naturst. **2** [1939] 301, 318; *Dhéré, Raffy*, Bl. Soc. Chim. biol. **17** [1935] 1385, 1392; *Zsch., Ha.*, l. c. S. 631. Lage des Fluorescenzmaximums in Äther bei –62° bis +28°: *Zsch., Ha.*, l. c. S. 632. Fluorescenzpolarisationsspektrum in einem Äthanol-Glycerin-Gemisch (660–750 nm): *Kr.*; in einem Cyclohexanol-Glycerin-Gemisch (280–700 nm): *Gurinowitsch*, Trudy Inst. Fiz. Mat. Akad. Belorussk. S.S.R. Nr. 3 [1959] 111, 113; C. A. **1961** 26661; in einem Glycerin-H_2O-Gemisch, Vaselinöl sowie Rizinusöl (360–660 nm): *Stupp, Kuhn*, Helv. **35** [1952] 2469, 2476, 2480. Quantenausbeute der Fluorescenz in Benzol, Cyclohexanol und Aceton in Abhängigkeit von der Konzentration sowie in Methanol und Äther in Abhängigkeit von der Konzentration und von der Wellenlänge des anregenden Lichts (λ: 436–698 nm):

Forster, Livingston, J. chem. Physics **20** [1952] 1315, 1318, 1319; in Methanol, Äther sowie Pyridin: *Latimer et al.*, Sci. **124** [1956] 585; in Äther: *Rabinowitch,* J. phys. Chem. **61** [1957] 870, 874; *Brody, Rabinowitch,* Sci. **125** [1957] 555; *Brody,* Rev. scient. Instruments **28** [1957] 1021, 1025; in organischen Lösungsmitteln: *Weber, Teale,* Trans. Faraday Soc. **53** [1957] 646, 654. Relative Quantenausbeute der Fluorescenz in Äthanol-Glycerin-Gemischen verschiedener Viscosität: *Gu.*, l. c. S. 126. Abklingzeit der Fluorescenz in Hexan, Toluol, Äthanol, Äther, Aceton sowie Pyridin: *Dmitriewškiĭ et al.*, Doklady Akad. S.S.S.R. **114** [1957] 751; Doklady biol. Sci. Sect. **112–117** [1957] 468; in Benzol, Methanol sowie Äther: *Br., Ra.*; *Rabinowitch, Brody,* J. Chim. phys. **55** [1958] 927, 928; *Br.*, Rev. scient. Instruments **28** 1025; in Äther: *Ra.*; in einem Glycerin-H_2O-Gemisch sowie in Vaselinöl: *St., Kuhn,* l. c. S. 2480. Löschung der Fluorescenz in Methanol, Äther sowie in Aceton in Abhängigkeit von der Konzentration: *Watson, Livingston,* J. chem. Physics **18** [1950] 802; in Heptan, Benzol sowie Methanol durch Phenylhydrazin: *Wa.*; in Methanol, Äthanol, Äther sowie Aceton durch zahlreiche organische Verbindungen: *Livingston, Ke,* Am. Soc. **72** [1950] 909.

Phosphorescenzspektrum (610–840 nm) in 3-Methyl-pentan und in einem Äthanol-Äther-3-Methyl-pentan-Gemisch, jeweils bei 77 K und bei Raumtemperatur: *Fernandez, Becker,* J. chem. Physics **31** [1959] 467–469. Abklingzeit der Phosphorescenz in 3-Methyl-pentan bei 77 K: *Fe., Be.*; in Benzol, Methanol sowie Cyclohexanol: *Livingston,* Am. Soc. **77** [1955] 2179, 2181; in Benzol: *Fujimori, Livingston,* Nature **180** [1957] 1036. Kinetik des Zerfalls des Triplett-Zustands in Benzol und in Pyridin: *Linschitz, Sarkanen,* Am. Soc. **80** [1958] 4826, 4831. Löschung der Phosphorescenz in Benzol, Methanol sowie Pyridin durch Sauerstoff und durch verschiedene organische Verbindungen: *Fu., Li.* – Phototropie („reversible photobleaching“) unter Bildung eines angeregten Zustands: *Livingston, Stockman,* J. phys. Chem. **66** [1962] 2533; *Knight, Livingston,* J. phys. Chem. **54** [1950] 703; Ausmass der Bildung dieses Zustands in Methanol: *Li., St.*, l. c. S. 2535; *Kn., Li.*, l. c. S. 705; Absorptionsspektrum (Py.; 400–700 nm; λ_{max}: 545 nm, 580 nm und 645 nm) dieses Zustands: *Li., St.*; λ_{max} (Me.; 532 nm, 580 nm und 660 nm) dieses Zustands: *Li., St.*, l. c. S. 2536.

Die Kristalle sind pyroelektrisch (*Donnay,* Arch. Biochem. **80** [1959] 80, 83). Photoleitfähigkeit eines Films bei 600–730 nm: *Nelson,* J. chem. Physics **27** [1957] 864, 866; bei 630–800 nm: *Terenin et al.*, Discuss. Faraday Soc. **27** [1959] 83, 88. Redoxpotential (Me.): *Goedheer et al.*, Biochim. biophys. Acta **28** [1958] 278, 282. Polarographische Halbstufenpotentiale (wss. Dioxan): *Van Rysselberghe et al.*, Am. Soc. **69** [1947] 809, 810, 812. Druck-Fläche-Beziehung und Oberflächenpotential monomolekularer Schichten auf wss. Lösungen vom pH 7,3: *Alexander,* Soc. **1937** 1813. Druck-Fläche-Beziehung monomolekularer Schichten auf H_2O: *Trurnit, Colmano,* Biochim. biophys. Acta **31** [1959] 434, 440, 441. Absorptionsspektrum (Bzl.; 430–730 nm) in Gegenwart von Sauerstoff, von CO und von CO_2: *Padoa, Vita,* Bio. Z. **244** [1932] 296, 301; s. a. *Ewštigneew et al.*, Doklady Akad. S.S.S.R. **66** [1949] 1133; C. A. **1949** 7823. Assoziation mit Isopropylamin in einem Propan-Propen-Isopropylbenzol-Gemisch bei 160 K, 170 K und 180 K: *Freed, Sancier,* Sci. **117** [1953] 655; s. a. *Freed, Sancier,* Am. Soc. **76** [1954] 198; mit Phenylhydrazin in Heptan und in Benzol: *Watson,* Trans. Faraday Soc. **48** [1952] 526.

Zersetzung durch γ-Strahlen in Abhängigkeit von der Bestrahlungsdosis: *Mizuno, Kinpyo,* J. chem. Soc. Japan Pure Chem. Sect. **80** [1959] 295; C. A. **1961** 4612. Spektroskopische Untersuchung der Reaktion von Chlorophyll-a in Äther mit methanol. Benzyl-trimethyl-ammonium-hydroxid („molisch phase test“): *Dunicz et al.*, Am. Soc. **73** [1951] 3388; in Pyridin mit methanol. KOH: *Weller,* Am. Soc. **76** [1954] 5819. Reaktion mit $FeCl_3$ (Austausch des Zentralatoms): *Buzko, Dain,* Ž. obšč. Chim. **28** [1958] 2603, 2604; engl. Ausg. S. 2636. Autoxidation („Allomerisation“): *Johnston, Watson,* Soc. **1956** 1203, 1205, 1206, 1208; *Strain,* J. agric. Food Chem. **2** [1954] 1222; *Conant et al.*, Am. Soc. **53** [1931] 1615. Geschwindigkeitskonstante und Quantenausbeute der Photooxidation (λ: 435–580 nm) mit Sauerstoff in Benzol, auch in Gegenwart von Carotin: *Aronoff, Mackinney,* Am. Soc. **65** [1943] 956. Geschwindigkeit der Photooxidation mit Sauerstoff in Äthanol und in Pyridin: *Ewštigneew, Gawrilowa,* Doklady Akad. S.S.S.R. **100** [1955] 131; C. A. **1955** 8398. Photooxidation mit Sauerstoff in verschiedenen Lösungsmitteln: *Dilung,* Ukr. chim. Ž. **24** [1958] 202–207; C. A. **1958** 15663. Photoreduktion (Bildung von sog. β,γ-Dihydro-chlorophyll-a [Magnesium-Komplex des 3-[(18*S*)-7-Äthyl-2^2*t*-methoxy=

carbonyl-3,8,13,17*t*-tetramethyl-2^1-oxo-12-vinyl-2^1,2^2,5,15,17,18-hexahydro-cyclopenta[*at*]porphyrin-18*r*-yl]-propionsäure-[(7*R*,11*R*)-*trans*-phytylester]]): *Scheer, Katz,* Pr. nation. Acad. U.S.A. **71** [1974] 1626; *Krašnowškiĭ,* Doklady Akad. S.S.S.R. **60** [1948] 421; C. A. **1948** 6867; *Seely,* in *L.P.Vernon, G.R. Seely,* The Chlorophylls [New York 1966] S. 543; *Scheer* bzw. *Scheer, Inhoffen* bzw. *Hopf, Whitten,* in *D. Dolphin,* The Porphyrins, Bd. 2 [New York 1978] S. 1, 12, 17 bzw. S. 45, 61 bzw. S. 161, 184. Geschwindigkeit der Photoreduktion mit L-Ascorbinsäure in Pyridin: *Ew., Ga.* Geschwindigkeitskonstante der Reaktion mit Oxalsäure (Bildung von Phäophytin-a) in wss. Aceton bei 273–324 K: *Mackinney, Joslyn,* Am. Soc. **63** [1941] 2530; bei 301,5 K: *Mackinney, Joslyn,* Am. Soc. **62** [1940] 231; s. a. *Joslyn, Mackinney,* Am. Soc. **60** [1938] 1132–1136. Geschwindigkeitskonstante der Reaktion mit *sec*-Butylamin, Isobutylamin, Isopentylamin, Phenylhydrazin und Piperidin bei 26°: *Weller, Livingston,* Am. Soc. **76** [1954] 1575.

Eisen(II)-Komplex $FeC_{55}H_{72}N_4O_5$; Phäophytin-a-hämochromogen. Dunkelgrünes Pulver mit 2 Mol Pyridin; λ_{max}: 552 nm, 580 nm und 651 nm [Eg.+Py.] bzw. 547 nm, 583 nm und 650 nm [Py. sowie Bzl.] (*Kunz et al.,* Z. physiol. Chem. **199** [1931] 93, 100).

Eisen(III)-Komplexe. a) $Fe(C_{55}H_{72}N_4O_5)OH$; Phäophytin-a-hämatin. Schwarze Kristalle (*Kunz et al.,* l. c. S. 105). λ_{max} (Bzl., Eg. sowie Bzl.+Eg.+Py.; 535–650 nm): *Kunz et al.,* l. c. S. 105, 106. – b) $Fe(C_{55}H_{72}N_4O_5)Cl$; Phäophytin-a-hämin. Schwarzer Feststoff; λ_{max} (Bzl.): 538 nm, 579 nm und 629 nm (*Kunz et al.,* l. c. S. 109).

3-[(18*S*)-7-Äthyl-2^2*t*-methoxycarbonyl-3,8,13,17*t*-tetramethyl-2^1-oxo-12-vinyl-2^1,2^2,17,18-tetrahydro-cyclopenta[*at*]porphyrin-18*r*-yl]-propionsäure-geranylester, (13^2*R*)-13^2-Methoxycarbonyl-3^1,3^2-didehydro-phytochlorin-geranylester, Phäophorbid-a-geranylester $C_{45}H_{52}N_4O_5$, Formel I und Taut.

B. Aus Phäophorbid-a (S. 3237) und Geraniol mit Hilfe von $COCl_2$ (*Fischer, Schmidt,* A. **519** [1935] 244, 248).

F: 138°.

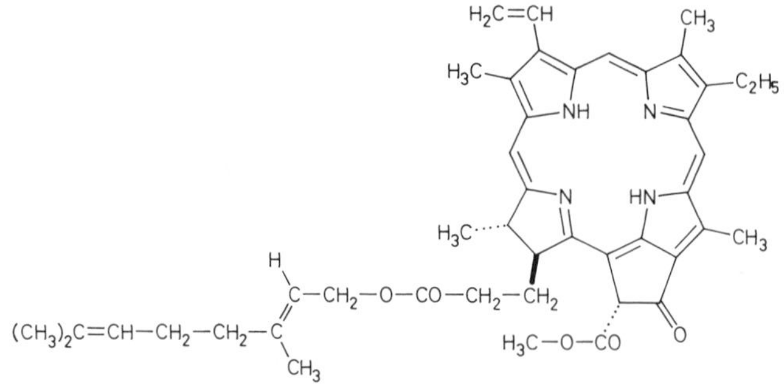

I

3-[(18*S*)-7-Äthyl-2^2*t*-methoxycarbonyl-3,8,13,17*t*-tetramethyl-2^1-oxo-12-vinyl-2^1,2^2,17,18-tetrahydro-cyclopenta[*at*]porphyrin-18*r*-yl]-propionsäure-[(1*R*)-bornylester], (13^2*R*)-13^2-Methoxycarbonyl-3^1,3^2-didehydro-phytochlorin-[(1*R*)-bornylester], Phäophorbid-a-[(1*R*)-bornylester] $C_{45}H_{52}N_4O_5$, Formel II und Taut.

B. Analog der vorangehenden Verbindung (*Fischer, Schmidt,* A. **519** [1935] 244, 252).

Schwarzgrün; F: 229° [nach Sintern bei 188°]. $[\alpha]^{20}_{\text{weisses Licht}}$: −217° [Acn.; c = 0,1].

(2^2*R*)-7-Äthyl-18*t*-[2-carbamoyl-äthyl]-3,8,13,17*c*-tetramethyl-2^1-oxo-12-vinyl-2^1,2^2,17,18-tetrahydro-cyclopenta[*at*]porphyrin-2^2*r*-carbonsäure-methylester, (13^2*R*)-13^2-Methoxycarbonyl-3^1,3^2-didehydro-phytochlorin-amid, Phäophorbid-a-amid $C_{35}H_{37}N_5O_4$, Formel III und Taut.

B. Aus Phäophorbid-a (S. 3237) beim aufeinanderfolgenden Umsetzen mit Chlorokohlensäure-äthylester und mit NH_3 (*Lautsch et al.,* B. **90** [1957] 470, 480).

Kristalle (aus Acn.); F: 253–255°.

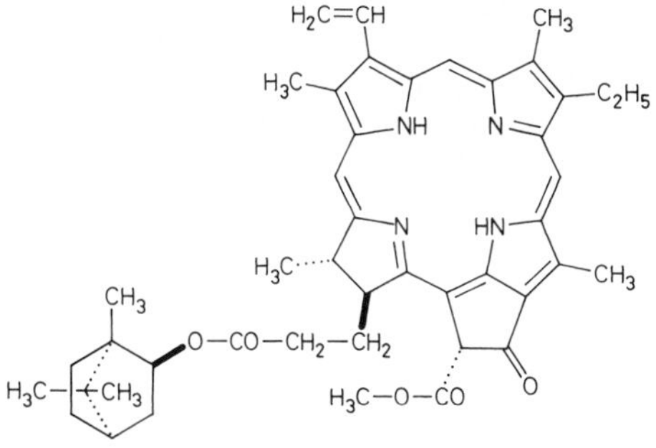

***N*-[3-((18*S*)-7-Äthyl-2^{2}*t*-methoxycarbonyl-3,8,13,17*t*-tetramethyl-2^{1}-oxo-12-vinyl-2^{1},2^{2},17,18-tetrahydro-cyclopenta[*at*]porphyrin-18*r*-yl)-propionyl]-L-leucin-methylester, *N*-[(13^{2}*R*)-13^{2}-Methoxycarbonyl-3^{1},3^{2}-didehydro-phytochlorin-17^{3}-yl]-L-leucin-methylester,** Phäophorbid-a-L-leucin-methylester $C_{42}H_{49}N_5O_6$, Formel IV und Taut.

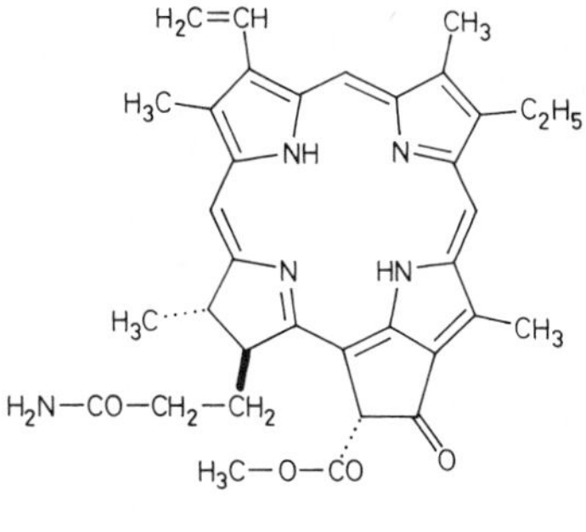

B. Aus Phäophorbid-a (S. 3237) und *N*-Carbonyl-L-leucin-methylester (*Lautsch et al.,* B. **90** [1957] 470, 480).

Blaue Kristalle (aus $CHCl_3$ + Me.); F: 173°.

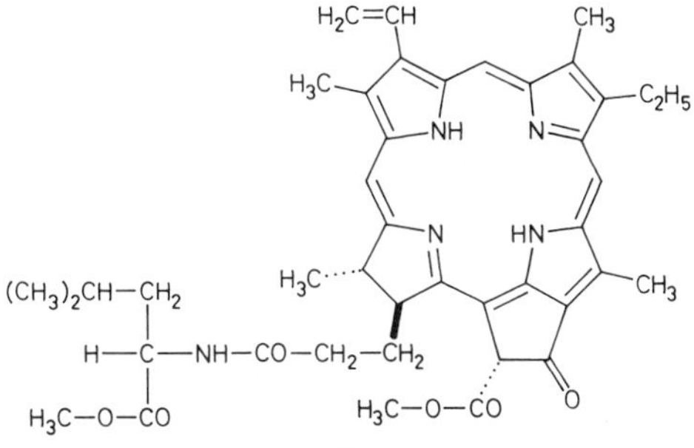

Oxocarbonsäuren $C_{35}H_{36}N_4O_5$

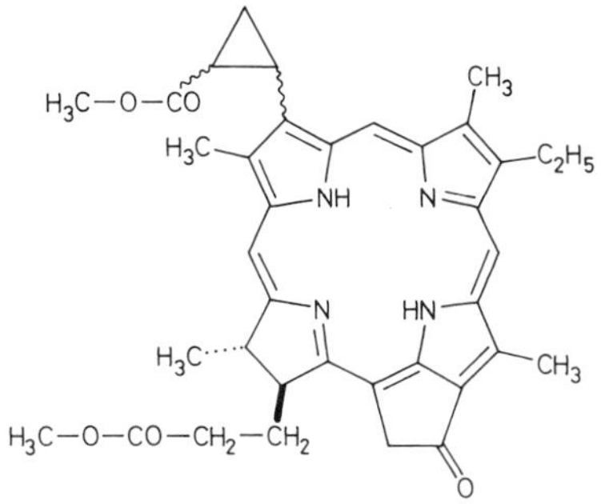

(1*Ξ*,2*Ξ*)-2-[(17*S*)-7-Äthyl-18*t*-(2-methoxycarbonyl-äthyl)-3,8,13,17*r*-tetramethyl-2^{1}-oxo-2^{1},2^{2},17,18-tetrahydro-cyclopenta[*at*]porphyrin-12-yl]-cyclopropancarbonsäure-methylester, 3-[(1*Ξ*,2*Ξ*)-2-Methoxycarbonyl-cyclopropyl]-3-desäthyl-phytochlorin-methylester, *DEE*-Pyrophäophorbid-a-methylester $C_{37}H_{40}N_4O_5$, Formel V und Taut.

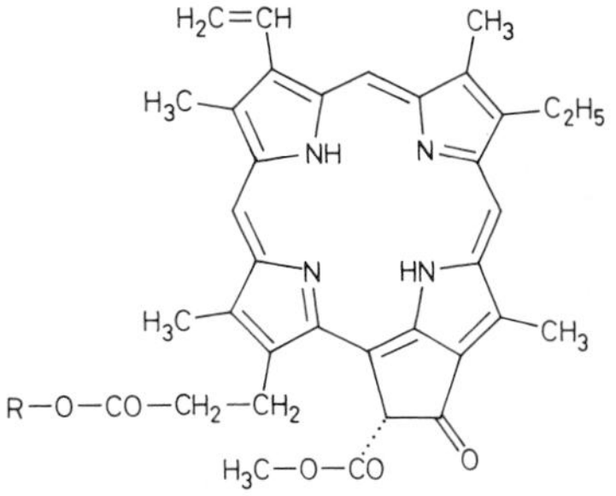

B. Aus Pyrophäophorbid-a-methylester (S. 3190) und Diazoessigsäure-methylester (*Fischer, Medick,* A. **517** [1935] 245, 265). Aus *DEE*-Phäophorbid-a-methylester (S. 3308) beim aufeinanderfolgenden Behandeln mit wss. HCl und mit Diazomethan (*Fi., Me.*).

Blauglänzende Kristalle (aus Acn.); F: 242°. λ_{max} (Py. + Ae.): 500,9 nm, 534,6 nm, 554,5 nm, 605 nm und 662,7 nm.

Oxim $C_{37}H_{41}N_5O_5$; (1*Ξ*,2*Ξ*)-2-[(17*S*)-7-Äthyl-2¹-hydroxyimino-18*t*-(2-methoxycarbonyl-äthyl)-3,8,13,17*r*-tetramethyl-2¹,2²,17,18-tetrahydro-cyclopenta[*at*]porphyrin-12-yl]-cyclopropancarbonsäure-methylester, 3-[(1*Ξ*,2*Ξ*)-2-Methoxycarbonyl-cyclopropyl]-3-desäthyl-phytochlorin-methylester-oxim. Blauglänzende Kristalle (aus Acn. + Me.); F: 225°. λ_{max} (Py. + Ae.; 440 – 680 nm): *Fi., Me.*

Oxocarbonsäuren $C_nH_{2n-36}N_4O_5$

3-[(2²*R*?)-7-Äthyl-2²-methoxycarbonyl-3,8,13,17-tetramethyl-2¹-oxo-12-vinyl-2¹,2²-dihydro-cyclopenta[*at*]porphyrin-18-yl]-propionsäure, (13²*R*?)-13²-Methoxycarbonyl-3¹,3²-didehydro-phytoporphyrin, 17,18-Didehydro-phäophorbid-a, **Protophäophorbid-a** $C_{35}H_{34}N_4O_5$, vermutlich Formel VI (R = H) und Taut. (in der Literatur auch als Vinylphäoporphyrin-a_5-monomethylester bezeichnet).

Über die Konfiguration s. *Houssier, Sauer,* Am. Soc. **92** [1970] 779, 787.

B. Aus Phäophorbid-a (S. 3237) beim Erhitzen mit Eisen-Pulver und Ameisensäure und folgenden Stehenlassen an der Luft (*Granick,* J. biol. Chem. **183** [1950] 713, 718).

Kristalle [aus Ae.] (*Gr.*). Absorptionsspektrum (Dioxan; 280 – 700 nm): *Gr.,* l. c. S. 714, 719.

Magnesium-Komplex. Isolierung aus einer Mutanten aus Chlorella vulgaris: *Gr.,* l. c. S. 716. – Absorptionsspektrum (Ae.; 350 – 700 nm): *Gr.,* l. c. S. 717.

(2²*R*?)-7-Äthyl-18-[2-methoxycarbonyl-äthyl]-3,8,13,17-tetramethyl-2¹-oxo-12-vinyl-2¹,2²-dihydro-cyclopenta[*at*]porphyrin-2²-carbonsäure-methylester, 3-[(2²*R*?)-7-Äthyl-2²-methoxycarbonyl-3,8,13,17-tetramethyl-2¹-oxo-12-vinyl-2¹,2²-dihydro-cyclopenta[*at*]porphyrin-18-yl]-propionsäure-methylester, (13²*R*?)-13²-Methoxycarbonyl-3¹,3²-didehydro-phytoporphyrin-methylester, Protophäophorbid-a-methylester, Methylprotophäophorbid-a $C_{36}H_{36}N_4O_5$, vermutlich Formel VI (R = CH_3) und Taut. (in der Literatur als Vinylphäoporphyrin-a_5-dimethylester bezeichnet).

Über die Konfiguration s. *Houssier, Sauer,* Am. Soc. **92** [1970] 779, 787.

B. Aus Phäophorbid-a (S. 3237) bzw. Phäophorbid-a-methylester (S. 3239) beim Erhitzen mit Eisen-Pulver und Oxalsäure bzw. Ameisensäure, Stehenlassen an der Luft und folgenden Behandeln mit Diazomethan (*Fischer, Oestreicher,* Z. physiol. Chem. **262** [1940] 243, 265; *Fischer et al.,* A. **538** [1939] 128, 135).

Violette Kristalle; F: 288 – 292° [aus Acn. + Me.] (*Fi. et al.*), 286° [aus Ae.] (*Fi., Oe.*). λ_{max} (Py. + Ae.; 445 – 645 nm): *Fi. et al.,* l. c. S. 136.

Kupfer(II)-Komplex $CuC_{36}H_{34}N_4O_5$. Kristalle (aus Ae.); F: > 320° (*Fi. et al.,* l. c. S. 138). λ_{max} (Py. + Ae.; 460 – 615 nm): *Fi. et al.*

Magnesium-Komplex. λ_{max} (Py. + Ae.; 465 – 630 nm): *Fi. et al.,* l. c. S. 137.

Eisen(III)-Komplex $Fe(C_{36}H_{34}N_4O_5)Cl \cdot HCl$(?). Schwarze Kristalle [aus Eg.] (*Fi. et al.,* l. c. S. 137). λ_{max} ($CHCl_3$; 455 – 600 nm): *Fi. et al.*

Oxim $C_{36}H_{37}N_5O_5$; 3-[(2²*R*?)-7-Äthyl-2¹-hydroxyimino-2²-methoxycarbonyl-3,8,13,17-tetramethyl-12-vinyl-2¹,2²-dihydro-cyclopenta[*at*]porphyrin-18-yl]-propionsäure-methylester, (13²*R*?)-13²-Methoxycarbonyl-3¹,3²-didehydro-phytoporphyrin-methylester-oxim, Protophäophorbid-a-methylester-oxim. Kristalle (aus Acn. + Ae.); F: 286° (*Fi. et al.,* l. c. S. 136). λ_{max} (Py. + Ae.; 450 – 635 nm): *Fi. et al.*

3-[(2²*R*?)-7-Äthyl-2²-methoxycarbonyl-3,8,13,17-tetramethyl-2¹-oxo-12-vinyl-2¹,2²-dihydro-cyclopenta[*at*]porphyrin-18-yl]-propionsäure-[(7*R*,11*R*)-*trans*-phythylester], (13²*R*?)-13²-Methoxycarbonyl-3¹,3²-didehydro-phytoporphyrin-[(7*R*,11*R*)-*trans*-phytylester], Protophäophytin-a $C_{55}H_{72}N_4O_5$, vermutlich Formel VII und Taut. (in der Literatur auch als Vinylphäoporphyrin-a_5-phytylester bezeichnet).

Über die Konfiguration s. *Houssier, Sauer,* Am. Soc. **92** [1970] 779, 787.

B. Aus Protophäophorbid-a (s. o.) und (7*R*,11*R*)-*trans*-Phytol (E IV **1** 2208) mit Hilfe von $COCl_2$ (*Fischer, Oestreicher,* Z. physiol. Chem. **262** [1940] 243, 255). Beim Erwärmen von Phäophytin-a (S. 3242) mit Eisen-Pulver und Ameisensäure in wss. Aceton und folgenden Stehenlassen an der Luft (*Fi., Oe.*). Aus Protochlorophyll-a (s. u.) mit Hilfe von wss. HCl (*Noack, Kiessling,* Z. physiol. Chem. **182** [1929] 13, 17).

Dunkelgrün; F: 144–146° (*Fi., Oe.*). Absorptionsspektrum (Ae.; 400–700 nm): *Boardman,* in *L.P. Vernon, G.R. Seely,* The Chlorophylls [New York 1966] S. 441. λ_{max} (Ae.): 526,6 nm, 567 nm und 592,3 nm (*Fi., Oe.*). Fluorescenzspektrum (saures Acn.; 600–750 nm): *French et al.,* Plant Physiol. **31** [1956] 369, 372.

Magnesium-Komplex $MgC_{55}H_{70}N_4O_5$; **Protochlorophyll-a.** Isolierung aus im Dunkeln gewachsenen Gerstensämlingen: *Koski, Smith,* Am. Soc. **70** [1948] 3558; aus den Samenhäuten des Speisekürbis: *Noack, Kiessling,* Z. physiol. Chem. **182** 15, 48, **193** [1930] 97, 118; *Seybold, Egle,* Planta **29** [1938] 119, 120. – Dunkelgrüner Feststoff, der unterhalb 320° nicht schmilzt (*Fi., Oe.,* l. c. S. 256). Absorptionsspektrum in Methanol, in Äther und in Aceton (200–700 nm): *Ko., Sm.,* l. c. S. 3561; in Äther und in Pyridin (400–700 nm): *Krašnowškiĭ, Woĭnowškaja,* Doklady Akad. S.S.S.R. **66** [1949] 663; C. A. **1949** 7092. Fluorescenzspektrum (Ae. sowie Acn.; 600–730 nm): *French et al.,* Plant Physiol. **31** [1956] 369, 372. – Reversible Photoreduktion durch L-Ascorbinsäure in Pyridin: *Kr., Wo.*

VII

***Opt.-inakt. 2-[7-Äthyl-18-(2-methoxycarbonyl-äthyl)-3,8,13,17-tetramethyl-2¹-oxo-2¹,2²-dihydro-cyclopenta[*at*]porphyrin-12-yl]-cyclopropancarbonsäure-methylester,** 3-[2-Methoxycarbonyl-cyclopropyl]-3-desäthyl-phytoporphyrin-methylester, *DEE*-Phylloerythrin-methylester $C_{37}H_{38}N_4O_5$, Formel VIII und Taut.

B. Bei der Hydrierung von *DEE*-Pyrophäophorbid-a-methylester (S. 3247) an Palladium in Essigsäure und folgenden Stehenlassen an der Luft (*Fischer, Medick,* A. **517** [1935] 245, 250, 266).

Violette Kristalle (aus Py. + Me.); F: 243°. λ_{max} (Py. + Ae.): 521,7 nm, 561,9 nm und 638,6 nm.

VIII

IX

Oxocarbonsäuren $C_nH_{2n-40}N_4O_5$

3,3'-[7-Äthyl-13-benzoyl-3,8,12,17-tetramethyl-porphyrin-2,18-diyl]-di-propionsäure-dimethylester, 3-Methyl-2^1-oxo-2^1-phenyl-3-desäthyl-mesoporphyrin-dimethylester $C_{41}H_{42}N_4O_5$, Formel IX und Taut. (in der Literatur als 4-Desäthyl-4-benzoyl-mesoporphyrin-XIII-dimethylester bezeichnet).

B. Aus der Säure (aus Bis-[5-brom-3-(2-carboxy-äthyl)-4-methyl-pyrrol-2-yl]-methinium-bromid [E II **25** 175] und [4-Äthyl-3,5-dimethyl-pyrrol-2-yl]-[4-benzoyl-3,5-dimethyl-pyrrol-2-yl]-methinium-bromid [E III/IV **24** 745] in geringer Menge hergestellt) und Diazomethan (*Fischer, Hansen,* A. **521** [1936] 128, 146).

Kristalle (aus Acn. oder Py. + Me.); F: 263° [korr.] (*Fi., Ha.*). λ_{max} (430 – 630 nm) in Dioxan: *Stern, Wenderlein,* Z. physik. Chem. [A] **175** [1936] 405, 406; in einem Pyridin-Äther-Gemisch sowie in wss. HCl: *Fi., Ha.*

Eisen(III)-Komplex $Fe(C_{41}H_{40}N_4O_5)Cl$. Schwarze Kristalle [aus Eg.] (*Fi., Ha.*). λ_{max} (Py. + $N_2H_4 \cdot H_2O$; 460 – 580 nm): *Fi., Ha.* [*Richter/Rockelmann*]

4. Oxocarbonsäuren mit 6 Sauerstoff-Atomen

Oxocarbonsäuren $C_nH_{2n-6}N_4O_6$

2,5-Dioxo-tetrahydro-imidazo[4,5-*d*]imidazol-3a*r*,6a*c*-dicarbonsäure-diäthylester $C_{10}H_{14}N_4O_6$, Formel X (H 577; E I 187; E II 341).

Bezüglich der Konfigurationszuordnung vgl. das analog hergestellte 3a,6a-Dimethyl-(3a*r*,6a*c*)-tetrahydro-imidazo[4,5-*d*]imidazol-2,5-dion (S. 2313).

Kristalle (aus H_2O); Zers. bei 298 – 303° [unkorr.] (*Slezak et al.,* J. org. Chem. **27** [1962] 2181).

***Opt.-inakt. 3,7-Bis-äthoxycarbonylmethyl-3,7-dimethyl-tetrahydro-[1,2,4]triazolo[1,2-*a*][1,2,4]triazol-1,5-dithion, [1,5-Dimethyl-3,7-dithioxo-tetrahydro-[1,2,4]triazolo[1,2-*a*][1,2,4]triazol-1,5-diyl]-di-essigsäure-diäthylester** $C_{14}H_{22}N_4O_4S_2$, Formel XI.

B. Aus 3,3'-Azino-di-buttersäure-diäthylester und Natrium-thiocyanat in Essigsäure (*Futaki, Tosa,* Chem. pharm. Bl. **6** [1958] 58, 63).

Kristalle (aus Me.); F: 132,5 – 133,5° [Zers.].

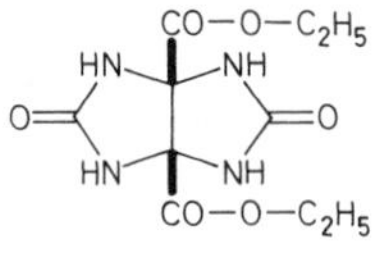

X 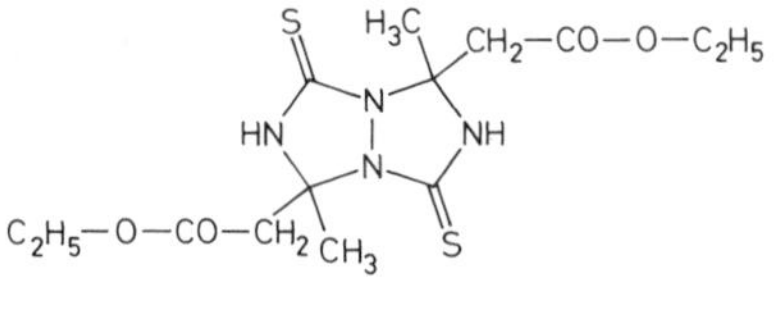 XI 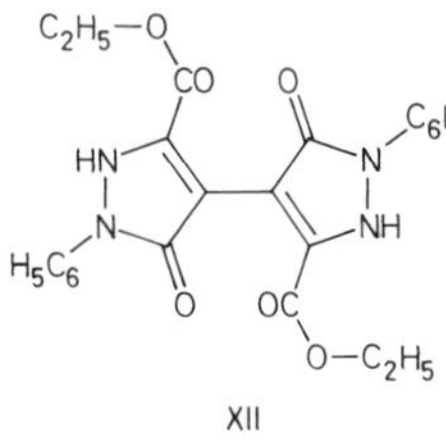 XII

Oxocarbonsäuren $C_nH_{2n-10}N_4O_6$

Oxocarbonsäuren $C_8H_6N_4O_6$

5,5'-Dioxo-1,1'-diphenyl-2,5,2',5'-tetrahydro-1*H*,1'*H*-[4,4']bipyrazolyl-3,3'-dicarbonsäure-diäthylester $C_{24}H_{22}N_4O_6$, Formel XII und Taut. (H 578).

B. Aus 5-Oxo-1-phenyl-2,5-dihydro-1*H*-pyrazol-3-carbonsäure-äthylester mit Hilfe von SeO_2 oder *N,N*-Dimethyl-4-nitroso-anilin in Äthanol (*Ohle, Melkonian,* B. **74** [1941] 398, 408). In geringer Ausbeute aus (±)-3*c*-Hydroxy-2,3-dihydro-furan-2*r*,3*t*,4,5-tetracarbonsäure-tetraäthylester (E III/IV **18** 5257) und Phenylhydrazin in Essigsäure (*Panizzi,* G. **70** [1940] 738, 745).

Kristalle; F: 273° [Zers.; nach Verfärbung ab 263°; aus Nitrobenzol] (*Ohle, Me.*), 270–272° [Zers.; aus Eg.] (*Pa.*).

[1,3,7-Trimethyl-2,6-dioxo-2,3,6,7-tetrahydro-1*H*-purin-8-yl]-malonsäure-diäthylester $C_{15}H_{20}N_4O_6$, Formel XIII (R = H).

B. Aus 8-Chlor-1,3,7-trimethyl-3,7-dihydro-purin-2,6-dion und der Natrium-Verbindung des Malonsäure-diäthylesters in Toluol (*Golowtschinškaja,* Sbornik Statei obšč. Chim. **1953** 692, 698; C. A. **1955** 1070).

Kristalle; F: 159,5–160,5°. UV-Spektrum (A.; 230–300 nm): *Go.,* l. c. S. 695.

Natrium-Verbindung $NaC_{15}H_{19}N_4O_6$. Kristalle (aus A.). UV-Spektrum (A. sowie H_2O; 230–350 nm): *Go.,* l. c. S. 695.

Calcium-Verbindung $Ca(C_{15}H_{19}N_4O_6)_2$. Kristalle (aus H_2O).

Oxocarbonsäuren $C_9H_8N_4O_6$

[1,3,7-Trimethyl-2,6-dioxo-2,3,6,7-tetrahydro-1*H*-purin-8-ylmethyl]-malonsäure $C_{12}H_{14}N_4O_6$, Formel XIV (R = H).

B. Bei der Hydrierung von [1,3,7-Trimethyl-2,6-dioxo-2,3,6,7-tetrahydro-1*H*-purin-8-ylmethylen]-malonsäure-diäthylester an Raney-Nickel in wss. NaOH (*Golowtschinškaja, Tschaman,* Ž. obšč. Chim. **22** [1952] 528, 532, 533; engl. Ausg. S. 593, 596).

Kristalle (aus H_2O); F: 230–232°.

[1,3,7-Trimethyl-2,6-dioxo-2,3,6,7-tetrahydro-1*H*-purin-8-ylmethyl]-malonsäure-diäthylester $C_{16}H_{22}N_4O_6$, Formel XIV (R = C_2H_5).

B. Aus 8-Chlormethyl-1,3,7-trimethyl-3,7-dihydro-purin-2,6-dion und der Natrium-Verbindung des Malonsäure-diäthylesters in Toluol (*Golowtschinškaja, Tschaman,* Ž. obšč. Chim. **22** [1952] 528, 533; engl. Ausg. S. 593, 597). Bei der Hydrierung von [1,3,7-Trimethyl-2,6-dioxo-2,3,6,7-tetrahydro-1*H*-purin-8-ylmethylen]-malonsäure-diäthylester an Raney-Nickel in Äthanol (*Go., Tsch.*). Aus der vorangehenden Säure und Äthanol mit Hilfe von H_2SO_4 (*Go., Tsch.*).

Kristalle (aus A. oder H_2O); F: 101–102°.

Methyl-[1,3,7-trimethyl-2,6-dioxo-2,3,6,7-tetrahydro-1*H*-purin-8-yl]-malonsäure-diäthylester $C_{16}H_{22}N_4O_6$, Formel XIII (R = CH_3).

B. Aus der Natrium-Verbindung des [1,3,7-Trimethyl-2,6-dioxo-2,3,6,7-tetrahydro-1*H*-purin-8-yl]-malonsäure-diäthylesters und CH_3I (*Golowtschinškaja,* Sbornik Statei obšč. Chim. **1953** 692, 699; C. A. **1955** 1070). Aus der Natrium-Verbindung des Methylmalonsäure-diäthylesters und 8-Chlor-1,3,7-trimethyl-3,7-dihydro-purin-2,6-dion (*Go.*).

Kristalle (aus Me.); F: 112,5–113,5° (*Go.,* l. c. S. 700).

Oxocarbonsäuren $C_{10}H_{10}N_4O_6$

1,2-Bis-[4-äthoxycarbonyl-5-oxo-1-phenyl-2,5-dihydro-1*H*-pyrazol-3-yl]-äthan, 3,3'-Dioxo-2,2'-diphenyl-2,3,2',3'-tetrahydro-1*H*,1'*H*-5,5'-äthandiyl-bis-pyrazol-4-carbonsäure-diäthylester $C_{26}H_{26}N_4O_6$, Formel XV (R = C_6H_5, R' = CO-O-C_2H_5) und Taut. (H 578).

B. Aus 2,5-Dioxo-hexan-1,1,6,6-tetracarbonsäure-tetraäthylester und Phenylhydrazin in Essigsäure (*Ruggli, Maeder,* Helv. **26** [1943] 1476, 1498; vgl. H 578).

Kristalle (aus A.); F: 188–189°.

5-[2-(4-Cyan-5-oxo-1-phenyl-2,5-dihydro-1*H*-pyrazol-3-yl)-äthyl]-3-oxo-2-phenyl-2,3-dihydro-1*H*-pyrazol-4-carbonsäure-äthylester $C_{24}H_{21}N_5O_4$, Formel XV (R = C_6H_5, R' = CN) und Taut.

B. Aus 6-Cyan-2,5-dioxo-hexan-1,1,6-tricarbonsäure-triäthylester und Phenylhydrazin in wss. Essigsäure (*Ruggli, Maeder,* Helv. **27** [1944] 436, 441). Aus 5-[4-Äthoxycarbonyl-4-cyan-3-oxo-butyl]-3-oxo-2-phenyl-2,3-dihydro-1*H*-pyrazol-4-carbonsäure-äthylester(?; E III/IV **25** 1876) und Phenylhydrazin in wss. Essigsäure (*Ru., Ma.*).

Kristalle (aus A. oder E.+PAe.); F: 167–168°.

1,2-Bis-[4-äthoxycarbonyl-1-carbamoyl-5-oxo-2,5-dihydro-1*H*-pyrazol-3-yl]-äthan, 2,2'-Dicarbamoyl-3,3'-dioxo-2,3,2',3'-tetrahydro-1*H*,1'*H*-5,5'-äthandiyl-bis-pyrazol-4-carbonsäure-diäthylester $C_{16}H_{20}N_6O_8$, Formel XV (R = CO-NH_2, R' = CO-O-C_2H_5) und Taut.

B. Beim Behandeln von 2,5-Dioxo-hexan-1,1,6,6-tetracarbonsäure-tetraäthylester mit Semi-carbazid-hydrochlorid und Kaliumacetat in wss. Äthanol (*Ruggli, Maeder,* Helv. **26** [1943] 1476, 1497, 1498).

Kristalle (aus H_2O); Zers. bei 207–209°.

5,5'-Bis-äthoxycarbonylmethyl-2,2'-diphenyl-1,2,1',2'-tetrahydro-[4,4']bipyrazolyl-3,3'-dion, [5,5'-Dioxo-1,1'-diphenyl-2,5,2',5'-tetrahydro-1*H*,1'*H*-[4,4']bipyrazolyl-3,3'-diyl]-di-essigsäure-diäthylester $C_{26}H_{26}N_4O_6$, Formel I (R = C_6H_5, X = O-C_2H_5) und Taut.

B. Aus [5-Oxo-1-phenyl-2,5-dihydro-1*H*-pyrazol-3-yl]-essigsäure-äthylester mit Hilfe von Phenylhydrazin (*Gen. Aniline & Film Corp.,* U.S.P. 2411951 [1944]).

Kristalle (aus A.).

5,5'-Bis-[[1]naphthylcarbamoyl-methyl]-2,2'-diphenyl-1,2,1',2'-tetrahydro-[4,4']bipyrazolyl-3,3'-dion, [5,5'-Dioxo-1,1'-diphenyl-2,5,2',5'-tetrahydro-1*H*,1'*H*-[4,4']bipyrazolyl-3,3'-diyl]-di-essigsäure-bis-[1]naphthylamid $C_{42}H_{32}N_6O_4$, Formel I (R = C_6H_5, X = NH-$C_{10}H_7$) und Taut.

B. Analog der vorangehenden Verbindung (*Gen. Aniline & Film Corp.,* U.S.P. 2411951 [1944]).

Kristalle (aus A.).

5,5'-Bis-[(4-chlor-phenylcarbamoyl)-methyl]-2,2'-di-[2]naphthyl-1,2,1',2'-tetrahydro-[4,4']bipyrazolyl-3,3'-dion, [1,1'-Di-[2]naphthyl-5,5'-dioxo-2,5,2',5'-tetrahydro-1*H*,1'*H*-[4,4']bipyrazolyl-3,3'-diyl]-di-essigsäure-bis-[4-chlor-anilid] $C_{42}H_{30}Cl_2N_6O_4$, Formel I (R = $C_{10}H_7$, X = NH-C_6H_4-Cl) und Taut.

B. Analog den vorangehenden Verbindungen (*Gen. Aniline & Film Corp.,* U.S.P. 2411951 [1944]).

Kristalle (aus A.).

Äthyl-[1,3,7-trimethyl-2,6-dioxo-2,3,6,7-tetrahydro-1*H*-purin-8-yl]-malonsäure-diäthylester $C_{17}H_{24}N_4O_6$, Formel II (n = 1).

B. Aus [1,3,7-Trimethyl-2,6-dioxo-2,3,6,7-tetrahydro-1*H*-purin-8-yl]-malonsäure-diäthylester und Äthyljodid in äthanol. Natriumäthylat (*Golowtschinškaja,* Sbornik Statei obšč. Chim. **1953** 702, 705; C. A. **1955** 1070).

Kristalle (aus Me.); F: 113,5–115°.

X—CO, CH_2, O, R, HN, N, NH, R, O, H_2C, CO—X

I

O, CH_3, H_3C, N, N, CO—O—C_2H_5, C—$[CH_2]_n$—CH_3, O, N, N, CO—O—C_2H_5, CH_3

II

H, H_3C, N, N—C_6H_5, H_3C, O, CO—X, CH, N, CN, N, O, H_5C_6

III

Oxocarbonsäuren $C_{11}H_{12}N_4O_6$

***Opt.-inakt. Cyan-[3,5′-dimethyl-5,3′-dioxo-1,2′-diphenyl-1,5,2′,3′-tetrahydro-1′*H*-[4,4′]bipyrazolyl-4-yl]-essigsäure** $C_{23}H_{19}N_5O_4$, Formel III (X = OH) und Taut.

B. Aus dem folgenden Äthylester oder aus (±)-6-Amino-3,3′-dimethyl-5′-oxo-1,1′-diphenyl-1′,5′-dihydro-1*H*-spiro[pyrano[2,3-*c*]pyrazol-4,4′-pyrazol]-5-carbonsäure-äthylester (Syst.-Nr. 4701) mit Hilfe von wss.-methanol. KOH (*Westöö,* Acta chem. scand. **10** [1956] 9, 12).

Kristalle (aus E.); F: ca. 160° [Zers.]. UV-Spektrum (A.; 210–320 nm): *We.,* l. c. S. 11.

***Opt.-inakt. Cyan-[3,5′-dimethyl-5,3′-dioxo-1,2′-diphenyl-1,5,2′,3′-tetrahydro-1′*H*-[4,4′]bipyrazolyl-4-yl]-essigsäure-äthylester** $C_{25}H_{23}N_5O_4$, Formel III (X = O-C_2H_5) und Taut.

B. Aus Pyrazolblau (S. 2494) und Cyanessigsäure-äthylester in $CHCl_3$ mit Hilfe von Piperidin (*Westöö,* Acta chem. scand. **10** [1956] 9, 13).

Hygroskopische Kristalle (aus Bzl. + PAe.); F: 116–120°. UV-Spektrum (A.; 210–320 nm): *We.,* l. c. S. 11.

Beim Erhitzen der Schmelze (unter Wiedererstarren) sowie beim Behandeln mit Äthanol, auch unter Zusatz von Piperidin oder HCl, ist 6-Amino-3,3′-dimethyl-5′-oxo-1,1′-diphenyl-1′,5′-dihydro-1*H*-spiro[pyrano[2,3-*c*]pyrazol-4,4′-pyrazol]-5-carbonsäure-äthylester (Syst.-Nr. 4701) erhalten worden.

***Opt.-inakt. Cyan-[3,5′-dimethyl-5,3′-dioxo-1,2′-diphenyl-1,5,2′,3′-tetrahydro-1′*H*-[4,4′]bipyrazolyl-4-yl]-essigsäure-amid** $C_{23}H_{20}N_6O_3$, Formel III (X = NH_2) und Taut.

B. Aus Pyrazolblau (S. 2494) und Cyanessigsäure-amid in $CHCl_3$ und Äthanol mit Hilfe von Piperidin (*Westöö,* Acta chem. scand. **10** [1956] 587, 590).

Hygroskopische Kristalle (aus A.). UV-Spektrum (A.; 220–320 nm): *We.,* l. c. S. 588.

(±)-[3,5′-Dimethyl-5,3′-dioxo-1,2′-diphenyl-1,5,2′,3′-tetrahydro-1′*H*-[4,4′]bipyrazolyl-4-yl]-malononitril $C_{23}H_{18}N_6O_2$, Formel IV und Taut.

B. Aus (±)-6-Amino-3,3′-dimethyl-5′-oxo-1,1′-diphenyl-1′,5′-dihydro-1*H*-spiro[pyrano[2,3-*c*]pyrazol-4,4′-pyrazol-5-carbonitril (Syst.-Nr. 4701) mit Hilfe von wss.-äthanol. NaOH (*Westöö,* Acta chem. scand. **10** [1956] 587, 590).

F: 230–240° [Zers.]. UV-Spektrum (A.; 220–320 nm): *We.,* l. c. S. 588.

Beim Behandeln mit Äthanol unter Zusatz von Piperidin sowie mit HCl enthaltendem Äther ist 6-Amino-3,3′-dimethyl-5′-oxo-1,1′-diphenyl-1′,5′-dihydro-1*H*-spiro[pyrano[2,3-*c*]pyrazol-4,4′-pyrazol]-5-carbonitril erhalten worden.

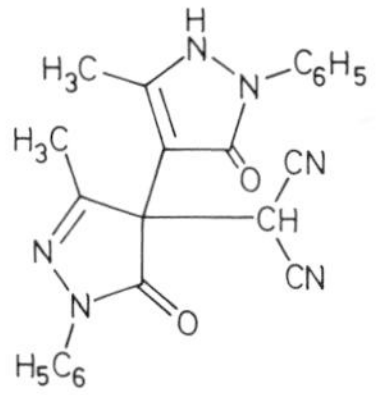

IV 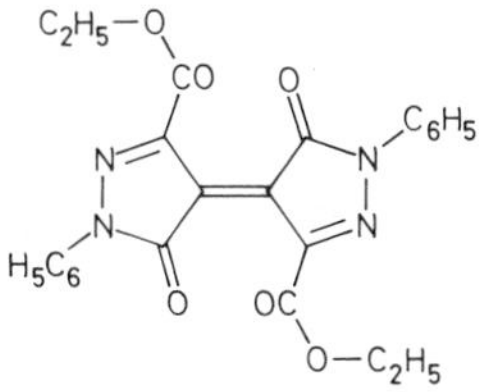 V 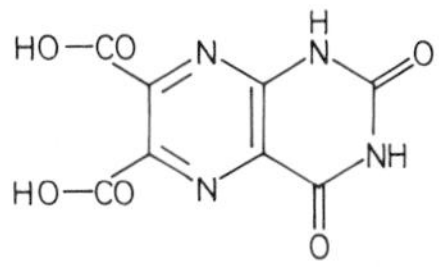 VI

Propyl-[1,3,7-trimethyl-2,6-dioxo-2,3,6,7-tetrahydro-1*H*-purin-8-yl]-malonsäure-diäthylester $C_{18}H_{26}N_4O_6$, Formel II (n = 2).

B. Aus 8-Chlor-1,3,7-trimethyl-3,7-dihydro-purin-2,6-dion und der Natrium-Verbindung des Propylmalonsäure-diäthylesters in Toluol (*Golowtschinškaja,* Sbornik Statei obšč. Chim. **1953** 702, 707; C. A. **1955** 1070).

Kristalle (aus Pentan + Ae.); F: 107–108°.

Oxocarbonsäuren $C_{12}H_{14}N_4O_6$

Butyl-[1,3,7-trimethyl-2,6-dioxo-2,3,6,7-tetrahydro-1*H*-purin-8-yl]-malonsäure-diäthylester $C_{19}H_{28}N_4O_6$, Formel II (n = 3).

B. Analog der vorangehenden Verbindung (*Golowtschinškaja,* Sbornik Statei obšč. Chim. **1953** 702, 708, 709; C. A. **1955** 1070).

Kristalle (aus A.); F: 108–109°.

Oxocarbonsäuren $C_nH_{2n-12}N_4O_6$

(Ξ)-5,5′-Dioxo-1,1′-diphenyl-1,5,1′,5′-tetrahydro-[4,4′]bipyrazolyliden-3,3′-dicarbonsäure-diäthylester $C_{24}H_{20}N_4O_6$, Formel V oder Stereoisomeres.

B. In mässiger Ausbeute neben 5,5′-Dioxo-1,1′-diphenyl-2,5,2′,5′-tetrahydro-1*H*,1′*H*-[4,4′]bipyrazolyl-3,3′-dicarbonsäure-diäthylester aus 5-Oxo-1-phenyl-2,5-dihydro-1*H*-pyrazol-3-carbonsäure-äthylester mit Hilfe von *N*,*N*-Dimethyl-4-nitroso-anilin in Äthanol (*Ohle, Melkonian,* B. **74** [1941] 398, 408).

Dunkelblaue Kristalle, die bei ca. 400° sublimieren.

2,4-Dioxo-1,2,3,4-tetrahydro-pteridin-6,7-dicarbonsäure $C_8H_4N_4O_6$, Formel VI und Taut.

B. Aus 6,7-Dimethyl-1*H*-pteridin-2,4-dion mit Hilfe von $KMnO_4$ und wss. NaOH (*Cain et al.,* Am. Soc. **70** [1948] 3026, 3027).

Kristalle (aus wss. HCl + A.), die unterhalb 300° nicht schmelzen [Dunkelfärbung ab 250°]. λ_{max} (wss. NaOH): 265 nm und 371 nm (*Cain et al.,* l. c. S. 3027).

Dimethylester $C_{10}H_8N_4O_6$. Kristalle (aus H_2O); Zers. bei 246–247° (*Cain et al.,* l. c. S. 3028). λ_{max} (wss. HCl): 245 nm, 267 nm und 335 nm (*Cain et al.,* l. c. S. 3027).

[5-Carboxy-3-oxo-2-phenyl-2,3-dihydro-1*H*-pyrazol-4-yl]-[3-carboxy-5-oxo-1-phenyl-1,5-dihydro-pyrazol-4-yliden]-methan $C_{21}H_{14}N_4O_6$, Formel VII und Taut.

B. Aus 5-Oxo-1-phenyl-2,5-dihydro-1*H*-pyrazol-3-carbonsäure und Formamid (*Schiedt,* J. pr. [2] **157** [1941] 203, 224).

Gelbe Kristalle; F: 248° [Zers.].

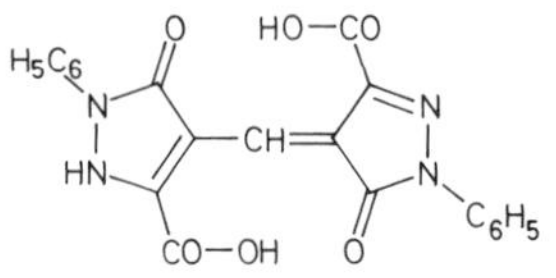

VII

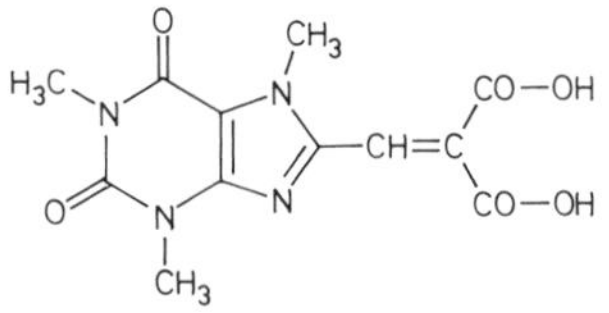

VIII

[1,3,7-Trimethyl-2,6-dioxo-2,3,6,7-tetrahydro-1*H*-purin-8-ylmethylen]-malonsäure $C_{12}H_{12}N_4O_6$, Formel VIII.

B. Aus 1,3,7-Trimethyl-2,6-dioxo-2,3,6,7-tetrahydro-1*H*-purin-8-carbaldehyd und Malonsäure (*Golowtschinškaja, Tschaman,* Ž. obšč. Chim. **22** [1952] 528, 530; engl. Ausg. S. 593, 595).

Gelbe Kristalle (aus Eg.); F: 235–236° [Zers.].

Diäthylester $C_{16}H_{20}N_4O_6$. Gelblichgrüne Kristalle (aus A.); F: 183–184° (*Go., Tsch.,* l. c. S. 531).

(*E*)-1,2-Bis-[5-oxo-1-phenyl-4-(3-phenyl-carbazoyl)-2,5-dihydro-1*H*-pyrazol-3-yl]-äthen, 3,3′-Dioxo-2,2′-diphenyl-2,3,2′,3′-tetrahydro-1*H*,1′*H*-5,5′-*trans*-äthendiyl-bis-pyrazol-4-carbonsäure-bis-[*N*′-phenyl-hydrazid] $C_{34}H_{28}N_8O_4$, Formel IX und Taut.

B. Aus 2,5-Dioxo-hex-3*t*-en-1,1,6,6-tetracarbonsäure-tetraäthylester und Phenylhydrazin (*Eisner et al.,* Soc. **1951** 1501, 1507).

Gelbe Kristalle (aus Py. + PAe.); F: 291–292° [Zers.].

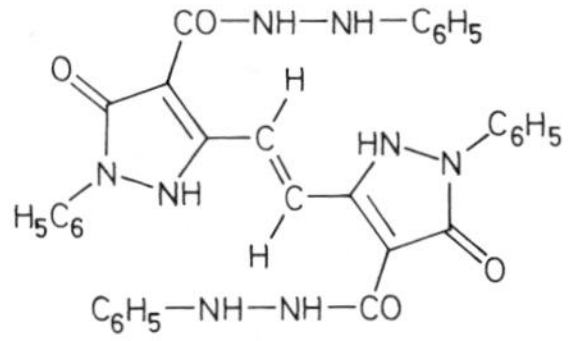

IX

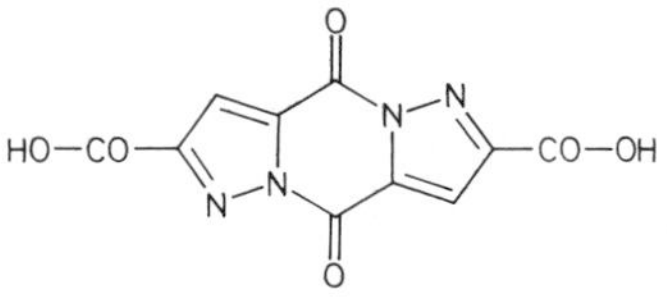

X

Oxocarbonsäuren $C_nH_{2n-16}N_4O_6$

4,9-Dioxo-4*H*,9*H*-dipyrazolo[1,5-*a*;1',5'-*d*]pyrazin-2,7-dicarbonsäure(?) $C_{10}H_4N_4O_6$, vermutlich Formel X.

Bezüglich der Konstitution vgl. das analog hergestellte Dipyrazolo[1,5-*a*;1',5'-*d*]pyrazin-4,9-dion (S. 2506).

B. Aus 1*H*-Pyrazol-3,5-dicarbonsäure mit Hilfe von $SOCl_2$ (*Eidebenz, Koulen,* Ar. **281** [1943] 171, 180).

Kristalle (aus Chlorbenzol); F: 310°.

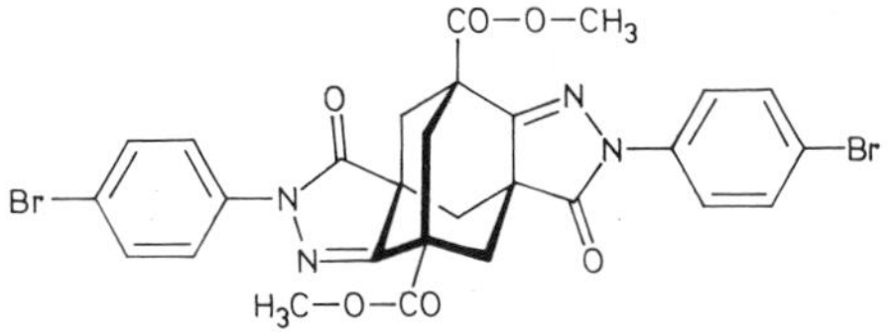

XI

(±)-2,7-Bis-[4-brom-phenyl]-3,8-dioxo-2,3,7,8-tetrahydro-3a,8a;5,10-dimethano-cycloocta[1,2-*c*;5,6-*c*']dipyrazol-5,10-dicarbonsäure-dimethylester $C_{28}H_{22}Br_2N_4O_6$, Formel XI + Spiegelbild.

B. Aus 2,6-Dioxo-adamantan-1,3,5,7-tetracarbonsäure-tetramethylester (E III **10** 4172) und [4-Brom-phenyl]-hydrazin in Essigsäure (*Böttger,* B. **70** [1937] 314, 323).

Kristalle (aus Isoamylalkohol); F: 331 – 332° [nach Sintern ab 329°].

***Opt.-inakt. 1,4-Diacetyl-3,6-bis-[5-äthoxycarbonyl-2,4-dimethyl-pyrrol-3-yl]-piperazin-2,5-dion, 3,5,3',5'-Tetramethyl-4,4'-[1,4-diacetyl-3,6-dioxo-piperazin-2,5-diyl]-bis-pyrrol-2-carbonsäure-diäthylester** $C_{26}H_{32}N_4O_8$, Formel XII.

B. Aus (±)-[5-Äthoxycarbonyl-2,4-dimethyl-pyrrol-3-yl]-amino-essigsäure beim Erwärmen mit Acetanhydrid (*Fischer et al.,* Z. physiol. Chem. **279** [1943] 1, 26).

Kristalle (aus wss. Eg.); F: 216°.

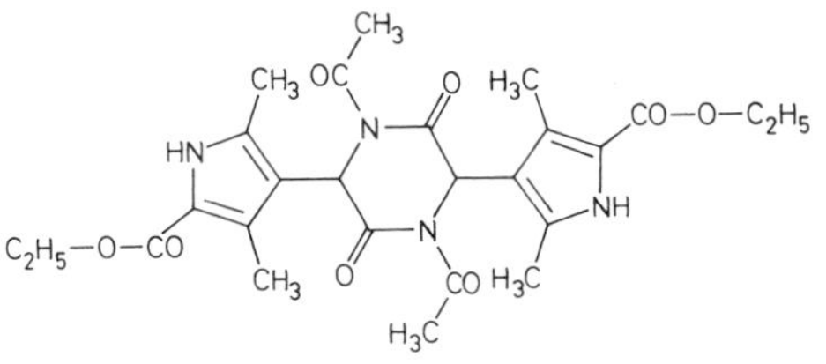

XII

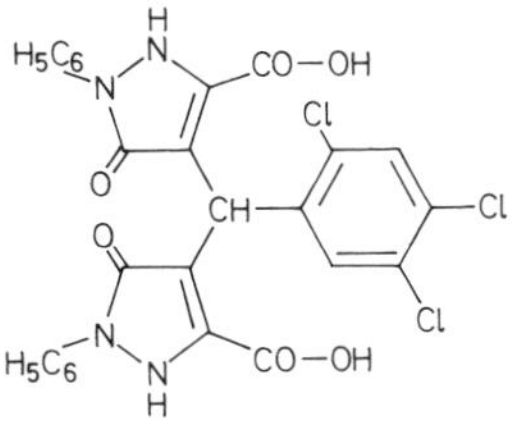

XIII

Oxocarbonsäuren $C_nH_{2n-18}N_4O_6$

Bis-[5-carboxy-3-oxo-2-phenyl-2,3-dihydro-1*H*-pyrazol-4-yl]-[2,4,5-trichlor-phenyl]-methan, 5,5'-Dioxo-1,1'-diphenyl-2,5,2',5'-tetrahydro-1*H*,1'*H*-4,4'-[2,4,5-trichlor-benzyliden]-bis-pyrazol-3-carbonsäure $C_{27}H_{17}Cl_3N_4O_6$, Formel XIII und Taut.

B. Aus 5-Oxo-1-phenyl-2,5-dihydro-1*H*-pyrazol-3-carbonsäure und 2,4,5-Tetrachlor-benz=

aldehyd in Äthanol (*I.G. Farbenind.*, D.R.P. 716599 [1939]; D.R.P. Org. Chem. **5** 196, 198).
Kristalle (aus wss. Na_2CO_3 + wss. HCl); F: 206°.
Äthylester $C_{31}H_{25}Cl_3N_4O_6$. *B.* Analog der Säure [s. o.] (*I.G. Farbenind.*). – Kristalle; F: 218–219°.

Oxocarbonsäuren $C_nH_{2n-20}N_4O_6$

3,3'-[(4*S*,16*S*)-2*t*,17*c*'-Diäthyl-3*c*,7,13,18*t*'-tetramethyl-1,19-dioxo-(4*rH*,16*r'H*)-2,3,4,5,15,16,17,18,19,21,22,24-dodecahydro-1*H*-bilin-8,12-diyl]-di-propionsäure, (–)-Stercobilin, (–)-Stercobilin-IXα $C_{33}H_{46}N_4O_6$, Formel I und Taut.

Konstitution: *Birch*, Chem. and Ind. **1955** 652; *Gray, Nicholson*, Soc. **1958** 3085, 3087. Konfiguration: *Gray et al.*, Soc. [C] **1967** 178; *Brockmann et al.*, Pr. nation. Acad. U.S.A. **68** [1971] 2141.

Zusammenfassende Darstellungen: *H. Fischer, H. Orth,* Die Chemie des Pyrrols, Bd. 2, Tl. 1 [Leipzig 1937] S. 694; *R. Lemberg, J.W. Legge,* Hematin Compounds and Bile Pigments [New York 1949] S. 140–143; *Lightner,* in *D. Dolphin,* The Porphyrins, Bd. 6 [New York 1979] S. 521, 548–554.

Isolierung aus Faeces: *Watson,* J. biol. Chem. **105** [1934] 469; Z. physiol. Chem. **233** [1935] 39, 51; *Fischer, Halbach,* Z. physiol. Chem. **238** [1936] 59, 73; *Fischer, Libowitzky,* Z. physiol. Chem. **258** [1939] 255, 269; *Watson et al.,* J. biol. Chem. **200** [1953] 697; *Gray, Nicholson,* Soc. **1958** 3085, 3093.

Schwach hygroskopische Kristalle (aus Acn.); F: 236° [korr.] (*Fischer, Libowitzky,* Z. physiol. Chem. **258** [1939] 255, 272; *Fischer, Halbach,* Z. physiol. Chem. **238** [1936] 59, 73), 234–236° [Zers.] (*Watson, Lowry,* J. biol. Chem. **218** [1956] 633, 635; *Watson et al.,* J. biol. Chem. **200** [1953] 697, 699), 232° [korr.] (*Siedel, Meier,* Z. physiol. Chem. **242** [1936] 101, 115, 128). Gelbe Kristalle (aus $CHCl_3$) mit ca. 1 Mol $CHCl_3$ (*Fi., Li.*); F: 127–140° (*Watson,* Z. physiol. Chem. **208** [1932] 101, 102, 115), 130° (*Fi., Ha.,* l. c. S. 80). Netzebenenabstände der lösungsmittelfreien Verbindung: *Wa., Lo.,* l. c. S. 637. $[\alpha]^{20}_{690-720}$: +32,8° [wss. HCl (38%ig); c = 0,4] (*Fi., Li.,* l. c. S. 273), –139° [wss. NaOH (0,5 n); c = 0,1] (*Fi., Li.*), +256° [Ameisensäure; c = 0,1] (*Fi., Li.*), –424° [Eg.; c = 0,03] (*Fi., Ha.,* l. c. S. 80), –254° [Eg.; c = 0,1] (*Fi., Li.*), –322° [$CHCl_3$; c = 0,05] (*Fi., Li.*); $[\alpha]^{20}_{656}$: –824° [Eg.; c = 0,2] (*Fi., Ha.*); $[\alpha]^{20}_{D}$: –863° [Eg.; c = 0,2] (*Fi., Ha.*). IR-Spektrum (KBr; 2,5–15 μ): *Wa., Lo.,* l. c. S. 636. Absorptionsspektrum in Dioxan (240–510 nm) und in einem Dioxan-$CHCl_3$-Gemisch (220–500 nm): *Stern, Pruckner,* Z. physik. Chem. [A] **182** [1938] 117, 118, 120, 122; in wss. Lösungen vom pH 1–12 (270–560 nm): *Gray et al.,* Soc. **1961** 2276, 2277. Scheinbarer Dissoziationsexponent pK'_a (protonierte Verbindung; H_2O; spektrophotometrisch ermittelt): 7,60 (*Gray et al.,* Soc. **1961** 2277).

Beim Erwärmen des Hydrochlorids mit konz. H_2SO_4 ist Glaukobilin-IXα (S. 3265) erhalten worden (*Fischer, Halbach,* Z. physiol. Chem. **238** [1936] 59, 78). Bei der Oxidation des Hydrochlorids mit CrO_3 und H_2SO_4 sind 3-[4-Methyl-2,5-dioxo-2,5-dihydro-pyrrol-3-yl]-propionsäure, (3*R*)-3*r*-Äthyl-4*t*-methyl-pyrrolidin-2,5-dion, Bernsteinsäure, Essigsäure und CO_2 erhalten worden (*Gray, Nicholson,* Soc. **1958** 3086, 3094; *Brockmann et al.,* Pr. nation. Acad. U.S.A. **68** [1971] 2141). Zeitlicher Verlauf der Hydrierung an Palladium in wss. NaOH bei 20°: *Fi., Ha.,* l. c. S. 74.

Hydrochlorid $C_{33}H_{46}N_4O_6 \cdot HCl$. Kristalle; F: 157–162° [Zers.] (*Watson, Lowry,* J. biol. Chem. **218** [1956] 633, 635), 157–160° [aus Me. + E.] (*Watson et al.,* J. biol. Chem. **200** [1953] 697, 699). Orangefarbene Kristalle (aus $CHCl_3$) mit ca. 1,5 Mol $CHCl_3$ (*Fischer, Libowitzky,* Z. physiol. Chem. **258** [1939] 255, 258, 272), 125–150° (*Watson,* Z. physiol. Chem. **208** [1932] 101, 102). $[\alpha]^{20}_{690-720}$: –496° [A.; c = 0,05], –217° [äthanol. NH_3 (1%ig); c = 0,05] (*Fischer, Halbach,* Z. physiol. Chem. **238** [1936] 59, 81), –1710° [$CHCl_3$; c = 0,02], –1520° [$CHCl_3$; c = 0,04] (*Fi., Li.,* l. c. S. 273); $[\alpha]^{20}_{656}$: –489° [äthanol. NH_3 (1%ig); c = 0,05], –1007° [Eg.; c = 0,07–0,2] (*Fi., Ha.,* l. c. S. 80, 81); $[\alpha]^{20}_{D}$: –631° [äthanol. NH_3 (1%ig); c = 0,05], –1733° [Eg.; c = 0,07–0,2] (*Fi., Ha.,* l. c. S. 80, 81), –3850° [$CHCl_3$; c = 0,04] (*Fi., Li.*); $[\alpha]^{27}_{D}$: –3770° [$CHCl_3$; c = 0,1] (*Gray et al.,* Biochem. J. **47** [1950] 87, 90). ORD ($CHCl_3$;

620 – 470 nm): *Gray et al.*, Nature **184** [1959] 41. IR-Spektrum (Nujol; 1320 – 700 cm^{-1}): *Gray et al.*, Biochem. J. **47** 90. Absorptionsspektrum in Äthanol sowie in Dioxan (220 – 510 nm): *Stern, Pruckner*, Z. physik. Chem. [A] **182** [1938] 117, 118, 122, 123 Anm. 3; in wss. NH_3 (240 – 520 nm): *Heilmeyer et al.*, Bio. Z. **294** [1937] 90, 91. Fluorescenzmaximum: ca. 614 nm (*Siedel, Meier*, Z. physiol. Chem. **242** [1936] 101, 109).

Hydrobromid $C_{33}H_{46}N_4O_6 \cdot HBr$. Orangefarbene Kristalle (aus E.); F: 145 – 150° [Zers.; nach Sintern ab 135°] (*Watson*, Z. physiol. Chem. **233** [1935] 39, 50).

Tetrachloroferrat(III) $C_{33}H_{46}N_4O_6 \cdot HFeCl_4$. Rötliche Kristalle (aus wss. HCl); F: 187 – 190° [Zers.; nach Sintern] (*Wa.*, Z. physiol. Chem. **233** 49, 55).

Dimethylester $C_{35}H_{50}N_4O_6$; Stercobilin-dimethylester, Stercobilin-IXα-dimethylester. Gelbliche Kristalle [aus Acn.] (*Fi.*, *Ha.*, l. c. S. 76). – Tetrachloroferrat(III)-hydrochlorid $C_{35}H_{50}N_4O_6 \cdot HFeCl_4 \cdot HCl$. Rötliche Kristalle (aus HCl enthaltendem Me.); F: 160 – 162° [Zers.; nach Sintern]; λ_{max} (A.): 486 nm, 562 nm und 598 nm (*Wa.*, Z. physiol. Chem. **233** 49, 50).

I

II

Oxocarbonsäuren $C_nH_{2n-22}N_4O_6$

***Opt.-inakt. 3,3′-[2,17-Diäthyl-3,7,13,18-tetramethyl-1,19-dioxo-4,5,10,15,16,19,21,22,23,24-decahydro-1*H*-bilin-8,12-diyl]-dipropionsäure, Urobilinogen**[1]), Mesobilirubinogen-IXα, Mesobilirubinogen $C_{33}H_{44}N_4O_6$, Formel II (R = C_2H_5, R′ = CH_3).

Zusammenfassende Darstellung: *H. Fischer, H. Orth*, Die Chemie des Pyrrols, Bd. 2, Tl. 1 [Leipzig 1937] S. 676, 690.

Isolierung aus Harn und Faeces von nieren- und leberkranker Menschen: *Watson*, J. biol. Chem. **114** [1936] 47, 48, 52, 54; *Fischer, Meyer-Betz*, Z. physiol. Chem. **75** [1911] 232, 248; *Fischer*, Z. Biol. **65** [1914] 163, 175.

B. Bei der Hydrierung von (*Z,Z*)-Mesobilirubin (S. 3261) an Palladium in wss. NaOH (*Fischer, Niemann*, Z. physiol. Chem. **127** [1923] 317, 325). Aus Glaukobilin-IXα (S. 3265) mit Hilfe von Natrium-Amalgam und wss. NaOH (*Fischer et al.*, Z. physiol. Chem. **206** [1932] 201, 207; *Fischer, Halbach*, Z. physiol. Chem. **238** [1936] 59, 79). Bei der Hydrierung von (*Z,Z*)-Bilirubin (S. 3268) an Palladium in wss. NaOH (*Fi.*, *Ni.*, Z. physiol. Chem. **127** 324). Aus (*Z,Z*)-Bilirubin mit Hilfe von Natrium-Amalgam und wss. KOH (*Libowitzky*, Z. physiol. Chem. **263** [1940] 267, 270; *Fischer, Niemann*, Z. physiol. Chem. **137** [1924] 293, 307).

Unbeständige (*Siedel, Möller*, Z. physiol. Chem. **264** [1940] 64, 84) Kristalle; F: 204° [korr.] (*Li.*), 202 – 204° [aus E.] (*Fi. et al.*, l. c. S. 207), 202° (*Fi.*, *Ni.*, Z. physiol. Chem. **127** 325), 200 – 202° [nach Sintern ab 192°; aus E.] (*Wa.*, l. c. S. 51), 201° (*Fi.*, l. c. S. 176). λ_{max} (500 – 635 nm) und Fluorescenzmaxima (515 – 690 nm) in methanol. Natriummethylat: *Dhéré, Roche*, Bl. Soc. Chim. biol. **13** [1931] 987, 1006, 1009.

Bildung von Mesoporphyrin-IX (S. 3018) und 4-Äthyl-2,3-dimethyl-pyrrol beim Erhitzen mit HBr und Essigsäure: *Fischer, Lindner*, Z. physiol. Chem. **161** [1926] 1, 11, 14. Beim Erhitzen mit methanol. Natriummethylat auf 230° sind Gemische von Xanthobilirubinsäure (E III/IV **25** 1686) und Isoxanthobilirubinsäure (E III/IV **25** 1686) sowie 3-[2,4,5-Trimethyl-pyrrol-3-yl]-propionsäure (*Fischer, Röse*, B. **46** [1913] 439, 442; *Siedel, Fischer*, Z. physiol. Chem. **214** [1933] 145, 152, 167), beim Erhitzen mit methanol. Kaliummethylat auf 100° ist (*Z,Z*)-Mesobilirubin (S. 3261) erhalten worden (*Fi.*, l. c. S. 168). Beim Erwärmen mit Essigsäure ist *rac*-Urobilin (S. 3259) erhalten worden (*Siedel, Meier*, Z. physiol. Chem. **242** [1936] 101, 125). Reaktion mit $FeCl_3$ und wss.-methanol. HCl (Bildung von Mesobiliviolin-dimethylester [S. 3262], Meso-

[1]) Die Stellungsbezeichnung bei von Urobilinogen abgeleiteten Namen entspricht der bei Urobilin (S. 3258) angegebenen Bezifferung.

bilirhodin-IXα-dimethylester [über die Konstitution s. *Gossauer, Miehe,* A. **1974** 352] und anderen Verbindungen): *Lemberg,* Biochem. J. **28** [1934] 978, 981; *Siedel,* Z. physiol. Chem. **237** [1935] 8, 34; *Si., Mö.,* Z. physiol. Chem. **264** 83. Oxidation mit Blei(IV)-acetat in Essigsäure: *Siedel, Möller,* Z. physiol. Chem. **259** [1939] 113, 131. Beim Erwärmen mit wss. HCl und Benzaldehyd ist ein Gemisch von 3-[5-(3-Äthyl-4-methyl-5-oxo-4,5-dihydro-pyrrol-2-ylmethyl)-2-benzyliden-4-methyl-2*H*-pyrrol-3-yl]-propionsäure und 3-[5-(4-Äthyl-3-methyl-5-oxo-4,5-dihydro-pyrrol-2-ylmethyl)-2-benzyliden-4-methyl-2*H*-pyrrol-3-yl]-propionsäure (E III/IV **25** 1720) erhalten worden (*Fi., Ni.,* Z. physiol. Chem. **137** 312; *Si., Fi.,* l. c. S. 150). Reaktion mit 4-Dimethylamino-benzaldehyd und Sauerstoff in wss. HCl: *Yamaoka et al.,* Pr. Japan Acad. **32** [1956] 417; s. a. *A. Treibs,* Das Leben und Wirken von Hans Fischer [München 1971] S. 168, 271.

Verbindung mit Eisen(III)-chlorid $C_{33}H_{44}N_4O_6 \cdot 2FeCl_3$: *Fi., Ni.,* Z. physiol. **137** 308.

***Opt.-inakt. 3,3'-[3,17-Diäthyl-2,7,13,18-tetramethyl-1,19-dioxo-4,5,10,15,16,19,21,22,23,24-decahydro-1*H*-bilin-8,12-diyl]-di-propionsäure,** Mesobilirubinogen-XIIIα $C_{33}H_{44}N_4O_6$, Formel II (R = CH_3, R' = C_2H_5).

Zusammenfassende Darstellung: *H. Fischer, H. Orth,* Die Chemie des Pyrrols, Bd. 2, Tl. 1 [Leipzig 1937] S. 689.

B. Aus Urobilin-XIIIα-hydrochlorid (S. 3260) bei der Hydrierung an Palladium in wss. NaOH (*Siedel, Meier,* Z. physiol. Chem. **242** [1936] 101, 129) oder beim Behandeln mit Natrium-Amalgam und wss. NaOH (*Si., Me.,* l. c. S. 130). Beim Behandeln von Mesobiliviolin-XIIIα-dimethylester (S. 3263) mit Natrium-Amalgam und wss. Methanol (*Siedel, Möller,* Z. physiol. Chem. **264** [1940] 64, 84).

Kristalle; F: 205° [aus E.] (*Si., Mö.*), 194° [aus $CHCl_3$+PAe.] (*Si., Me.*).

Oxocarbonsäuren $C_nH_{2n-24}N_4O_6$

***Opt.-inakt. 3,3'-[2,18-Diäthyl-3,7,13,17-tetramethyl-1,19-dioxo-4,5,15,16,19,21,22,24-octahydro-1*H*-bilin-8,12-diyl]-di-propionsäure,** Urobilin-IIIα $C_{33}H_{42}N_4O_6$, Formel III.

Zusammenfassende Darstellung: *H. Fischer, H. Orth,* Die Chemie des Pyrrols, Bd. 2, Tl. 1 [Leipzig 1937] S. 688.

B. Beim Erwärmen von Isoneobilirubinsäure (E III/IV **25** 1654) mit Ameisensäure und Acetanhydrid (*Siedel, Meier,* Z. physiol. Chem. **242** [1936] 101, 123).

Orangefarbene wasserhaltige Kristalle (aus $CHCl_3$); F: 183° [korr.; nach Dunkelfärbung bei 170° und Sintern bei 177°] (*Si., Me.,* l. c. S. 124).

Hydrochlorid. Orangerote hygroskopische Kristalle (aus $CHCl_3$ oder Acn.); F: 203° [korr.; nach Dunkelfärbung bei 185° und Sintern bei 190°] (*Si., Me.,* l. c. S. 109, 110, 124).

III

IV

3,3'-[2,17-Diäthyl-3,7,13,18-tetramethyl-1,19-dioxo-4,5,15,16,19,21,22,24-octahydro-1*H*-bilin-8,12-diyl]-di-propionsäure $C_{33}H_{42}N_4O_6$.

a) **3,3'-[(4*R*,16*R*)-2,17-Diäthyl-3,7,13,18-tetramethyl-1,19-dioxo-4,5,15,16,19,21,22,24-octahydro-1*H*-bilin-8,12-diyl]-di-propionsäure, (*R*,*R*)-Urobilin** [1]), (+)-Urobilin-IXα, Formel IV und Taut. (in der Literatur auch als *d*-Urobilin-H_{42} bezeichnet).

Konfiguration: *Brockmann et al.,* Pr. nation. Acad. U.S.A. **68** [1971] 2141.

---

[1]) Bei von Urobilin abgeleiteten Namen gilt die in Formel IV angegebene Stellungsbezeichnung (vgl. *Merritt, Loening,* Pure appl. Chem. **51** [1979] 2251, 2301).

Zusammenfassende Darstellung: *Lightner,* in *D. Dolphin,* The Porphyrins, Bd. 6 [New York 1979] S. 521, 537.

B. Beim Hydrieren von 3,3′-[(4*R*,16*R*)-2(?)-Äthyl-3,7,13,18-tetramethyl-1,19-dioxo-17(?)-vinyl-4,5,15,16,19,21,22,24-octahydro-1*H*-bilin-8,12-diyl]-di-propionsäure-hydrochlorid („Monovinyl-*d*-urobilin-hydrochlorid"; S. 3267) an Platin in Essigsäure oder Methanol und anschliessenden Behandeln mit Jod oder Luft (*Gray, Nicholson,* Soc. **1958** 3085, 3096).

Hydrochlorid. Kristalle (*Gray, Ni.,* l. c. S. 3097). $[\alpha]_D$: +4950° [$CHCl_3$] (*Gray, Ni.,* l. c. S. 3088). λ_{max}: 499 nm [$CHCl_3$] bzw. 365 nm und 492 nm [Me.] (*Gray, Ni.,* l. c. S. 3097).

Über ein Präparat (Kristalle [aus E. oder PAe.], F: ca. 175° [nach Sintern ab 142–145°]; vermutlich $CHCl_3$ enthaltende Kristalle [aus $CHCl_3$ + PAe.], F: 110–115°), dem vielleicht ebenfalls diese Konstitution und Konfiguration zukommt und das aus Faeces nach Verabreichung von Aureomycin oder Terramycin isoliert oder aus sog. Monovinyl-*d*-urobilin-hydrochlorid (?; S. 3263) mit Hilfe von Natrium-Amalgam und wss. NaOH erhalten worden ist, s. *Lowry et al.,* J. biol. Chem. **218** [1956] 641; s. a. *Watson, Lowry,* J. biol. Chem. **218** [1956] 633, 637.

b) ***Opt.-inakt. 3,3′-[2,17-Diäthyl-3,7,13,18-tetramethyl-1,19-dioxo-4,5,15,16,19,21,22,24-octahydro-1*H*-bilin-8,12-diyl]-di-propionsäure, *rac*-Urobilin, Urobilin-IXα, *i*-Urobilin, Isourobilin.**

Zusammenfassende Darstellung: *H. Fischer, H. Orth,* Die Chemie des Pyrrols, Bd. 2, Tl. 1 [Leipzig 1937] S. 675; *Lightner,* in *D. Dolphin,* The Porphyrins, Bd. 6 [New York 1979] S. 521, 542.

B. Aus Isoneobilirubinsäure (E III/IV **25** 1654) und Formylneobilirubinsäure (E III/IV **25** 1810) oder aus Neobilirubinsäure (E III/IV **25** 1654) und Formylisoneobilirubinsäure (E III/IV **25** 1810) in Essigsäure mit Hilfe von wss. HCl (*Siedel, Meier,* Z. physiol. Chem. **242** [1936] 101, 121). Aus Mesobilirubinogen (S. 3257) mit Hilfe von Luft (*Si., Me.,* l. c. S. 125; *Watson,* Z. physiol. Chem. **233** [1935] 39, 57) oder von Jod (*Watson,* J. biol. Chem. **200** [1953] 691, 692). Aus Mesobilirubinogen in wss. HCl mit Hilfe von Luft (*Fischer, Halbach,* Z. physiol. Chem. **238** [1936] 59, 75).

Orangerote hygroskopische Kristalle (aus Acn.) mit ca. 1 Mol H_2O; F: 190° (*Fi., Ha.,* l. c. S. 76), 177° [korr.; nach Dunkelfärbung bei 158° und Sintern bei 171°] (*Si., Me.,* l. c. S. 110, 122), 174° (*Wa.,* J. biol. Chem. **200** 695). Gelbe, $CHCl_3$ enthaltende Kristalle (aus $CHCl_3$); F: 168–173° [korr.; nach Dunkelfärbung bei 122° und Sintern bei 148°] (*Si., Me.,* l. c. S. 107, 127). Netzebenenabstände des Hydrats: *Watson, Lowry,* J. biol. Chem. **218** [1956] 633, 637. IR-Spektrum (KBr; 2,5–15,5 μ): *Wa., Lo.,* l. c. S. 636. Absorptionsspektrum (Dioxan; 250–530 nm): *Pruckner, Stern,* Z. physik. Chem. [A] **180** [1937] 25, 27, 38, [A] **182** [1938] 117, 118, 120.

Hydrochlorid $C_{33}H_{42}N_4O_6 \cdot HCl$. Orangerote hygroskopische Kristalle (aus Acn.); F: 199–200° [korr.] (*Si., Me.,* l. c. S. 110, 121). Gelbe, $CHCl_3$ enthaltende Kristalle (aus $CHCl_3$); F: 180–185° (*Si., Me.,* l. c. S. 107, 126), 147–171° [korr.] (*Si., Me.,* l. c. S. 107, 121), 155–158° [Zers.] (*Wa.,* Z. physiol. Chem. **233** 57), 120–150° (*Fi., Ha.,* l. c. S. 76). Absorptionsspektrum (Dioxan bzw. Dioxan sowie A.; 220–520 nm): *Pr., St.,* Z. physik. Chem. [A] **180** 27, 38, [A] **182** 118, 123 Anm. 3, 124. λ_{max} ($CHCl_3$ sowie A.; 400–510 nm): *Si., Me.,* l. c. S. 122, 132. Fluorescenzmaximum der Kristalle: 614 nm (*Si., Me.,* l. c. S. 122).

Hydrobromid. Kristalle (aus Acn.); F: 200–201° [korr.; nach Dunkelfärbung bei 182° und Sintern bei 190°] (*Si., Me.,* l. c. S. 123).

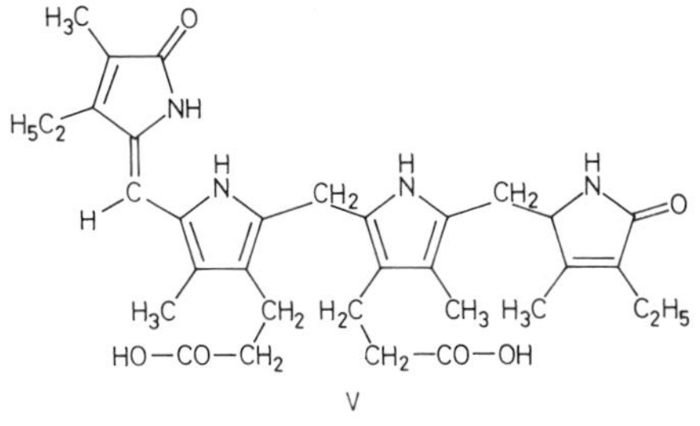

V 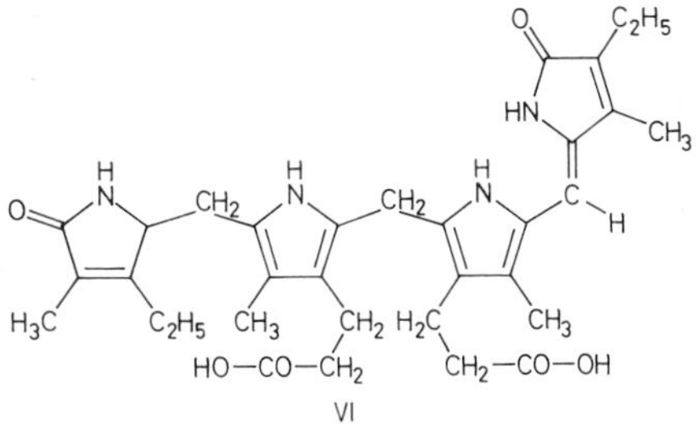 VI

(±)-3,3'-[(*Z*?)-2,17(oder 3,18)-Diäthyl-3,7,13,18(oder 2,7,13,17)-tetramethyl-1,19-dioxo-4,5,10,19,21,22,23,24-octahydro-1*H*-bilin-8,12-diyl]-di-propionsäure $C_{33}H_{42}N_4O_6$, vermutlich Formel V oder VI; **(*Z*)-4,5(oder 15,16)-Dihydro-mesobilirubin,** Dihydromeso-bilirubin-IXα.

Zusammenfassende Darstellung: *H. Fischer, H. Orth,* Die Chemie des Pyrrols, Bd. 2, Tl. 1 [Leipzig 1937] S. 673.

B. Neben anderen Verbindungen bei der Hydrierung von (*Z,Z*)-Bilirubin (S. 3268) an Palladium in wss. NaOH (*Fischer, Baumgartner,* Z. physiol. Chem. **216** [1933] 260, 262).

Gelbe Kristalle (aus A.); F: 278–284° [nach Verfärbung bei 250°] (*Fi., Ba.*).

***Opt.-inakt. 3,3'-[3,17-Diäthyl-2,7,13,18-tetramethyl-1,19-dioxo-4,5,15,16,19,21,22,24-octahydro-1*H*-bilin-8,12-diyl]-di-propionsäure,** Urobilin-XIIIα $C_{33}H_{42}N_4O_6$, Formel VII.

Zusammenfassende Darstellung: *H. Fischer, H. Orth,* Die Chemie des Pyrrols, Bd. 2, Tl. 1 [Leipzig 1937] S. 688.

B. Beim Erwärmen von Neobilirubinsäure (E III/IV **25** 1654) mit Ameisensäure und Acetanhydrid (*Siedel, Meier,* Z. physiol. Chem. **242** [1936] 101, 124) oder mit Formylneobilirubinsäure (E III/IV **25** 1810) in Essigsäure und wss. HCl (*Si., Me.*).

Orangerote wasserhaltige Kristalle (aus Acn.); F: 176° [korr.; nach Dunkelfärbung bei 158° und Sintern bei 160°] (*Si., Me.,* l. c. S. 125, 127).

Reaktion mit Natrium-Amalgam in wss. NaOH: *Si., Me.,* l. c. S. 130.

Hydrochlorid $C_{33}H_{42}N_4O_6 \cdot HCl$. Orangerote hygroskopische Kristalle (aus Acn.); F: 192° [korr.; nach Dunkelfärbung bei 167° und Sintern bei 184°] (*Si., Me.,* l. c. S. 109, 124, 127).

Hydrobromid $C_{33}H_{42}N_4O_6 \cdot HBr$. Orangerote hygroskopische Kristalle (aus Acn.); F: 199° [korr.; nach Dunkelfärbung bei 185° und Sintern bei 188°] (*Si., Me.,* l. c. S. 109, 125, 128).

VII

VIII

Oxocarbonsäuren $C_nH_{2n-26}N_4O_6$

Oxocarbonsäuren $C_{32}H_{38}N_4O_6$

***3,3'-[5,5'-Bis-(4-äthyl-3-methyl-5-oxo-1,5-dihydro-pyrrol-2-ylidenmethyl)-4,4'-dimethyl-[2,2']bipyrrolyl-3,3'-diyl]-di-propionsäure-dimethylester** $C_{34}H_{42}N_4O_6$, Formel VIII ($R = CH_3$, $R' = C_2H_5$).

B. Aus Isoneoxanthobilirubinsäure-methylester (E III/IV **25** 1685) mit Hilfe von Blei(IV)-acetat in Essigsäure (*Siedel, Möller,* Z. physiol. Chem. **259** [1939] 113, 135).

Violette Kristalle mit Bronzeglanz (aus Acn.+Ae.); F: 242° [korr.].

***3,3'-[5,5'-Bis-(3-äthyl-4-methyl-5-oxo-1,5-dihydro-pyrrol-2-ylidenmethyl)-4,4'-dimethyl-[2,2']bipyrrolyl-3,3'-diyl]-di-propionsäure-dimethylester** $C_{34}H_{42}N_4O_6$, Formel VIII ($R = C_2H_5$, $R' = CH_3$).

B. Analog der vorangehenden Verbindung (*Siedel, Möller,* Z. physiol. Chem. **259** [1939] 113, 134).

Violette Kristalle mit grünem Glanz (aus Acn.+Ae.); F: 253° [korr.].

Oxocarbonsäuren $C_{33}H_{40}N_4O_6$

***3,3′-[2,18-Diäthyl-3,7,13,17-tetramethyl-1,19-dioxo-10,19,21,22,23,24-hexahydro-1*H*-bilin-8,12-diyl]-di-propionsäure,** Mesobilirubin-IIIα $C_{33}H_{40}N_4O_6$, Formel IX.

Zusammenfassende Darstellung: *H. Fischer, H. Orth,* Die Chemie des Pyrrols, Bd. 1, Tl. 2 [Leipzig 1937] S. 666.

B. Aus Isoneoxanthobilirubinsäure (E III/IV **25** 1684) und Formaldehyd mit Hilfe von wss. HCl (*Siedel,* Z. physiol. Chem. **245** [1937] 257, 270). In geringer Ausbeute aus Isoneoxanthobilirubinsäure oder aus 3-[5-(3-Äthyl-4-methyl-5-oxo-1,5-dihydro-pyrrol-2-ylidenmethyl)-2-hydroxymethyl-4-methyl-pyrrol-3-yl]-propionsäure-methylester (E III/IV **25** 1893) in $CHCl_3$ mit Hilfe von HCl (*Si.,* l. c. S. 273). Beim Behandeln von Isoxanthobilirubinsäure (E III/IV **25** 1686) mit Brom und Essigsäure und anschliessend mit Pyridin (*Fischer, Adler,* Z. physiol. Chem. **200** [1931] 209, 227).

Gelbe Kristalle; F: 326–329° [korr.; aus Py.] (*Si.,* l. c. S. 270); Zers. bei 327° [aus $CHCl_3$] (*Fi., Ad.*).

Dimethylester $C_{35}H_{44}N_4O_6$. Gelbe Kristalle; F: 255–256° [korr.; aus Eg.+Me.] (*Si.,* l. c. S. 271), 222° (*Fi., Ad.,* l. c. S. 227). – Dihydrochlorid. Orangerote unbeständige Kristalle (aus Eg.+methanol. HCl); F: 232° [korr.] (*Si.,* l. c. S. 271).

IX

X

3,3′-[(4*Z*,15*Z*)-2,17-Diäthyl-3,7,13,18-tetramethyl-1,19-dioxo-10,19,21,22,23,24-hexahydro-1*H*-bilin-8,12-diyl]-di-propionsäure, (*Z*,*Z*)-Mesobilirubin [1]), Mesobilirubin-IXα $C_{33}H_{40}N_4O_6$, Formel X (R = H).

Konfiguration und Konformation: *Becker, Sheldrick,* Acta cryst. [B] **34** [1978] 1298.

Zusammenfassende Darstellungen: *H. Fischer, H. Orth,* Die Chemie des Pyrrols, Bd. 2, Tl. 1 [Leipzig 1937] S. 640, 650; *R. Lemberg, J.W. Legge,* Hematin Compounds and Bile Pigments [New York 1949] S. 120; *Stevens,* in *E.H. Rodd,* Chemistry of Carbon Compounds, Bd. 4, Tl. B [Amsterdam 1959] S. 1115.

B. Bei der Hydrierung von (*Z*,*Z*)-Bilirubin (S. 3268) an Palladium in methanol. NH_3 (*Fischer et al.,* Z. physiol. Chem. **268** [1941] 197, 225), in wss. KOH (*Libowitzky,* Z. physiol. Chem. **263** [1940] 267, 269) oder in wss. NaOH (*Fischer, Niemann,* Z. physiol. Chem. **127** [1923] 317, 322, **146** [1925] 196, 203). Aus Bilirubin-IXα mit Hilfe von $N_2H_4 \cdot H_2O$ in Pyridin (*Fi. et al.*). Aus Glaukobilin-IXα (S. 3265) mit Hilfe von Zink und Essigsäure (*Siedel,* Z. physiol. Chem. **245** [1937] 257, 274). Aus dem Dimethylester (s. u.) mit Hilfe von methanol. KOH (*Si.*). Beim Erhitzen von Mesobilirubinogen (S. 3257) mit methanol. Kaliummethylat (*Fischer,* Z. Biol. **65** [1914] 163, 168).

Atomabstände und Bindungswinkel (Röntgen-Diagramm): *Be., Sh.,* l. c. S. 1302.

Gelbe Kristalle (aus Py.); F: 321° [korr.] (*Si.*), 315° [Zers.] (*Fi.*), 305° [Zers.] (*Fi. et al.*). Gelbe Kristalle (aus $CHCl_3$) mit 2 Mol $CHCl_3$ (*Be., Sh.,* l. c. S. 1300; s. a. *Fi. et al.,* l. c. S. 214). Die $CHCl_3$ enthaltenden Kristalle sind triklin; Kristallstruktur-Analyse (Röntgen-Diagramm); Dichte der Kristalle: 1,27 (*Be., Sh.,* l. c. S. 1300). IR-Spektrum ($CHCl_3$; 3–13 μ): *Shindo,* Acta med. Japan **27** [1957] 1, 6; C. A. **1958** 11136. Absorptionsspektrum ($CHCl_3$;

---

[1]) Die Stellungsbezeichnung bei von Mesobilirubin abgeleiteten Namen entspricht der bei Urobilin (S. 3258) angegebenen Bezifferung.

280 – 520 nm): *Heilmeyer et al.*, Bio. Z. **294** [1937] 90, 92.

3,3'-(4*Z*,15*Z*)-[2,17-Diäthyl-3,7,13,18-tetramethyl-1,19-dioxo-10,19,21,22,23,24-hexahydro-1*H*-bilin-8,12-diyl]-di-propionsäure-dimethylester, (*Z*,*Z*)-Mesobilirubin-dimethylester, Mesobilirubin-IXα-dimethylester $C_{35}H_{44}N_4O_6$, Formel X (R = CH_3).

B. Beim Behandeln von Isoneoxanthobilirubinsäure (E III/IV **25** 1684) mit 3-[5-(3-Äthyl-4-methyl-5-oxo-1,5-dihydro-pyrrol-2-ylidenmethyl)-2-hydroxymethyl-4-methyl-pyrrol-3-yl]-propionsäure-methylester (E III/IV **25** 1893) mit HCl in $CHCl_3$ und anschliessend mit methanol. HCl (*Siedel*, Z. physiol. Chem. **245** [1937] 257, 273). Aus (*Z*,*Z*)-Mesobilirubin (s. o.) und methanol. HCl (*Fischer, Niemann*, Z. physiol. Chem. **127** [1923] 317, 326) oder Diazomethan in Äther und Methanol (*Si.*, l. c. S. 270). Aus Glaukobilin-IXα-dimethylester (S. 3265) mit Hilfe von Zink und Essigsäure (*Si.*, l. c. S. 275).

Gelbe Kristalle (aus Me.); F: 240,5° [korr.] (*Si.*, l. c. S. 273). Absorptionsspektrum (Dioxan; 250 – 480 nm): *Pruckner, Stern*, Z. physik. Chem. [A] **180** [1937] 25, 27, 38.

Dihydrochlorid $C_{35}H_{44}N_4O_6 \cdot 2HCl$. Orangefarbene Kristalle (aus methanol. HCl); F: 199° [korr.] (*Si.*, l. c. S. 273), 190° [Zers.] (*Fi.*, *Ni.*).

***(±)-3,3'-[2,17-Diäthyl-3,7,13,18-tetramethyl-1,19-dioxo-4,5,19,21,22,24-hexahydro-1*H*-bilin-8,12-diyl]-di-propionsäure-dimethylester, (±)-15,16-Dihydro-mesobiliverdin-dimethylester,** Mesobiliviolin-dimethylester $C_{35}H_{44}N_4O_6$, Formel XI und Taut.

Zusammenfassende Darstellungen: *H. Fischer, H. Orth*, Die Chemie des Pyrrols, Bd. 2, Tl. 1 [Leipzig 1937] S. 656; *R. Lemberg, J.W. Legge*, Hematin Compounds and Bile Pigments [New York 1949] S. 125; *Lightner*, in *D. Dolphin*, The Porphyrins, Bd. 6 [New York 1979] 521, 560.

B. Beim Erwärmen von Formylneoxanthobilirubinsäure (E III/IV **25** 1814) mit Isoneobilirubinsäure (E III/IV **25** 1654), Methanol und wss. HBr (*Siedel*, Z. physiol. Chem. **237** [1935] 8, 33; *Siedel, Möller*, Z. physiol. Chem. **264** [1940] 64, 83) sowie von Formylneoxanthobilirubinsäure-methylester (E III/IV **25** 1814) mit Isoneobilirubinsäure (E III/IV **25** 1654) und Methanol oder von Formylisoneobilirubinsäure (E III/IV **25** 1810) mit Neoxanthobilirubinsäure-methylester (vgl. E III/IV **25** 1685) und Methanol, jeweils unter Zusatz von HBr (*Plieninger et al.*, A. **743** [1971] 112, 118). Neben anderen Verbindungen beim Erwärmen von Mesobilirubinogen (S. 3257) mit $FeCl_3$, wss. HCl und Methanol (*Lemberg*, A. **501** [1933] 151, 174, 177; *Si.*, *Mö.*; *Stoll, Gray*, Biochem. J. **117** [1970] 271, 281).

Braunrote Kristalle (aus Ae.); F: 149 – 150° [unkorr.] (*Pl. et al.*). ^{1}H-NMR-Spektrum ($CDCl_3$): *St.*, *Gray*, l. c. S. 284. λ_{max} ($CHCl_3$): 330 nm und 570 nm (*Pl. et al.*, l. c. S. 116; s. a. *St.*, *Gray*, l. c. S. 282; *Si.*).

Massenspektrum: *St.*, *Gray*, l. c. S. 282.

Hydrochlorid. Blaue, grünglänzende Kristalle; F: 172 – 173° [unkorr.; aus Acn.] (*Pl. et al.*), 165° [korr.] (*Si.*, *Mö.*). Absorptionsspektrum (Me.; 430 – 680 nm): *Le.*, l. c. S. 173. λ_{max} ($CHCl_3$): 331 nm und 606 nm (*Pl. et al.*; s. a. *Si.*).

XI

XII

3,3'-[(4*R*,16*R*)-2(?)-Äthyl-3,7,13,18-tetramethyl-1,19-dioxo-17(?)-vinyl-4,5,15,16,19,21,22,24-octahydro-1*H*-bilin-8,12-diyl]-di-propionsäure, 3^1,3^2(?)-Didehydro-(*R*,*R*)-urobilin $C_{33}H_{40}N_4O_6$, vermutlich Formel XII und Taut. (in der Literatur auch als Monovinyl-*d*-urobilin bezeichnet).

Zusammenfassende Darstellung: *Lightner*, in *D. Dolphin*, The Porphyrins, Bd. 6 [New York 1979] S. 521, 537.

B. Aus (Z,Z)-Bilirubin (S. 3268) mit Hilfe von Darmbakterien (*Watson et al.*, Biochem.

Med. **2** [1969] 484, 488, 492).
^{1}H-NMR-Spektrum und ^{1}H-^{1}H-Spin-Spin-Kopplungskonstanten (DMSO-d_6): *Chedekel et al.*, Pr. nation. Acad. U.S.A. **71** [1974] 1599.

Über ein Präparat (Kristalle [aus Me. + Acn.]; F: 162 – 165°; Hydrochlorid: gelbe Kristalle [aus Me. + E.], F: 172 – 174°, $[\alpha]_D^{20}$: + 5000° [$CHCl_3$]), dem vielleicht ebenfalls diese Konstitution zukommt und das aus infizierter menschlicher Galle sowie aus Faeces nach Verabreichung von Aureomycin oder Terramycin isoliert worden ist, s. *Watson, Lowry*, J. biol. Chem. **218** [1956] 633; s. a. *Schwarts, Watson*, Pr. Soc. exp. Biol. Med. **49** [1942] 641. Über weitere Präparate s. *Gray, Nicholson*, Soc. **1958** 3085, 3093; *Gray et al.*, Nature **184** [1959] 41.

***(±)-3,3'-[3,17-Diäthyl-2,7,13,18-tetramethyl-1,19-dioxo-4,5,19,21,22,24-hexahydro-1*H*-bilin-8,12-diyl]-di-propionsäure-dimethylester,** Mesobiliviolin-XIIIα-dimethylester $C_{35}H_{44}N_4O_6$, Formel XIII und Taut.

B. Neben anderen Verbindungen beim Erwärmen von Formylneoxanthobilirubinsäure (E III/IV **25** 1814) mit Neobilirubinsäure (E III/IV **25** 1654) und Methanol unter Zusatz von wss. HBr (*Siedel, Möller*, Z. physiol. Chem. **264** [1940] 64, 80).

Rote, gelbglänzende Kristalle (aus Ae.); F: 164° [korr.]. λ_{max} (Ae., $CHCl_3$ sowie Me.; 400 – 600 nm): *Si., Mö.*, l. c. S. 81, 90.

Hydrochlorid $C_{35}H_{44}N_4O_6 \cdot HCl$. Blaue, grünglänzende Kristalle; F: 170° (*Si., Mö.*, l. c. S. 82, 83). λ_{max} (Ae., $CHCl_3$, Me. sowie wss. HCl; 200 – 630 nm): *Si., Mö.*, l. c. S. 81 – 83, 90.

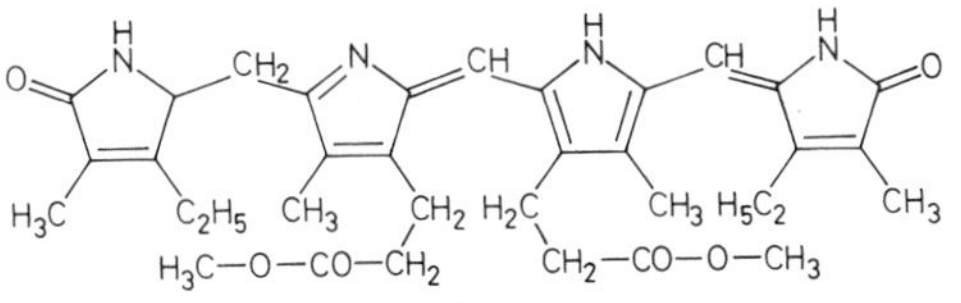

XIII

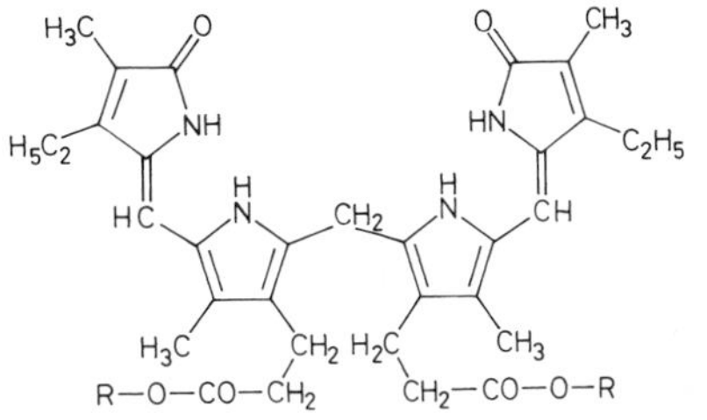

XIV

***3,3'-[3,17-Diäthyl-2,7,13,18-tetramethyl-1,19-dioxo-10,19,21,22,23,24-hexahydro-1*H*-bilin-8,12-diyl]-di-propionsäure,** Mesobilirubin-XIIIα $C_{33}H_{40}N_4O_6$, Formel XIV (R = H) und Taut.

Zusammenfassende Darstellung: *H. Fischer, H. Orth*, Die Chemie des Pyrrols, Bd. 2, Tl. 1 [Leipzig 1937] S. 667.

B. Beim Erhitzen von [3-Äthyl-5-brom-4-methyl-pyrrol-2-yl]-[4-(2-carboxy-äthyl)-3-methyl-pyrrol-2-yl]-methinium-bromid (E III/IV **25** 872) mit Kaliumacetat und Essigsäure (*Siedel, Fischer*, Z. physiol. Chem. **214** [1933] 145, 169). Aus Neoxanthobilirubinsäure (E III/IV **25** 1685) und Formaldehyd mit Hilfe von wss. HCl (*Si., Fi.*, l. c. S. 168; *Fischer, Adler*, Z. physiol. Chem. **200** [1931] 209, 224). Aus *O*-Methyl-neoxanthobilirubinsäure (E III/IV **25** 1216) mit Hilfe von Natriummethylat in Methanol (*Si., Fi.*, l. c. S. 169). Neben einer isomeren(?) Verbindung $C_{33}H_{40}N_4O_6$(?; gelbe Kristalle [aus $CHCl_3$]; F: 305 – 310° [Zers.]; Dimethylester-hydrochlorid: rote, grünglänzende Kristalle, F: 235 – 240°) aus Xanthobilirubinsäure (E III/IV **25** 1686) mit Hilfe von Brom in Essigsäure (*Fi., Ad.*, Z. physiol. Chem. **200** 214, 220, 225).

Gelbe Kristalle; F: 323° [korr.; aus Py.] (*Siedel*, Z. physiol. Chem. **245** [1937] 257, 272), 320° [korr.; aus Py.] (*Si., Fi.*, l. c. S. 168, 172), 312 – 315° [Zers.; aus $CHCl_3$] (*Fi., Ad.*, Z. physiol. Chem. **200** 220).

Kupfer(II)-Komplex $CuC_{33}H_{38}N_4O_6$. Blaugrüne, violettglänzende Kristalle [aus $CHCl_3$ + Eg.] [unreines Präparat] (*Fischer, Adler*, Z. physiol. Chem. **210** [1932] 139, 161). λ_{max} (Eg. + $CHCl_3$; 580 – 690 nm): *Fi., Ad.*, Z. physiol. Chem. **210** 161.

***3,3′-[3,17-Diäthyl-2,7,13,18-tetramethyl-1,19-dioxo-10,19,21,22,23,24-hexahydro-1*H*-bilin-8,12-diyl]-di-propionsäure-dimethylester,** Mesobilirubin-XIIIα-dimethylester $C_{35}H_{44}N_4O_6$, Formel XIV (R = CH_3) und Taut.

Zusammenfassende Darstellung: *H. Fischer, H. Orth,* Die Chemie des Pyrrols, Bd. 2, Tl. 1 [Leipzig 1937] S. 668.

B. Aus Neoxanthobilirubinsäure-methylester (E III/IV **25** 1685) und Formaldehyd mit Hilfe von wss. HCl (*Siedel,* Z. physiol. Chem. **245** [1937] 257, 273). Neben Glaukobilin-XIIIα-dimethylester (S. 3267) beim Behandeln von Xanthobilirubinsäure-methylester (E III/IV **25** 1687) mit Blei(IV)-acetat in Essigsäure und anschliessend mit methanol. HCl (*Siedel, Grams,* Z. physiol. Chem. **267** [1941] 49, 69). Aus Mesobilirubin-XIIIα (s. o.) und methanol. HCl (*Fischer, Adler,* Z. physiol. Chem. **200** [1931] 209, 220; *Si.,* l. c. S. 272).

Gelbgrüne Kristalle (aus Eg. + Me.); F: 278,5° [korr.] (*Si.,* l. c. S. 273).

Dihydrochlorid $C_{35}H_{44}N_4O_6 \cdot 2HCl$. Rote Kristalle; F: 238,5° [korr.; nach Grünfärbung bei 193° und Dunkelfärbung bei 205–210°; aus methanol. HCl] (*Si.,* l. c. S. 272), 237° [korr.] (*Si., Gr.*), 216° [nach Grünfärbung bei 190°; aus methanol. HCl] (*Fi., Ad.,* l. c. S. 221). – Oxidation mit $NaNO_2$ und wss. HNO_3: *Siedel, Fröwis,* Z. physiol. Chem. **267** [1941] 37, 45; vgl. *Si., Gr.,* l. c. S. 55.

Oxocarbonsäuren $C_nH_{2n-28}N_4O_6$

Oxocarbonsäuren $C_{31}H_{34}N_4O_6$

***3,18-Diäthyl-12-[2-methoxycarbonyl-äthyl]-2,7,13,17-tetramethyl-1,19-dioxo-19,21,22,24-tetrahydro-1*H*-bilin-8-carbonsäure-methylester,** Rhodoglaukobilin-dimethylester $C_{33}H_{38}N_4O_6$, Formel I und Taut.

Bezüglich der Einheitlichkeit s. *K.M. Smith,* in *E.H. Rodd,* Chemistry of Carbon Compounds, Bd. 4, Tl. B [Amsterdam 1977] S. 237, 248; *O'Carra,* in *K.M. Smith,* Porphyrins and Metalloporphyrins [Amsterdam 1975] S. 123, 126; *McDonagh,* in *D. Dolphin,* The Porphyrins, Bd. 6 [New York 1979] S. 293, 312.

B. In geringer Ausbeute beim Behandeln von Rhodohämin-dimethylester (S. 3007) mit Sauerstoff in Pyridin unter Zusatz von L-Ascorbinsäure und anschliessend mit methanol. HCl (*Stier,* Z. physiol. Chem. **275** [1942] 155, 165).

Kristalle (aus Acn. + Me.); F: 226° [nach Sintern bei 210°] (*St.*).

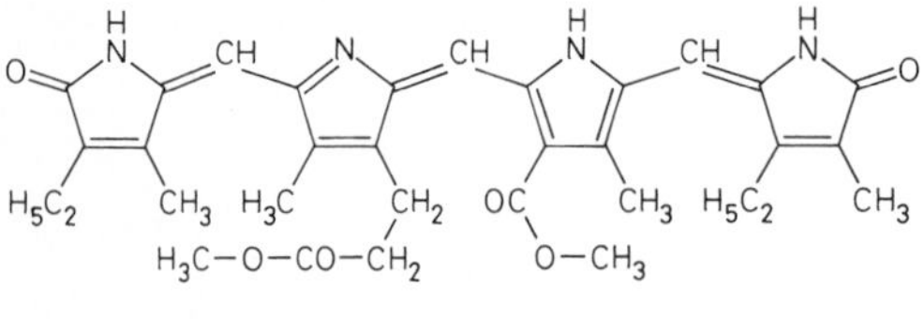

I

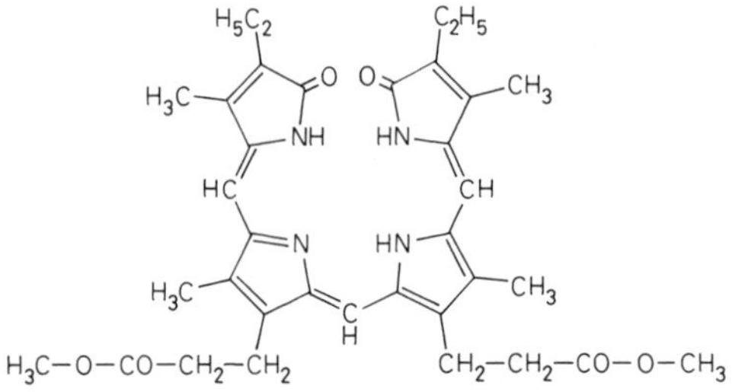

II

Oxocarbonsäuren $C_{33}H_{38}N_4O_6$

***3,3′-[2,18-Diäthyl-3,7,13,17-tetramethyl-1,19-dioxo-19,21,22,24-tetrahydro-1*H*-bilin-8,12-diyl]-di-propionsäure-dimethylester,** Glaukobilin-IIIα-dimethylester $C_{35}H_{42}N_4O_6$, Formel II.

Zusammenfassende Darstellung: *H. Fischer, H. Orth,* Die Chemie des Pyrrols, Bd. 2, Tl. 1 [Leipzig 1937] S. 710.

B. Beim Erwärmen von Isoneoxanthobilirubinsäure (E III/IV **25** 1684) mit Ameisensäure und Acetanhydrid und anschliessenden Verestern (*Siedel,* Z. physiol. Chem. **237** [1935] 8, 31).

Kristalle (aus Me.); F: 238,5° [korr.] (*Si.*).

***3,3′-[2,17-Diäthyl-3,7,13,18-tetramethyl-1,19-dioxo-19,21,22,24-tetrahydro-1*H*-bilin-8,12-diyl]-di-propionsäure, Mesobiliverdin**[1]**,** Glaukobilin-IXα, Glaukobilin, $C_{33}H_{38}N_4O_6$, Formel III (R = X = H) und Taut.

Zusammenfassende Darstellungen: *H. Fischer, H. Orth,* Die Chemie des Pyrrols, Bd. 2, Tl. 1 [Leipzig 1937] S. 698, 704; *R. Lemberg, J.W. Legge,* Hematin Compounds and Bile Pigments [New York 1949] S. 115.

Gewinnung aus Chromoproteiden der Rotalgen mit Hilfe von wss.-methanol. KOH unter Zutritt von Luft: *Lemberg, Bader,* A. **505** [1933] 151, 166, 168.

B. Beim Erwärmen von Isoneoxanthobilirubinsäure (E III/IV **25** 1684) mit Formylneoxanthobilirubinsäure (E III/IV **25** 1814) in wss.-methanol. HCl (*Siedel,* Z. physiol. Chem. **237** [1935] 8, 28). Aus Stercobilin (S. 3256) oder Mesobilirubinogen (S. 3257) mit Hilfe von H_2SO_4 (*Fischer, Halbach,* Z. physiol. Chem. **238** [1936] 59, 78). Aus (*Z,Z*)-Mesobilirubin (S. 3261) in wss. NaOH mit Hilfe von Luft (*Lemberg,* Biochem. J. **28** [1934] 978, 980). Aus Mesobilirubin mit Hilfe von H_2SO_4 oder Ameisensäure (*Fischer et al.,* Z. physiol. Chem. **206** [1932] 201, 208) sowie mit Hilfe von PbO_2 oder [1,4]Benzochinon (*Fischer, Haberland,* Z. physiol. Chem. **232** [1935] 236, 254). Aus Ferrobilin-IXα-hydrochlorid (s. u.) mit Hilfe von wss. NaOH (*Fi. et al.,* l. c. S. 205).

Blaugrüne Kristalle; F: 318° [korr.; Zers.; nach Sintern bei 210–220°; aus Me.] (*Si.,* Z. physiol. Chem. **237** 28), 304° [Zers.; nach Sintern bei 205–220°; aus Me. bzw. aus $CHCl_3$ + PAe.] (*Fi. et al.,* l. c. S. 205; *Fi., Hab.*). λ_{max} ($CHCl_3$ sowie Me.; 560–690 nm): *Si.,* Z. physiol. Chem. **237** 28.

Oxidation des Zink-Komplexes mit Jod in wss. NH_3 enthaltendem Methanol unter Bildung von Mesobilichrysin (S. 3292): *Lemberg, Lockwood,* J. Pr. Soc. N.S. Wales **72** [1939] 69; *Le., Le.,* l. c. S. 133. Beim Erwärmen mit Zink und Essigsäure (*Siedel,* Z. physiol. Chem. **245** [1937] 257, 274) oder beim Behandeln mit Zink und wss. NH_3 (*Lemberg, Wyndham,* Biochem. J. **30** [1936] 1147, 1148) ist (*Z,Z*)-Mesobilirubin erhalten worden. Beim Behandeln mit Natrium-Amalgam und wss. NaOH ist Mesobilirubinogen erhalten worden (*Fi. et al.,* l. c. S. 207; *Fi., Hal.,* l. c. S. 79).

Hydrochlorid $C_{33}H_{38}N_4O_6 \cdot HCl$. Grüne Kristalle (*Le.,* l. c. S. 983).

Ferrobilin-IXα-hydrochlorid $C_{33}H_{38}N_4O_6 \cdot FeCl_3 \cdot HCl$. Zusammenfassende Darstellung: *H. Fischer, H. Orth,* Die Chemie des Pyrrols, Bd. 2, Tl. 1 [Leipzig 1937] S. 703. – *B.* Beim Erwärmen von Isoneoxanthobilirubinsäure (E III/IV **25** 1684) mit Formylneoxanthobilirubinsäure (E III/IV **25** 1814), $FeCl_3$ und wss. HCl in Essigsäure (*Si.,* Z. physiol. Chem. **237** 29). Aus Glaukobilin oder (*Z,Z*)-Mesobilirubin (S. 3261) und $FeCl_3$ in Essigsäure (*Fi. et al.,* l. c. S. 204, 206). – Blaue, rot glänzende Kristalle (*Fi. et al.,* l. c. S. 204); F: 278° (*Fi., Hal.,* l. c. S. 79), 270° [korr.; aus Acn. + Eg.] (*Si.,* Z. physiol. Chem. **237** 29), 260° [Zers.; aus Eg.] (*Fi. et al.*).

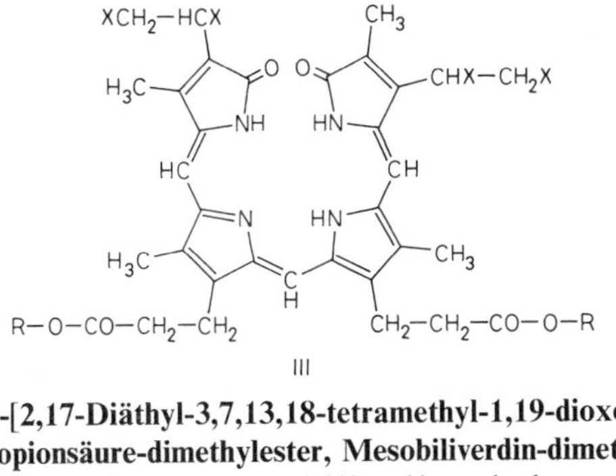

III 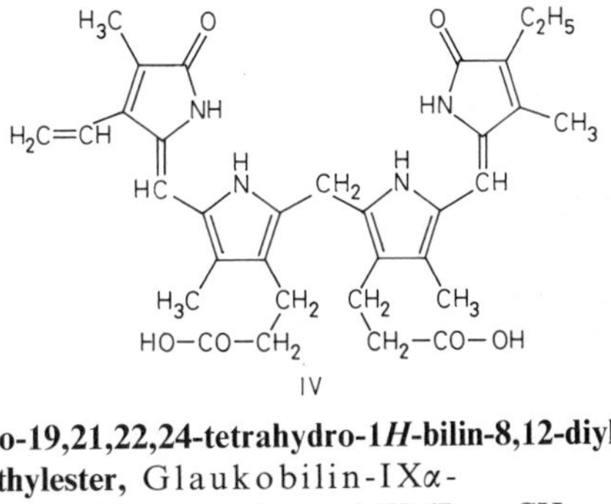 IV

***3,3′-[2,17-Diäthyl-3,7,13,18-tetramethyl-1,19-dioxo-19,21,22,24-tetrahydro-1*H*-bilin-8,12-diyl]-di-propionsäure-dimethylester, Mesobiliverdin-dimethylester,** Glaukobilin-IXα-dimethylester, Glaukobilin-dimethylester, $C_{35}H_{42}N_4O_6$, Formel III (R = CH_3, X = H) und Taut.

Zusammenfassende Darstellungen: *H. Fischer, H. Orth,* Die Chemie des Pyrrols, Bd. 2, Tl. 1

[1]) Die Stellungsbezeichnung bei von Mesobiliverdin abgeleiteten Namen entspricht der bei Urobilin (S. 3258) angegebenen Bezifferung.

[Leipzig 1937] S. 706; *R. Lemberg, J.W. Legge,* Hematin Compounds and Bile Pigments [New York 1949] S. 103.

B. Beim Erwärmen von Isoneoxanthobilirubinsäure (E III/IV **25** 1684) mit Formylneoxanthobilirubinsäure (E III/IV **25** 1814) und Methanol unter Zusatz von wss. HBr (*Siedel,* Z. physiol. Chem. **237** [1935] 8, 26) oder von Neoxanthobilirubinsäure (E III/IV **25** 1685) mit Formylisoneoxanthobilirubinsäure (E III/IV **25** 1813) und Methanol unter Zusatz von wss. HBr (*Si.,* l. c. S. 30). Aus Glaukobilin (s. o.) und methanol. HCl (*Fischer et al.,* Z. physiol. Chem. **206** [1932] 201, 206, 209; *Lemberg, Bader,* A. **505** [1933] 151, 167). Aus Ferrobilin-IXα-dimethylester-hydrochlorid (s. u.) in $CHCl_3$ mit Hilfe von wss. Na_2CO_3 (*Fi. et al.,* l. c. S. 206; *Lemberg,* Biochem. J. **29** [1935] 1322, 1327) oder wss. NaOH (*Si.*).

Dichroitische (*Si.,* l. c. S. 27) blauviolette Kristalle; F: 232–234° [korr.; aus Me.] (*Si.*), 222° [aus $CHCl_3$+Me.] (*Fi. et al.,* l. c. S. 209), 220° [aus Acn.] (*Fischer, Halbach,* Z. physiol. Chem. **238** [1936] 59, 79), 218–219° [unkorr.; aus Me.] (*Le.,* Biochem. J. **29** 1327; *Le., Ba.*). Absorptionsspektrum in Dioxan (250–630 nm): *Stern, Pruckner,* Z. physik. Chem. [A] **182** [1939] 117, 118, 126; in Benzol (470–680 nm): *Si.,* l. c. S. 28.

Beim Erwärmen des Zink-Komplexes mit [1,4]Benzochinon und Methanol in $CHCl_3$ ist Dimethoxyglaukobilin-IXα-dimethylester (S. 3342) erhalten worden (*Fischer, Reinecke,* Z. physiol. Chem. **265** [1940] 9, 14, 20).

Hydrochlorid. Kristalle; Sintern bei 175–176° (*Lemberg,* Biochem. J. **28** [1934] 978, 983).

Zink-Komplex $ZnC_{35}H_{40}N_4O_6$. Über die Konstitution s. *R. Lemberg, J.W. Legge,* Hematin Compounds and Bile Pigments [New York 1949] S. 118. – Grüne Kristalle; F: 305° (*Fi., Re.,* l. c. S. 20). λ_{max} (wss. Me.): 685 nm (*Le.,* Biochem. J. **28** 984).

Ferrobilin-IXα-dimethylester-hydrochlorid $C_{35}H_{42}N_4O_6 \cdot FeCl_3 \cdot HCl$. *B.* Beim Erwärmen von Mesobilirubinogen (S. 3257) mit $FeCl_3$ und wss.-methanol. HCl (*Le.,* Biochem. J. **28** 981). Aus Ferrobilin-IXα-hydrochlorid (s. o.) und methanol. HCl (*Fi. et al.,* l. c. S. 204; *Si.,* l. c. S. 29). Aus Glaukobilin-IXα-dimethylester (s. o.) und $FeCl_3$ in Methanol (*Fi. et al.,* l. c. S. 206). Neben anderen Verbindungen beim Erwärmen von Mesohämin (S. 3021) mit Luft, $N_2H_4 \cdot H_2SO_4$ und Pyridin in wss. NaOH und anschliessend mit methanol. HCl (*Le.,* Biochem. J. **29** 1326; *H. Fischer, H. Orth,* Die Chemie des Pyrrols, Bd. 2, Tl. 1 [Leipzig 1937] S. 699). – Dichroitische (*Le.,* Biochem. J. **28** 982) blauviolette Kristalle; F: 276° [unkorr.; aus Me.] (*Le.,* Biochem. J. **28** 982), 274–276° (*Fi. et al.*), 264° [korr.; aus Me.] (*Si.,* l. c. S. 29), 261° [unkorr.] (*Le.,* Biochem. J. **29** 1326), 244–246° (*Fi., Ha.*), 244° [aus methanol. HCl] (*Fi. et al.*).

***3,3'-[2,17-Diäthyl-3,7,13,18-tetramethyl-1,19-dioxo-19,21,22,24-tetrahydro-1*H*-bilin-8,12-diyl]-di-propionsäure-diäthylester, Mesobiliverdin-diäthylester,** Glaukobilin-IXα-diäthylester, Glaukobilin-diäthylester, $C_{37}H_{46}N_4O_6$, Formel III (R = C_2H_5, X = H) und Taut.

Tetrachloroferrat(III) $C_{37}H_{46}N_4O_6 \cdot FeBr_3 \cdot HBr$. *B.* Beim Erwärmen von (*Z,Z*)-Mesobilirubin (S. 3261) mit Ameisensäure, $FeBr_3$ und wss. HBr und anschliessenden Verestern (*Fischer et al.,* Z. physiol. Chem. **206** [1932] 201, 210). – Violettgrüne Kristalle (aus A.+wss. HBr); F: 228°.

***Opt.-inakt. 3,3'-[2,17-Bis-(1,2-dibrom-äthyl)-3,7,13,18-tetramethyl-1,19-dioxo-19,21,22,24-tetrahydro-1*H*-bilin-8,12-diyl]-di-propionsäure, 3¹,3²,18¹,18²-Tetrabrom-mesobiliverdin,** Tetrabromglaukobilin $C_{33}H_{34}Br_4N_4O_6$, Formel III (R = H, X = Br) und Taut.

Hydrobromid $C_{33}H_{34}Br_4N_4O_6 \cdot HBr$. Zusammenfassende Darstellung: *H. Fischer, H. Orth,* Die Chemie des Pyrrols, Bd. 2, Tl. 1 [Leipzig 1937] S. 707. – *B.* Beim Erwärmen von (*Z,Z*)-Bilirubin (S. 3268) mit Brom in $CHCl_3$ (*Fischer, Haberland,* Z. physiol. Chem. **232** [1935] 236, 250). – Unbeständige blaugrüne, gelbglänzende Kristalle (aus Acn.+Ae.+wss. HBr), die unterhalb 300° nicht schmelzen (*Fi., Ha.*).

***3,3'-[2-Äthyl-3,7,13,18-tetramethyl-1,19-dioxo-17-vinyl-10,19,21,22,23,24-hexahydro-1*H*-bilin-8,12-diyl]-di-propionsäure(?), 18¹,18²-Dihydro-bilirubin(?)** $C_{33}H_{38}N_4O_6$, vermutlich Formel IV und Taut.; Dihydrobilirubin.

B. Neben (*Z,Z*)-Mesobilirubin (S. 3261) bei der Hydrierung von (*Z,Z*)-Bilirubin (S. 3268) an Palladium in wss. NaOH (*Fischer, Haberland,* Z. physiol. Chem. **232** [1935] 236, 239, 248;

Mitsumoto, J. Okayama med. Soc. **71** [1959] 7185, 7188; C. A. **1960** 24971; *Gray et al.,* Soc. **1961** 2268, 2269, 2273).

Rote Kristalle; F: 315° [aus Py.] (*Fi., Ha.; Mi.*), 310–315° [aus $CHCl_3$] (*Gray et al.*). λ_{max} ($CHCl_3$): 442 nm bzw. 437 nm (*Gray et al.; Mi.*).

***3,3'-[3,17-Diäthyl-2,7,13,18-tetramethyl-1,19-dioxo-19,21,22,24-tetrahydro-1*H*-bilin-8,12-diyl]-di-propionsäure,** Glaukobilin-XIIIα $C_{33}H_{38}N_4O_6$, Formel V (R = H).

Ferrobilin-XIIIα-hydrochlorid $C_{33}H_{38}N_4O_6 \cdot FeCl_3 \cdot HCl$. *B.* Beim Erhitzen von Mesobilirubin-XIIIα (S. 3263) mit $FeCl_3$ und HCl in Essigsäure (*Siedel,* Z. physiol. Chem. **237** [1935] 8, 31). – Grüne, violettglänzende Kristalle (aus Acn. + Eg.); F: 275° [korr.].

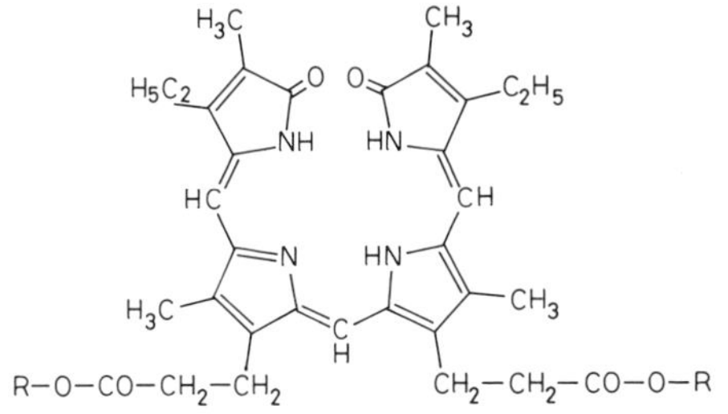

***3,3'-[3,17-Diäthyl-2,7,13,18-tetramethyl-1,19-dioxo-19,21,22,24-tetrahydro-1*H*-bilin-8,12-diyl]-di-propionsäure-dimethylester,** Glaukobilin-XIIIα-dimethylester $C_{35}H_{42}N_4O_6$, Formel V (R = CH_3).

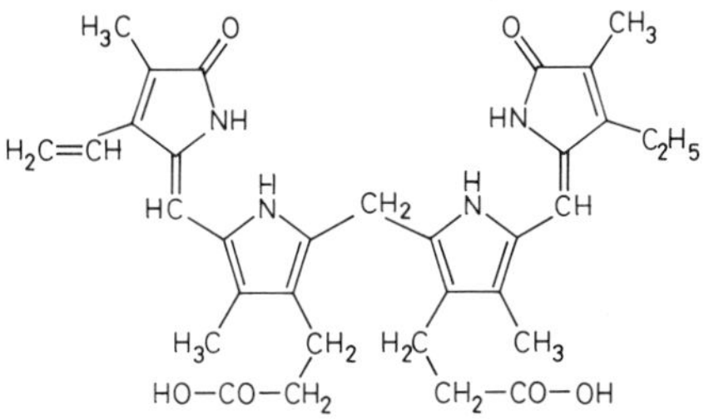

Zusammenfassende Darstellung: *H. Fischer, H. Orth,* Die Chemie des Pyrrols, Bd. 2, Tl. 1 [Leipzig 1937] S. 710.

B. Beim Erwärmen von Formylneoxanthobilirubinsäure (E III/IV **25** 1814) mit Neoxanthobilirubinsäure (E III/IV **25** 1685) und Methanol unter Zusatz von wss. HBr (*Siedel,* Z. physiol. Chem. **237** [1935] 8, 30). Beim Behandeln von Ferrobilin-XIIIα-dimethylester (s. u.) mit wss. NaOH in $CHCl_3$ (*Siedel, Grams,* Z. physiol. Chem. **267** [1941] 49, 68; *I.G. Farbenind.,* D.R.P. 749222 [1941]; D.R.P. Org. Chem. **3** 1404).

Schwarze Kristalle (aus Me.); F: 246–247° [korr.] (*Si.,* l. c. S. 30, 31).

Beim Behandeln mit Brom und H_2O in $CHCl_3$ und anschliessend mit Methanol sind Mesobilipurpurin-XIIIα-dimethylester „622 nm" (S. 3292), Mesobilipurpurin-XIIIα-dimethylester „630 nm" (S. 3342) und weitere Präparate erhalten worden (*Si., Gr.,* l. c. S. 72; *Lightner,* in *D. Dolphin,* The Porphyrins, Bd. 6 [New York 1979] S. 521, 568). Beim Behandeln mit Brom und Methanol in $CHCl_3$ (*Si., Gr.,* l. c. S. 71) sowie des Zink-Komplexes mit [1,4]Benzochinon und Methanol in $CHCl_3$ (*Fischer, Reinecke,* Z. physiol. Chem. **265** [1940] 9, 20; *Fischer, Gangl,* Z. physiol. Chem. **267** [1941] 188, 196) ist Mesobilipurpurin-XIIIα-dimethylester „627 nm" (S. 3342) erhalten worden. Beim Behandeln mit $NaNO_2$ und wss. HNO_3 in $CHCl_3$ ist Mesobilipurpurin-XIIIα-dimethylester „619 nm" (S. 3339) und Mesobilipurpurin-XIIIα-dimethylester „622 nm" erhalten worden (*Si., Gr.,* l. c. S. 69).

Kupfer(II)-Komplex $CuC_{35}H_{40}N_4O_6$. Schwarze Kristalle (aus $CHCl_3$ + Me.), die unterhalb 300° nicht schmelzen (*Si., Gr.,* l. c. S. 75). Oxidation mit wss. HCl: *Si., Gr.,* l. c. S. 76.

Ferrobilin-XIIIα-dimethylester-hydrochlorid $C_{35}H_{42}N_4O_6 \cdot FeCl_3 \cdot HCl$. *B.* Beim Erwärmen von Xanthobilirubinsäure-methylester (E III/IV **25** 1687) mit Blei(IV)-acetat in Essigsäure und anschliessend mit $FeCl_3$ (*Si., Gr.,* l. c. S. 68; *I.G. Farbenind.*). Aus Ferrobilin-XIIIα (s. o.) und methanol. HCl (*Si.,* l. c. S. 31). – Grüne, violettglänzende Kristalle (aus methanol. HCl); F: 282,5° [korr.] (*Si.*).

***3,3'-[3-Äthyl-2,7,13,18-tetramethyl-1,19-dioxo-17-vinyl-10,19,21,22,23,24-hexahydro-1*H*-bilin-8,12-diyl]-di-propionsäure** $C_{33}H_{38}N_4O_6$, Formel VI und Taut.

B. Beim Erwärmen von 3,3'-[3-Äthyl-2,7,13,18-tetramethyl-1,19-dioxo-17-vinyl-19,21,22,24-tetrahydro-1*H*-bilin-8,12-diyl]-di-propionsäure-dimethylester (S. 3271) mit methanol. KOH und anschliessenden Behandeln mit Zink und Essigsäure (*Fischer et al.,* Z. physiol. Chem. **268** [1941]

197, 224).

Orangefarbene Kristalle (aus $CHCl_3$).

Oxocarbonsäuren $C_{35}H_{42}N_4O_6$

3,3′-[2,18-Diacetyl-1,3,8,12,17,19-hexamethyl-5,15,22,24-tetrahydro-21*H*-bilin-7,13-diyl]-di-propionsäure-dimethylester $C_{37}H_{46}N_4O_6$, Formel VII und Taut.

B. Beim Erwärmen von Bis-[4-(2-methoxycarbonyl-äthyl)-5-methoxymethyl-3-methyl-pyrrol-2-yl]-methinium-bromid (E III/IV **25** 1342) mit 1-[2,4-Dimethyl-pyrrol-3-yl]-äthanon in Benzol (*Fischer, Kürzinger,* Z. physiol. Chem. **196** [1931] 213, 226).

Gelbe Kristalle (aus $CHCl_3$ + Ae.); F: 183°.

Hydrobromid $C_{37}H_{46}N_4O_6 \cdot HBr$. Rote Kristalle (aus $CHCl_3$ + Ae.); F: 204°.

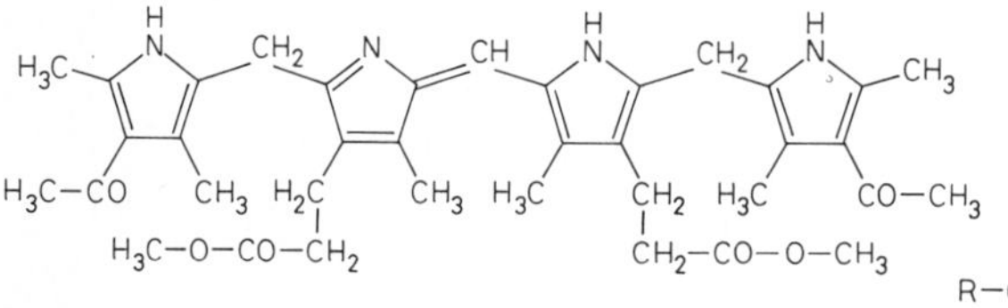

VII

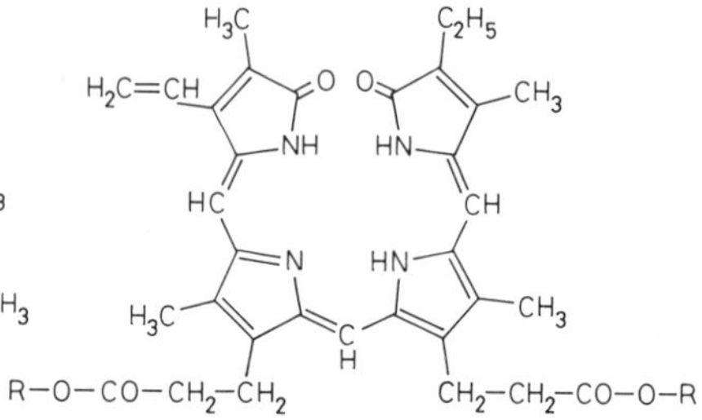

VIII

Oxocarbonsäuren $C_nH_{2n-30}N_4O_6$

***3,3′-[2-Äthyl-3,7,13,18-tetramethyl-1,19-dioxo-17-vinyl-19,21,22,24-tetrahydro-1*H*-bilin-8,12-diyl]-di-propionsäure, 18[1],18[2]-Dihydro-biliverdin** $C_{33}H_{36}N_4O_6$, Formel VIII (R = H) und Taut.

B. Aus dem folgenden Ester mit Hilfe von methanol. KOH (*Fischer et al.,* Z. physiol. Chem. **268** [1941] 197, 224).

Kristalle (aus Me.).

***3,3′-[2-Äthyl-3,7,13,18-tetramethyl-1,19-dioxo-17-vinyl-19,21,22,24-tetrahydro-1*H*-bilin-8,12-diyl]-di-propionsäure-dimethylester, 18[1],18[2]-Dihydro-biliverdin-dimethylester** $C_{35}H_{40}N_4O_6$, Formel VIII (R = CH_3) und Taut.

B. Beim Erwärmen von Formylisoneoxanthobilirubinsäure-methylester (E III/IV **25** 1813) mit 3-[4-Methyl-5-(4-methyl-5-oxo-3-vinyl-1,5-dihydro-pyrrol-2-ylidenmethyl)-pyrrol-3-yl]-propionsäure-methylester (E III/IV **25** 1698) und Methanol unter Zusatz von wss. HBr (*Fischer, Reinecke,* Z. physiol. Chem. **258** [1939] 9, 15).

Blaue Kristalle (aus Me.); F: 225° (*Fi., Re.,* Z. physiol. Chem. **258** 15).

Zink-Komplex $ZnC_{35}H_{38}N_4O_6$. Grüne Kristalle (*Fischer, Reinecke,* Z. physiol. Chem. **265** [1940] 9, 10, 18).

Tetrachloroferrat(III) $C_{35}H_{40}N_4O_6 \cdot FeCl_3 \cdot HCl$. Blaue, rotglänzende Kristalle; F: 262° (*Fi., Re.,* Z. physiol. Chem. **265** 18).

3,3′-[(4*Z*,15*Z*)-2,7,13,17-Tetramethyl-1,19-dioxo-3,18-divinyl-10,19,21,22,23,24-hexahydro-1*H*-bilin-8,12-diyl]-di-propionsäure, (*Z*,*Z*)-Bilirubin[1]**)**, Bilirubin-IXα, Hämotoidin $C_{33}H_{36}N_4O_6$, Formel IX (R = H) und Taut.

Zur Konstitution s. *Lemberg,* Biochem. J. **29** [1935] 1322, 1332; *Fischer et al.,* Z. physiol. Chem. **268** [1941] 197, 206. Konfiguration und Konformation: *Bonnett et al.,* Nature **262** [1976] 326; *Kuenzle et al.,* Biochem. J. **133** [1973] 364; *McDonagh* bzw. *Gossauer, Plieninger,* in *D. Dolphin,* The Porphyrins, Bd. 6 [New York 1979] S. 293, 304 bzw. S. 585, 622.

---

[1]) Die Stellungsbezeichnung bei von Bilirubin abgeleiteten Namen entspricht der bei Urobilin (S. 3258) angegebenen Bezifferung.

Zusammenfassende Darstellungen: *H. Fischer, H. Orth,* Die Chemie des Pyrrols, Bd. 2, Tl. 1 [Leipzig 1937] S. 621; *Lemberg, Legge,* Hematin Compounds and Bile Pigments [New York 1949] S. 120; *T.K. With,* Biologie der Gallenfarbstoffe [Stuttgart 1960] S. 10.

Isolierung aus menschlichen Gallensteinen: *Städeler,* A. **132** [1864] 323, 325; aus menschlicher Galle: *Libowitzky,* Z. physiol. Chem. **263** [1940] 267, 268; aus Rindergallensteinen: *Orndorff, Teeple,* Am. **33** [1905] 214; *Fischer,* Z. physiol. Chem. **73** [1911] 204, 216; *Küster,* Z. physiol. Chem. **121** [1922] 80; *Küster, Haas,* Z. physiol. Chem. **141** [1924] 279; *Fischer, Hess,* Z. physiol. Chem. **194** [1931] 193, 209; *Fischer et al.,* Z. physiol. Chem. **268** [1941] 197, 212; aus Schweinegalle: *Armour & Co.,* U.S.P. 2166073 [1937], 2386716 [1940].

B. Beim Behandeln von (*Z,Z,Z*)-Biliverdin (S. 3272) mit Zink und Essigsäure (*Fischer et al.,* Z. physiol. Chem. **268** [1941] 197, 225).

Die Reinheit der Präparate im folgenden Absatz ist nicht gesichert; s. dazu *O'Hagan et al.,* Clin. Chem. **3** [1957] 609, 610; *T.K. With,* Biologie der Gallenfarbstoffe [Stuttgart 1960] S. 12; *Clarke,* Clin. Chem. **11** [1965] 681, 684; *McDonagh,* in *D. Dolphin,* The Porphyrins, Bd. 6 [New York 1979] S. 293, 309, 423.

Orangerote Kristalle (aus $CHCl_3$), die unterhalb 360° nicht schmelzen [Dunkelfärbung ab 330°] (*Fischer, Libowitzky,* Z. physiol. Chem. **258** [1939] 255, 271; s. a. *Fischer, Reindel,* Z. physiol. Chem. **127** [1923] 299, 311). Rotbraune Kristalle (aus Py.), die unterhalb 330° nicht schmelzen (*Fischer et al.,* Z. physiol. Chem. **268** [1941] 197, 211). Rotorangefarbene Kristalle (aus Chlorbenzol); Zers. bei ca. 330° (*Libowitzky,* Z. physiol. Chem. **263** [1940] 267, 269). Kristalle [aus NH_3 enthaltendem Py. + Ae.] (*Bonnett et al.,* Nature **262** [1976] 326). Triklin; Kristallstruktur-Analyse (Röntgen-Diagramm): *Bo. et al.* Dichte der Kristalle: 1,31 (*Bo. et al.*). IR-Spektrum in KBr (2 – 15 μ): *Dinsmore, Edmondson,* Spectrochim. Acta **15** [1959] 1032, 1034; in Nujol sowie in $CHCl_3$ (2,5 – 15 μ): *Shindo,* Acta med. Japan **27** [1957] 1, 2; C. A. **1958** 11136; in CCl_4 (2 – 14 μ): *Craven et al.,* Anal. Chem. **24** [1952] 1214. IR-Spektrum des Natrium-Salzes (Nujol; 2,5 – 15 μ): *Shindo,* Acta med. Japan **27** [1957] 10, 11; C. A. **1958** 11136. Absorptionsspektrum in $CHCl_3$ (240 – 560 nm bzw. 290 – 530 nm bzw. 330 – 650 nm bzw. 460 – 550 nm): *Williams, Ruz,* Rev. Soc. arg. Biol. **19** [1943] 400, 401; *Heilmeyer et al.,* Bio. Z. **294** [1937] 90, 91; *Heilmeyer,* Bio. Z. **232** [1931] 229, 230, 231, 232; *Müller, Engel,* Z. physiol. Chem. **199** [1931] 117, 121, 122; in $CHCl_3$ enthaltendem Äthanol (420 – 600 nm): *He.,* Bio. Z. **232** 235; *Müller, Engel,* Z. physiol. Chem. **199** 121, 122, **200** [1931] 145, 148, 149; in Methanol (380 – 600 nm): *Wi., Ruz*; in einem Äthanol-$CHCl_3$-wss. HCl-Gemisch (400 – 540 nm): *Overbeek et al.,* R. **74** [1955] 85, 89; in wss. H_2SO_4 (220 – 550 nm): *Bandow,* Bio. Z. **299** [1938] 199, 206, 209; in einem Methanol-$CHCl_3$-CCl_4-Phosphatpuffer [pH 6]-Gemisch sowie in einem Butan-1-ol-Phosphatpuffer [pH 6]-Gemisch (220 – 520 nm): *Cole et al.,* Biochem. J. **57** [1954] 514, 516; in wss. NH_3 (370 – 500 nm): *Adams,* Biochem. J. **30** [1936] 2016, 2020; in wss. NaOH (230 – 480 nm bzw. 240 – 600 nm): *Henry-Cornet, Henry,* Bl. Acad. Belgique [5] **22** [1936] 553, 557, [5] **23** [1937] 697, 698 *Wi., Ruz,* l. c. S. 402; in wss.-äthanol. NaOH (440 – 550 nm): *Mü., En.,* Z. physiol. Chem. **200** 148, 149; in einem Aceton-Äthanol-wss. NaOH-Gemisch (300 – 500 nm): *Ad.*; in wss. NaOH, auch unter Zusatz von L-Ascorbinsäure (230 – 680 nm): *Lambrechts, Barac,* Bl. Soc. Chim. biol. **21** [1939] 1171; in einem wss. NaOH-Phosphatpuffer [pH 7,8]-Gemisch unter Zusatz von L-Ascorbinsäure: *Martin,* Am. Soc. **71** [1949] 1230, 1231; in wss. Na_2CO_3 (420 – 600 nm): *He.,* Bio. Z. **232** 235, 237; in wss. Lösungen vom pH 8 – 13 (300 – 620 nm): *Wi., Ruz,* l. c. S. 403, 404; in Cholsäure enthaltender wss. Lösung (440 – 550 nm): *Müller, Engel,* Z. physiol. Chem. **200** 149, 151, **202** [1931] 56, 58, 59. λ_{max} (wss. A.): 245 nm, 257 nm und 347 nm (*He.-Co., He.,* Bl. Acad. Belgique [5] **23** 699). Lichtabsorption in $CHCl_3$ bei 440 – 520 nm in Abhängigkeit von der Konzentration: *Boutaric, Roy,* Bl. Soc. Chim. biol. **25** [1943] 30, 33; *Roy, Boutaric,* C. r. **213** [1941] 189. Über Absorptionsspektren s. a. *T.K. With,* Biologie der Gallenfarbstoffe [Stuttgart 1960] S. 11. Reduktionspotential in wss. Lösungen vom pH 1,1 – 13 bei 25°: *Tachi,* Mem. Coll. Agric Kyoto Univ. Nr. 42 [1938] 55, 58. In 1 l wss. Lösung vom pH 7 lösen sich bei 25° ca. 9 mg (*Tachi,* l. c. S. 57). Löslichkeit in wss. Lösungen bei pH 4 – 8 bei 20°: *Overbeek et al.,* R. **74** [1955] 81, 84. Weitere Angaben über Löslichkeit s. *McDonagh,* in *D. Dolphin,* The Porphyrins, Bd. 6 [New York 1979] S. 293, 316. Oberflächenspannung von wss. Lösungen bei 20 – 28°: *Yusawa,* J. Biochem. Tokyo **22** [1935] 49, 68.

Beim Erhitzen mit Resorcin ist 3-[4-Methyl-5-(4-methyl-5-oxo-3-vinyl-1,5-dihydro-pyrrol-2-ylidenmethyl)-pyrrol-3-yl]-propionsäure (E III/IV **25** 1697) erhalten worden (*Fischer, Reinecke,* Z. physiol. Chem. **258** [1939] 9, 13). Oxidation an der Luft in alkal. wss. Lösung, auch unter Zusatz von Katalysatoren: *Küster,* Z. physiol. Chem. **59** [1909] 63, 87, **121** [1922] 80, 101; *Lemberg,* Biochem. J. **28** [1934] 978, 980; *Lightner, Cu,* Biochem. biophys. Res. Commun. **69** [1976] 648; *McDonagh,* in *D. Dolphin,* The Porphyrins, Bd. 6 [New York 1979] S. 293, 321. Beim Behandeln mit wss. H_2O_2 und wss. NaOH ist 3-[5-Hydroxy-4-methyl-5-(4-methyl-5-oxo-3-vinyl-1,5-dihydro-pyrrol-2-ylidenmethyl)-2-oxo-2,5-dihydro-pyrrol-3-yl]-propionsäure oder/und 3-[5-(2-Hydroxy-4-methyl-5-oxo-3-vinyl-2,5-dihydro-pyrrol-2-ylmethylen)-4-methyl-2-oxo-2,5-dihydro-pyrrol-3-yl]-propionsäure (E III/IV **25** 1922) erhalten worden (*v. Dobeneck,* Z. physiol. Chem. **269** [1941] 268, 279). Bei der Oxidation mit wss. H_2O_2 und wss. HCl ist Biliverdin-IXα (S. 3272) erhalten worden (*Lemberg, Legge,* Austral. J. exp. Biol. med. Sci. **18** [1940] 95; *McD.,* l. c. S. 312). Bildung von 3-Methyl-4-vinyl-pyrrol-2,5-dion beim Behandeln mit $NaNO_2$ in wss. NaOH und Essigsäure: *Fischer, Niemann,* Z. physiol. Chem. **146** [1925] 196, 211; *Fischer et al.,* Z. physiol. Chem. **268** [1941] 197, 220; *Bonnett, Donagh,* Chem. and Ind. **1969** 107; mit CrO_3 und wss. H_2SO_4 in Aceton: *Bo., Do.*; s. a. *Fischer, Libowitzky,* Z. physiol. Chem. **258** [1939] 255, 274; *Küster,* Z. physiol. Chem. **82** [1912] 463, 480. Oxidation mit $FeCl_3$ und methanol. HCl unter Bildung von Biliverdin-IXα-dimethylester (S. 3273) als Hauptprodukt: *Manitto, Monti,* G. **104** [1974] 513; *Lemberg,* A. **499** [1932] 25, 37.

Hydrierung an Palladium in wss. NaOH unter Bildung von $18^1,18^2$-Dihydro-bilirubin(?; S. 3268) und Mesobilirubin (S. 3261): *Fischer, Haberland,* Z. physiol. Chem. **232** [1935] 236, 248; von Mesobilirubin-IXα und von Dihydromesobilirubin-IXα (S. 3260): *Fischer, Baumgartner,* Z. physiol. Chem. **216** [1933] 260; von Mesobilirubin und Mesobilirubinogen (S. 3257): *Fischer, Niemann,* Z. physiol. Chem. **127** [1923] 317, 325, **137** [1924] 293. Beim Behandeln mit Natrium-Amalgam und wss. KOH ist Mesobilirubinogen erhalten worden (*Libowitzky,* Z. physiol. Chem. **263** [1940] 267, 270). Beim Erhitzen mit HI, PH_4I und Essigsäure sind Bilirubinsäure [E II **25** 231], Kryptopyrrolcarbonsäure [E III/IV **22** 288] und Kryptopyrrol [E III/IV **20** 2153] (*Fischer, Röse,* Z. physiol. Chem. **82** [1912] 391, 392 Anm. 397, **89** [1914] 255, 267; *Fischer et al.,* A. **478** [1930] 283, 285, 288, 299) sowie zusätzlich von Hämopyrrolcarbonsäure [E III/IV **22** 288] (*Fischer, Röse,* B. **47** [1914] 791, 794) erhalten worden.

Beim Behandeln des Ammonium-Salzes in $CHCl_3$ mit Diazomethan in Äther sind *O*-Methyl-bilirubin-IXα-dimethylester (S. 3328) und *O,O'*-Dimethyl-bilirubin-IXα-dimethylester (S. 3157) erhalten worden (*Fischer et al.,* Z. physiol. Chem. **268** [1941] 197, 217; *Kuenzle et al.,* Biochem. J. **133** [1973] 357). Geschwindigkeitskonstante der Reaktion mit 4-Diazo-benzolsulfonsäure in einem Äthanol-$CHCl_3$-wss. HCl-Gemisch bei 20°: *Overbeek et al.,* R. **74** [1955] 85, 92, 93; s. a. *Mendioroz,* Arch. Soc. Biol. Montevideo **20** [1953] 10, 14, 19.

Calcium-Komplex. IR-Banden (Nujol oder KBr; 1750–950 cm^{-1}): *Chihara et al.,* Chem. Pharm. Bl. **6** [1958] 50.

Kupfer(II)-Komplexe. a) $CuC_{33}H_{34}N_4O_6$. Grüne Kristalle [aus Äthylbenzoat oder aus Py.] (*Küster,* Z. physiol. Chem. **149** [1925] 30, 33). – b) $[NH_4]CuC_{33}H_{33}N_4O_6$. *B.* Aus dem unter c) beschriebenen Komplex und Methanol (*Kü.,* Z. physiol. Chem. **149** 38). – c) $[NH_4]CuC_{33}H_{33}N_4O_6 \cdot NH_3$. *B.* Aus Bilirubin, $[Cu(NH_3)_4]SO_4$ und methanol. NH_3 (*Kü.,* Z. physiol. Chem. **149** 37). Dunkelgrün; λ_{max} (Me.): 671–679 nm (*Kü.,* Z. physiol. Chem. **149** 37).

Eisen(II)-Komplex $FeC_{33}H_{34}N_4O_6$. Rotbraun (*Kü.,* Z. physiol. Chem. **149** 43).

Verbindung mit Glycin $C_{33}H_{36}N_4O_6 \cdot 2C_2H_5NO_2$. Orangefarbene Kristalle (*Küster,* Z. physiol. Chem. **141** [1924] 40, 45).

Verbindung mit DL-Alanin $C_{33}H_{36}N_4O_6 \cdot 2C_3H_7NO_2$. Orangefarbene Kristalle (*Kü.,* Z. physiol. Chem. **141** 46).

Verbindung mit L-Histidin $C_{33}H_{36}N_4O_6 \cdot C_6H_9N_3O_2$. Kristalle (*Kü.,* Z. physiol. Chem. **141** 46).

Monomethylester $C_{34}H_{38}N_4O_6$. Kupfer(II)-Komplexe. a) $[NH_4]CuC_{34}H_{35}N_4O_6$. Grün (*Kü.,* Z. physiol. Chem. **149** 38, 39). – b) $[NH_4]CuC_{34}H_{35}N_4O_6 \cdot NH_3$. Grün (*Kü.,* Z. physiol. Chem. **149** 39).

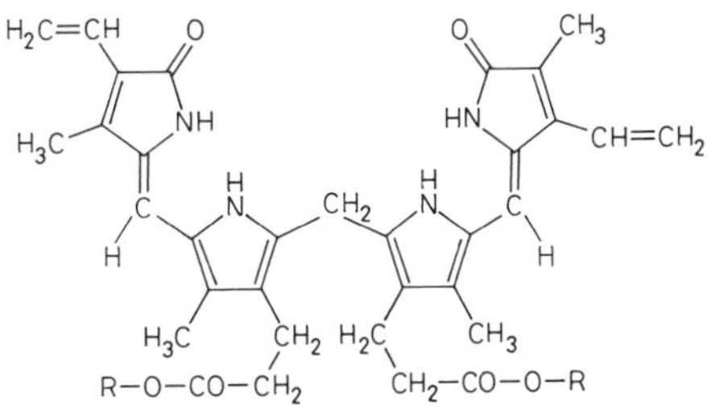

IX

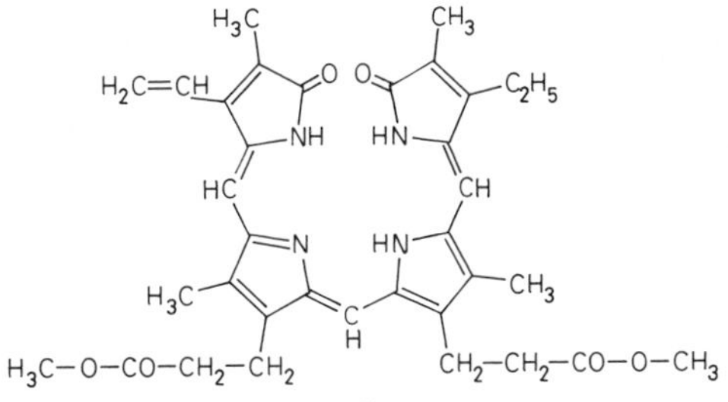

X

3,3′-[(4*Z*,15*Z*)-2,7,13,17-Tetramethyl-1,19-dioxo-3,18-divinyl-10,19,21,22,23,24-hexahydro-1*H*-bilin-8,12-diyl]-di-propionsäure-dimethylester, (*Z*,*Z*)-Bilirubin-dimethylester, Bilirubin-IXα-dimethylester $C_{35}H_{40}N_4O_6$, Formel IX (R = CH_3) und Taut.

B. Aus (*Z*,*Z*)-Bilirubin (s. o.) und Diazomethan (*Küster,* Z. physiol. Chem. **141** [1924] 40, 52; *Arichi,* J. Okayama med. Soc. **71** [1959] 7065; C. A. **1960** 24970; s. a. *Fischer et al.,* Z. physiol. Chem. **268** [1941] 197, 200, 217). Aus (*Z*,*Z*)-Bilirubin und 1-Methyl-3-*p*-tolyl-triazen (*Hutchinson et al.,* Biochem. J. **133** [1973] 493, 494).

Orangerote Kristalle; F: 204–205° [nach Sintern bei 165–167°; aus $CHCl_3$+PAe.] (*Kü.,* Z. physiol. Chem. **141** 53), 198–200° [aus Me.] (*Hu. et al.*). IR-Spektrum (Nujol; 2,5–14 μ): *Ar.,* l. c. S. 7066. Absorptionsspektrum ($CHCl_3$ sowie Me.; 370–700 nm): *Ar.,* l. c. S. 7067.

Kupfer(II)-Komplex $CuC_{35}H_{38}N_4O_6$. *B.* Aus dem Kupfer(II)-Komplex des (*Z*,*Z*)-Bilirubins und methanol. HCl (*Küster,* Z. physiol. Chem. **149** [1925] 30, 35). Aus (*Z*,*Z*)-Bilirubin-dimethylester und wss.-ammoniakal. $CuSO_4$ (*Kü.,* Z. physiol. Chem. **149** 36). Grüne Kristalle [aus Äthylbenzoat] (*Kü.,* Z. physiol. Chem. **149** 36). – Trihydrochlorid $CuC_{35}H_{38}N_4O_6 \cdot 3HCl$. Violette Kristalle (*Kü.,* Z. physiol. Chem. **149** 35, 36).

Verbindung mit Chloroform $C_{35}H_{40}N_4O_6 \cdot 3CHCl_3$. Braune Kristalle [aus $CHCl_3$] (*Kü.,* Z. physiol. Chem. **141** 50).

Verbindung mit Äthanol $C_{35}H_{40}N_4O_6 \cdot 3C_2H_6O$. Kristalle [aus A.] (*Kü.,* Z. physiol. Chem. **141** 50).

Verbindung mit Diazomethan $C_{35}H_{40}N_4O_6 \cdot CH_2N_2$. Kristalle (*Küster, Maag,* B. **56** [1923] 55, 60).

Verbindung mit Glycin $C_{35}H_{40}N_4O_6 \cdot 2C_2H_5NO_2$. *B.* Aus der Verbindung von Bilirubin mit Glycin und Diazomethan (*Kü.,* Z. physiol. Chem. **141** 48). – Bräunliche Kristalle (aus Me.); Sintern bei 125–130° (*Kü.,* Z. physiol. Chem. **141** 48).

***3,3′-[3-Äthyl-2,7,13,18-tetramethyl-1,19-dioxo-17-vinyl-19,21,22,24-tetrahydro-1*H*-bilin-8,12-diyl]-di-propionsäure-dimethylester** $C_{35}H_{40}N_4O_6$, Formel X und Taut.

B. Beim Erwärmen von Formylneoxanthobilirubinsäure (E III/IV **25** 1814) mit 3-[4-Methyl-5-(4-methyl-5-oxo-3-vinyl-1,5-dihydro-pyrrol-2-ylidenmethyl)-pyrrol-3-yl]-propionsäure (E III/IV **25** 1697) und Methanol unter Zusatz von wss. HBr (*Fischer, Reinecke,* Z. physiol. Chem. **265** [1940] 9, 18).

Kristalle (aus Me.); F: 225°.

Tetrachloroferrat(III) $C_{35}H_{40}N_4O_6 \cdot FeCl_3 \cdot HCl$. Blaue, rotglänzende Kristalle (aus Eg.); F: 262°.

***3,3′-[2,7,13,18-Tetramethyl-1,19-dioxo-3,17-divinyl-10,19,21,22,23,24-hexahydro-1*H*-bilin-8,12-diyl]-di-propionsäure,** Bilirubin-XIIIα $C_{33}H_{36}N_4O_6$, Formel XI.

B. Aus 3-[4-Methyl-5-(4-methyl-5-oxo-3-vinyl-1,5-dihydro-pyrrol-2-ylidenmethyl)-pyrrol-3-yl]-propionsäure (E III/IV **25** 1697) und Formaldehyd mit Hilfe von wss. HCl (*Fischer, Reinecke,* Z. physiol. Chem. **258** [1939] 9, 15).

Orangegelbe Kristalle (aus Py.); F: 312°.

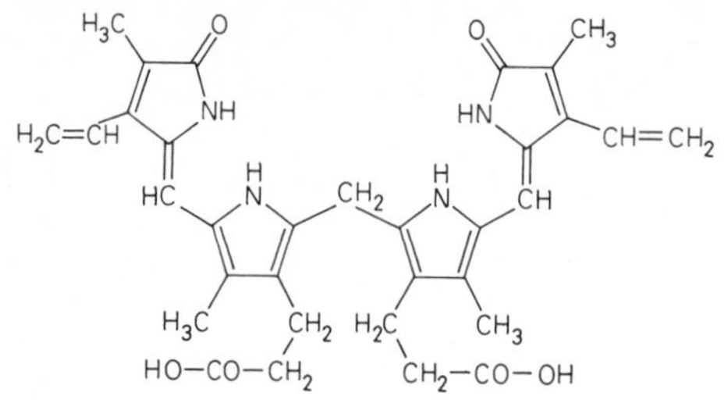

Oxocarbonsäuren $C_nH_{2n-32}N_4O_6$

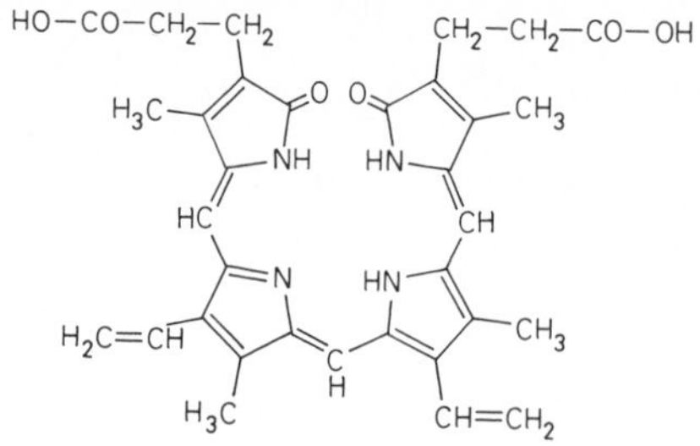

Oxocarbonsäuren $C_{33}H_{34}N_4O_6$

***3,3'-[3,7,12,17-Tetramethyl-1,19-dioxo-8,13-divinyl-19,21,22,24-tetrahydro-1*H*-bilin-2,18-diyl]-di-propionsäure,** Pterobilin, Biliverdin-IXγ $C_{33}H_{34}N_4O_6$, Formel XII und Taut.

Konstitution: *Rüdiger et al.*, Experientia **24** [1968] 1000.

Isolierung aus den Flügeln von Pteris-Arten sowie von Catopsilia rurina: *Wieland, Tartter,* A. **545** [1940] 197, 202, 204.

Blaue Kristalle (aus Me.), die unterhalb 315° nicht schmelzen [ab 200° geringes Sintern und Schwarzfärbung] (*Wi., Ta.,* l. c. S. 206).

Dimethylester $C_{35}H_{38}N_4O_6$; Pterobilin-dimethylester, Biliverdin-IXγ-dimethylester. Blaue Kristalle (aus Me. oder E.); F: 234° (*Wi., Ta.,* l. c. S. 205, 206). Absorptionsspektrum (Dioxan; 250–700 nm): *Wi., Ta.,* l. c. S. 200. – Zink-Komplex $ZnC_{35}H_{36}N_4O_6$. Grüne Kristalle (aus $CHCl_3$ + Me.), die unterhalb 300° nicht schmelzen (*Wi., Ta.,* l. c. S. 207).

***3,3'-[3,7,13,17-Tetramethyl-1,19-dioxo-2,18-divinyl-19,21,22,24-tetrahydro-1*H*-bilin-8,12-diyl]-di-propionsäure-dimethylester,** Biliverdin-IIIα-dimethylester $C_{35}H_{38}N_4O_6$, Formel XIII (R = CH=CH$_2$, R' = CH$_3$).

B. Aus 3-{5-[4-(2-Äthoxycarbonylamino-äthyl)-3-methyl-5-oxo-1,5-dihydro-pyrrol-2-yliden]-4-methyl-pyrrol-3-yl}-propionsäure (vgl. E III/IV **25** 4510) über mehrere Stufen (*Fischer, Plieninger,* Z. physiol. Chem. **274** [1942] 231, 257).

Kristalle (aus Me.); F: 230° [Zers.].

3,3'-[(*Z,Z,Z*)-2,7,13,17-Tetramethyl-1,19-dioxo-3,18-divinyl-19,21,22,24-tetrahydro-1*H*-bilin-8,12-diyl]-di-propionsäure, (*Z,Z,Z*)-Biliverdin[1]), Biliverdin-IXα, Uteroverdin, Dehydrobilirubin, Oocyan $C_{33}H_{34}N_4O_6$, Formel XIV (R = H) und Taut.

Bezüglich der Konfiguration und Konformation vgl. *Sheldrick,* J.C.S. Perkin II **1976** 1457; *McDonagh* bzw. *Gossauer, Plieninger,* in *D. Dolphin,* The Porphyrins, Bd. 6 [New York 1979] S. 293, 305 bzw. S. 585, 613.

In den aus Bilirubin-IXα oder Hämin erhaltenen Präparaten von *Lemberg* (A. **499** [1932] 25, 38; Biochem. J. **28** [1934] 978, 980, 982, **29** [1935] 1322, 1324), *Fischer, Reinecke* (Z. physiol. Chem. **265** [1940] 9, 16) und *Kench et al.* (Biochem. J. **47** [1950] 129; s. a. *H. Fischer, H. Orth,* Die Chemie des Pyrrols, Bd. 2, Tl. 1 [Leipzig 1937] S. 724; *R. Lemberg, J.W. Legge,* Hematin Compounds and Bile Pigments [New York 1949] S. 114, 115) haben Gemische mit IIIα- und/oder XIIIα-Isomeren bzw. mit IXβ-, IXγ- und/oder IXδ-Isomeren vorgelegen (*Bonnett, McDonagh,* Chem. Commun. **1970** 237, 238; s. a. *Manitto, Monti,* G. **104** [1974] 513; *K.M. Smith,* Porphyrins and Metalloporphyrins [Amsterdam 1975] S. 123, 137; *O'Carra,* zit. bei *McD.,* l. c. S. 310, 436). Die Reinheit der von *Lemberg* (A. **499** 33, 36) aus Gallensteinen, aus Placenta von Hunden sowie aus Möweneierschalen isolierten Präparate (Dimethylester: blaugrüne Kristalle, F: 215° [korr.; aus Me.] bzw. 209° [korr.; aus $CHCl_3$ + PAe.] bzw. 202° [korr.; aus Me.]) ist ungewiss (s. dazu *McD.,* l. c. S. 436).

---

[1]) Die Stellungsbezeichnung bei von Biliverdin abgeleiteten Namen entspricht der bei Urobilin (S. 3258) angegebenen Bezifferung.

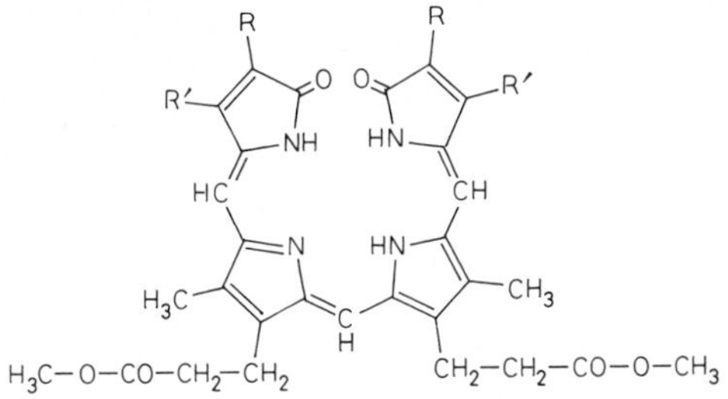

3,3′-[(*Z,Z,Z*)-2,7,13,17-Tetramethyl-1,19-dioxo-3,18-divinyl-19,21,22,24-tetrahydro-1*H*-bilin-8,12-diyl]-di-propionsäure-dimethylester, (*Z,Z,Z*)-Biliverdin-dimethylester, Biliverdin-IXα-dimethylester $C_{35}H_{38}N_4O_6$, Formel XIV (R = CH_3) und Taut.

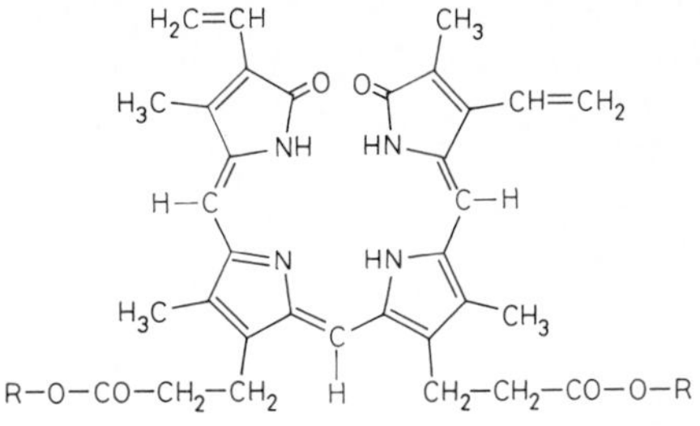

Zur Konfiguration und Konformation s. die Angaben im vorangehenden Artikel.

B. Neben anderen Verbindungen beim Erwärmen von (*Z,Z*)-Bilirubin (S. 3268) mit $FeCl_3$ und wss.-methanol. HCl (*Manitto, Monti,* G. **104** [1974] 513, 515; s. a. *Lemberg,* A. **499** [1932] 25, 37) oder mit [1,4]Benzochinon in DMSO und Essigsäure und anschliessenden Verestern mit Methanol-BF_3 (*Bonnett, McDonagh,* Chem. Commun. **1970** 238; s. a. *Tixier,* Bl. Soc. Chim. biol. **27** [1945] 621; *Fischer, Reinecke,* Z. physiol. Chem. **265** [1940] 9, 16) sowie beim Behandeln von Hämin (S. 3048) mit L-Ascorbinsäure und Sauerstoff, anschliessend mit methanol. KOH und Verestern mit Methanol-BF_3 (*Bonnett, McDonagh,* Chem. Commun. **1970** 237; s. a. *Kench et al.,* Biochem. J. **47** [1950] 129).

Blaue Kristalle; F: 216–217° [aus $CHCl_3$ + Me.] (*Ti.,* l. c. S. 623), 208–209° [aus $CHCl_3$ + PAe.] (*Bo., McD.,* l. c. S. 238), 206–209° [unkorr.] (*Ma., Mo.*). ^{1}H-NMR-Absorption ($CDCl_3$) und ^{1}H-^{1}H-Spin-Spin-Kopplungskonstanten: *Ma., Mo.,* l. c. S. 516; s. a. *Bo., McD.,* l. c. S. 237, 239. IR-Banden (Nujol; 1750–1550 cm^{-1}): *Ma., Mo.,* l. c. S. 515. Absorptionsspektrum ($CHCl_3$; 220–700 nm): *Ti.,* l. c. S. 624. λ_{max} ($CHCl_3$): 379 nm und 652–660 nm (*Bo., McD.,* l. c. S. 237), 379 nm und 656–664 nm (*Bo., McD.,* l. c. S. 239) bzw. 380 nm und 660 nm (*Ma., Mo.,* l. c. S. 515).

Präparate (Kristalle [aus Me.]; F: 206–209°, 224° [Mikroskop] bzw. F: 199–200°), denen vermutlich ebenfalls diese Konfiguration zukommt, sind aus 18^2-Amino-18^1,18^2-dihydro-biliverdin-dimethylester-hydrobromid (Syst.-Nr. 4181) oder aus 3^2,18^2-Bis-äthoxycarbonylamino-mesobiliverdin-dimethylester (Syst.-Nr. 4181) über mehrere Stufen erhalten worden (*Fischer, Plieninger,* Z. physiol. Chem. **274** [1942] 231, 258, 259, 260).

***3,3′-[2,7,13,18-Tetramethyl-1,19-dioxo-3,17-divinyl-19,21,22,24-tetrahydro-1*H*-bilin-8,12-diyl]-di-propionsäure-dimethylester,** Biliverdin-XIIIα-dimethylester $C_{35}H_{38}N_4O_6$, Formel XIII (R = CH_3, R′ = CH=CH_2).

B. Beim Erwärmen von Formyl-vinyl-neoxanthobilirubinsäure-methylester (E III/IV **25** 1815) mit Vinylneoxanthobilirubinsäure-methylester (E III/IV **25** 1698; 3-[4-Methyl-5-(4-methyl-5-oxo-3-vinyl-1,5-dihydro-pyrrol-2-ylidenmethyl)-pyrrol-3-yl]-propionsäure-methylester) in Methanol unter Zusatz von HBr (*Fischer et al.,* Z. physiol. Chem. **268** [1941] 197, 222). Aus 3,3′-[3,17-Bis-(2-äthoxycarbonylamino-äthyl)-2,7,13,18-tetramethyl-1,19-dioxo-19,21,22,24-tetrahydro-1*H*-bilin-8,12-diyl]-di-propionsäure-dimethylester-dihydrochlorid (Syst.-Nr. 4181) über mehrere Stufen (*Fischer, Plieninger,* Z. physiol. Chem. **274** [1942] 231, 254).

Blaugrüne Kristalle (aus Me.); F: 245° (*Fi., Pl.*), 244° (*Fi. et al.*). [*Urban*]

Oxocarbonsäuren $C_{34}H_{36}N_4O_6$

3-[(18*S*)-12-Acetyl-7*c*-äthyl-2^2*t*-methoxycarbonyl-3,8*t*,13,17*t*-tetramethyl-2^1-oxo-2^1,2^2,7,8,17,18-hexahydro-cyclopenta[*at*]porphyrin-18*r*-yl]-propionsäure, Bacteriophäophorbid-a $C_{35}H_{38}N_4O_6$, Formel I (R = H) und Taut.

Zusammenfassende Darstellung: *H. Fischer, A. Stern,* Die Chemie des Pyrrols, Bd. 2, Tl. 2 [Leipzig 1940] S. 305, 316.

B. Aus dem Methylester (s. u.) mit Hilfe eines Chlorophyllase-Präparats aus Datura stramonium (*Fischer et al.,* Z. physiol. Chem. **253** [1938] 1, 27). Aus Bacteriophäophytin-a (s. u.) mit Hilfe von wss. HCl (*Schneider,* Z. physiol. Chem. **226** [1934] 221, 243) oder eines Chlorophyllase-Präparats aus Datura stramonium (*Fi. et al.,* l. c. S. 28).

Kristalle (aus Acn. + Me.) mit 0,5 Mol H_2O; F: 257° [Zers.] (*Fi. et al.*). λ_{max} (Ae.; 415 – 700 nm): *Sch.*

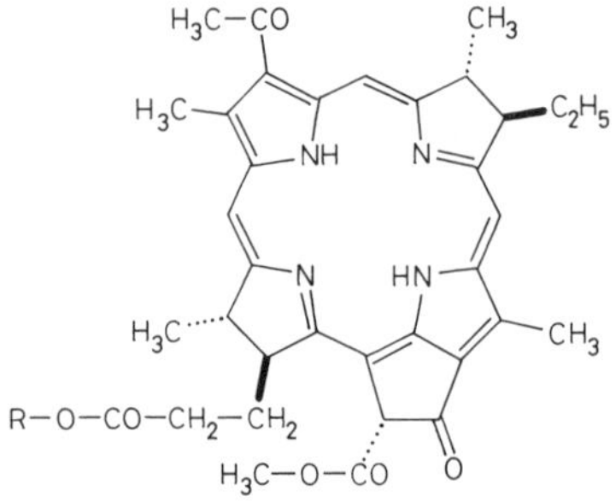

(2²*R*)-12-Acetyl-7*t*-äthyl-18*t*-[2-methoxycarbonyl-äthyl]-3,8*c*,13,17*c*-tetramethyl-2¹-oxo-2¹,2²,7,8,17,18-hexahydro-cyclopenta[*at*]porphyrin-2²*r*-carbonsäure-methylester, 3-[(18*S*)-12-Acetyl-7*c*-äthyl-2²*t*-methoxycarbonyl-3,8*t*,13,17*t*-tetramethyl-2¹-oxo-2¹,2²,7,8,17,18-hexahydro-cyclopenta[*at*]porphyrin-18*r*-yl]-propionsäure-methylester, Bacteriophäophorbid-a-methylester $C_{36}H_{40}N_4O_6$, Formel I (R = CH_3) und Taut. (in der Literatur auch als Bacteriomethylphäophorbid-a bezeichnet).

Zusammenfassende Darstellungen: *H. Fischer, A. Stern,* Die Chemie des Pyrrols, Bd. 2, Tl. 2 [Leipzig 1940] S. 305, 317; *L.P. Vernon, G.R. Seely,* The Chlorophylls [New York 1966] S. 209, 223 – 233.

B. Aus Bacteriophäophorbid-a (s. o.) und Diazomethan (*Schneider,* Z. physiol. Chem. **226** [1934] 221, 245). Neben anderen Verbindungen beim Erwärmen von Bacteriophäophytin-a (s. u.) mit methanol. HCl (*Fischer, Hasenkamp,* A. **515** [1935] 148, 157; *Fischer et al.,* Z. physiol. Chem. **253** [1938] 1, 28).

Blaue Kristalle; F: 260 – 261° [aus Acn. + Me.] (*Mittenzwei,* Z. physiol. Chem. **275** [1942] 93, 110, 111), 260° [aus Acn. + Me. bzw. aus Py. + Me.] (*Fi. et al.*; *Fi., Ha.*), 233 – 235° [aus Acn. + Me.] (*Golden et al.,* Soc. **1958** 1725, 1730), 226° [korr.; aus Acn. + Ae.] (*Sch.*). Über das optische Drehungsvermögen in Aceton s. *Mi.*; *Pruckner et al.,* A. **546** [1941] 41, 48. Absorptionsspektrum (Dioxan; 200 – 700 nm): *Stern, Pruckner,* Z. physik. Chem. [A] **185** [1939] 140, 141, 148. λ_{max} in Dioxan (295 – 755 nm): *Go. et al.,* l. c. S. 1728; in einem Pyridin-Äther-Gemisch (410 – 690 nm): *Fi., Ha.*

Magnesium-Komplex $MgC_{36}H_{38}N_4O_6$; Bacteriochlorophyllid-a-methylester, („Methylbacteriochlorophyllid-a"). IR-Spektrum ($CHCl_3$; 3600 – 650 cm^{-1}): *Holt, Jacobs,* Plant Physiol. **30** [1955] 553, 554, 555. Absorptionsspektrum der Kristalle und einer Lösung (350 – 950 nm): *Jacobs et al.,* Arch. Biochem. **72** [1957] 495, 499.

3-[(18*S*)-12-Acetyl-7*c*-äthyl-2²*t*-methoxycarbonyl-3,8*t*,13,17*t*-tetramethyl-2¹-oxo-2¹,2²,7,8,17,18-hexahydro-cyclopenta[*at*]porphyrin-18*r*-yl]-propionsäure-äthylester, Bacteriophäophorbid-a-äthylester $C_{37}H_{42}N_4O_6$, Formel I (R = C_2H_5) und Taut. (in der Literatur auch als Bacterioäthylphäophorbid-a bezeichnet).

B. Beim Behandeln von Bacteriophäophytin-a (s. u.) mit äthanol. HCl (*H. Fischer, A. Stern,* Die Chemie des Pyrrols, Bd. 2, Tl. 2 [Leipzig 1940] S. 317).

Blaugrüne Kristalle (aus Acn. + Me.).

3-[(18*S*)-12-Acetyl-7*c*-äthyl-2²*t*-methoxycarbonyl-3,8*t*,13,17*t*-tetramethyl-2¹-oxo-2¹,2²,7,8,17,18-hexahydro-cyclopenta[*at*]porphyrin-18*r*-yl]-propionsäure-[(7*R*,11*R*)-*trans*-phytylester], Bacteriophäophytin-a $C_{55}H_{76}N_4O_6$, Formel II und Taut.

Über Konstitution und Konfiguration s. u. bei Bacteriochlorophyll-a.

Zusammenfassende Darstellung: *H. Fischer, A. Stern,* Die Chemie des Pyrrols, Bd. 2, Tl. 2 [Leipzig 1940] S. 305, 313, 315.

B. Aus Bacteriochlorophyll-a (s. u.) mit Hilfe von wss. HCl (*Schneider,* Z. physiol. Chem. **226** [1934] 221, 242; *Fischer, Hasenkamp,* A. **515** [1935] 148, 156; *Fischer et al.,* Z. physiol. Chem. **253** [1938] 1, 27; *Golden et al.,* Soc. **1958** 1725, 1730).

Feststoff (aus Acn. + Me.); F: 204° (*Fi. et al.*), 203° (*Go. et al.*). Absorptionsspektrum (400–800 nm) in Pyridin: *Krasnovsky,* J. Chim. phys. **55** [1958] 968, 969; in Äther: *Goodwin,* Biochim. biophys. Acta **22** [1955] 309. λ_{max} (300–760 nm) in $CHCl_3$, Äther, Methanol sowie methanol. NH_3: *Weigl,* Am. Soc. **75** [1953] 999; in Dioxan: *Go. et al.,* l. c. S. 1728; in Äther: *Sch.*; in einem Pyridin-Äther-Gemisch: *Fi., Ha.* Fluorescenzspektrum (Ae.; 720–770 nm): *French et al.,* Plant Physiol. **31** [1956] 369, 372.

Reversible Photooxidation durch Luftsauerstoff in Äthanol sowie Pyridin bei 10°: *Krašnowškiĭ, Woĭnowškaja,* Doklady Akad. S.S.S.R. **81** [1951] 879, 880; C. A. **1952** 4608. Reversible Photoreduktion durch L-Ascorbinsäure sowie Na_2S in Äthanol sowie wss. Pyridin [10%ig] bei 10°: *Kr., Wo.,* l. c. S. 881.

Magnesium-Komplex $MgC_{55}H_{74}N_4O_6$; **Bacteriochlorophyll-a.** Konstitution und Konfiguration: *Fi. et al.,* l. c. S. 22; *Mittenzwei,* Z. physiol. Chem. **275** [1942] 93, 102; *Barnard, Jackman,* Soc. **1956** 1172; *Go. et al.,* l. c. S. 1726; *Brockmann,* Ang. Ch. **80** [1968] 234; *Brockmann, Kleber,* Ang. Ch. **81** [1969] 626; *Fleming,* Soc. [C] **1968** 2765, 2767. – Isolierung aus Purpurbakterien: *Sch.,* l. c. S. 238; *Fi., Ha.*; *Fi. et al.,* l. c. S. 4, 7, 24; *Go. et al.,* l. c. S. 1729; *Jacobs et al.,* Arch. Biochem. **53** [1954] 228, 230; *Kaplan, Silberman,* Arch. Biochem. **80** [1959] 114, 115; *Lascelles,* Biochem. J. **72** [1959] 508, 512. – Kristalle [aus wasserhaltigem Ae.] (*Ja. et al.*); Zers. bei 94° [unter Sintern] (*Sch.*). IR-Spektrum (CCl_4; 3600–650 cm^{-1}): *Holt, Jacobs,* Plant Physiol. **30** [1955] 553, 555, 557; s. a. *Weigl, Livingston,* Am. Soc. **75** [1953] 2173. Absorptionsspektrum (300–1000 nm) in Methanol sowie Aceton: *Goedheer,* Biochim. biophys. Acta **27** [1958] 478, 482, 483; in einem Äther-Petroläther-Gemisch sowie wss. Aceton: *Komen,* Biochim. biophys. Acta **22** [1956] 9, 10, 11; in Äthanol sowie Äther: *Ka., Si.,* l. c. S. 117, 118; in Äther: *Seybold, Hirsch,* Naturwiss. **41** [1954] 258. λ_{max} (355–785 nm) in Benzol, Äther, Methanol sowie Aceton: *We.*; in Methanol sowie Äther: *Sch.* Fluorescenzspektrum (Me.; 650–850 nm): *Go.,* l. c. S. 486. Redoxpotential (Me.): *Goedheer et al.,* Biochim. biophys. Acta **28** [1958] 278, 282. – Reversible Photooxidation durch Luftsauerstoff in Äthanol, Aceton, Pyridin sowie Toluol bei 10°: *Kr., Wo.* Reversible Photoreduktion durch L-Ascorbinsäure sowie Na_2S in Äthanol sowie wss. Pyridin [10%ig] bei 10°: *Kr., Wo.*

H_3C-CO CH_3 H_3C C_2H_5 NH N N HN H_3C CH_3 H H H $(CH_3)_2CH-[CH_2]_3-C-[CH_2]_3-C-[CH_2]_3-C$ $C-CH_2-O-CO-CH_2-CH_2$ $H_3C-O-CO$ O CH_3 CH_3 CH_3

II

Oxocarbonsäuren $C_{35}H_{38}N_4O_6$

3-[(2*S*)-8,18-Diacetyl-13-äthyl-20-methoxycarbonylmethyl-3*t*,7,12,17-tetramethyl-2,3-dihydroporphyrin-2*r*-yl]-propionsäure-methylester, 13-Acetyl-15¹-methoxycarbonyl-3¹-oxo-phyllochlorin-methylester $C_{37}H_{42}N_4O_6$, Formel III und Taut. (in der Literatur auch als 2,6-Diacetyl-isochlorin-e_4-dimethylester bezeichnet).

B. Neben anderen Verbindungen aus dem Kupfer(II)-Komplex des 15¹-Methoxycarbonyl-3-

desäthyl-phyllochlorin-methylesters (S. 2984) und Acetanhydrid (*Fischer et al.*, A. **557** [1947] 134, 152, 154; *Inhoffen et al.*, A. **695** [1966] 112, 127).

Kristalle; F: 262–264° [unkorr.; aus $CHCl_3$+Me.] (*In. et al.*), 254° [aus Acn.] [unreines Präparat] (*Fi. et al.*). ^{1}H-NMR-Spektrum ($CDCl_3$): *In. et al.*, l. c. S. 123. λ_{max} ($CHCl_3$): 414 nm und 684 nm (*In. et al.*).

Acetylierungsgleichgewicht bei der Reaktion des Kupfer(II)-Komplexes mit Acetanhydrid (Bildung von 15^1-Methoxycarbonyl-3^1-oxo-phyllochlorin-methylester [S. 3219]): *In. et al.*, l. c. S. 130. Überführung in ein Monooxim $C_{37}H_{43}N_5O_6$ (?; Kristalle [aus PAe.]; F: 209°; λ_{max} [Py.+Ae.; 500–685 nm]): *Fi. et al.*

Kupfer(II)-Komplex $CuC_{37}H_{40}N_4O_6$. Kristalle (aus Ae.); F: 220° (*Fi. et al.*).

III

IV

Oxocarbonsäuren $C_nH_{2n-34}N_4O_6$

Oxocarbonsäuren $C_{32}H_{30}N_4O_6$

3,3′-[7,12-Diformyl-3,8,13,17-tetramethyl-porphyrin-2,18-diyl]-di-propionsäure-dimethylester, 3,8-Diformyl-deuteroporphyrin-dimethylester $C_{34}H_{34}N_4O_6$, Formel IV und Taut. (in der Literatur auch als 2,4-Diformyl-deuteroporphyrin-IX-dimethylester bezeichnet).

B. Neben anderen Verbindungen aus Protoporphyrin-dimethylester (S. 3052) bei der Oxidation mit OsO_4 und H_2O_2 (*Fischer, Deilmann,* Z. physiol. Chem. **200** [1944] 186, 210, 212; *Lemberg, Falk,* Biochem. J. **49** [1951] 674, 676) oder mit $KMnO_4$ (*Lemberg, Parker,* Austral. J. exp. Biol. med. Sci. **30** [1952] 163, 165, 171).

Kristalle; F: 303–305° bzw. F: 290° [Kofler-App. bzw. Kapillare; aus $CHCl_3$+Acn.] (*Fi., De.*), 301–303° [korr.; aus $CHCl_3$+Ae.] (*Le., Pa.*), 280° [korr.; Zers.; aus $CHCl_3$+Acn.] (*Le., Falk*). IR-Spektrum (Nujol; 2–15 μ): *Falk, Willis,* Austral. J. scient. Res. [A] **4** [1951] 579, 587, 590. λ_{max} (450–650 nm) in $CHCl_3$ sowie Dioxan: *Le., Falk,* l. c. S. 678; in einem Pyridin-Äther-Gemisch: *Fi., De.*

Kupfer(II)-Komplex $CuC_{34}H_{32}N_4O_6$. Kristalle (aus $CHCl_3$+Me.); F: 290° (*Le., Falk*), 283–285° (*Fi., De.*). λ_{max} (Py.+Ae.): 556 nm und 597,5 nm (*Fi., De.*).

Eisen(III)-Komplex. IR-Spektrum (Nujol; 2–15 μ): *Falk, Wi.*

Dioxim $C_{34}H_{36}N_6O_6$; 3,3′-[7,12-Bis-(hydroxyimino-methyl)-3,8,13,17-tetramethyl-porphyrin-2,18-diyl]-di-propionsäure-dimethylester, 3,8-Bis-[hydroxyimino-methyl]-deuteroporphyrin-dimethylester. Kristalle; F: 253–256° [aus $CHCl_3$] (*Fi., De.*), 231–232° [korr.] (*Le., Falk*). λ_{max} (450–655 nm) in $CHCl_3$ sowie Dioxan: *Le., Falk,* l. c. S. 678; in einem Pyridin-Äther-Gemisch: *Fi., De.*

Oxocarbonsäuren $C_{33}H_{32}N_4O_6$

7,12-Diäthyl-18-[2-carboxy-äthyl]-8,20-diformyl-3,13,17-trimethyl-porphyrin-2-carbonsäure, 15-Formyl-7^1-oxo-rhodoporphyrin, Rhodinporphyrin-g_6 $C_{33}H_{32}N_4O_6$, Formel V und Taut.

B. Aus Rhodin-g_7 (S. 3301) mit Hilfe von wss. HI und Essigsäure (*Fischer, Breitner,* A.

511 [1934] 183, 185, 200; *Fischer, Grassl,* A. **517** [1935] 1, 7, 21).

Rote Kristalle [aus Py. + Ae.] (*Fi., Br.*). λ_{max} (Py. + Ae.; 460 – 650 nm): *Fi., Br.*

Dimethylester $C_{35}H_{36}N_4O_6$; 7,12-Diäthyl-8,20-diformyl-18-[2-methoxycarb= onyl-äthyl]-3,13,17-trimethyl-porphyrin-2-carbonsäure-methylester, Rhodin= porphyrin-g_6-dimethylester. Kristalle (aus Py. + Me.); F: 250°; λ_{max} (Py. + Me.): 519,7 nm, 557,5 nm, 592,5 nm und 651,1 nm (*Fi., Br.*).

12-Acetyl-7-äthyl-18-[2-carboxy-äthyl]-20-formyl-3,8,13,17-tetramethyl-porphyrin-2-carbonsäure, 15-Formyl-3[1]-oxo-rhodoporphyrin, Oxochloroporphyrin-e_5 $C_{33}H_{32}N_4O_6$, Formel VI und Taut.

Zusammenfassende Darstellung: *H. Fischer, A. Stern,* Die Chemie des Pyrrols, Bd. 2, Tl. 2 [Leipzig 1940] S. 213.

B. Neben anderen Verbindungen aus Chlorin-e_6 (S. 3072) mit Hilfe von wss. HI und Essig= säure (*Fischer et al.,* A. **508** [1934] 224, 246; *Fischer, Hasenkamp,* A. **513** [1934] 107, 118).

Hygroskopische Kristalle (aus Py.), die sich unterhalb 305° nicht zersetzen (*Fi., Ha.,* A. **513** 118). λ_{max} (Py. + Ae.): 523,4 nm, 567,1 nm, 593,6 nm und 642,6 nm (*Fi., Ha.,* A. **513** 118).

Monomethylester $C_{34}H_{34}N_4O_6$; 12-Acetyl-7-äthyl-20-formyl-18-[2-methoxy= carbonyl-äthyl]-3,8,13,17-tetramethyl-porphyrin-2-carbonsäure, 15-Formyl-3[1]-oxo-rhodoporphyrin-17-methylester, Oxochloroporphyrin-e_5-monomethylester. Kristalle (aus Py. + Me.); Zers. bei 260° (*Fi., Ha.,* A. **513** 120).

Dimethylester $C_{35}H_{36}N_4O_6$; 12-Acetyl-7-äthyl-20-formyl-18-[2-methoxycarb= onyl-äthyl]-3,8,13,17-tetramethyl-porphyrin-2-carbonsäure-methylester, Oxo= chloroporphyrin-e_5-dimethylester. Kristalle (aus Py. + Me.); F: 279° (*Fischer, Hasen= kamp,* A. **515** [1935] 148, 153, 160). λ_{max} (Py. + Ae.; 455 – 675 nm): *Fi., Ha.*

(2^2R)-7-Äthyl-12-formyl-18*t*-[2-methoxycarbonyl-äthyl]-3,8,13,17*c*-tetramethyl-2^1-oxo-2^1,2^2,17,18-tetrahydro-cyclopenta[*at*]porphyrin-2^2r-carbonsäure-methylester, 2-[(18*S*)-7-Äthyl-12-formyl-2^2t-methoxycarbonyl-3,8,13,17*t*-tetramethyl-2^1-oxo-2^1,2^2,17,18-tetrahydro-cyclopenta[*at*]porphyrin-18*r*-yl]-propionsäure-methylester, 3-Formyl-3-desvinyl-phäophorbid-a-methylester $C_{35}H_{36}N_4O_6$, Formel VII und Taut.

B. Beim Erwärmen von 3-Formyl-15-methoxycarbonylmethyl-3-desäthyl-rhodochlorin-di= methylester (S. 3294) mit methanol. KOH und anschliessenden Verestern (*Fischer, Walter,* A. **549** [1941] 44, 63). Bei der Oxidation von Methylchlorophyllid-a (S. 3239) mit $KMnO_4$ (*Holt, Morley,* Canad. J. Chem. **37** [1959] 507, 513).

Kristalle (aus Ae. + Me.); F: 247° (*Fi., Wa.*). Absorptionsspektrum (Py. + Ae.; 490 – 700 nm): *Fi., Wa.,* l. c. S. 58.

3-[(18*S*)-7-Äthyl-12-dimethoxymethyl-2^2t-methoxycarbonyl-3,8,13,17*t*-tetramethyl-2^1-oxo-2^1,2^2,= 17,18-tetrahydro-cyclopenta[*at*]porphyrin-18*r*-yl]-propionsäure-methylester, 3-Dimethoxy= methyl-3-desvinyl-phäophorbid-a-methylester $C_{37}H_{42}N_4O_7$, Formel VIII und Taut.

B. Aus der vorangehenden Verbindung mit Hilfe von methanol. HCl (*Holt, Morley,* Canad. J. Chem. **37** [1959] 507, 513).

IR-Spektrum ($CHCl_3$; 1800–1600 cm^{-1}): *Ho., Mo.*, l. c. S. 510. λ_{max} (Ae.; 405–665 nm): *Ho., Mo.*

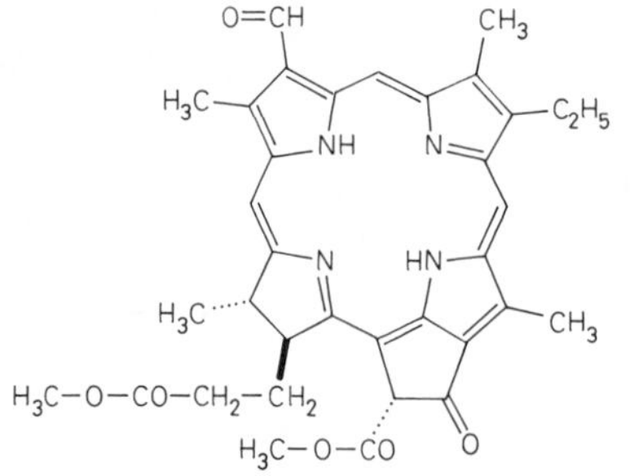

VII

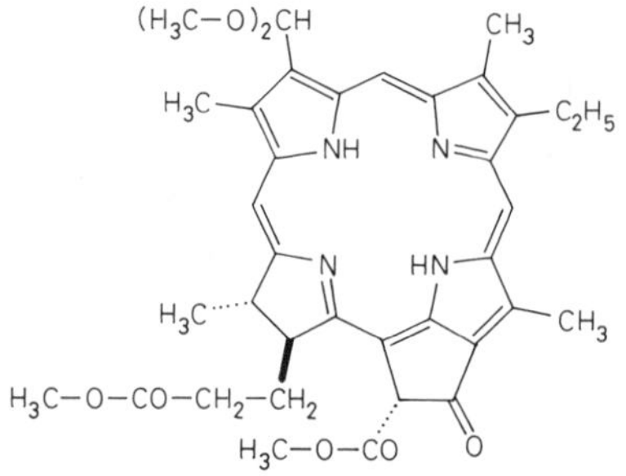

VIII

3-[(18S)-7-Äthyl-12-formyl-2²t-methoxycarbonyl-3,8,13,17t-tetramethyl-2¹-oxo-2¹,2²,17,18-tetrahydro-cyclopenta[at]porphyrin-18r-yl]-propionsäure-[(7R,11R)-trans-phytylester], 3-Formyl-3-desvinyl-phäophytin-a $C_{54}H_{72}N_4O_6$, Formel IX und Taut.

Über die wahrscheinliche Identität mit Phäophytin-d s. *Holt, Morley,* Canad. J. Chem. **37** [1959] 507, 510.

B. Aus Chlorophyll-d (s. u.) mit Hilfe von methanol. HCl (*Manning, Strain,* J. biol. Chem. **151** [1943] 1, 12).

Gelbbraun (*Ma., St.*). IR-Spektrum ($CHCl_3$; 1800–1600 cm^{-1}): *Holt, Mo.*, l. c. S. 510. Absorptionsspektrum (350–750 nm) in Äther: *Holt, Mo.*; in Methanol: *Ma., St.*, l. c. S. 14. Fluorescenzspektrum (Ae.; 650–770 nm): *French et al.*, Plant Physiol. **31** [1956] 369, 371.

Magnesium-Komplex $MgC_{54}H_{70}N_4O_6$; 3-Formyl-3-desvinyl-chlorophyll-a, **Chlorophyll-d.** Isolierung aus Rotalgen: *Ma., St.*, l. c. S. 1. – *B.* Bei der Oxidation von Chlorophyll-a (S. 3243) mit $KMnO_4$ (*Holt, Mo.*, l. c. S. 512). – IR-Spektrum ($CHCl_3$; 1800–1600 cm^{-1}): *Holt, Mo.* Absorptionsspektrum (350–750 nm) in Äther, in Isopropylalkohol sowie in einem Isopropylalkohol-methanol. Magnesiummethylat-Gemisch: *Holt, Mo.*, l. c. S. 509, 510; in Methanol: *Ma., St.*, l. c. S. 7. Fluorescenzspektrum (Ae.; 650–770 nm): *Fr. et al.* Fluorescenzmaxima (Ae.): 693 nm und ca. 750 nm (*Ma., St.*, l. c. S. 7).

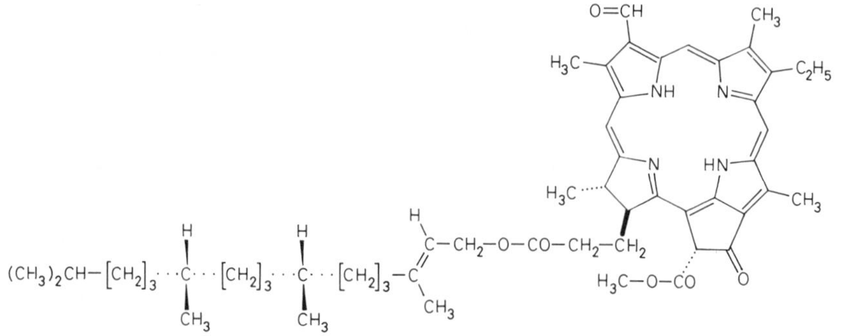

IX

Oxocarbonsäuren $C_{34}H_{34}N_4O_6$

3,3'-[7,12-Diacetyl-3,8,13,17-tetramethyl-porphyrin-2,18-diyl]-di-propionsäure, 3¹,8¹-Dioxo-mesoporphyrin $C_{34}H_{34}N_4O_6$, Formel X (R = H) und Taut. (in der Literatur auch als Diacetyl-deuteroporphyrin-IX bezeichnet).

Zusammenfassende Darstellung: *H. Fischer, H. Orth,* Die Chemie des Pyrrols, Bd. 2, Tl. 1 [Leipzig 1937] S. 304.

B. Aus Deuterohämin (S. 2993) und Acetanhydrid (*Fischer, Zeile,* A. **468** [1929] 98, 108; *Fischer, Hansen,* A. **521** [1936] 128, 135; *Fischer et al.*, Z. physiol. Chem. **193** [1930] 138,

157). Bei der Oxidation von Hämatoporphyrin (S. 3157) mit $Na_2Cr_2O_7$ (*Fischer, Deilmann,* A. **545** [1940] 22, 26). – Herstellung von $3^1,8^1$-Dioxo-[$3^1,8^1$-$^{14}C_2$]mesoporphyrin: *Bruce,* Org. Synth. Isotopes **1958** 470.

Kristalle [aus Eg. oder Py. + Eg.] (*Fi., Ze.,* l. c. S. 110). λ_{max} (Py., Eg. + Ae., wss. HCl sowie Ae. + NH_3; 400 – 650 nm): *Fi., Ze.*

3,3'-[7,12-Diacetyl-3,8,13,17-tetramethyl-porphyrin-2,18-diyl]-di-propionsäure-dimethylester, $3^1,8^1$-Dioxo-mesoporphyrin-dimethylester $C_{36}H_{38}N_4O_6$, Formel X (R = CH_3) und Taut.

B. Aus der vorangehenden Säure und methanol. HCl (*Fischer, Zeile,* A. **468** [1929] 98, 108) oder Diazomethan (*Fischer, Deilmann,* A. **545** [1940] 22, 26). – Herstellung von $3^1,8^1$-Dioxo-[$3^1,8^1$-$^{14}C_2$]mesoporphyrin-dimethylester: *Bruce,* Org. Synth. Isotopes **1958** 470.

Kristalle (aus $CHCl_3$ + Acn.); F: 239° (*Fi., De.*), 236° [korr.] (*Fi., Ze.*). IR-Spektrum (Nujol; 2 – 15 μ): *Falk, Willis,* Austral. J. scient. Res. [A] **4** [1951] 579, 588, 590. Absorptionsspektrum (Dioxan; 460 – 650 nm): *Pruckner,* Z. physik. Chem. [A] **190** [1941] 101, 122, 124. λ_{max} (450 – 650 nm) in $CHCl_3$ sowie in Dioxan: *Lemberg, Falk,* Biochem. J. **49** [1951] 674, 678; in $CHCl_3$ sowie in einem Essigsäure-Äther-Gemisch: *Fi., Ze.*

Kupfer(II)-Komplex $CuC_{36}H_{36}N_4O_6$. Kristalle (aus Eg. + Ae.); F: 230° [korr.]; λ_{max} (Eg. + Ae.): 539,3 nm und 580,5 nm (*Fi., Ze.,* l. c. S. 112).

Magnesium-Komplex $MgC_{36}H_{36}N_4O_6$. Kristalle [aus Acn. + PAe.] (*Fischer, Dürr,* A. **501** [1933] 107, 127). λ_{max} (Ae.; 460 – 610 nm): *Fi., Dürr.*

Eisen(III)-Komplex $Fe(C_{36}H_{36}N_4O_6)Cl$. Kristalle (aus $CHCl_3$ + Eg.); F: 229° [korr.] (*Fi., Ze.*). IR-Spektrum (Nujol; 2 – 15 μ): *Falk, Wi.* λ_{max} (Py. + N_2H_4; 445 – 580 nm): *Fi., Ze.*

Dioxim $C_{36}H_{40}N_6O_6$; 3,3'-[7,12-Bis-(1-hydroxyimino-äthyl)-3,8,13,17-tetramethyl-porphyrin-2,18-diyl]-di-propionsäure-dimethylester, $3^1,8^1$-Bis-hydroxyimino-mesoporphyrin-dimethylester. Kristalle [aus Py. + A.] (*Fischer et al.,* A. **485** [1935] 1, 20). λ_{max} (440 – 630 nm) in $CHCl_3$ sowie in Dioxan: *Le., Falk*; in einem Pyridin-Äther-Gemisch: *Fi. et al.*

Disemicarbazon $C_{38}H_{44}N_{10}O_6$; 3,3'-[3,7,12,17-Tetramethyl-8,13-bis-(1-semicarbazono-äthyl)-porphyrin-2,18-diyl]-di-propionsäure-dimethylester, $3^1,8^1$-Disemicarbazono-mesoporphyrin-dimethylester. Kristalle (aus Py. + Ae.); λ_{max} (Ae.): 502,5 nm, 537,7 nm, 578,1 nm und 628,4 nm (*Fi. et al.,* l. c. S. 21).

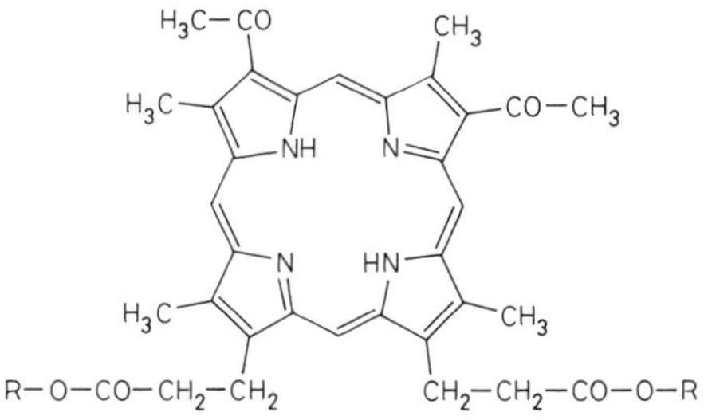

X

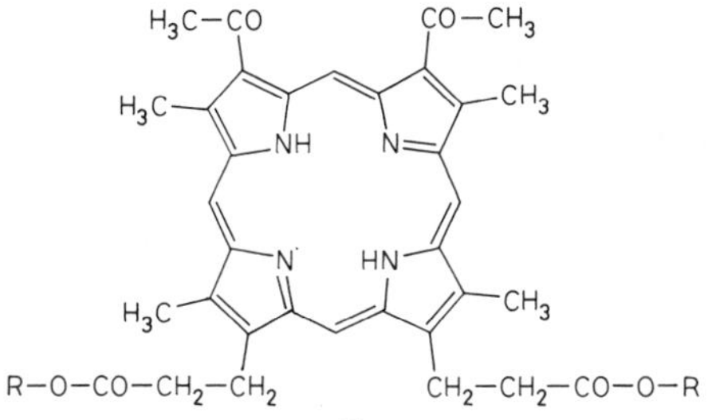

XI

3,3'-[8,12-Diacetyl-3,7,13,17-tetramethyl-porphyrin-2,18-diyl]-di-propionsäure, Diacetyl-deuteroporphyrin-III $C_{34}H_{34}N_4O_6$, Formel XI (R = H) und Taut.

Zusammenfassende Darstellung: *H. Fischer, H. Orth,* Die Chemie des Pyrrols, Bd. 2, Tl. 1 [Leipzig 1937] S. 303.

B. Aus dem Eisen(III)-Komplex des Deuteroporphyrins-III (S. 2997) und Acetanhydrid (*Fischer, Nüssler,* A. **491** [1931] 162, 175).

Kristalle (aus Py.). λ_{max} (Py. sowie wss. HCl; 450 – 650 nm): *Fi., Nü.*

3,3'-[8,12-Diacetyl-3,7,13,17-tetramethyl-porphyrin-2,18-diyl]-di-propionsäure-dimethylester, Diacetyl-deuteroporphyrin-III-dimethylester $C_{36}H_{38}N_4O_6$, Formel XI (R = CH_3) und Taut.

B. Aus der vorangehenden Säure und methanol. HCl (*Fischer, Nüssler,* A. **491** [1931] 162,

177).

Kristalle (aus Py.); F: 311° [korr.]. λ_{max} (Py.; 450–650 nm): *Fi., Nü.*

Kupfer(II)-Komplex $CuC_{36}H_{36}N_4O_6$. Violette Kristalle (aus Py.); F: 259° [korr.].

Eisen(III)-Komplex $Fe(C_{36}H_{36}N_4O_6)Cl$. Violette Kristalle (aus $CHCl_3$+Eg.); F: 298° [korr.]. λ_{max} (Py.+N_2H_4; 460–580 nm): *Fi., Nü.*

Dioxim $C_{36}H_{40}N_6O_6$; 3,3'-[8,12-Bis-(1-hydroxyimino-äthyl)-3,7,13,17-tetramethyl-porphyrin-2,18-diyl]-di-propionsäure-dimethylester. Rote Kristalle (aus $CHCl_3$+Me.). λ_{max} (Py.+Ae.; 430–630 nm): *Fi., Nü.*

3-[(18*S*)-7,12-Diäthyl-8-formyl-2²*t*-methoxycarbonyl-3,13,17*t*-trimethyl-2¹-oxo-2¹,2²,17,18-tetrahydro-cyclopenta[*at*]porphyrin-18*r*-yl]-propionsäure, 3¹,3²-Dihydro-phäophorbid-b, Mesophäophorbid-b $C_{35}H_{36}N_4O_6$, Formel XII (R = H) und Taut.

B. Bei der Hydrierung von Phäophorbid-b (S. 3284) an Palladium (*Fischer et al.,* A. **509** [1934] 201, 209; *Fischer, Lautenschlager,* A. **528** [1937] 9, 19).

Kristalle [aus Ae.] (*Fi. et al.*). λ_{max} (Py.+Ae.; 460–665 nm): *Fi. et al.*

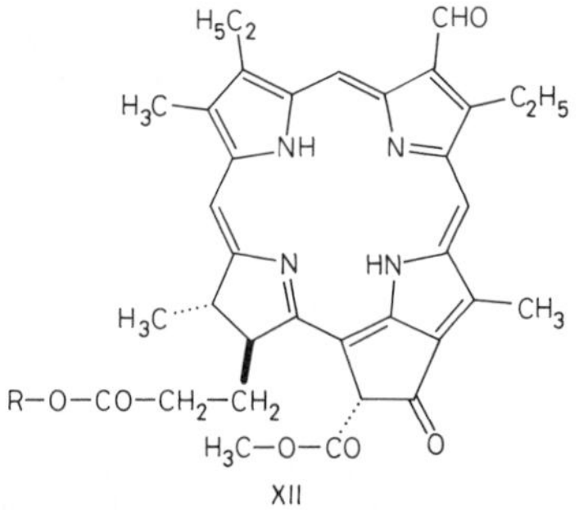

XII 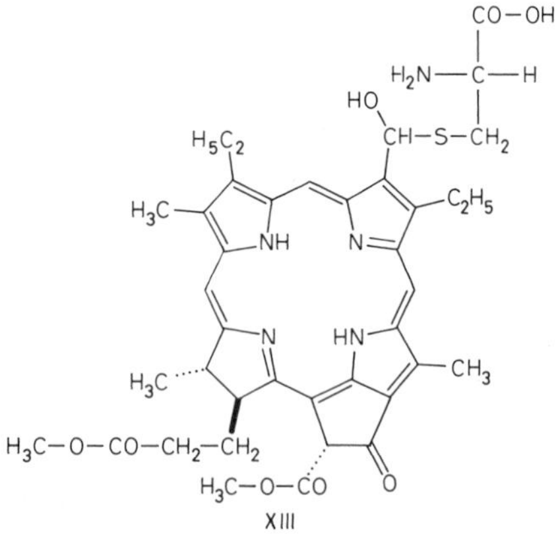 XIII

(2²*R*)-7,12-Diäthyl-8-formyl-18*t*-[2-methoxycarbonyl-äthyl]-3,13,17*c*-trimethyl-2¹-oxo-2¹,2²,17,18-tetrahydro-cyclopenta[*at*]porphyrin-2²*r*-carbonsäure-methylester, 3-[(18*S*)-7,12-Diäthyl-8-formyl-2²*t*-methoxycarbonyl-3,13,17*t*-trimethyl-2¹-oxo-2¹,2²,17,18-tetrahydro-cyclopenta[*at*]porphyrin-18*r*-yl]-propionsäure-methylester, 3¹,3²-Dihydro-phäophorbid-b-methylester $C_{36}H_{38}N_4O_6$, Formel XII (R = CH_3) und Taut. (in der Literatur auch als Mesomethylphäophorbid-b bezeichnet).

B. Aus der vorangehenden Säure und Diazomethan (*Fischer, Lautenschlager,* A. **528** [1937] 9, 20).

Kristalle (aus Acn.+Me.); Zers. bei 242° [nach Sintern bei ca. 225°] (*Fi., La.*). $[\alpha]^{20}_{690-730}$: −144° [Acn.; c = 0,1] (*Fischer, Stern,* A. **520** [1935] 88, 97). λ_{max} (450–655 nm) in Dioxan: *Stern, Wenderlein,* Z. physik. Chem. [A] **174** [1935] 321, 324; in einem Pyridin-Äther-Gemisch: *Fi., La.* Fluorescenzmaxima (Dioxan): 652 nm und 707,5 nm (*Stern, Molvig,* Z. physik. Chem. [A] **176** [1936] 209, 211).

***S*-{(Ξ)-[(2²*R*)-7,12-Diäthyl-2²*r*-methoxycarbonyl-18*t*-(2-methoxycarbonyl-äthyl)-3,13,17*c*-trimethyl-2¹-oxo-2¹,2²,17,18-tetrahydro-cyclopenta[*at*]porphyrin-8-yl]-hydroxy-methyl}-L-cystein, (7¹Ξ)-7¹-[(*R*)-2-Amino-2-carboxy-äthylmercapto]-7¹-hydroxy-3¹,3²-dihydro-phäophorbid-a-methylester** $C_{39}H_{45}N_5O_8S$, Formel XIII und Taut. (in der Literatur auch als Cystein-mesomethylphäophorbid-b bezeichnet).

B. Aus der vorangehenden Verbindung und L-Cystein-hydrochlorid (*Tyray,* A. **556** [1944] 171, 174).

Hygroskopisch; F: 210°. $[\alpha]^{20}_{Rotfilter}$: −87° [Py.; c = 0,05]. λ_{max} (Ae.): 505,3 nm, 536,2 nm,

551 nm, 597 nm, 623,1 nm und 652,2 nm.

(2^2R)-12-Acetyl-7-äthyl-18*t*-[2-methoxycarbonyl-äthyl]-3,8,13,17*c*-tetramethyl-2^1-oxo-2^1,2^2,17,18-tetrahydro-cyclopenta[*at*]porphyrin-2^2*r*-carbonsäure-methylester, (13^2R)-13^2-Methoxycarbonyl-3^1-oxo-phytochlorin-methylester, 3^1-Oxo-3^1,3^2-dihydro-phäophorbid-a-methylester $C_{36}H_{38}N_4O_6$, Formel XIV (in der Literatur auch als 2-Desvinyl-2-acetyl-methylphäophorbid-a und als Dehydrobacteriomethylphäophorbid-a bezeichnet).

B. Aus 15-Methoxycarbonylmethyl-3^1-oxo-rhodochlorin-dimethylester (S. 3296) beim Behandeln mit methanol. KOH oder mit methanol. Natriummethylat und anschliessend mit Diazomethan (*Fischer et al.,* A. **534** [1938] 1, 16; *Mittenzwei,* Z. physiol. Chem. **275** [1942] 93, 110). Beim Behandeln von Bacteriophäophorbid-a-methylester (S. 3274) mit Sauerstoff und wss. H_2SO_4 und anschliessend mit Diazomethan (*Fischer et al.,* Z. physiol. Chem. **253** [1938] 1, 31).

Blaue Kristalle; F: 279° [korr.; aus Acn. + Me.] (*Fi. et al.,* Z. physiol. Chem. **253** 33), 271 – 273° [aus Acn.] (*Fi. et al.,* A. **534** 17), 250° [aus Acn.] (*Fischer et al.,* A. **557** [1947] 134, 156). Über das optische Drehungsvermögen in Aceton und in wss. HCl s. *Fi. et al.,* A. **534** 22; Z. physiol. Chem. **253** 33, 39; in Aceton s. *Mi.,* l. c. S. 112; in wss. HCl s. *Fi. et al.,* A. **557** 163. Absorptionsspektrum (Dioxan; 430 – 700 nm): *Stern, Pruckner,* Z. physik. Chem. [A] **185** [1940] 140, 141, 154. λ_{max} (Py. + Ae.; 450 – 685 nm): *Fi. et al.,* A. **534** 17; Z. physiol. Chem. **253** 32; A. **557** 157, 162.

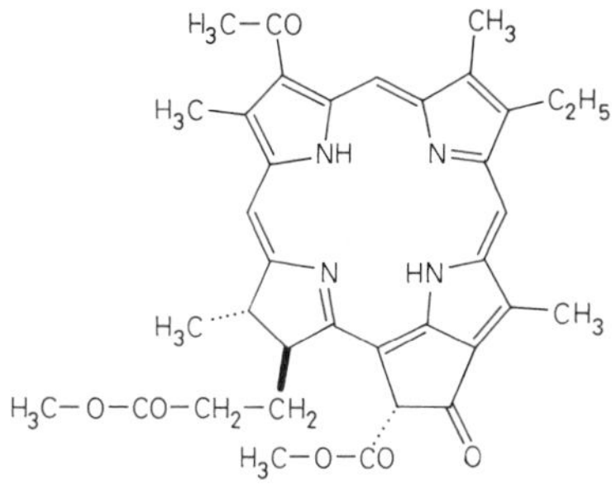

XIV 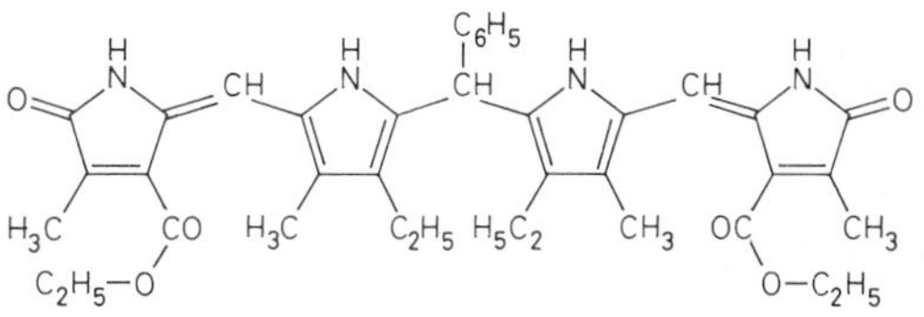 XV

Oxocarbonsäuren $C_{35}H_{36}N_4O_6$

***8,12-Diäthyl-2,7,13,18-tetramethyl-1,19-dioxo-10-phenyl-10,19,21,22,23,24-hexahydro-1*H*-bilin-3,17-dicarbonsäure-diäthylester** $C_{39}H_{44}N_4O_6$, Formel XV und Taut.

B. Aus 2-[4-Äthyl-3-methyl-pyrrol-2-ylmethylen]-4-methyl-5-oxo-2,5-dihydro-pyrrol-3-carbonsäure-äthylester (E III/IV **25** 1682) und Benzaldehyd (*Fischer, Adler,* Z. physiol. Chem. **200** [1931] 209, 231).

Rote Kristalle (aus A.).

Oxocarbonsäuren $C_{36}H_{38}N_4O_6$

3,3′-[3,8,13,17-Tetramethyl-7,12-dipropionyl-porphyrin-2,18-diyl]-di-propionsäure, 3,8-Dipropionyl-deuteroporphyrin $C_{36}H_{38}N_4O_6$, Formel XVI (R = H) und Taut. (in der Literatur auch als Dipropionyl-deuteroporphyrin-IX bezeichnet).

Zusammenfassende Darstellung: *H. Fischer, H. Orth,* Die Chemie des Pyrrols, Bd. 2, Tl. 1 [Leipzig 1937] S. 309.

B. Aus Deuterohämin (S. 2993) und Propionsäure-anhydrid (*Fischer, Dürr,* A. **501** [1933] 107, 113).

λ_{max} (Eg. + Ae. sowie wss. HCl; 450 – 650 nm): *Fi., Dürr.*

Eisen(III)-Komplex. λ_{max} (Py. sowie Py. + $N_2H_4 \cdot H_2O$; 490 – 590 nm): *Fi., Dürr.*

3,3'-[3,8,13,17-Tetramethyl-7,12-dipropionyl-porphyrin-2,18-diyl]-di-propionsäure-dimethylester, 3,8-Dipropionyl-deuteroporphyrin-dimethylester $C_{38}H_{42}N_4O_6$, Formel XVI (R = CH_3) und Taut.

B. Aus der vorangehenden Säure und methanol. HCl (*Fischer, Dürr,* A. **501** [1933] 107, 108, 115).

Blauviolette Kristalle (aus $CHCl_3$ + Eg. + Ae.); F: 185° [korr.]. λ_{max} ($CHCl_3$; 500–645 nm): *Fi., Dürr.*

Magnesium-Komplex $MgC_{38}H_{40}N_4O_6$. Hygroskopische Kristalle (aus Me. + PAe.); F: 280–288° [korr.]. λ_{max} (Ae.; 450–615 nm): *Fi., Dürr.*

Dioxim $C_{38}H_{44}N_6O_6$; 3,3'-[7,12-Bis-(1-hydroxyimino-propyl)-3,8,13,17-tetramethyl-porphyrin-2,18-diyl]-di-propionsäure-dimethylester, 3,8-Bis-[1-hydroxyimino-propyl]-deuteroporphyrin-dimethylester. Kristalle (aus A.); F: 231°. λ_{max} (Py. + Ae.): 500,2 nm, 535,1 nm, 577,1 nm und 626,7 nm.

XVI

I

Oxocarbonsäuren $C_nH_{2n-36}N_4O_6$

Oxocarbonsäuren $C_{34}H_{32}N_4O_6$

3-[7,12-Diäthyl-8-formyl-2^2-methoxycarbonyl-3,13,17-trimethyl-2^1-oxo-2^1,2^2-dihydro-cyclopenta[*at*]porphyrin-18-yl]-propionsäure, 13^2-Methoxycarbonyl-7^1-oxo-phytoporphyrin, Phäoporphyrin-b_6-monomethylester $C_{35}H_{34}N_4O_6$, Formel I (R = H) und Taut.

Zusammenfassende Darstellung: *H. Fischer, A. Stern,* Die Chemie des Pyrrols, Bd. 2, Tl. 2 [Leipzig 1940] S. 282.

B. Aus Phäophorbid-b (S. 3284) mit Hilfe von wss. HI und Essigsäure (*Fischer et al.,* A. **503** [1933] 1, 25; *Fischer, Grassl,* A. **517** [1935] 1, 15; *Schering-Kahlbaum A.G.,* D.R.P. 552356 [1931]; Frdl. **19** 1496; s. a. *Warburg, Christian,* Bio. Z. **235** [1931] 240).

Kristalle [aus Py.] (*Fi. et al.,* A. **503** 25; *Schering-Kahlbaum A.G.*). λ_{max} (Py. + Ae.): 529,6 nm, 569,5 nm, 598,5 nm und 648,5 nm (*Fi. et al.,* A. **503** 25).

Monooxim $C_{35}H_{35}N_5O_6$; 3-[7,12-Diäthyl-8-(hydroxyimino-methyl)-2^2-methoxycarbonyl-3,13,17-trimethyl-2^1-oxo-2^1,2^2-dihydro-cyclopenta[*at*]porphyrin-18-yl]-propionsäure, 7^1-Hydroxyimino-13^2-methoxycarbonyl-phytoporphyrin, Phäoporphyrin-b_6-monomethylester-monooxim. Kristalle [aus wss. Py.] (*Fischer et al.,* A. **503** 32, **506** [1933] 83, 96; s. a. *Warburg, Negelein,* Bio. Z. **244** [1932] 9, 14). λ_{max}: 521,5 nm, 559,8 nm, 597,1 nm und 653 nm (*Fi. et al.,* A. **503** 32).

7,12-Diäthyl-8-formyl-18-[2-methoxycarbonyl-äthyl]-3,13,17-trimethyl-2^1-oxo-2^1,2^2-dihydro-cyclopenta[*at*]porphyrin-2^2-carbonsäure-methylester, 3-[7,12-Diäthyl-8-formyl-2^2-methoxycarbonyl-3,13,17-trimethyl-2^1-oxo-2^1,2^2-dihydro-cyclopenta[*at*]porphyrin-18-yl]-propionsäure-methylester, 13^2-Methoxycarbonyl-7^1-oxo-phytoporphyrin-methylester, Phäoporphyrin-b_6-dimethylester $C_{36}H_{36}N_4O_6$, Formel I (R = CH_3) und Taut.

B. Aus der vorangehenden Verbindung und Diazomethan (*Fischer et al.,* A. **506** [1933] 83,

100).

Kristalle (aus Py.); F: 277° (*Fi. et al.*). λ_{max} (Py.): 535 nm, 571,5 nm, 598,9 nm und 648,5 nm (*Fi. et al.*, l. c. S. 104).

Monooxim $C_{36}H_{37}N_5O_6$; 3-[7,12-Diäthyl-8-(hydroxyimino-methyl)-2^2-methoxycarbonyl-3,13,17-trimethyl-2^1-oxo-2^1,2^2-dihydro-cyclopenta[*at*]porphyrin-18-yl]-propionsäure-methylester, 7^1-Hydroxyimino-13^2-methoxycarbonyl-phytoporphyrin-methylester, Phäoporphyrin-b_6-dimethylester-monooxim. Kristalle (aus Py. + Me.), die unterhalb 300° nicht schmelzen (*Fischer, Grassl,* A. **517** [1935] 1, 15). Kristalle [aus Ae.] (*Stoll, Wiedemann,* Helv. **17** [1934] 456, 462). λ_{max} (460 – 650 nm) in einem Pyridin-Äther-Gemisch: *Fi., Gr.*; *St., Wi.*; in Äther: *Fi. et al.*

Dioxim $C_{36}H_{38}N_6O_6$; 3-[7,12-Diäthyl-2^1-hydroxyimino-8-(hydroxyimino-methyl)-2^2-methoxycarbonyl-3,13,17-trimethyl-2^1,2^2-dihydro-cyclopenta[*at*]porphyrin-18-yl]-propionsäure-methylester, 7^1-Hydroxyimino-13^2-methoxycarbonyl-phytoporphyrin-methylester-oxim, Phäoporphyrin-b_6-dimethylester-dioxim. Kristalle (aus Py.); F: 230° (*Fi. et al.*). Kristalle [aus Ae.] (*Fi., Gr.*; *St., Wi.*, l. c. S. 467). λ_{max} (450 – 645 nm) in Dioxan: *Stern, Wenderlein,* Z. physik. Chem. [A] **176** [1936] 81, 92; in einem Pyridin-Äther-Gemisch: *Fi. et al.*; *Fi., Gr.*; *St., Wi.*

3-[12-Acetyl-7-äthyl-2^2-methoxycarbonyl-3,8,13,17-tetramethyl-2^1-oxo-2^1,2^2-dihydro-cyclopenta[*at*]porphyrin-18-yl]-propionsäure, 13^2-Methoxycarbonyl-3^1-oxo-phytoporphyrin, Isophäoporphyrin-a_6 $C_{35}H_{34}N_4O_6$, Formel II (R = H) und Taut. (in der Literatur auch als Oxophäoporphyrin-a_5-monomethylester bezeichnet).

Zusammenfassende Darstellung: *H. Fischer, A. Stern,* Die Chemie des Pyrrols, Bd. 2, Tl. 2 [Leipzig 1940] S. 182.

B. Aus Phäophorbid-a (S. 3237) mit Hilfe von wss. HI und Essigsäure (*Fischer, Riedmair,* A. **505** [1933] 87, 93).

Kristalle (aus Py. + Eg.); λ_{max} (Py. + Ae.): 527,2 nm, 571 nm, 596,5 nm und 645,5 nm (*Fi., Ri.*).

II III

12-Acetyl-7-äthyl-18-[2-methoxycarbonyl-äthyl]-3,8,13,17-tetramethyl-2^1-oxo-2^1,2^2-dihydro-cyclopenta[*at*]porphyrin-2^2-carbonsäure-methylester, 3-[12-Acetyl-7-äthyl-2^2-methoxycarbonyl-3,8,13,17-tetramethyl-2^1-oxo-2^1,2^2-dihydro-cyclopenta[*at*]porphyrin-18-yl]-propionsäure-methylester, 13^2-Methoxycarbonyl-3^1-oxo-phytoporphyrin-methylester $C_{36}H_{36}N_4O_6$, Formel II (R = CH_3) und Taut.

B. Aus der vorangehenden Verbindung und Diazomethan (*Fischer, Riedmair,* A. **505** [1933] 87, 96).

Kristalle (aus $CHCl_3$ oder Py. + Eg.); F: 276°.

Dioxim $C_{36}H_{38}N_6O_6$; 3-[7-Äthyl-2^1-hydroxyimino-12-(1-hydroxyimino-äthyl)-2^2-methoxycarbonyl-3,8,13,17-tetramethyl-2^1,2^2-dihydro-cyclopenta[*at*]porphyrin-18-yl]-propionsäure-methylester, 3^1-Hydroxyimino-13^2-methoxycarbonyl-phytoporphyrin-methylester-oxim. Rote Kristalle (aus Py. + Me.). λ_{max} (Py. + Ae.; 440 – 630 nm): *Fi., Ri.*

3-[(18*S*)-7-Äthyl-8-formyl-2²*t*-methoxycarbonyl-3,13,17*t*-trimethyl-2¹-oxo-12-vinyl-2¹,2²,17,18-tetrahydro-cyclopenta[*at*]porphyrin-18*r*-yl]-propionsäure, Phäophorbid-b [1]) $C_{35}H_{34}N_4O_6$, Formel III (R = H) und Taut.

Zusammenfassende Darstellung: *H. Fischer, A. Stern,* Die Chemie des Pyrrols, Bd. 2, Tl. 2 [Leipzig 1940] S. 27–41, 240, 243, 245.

B. Aus Methylchlorophyllid-b [S. 3285] (*Fischer, Hagert,* A. **502** [1933] 41, 56) oder aus Phäophytin-b [S. 3287] (*Fischer et al.,* A. **490** [1931] 1, 37, **498** [1932] 228, 241, **503** [1933] 1; *Stoll, Wiedemann,* Helv. **16** [1933] 183, 185, 197) mit Hilfe von wss. HCl. Reinigung durch Extraktion: *Fischer, Grassl,* A. **517** [1935] 1, 21.

Grüne bis braune bzw. grauschwarze Kristalle [aus Ae. bzw. aus A.] (*Willstätter, Stoll,* A. **387** [1912] 317, 384). Dunkelgrüne Kristalle (aus Acn.+Me.); Zers. >275° (*St., Wi.,* Helv. **16** 199). Dunkelblauschwarze Kristalle (aus Ae.); Zers. bei 215–225° [vorgeheizter App.] (*Fischer, Bäumler,* A. **474** [1929] 65, 84). Über das optische Drehungsvermögen in einem Methanol-Pyridin-Gemisch s. *Stoll, Wiedemann,* Helv. **16** [1933] 307, 313. Absorptionsspektrum in einem Äther-Pyridin-Gemisch (310–660 nm): *Hagenbach et al.,* Helv. phys. Acta **9** [1936] 3, 11, 25; in $CHCl_3$ (450–680 nm): *Kennedy, Nicol,* Pr. roy. Soc. [B] **150** [1959] 509, 515. Fluorescenz-maxima: 658,5 nm und 725 nm [Ae.] bzw. 663,5 nm [CS_2] (*Dhéré, Raffy,* Bl. Soc. Chim. biol. **17** [1935] 1384, 1410), 650 nm und 678 nm [Acn.] (*Knorr, Albers,* Phys. Rev. [2] **47** [1935] 329).

Geschwindigkeit der Photooxidation in Äthanol und in Pyridin: *Ewštigneew, Gawrilowa,* Doklady Akad. S.S.S.R. **100** [1955] 131; C. A. **1955** 8398. Beim Erwärmen mit wss. HI und Essigsäure ist Phäoporphyrin-b_6-monomethylester (S. 3282) erhalten worden (*Warburg, Christian,* Bio. Z. **235** [1931] 240; *Fi. et al.,* A. **503** 25; *Schering-Kahlbaum A.G.,* D.R.P. 552356 [1931]; Frdl. **19** 1496).

Bildung eines Eisen(III)-Propionsäure-Komplexes $Fe(C_{38}H_{38}N_4O_7)Cl$ (?; „Phäohämin-b“; grüne Kristalle [aus Propionsäure+wss. HCl]): *Warburg,* B. **64** [1931] 682; s. a. *Fischer, Wunderer,* A. **533** [1938] 230, 240; *Kikuchi, Barron,* Am. Soc. **81** [1959] 3990; *Schering-Kahlbaum A.G.,* D.R.P. 549057 [1931]; Frdl. **19** 1495.

Magnesium-Komplex $MgC_{35}H_{32}N_4O_6$; **Chlorophyllid-b.** Gelbgrüne Kristalle [aus Acn.] (*Wi., St.,* l. c. S. 369).

Monooxime $C_{35}H_{35}N_5O_6$. a) Phäophorbid-b-monooxim-I; 3-[(18*S*)-7-Äthyl-8-(hydroxyimino-methyl)-2²*t*-methoxycarbonyl-3,13,17*t*-trimethyl-2¹-oxo-12-vinyl-2¹,2²,17,18-tetrahydro-cyclopenta[*at*]porphyrin-18*r*-yl]-propionsäure. Über die Konstitution s. *Fischer, Grassl,* A. **517** [1935] 1. *B.* Aus Phäophorbid-b und $NH_2OH \cdot HCl$ (*Stoll, Wiedemann,* Helv. **17** [1934] 456, 464). Violettblaue Kristalle [aus $CHCl_3$+Me.] (*St., Wi.,* Helv. **17** 464). λ_{max} (Py.+Ae.): 513,4 nm, 544,5 nm, 560,8 nm, 607,7 nm und 663,9 nm (*Stoll, Wiedemann,* Helv. **17** [1934] 837, 842). – b) Phäophorbid-b-monooxim-II; 3-[(18*S*)-7-Äthyl-8-formyl-2¹-hydroxyimino-2²*t*-methoxycarbonyl-3,13,17*t*-trimethyl-12-vinyl-2¹,2²,17,18-tetrahydro-cyclopenta[*at*]porphyrin-18*r*-yl]-propionsäure(?). *B.* Aus Methylphäophorbid-b-dioxim (s. u.) mit Hilfe von wss. HCl (*St., Wi.,* Helv. **17** 468). – Grüne bis braune Kristalle (aus Acn.+Me.); λ_{max} (Py.+Ae.): 499,0 nm, 527,7 nm, 561,6 nm, 599,3 nm und 655,2 nm (*St., Wi.,* Helv. **17** 469).

Dioxim $C_{35}H_{36}N_6O_6$; 3-[(18*S*)-7-Äthyl-2¹-hydroxyimino-8-(hydroxyimino-methyl)-2²*t*-methoxycarbonyl-3,13,17*t*-trimethyl-12-vinyl-2¹,2²,17,18-tetrahydro-cyclopenta[*at*]porphyrin-18*r*-yl]-propionsäure. *B.* Aus Methylphäophorbid-b-dioxim (s. u.) mit Hilfe von wss. HCl (*St., Wi.,* Helv. **17** 468). – Kristalle [aus Acn.+Me.] (*St., Wi.,* Helv. **17** 468). λ_{max} (Py.+Ae.): 513,8 nm, 554,6 nm, 608 nm und 664,1 nm (*St., Wi.,* Helv. **17** 842).

(2²*R*)-7-Äthyl-8-formyl-18*t*-[2-methoxycarbonyl-äthyl]-3,13,17*c*-trimethyl-2¹-oxo-12-vinyl-2¹,2²,17,18-tetrahydro-cyclopenta[*at*]porphyrin-2²*r*-carbonsäure-methylester, 3-[(18*S*)-7-Äthyl-8-formyl-2²*t*-methoxycarbonyl-3,13,17*t*-trimethyl-2¹-oxo-12-vinyl-2¹,2²,17,18-tetrahydro-cyclopenta[*at*]porphorin-18*r*-yl]-propionsäure-methylester, Phäophorbid-b-methylester, Methylphäophorbid-b $C_{36}H_{36}N_4O_6$, Formel III (R = CH_3) und Taut.

Zusammenfassende Darstellung: *H. Fischer, A. Stern,* Die Chemie des Pyrrols, Bd. 2, Tl. 2

[1]) Bei von Phäophorbid-b abgeleiteten Namen wird die in Formel III angegebene Stellungsbezeichnung verwendet (vgl. *Merritt, Loening,* Pure appl. Chem. **51** [1979] 2251, 2273).

[Leipzig 1940] S. 240, 243, 247.

B. Aus dem vorangehenden Phäophorbid-b und Diazomethan (*Stern, Klebs,* A. **505** [1933] 295, 306) oder methanol. HCl (*Falk, Willis,* Austral. J. scient. Res. [A] **4** [1951] 579, 584). Aus Phäophorbid-b und Methanol mit Hilfe eines Chlorophyllase-Präparats aus Datura stramonium (*Fischer, Lambrecht,* Z. physiol. Chem. **253** [1938] 253, 258). Aus Methylchlorophyllid-b (s. u.) mit Hilfe von wss. HCl (*Willstätter, Stoll,* A. **387** [1912] 317, 370). Aus Phäophytin-b (S. 3287) und methanol. HCl (*Stoll, Wiedemann,* Helv. **16** [1933] 183, 197).

Dunkelgrüne Kristalle (aus Acn. + Me. oder Acn.); Zers. bei ca. 280° (*St., Wi.,* Helv. **16** 199). Kristalle (aus Acn. + Me.); F: 270° (*Falk, Wi.*), ca. 261° (*Fischer, Lautsch,* A. **528** [1937] 265, 272), 246° (*Fi., Lam.*). Verbrennungsenthalpie bei 15°: *St., Kl.* Über das optische Drehungsvermögen in einem Methanol-Pyridin-Gemisch s. *Stoll, Wiedemann,* Helv. **16** [1933] 307, 313; in Aceton s. *Fischer, Stern,* A. **519** [1935] 58, 68; *Fi., Lau.,* l. c. S. 275. IR-Spektrum ($CHCl_3$; 1800 – 1600 cm^{-1}): *Holt,* Plant Physiol. **34** [1959] 310, 311. IR-Banden (Nujol sowie $CHCl_3$; 1740 – 1585 cm^{-1}): *Falk, Wi.,* l. c. S. 590. Absorptionsspektrum (Dioxan; 480 – 670 nm): *Stern, Wenderlein,* Z. physik. Chem. [A] **174** [1935] 321, 324, 329. λ_{max} (410 – 720 nm) in $CHCl_3$, wss. HCl und wss. NH_3: *Kennedy, Nicol,* Pr. roy. Soc. [B] **150** [1959] 509, 517; in Äther: *Willstätter et al.,* A. **385** [1911] 156, 175. Fluorescenzmaxima: 662 nm und 713,5 nm [Dioxan] (*Stern, Molvig,* Z. physik. Chem. [A] **175** [1936] 38, 42) bzw. 640 nm, 651 nm und 686 nm [Acn.] (*Knorr, Albers,* Phys. Rev. [2] **47** [1935] 329). Scheinbare Dissoziationsexponenten pK'_{a1}, pK'_{a2} und pK'_{a3} (Eg.; potentiometrisch ermittelt) bei 25°: –2,3 bzw. –1,7 bzw. 0,3 (*Conant et al.,* Am. Soc. **56** [1934] 2185, 2186).

Beim Behandeln mit Luft und Äthanol ist ($13^2\Xi$)-13^2-Äthoxy-phäophorbid-b-methylester (S. 3341) erhalten worden; mit Luft oder Jod und Essigsäure entsteht das entsprechende 13^2-Acetoxy-Derivat [S. 3341] (*Fischer, Albert,* A. **599** [1956] 203, 208, 209).

Magnesium-Komplex $MgC_{36}H_{34}N_4O_6$; Methylchlorophyllid-b. Grünschwarze Kristalle (*Wi., St.,* l. c. S. 355). λ_{max} (Ae.; 405 – 670 nm): *Wi. et al.,* l. c. S. 166.

Monooxim $C_{36}H_{37}N_5O_6$; Phäophorbid-b-methylester-monooxim-I; 3-[(18*S*)-7-Äthyl-8-(hydroxyimino-methyl)-2^2*t*-methoxycarbonyl-3,13,17*t*-trimethyl-2^1-oxo-12-vinyl-2^1,2^2,17,18-tetrahydro-cyclopenta[*at*]porphyrin-18*r*-yl]-propionsäure-methylester. Kristalle [aus Ae.] (*Fischer et al.,* A. **503** [1933] 1, 2, 33; *Stoll, Wiedemann,* Helv. **17** [1934] 837, 842). Schwarzgrüne Kristalle (aus $CHCl_3$ + Me.), die unterhalb 280° nicht schmelzen (*Stoll, Wiedemann,* Helv. **17** [1934] 456, 462). λ_{max} (Py. + Ae.; 450 – 680 nm): *Fi. et al.*; *St., Wi.,* Helv. **17** 462, 842. – Kupfer(II)-Komplex. λ_{max} (Ae.; 445 – 660 nm): *St., Wi.,* Helv. **17** 463.

Dioxim $C_{36}H_{38}N_6O_6$; 3-[(18*S*)-7-Äthyl-2^1-hydroxyimino-8-(hydroxyimino-methyl)-2^2*t*-methoxycarbonyl-3,13,17*t*-trimethyl-12-vinyl-2^1,2^2,17,18-tetrahydro-cyclopenta[*at*]porphyrin-18*r*-yl]-propionsäure-methylester, Phäophorbid-b-methylester-dioxim, Methylphäophorbid-b-dioxim. Schwarzbraune Kristalle (aus Acn. + Me.), die unterhalb 280° nicht schmelzen (*St., Wi.,* Helv. **17** 466). λ_{max} (Py. + Ae.; 455 – 685 nm): *St., Wi.,* Helv. **17** 467, 842.

Monosemicarbazon $C_{37}H_{39}N_7O_6$; Methylphäophorbid-b-semicarbazon; 3-[(18*S*)-7-Äthyl-2^2*t*-methoxycarbonyl-3,13,17*t*-trimethyl-2^1-oxo-8-semicarbazonomethyl-12-vinyl-2^1,2^2,17,18-tetrahydro-cyclopenta[*at*]porphyrin-18*r*-yl]-propionsäure-methylester(?). Schwarze Kristalle (*Conant et al.,* Am. Soc. **53** [1931] 4436, 4442). λ_{max} (Ae. sowie wss. HCl; 460 – 690 nm): *Co. et al.*

3-[(18*S*)-7-Äthyl-8-dimethoxymethyl-2^2*t*-methoxycarbonyl-3,13,17*t*-trimethyl-2^1-oxo-12-vinyl-2^1,2^2,17,18-tetrahydro-cyclopenta[*at*]porphyrin-18*r*-yl]-propionsäure-methylester, Phäophorbid-b-methylester-7^1-dimethylacetal, Methylphäophorbid-b-dimethylacetal $C_{38}H_{42}N_4O_7$, Formel IV und Taut.

B. Aus Phäophorbid-b-methylester (s. o.) und Orthoameisensäure-trimethylester (*Fischer* et al., A. **503** [1933] 1, 36).

λ_{max} (Py. + Ae.): 507,4 nm, 537,1 nm, ca. 557,6 nm, 605 nm und 664,2 nm.

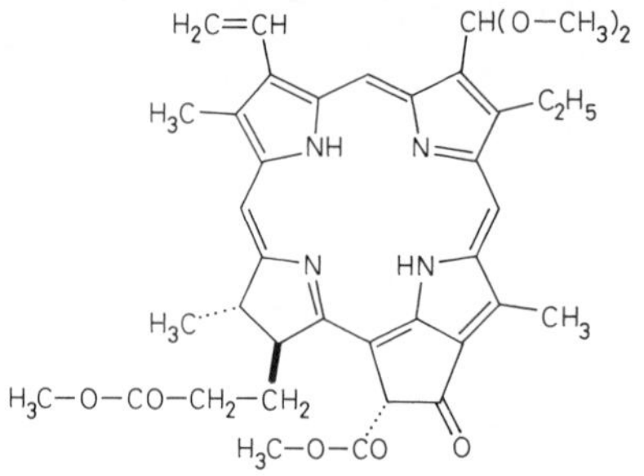

IV

3-[(18*S*)-7-Äthyl-8-formyl-2^2*t*-methoxycarbonyl-3,13,17*t*-trimethyl-2^1-oxo-12-vinyl-2^1,2^2,17,18-tetrahydro-cyclopenta[*at*]porphyrin-18*r*-yl]-propionsäure-äthylester, Phäophorbid-b-äthylester, Äthylphäophorbid-b $C_{37}H_{38}N_4O_6$, Formel III (R = C_2H_5) und Taut.

IR-Spektrum ($CHCl_3$; 3800–650 cm^{-1}): *Holt, Jacobs,* Plant Physiol. **30** [1955] 553, 554, 556.

Magnesium-Komplex $MgC_{37}H_{36}N_4O_6$; Äthylchlorophyllid-b. Kristalle [aus Py.+ Ae.] (*Fischer, Spielberger,* A. **515** [1935] 130, 145). IR-Spektrum ($CHCl_3$; 3800–650 cm^{-1}): *Holt, Ja.,* l. c. S. 554, 555. Absorptionsspektrum (Ae.; 420–680 nm): *Watson,* Nature **171** [1953] 842. λ_{max} (405–665 nm) in einem Pyridin-Äther-Gemisch: *Fi., Sp.*; in einem Dipropyläther-Methylcyclohexan-Gemisch: *Freed et al.,* Am. Soc. **76** [1954] 6006.

Mono-[2,4-dinitro-phenylhydrazon] $C_{43}H_{42}N_8O_9$; Äthylphäophorbid-b-[2,4-dinitro-phenylhydrazon]; 3-{(18*S*)-7-Äthyl-8-[(2,4-dinitro-phenylhydrazono)-methyl]-2^2*t*-methoxycarbonyl-3,13,17*t*-trimethyl-2^1-oxo-12-vinyl-2^1,2^2,17,18-tetrahydro-cyclopenta[*at*]porphyrin-18*r*-yl}-propionsäure-äthylester(?). IR-Spektrum ($CHCl_3$; 3800–650 cm^{-1}): *Holt, Ja.*

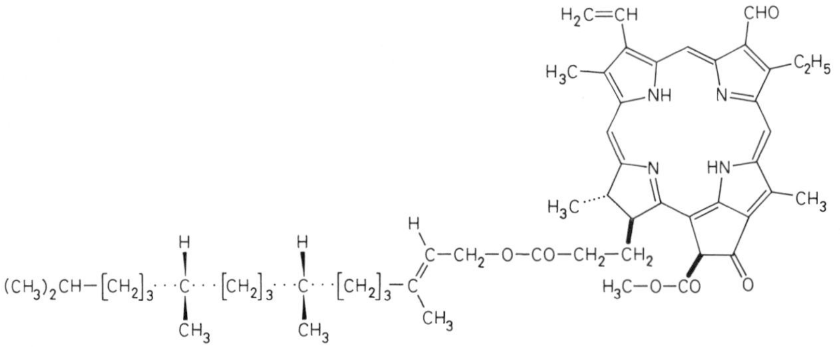

V

3-[7-Äthyl-8-formyl-2^2-methoxycarbonyl-3,13,17-trimethyl-2^1-oxo-12-vinyl-2^1,2^2,17,18-tetrahydro-cyclopenta[*at*]porphyrin-18-yl]-propionsäure-[3,7,11,15-tetramethyl-hexadec-2-enylester] $C_{55}H_{72}N_4O_6$ und Taut.

a) **3-[(18*S*)-7-Äthyl-8-formyl-2^2*c*-methoxycarbonyl-3,13,17*t*-trimethyl-2^1-oxo-12-vinyl-2^1,2^2,17,18-tetrahydro-cyclopenta[*at*]porphyrin-18*r*-yl]-propionsäure-[(7*R*,11*R*)-*trans*-phytylester], Phäophytin-b′,** Formel V und Taut.

Magnesium-Komplex $MgC_{55}H_{70}N_4O_6$; **Chlorophyll-b′.** Diese Konstitution und Konfiguration kommt vermutlich einer von *Hynninen* (Acta chem. scand. **27** [1973] 1487) als Magnesium-Komplex des 3-[(18*S*)-7-Äthyl-8-formyl-2^1-hydroxy-2^2-methoxycarbonyl-3,13,17*t*-trimethyl-12-vinyl-17,18-dihydro-cyclopenta[*at*]porphyrin-18*r*-yl]-propionsäure-phytylesters $C_{55}H_{72}N_4O_6$ formulierten Verbindung zu (*Katz et al.,* Am. Soc. **90** [1968] 6841; *Scheer* bzw. *Brockmann,* in *D. Dolphin,* The Porphyrins, Bd. 2 [New York

1978] S. 1, 32 bzw. S. 287, 291). – Tautomerie-Gleichgewicht mit Chlorophyll-b (s. u.) in Propan-1-ol bei 95–100°: *Strain, Manning,* J. biol. Chem. **146** [1942] 275. – Isolierung aus grünen Blättern nach Erhitzen mit H_2O: *St., Ma.*; *Strain,* J. agric. Food Chem. **2** [1954] 1222, 1223. – *B.* Aus Chlorophyll-b beim Behandeln mit Pyridin (*Hy.,* l. c. S. 1488). – ^{1}H-NMR-Spektrum (THF-d_8 sowie Py.-d_5): *Katz et al.,* l. c. S. 6843. Absorptionsspektrum in einem Propan-Propen-Dipropyläther-Gemisch bei 75 K und in einem Methylcyclohexan-Dipropyläther-Gemisch bei 300 K (400–680 nm): *Freed et al.,* Am. Soc. **76** [1954] 6006; s. a. *Freed, Sancier,* Sci. **114** [1951] 275; in einem Propan-Propen-Isopropylamin-Gemisch bei 160 K, 193 K und 230 K (300–700 nm): *Freed, Sancier,* Sci. **117** [1953] 655; in einem Propan-Propen-Diisopropylamin-Gemisch bei 75 K, 170 K und 230 K (600–700 nm): *Freed, Sancier,* Sci. **116** [1952] 175; in Äther (350–700 nm): *Hy.,* l. c. S. 1490, 1491.

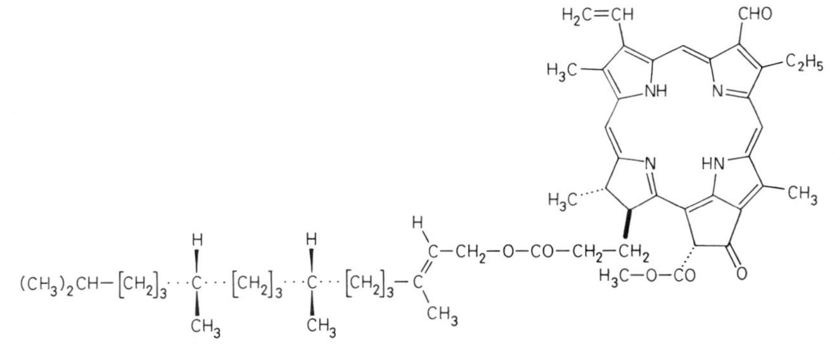

VI

b) **3-[(18*S*)-7-Äthyl-8-formyl-2^2*t*-methoxycarbonyl-3,13,17*t*-trimethyl-2^1-oxo-12-vinyl-2^1,2^2,17,18-tetrahydro-cyclopenta[*at*]porphyrin-18*r*-yl]-propionsäure-[(7*R*,11*R*)-*trans*-phytylester], Phäophytin-b,** Formel VI und Taut.

Über die Konstitution und Konfiguration s. u. bei Chlorophyll-b.

Zusammenfassende Darstellung: *H. Fischer, A. Stern,* Die Chemie des Pyrrols, Bd. 2, Tl. 2 [Leipzig 1940] S. 27–41, 234, 242, 244.

B. Aus Chlorophyll-b (s. u.) mit Hilfe von äthanol. Oxalsäure (*Willstätter, Hocheder,* A. **354** [1907] 205, 206) oder von äthanol. bzw. wss.-äthanol. HCl (*R. Willstätter, A. Stoll,* Untersuchungen über Chlorophyll [Berlin 1913] S. 256, 274; *Stoll, Wiedemann,* Helv. **16** [1933] 183, 196).

Trennung von Phäophytin-a (S. 3242) durch Chromatographieren an Saccharose: *Winterstein, Stein,* Z. physiol. Chem. **220** [1933] 247, 263, 274.

Kristalle (aus $CHCl_3$+Me.); F: 190–195° [nach Sintern bei 170°; rasches Erhitzen] (*Treibs, Wiedemann,* A. **471** [1929] 146, 165). Grünschwarzer Feststoff, der bei 148–152° sintert [Zers. bei 160–170°] (*Willstätter, Isler,* A. **390** [1912] 269, 336). $[\alpha]^{25}_{720}$: –133° [Me.+Py. (95:5); c = 0,04] (*Stoll, Wiedemann,* Helv. **16** [1933] 307, 309, 313; s. dazu *Fischer, Stern,* A. **519** [1935] 58, 60). IR-Spektrum (CCl_4; 3800–650 cm^{-1}): *Holt, Jacobs,* Plant Physiol. **30** [1955] 553, 555, 557. Absorptionsspektrum (300–500 nm) in einem Dipropyläther-Methylcyclopentan-Gemisch unter Zusatz von CaH_2 bei 130 K und 190 K: *Freed, Sancier,* Am. Soc. **76** [1954] 198, 202. λ_{max} (Ae.; 410–700 nm): *Willstätter et al.,* A. **385** [1911] 156, 173; *Tr., Wi.,* l. c. S. 229, 236. Fluorescenzspektrum (Ae.; 620–770 nm): *French et al.,* Plant Physiol. **31** [1956] 369, 371.

Kupfer(II)-Komplex. Phosphorescenzspektrum (3-Methyl-pentan; 11800–11000 cm^{-1}) bei 77 K: *Fernandez, Becker,* J. chem. Physics **31** [1959] 467, 470.

Magnesium-Komplex $MgC_{55}H_{70}N_4O_6$; **Chlorophyll-b.**

Konstitution: *Fischer, Wenderoth,* A. **537** [1939] 170, 173, **545** [1940] 140. Konfiguration: *Fischer, Gibian,* A. **552** [1942] 153, 154; *Fleming,* Soc. [C] **1968** 2765; *Brockmann,* A. **754** [1971] 139, 140.

Tautomere-Gleichgewicht mit Chlorophyll-b′ (s. o.) in Propan-1-ol bei 95–100°: *Strain, Manning,* J. biol. Chem. **146** [1942] 275.

Isolierung in geringer Menge neben Chlorophyll-a (S. 3243) aus Brennesselblättern: *R. Willstätter, A. Stoll,* Untersuchungen über Chlorophyll [Berlin 1913] S. 126; *Stoll, Wiedemann,* Helv. **16** [1933] 739, 741; *Schertz,* Ind. eng. Chem. **30** [1938] 1073; aus Gerstenblättern: *Zscheile,* Bot. Gaz. **95** [1934] 529, 533, 550; aus Spinat: *Jacobs et al.,* Arch. Biochem. **53** [1954] 228, 229; *Strain, Svec,* in *L.P. Vernon, G.R. Seely,* The Chlorophylls [New York 1966] S. 54.

Trennung von Chlorophyll-a (S. 3243) durch Chromatographieren an Saccharose: *Winterstein, Stein,* Z. physiol. Chem. **220** [1933] 247, 264, 272; *Winterstein, Schön,* Z. physiol. Chem. **230** [1934] 139, 144; *Stoll, Wiedemann,* Helv. **42** [1959] 679, 681; an Inulin: *Mackinney,* J. biol. Chem. **132** [1940] 91, 93, 100; an Fe_2O_3: *Glemser, Rieck,* Naturwiss. **45** [1958] 569.

Herstellung von [^{28}*Mg*]Chlorophyll-b: *Becker, Sheline,* J. chem. Physics **21** [1953] 946.

Grüne Kristalle [aus $CHCl_3$+Me. oder wss. A. bzw. aus Ae.+H_2O, Ae.+Hexan+H_2O oder Ae.+Pentan+H_2O bzw. aus PAe.+H_2O] (*Stoll, Wiedemann,* Helv. **42** [1959] 679, 681; *Jacobs et al.,* Arch. Biochem. **53** [1954] 228, 230; *Zill et al.,* Sci. **128** [1958] 478); F: 183–185° [korr.] (*Stoll, Wiedemann,* Helv. **16** [1933] 739, 757). Optisches Drehungsvermögen in einem Aceton-Methanol-Gemisch: *Stoll, Wiedemann,* Helv. **16** [1933] 307, 309, 313; s. dazu *Fischer, Stern,* A. **519** [1935] 58, 60. ^{1}H-NMR-Spektrum (THF-d_8 sowie Py.-d_5): *Katz et al.,* Am. Soc. **90** [1968] 6841, 6843. IR-Spektrum in KBr (6600–600 cm^{-1}): *St., Wi.,* Helv. **42** 682; in Nujol, $CHCl_3$, CCl_4 sowie CS_2 (3800–650 cm^{-1}): *Holt, Jacobs,* Plant Physiol. **30** [1955] 553, 555, 557; s. a. *Weigl, Livingston,* Am. Soc. **75** [1953] 2173.

Absorptionsspektrum in einem Propan-Propen-Dipropyläther-Gemisch bei 75 K und in einem Methylcyclohexan-Dipropyläther-Gemisch bei 300 K (400–680 nm): *Freed et al.,* Am. Soc. **76** [1954] 6006; s. a. *Freed, Sancier,* Sci. **114** [1951] 275; in Propylbenzol, auch unter Zusatz von CaH_2, bei 180 K (330–700 nm) sowie in Propylbenzol bei 220 K und 300 K (580–700 nm): *Freed, Sancier,* Am. Soc. **76** [1954] 198, 199; in einem Nujol-Äther-Gemisch (350–720 nm): *Trurnit, Colmano,* Biochim. biophys. Acta **31** [1959] 434, 444; in CCl_4 (390–680 nm): *Harris, Zscheile,* Bot. Gaz. **104** [1943] 515, 520, 521; in Petroläther (570–800 nm): *Zill et al.,* Sci. **128** [1958] 478; in Hexan (220–660 nm): *Weber, Teale,* Trans. Faraday Soc. **54** [1958] 640, 645; in 3-Methyl-pentan, auch unter Zusatz von Äthanol (400–720 nm): *Fernandez, Becker,* J. chem. Physics **31** [1959] 467, 471; in Benzol, auch in Gegenwart kleiner Mengen H_2O (400–720 nm): *Livingston et al.,* Am. Soc. **71** [1949] 1542, 1546; in Benzol (250–730 nm bzw. 300–820 nm bzw. 350–660 nm bzw. 390–680 nm): *Winterstein, Stein,* Z. physiol. Chem. **220** [1933] 247, 263, 268; *Claesson et al.,* Nature **183** [1959] 661; *Livingston,* Am. Soc. **77** [1955] 2179; *Ha., Zsch.*; in Methanol (390–700 nm): *Livingston et al.,* J. phys. Chem. **51** [1947] 775, 783; *Ha., Zsch.*; *Strain, Manning,* J. biol. Chem. **144** [1942] 625, 628; in Äthanol (640–720 nm): *Krawzow,* Izv. Akad. S.S.S.R. Ser. fiz. **23** [1959] 78; engl. Ausg. S. 77; in Äther (265–680 nm bzw. 310–660 nm bzw. 400–670 nm): *Ha., Zsch.,* l. c. S. 518, 520, 521, 523; *Hagenbach et al.,* Helv. phys. Acta **9** [1936] 3, 11, 25, 26; *Zscheile, Comar,* Bot. Gaz. **102** [1941] 463, 468, 469, 472; in Dioxan (240–800 nm): *Stoll, Wiedemann,* Helv. **42** [1959] 679, 682; in Aceton (350–720 nm bzw. 390–680 nm): *Tr., Co.*; *Ha., Zsch.*; in Pyridin (350–730 nm bzw. 400–700 nm bzw. 400–700 nm): *Linschitz, Sarkanen,* Am. Soc. **80** [1958] 4826, 4829; *Weller,* Am. Soc. **76** [1954] 5819; *Livingston, Stockman,* J. phys. Chem. **66** [1962] 2533, 2536. λ_{max} in organischen Lösungsmitteln: *Tr., Co.,* l. c. S. 436, 437. Absorptionsspektrum dünner Schichten an der Grenzfläche H_2O/Luft und Nujol/Äther (350–720 nm): *Tr., Co.,* l. c. S. 443–447. – λ_{max} eines deuterierten Präparats (Me.): 470 nm und 647 nm (*Strain et al.,* Nature **184** [1959] 730).

Triplett-Triplett-Absorptionsspektrum in Benzol (300–820 nm bzw. 350–650 nm): *Claesson et al.,* Nature **183** [1959] 661; *Livingston,* Am. Soc. **77** [1955] 2179; in Pyridin (350–730 nm bzw. 400–700 nm): *Linschitz, Sarkanen,* Am. Soc. **80** [1958] 4826, 4829; *Livingston, Stockman,* J. phys. Chem. **66** [1962] 2533, 2536.

Über die Aktivierung der Fluorescenz s. *Livingston et al.,* Am. Soc. **71** [1949] 1542. Fluorescenz-Anregungsspektrum (Hexan; 220–660 nm): *Weber, Teale,* Trans. Faraday Soc. **54** [1958] 640, 644, 645. Fluorescenzspektrum in Äthanol (640–740 nm): *Krawzow,* Izv. Akad. S.S.S.R. Ser. fiz. **23** [1959] 78; engl. Ausg. S. 77; in Äther und in Aceton (600–775 nm): *French et al.,*

Plant Physiol. **31** [1956] 369, 371; in Äther (620–760 nm): *Zscheile, Harris,* J. phys. Chem. **47** [1943] 623, 630. Fluorescenzmaximum in Äthanol bei 80 K: 645 nm [konz. Lösung] bzw. 670 nm [verd. Lösung]; bei Raumtemperatur: 660 nm [verd. Lösung] (*Brody,* Sci. **128** [1958] 838); in einem Äther-Isopentan-Äthanol-Gemisch bei 77 K: 656,4 nm (*Becker, Kasha,* Am. Soc. **77** [1955] 3669). Fluorescenzmaximum in zahlreichen organischen Lösungsmitteln: *Bierma⸗cher,* zit. bei *Dhéré,* Fortschr. Ch. org. Naturst. **2** [1939] 301, 318. Quantenausbeute der Fluores⸗cenz in Benzol, Methanol, Äthanol, Äther und Aceton: *Weber, Teale,* Trans. Faraday Soc. **53** [1957] 646, 654; in Methanol und in Äther: *Forster, Livingston,* J. chem. Physics **20** [1952] 1315, 1318, 1319; *Latimer et al.,* Sci. **124** [1956] 585; in Äther: *Brody, Rabinowitch,* Sci. **125** [1957] 555; *Brody,* Rev. scient. Instruments **28** [1957] 1021, 1025; *Rabinowitch,* J. phys. Chem. **61** [1957] 870, 874. Abklingzeit der Fluorescenz in Hexan, Toluol, Äthanol, Äther, Aceton und Pyridin: *Dmitriewškiĭ et al.,* Doklady Akad. S.S.S.R. **114** [1957] 751; Doklady biol. Sci. Sect. **112–117** [1957] 468; in Benzol, Methanol und Äther: *Br., Ra.*; *Br.,* Rev. scient. Instruments **28** 1025; *Ra.* Löschung der Fluorescenz in Äther und in Aceton in Abhängigkeit von der Konzentration sowie in Aceton durch Chlorophyll-a: *Watson, Livingston,* J. chem. Physics **18** [1950] 802.

Phosphorescenzspektrum (610–810 nm) in 3-Methyl-pentan bei 77 K und bei Raumtempera⸗tur sowie in einem Äthanol-Äther–3-Methyl-pentan-Gemisch bei Raumtemperatur: *Fernandez, Becker,* J. chem. Physics **31** [1959] 467–470. Phosphorescenzmaximum (Ae. + Isopentan + A.) bei 77 K: 865 nm (*Becker, Kasha,* Am. Soc. **77** [1955] 3669); bei 90 K: ca. 860 nm (*Calvin, Dorough,* Am. Soc. **70** [1948] 699, 702). Kinetik des Zerfalls des Triplett-Zustands in Benzol und in Pyridin: *Linschitz, Sarkanen,* Am. Soc. **80** [1958] 4826, 4831; in Benzol: *Claesson et al.,* Nature **183** [1959] 661. Abklingzeit der Phosphorescenz in einem Äther-Isopentan-Äthanol-Gemisch bei 90 K: *Ca., Do.*; in Benzol und in Methanol bei Raumtemperatur: *Livingston,* Am. Soc. **77** [1955] 2179, 2181. Löschung der Phosphorescenz in Benzol durch β-Carotin: *Fujimori, Livingston,* Nature **180** [1957] 1036. – Phototropie („reversible photobleaching") unter Bildung eines angeregten Zustands: *Livingston, Stockman,* J. phys. Chem. **66** [1962] 2533; *Livingston, Ryan,* Am. Soc. **75** [1953] 2176; Ausmass der Bildung dieses Zustands in verschiede⸗nen organischen Lösungsmitteln: *Li., St.,* l. c. S. 2534, 2535; Absorptionsspektrum dieses Zu⸗stands (Py. sowie Py. + wenig H_2O; 400–700 nm): *Li., St.,* l. c. S. 2536; Kinetik des Zerfalls dieses Zustands in Methanol: *Li., Ryan,* l. c. S. 2180.

Redoxpotential (Me.): *Goedheer et al.,* Biochim. biophys. Acta **28** [1958] 278, 282. Polarogra⸗phische Halbstufenpotentiale (wss. Dioxan): *Van Rysselberghe et al.,* Am. Soc. **69** [1947] 809, 810, 813. Druck-Fläche-Beziehung und Oberflächenpotential monomolekularer Schichten auf wss. Lösung vom pH 7,3: *Alexander,* Soc. **1937** 1813; s. a. *Hughes,* Pr. roy. Soc. [A] **155** [1936] 710. Druck-Fläche-Beziehung monomolekularer Schichten auf H_2O: *Trurnit, Colmano,* Bio⸗chim. biophys. Acta **31** [1959] 434, 440, 441. Absorptionsspektrum (Bzl.; 500–720 nm) in Gegenwart von Sauerstoff, von CO und von CO_2: *Padoa, Vita,* Bio. Z. **244** [1932] 296, 301; s. a. *Ewštigneew et al.,* Doklady Akad. S.S.S.R. **66** [1949] 1133; C. A. **1949** 7823. Über die Solvatation s. *Freed, Sancier,* Am. Soc. **76** [1954] 198. Assoziation mit Phenylhydrazin in Metha⸗nol: *Watson,* Trans. Faraday Soc. **48** [1952] 526; s. a. *Livingston et al.,* J. phys. Chem. **51** [1947] 775, 783; mit Diisopropylamin in einem Propan-Propen-Gemisch bei 75–230 K: *Fr., Sa.,* l. c. S. 201. Stabilitätskonstante der Komplexe mit Benzylalkohol und mit Benzylamin in Benzol: *Livingston et al.,* Am. Soc. **71** [1949] 1542, 1545. Gleichgewichtskonstante des Reak⸗tionssystems Chlorophyll-b·Pyridin + Pyridin ⇌ Chlorophyll-b·2 Pyridin in Propylbenzol bei 275 K: *Fr., Sa.,* l. c. S. 200.

Zersetzung durch γ-Strahlen in Abhängigkeit von der Bestrahlungsdosis: *Mizuno, Kinpyo,* J. chem. Soc. Japan Pure Chem. Sect. **80** [1959] 295; C. A. **1961** 4612. Spektroskopische Unter⸗suchung der Reaktion von Chlorophyll-b in Äther mit methanol. Benzyl-trimethyl-ammonium-hydroxid („molish phase test"): *Dunicz et al.,* Am. Soc. **73** [1951] 3388; in Pyridin mit methanol. KOH: *Weller,* Am. Soc. **76** [1954] 5819; s. a. *Livingston, Stockman,* J. phys. Chem. **66** [1962] 2533, 2536. Autoxidation („Allomerisation"): *Johnston, Watson,* Soc. **1956** 1203, 1205, 1206, 1208; *Strain,* J. agric. Food Chem. **2** [1954] 1222; *Conant et al.,* Am. Soc. **53** [1931] 4436; *Freed et al.,* Am. Soc. **76** [1954] 6006; s. dazu auch *Fischer, Albert,* A. **599** [1956] 203–205. Geschwindigkeitskonstante und Quantenausbeute der Photooxidation (λ: 435–580 nm) mit

Sauerstoff in Benzol, auch in Gegenwart von Carotin: *Aronoff, Mackinney,* Am. Soc. **65** [1943] 956. Geschwindigkeit der Photooxidation mit Sauerstoff in Äthanol und in Pyridin: *Ewštigneew, Gawrilowa,* Doklady Akad. S.S.S.R. **100** [1955] 131; C. A. **1955** 8398. Reversible Photoreduktion mit Phenylhydrazin in Toluol (Semichinon-Bildung): *Ewštigneew, Gawrilowa,* Doklady Akad. S.S.S.R. **91** [1953] 899; C. A. **1954** 447. Reversible und irreversible Photoreduktion mit L-Ascorbinsäure in Pyridin: *Krašnowškiĭ et al.,* Doklady Akad. S.S.S.R. **69** [1949] 393; C. A. **1950** 2602. Geschwindigkeit der Photoreduktion mit L-Ascorbinsäure in Pyridin: *Ew., Ga.,* Doklady Akad. S.S.S.R. **100** 131. Geschwindigkeitskonstante der Reaktion mit Oxalsäure (Bildung von Phäophytin-b) in wss. Aceton bei 273–324 K: *Mackinney, Joslyn,* Am. Soc. **63** [1941] 2530; bei 301,5 K: *Mackinney, Joslyn,* Am. Soc. **62** [1940] 231. Geschwindigkeitskonstante der Reaktion mit *sec*-Butylamin, Isobutylamin, Isopentylamin und Piperidin bei 26°: *Weller, Livingston,* Am. Soc. **76** [1954] 1575.

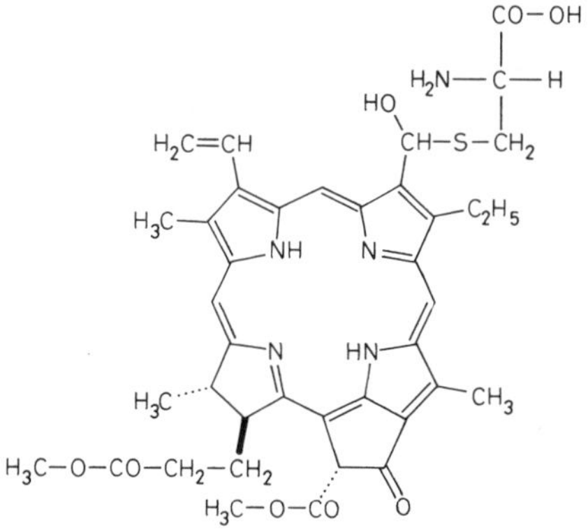

VII

***S*-{(Ξ)-[(2²*R*)-7-Äthyl-2²*r*-methoxycarbonyl-18*t*-(2-methoxycarbonyl-äthyl)-3,13,17*c*-trimethyl-2¹-oxo-12-vinyl-2¹,2²,17,18-tetrahydro-cyclopenta[*at*]porphyrin-8-yl]-hydroxy-methyl}-L-cystein, (7¹Ξ)-7¹-[(*R*)-2-Amino-2-carboxy-äthylmercapto]-7¹-hydroxy-phäophorbid-a-methylester** $C_{39}H_{43}N_5O_8S$, Formel VII und Taut. (in der Literatur auch als Cystein-methylphäophorbid-b bezeichnet).

B. Aus Phäophorbid-b-methylester (S. 3284) und L-Cystein-hydrochlorid (*Tyray,* A. **556** [1944] 171, 173).

F: 164–174°. Über das optische Drehungsvermögen in Pyridin s. *Ty.*

Oxocarbonsäuren $C_{35}H_{34}N_4O_6$

***(1Ξ,2Ξ)-2-[(17*S*)-7-Äthyl-8-(hydroxyimino-methyl)-18*t*-(2-methoxycarbonyl-äthyl)-3,13,17*r*-trimethyl-2¹-oxo-2¹,2²,17,18-tetrahydro-cyclopenta[*at*]porphyrin-12-yl]-cyclopropancarbonsäure-methylester,** 7¹-Hydroxyimino-3-[(1Ξ,2Ξ)-2-methoxycarbonyl-cyclopropyl]-3-desäthyl-phytochlorin-methylester $C_{37}H_{39}N_5O_6$, Formel VIII und Taut.

B. Aus Pyrophäophorbid-b (S. 3209) beim aufeinanderfolgenden Behandeln mit Diazoessigsäure-methylester und mit NH_2OH (*Fischer, Bauer,* A. **523** [1936] 235, 256). Beim Erhitzen von 7¹-Hydroxyimino-3-[(1Ξ,2Ξ)-2-methoxycarbonyl-cyclopropyl]-15-methoxycarbonylmethyl-3-desäthyl-rhodochlorin-dimethylester (Oxim des *DEE*-Rhodin-g_7-trimethylesters; S. 3314) mit Pyridin und Na_2CO_3 (*Fi., Ba.*).

Kristalle (aus Acn.+Me. oder Py.+Me.); F: 278°. λ_{max} (Py.+Ae.): 513,1 nm, 545,3 nm, 604,1 nm, 630 nm und 658,1 nm.

Oxocarbonsäuren $C_nH_{2n-38}N_4O_6$

***3,3'-[2,7,13,18-Tetramethyl-1,19-dioxo-10-phenyl-3,17-divinyl-10,19,21,22,23,24-hexahydro-1*H*-bilin-8,12-diyl]-di-propionsäure-dimethylester** $C_{41}H_{44}N_4O_6$, Formel IX und Taut.

B. Aus 3-[4-Methyl-5-(4-methyl-5-oxo-3-vinyl-1,5-dihydro-pyrrol-2-ylidenmethyl)-pyrrol-

3-yl]-propionsäure-methylester (E III/IV **25** 1698) und Benzaldehyd (*Fischer et al.*, Z. physiol. Chem. **268** [1941] 197, 223).

Kristalle (aus Me.); F: 210°.

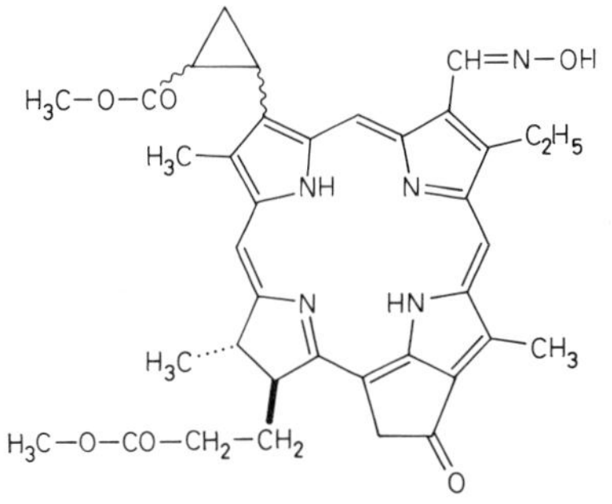

VIII

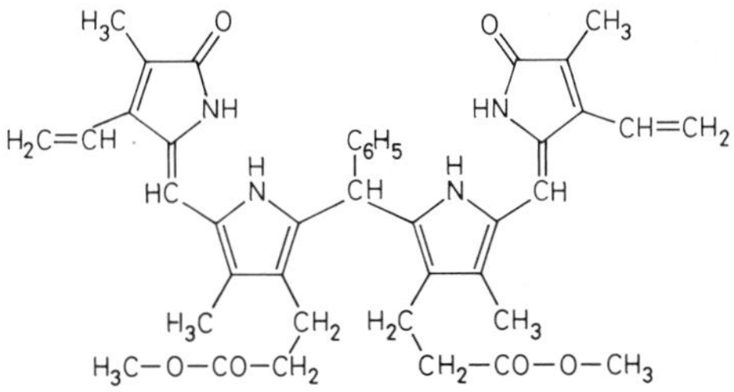

IX

Oxocarbonsäuren $C_nH_{2n-50}N_4O_6$

3,3′-[7,13-Dibenzoyl-3,8,12,17-tetramethyl-porphyrin-2,18-diyl]-di-propionsäure-dimethylester $C_{46}H_{42}N_4O_6$, Formel X und Taut. (in der Literatur auch als 1,4-Dibenzoyl-deuteropor⸗phyrin-XIII bezeichnet).

Zusammenfassende Darstellung: *H. Fischer, H. Orth,* Die Chemie des Pyrrols, Bd. 2, Tl. 1 [Leipzig 1937] S. 314.

B. In geringer Menge beim Erhitzen von Bis-[4-benzoyl-3,5-dimethyl-pyrrol-2-yl]-methinium-bromid (E III/IV **24** 1839) und Bis-[5-brom-3-(2-carboxy-äthyl)-4-methyl-pyrrol-2-yl]-meth⸗inium-bromid (E III/IV **25** 1108) mit Bernsteinsäure und Behandeln des Reaktionsprodukts mit Diazomethan (*Fischer, Hansen,* A. **521** [1936] 128, 148).

Rotbraune Kristalle (aus Acn. + Py. + Me.); F: 252° [korr.] (*Fi., Ha.*). λ_{max} (440 – 640 nm) in Dioxan: *Stern, Wenderlein,* Z. physik. Chem. [A] **175** [1936] 405, 406; in einem Pyridin-Äther-Gemisch sowie in wss. HCl: *Fi., Ha.*

Eisen(III)-Komplex $Fe(C_{46}H_{40}N_4O_6)Cl$. Blauschwarze Kristalle; F: ca. 290° [nach Sintern bei 282°] (*Fi., Ha.*). λ_{max} (Py. + $N_2H_4 \cdot H_2O$; 470 – 570 nm): *Fi., Ha.*

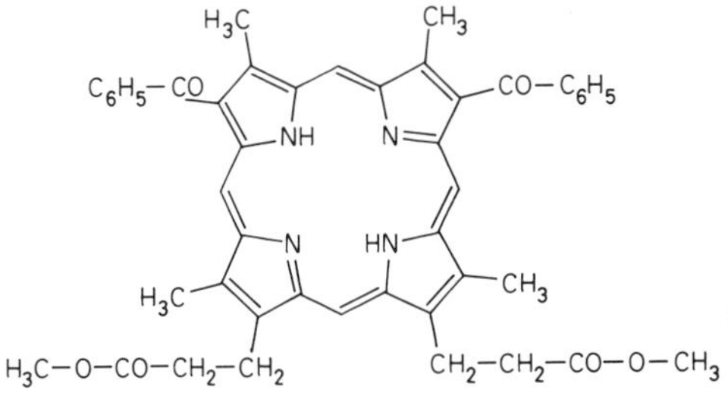

X

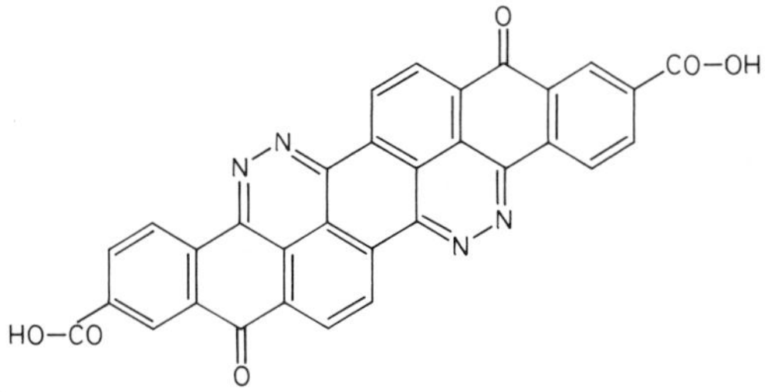

XI

Oxocarbonsäuren $C_nH_{2n-52}N_4O_6$

9,18-Dioxo-9,18-dihydro-dibenzo[*h,h′*]anthra[9,1,2-*cde*;10,5,6-*c′d′e′*]dicinnolin-2,11-dicarbonsäure $C_{32}H_{12}N_4O_6$, Formel XI.

B. Aus 5,6,9,14,15,18-Hexaoxo-5,6,9,14,15,18-hexahydro-naphtho[2,3-*c*]pentaphen-2,11-di⸗carbonsäure und $N_2H_4 \cdot H_2O$ (*Scholl, Meyer,* B. **65** [1932] 1396, 1404).

Rotbraune Kristalle. [*Richter*]

5. Oxocarbonsäuren mit 7 Sauerstoff-Atomen

Oxocarbonsäuren $C_nH_{2n-26}N_4O_7$

(±)-3,3′-[3,17-Diäthyl-2,7,13,18-tetramethyl-1,5,19-trioxo-4,5,15,16,19,21,22,24-octahydro-1*H*-bilin-8,12-diyl]-di-propionsäure-dimethylester $C_{35}H_{44}N_4O_7$, Formel I und Taut. (in der Literatur als Oxourobilin-XIIIα-dimethylester bezeichnet).

B. Aus Mesobiliviolin-XIIIα-dimethylester (S. 3263) mit Hilfe von Brom in $CHCl_3$ oder von Blei(IV)-acetat in Essigsäure (*Siedel, Möller,* Z. physiol. Chem. **264** [1940] 64, 75, 86).

Hydrochlorid. λ_{max} (wss. HCl; 465–515 nm): *Si., Mö.*

Zink-Komplex. λ_{max} (A.): 512,5 nm.

I

II

Oxocarbonsäuren $C_nH_{2n-28}N_4O_7$

***3,3′-[2,17-Diäthyl-3,7,13,18-tetramethyl-1,5,19-trioxo-4,5,19,21,22,24-hexahydro-1*H*-bilin-8,12-diyl]-di-propionsäure, 15-Oxo-15,16-dihydro-mesobiliverdin,** Mesobilichrysin $C_{33}H_{38}N_4O_7$, Formel II und Taut.

Zusammenfassende Darstellungen: *Lightner,* in *D. Dolphin,* The Porphyrins, Bd. 6 [New York 1979] S. 571; *R. Lemberg, J.W. Legge,* Hematin Compounds and Bile Pigments [New York 1949] S. 133.

B. Aus Mesobiliverdin (S. 3265) beim Behandeln mit Jod, Äthanol, Zinkacetat und wss.-methanol. NH_3 (*Lemberg, Lockwood,* J. Pr. Soc. N.S. Wales **72** [1938] 69).

Gelbe Kristalle (aus $CHCl_3$); F: 240° [Zers.; bei raschem Erhitzen] (*Le., Lo.*). Absorptionsspektrum (wss.-äthanol. NH_3; 270–470 nm): *Holden, Lemberg,* Austral. J. exp. Biol. med. Sci. **17** [1939] 133, 141.

***3,3′-[3,17-Diäthyl-2,7,13,18-tetramethyl-1,5,19-trioxo-4,5,19,21,22,24-hexahydro-1*H*-bilin-8,12-diyl]-di-propionsäure** $C_{33}H_{38}N_4O_7$, Formel III (R = H) und Taut. (in der Literatur als Oxomesobilirhodin-XIIIα bezeichnet).

B. Beim Erwärmen von sog. Oxourobilin-XIIIα-dimethylester (3,3′-[3,17-Diäthyl-2,7,13,18-tetramethyl-1,5,19-trioxo-4,5,15,16,19,21,22,24-octahydro-1*H*-bilin-8,12-diyl]-di-propionsäure-dimethylester; s. o.) mit $FeCl_3$ und wss.-methanol. HCl (*Siedel, Möller,* Z. physiol. Chem. **264** [1940] 64, 75, 87).

Hydrochlorid. λ_{max} ($CHCl_3$ + wss. HCl; 395–615 nm): *Si., Mö.*

Zink-Komplex. λ_{max} ($CHCl_3$ + A.; 385–635 nm): *Si., Mö.*

***3,3′-[3,17-Diäthyl-2,7,13,18-tetramethyl-1,5,19-trioxo-4,5,19,21,22,24-hexahydro-1*H*-bilin-8,12-diyl]-di-propionsäure-dimethylester,** Mesobilipurpurin-XIIIα-dimethylester „622 nm“ $C_{35}H_{42}N_4O_7$, Formel III (R = CH_3) und Taut.

Zusammenfassende Darstellung: *Lightner,* in *D. Dolphin,* The Porphyrins, Bd. 6 [New York

1979] S. 568.

B. Aus Mesobilirubin-XIIIα-dimethylester (S. 3264) in $CHCl_3$ beim Behandeln mit wss. HNO_3 und $NaNO_2$ (*Siedel, Fröwis,* Z. physiol. Chem. **267** [1941] 37, 45). Neben anderen Verbindungen aus Glaukobilin-XIIIα-dimethylester (S. 3267) beim Behandeln mit wss. HNO_3 und $NaNO_2$ in $CHCl_3$ oder mit Brom und H_2O in $CHCl_3$ (*Siedel, Grams,* Z. physiol. Chem. **267** [1941] 49, 69, 70, 72, 74).

Braunrote Kristalle (aus Ae.), F: 166–168° [korr.] sowie Lösungsmittel enthaltende (?) rot-violette Kristalle (aus Me.), F: 143° (*Si., Gr.,* l. c. S. 56, 70, 74); rote Kristalle (aus Ae.), F: 160° (*Si., Fr.,* l. c. S. 46). λ_{max} (Ae.?): 496 nm und 535 nm (*Si., Fr.*).

Hydrochlorid. λ_{max} ($CHCl_3$ + wss. HCl; 535–615 nm): *Si., Fr.*

Kupfer(II)-Komplex. λ_{max} (A.; 585–655 nm): *Si., Fr.,* l. c. S. 47.

Zink-Komplex. λ_{max} (Me. + A.): 572 nm und 622 nm (*Si., Gr.,* l. c. S. 70).

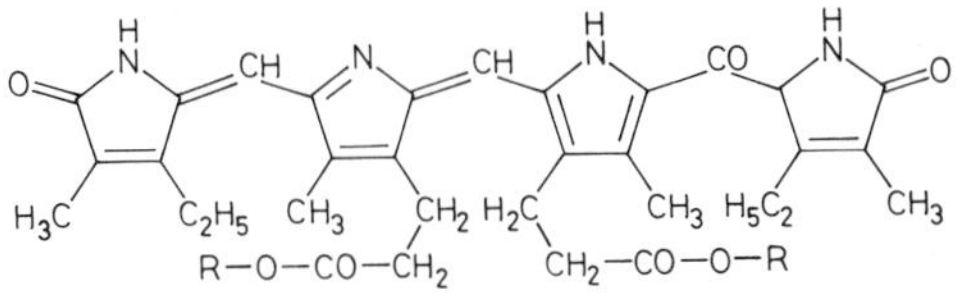

III

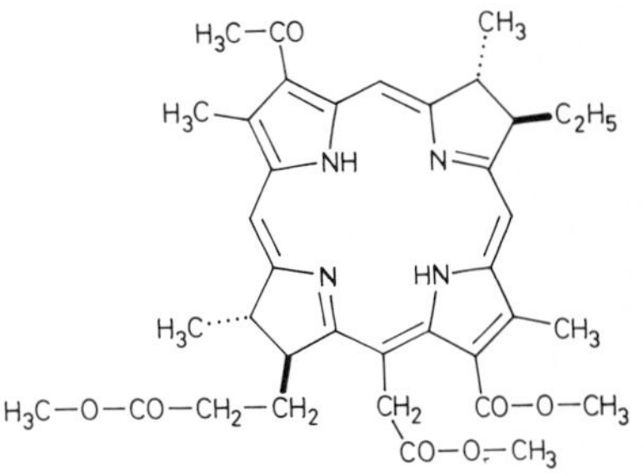

IV

Oxocarbonsäuren $C_nH_{2n-30}N_4O_7$

(7*R*)-12-Acetyl-7*r*-äthyl-18*c*-[2-methoxycarbonyl-äthyl]-20-methoxycarbonylmethyl-3,8*t*,13,17*t*-tetramethyl-7,8,17,18-tetrahydro-porphyrin-2-carbonsäure-methylester, Bacteriochlorin-e_6-trimethylester $C_{37}H_{44}N_4O_7$, Formel IV und Taut.

Konfiguration: *Golden et al.,* Soc. **1958** 1725; s. a. *Endermann,* Z. physik. Chem. [A] **190** [1941] 129, 171.

Zusammenfassende Darstellung: *H. Fischer, A. Stern,* Die Chemie des Pyrrols, Bd. 2, Tl. 2 [Leipzig 1940] S. 318.

B. Aus Bacteriophäophorbid-a-methylester (S. 3274) in Pyridin beim aufeinanderfolgenden Behandeln mit Methanol und mit Diazomethan in Äther (*Fischer, Hasenkamp,* A. **515** [1935] 148, 158). Beim Behandeln von Bacteriophäophytin-a (S. 3274) mit methanol. KOH und Verestern des Reaktionsprodukts mit Diazomethan (*Fischer et al.,* Z. physiol. Chem. **253** [1938] 1, 38; s. a. *Mittenzwei,* Z. physiol. Chem. **275** [1942] 93, 107).

Schwarze (*Go. et al.,* l. c. S. 1730) Kristalle; F: 221° [korr.] (*Fi. et al.,* l. c. S. 38), 208–210° [aus Acn. + Me.] (*Go. et al.*), 207° [aus Acn. + Me.] (*Fi. et al.,* l. c. S. 29; s. a. *Mi.,* l. c. S. 108, 116). $[\alpha]^{20}_{\text{weisses Licht}}$: +350° [wss. HCl (20%ig); c = 0,02], +596° [Acn., c = 0,03], +484° [Acn.; c = 0,02], +460° [Acn.; c = 0,015] (*Pruckner et al.,* A. **546** [1941] 41, 48). IR-Absorption (CCl_4; 0,6–5,7 μ): *Pruckner,* Z. physik. Chem. [A] **187** [1940] 257, 274, 275. Absorptionsspektrum in Aceton sowie in Pyridin (475–700 nm): *Pr.,* l. c. S. 262, 264; in Dioxan (200–700 nm): *Stern, Pruckner,* Z. physik. Chem. [A] **185** [1939] 140, 142, 146, 147, 149; *Pr.,* l. c. S. 262, 264. λ_{max} in einem Pyridin-Äther-Gemisch (420–670 nm): *Fi., Ha.*; in Benzol (305–755 nm) sowie in Dioxan (360–750 nm): *Go. et al.,* l. c. S. 1728.

Eisen(III)-Komplex. Kristalle [aus Eg. + NaCl] (*Schneider,* Am. Soc. **63** [1941] 1477). λ_{max}: 543,5 nm, ca. 596 nm und 695 nm [Py. + Ae. sowie $CHCl_3$] bzw. 623 nm und 686 nm [Eg. + Ae.] (*Sch.*).

Oxocarbonsäuren $C_nH_{2n-32}N_4O_7$

Oxocarbonsäuren $C_{33}H_{34}N_4O_7$

(17*S*)-7-Äthyl-12-formyl-18*t*-[2-methoxycarbonyl-äthyl]-20-methoxycarbonylmethyl-3,8,13,17*r*-tetramethyl-17,18-dihydro-porphyrin-2-carbonsäure-methylester, 3-Formyl-15-methoxycarbonylmethyl-3-desäthyl-rhodochlorin-dimethylester $C_{36}H_{40}N_4O_7$, Formel V und Taut. (in der Literatur als 2-Desvinyl-2-formyl-chlorin-e_6-trimethylester bezeichnet).

B. Neben anderen Verbindungen aus Chlorin-e_6-trimethylester (15-Methoxycarbonylmethyl-3^1,3^2-didehydro-rhodochlorin-dimethylester; S. 3074) mit Hilfe von $KMnO_4$ (*Fischer, Walter,* A. **549** [1941] 44, 59, 61). Aus Chlorophyll-a (S. 3243) durch Oxidation mit $KMnO_4$, Hydrolyse des Reaktionsprodukts mit methanol. KOH und Verestern mit Diazomethan (*Holt, Morley,* Canad. J. Chem. **37** [1959] 507, 513).

Violette Kristalle; F: 222–223° [aus Me.+Acn.] (*Holt, Mo.*), 222° (*Fi., Wa.*). IR-Spektrum ($CHCl_3$; 1800–1600 cm^{-1}): *Holt, Mo.,* l. c. S. 510. λ_{max} in einem Pyridin-Äther-Gemisch (445–750 nm): *Fi., Wa.*; in Äther (415–690 nm): *Holt, Mo.*

Oxim $C_{36}H_{41}N_5O_7$; (17*S*)-7-Äthyl-12-[hydroxyimino-methyl]-18*t*-[2-methoxycarbonyl-äthyl]-20-methoxycarbonylmethyl-3,8,13,17*r*-tetramethyl-17,18-dihydro-porphyrin-2-carbonsäure-methylester, 3-[Hydroxyimino-methyl]-15-methoxycarbonylmethyl-3-desäthyl-rhodochlorin-dimethylester. Bräunliche Kristalle; F: 155° (*Fi., Wa.,* l. c. S. 62). $[\alpha]^{20}_{\text{weises Licht}}$: −1000° [Acn.; c = 0,01]; $[\alpha]^{20}_{680-730}$: −700° [Acn.; c = 0,01] (*Fi., Wa.,* l. c. S. 75). λ_{max} in einem Pyridin-Äther-Gemisch (440–690 nm): *Fi., Wa.*; in Äther (400–680 nm): *Holt, Mo.*

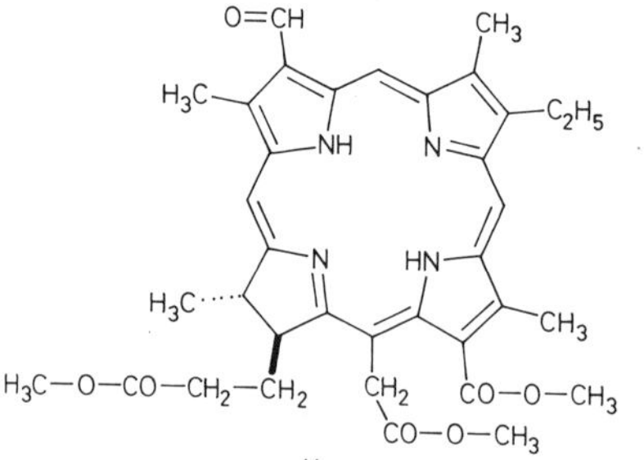

V

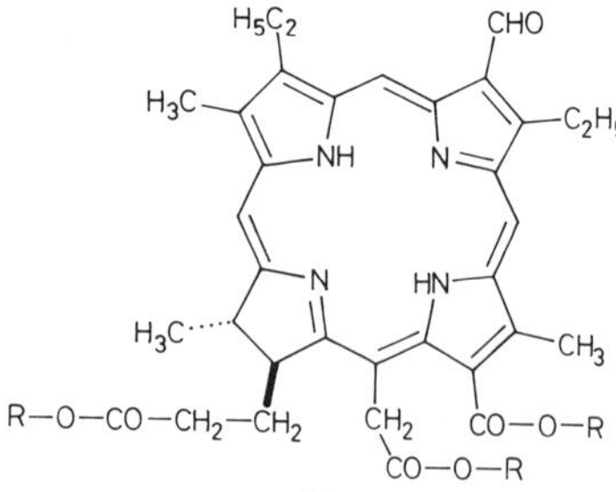

VI

Oxocarbonsäuren $C_{34}H_{36}N_4O_7$

(17*S*)-7,12-Diäthyl-18*t*-[2-carboxy-äthyl]-20-carboxymethyl-8-formyl-3,13,17*r*-trimethyl-17,18-dihydro-porphyrin-2-carbonsäure, 15-Carboxymethyl-7^1-oxo-rhodochlorin, Mesorhodin-g_7 $C_{34}H_{36}N_4O_7$, Formel VI (R = H) und Taut.

Zusammenfassende Darstellung: *H. Fischer, A. Stern,* Die Chemie des Pyrrols, Bd. 2, Tl. 2 [Leipzig 1940] S. 268.

B. Aus Mesophäophorbid-b (S. 3280) in Pyridin beim kurzen Erwärmen mit methanol. KOH (*Fischer et al.,* A. **509** [1934] 201, 210).

Kristalle (aus Ae.); F: 215° (*Fi. et al.*). λ_{max} (Py.+Ae.; 455–660 nm): *Fi. et al.*

(17*S*)-7,12-Diäthyl-8-formyl-18*t*-[2-methoxycarbonyl-äthyl]-20-methoxycarbonylmethyl-3,13,17*r*-trimethyl-17,18-dihydro-porphyrin-2-carbonsäure-methylester, 15-Methoxycarbonylmethyl-7^1-oxo-rhodochlorin-dimethylester, Mesorhodin-g_7-trimethylester $C_{37}H_{42}N_4O_7$, Formel VI (R = CH_3) und Taut.

B. Aus Mesorhodin-g_7 (s. o.) und Diazomethan (*Fischer et al.,* A. **509** [1934] 201, 205, 211). Aus Rhodin-g_7-trimethylester (15-Methoxycarbonylmethyl-7^1-oxo-3^1,3^2-didehydro-rhodochlorin-dimethylester; S. 3301) beim Hydrieren an Palladium in Dioxan (*Fischer, Lautenschlager,* A. **528** [1953] 9, 21).

Kristalle (aus Acn.+Me.); F: 218° (*Fi., La.*), 212° (*Fi. et al.*). $[\alpha]^{20}_{690-730}$: −136° [Acn.;

c = 0,2] (*Fischer, Stern,* A. **520** [1935] 88, 97).

Oxim $C_{37}H_{43}N_5O_7$; (17*S*)-7,12-Diäthyl-8-[hydroxyimino-methyl]-18*t*-[2-methoxycarbonyl-äthyl]-20-methoxycarbonylmethyl-3,13,17*r*-trimethyl-17,18-dihydro-porphyrin-2-carbonsäure-methylester, 7^1-Hydroxyimino-15-methoxycarbonylmethyl-rhodochlorin-dimethylester, Mesorhodin-g_7-trimethylester-oxim. Kristalle (aus Me.); F: 234° [Zers.] (*Fi., La.*). λ_{max} (Py. + Ae.; 450 – 670 nm): *Fi., La.*

(17*S*)-7,12-Diäthyl-18*t*-[2-carboxy-äthyl]-20-methoxyoxalyl-3,8,13,17*r*-tetramethyl-17,18-dihydro-porphyrin-2-carbonsäure $C_{35}H_{38}N_4O_7$ und Taut.

3-[(18*S*)-7,12-Diäthyl-2′-hydroxy-2′-methoxycarbonyl-3,8,13,17*t*-tetramethyl-6′-oxo-17,18-dihydro-2′*H*,6′*H*-pyrano[3,4,5-*ta*]porphyrin-18*r*-yl]-propionsäure, „instabiler" Mesochlorin-7-monomethylester, Formel VII und Taut.

B. Aus Mesophäophorbid-a (S. 3230) beim Behandeln mit $KMnO_4$ in Pyridin (*Fischer, Kahr,* A. **531** [1937] 209, 216, 235).

Kristalle (aus Ae. + Me.); F: 220° [Zers.] (*Fi., Kahr*). $[\alpha]^{20}_{690-730}$: +852° [wss. HCl (20%ig); c = 0,02], −99° [Acn.; c = 0,1] (*Fi., Kahr,* l. c. S. 244). Absorptionsspektrum (Dioxan; 470 – 670 nm): *Stern, Pruckner,* Z. physik. Chem. [A] **180** [1937] 321, 322, 343. λ_{max} (Py. + Ae.; 430 – 675 nm): *Fi., Kahr.*

Methylester $C_{36}H_{40}N_4O_7$; (17*S*)-7,12-Diäthyl-2′-hydroxy-18*t*-[2-methoxycarbonyl-äthyl]-3,8,13,17*r*-tetramethyl-6′-oxo-17,18-dihydro-2′*H*,6′*H*-pyrano[3,4,5-*ta*]porphyrin-2′-carbonsäure-methylester, „instabiler" Mesochlorin-7-dimethylester. *B.* Neben anderen Verbindungen aus Mesophäophorbid-a-methylester (S. 3231) beim Behandeln mit $KMnO_4$ in Pyridin (*Srell,* A. **550** [1942] 50, 62). – F: 225° (*Sr.*).

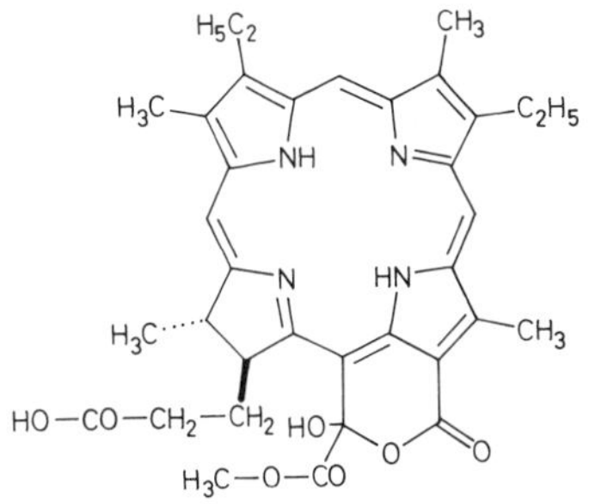

VII

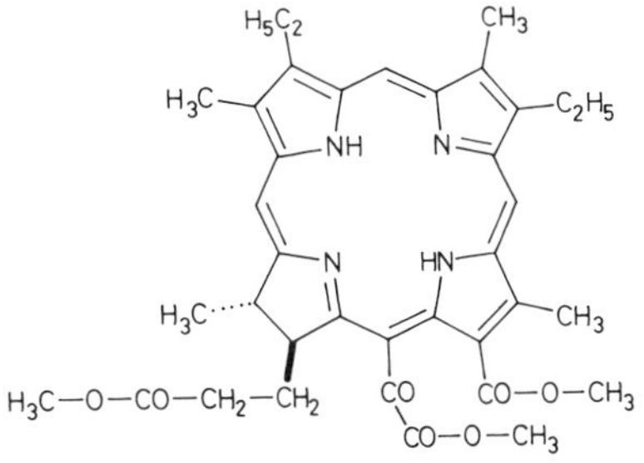

VIII

(17*S*)-7,12-Diäthyl-18*t*-[2-methoxycarbonyl-äthyl]-20-methoxyoxalyl-3,8,13,17*r*-tetramethyl-17,18-dihydro-porphyrin-2-carbonsäure-methylester, 15-Methoxyoxalyl-rhodochlorin-dimethylester, Mesopurpurin-7-trimethylester $C_{37}H_{42}N_4O_7$, Formel VIII und Taut. (in der Literatur auch als Dihydro-dimethyl-phäopurpurin-7 bezeichnet).

Zusammenfassende Darstellung: *H. Fischer, A. Stern,* Die Chemie des Pyrrols, Bd. 2, Tl. 2 [Leipzig 1940] S. 112.

B. Beim Hydrieren von Purpurin-7-trimethylester (15-Methoxyoxalyl-3^1,3^2-didehydro-rhodochlorin-dimethylester; S. 3304) an Platin in Essigsäure (*Fischer et al.,* A. **509** [1934] 201, 206). Aus Mesophäophorbid-a (S. 3230) beim aufeinanderfolgenden Behandeln mit KOH in Propan-1-ol, Pyridin und Äther und mit Diazomethan in Äther (*Fischer et al.,* A. **524** [1936] 222, 231).

Kristalle; F: 220° [aus Ae.] (*Fi. et al.,* A. **509** 207), 215° [aus Acn. + Me.] (*Fi. et al.,* A. **524** 231). $[\alpha]^{20}_{690-730}$: +461° [Acn.; c = 0,03], +466° [Acn.; c = 0,09], +466° [Acn.; c = 0,09] (*Fischer, Stern,* A. **520** [1935] 88, 97). Absorptionsspektrum (Dioxan; 470 – 700 nm): *Stern, Pruckner,* Z. physik. Chem. [A] **180** [1937] 321, 322, 347. λ_{max} (Py. + Ae.; 440 – 700 nm): *Fi. et al.,* A. **524** 232.

Die beim Behandeln mit wss. H_2O_2 und wss. HCl erhaltene und als x-Chlor-x-hydroxy-mesopurpurin-7-trimethylester angesehene Verbindung, die auch beim Behandeln von δ(?)-Chlor-mesophäophorbid-a-methylester (20(?)-Chlor-3^1,3^2-dihydro-phäophorbid-a-methylester;

S. 3232) mit KOH enthaltendem Propan-1-ol in Äther und Pyridin erhalten wird [Kristalle (aus Ae.+Me.); F: 176°; $[\alpha]^{20}_{\text{weisses Licht}}$: +1700° (Ae.; c = 0,01); λ_{max} (Py.+Ae.; 445–660 nm)] (*Fischer, Dietl,* A. **547** [1941] 234, 248, 251; s. a. *Pruckner et al.,* A. **546** [1941] 41, 47), ist wahrscheinlich als (17*S*)-7,12-Diäthyl-15(?)-chlor-18*t*-[2-methoxycarbonyl-äthyl]-20-methoxyoxalyl-3,8,13,17*r*-tetramethyl-17,18-dihydro-porphyrin-2-carbonsäure-methylester (20(?)-Chlor-15-methoxyoxalyl-rhodochlorin-dimethylester) $C_{37}H_{41}ClN_4O_7$ zu formulieren (s. dazu die Angaben im Artikel Chlorin-e_6-trimethylester; S. 3074). Beim Behandeln mit $NaNO_2$ in Essigsäure ist eine vermutlich als (17*S*)-7,12-Diäthyl-18*t*-[2-methoxycarbonyl-äthyl]-20-methoxyoxalyl-3,8,13,17*r*-tetramethyl-15(?)-nitro-17,18-dihydro-porphyrin-2-carbonsäure-methylester (15-Methoxyoxalyl-20(?)-nitro-rhodochlorin-dimethylester) zu formulierende Verbindung („Mono-nitro-mesopurpurin-7-trimethylester") $C_{37}H_{41}N_5O_9$ [blaue Kristalle (aus Me.); F: 128°; λ_{max} (Py.+Ae.; 445–705 nm)] (*Fi., Di.,* l. c. S. 243, 252) erhalten worden.

Brom-Derivat $C_{37}H_{41}BrN_4O_7$; (17*S*)-7,12-Diäthyl-15(?)-brom-18*t*-[2-methoxycarbonyl-äthyl]-20-methoxyoxalyl-3,8,13,17*r*-tetramethyl-17,18-dihydro-porphyrin-2-carbonsäure-methylester,20(?)-Brom-15-methoxyoxalyl-rhodochlorin-dimethylester. *B.* Aus Mesopurpurin-7-trimethylester in $CHCl_3$ und Brom in Essigsäure (*Fischer et al.,* B. **75** [1942] 1778, 1793). Aus 20(?)-Brom-15-methoxycarbonylmethyl-rhodochlorin-dimethylester (S. 3061) in Pyridin und Äther beim Behandeln mit methanol. KOH und anschliessend mit Diazomethan in Äther (*Fi. et al.,* B. **75** 1793). — Kristalle (aus Acn.); F: 150–155°; $[\alpha]^{20}_{\text{weisses Licht}}$: +430° [Acn.; c = 0,03]; $[\alpha]^{20}_{690-720}$: +573° [Acn.; c = 0,03] (*Fi. et al.,* B. **75** 1793). λ_{max} (Py.+Ae.; 445–710 nm): *Fi. et al.,* B. **75** 1793.

(17*S*)-12-Acetyl-7-äthyl-18*t*-[2-methoxycarbonyl-äthyl]-20-methoxycarbonylmethyl-3,8,13,17*r*-tetramethyl-17,18-dihydro-porphyrin-2-carbonsäure-methylester, 15-Methoxycarbonylmethyl-3¹-oxo-rhodochlorin-dimethylester $C_{37}H_{42}N_4O_7$, Formel IX und Taut. (in der Literatur als 2-Desvinyl-2-acetyl-chlorin-e_6-trimethylester bezeichnet).

Zusammenfassende Darstellung: *H. Fischer, A. Stern,* Die Chemie des Pyrrols, Bd. 2, Tl. 2 [Leipzig 1940] S. 105, 319.

B. Aus dem Kupfer(II)-Komplex des 15-Methoxycarbonylmethyl-3-desäthyl-rhodochlorin-dimethylesters („2-Desvinyl-chlorin-e_6-trimethylester"; S. 3058) beim Behandeln mit Acetanhydrid und $SnCl_2$ und anschliessend mit wss. HCl und Verestern des Reaktionsprodukts (*Fischer et al.,* A. **557** [1947] 134, 140, 155). Aus (3¹*Ξ*)-3¹-Hydroxy-15-methoxycarbonylmethyl-rhodochlorin-dimethylester („2,α-Oxy-mesochlorin-e_6-trimethylester"; S. 3165) beim Behandeln mit $KMnO_4$ in Pyridin (*Fischer et al.,* A. **534** [1938] 1, 13). Aus Bacteriochlorin-e_6-trimethylester (S. 3293) beim Behandeln mit wss. H_2SO_4 und Sauerstoff und Verestern des Reaktionsprodukts mit Diazomethan (*Fischer et al.,* Z. physiol. Chem. **253** [1938] 1, 17, 34) oder beim Behandeln von Bacteriochlorin-e_6-trimethylester mit 5,6-Dichlor-3,6-dioxo-cyclohexa-1,4-dien-1,2-dicarbonitril in Benzol (*Golden et al.,* Soc. **1958** 1725, 1730). Aus dem Kupfer(II)-Komplex des Bacteriochlorin-e_6-trimethylesters in Essigsäure beim Behandeln mit Sauerstoff (*Fi. et al.,* Z. physiol. Chem. **253** 34). Aus (13²*R*)-13²-Methoxycarbonyl-3¹-oxo-phytochlorin-methylester („2-Desvinyl-2-acetyl-methylphäophorbid-a"; S. 3281) beim Behandeln mit Diazomethan in Pyridin, Methanol und Äther (*Mittenzwei,* Z. physiol. Chem. **275** [1942] 93, 110, 112).

Blaue Kristalle; F: 266° [korr.; aus Acn.+Me.] (*Fischer et al.,* A. **534** [1938] 1, 14; Z. physiol. Chem. **253** [1938] 1, 38), 265° [aus Acn.+Me.] (*Mittenzwei,* Z. physiol. Chem. **275** [1942] 93, 110, 112), 245–250° [aus Acn.+Me.] (*Golden et al.,* Soc **1958** 1725, 1730), 243° [aus Acn.] (*Fischer et al.,* A. **557** [1947] 134, 140, 155). $[\alpha]^{20}_{690-720}$ in Aceton: −411° [c = 0,02] (*Fi. et al.,* Z. physiol. Chem. **253** 39), −407° [c = 0,02] (*Fi. et al.,* A. **534** 22), −327° [c = 0,06] (*Fi. et al.,* Z. physiol. Chem. **253** 39), −965° [c = 0,007] (*Mi.*); $[\alpha]^{20}_{\text{weisses Licht}}$ in Aceton: +1320° [c = 0,006], +1170° [c = 0,007] (*Mi.*); $[\alpha]^{20}_{690-720}$ in Dioxan: −423° [c = 0,02] (*Fi. et al.,* A. **534** 22), −257° [c = 0,06] (*Fischer et al.,* A. **534** [1938] 292, 296 Anm.). Absorptionsspektrum (Dioxan; 490–700 nm): *Stern, Pruckner,* Z. physik. Chem. [A] **185** [1939] 140, 142. λ_{max} in einem Pyridin-Äther-Gemisch (445–715 nm): *Fi. et al.,* A. **534** 14; Z. physiol. Chem. **253** 34; A. **557** 155; in Benzol (410–690 nm): *Go. et al.,* l. c. S. 1728.

Kupfer(II)-Komplex $CuC_{37}H_{40}N_4O_7$. Blaue Kristalle; F: 198° [aus Me.] (*Fischer,*

Oestreicher, Z. physiol. Chem. **262** [1940] 243, 266, 269). Blaugrüne Kristalle [aus $CHCl_3$ + Me.] (*Golden et al.*, Soc. **1958** 1725, 1730). Über das optische Drehungsvermögen in Aceton s. *Fi.*, *Oe.* λ_{max} in Äther (440 – 680 nm): *Fi.*, *Oe.*; in Benzol (420 – 660 nm): *Go. et al.*, l. c. S. 1728.

Zink-Komplex $ZnC_{37}H_{40}N_4O_7$. Grüne Kristalle (aus Me.); F: 214 – 216°; $[\alpha]^{20}_{690-720}$: – 262° [Acn.; c = 0,02] (*Fischer et al.*, A. **534** [1938] 1, 16, 22). λ_{max} (Py. + Ae.; 455 – 685 nm): *Fi. et al.*, A. **534** 16.

Mangan(III)-Komplex $Mn(C_{37}H_{40}N_4O_7)Cl$. Grüne Kristalle (aus Eg.); F: 170 – 173° [Zers. bei 185 – 190°]; $[\alpha]^{20}_{\text{rotes Licht}}$: – 540°; $[\alpha]^{20}_{\text{weisses Licht}}$: + 4300° [jeweils Acn.; c = 0,004] (*Fi.*, *Oe.*). λ_{max} (Ae.; 415 – 710 nm): *Fi.*, *Oe.*

Eisen(III)-Komplex $Fe(C_{37}H_{40}N_4O_7)Cl$. Grüne Kristalle (aus Acn. + Eg.); F: 176 – 178°; $[\alpha]^{20}_{\text{rotes Licht}}$: – 1080°; $[\alpha]^{20}_{\text{weisses Licht}}$: + 2870° [jeweils Acn.; c = 0,003] (*Fi.*, *Oe.*). λ_{max} (Py. + Ae. sowie Eg. + Ae.; 450 – 655 nm): *Fi.*, *Oe.*

Oxim $C_{37}H_{43}N_5O_7$. Grüne Kristalle; F: 188° [aus Ae. + PAe.] (*Fischer et al.*, A. **557** [1947] 134, 140, 156), 132 – 135° [aus Acn. + PAe.] (*Fi. et al.*, A. **534** 15), 133° [aus Acn. + PAe.] (*Mittenzwei*, Z. physiol. Chem. **275** [1942] 93, 111). λ_{max} (Py. + Ae.; 440 – 685 nm): *Fi. et al.*, A. **534** 15.

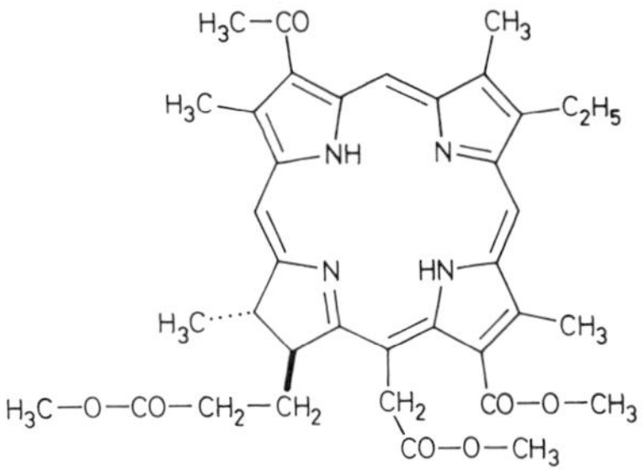

Oxocarbonsäuren $C_nH_{2n-34}N_4O_7$

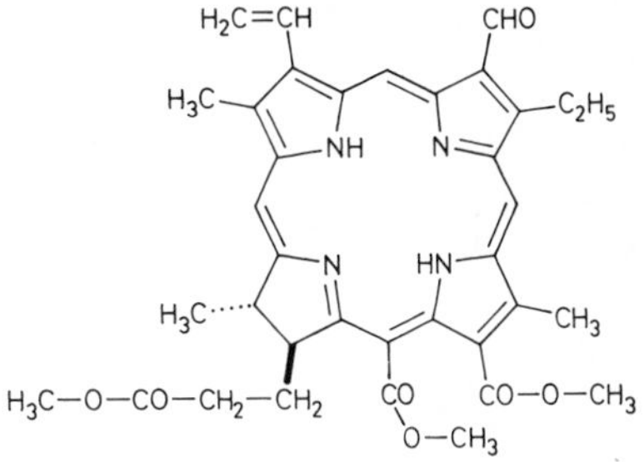

Oxocarbonsäuren $C_{33}H_{32}N_4O_7$

(17*S*)-7-Äthyl-8-formyl-18*t*-[2-methoxycarbonyl-äthyl]-3,13,17*r*-trimethyl-12-vinyl-17,18-dihydro-porphyrin-2,20-dicarbonsäure-dimethylester, 15-Methoxycarbonyl-7¹-oxo-3¹,3²-didehydro-rhodochlorin-dimethylester, *b*-Chlorin-p_6-trimethylester $C_{36}H_{38}N_4O_7$, Formel X und Taut.

Zusammenfassende Darstellung: *H. Fischer, A. Stern*, Die Chemie des Pyrrols, Bd. 2, Tl. 2 [Leipzig 1940] S. 279.

B. Aus *b*-Phäopurpurin-18 (Syst.-Nr. 4699) beim Behandeln mit methanol. KOH in Pyridin und Äther und Verestern des Reaktionsprodukts mit Diazomethan (*Fischer, Bauer*, A. **523** [1936] 235, 255, 282).

Kristalle (aus Acn. + Me.); F: 261°; $[\alpha]^{20}_{690-730}$: + 249° [Acn.; c = 0,06] (*Fi.*, *Ba.*). λ_{max} (Py. + Ae.; 450 – 670 nm): *Fi.*, *Ba.*

7-Äthyl-12-formyl-18-[2-methoxycarbonyl-äthyl]-20-methoxycarbonylmethyl-3,8,13,17-tetramethyl-porphyrin-2-carbonsäure-methylester, 3-Formyl-15-methoxycarbonylmethyl-3-desäthyl-rhodoporphyrin-dimethylester $C_{36}H_{38}N_4O_7$, Formel XI und Taut. (in der Literatur als 2-Desäthyl-2-formyl-chloroporphyrin-e_6-trimethylester bezeichnet).

B. In geringer Menge beim Erwärmen von 3-Formyl-15-methoxycarbonylmethyl-3-desäthyl-rhodochlorin-dimethylester („2-Desvinyl-2-formyl-chlorin-e_6-trimethylester“; S. 3294) in Essigsäure mit wss. HI (*Fischer, Walter*, A. **549** [1941] 44, 61).

F: 273°. λ_{max} (Py. + Ae.; 445 – 645 nm): *Fi.*, *Wa.*

XI XII

(2^2R)-7-Äthyl-18*t*-[2-methoxycarbonyl-äthyl]-3,8,13,17*c*-tetramethyl-2^1-oxo-2^1,2^2,17,18-tetrahydro-cyclopenta[*at*]porphyrin-2^2,12-dicarbonsäure-dimethylester, (13^2R)-3,13^2-Bis-methoxycarbonyl-3-desäthyl-phytochlorin-methylester, 3-Methoxycarbonyl-3-desvinyl-phäophorbid-a-methylester $C_{36}H_{38}N_4O_7$, Formel XII und Taut. (in der Literatur als 2-Desvinyl-2-carbonsäure-phäophorbid-a-triester bezeichnet).

B. Aus 3-Methoxycarbonyl-15-methoxycarbonylmethyl-3-desäthyl-rhodochlorin-dimethylester („2-Desvinyl-chlorin-e_6-2-carbonsäure-tetramethylester"; S. 3088) in Pyridin beim Erwärmen mit methanol. KOH und anschliessenden Verestern (*Fischer, Walter,* A. **549** [1941] 44, 50, 64).

λ_{max} (Py. + Ae.; 460 – 700 nm): *Fi., Wa.*

Oxocarbonsäuren $C_{34}H_{34}N_4O_7$

7,12-Diäthyl-8-formyl-18-[2-methoxycarbonyl-äthyl]-20-methoxycarbonylmethyl-3,13,17-trimethyl-porphyrin-2-carbonsäure, 15-Methoxycarbonylmethyl-7^1-oxo-rhodoporphyrin-17-methylester, Rhodinporphyrin-g_7-dimethylester $C_{36}H_{38}N_4O_7$, Formel XIII (R = H) und Taut.

Zusammenfassende Darstellung: *H. Fischer, A. Stern,* Die Chemie des Pyrrols, Bd. 2, Tl. 2 [Leipzig 1940] S. 290 – 292.

B. Neben anderen Verbindungen aus Rhodin-g_7-dimethylester (15-Methoxycarbonylmethyl-7^1-oxo-3^1,3^2-didehydro-rhodochlorin-17-methylester; S. 3301) beim Erwärmen mit wss. HI in Essigsäure (*Fischer, Bauer,* A. **523** [1936] 235, 244, 273).

Kristalle (aus Py. + Me.); F: 268° (*Fi., Ba.*). λ_{max} (Py. + Ae.; 455 – 655 nm): *Fi., Ba.*

7,12-Diäthyl-8-formyl-18-[2-methoxycarbonyl-äthyl]-20-methoxycarbonylmethyl-3,13,17-trimethyl-porphyrin-2-carbonsäure-methylester, 15-Methoxycarbonylmethyl-7^1-oxo-rhodoporphyrin-dimethylester, Rhodinporphyrin-g_7-trimethylester $C_{37}H_{40}N_4O_7$, Formel XIII (R = CH_3) und Taut.

B. Aus dem Dimethylester (s. o.) beim Verestern mit Diazomethan (*Fischer, Bauer,* A. **523** [1936] 235, 275). Aus Rhodin-g_7-trimethylester (S. 3302) beim Erwärmen mit wss. HI in Essigsäure (*Fischer et al.,* A. **506** [1933] 83, 87, 101; *Fischer, Breitner,* A. **510** [1934] 183, 188). Aus Phäoporphyrin-b_6 (Monomethylester s. S. 3282) beim aufeinanderfolgenden Behandeln mit methanol. KOH und mit Diazomethan (*Fischer et al.,* A. **503** [1933] 1, 27, **506** 89, 99).

Kristalle (aus Py. + Me.); F: 265° (*Fi. et al.,* A. **506** 101). λ_{max} (Py. + Ae.; 460 – 650 nm): *Fi. et al.,* A. **506** 102.

Kupfer(II)-Komplex $CuC_{37}H_{38}N_4O_7$. Kristalle (aus Py. + Me.); F: 264° (*Fischer, Breitner,* A. **522** [1936] 151, 159). λ_{max} (Py. + Ae.; 450 – 590 nm): *Fi., Br.,* A. **522** 160; s. a. *Fischer, Goebel,* A. **522** [1936] 168, 179.

Eisen(III)-Komplex $Fe(C_{37}H_{38}N_4O_7)Cl$. Kristalle (*Fi., Br.,* A. **510** 184, 187).

Oxim $C_{37}H_{41}N_5O_7$; 7,12-Diäthyl-8-[hydroxyimino-methyl]-18-[2-methoxycarbonyl-äthyl]-20-methoxycarbonylmethyl-3,13,17-trimethyl-porphyrin-2-carbonsäure-methylester, 7^1-Hydroxyimino-15-methoxycarbonylmethyl-rhodoporphyrin-dimethylester, Rhodinporphyrin-g_7-trimethylester-oxim. Kristalle (aus

Py. + Me.); F: 277° (*Fi. et al.*, A. **506** 103). λ_{max} (Py. + Ae.; 455 – 640 nm): *Fi. et al.*, A. **506** 103.

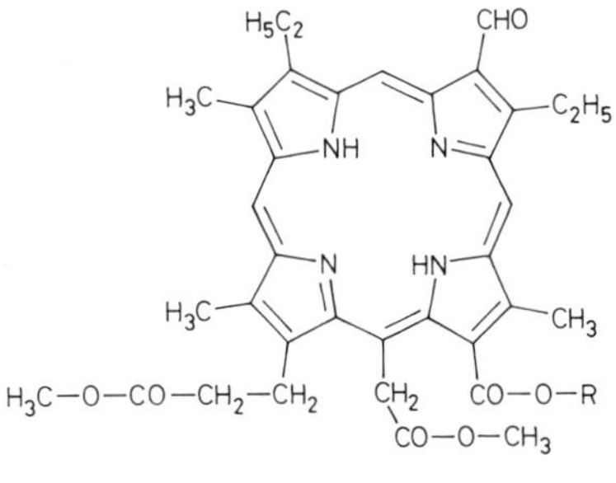

XIII 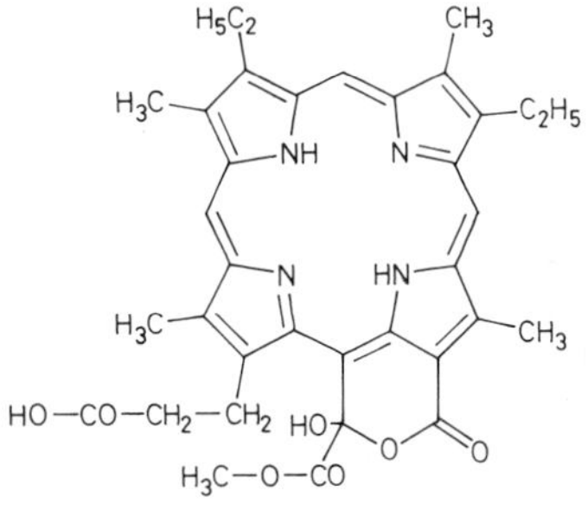 XIV

7,12-Diäthyl-18-[2-carboxy-äthyl]-20-methoxyoxalyl-3,8,13,17-tetramethyl-porphyrin-2-carbonsäure, 15-Methoxyoxalyl-rhodoporphyrin $C_{35}H_{36}N_4O_7$ und Taut.

3-[7,12-Diäthyl-2′-hydroxy-2′-methoxycarbonyl-3,8,13,17-tetramethyl-6′-oxo-2′*H*,6′*H*-pyrano[3,4,5-*ta*]porphyrin-18-yl]-propionsäure, Phäoporphyrin-a₇-monomethylester, Formel XIV und Taut.

Zusammenfassende Darstellungen: *H. Fischer, A. Stern,* Die Chemie des Pyrrols, Bd. 2, Tl. 2 [Leipzig 1940] S. 184; s. a. *A. Treibs,* Das Leben und Wirken von Hans Fischer [München 1971] S. 349, 355.

B. Aus Phäoporphyrin-a_5-monomethylester (13^2-Methoxycarbonyl-phytoporphyrin; S. 3234) beim Behandeln mit Schwefel in H_2SO_4 [SO_3 enthaltend] (*Fischer, Riedmair,* A. **497** [1932] 181, 184, 191) oder mit konz. H_2SO_4 und wss. H_2O_2 und anschliessenden Verestern (*Fischer et al.*, A. **490** [1931] 38, 66). Aus Phäophytin-a (S. 3242) beim Behandeln mit wss. H_2O_2 und konz. H_2SO_4 (*Fischer, Hagert,* A. **502** [1933] 41, 63). Beim Behandeln von Chloroporphyrin-e_6-monomethylester (S. 3070) in wss. HCl mit Sauerstoff unter Zusatz von $K_3[Fe(CN)_6]$ (*Fi., Ha.*, l. c. S. 59; s. a. *Fischer et al.*, A. **505** [1933] 209, 218, 235). Aus Phäoporphyrin-a_7-trimethy= lester (s. u.) beim Behandeln mit H_2SO_4 [20% SO_3 enthaltend] (*Fi., Ha.*, l. c. S. 63).

λ_{max} (Py. + Ae.; 440 – 520 nm): *Fi., Ri.*, l. c. S. 192.

Methylester $C_{36}H_{38}N_4O_7$; 7,12-Diäthyl-2′-hydroxy-18-[2-methoxycarbonyl-äthyl]-3,8,13,17-tetramethyl-6′-oxo-2′*H*,6′*H*-pyrano[3,4,5-*ta*]porphyrin-2′-carbon= säure-methylester, Phäoporphyrin-a_7-dimethylester. Zur Konstitution vgl. *Fischer et al.*, A. **510** [1934] 169, 172 Anm. – *B.* Aus dem *O*-Äthyl-phäoporphyrin-a_7-dimethylester (Syst.-Nr. 4699) beim Behandeln mit konz. H_2SO_4 (*Fi. et al.*, A. **510** 176). – Kristalle [aus $CHCl_3$ + Me.] (*Fi. et al.*, A. **510** 177). Absorptionsspektrum (Dioxan; 470 – 650 nm): *Stern, Pruckner,* Z. physik. Chem. [A] **180** [1937] 321, 322, 353.

7,12-Diäthyl-18-[2-methoxycarbonyl-äthyl]-20-methoxyoxalyl-3,8,13,17-tetramethyl-porphyrin-2-carbonsäure-methylester, 15-Methoxyoxalyl-rhodoporphyrin-dimethylester, Phäoporphyrin-a_7-trimethylester $C_{37}H_{40}N_4O_7$, Formel I und Taut.

Zusammenfassende Darstellung: *H. Fischer, A. Stern,* Die Chemie des Pyrrols, Bd. 2, Tl. 2 [Leipzig 1940] S. 186.

B. Aus Phäoporphyrin-a_7-monomethylester (s. o.) beim Behandeln mit Diazomethan in Äther, mit methanol. HCl (*Fischer et al.*, A. **490** [1931] 1, 5, 28; *Fischer, Riedmair,* A. **497** [1932] 181, 192; *Fischer, Hagert,* A. **502** [1933] 41, 43, 60) oder mit Dimethylsulfat und Na_2CO_3 (*Fi., Ha.*, l. c. S. 61). Aus Phäoporphyrin-a_7-dimethylester (s. o.) beim Behandeln mit Diazo= methan in Äther (*Fischer et al.*, A. **510** [1934] 169, 172, 177; s. a. *Fischer, Heckmaier,* A. **508** [1934] 250, 262). Beim Erhitzen von Phäoporphyrin-a_5-monomethylester (S. 3234) in Pyridin und Äthanol mit [1,4]Benzochinon und Verestern des Reaktionsprodukts mit Diazomethan (*Fischer et al.*, A. **500** [1933] 215, 226, 246). Aus 13^2-Acetoxy-13^2-methoxycarbonyl-phytopor= phyrin-methylester („10-Acetoxy-phäoporphyrin-a_5-dimethylester“; S. 3333) beim Behandeln mit methanol. KOH in Pyridin und Äthanol (*Fi., He.,* l. c. S. 256) oder mit wss. HCl (*Fi. et al.,* A. **510** 178) und Verestern des Reaktionsprodukts mit Diazomethan. Beim Erwärmen von „instabilem Chlorin-7-monomethylester" (S. 3303) mit Jod und Na_2CO_3 in $CHCl_3$ und Methanol und Verestern des Reaktionsprodukts (*Fischer, Conrad,* A. **538** [1939] 143, 147, 154). Aus sog. Chloroporphyrin-e_7-lacton-monomethylester (Syst.-Nr. 4699) beim Behandeln mit Jod und Natriumacetat in Äthanol oder aus Chloroporphyrin-e_7-lacton-dimethylester (Syst.-Nr. 4699) beim Behandeln mit H_2SO_4 [30% SO_3 enthaltend] und Verestern des jeweiligen Reaktionsprodukts mit Diazomethan (*Fi., He.,* l. c. S. 261).

Kristalle (aus $CHCl_3$+Me.); F: 263° (*Fischer et al.,* A. **495** [1932] 1, 39; *Fi., Ri.*), 258° (*Fi., Ha.,* l. c. S. 60), 254° (*Fischer et al.,* A. **490** 28, **505** [1933] 209, 230). Absorptionsspektrum (Dioxan; 470–650 nm): *Stern, Pruckner,* Z. physik. Chem. [A] **180** [1937] 321, 322, 353. λ_{max} (Py.+A.; 450–635 nm): *Fi., Ri.*; s. a. *Fi. et al.,* A. **490** 28.

Über die Umsetzung mit OsO_4 s. *Fischer, Pfeiffer,* A. **556** [1944] 131, 141, 152.

Eisen(III)-Komplex $Fe(C_{37}H_{38}N_4O_7)Cl$. Kristalle; F: 291° [Zers.] (*Fischer, Weichmann,* A. **498** [1932] 268, 271, 281). λ_{max} in Pyridin (505–625 nm), in Pyridin unter Zusatz von $N_2H_4 \cdot H_2O$ (475–590 nm), in $CHCl_3$ (455–565 nm) sowie in $CHCl_3$ unter Zusatz von $N_2H_4 \cdot H_2O$ (470–590 nm): *Fi., We.*

I

II

12-Acetyl-7-äthyl-18-[2-methoxycarbonyl-äthyl]-20-methoxycarbonylmethyl-3,8,13,17-tetramethyl-porphyrin-2-carbonsäure-methylester, 15-Methoxycarbonylmethyl-3¹-oxo-rhodoporphyrin-dimethylester $C_{37}H_{40}N_4O_7$, Formel II und Taut. (in der Literatur als Oxochloroporphyrin-e_6-trimethylester bezeichnet).

Zusammenfassende Darstellung: *H. Fischer, A. Stern,* Die Chemie des Pyrrols, Bd. 2, Tl. 2 [Leipzig 1940] S. 220.

B. Aus Isophäoporphyrin-a_6 (S. 3283) beim Behandeln mit methanol. KOH in Pyridin und Verestern des Reaktionsprodukts mit Diazomethan (*Fischer, Riedmair,* A. **505** [1933] 87, 90, 100). Aus Chlorin-e_6-trimethylester (S. 3074) beim Behandeln mit wss. HI und Essigsäure und Aufbewahren des Reaktionsgemisches an der Luft (*Fischer et al.,* A. **508** [1934] 224, 246). Aus 15-Methoxycarbonylmethyl-3¹-oxo-rhodochlorin-dimethylester („2-Desvinyl-2-acetyl-chlorin-e_6-trimethylester"; S. 3296) beim Erhitzen mit wss. Ameisensäure und Eisen-Pulver und anschliessenden Behandeln mit $FeCL_3$ (*Fischer et al.,* A. **545** [1940] 154, 173) oder beim Erwärmen mit 4,5-Dichlor-3,6-dioxo-cyclohexa-1,4-dien-1,2-dicarbonitril in Benzol (*Golden et al.,* Soc. **1958** 1725, 1730).

Blaue Kristalle (aus $CHCl_3$+Me.); F: 275° (*Fi. et al.,* A. **545** 174), 270–272° (*Go. et al.*), 270° (*Fi., Ri.*). λ_{max} in einem Pyridin-Äther-Gemisch (440–640 nm): *Fi., Ri.*; in Dioxan (340–650 nm): *Go. et al.,* l. c. S. 1728.

Kupfer(II)-Komplex $CuC_{37}H_{38}N_4O_7$. *B.* Aus dem Kupfer(II)-Komplex des 15-Methoxycarbonylmethyl-3¹-oxo-rhodochlorin-dimethylesters (S. 3296) mit Hilfe von 4,5-Dichlor-3,6-dioxo-cyclohexa-1,4-dien-1,2-dicarbonitril (*Go. et al.*). Aus 15-Methoxycarbonylmethyl-3¹-oxo-rhodoporphyrin-dimethylester (s. o.) und Kupfer(II)-acetat (*Go. et al.*). – Purpurfarbene Kristalle (aus $CHCl_3$+Me.); λ_{max} (Bzl.): 419 nm, 550 nm und 601 nm (*Go. et al.,* l. c. S. 1728, 1731).

Oxim $C_{37}H_{41}N_5O_7$; 7-Äthyl-12-[1-hydroxyimino-äthyl]-18-[2-methoxycarbonyl-äthyl]-20-methoxycarbonylmethyl-3,8,13,17-tetramethyl-porphyrin-2-carbonsäure-methylester, 3^1-Hydroxyimino-15-methoxycarbonylmethyl-rhodoporphyrin-dimethylester. Rote Kristalle (aus Acn.); F: 257° (*Fi. et al.*, A. **508** 226, 240). λ_{max} (Py. + Ae.; 450 – 640 nm): *Fi. et al.*, A. **508** 241; s. a. *Fi.*, *Ri.*, l. c. S. 101.

(17*S*)-7-Äthyl-18*t*-[2-carboxy-äthyl]-20-carboxymethyl-8-formyl-3,13,17*r*-trimethyl-12-vinyl-17,18-dihydro-porphyrin-2-carbonsäure, 15-Carboxymethyl-7^1-oxo-3^1,3^2-didehydro-rhodochlorin, Rhodin-g_7, Phytorhodin-g $C_{34}H_{34}N_4O_7$, Formel III (R = R′ = R″ = H) und Taut.

Zusammenfassende Darstellung: *H. Fischer, A. Stern,* Die Chemie des Pyrrols, Bd. 2, Tl. 2 [Leipzig 1940] S. 263.

B. Aus Phäophorbid-b (S. 3284) beim Behandeln mit methanol. KOH (*Fischer, Bäumler,* A. **474** [1929] 65, 91; s. a. *Willstätter et al.*, A. **400** [1913] 147, 175; *Fischer, Bauer,* A. **523** [1936] 235, 280), mit wss. $Ba(OH)_2$ (*Fischer et al.*, A. **498** [1932] 228, 242) oder neben Pyrophäophorbid-b (S. 3209) mit wss. HCl und Äther (*Fischer, Breitner,* A. **510** [1934] 183, 189). Aus Phäophytin-b (S. 3287) mit Hilfe von methanol. KOH (*Treibs, Wiedemann,* A. **466** [1928] 264, 272, 274; *Fi., Bä.,* l. c. S. 92; *Fischer, Oestreicher,* Z. physiol. Chem. **262** [1940] 243, 259; s. a. *Wi. et al.*).

Blau glänzende Kristalle [aus Ae.] (*Tr., Wi.*, A. **466** 274). Über das optische Drehungsvermögen in Aceton s. *Pruckner et al.*, A. **546** [1941] 41, 47. λ_{max} in wss. HCl sowie wss. Lösungen vom pH 5,6 und pH 7,07 (465 – 660 nm): *Treibs, Wiedemann,* A. **471** [1929] 146, 230; in einem Pyridin-Äther-Gemisch (460 – 665 nm): *Fischer et al.*, A. **506** [1933] 83, 105; *Tr., Wi.*, A. **466** 287, 290; s. a. *Tr., Wi.*, **471** 236. Scheinbare Dissoziationsexponenten pK'_{a1}, pK'_{a2} und pK'_{a3} (triprotonierte Verbindung; Eg.; potentiometrisch ermittelt) bei 25°: –2,0 bzw. 0,0 bzw. 1,9 (*Conant et al.*, Am. Soc. **56** [1934] 2185, 2186).

Über die Umsetzung mit Nitromethan in Pyridin und Piperidin s. *Fischer, Conrad,* A. **538** [1939] 143, 147, 155.

Trikalium-Salz $K_3C_{34}H_{31}N_4O_7$. Olivgrüne Kristalle (*Willstätter, Utzinger,* A. **382** [1911] 129, 190).

Tricaesium-Salz $Cs_3C_{34}H_{31}N_4O_7$. Kristalle (*Wi., Ut.*).

Oxim $C_{34}H_{35}N_5O_7$; (17*S*)-7-Äthyl-18*t*-[2-carboxy-äthyl]-20-carboxymethyl-8-[hydroxyimino-methyl]-3,13,17*r*-trimethyl-12-vinyl-17,18-dihydro-porphyrin-2-carbonsäure, 15-Carboxymethyl-7^1-hydroxyimino-3^1,3^2-didehydro-rhodochlorin, Rhodin-g_7-oxim. *B.* Aus Rhodin-g_7 und $NH_2OH \cdot HCl$ (*Fischer et al.*, A. **503** [1933] 1, 3, 37; *Stoll, Wiedemann,* Helv. **17** [1934] 456, 459, 464). Aus Phäophorbid-b-methylester-monooxim-I (S. 3285) mit Hilfe von methanol. KOH (*St., Wi.*, l. c. S. 462, 465). – Grünliche, violett glänzende Kristalle [aus Ae.] (*St., Wi.*). λ_{max} (Py. + Ae.; 450 – 680 nm): *Fi. et al.*; *St., Wi.*

(17*S*)-7-Äthyl-8-formyl-18*t*-[2-methoxycarbonyl-äthyl]-20-methoxycarbonylmethyl-3,13,17*r*-trimethyl-12-vinyl-17,18-dihydro-porphyrin-2-carbonsäure, 15-Methoxycarbonylmethyl-7^1-oxo-3^1,3^2-didehydro-rhodochlorin-17-methylester, Rhodin-g_7-dimethylester $C_{36}H_{38}N_4O_7$, Formel III (R = H, R′ = R″ = CH_3) und Taut.

Konstitution: *Fischer, Bauer,* A. **523** [1936] 235, 242.

Zusammenfassende Darstellung: *H. Fischer, A. Stern,* Die Chemie des Pyrrols, Bd. 2, Tl. 2 [Leipzig 1940] S. 270.

B. Aus Rhodin-g_7 (s. o.) und methanol. HCl (*Fi., Ba.*, l. c. S. 255, 271).

Kristalle (aus Acn.); F: 274°; $[\alpha]^{20}_{690-730}$: –230° [Acn.; c = 0,06] (*Fi., Ba.*).

Reaktion mit wss. HI in Essigsäure: *Fi., Ba.*, l. c. S. 273.

Kupfer(II)-Komplex $CuC_{36}H_{36}N_4O_7$. Kristalle (aus Acn. + Me.); F: 246° (*Fi., Ba.*). λ_{max} (Ae.; 460 – 635 nm): *Fi., Ba.*

(17*S*)-7-Äthyl-8-formyl-18*t*-[2-methoxycarbonyl-äthyl]-20-methoxycarbonylmethyl-3,13,17*r*-trimethyl-12-vinyl-17,18-dihydro-porphyrin-2-carbonsäure-methylester, 15-Methoxycarbonylmethyl-7^1-oxo-3^1,3^2-didehydro-rhodochlorin-dimethylester, Rhodin-g_7-trimethylester $C_{37}H_{40}N_4O_7$, Formel III (R = R′ = R″ = CH_3) und Taut.

Zusammenfassende Darstellung: *H. Fischer, A. Stern,* Die Chemie des Pyrrols, Bd. 2, Tl. 2

[Leipzig 1940] S. 266.

B. Aus Rhodin-g_7 (s. o.) und Diazomethan (*Treibs, Wiedemann,* A. **471** [1929] 146, 167; *Fischer et al.,* A. **503** [1933] 1, 37) oder methanol. HCl (*Fischer et al.,* A. **498** [1932] 228, 230, 265). Aus dem Trikalium-Salz des Rhodins-g_7 (s. o.) und Dimethylsulfat (*Willstätter, Utzin⸗ger,* A. **382** [1911] 129, 191; *Fi. et al.,* A. **498** 264). Aus Phäophorbid-b (S. 3284) beim Behandeln mit Diazomethan in Methanol (*Fischer et al.,* A. **506** [1933] 83, 84, 90).

Kristalle; F: 265° [aus $CHCl_3$+Me.] (*Fi. et al.,* A. **498** 265), 251° [korr.; aus Acn.+Me.] (*Tr., Wi.,* l. c. S. 169; *Fi. et al.,* A. **506** 90). $[\alpha]^{20}_{690-730}$: −166° [Acn.; c = 0,1] (*Fischer, Stern,* A. **520** [1935] 88, 97). Absorptionsspektrum (Dioxan; 480−670 nm): *Stern, Wenderlein,* Z. physik. Chem. [A] **174** [1935] 321, 324, 333. λ_{max} (Py.+Ae.; 455−655 nm): *Fi. et al.,* A. **506** 105. Fluorescenzmaxima (Dioxan): 662 nm und 710,5 nm (*Stern, Molvig,* Z. physik. Chem. [A] **175** [1936] 38, 42, 57).

Beim Behandeln mit KOH enthaltendem Propan-1-ol in Pyridin und Äther und Behandeln des Reaktionsprodukts („instabiles Rhodin") mit Diazomethan oder methanol. HCl ist *b*-Phäopur⸗purin-7-trimethylester (S. 3311) erhalten worden (*Fischer, Bauer,* A. **523** [1936] 235, 247, 279).

Kupfer(II)-Komplex $CuC_{37}H_{38}N_4O_7$. Kristalle; F: 237° [aus Acn.+Me.] (*Fischer, Breit⸗ner,* A. **522** [1936] 151, 159), 225° [korr.; aus $CHCl_3$+Me.] (*Tr., Wi.,* l. c. S. 171). $[\alpha]^{20}_{690-730}$: −391° [Acn.; c = 0,1] (*Fi., St.*). λ_{max} (Ae.+Py.; 465−635 nm): *Tr., Wi.,* l. c. S. 231; s. a. *Fischer, Goebel,* A. **522** [1936] 168, 179.

Dimethylacetal $C_{39}H_{46}N_4O_8$; (17*S*)-7-Äthyl-8-dimethoxymethyl-18*t*-[2-meth⸗oxycarbonyl-äthyl]-20-methoxycarbonylmethyl-3,13,17*r*-trimethyl-12-vinyl-17,18-dihydro-porphyrin-2-carbonsäure-methylester, 7^1,7^1-Dimethoxy-15-meth⸗oxycarbonylmethyl-3^1,3^2-didehydro-rhodochlorin-dimethylester. *B.* Beim Behan⸗deln von Rhodin-g_7-trimethylester mit Talkum und Methanol (*Fischer, Conrad,* A. **538** [1939] 143, 156). − Kristalle; F: 174° (*Fi., Co.*). λ_{max} (Py.+Ae.; 455−675 nm): *Fi., Co.*

Oxim $C_{37}H_{41}N_5O_7$; (17*S*)-7-Äthyl-8-[hydroxyimino-methyl]-18*t*-[2-methoxy⸗carbonyl-äthyl]-20-methoxycarbonylmethyl-3,13,17*r*-trimethyl-12-vinyl-17,18-dihydro-porphyrin-2-carbonsäure-methylester, 7^1-Hydroxyimino-15-methoxy⸗carbonylmethyl-3^1,3^2-didehydro-rhodochlorin-dimethylester, Rhodin-g_7-tri⸗methylester-oxim. *B.* Analog Rhodin-g_7-oxim [s. o.] (*Fi. et al.,* A. **503** 37; *Fischer, Grassl,* A. **517** [1935] 1, 8). − Kristalle; F: 238° [nach Sintern; aus Ae.] (*Fi. et al.,* A. **503** 37; *Fi., Gr.*), 212° [aus $CHCl_3$+Me.] (*Dietz, Ross,* Am. Soc. **56** [1934] 159, 162). Absorptionsspektrum (Dioxan; 480−670 nm): *Stern, Wenderlein,* Z. physik. Chem. [A] **176** [1936] 81, 92, 106. λ_{max} in einem Pyridin-Äther-Gemisch (460−665 nm): *Fi. et al.,* A. **503** 37; in Äther (445−685 nm): *Di., Ross.*

Semicarbazon $C_{38}H_{43}N_7O_7$; (17*S*)-7-Äthyl-18*t*-[2-methoxycarbonyl-äthyl]-20-methoxycarbonylmethyl-3,13,17*r*-trimethyl-8-semicarbazonomethyl-12-vinyl-17,18-dihydro-porphyrin-2-carbonsäure-methylester, 15-Methoxycarbonyl⸗methyl-7^1-semicarbazono-3^1,3^2-didehydro-rhodochlorin-dimethylester, Rhodin-g_7-trimethylester-semicarbazon. Schwarzes Pulver (*Conant et al.,* Am. Soc. **53** [1931] 4436, 4442). λ_{max} (wss. HCl sowie Ae.; 460−690 nm): *Co. et al.*

(17*S*)-18*t*-[2-Äthoxycarbonyl-äthyl]-7-äthyl-8-formyl-20-methoxycarbonylmethyl-3,13,17*r*-trimethyl-12-vinyl-17,18-dihydro-porphyrin-2-carbonsäure-äthylester, 15-Methoxycarbonyl⸗methyl-7^1-oxo-3^1,3^2-didehydro-rhodochlorin-diäthylester $C_{39}H_{44}N_4O_7$, Formel III (R = R″ = C_2H_5, R′ = CH_3) und Taut.

B. Beim Behandeln von Phäophorbid-b (S. 3284) mit Diazoäthan in Äthanol (*Fischer et al.,* A. **506** [1933] 83, 85, 94).

Acetonhaltige Kristalle (aus Acn.); F: 223°.

***S*-{(*Ξ*)-[(17*S*)-7-Äthyl-2-methoxycarbonyl-18*t*-(2-methoxycarbonyl-äthyl)-20-methoxy⸗carbonylmethyl-3,13,17*r*-trimethyl-12-vinyl-17,18-dihydro-porphyrin-8-yl]-hydroxy-methyl}-L-cystein, (7^1*Ξ*)-7^1-[(*R*)-2-Amino-2-carboxy-äthylmercapto]-7^1-hydroxy-15-methoxycarbonyl⸗methyl-3^1,3^2-didehydro-rhodochlorin-dimethylester** $C_{40}H_{47}N_5O_9S$, Formel IV und Taut.

B. Beim Erwärmen von Rhodin-g_7-trimethylester (s. o.) mit L-Cystein-hydrochlorid und Ka⸗

liumacetat in Pyridin (*Tyray*, A. **556** [1944] 171, 174).
F: 172–176°. λ_{max} (Ae.; 450–675 nm): *Ty.*

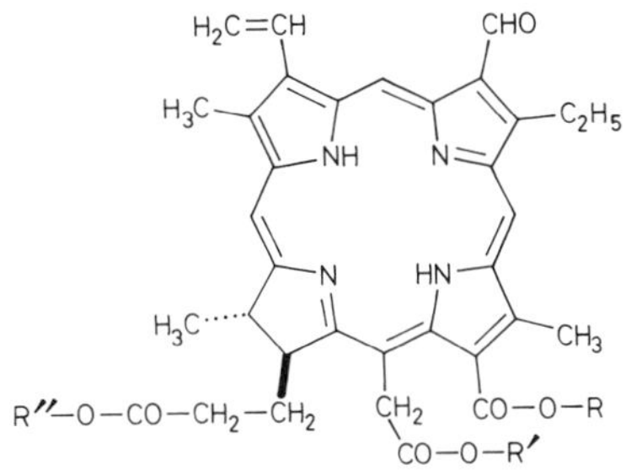

III

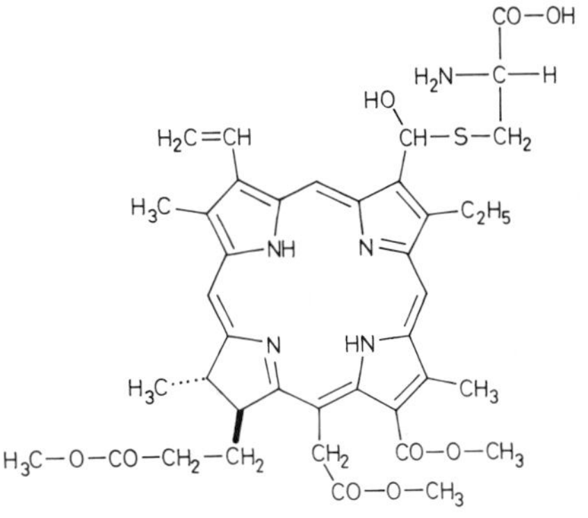

IV

(17*S*)-7-Äthyl-18*t*-[2-carboxy-äthyl]-20-hydroxyoxalyl-3,8,13,17*r*-tetramethyl-12-vinyl-17,18-dihydro-porphyrin-2-carbonsäure $C_{34}H_{34}N_4O_7$ und Taut.

(17*S*)-7-Äthyl-18*t*-[2-carboxy-äthyl]-2′-hydroxy-3,8,13,17*r*-tetramethyl-6′-oxo-12-vinyl-17,18-dihydro-2′*H*,6′*H*-pyrano[3,4,5-*ta*]porphyrin-2′-carbonsäure, „instabiles Chlorin-7", Formel V.

Zusammenfassende Darstellungen: *H. Fischer, A. Stern,* Die Chemie des Pyrrols, Bd. 2, Tl. 2 [Leipzig 1940] S. 108, 109; s. a. *A. Treibs,* Das Leben und Wirken von Hans Fischer [München 1971] S. 383.

B. Aus Purpurin-7-trimethylester (15-Methoxyoxalyl-3[1],3[2]-didehydro-rhodochlorin-dimethylester; S. 3304) in Äther und Pyridin beim Behandeln mit methanol. KOH (*Steele,* Am. Soc. **53** [1931] 3171, 3175; s. a. *Fischer, Kahr,* A. **531** [1937] 209, 218) oder mit KOH enthaltendem Propan-1-ol (*Fischer et al.,* A. **490** [1931] 38, 53, 89). Aus Phäophytin-a [S. 3242] (*Willstätter, Utzinger,* A. **382** [1911] 129, 180; s. a. *Treibs, Wiedemann,* A. **471** [1929] 146, 178; *Kenner et al.,* J.C.S. Perkin I **1973** 2517, 2518).

λ_{max} (Py.+Ae.; 440–670 nm): *Fi., Kahr,* l. c. S. 234.

Barium-Salz $BaC_{34}H_{32}N_4O_7$. *B.* Aus Purpurin-7-monomethylester (s. u.) beim Erhitzen mit wss. $Ba(OH)_2$ (*Fi., Kahr,* l. c. S. 232, 244). – $[\alpha]^{20}_{690-730}$: +650° [wss. HCl (20%ig); c = 0,02] (*Fi., Kahr*).

„Instabiler" Chlorin-7-monomethylester $C_{35}H_{36}N_4O_7$; 3-[(18*S*)-7-Äthyl-2′-hydroxy-2′-methoxycarbonyl-3,8,13,17*t*-tetramethyl-6′-oxo-12-vinyl-17,18-dihydro-2′*H*,6′*H*-pyrano[3,4,5-*ta*]porphyrin-18*r*-yl]-propionsäure, Chlorin-g-monomethylester. *B.* Aus Phäophorbid-a (S. 3237) beim Behandeln mit $KMnO_4$ in Pyridin (*Fi., Kahr,* l. c. S. 216, 234) oder mit Sauerstoff unter Zusatz von wss. KOH (*Conant, Dietz,* Am. Soc. **55** [1933] 839, 845). – Schwarze (*Co., Di.*) Kristalle; F: 237° [Zers.; aus Acn.+PAe.] (*Fi., Kahr*). $[\alpha]^{20}_{690-730}$: –94° [Acn.; c = 0,1] (*Fi., Kahr,* l. c. S. 244). Absorptionsspektrum (Dioxan; 470–680 nm): *Stern, Pruckner,* Z. physik. Chem. [A] **180** [1937] 321, 322, 343. λ_{max} in wss. HCl (455–590 nm) sowie in Äther (440–685 nm): *Co., Di.*; in einem Pyridin-Äther-Gemisch (440–670 nm): *Fi., Kahr.* Scheinbare Dissoziationsexponenten pK'_{a1}, pK'_{a2} und pK'_{a3} (triprotonierte Verbindung; Eg.; potentiometrisch ermittelt) bei 25°: –2,0 bzw. –0,9 bzw. 2,0 (*Conant et al.,* Am. Soc. **56** [1934] 2185, 2186).

Beim Erhitzen mit Pyridin (*Fi., Kahr*) oder Biphenyl (*Co., Di.*) entsteht 3[1],3[2]-Didehydro-rhodoporphyrin („Vinylrhodoporphyrin"; S. 3036), beim Erhitzen mit KOH enthaltendem Propan-1-ol entsteht 3[1],3[2]-Didehydro-rhodochlorin [S. 3009] (*Fi., Kahr*). Reaktion mit Benzoylchlorid in Pyridin: *Strell, Iscimenler,* A. **553** [1942] 53, 55, 61.

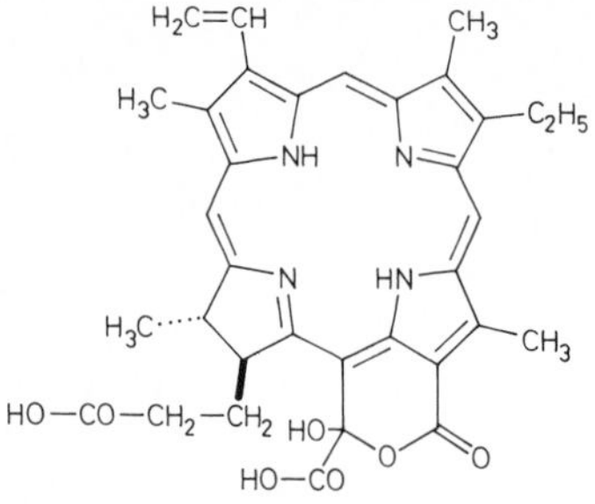

V

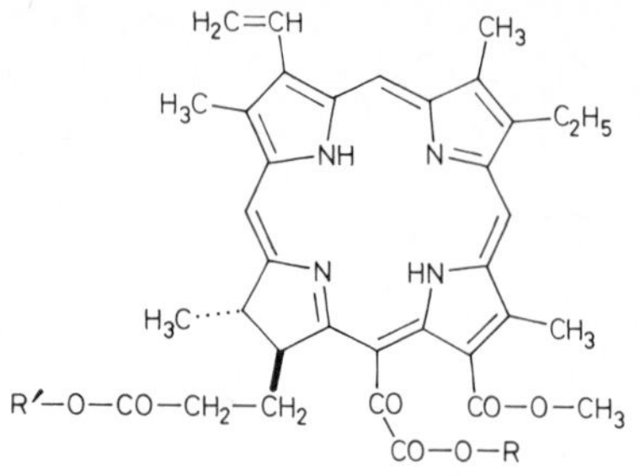

VI

3-[(2*S*)-13-Äthyl-20-hydroxyoxalyl-18-methoxycarbonyl-3*t*,7,12,17-tetramethyl-8-vinyl-2,3-dihydro-porphyrin-2*r*-yl]-propionsäure, 15[1]-Hydroxyoxalyl-3[1],3[2]-didehydro-rhodochlorin-13-methylester, Purpurin-7-monomethylester, Phäopurpurin-7 $C_{35}H_{36}N_4O_7$, Formel VI (R = R′ = H) und Taut.

Zusammenfassende Darstellung: *H. Fischer, A. Stern.* Die Chemie des Pyrrols, Bd. 2, Tl. 2 [Leipzig 1940] S. 110.

B. Aus Purpurin-7-trimethylester (s. u.) in Pyridin und Äther beim Behandeln mit KOH enthaltendem Propan-1-ol (*Conant et al.*, Am. Soc. **53** [1931] 359, 368). Neben Purpurin-18 (Syst.-Nr. 4699) in geringer Menge beim Behandeln von Phäophytin-a (S. 3242) oder Chlorophyll-a (S. 3243) jeweils in Pyridin und Äther mit KOH enthaltendem Propan-1-ol und Sauerstoff (*Conant, Dietz,* Am. Soc. **55** [1933] 839, 846; s. a. *Co. et al.*, l. c. S. 369).

Blauschwarze Kristalle (aus Ae.); F: 200 – 205° (*Conant, Moyer,* Am. Soc. **52** [1930] 3013, 3020). λ_{max} (Ae.; 440 – 715 nm): *Co., Di.*; *Co., Mo.*

Oxidation mit $K_3Mo(CN)_8$ in wss. Essigsäure unter Zusatz von Pyridin und Aceton: *Dietz, Ross,* Am. Soc. **56** [1934] 159, 163. Überführung in das Barium-Salz des „instabilen Chlorins-7" (s. o.) mit Hilfe von wss. $Ba(OH)_2$: *Fischer, Kahr,* A. **531** [1937] 209, 232.

3-[(2*S*)-13-Äthyl-18-methoxycarbonyl-20-methoxyoxalyl-3*t*,7,12,17-tetramethyl-8-vinyl-2,3-dihydro-porphyrin-2*r*-yl]-propionsäure, 15-Methoxyoxalyl-3[1],3[2]-didehydro-rhodochlorin-13-methylester $C_{36}H_{38}N_4O_7$, Formel VI (R = CH_3, R′ = H) und Taut.

B. Aus Purpurin-7-trimethylester (s. u.) mit Hilfe eines Chlorophyllase-Präparats aus Datura stramonium (*Fischer, Lambrecht,* Z. physiol. Chem. **253** [1938] 253, 255, 259) oder mit Hilfe von wss. HCl (*Strell, Iscimenler,* A. **557** [1947] 175, 178, 183).

Kristalle; F: 205° [Zers.] (*St., Is.*). Kristalle (aus Acn. + Me. oder Acn. + PAe.) mit 0,5 Mol H_2O; F: 225° (*Fi., La.*).

[(2*S*)-12-Äthyl-7-methoxycarbonyl-3*t*-(2-methoxycarbonyl-äthyl)-2*r*,8,13,18-tetramethyl-17-vinyl-2,3-dihydro-porphyrin-5-yl]-glyoxylsäure, 15-Hydroxyoxalyl-3[1],3[2]-didehydro-rhodochlorin-dimethylester, Phäopurpurin-7-monomethylester $C_{36}H_{38}N_4O_7$, Formel VI (R = H, R′ = CH_3) und Taut.

B. Beim Behandeln von Phäopurpurin-7 (s. o.) mit methanol. HCl (*Fischer et al.*, A. **524** [1936] 222, 229, 248).

Kristalle (aus Acn. + Me.); F: 178°.

(17*S*)-7-Äthyl-18*t*-[2-methoxycarbonyl-äthyl]-20-methoxyoxalyl-3,8,13,17*r*-tetramethyl-12-vinyl-17,18-dihydro-porphyrin-2-carbonsäure-methylester, 15-Methoxyoxalyl-3[1],3[2]-didehydro-rhodochlorin-dimethylester, Purpurin-7-trimethylester, Phäopurpurin-7-dimethylester $C_{37}H_{40}N_4O_7$, Formel VI (R = R′ = CH_3) und Taut.

Zusammenfassende Darstellung: *H. Fischer, A. Stern,* Die Chemie des Pyrrols, Bd. 2, Tl. 2 [Leipzig 1940] S. 111.

B. Aus Phäopurpurin-7 (s. o.) beim Behandeln mit Diazomethan in Äther (*Conant, Moyer,* Am. Soc. **52** [1930] 3013, 3021). Aus Chlorin-e_6-trimethylester (S. 3074) beim Behandeln mit methanol. KOH in Pyridin und Äther oder aus Phäophorbid-a-methylester (S. 3239) in Äther beim Behandeln mit äthanol. KOH und Behandeln des jeweiligen Reaktionsprodukts mit Diazomethan in Äther (*Co., Mo.*, l. c. S. 3014, 3019; s. a. *Conant, Dietz*, Am. Soc. **55** [1933] 839, 845). Aus Phäophytin-a (S. 3242) bei aufeinanderfolgendem Behandeln mit KOH enthaltendem Propan-1-ol in Äther und Pyridin und mit Diazomethan in Äther (*Conant et al.*, Am. Soc. **53** [1931] 359, 368). Bei aufeinanderfolgendem Behandeln von Phäophorbid-a (S. 3237) mit Ag_2O in Pyridin und Äthanol, wss. HCl und Diazomethan (*Fischer, Lautsch*, A. **528** [1937] 247, 254).

Blaurote Kristalle; F: 233–235° [aus Ae.] (*Conant, Moyer*, Am. Soc. **52** [1930] 3013, 3021), 230° [korr.] (*Stern, Klebs*, A. **505** [1933] 295, 306), 227° [aus Acn. + Me.] (*Fischer, Lautsch*, A. **528** [1937] 247, 255). Verbrennungsenthalpie bei 15°: *St., Kl.* $[\alpha]^{20}_{690-730}$: +374° [Acn.; c = 0,1] (*Fischer, Stern*, A. **520** [1935] 88, 97), +397° [Acn.; c = 0,04] (*Fi., La.*, l. c. S. 264; s. a. *Pruckner et al.*, A. **546** [1941] 41, 47). Absorptionsspektrum (Dioxan; 490–690 nm): *Stern, Wenderlein*, Z. physik. Chem. [A] **176** [1936] 81, 119. λ_{max} in einem Pyridin-Äther-Gemisch (460–720 nm): *Fi., La.*; in Äther (440–710 nm): *Co., Mo.*; *Conant, Dietz*, Am. Soc. **55** [1933] 839, 845. Fluorescenzmaxima (Dioxan): 671,5 nm und 713 nm (*Stern, Molvig*, Z. physik. Chem. [A] **175** [1936] 38, 43, 57). Scheinbare Dissoziationsexponenten pK'_{a1}, pK'_{a2} und pK'_{a3} (triprotonierte Verbindung; Eg.; potentiometrisch ermittelt) bei 25°: −2,3 bzw. 0,0 bzw. 2,3 (*Conant et al.*, Am. Soc. **56** [1934] 2185, 2186).

Reaktion mit wss. $KMnO_4$ in Pyridin: *Fischer, Walter*, A. **549** [1941] 44, 73; s. a. *Fischer, Kahr*, A. **531** [1937] 209, 228. Reaktion mit wss. HCl bzw. mit Chlorophyllase aus Datura stramonium unter Bildung von 15-Methoxyoxalyl-3^1,3^2-didehydro-rhodochlorin-13-methylester (s. o.): *Strell, Iscimenler*, A. **557** [1947] 175, 178, 183; *Fischer, Lambrecht*, Z. physiol. Chem. **253** [1938] 253, 259. Beim Behandeln mit wss. HCl und wss. H_2O_2 ist ein Dichlor-Derivat $C_{37}H_{38}Cl_2N_4O_7$ (rotbraune Kristalle [aus PAe.], F: 151°; λ_{max} [Py. + Ae.; 445–720 nm]) erhalten worden (*Fischer, Dietl*, A. **547** [1941] 234, 244, 255).

Kupfer(II)-Komplex $CuC_{37}H_{38}N_4O_7$. Grünliche Kristalle (aus Acn. + Me.); F: 245° (*Strell*, A. **550** [1942] 50, 66). λ_{max} (Acn. + Ae.; 440–685 nm): *St.*

Magnesium-Komplex. *B.* Aus Methylchlorophyllid-a (S. 3239) beim Behandeln mit Sauerstoff und wss. KOH in Pyridin und anschliessenden Behandeln mit Diazomethan in Äther (*Holt*, Canad. J. Biochem. Physiol. **36** [1958] 439, 446). – Absorptionsspektrum (Ae.; 380–720 nm): *Holt*; s. a. *Fischer, Goebel*, A. **522** [1936] 168, 179.

Zink-Komplex $ZnC_{37}H_{38}N_4O_7$. Bläuliche Kristalle (aus Acn. + Me.) mit 1 Mol Methanol; F: 220° (*St.*). λ_{max} (Acn. + Ae.; 450–700 nm): *St.*

Eisen(III)-Komplex $Fe(C_{37}H_{38}N_4O_7)Cl$. Kristalle; F: 210° [Zers.] (*Fischer, Weichmann*, A. **498** [1932] 268, 282). λ_{max} (Py. sowie Py. + $N_2H_4 \cdot H_2O$; 485–680 nm): *Fi., We.*

δ-Chlor-purpurin-7-trimethylester $C_{37}H_{39}ClN_4O_7$; (17*S*)-7-Äthyl-15-chlor-18*t*-[2-methoxycarbonyl-äthyl]-20-methoxyoxalyl-3,8,13,17*r*-tetramethyl-12-vinyl-17,18-dihydro-porphyrin-2-carbonsäure-methylester, 20-Chlor-15-methoxyoxalyl-3^1,3^2-didehydro-rhodochlorin-dimethylester. *B.* Aus 20-Chlor-15-methoxycarbonylmethyl-3^1,3^2-didehydro-rhodochlorin-dimethylester („δ-Chlor-chlorin-e_6-trimethylester"; S. 3074) mit Hilfe von KOH in Propan-1-ol, Pyridin und Äther (*Fischer, Conrad*, A. **538** [1939] 143, 148). – Kristalle (aus Ae.); F: 158° [nach Chromatographieren] (*Fi., Co.*). λ_{max} (Py. + Ae.; 445–750 nm): *Fi., Co.*

Oxocarbonsäuren $C_nH_{2n-36}N_4O_7$

Oxocarbonsäuren $C_{34}H_{32}N_4O_7$

7-Äthyl-18-[2-methoxycarbonyl-äthyl]-20-methoxyoxalyl-3,8,13,17-tetramethyl-12-vinyl-porphyrin-2-carbonsäure-methylester, 15-Methoxyoxalyl-3^1,3^2-didehydro-rhodoporphyrin-dimethylester $C_{37}H_{38}N_4O_7$, Formel VII und Taut. (in der Literatur als 2-Vinyl-phäoporphyrin-a_7-trimethylester bezeichnet).

B. Aus 13^2-Acetoxy-13^2-methoxycarbonyl-3^1,3^2-didehydro-phytoporphyrin-methylester

(„10-Acetoxy-vinylphäoporphyrin-a_5-dimethylester"; S. 3337) beim Behandeln mit KOH in Pyridin, Methanol und Äthanol und Verestern des Reaktionsprodukts mit Diazomethan (*Fischer et al.*, A. **538** [1939] 128, 132, 142; *Fischer, Albert,* A. **599** [1956] 203, 210). Aus 13^2-Acetoxy-13^2-carboxy-3^1,3^2-didehydro-phytoporphyrin (Dimethylester s. S. 3337) beim Behandeln mit wss. HCl, Chromatographieren an Al_2O_3 und Verestern des Reaktionsprodukts (*Fi., Al.*).

Kristalle (aus Acn.); F: 274–276° (*Fi. et al.*).

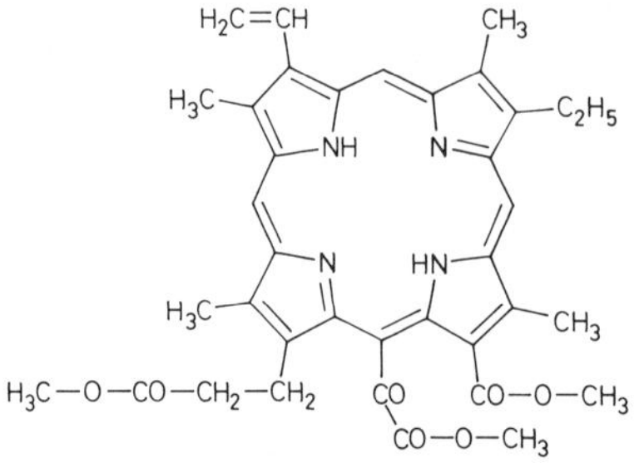

VII 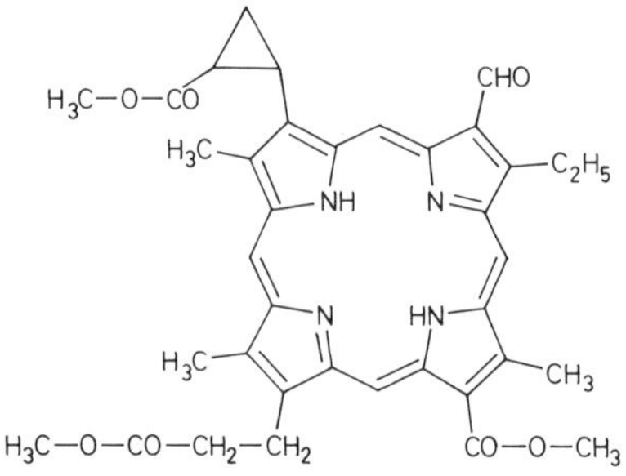 VIII

***Opt.-inakt. 7-Äthyl-8-formyl-18-[2-methoxycarbonyl-äthyl]-12-[2-methoxycarbonyl-cyclopropyl]-3,13,17-trimethyl-porphyrin-2-carbonsäure-methylester,** 3-[2-Methoxycarbonyl-cyclopropyl]-7^1-oxo-3-desäthyl-rhodoporphyrin-dimethylester $C_{37}H_{38}N_4O_7$, Formel VIII und Taut. (in der Literatur als *DEE*-3-Desmethyl-3-formyl-pseudoverdoporphyrin-dimethylester und als 2-Vinyl-3-formyl-rhodoporphyrin-dimethylester-*DEE* bezeichnet).

B. Aus 7^1-Oxo-3^1,3^2-didehydro-rhodoporphyrin-dimethylester („3-Desmethyl-3-formyl-pseudoverdoporphyrin-dimethylester"; S. 3232) und Diazoessigsäure-methylester (*Fischer, Bauer,* A. **523** [1936] 235, 248, 281).

Kristalle (aus Py. + Me.); F: 228°. λ_{max} (Py. + Ae.; 450–650 nm): *Fi., Ba.*

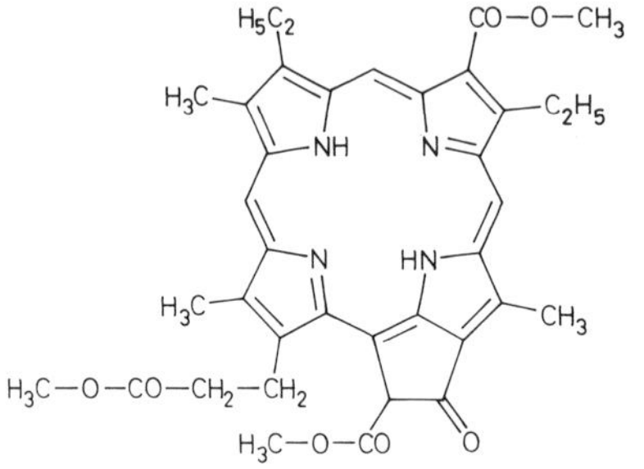

IX 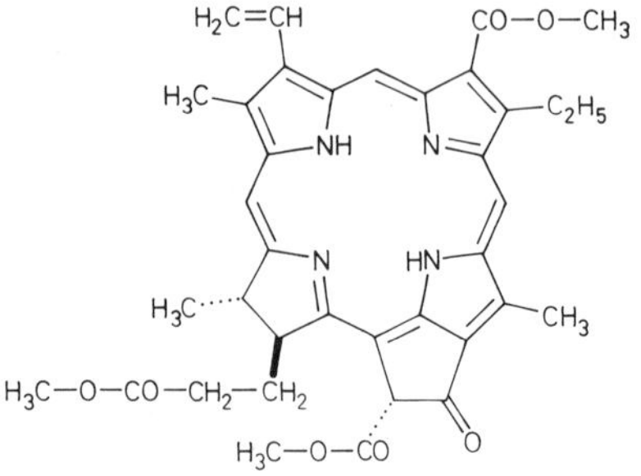 X

7,12-Diäthyl-18-[2-methoxycarbonyl-äthyl]-3,13,17-trimethyl-2^1-oxo-2^1,2^2-dihydro-cyclopenta[*at*]porphyrin-2^2,8-dicarbonsäure-dimethylester, 7,13^2-Bis-methoxycarbonyl-7-desmethyl-phytoporphyrin-methylester, Phäoporphyrin-b_7-trimethylester $C_{37}H_{38}N_4O_7$, Formel IX und Taut.

Zusammenfassende Darstellung: *H. Fischer, A. Stern,* Die Chemie des Pyrrols, Bd. 2, Tl. 2 [Leipzig 1940] S. 287.

B. Aus Phäophorbid-b_7-trimethylester (s. u.) beim Erwärmen mit wss. HI und Essigsäure und anschliessenden Verestern oder beim Hydrieren an Palladium in Essigsäure oder Aceton, Behandeln der Reaktionslösung mit Luft und anschliessenden Verestern (*Fischer, Lautenschlager,* A. **528** [1937] 9, 15, 30). Aus Rhodinporphyrin-g_8-tetramethylester (S. 3091) beim Erhitzen mit Pyridin und Na_2CO_3 (*Fischer, Breitner,* A. **516** [1935] 61, 63, 70).

Kristalle; F: 275° [aus $CHCl_3$+Me.] (*Fi., La.*), 271° [aus Py.+Me.] (*Fi., Br.*). Absorptionsspektrum (Dioxan; 480–660 nm): *Stern, Wenderlein,* Z. physik. Chem. [A] **175** [1936] 405, 406, 426). λ_{max} (Py.+Ae.; 455–650 nm): *Fi., Br.*; *Fi., La.*

(2^2R)-7-Äthyl-18*t*-[2-methoxycarbonyl-äthyl]-3,13,17*c*-trimethyl-2^1-oxo-12-vinyl-2^1,2^2,17,18-tetrahydro-cyclopenta[*at*]porphyrin-2^2r,8-dicarbonsäure-dimethylester, (13^2R)-7,13^2-Bis-methoxycarbonyl-3^1,3^2-didehydro-7-desmethyl-phytochlorin-methylester, Phäophorbid-b_7-trimethylester $C_{37}H_{38}N_4O_7$, Formel X und Taut.

Zusammenfassende Darstellung: *H. Fischer, A. Stern,* Die Chemie des Pyrrols, Bd. 2, Tl. 2 [Leipzig 1940] S. 251.

B. Neben anderen Verbindungen aus Phäophorbid-b (S. 3284) in Essigsäure und HCl beim Behandeln mit wss. HI und Luft und Verestern des Reaktionsprodukts mit Diazomethan (*Fischer, Lautenschlager,* A. **528** [1937] 9, 14, 27).

Kristalle (aus Acn.+Me.); unterhalb 330° nicht schmelzend [Sintern bei ca. 260°] (*Fi., La.*). Absorptionsspektrum (Dioxan; 480–670 nm): *Stern, Wenderlein,* Z. physik. Chem. [A] **177** [1936] 165, 178. λ_{max} (Py.+Ae.; 455–670 nm): *Fi., La.*

Oxim $C_{37}H_{39}N_5O_7$; (2^2R)-7-Äthyl-2^1-hydroxyimino-18*t*-[2-methoxycarbonyl-äthyl]-3,13,17*c*-trimethyl-12-vinyl-2^1,2^2,17,18-tetrahydro-cyclopenta[*at*]porphyrin-2^2r,8-dicarbonsäure-dimethylester, (13^2R)-7,13^2-Bis-methoxycarbonyl-3^1,3^2-didehydro-7-desmethyl-phytochlorin-methylester-oxim, Phäophorbid-b_7-trimethylester-oxim. Kristalle (aus Acn.+Me.); unterhalb 345° nicht schmelzend (*Fi., La.*). λ_{max} (Py.+Ae.; 455–670 nm): *Fi., La.*

Oxocarbonsäuren $C_{36}H_{36}N_4O_7$

3,3′,3″-[3,8,13,18-Tetramethyl-2^3-oxo-2^2,2^3-dihydro-2^1H-benzo[*at*]porphyrin-7,12,17-triyl]-tri-propionsäure, Koprorhodin-I $C_{36}H_{36}N_4O_7$, Formel XI und Taut.

B. Beim Erwärmen von Koproporphyrin-I-tetramethylester (S. 3095) mit H_2SO_4 [SO_3 enthaltend] (*Fischer et al.,* A. **479** [1930] 26, 28, 37).

Braunviolette Kristalle (aus Ae.).

Trimethylester $C_{39}H_{42}N_4O_7$; Koprorhodin-I-trimethylester. Kristalle (aus Py.+Me.); F: 227°.

HO—CO—CH2—CH2, CH3, H3C, CH2—CH2—CO—OH, NH, N, N, HN, HO—CO—CH2—CH2, CH3, H3C, O

XI

HO—CO—CH2—CH2, CH2—CH2—CO—OH, H3C, CH3, NH, N, N, HN, H3C, CH3, HO—CO—CH2—CH2, O

XII

3,3′,3″-[3,7,13,17-Tetramethyl-2^3-oxo-2^2,2^3-dihydro-2^1H-benzo[*at*]porphyrin-8,12,18-triyl]-tri-propionsäure, Koprorhodin-II $C_{36}H_{36}N_4O_7$, Formel XII und Taut.

B. Beim Behandeln von Koproporphyrin-II-tetramethylester (S. 3102) mit H_2SO_4 [SO_3 enthaltend] (*Fischer, Hierneis,* Z. physiol. Chem. **196** [1931] 155, 162, 167; *Fischer, Hartmann,* Z. physiol. Chem. **226** [1934] 116, 128).

Kristalle [aus Py.+Me.] (*Fi., Hi.*). λ_{max} (Py.; 445–645 nm): *Fi., Hi.*

Trimethylester $C_{39}H_{42}N_4O_7$; Koprorhodin-II-trimethylester. Kristalle (aus Py.+Me.); F: 225° (*Fi., Ha.*), 220° (*Fi., Hi.*). λ_{max} in Pyridin (445–645 nm): *Fi., Hi.*; in einem Pyridin-$CHCl_3$-Gemisch (460–645 nm): *Fi., Ha.* — Eisen(III)-Komplex $Fe(C_{39}H_{40}N_4O_7)Cl$. Kristalle [aus Eg.] (*Fi., Ha.*).

(2²R)-7-Äthyl-18t-[2-methoxycarbonyl-äthyl]-12-[(1Ξ,2Ξ)-2-methoxycarbonyl-cyclopropyl]-3,8,13,17c-tetramethyl-2¹-oxo-2¹,2²,17,18-tetrahydro-cyclopenta[at]porphyrin-2²r-carbonsäure-methylester, (13² R)-13-Methoxycarbonyl-3-[(1Ξ,2Ξ)-2-methoxycarbonyl-cyclopropyl]-3-desäthyl-phytochlorin-methylester, 3-[(1Ξ,2Ξ)-2-Methoxycarbonyl-cyclopropyl]-3-desvinyl-phäophorbid-a-methylester, *DEE*-Phäophorbid-a-methylester $C_{39}H_{42}N_4O_7$, Formel XIII und Taut. (in der Literatur auch als *DEE*-Methylphäophorbid-a bezeichnet).

Zusammenfassende Darstellung: *H. Fischer, A. Stern.* Die Chemie des Pyrrols, Bd. 2, Tl. 2 [Leipzig 1940] S. 68.

B. Beim Erwärmen von Phäophorbid-a-methylester (S. 3239) mit Diazoessigsäure-methylester (*Fischer, Medick,* A. **517** [1935] 245, 248, 261; s. a. *Fischer, Kahr,* A. **524** [1936] 251, 258). Aus *DEE*-Chlorin-e_6-trimethylester (3-[(1Ξ,2Ξ)-2-Methoxycarbonyl-cyclopropyl]-15-methoxycarbonylmethyl-3-desäthyl-rhodochlorin-dimethylester; S. 3103) in Pyridin beim Erwärmen mit methanol. KOH (*Fischer, Lautsch,* A. **528** [1937] 265, 266, 269, 275).

Kristalle (aus Acn.+Me.); F: 233°; $[\alpha]^{20}_{690-720}$: −235° [Acn.; c = 0,04] (*Fi., La.*). λ_{max} in einem Pyridin-Äther-Gemisch (440−680 nm): *Fi., La.*; in Äther (425−670 nm): *Fi., Me.*

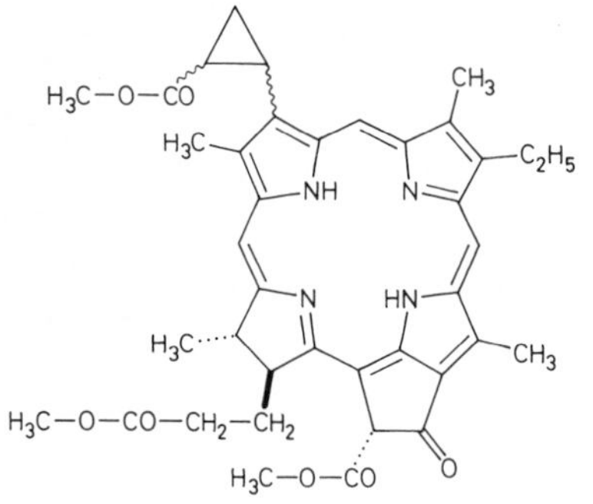

XIII

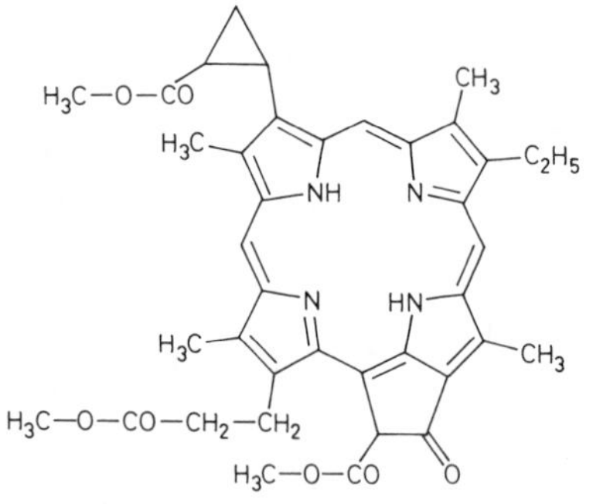

XIV

Oxocarbonsäuren $C_nH_{2n-38}N_4O_7$

***Opt.-inakt. (?) 7-Äthyl-18-[2-methoxycarbonyl-äthyl]-12-[2-methoxycarbonyl-cyclopropyl]-3,8,13,17-tetramethyl-2¹-oxo-2¹,2²-dihydro-cyclopenta[at]porphyrin-2²-carbonsäure-methylester, 13²-Methoxycarbonyl-3-[2-methoxycarbonyl-cyclopropyl]-3-desäthyl-phytoporphyrin-methylester** $C_{39}H_{40}N_4O_7$, Formel XIV und Taut. (in der Literatur als „Porphyrin aus dem *DEE*-Methylphäophorbid-a" bezeichnet).

B. Aus der vorangehenden Verbindung beim Erwärmen mit wss. HI und Essigsäure (*Fischer, Medick,* A. **517** [1935] 245, 248, 262).

Kristalle (aus Acn.+Me.); F: 242°. λ_{max} (Py.+Ae.; 440−640 nm): *Fi., Me.*

6. Oxocarbonsäuren mit 8 Sauerstoff-Atomen

Oxocarbonsäuren $C_nH_{2n-32}N_4O_8$

Oxocarbonsäuren $C_{32}H_{32}N_4O_8$

7,12-Diäthyl-18-[2-methoxycarbonyl-äthyl]-3,8,13,17-tetramethyl-5,10,15,20-tetraoxo-porphyrinogen-2-carbonsäure-methylester, Rhodoxanthoporphinogen-dimethylester $C_{34}H_{36}N_4O_8$, Formel I.

Bezüglich der Konstitution s. *Inhoffen et al.,* A. **700** [1966] 92, 95.

Zusammenfassende Darstellung: *H. Fischer, A. Stern,* Die Chemie des Pyrrols, Bd. 2, Tl. 2 [Leipzig 1940] S. 429.

B. Beim Behandeln von Rhodoporphyrin-dimethylester (S. 3006) mit PbO_2 in $CHCl_3$ und Essigsäure (*Treibs, Wiedemann,* A. **471** [1929] 146, 200).

Gelbe Kristalle (aus Me. + PAe.); F: 284° [korr.; Zers.] (*Tr., Wi.*).

Oxocarbonsäuren $C_{34}H_{36}N_4O_8$

3,3'-[7,12-Diäthyl-3,8,13,17-tetramethyl-5,10,15,20-tetraoxo-porphyrinogen-2,18-diyl]-di-propionsäure-dimethylester, Mesoxanthoporphinogen-IX-dimethylester $C_{36}H_{40}N_4O_8$, Formel II (R = CH_3).

Bezüglich der Konstitution s. *Inhoffen et al.,* A. **700** [1966] 92, 95.

Zusammenfassende Darstellung: *H. Fischer, A. Stern,* Die Chemie des Pyrrols, Bd. 2, Tl. 2 [Leipzig 1940] S. 427.

B. Aus Mesoporphyrin-dimethylester (S. 3022) beim Behandeln mit PbO_2 in Essigsäure und $CHCl_3$ (*Fischer, Treibs,* A. **457** [1927] 209, 218, 244) oder mit $FeCl_3$ und $K_3[Fe(CN)_6]$ in Essigsäure (*Fischer et al.,* Z. physiol. Chem. **195** [1931] 1, 18).

Gelbe Kristalle; F: 295° [korr.; aus Me.] (*Fi. et al.*), 294,5° [korr.; aus wss. Me.] (*Fi., Tr.,* l. c. S. 244).

Beim Erhitzen mit HBr in Essigsäure ist Hydroxy-mesoporphyrin-IX $C_{34}H_{36}N_4O_5$ (blaue Kristalle [aus Acn. + A.]; F: 255–256°; λ_{max} [Py. + Ae.; 435–550 nm]; Dimethylester $C_{36}H_{40}N_4O_5$: blaue Kristalle [aus Acn. + Me.], F: 171°) erhalten worden (*Stier, Gangl,* Z. physiol. Chem. **272** [1942] 239, 259, 272).

3,3'-[7,12-Diäthyl-3,8,13,17-tetramethyl-5,10,15,20-tetraoxo-porphyrinogen-2,18-diyl]-di-propionsäure-diäthylester, Mesoxanthoporphinogen-IX-diäthylester $C_{38}H_{44}N_4O_8$, Formel II (R = C_2H_5).

B. Beim Behandeln von Mesoporphyrin-diäthylester (S. 3026) mit PbO_2 in Essigsäure und $CHCl_3$ (*Fischer, Treibs,* A. **466** [1928] 188, 204, 222).

Kristalle (aus Acn. + Ae. + PAe.).

(7*R*)-12-Acetyl-7*r*-äthyl-18*c*-[2-methoxycarbonyl-äthyl]-20-methoxyoxalyl-3,8*t*,13,17*t*-tetramethyl-7,8,17,18-tetrahydro-porphyrin-2-carbonsäure-methylester, Bacteriopurpurin-7-trimethylester $C_{37}H_{42}N_4O_8$, Formel III und Taut.

Zusammenfassende Darstellung: *H. Fischer, A. Stern,* Die Chemie des Pyrrols, Bd. 2, Tl. 2 [Leipzig 1940] S. 318.

B. Aus Bacteriophäophorbid-a-methylester (S. 3274) in Pyridin und Äther beim Behandeln mit KOH enthaltendem Propan-1-ol und Verestern des Reaktionsprodukts mit Diazomethan (*Fischer et al.,* Z. physiol. Chem. **253** [1938] 1, 14, 30).

Dunkelgrüne Kristalle (aus Acn. + Me.); F: 224° (*Fi. et al.*). λ_{max} (Py. + Ae.; 430 – 680 nm): *Fi. et al.*

Oxocarbonsäuren $C_nH_{2n-34}N_4O_8$

Oxocarbonsäuren $C_{33}H_{32}N_4O_8$

(17*S*)-7-Äthyl-12-formyl-18*t*-[2-methoxycarbonyl-äthyl]-20-methoxyoxalyl-3,8,13,17*r*-tetramethyl-17,18-dihydro-porphyrin-2-carbonsäure-methylester, 3-Formyl-15-methoxyoxalyl-3-desäthyl-rhodochlorin-dimethylester $C_{36}H_{38}N_4O_8$, Formel IV und Taut. (in der Literatur als 2-Desvinyl-2-formyl-purpurin-7-trimethylester bezeichnet).

B. Neben anderen Verbindungen aus Purpurin-7-trimethylester (S. 3304) beim Behandeln mit $KMnO_4$ in Pyridin und H_2O und Verestern der Reaktionsprodukte mit Diazomethan (*Fischer, Walter,* A. **549** [1941] 44, 74).

F: 142°. λ_{max} (Py. + Ae.; 450 – 730 nm): *Fi., Wa.*

Oxocarbonsäuren $C_{34}H_{34}N_4O_8$

(17*S*)-7,12-Diäthyl-8-formyl-18*t*-[2-methoxycarbonyl-äthyl]-20-methoxyoxalyl-3,13,17*r*-trimethyl-17,18-dihydro-porphyrin-2-carbonsäure-methylester, 15-Methoxyoxalyl-7¹-oxo-rhodochlorin-dimethylester, *b*-Mesopurpurin-7-trimethylester $C_{37}H_{40}N_4O_8$, Formel V und Taut.

B. Aus Mesophäophorbid-b (S. 3280) beim Behandeln mit KOH enthaltendem Propan-1-ol und Verestern des Reaktionsprodukts (*Fischer, Conrad,* A. **538** [1939] 143, 150).

F: 239°. λ_{max} (Py. + Ae.; 455 – 680 nm): *Fi., Co.*

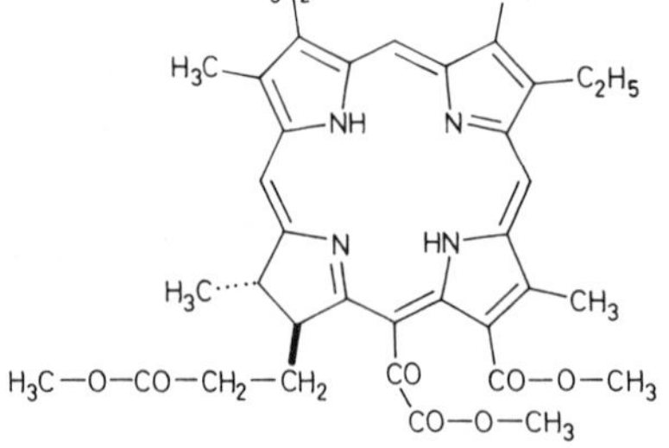

V

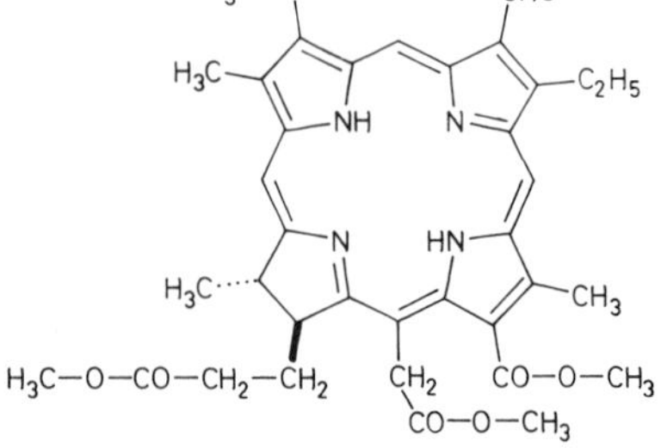

VI

(17*S*)-12-Acetyl-7-äthyl-8-formyl-18*t*-[2-methoxycarbonyl-äthyl]-20-methoxycarbonylmethyl-3,13,17*r*-trimethyl-17,18-dihydro-porphyrin-2-carbonsäure-methylester, 15-Methoxycarbonylmethyl-3¹,7¹-dioxo-rhodochlorin-dimethylester $C_{37}H_{40}N_4O_8$, Formel VI und Taut. (in der Literatur als 2-Desvinyl-2-acetyl-rhodin-g_7-trimethylester bezeichnet).

B. Aus (3¹*Ξ*)-3¹-Hydroxy-15-methoxycarbonylmethyl-7¹-oxo-rhodochlorin-dimethylester („2,α-Oxy-mesorhodin-g_7-trimethylester"; S. 3343) beim Behandeln mit $Na_2Cr_2O_7$ in Pyridin (*Fischer et al.,* A. **538** [1939] 128, 129, 134).

Blauschwarze Kristalle (aus Ae.); F: 263°. λ_{max} (Py. + Ae.; 465 – 690 nm): *Fi. et al.*

(17*S*)-12-Acetyl-7-äthyl-18*t*-[2-methoxycarbonyl-äthyl]-20-methoxyoxalyl-3,8,13,17*r*-tetramethyl-17,18-dihydro-porphyrin-2-carbonsäure-methylester, 15-Methoxyoxalyl-3[1]-oxo-rhodochlorin-dimethylester $C_{37}H_{40}N_4O_8$, Formel VII und Taut. (in der Literatur als 2-Desvinyl-2-acetyl-purpurin-7-trimethylester bezeichnet).

Zusammenfassende Darstellung: *H. Fischer, A. Stern,* Die Chemie des Pyrrols, Bd. 2, Tl. 2 [Leipzig 1940] S. 114.

B. Neben sog. 2-Desvinyl-2-acetyl-purpurin-18-methylester (Syst.-Nr. 4699) aus 15-Methoxycarbonylmethyl-3[1]-oxo-rhodochlorin-dimethylester („2-Desvinyl-2-acetyl-chlorin-e_6-trimethylester"; S. 3296) in Pyridin und Äther beim aufeinanderfolgenden Behandeln mit KOH enthaltendem Propan-1-ol und Diazomethan (*Fischer et al.*, A. **534** [1938] 1, 7, 19, 22).

Gelbe Kristalle (aus Acn. + Me.); F: 258 – 260°; $[\alpha]^{20}_{690-720}$: +1173° [Acn.; c = 0,02] (*Fi. et al.*). λ_{max} (Py. + Ae.; 450 – 740 nm): *Fi. et al.*

VII

VIII

Oxocarbonsäuren $C_nH_{2n-36}N_4O_8$

(17*S*)-7-Äthyl-8-formyl-18*t*-[2-methoxycarbonyl-äthyl]-20-methoxyoxalyl-3,13,17*r*-trimethyl-12-vinyl-17,18-dihydro-porphyrin-2-carbonsäure-methylester, 15-Methoxyoxalyl-7[1]-oxo-3[1],3[2]-didehydro-rhodochlorin-dimethylester, Rhodin-k-trimethylester, *b*-Phäopurpurin-7-trimethylester $C_{37}H_{38}N_4O_8$, Formel VIII und Taut.

Zusammenfassende Darstellung: *H. Fischer, A. Stern,* Die Chemie des Pyrrols, Bd. 2, Tl. 2 [Leipzig 1940] S. 276.

B. Aus Phäophorbid-b-methylester (S. 3284) in Pyridin und Äther beim Behandeln mit KOH enthaltendem Propan-1-ol (*Fischer, Bauer,* A. **523** [1936] 235, 275), auch unter Zusatz von wss. H_2O_2 (*Conant et al.*, Am. Soc. **53** [1931] 4436, 4443), und anschliessenden Verestern mit Diazomethan. Aus Phäophorbid-b (S. 3284), aus Phäophytin-b (S. 3287) oder aus Rhodin-g_7-trimethylester (S. 3301) beim Behandeln mit KOH enthaltendem Propan-1-ol in Pyridin und Äther und anschliessenden Verestern (*Fi., Ba.*, l. c. S. 275, 279, 280).

Grünschwarze Kristalle (aus Acn. + Me.); F: 252° (*Fi., Ba.*), 250 – 252° [nach Erweichen bei 245°] (*Co. et al.*, Am. Soc. **53** 4444). $[\alpha]^{20}_{690-730}$: +481° [Acn.; c = 0,06] (*Fi., Ba.*, l. c. S. 255). Absorptionsspektrum (Dioxan; 490 – 690 nm): *Stern, Wenderlein,* Z. physik. Chem. [A] **177** [1936] 165, 167, 181. λ_{max} in Äther (455 – 685 nm) sowie in wss. HCl (475 – 700 nm): *Co. et al.*, Am. Soc. **53** 4444; in einem Pyridin-Äther-Gemisch (460 – 690 nm): *Fi., Ba.*, l. c. S. 276. Scheinbare Dissoziationsexponenten pK'_{a1}, pK'_{a2} und pK'_{a3} (triprotonierte Verbindung; Eg.; potentiometrisch ermittelt) bei 25°: –2,3 bzw. –0,8 bzw. 1,2 (*Conant et al.*, Am. Soc. **56** [1934] 2185, 2186).

Beim Behandeln einer Lösung in Äther mit methanol. KOH ist *b*-Phäopurpurin-7-monomethylester ([(2*S*)-12-Äthyl-3*t*-(2-carboxy-äthyl)-13-formyl-7-methoxycarbonyl-2*r*,8,18-trimethyl-17-vinyl-2,3-dihydro-porphyrin-5-yl]-glyoxylsäure(?), 15-Hydroxyoxalyl-7[1]-oxo-3[1],3[2]-didehydro-rhodochlorin-13-methylester(?) $C_{35}H_{34}N_4O_8$; F: 206°) erhalten und beim Erhitzen in Rhodin-l-monomethylester (Dimethylester s. S. 3223) und ein isomeres Porphyrin $C_{33}H_{34}N_4O_5$ („Porphyrin-11-monomethylester", dunkelrote Kristalle [aus Ae.], λ_{max} [Ae. (450 – 670 nm) sowie wss. HCl (460 – 625 nm)]; Methylester [„Phorphyrin-11-dimethylester"] $C_{34}H_{36}N_4O_5$: dunkelrote Kristalle [aus

Ae.], F: 185—187°) übergeführt worden (*Co. et al.*, Am. Soc. **53** 4444, 4445).

Oxim $C_{37}H_{39}N_5O_8$; (17*S*)-7-Äthyl-8-[hydroxyimino-methyl]-18*t*-[2-methoxycarbonyl-äthyl]-20-methoxyoxalyl-3,13,17*r*-trimethyl-12-vinyl-17,18-dihydro-porphyrin-2-carbonsäure-methylester, 7^1-Hydroxyimino-15-methoxyoxalyl-3^1,3^2-didehydro-rhodochlorin-dimethylester, Rhodin-k-trimethylester-oxim. *B.* Aus Rhodin-g_7-trimethylester-oxim (S. 3302) in Pyridin und Äther beim aufeinanderfolgenden Behandeln mit KOH enthaltendem Propan-1-ol und mit Diazomethan (*Fi., Ba.*, l. c. S. 280). Aus *b*-Phäopurpurin-7-trimethylester und $NH_2OH \cdot HCl$ (*Fi., Ba.*, l. c. S. 276). — Kristalle (aus Acn. + Me.); F: 238° (*Fi., Ba.*). Absorptionsspektrum (Dioxan; 490—680 nm): *Stern, Pruckner*, Z. physik. Chem. [A] **180** [1937] 321, 322, 349. λ_{max} (Py. + Ae.; 455—705 nm): *Fi., Ba.*

Oxocarbonsäuren $C_nH_{2n-38}N_4O_8$

(2^2*R*)-7-Äthyl-8-formyl-18*t*-[2-methoxycarbonyl-äthyl]-12-[(1*Ξ*,2*Ξ*)-2-methoxycarbonyl-cyclopropyl]-3,13,17*c*-trimethyl-2^1-oxo-2^1,2^2,17,18-tetrahydro-cyclopenta[*at*]porphyrin-2^2*r*-carbonsäure-methylester, (13^2*R*)-13^2-Methoxycarbonyl-3-[(1*Ξ*,2*Ξ*)-2-methoxycarbonyl-cyclopropyl]-7^1-oxo-3-desäthyl-phytochlorin-methylester, 3-[(1*Ξ*,2*Ξ*)-2-Methoxycarbonyl-cyclopropyl]-3-desvinyl-phäophorbid-b-methylester, *DEE*-Phäophorbid-b-methylester $C_{39}H_{40}N_4O_8$, Formel IX und Taut. (in der Literatur auch als *DEE*-Methylphäophorbid-b bezeichnet).

Zusammenfassende Darstellung: *H. Fischer, A. Stern,* Die Chemie des Pyrrols, Bd. 2, Tl. 2 [Leipzig 1940] S. 250.

B. Beim Erwärmen von Phäophorbid-b-methylester (S. 3284) mit Diazoessigsäure-methylester (*Fischer, Grassl,* A. **517** [1935] 1, 3, 10).

Kristalle (aus Acn.); F: 262° [nach Sintern bei 235°] (*Fi., Gr.*). Absorptionsspektrum (Dioxan; 480—670 nm): *Stern, Wenderlein,* Z. physik. Chem. [A] **176** [1936] 81, 92, 108. λ_{max} (Py. + Ae.; 455—660 nm): *Fi., Gr.*

Monooxim $C_{39}H_{41}N_5O_8$; (2^2*R*)-7-Äthyl-8-[hydroxyimino-methyl]-18*t*-[2-methoxycarbonyl-äthyl]-12-[(1*Ξ*,2*Ξ*)-2-methoxycarbonyl-cyclopropyl]-3,13,17*c*-trimethyl-2^1-oxo-2^1,2^2,17,18-tetrahydro-cyclopenta[*at*]porphyrin-2^2*r*-carbonsäure-methylester, *DEE*-Phäophorbid-b-methylester-7^1-oxim. *B.* Aus Phäophorbid-b-methylester-monooxim-I (S. 3285) und Diazoessigsäure-methylester (*Fi., Gr.*). Aus *DEE*-Phäophorbid-b-methylester und $NH_2OH \cdot HCl$ (*Fi., Gr.*). — Dunkelgrüne Kristalle (aus Acn.); F: 264° (*Fi., Gr.*). Absorptionsspektrum (Dioxan; 480—670 nm); *St., We.*, l. c. S. 92, 109. λ_{max} (Py. + Ae.; 460—675 nm): *Fi., Gr.*

Dioxim $C_{39}H_{42}N_6O_8$; (2^2*R*)-7-Äthyl-2^1-hydroxyimino-8-[hydroxyimino-methyl]-18*t*-[2-methoxycarbonyl-äthyl]-12-[(1*Ξ*,2*Ξ*)-2-methoxycarbonyl-cyclopropyl]-3,13,17*c*-trimethyl-2^1,2^2,17,18-tetrahydro-cyclopenta[*at*]porphyrin-2^2*r*-carbonsäure-methylester, *DEE*-Phäophorbid-b-methylester-dioxim. Kristalle (aus Acn.); F: 263° (*Fi., Gr.*). Absorptionsspektrum (Dioxan; 480—670 nm): *St., We.* λ_{max} (Py. + Ae.; 450—670 nm): *Fi., Gr.*

IX

X

Oxocarbonsäuren $C_nH_{2n-40}N_4O_8$

***Opt.-inakt. (?) 7-Äthyl-8-formyl-18-[2-methoxycarbonyl-äthyl]-12-[2-methoxycarbonyl-cyclopropyl]-3,13,17-trimethyl-2¹-oxo-2¹,2²-dihydro-cyclopenta[*at*]porphyrin-2²-carbonsäure-methylester,** 13²-Methoxycarbonyl-3-[2-methoxycarbonyl-cyclopropyl]-7¹-oxo-3-desäthyl-phytoporphyrin-methylester $C_{39}H_{38}N_4O_8$, Formel X und Taut.

B. Aus dem vorangehenden *DEE*-Phäophorbid-b-methylester beim Erwärmen mit Essigsäure und wss. HI und anschliessenden Verestern mit Diazomethan (*Fischer, Grassl,* A. **517** [1935] 1, 3, 13).

Kristalle (aus Py. + Me.); F: 276°. λ_{max} (Py. + Ae.; 460 – 655 nm): *Fi., Gr.*

Monooxim $C_{39}H_{39}N_5O_8$. Kristalle (aus Py. + Me.). λ_{max} (Py. + Ae.; 445 – 645 nm): *Fi., Gr.*

7. Oxocarbonsäuren mit 9 Sauerstoff-Atomen

Oxocarbonsäuren $C_nH_{2n-34}N_4O_9$

(7*S*)-17-Äthyl-8*t*-[2-methoxycarbonyl-äthyl]-10-methoxyoxalyl-3,7*r*,13,18-tetramethyl-7,8-dihydro-porphyrin-2,12-dicarbonsäure-dimethylester, 3-Methoxycarbonyl-15-methoxyoxalyl-3-desäthyl-rhodochlorin-dimethylester, Purpurin-9-tetramethylester $C_{37}H_{40}N_4O_9$, Formel XI und Taut.

Zusammenfassende Darstellung: *H. Fischer, A. Stern,* Die Chemie des Pyrrols, Bd. 2, Tl. 2 [Leipzig 1940] S. 114, 320.

B. Aus Purpurin-7-trimethylester (S. 3304) beim Behandeln mit $KMnO_4$ in Pyridin bzw. wss. Pyridin und anschliessenden Verestern mit Diazomethan (*Fischer, Kahr,* A. **531** [1937] 209, 210, 228; *Fischer, Walter,* A. **549** [1941] 44, 73).

Kristalle; F: 236° [Zers.; aus Py. + Me.] (*Fi., Kahr*), 232° [Zers.] (*Fi., Wa.*). Absorptions≠spektrum (Dioxan; 460 – 700 nm): *Stern, Pruckner,* Z. physik. Chem. [A] **180** [1937] 321, 322, 348. λ_{max} (Py. + Ae.; 450 – 730 nm): *Fi., Kahr.*

In einem von *Fischer et al.* (Z. physiol. Chem. **253** [1938] 1, 19, 35) aus Bacteriophäophorbid-a-methylester (S. 3274) bei aufeinanderfolgendem Behandeln mit Ag_2O in Pyridin und Methanol und mit Diazomethan erhaltenen Präparat (Kristalle [aus Acn. + Me.]; F: 216° [Zers.]; $[\alpha]^{20}_{690-730}$: +493° [Dioxan; c = 0,02]; λ_{max} [Py. + Ae.; 440 – 730 nm]) hat vermutlich unreiner Purpurin-9-tetramethylester vorgelegen.

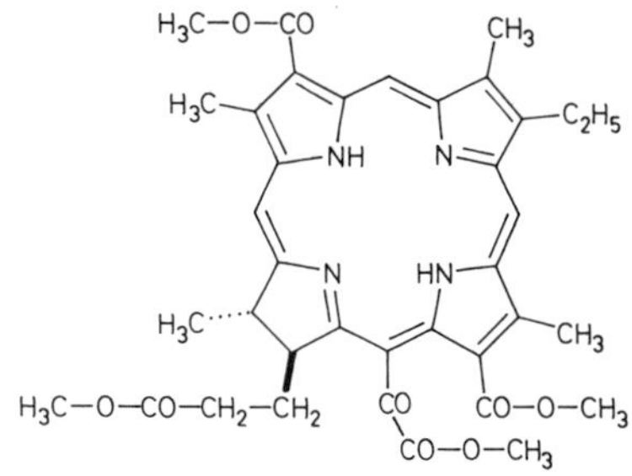

XI

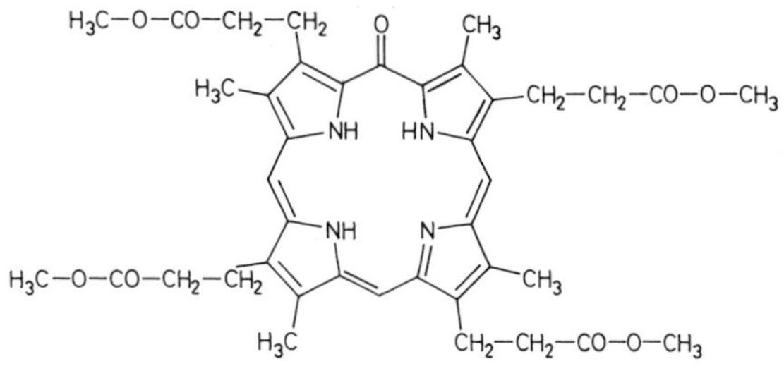

XII

3,3′,3″,3‴-[3,8,13,18-Tetramethyl-5-oxo-5,22-dihydro-porphyrin-2,7,12,17-tetrayl]-tetra-propionsäure-tetramethylester, 5-Oxo-5,22-dihydro-koproporphyrin-I-tetramethylester $C_{40}H_{46}N_4O_9$, Formel XII und Taut. (in der Literatur als Iso-oxy-koproporphyrin-I-tetramethylester bezeichnet).

Konstitution: *A. Treibs,* Das Leben und Wirken von Hans Fischer [München 1971] S. 322; s. a. *Clezy, Jackson,* in *D. Dolphin,* The Porphyrins, Bd. 1 [New York 1978] S. 265,

276; *Clezy,* in *D. Dolphin,* The Porphyrins, Bd. 2 [New York 1978] S. 103, 104, 107; *Fuhrhop,* in *K.M. Smith,* Porphyrins and Metalloporphyrins [Amsterdam 1975] S. 593, 630.

B. Aus der Pyridin-Verbindung des Koproporphyrin-tetramethylester-Eisen(II)-Komplexes (S. 3095) beim Behandeln mit wss. H_2O_2 in Pyridin, Erwärmen mit methanol. HCl und Behandeln des erhaltenen Eisen(III)-Komplexes (s. u.) mit Eisen-Pulver und konz. wss. HCl in Essigsäure (*Libowitzky, Fischer,* Z. physiol. Chem. **255** [1938] 209, 226, 230; s. a. *Libowitzky,* Z. physiol. Chem. **265** [1940] 191, 204).

Blauschwarze Kristalle (aus Py. + Me.); F: 258° (*Li., Fi.*). λ_{max} (wss. HCl [440 – 670 nm], Py. [440 – 665 nm], Eg. + Ae. [450 – 645 nm] sowie Dioxan [450 – 660 nm]): *Li., Fi.,* l. c. S. 230 – 232.

Reaktionen mit Acetanhydrid, Benzoylchlorid, Phenylisocyanat oder [1]Naphthylisocyanat: *Li., Fi.,* l. c. S. 231.

Eisen(III)-Komplex $Fe(C_{40}H_{44}N_4O_9)Cl$. Braunschwarze Kristalle (aus $CHCl_3$ + methanol. HCl); F: 260 – 265° [Zers.; nach Sintern ab 255°] (*Li., Fi.*). λ_{max} (Py. [470 – 670 nm] sowie $CHCl_3$ [470 – 555 nm]): *Li., Fi.* – Beim Erwärmen einer Lösung in Pyridin mit Sauerstoff entsteht sog. Koproporphyrin-I-tetramethylester-verdohämin $Fe(C_{40}H_{43}N_4O_9)Cl_2$ [?; schwarzgrüne Kristalle (aus methanol. HCl); F: 202°; λ_{max} (Py.; 460 – 685)] (*Li.*; s. a. *Li., Fi.,* l. c. S. 232; *Tr.,* l. c. S. 323, 324.

Oxocarbonsäuren $C_nH_{2n-36}N_4O_9$

(17*S*)-7-Äthyl-8-formyl-18*t*-[2-methoxycarbonyl-äthyl]-12-[(1Ξ,2Ξ)-2-methoxycarbonyl-cyclopropyl]-20-methoxycarbonylmethyl-3,13,17*r*-trimethyl-17,18-dihydro-porphyrin-2-carbonsäure-methylester, 3-[(1Ξ,2Ξ)-2-Methoxycarbonyl-cyclopropyl]-15-methoxycarbonylmethyl-7¹-oxo-3-desäthyl-rhodochlorin-dimethylester, *DEE*-Rhodin-g_7-trimethylester $C_{40}H_{44}N_4O_9$, Formel XIII und Taut.

Zusammenfassende Darstellung: *H. Fischer, A. Stern,* Die Chemie des Pyrrols, Bd. 2, Tl. 2 [Leipzig 1940] S. 269.

B. Aus Rhodin-g_7-trimethylester (S. 3301) und Diazoessigsäure-methylester (*Fischer, Breitner,* A. **511** [1934] 183, 191; *Fischer, Medick,* A. **517** [1935] 245, 272).

Kristalle (aus Acn. + Me.); F: 231° (*Fi., Br.*; *Fi., Me.*). λ_{max} (Ae.; 450 – 655 nm): *Fi., Br.*; *Fi., Me.*

Oxim $C_{40}H_{45}N_5O_9$; (17*S*)-7-Äthyl-8-[hydroxyimino-methyl]-18*t*-[2-methoxycarbonyl-äthyl]-12-[(1Ξ,2Ξ)-2-methoxycarbonyl-cyclopropyl]-20-methoxycarbonylmethyl-3,13,17*r*-trimethyl-17,18-dihydro-porphyrin-2-carbonsäure-methylester, 7¹-Hydroxyimino-3-[(1Ξ,2Ξ)-2-methoxycarbonyl-cyclopropyl]-15-methoxycarbonylmethyl-3-desäthyl-rhodochlorin-dimethylester, *DEE*-Rhodin-g_7-trimethylester-oxim. *B.* Aus *DEE*-Rhodin-g_7-trimethylester und NH_2OH (*Fi., Br.*). Aus *DEE*-Phäophorbid-b-methylester-7¹-oxim (S. 3312) beim Behandeln mit Diazomethan und Methanol (*Fischer, Grassl,* A. **517** [1935] 1, 3, 15). – Kristalle; F: 229° [aus Acn. + Me.] (*Fischer, Bauer,* A. **523** [1936] 235, 237, 256), 223° [aus Acn.] (*Fi., Gr.*). λ_{max} (Py. + Ae.; 445 – 675 nm): *Fi., Gr.*; *Fi., Ba.*

(17*S*)-7-Äthyl-18*t*-[2-methoxycarbonyl-äthyl]-12-[(1Ξ,2Ξ)-2-methoxycarbonyl-cyclopropyl]-20-methoxyoxalyl-3,8,13,17*r*-tetramethyl-17,18-dihydro-porphyrin-2-carbonsäure-methylester, 3-[(1Ξ,2Ξ)-2-Methoxycarbonyl-cyclopropyl]-15-methoxyoxalyl-3-desäthyl-rhodochlorin-dimethylester, *DEE*-Purpurin-7-trimethylester $C_{40}H_{44}N_4O_9$, Formel XIV und Taut.

Zusammenfassende Darstellung: *H. Fischer, A. Stern,* Die Chemie des Pyrrols, Bd. 2, Tl. 2 [Leipzig 1940] S. 113.

B. Aus Purpurin-7-trimethylester (S. 3304) und Diazoessigsäure-methylester (*Fischer, Krauss,* A. **521** [1936] 261, 269, 284). Aus *DEE*-Phäophorbid-a-methylester (S. 3308) in Äther beim aufeinanderfolgenden Behandeln mit KOH enthaltendem Propan-1-ol und mit Diazomethan (*Fischer, Kahr,* A. **524** [1936] 251, 254, 259).

Kristalle (aus Acn. + Me.); F: 195°; $[\alpha]^{20}_{ca.\ 700}$: +305° [Acn.; c = 0,1] (*Fi., Kahr*). λ_{max} (Py. + Ae.; 435 – 700 nm): *Fi., Kahr.*

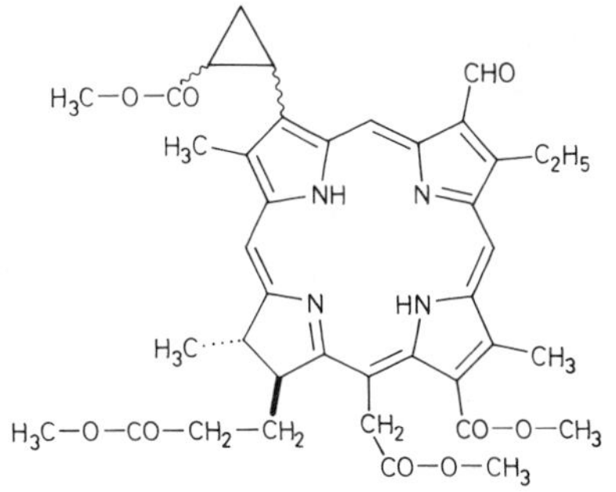

XIII

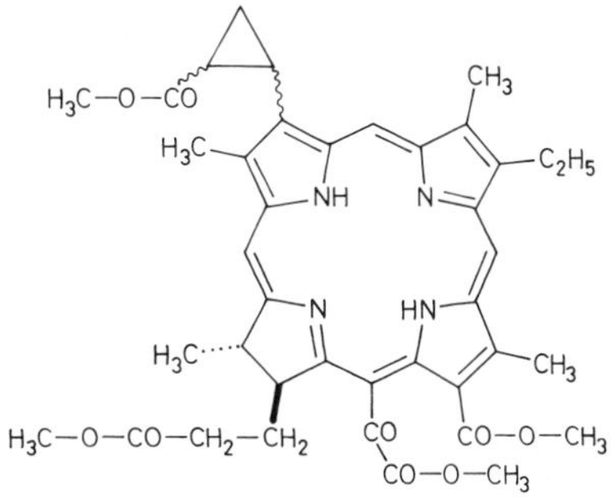

XIV

Oxocarbonsäuren $C_nH_{2n-38}N_4O_9$

(2^2R)-7-Äthyl-18*t*-[2-methoxycarbonyl-äthyl]-12-[(1Ξ,2Ξ)-2-methoxycarbonyl-cyclopropyl]-3,13,17*c*-trimethyl-2^1-oxo-2^1,2^2,17,18-tetrahydro-cyclopenta[*at*]porphyrin-2^2r,8-dicarbonsäure-dimethylester, (13^2R)-7,13^2-Bis-methoxycarbonyl-3-[(1Ξ,2Ξ)-2-methoxycarbonyl-cyclopropyl]-3-desäthyl-7-desmethyl-phytochlorin-methylester, *DEE*-Phäophorbid-b_7-trimethylester $C_{40}H_{42}N_4O_9$, Formel XV und Taut.

Zusammenfassende Darstellung: *H. Fischer, A. Stern,* Die Chemie des Pyrrols, Bd. 2, Tl. 2 [Leipzig 1940] S. 252.

B. Aus Phäophorbid-b_7-trimethylester (S. 3307) und Diazoessigsäure-methylester (*Fischer, Lautenschläger,* A. **528** [1937] 9, 15, 29).

Kristalle (aus Acn. + Me.); F: 253° [Zers.] (*Fi., La.*). λ_{max} (Py. + Ae.; 450–665 nm): *Fi., La.*

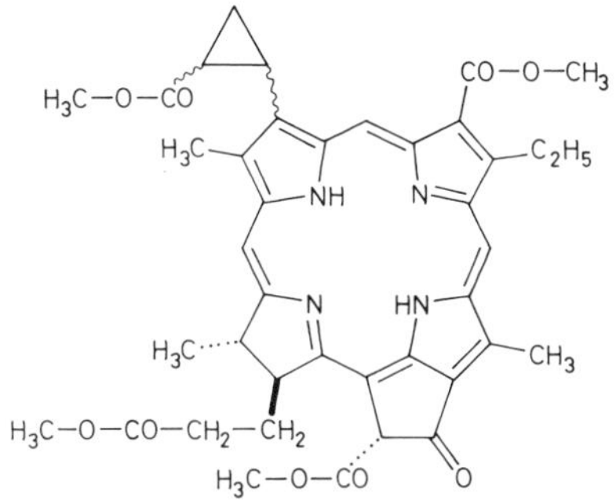

XV

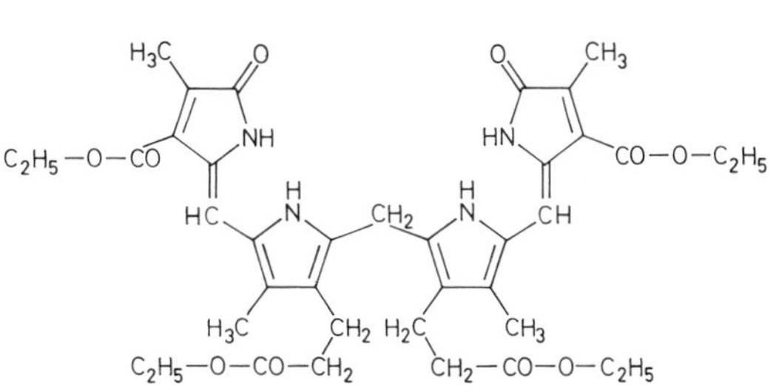

I

8. Oxocarbonsäuren mit 10 Sauerstoff-Atomen

Oxocarbonsäuren $C_nH_{2n-30}N_4O_{10}$

Oxocarbonsäuren $C_{31}H_{32}N_4O_{10}$

***8,12-Bis-[2-äthoxycarbonyl-äthyl]-2,7,13,18-tetramethyl-1,19-dioxo-10,19,21,22,23,24-hexahydro-1*H*-bilin-3,17-dicarbonsäure-diäthylester** $C_{39}H_{48}N_4O_{10}$, Formel I und Taut.

B. Aus 2-[4-(2-Äthoxycarbonyl-äthyl)-3-methyl-pyrrol-2-ylmethylen]-4-methyl-5-oxo-2,5-dihydro-pyrrol-3-carbonsäure-äthylester (E III/IV **25** 1844) beim Erwärmen mit Formaldehyd und wss. HCl (*Fischer, Adler,* Z. physiol. Chem. **197** [1931] 237, 250, 274).

Rote Kristalle (aus Py. + A.); F: 244°.

Oxocarbonsäuren $C_{35}H_{40}N_4O_{10}$

***3,3′,3″,3‴-[3,8,13,18-Tetramethyl-1,19-dioxo-10,19,21,22,23,24-hexahydro-1*H*-bilin-2,7,12,17-tetrayl]-tetra-propionsäure,** Koprobilirubin-Iα $C_{35}H_{40}N_4O_{10}$, Formel II.

B. Aus dem Tetramethylester-dihydrochlorid (s. u.) mit Hilfe von methanol. KOH (*Libo*=

witzky, Z. physiol. Chem. **265** [1940] 191, 209).

Gelbe Kristalle (aus Py. + Eg.); F: 291°.

Tetramethylester $C_{39}H_{48}N_4O_{10}$; Koprobilirubin-Iα-tetramethylester. *B.* Beim Behandeln von Koproglaukobilin-Iα-tetramethylester (S. 3317) mit Zink und Essigsäure (*Li.*). – Gelbes Pulver (aus Me.). – Dihydrochlorid $C_{39}H_{48}N_4O_{10} \cdot 2HCl$. Hygroskopische rote Kristalle (aus methanol. HCl); F: 197–200°.

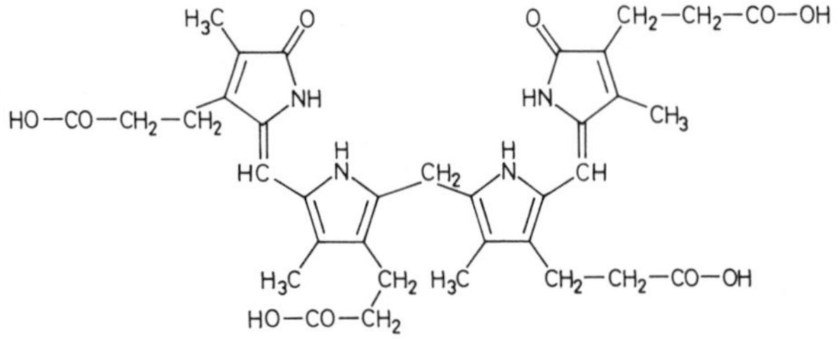

II

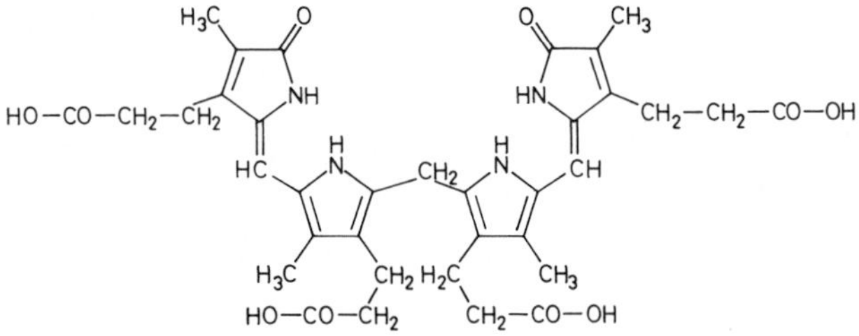

III

***3,3',3'',3'''-[2,7,13,18-Tetramethyl-1,19-dioxo-10,19,21,22,23,24-hexahydro-1*H*-bilin-3,8,12,17-tetrayl]-tetra-propionsäure,** Koprobilirubin-IVγ $C_{35}H_{40}N_4O_{10}$, Formel III.

Zusammenfassende Darstellung: *H. Fischer, H. Orth,* Die Chemie des Pyrrols, Bd. 2, Tl. 1 [Leipzig 1937] S. 671.

B. Aus [3-(2-Carboxy-äthyl)-4-methyl-5-oxo-1,5-dihydro-pyrrol-2-yliden]-[4-(2-carboxy-äthyl)-3-methyl-pyrrol-2-yl]-methan (E III/IV **25** 1846) beim Behandeln mit Formaldehyd und wss. HCl (*Fischer, Adler,* Z. physiol. Chem. **210** [1932] 139, 155). Neben anderen Verbindungen aus [5-Brom-3-(2-carboxy-äthyl)-4-methyl-pyrrol-2-yl]-[4-(2-carboxy-äthyl)-3,5-dimethyl-pyrrol-2-yl]-methinium-bromid (E III/IV **25** 1112) beim Erhitzen mit Kaliumacetat und Essigsäure (*Fi., Ad.,* l. c. S. 150).

Gelbe Kristalle (aus Py. + Me.); F: 292° [Zers.] (*Fi., Ad.*).

Kupfer(II)-Komplex $CuC_{35}H_{38}N_4O_{10}$. Blauviolette Kristalle; F: 300°; λ_{max} ($CHCl_3$ + Eg.): 585 nm, 635 nm und 690 nm (*Fi., Ad.,* l. c. S. 160).

Tetramethylester $C_{39}H_{48}N_4O_{10}$; Koprobilirubin-IVγ-tetramethylester. Dihydrochlorid $C_{39}H_{48}N_4O_{10} \cdot 2HCl$. Orangerote Kristalle (aus methanol. HCl); F: 199–200° [nach Grünfärbung ab 150° unter HCl-Entwicklung] (*Fi., Ad.,* l. c. S. 152).

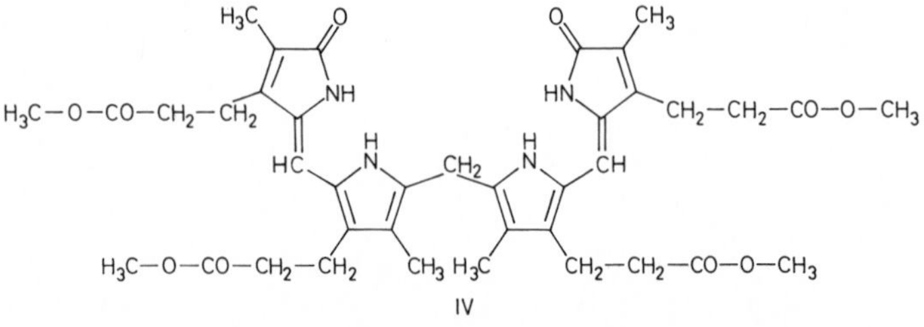

IV

***3,3′,3″,3‴-[2,8,12,18-Tetramethyl-1,19-dioxo-10,19,21,22,23,24-hexahydro-1*H*-bilin-3,7,13,17-tetrayl]-tetra-propionsäure-tetramethylester,** Koprobilirubin-II*β*-tetramethylester $C_{39}H_{48}N_4O_{10}$, Formel IV.

B. Aus [3-(2-Methoxycarbonyl-äthyl)-4-methyl-5-oxo-1,5-dihydro-pyrrol-2-yliden]-[3-(2-methoxycarbonyl-äthyl)-4-methyl-pyrrol-2-yl]-methan (E III/IV **25** 1846) beim Behandeln mit Formaldehyd und wss. HCl (*Fischer, Aschenbrenner,* Z. physiol. Chem. **229** [1934] 71, 75, 86).

Gelbe Kristalle (aus $CHCl_3$ + Me.); F: 190° [Zers.].

Oxocarbonsäuren $C_nH_{2n-32}N_4O_{10}$

Oxocarbonsäuren $C_{30}H_{28}N_4O_{10}$

5,10-Diäthoxy-3,8-bis-[4-äthoxycarbonyl-3,5-dimethyl-pyrrol-2-ylmethyl]-5,10-dihydroxy-1,6-dimethyl-5*H*,10*H*-dipyrrolo[1,2-*a*;1′,2′-*d*]pyrazin-2,7-dicarbonsäure-diäthylester(?) $C_{42}H_{56}N_4O_{12}$, vermutlich Formel V.

Die beiden folgenden Präparate sind von *Harrell, Corwin* (Am. Soc. **78** [1956] 3135, 3136) als *cis*- bzw. *trans*-Stereoisomere dieser Konstitution angesehen worden.

a) Präparat vom F: 238°.

B. Neben dem unter b) beschriebenen Präparat aus 5-[4-Äthoxycarbonyl-3,5-dimethyl-pyrrol-2-ylidenmethyl]-3-methyl-pyrrol-2,4-dicarbonsäure-diäthylester beim Hydrieren an Palladium/Kohle in Äthanol (*Ha., Co.,* l. c. S. 3138).

Kristalle (aus Dioxan + H_2O) mit 2 Mol H_2O; Kristalle (aus siedendem Dioxan + H_2O) mit 4 Mol H_2O; Kristalle (aus A.) mit 2 Mol Äthanol; die lösungsmittelfreie Verbindung schmilzt bei 237 – 238,5° [unkorr.; Zers.].

b) Präparat vom F: 196°.

B. s. unter a).

Kristalle (aus Bzl.), F: 195 – 196,5° [unkorr.; Zers.; nach Trocknen]; Kristalle (aus wss. A.) mit 2 Mol H_2O, F: 145° [unkorr.; Zers.] (*Ha., Co.,* l. c. S. 3138).

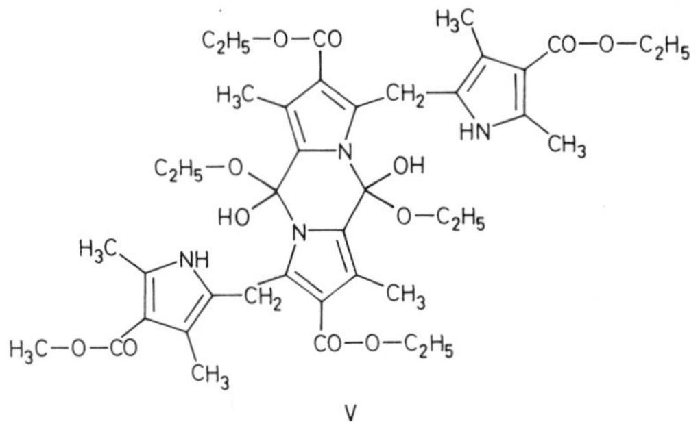

V

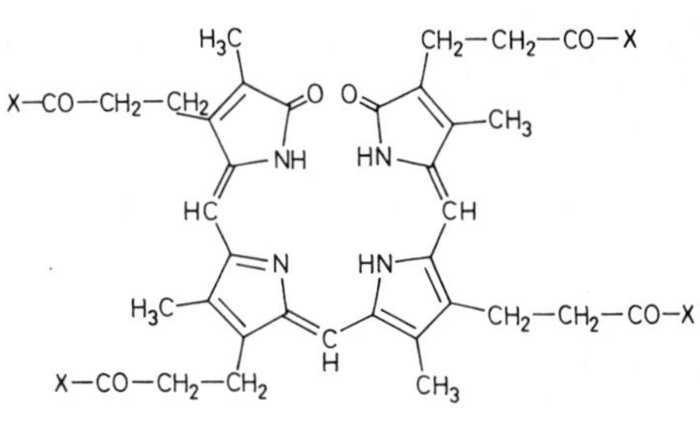

VI

Oxocarbonsäuren $C_{35}H_{38}N_4O_{10}$

***3,3′,3″,3‴-[3,8,13,18-Tetramethyl-1,19-dioxo-19,21,22,24-tetrahydro-1*H*-bilin-2,7,12,17-tetrayl]-tetra-propionsäure-tetramethylester,** Koproglaukobilin-I*α*-tetramethylester $C_{39}H_{46}N_4O_{10}$, Formel VI und Taut.

Konstitution: *A. Treibs,* Das Leben und Wirken von Hans Fischer [München 1971] S. 321.

B. Aus dem Eisen(III)-Komplex des Koproporphyrin-I-tetramethylesters (S. 3097) beim Behandeln mit L-Ascorbinsäure und Sauerstoff in Pyridin (*Fischer, Libowitzky,* Z. physiol. Chem. **251** [1938] 198, 199, 202; s. a. *Libowitzky,* Z. physiol. Chem. **265** [1940] 191, 207) oder mit Branntweinhefe und Luft in wss. Pyridin (*Libowitzky, Fischer,* Z. physiol. Chem. **255** [1938] 209, 224) und anschliessenden Erwärmen mit methanol. HCl.

Blaue Kristalle; F: 214° [aus $CHCl_3$ + Me.] (*Fi., Li.*), 212 – 214° [aus Acn. + Me.] (*Li., Fi.*). Absorptionsspektrum (Dioxan; 250 – 700 nm): *Stern, Pruckner,* Z. physik. Chem. [A] **182** [1938] 117, 118, 126; s. dazu *Pruckner, v. Dobeneck,* Z. physik. Chem. [A] **190** [1941/42] 43, 54 Anm. 1.

***3,3′,3″,3‴-[2,7,13,18-Tetramethyl-1,19-dioxo-19,21,22,24-tetrahydro-1*H*-bilin-3,8,12,17-tetrayl]-tetra-propionsäure,** Koproglaukobilin-IVγ $C_{35}H_{38}N_4O_{10}$, Formel VII.

B. Aus Koprobilirubin-IVγ (S. 3316) beim Behandeln mit Brom in Essigsäure unter Lichteinwirkung (*Fischer, Libowitzky,* Z. physiol. Chem. **251** [1938] 198, 201).

Hydrobromid. Grünschwarze Kristalle; F: ca. 236° (*Fi., Li.*).

Tetramethylester $C_{39}H_{46}N_4O_{10}$; Koproglaukobilin-IVγ-tetramethylester. Blaue Kristalle (aus Acn. + Me.); F: 186° (*Fi., Li.*). Absorptionsspektrum (Dioxan; 250–700 nm): *Stern, Pruckner,* Z. physik. Chem. [A] **182** [1938] 117, 118, 126; s. dazu *Pruckner, v. Dobeneck,* Z. physik. Chem. [A] **190** [1941/42] 43, 54 Anm. 1.

VII

VIII

***3,3′,3″,3‴-[2,8,12,18-Tetramethyl-1,19-dioxo-19,21,22,24-tetrahydro-1*H*-bilin-3,7,13,17-tetrayl]-tetra-propionsäure-tetramethylester,** Koproglaukobilin-IIβ-tetramethylester $C_{39}H_{46}N_4O_{10}$, Formel VIII (X = OCH_3).

B. Aus [5-Brom-3-(2-carboxy-äthyl)-4-methyl-pyrrol-2-yl]-[3-(2-carboxy-äthyl)-5-methoxy-4-methyl-pyrrol-2-yliden]-methan (E III/IV **25** 1302) beim Erwärmen mit Formaldehyd und wss. HCl und anschliessenden Verestern mit Diazomethan (*Fischer, Stachel,* Z. physiol. Chem. **258** [1939] 121, 123, 131).

Dunkelblaue Kristalle (aus Acn. + Me.); F: 201° (*Fi., St.*).

Tetrachloroferrat(III) $C_{39}H_{46}N_4O_{10} \cdot H[FeCl_4]$; Ferrobilin. *B.* Aus Koprobilirubin-IIβ-tetramethylester (S. 3317) beim Erwärmen mit $FeCl_3$ in Essigsäure (*Fischer, Aschenbrenner,* Z. physiol. Chem. **229** [1934] 71, 85, 86). – Kristalle (aus Eg. + Ae.); F: 160° (*Fi., Asch.*).

Oxocarbonsäuren $C_nH_{2n-34}N_4O_{10}$

***Opt.-inakt. 2,2′-[8,12-Bis-(2-carboxy-äthyl)-2,7,13,18-tetramethyl-1,19-dioxo-10,19,21,22,23,24-hexahydro-1*H*-bilin-3,17-diyl]-bis-cyclopropancarbonsäure** $C_{37}H_{40}N_4O_{10}$, Formel IX.

B. Aus opt.-inakt. 2-{2-[4-(2-Methoxycarbonyl-äthyl)-3-methyl-pyrrol-2-ylmethylen]-4-methyl-5-oxo-2,5-dihydro-pyrrol-3-yl}-cyclopropancarbonsäure-methylester (E III/IV **25** 1852) bei aufeinanderfolgendem Behandeln mit methanol. KOH und mit Formaldehyd und wss. HCl (*Fischer et al.,* Z. physiol. Chem. **268** [1941] 197, 221).

Gelbe Kristalle (aus Py. + Me.).

IX

X

Oxocarbonsäuren $C_nH_{2n-36}N_4O_{10}$

***3,8-Bis-[4-äthoxycarbonyl-3,5-dimethyl-pyrrol-2-ylidenmethyl]-1,6-dimethyl-5,10-dioxo-5*H*,10*H*-dipyrrolo[1,2-*a*;1′,2′-*d*]pyrazin-2,7-dicarbonsäure-diäthylester(?)** $C_{38}H_{40}N_4O_{10}$, vermutlich Formel X.

B. Aus 5-[4-Äthoxycarbonyl-3,5-dimethyl-pyrrol-2-ylmethyl]-3-methyl-pyrrol-2,4-dicarbon= säure-4-äthylester beim Erhitzen mit Acetanhydrid und Natriumacetat (*Harrell, Corwin,* Am. Soc. **78** [1956] 3135, 3139). Als Hauptprodukt beim Erhitzen von 3,8-Bis-brommethyl-1,6-di= methyl-5,10-dioxo-5*H*,10*H*-dipyrrolo[1,2-*a*;1′,2′-*d*]pyrazin-2,7-dicarbonsäure-diäthylester mit 2,4-Dimethyl-pyrrol-3-carbonsäure-äthylester (*Ha., Co.,* l. c. S. 3140).

Orangefarbene Kristalle (aus Dioxan + A.); orangefarbene Kristalle (aus Dioxan + H_2O) mit 1 Mol oder mit 2 Mol H_2O; die wasserfreie Verbindung schmilzt bei 266,5 – 268° [unkorr.; Zers.]. Absorptionsspektrum (Dioxan; 220 – 470 nm): *Ha., Co.,* l. c. S. 3138.

(1Ξ,2Ξ,1′Ξ,2′Ξ)-2,2′-[(4*Z*,15*Z*)-8,12-Bis-(2-methoxycarbonyl-äthyl)-3,7,13,18-tetramethyl-1,19-dioxo-19,21,22,24-tetrahydro-1*H*-bilin-2,17-diyl]-bis-cyclopropancarbonsäure-dimethylester $C_{41}H_{46}N_4O_{10}$, Formel XI und Taut.

B. Aus (*Z*,*Z*)-Bilirubin-dimethylester (S. 3268) beim Erwärmen mit Diazoessigsäure-methyl= ester und aufeinanderfolgenden Behandeln mit $FeCl_3$ in Methanol und $CHCl_3$ und mit wss. NaOH (*Fischer et al.,* Z. physiol. Chem. **268** [1941] 197, 220). Beim Erwärmen von (*Z*,*Z*,*Z*)-Biliverdin-dimethylester (S. 3272) mit Diazoessigsäure-methylester (*Fi. et al.,* l. c. S. 221).

Kristalle (aus $CHCl_3$ + Me.); F: 188°.

Zink-Komplex $ZnC_{41}H_{44}N_4O_{10}$. Kristalle (aus Me.).

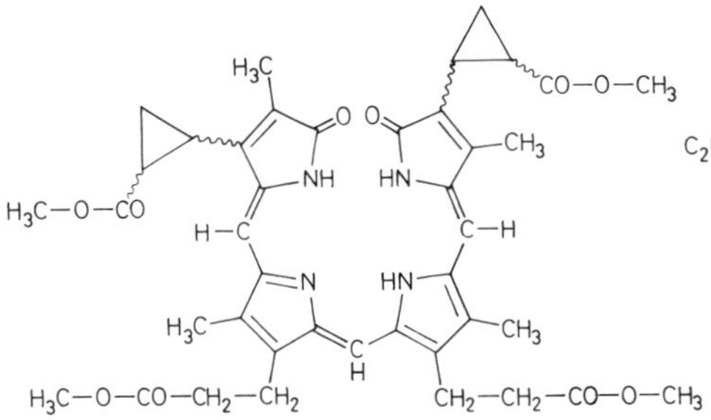

XI

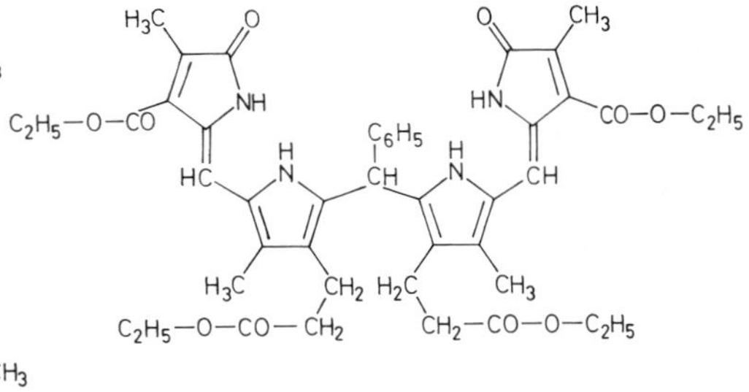

XII

Oxocarbonsäuren $C_nH_{2n-38}N_4O_{10}$

***8,12-Bis-[2-äthoxycarbonyl-äthyl]-2,7,13,18-tetramethyl-1,19-dioxo-10-phenyl-10,19,21,22,23,24-hexahydro-1*H*-bilin-3,17-dicarbonsäure-diäthylester** $C_{45}H_{52}N_4O_{10}$, Formel XII.

B. Aus 2-[4-(2-Äthoxycarbonyl-äthyl)-3-methyl-pyrrol-2-ylmethylen]-4-methyl-5-oxo-2,5-di= hydro-pyrrol-3-carbonsäure-äthylester (vgl. E III/IV **25** 1844) beim Behandeln mit Benzaldehyd und wss. HCl (*Fischer, Adler,* Z. physiol. Chem. **197** [1931] 237, 250, 275).

Rote Kristalle (aus A. oder $CHCl_3$ + PAe.); F: 184°.

9. Oxocarbonsäuren mit 12 Sauerstoff-Atomen

Oxocarbonsäuren $C_nH_{2n-36}N_4O_{12}$

3,3′,3″,3‴-[3,8,13,18-Tetramethyl-5,10,15,20-tetraoxo-porphyrinogen-2,7,12,17-tetrayl]-tetra-propionsäure, Koproxanthoporphinogensäure $C_{36}H_{36}N_4O_{12}$, Formel XIII.

Bezüglich der Konstitution s. *Inhoffen et al.,* A. **700** [1966] 92, 95.

Zusammenfassende Darstellung: *H. Fischer, A. Stern,* Die Chemie des Pyrrols, Bd. 2, Tl. 2 [Leipzig 1940] S. 428.

B. Aus dem Tetramethylester (s. u.) beim Erhitzen mit wss. NaOH (*Fischer et al.,* A. **466** [1928] 147, 150, 163).

Gelbe Kristalle (aus Acn. oder Py. + Ae.) mit 2 Mol H_2O (*Fi. et al.*).

Tetramethylester $C_{40}H_{44}N_4O_{12}$; Koproxanthoporphinogensäure-tetramethyl= ester. *B.* Beim Behandeln von Koproporphyrin-I-tetramethylester (S. 3095) mit PbO_2 in $CHCl_3$ und Essigsäure (*Fi. et al.,* l. c. S. 162). – Hellgelbe Kristalle (aus Me.); F: 315° [unkorr.; Zers.] (*Fi. et al.*).

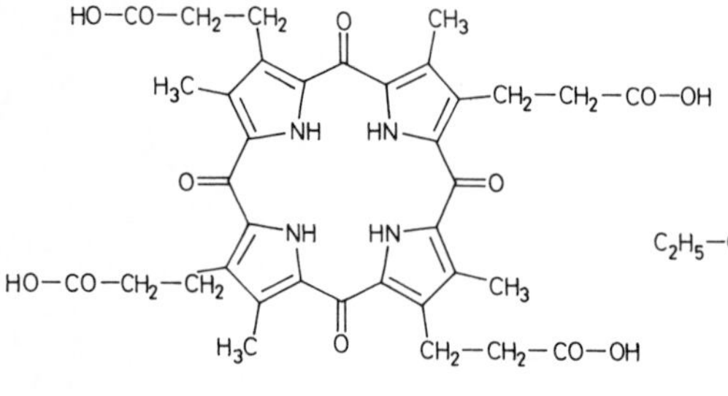

XIII

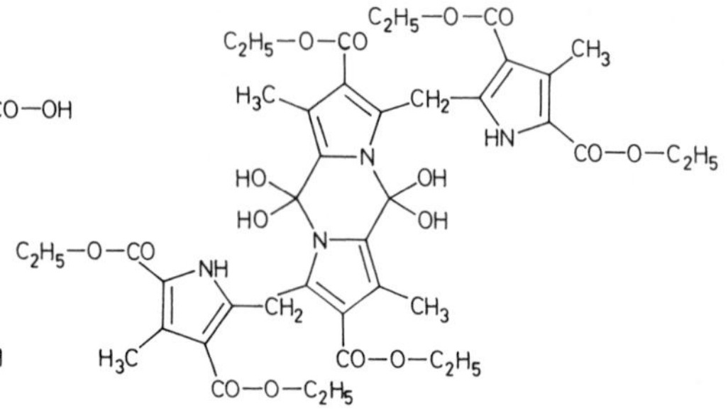

XIV

10. Oxocarbonsäuren mit 14 Sauerstoff-Atomen

Oxocarbonsäuren $C_nH_{2n-36}N_4O_{14}$

3,8-Bis-[3,5-bis-äthoxycarbonyl-4-methyl-pyrrol-2-ylmethyl]-5,5,10,10-tetrahydroxy-1,6-dimethyl-5*H*,10*H*-dipyrrolo[1,2-*a*;1′,2′-*d*]pyrazin-2,7-dicarbonsäure-diäthylester (?) $C_{42}H_{52}N_4O_{16}$, vermutlich Formel XIV.

B. Aus [3-Äthoxycarbonyl-5-carboxy-4-methyl-pyrrol-2-yl]-[3,5-bis-äthoxycarbonyl-4-methyl-pyrrol-2-yl]-methan (E III/IV **25** 1172) beim Erhitzen mit Acetanhydrid und Natrium= acetat (*Harrell, Corwin,* Am. Soc. **78** [1956] 3135, 3139).

Kristalle (aus Dioxan + H_2O) mit 5 Mol H_2O; F: 203 – 204° [unkorr.; Zers.].

[*Mischon*]

L. Hydroxy-oxo-carbonsäuren

1. Hydroxy-oxo-carbonsäuren mit 4 Sauerstoff-Atomen

Hydroxy-oxo-carbonsäuren $C_nH_{2n-8}N_4O_4$

2-Methylmercapto-7-oxo-4,7-dihydro-[1,2,4]triazolo[1,5-*a*]pyrimidin-6-carbonsäure-äthylester $C_9H_{10}N_4O_3S$, Formel I und Taut.

B. Aus 5-Methylmercapto-[1,2,4]triazol-3-ylamin (E II **26** 139) und Äthoxymethylen-malon= säure-diäthylester (*Allen et al.,* J. org. Chem. **24** [1959] 779, 786; s. a. *Williams,* Soc. **1962** 2222, 2226).

Kristalle (aus Eg.); F: 309 – 310° (*Wi.*). λ_{max} (Me.): 265 nm und 308 nm (*Al. et al.*).

2-Hydroxymethyl-7-oxo-4,7-dihydro-[1,2,4]triazolo[1,5-*a*]pyrimidin-6-carbonsäure-äthylester $C_9H_{10}N_4O_4$, Formel II und Taut.

B. Analog der vorangehenden Verbindung (*Allen et al.*, J. org. Chem. **24** [1959] 779, 786).

λ_{max} (Me.): 252 nm und 298 nm.

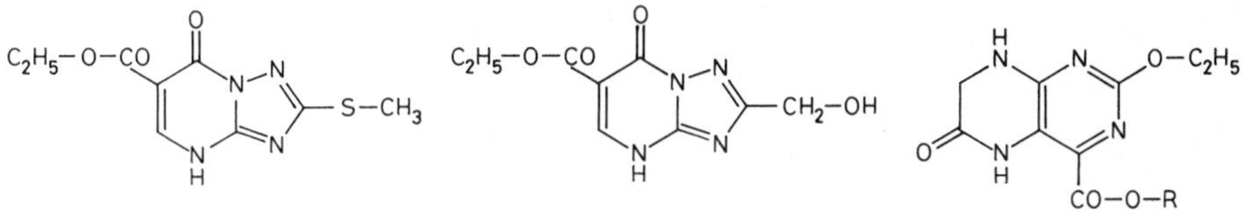

I II III

2-Äthoxy-6-oxo-5,6,7,8-tetrahydro-pteridin-4-carbonsäure $C_9H_{10}N_4O_4$, Formel III (R = H).

B. Aus dem Äthylester (s. u.) mit Hilfe von wss. NaOH (*Clark, Layton*, Soc. **1959** 3411, 3415).

Kristalle (aus wss. NaOH + wss. HCl) mit 0,5 Mol H_2O; Zers. > 220°.

2-Äthoxy-6-oxo-5,6,7,8-tetrahydro-pteridin-4-carbonsäure-äthylester $C_{11}H_{14}N_4O_4$, Formel III (R = C_2H_5).

B. Beim Erwärmen von 2-Äthoxy-6-[äthoxycarbonylmethyl-amino]-5-amino-pyrimidin-4-carbonsäure-äthylester mit wss. Äthanol (*Clark, Layton*, Soc. **1959** 3411, 3413).

Kristalle (aus wss. A.); Zers. > 240°.

Picrat $C_{11}H_{14}N_4O_4 \cdot C_6H_3N_3O_7$. Gelbe Kristalle (aus A.); F: 182° [Zers.] (*Cl., La.*, l. c. S. 3414).

Acetyl-Derivat $C_{13}H_{16}N_4O_5$. Kristalle (aus wss. A.); F: 150°.

Hydroxy-oxo-carbonsäuren $C_nH_{2n-30}N_4O_4$

3-[8,13-Diäthyl-18-glykoloyl-3,7,12,17-tetramethyl-porphyrin-2-yl]-propionsäure-methylester, 13-Glykoloyl-pyrroporphyrin-methylester $C_{34}H_{38}N_4O_4$, Formel IV und Taut. (in der Literatur auch als 6-Oxyacetyl-pyrroporphyrin-methylester bezeichnet).

B. Beim Erhitzen von 13-Chloracetyl-pyrroporphyrin-methylester (S. 3183) mit Bernsteinsäure auf 220 – 225° (*Fischer, Laubereau*, A. **535** [1938] 17, 21, 33).

Kristalle (aus Py. + Me.); F: 274° [korr.]. λ_{max} (Py. + Ae.): 508 nm, 529,5 nm, 548,2 nm und 635,9 nm.

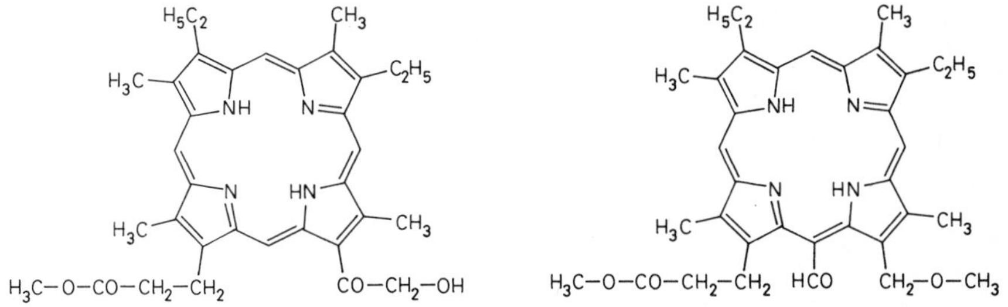

IV V

3-[8,13-Diäthyl-20-formyl-18-methoxymethyl-3,7,12,17-tetramethyl-porphyrin-2-yl]-propionsäure-methylester, 13-Methoxymethyl-15[1]-oxo-phylloporphyrin-methylester $C_{35}H_{40}N_4O_4$, Formel V und Taut. (in der Literatur auch als 6-Methoxymethyl-γ-formyl-pyrroporphyrin-methylester bezeichnet).

B. Beim Behandeln des Kupfer(II)-Komplexes des Mesopurpurin-3-methylesters (15^1-Oxo-phyllochlorin-methylester; S. 3174) mit Chlormethyl-methyl-äther und $SnBr_4$ (*Fischer, Gerner,* A. **553** [1942] 146, 149, 162).

Kristalle; F: 279°. λ_{max} (Py. + Ae.): 501 nm, 533 nm, 568 nm und 625 nm (*Fi., Ge.,* l. c. S. 163).

3-[(18*S*)-7,12-Diäthyl-8-hydroxymethyl-3,13,17*t*-trimethyl-2[1]-oxo-2[1],2[2],17,18-tetrahydro-cyclopenta[*at*]porphyrin-18*r*-yl]-propionsäure-methylester, 7[1]-Hydroxy-phytochlorin-methylester $C_{34}H_{38}N_4O_4$, Formel VI und Taut. (in der Literatur als Mesopyrophäophorbid-b-methyl-ester-3-methanol bezeichnet).

Zusammenfassende Darstellung: *H. Fischer, A. Stern,* Die Chemie des Pyrrols, Bd. 2, Tl. 2 [Leipzig 1940] S. 257.

B. Beim Erwärmen von Mesopyrophäophorbid-b-methylester (S. 3207) mit Aluminiumiso-propylat in Isopropylalkohol (*Fischer et al.,* A. **545** [1940] 154, 155, 170; s. a. *Fischer, Lautenschlager,* A. **528** [1937] 9, 10, 22).

Kristalle; F: 226° [aus Ae. + Me.] (*Fi. et al.*), 219° [Zers.; aus Acn. + Me.] (*Fi., La.*). $[\alpha]^{20}_{690-730}$: −402° [Lösungsmittel nicht angegeben] (*Fi., La.,* l. c. S. 11). λ_{max} (Py. + Ae.; 450−670 nm): *Fi., La.,* l. c. S. 23; *Fi. et al.,* l. c. S. 171.

Oxim $C_{34}H_{39}N_5O_4$; 3-[(18*S*)-7,12-Diäthyl-2[1]-hydroxyimino-8-hydroxymethyl-3,13,17*t*-trimethyl-2[1],2[2],17,18-tetrahydro-cyclopenta[*at*]porphyrin-18*r*-yl]-propionsäure-methylester, 7[1]-Hydroxy-phytochlorin-methylester-oxim. Kristalle (aus Acn. + Me.); F: 244° [Zers.]; λ_{max} (Py. + Ae.): 506 nm, ca. 533 nm, 551 nm, 602 nm, 627 nm und 655 nm (*Fi., La.,* l. c. S. 23).

O-Acetyl-Derivat $C_{36}H_{40}N_4O_5$; 3-[(18*S*)-8-Acetoxymethyl-7,12-diäthyl-3,13,17*t*-trimethyl-2[1]-oxo-2[1],2[2],17,18-tetrahydro-cyclopenta[*at*]porphyrin-18*r*-yl]-propionsäure-methylester, 7[1]-Acetoxy-phytochlorin-methylester. Kristalle (aus Acn. + Me.); F: 193° (*Fi., La.,* l. c. S. 23, 24). λ_{max} (Py. + Ae.): 506 nm, 538 nm, ca. 549 nm, 598 nm, ca. 622 nm und 650 nm (*Fi., La.,* l. c. S. 24). − Oxim $C_{36}H_{41}N_5O_5$; 3-[(18*S*)-8-Acetoxymethyl-7,12-diäthyl-2[1]-hydroxyimino-3,13,17*t*-trimethyl-2[1],2[2],17,18-tetrahydro-cyclopenta[*at*]porphyrin-18*r*-yl]-propionsäure-methylester, 7[1]-Acetoxy-phytochlorin-methylester-oxim. Kristalle (aus Acn. + Me.); F: >315°; λ_{max} (Py. + Ae.): 510 nm, 550 nm, 600 nm, ca. 623 nm und 664 nm (*Fi., La.,* l. c. S. 24).

VI

VII

3-[(18*S*)-7-Äthyl-12-((*Ξ*)-1-hydroxy-äthyl)-3,8,13,17*t*-tetramethyl-2[1]-oxo-2[1],2[2],17,18-tetrahydro-cyclopenta[*at*]porphyrin-18*r*-yl]-propionsäure, (3[1]*Ξ*)-3[1]-Hydroxy-phytochlorin $C_{33}H_{36}N_4O_4$, Formel VII (R = R′ = H) und Taut. (in der Literatur als 2,α-Oxy-mesopyrophäophorbid-a und als 2,α-Oxy-dihydro-pyrophäophorbid-a bezeichnet).

B. Beim Erwärmen von Pyrophäophorbid-a (S. 3190) mit wss. HBr und Essigsäure und Erwärmen des Reaktionsgemisches mit wss. HCl (*Fischer, Hasenkamp,* A. **519** [1935] 42, 45, 50).

Kristalle (aus Acn.); Zers. bei 220°. λ_{max} (Py. + Ae.): 467 nm, 500 nm, 533 nm, 556 nm, 602 nm, 629 nm und 658 nm (*Fi., Ha.,* l. c. S. 51).

3-[(18*S*)-7-Äthyl-12-((*Ξ*)-1-hydroxy-äthyl)-3,8,13,17*t*-tetramethyl-2[1]-oxo-2[1],2[2],17,18-tetrahydro-cyclopenta[*at*]porphyrin-18*r*-yl]-propionsäure-methylester, (3[1]*Ξ*)-3[1]-Hydroxy-phytochlorin-methylester $C_{34}H_{38}N_4O_4$, Formel VII (R = CH_3, R′ = H) und Taut.

B. Aus der Säure (s. o.) und Diazomethan (*Fischer, Hasenkamp,* A. **519** [1935] 42, 51).

Kristalle (aus Acn.); F: 260°.

3-[(18*S*)-7-Äthyl-12-((*Ξ*)-1-methoxy-äthyl)-3,8,13,17*t*-tetramethyl-2[1]-oxo-2[1],2[2],17,18-tetrahydro-cyclopenta[*at*]porphyrin-18*r*-yl]-propionsäure-methylester, (3[1]*Ξ*)-3[1]-Methoxy-phytochlorin-methylester $C_{35}H_{40}N_4O_4$, Formel VII (R = R′ = CH_3) und Taut. (in der Literatur auch als 2,α-Methoxy-mesopyrophäophorbid-a-methylester bezeichnet).

B. Beim Erwärmen von Pyrophäophorbid-a (S. 3190) mit wss. HBr und Essigsäure und Erwärmen des Reaktionsgemisches mit Methanol (*Fischer, Hasenkamp,* A. **519** [1935] 42, 45, 52).

Kristalle (aus Acn.); F: 240°. λ_{max} (Py. + Ae.): 469 nm, 501 nm, 533 nm, 558 nm, 604 nm, 631 nm und 659 nm.

Hydroxy-oxo-carbonsäuren $C_nH_{2n-32}N_4O_4$

(±)-3-[7,12-Diäthyl-2[2]-hydroxy-3,8,13,17-tetramethyl-2[1]-oxo-2[1],2[2]-dihydro-cyclopenta[*at*]porphyrin-18-yl]-propionsäure-methylester, (±)-13[2]-Hydroxy-phytoporphyrin-methylester $C_{34}H_{36}N_4O_4$, Formel VIII (R = H) und Taut. (in der Literatur auch als 10-Oxy-phylloerythrin-methylester bezeichnet).

B. Beim Erwärmen von Phytoporphyrin (S. 3188) mit SeO_2 in Äthanol und anschliessenden Behandeln mit Diazomethan (*Fischer, Ebersberger,* A. **509** [1934] 19, 25, 36). Beim Behandeln von (±)-13[2]-Äthoxy-phytoporphyrin-methylester (s. u.) mit konz. H_2SO_4 und anschliessend mit Diazomethan in Äther (*Fischer, Scherer,* A. **519** [1935] 234, 240).

Kristalle (aus Py. + Me.); F: 262° (*Fi., Sch.*).

(±)-3-[7,12-Diäthyl-2[2]-methoxy-3,8,13,17-tetramethyl-2[1]-oxo-2[1],2[2]-dihydro-cyclopenta[*at*]porphyrin-18-yl]-propionsäure-methylester, (±)-13[2]-Methoxy-phytoporphyrin-methylester $C_{35}H_{38}N_4O_4$, Formel VIII (R = CH_3) und Taut.

B. In geringer Menge neben 13[1],13[2]-Dimethoxy-13[1]-desoxo-phytoporphyrin-methylester (S. 3144) beim Erwärmen von (±)-13[1]-Methoxy-13[1]-desoxo-phytoporphyrin-methylester („9-Methoxy-desoxophyllerythrin-methylester"; S. 3141) mit Jod und Methanol in $CHCl_3$ (*Fischer et al.,* A. **523** [1936] 164, 171, 172, 188).

Kristalle; F: 268°.

VIII

IX

(±)-3-[2[2]-Äthoxy-7,12-diäthyl-3,8,13,17-tetramethyl-2[1]-oxo-2[1],2[2]-dihydro-cyclopenta[*at*]porphyrin-18-yl]-propionsäure-methylester, (±)-13[2]-Äthoxy-phytoporphyrin-methylester $C_{36}H_{40}N_4O_4$, Formel VIII (R = C_2H_5) und Taut.

B. Beim Erwärmen von Phytoporphyrin-methylester (S. 3189) mit Äthanol und Jod in $CHCl_3$ (*Fischer, Scherer,* A. **519** [1935] 234, 238).

Kristalle (aus Py.+Me.); F: 264° (*Fi., Sch.*, l. c. S. 239). λ_{max} (Py.+Ae.): 520 nm, 558 nm, 583 nm und 633 nm.

Kupfer(II)-Komplex $CuC_{36}H_{38}N_4O_4$. Kristalle (aus Py.+Me.); F: 272°; λ_{max} (Py.+Ae.): 526 nm, 548 nm und 593 nm (*Fi., Sch.*, l. c. S. 239).

Oxim $C_{36}H_{41}N_5O_4$; (±)-3-[2²-Äthoxy-7,12-diäthyl-2¹-hydroxyimino-3,8,13,17-tetramethyl-cyclopenta[*at*]porphyrin-18-yl]-propionsäure-methylester, (±)-13²-Äthoxy-phytoporphyrin-methylester-oxim. Kristalle (aus Py.+Me.); F: 258°; λ_{max} (Py.+Ae.): 512 nm, 548 nm, 591 nm und 627 nm (*Fi., Sch.*, l. c. S. 242).

(±)-3-[7,12-Diäthyl-3,8,13,17-tetramethyl-2¹-oxo-2²-propoxy-2¹,2²-dihydro-cyclopenta[*at*]porphyrin-18-yl]-propionsäure-methylester, (±)-13²-Propoxy-phytoporphyrin-methylester $C_{37}H_{42}N_4O_4$, Formel VIII (R = CH_2-C_2H_5) und Taut.

B. Analog der vorangehenden Verbindung (*Fischer, Scherer,* A. **519** [1935] 234, 239).

Kristalle (aus Py.+Me.); F: 257°.

(±)-3-[7,12-Diäthyl-2²-isopentyloxy-3,8,13,17-tetramethyl-2¹-oxo-2¹,2²-dihydro-cyclopenta[*at*]porphyrin-18-yl]-propionsäure-methylester, (±)-13²-Isopentyloxy-phytoporphyrin-methylester $C_{39}H_{46}N_4O_4$, Formel VIII (R = CH_2-CH_2-$CH(CH_3)_2$) und Taut.

B. Analog den vorangehenden Verbindungen (*Fischer, Scherer,* A. **519** [1935] 234, 240).

Kristalle (aus Py.+Me.); F: 248°.

(±)-3-[7,12-Diäthyl-2²-benzyloxy-3,8,13,17-tetramethyl-2¹-oxo-2¹,2²-dihydro-cyclopenta[*at*]porphyrin-18-yl]-propionsäure-methylester, (±)-13²-Benzyloxy-phytoporphyrin-methylester $C_{41}H_{42}N_4O_4$, Formel VIII (R = CH_2-C_6H_5) und Taut.

B. Analog den vorangehenden Verbindungen (*Fischer, Scherer,* A. **519** [1935] 234, 240).

Kristalle (aus Py.+Me.); F: 256°.

(±)-3-[7,12-Diäthyl-2²-benzoyloxy-3,8,13,17-tetramethyl-2¹-oxo-2¹,2²-dihydro-cyclopenta[*at*]porphyrin-18-yl]-propionsäure-methylester, (±)-13²-Benzoyloxy-phytoporphyrin-methylester $C_{41}H_{40}N_4O_5$, Formel VIII (R = CO-C_6H_5) und Taut.

B. Aus (±)-13²-Hydroxy-phytoporphyrin-methylester (s. o.) und Benzoylchlorid (*Fischer, Scherer,* A. **519** [1935] 234, 241).

Kristalle (aus Py.+Me.); F: 252°. λ_{max} (Py.+Ae.): 523 nm, 560 nm, 583 nm und 633 nm.

3-[7,12-Diäthyl-8-hydroxymethyl-3,13,17-trimethyl-2¹-oxo-2¹,2²-dihydro-cyclopenta[*at*]porphyrin-18-yl]-propionsäure-methylester, 7¹-Hydroxy-phytoporphyrin-methylester $C_{34}H_{36}N_4O_4$, Formel IX und Taut. (in der Literatur als Phäoporphyrin-b_4-3-methanol-methylester und als 3-Oxymethyl-phylloerythrin-methylester bezeichnet).

B. Beim Hydrieren von Pyrophäophorbid-b (S. 3209) an Palladium in Aceton und wss. NH_3, Aufbewahren des Reaktionsgemisches an der Luft und Behandeln mit äther. Diazomethan (*Fischer, Lautenschlager,* A. **528** [1937] 9, 13, 26).

Kristalle (aus Py.+Me.); F: 272°. λ_{max} (Py.+Ae.; 450–650 nm): *Fi., La.*, l. c. S. 27.

Oxim $C_{34}H_{37}N_5O_4$; 3-[7,12-Diäthyl-2¹-hydroxyimino-8-hydroxymethyl-3,13,17-trimethyl-2¹,2²-dihydro-cyclopenta[*at*]porphyrin-18-yl]-propionsäure-methylester, 7¹-Hydroxy-phytoporphyrin-methylester-oxim. Kristalle (aus Py.+Me.); F: 260° [Zers.] (*Fi., La.*, l. c. S. 27). λ_{max} (Py.+Ae.; 450–640 nm): *Fi., La.*

(±)-3-[7-Äthyl-12-(1-hydroxy-äthyl)-3,8,13,17-tetramethyl-2¹-oxo-2¹,2²-dihydro-cyclopenta[*at*]porphyrin-18-yl]-propionsäure-methylester, (±)-3¹-Hydroxy-phytoporphyrin-methylester $C_{34}H_{36}N_4O_4$, Formel X und Taut. (in der Literatur auch als 2,α-Oxy-phylloerythrin-methylester bezeichnet).

B. Beim Behandeln von 3¹,3²-Didehydro-phytoporphyrin-methylester (S. 3193) mit HBr in Essigsäure, Behandeln des Reaktionsprodukts mit wss. HCl und anschliessend mit Diazomethan in Äther (*Fischer, Oestreicher,* Z. physiol. Chem. **262** [1939/40] 243, 261). Aus 3¹-Oxo-phytoporphyrin-methylester (S. 3209) bei der Hydrierung an Platin in Ameisensäure (*Fi., Oe.*, l. c. S. 250, 261).

Rotviolette Kristalle (aus Ae.); F: 284–286°. λ_{max} (Py. + Ae.): 522 nm, 562 nm, 592 nm und 641 nm.

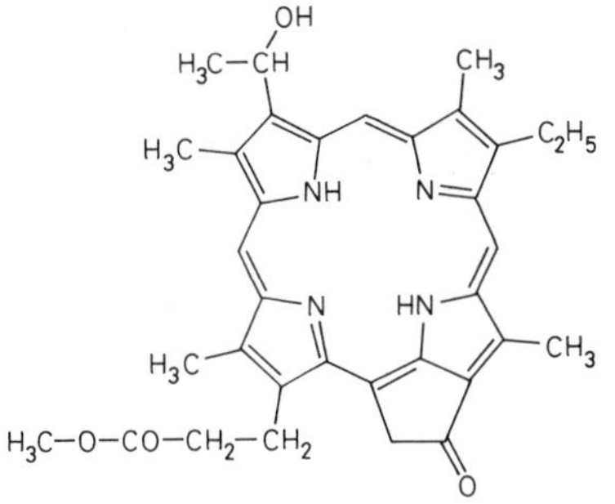

X 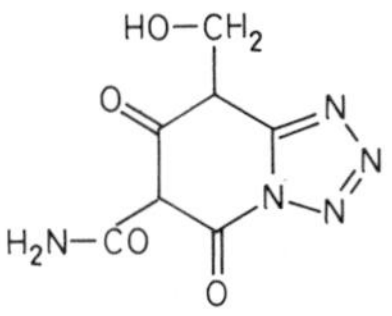 XI 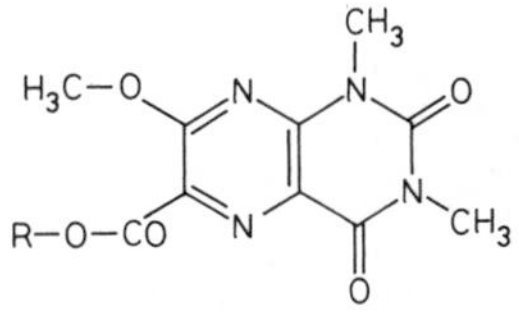 XII

2. Hydroxy-oxo-carbonsäuren mit 5 Sauerstoff-Atomen

Hydroxy-oxo-carbonsäuren $C_nH_{2n-8}N_4O_5$

8-Hydroxymethyl-5,7-dioxo-5,6,7,8-tetrahydro-tetrazolopyridin-6-carbonsäure-amid(?) $C_7H_7N_5O_4$, vermutlich Formel XI und Taut.

B. Beim Erwärmen des Dinatrium-Salzes des 5,7-Dioxo-5,6,7,8-tetrahydro-tetrazolopyridin-6-carbonsäure-amids mit wss. Formaldehyd (*Schroeter, Finck,* B. **71** [1938] 671, 683).

Dinatrium-Salz $Na_2C_7H_5N_5O_4$. Kristalle (aus H_2O) mit 3 Mol H_2O.

Hydroxy-oxo-carbonsäuren $C_nH_{2n-10}N_4O_5$

7-Methoxy-1,3-dimethyl-2,4-dioxo-1,2,3,4-tetrahydro-pteridin-6-carbonsäure $C_{10}H_{10}N_4O_5$, Formel XII (R = H).

B. Aus dem Methylester (s. u.) mit Hilfe von wss. $NaHCO_3$ (*Pfleiderer,* B. **90** [1957] 2617, 2623).

Kristalle (aus H_2O); F: 210° [Zers.]. UV-Spektrum (wss. Lösung vom pH 0; 220–400 nm): *Pf.,* l. c. S. 2620, 2621. λ_{max} (wss. Lösung vom pH 4,7): 242 nm, 271 nm und 330 nm (*Pf.,* l. c. S. 2620). Scheinbarer Dissoziationsexponent pK'_a (H_2O; potentiometrisch ermittelt) bei 20°: 2,50 (*Pf.,* l. c. S. 2620).

7-Methoxy-1,3-dimethyl-2,4-dioxo-1,2,3,4-tetrahydro-pteridin-6-carbonsäure-methylester $C_{11}H_{12}N_4O_5$, Formel XII (R = CH_3).

B. Beim Behandeln von 1,3-Dimethyl-2,4,7-trioxo-1,2,3,4,7,8-hexahydro-pteridin-6-carbon≈säure-äthylester in Methanol mit äther. Diazomethan (*Pfleiderer,* B. **90** [1957] 2617, 2619, 2623).

Kristalle (aus H_2O); F: 245–246°. λ_{max} (wss. Lösung vom pH 5): 249 nm, 278 nm und 335 nm (*Pf.,* l. c. S. 2620).

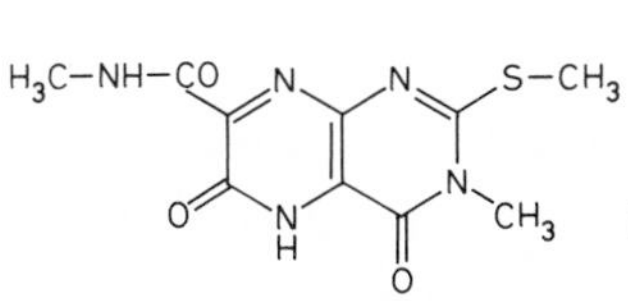

XIII 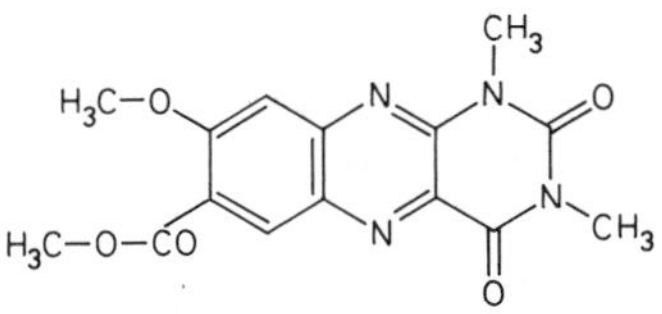 XIV 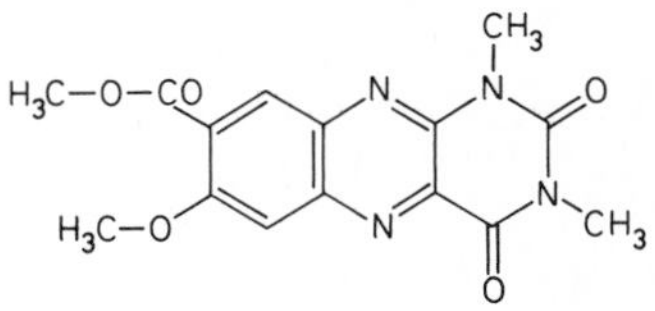 XV

3-Methyl-2-methylmercapto-4,6-dioxo-3,4,5,6-tetrahydro-pteridin-7-carbonsäure-methylamid $C_{10}H_{11}N_5O_3S$, Formel XIII und Taut.

B. Beim Erhitzen von 5,6-Diamino-3-methyl-2-methylmercapto-3*H*-pyrimidin-4-on und Dimethylalloxan in H_2O (*Pfleiderer,* B. **90** [1957] 2624, 2626, 2630).

Hellgelbe Kristalle (aus H_2O); F: 290–291°.

Hydroxy-oxo-carbonsäuren $C_nH_{2n-16}N_4O_5$

8-Methoxy-1,3-dimethyl-2,4-dioxo-1,2,3,4-tetrahydro-benzo[*g*]pteridin-7-carbonsäure-methylester $C_{15}H_{14}N_4O_5$, Formel XIV, und **7-Methoxy-1,3-dimethyl-2,4-dioxo-1,2,3,4-tetrahydro-benzo[*g*]pteridin-8-carbonsäure-methylester** $C_{15}H_{14}N_4O_5$, Formel XV.

a) Isomeres vom F: 304°.

B. Neben dem unter b) beschriebenen Isomeren beim Erwärmen von 4,5-Diamino-2-hydroxy-benzoesäure-hydrochlorid mit 5,5-Dihydroxy-barbitursäure in H_2O und Behandeln des Reaktionsprodukts mit Diazomethan in Äther (*Musante, Fabbrini,* Sperimentale Sez. Chim. biol. **3** [1952] 33, 35, 42, 43).

Gelbe Kristalle (aus A.); F: 304°. Absorptionsspektrum (Me.; 350–800 nm): *Mu., Fa.,* l. c. S. 38.

b) Isomeres vom F: 215–218°.

B. s. unter a).

Gelbe Kristalle (aus A.); F: 215–218°. Absorptionsspektrum (Me.; 350–800 nm): *Mu., Fa.*

5-{Bis-[2-(2,5-dichlor-phenyl)-5-methyl-3-oxo-2,3-dihydro-1*H*-pyrazol-4-yl]-methyl}-2-hydroxy-3-methyl-benzoesäure $C_{29}H_{22}Cl_4N_4O_5$, Formel I und Taut.

B. Aus 2-[2,5-Dichlor-phenyl]-5-methyl-1,2-dihydro-pyrazol-3-on und 5-Formyl-2-hydroxy-3-methyl-benzoesäure (*I.G. Farbenind.,* D.R.P. 716599 [1941]; D.R.P. Org. Chem. **5** 196, 197).

Kristalle; F: 191–192°.

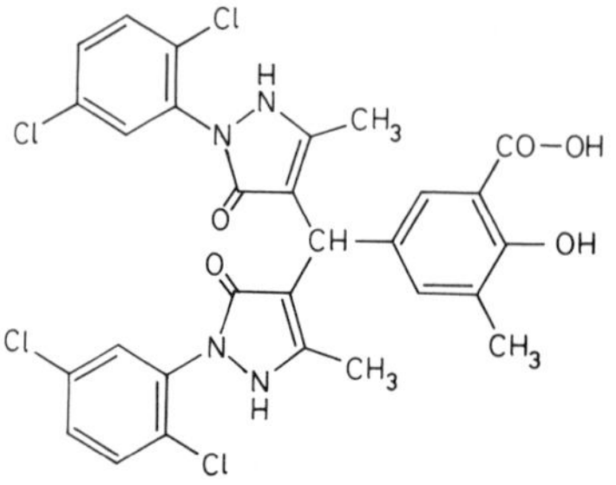

I

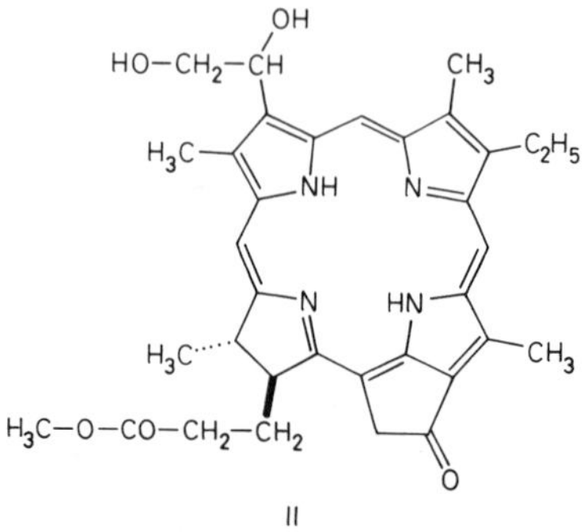

II

Hydroxy-oxo-carbonsäuren $C_nH_{2n-30}N_4O_5$

3-[(18*S*)-7-Äthyl-12-((*Ξ*)-1,2-dihydroxy-äthyl)-3,8,13,17*t*-tetramethyl-2¹-oxo-2¹,2²,17,18-tetrahydro-cyclopenta[*at*]porphyrin-18*r*-yl]-propionsäure-methylester, (3¹*Ξ*)-3¹,3²-Dihydroxy-phytochlorin-methylester $C_{34}H_{38}N_4O_5$, Formel II und Taut. (in der Literatur auch als 2α,β-Dioxy-mesopyrophäophorbid-a-methylester und als 2-Desvinyl-2-glycoyl-pyrophäophorbid-a-methylester bezeichnet).

B. Beim Behandeln von Pyrophäophorbid-a (S. 3190) in Pyridin mit OsO_4 in Äther, Erwärmen des Reaktionsprodukts mit Na_2SO_3 in wss. Methanol und anschliessenden Behandeln mit Diazomethan (*Fischer, Walter,* A. **549** [1941] 44, 76). Neben anderen Verbindungen beim Behandeln von Pyrophäophorbid-a-methylester (S. 3191) in Pyridin mit wss. $KMnO_4$ (*Fi., Wa.,* l. c. S. 51, 66).

Kristalle (aus Me.); F: 252° (*Fi.*, *Wa.*, l. c. S. 77). $[\alpha]^{20}_{680-730}$: −400° [Acn.; c = 0,01] (*Fi.*, *Wa.*, l. c. S. 75). λ_{max} (Py. + Ae.; 435−675 nm): *Fi.*, *Wa.*, l. c. S. 77.

Hydroxy-oxo-carbonsäuren $C_nH_{2n-32}N_4O_5$

3-[(18*S*)-7-Äthyl-8-formyl-12-((*Ξ*)-1-methoxy-äthyl)-3,13,17*t*-trimethyl-2¹-oxo-2¹,2²,17,18-tetrahydro-cyclopenta[*at*]porphyrin-18*r*-yl]-propionsäure-methylester, (3¹*Ξ*)-3¹-Methoxy-7¹-oxo-phytochlorin-methylester $C_{35}H_{38}N_4O_5$, Formel III und Taut. (in der Literatur als „Methyläther des 2-Oxäthyl-pyrophäophorbid-b-methylesters" bezeichnet).

B. Beim Erwärmen von Pyrophäophorbid-b (S. 3209) in $CHCl_3$ mit HBr in Essigsäure, anschliessenden Erwärmen mit Methanol und Behandeln mit Diazomethan (*Fischer, Lautenschlager*, A. **528** [1937] 9, 18, 38).

Kristalle (aus Acn. + Me.); F: 255°. λ_{max} (Py. + Ae.): 525 nm, 559 nm, 594 nm und 650 nm.

Oxim $C_{35}H_{39}N_5O_5$; 3-[(18*S*)-7-Äthyl-8-(hydroxyimino-methyl)-12-((*Ξ*)-1-methoxy-äthyl)-3,13,17*t*-trimethyl-2¹-oxo-2¹,2²,17,18-tetrahydro-cyclopenta[*at*]porphyrin-18*r*-yl]-propionsäure-methylester, (3¹*Ξ*)-7¹-Hydroxyimino-3¹-methoxy-phytochlorin-methylester. Kristalle (aus Acn. + Me.). λ_{max} (Py. + Ae.): 514 nm, 550 nm, 603 nm, ca. 627 nm und 658 nm (*Fi.*, *La.*, l. c. S. 39).

III IV

***Opt.-inakt. 3-[2¹,2²-Dihydroxy-3,8,12,17-tetramethyl-2³-oxo-7,13-dipropyl-2²,2³-dihydro-2¹*H*-benzo[*at*]porphyrin-18-yl]-propionsäure-methylester** $C_{37}H_{42}N_4O_5$, Formel IV und Taut. (in der Literatur auch als 12,13-Dioxy-propylrhodin-methylester bezeichnet).

B. Aus 3-[3,8,12,17-Tetramethyl-2³-oxo-7,13-dipropyl-2³*H*-benzo[*at*]porphyrin-18-yl]-propionsäure-methylester („Propylverdin-methylester"; S. 3194) bei der Oxidation mit $KMnO_4$ in Pyridin und wss. NaOH oder mit OsO_4 in Pyridin und Äther (*Fischer, Schröder*, A. **537** [1939] 250, 262, 264, 278, 280).

Kristalle (aus Acn. + Me.); F: 198° (*Fi.*, *Sch.*, l. c. S. 280).

Kupfer(II)-Komplex $CuC_{37}H_{40}N_4O_5$. Wenig beständige rote Kristalle (aus Py. + Me.); λ_{max} (Py. + Ae.): 540 nm und 585 nm (*Fi.*, *Sch.*, l. c. S. 279).

Hydroxy-oxo-carbonsäuren $C_nH_{2n-34}N_4O_5$

(±)-3-[7-Äthyl-8-formyl-12-(1-methoxy-äthyl)-3,13,17-trimethyl-2¹-oxo-2¹,2²-dihydro-cyclopenta[*at*]porphyrin-18-yl]-propionsäure-methylester, (±)-3¹-Methoxy-7¹-oxo-phytoporphyrin-methylester $C_{35}H_{36}N_4O_5$, Formel V und Taut. (in der Literatur als „Methyläther des 2-Oxäthyl-phäoporphyrin-b₄-methylesters" bezeichnet).

B. Beim Erwärmen von Pyrophäophorbid-b (S. 3209) mit HBr und Essigsäure, anschliessenden Erwärmen mit Methanol und Behandeln mit Diazomethan in Äther (*Fischer, Lautenschlager*, A. **528** [1937] 9, 18, 37).

Kristalle (aus Py. + Me.); F: 295° [Zers.]. λ_{max} (Py. + Ae.; 450−650 nm): *Fi.*, *La.*

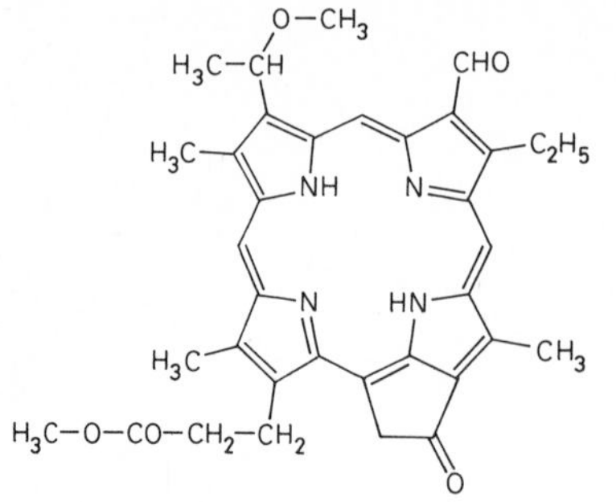

V

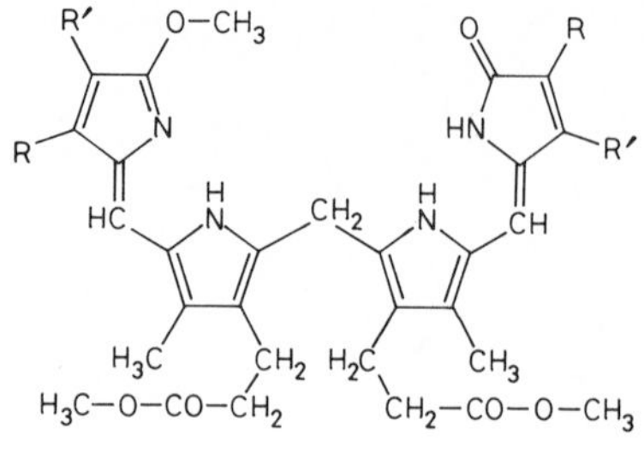

VI

3. Hydroxy-oxo-carbonsäuren mit 6 Sauerstoff-Atomen

Hydroxy-oxo-carbonsäuren $C_nH_{2n-26}N_4O_6$

***3,3′-[3,18-Diäthyl-19-methoxy-2,7,13,17-tetramethyl-1-oxo-10,21,22,23-tetrahydro-1*H*-bilin-8,12-diyl]-di-propionsäure-dimethylester** $C_{36}H_{46}N_4O_6$, Formel VI (R = CH_3, R′ = C_2H_5) und Taut., oder **3,3′-[2,17-Diäthyl-19-methoxy-3,7,13,18-tetramethyl-1-oxo-10,21,22,23-tetrahydro-1*H*-bilin-8,12-diyl]-di-propionsäure-dimethylester** $C_{36}H_{46}N_4O_6$, Formel VI (R = C_2H_5, R′ = CH_3) und Taut; *O*-Methyl-mesobilirubin-IXα-dimethylester.

B. Bei der Hydrierung der folgenden Verbindung an Palladium in Aceton und Methanol (*Fischer et al.*, Z. physiol. Chem. **268** [1941] 197, 202, 218). Aus dem Ammonium-Salz des Mesobilirubins-IXα (S. 3261) und Diazomethan (*Fi. et al.*).

Kristalle (aus Me.); F: 190° und (nach Wiedererstarren) F: 230° [Zers.].

Hydroxy-oxo-carbonsäuren $C_nH_{2n-30}N_4O_6$

***3,3′-[19-Methoxy-2,7,13,17-tetramethyl-1-oxo-3,18-divinyl-10,21,22,23-tetrahydro-1*H*-bilin-8,12-diyl]-di-propionsäure-dimethylester** $C_{36}H_{42}N_4O_6$, Formel VI (R = CH_3, R′ = $CH{=}CH_2$) und Taut., oder **3,3′-[19-Methoxy-3,7,13,18-tetramethyl-1-oxo-2,17-divinyl-10,21,22,23-tetrahydro-1*H*-bilin-8,12-diyl]-di-propionsäure-dimethylester** $C_{36}H_{42}N_4O_6$, Formel VI (R = $CH{=}CH_2$, R′ = CH_3) und Taut.; *O*-Methyl-bilirubin-IXα-dimethylester.

Bestätigung der Konstitution: *Kuenzle et al.*, Biochem. J. **133** [1973] 357, 360.

B. Aus dem Ammonium-Salz des Bilirubins-IXα (S. 3268) und Diazomethan (*Fischer et al.*, Z. physiol. Chem. **268** [1941] 197, 200, 217; s. a. *Arichi*, J. Okayama med. Soc. **71** [1959] 7065, 7066; C. A. **1960** 24970).

Kristalle (aus PAe.); F: 237° (*Fi. et al.*). Absorptionsspektrum ($CHCl_3$ sowie Me.; 400 – 600 nm): *Ar.*, l. c. S. 7068.

Hydroxy-oxo-carbonsäuren $C_nH_{2n-32}N_4O_6$

(±)-3,3′-[7(oder 12)-Acetyl-12(oder 7)-(1-hydroxy-äthyl)-3,8,13,17-tetramethyl-porphyrin-2,18-diyl]-di-propionsäure-dimethylester(?), (±)-3[1](oder 8[1])-Hydroxy-8[1](oder 3[1])-oxo-mesoporphyrin-dimethylester(?) $C_{36}H_{40}N_4O_6$, vermutlich Formel VII (R = $CH(CH_3)$-OH, R′ = CO-CH_3 oder R = CO-CH_3, R′ = $CH(CH_3)$-OH) und Taut.

B. Beim Behandeln des Eisen(III)-Komplexes des *O,O′*-Dimethyl-hämatoporphyrin-dimethylesters (Tetramethylhämatoporphyrin; S. 3160) mit wss. HI und Essigsäure und anschliessend mit Diazomethan (*Fischer et al.*, Z. physiol. Chem. **241** [1936] 201, 204, 218).

Kristalle (aus Acn.); F: 240°. λ_{max} (Py. + Ae.): 511 nm, 547 nm, 583 nm und 640 nm.

Beim Behandeln mit $NH_2OH \cdot HCl$ in Pyridin ist eine Verbindung $C_{36}H_{41}N_5O_5$

(3,3'-[7(oder 12)-Äthyl-12(oder 7)-(1-hydroxyimino-äthyl)-3,8,13,17-tetramethyl-porphyrin-2,18-diyl]-di-propionsäure-dimethylester[?]: Kristalle [aus Acn. + Me.]; F: 261°; λ_{max} [Py. + Ae.; 430–630 nm]) erhalten worden (*Fi. et al.*, l. c. S. 204, 219).

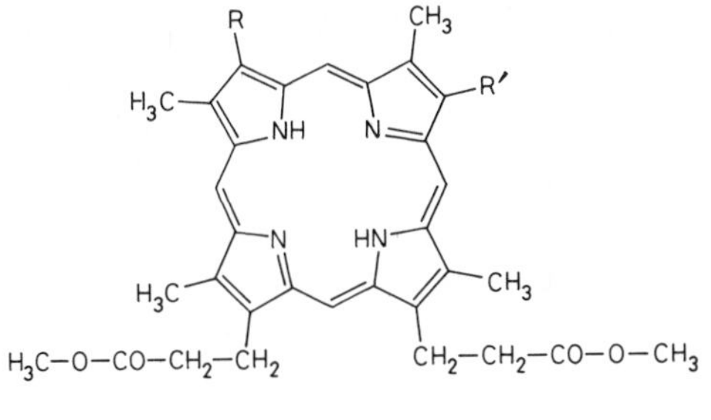

VII

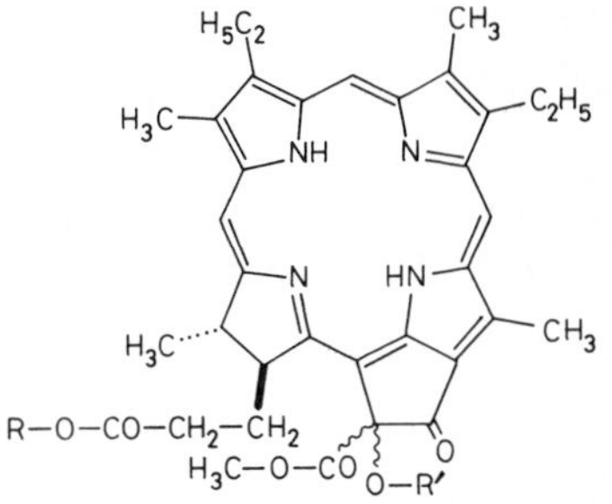

VIII

($2^2\Xi$,17*S*)-7,12-Diäthyl-2^2-hydroxy-18*t*-[2-methoxycarbonyl-äthyl]-3,8,13,17*r*-tetramethyl-2^1-oxo-2^1,2^2,17,18-tetrahydro-cyclopenta[*at*]porphyrin-2^2-carbonsäure-methylester, 3-[($2^2\Xi$,18*S*)-7,12-Diäthyl-2^2-hydroxy-2^2-methoxycarbonyl-3,8,13,17*t*-tetramethyl-2^1-oxo-2^1,2^2,17,18-tetrahydro-cyclopenta[*at*]porphyrin-18*r*-yl]-propionsäure-methylester, ($13^2\Xi$)-13^2-Hydroxy-13^2-methoxycarbonyl-phytochlorin-methylester, ($13^2\Xi$)-13^2-Hydroxy-3^1,3^2-dihydro-phäophorbid-a-methylester $C_{36}H_{40}N_4O_6$, Formel VIII (R = CH_3, R' = H) und Taut. (in der Literatur als 10-Oxy-mesophäophorbid-a-dimethylester bezeichnet).

B. Neben 9,10-Dioxy-desoxo-mesophäophorbid-a-dimethylester (?; S. 3163) bei der Oxidation von 9-Oxy-desoxo-mesophäophorbid-a-dimethylester (($13^1\Xi$,$13^2\Xi$)-13^1-Hydroxy-3^1,3^2-dihydro-13^1-desoxo-phäophorbid-a-methylester; S. 3151) mit $KMnO_4$ in wss. Pyridin (*Fischer, Gerner*, A. **559** [1948] 77, 83, 90). Bei der Oxidation von Mesophäophorbid-a (S. 3230) mit $KMnO_4$ und anschliessenden Veresterung mit Diazomethan (*Strell*, A. **550** [1942] 50, 52, 60).

Kristalle (aus Acn. + Me.); F: 255° (*St.*). Kristalle (aus Ae.), die bei 225° zu schmelzen beginnen und bei 245° noch nicht völlig geschmolzen sind (*Fi., Ge.*). $[\alpha]^{20}_{\text{weisses Licht}}$: −348° [Acn.; c = 0,009] (*St.*, l. c. S. 61). λ_{max} (Acn. + Ae. bzw. Py. + Ae.; 425–670 nm): *St.*, l. c. S. 61; *Fi., Ge.*

Bildung von 10-Oxy-phäoporphyrin-a_5-dimethylester (S. 3331) beim Erwärmen mit wss. HI und Essigsäure: *St.*, l. c. S. 53, 61; *Fi., Ge.*, l. c. S. 83.

3-[($2^2\Xi$,18*S*)-2^2-Äthoxy-7,12-diäthyl-2^2-methoxycarbonyl-3,8,13,17*t*-tetramethyl-2^1-oxo-2^1,2^2,17,18-tetrahydro-cyclopenta[*at*]porphyrin-18*r*-yl]-propionsäure-methylester, ($13^2\Xi$)-13^2-Äthoxy-13^2-methoxycarbonyl-phytochlorin-methylester, ($13^2\Xi$)-13^2-Äthoxy-3^1,3^2-dihydro-phäophorbid-a-methylester $C_{38}H_{44}N_4O_6$, Formel VIII (R = CH_3, R' = C_2H_5) und Taut. (in der Literatur als 10-Äthoxy-meso-methylphäophorbid-a bezeichnet).

B. Beim Behandeln des Zink-Komplexes des Mesophäophorbid-a-methylesters (S. 3231) mit [1,4]Benzochinon und Äthanol (*Fischer, Pfeiffer*, A. **555** [1944] 94, 99, 108).

Kristalle (aus Ae.).

3-[($2^2\Xi$,18*S*)-2^2-Äthoxy-7,12-diäthyl-2^2-methoxycarbonyl-3,8,13,17*t*-tetramethyl-2^1-oxo-2^1,2^2,17,18-tetrahydro-cyclopenta[*at*]porphyrin-18*r*-yl]-propionsäure-äthylester, ($13^2\Xi$)-13^2-Äthoxy-13^2-methoxycarbonyl-phytochlorin-äthylester, ($13^2\Xi$)-13^2-Äthoxy-3^1,3^2-dihydro-phäophorbid-a-äthylester $C_{39}H_{46}N_4O_6$, Formel VIII (R = R' = C_2H_5) und Taut. (in der Literatur als 10-Äthoxy-meso-äthylphäophorbid-a bezeichnet).

B. Beim Hydrieren von Äthylchlorophyllid-a (S. 3240) an Palladium in Dioxan und anschliessenden Behandeln mit [1,4]Benzochinon und Äthanol (*Fischer, Pfeiffer*, A. **555** [1944] 94, 99, 106; s. a. *Fischer et al.*, A. **509** [1934] 201, 202, 206). Beim Behandeln des Magnesium-Komplexes des Mesophäophorbid-a-äthylesters (S. 3231) mit [1,4]Benzochinon und Äthanol (*Fischer, Spielberger*, A. **515** [1935] 130, 134, 143; *Fi., Pf.*, l. c. S. 99).

Kristalle (aus Ae.); F: 264°; $[\alpha]_{720}^{20}$: −180°; $[\alpha]_{\text{weisses Licht}}^{20}$: −450° [jeweils in Acn.; c = 0,01]; λ_{max} (Ae.): 496 nm, 526 nm, 600 nm, 628 nm und 659 nm (*Fi., Pf.*, l. c. S. 99, 106, 107).

3-[(18*S*)-7-Äthyl-12-((*Ξ*)-1-hydroxy-äthyl)-2²*t*-methoxycarbonyl-3,8,13,17*t*-tetramethyl-2¹-oxo-2¹,2²,17,18-tetrahydro-cyclopenta[*at*]porphyrin-18*r*-yl]-propionsäure-methylester, (3¹*Ξ*)-3¹-Hydroxy-13²-methoxycarbonyl-phytochlorin-methylester, (3¹*Ξ*)-3¹-Hydroxy-3¹,3²-dihydro-phäophorbid-a-methylester $C_{36}H_{40}N_4O_6$, Formel IX und Taut. (in der Literatur als 2,α-Oxy-meso-methylphäophorbid-a bezeichnet).

B. Beim Erwärmen von 3¹-Oxo-3¹,3²-dihydro-phäophorbid-a-methylester („2-Desvinyl-2-acetyl-methylphäophorbid-a"; S. 3281) mit Aluminiumisopropylat in Isopropylalkohol (*Fischer et al.*, A. **545** [1940] 154, 161, 175; *Fischer, Hasenkamp*, A. **519** [1935] 42, 44, 48).

Kristalle (aus Me.); F: 224–225° [unkorr.]; λ_{max} (Py.+Ae.): 467 nm, 501 nm, 536 nm, 559 nm, 610 nm, 632 nm und 666 nm (*Fi. et al.*).

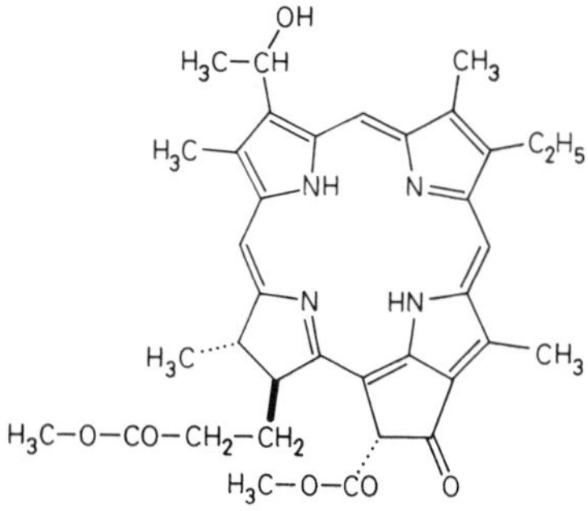

IX

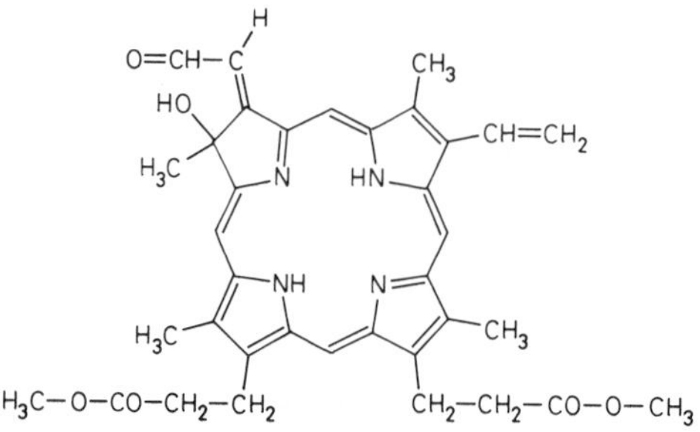

X

Hydroxy-oxo-carbonsäuren $C_nH_{2n-34}N_4O_6$

(±)-3,3′-[7-Hydroxy-3,7,12,17-tetramethyl-8-((*Z*)-2-oxo-äthyliden)-13-vinyl-7,8-dihydro-porphyrin-2,18-diyl]-di-propionsäure-dimethylester, (±)(*Z*)-2-Hydroxy-3²-oxo-3,3¹,8¹,8²-tetradehydro-2,3-dihydro-mesoporphyrin-dimethylester $C_{36}H_{38}N_4O_6$, Formel X und Taut.

B. Neben der folgenden Verbindung beim Behandeln von Protoporphyrin-dimethylester (S. 3052) mit Luft bzw. Sauerstoff unter Belichtung in Pyridin (*Fischer, Bock*, Z. physiol. Chem. **255** [1938] 1, 4, 5), in $CHCl_3$ (*Fischer, Dürr*, A. **501** [1933] 107, 129) oder in CH_2Cl_2 (*Inhoffen et al.*, A. **730** [1969] 173, 174, 182).

Grüne Kristalle (aus $CHCl_3$+Me.); F: 244° [unkorr.] (*In. et al.*). ¹H-NMR-Absorption ($CDCl_3$): *In. et al.*, l. c. S. 177. λ_{max} (Dioxan): 422 nm, 500 nm, 565 nm, 608 nm und 668 nm (*In. et al.*).

2,4-Dinitro-phenylhydrazon $C_{42}H_{42}N_8O_9$; (±)-3,3′-{8-[(*Z*)-2-(2,4-Dinitro-phenylhydrazono)-äthyliden]-7-hydroxy-3,7,12,17-tetramethyl-13-vinyl-7,8-dihydro-porphyrin-2,18-diyl}-di-propionsäure-dimethylester, (±)(*Z*)-3²-[2,4-Dinitro-phenylhydrazono]-2-hydroxy-3,3¹,8¹,8²-tetradehydro-2,3-dihydro-mesoporphyrin-dimethylester. λ_{max} (Dioxan): 420 nm, 496 nm, 548 nm, 608 nm und 666 nm (*In. et al.*, l. c. S. 183).

O-Acetyl-Derivat $C_{38}H_{40}N_4O_7$; (±)-3,3′-[7-Acetoxy-3,7,12,17-tetramethyl-8((*Z*)-2-oxo-äthyliden)-13-vinyl-7,8-dihydro-porphyrin-2,18-diyl]-di-propionsäure-dimethylester, (±)(*Z*)-2-Acetoxy-3²-oxo-3,3¹,8¹,8²-tetradehydro-2,3-dihydro-mesoporphyrin-dimethylester. Grüne Kristalle (aus CH_2Cl_2+Me.); F: 130°; λ_{max} (Dioxan): 405 nm, 500 nm, 566 nm, 608 nm und 668 nm (*In. et al.*, l. c. S. 183).

(±)-3,3′-[8-Hydroxy-3,8,13,17-tetramethyl-7-((*Z*)-2-oxo-äthyliden)-12-vinyl-7,8-dihydro-porphyrin-2,18-diyl]-di-propionsäure-dimethylester, (±)(*Z*)-7-Hydroxy-8²-oxo-3¹,3²,8,8¹-tetradehydro-7,8-dihydro-mesoporphyrin-dimethylester $C_{36}H_{38}N_4O_6$, Formel XI und Taut.

B. s. im vorangehenden Artikel.

Grüne Kristalle (aus $CHCl_3$ + Me.); F: 222–223° [unkorr.] (*Inhoffen et al.*, A. **730** [1969] 173, 183). ^1H-NMR-Absorption ($CDCl_3$): *In. et al.*, l. c. S. 177. λ_{max} (Dioxan): 436 nm, 500 nm, 565 nm, 613 nm und 671 nm.

Oxim $C_{36}H_{39}N_5O_6$; (±)-3,3'-[8-Hydroxy-7-((*Z*)-2-hydroxyimino-äthyliden)-3,8,13,17-tetramethyl-12-vinyl-7,8-dihydro-porphyrin-2,18-diyl]-di-propion-säure-dimethylester, (±)(*Z*)-7-Hydroxy-8^2-hydroxyimino-3^1,3^2,8,8^1-tetradehy-dro-7,8-dihydro-mesoporphyrin-dimethylester. Kristalle (aus $CHCl_3$ + Me.); F: 230° [unkorr.]. λ_{max} (Dioxan): 432 nm, 496 nm, 548 nm, 614 nm und 668 nm.

O-Acetyl-Derivat $C_{38}H_{40}N_4O_7$; (±)-3,3'-[8-Acetoxy-3,8,13,17-tetramethyl-7-((*Z*)-2-oxo-äthyliden)-12-vinyl-7,8-dihydro-porphyrin-2,18-diyl]-di-propionsäure-di-methylester, (±)(*Z*)-7-Acetoxy-8^2-oxo-3^1,3^2,8,8^1-tetradehydro-7,8-dihydro-meso-porphyrin-dimethylester. Grüne Kristalle (aus $CHCl_3$ + Me.); F: 200° [unkorr.]. λ_{max} (Di-oxan): 405 nm, 500 nm, 566 nm, 608 nm und 668 nm.

XI XII

3-[(18*S*)-7-Äthyl-8-((*Ξ*)-cyan-hydroxy-methyl)-3,13,17*t*-trimethyl-2^1-oxo-12-vinyl-2^1,2^2,17,18-tetrahydro-cyclopenta[*at*]porphyrin-18*r*-yl]-propionsäure-methylester, (7^1*Ξ*)-7^1-Cyan-7^1-hydroxy-3^1,3^2-didehydro-phytochlorin-methylester $C_{35}H_{35}N_5O_4$, Formel XII und Taut. (in der Literatur als „Cyanhydrin des Pyrophäophorbid-b-methylesters" bezeichnet).

B. Beim Behandeln von Pyrophäophorbid-b-methylester (S. 3211) in Pyridin mit HCN in Äther (*Fischer et al.*, A. **509** [1934] 201, 213).

Kristalle (aus Acn. + Me.); Zers. bei 280°.

(±)-3-[2^2-Äthoxy-7,12-diäthyl-2^2-methoxycarbonyl-3,8,13,17-tetramethyl-2^1-oxo-2^1,2^2-dihydro-cyclopenta[*at*]porphyrin-18-yl]-propionsäure(?), (±)-13^2-Äthoxy-13^2-methoxycarbonyl-phytoporphyrin(?) $C_{37}H_{40}N_4O_6$, vermutlich Formel XIII (R = H, R' = C_2H_5) und Taut.

B. Beim Behandeln von (±)-13^2-Äthoxy-13^2-methoxycarbonyl-phytoporphyrin-methylester (s. u.) mit HBr und Essigsäure (*Fischer et al.*, A. **495** [1932] 1, 6, 39).

Kristalle (aus Me.); F: 269°.

(±)-7,12-Diäthyl-2^2-hydroxy-18-[2-methoxycarbonyl-äthyl]-3,8,13,17-tetramethyl-2^1-oxo-2^1,2^2-dihydro-cyclopenta[*at*]porphyrin-2^2-carbonsäure-methylester, (±)-3-[7,12-Diäthyl-2^2-hydroxy-2^2-methoxycarbonyl-3,8,13,17-tetramethyl-2^1-oxo-2^1,2^2-dihydro-cyclopenta[*at*]porphyrin-18-yl]-propionsäure-methylester, (±)-13^2-Hydroxy-13^2-methoxycarbonyl-phytoporphyrin-methylester, Neophäoporphyrin-a_6-dimethylester $C_{36}H_{38}N_4O_6$, Formel XIII (R = CH_3, R' = H) und Taut. (in der Literatur auch als 10-Oxy-phäoporphyrin-a_5-dimethylester bezeichnet).

B. Aus (±)-13^2-Acetoxy-13^2-methoxycarbonyl-phytoporphyrin-methylester (S. 3333) mit Hilfe von konz. H_2SO_4 (*Fischer, Heckmaier*, A. **508** [1934] 250, 251, 255). Beim Behandeln von Phäophytin-a (S. 3242) oder von Phäophorbid-a (S. 3237) mit Sauerstoff in Essigsäure, anschliessenden Erwärmen mit wss. HI und Verestern (*Fischer, Hagert*, A. **502** [1933] 41, 45, 70). Beim Erwärmen von (13^2*Ξ*)-13^2-Hydroxy-3^1,3^2-dihydro-phäophorbid-a-methylester („10-Oxy-mesophäophorbid-a-dimethylester"; S. 3329) mit wss. HI und Essigsäure und anschliessenden Behandeln mit $FeCl_3$ in Methanol (*Strell*, A. **550** [1942] 50, 53, 61).

Kristalle (aus Acn. bzw. aus $CHCl_3$+Me.); F: 276° [korr.] (*Fi., He.*; *Fischer et al.*, A. **510** [1934] 169, 180). λ_{max} (Py.+Ae.; 520–635 nm): *Fi., He.*; *Fi., Ha.*

(±)-3-[7,12-Diäthyl-2²-methoxy-2²-methoxycarbonyl-3,8,13,17-tetramethyl-2¹-oxo-2¹,2²-dihydro-cyclopenta[*at*]porphyrin-18-yl]-propionsäure-methylester, (±)-13²-Methoxy-13²-methoxy-carbonyl-phytoporphyrin-methylester $C_{37}H_{40}N_4O_6$, Formel XIII (R = R′ = CH_3) und Taut. (in der Literatur als 10-Methoxy-phäoporphyrin-a_5-dimethylester und als Phäoporphyrin-a_6-methyläther-dimethylester bezeichnet).

B. Beim Erwärmen von Phäoporphyrin-a_5-dimethylester (S. 3235) mit Methanol und Jod (*Fischer et al.*, A. **510** [1934] 169, 173, 178). Beim Erwärmen von Methylchlorophyllid-a (S. 3239) mit [1,4]Benzochinon und Methanol und anschliessend mit wss. HI und Essigsäure (*Fischer et al.*, A. **495** [1932] 1, 3, 30, **500** [1933] 215, 223, 250).

Kristalle (aus $CHCl_3$+Me.); F: 254° (*Fi. et al.*, A. **510** 178).

(±)-3-[2²-Äthoxy-7,12-diäthyl-2²-methoxycarbonyl-3,8,13,17-tetramethyl-2¹-oxo-2¹,2²-dihydro-cyclopenta[*at*]porphyrin-18-yl]-propionsäure-methylester, (±)-13²-Äthoxy-13²-methoxycarbonyl-phytoporphyrin-methylester $C_{38}H_{42}N_4O_6$, Formel XIII (R = CH_3, R′ = C_2H_5) und Taut. (in der Literatur auch als 10-Äthoxy-phäoporphyrin-a_5-dimethylester, als Phäoporphyrin-a_6-äthyläther-dimethylester und als „Phäoporphyrin-a_6“ bezeichnet).

Zusammenfassende Darstellung: *H. Fischer, A. Stern,* Die Chemie des Pyrrols, Bd. 2, Tl. 2 [Leipzig 1940] S. 177.

B. Beim Behandeln von Methylchlorophyllid-a (S. 3239) mit [1,4]Benzochinon und Äthanol und anschliessend mit wss. HI und Essigsäure (*Fischer et al.*, A. **495** [1932] 1, 3, 27). Beim Erwärmen von Phäoporphyrin-a_5-dimethylester (S. 3235) mit Äthanol, Jod und Na_2CO_3 (*Fischer, Heckmaier*, A. **508** [1934] 250, 252, 257).

Kristalle; F: 300° [aus $CHCl_3$+Me.] (*Fi., He.*, l. c. S. 262), 287° [korr.; aus Acn.] (*Fi., He.*, l. c. S. 257), 276° [aus $CHCl_3$+Me.] (*Fi. et al.*, l. c. S. 28). λ_{max} (Py.+Ae.): 520 nm, 561 nm, 584 nm und 632 nm (*Fi. et al.*, l. c. S. 28).

Oxim $C_{38}H_{43}N_5O_6$; (±)-3-[2²-Äthoxy-7,12-diäthyl-2¹-hydroxyimino-2²-methoxycarbonyl-3,8,13,17-tetramethyl-2¹,2²-dihydro-cyclopenta[*at*]porphyrin-18-yl]-propionsäure-methylester, (±)-13²-Äthoxy-13²-methoxycarbonyl-phytoporphyrin-methylester-oxim. Kristalle (aus Ae.); F: 270° (*Fi. et al.*, l. c. S. 29).

(±)-3-[7,12-Diäthyl-2²-methoxycarbonyl-3,8,13,17-tetramethyl-2¹-oxo-2²-propoxy-2¹,2²-dihydro-cyclopenta[*at*]porphyrin-18-yl]-propionsäure-methylester, (±)-13²-Methoxycarbonyl-13²-propoxy-phytoporphyrin-methylester $C_{39}H_{44}N_4O_6$, Formel XIII (R = CH_3, R′ = CH_2-C_2H_5) und Taut. (in der Literatur als 10-Oxy-phäoporphyrin-a_5-dimethylester-propyläther bezeichnet).

B. Beim Erwärmen von Phäoporphyrin-a_5-dimethylester (S. 3235) mit Propan-1-ol und Jod (*Fischer, Scherer*, A. **519** [1935] 234, 235, 237).

Kristalle (aus Acn.+Me.); F: 258°.

XIII

XIV

(±)-3-[7,12-Diäthyl-2^2-isopentyloxy-2^2-methoxycarbonyl-3,8,13,17-tetramethyl-2^1-oxo-2^1,2^2-dihydro-cyclopenta[*at*]porphyrin-18-yl]-propionsäure-methylester, (±)-13^2-Isopentyloxy-13^2-methoxycarbonyl-phytoporphyrin-methylester $C_{41}H_{48}N_4O_6$, Formel XIII (R = CH_3, R′ = CH_2-CH_2-$CH(CH_3)_2$) und Taut. (in der Literatur als 10-Oxy-phäoporphyrin-a_5-dimethylester-isoamyläther bezeichnet).

B. Analog der vorangehenden Verbindung (*Fischer, Scherer,* A. **519** [1935] 234, 235, 237).

Kristalle; F: 257°.

(±)-3-[2^2-Acetoxy-7,12-diäthyl-2^2-methoxycarbonyl-3,8,13,17-tetramethyl-2^1-oxo-2^1,2^2-dihydro-cyclopenta[*at*]porphyrin-18-yl]-propionsäure-methylester, (±)-13^2-Acetoxy-13^2-methoxycarbonyl-phytoporphyrin-methylester $C_{38}H_{40}N_4O_7$, Formel XIII (R = CH_3, R′ = CO-CH_3) und Taut. (in der Literatur als 10-Acetoxy-phäoporphyrin-a_5-dimethylester und als Acetylneophäo≈porphyrin-a_6-dimethylester bezeichnet).

Zusammenfassende Darstellung: *H. Fischer, A. Stern,* Die Chemie des Pyrrols, Bd. 2, Tl. 2 [Leipzig 1940] S. 178.

B. Aus Phäoporphyrin-a_5-dimethylester (S. 3235) beim Erwärmen mit Jod und Natriumacetat in Äthanol (*Fischer, Heckmaier,* A. **508** [1934] 250, 251, 254). Bei der Hydrierung von (±)-13^2-Acetoxy-13^2-methoxycarbonyl-3^1,3^2-didehydro-phytoporphyrin-methylester („10-Acet≈oxy-vinylphäoporphyrin-a_5-dimethylester"; S. 3337) an Palladium in Essigsäure und anschlies≈senden Aufbewahren an der Luft (*Fischer, Lautsch,* A. **525** [1936] 259, 261, 266). Beim Erwärmen von (13^2Ξ)-13^2-Acetoxy-phäophorbid-a-methylester (S. 3336) mit wss. HI und Essigsäure (*Fi., He.,* l. c. S. 260).

Kristalle (aus $CHCl_3$+Me. oder Py.+Me. bzw. aus Eg.); F: 305° [korr.] (*Fi., He.; Fi., La.*). λ_{max} (Py.+Ae.; 520–635 nm): *Fi., He.; Fi., La.*

Bildung von Phäoporphyrin-a_7-trimethylester [S. 3299] (Hauptprodukt) und Chloroporphy≈rin-e_7-lacton-dimethylester (Syst.-Nr. 4699) beim Behandeln mit wss. HCl: *Fischer et al.,* A. **510** [1934] 169, 172, 178.

Kupfer(II)-Komplex $CuC_{38}H_{38}N_4O_7$. Kristalle (aus Py.+Eg.); F: 305° [Zers.]; λ_{max} (Py.+Ae.): 527 nm, 546 nm und 598 nm (*Fi., He.,* l. c. S. 255).

(±)-3-[7,12-Diäthyl-2^2-benzoyloxy-2^2-methoxycarbonyl-3,8,13,17-tetramethyl-2^1-oxo-2^1,2^2-dihydro-cyclopenta[*at*]porphyrin-18-yl]-propionsäure-methylester, (±)-13^2-Benzoyloxy-13^2-methoxycarbonyl-phytoporphyrin-methylester $C_{43}H_{42}N_4O_7$, Formel XIII (R = CH_3, R′ = CO-C_6H_5) und Taut.

B. Beim Behandeln von (±)-13^2-Hydroxy-13^2-methoxycarbonyl-phytoporphyrin-methylester (S. 3331) mit Benzoylchlorid in Pyridin (*Fischer, Heckmaier,* A. **508** [1934] 250, 258).

Kristalle (aus $CHCl_3$+Me.); F: 292° [korr.].

(±)-3-[7,12-Diäthyl-2^2-methoxycarbonyl-3,8,13,17-tetramethyl-2^2-(4-nitro-benzoyloxy)-2^1-oxo-2^1,2^2-dihydro-cyclopenta[*at*]porphyrin-18-yl]-propionsäure-methylester, (±)-13^2-Methoxy≈carbonyl-13^2-[4-nitro-benzoyloxy]-phytoporphyrin-methylester $C_{43}H_{41}N_5O_9$, Formel XIII (R = CH_3, R′ = CO-C_6H_4-NO_2) und Taut. (in der Literatur als „4-Nitro-benzoylester des Neophäoporphyrin-a_6-dimethylesters" bezeichnet).

B. Analog der vorangehenden Verbindung (*Fischer, Heckmaier,* A. **508** [1934] 250, 258).

Kristalle (aus $CHCl_3$+Ae.); F: 257°. λ_{max} (Py.+Ae.): 523 nm, 564 nm, 588 nm und 635 nm.

(±)-3-[7,12-Diäthyl-2^2-methoxy-2^2-methoxycarbonyl-3,8,13,17-tetramethyl-2^1-oxo-2^1,2^2-dihydro-cyclopenta[*at*]porphyrin-18-yl]-propionsäure-äthylester, (±)-13^2-Methoxy-13^2-methoxycarbonyl-phytoporphyrin-äthylester $C_{38}H_{42}N_4O_6$, Formel XIII (R = C_2H_5, R′ = CH_3) und Taut. (in der Literatur als Phäoporphyrin-a_6-methyläther-methyläthylester bezeichnet).

B. Beim Erwärmen von Äthylchlorophyllid-a (S. 3240) mit [1,4]Benzochinon und Methanol und anschliessend mit wss. HI und Essigsäure (*Fischer et al.,* A. **500** [1933] 215, 223, 251).

Kupfer(II)-Komplex $CuC_{38}H_{40}N_4O_6$. Kristalle (aus $CHCl_3$+Me.); F: ca. 192°.

(±)-3-[2²-Äthoxy-7,12-diäthyl-2²-methoxycarbonyl-3,8,13,17-tetramethyl-2¹-oxo-2¹,2²-dihydro-cyclopenta[*at*]porphyrin-18-yl]-propionsäure-äthylester, (±)-13²-Äthoxy-13²-methoxycarbonyl-phytoporphyrin-äthylester $C_{39}H_{44}N_4O_6$, Formel XIII (R = R′ = C_2H_5) und Taut. (in der Literatur als 10-Äthoxy-phäoporphyrin-a_5-äthylester und als Phäoporphyrin-a_6-äthyläther-methyläthylester bezeichnet).

B. Aus Äthylchlorophyllid-a (S. 3240) bei der Behandlung mit [1,4]Benzochinon und Äthanol, anschliessenden Hydrierung an Palladium in Essigsäure und Reoxidation in Äther (*Fischer, Spielberger,* A. **515** [1935] 130, 131, 141). Bei der Hydrierung von (13²*Ξ*)-13²-Äthoxy-phäophorbid-a-äthylester (S. 3336) an Palladium und anschliessenden Reoxidation in Äther (*Fischer et al.,* A. **509** [1934] 201, 202, 205).

Kristalle (aus Py. + Acn. + Me.); F: 288° (*Fi., Sp.,* l. c. S. 142). λ_{max} (Py. + Ae.; 440 – 640 nm): *Fischer et al.,* A. **490** [1931] 38, 80.

7,12-Diäthyl-8-hydroxymethyl-18-[2-methoxycarbonyl-äthyl]-3,13,17-trimethyl-2¹-oxo-2¹,2²-dihydro-cyclopenta[*at*]porphyrin-2²-carbonsäure-methylester, 3-[7,12-Diäthyl-8-hydroxymethyl-2²-methoxycarbonyl-3,13,17-trimethyl-2¹-oxo-2¹,2²-dihydro-cyclopenta[*at*]porphyrin-18-yl]-propionsäure-methylester, 7¹-Hydroxy-13²-methoxycarbonyl-phytoporphyrin-methylester $C_{36}H_{38}N_4O_6$, Formel XIV und Taut. (in der Literatur als Phäophorphyrin-b_6-3-methanol-dimethylester bezeichnet).

Zusammenfassende Darstellung: *H. Fischer, A. Stern,* Die Chemie des Pyrrols, Bd. 2, Tl. 2 [Leipzig 1940] S. 286.

B. Bei der Hydrierung von Phäophorbid-b (S. 3284) an Palladium in Aceton und wss. NH_3, Oxidation an der Luft und anschliessenden Veresterung mit Diazomethan (*Fischer, Lautenschlager,* A. **528** [1937] 9, 12, 24).

Kristalle (aus Py.); F: 269° [Zers.] (*Fi., La.*). λ_{max} (Py. + Ae.; 460 – 640 nm): *Fi., La.,* l. c. S. 25.

Oxim $C_{36}H_{39}N_5O_6$; 3-[7,12-Diäthyl-2¹-hydroxyimino-8-hydroxymethyl-2²-methoxycarbonyl-3,13,17-trimethyl-2¹,2²-dihydro-cyclopenta[*at*]porphyrin-18-yl]-propionsäure-methylester, 7¹-Hydroxy-13²-methoxycarbonyl-phytoporphyrin-methylester-oxim. Kristalle (aus Py. + Me.); unterhalb 325° nicht schmelzend [Sintern bei 273°] (*Fi., La.,* l. c. S. 25). λ_{max} (Py. + Ae.; 450 – 640 nm): *Fi., La.,* l. c. S. 26.

Acetyl-Derivat $C_{38}H_{40}N_4O_7$; 3-[8-Acetoxymethyl-7,12-diäthyl-2²-methoxycarbonyl-3,13,17-trimethyl-2¹-oxo-2¹,2²-dihydro-cyclopenta[*at*]porphyrin-18-yl]-propionsäure-methylester, 7¹-Acetoxy-13²-methoxycarbonyl-phytoporphyrin-methylester. Kristalle (aus Py.); F: 277° [Zers.] (*Fi., La.,* l. c. S. 25). λ_{max} (Py. + Ae.; 450 – 640 nm): *Fi., La.,* l. c. S. 25.

(±)-7-Äthyl-12-[1-hydroxy-äthyl]-18-[2-methoxycarbonyl-äthyl]-3,8,13,17-tetramethyl-2¹-oxo-2¹,2²-dihydro-cyclopenta[*at*]porphyrin-2²-carbonsäure-methylester, (±)-3-[7-Äthyl-12-(1-hydroxy-äthyl)-2²-methoxycarbonyl-3,8,13,17-tetramethyl-2¹-oxo-2¹,2²-dihydro-cyclopenta[*at*]porphyrin-18-yl]-propionsäure-methylester, (±)-3¹-Hydroxy-13²-methoxycarbonyl-phytoporphyrin-methylester $C_{36}H_{38}N_4O_6$, Formel XV und Taut. (in der Literatur als 2,α-Oxy-phäoporphyrin-a_5-dimethylester bezeichnet).

B. Beim Behandeln von (13²*R*?)-13²-Methoxycarbonyl-3¹,3²-didehydro-phytoporphyrin-methylester (Vinylphäoporphyrin-a_5-dimethylester; S. 3248) mit wss. HI und Essigsäure (*Fischer, Oestreicher,* Z. physiol. Chem. **262** [1939/40] 243, 262). Aus 13²-Methoxycarbonyl-3¹-oxo-phytoporphyrin-methylester (S. 3283) mit Hilfe von Aluminiumisopropylat (*Fischer et al.,* A. **545** [1940] 154, 159, 172). Beim Behandeln von opt.-inakt. 3¹,13¹-Dihydroxy-13²-methoxycarbonyl-13¹-desoxo-phytoporphyrin-methylester („2-Oxäthyl-9-oxy-desoxo-phäoporphyrin-a_5-dimethylester"; S. 3163) mit CrO_3 und Essigsäure in Aceton (*Fischer, Oestreicher,* A. **550** [1942] 252, 255, 259).

Violettrote Kristalle; F: 288° [aus Ae. oder Acn.] (*Fi., Oe.,* A. **550** 259), 285° [aus Ae.] (*Fi., Oe.,* Z. physiol. Chem. **262** 262). λ_{max} (Py. + Ae.; 520 – 640 nm): *Fi., Oe.,* Z. physiol. Chem. **262** 262; A. **550** 260; *Fi. et al.*

(2²Ξ,17S)-7-Äthyl-2²-hydroxy-18t-[2-methoxycarbonyl-äthyl]-3,8,13,17r-tetramethyl-2¹-oxo-12-vinyl-2¹,2²,17,18-tetrahydro-cyclopenta[at]porphyrin-2²-carbonsäure-methylester, 3-[(2²Ξ,18S)-7-Äthyl-2²-hydroxy-2²-methoxycarbonyl-3,8,13,17t-tetramethyl-2¹-oxo-12-vinyl-2¹,2²,17,18-tetrahydro-cyclopenta[at]porphyrin-18r-yl]-propionsäure-methylester, (13²Ξ)-13²-Hydroxy-phäophorbid-a-methylester, (13²Ξ)-13²-Hydroxy-13²-methoxycarbonyl-3¹,3²-didehydro-phytochlorin-methylester $C_{36}H_{38}N_4O_6$, Formel I (R = CH_3, R′ = H) und Taut. (in der Literatur als 10-Oxy-phäophorbid-a-dimethylester bezeichnet).

Die Identität der von *Fischer, Hagert* (A. **502** [1933] 41, 42, 52) und von *Fischer et al.* (A. **510** [1934] 169, 173, 179) beschriebenen Präparate (F: 253° bzw. F: 280°) ist nicht gesichert (*Strell*, A. **550** [1942] 50, 51).

B. Beim Behandeln von Phäophorbid-a (S. 3237) mit $KMnO_4$ in Pyridin und anschliessend mit Diazomethan (*St.*, l. c. S. 52, 61). Bei der Oxidation des Zink-Komplexes des Phäophorbid-a-methylesters (S. 3239) in Aceton an der Luft oder beim Erhitzen mit Sauerstoff in Essigsäure (*Fischer, Pfeiffer*, A. **555** [1944] 94, 103, 110).

Unterhalb 320° nicht schmelzend [Sintern bei 260] (*St.*; *Fi., Pf.*).

Magnesium-Komplex. Absorptionsspektrum (Ae.; 380–750 nm): *Holt*, Canad. J. Biochem. Physiol. **36** [1958] 439, 447.

Kupfer(II)-Komplex des (13²Ξ)-13²-Hydroxy-phäophorbid-a-methylesters $CuC_{36}H_{36}N_4O_6$ oder des (13²Ξ)-13²-Acetoxy-phäophorbid-a-methylesters $CuC_{38}H_{38}N_4O_7$. *B.* Aus Phäophorbid-a-methylester und Kupfer(II)-acetat in Essigsäure (*Strell, Zuther*, A. **612** [1958] 264, 266, 268). – Kristalle (aus Ae.); unterhalb 350° nicht schmelzend (*St., Zu.*).

Eisen(III)-Komplex. Eine ursprünglich (*Fischer, Wunderer*, A. **533** [1938] 230, 239) als „Methylphäophorbid-a-hämin“ beschriebene Verbindung ist als Eisen(III)-Komplex des (13²Ξ)-13²-Hydroxy-phäophorbid-a-methylesters $Fe(C_{36}H_{36}N_4O_6)Cl$ oder des (13²Ξ)-13²-Acetoxy-phäophorbid-a-methylesters $Fe(C_{38}H_{38}N_4O_7)Cl$ zu formulieren (*St., Zu.*, l. c. S. 266, 267). – Kristalle (aus Eg.); unterhalb 320° nicht schmelzend (*Fi., Wu.*).

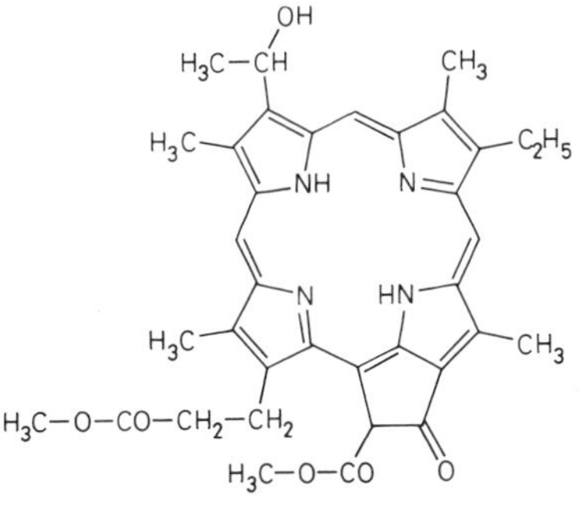

XV

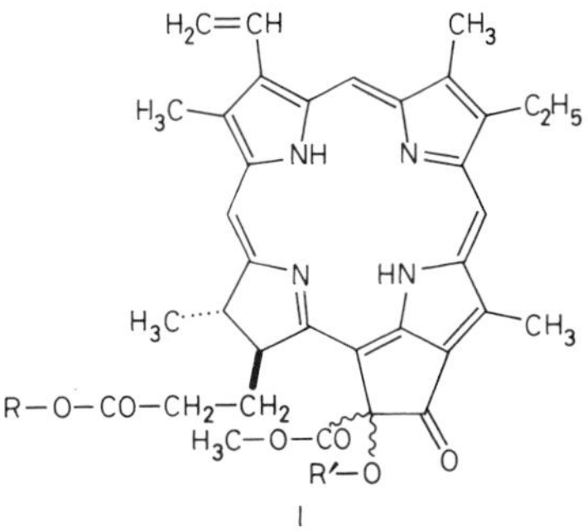

I

3-[7-Äthyl-2²-methoxy-2²-methoxycarbonyl-3,8,13,17-tetramethyl-2¹-oxo-12-vinyl-2¹,2²,17,18-tetrahydro-cyclopenta[at]porphyrin-18-yl]-propionsäure-methylester $C_{37}H_{40}N_4O_6$.

a) **3-[(18S)-7-Äthyl-2²c-methoxy-2²t-methoxycarbonyl-3,8,13,17t-tetramethyl-2¹-oxo-12-vinyl-2¹,2²,17,18-tetrahydro-cyclopenta[at]porphyrin-18r-yl]-propionsäure-methylester, (13²S)-13²-Methoxy-phäophorbid-a-methylester, (13²S)-13²-Methoxy-13²-methoxycarbonyl-3¹,3²-didehydro-phytochlorin-methylester,** Formel II und Taut. (in der Literatur als 10-Methoxy-phäophorbid-a-dimethylester bezeichnet).

B. Als Hauptprodukt neben dem unter b) beschriebenen Stereoisomeren beim Erwärmen von Phäophorbid-a-methylester (S. 3239) mit Tetrachlor-[1,4]benzochinon und Methanol in CH_2Cl_2 (*Wolf et al.*, A. **704** [1967] 208, 223; s. a. *Fischer, Pfeiffer*, A. **555** [1944] 94, 109; *Holt*, Canad. J. Biochem. Physiol. **36** [1958] 439, 450).

Grüne Kristalle (aus CH_2Cl_2+Me.); F: 279° [unkorr.] (*Wolf et al.*, l. c. S. 210, 224). ORD und CD-Spektrum (Dioxan; 230–700 nm): *Wolf et al.*, l. c. S. 213, 215, 217, 224. ^{1}H-NMR-Absorption ($CDCl_3$): *Wolf et al.*, l. c. S. 220. Absorptionsspektrum (Dioxan; 230–700 nm): *Wolf et al.*, l. c. S. 213, 214.

b) **3-[(18*S*)-7-Äthyl-2^2*t*-methoxy-2^2*c*-methoxycarbonyl-3,8,13,17*t*-tetramethyl-2^1-oxo-12-vinyl-2^1,2^2,17,18-tetrahydro-cyclopenta[*at*]porphyrin-18*r*-yl]-propionsäure-methylester, (13^2*R*)-13^2-Methoxy-phäophorbid-a-methylester, (13^2*R*)-13^2-Methoxy-13^2-methoxycarbonyl-3^1,3^2-didehydro-phytochlorin-methylester,** Formel III und Taut.

B. s. unter a).

Grüne Kristalle (aus CH_2Cl_2+Me.); unterhalb 330° nicht schmelzend (*Wolf et al.*, A. **704** [1967] 208, 210, 224). ORD und CD-Spektrum (Dioxan; 220–700 nm): *Wolf et al.*, l. c. S. 213, 215, 217, 224. ^{1}H-NMR-Absorption ($CDCl_3$): *Wolf et al.*, l. c. S. 220. Absorptionsspektrum (Dioxan; 220–700 nm): *Wolf et al.*, l. c. S. 213, 224.

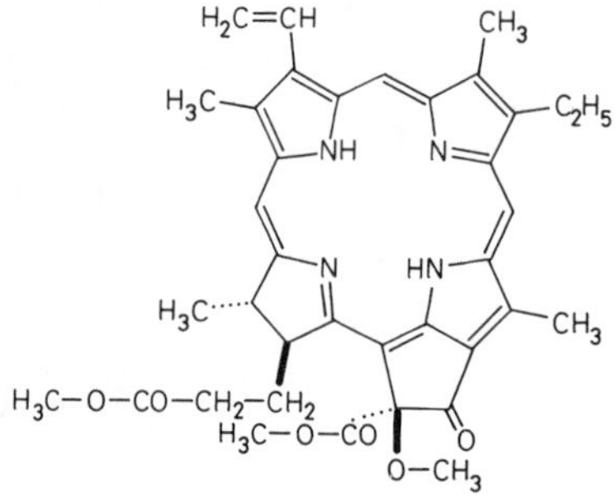

II

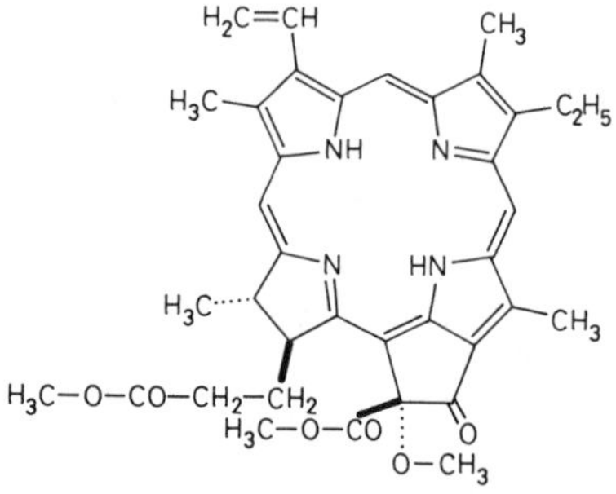

III

3-[(2$^2\Xi$,18*S*)-2^2-Äthoxy-7-äthyl-2^2-methoxycarbonyl-3,8,13,17*t*-tetramethyl-2^1-oxo-12-vinyl-2^1,2^2,17,18-tetrahydro-cyclopenta[*at*]porphyrin-18*r*-yl]-propionsäure-methylester, (13$^2\Xi$)-13^2-Äthoxy-phäophorbid-a-methylester, (13$^2\Xi$)-13^2-Äthoxy-13^2-methoxycarbonyl-3^1,3^2-didehydro-phytochlorin-methylester $C_{38}H_{42}N_4O_6$, Formel I (R = CH_3, R′ = C_2H_5) und Taut. (in der Literatur als 10-Äthoxy-phäophorbid-a-dimethylester bezeichnet).

B. Aus Methylchlorophyllid-a [S. 3239] (*Fischer, Spielberger*, A. **515** [1935] 130, 133, 138) oder aus dem Zink-Komplex des Phäophorbid-a-methylesters [S. 3240] (*Fischer, Pfeiffer*, A. **555** [1944] 94, 99, 108) beim Behandeln mit [1,4]Benzochinon und Äthanol.

Kristalle (aus Acn.+Me. bzw. aus Ae.); unterhalb 320° nicht schmelzend (*Fi., Sp.*; *Fi., Pf.*). $[\alpha]^{20}_{\text{weisses Licht}}$: −311° [Acn.; c = 0,1] (*Fischer, Stern*, A. **519** [1935] 58, 62, 68). λ_{max} (Py.+Ae.; 440–690 nm): *Fi., Sp.*, l. c. S. 139.

3-[(2$^2\Xi$,18*S*)-2^2-Acetoxy-7-äthyl-2^2-methoxycarbonyl-3,8,13,17*t*-tetramethyl-2^1-oxo-12-vinyl-2^1,2^2,17,18-tetrahydro-cyclopenta[*at*]porphyrin-18*r*-yl]-propionsäure-methylester, (13$^2\Xi$)-13^2-Acetoxy-phäophorbid-a-methylester, (13$^2\Xi$)-13^2-Acetoxy-13^2-methoxycarbonyl-3^1,3^2-didehydro-phytochlorin-methylester $C_{38}H_{40}N_4O_7$, Formel I (R = CH_3, R′ = CO-CH_3) und Taut. (in der Literatur als 10-Acetoxy-phäophorbid-a-dimethylester bezeichnet).

B. Beim Erwärmen von Phäophorbid-a-methylester (S. 3239) mit Jod und Natriumacetat in Äthanol (*Fischer, Heckmaier*, A. **508** [1934] 250, 253, 259; s. a. *Strell*, A. **550** [1942] 50, 51).

Kristalle (aus $CHCl_3$+Me.); Zers. bei ca. 300° (*Fi., He.*). $[\alpha]^{20}_{\text{weisses Licht}}$: −348° [Acn.; c = 0,1] (*Fischer, Stern*, A. **520** [1935] 88, 96). Absorptionsspektrum (Dioxan; 480–670 nm): *Stern, Wenderlein*, Z. physik. Chem. [A] **174** [1935] 321, 324, 328. λ_{max} (Py.+Ae.): 502 nm, 534 nm, 563 nm, 611 nm und 669 nm (*Fi., He.*).

Reaktion mit Diazomethan und Methanol in Pyridin und Äther: *Fischer et al.*, A. **510** [1934] 169, 174, 180; *Fischer, Strell*, A. **540** [1939] 232, 239; *St.*

3-[($2^2\Xi$,18*S*)-2^2-Äthoxy-7-äthyl-2^2-methoxycarbonyl-3,8,13,17*t*-tetramethyl-2^1-oxo-12-vinyl-2^1,2^2,17,18-tetrahydro-cyclopenta[*at*]porphyrin-18*r*-yl]-propionsäure-äthylester, ($13^2\Xi$)-13^2-Äthoxy-phäophorbid-a-äthylester, ($13^2\Xi$)-13^2-Äthoxy-13^2-methoxycarbonyl-3^1,3^2-didehydro-phytochlorin-äthylester $C_{39}H_{44}N_4O_6$, Formel I (R = R′ = C_2H_5) und Taut. (in der Literatur als 10-Äthoxy-äthylphäophorbid-a bezeichnet).

B. Aus Äthylchlorophyllid-a (S. 3240) beim Behandeln mit [1,4]Benzochinon und Äthanol (*Fischer, Riedmair,* A. **506** [1933] 107, 111, 120) oder mit Jod und Äthanol (*Fischer, Pfeiffer,* A. **555** [1944] 94, 101, 109).

Kristalle (aus Acn. + Me.); unterhalb 280° nicht schmelzend (*Fi., Ri.*). Kristalle (aus Ae.), die bei 280° sintern (*Fi., Pf.*). $[\alpha]^{20}_{\text{weisses Licht}}$: −207° [Acn.; c = 0,1] (*Fischer, Stern,* A. **519** [1935] 58, 62, 68). λ_{max} (Py. + Ae.; 430–690 nm): *Fi., Ri.*

3-[(18*S*)-7-Äthyl-8-hydroxymethyl-2^2*t*-methoxycarbonyl-3,13,17*t*-trimethyl-2^1-oxo-12-vinyl-2^1,2^2,17,18-tetrahydro-cyclopenta[*at*]porphyrin-18*r*-yl]-propionsäure-methylester, 7^1-Hydroxy-phäophorbid-a-methylester, (13^2*R*)-7^1-Hydroxy-13^2-methoxycarbonyl-3^1,3^2-didehydro-phytochlorin-methylester $C_{36}H_{38}N_4O_6$, Formel IV und Taut. (in der Literatur als Methylphäophorbid-b-3-methanol bezeichnet).

B. Beim Erwärmen von Phäophorbid-b-methylester (S. 3284) mit Aluminiumisopropylat in Isopropylalkohol (*Fischer et al.,* A. **545** [1940] 154, 155, 168). Beim Behandeln von Methylchlorophyllid-b (S. 3285) in Pyridin mit methanol. $NaBH_4$ (*Holt,* Plant Physiol. **34** [1959] 310).

Kristalle (aus Acn. + Me.); unterhalb 300° nicht schmelzend (*Fi. et al.*). IR-Spektrum ($CHCl_3$; 1800–1600 cm^{-1}): *Holt,* l. c. S. 311. Absorptionsspektrum (Ae.; 375–675 nm): *Holt.* λ_{max} (Py. + Ae.; 440–690 nm): *Fi. et al.*, l. c. S. 169.

Magnesium-Komplex $MgC_{36}H_{36}N_4O_6$. Kristalle [aus wss. Acn.] (*Holt*). Absorptionsspektrum (Ae.; 375–675 nm): *Holt.*

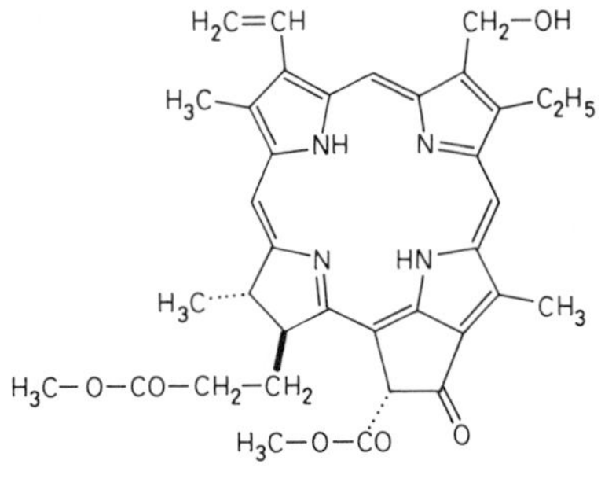

IV

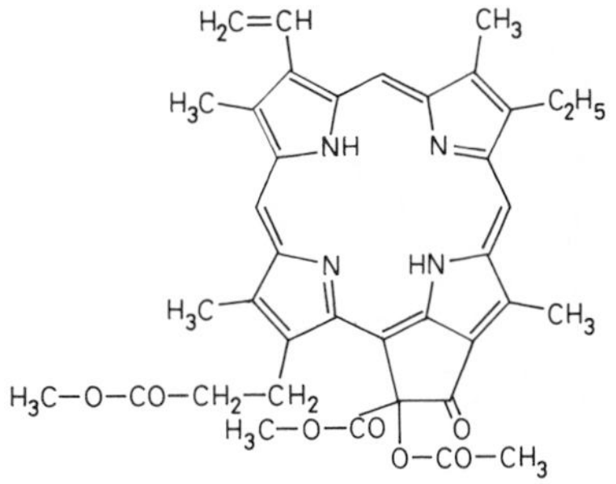

V

Hydroxy-oxo-carbonsäuren $C_nH_{2n-36}N_4O_6$

(±)-2^2-Acetoxy-7-äthyl-18-[2-methoxycarbonyl-äthyl]-3,8,13,17-tetramethyl-2^1-oxo-12-vinyl-2^1,2^2-dihydro-cyclopenta[*at*]porphyrin-2^2-carbonsäure-methylester, (±)-3-[2^2-Acetoxy-7-äthyl-2^2-methoxycarbonyl-3,8,13,17-tetramethyl-2^1-oxo-12-vinyl-2^1,2^2-dihydro-cyclopenta[*at*]porphyrin-18-yl]-propionsäure-methylester, (±)-13^2-Acetoxy-13^2-methoxycarbonyl-3^1,3^2-didehydro-phytoporphyrin-methylester $C_{38}H_{38}N_4O_7$, Formel V und Taut. (in der Literatur als 10-Acetoxy-vinylphäoporphyrin-a_5-dimethylester bezeichnet).

Zusammenfassende Darstellung: *H. Fischer, A. Stern,* Die Chemie des Pyrrols, Bd. 2, Tl. 2 [Leipzig 1940] S. 179.

B. Beim Erhitzen von Phäophorbid-a (S. 3237) mit Ag_2O und Essigsäure und anschliessenden Verestern mit Diazomethan (*Fischer, Lautsch,* A. **525** [1936] 259, 260, 263).

Kristalle (aus $CHCl_3$ + Me.); unterhalb 360° nicht schmelzend (*Fi., La.*). λ_{max} (Py. + Ae.; 440–640 nm): *Fi., La.*

Eisen(III)-Komplex $Fe(C_{38}H_{36}N_4O_7)Cl$. Kristalle (aus Eg.); unterhalb 360° nicht schmelzend (*Fi., La.*, l. c. S. 265). λ_{max} (Py. + Ae.; 480–640 nm): *Fi., La.*

Oxim $C_{38}H_{39}N_5O_7$; (±)-3-[2²-Acetoxy-7-äthyl-2¹-hydroxyimino-2²-methoxycarbonyl-3,8,13,17-tetramethyl-12-vinyl-2¹,2²-dihydro-cyclopenta[*at*]porphyrin-18-yl]-propionsäure-methylester, (±)-13²-Acetoxy-13²-methoxycarbonyl-3¹,3²-didehydro-phytoporphyrin-methylester-oxim. Unterhalb 360° nicht schmelzend (*Fi.*, *La.*, l. c. S. 265). λ_{max} (Py. + Ae.; 440 – 630 nm): *Fi.*, *La.*, l. c. S. 266.

3-[7-Äthyl-8-hydroxymethyl-2²-methoxycarbonyl-3,13,17-trimethyl-2¹-oxo-12-vinyl-2¹,2²-dihydro-cyclopenta[*at*]porphyrin-18-yl]-propionsäure-methylester, 7¹-Hydroxy-13²-methoxycarbonyl-3¹,3²-didehydro-phytoporphyrin-methylester $C_{36}H_{36}N_4O_6$, Formel VI und Taut. (in der Literatur als Vinyl-phäoporphyrin-b_6-3-methanol-dimethylester bezeichnet).

B. Beim Erhitzen von Phäophorbid-b-methylester-8¹-oxim (S. 3285) mit Eisen-Pulver und Ameisensäure, Aufbewahren des Reaktionsprodukts in Äther an der Luft und anschliessenden Behandeln mit Diazomethan (*Fischer, Oestreicher,* Z. physiol. Chem. **262** [1940] 243, 246, 257).

Kristalle (aus Ae.); F: 269°. λ_{max} (Py. + Ae.; 450 – 650 nm): *Fi.*, *Oe.*, l. c. S. 258.

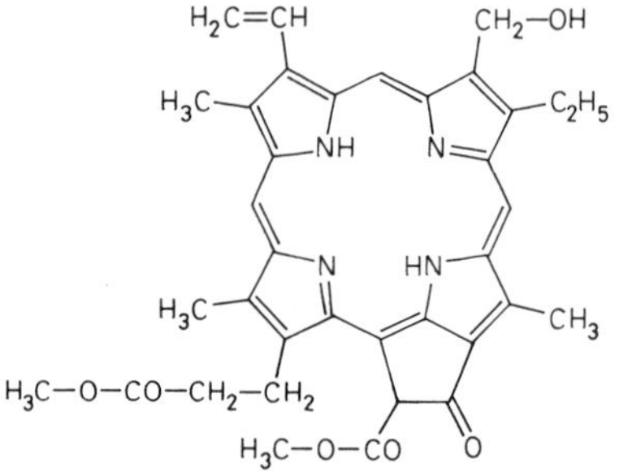

VI

Hydroxy-oxo-carbonsäuren $C_nH_{2n-40}N_4O_6$

3,3′-[3-Formyl-8-((Ξ)-1-hydroxy-5,9,13-trimethyl-tetradeca-4*t*,8*t*,12-trienyl)-7,12,17-trimethyl-13-vinyl-porphyrin-2,18-diyl]-di-propionsäure, (3¹Ξ)-Cytoporphyrin, Porphyrin-a $C_{49}H_{58}N_4O_6$, Formel VII und Taut.

Konstitution und Konfiguration der Doppelbindungen der Seitenkette: *Caughey et al.*, J. biol. Chem. **250** [1975] 7602, 7603, 7609.

Zusammenfassende Darstellungen: *Lemberg,* Adv. Enzymol. **23** [1961] 265, 270 – 284; *DiNello, Chang,* in *D. Dolphin,* The Porphyrins, Bd. 1 [New York 1978] S. 289, 309 – 316.

Herstellung aus dem Eisen(II)-Komplex (Häm-a; s. u.) mit Hilfe von Eisen(II)-acetat und Essigsäure: *Oliver, Rawlinson,* Biochem. J. **61** [1955] 641, 642; mit Hilfe von $FeSO_4$, Natriumacetat und wss. HCl in Essigsäure: *Lemberg et al.*, Austral. J. exp. Biol. med. Sci. **33** [1955] 435, 440, 444.

Grüne Kristalle mit metallischem Glanz [aus $CHCl_3$ + PAe. oder Ae. + Bzl.] (*Lemberg,* Nature **172** [1953] 619, 620; s. a. *Lemberg, Stewart,* Austral. J. exp. Biol. med. Sci. **33** [1955] 451, 476). Absorptionsspektrum in $CHCl_3$, Dioxan sowie Pyridin (350 – 700 nm): *Ol.*, *Ra.*, l. c. S. 642 – 645; in Methanol (210 – 350 nm), Äther (440 – 680 nm), Dioxan (220 – 340 nm) sowie wss. HCl (500 – 640 nm): *Le.*, *St.*, l. c. S. 465 – 469; in Aceton (500 – 660 nm): *Parker,* Biochim. biophys. Acta **35** [1959] 496, 506. λ_{max} (Eg.; 410 – 650 nm): *Ol.*, *Ra.*, l. c. S. 645.

Kupfer(II)-Komplex. Absorptionsspektrum ($CHCl_3$, Dioxan sowie Py.; 350 – 700 nm): *Ol.*, *Ra.*, l. c. S. 644, 645.

Eisen(II)-Komplex; Häm-a. Isolierung aus Ochsen-Herzmuskel: *Ol.*, *Ra.*, l. c. S. 641, 642; *Le. et al.*, Austral. J. exp. Biol. med. Sci. **33** 437; s. a. *Lemberg et al.*, Austral. J. exp. Biol. med. Sci. **33** [1955] 491.

Oxim $C_{49}H_{59}N_5O_6$; 3,3′-[3-(Hydroxyimino-methyl)-8-((Ξ)-1-hydroxy-5,9,13-trimethyl-tetradeca-4*t*,8*t*,12-trienyl)-7,12,17-trimethyl-13-vinyl-porphyrin-2,18-

diyl]-di-propionsäure, ($3^1\Xi$)-Cytoporphyrin-oxim. Absorptionsspektrum (Py.; 350–700 nm): *Ol., Ra.*, l. c. S. 644, 645. – Kupfer(II)-Komplex. Absorptionsspektrum (Py.; 350–700 nm): *Ol., Ra.*

VII

4. Hydroxy-oxo-carbonsäuren mit 7 Sauerstoff-Atomen

Hydroxy-oxo-carbonsäuren $C_nH_{2n-18}N_4O_7$

[7-(5-Hydroxy-2,4,6-trioxo-hexahydro-pyrimidin-5-yl)-6-methyl-3-oxo-4-*p*-tolyl-3,4-dihydro-chinoxalin-2-carbonyl]-harnstoff, 7-[5-Hydroxy-2,4,6-trioxo-hexahydro-pyrimidin-5-yl]-6-methyl-3-oxo-4-*p*-tolyl-3,4-dihydro-chinoxalin-2-carbonsäure-ureid $C_{22}H_{18}N_6O_7$, Formel VIII.

Diese Konstitution kommt der H **24** 506 (Zeile 22 v. o.) beschriebenen Verbindung $C_{22}H_{18}N_6O_7$ zu (*King, Clark-Lewis*, Soc. **1951** 3379, 3381).

VIII

IX

Hydroxy-oxo-carbonsäuren $C_nH_{2n-26}N_4O_7$

***Opt.-inakt. 3,3'-[3,17-Diäthyl-5-hydroxy-2,7,13,18-tetramethyl-4-nitroso-1,19-dioxo-4,5,19,21,22,24-hexahydro-1*H*-bilin-8,12-diyl]-di-propionsäure-dimethylester(?)** $C_{35}H_{43}N_5O_8$, vermutlich Formel IX und Taut.; Mesobilipurpurin-XIIIα-dimethylester „619 nm".

B. Neben anderen Verbindungen beim Behandeln von Glaukobilin-XIIIα-dimethylester (S. 3267) mit $NaNO_2$ und wss. HNO_3 in $CHCl_3$ (*Siedel, Grams*, Z. physiol. Chem. **267** [1941] 49, 52, 57, 69).

Rote Kristalle (aus Ae.); F: 189° [korr.].

Zink-Komplex. λ_{max} (A.): 619 nm (*Si., Gr.*, l. c. S. 70).

Hydroxy-oxo-carbonsäuren $C_nH_{2n-34}N_4O_7$

***Opt.-inakt. 3-[2²-Acetoxy-7-äthyl-12-(1-methoxy-äthyl)-2²-methoxycarbonyl-3,8,13,17-tetramethyl-2¹-oxo-2¹,2²-dihydro-cyclopenta[*at*]porphyrin-18-yl]-propionsäure-methylester, 13²-Acetoxy-3¹-methoxy-13²-methoxycarbonyl-phytoporphyrin-methylester** $C_{39}H_{42}N_4O_8$, Formel X und Taut. (in der Literatur als 2,α-Methoxy-10-acetoxy-phäoporphyrin-a_5-dimethylester bezeichnet).

B. Beim Erwärmen von (±)-13²-Acetoxy-13²-methoxycarbonyl-3¹,3²-didehydro-phytoporphyrin-methylester („10-Acetoxy-vinylphäoporphyrin-a_5-dimethylester"; S. 3337) mit HBr und Essigsäure und Erwärmen des Reaktionsprodukts mit Methanol (*Fischer, Lautsch,* A. **525** [1936] 259, 261, 266).

Kristalle (aus Ae.); unterhalb 360° nicht schmelzend. λ_{max} (Py. + Ae.; 440–650 nm): *Fi., La.,* l. c. S. 268.

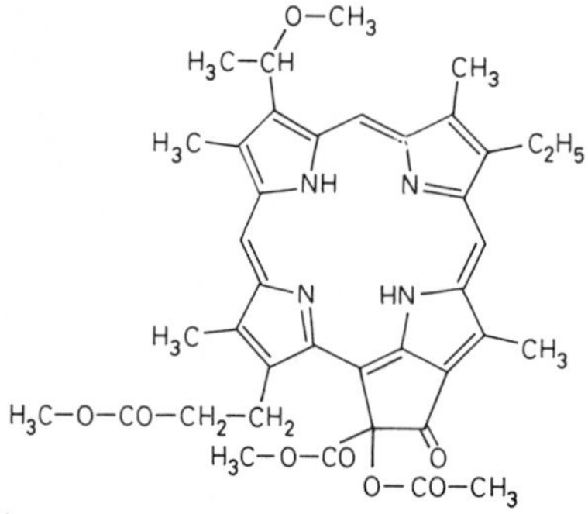

X

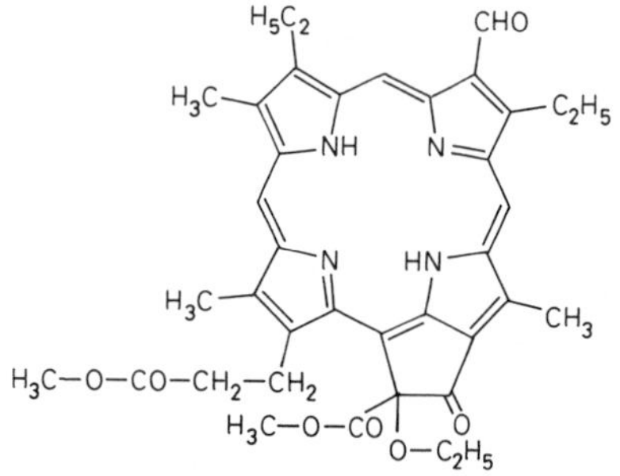

XI

Hydroxy-oxo-carbonsäuren $C_nH_{2n-36}N_4O_7$

(±)-3-[2²-Äthoxy-7,12-diäthyl-8-formyl-2²-methoxycarbonyl-3,13,17-trimethyl-2¹-oxo-2¹,2²-dihydro-cyclopenta[*at*]porphyrin-18-yl]-propionsäure-methylester, (±)-13²-Äthoxy-13²-methoxycarbonyl-7¹-oxo-phytoporphyrin-methylester $C_{38}H_{40}N_4O_7$, Formel XI und Taut. (in der Literatur als 10-Äthoxy-phäoporphyrin-b_6-dimethylester bezeichnet).

B. Beim Erwärmen von Phäoporphyrin-b_6-dimethylester (S. 3282) mit Jod und Äthanol und anschliessend mit Diazomethan (*Fischer, Grassl,* A. **517** [1935] 1, 6, 16). Beim Erwärmen von (13²*Ξ*)-13²-Äthoxy-phäophorbid-b-methylester (s. u.) mit wss. HI und Essigsäure (*Fischer, Spielberger,* A. **515** [1935] 130, 133, 140).

Kristalle; F: 275° [aus Acn. + Me.] (*Fi., Sp.,* l. c. S. 140), 274° [aus Py. + Me.] (*Fi., Gr.*). λ_{max} (Py. + Ae.): 526 nm, 565 nm, 588 nm und 645 nm (*Fi., Sp.*) bzw. 527 nm, 564 nm, 592 nm und 644 nm (*Fi., Gr.*).

Bildung von Phäoporphyrin-b_8-dimethylester (Syst.-Nr. 4699) beim Behandeln mit wss. HCl und anschliessend mit Diazomethan: *Fi., Gr.,* l. c. S. 7, 17.

Oxim $C_{38}H_{41}N_5O_7$; (±)-3-[2²-Äthoxy-7,12-diäthyl-8-(hydroxyimino-methyl)-2²-methoxycarbonyl-3,13,17-trimethyl-2¹-oxo-2¹,2²-dihydro-cyclopenta[*at*]porphyrin-18-yl]-propionsäure-methylester, (±)-13²-Äthoxy-7¹-hydroxyimino-13²-methoxycarbonyl-phytoporphyrin-methylester. Kristalle (aus Py. + Me.); F: 283° (*Fi., Gr.,* l. c. S. 18). Absorptionsspektrum (Dioxan; 480–660 nm): *Stern, Wenderlein,* Z. physik. Chem. [A] **176** [1936] 81, 91, 92, 95. λ_{max} (Py. + Ae.): 525 nm, 567 nm, 586 nm und 620 nm (*Fi., Gr.,* l. c. S. 18).

(±)-3-[2²-Acetoxy-12-acetyl-7-äthyl-2²-methoxycarbonyl-3,8,13,17-tetramethyl-2¹-oxo-2¹,2²-dihydro-cyclopenta[*at*]porphyrin-18-yl]-propionsäure-methylester, (±)-13²-Acetoxy-13²-methoxycarbonyl-3¹-oxo-phytoporphyrin-methylester $C_{38}H_{38}N_4O_8$, Formel XII und Taut. (in der Literatur als Oxo-10-acetoxy-phäoporphyrin-a_5-dimethylester bezeichnet).

Konstitution: *Fischer, Hasenkamp,* A. **513** [1934] 107, 110, 117.

B. Aus ($13^2\Xi$)-13^2-Acetoxy-phäophorbid-a-methylester (S. 3336) beim Behandeln mit wss. HI und Essigsäure (*Fischer et al.*, A. **510** [1934] 169, 174, 180).

Kristalle (aus Py. + Me.); F: 307°; λ_{max} (Py. + Ae.): 529 nm, 571 nm, 595 nm und 645 nm (*Fi. et al.*).

($2^2\Xi$,17*S*)-2^2-Äthoxy-7-äthyl-8-formyl-18*t*-[2-methoxycarbonyl-äthyl]-3,13,17*r*-trimethyl-2^1-oxo-12-vinyl-2^1,2^2,17,18-tetrahydro-cyclopenta[*at*]porphyrin-2^2-carbonsäure-methylester, 3-[($2^2\Xi$,18*S*)-2^2-Äthoxy-7-äthyl-8-formyl-2^2-methoxycarbonyl-3,13,17*t*-trimethyl-2^1-oxo-12-vinyl-2^1,2^2,17,18-tetrahydro-cyclopenta[*at*]porphyrin-18*r*-yl]-propionsäure-methylester, ($13^2\Xi$)-13^2-Äthoxy-phäophorbid-b-methylester, ($13^2\Xi$)-13^2-Äthoxy-13^2-methoxycarbonyl-7^1-oxo-3^1,3^2-didehydro-phytochlorin-methylester $C_{38}H_{40}N_4O_7$, Formel I (R = CH_3, R′ = C_2H_5) und Taut. (in der Literatur als 10-Äthoxy-phäophorbid-b-dimethylester bezeichnet).

B. Beim Behandeln von Phäophorbid-b-methylester (S. 3284) mit Luft und Äthanol (*Fischer, Albert,* A. **599** [1956] 203, 204, 209). Beim Behandeln von Methylchlorophyllid-b (S. 3285) mit [1,4]Benzochinon in Äthanol (*Fischer, Spielberger,* A. **515** [1935] 130, 133, 138).

Kristalle (aus Acn. + Me.); unterhalb 320° nicht schmelzend (*Fi., Sp.*). Kristalle [aus $CHCl_3$ + Me.] (*Fi., Al.*). $[\alpha]^{20}_{\text{weisses Licht}}$: −386° [Acn.; c = 0,1] (*Fischer, Stern,* A. **519** [1935] 58, 64, 68). λ_{max} (Py. + Ae.): 520 nm, 532 nm, 557 nm, 600 nm und 655 nm (*Fi., Sp.*, l. c. S. 139).

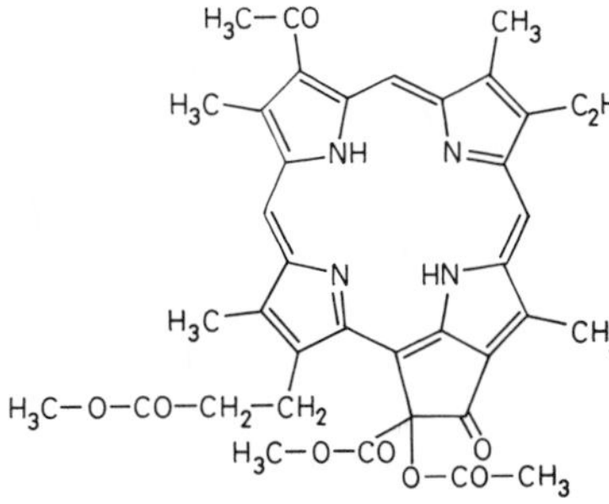

3-[($2^2\Xi$,18*S*)-2^2-Acetoxy-7-äthyl-8-formyl-2^2-methoxycarbonyl-3,13,17*t*-trimethyl-2^1-oxo-12-vinyl-2^1,2^2,17,18-tetrahydro-cyclopenta[*at*]porphyrin-18*r*-yl]-propionsäure-methylester, ($13^2\Xi$)-13^2-Acetoxy-phäophorbid-b-methylester, ($13^2\Xi$)-13^2-Acetoxy-13^2-methoxycarbonyl-7^1-oxo-3^1,3^2-didehydro-phytochlorin-methylester $C_{38}H_{38}N_4O_8$, Formel I (R = CH_3, R′ = CO-CH_3) und Taut. (in der Literatur als 10-Acetoxy-phäophorbid-b-dimethylester bezeichnet).

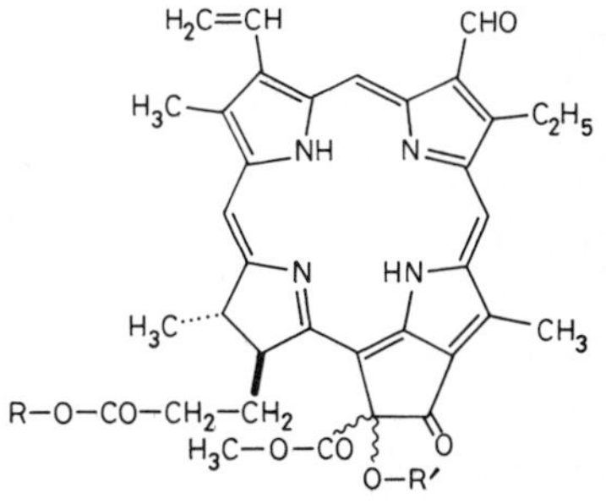

B. Aus Phäophorbid-b-methylester (S. 3284) beim Behandeln mit Luft und Essigsäure oder mit Jod und Essigsäure und anschliessenden Behandeln mit Diazomethan (*Fischer, Albert,* A. **599** [1956] 203, 204, 208, 209).

Kristalle (aus Acn. + Me.); F: >300°.

Zink-Komplex. Kristalle (aus Eg. + Me.).

3-[($2^2\Xi$,18*S*)-2^2-Äthoxy-7-äthyl-8-formyl-2^2-methoxycarbonyl-3,13,17*t*-trimethyl-2^1-oxo-12-vinyl-2^1,2^2,17,18-tetrahydro-cyclopenta[*at*]porphyrin-18*r*-yl]-propionsäure-äthylester, ($13^2\Xi$)-13^2-Äthoxy-phäophorbid-b-äthylester, ($13^2\Xi$)-13^2-Äthoxy-13^2-methoxycarbonyl-7^1-oxo-3^1,3^2-didehydro-phytochlorin-äthylester $C_{39}H_{42}N_4O_7$, Formel I (R = R′ = C_2H_5) und Taut. (in der Literatur als 10-Äthoxy-phäophorbid-b-äthylester bezeichnet).

B. Neben ($13^2\Xi$)-13^2-Äthoxy-phäophorbid-a-äthylester (S. 3337) beim Behandeln eines Gemisches von Äthylchlorophyllid-a (S. 3240) und Äthylchlorophyllid-b (S. 3286) mit [1,4]Benzochinon in Äthanol und anschliessenden Verestern mit Diazoäthan (*Fischer, Pfeiffer,* A. **556** [1944] 131, 154, 156).

Kristalle (aus Acn. oder Ae.); unterhalb 300° nicht schmelzend. λ_{max} (Ae.): 524 nm, 539 nm, 600 nm und 654 nm.

5. Hydroxy-oxo-carbonsäuren mit 8 Sauerstoff-Atomen

Hydroxy-oxo-carbonsäuren $C_nH_{2n-26}N_4O_8$

***Opt.-inakt. 3,3′-[2,17-Diäthyl-4,5-dimethoxy-3,7,13,18-tetramethyl-1,19-dioxo-4,5,19,21,22,24-hexahydro-1*H*-bilin-8,12-diyl]-di-propionsäure-dimethylester(?)** $C_{37}H_{48}N_4O_8$, vermutlich Formel II und Taut.; Dimethoxyglaukobilin-IXα-dimethylester.

Bezüglich der Konstitution s. *Siedel, Grams,* Z. physiol. Chem. **267** [1941] 49, 59; *Fischer, Gangl,* Z. physiol. Chem. **267** [1941] 188, 196.

B. Beim Erwärmen des Zink-Komplexes des Glaukobilin-IXα-dimethylesters (S. 3265) mit [1,4]Benzochinon und Methanol in $CHCl_3$ (*Fischer, Reinecke,* Z. physiol. Chem. **265** [1940] 9, 14, 20).

Kristalle; F: 160–162° (*Fi., Re.*).

***Opt.-inakt. 3,3′-[3,17-Diäthyl-4,5-dimethoxy-2,7,13,18-tetramethyl-1,19-dioxo-4,5,19,21,22,24-hexahydro-1*H*-bilin-8,12-diyl]-di-propionsäure(?)** $C_{35}H_{44}N_4O_8$, vermutlich Formel III (R = H, R′ = CH_3) und Taut.

B. Aus dem Dimethylester (s. u.) mit Hilfe von methanol. KOH (*Siedel, Grams,* Z. physiol. Chem. **267** [1941] 49, 72).

Rote Kristalle (aus Me.); F: 187° [korr.].

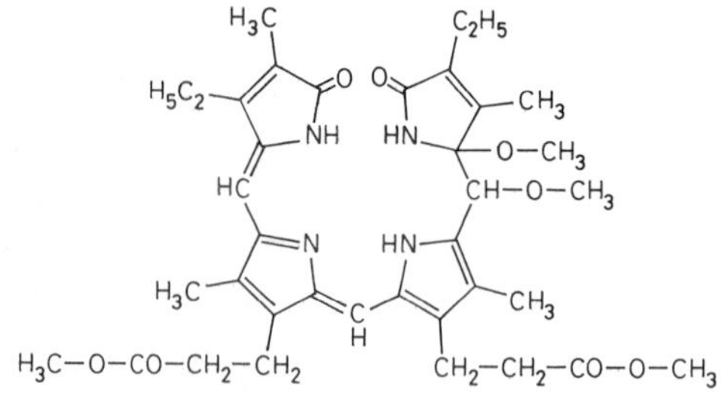

II 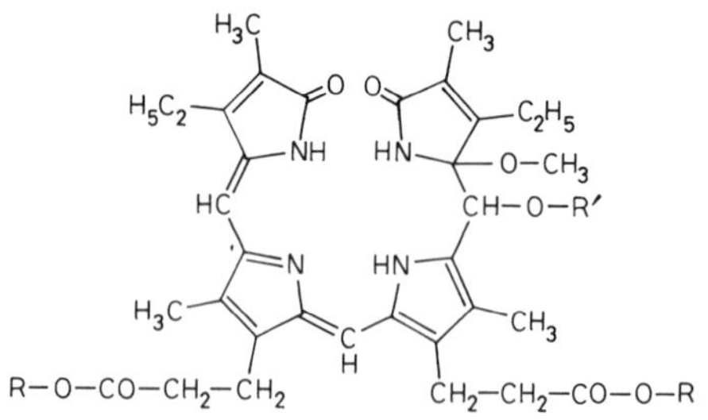 III

***Opt.-inakt. 3,3′-[3,17-Diäthyl-5-hydroxy-4-methoxy-2,7,13,18-tetramethyl-1,19-dioxo-4,5,19,21,22,24-hexahydro-1*H*-bilin-8,12-diyl]-di-propionsäure-dimethylester(?)** $C_{36}H_{46}N_4O_8$, vermutlich Formel III (R = CH_3, R′ = H) und Taut.; Mesobilipurpurin-XIIIα-dimethylester „630 nm".

Konstitution: *Lightner,* in *D. Dolphin,* The Porphyrins, Bd. 6 [New York 1979] S. 521, 569.

B. Neben anderen Verbindungen beim Behandeln von Glaukobilin-XIIIα-dimethylester (S. 3267) mit Brom und H_2O in $CHCl_3$ und anschliessend mit Methanol (*Siedel, Grams,* Z. physiol. Chem. **267** [1941] 49, 54, 55, 72).

Bräunlichviolette Kristalle (aus Me.); F: 207° [korr.] (*Si., Gr.*).

Zink-Komplex. λ_{max} (A.): 579 nm und 630 nm (*Si., Gr.,* l. c. S. 73).

***Opt.-inakt. 3,3′-[3,17-Diäthyl-4,5-dimethoxy-2,7,13,18-tetramethyl-1,19-dioxo-4,5,19,21,22,24-hexahydro-1*H*-bilin-8,12-diyl]-di-propionsäure-dimethylester(?)** $C_{37}H_{48}N_4O_8$, vermutlich Formel III (R = R′ = CH_3) und Taut.; Mesobilipurpurin-XIIIα-dimethylester „627 nm", Dimethoxyglaukobilin-XIIIα-dimethylester.

Konstitution: *Lightner,* in *D. Dolphin,* The Porphyrins, Bd. 6 [New York 1979] S. 521, 569.

B. Aus Glaukobilin-XIIIα-dimethylester (S. 3267) beim Behandeln des Zink-Komplexes mit [1,4]Benzochinon und Methanol in $CHCl_3$ (*Fischer, Reinecke,* Z. physiol. Chem. **265** [1940] 9, 14, 20; *Fischer, Gangl,* Z. physiol. Chem. **267** [1941] 188, 196) oder beim Behandeln mit Brom und Methanol in $CHCl_3$ (*Siedel, Grams,* Z. physiol. Chem. **267** [1941] 49, 59, 71).

Rote Kristalle (aus Me.); F: 219–220° [korr.] (*Si., Gr.*), 219° (*Fi., Ga.*).

Kupfer(II)-Komplex $CuC_{37}H_{46}N_4O_8$. Blaue Kristalle [aus Me.] (*Si., Gr.*, l. c. S. 75, 76). λ_{max} (Me.): 583 nm und 637 nm (*Si., Gr.*, l. c. S. 76) bzw. 580 nm und 637 nm (*Fi., Re.*, l. c. S. 21).

Zink-Komplex. λ_{max}: 576 nm und 627 nm [A.] (*Si., Gr.*, l. c. S. 72) bzw. 573 nm und 626 nm [Me.] (*Fi., Re.*, l. c. S. 21).

Hydroxy-oxo-carbonsäuren $C_nH_{2n-32}N_4O_8$

(17*S*)-7-Äthyl-8-formyl-12-[(*Ξ*)-1-hydroxy-äthyl]-18*t*-[2-methoxycarbonyl-äthyl]-20-methoxycarbonylmethyl-3,13,17*r*-trimethyl-17,18-dihydro-porphyrin-2-carbonsäure-methylester, (3¹*Ξ*)-3¹-Hydroxy-15-methoxycarbonylmethyl-7¹-oxo-rhodochlorin-dimethylester $C_{37}H_{42}N_4O_8$, Formel IV und Taut. (in der Literatur als 2,α-Oxy-mesorhodin-g_7-trimethylester bezeichnet).

B. Beim Behandeln von Rhodin-g_7-trimethylester (S. 3301) mit HBr und Essigsäure, Behandeln des Reaktionsprodukts mit wss. HCl und anschliessenden Verestern mit Diazomethan (*Fischer et al.*, A. **538** [1939] 128, 129, 133).

Blauschwarze Kristalle (aus Ae.); F: 185°. λ_{max} (Py.+Ae.): 523 nm, 555 nm, 590 nm und 644 nm (*Fi. et al.*, l. c. S. 134).

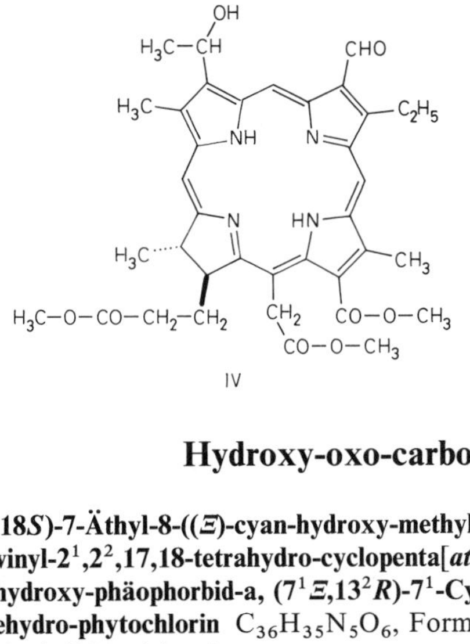

IV

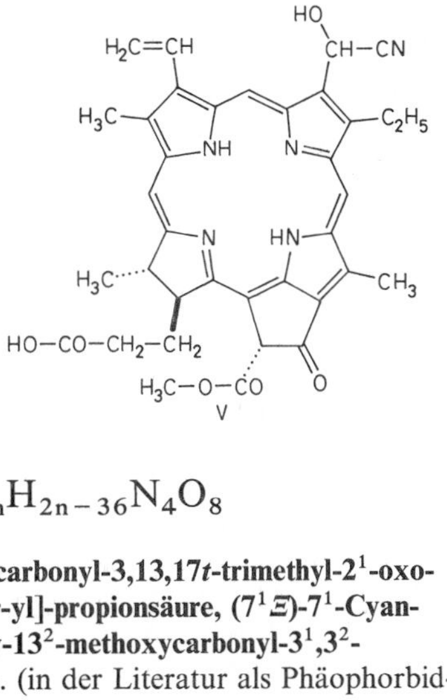

V

Hydroxy-oxo-carbonsäuren $C_nH_{2n-36}N_4O_8$

3-[(18*S*)-7-Äthyl-8-((*Ξ*)-cyan-hydroxy-methyl)-2²*t*-methoxycarbonyl-3,13,17*t*-trimethyl-2¹-oxo-12-vinyl-2¹,2²,17,18-tetrahydro-cyclopenta[*at*]porphyrin-18*r*-yl]-propionsäure, (7¹*Ξ*)-7¹-Cyan-7¹-hydroxy-phäophorbid-a, (7¹*Ξ*,13²*R*)-7¹-Cyan-7¹-hydroxy-13²-methoxycarbonyl-3¹,3²-didehydro-phytochlorin $C_{36}H_{35}N_5O_6$, Formel V und Taut. (in der Literatur als Phäophorbid-b-oxynitril bezeichnet).

B. Aus Phäophorbid-b (S. 3284) und HCN in $CHCl_3$ (*Fischer et al.*, A. **503** [1933] 1, 4, 20).

Kristalle (aus Ae.). λ_{max} (Py.+Ae.): 511 nm, 541 nm, 562 nm, 606 nm und 666 nm (*Fi. et al.*, l. c. S. 21).

Hydroxy-oxo-carbonsäuren $C_nH_{2n-38}N_4O_8$

***Opt.-inakt. 2²-Acetoxy-7-äthyl-18-[2-methoxycarbonyl-äthyl]-12-[2-methoxycarbonyl-cyclopropyl]-3,8,13,17-tetramethyl-2¹-oxo-2¹,2²-dihydro-cyclopenta[*at*]porphyrin-2²-carbonsäure-methylester,** 13²-Acetoxy-13²-methoxycarbonyl-3-[2-methoxycarbonyl-cyclopropyl]-3-desäthyl-phytoporphyrin-methylester $C_{41}H_{42}N_4O_9$, Formel VI und Taut. (in der Literatur als 10-Acetoxy-vinyl-phäoporphyrin-a_5-dimethylester-*DEE* bezeichnet).

B. Beim Erhitzen von (±)-13²-Acetoxy-13²-methoxycarbonyl-3¹,3²-didehydro-phytoporphyrin-methylester („10-Acetoxy-vinylphäoporphyrin-a_5-dimethylester"; S. 3337) mit Diazoessigsäure-methylester (*Fischer, Lautsch,* A. **525** [1936] 259, 261, 264).

Kristalle (aus $CHCl_3$+Me.); F: 302°. λ_{max} (Py.+Ae.): 524 nm, 564 nm, 587 nm und 637 nm (*Fi., La.,* l. c. S. 265).

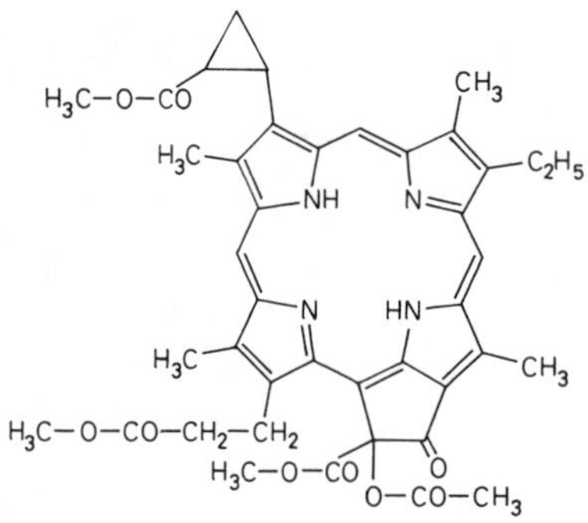

VI

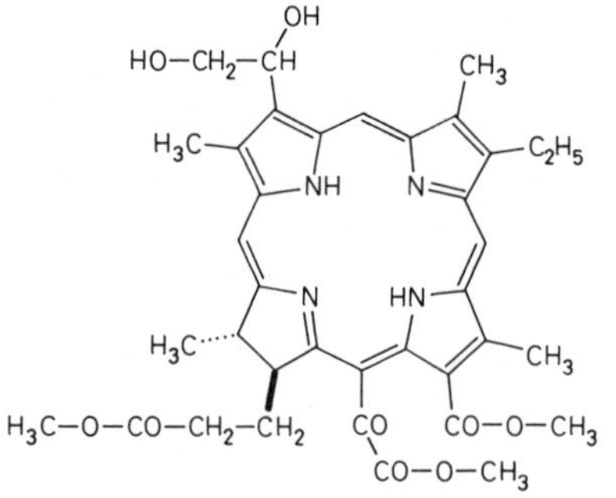

VII

6. Hydroxy-oxo-carbonsäuren mit 9 Sauerstoff-Atomen

(17*S*)-7-Äthyl-12-[(*Ξ*)-1,2-dihydroxy-äthyl]-18*t*-[2-methoxycarbonyl-äthyl]-20-methoxyoxalyl-3,8,13,17*r*-tetramethyl-17,18-dihydro-porphyrin-2-carbonsäure-methylester, (3^1*Ξ*)-2^2,3^1-Dihydroxy-15-methoxyoxalyl-rhodochlorin-dimethylester $C_{37}H_{42}N_4O_9$, Formel VII und Taut.

B. Neben anderen Verbindungen beim Behandeln von Purpurin-7-trimethylester (S. 3304) mit $KMnO_4$ in wss. Pyridin und anschliessend mit Diazomethan (*Fischer, Walter,* A. **549** [1941] 44, 55, 73, 74).

Kristalle; F: 151°. λ_{max} (Py.+Ae.): 500 nm, 538 nm, 622 nm und 675 nm.

7. Hydroxy-oxo-carbonsäuren mit 10 Sauerstoff-Atomen

Hydroxy-oxo-carbonsäuren $C_nH_{2n-24}N_4O_{10}$

***Opt.-inakt. 3,3'-[3,17-Diäthyl-4,5,15,16-tetramethoxy-2,7,13,18-tetramethyl-1,19-dioxo-4,5,15,16,19,21,22,24-octahydro-1*H*-bilin-8,12-diyl]-di-propionsäure-dimethylester(?)** $C_{39}H_{54}N_4O_{10}$, vermutlich Formel VIII; Mesocholetelin-XIIIα-dimethylester „515 nm", Mesocholetelin-XIIIα-tetramethyläther-dimethylester.

B. Beim Behandeln von Mesobilipurpurin-XIIIα-dimethylester „627 nm" (S. 3342) mit Brom in $CHCl_3$ und anschliessend mit Methanol (*Siedel, Grams,* Z. physiol. Chem. **267** [1941] 49, 59, 78).

Gelbe Kristalle (aus Ae.+PAe.); F: 178–180° [korr.].

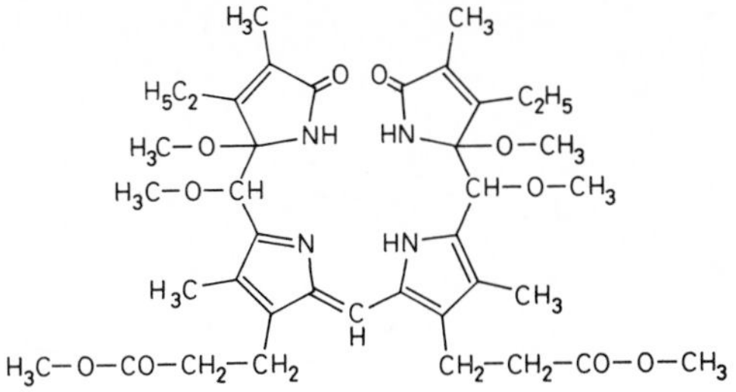

VIII

Hydroxy-oxo-carbonsäuren $C_nH_{2n-30}N_4O_{10}$

***3,3',3'',3'''-[19-Methoxy-2,7,13,18-tetramethyl-1-oxo-10,21,22,23-tetrahydro-1*H*-bilin-3,8,12,17-tetrayl]-tetra-propionsäure-tetramethylester,** Monomethoxy-koprobilirubin-IVγ-tetramethylester $C_{40}H_{50}N_4O_{10}$, Formel IX und Taut.

B. Beim Behandeln des Ammonium-Salzes des Koprobilirubins-IVγ (S. 3316) in $CHCl_3$ mit Diazomethan in Äther (*Fischer et al.*, Z. physiol. Chem. **268** [1941] 197, 202, 218).

Kristalle (aus Me.); F: 188°.

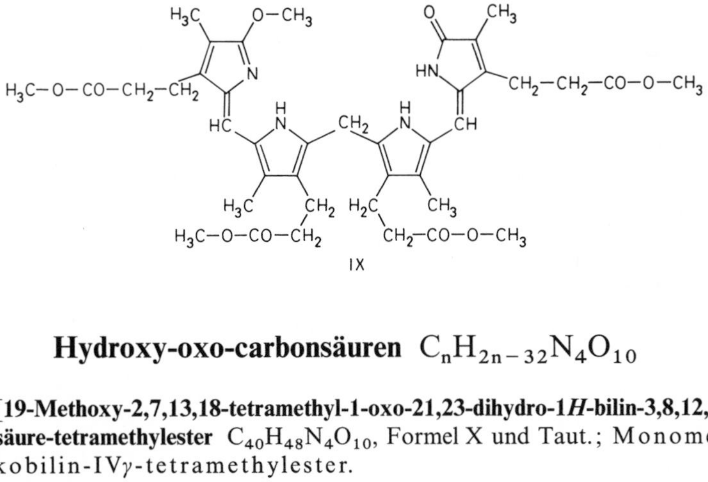

IX

Hydroxy-oxo-carbonsäuren $C_nH_{2n-32}N_4O_{10}$

***3,3',3'',3'''-[19-Methoxy-2,7,13,18-tetramethyl-1-oxo-21,23-dihydro-1*H*-bilin-3,8,12,17-tetrayl]-tetra-propionsäure-tetramethylester** $C_{40}H_{48}N_4O_{10}$, Formel X und Taut.; Monomethoxy-koproglaukobilin-IVγ-tetramethylester.

B. Analog der vorangehenden Verbindung aus Koproglaukobilin-IVγ [S. 3318] (*Fischer et al.*, Z. physiol. Chem. **268** [1941] 197, 202, 219).

Dunkelblaue Kristalle (aus Me.); F: 148°.

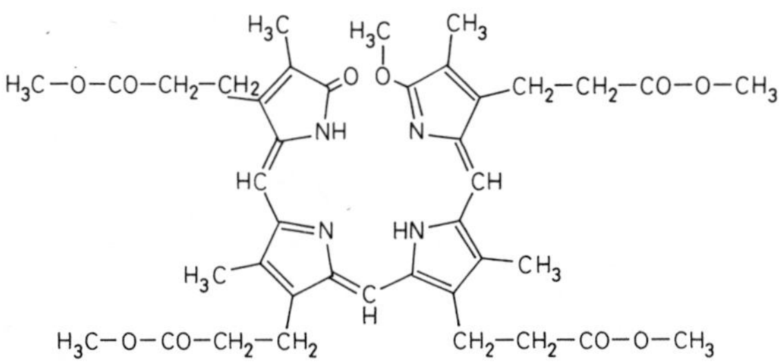

X

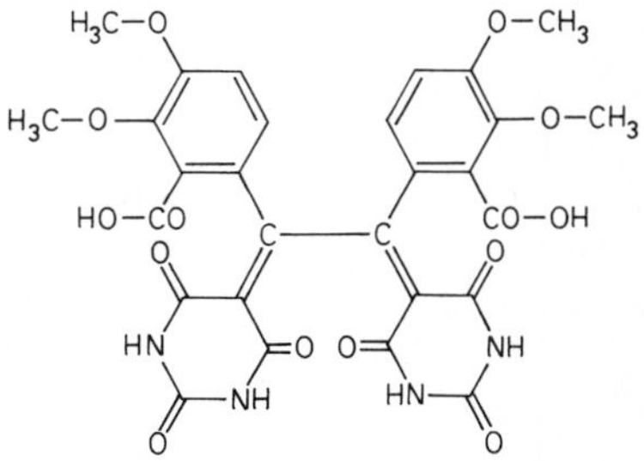

XI

8. Hydroxy-oxo-carbonsäuren mit 14 Sauerstoff-Atomen

1,2-Bis-[2-carboxy-3,4-dimethoxy-phenyl]-1,2-bis-[2,4,6-trioxo-tetrahydro-pyrimidin-5-yliden]-äthan(?), 5,6,5′,6′-Tetramethoxy-2,2′-[bis-(2,4,6-trioxo-tetrahydro-pyrimidin-5-yliden)-äthandiyl]-di-benzoesäure(?) $C_{28}H_{22}N_4O_{14}$, vermutlich Formel XI.

B. Aus 6-[Brom-(2,4,6-trioxo-tetrahydro-pyrimidin-5-yliden)-methyl]-2,3-dimethoxy-benzoesäure beim Behandeln mit KI in H_2O sowie beim Erwärmen mit Zink in Äthanol bzw. Dioxan (*Tschuchina,* Ž. obšč. Chim. **29** [1959] 3680, 3683; engl. Ausg. S. 3637, 3639).

Kristalle (aus H_2O); Zers. $>300°$.

V. Sulfonsäuren

A. Monosulfonsäuren

Monosulfonsäuren $C_nH_{2n}N_4O_3S$

1-Methyl-1*H*-tetrazol-5-sulfonsäure-amid $C_2H_5N_5O_2S$, Formel I (R = CH_3).
B. Beim aufeinanderfolgenden Behandeln von Bis-[1-methyl-1*H*-tetrazol-5-yl]-disulfid mit Chlor in wss. HCl und flüssigem NH_3 (*Roblin, Clapp,* Am. Soc. **72** [1950] 4890).
Kristalle (aus 1,2-Dichlor-äthan); F: 139–140° [korr.].

1-Phenyl-1*H*-tetrazol-5-sulfonsäure-amid $C_7H_7N_5O_2S$, Formel I (R = C_6H_5).
B. Beim aufeinanderfolgenden Behandeln von 1-Phenyl-1,4-dihydro-tetrazol-5-thion mit Chlor in wss. HCl und mit flüssigem NH_3 (*Roblin, Clapp,* Am. Soc. **72** [1950] 4890).
Kristalle (aus H_2O); F: 157–158° [korr.].

2-[1*H*-Tetrazol-5-yl]-äthansulfonsäure $C_3H_6N_4O_3S$, Formel II und Taut.
B. Beim Erhitzen des Natrium-Salzes der 2-Cyan-äthansulfonsäure mit $[NH_4]N_3$ in DMF (*Finnegan et al.,* Am. Soc. **80** [1958] 3908, 3910).
Natrium-Salz $NaC_3H_5N_4O_3S$. Kristalle (aus wss. A.); F: 208–209° [unkorr.; Zers.].

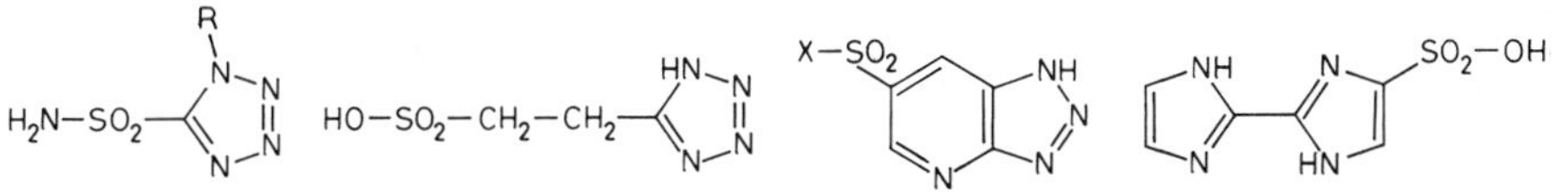

I II III IV

Monosulfonsäuren $C_nH_{2n-6}N_4O_3S$

1*H*-[1,2,3]Triazolo[4,5-*b*]pyridin-6-sulfonsäure $C_5H_4N_4O_3S$, Formel III (X = OH) und Taut.
B. Aus 5,6-Diamino-pyridin-3-sulfonsäure mit Hilfe von $NaNO_2$ und wss. HCl (*Graboyes, Day,* Am. Soc. **79** [1957] 6421, 6423, 6424).
Natrium-Salz $NaC_5H_3N_4O_3S$. Zers. >200°.

1*H*-[1,2,3]Triazolo[4,5-*b*]pyridin-6-sulfonsäure-amid, 1*H*-[1,2,3]Triazolo[4,5-*b*]pyridin-6-sulfonamid $C_5H_5N_5O_2S$, Formel III (X = NH_2) und Taut.
B. Analog der vorangehenden Verbindung (*Graboyes, Day,* Am. Soc. **79** [1957] 6421, 6423).
F: 249° [unkorr.; Zers.].

1(3)*H*,1′*H*-[2,2′]Biimidazolyl-4-sulfonsäure $C_6H_6N_4O_3S$, Formel IV und Taut. (in der Literatur als Glykosin-4(5)-sulfonsäure bezeichnet).
B. Beim Erhitzen von 1*H*,1′*H*-[2,2′]Biimidazolyl mit H_2SO_4 [SO_3 enthaltend] (*Kuhn, Blau,* A. **605** [1957] 32, 34).
Kristalle (aus H_2O); Zers. >300° (*Kuhn, Blau,* A. **605** 34).
Beim Erwärmen mit wss. H_2O_2 in wss. H_2SO_4 ist 3*H*,3′*H*-[2,2′]Biimidazolyl-1,1′-dioxid (?; S. 1754) erhalten worden (*Kuhn, Blau,* A. **615** [1958] 99, 101, 105). Bildung von

4,5,4′,5′-Tetrabrom-1*H*,1′*H*-[2,2′]biimidazolyl beim Erwärmen mit Brom in Natriumacetat enthaltender wss. Essigsäure: *Kuhn, Blau,* A. **605** 33, 35.

Monosulfonsäuren $C_nH_{2n-8}N_4O_3S$

3-[1-Phenyl-1*H*-tetrazol-5-yl]-benzolsulfonsäure-anilid $C_{19}H_{15}N_5O_2S$, Formel V.

B. Beim Behandeln von 3-Phenylsulfamoyl-benzoesäure-anilid mit PCl_5 in Benzol und Erhitzen des Reaktionsprodukts mit HN_3 in $CHCl_3$ (*v. Braun, Rudolph,* B. **74** [1941] 264, 272).

Kristalle (aus A.); F: ca. 150° [Einheitlichkeit fraglich].

4-[1-Phenyl-1*H*-tetrazol-5-yl]-benzolsulfonsäure-anilid $C_{19}H_{15}N_5O_2S$, Formel VI.

B. Analog der vorangehenden Verbindung (*v. Braun, Rudolph,* B. **74** [1941] 264, 271).

Kristalle (aus A.); F: 180°.

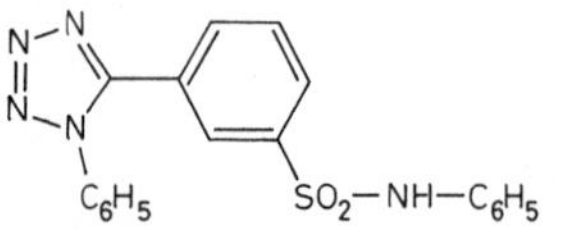

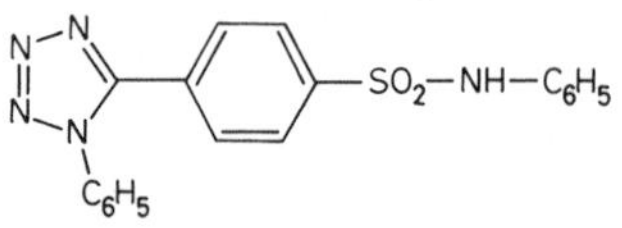

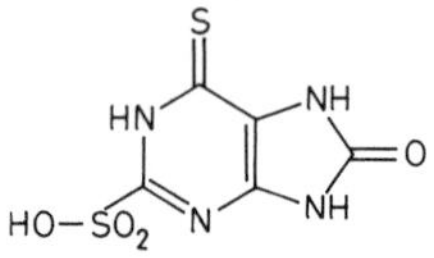

B. Oxosulfonsäuren

Sulfo-Derivate der Dioxo-Verbindungen $C_nH_{2n-6}N_4O_2$

8-Oxo-6-thioxo-6,7,8,9-tetrahydro-1*H*-purin-2-sulfonsäure $C_5H_4N_4O_4S_2$, Formel VII und Taut. (8-Hydroxy-6-mercapto-7*H*-purin-2-sulfonsäure).

Natrium-Salz $NaC_5H_3N_4O_4S_2$. *B.* Beim Erhitzen von 2-Chlor-6-thioxo-1,6,7,9-tetrahydro-purin-8-on mit wss. Na_2SO_3 (*Elion et al.,* Am. Soc. **81** [1959] 3042, 3045). – Gelblich. λ_{max} (wss. Lösung): 260 nm und 330 nm [pH 1] bzw. 237 nm und 313 nm [pH 11] (*El. et al.,* l. c. S. 3043).

Sulfo-Derivate der Dioxo-Verbindungen $C_nH_{2n-14}N_4O_2$

2,4-Dioxo-1,2,3,4-tetrahydro-benzo[*g*]pteridin-7-sulfonsäure $C_{10}H_6N_4O_5S$, Formel VIII, und/oder **2,4-Dioxo-1,2,3,4-tetrahydro-benzo[*g*]pteridin-8-sulfonsäure** $C_{10}H_6N_4O_5S$, Formel IX.

B. Aus 3,4-Diamino-benzolsulfonsäure und Alloxan (*Ganapati,* J. Indian chem. Soc. **15** [1938] 121, 124; *Hemmerich, Fallab,* Helv. **41** [1958] 498, 511).

Gelbe Kristalle [aus H_2O] (*Ga.*).

Natrium-Salz $NaC_{10}H_5N_4O_5S$. Kristalle [aus H_2O] (*He., Fa.*).

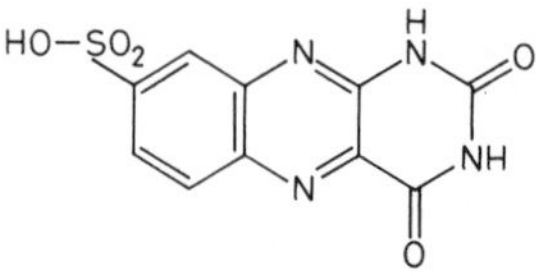

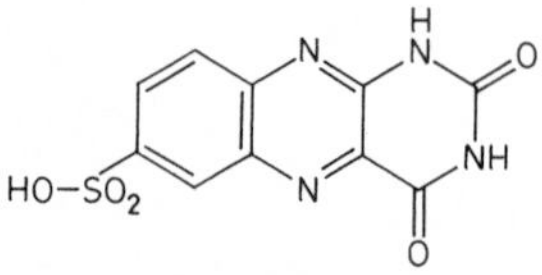

10-Methyl-2,4-dioxo-2,3,4,10-tetrahydro-benzo[*g*]pteridin-7-sulfonsäure $C_{11}H_8N_4O_5S$, Formel X, und/oder **10-Methyl-2,4-dioxo-2,3,4,10-tetrahydro-benzo[*g*]pteridin-8-sulfonsäure** $C_{11}H_8N_4O_5S$, Formel I.

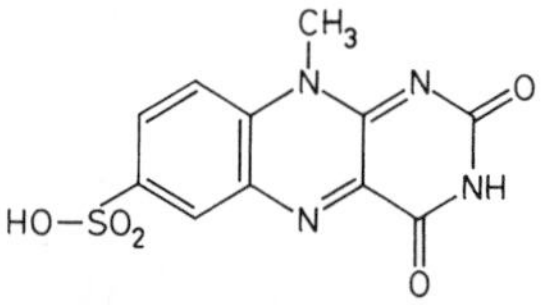

B. Aus 4-Chlor-3-nitro-benzolsulfonsäure beim Erhitzen mit wss. Methylamin, Hydrieren des Reaktionsprodukts an Palladium in Essigsäure und anschliessenden Behandeln mit Alloxan (*Hemmerich, Fallab,* Helv. **41** [1958] 498, 513).

Natrium-Salz $NaC_{11}H_7N_4O_5S$. Kristalle (aus H_2O).

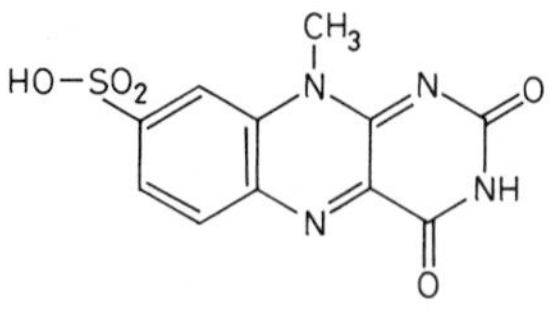

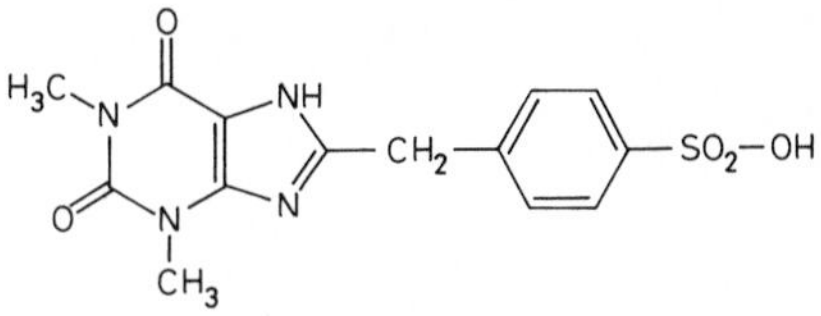

4-[1,3-Dimethyl-2,6-dioxo-2,3,6,7-tetrahydro-1*H*-purin-8-ylmethyl]-benzolsulfonsäure $C_{14}H_{14}N_4O_5S$, Formel II und Taut.

B. Aus 5,6-Diamino-1,3-dimethyl-1*H*-pyrimidin-2,4-dion und [4-Sulfo-phenyl]-essigsäure (*Hager et al.,* J. Am. pharm. Assoc. **43** [1954] 152, 154).

Kristalle (aus H_2O) mit 1 Mol H_2O; F: >360°.

2-[Bis-(1,5-dimethyl-3-oxo-2-phenyl-2,3-dihydro-1*H*-pyrazol-4-yl)-methyl]-benzolsulfonsäure $C_{29}H_{28}N_4O_5S$, Formel III.

B. Beim Behandeln von 2-Formyl-benzolsulfonsäure mit Antipyrin (E III/IV **24** 75) in wss. HCl (*Ginsburg, Ioffe,* Ž. obšč. Chim. **25** [1955] 1739, 1742; engl. Ausg. S. 1693, 1695).

Kristalle (aus A.); Zers. bei 288–290°.

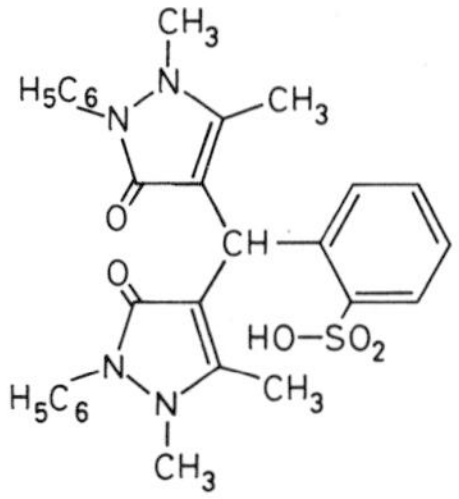

4-[Bis-(1,5-dimethyl-3-oxo-2-phenyl-2,3-dihydro-1*H*-pyrazol-4-yl)-methyl]-benzolsulfonsäure $C_{29}H_{28}N_4O_5S$, Formel IV.

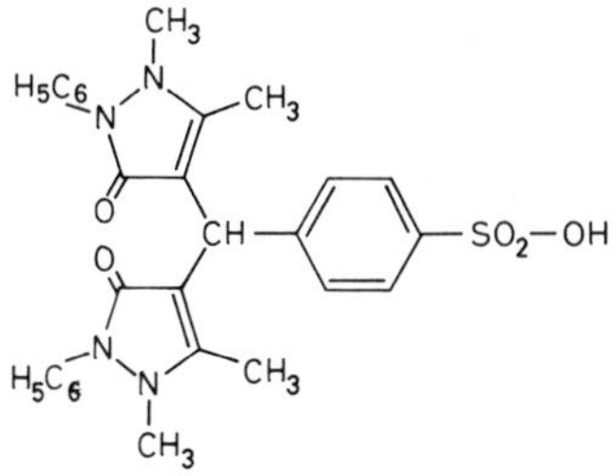

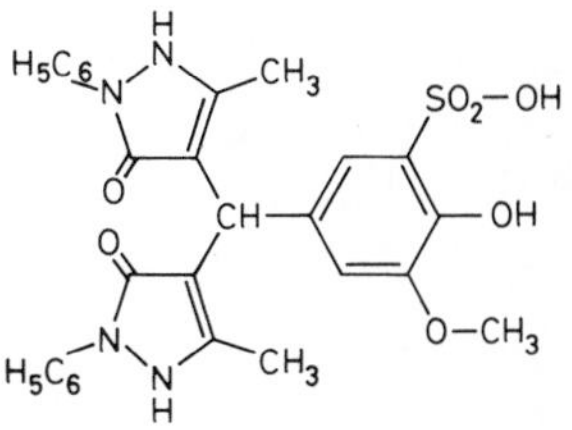

B. Analog der vorangehenden Verbindung (*Ginsburg, Ioffe,* Ž. obšč. Chim. **25** [1955] 1739, 1741; engl. Ausg. S. 1693, 1694).

Kristalle (aus A.); Zers. bei 300–302°.

Sulfo-Derivate der Hydroxy-oxo-Verbindungen $C_nH_{2n-14}N_4O_4$

5-[Bis-(5-methyl-2-phenyl-3-oxo-2,3-dihydro-1*H*-pyrazol-4-yl)-methyl]-2-hydroxy-3-methoxy-benzolsulfonsäure $C_{28}H_{26}N_4O_7S$, Formel V.

B. Beim Behandeln von 5,5′-Dimethyl-2,2′-diphenyl-2,4,2′,4′-tetrahydro-4,4′-vanillyliden-bis-pyrazol-3-on-dihydrochlorid mit H_2SO_4 [SO_3 enthaltend] (*Amal, Kapuano,* Pharm. Acta Helv. **26** [1951] 379, 381, 384).

Natrium-Salz. Sulfat $NaC_{28}H_{25}N_4O_7S \cdot H_2SO_4$. Gelblich; Zers. >270°.

C. Sulfocarbonsäuren

Sulfo-Derivate der Monocarbonsäuren $C_nH_{2n-28}N_4O_2$

3-[8,13-Diäthyl-3,7,12,17-tetramethyl-18-sulfo-porphyrin-2-yl]-propionsäure, 13-Sulfo-pyrroporphyrin $C_{31}H_{34}N_4O_5S$, Formel VI (R = R′ = H) und Taut. (in der Literatur als Pyrroporphyrin-sulfonsäure-(6) bezeichnet).

B. Aus Pyrroporphyrin (S. 2951) und H_2SO_4 (*Treibs,* A. **506** [1933] 196, 205, 243).

Rote Kristalle (aus Ameisensäure + Acn.); Zers. bei 305° (*Tr.*, l. c. S. 243). λ_{max} (Pulver, Ameisensäure + Acn. sowie $CHCl_3$; 428 – 610 nm): *Tr.*, l. c. S. 212, 244.

Dikalium-Salz $K_2C_{31}H_{32}N_4O_5S$. Kristalle (aus methanol. KOH) mit 4 Mol Methanol (*Tr.*, l. c. S. 203, 238).

3-[8,13-Diäthyl-3,7,12,17-tetramethyl-18-sulfo-porphyrin-2-yl]-propionsäure-methylester, 7,12-Diäthyl-18-[2-methoxycarbonyl-äthyl]-3,8,13,17-tetramethyl-porphyrin-2-sulfonsäure, 13-Sulfo-pyrroporphyrin-methylester $C_{32}H_{36}N_4O_5S$, Formel VI (R = H, R′ = CH_3) und Taut.

B. Aus Pyrroporphyrin-methylester (S. 2953) beim Behandeln mit H_2SO_4 [20% SO_3 enthaltend] oder beim Erhitzen mit 1-Sulfo-pyridinium-betain auf 185 – 190° (*Treibs,* A. **506** [1933] 196, 202, 205, 235, 245).

Kristalle (aus $CHCl_3$ + Me., Ameisensäure + Me. oder Ameisensäure + Acn.) mit 1 Mol H_2O; Zers. bei 260 – 290° (*Tr.*, l. c. S. 236). Absorptionsspektrum ($CHCl_3$; 480 – 630 nm): *Stern, Molvig,* Z. physik. Chem. [A] **177** [1936] 365, 366, 376. λ_{max} (Pulver, methanol. KOH, H_2O, Me., Eg. sowie $CHCl_3$; 435 – 630 nm): *Tr.*, l. c. S. 203, 212, 217, 237.

Hydrochlorid $C_{32}H_{36}N_4O_5S \cdot HCl$. Kristalle (*Tr.*, l. c. S. 203, 238). λ_{max} (Pulver): 560 nm, 580 nm und 608 nm (*Tr.*, l. c. S. 238).

Kalium-Salz $KC_{32}H_{35}N_4O_5S$. Rotviolette Kristalle (aus methanol. KOH) mit 1 Mol Methanol (*Tr.*, l. c. S. 203, 237).

Kupfer(II)-Komplex $Cu(C_{32}H_{33}CuN_4O_5S)_2$(?). Rote Kristalle [aus wss. Acn.] (*Tr.*, l. c. S. 239). λ_{max} (Me.; 412 – 570 nm): *Tr.*, l. c. S. 214, 239.

Eisen(III)-Komplex $FeC_{32}H_{33}N_4O_5S$. Kristalle [aus Py. + Eg. + wss. NaCl] (*Tr.*, l. c. S. 203, 204, 239). λ_{max} (Py. sowie Py. + N_2H_4; 430 – 560 nm): *Tr.*, l. c. S. 215, 239.

Pyridin-Salz $C_5H_5N \cdot C_{32}H_{36}N_4O_5S$. Rotviolette Kristalle [aus Py. + Ae.] (*Tr.*, l. c. S. 240). λ_{max} (Py.): 502 nm, 537 nm, 570 nm und 625 nm (*Tr.*, l. c. S. 212, 240).

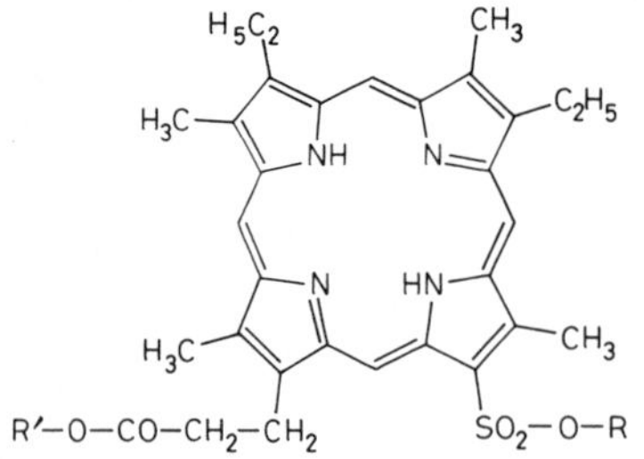

VI

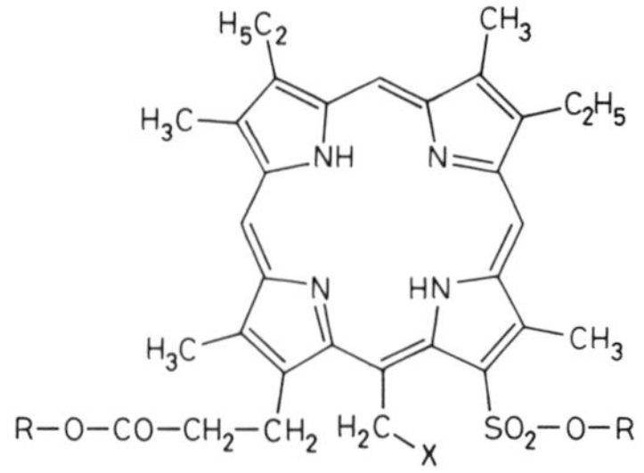

VII

3-[8,13-Diäthyl-18-methoxysulfonyl-3,7,12,17-tetramethyl-porphyrin-2-yl]-propionsäure-methylester, 13-Methoxysulfonyl-pyrroporphyrin-methylester $C_{33}H_{38}N_4O_5S$, Formel VI (R = R′ = CH_3) und Taut.

B. Aus der vorangehenden Verbindung mit Hilfe von äther. Diazomethan (*Treibs,* A. **506** [1933] 196, 203, 240, 244).

Blaue Kristalle (aus $CHCl_3$ + Me.); F: 238° [korr.; Zers.] (*Tr.*, l. c. S. 240, 244). Absorptionsspektrum (Py. sowie $CHCl_3$; 480 – 630 nm): *Stern, Molvig,* Z. physik. Chem. [A] **177** [1936]

365, 366, 374, 376. λ_{max} (Pulver, wss. HCl, Me., Py., $CHCl_3$ sowie Ae.; 435—640 nm): *Tr.*, l. c. S. 212, 240, 241.

Kupfer(II)-Komplex $CuC_{33}H_{36}N_4O_5S$. Kristalle (aus $CHCl_3$+Me.); F: 241° [korr.] (*Tr.*, l. c. S. 241). λ_{max} (Py. sowie $CHCl_3$; 426—580 nm): *Tr.*, l. c. S. 214, 242.

Eisen(III)-Komplex $Fe(C_{33}H_{36}N_4O_5S)Cl$. Kristalle [aus $CHCl_3$+Eg.] (*Tr.*, l. c. S. 242). λ_{max} (Py. sowie Py.+N_2H_4; 435—565 nm): *Tr.*, l. c. S. 215, 242, 243.

3-[8,13-Diäthyl-18-methoxysulfonyl-3,7,12,17,20-pentamethyl-porphyrin-2-yl]-propionsäure-methylester, 13-Methoxysulfonyl-phylloporphyrin-methylester $C_{34}H_{40}N_4O_5S$, Formel VII (R = CH_3, X = H) und Taut. (in der Literatur als Phylloporphyrin-sulfonsäure-(6)-dimethylester bezeichnet).

B. Beim Behandeln von Phylloporphyrin-methylester (S. 2961) mit H_2SO_4 und Behandeln des Reaktionsprodukts mit Diazomethan in Äther (*Treibs*, A. **506** [1933] 196, 200, 231).

Kristalle (aus $CHCl_3$+Ae.); F: 224° [korr.; Zers.] (*Tr.*, l. c. S. 232). λ_{max} (Pulver, Py., Eg. sowie $CHCl_3$; 445—670 nm): *Tr.*, l. c. S. 232, 233.

Kupfer(II)-Komplex. Rote Kristalle [aus Ae.] (*Tr.*, l. c. S. 233). λ_{max} ($CHCl_3$ sowie Ae.; 440—615 nm): *Tr.*, l. c. S. 214, 233.

Eisen(III)-Komplex $Fe(C_{34}H_{38}N_4O_5S)Cl$. Kristalle (*Tr.*, l. c. S. 234). λ_{max} (Py.+N_2H_4): 531 nm und 571 nm (*Tr.*, l. c. S. 215, 234).

3-[8,13-Diäthyl-20-chlormethyl-3,7,12,17-tetramethyl-18-sulfo-porphyrin-2-yl]-propionsäure, 15[1]-Chlor-13-sulfo-phylloporphyrin $C_{32}H_{35}ClN_4O_5S$, Formel VII (R = H, X = Cl) und Taut.

Konstitution: *Treibs*, A. **506** [1933] 196, 200.

B. Aus sog. γ-Phylloporphyrinmethylester-sulton (Syst.-Nr. 4710) und wss. HCl in Äther (*Fischer et al.*, A. **500** [1933] 137, 153, 172; *Tr.*, l. c. S. 200, 228).

Violette Kristalle (aus H_2O) mit 1 Mol H_2O (*Tr.*, l. c. S. 228; *Fi. et al.*, l. c. S. 173). λ_{max} (Pulver sowie Me. bzw. Py.+Ae.; 440—645 nm): *Tr.*, l. c. S. 213, 228, 229; *Fi. et al.*, l. c. S. 173.

Dimethylester $C_{34}H_{39}ClN_4O_5S$; 3-[8,13-Diäthyl-20-chlormethyl-18-methoxysulfonyl-3,7,12,17-tetramethyl-porphyrin-2-yl]-propionsäure-methylester, 15[1]-Chlor-13-methoxysulfonyl-phylloporphyrin-methylester. Schwarzblaue Kristalle (aus $CHCl_3$+Me.); Zers. bei 270—290° (*Tr.*, l. c. S. 229). λ_{max} (Pulver, Py., $CHCl_3$ sowie Ae.): *Tr.*, l. c. S. 212, 229, 230. — Kupfer(II)-Komplex. λ_{max} ($CHCl_3$): 537 nm, 561 nm und 608 nm (*Tr.*, l. c. S. 230).

Sulfo-Derivate der Dicarbonsäuren $C_nH_{2n-30}N_4O_4$

3,3'-[3,7,12,17-Tetramethyl-8,13-disulfo-porphyrin-2,18-diyl]-di-propionsäure, 3,8-Disulfo-deuteroporphyrin $C_{30}H_{30}N_4O_{10}S_2$, Formel VIII (R = R' = H) und Taut. (in der Literatur als Deuteroporphyrin-disulfonsäure-(2.4) bezeichnet).

B. Beim Erwärmen des Dimethylesters (s. u.) mit methanol. KOH (*Treibs*, A. **506** [1933] 196, 207, 247).

Tetrakalium-Salz $K_4C_{30}H_{26}N_4O_{10}S_2$. Kristalle (aus methanol. KOH).

3,3'-[3,7,12,17-Tetramethyl-8,13-disulfo-porphyrin-2,18-diyl]-di-propionsäure-dimethylester, 13,17-Bis-[2-methoxycarbonyl-äthyl]-3,8,12,18-tetramethyl-porphyrin-2,7-disulfonsäure, 3,8-Disulfo-deuteroporphyrin-dimethylester $C_{32}H_{34}N_4O_{10}S_2$, Formel VIII (R = H, R' = CH_3) und Taut.

B. Beim Erhitzen von Deuteroporphyrin-dimethylester (S. 2993) mit 1-Sulfo-pyridinium-betain (*Treibs*, A. **506** [1933] 196, 206, 245).

Kristalle (aus Me. oder Ameisensäure+Me.); Zers. bei ca. 300° (*Tr.*, l. c. S. 245, 246). Absorptionsspektrum in wss. Lösungen vom pH −0,8 bis pH 6,5 (475—640 nm) sowie vom pH 1,9 und pH 2,1 (330—430 nm): *Neuberger, Scott*, Pr. roy. Soc. [A] **213** [1952] 307, 316, 317; vom pH 0,7 und pH 4,75 (440—700 nm): *Walter*, Am. Soc. **75** [1953] 3860. λ_{max} (Pulver, H_2O, wss. HCl, Me., methanol. KOH, Eg. sowie $CHCl_3$; 420–630 nm): *Tr.*, l. c. S. 212, 246–248. Scheinbare Dissoziationsexponenten pK'_{a1} und pK'_{a2} (H_2O; spektrophotometrisch ermittelt): 0,3 bzw. 4,7 (*Ne.*, *Sc.*, l. c. S. 319; *Scott*, Am. Soc. **77** [1955] 325).

Dikalium-Salz $K_2C_{32}H_{32}N_4O_{10}S_2$. Rote Kristalle [aus methanol. KOH] (*Tr.*, l. c. S. 207, 247).

Pyridin-Salz $2C_5H_5N \cdot C_{32}H_{34}N_4O_{10}S_2$. Blauschwarze Kristalle (aus Py.+Ae.); Zers. bei 300° (*Tr.*, l. c. S. 249). λ_{max} (Py.; 435–630 nm): *Tr.*, l. c. S. 212, 249.

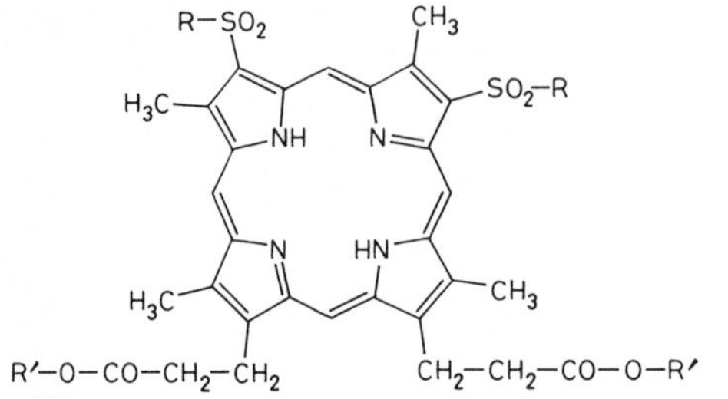

3,3'-[7,12-Dimethoxysulfonyl-3,8,13,17-tetramethyl-porphyrin-2,18-diyl]-di-propionsäure-dimethylester, 3,8-Bis-methoxysulfonyl-deuteroporphyrin-dimethylester $C_{34}H_{38}N_4O_{10}S_2$, Formel VIII (R = R' = CH_3) und Taut. (in der Literatur als Deuteroporphyrin-disulfonsäure-tetramethylester bezeichnet).

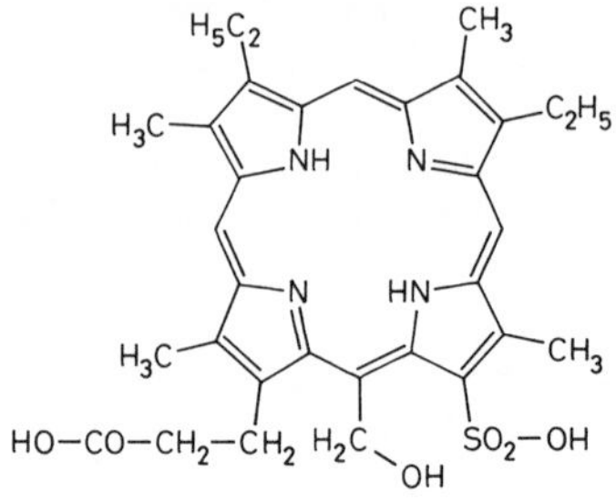

B. Aus der vorangehenden Verbindung und Diazomethan (*Treibs*, A. **506** [1933] 196, 248).

Kristalle (aus Ae.+Me.); F: 246° [korr.]. λ_{max} (Pulver sowie Ae.; 435–660 nm): *Tr.*, l. c. S. 212, 248.

Kupfer(II)-Komplex. Kristalle (*Tr.*, l. c. S. 248). λ_{max} ($CHCl_3$; 425–585 nm): *Tr.*, l. c. S. 214, 249.

Eisen(III)-Komplex. Kristalle [aus Eg.] (*Tr.*, l. c. S. 249). λ_{max} (Py.+N_2H_4; 505–570 nm): *Tr.*, l. c. S. 215, 249.

Sulfo-Derivate der Hydroxycarbonsäuren $C_nH_{2n-28}N_4O_3$

3-[8,13-Diäthyl-20-hydroxymethyl-3,7,12,17-tetramethyl-18-sulfo-porphyrin-2-yl]-propionsäure, 15^1-Hydroxy-13-sulfo-phylloporphyrin $C_{32}H_{36}N_4O_6S$, Formel IX und Taut. (in der Literatur als 8-Oxymethyl-phylloporphyrin-sulfonsäure-(6) bezeichnet).

Dikalium-Salz $K_2C_{32}H_{34}N_4O_6S$. *B.* Beim Behandeln von γ-Phylloporphyrinsulton (Syst.-Nr. 4710) mit methanol. KOH (*Treibs*, A. **506** [1933] 196, 199, 227). – Blauviolette Kristalle (aus Me.) mit 4 Mol H_2O. λ_{max} (H_2O; 445–650 nm): *Tr.*, l. c. S. 228. [*Staehle*]

Sachregister

Das folgende Register enthält die Namen der in diesem Band abgehandelten Verbindungen im allgemeinen mit Ausnahme der Namen von Salzen, deren Kat⸗ionen aus Metall-Ionen, Metallkomplex-Ionen oder protonierten Basen bestehen, und von Additionsverbindungen.

Die im Register aufgeführten Namen („Registernamen") unterscheiden sich von den im Text verwendeten Namen im allgemeinen dadurch, dass Substitutionspräfixe und Hydrierungsgradpräfixe hinter den Stammnamen gesetzt („invertiert") sind, und dass alle zur Konfigurationskennzeichnung dienenden genormten Präfixe und Symbole (s. „Stereochemische Bezeichnungsweisen") weggelassen sind.

Der Registername enthält demnach die folgenden Bestandteile in der angegebenen Reihenfolge:

1. den Register-Stammnamen (in Fettdruck); dieser setzt sich, sofern nicht ein Radikofunktionalname (s.u.) vorliegt, zusammen aus
   a) dem Stammvervielfachungsaffix (z.B. Bi in [1,2']Binaphthyl),
   b) stammabwandelnden Präfixen [1]),
   c) dem Namensstamm (z.B. Hex in Hexan; Pyrr in Pyrrol),
   d) Endungen (z.B. an, en, in zur Kennzeichnung des Sättigungszustandes von Kohlenstoff-Gerüsten; ol, in, olidin zur Kennzeichnung von Ringgrösse und Sättigungszustand bei Heterocyclen; ium, id zur Kennzeichnung der Ladung eines Ions),
   e) dem Funktionssuffix zur Kennzeichnung der Hauptfunktion (z.B. -säure, -carbonsäure, -on, -ol),
   f) Additionssuffixen (z.B. oxid in Äthylenoxid, Pyridin-1-oxid).

2. Substitutionspräfixe*), d.h. Präfixe, die den Ersatz von Wasserstoff-Atomen durch andere Atome oder Gruppen („Substituenten") kennzeichnen (z.B. Äthyl-chlor in 2-Äthyl-1-chlor-naphthalin; Epoxy in 1,4-Epoxy-*p*-menthan).

3. Hydrierungsgradpräfixe (z.B. Hydro in 1,2,3,4-Tetrahydro-naphthalin; Dehydro in 15,15'-Didehydro-*β*,*β*-carotin-4,4'-diol).

4. Funktionsabwandlungssuffixe (z.B. -oxim in Aceton-oxim; -methylester in Bern⸗steinsäure-dimethylester; -anhydrid in Benzoesäure-anhydrid).

---

[1]) Zu den stammabwandelnden Präfixen gehören:

Austauschpräfixe*) (z.B. Oxa in 3,9-Dioxa-undecan; Thio in Thioessigsäure),

Gerüstabwandlungspräfixe (z.B. Cyclo in 2,5-Cyclo-benzocyclohepten; Bicyclo in Bicyclo⸗[2.2.2]octan; Spiro in Spiro[4.5]decan; Seco in 5,6-Seco-cholestan-5-on; Iso in Isopentan),

Brückenpräfixe*) (nur in Namen verwendet, deren Stamm ein Ringgerüst ohne Seitenkette bezeichnet; z.B. Methano in 1,4-Methano-naphthalin; Epoxido in 4,7-Epoxido-inden [zum Stammnamen gehörig im Gegensatz zu dem bedeutungsgleichen Substitutionspräfix Epoxy]),

Anellierungspräfixe (z.B. Benzo in Benzocyclohepten; Cyclopenta in Cyclopenta[*a*]phen⸗anthren),

Erweiterungspräfixe (z.B. Homo in *D*-Homo-androst-5-en),

Subtraktionspräfixe (z.B. Nor in *A*-Nor-cholestan; Desoxy in 2-Desoxy-hexose).

Beispiele:

Dibrom-chlor-methan wird registriert als **Methan**, Dibrom-chlor-;
meso-1,6-Diphenyl-hex-3-in-2,5-diol wird registriert als **Hex-3-in-2,5-diol,** 1,6-Diphenyl-;
4a,8a-Dimethyl-octahydro-naphthalin-2-on-semicarbazon wird registriert als **Naphthalin-2-on,** 4a,8a-Dimethyl-octahydro-, semicarbazon;
5,6-Dihydroxy-hexahydro-4,7-ätheno-isobenzofuran-1,3-dion wird registriert als **4,7-Ätheno-isobenzofuran-1,3-dion,** 5,6-Dihydroxy-hexahydro-;
1-Methyl-chinolinium wird registriert als **Chinolinium,** 1-Methyl-.

Besondere Regelungen gelten für Radikofunktionalnamen, d.h. Namen, die aus einer oder mehreren Radikalbezeichnungen und der Bezeichnung einer Funktionsklasse (z.B. Äther) oder eines Ions (z.B. Chlorid) zusammengesetzt sind:

a) Bei Radikofunktionalnamen von Verbindungen deren (einzige) durch einen Funktionsklassen-Namen oder Ionen-Namen bezeichnete Funktionsgruppe mit nur einem (einwertigen) Radikal unmittelbar verknüpft ist, umfasst der Register-Stammname die Bezeichnung des Radikals und die Funktionsklassenbezeichnung (oder Ionenbezeichnung) in unveränderter Reihenfolge; ausgenommen von dieser Regelung sind jedoch Radikofunktionalnamen, die auf die Bezeichnung eines substituierbaren (d.h. Wasserstoff-Atome enthaltenden) Anions enden (s. unter c)). Präfixe, die eine Veränderung des Radikals ausdrücken, werden hinter den Stammnamen gesetzt [2]).

Beispiele:

Äthylbromid, Phenyllithium und Butylamin werden unverändert registriert;
4′-Brom-3-chlor-benzhydrylchlorid wird registriert als **Benzhydrylchlorid,** 4′-Brom-3-chlor-;
1-Methyl-butylamin wird registriert als **Butylamin,** 1-Methyl-.

b) Bei Radikofunktionalnamen von Verbindungen mit einem mehrwertigen Radikal, das unmittelbar mit den durch Funktionsklassen-Namen oder Ionen-Namen bezeichneten Funktionsgruppen verknüpft ist, umfasst der Register-Stammname die Bezeichnung dieses Radikals und die (gegebenenfalls mit einem Vervielfachungsaffix versehene) Funktionsklassenbezeichnung (oder Ionenbezeichnung), nicht aber weitere im Namen enthaltene Radikalbezeichnungen, auch wenn sie sich auf unmittelbar mit einer der Funktionsgruppen verknüpfte Radikale beziehen.

Beispiele:

Äthylendiamin und Äthylenchlorid werden unverändert registriert;
N,*N*-Diäthyl-äthylendiamin wird registriert als **Äthylendiamin,** *N*,*N*-Diäthyl-;
6-Methyl-1,2,3,4-tetrahydro-naphthalin-1,4-diyldiamin wird registriert als **Naphthalin-1,4-diyldiamin,** 6-Methyl-1,2,3,4-tetrahydro-.

c) Bei Radikofunktionalnamen, deren (einzige) Funktionsgruppe mit mehreren Radikalen unmittelbar verknüpft ist oder deren als Anion bezeichnete Funktionsgruppe Wasserstoff-Atome enthält, besteht der Register-Stammname nur aus der Funktionsklassenbezeichnung (oder Ionenbezeichnung); die Radikalbezeichnungen werden dahinter angeordnet.

Beispiele:

Benzyl-methyl-amin wird registriert als **Amin,** Benzyl-methyl-;
Äthyl-trimethyl-ammonium wird registriert als **Ammonium,** Äthyl-trimethyl-;

---

[2]) Namen mit Präfixen, die eine Veränderung des als Anion bezeichneten Molekülteils ausdrücken sollen (z.B. Methyl-chloracetat), werden im Handbuch nicht mehr verwendet.

Diphenyläther wird registriert als **Äther,** Diphenyl-;
[2-Äthyl-[1]naphthyl]-phenyl-keton-oxim wird registriert als **Keton,** [2-Äthyl-[1]naphthyl]-phenyl-, oxim.

Nach der sog. Konjunktiv-Nomenklatur gebildete Namen (z.B. Cyclohexan≈methanol, 2,3-Naphthalindiessigsäure) werden im Handbuch nicht mehr verwendet.

Massgebend für die Anordnung von Verbindungsnamen sind in erster Linie die nicht kursiv gesetzten Buchstaben des Register-Stammnamens; in zweiter Linie werden die durch Kursivbuchstaben und/oder Ziffern repräsentierten Differenzie≈rungsmarken des Register-Stammnamens berücksichtigt; erst danach entscheiden die nachgestellten Präfixe und zuletzt die Funktionsabwandlungssuffixe.

Beispiele:
***o*-Phenylendiamin,** 3-Brom- erscheint unter dem Buchstaben P nach ***m*-Phenylendiamin,** 2,4,6-Trinitro-;
Cyclopenta[*b*]naphthalin, 1-Brom-1*H*- erscheint nach **Cyclopenta[*a*]naphthalin,** 3-Methyl-1*H*-;
Aceton, 1,3-Dibrom-, hydrazon erscheint nach **Aceton,** Chlor-, oxim.

Mit Ausnahme von deuterierten Verbindungen werden isotopen-markierte Prä≈parate im allgemeinen nicht ins Register aufgenommen. Sie werden im Artikel der nicht markierten Verbindung erwähnt, wenn der Originalliteratur hinreichend bedeutende Bildungsweisen zu entnehmen sind.

Von griechischen Zahlwörtern abgeleitete Namen oder Namensteile sind einheit≈lich mit c (nicht mit k) geschrieben.

Die Buchstaben i und j werden unterschieden. Die Umlaute ä, ö und ü gelten hinsichtlich ihrer alphabetischen Einordnung als ae, oe bzw. ue.

---

*) Verzeichnis der in systematischen Namen verwendeten Substitutionspräfixe, Austausch≈präfixe und Brückenpräfixe s. Gesamtregister, Sachregister für Band 6 S. V–XXXVI.

Subject Index

The following index contains the names of compounds dealt with in this volume, with the exception of salts whose cations are formed by metal ions, complex metal ions or protonated bases; addition compounds are likewise omitted.

The names used in the index (Index Names) are different from the systematic nomenclature used in the text only insofar as Substitution and Degree-of-Unsaturation Prefices are placed after the name (inverted), and all configurational prefices and symbols (see "Stereochemical Conventions") are omitted.

The Index Names are comprised of the following components in the order given:

1. the Index-Stem-Name (boldface type); this (insofar as a Radicofunctional name is not involved) is in turn made up of:
   a) the Parent-Multiplier (e.g. bi in [1,2′]Binaphthyl),
   b) Parent-Modifying Prefices[1],
   c) the Parent-Stem (e.g. Hex in Hexan, Pyrr in Pyrrol),
   d) endings (e.g. an, en, in defining the degree of unsaturation in the hydrocarbon entity; ol, in, olidin, referring to the ring size and degree of unsaturation of heterocycles; ium, id, indicating the charge of ions),
   e) the Functional-Suffix, indicating the main chemical function (e.g. -säure, -carbonsäure, -on, -ol),
   f) the Additive-Suffix (e.g. oxid in Äthylenoxid, Pyridin-1-oxid).

2. Substitutive Prefices*, i.e., prefices which denote the substitution of Hydrogen atoms with other atoms or groups (substituents) (e.g. äthyl and chlor in 2-Äthyl-1-chlor-naphthalin; epoxy in 1,4-Epoxy-*p*-menthan).

3. Hydrogenation-Prefices (e.g. hydro in 1,2,3,4-Tetrahydro-naphthalin; dehydro in 15,15′-Didehydro-*β*,*β*-carotin-4,4′-diol).

4. Function-Modifying-Suffices (e.g. oxim in Aceton-oxim; methylester in Bernsteinsäure-dimethylester; anhydrid in Benzoesäure-anhydrid).

---

[1] Parent-Modifying Prefices include the following:
Replacement Prefices* (e.g. oxa in 3,9-Dioxa-undecan; thio in Thioessigsäure),
Skeleton Prefices (e.g. cyclo in 2,5-Cyclo-benzocyclohepten; bicyclo in Bicyclo[2.2.2]octan; spiro in Spiro[4.5]decan; seco in 5,6-Seco-cholestan-5-on; iso in Isopentan),
Bridge Prefices* (only used for names of which the Parent is a ring system without a side chain), e.g. methano in 1,4-Methano-naphthalin; epoxido in 4,7-Epoxido-inden (used here as part of the Stem-name in preference to the Substitutive Prefix epoxy),
Fusion Prefices (e.g. benzo in Benzocyclohepten, cyclopenta in Cyclopenta[*a*]phenanthren),
Incremental Prefices (e.g. homo in *D*-Homo-androst-5-en),
Subtractive Prefices (e.g. nor in *A*-Nor-cholestan; desoxy in 2-Desoxy-hexose).

Examples:
Dibrom-chlor-methan is indexed under **Methan,** Dibrom-chlor-;
meso-1,6-Diphenyl-hex-3-in-2,5-diol is indexed under **Hex-3-in-2,5-diol,** 1,6-Diphenyl-;
4a,8a-Dimethyl-octahydro-naphthalin-2-on-semicarbazon is indexed under **Naphthalin-2-on,** 4a,8a-Dimethyl-octahydro-, semicarbazon;
5,6-Dihydroxy-hexahydro-4,7-ätheno-isobenzofuran-1,3-dion is indexed under **4,7-Ätheno-isobenzofuran-1,3-dion,** 5,6-Dihydroxy-hexahydro-;
1-Methyl-chinolinium is indexed under **Chinolinium,** 1-Methyl-.

Special rules are used for Radicofunctional Names (i.e. names comprised of one or more Radical Names and the name of either a class of compounds (e.g. Äther) or an ion (e.g. chlorid)):

a) For Radicofunctional names of compounds whose single functional group is described by a class name or ion, and is immediately connected to a single univalent radical, the Index-Stem-Name comprises the radical name followed by the functional name (or ion) in unaltered order; the only exception to this rule is found when the Radicofunctional Name would end with a Hydrogencontaining (i.e. substitutable) anion, (see under c), below). Prefices which modify the radical part of the name are placed after the Stem-Name[2].

Examples:
Äthylbromid, Phenyllithium and Butylamin are indexed unchanged.
4′-Brom-3-chlor-benzhydrylchlorid is indexed under **Benzhydrylchlorid,** 4′-Brom-3-chlor-;
1-Methyl-butylamin is indexed under **Butylamin,** 1-Methyl-.

b) For Radicofunctional names of compounds with a multivalent radical attached directly to a functional group described by a class name (or ion), the Index-Stem-Name is comprised of the name of the radical and the functional group (modified by a multiplier when applicable), but not those of other radicals contained in the molecule, even when they are attached to the functional group in question.

Examples:
Äthylendiamin and Äthylenchlorid are indexed unchanged;
6-Methyl-1,2,3,4-tetrahydro-naphthalin-1,4-diyldiamin is indexed under **Naphthalin-1,4-diyldiamin,** 6-Methyl-1,2,3,4-tetrahydro-;
N,N-Diäthyl-äthylendiamin is indexed under **Äthylendiamin,** *N,N*-Diäthyl-.

c) In the case of Radicofunctional names whose single functional group is directly bound to several different radicals, or whose functional group is an anion containing exchangeable Hydrogen atoms, the Index-Stem-Name is comprised of the functional class name (or ion) alone; the names of the radicals are listed after the Stem-Name.

Examples:
Benzyl-methyl-amin is indexed under **Amin,** Benzyl-methyl-;
Äthyl-trimethyl-ammonium is indexed under **Ammonium,** Äthyl-trimethyl-;
Diphenyläther is indexed under **Äther,** Diphenyl-;
[2-Äthyl-[1]naphthyl]-phenyl-keton-oxim is indexed under **Keton,** [2-Äthyl-[1]naphthyl]-phenyl-, oxim.

---

[2] Names using prefices which imply an alteration of the anionic component (e.g. Methylchloracetat) are no longer used in the Handbook.

Conjunctive names (e.g. Cyclohexanmethanol; 2,3-Naphthalindiessigsäure) are no longer in use in the Handbook.

The alphabetical listings follow the non-italic letters of the Stem-Name; the italic letters and/or modifying numbers of the Stem-Name then take precedence over prefices. Function-Modifying Suffices have the lowest priority.

Examples:

***o*-Phenylendiamin,** 3-Brom- appears under the letter P, after ***m*-Phenylendiamin,** 2,4,6-Trinitro-;

Cyclopenta[*b*]naphthalin, 1-Brom-1*H*- appears after **Cyclopenta[*a*]naphthalin,** 3-Methyl-1*H*-;

Aceton, 1,3-Dibrom-, hydrazon appears after **Aceton,** Chlor-, oxim.

With the exception of deuterated compounds, isotopically labeled substances are generally not listed in the index. They may be found in the articles describing the corresponding non-labeled compounds provided the original literature contains sufficiently important information on their method of preparation.

Names or parts of names derived from Greek numerals are written throughout with c (not k). The letters i and j are treated separately and the modified vowels ä, ö, and ü are treated as ae, oe and ue respectively for the purposes of alphabetical ordering.

* For a list of the Substitutive, Replacement and Bridge Prefices, see: Gesamtregister, Subject Index for Volume 6 pages V–XXXVI.

A

B

C

G

H

I

J

K

L

M

N

O

R

S

T

U

V

Z

Formelregister

Im Formelregister sind die Verbindungen entsprechend dem System von *Hill* (Am. Soc. **22** [1900] 478)

1. nach der Anzahl der C-Atome,
2. nach der Anzahl der H-Atome,
3. nach der Anzahl der übrigen Elemente

in alphabetischer Reihenfolge angeordnet. Isomere sind in Form des „Registernamens" (s. diesbezüglich die Erläuterungen zum Sachregister) in alphabetischer Reihenfolge aufgeführt. Verbindungen unbekannter Konstitution finden sich am Schluss der jeweiligen Isomeren-Reihe.

Von quartären Ammonium-Salzen, tertiären Sulfonium-Salzen u.s.w., sowie Organometall-Salzen wird nur das Kation aufgeführt.

Formula Index

Compounds are listed in the Formula Index using the system of *Hill* (Am. Soc. **22** [1900] 478), following:

1. the number of Carbon atoms,
2. the number of Hydrogen atoms,
3. the number of other elements,

in alphabetical order. Isomers are listed in the alphabetical order of their Index Names (see foreword to Subject Index), and isomers of undetermined structure are located at the end of the particular isomer listing.

For quarternary ammonium salts, tertiary sulfonium salts etc. and organometallic salts only the cations are listed.

C_2

C_3

C_4

C5

C6

C7

C_{10}

C_{11}

C_{12}

C_{13}

C_{14}

C_{15}

C_{16}

C_{23}

C_{24}

C_{25}

C_{26}

C_{30}

C_{31}

C_{32}

C_{33}

C_{34}

C_{35}

C_{36}

C_{37}

C_{38}

C_{39}

C_{40}

C_{41}

C_{42}

C_{43}

C_{44}

C_{45}

C_{46}

C_{62}

C_{63}